Arbeitsbuch

zu Tiplers
Physik

James S. Walker

Arbeitsbuch
zu Tiplers
Physik

Aus dem Amerikanischen übersetzt
von Michael Zillgitt

Spektrum Akademischer Verlag · Heidelberg · Berlin

Originaltitel: Solutions Manual to accompany Tipler's Physics for Scientists and
Engineers, Third Edition, Extended Version, by James S. Walker

Amerikanische Originalausgabe bei Worth Publishers, Inc., New York, New York, USA
© 1991 by Worth Publishers, Inc.

Die Deutsche Bibliothek – CIP-Einheitsaufnahme

Walker, James S.:
Arbeitsbuch zu Tiplers Physik / James S. Walker. Aus dem Amerikan. übers. von
Michael Zillgitt. – Heidelberg ; Berlin : Spektrum, Akad. Verl. 1994
    Einheitssacht.: Solutions manual to accompany physics for scientists and
    engineers <dt.>
    ISBN 3-86025-124-4
NE: Tipler, Paul A.: Physik

1. korrigierter Nachdruck 1996
2. korrigierter Nachdruck 2000

Lektorat: Björn Gondesen
Produktion: Katrin Frohberg
Satz und Seitengestaltung: Michael Zillgitt (unter Verwendung von emT$_E$X)
Umschlaggestaltung: Kurt Bitsch, Birkenau
Druck und Verarbeitung: Druckhaus Beltz, Hemsbach

Das **Umschlagbild** veranschaulicht den Meißner-Ochsenfeld-Effekt: Ein Supraleiter
verhält sich wie ein idealer Diamagnet und stößt einen Permanentmagneten ab. Im Bild
schwebt ein würfelförmiger Permanentmagnet über einer supraleitenden Scheibe aus
$YBa_2Cu_3O_{7-x}$. (Foto: © 1988 Richard Megna, Fundamental Photographs)

Spektrum Akademischer Verlag   Heidelberg · Berlin

Inhalt

Vorwort

Aufgaben und ihre Lösungen sind beim Lehren und Lernen der Physik unentbehrlich. In diesem *Arbeitsbuch* zu Tiplers „Physik" werden die Aufgaben am Schluß der Kapitel des Lehrbuches ausführlich, Schritt für Schritt, gelöst. Wo nötig, wird der Sachverhalt zusätzlich mit Hilfe von Skizzen oder Computerdiagrammen veranschaulicht.

Ich hoffe, daß dieses Arbeitsbuch regelmäßig und auf mancherlei verschiedene Weise benutzt wird. Neben seinem Hauptzweck, Lösungswege und Lösungen vorzustellen, kann es auch als Fundgrube für weiteres Material und für ähnliche Aufgaben dienen.

Es scheint keine erstrebenswerte Tätigkeit zu sein, einen Lösungsband für über tausend Aufgaben zu erstellen. Doch konnte ich mit einer Reihe von guten Kollegen zusammenarbeiten, so daß das Unternehmen äußerst erfreulich verlief. Zunächst möchte ich Mickey Daniels und Ed Steever danken, die die amerikanische Originalausgabe gestalteten.

Zum Aufspüren und Ausmerzen von Fehlern wurden alle erdenklichen Anstrengungen unternommen. Hier habe ich besonders Fassil Ghebremichael zu danken, der alle Lösungen durchging und mir viele wertvolle Hinweise gab. Barbara Gerr und andere beim Verlag Worth Publishers waren geduldig beim Korrigieren; sie haben damit wesentlich zum Gelingen beigetragen. Für jeden stehengebliebenen Fehler bin aber allein ich verantwortlich.

Bei der Arbeit zu diesem Band konnte ich neue Freunde gewinnen, und es war ein Vergnügen, mit Betsy Mastalski, Steve Tenney und Annie Vinnicombe zu arbeiten. Zudem war Barbara Gerr ein ruhender Pol während meines Aufenthaltes in Hilo/Hawaii. Schließlich war es mir vergönnt, mit Valerie Neal und Paul Tipler zu arbeiten. Ihnen allen möchte ich an dieser Stelle ebenfalls herzlich danken.

Hilo/Hawaii   *James S. Walker*
Januar 1991

Kapitel 1

Einheitensysteme

1.1 a) C_1: m; C_2: m/s. b) m/s². c) m/s².
d) C_1: m; C_2: s⁻¹. e) C_1: m/s; C_2: s⁻¹.

1.2 a) Die Einheit a ist 1 Jahr, und die Einheit d ist 1 Tag. Es folgt 1 a = (365,24 d/a) (24 h/d) (60 min/h) (60 s/min) = $3{,}16 \cdot 10^7$ s/a.
b) 10^9 s = (10^9 s) [1 a/($3{,}16 \cdot 10^7$ s)] = 31,6 a.
c) $1{,}91 \cdot 10^{16}$ a.

1.3 Auflösen nach der Gravitationskonstanten ergibt $G = F\, r^2/(m_1\, m_2)$. Daher hat G die SI-Einheiten N·m²/kg² = (kg·m/s²)(m²/kg²) = m³/(kg·s²). Somit hat die Gravitationskonstante G die Dimension $L^3/(M \cdot T^2)$.

1.4 Es ist eine Kombination von m, v und r zu ermitteln, die die Dimension ML/T^2 hat. Die Dimensionen von m, v und r sind M, L/T bzw. L. Damit ist klar, daß wir alle drei Variablen benötigen. Mit der dimensionslosen Konstanten C setzen wir für die Kraft $F = C\, m^a\, v^b\, r^c$. Nun sind die Exponenten a, b und c zu bestimmen. Der Ausdruck für die Kraft hat die Dimension $M^a\, L^{b+c}/T^b$. Daraus folgt $a = 1$ und $b = 2$ sowie $c = -1$, da $b + c = 1$ ist. Schließlich erhalten wir $F = C\, m\, v^2/r$.

1.5 Die Umlaufdauer T eines Planeten hängt von r, G und $M_\odot$ ab. Wir setzen daher $T = C\, r^a\, G^b\, M_\odot^c$. Darin ist C eine dimensionslose Konstante. Der Ausdruck hat die Dimension $L^{a+3b}\, M^{c-b}\, T^{-2b}$. Das ergibt $a + 3b = 0$ und $c - b = 0$ sowie $-2b = 1$ und damit $a = 3/2$, $b = -1/2$ und $c = -1/2$. Schließlich ist $T = C\, r^{3/2}/(GM_\odot)^{1/2}$. Mit $C = 2\pi$ folgt die komplette Formel.

1.6 a) $1{,}22 \cdot 10^3$. b) $1{,}26 \cdot 10^6$. c) $2{,}00 \cdot 10^{-5}$.
d) $5{,}42 \cdot 10^3$. e) $1{,}99 \cdot 10^2$.

1.7 a) 1690. b) Wenn mit 2 die exakte Zahl 2 gemeint ist, wie bei 2π, so ergibt sich 4,8. Wenn aber 2 eine Zahl mit nur einer gültigen Stelle ist, dann ist das Ergebnis 5. c) 5,6. d) 10.

1.8 Wenn wir annehmen, daß die Sonne aus reinem Wasserstoff besteht, so ist $M_\odot = N\, m_H$, wobei $M_\odot$ die Sonnenmasse und m_H die Masse eines Wasserstoffatoms sowie N die Anzahl der Wasserstoffatome ist. Es folgt $N = M_\odot/m_H = (1{,}99 \cdot 10^{30}$ kg$) / (1{,}67 \cdot 10^{-27}$ kg/Atom$) = 1{,}19 \cdot 10^{57}$ Wasserstoffatome.

1.9 Für kleine Winkel θ ist ungefähr $\theta = d/r_M$, wobei θ in rad einzusetzen ist. Der Umrechnungsfaktor zwischen rad und Winkelgraden ist $(2\pi\ \text{rad}/360°)$. Es folgt $\theta = 0{,}524° = (0{,}524°)(2\pi\ \text{rad}/360°) = 9{,}15 \cdot 10^{-3}$ rad. Schließlich erhalten wir damit $d = \theta\, r_M = (9{,}15 \cdot 10^{-3}$ rad$)(3{,}84 \cdot 10^8$ m$) = 3{,}51 \cdot 10^6$ m. Beachten Sie, daß Radiant (rad) eine dimensionslose Einheit ist.

1.10 Eine astronomische Einheit (AE) beträgt $1{,}496 \cdot 10^{11}$ m. Der Abstand r, bei dem diese Bogenlänge unter 1 Winkelsekunde $[1'' = (1/60)' = (1/3600)°]$ erscheint, ist gegeben durch $\theta = d/r$ mit $d = 1$ AE und $r = 1$ pc sowie $\theta = 1'' = (1'')(1'/60'')(1°/60')(2\pi\ \text{rad}/360°) = 4{,}848 \cdot 10^{-6}$ rad. a) Damit folgt $d = 1$ AE $= \theta\, r = (4{,}848 \cdot 10^{-6}$ rad$)(1$ pc$) = 4{,}848 \cdot 10^{-6}$ pc.
b) 1 pc $= 3{,}086 \cdot 10^{16}$ m. c) 1 Lj $= (3 \cdot 10^8$ m/s$)(3{,}16 \cdot 10^7$ s$) = 9{,}48 \cdot 10^{15}$ m. d) 1 Lj $= 6{,}34 \cdot 10^4$ AE. e) 1 pc $= 3{,}26$ Lj.

1.11 a) $6 \cdot 10^6$ m = 6000 km.   b) Wir bezeichnen Tanker mit T und Barrel mit B. Dann ergibt sich $[1\,\mathrm{T}/(0{,}25 \cdot 10^6\,\mathrm{B})]\,(6 \cdot 10^6\,\mathrm{B/d})\,(365\,\mathrm{d/a}) = 8760$ Tanker pro Jahr.   c) 43,8 Milliarden Dollar.

1.12 a) Wir nehmen an, daß der Atomkern des Eisens kugelförmig ist. Dann ist seine Dichte (Masse pro Volumen) $\varrho = m/(\tfrac{4}{3}\pi r^3) = 1{,}41 \cdot 10^{17}$ kg/m^3.   b) Mit der Dichte ϱ aus Teil a) sowie der Erdmasse $M_{\mathrm{E}} = 5{,}98 \cdot 10^{24}$ kg ergibt das Auflösen nach dem Radius $r = [M_{\mathrm{E}}/(\tfrac{4}{3}\pi\varrho)]^{1/3} = 216$ m.

1.13 a) Bei der kritischen Dichte $6 \cdot 10^{-27}$ kg/m^3 muß jeder Kubikmeter die Masse $m = 6 \cdot 10^{-27}$ kg enthalten. Die dieser Masse entsprechende Anzahl Elektronen ist $N = m/m_{\mathrm{e}} = (6 \cdot 10^{-27}\,\mathrm{kg}) / (9{,}11 \cdot 10^{-31}\,\mathrm{kg/El.}) = 6586$ Elektronen (bzw. 7000 bei einer signifikanten Stelle). b) Die entsprechende Anzahl Protonen ist 3,59 (bzw. 4 bei einer signifikanten Stelle).

1.14 Bei 80 Millionen Einwohner (mit E bezeichnet), die im Durchschnitt täglich eine Dose kaufen, ergibt sich die Anzahl der Dosen (hier mit D bezeichnet) ungefähr zu $N = (1\,\mathrm{D/d \cdot E})\,(365\,\mathrm{d/a})\,(80 \cdot 10^6\,\mathrm{E}) \approx 2{,}9 \cdot 10^{10}$ D/a.   b) Die Gesamtmasse dieser jährlich ungefähr anfallenden Anzahl an Dosen beträgt $6{,}4 \cdot 10^8$ kg. c) 1,28 Milliarden DM.

1.15 a) In der Abbildung sind die Meßwerte von T gegen m^n für $n = 0{,}5$ und für $n = 1{,}5$ aufgetragen. Die beste Ausgleichsgerade ergibt sich für $n = 0{,}5$. Den Wert von C erhalten wir an irgendeinem Punkt, und zwar mit Hilfe der Beziehung $C = T/m^n$. Es folgt $C = 1{,}81$ s/kg$^{1/2}$.
  b) Die Punkte mit den größten Abweichungen von der Geraden sind die bei $T = 1{,}05$ s und bei $T = 1{,}75$ s.

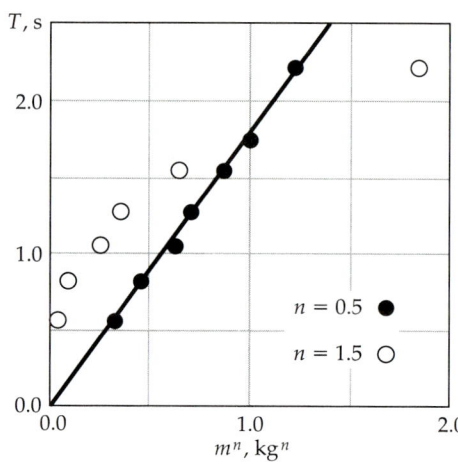

1.16   a) Für $\ell = 1$ m ist $T = 2$ s, und für $\ell = 0{,}5$ m ist $T = 1{,}4$ s.   b) Die Unbekannte C kann aus einer einzigen Messung bestimmt werden. Es folgt $C = 2\pi$ und damit $T = 2\pi\,(\ell/g)^{1/2}$.

1.17 a) Wir erwarten, daß der horizontale Abstand r mit steigender Höhe h zunimmt (weil der Ball dann länger in der Luft ist) sowie mit steigender Geschwindigkeit v (weil der Ball schneller ist). b) Wir setzen $r = C\,v^a\,h^b\,g^c$, wobei, wie gewöhnlich, C eine dimensionslose Konstante ist. Für die Dimensionen gilt hier $L^{a+b+c}\,T^{-a-2c} = L^1\,T^0$. Damit haben wir zwei Gleichungen für drei Unbekannte: $a + b + c = 1$ sowie $a + 2c = 0$. Aus der zweiten Gleichung folgt $c = -a/2$. Das setzen wir in die erste Gleichung ein und erhalten $a = -2b + 2$. Immer noch kennen wir a und b nicht. Aus Teil a) geht aber hervor, daß $a > 0$ und $b > 0$ sein muß, weil r mit v und mit h ansteigt. Daraus können wir schließen, daß gilt $0 < b < 1$, so daß für irgendeinen Wert von b in diesem Intervall gelten muß $a = -2b + 2$. Man kann zeigen, daß $r = v\,(2\,h/g)^{1/2}$ ist. Damit ist $a = 1$ und $b = 1/2$. Das liegt zufällig in der Mitte des erlaubten Bereichs.

1.18 a) 10^8 Bytes entsprechen $8 \cdot 10^8$ Bits.   b) Jedes Bit kann nur einen von zwei Werten haben, also üblicherweise 0 oder 1 sein. Mit 5 Bits ergeben sich $2^5 = 32$ verschiedene Kombinationen aus Nullen und Einsen. Damit könnte man die 26 Buchstaben des Alphabets codieren. Jedoch wird wegen der Großbuchstaben ein weiteres Bit benötigt, so daß 64 Zeichen resultierten. Wegen der Ziffern und Satzzeichen sowie verschiedener Sonderzeichen verwendet man 1 Byte für ein Zeichen. Mit 2000 Zeichen pro Seite (Z/S) beträgt die Kapazität der Festplatte (10^8 Bytes) (1 Z/B) $/(2 \cdot 10^3$ Z/S) = 50 000 Seiten.

Kapitel 2

Bewegung in einer Dimension

2.1 a) Die Geschwindigkeit ist $v = (2,4) \cdot (350\,\text{m/s}) = 840$ m/s. Die für die Strecke Δx benötigte Zeit ist $\Delta t = \Delta x/v = (5500\,\text{km})/(840\,\text{m/s}) = 1,82$ h. b) Mit $v = (0,9)\,(350\,\text{m/s}) = 315$ m/s ist die benötigte Zeit 4,85 h.
c) Wir vernachlässigen die kurzen Strecken zwischen Flughafen und Haus bzw. Hotel. Dann erhalten wir für die mittlere Geschwindigkeit $(5500\,\text{km})/(2\,\text{h} + 1,82\,\text{h} + 2\,\text{h}) = 945$ km/h.
d) $(5500\,\text{km})/(8,85\,\text{h}) = 621$ km/h.

2.2 a) Die benötigte Zeit ist $(1,5 \cdot 10^{11}\,\text{m})/(3 \cdot 10^8\,\text{m/s}) = 500$ s $= 8,33$ min. b) $(3,84 \cdot 10^8\,\text{m})/(3 \cdot 10^8\,\text{m/s}) = 1,28$ s. c) 1 Lj $= (3 \cdot 10^8\,\text{m/s})(3,16 \cdot 10^7\,\text{s}) = 9,47 \cdot 10^{15}$ m $= 9,47 \cdot 10^{12}$ km.

2.3 Bei Kurve (a) sind die Geschwindigkeit und ihr Betrag bei t_2 kleiner als bei t_1. Bei Kurve (b) sind die Geschwindigkeit und ihr Betrag konstant. Bei Kurve (c) ist die Geschwindigkeit bei t_2 größer als bei t_1, aber der Betrag der Geschwindigkeit ist bei t_1 größer. Bei Kurve (d) ist die Geschwindigkeit bei t_1 größer, aber der Betrag der Geschwindigkeit ist bei t_2 größer.

2.4 a) Die Durchschnittsgeschwindigkeit ist $\langle v \rangle = \Delta x/\Delta t = (2\,\text{m})/(2\,\text{s}) = 1$ m/s. b) Die Steigung der Tangente, also die Momentangeschwindigkeit, beträgt 2 m/s bei $t = 2$ s.

2.5 a) $\langle v \rangle \approx 1$ m/s. b) $v \approx 0,7$ m/s.
c) $v = 0$ m/s bei $t = 8$ s.

2.6 $\langle a \rangle = \Delta v/\Delta t = (-1\,\text{m/s} - 5\,\text{m/s})/(8\,\text{s} - 5\,\text{s}) = -2$ m/s^2.

2.7 a) $a = 0$. b) $a > 0$. c) $a < 0$. d) $a = 0$.

2.8 a) Die Fläche unter der Kurve im gegebenen Zeitintervall entspricht der Strecke -36 m.

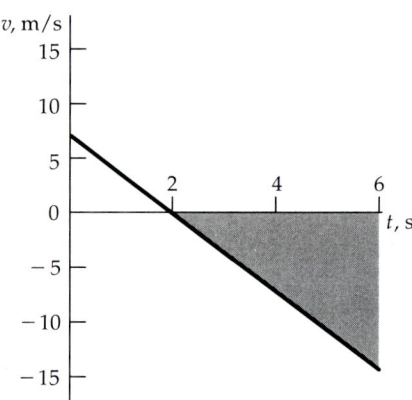

b) $x(t) = (7\,\text{m/s})\,t - (2\,\text{m/s}^2)\,t^2 + c$. Darin ist c eine Konstante. Es ist $\Delta x = x(6) - x(2) = -36$ m.
c) $\langle v \rangle = \Delta x/\Delta t = -9$ m/s.

2.9 a) Die Fläche entspricht $[(2-1)\,\text{m/s}]\,[(4-3)\,\text{s}] = 1$ m. b) Die Verschiebung des Teilchens ist gleich der Fläche unter der v-t-Kurve. Hier entspricht von $t = 1$ s bis $t = 2$ s die Fläche einer Verschiebung von rund 1 m. Von $t = 2$ s bis $t = 3$ s beträgt die Verschiebung etwa 3 m.
c) Die gesamte Fläche unter der Kurve zwischen $t = 1$ s und $t = 3$ s beträgt ca. 4 m. Sie ist gleich $\langle v \rangle\,(2\,\text{s})$. Daraus folgt $\langle v \rangle \approx 2$ m/s.

2.10 Bei konstanter Beschleunigung a gilt $v^2 = v_0^2 + 2\,a\,\Delta x$. Daraus folgt $a = (v^2 - v_0^2)/(2\,\Delta x) = [(15\,\text{m/s})^2 - (10\,\text{m/s})^2]/[2\,(10\,\text{m} - 6\,\text{m})] = 15,6$ m/s^2.

2.11 Aus $v^2 = v_0^2 + 2\,a\,\Delta x$ erhalten wir mit $v_0 = 1$ m/s und $a = 4$ m/s^2 sowie $\Delta x = 1$ m schließlich

$v^2 = 9\,\mathrm{m^2/s^2}$ und $v = 3$ m/s. Aus $v = v_0 + a\,t$ erhalten wir $t = (v - v_0)/a = (2\,\mathrm{m/s})/(4\,\mathrm{m/s^2}) = 0{,}5$ s.

2.12 a) Das Ergebnis erhalten wir am besten mit Hilfe der Gleichung für die Verschiebung: $x = x_0 + v_0\,t + \frac{1}{2}\,a\,t^2$. Es ist $x_0 = 0$ und $v_0 = 20$ m/s sowie $a = -9{,}81\,\mathrm{m/s^2}$. Beachten Sie die Wahl des Vorzeichens von v_0 und von a; die Anfangsgeschwindigkeit ist aufwärts und die Beschleunigung abwärts gerichtet. (Hier ist aufwärts als positiv gewählt.) Der Ball hat den Boden erreicht, wenn $x = 0$ ist, also wenn gilt $v_0\,t + \frac{1}{2}\,a\,t^2 = 0$. Diese Gleichung hat zwei Lösungen: $t = 0$ s und $t = -2\,v_0/a = 4{,}08$ s. Somit befindet sich der Ball 4,08 Sekunden lang in der Luft.   b) Wenn sich der Ball am höchsten Punkt befindet, ist seine momentane Geschwindigkeit null. Also ist $v = 0 = v_0 + a\,t$ bzw. $t = -v_0/a = 2{,}04$ s. (Natürlich ist der Ball am höchsten Punkt, wenn genau die Hälfte der gesamten Zeit verstrichen ist, die er sich in der Luft befindet.) Nach 2,04 s ist $x = 20{,}4$ m.   c) Es ist $x = 15\,\mathrm{m} = v_0\,t + \frac{1}{2}\,a\,t^2$. Dies gilt zu zwei Zeitpunkten: $t = 0{,}991$ s (der Ball fliegt aufwärts) und $t = 3{,}09$ s (der Ball fällt).

2.13 a) $\Delta x = x(4) - x(3) = 2$ m und $\langle v \rangle = 2$ m/s.   b) $\Delta x = x(t + \Delta t) - x(t) = [(2\,\mathrm{m/s^2})\,t - (5\,\mathrm{m/s})]\,\Delta t + (1\,\mathrm{m/s^2})\Delta t^2$.   c) Die momentane Geschwindigkeit ist der Grenzwert von $\Delta x/\Delta t$ für $\Delta t \to 0$. Dieser ist, nach dem Ergebnis von Teil b), gleich $v(t) = (2\,\mathrm{m/s^2})\,t - (5\,\mathrm{m/s})$.

2.14 $v(t) = \mathrm{d}x/\mathrm{d}t = 2A\,t - B = (16\,\mathrm{m/s^2})\,t - 6\,\mathrm{m/s}$ und $a(t) = \mathrm{d}v/\mathrm{d}t = 2A = 16\,\mathrm{m/s^2}$.

2.15 a) Wir setzen die Aufwärtsrichtung positiv an. Der Ball falle aus der Ruhe; also ist $v_0 = 0$, und für die Geschwindigkeit als Funktion der Zeit gilt $v^2 = 2\,a\,\Delta x$ mit $a = -9{,}81\,\mathrm{m/s^2}$. Demnach ist $v = -7{,}67$ m/s, wenn $\Delta x = -3$ m ist.   b) Wenn der Ball den Boden verläßt, hat er die Geschwindigkeit v_0. Mit der Zeit (beim Steigen) wird die Geschwindigkeit kleiner: $v^2 =$

$v_0^2 + 2\,a\,\Delta x$. Hat der Ball eine Höhe von 2 m erreicht (d.h. ist $\Delta x = +2$ m), dann ist gemäß den Angaben $v = 0$ und damit $v_0^2 = -2\,a\,\Delta x$ und $v_0 = 6{,}26$ m/s.   c) Während der Bodenberührung beschleunigt der Ball aufwärts. Der Betrag der Beschleunigung ist $\langle a \rangle = [(6{,}26\,\mathrm{m/s}) - (-7{,}76\,\mathrm{m/s})]/(0{,}02\,\mathrm{s}) = 697\,\mathrm{m/s^2}$. Das ist etwa das 71fache der Gravitations-Beschleunigung auf der Erdoberfläche.

2.16 a) Mit $a = C\,t$ folgt $v(t) = \frac{1}{2}\,C\,t^2 + D$, wobei D eine Konstante ist, die die Einheit m/s hat. Entsprechend ist $x(t) = (C/6)\,t^3 + D\,t + E$. Hier ist E eine Konstante mit der Einheit m.
b) Zum Zeitpunkt $t = 0$ ist $x = 0$ und $v = 0$; daher folgt $D = E = 0$, und bei $t = 5$ s ist $v = 37{,}5$ m/s und $x = 62{,}5$ m.

2.17 a) Die Fläche ist $(0{,}5\,\mathrm{m/s^2})\,(0{,}5\,\mathrm{s}) = 0{,}25\,\mathrm{m/s}$.   b) Die Fläche unter der $a\text{-}t$-Kurve ergibt die Änderung der Geschwindigkeit. Zum Zeitpunkt $t = 0$ ist $v = 0$; daher ist die Geschwindigkeit bei $t = 1$ s etwa $0{,}875$ m/s, und bei $t = 2$ s ist $v \approx 3$ m/s. Bei $t = 3$ s ist $v \approx 5{,}94$ m/s.
c) Die in Teil b) berechneten Geschwindigkeitswerte sind im Diagramm gegen t aufgetragen. Die vom Teilchen zurückgelegte Strecke beträgt ca. 6,5 m, wie aus der Fläche zu ermitteln ist.

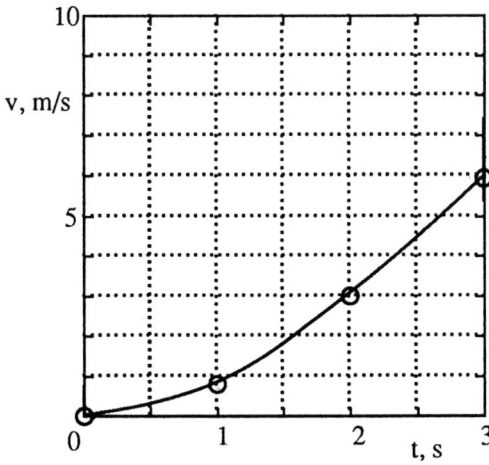

2.18 Aus $v = (0{,}5\,\mathrm{m/s^2})\,t$ folgt durch Integration $x(t) = (\frac{1}{6}\,\mathrm{m/s^3})\,t^3 + C$. Die Verschiebung ist daher $\Delta x = x(3) - x(1) = 4{,}33$ m. In Aufgabe 9

hatten wir etwa 4 m ermittelt. Die Durchschnitts-Geschwindigkeit ist nicht gleich dem Mittelwert (2,5 m/s) von Anfangsgeschwindigkeit (0,5 m/s) und Endgeschwindigkeit (4,5 m/s), wenn – wie hier – die Beschleunigung nicht konstant ist. Die mittlere Geschwindigkeit ist $(4,33\,\mathrm{m})\,/\,(2\,\mathrm{s}) = 2,17\,\mathrm{m/s}$.

2.19 Das Teilchen bewegt sich mit konstanter Beschleunigung. Daher gilt $x = x_0 + v_0\,t + \frac{1}{2}\,a\,t^2$ und $v = v_0 + a\,t$. Die beiden Unbekannten x_0 und v_0 können wir aus zwei unabhängig voneinander gegebenen Werten bestimmen, nämlich aus $x(4) = 100$ m und $v(6) = 15$ m/s. Wir beginnen mit dem letzteren und erhalten direkt $v_0 = -3$ m/s. Das setzen wir in die Beziehung für $x(4)$ ein und erhalten $x_0 = 88$ m. Damit ist die Bewegung des Teilchens vollständig bestimmt, und es folgt $x(6) = 124$ m.

2.20 a) $v = 79$ km/s.   b) $v_1 = 31\,600$ km/s. c) Bei konstanter Geschwindigkeit v ist die Zeit, die zum Zurücklegen einer Strecke x benötigt wird, gleich $t = x/v$. Hier ist $t = r/v = 1/H = 6,33 \cdot 10^{17}$ s $= 20,0$ Milliarden Jahre.

2.21 Der oberen v-t-Kurve (a) entnehmen wir: a) $a > 0$ etwa zwischen $t = 3$ s und $t = 6$ s und $a < 0$ etwa zwischen $t = 1$ s und $t = 3$ s sowie $a = 0$ etwa bei $t = 3$ s und zwischen $t = 6$ s und $t = 7$ s.   b) $a = \text{const.}$ dort, wo die Kurve geradlinig verläuft.   c) $v = 0$ etwa bei $t = 8,75$ s. Der unteren x-t-Kurve (b) entnehmen wir: a) $a > 0$ etwa zwischen $t = 4$ s und $t = 7$ s und $a < 0$ etwa zwischen $t = 0$ s und $t = 3$ s und bei $t > 7$ s sowie $a = 0$ etwa zwischen $t = 3$ s und $t = 4$ s. b) $a = \text{const.}$ dort, wo die Kurve geradlinig oder parabolisch verläuft.   c) $v = 0$ etwa bei $t = 2$ s, $t = 6$ s und $t = 8$ s.

2.22 Im Diagramm ist die Position des Steines in Abhängigkeit von der Zeit dargestellt.

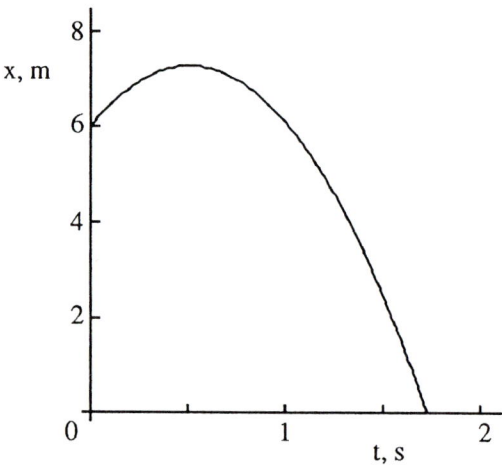

a) Es gilt $x = x_0 + v_0\,t + \frac{1}{2}\,a\,t^2$ und $v = v_0 + a\,t$ mit $a = -9,81$ m/s^2 und $x_0 = 6$ m sowie $v_0 = 5$ m/s. Die größte Höhe ist erreicht, wenn $v = 0$ ist, also bei $t = 0,510$ s. In diesem Moment ist die Höhe $x = 7,27$ m.   b) Der Stein erreicht den Boden, wenn $x = 0$ ist; dies geschieht nach $t = 1,73$ s. Beachten Sie, daß die Gleichung für $x = 0$ auch eine Lösung mit negativer Zeit hat, die jedoch physikalisch nicht sinnvoll ist. c) Bei $t = 1,73$ s ist die Geschwindigkeit des Steines $v = -11,9$ m/s.

2.23 Am einfachsten ist es hier, die drei Phasen der Bewegung getrennt zu betrachten. Nach 20 s mit der Beschleunigung 2 m/s^2 beträgt die Geschwindigkeit 40 m/s. Die zurückgelegte Strecke ist $\Delta x_1 = v^2/(2\,a) = 400$ m. Dann fährt der Wagen 20 s lang mit 40 m/s, so daß $\Delta x_2 = 800$ m ist. Nun verzögert der Wagen mit $a = -3$ m/s^2 bis zum Stillstand. Hierfür benötigt er die Strecke $\Delta x_3 = -v_0^2/(2\,a) = 266,67$ m. Die gesamte Strecke beträgt 1466,67 m.

2.24 Wir verwenden am besten die Gleichung $v^2 = v_0^2 + 2\,a\,\Delta x$ und setzen die Abwärtsrichtung als positiv an. Dann ist $v_0 = 120$ km/h $= 33,33$ m/s und $v = 0$ sowie $a = -35\,g = -35\,(9,81\ \mathrm{m/s^2})$. Dann ist die notwendige Höhe des Heuhaufens $\Delta x = -v_0^2/(2\,a) = 1,62$ m.

2.25

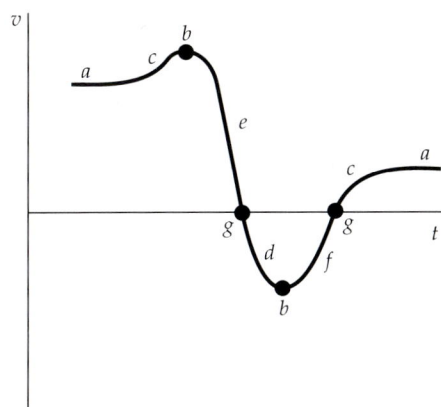

2.26 Es müssen die Positionen und die Geschwindigkeiten von Zug (Z) und Reisender (R) gleich sein, damit diese aufspringen kann. Damit gilt $x_Z = (0{,}2\,\text{m/s}^2)\,t^2$ und $v_Z = (0{,}4\,\text{m/s}^2)\,t$ und $x_R = v\,(t-6\,\text{s})$ sowie $v_R = v$. Aus der Bedingung, daß die Geschwindigkeiten gleich sein müssen, folgt $t = v/(0{,}4\,\text{m/s}^2)$ und daraus $v = 4{,}8$ m/s (siehe Abbildung).

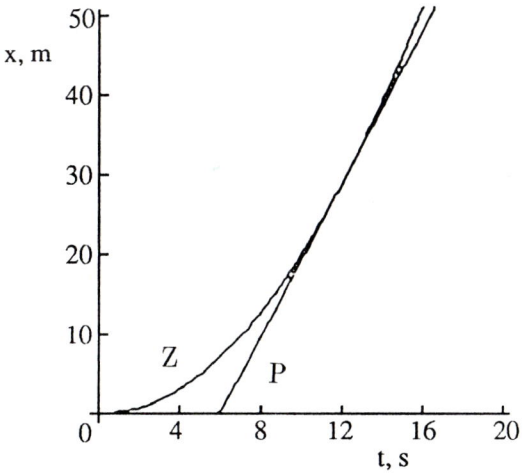

2.27 Das erste Diagramm in der nächsten Spalte zeigt die Geschwindigkeit v und das zweite die Beschleunigung a, jeweils in Abhängigkeit von der Zeit t.

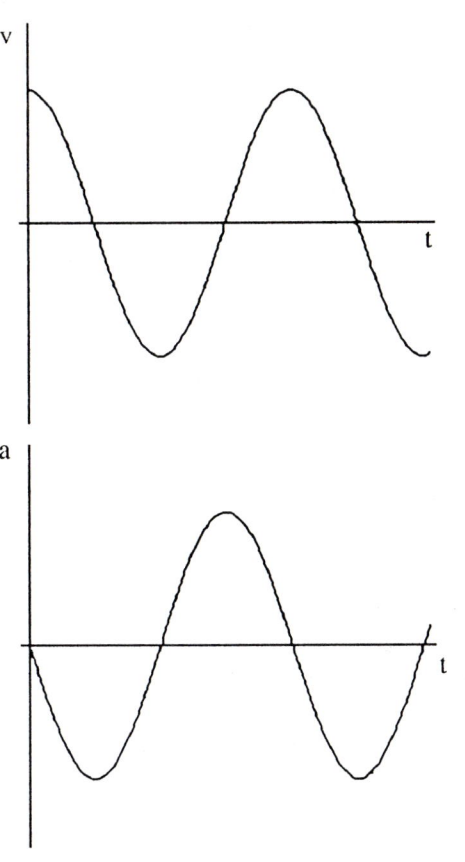

2.28 a) Das Diagramm zeigt die Strecken x in Abhängigkeit von den Zeiten t.

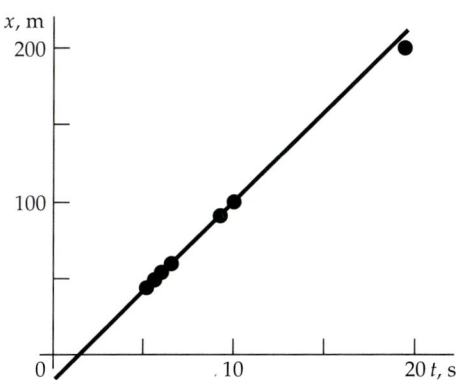

b) Die Position und die Geschwindigkeit im Zeitintervall $0 \leq t \leq T$ sind $x = \frac{1}{2}\,a\,t^2$ bzw. $v = a\,t$. Am Ende dieses Zeitintervalls T ist die Anfangsgeschwindigkeit für das nächste Intervall $v_0 = a\,T$, und die Anfangsposition ist $x_0 = \frac{1}{2}\,a\,T^2 = \frac{1}{2}\,v_0\,T$. Für $t \geq T$ ist daher $x = x_0 + v_0\,(t - T) = \frac{1}{2}\,v_0\,T + a\,T\,(t - T)$ bzw. $x = v_0\,(t - \frac{1}{2}\,T)$.   c) Die Steigung beträgt etwa 11,6 m/s $= v_0$, und der Achsenabschnitt auf der

Zeitachse (also $x = 0$) beträgt ungefähr 1,3 s. Damit ist $T = 2,6$ s, und die Beschleunigung ist $a = 4,46$ m/s². d) Beim Sprint wird eine hohe Geschwindigkeit erreicht; diese kann über längere Strecken (über 400 m) nicht aufrecht erhalten werden. Die Rekordzeit beim 1500-m-Lauf beträgt rund 3,5 min; die Durchschnittsgeschwindigkeit ist hier um ca. 30 Prozent geringer als beim 100-m-Lauf.

2.29 a) Anfangs erfährt das Teilchen die Gravitationsbeschleunigung. Während seine Geschwindigkeit zunimmt, wird die Beschleunigung kleiner; zwar steigt die Geschwindigkeit weiterhin an, aber mit einer geringeren Rate. Die Endgeschwindigkeit ist $v = g/b$; dann ist die Beschleunigung null, und die Geschwindigkeit bleibt nun konstant. b) Die Abbildung zeigt grob die Zeitabhängigkeit der Geschwindigkeit v.

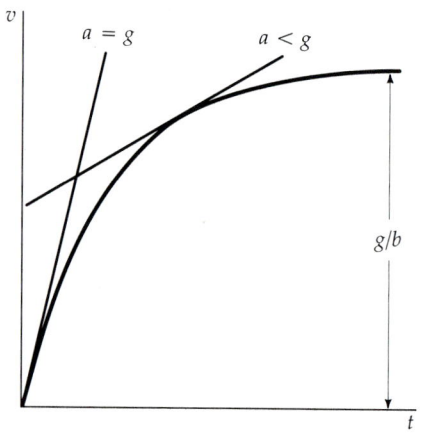

2.30 Um $x(t)$ zu erhalten, integrieren wir am besten die Funktion $dt = dx/v(x)$. Hier ist $v(x) = A x$ mit $A = 1$ s⁻¹, so daß v und x denselben Zahlenwert haben. Die Integration ergibt $t - t_0 = (1/A)\ln(x/x_0)$. Daraus folgt $x(t) = x_0\,e^{A(t-t_0)}$ sowie $v(t) = A x_0\,e^{A(t-t_0)}$ und $a(t) = A^2 x_0\,e^{A(t-t_0)}$. Dabei ist die Forderung der gleichen Zahlenwerte erfüllt. (Beachten Sie, daß wir nicht $dx = v\,dt$ integriert haben, weil v als Funktion von x, und nicht von t, gegeben war.)

2.31 a) Wir können zwei Teile des Anhalteweges unterscheiden: den für die Reaktion des Fahrers und den zum Verzögern des Autos. Mit der Anfangsgeschwindigkeit v_0 und $T = 0,5$ s ist der erste Teil des Weges $\Delta x_1 = v_0 T$. Der zweite Teil ist $\Delta x_2 = -v_0^2/(2\,a)$, wobei $a = -7$ m/s² ist. Mit $\Delta x_1 + \Delta x_2 = 4$ m ergibt sich eine quadratische Gleichung für v_0 mit der physikalisch sinnvollen Lösung $v_0 = 4,76$ m/s $= 17,1$ km/h.
b) $\Delta x_1 = v_0 T = 2,38$ m. Somit entfallen rund 60 Prozent des gesamten Anhalteweges von 4 m auf die Reaktionszeit des Fahrers.

2.32 a) Hier ist $v(t) = 2^{-A t}\,v_0$ mit $v_0 = 10^3$ m/s und $t_0 = 0$ s sowie $A = 1\,\mathrm{s}^{-1}$. In der Abbildung ist $v(t)$ gegen t aufgetragen.

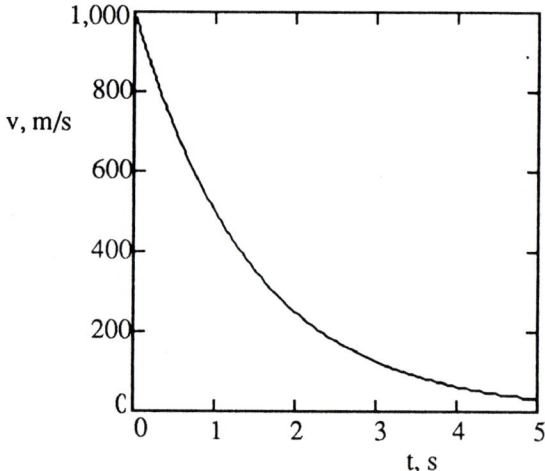

b) Die mittlere Geschwindigkeit ist $\langle v \rangle = \Delta x/\Delta t$; dies gilt für jede Art von Bewegung. Jedoch ist hier die mittlere Geschwindigkeit nicht einfach der Mittelwert von Anfangs- und End-Geschwindigkeit. Es ist $v(t) = 2^{-A t}\,v_0 = dx/dt$. Daraus folgt $dx = 2^{-A t}\,v_0\,dt = e^{-A t \ln 2}\,v_0\,dt$. Die Integration ergibt $\Delta x = [v_0/(A \ln 2)]\,(1 - 2^{-10})$. Mit $\Delta t = 10$ s erhalten wir $\langle v \rangle = 144$ m/s.

Kapitel 3

Bewegung in zwei und drei Dimensionen

3.1 a) Nach 15 s ist $\mathbf{C} = (10\,\text{m})\,\mathbf{e}_x + (10\,\text{m})\,\mathbf{e}_y$ und $C = 14{,}1$ m sowie $\theta = 45°$. Nach 30 s ist $\mathbf{C} = (20\,\text{m})\,\mathbf{e}_y$ und $C = 20$ m sowie $\theta = 90°$. Nach 45 s ist $\mathbf{C} = (-10\,\text{m})\,\mathbf{e}_x + (10\,\text{m})\,\mathbf{e}_y$ und $C = 14{,}1$ m sowie $\theta = 135°$. Nach 60 s ist die Verschiebung schließlich null. b) Die vier aufeinanderfolgenden Verschiebungen sind erstens $\mathbf{C} = (10\,\text{m})\,\mathbf{e}_x + (10\,\text{m})\,\mathbf{e}_y$ und $C = 14{,}1$ m sowie $\theta = 45°$, zweitens $\mathbf{C} = (-10\,\text{m})\,\mathbf{e}_x + (10\,\text{m})\,\mathbf{e}_y$ und $C = 14{,}1$ m sowie $\theta = 135°$, drittens $\mathbf{C} = (-10\,\text{m})\,\mathbf{e}_x - (10\,\text{m})\,\mathbf{e}_y$ und $C = 14{,}1$ m sowie $\theta = 225°$ und viertens $\mathbf{C} = (10\,\text{m})\,\mathbf{e}_x - (10\,\text{m})\,\mathbf{e}_y$ und $C = 14{,}1$ m sowie $\theta = 315°$. c) Die Verschiebung im zweiten 15-s-Intervall hat denselben Betrag wie die im ersten, ist aber um 90° gegenüber dieser gedreht (die Verschiebungen stehen also senkrecht aufeinander). d) Die Verschiebung im letzten 15-s-Intervall hat denselben Betrag, aber entgegengesetzte Richtung wie die im zweiten Intervall (die Verschiebungen sind also antiparallel).

3.2 a)

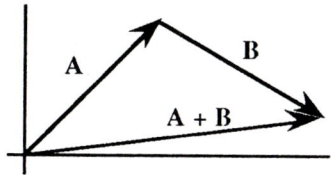

b)

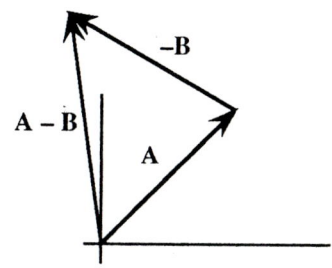

c)

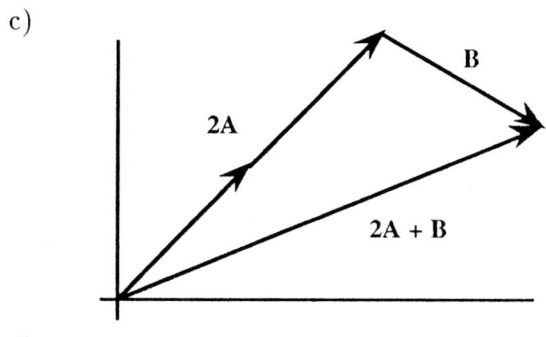

d)

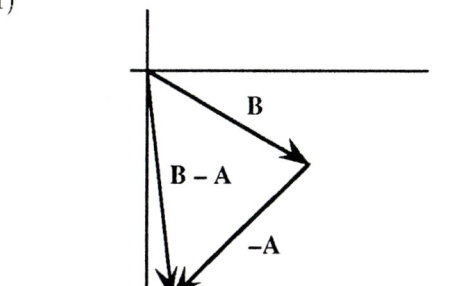

e)

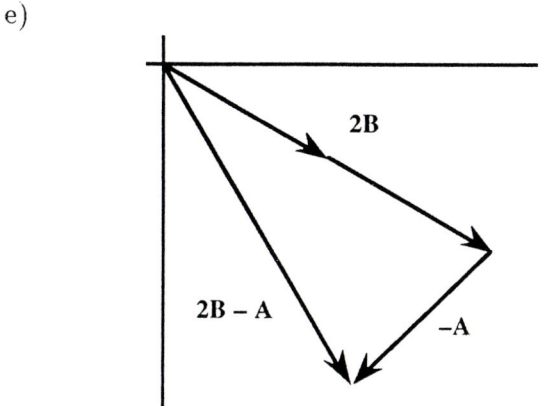

3.3 a) $A_x = 8{,}66$ m; $A_y = 5$ m. b) $A_x = 3{,}54$ m; $A_y = 3{,}54$ m. c) $A_x = 3{,}5$ km; $A_y = 6{,}06$ km. d) $A_x = 0$ km; $A_y = 5$ km. e) $A_x = -13$ km/s; $A_y = 7{,}5$ km/s. f) $A_x = -5$ m/s; $A_y = -8{,}66$ m/s. g) $A_x = 0$ m/s^2; $A_y = -8$ m/s^2.

3.4 Wie aus den Angaben hervorgeht, weist die Gravitationsbeschleunigung entlang einer Richtung, die um 60° gegen die x-Achse nach unten geneigt ist. Daher ist $\theta = -60°$. Daraus folgt $a_x = 4,91\,\text{m/s}^2$ und $a_y = -8,50\,\text{m/s}^2$.

3.5 a) $A_x = 1,41\,\text{m} = A_y$; $B_x = 1,73\,\text{m}$; $B_y = -1\,\text{m}$. b) Es sei $\mathbf{C} = \mathbf{A} + \mathbf{B}$. Dann ist $C_x = A_x + B_x = 3,15\,\text{m}$ und $C_y = 0,414\,\text{m}$. Daraus folgt $C = 3,17\,\text{m}$ und $\theta = 7,5°$. c) Mit $\mathbf{C} = \mathbf{A} - \mathbf{B}$ erhalten wir $C_x = -0,318\,\text{m}$ und $C_y = 2,41\,\text{m}$ sowie $C = 2,44\,\text{m}$ und $\theta = 97,5°$.

3.6 Es sei $\mathbf{C} = \mathbf{A} + \mathbf{B}$.   a) $A = 8,06$, $\theta = 240°$ und $B = 3,61$, $\theta = -33,7°$ und $C = 9,06$, $\theta = 264°$.   b) $A = 4,12$, $\theta = -76°$ und $B = 6,32$, $\theta = 71,6°$ und $C = 3,61$, $\theta = 33,7°$.

3.7 Der Verschiebungsvektor ist $\mathbf{C} = (2\,\text{m})\,(\mathbf{e}_x + \mathbf{e}_y + \mathbf{e}_z)$. Sein Betrag ist $C = 3,46\,\text{m}$. Die zugehörigen Winkel sind gegeben durch $\cos\theta = C_x/C$ bzw. $\theta = 54,7°$ und $\tan\phi = C_y/C_x$ bzw. $\phi = 45°$.

3.8 Einfache Beispiele von Vektoren $\mathbf{B}$, für die $A = B$, aber $\mathbf{B} \neq \mathbf{A} = 3\,\mathbf{e}_x + 4\,\mathbf{e}_y$ ist, sind $\mathbf{B} = -3\,\mathbf{e}_x + 4\,\mathbf{e}_y$ und $\mathbf{B} = 3\,\mathbf{e}_x - 4\,\mathbf{e}_y$ sowie $\mathbf{B} = -3\,\mathbf{e}_x - 4\,\mathbf{e}_y$. Auch der Vektor $\mathbf{B} = (5\cos\theta)\,\mathbf{e}_x + (5\sin\theta)\,\mathbf{e}_y$ erfüllt diese Bedingung für einen allgemeinen Winkel θ. Die geometrische Interpretation ist: $\mathbf{B}$ ist ein Vektor, der beim gleichen Punkt wie $\mathbf{A}$ beginnt und auf einem Kreis mit dem Radius A endet, wie in der Abbildung gezeigt:

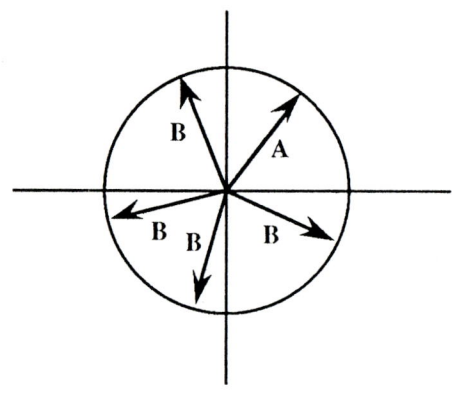

3.9 Hier liegen vier Variable vor: A_x, A_y, B_x und B_y. Für diese soll gelten $A/B = A_x/B_x$. Damit ist festgelegt, daß A_x und B_x dasselbe Vorzeichen haben (weil A/B nach Definition positiv ist). Dies ist dann der Fall, wenn gilt $(A_x^2 + A_y^2)/(B_x^2 + B_y^2) = A_x^2/B_x^2$; das können wir auch folgendermaßen schreiben: $1 = (1 + A_y^2/A_x^2)/(1 + B_y^2/B_x^2)$ oder $A_y/A_x = \pm B_y/B_x$. Dies ergibt schließlich $B_y = \pm A_y(B/A)$. Also können A_x und A_y willkürlich gewählt werden, ebenso B_x, dessen Vorzeichen aber mit dem von A_x übereinstimmen muß. Damit ist B_y bestimmt, wie eben gezeigt.

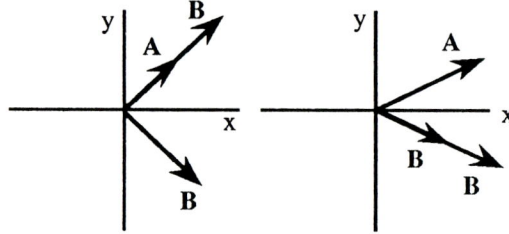

Geometrisch bedeutet die Bedingung $A_y/A_x = \pm B_y/B_x$, daß $\theta_A = \pm\theta_B$ ist, obwohl die Beträge von A und B beliebig sind. Beispiele sind in der Abbildung gezeigt.

3.10 $\Delta\mathbf{A}$ ist der Vektor, für den gilt $\mathbf{A}(t) + \Delta\mathbf{A} = \mathbf{A}(t + \Delta t)$:

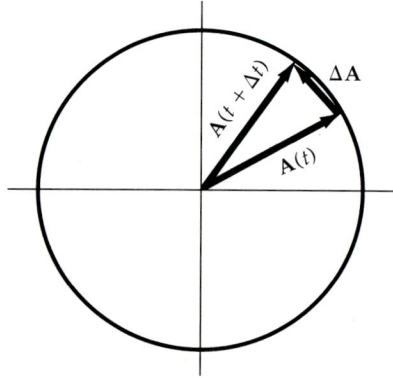

Wenn Δt gegen null geht, so folgt aus der Abbildung, daß $\Delta\mathbf{A}$ senkrecht auf $\mathbf{A}(t)$ steht, also tangential zur Bahn von $\mathbf{A}(t)$ verläuft.

3.11 Die mittlere Geschwindigkeit ist $\Delta\mathbf{r}/\Delta t$. Dabei gilt $\Delta\mathbf{r} = \mathbf{r}_2 - \mathbf{r}_1 = [(20\,\text{km})\cos -45°]\,\mathbf{e}_x + [(20\,\text{km})\sin -45°]\,\mathbf{e}_y - (-10\,\text{km})\,\mathbf{e}_y$. Also ist $\Delta\mathbf{r} = (14,1\,\text{km})\,\mathbf{e}_x - (4,14\,\text{km})\,\mathbf{e}_y$. Wegen $\Delta t = 1\,\text{h}$ ist die mittlere Geschwindigkeit $\langle v \rangle$ = 14,7 km/h. Der Winkel ist θ = −16,3°.

3.12 In der Abbildung ist $\mathbf{r}(t)$ eingezeichnet. Beachten Sie, daß $\mathbf{r}(t)$ eine gerade Linie bildet und die Geschwindigkeit – die Tangente an $\mathbf{r}(t)$ – deswegen stets dieselbe Richtung hat.

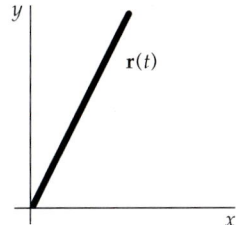

b) Es ist $\mathbf{v}$ = $d\mathbf{r}/dt$ = $(5 \text{ m/s}) \, \mathbf{e}_x + (10 \text{ m/s}) \, \mathbf{e}_y$. Daraus folgt v = 11,2 m/s.

3.13 Hier ist die Beschleunigung konstant. Also gilt $v = v_0 + a \, t$, wobei $a = -g = -9{,}81 \text{ m/s}^2$ ist. Der Einfachheit halber wählen wir $t = 0$ als den Zeitpunkt, zu dem der Ball den höchsten Punkt erreicht. Damit ist natürlich $v_0 = 0$ und daher $v = -g \, t$.   a) Eine Sekunde vor dem Erreichen des höchsten Punktes ist die Geschwindigkeit $v = -g \, (-1 \text{ s}) = 9{,}81 \text{ m/s}$, und eine Sekunde nach diesem Zeitpunkt ist $v = -9{,}81$ m/s. Der Betrag der Geschwindigkeit ist zu beiden Zeitpunkten derselbe.   b) Die Änderung der Geschwindigkeit ist $\Delta v = (-9{,}81 \text{ m/s}) - (9{,}81 \text{ m/s}^2) = -19{,}62$ m/s.   c) Die mittlere Beschleunigung ist $\langle a \rangle = \Delta v / \Delta t = -9{,}81 \text{ m/s}^2$.

3.14 a) $\langle \mathbf{v} \rangle = (\Delta x / \Delta t) \, \mathbf{e}_x + (\Delta y / \Delta t) \, \mathbf{e}_y = (33{,}333 \text{ m/s}) \, \mathbf{e}_x + (26{,}667 \text{ m/s}) \, \mathbf{e}_y$.   b) Um die mittlere Beschleunigung $\langle \mathbf{a} \rangle$ zu erhalten, müssen wir zunächst $\Delta \mathbf{v} = \mathbf{v}_2 - \mathbf{v}_1$ bestimmen. Hier ist $\Delta \mathbf{v} = [(30 \text{ m/s}) \cos 50° - (40 \text{ m/s}) \cos 45°] \, \mathbf{e}_x + [(30 \text{ m/s}) \sin 50° - (40 \text{ m/s}) \sin 45°] \, \mathbf{e}_y$. Daraus folgt $\langle \mathbf{a} \rangle = (-3 \text{ m/s}^2) \, \mathbf{e}_x - (1{,}77 \text{ m/s}^2) \, \mathbf{e}_y$.

3.15 a) Weil die Schwimmerin direkt auf das jenseitige Ufer zuhält, benötigt sie zum Überqueren des Flusses die Zeit (80 m) / (1,6 m/s) = 50 s. In dieser Zeit wird sie um 40 m abgetrieben; da-

---

her ist die relative Geschwindigkeit v_r = 0,8 m/s.

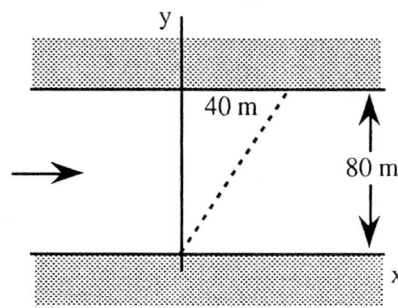

b) Ihre gesamte Geschwindigkeit relativ zum Ufer ist $\mathbf{v} = (0{,}8 \text{ m/s}) \, \mathbf{e}_x + (1{,}6 \text{ m/s}) \, \mathbf{e}_y$. Deren Betrag ist 1,79 m/s.   c) Auf den ersten Blick scheint es, als müsse sie auf einen Punkt zuhalten, der 40 m flußaufwärts vom Startpunkt liegt, also in einer Richtung, die um 26,6° nach oben weist. Aber der Fluß treibt sie um 40 m ab, wenn sie geradeaus schwimmt, und zwar 50 s lang. Flußaufwärts schwimmen bedeutet daher, daß die zum Überqueren nötige Zeit größer ist, die Schwimmerin also um mehr als 40 m abgetrieben wird. Die exakte Bedingung lautet, daß die Schwimmerin um einen solchen Winkel flußaufwärts gerichtet schwimmen muß, daß die x-Komponente der 1,6 m/s genau gleich der Fließgeschwindigkeit von 0,8 m/s ist. Der dafür einzuhaltende Winkel gegen die Querrichtung ist θ = 30°. Also muß die Schwimmerin auf den Punkt zuhalten, der 46,2 m flußaufwärts am jenseitigen Ufer liegt.

3.16 a) Die nordwärts gerichtete Geschwindigkeitskomponente des Windes ist 56,6 km/h; seine östliche Komponente ist ebenso groß. Daher muß das Flugzeug in eine Richtung gesteuert werden, die um einen solchen Winkel θ nach Westen abweicht, so daß gilt $(250 \text{ km/h}) \sin \theta$ = 56,6 km/h und damit θ = 13,1°.   b) Die Geschwindigkeit des Flugzeugs ist nur nach Norden gerichtet und hat den Betrag 56,6 km/h + $(250 \text{ km/h}) \cos 13{,}1°$ = 300 km/h.

3.17 a) Die bei konstanter Beschleunigung a für einen Fall um die Höhe h nötige Zeit ist $t = \sqrt{2 \, h / a}$. Hier ist $a = 9{,}81 \text{ m/s}^2$, und es ergibt sich t = 63,9 s.   b) Das Triebwerk bewegt sich in horizontaler Richtung nach wie vor mit derselben Geschwindigkeit, so daß für die zurück-gelegte Strecke gilt $d = v\,t = 44{,}3$ km.   c) Das Triebwerk und das Flugzeug bewegen sich horizontal mit gleicher Geschwindigkeit; daher trifft das Triebwerk genau 20 km unterhalb des Flugzeugs auf den Boden.

3.18   Die senkrechte Anfangsgeschwindigkeit ist $v_{0y} = v_0 \sin\theta$. Wegen der konstanten Beschleunigung $a = -g$ ist $v_y^2 = v_{0y}^2 - 2\,g\,\Delta y$. Die maximale Höhe wird erreicht, wenn gilt $v_y = 0$ bzw. $v_{0y}^2 = 2\,g\,\Delta y$. Daher ist die maximale Höhe $\Delta y = v_{0y}^2/(2\,g) = (v_0 \sin\theta)^2/(2\,g)$.

3.19   Bei der Geschwindigkeit 180 km/h = 50 m/s und dem Radius 300 m ist die Zentripetalbeschleunigung 8,33 m/s², aufwärts gerichtet.

3.20   a) Mit $a_z = v^2/r$ entspricht einer doppelten Geschwindigkeit eine vierfache Beschleunigung.   b) Die Beschleunigung wird halbiert. c) Eine scharfe Ecke entspricht dem Radius null, so daß bei endlich hoher Geschwindigkeit die Beschleunigung unendlich hoch sein müßte.

3.21   a) Mit $v^2 = a_z\,r$ ergibt sich $v = 10$ m/s. Weil die Beschleunigung rein radial ist, ist der Betrag der Geschwindigkeit konstant: $dv/dt = 0$. b) $a_z = (30\,\text{m/s}^2)\cos 30° = 26$ m/s². Daher ist in diesem Augenblick $v = 11{,}4$ m/s. Die Beschleunigung hat eine tangentiale Komponente, so daß gilt $a_t = (30\,\text{m/s}^2)\sin 30° = 15\,\text{m/s}^2 = dv/dt$. c) $a_z = (50\,\text{m/s}^2)\cos 45° = 35{,}4$ m/s² und damit $v = 13{,}3$ m/s. Ferner ist $a_t = (50\,\text{m/s}^2)\sin 45° = 35{,}4\,\text{m/s}^2 = dv/dt$.

3.22   a) Bei $t = 2$ s ist $\mathbf{v} = \mathbf{v}_0 + \mathbf{a}\,t = [2\,\text{m/s} + (4\,\text{m/s}^2)\,t]\,\mathbf{e}_x + [-9\,\text{m/s} + (3\,\text{m/s}^2)\,t]\,\mathbf{e}_y = (10\,\text{m/s})\,\mathbf{e}_x - (3\,\text{m/s})\,\mathbf{e}_y$. b) Bei $t = 4$ s ist $\mathbf{r} = \mathbf{r}_0 + \mathbf{v}_0\,t + \frac{1}{2}\mathbf{a}\,t^2 = [4\,\text{m} + (2\,\text{m/s})\,t + (2\,\text{m/s}^2)\,t^2]\,\mathbf{e}_x + [3\,\text{m} - (9\,\text{m/s})\,t + (1{,}5\,\text{m/s}^2)\,t^2]\,\mathbf{e}_y = (44\,\text{m})\,\mathbf{e}_x - (9\,\text{m})\,\mathbf{e}_y$. Der Betrag ist $r = 44{,}9$ m, und die Richtung ist $\theta = -11{,}6°$.

3.23   a) $\mathbf{a} = \Delta\mathbf{v}/\Delta t = [(-60\,\text{m/s})\,\mathbf{e}_y - (20\,\text{m/s})\,\mathbf{e}_x]/(2\,\text{s}) = (-10\,\text{m/s}^2)\,\mathbf{e}_x - (30\,\text{m/s}^2)\,\mathbf{e}_y$. Daher ist $a = 31{,}6$ m/s² und $\theta = 252°$.   b) $\mathbf{a} = (10\,\text{m/s}^2)\,\mathbf{e}_x - (24{,}2\,\text{m/s}^2)\,\mathbf{e}_y$ und $a = 26{,}1$ m/s² sowie $\theta = -67{,}6°$.   c) $\mathbf{a} = (15\,\text{m/s}^2)\,\mathbf{e}_x - (18{,}6\,\text{m/s}^2)\,\mathbf{e}_y$ und $a = 23{,}9$ m/s² sowie $\theta = -51{,}1°$.

3.24   a) $v = 2\,\pi\,r\,/\,T = (10\,\text{m})\,\pi\,/\,(100\,\text{s}) = (\pi/10)$ m/s.   b) Bei $t = 50$ s ist $r = 5$ m und $\theta = 180°$; bei $t = 25$ s ist $r = 5$ m und $\theta = 90°$; bei $t = 10$ s ist $r = 5$ m und $\theta = 36°$; bei $t = 0$ s ist $r = 5$ m und $\theta = 0°$. c) Die mittlere Geschwindigkeit ist $\langle\mathbf{v}\rangle = \Delta\mathbf{r}/\Delta t = (\mathbf{r}_2 - \mathbf{r}_1)/\Delta t$. Weiterhin ist $\langle v\rangle = \Delta r/\Delta t$, wobei gilt $\Delta r = 2\,r\sin(\theta/2)$ und $r = |\mathbf{r}_1| = |\mathbf{r}_2|$. Dabei ist θ der Winkel zwischen $\mathbf{r}_1$ und $\mathbf{r}_2$. Zwischen $t = 0$ s und $t = 50$ s ist daher $\langle v\rangle = \Delta r/\Delta t = (10\,\text{m})/(50\,\text{s}) = 0{,}2$ m/s und $\theta = 180°$. Zwischen $t = 0$ s und $t = 25$ s ist $\langle v\rangle = \Delta r/\Delta t = (5\sqrt{2}\,\text{m})/(25\,\text{s}) = 0{,}283$ m/s und $\theta = 135°$. Zwischen $t = 0$ s und $t = 10$ s ist $\langle v\rangle = \Delta r/\Delta t = [(10\,\text{m})\sin 18°]/(10\,\text{s}) = 0{,}309$ m/s und $\theta = 108°$.   d) Bei $t = 0$ s ist die momentane Geschwindigkeit $v = 0{,}314$ m/s, und die Richtung ist $\theta = 90°$.

3.25   a) $\mathbf{v} = \mathbf{v}_0 + \mathbf{a}\,t = \mathbf{a}\,t = [(6\,\text{m/s}^2)\,t]\,\mathbf{e}_x + [(4\,\text{m/s}^2)\,t]\,\mathbf{e}_y$ und $\mathbf{r} = \mathbf{r}_0 + \mathbf{v}_0\,t + \frac{1}{2}\mathbf{a}\,t^2 = [10\,\text{m} + (3\,\text{m/s}^2)\,t^2]\,\mathbf{e}_x + [(2\,\text{m/s}^2)\,t^2]\,\mathbf{e}_y$.   b) Aus den Ergebnissen von a) folgt $x(t) = 10\,\text{m} + (3\,\text{m/s}^2)\,t^2$ und $y(t) = (2\,\text{m/s}^2)\,t^2$. Um den Weg in der x-y-Ebene zu erhalten, müssen wir dies als y in Abhängigkeit von x ausdrücken. Dazu ist t zu eliminieren. Es ergibt sich $y(x) = \frac{2}{3}x - (20\,\text{m})/3$. Wie die Abbildung zeigt, ist der Weg geradlinig.

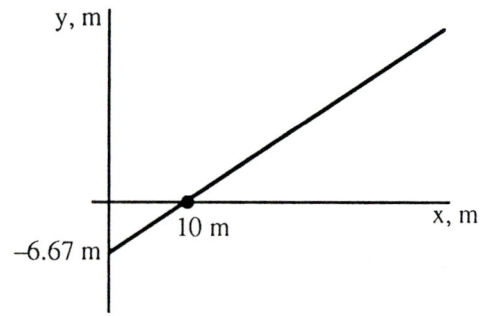

3.26 Am besten wählen wir x als die Bewegungsrichtung des Zuges. Die Aufwärtsrichtung sei y. Entscheidend ist, daß die Bewegungen in diesen beiden Richtungen voneinander unabhängig sind.   a) Die Geschwindigkeit, die der zweite Mann sieht, ist $\mathbf{v} = (10\,\text{m/s})\,\mathbf{e}_x + (15\,\text{m/s})\,\mathbf{e}_y$. Daher ist $v = 18{,}0$ m/s und $\theta = 56{,}3°$.   b) Für den Mann auf dem Zug ist nur eine Bewegung in y-Richtung sichtbar; für diese gilt $y = v_{y0}\,t - \frac{1}{2}\,g\,t^2$. Dabei ist $y = 0$, wenn der Ball geworfen und wenn er wieder gefangen wird. Diese Gleichung hat zwei Lösungen: $t = 0$ und $t = 2\,v_{y0}/g = 3{,}06$ s. Für jeden der beiden Männer ist der Ball also 3,06 s lang in der Luft. c) Für den Mann auf dem Zug liegt keine Bewegung des Balles in x-Richtung vor, aber für den Mann auf der Erde ist $x = v_x\,t = 30{,}6$ m. d) Für den Mann auf dem Zug ist $v_{\min} = 0$, und für den Mann auf der Erde ist $v_{\min} = 10$ m/s. e) Beide Männer sehen dieselbe Beschleunigung: $\mathbf{a} = -g\,\mathbf{e}_y$.

3.27 Den Ursprung wählen wir am Fuß des Ufers. Die horizontale Richtung ist x, die senkrechte ist y. Dann ist $y = 200\,\text{m} + v_{y0}\,t - \frac{1}{2}\,g\,t^2$, mit $v_{y0} = (60\,\text{m/s})\,\sin 60°$. Die physikalisch sinnvolle Lösung für $y = 0$ m ist $t = 13{,}6$ s. Die in dieser Zeit vom Projektil zurückgelegte horizontale Distanz ist $x = v_x\,t = 408$ m.

3.28 Wir wählen die Richtungen so, daß x nach Osten und y nach Norden zunimmt.   a) Für A ist $x = (20\,\text{m/s})\,t$ und $y = 0$; für B ist $x = 0$ und $y = 40\,\text{m} - (1\,\text{m/s}^2)\,t^2$. Die zu A relative Position von B, also $\mathbf{r}_{AB}$, ist der Vektor, der bei der Addition mit $\mathbf{r}_A$ den Vektor $\mathbf{r}_B$ ergibt. Also ist $\mathbf{r}_A + \mathbf{r}_{AB} = \mathbf{r}_B$ und damit $\mathbf{r}_{AB} = -(120\,\text{m})\,\mathbf{e}_x + (4\,\text{m})\,\mathbf{e}_y$.   b) Auto A hat die Geschwindigkeit $v_A = (20\,\text{m/s})\,\mathbf{e}_x$, und Auto B hat die Geschwindigkeit $v_B = [(-2\,\text{m/s}^2)\,t]\,\mathbf{e}_y$. Damit folgt $\mathbf{v}_{AB} = (-20\,\text{m/s})\,\mathbf{e}_x - (12\,\text{m/s})\,\mathbf{e}_y$. c) $\mathbf{a}_{AB} = (-2\,\text{m/s}^2)\,\mathbf{e}_y$.

3.29 Die Geschwindigkeit eines Körpers, der mit der Erde rotiert, ist $v = 2\,\pi\,R_E/T$, wobei

$R_E = 6370$ km der Erdradius ist. Die Umlaufzeit ist $T = 24$ h. Damit ist die Zentripetalbeschleunigung $a_z = v^2/R_E = 3{,}37 \cdot 10^{-2}\,\text{m/s}^2 = (3{,}43 \cdot 10^{-3})\,g$. Bewegt sich ein Körper auf der Erdumlaufbahn um die Sonne, so ist $v = 2\,\pi\,r_E/T_E$. Darin ist $r_E = 1{,}5 \cdot 10^{11}$ m der mittlere Abstand zwischen Erde und Sonne. Die Umlaufzeit ist $T_E = 3{,}16 \cdot 10^7$ s (nämlich 1 Jahr). Somit ist die Zentripetalbeschleunigung $a_z = 5{,}93 \cdot 10^{-3}\,\text{m/s}^2 = (6{,}05 \cdot 10^{-4})\,g$.

3.30 Der Abschußwinkel gegen die Horizontale sei θ. Dann ist $x = (v\cos\theta)\,t$ und $y = (v\sin\theta)\,t - \frac{1}{2}\,g\,t^2$. Dabei ist die Höhe der Gewehrmündung $y = 0$. Die Zeit, die die Kugel zum Zurücklegen der Entfernung R zum Ziel benötigt, ist $t = R/(v\cos\theta)$. Nach dieser Zeit muß die Kugel wieder die Höhe $y = 0$ erreicht haben. Also ist $R\tan\theta = g\,R^2/(2\,v^2\cos^2\theta)$. Daraus folgt $\sin 2\theta = g\,R/v^2 = 0{,}0157$. Diese Gleichung hat zwei Lösungen: $\theta = 0{,}45°$ und $\theta = 89{,}55°$. Das Gewehr ist auf einen Punkt zu richten, der um $R\tan\theta$ über dem Ziel liegt, also entweder 0,785 m oder 12,7 km über diesem. Schätzen wir ab, ob der kleinere Winkel der richtige ist: Mit der Näherung $\cos\theta \approx 1$ ist die Flugzeit der Kugel $t \approx (100\,\text{m})/(250\,\text{m/s}) = 0{,}4$ s. In dieser Zeit fällt die Kugel um die Höhe $\frac{1}{2}\,g\,t^2 = 0{,}785$ m.

3.31 Die Reichweite ist $R = (v^2/g)\,\sin 2\theta$. Für $\theta = 45°$ ergibt sich $R = v^2/g$. Für $\theta = 45° \pm \phi$ ist $\sin 2\theta = \sin(90° \pm 2\phi) = \cos(\pm 2\phi) = \cos 2\phi$. Also ist $R = (v^2/g)\cos 2\phi$ für $\theta = 45° \pm \phi$.

3.32 a) Wir bezeichnen die auf dem Kreis zurückgelegte Strecke mit d. Dann ist $d = \frac{1}{2}\,a\,t^2 = [(\pi/4)\,\text{m/s}^2]\,t^2$. Der halbe Kreisumfang hat die Länge $d = \pi\,r = \pi$ m, denn der Radius beträgt 1 m. Somit ist $t = 2$ s.   b) Die Geschwindigkeit ist $v = a\,t = \pi$ m/s. Der Geschwindigkeitsvektor ist hier tangential zur Bahn des Teilchens, also gleich $-\mathbf{e}_y$.   c) $a_z = v^2/r = \pi^2$ m/s^2 und $a_t = \mathrm{d}v/\mathrm{d}t = (\pi/2)$ m/s^2. d) $\mathbf{a} = -(\pi^2\,\text{m/s}^2)\,\mathbf{e}_x - [(\pi/2)\,\text{m/s}^2]\,\mathbf{e}_y$ und $a = 9{,}99$ m/s^2 sowie $\theta = 189°$.

3.33 Zunächst nehmen wir an, die Wand sei nicht vorhanden. Dann ist $y = 2\,\text{m} + (10\,\text{m/s})\,t - \frac{1}{2}g\,t^2$. Es ist $y = 0$ zur Zeit $t = 2{,}22\,\text{s}$. In dieser Zeitspanne legt der Ball die horizontale Strecke $x = (10\,\text{m/s})\,t$ zurück. Also würde der Ball 18,2 m hinter der Wand landen. Da er aber an dieser reflektiert wird, bewegt er sich 18,2 m rückwarts und landet 14,2 m hinter dem Jungen.

3.34 a) Man könnte annehmen, daß der Puck an der Wand seine größte Höhe erreicht, da er sie gerade noch überfliegt. Gegeben ist aber auch die Zeit, die er benötigt, um die Wand zu erreichen, d.h. eine Strecke von 12 m zu durchfliegen. Hätte der Puck seine größte Höhe bei der Wand, so wäre er 0,756 s unterwegs; das stimmt nicht mit den gegebenen 0,65 s überein. Um v_y zu erhalten, verwenden wir die Beziehung $y(t) = v_y\,t - \frac{1}{2}g\,t^2$. Also ist $y(0{,}65\,\text{s}) = 2{,}8\,\text{m}$ und damit $v_y = 7{,}50\,\text{m/s}$. Die horizontale Komponente ist einfach $v_x = (12\,\text{m})\,/\,(0{,}65\,\text{s}) = 18{,}5\,\text{m/s}$. Damit ist die Anfangsgeschwindigkeit $v = 20{,}0\,\text{m/s}$. (Erreichte der Puck seine größte Höhe bei der Wand, so wäre v kleiner, nämlich 17,5 m/s.)   b) Die maximale Höhe ist $h = v_{y0}^2/(2\,g) = 2{,}87\,\text{m}$.

3.35 Die Abbildung zeigt die momentanen Werte der Geschwindigkeit und der Beschleunigung des Teilchens.

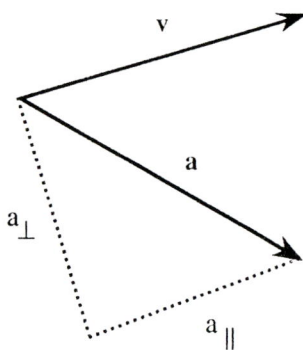

Wir zerlegen die Beschleunigung in zwei Komponenten, die senkrecht ($\perp$) bzw. parallel ($\parallel$) zum Geschwindigkeitsvektor verlaufen. Jeder Körper auf einer Kreisbahn erfährt eine radiale Querbeschleunigung mit dem Betrag $a_z = v^2/r$, wobei r der Kreisradius ist. Entsprechend gilt für eine

beliebige Bewegung zu irgend einem Zeitpunkt $a_\perp = v^2/r$; darin ist r der Krümmungsradius der Bahn am betreffenden Punkt. Also ist $r = v^2/a_\perp$. Befindet sich das Teilchen am höchsten Punkt seiner Fugbahn, so ist die Beschleunigung ausschließlich senkrecht und hat den Betrag g, ist also gleich der Erdbeschleunigung.

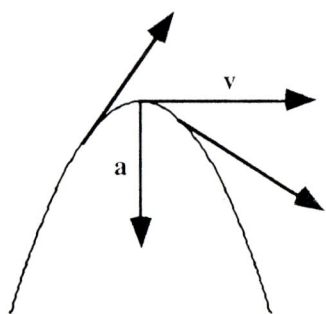

Am höchsten Punkt ändert sich die Geschwindigkeit daher nicht, sondern nur die Richtung der Bewegung. Hier ist $r = v^2/g = v_x^2/g$; dabei ist v_x die horizontale Komponente der Geschwindigkeit.

3.36 a) Die größtmögliche Höhe y entspricht natürlich der höchsten Geschwindigkeit v_0. Je höher diese ist, desto mehr nähert sich die Flugbahn einer Geraden an. Dabei wäre die erreichte Höhe $y = x\tan\theta$, wobei x die Breite des Grabens ist.   b) Es ist $y(x) = x\tan\theta - \frac{1}{2}g\,x^2/(v_0^2\cos^2\theta)$. Für eine unendlich hohe Geschwindigkeit wäre wieder $y(x) = x\tan\theta$, wie in Teil a). Wir setzen $y(x) = h$; dies ist die Bedingung für die notwendige Anfangsgeschwindigkeit v_0, um den Graben zu überspringen. Es folgt

$$v_0 = \frac{x}{\cos\theta}\sqrt{\frac{g}{2\,(x\tan\theta - h)}}.$$

3.37 Der nach oben geworfene Ball hat beim Erreichen des Bodens die Geschwindigkeitskomponenten $v_x = v_0\cos\alpha$ und $v_y = [(v_0\sin\alpha)^2 + 2\,g\,h]^{1/2}$. Daher ist die Geschwindigkeit v beim Aufschlag gegeben durch

$$\begin{aligned} v^2 &= v_x^2 + v_y^2 \\ &= v_0^2\,(\cos^2\alpha + \sin^2\alpha) + 2\,g\,h \\ &= v_0^2 + 2\,g\,h. \end{aligned}$$

Für den nach unten gerichteten Abwurfwinkel β ergibt sich ebenso $v = (v_0^2 + 2\,g\,h)^{1/2}$, unabhängig vom Winkel.

3.38   a) $\mathbf{v} = \mathrm{d}\mathbf{r}/\mathrm{d}t = (10 - 10\,\omega \sin 2\omega t)\,(\mathrm{m/s})$ $\mathbf{e}_x - (10\,\omega \cos 2\omega t)\,(\mathrm{m/s})\,\mathbf{e}_y$.   b) Die Bahn des Teilchens ist in der Abbildung gezeigt.

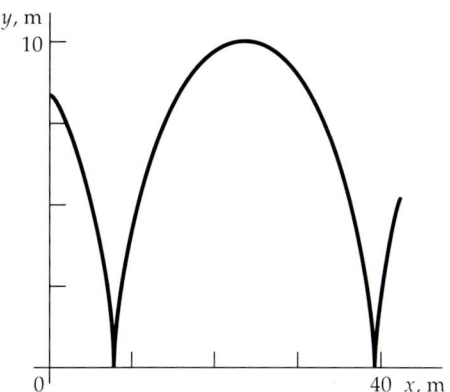

Bei $y = 0$ hat das Teilchen Kontakt mit dem Boden; dabei gilt $\sin 2\omega t = +1$ und damit $2\omega t = (4\,n + 1)\,\pi/2$, mit $n = 0, 1, 2, \ldots$ Zu diesen Zeitpunkten ist $\cos 2\omega t = 0$ und daher $x = (10\,\mathrm{m/s})\,t = [5\,(4\,n + 1)\,\mathrm{m}]\,\pi/2 = 5\,\pi/2,\ 25\,\pi/2, \ldots = 7{,}85\ \mathrm{m},\ 39{,}2\ \mathrm{m}, \ldots$ c) $\mathbf{a} = [-20\,\omega\cos(2\omega t)\,\mathrm{m/s}^2]\,\mathbf{e}_x + [20\,\omega\sin(2\omega t)\,\mathrm{m/s}^2]\,\mathbf{e}_y$. d) Aus dem Ergebnis von Teil a) folgt, daß das Teilchen in Ruhe ist, also $\mathbf{v} = 0$ ist, wenn gilt $\cos 2\omega t = 0$ und $\sin 2\omega t = +1$; dies ist dieselbe Bedingung wie in Teil b). Daraus folgt $t = [(4\,n + 1)\,\mathrm{s}]\,\pi/4$, mit $n = 0, 1, 2, \ldots$ Also ist ein Punkt am Umfang eines rollenden Rades bei der Bodenberührung kurzzeitig in Ruhe.

Kapitel 4

Die Newtonschen Axiome

4.1 a) Wegen $a = F/m$ ist bei doppelter Kraft auch die Beschleunigung doppelt so groß; sie beträgt also 8 m/s². b) Nach Definition ist $m_2/m_1 = a_1/a_2$. Im vorliegenden Fall ist $a_1 = 4$ m/s² und $a_2 = 8$ m/s²; daraus folgt $m_2 = \frac{1}{2} m_1$. c) Wir setzen $m = m_1 + m_2 = 1{,}5\,m_1$. Dann ist $a/a_1 = m_1/m$ und $a = \frac{8}{3}$ m/s².

4.2 a) Es ist $a = 7{,}07$ m/s². Die Richtung dieser Beschleunigung liegt auf der Winkelhalbierenden zwischen beiden Kraftvektoren.
b) $a = 14{,}0$ m/s²; der Beschleunigungsvektor bildet mit dem Vektor $2\,\mathbf{F}_0$ den Winkel 14,6°, in Richtung zu $\mathbf{F}_0$.

4.3 $\mathbf{a} = \mathbf{F}/m = (3\,\mathbf{e}_x - 1{,}5\,\mathbf{e}_y)$ m/s². Daraus folgt $a = 3{,}35$ m/s².

4.4 $F = m\,a = \mathrm{d}v/\mathrm{d}t$; hier ist $m = 10$ kg. Also ändert sich F etwa von 10 N auf −30 N und dann auf 15 N:

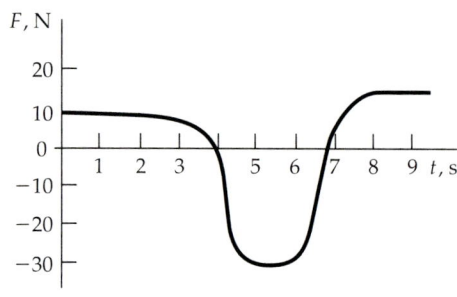

4.5 Die Kraft ist negativ zwischen $t = 2$ s und $t = 5$ s und positiv zwischen $t = 5$ s und $t = 8$ s. Zu den anderen Zeiten ist sie null.

4.6 Die Gewichtskraft ist $G = m\,g = (50\,\text{kg})(9{,}81\,\text{m/s}^2) = 490{,}5$ N.

4.7 a) Auf der Erdoberfläche ist $h = 0$, und die Gewichtskraft ist $G = m\,g = 784{,}8$ N. b) In der Höhe $h = 300$ km ist die Gewichtskraft $G = m\,g\,(6370)^2 / (6670)^2 = 716$ N. c) Die Masse ist eine jedem Körper innewohnende Eigenschaft, ändert sich also nicht mit der Höhe.

4.8 Die auf den Block wirkenden Kräfte sind die Gewichtskraft, hier mit W bezeichnet, und die von der Ebene ausgeübte Normalkraft F_n. Weil die Ebene reibungsfrei ist, tritt keine Tangentialkraft auf.

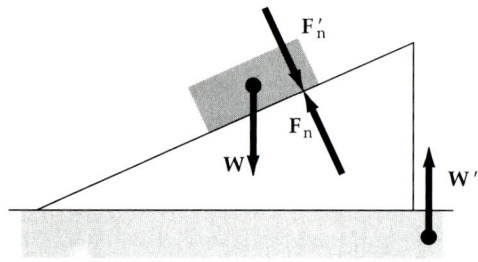

Die Gegenkräfte sind F_n' und W'; sie wirken auf die Ebene bzw. auf die Erde.

4.9 Die von der Feder ausgeübte Kraft hat den Betrag $k\,\Delta x = 32$ N. Sie bewirkt die Beschleunigung $a = F/m = 5{,}33$ m/s².

4.10 a) 98,1 N. b) 98,1 N. c) 49,05 N.
d) $(98{,}1\,\text{N})\sin\theta$; dabei ist $\theta = 30°$ der Winkel, um den die Ebene geneigt ist.

4.11 Auf den Karton wirken zwei Kräfte: die Zugkraft Z nach oben und die Gewichtskraft G nach unten. Wenn der Aufzug nach oben beschleunigt, überschreitet die Zugkraft die Gewichtskraft. Es ist $Z - G = m\,a$; dabei ist die

Richtung nach oben als positiv angesetzt. Die Beschleunigung, die der Aufzug mindestens haben muß, damit die Zugkraft $Z = 150$ N erreicht wird, ist $a = (Z - G)/m = 5,19$ m/s^2.

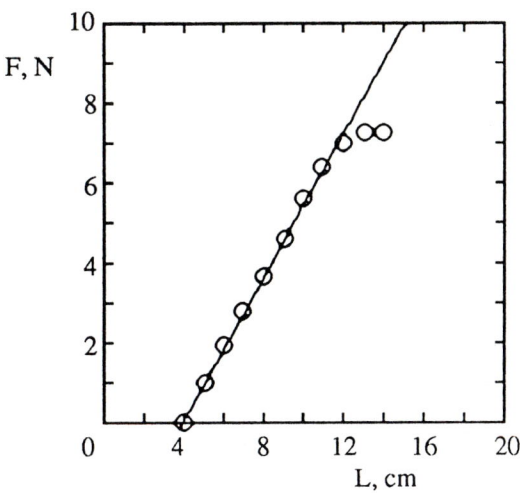

4.12 a) Das Bild ist im Gleichgewicht, so daß es keine resultierende Kraft erfährt. Wegen der Symmetrie ist klar, daß in jedem Draht eine gleich große Zugkraft wirkt. Somit existiert keine resultierende horizontale Kraftkomponente. In vertikaler Richtung trägt jeder Draht die Kraft $Z \sin \theta$ bei. Daher ist die Gewichtskraft $G = 2 Z \sin \theta$. Daraus folgt $Z = G/(2 \sin \theta)$. Die Zugkraft ist am kleinsten, wenn $\sin \theta$ maximal ist, also bei $\theta = 90°$ Dann ist $Z = \frac{1}{2} G$. Die Zugkraft ist am größten, wenn $\sin \theta$ minimal ist, also bei $\theta = 0°$ Dann wird Z unendlich groß.   b) Für $\theta = 30°$ erhalten wir $Z = G = 19,6$ N.

4.13 a) Die Richtung auf der Ebene aufwärts sei die positive x-Richtung; ferner sei y die Richtung senkrecht zur Ebene, von ihr weg weisend. Dann ist $\mathbf{Z} = Z \mathbf{e}_x$ und $\mathbf{F}_N = F_N \mathbf{e}_y$ sowie $\mathbf{G} = (-m g \sin \theta) \mathbf{e}_x - (m g \cos \theta) \mathbf{e}_y$. Die Summe dieser drei Kräfte muß null sein. Daraus folgt $Z = m g \sin \theta$ und $F_N = m g \cos \theta$. Für $\theta = 60°$ und $m = 50$ kg beträgt die Zugkraft $Z = 425$ N, und die Normalkraft ist $F_N = 245$ N.   b) $Z = m g \sin \theta$, wie oben gegeben. Für $\theta = 0°$ ist $Z = 0$ N, und für $\theta = 90°$ ist $Z = m g$, wie erwartet.

4.14 a) In der Abbildung sind die Werte aufgetragen; für die Ausgleichsgerade gilt $F = (0,9$ N/cm$)(L - 4$ cm$)$. Sie entspricht für kleine Auslenkungen der Feder den gemessenen Werten; jedoch weichen diese ab etwa $L = 12$ cm von der Geraden ab.   b) Die Mittelung zwischen $L = 12$ cm und $L = 13$ cm ergibt die Kraft $F = 7,15$ N.   c) Die von der Feder ausgeübte Kraft muß gleich der Gewichtskraft sein: $G = m g = 4,905$ N. Mit der Formel für die Ausgleichsgerade erhalten wir die Länge $L = 9,45$ cm.

4.15 a) Wie in Aufgabe 12 muß hier gelten $2 Z \sin \theta = F$, damit die Kraftkomponenten in Richtung von F einander aufheben. Daraus folgt $Z = F/(2 \sin \theta)$. Für $\theta = 3°$ ist die Zugkraft im Seil $Z = 3821$ N. Beachten Sie, daß die am Wagen angreifende Kraft 9,55mal so groß ist wie die von Ihnen ausgeübte Kraft; es liegt also eine hohe Verstärkung vor. Die auf den Wagen wirkende Kraft ist größer als die von Ihnen ausgeübte, solange $\theta < 30°$ ist.   b) Bei $F = 600$ N beträgt die Zugkraft im Seil 5732 N.

4.16 Der Fahrer habe die Masse 80 kg, und wir nehmen $\Delta t = 4$ s als die Zeit an, die bis zum Stillstand des Wagens vergeht. Die Beschleunigung hat dann den Betrag $a = \Delta v/\Delta t = 6,25$ m/s^2; die entsprechende Kraft ist $F = 500$ N.

4.17 Das Kind bewegt sich in einem Kreis mit dem Radius $r = 0,75$ m; für eine Umdrehung benötigt es die Zeit $T = 1,5$ s. Seine Lineargeschwindigkeit ist daher $v = 2 \pi r/T$. Die vom Vater dafür auszuübende Zentripetalkraft hat den Betrag $F = m v^2/r = 4 m \pi^2 r/T^2 = 329$ N. Diese Kraft muß auf den Mittelpunkt des Kreises gerichtet sein, in dem sich das Kind bewegt, also zum Vater hin.

4.18 a) $a = F/(m_1 + m_2)$.   b) Für die resultierende Kraft F_S, die auf das Seil wirkt, muß gelten

$F_S = m_2 a$. Daraus folgt $F_S = m_2 F/(m_1 + m_2)$.
c) Die Zugkraft, die auf den Kasten wirkt, ist
$F_K = m_1 a = m_1 F/(m_1 + m_2)$.   d) Das Seil
biegt sich aufgrund seiner Gewichtskraft durch,
wie es in der Abbildung (übertrieben stark) gezeigt ist. Verliefe es horizontal, so erführe es keine
senkrechte Kraft, die der Gewichtskraft entgegen-
wirkte.

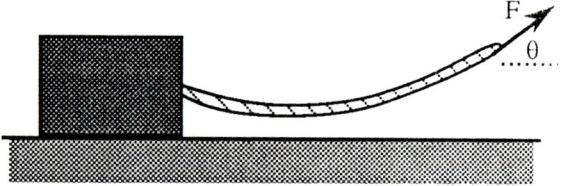

Es resultiert die auf das System einwirkende horizontale Kraft $F \cos \theta$. Also ist die Beschleunigung
$a = F \cos \theta/(m_1 + m_2)$. Mit $F \cos \theta$ statt F gelten
dann alle oben angeführten Beziehungen.

4.19 a) Hier sei x die Richtung der Beschleunigung, und y wird aufwärts als positiv angesetzt. Auf den Körper wirken zwei Kräfte: die
Normalkraft F_N senkrecht zum Keil (sie ist um
30° nach oben gerichtet) und die Gewichtskraft
$G = mg$, die nach unten wirkt. Betrachten wir
zunächst die y-Richtung. Es liegt keine vertikale
Bewegung vor, so daß gilt $F_N \sin \theta - mg = 0$
und damit $F_N = mg/\sin \theta$; dabei ist $\theta = 30°$.
Für die x-Richtung ist $F_N \cos \theta = ma$ und daher $a = g/\tan \theta$. Mit $\theta = 30°$ erhalten wir
$a = 17 \ \text{m/s}^2$.   b) Wenn a größer wird, wird der
Körper am Keil aufwärts beschleunigt.

4.20 a) Wir betrachten den Maler und die Hebebühne als ein einziges System. Auf dieses wirkt
die Kraft $2Z$ nach oben und die Kraft mg nach
unten; hier ist $m = 75$ kg. Wie in der Abbildung bei der Aufgabe gezeigt, wirkt die Kraft
F auf das Seil, nicht auf das System. Also ist
$2Z - mg = ma$ und damit $Z = 398$ N.   b) Hier
ist $a = 0$ und daher $Z = \frac{1}{2} mg = 368$ N.

4.21 a) Ein Punkt auf der Erdoberfläche bewegt sich auf einem Kreis, und zwar wegen
der Erdrotation. Die entsprechende Zentripetalbeschleunigung ist $a_z = v^2/r$. Mit dem Erdradius

R_E ist $r = R_E \cos \theta$ und $v = (2\pi R_E \cos \theta)/T$,
wobei T die Umlaufdauer (24 h) ist. Daraus folgt
$a = (4\pi^2 R_E \cos \theta)/T^2 = (0{,}0337 \cos \theta) \ \text{m/s}^2 =$
$(3{,}37 \cos \theta) \ \text{cm/s}^2$. Die Beschleunigung ist auf die
Rotationsachse gerichtet, nicht auf den Erdmit-
telpunkt.   b) Die scheinbare Gewichtskraft eines Körpers auf der Erdoberfläche ist kleiner, als
sie ohne die Erdrotation wäre. Nehmen wir an,
eine Person steht auf einer Waage. Dann wirken
zwei Kräfte auf sie: die Kraft $\mathbf{F}$, die die Waage
ausübt, und die Gewichtskraft $m\,\mathbf{g}$ der Person.
Beide Kräfte zusammen müssen die Beschleuni-
gung $\mathbf{a}$ bewirken, für die gilt $\mathbf{F} + m\,\mathbf{g} = m\,\mathbf{a}$. Die
scheinbare Gewichtskraft, die an der Waage ab-
zulesen ist, ist $-\mathbf{F} = m\,(\mathbf{g} - \mathbf{a}) = m\,\mathbf{g}_{\text{eff}}$. Weil $\mathbf{g}$
und $\mathbf{a}$ im wesentlichen dieselbe Richtung haben
und $g_{\text{eff}} < g$ ist, ist die effektive Gravitationsbeschleunigung kleiner als der Wert ohne Rota-
tion.   c) Am Äquator haben $\mathbf{g}$ und $\mathbf{a}$ entgegengesetzte Richtungen (sind kollinear), und es ist
$g_{\text{eff}} = g - a$ bzw. $g = g_{\text{eff}} + a$. Der relativ zur Erdoberfläche gemessene Wert ist g_{eff}. Am Äquator
ist $g = 981{,}4 \ \text{cm/s}^2$, und bei der geographischen
Breite $\theta = 45°$ ist $a = 2{,}38 \ \text{cm/s}^2$. Hier sind $\mathbf{g}$ und
$\mathbf{a}$ aber nicht kollinear, sondern $\mathbf{F} = -m\,\mathbf{g} + m\,\mathbf{a}$
weicht um nur 0,14° von der radialen Richtung
ab. Eine sehr gute Näherung erhält man, indem
man einfach $g = g_{\text{eff}} + a \cos \theta = 9{,}827 \ \text{m/s}^2$ setzt.
Dies ist bis zur fünften signifikanten Stelle gleich
dem exakten Wert.

4.22 a) Die Richtung der Auslenkung ist derjenigen der Beschleunigung entgegengesetzt.   b)
y verlaufe vertikal und x horizontal. Dann gilt
für die y-Richtung $Z \cos \theta - mg = 0$ bzw. $Z =$
$mg/\cos \theta$. Für die x-Richtung gilt $Z \sin \theta = ma$.
Auflösen ergibt $a = g \tan \theta$.   c) Die Beschleunigung des bremsenden Wagens hat den Betrag
$a = v_0^2/(2\Delta x) = 1{,}61 \ \text{m/s}^2$. Mit $\tan \theta = a/g$
folgt daher die Auslenkung $\theta = 9{,}31°$, und zwar
in Vorwärtsrichtung.

4.23 Das Skateboard, die Waage und das
Mädchen haben dieselbe Beschleunigung, und
zwar entlang der Ebene nach unten. Die Waage
übt auf das Mädchen eine Normalkraft aus, die
die Normalkomponente seiner Gewichtskraft aus-

gleicht. Die Anzeige der Waage ist daher gegeben durch $m\,g\,\cos\theta = 552$ N.

4.24 Die Beschleunigung des Zylinders ist ähnlich der in Aufgabe 21 berechneten, nur daß θ hier von einem anderen Startpunkt gemessen wird. Im vorliegenden Fall ist $a = (4\,\pi^2\,R\,\sin\theta)/T^2$. Der Winkel, bei dem der Zylinder auf gleicher Höhe bleibt, ist derselbe wie für einen Körper, der an einem Seil hängt (siehe Aufgabe 22).

Also spielt die vom starren Draht ausgeübte Kraft die gleiche Rolle wie das Seil. Somit ist $\tan\theta = a/g = (4\,\pi^2\,R\,\sin\theta)/(g\,T^2)$. Beachten Sie, daß sich $\sin\theta$ herauskürzt, so daß folgt $\cos\theta = g\,T^2/(4\,\pi^2\,R) = 0{,}621$. Damit ist $\theta = 51{,}6°$. Dies ist die einzige Lösung im Bereich $0 \le \theta \le 180°$.

Kapitel 5

Anwendungen der Newtonschen Axiome

5.1 a) Die maximale Beschleunigung tritt auf, wenn die Haftreibung maximal ist: $F_H = \mu_H F_N$. Hier gilt $m\,a = \mu_H F_N = \mu_H m\,g$ und $a = \mu_H g = 5{,}89$ m/s^2. b) Mit $a = -5{,}89$ m/s^2 und $v_0 = 30$ m/s ist die bis zum Halt zurückgelegte Strecke $\Delta x = -v_0^2/(2\,a) = 76{,}5$ m.

5.2 a) x sei die Richtung entlang der Ebene aufwärts, und y sei senkrecht dazu. In y-Richtung ist dann $F_N - m\,g\cos\theta = 0$ und damit $F_N = m\,g\cos\theta$, und in x-Richtung gilt $200\,\text{N} + \mu_H F_N - m\,g\sin\theta = 0$. Die Haftreibungskraft wirkt aufwärts und hilft sozusagen dabei, die Kiste festzuhalten. Es ergibt sich $\mu_H = \tan\theta - (200\,\text{N})/(m\,g\cos\theta)$, mit $m\,g = 800$ N und $\theta = 30°$. Daraus folgt $\mu_H = 0{,}289$. b) Wenn die Studentin mit größerer Kraft nach oben drückt, muß sie die abwärts gerichtete Komponente der Gewichtskraft (also $m\,g\sin\theta = 400\,\text{N}$) und die Haftreibungskraft überwinden, die nun abwärts wirkt (und die Kiste hält). In x-Richtung ist daher $F - \mu_H F_N - m\,g\sin\theta = 0$, wobei $F = 600$ N die auf die Kiste ausgeübte Kraft ist. Man kann statt dessen auch die maximale Haftreibungskraft von 200 N betrachten; also bewirkt eine Kraft zwischen $(400 - 200)\,\text{N}$ und $(400 + 200)\,\text{N}$ keine Bewegung der Kiste.

5.3 a) Die einzigen vertikalen Kräfte, die auf den Gegenstand wirken, sind die Gravitations- und die Haftreibungskraft; also ist $F_H = m\,g = 49{,}05$ N. b) Die Haftreibungskraft ist $F_H = \mu_H F_N$. Daraus folgt $F_N = F_H/\mu_H = 123$ N.

5.4 a) Die bessere Methode ist die, eine Kante anzuheben, weil dies die Normalkraft verringert, die vom Boden ausgeübt wird. Dadurch wird auch die Haftreibungskraft geringer. b) Es werde eine Kraft F entlang einer Richtung ausgeübt, die um den Winkel θ gegen die Horizontale nach oben geneigt ist. Dann ist in vertikaler Richtung $F\sin\theta + F_N - m\,g = 0$. Für die horizontalen Komponenten gilt $F\cos\theta - \mu_H F_N = 0$. Auflösen der ersten Gleichung nach F_N und Einsetzen in die zweite Gleichung ergibt $F = \mu_H m\,g/(\cos\theta + \mu_H \sin\theta)$. Wird die Kraft in einem Winkel θ unterhalb der Horizontalen ausgeübt, so folgt $F = \mu_H m\,g/(\cos\theta - \mu_H \sin\theta)$. Für $\theta = 0°$ erhalten wir $F = \mu_H m\,g$. In diesem Fall ist $F = 294$ N. Für $\theta = 30°$ nach oben ist $F = 252$ N, und für $\theta = 30°$ nach unten ist $F = 520$ N.

5.5 Hier lautet die Bedingung für die Endgeschwindigkeit $b\,v_e^2 - m\,g = 0$. Daraus folgt $b = m\,g/v_e^2 = 2{,}79 \cdot 10^{-4}$ kg/m.

5.6 Die Bedingung für die Endgeschwindigkeit v_e lautet $\frac{1}{2}\varrho\,\pi\,r^2\,v_e^2 = m\,g$. Daraus folgt $v_e = [2\,m\,g/(\varrho\,\pi\,r^2)]^{1/2} = 56{,}9$ m/s $= 205$ km/h.

5.7 Die Bewegungsrichtung von m_1 die Ebene hinauf setzen wir als positiv an. Für die Komponenten parallel zur Fläche gilt dann $Z - m_1 g\sin\theta = m_1 a$. Wenn sich m_1 nach oben bewegt, so bewegt sich m_2 nach unten, so daß hier die Abwärtsrichtung als positiv anzusetzen ist (entsprechend dem obigen Ansatz für die Bewegung von m_1). Für m_2 ist nun $m_2 g - Z = m_2 a$. Beim Addieren beider Gleichungen wird Z eliminiert, und es folgt $a = g\,(m_2 - m_1\sin\theta)/(m_1 + m_2)$. Damit erhalten wir die allgemeine Lösung (Teil b) $Z = m_1 m_2 g\,(1 + \sin\theta)/(m_1 + m_2)$. Für den vorliegenden Fall (Teil a) gilt $a = 2{,}45$ m/s^2 und $Z = 36{,}8$ N.

5.8 a) Damit sich die Quader nicht bewegen, muß die Zugkraft die Gewichtskraft des 2-kg-Quaders exakt ausgleichen. Diese ist $Z = m_2 g$, wobei $m_2 = 2$ kg ist. Die Haftreibungskraft am 3-kg-Quader ist $\mu_H m_1 g$, wobei $m_1 = 3$ kg ist. Damit m_1 in Ruhe bleibt, muß gelten $Z = \mu_H m_1 g$ und damit $\mu_H = m_2/m_1 = \frac{2}{3}$. b) Mit der Gleitreibungszahl μ_G gilt für die horizontale Bewegung des größeren Quaders $Z - \mu_G m_1 g = m_1 a$; dabei ist die Richtung nach rechts als positiv angenommen. Für den zweiten Quader ist $m_2 g - Z = m_2 a$; wegen der Konsistenz mit der eben getroffenen Festlegung ist abwärts die positive Richtung. Addieren beider Gleichungen ergibt $a = g(m_2 - \mu_G m_1)/(m_1 + m_2) = 2{,}16$ m/s². Die für einen $y = 2$ m tiefen Fall von m_2 benötigte Zeit ist daher $t = (2y/a)^{1/2} = 1{,}36$ s.

5.9 Wir betrachten zuerst die Masse m_2 und setzen dabei die Richtung radial nach innen als positiv an. Dann ist $Z_2 = m_2 a_2 = m_2 v_2^2/(\ell_1 + \ell_2)$. Mit $v_2 = 2\pi(\ell_1 + \ell_2)/T$ folgt $Z_2 = 4\pi^2 m_2 (\ell_1 + \ell_2)/T^2$. Auf m_1 wirken zwei horizontale Kräfte, und zwar in entgegengesetzten Richtungen. Daher ist $Z_1 - Z_2 = m_1 v_1^2/\ell_1$ und deshalb $Z_1 = 4\pi^2 [(m_1 \ell_1 + m_2 (\ell_1 + \ell_2)]/T^2$.

5.10 Die Bewegungsrichtung von m_1 nach unten setzen wir als positiv an. Dann ist $m_1 g - Z = m_1 a$. Die Bewegungsrichtung von m_2 nach oben ist demnach ebenfalls positiv, und es folgt $Z - m_2 g = m_2 a$. Addieren beider Gleichung ergibt $a = g(m_1 - m_2)/(m_1 + m_2)$. Wegen $m_1 > m_2$ ist $a > 0$; also wird m_1 nach unten beschleunigt. Für $m_1 < m_2$ ist $a < 0$, und m_1 wird nach oben beschleunigt. Die Zugkraft ermitteln wir durch Einsetzen von a in eine der beiden Gleichungen; beispielsweise ist $Z = m_2 g + m_2 a = 2 m_1 m_2 g/(m_1 + m_2)$.

5.11 Im Inertialsystem ist die einzige in horizontaler Richtung wirkende Kraft die Gleitreibungskraft, und es gilt $-\mu_G m g = m a$ und daher $a = -\mu_G g$. Also wird der Körper verzögert, wobei gilt $v = v_0 + a t$. Der Waggon beschleunigt: $v_W = a_W t$, mit $a_W = 5$ m/s². Körper und Wag-

gon haben dieselbe Geschwindigkeit, wenn gilt $a_W t = v_0 + a t$ bzw. $t = v_0/(a_W + \mu_G g) = 1{,}26$ s. Nun spielt die Haftreibungskraft eine Rolle, die maximal $\mu_H m g$ ist. Sie ist damit mehr als ausreichend groß, um dem Körper die Beschleunigung a_W zu verleihen; dieser bleibt also auf dem Wagonboden liegen und wird mit ihm beschleunigt. Im Bezugssystem des Waggons wird der Körper lediglich verzögert, bis er zur Ruhe kommt; dann verbleibt er so. Hier gilt $-m a_W - \mu_G m g = m a$ bzw. $a = -(a_W + \mu_G g)$. Die Geschwindigkeit ist $v = v_0 + a t$, und der Körper kommt zur Ruhe nach der Zeit $t = -v_0/a = 1{,}26$ s.

5.12 Im Inertialsystem wirken zwei Kräfte auf den Körper: Die Zugkraft Z und die Gewichtskraft $m g$. In vertikaler Richtung wirkt keine Beschleunigung, und es ist $Z \cos\theta - m g = 0$. Dabei ist θ der Winkel, um den die Feder aus der Senkrechten abgelenkt wird. Für die horizontale Richtung gilt $Z \sin\theta = m a_W$. Es folgt $\tan\theta = a_W/g$. Hierbei ist $a_W = 5$ m/s², so daß sich ergibt $\theta = 27°$. Die Zugkraft der Feder ist $Z = m a_W/\sin\theta = m g \cos\theta = 66{,}1$ N. Sie ist proportional zur Dehnung x der Feder (die Proportionalitätskonstante ist die Federkonstante k): $Z = k x$; daraus folgt $x = Z/k = 6{,}61$ cm.

5.13 a) Auf den Körper wirken die Gewichtskraft G und der Strömungswiderstand F_W. Also ist $m g - b v = m a$. Dabei ist die Abwärtsrichtung als positiv angenommen. Es folgt $a = g - b v/m = g(1 - v/v_e)$. Darin ist $v_e = m g/b$ die Endgeschwindigkeit. Weil a und v Funktionen der Zeit sind, ist ausführlich zu schreiben $a(t) = g[(1 - v(t)/v_e]$. b) Um v als Funktion von t zu erhalten, integrieren wir. Dabei berücksichtigen wir, daß gilt $v(t + \Delta t) = v(t) + a(t)\Delta t$, wie in Gleichung (5.19 a). Einsetzen des obigen Ausdrucks für $a(t)$ ergibt $v(t + \Delta t) = v(t) + g[1 - v(t)/v_e]\Delta t$. Das Ergebnis ist für $\Delta t = 0{,}1$ s in der Abbildung auf der nächsten Seite aufgetragen. Das exakte Ergebnis lautet $v(t) = v_e[1 - e^{-g t/v_e}]$. Es liefert im betrachteten Zeitintervall praktisch dieselben Werte wie hier.

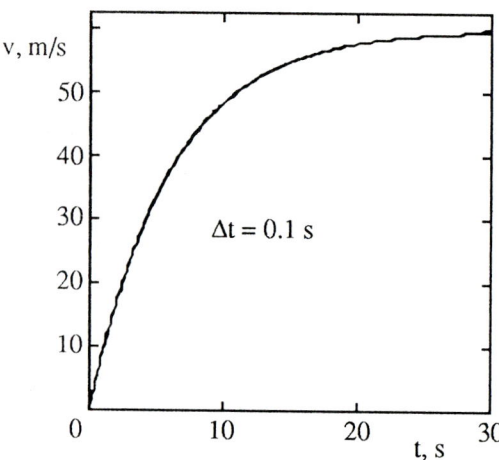

Für die Zeitabhängigkeit von x verwenden wir die Beziehung $x(t + \Delta t) = x(t) + v(t)\,\Delta t$, wobei $v(t)$ oben gegeben ist. Das Ergebnis der numerischen Integration ist in der folgenden Abbildung aufgetragen, wieder für $\Delta t = 0,1$ s.

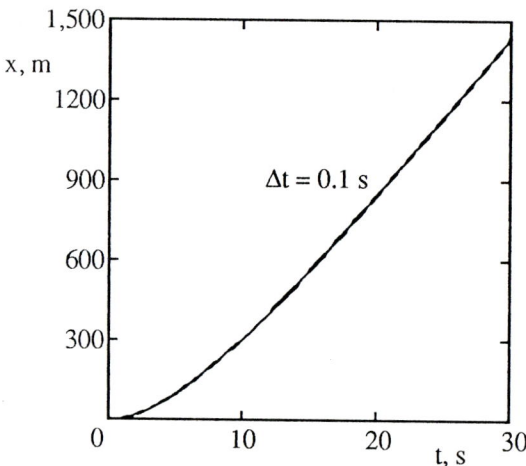

Auch hier ergibt sich gegenüber der exakten Formel keine merkliche Abweichung.

5.14 Bei der Endgeschwindigkeit gleichen die auf den Wagen einwirkenden Kräfte einander aus. Wir setzen die Abwärtsrichtung als positiv an und erhalten $m\,g\,\sin\theta - F_{\mathrm{W}} = m\,g\,\sin\theta - 100\,\mathrm{N} - (1,2\ \mathrm{N\cdot s^2/m^2})\,v_{\mathrm{e}}^2 = 0$. Daraus folgt $v_{\mathrm{e}} = 24,5$ m/s.

5.15 a) Es ist $m_1 = 8$ kg und $\theta_1 = 40°$ sowie $m_2 = 10$ kg und $\theta_2 = 50°$. Für den Körper 1 gilt dann $Z - m_1\,g\,\sin\theta_1 = m_1\,a$. Darin ist Z die Zugkraft im Seil, und die Aufwärtsrich-

tung ist als positiv angenommen. Für Körper 2 ist entsprechend die Abwärtsrichtung positiv, und es gilt $m_2\,g\,\sin\theta_2 - Z = m_2\,a$. Beim Addieren beider Gleichungen wird Z eliminiert, und es folgt $a = g\,(m_2\,\sin\theta_2 - m_1\,\sin\theta_1)\,/\,(m_1 + m_2) = 1,37$ m/s^2. Die Zugkraft im Seil ist $Z = m_1\,(a + g\,\sin\theta_1) = 61,4$ N.   b) Wenn die Beschleunigung null ist, gilt $m_2\,\sin\theta_2 = m_1\,\sin\theta_1$ und daher $m_1 = 1,19\,m_2$.

5.16 Die Kraft F muß groß genug sein, um die Gesamtmasse von 202 kg mit 1 m/s^2 zu beschleunigen. Also muß gelten $F = (202\ \mathrm{kg})\,(1\ \mathrm{m/s^2}) = 202$ N. Entsprechend müssen die Zugkräfte einen solchen Betrag haben, daß die jeweils dahinter angebrachte Masse beschleunigt wird: $Z_A = 100$ N und $Z_B = 101$ N sowie $Z_C = 201$ N.

5.17 Für die Normalkomponenten der Kraft gilt $m\,g\,\cos\theta - F_{\mathrm{N}} = 0$. Für die Komponenten parallel zur Ebene gilt $m\,g\,\sin\theta - \mu_{\mathrm{H}}\,F_{\mathrm{N}} = 0$. Daraus folgt $m\,g\,\sin\theta = \mu_{\mathrm{H}}\,m\,g\,\cos\theta$ sowie $\mu_{\mathrm{H}} = \tan\theta = 0,577$. Wenn der Körper gleitet, wird die Bewegung beschrieben durch $m\,g\,\sin\theta - \mu_{\mathrm{G}}\,m\,g\,\cos\theta = m\,a$. Dabei ist $a = 2\,x/t^2 = 1,5$ m/s^2, und es ergibt sich $\mu_{\mathrm{G}} = (g\,\sin\theta - a)\,/\,(g\,\cos\theta) = 0,401$.

5.18 Die radiale Kraft, die die notwendige Zentripetalbeschleunigung hervorruft, wird durch die Wand als Normalkraft auf die Person ausgeübt. Sie ist $F_{\mathrm{N}} = m\,v^2/r = m\,4\,\pi^2\,r/T^2$. Hier ist T die Zeit für einen Umlauf. Mit dieser Normalkraft ist die Haftreibungskraft verknüpft, die die Gewichtskraft kompensiert, so daß die Person nicht abwärts gleitet. Also ist $m\,g = \mu_{\mathrm{H}}\,m\,4\,\pi^2\,r/T^2$ und damit $T = 2\,\pi\,(\mu_{\mathrm{H}}\,r/g)^{1/2} = 2,54$ s pro Umlauf. Die Anzahl der Umdrehungen, die der Zylinder pro Minute ausführt, beträgt daher 23,6.

5.19 a) Wenn der Körper A (Masse m) nach rechts die Beschleunigung a erfährt, so rührt diese von der Normalkraft mit dem Betrag $F_{\mathrm{N}} = m\,a$ her, die der Wagen auf ihn ausübt. Sie hängt mit der Haftreibungskraft F_{H} zusammen über

$F_\mathrm{H} = \mu_\mathrm{H} F_\mathrm{N} = \mu_\mathrm{H}\, m\, a$. Sie muß gleich der Gewichtskraft $m\, g$ sein, damit der Körper nicht herunterfällt. Damit ist die minimale Beschleunigung a_min gegeben durch $\mu_\mathrm{H}\, m\, a_\mathrm{min} = m\, g$. Daraus folgt $a_\mathrm{min} = g/\mu_\mathrm{H} = 16{,}4\ \mathrm{m/s}^2$.   b) Der Betrag der Reibungskraft ist einfach $m\, g = 19{,}6\ \mathrm{N}$. c) Die Reibungskraft nimmt nicht zu, wenn die Beschleunigung größer wird. Jedoch steigt mit wachsender Beschleunigung die maximal mögliche Reibungskraft. Dagegen ist die tatsächliche Reibungskraft stets kleiner als die Kraft, der sie entgegenwirkt, oder gleich dieser (hier $m\, g$). d) Die Lösung wurde in Teil a) abgeleitet.

5.20 a) Die Kraft nimmt anfangs mit steigendem θ ab, weil die aufwärts gerichtete Komponente von F die vom Tisch ausgeübte Normalkraft F_N herabsetzt. Dabei wird auch die Haftreibungskraft kleiner. Wenn θ weiter zunimmt, sinkt aber die vorwärts gerichtete Komponente von F, so daß F nun größer werden muß, damit der Körper sich in Bewegung setzt.   b) Für die vertikalen Komponenten gilt $F_\mathrm{N} + F \sin\theta - m\, g = 0$. Dabei ist die Aufwärtsrichtung positiv gesetzt. In horizontaler Richtung gilt $-\mu_\mathrm{H} F_\mathrm{N} + F \cos\theta = 0$. Hier ist die Vorwärtsrichtung positiv gesetzt. Auflösen nach der Kraft ergibt $F = \mu_\mathrm{H}\, m\, g/(\cos\theta + \mu_\mathrm{H} \sin\theta)$. Diese Abhängigkeit ist in der Abbildung aufgetragen.

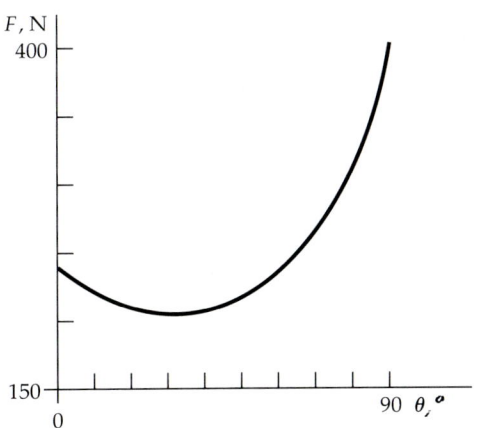

Zu Beginn, also bei $\theta = 0°$, ist $F = 240\ \mathrm{N}$, wie erwartet. Dann durchläuft F etwa bei $\theta = 31°$ ein Minimum und steigt danach wieder an. Bei $\theta = 90°$ ist F natürlich gleich der Gewichtskraft $m\, g = 400\ \mathrm{N}$.

5.21 a) Auf den 60-kg-Körper wirken zwei Kräfte, und zwar $F = 320\ \mathrm{N}$ in Vorwärtsrichtung und die Gleitreibungskraft F_G, die der Bewegung entgegenwirkt. Wir setzen die Vorwärtsrichtung als positiv an und erhalten $F - F_\mathrm{G} = m\, a$. Dabei ist $a = 3\ \mathrm{m/s}^2$. Es folgt $F_\mathrm{G} = \mu_\mathrm{G} F_\mathrm{N} = \mu_\mathrm{G}\, m\, g$. Daraus folgt $\mu_\mathrm{G} = (F - m\, a)/(m\, g) = 0{,}238$. b) In horizontaler Richtung wirkt auf den 100-kg-Körper (Index 2) nur die Gleitreibungskraft zwischen ihm und dem 60-kg-Körper (Index 1). Damit ergibt sich $\mu_\mathrm{G}\, m_1\, g = m_2\, a_2$. Die Beschleunigung des 100-kg-Körpers ist also $a_2 = \mu_\mathrm{G}\, m_1\, g/m_2 = 1{,}40\ \mathrm{m/s}^2$.

5.22 a) Die Körper erfahren die Beschleunigung $a = F/(m_1 + m_2) = \tfrac{1}{2}\ \mathrm{m/s}^2$. Die Kontaktkraft ist die einzige Kraft, die horizontal auf m_2 wirkt; daher muß sie für deren Beschleunigung verantwortlich sein. Daraus folgt $F' = m_2\, a = 2\ \mathrm{N}$. b) Allgemein gilt $a = F/(m_1 + m_2)$ und $F' = m_2\, a = m_2\, F/(m_1 + m_2)$. Für $m_2 = n\, m_1$ folgt $F' = n\, m_1\, F/(m_1 + n\, m_1) = n\, F/(1 + n)$.

5.23 a) Wir betrachten zuerst Wolfgang; die Aufwärtsrichtung sei positiv. Es gilt $Z - m_\mathrm{W}\, g \sin\theta = m_\mathrm{W}\, a$. Entsprechend ist für Paul die Abwärtsrichtung positiv, und es ist $m_\mathrm{P}\, g - Z = m_\mathrm{P}\, a$. Die Beschleunigung a ist für beide Bergsteiger natürlich dieselbe. Addieren der Gleichungen ergibt $a = g\, (m_\mathrm{P} - m_\mathrm{W} \sin\theta)/(m_\mathrm{P} + m_\mathrm{W}) = 0{,}345\ \mathrm{m/s}^2$. Paul fällt mit dieser Beschleunigung $\Delta y = 20\ \mathrm{m}$ tief und hat daher beim Auftreffen auf den Boden die Geschwindigkeit $v = (2\, a\, \Delta y)^{1/2} = 3{,}72\ \mathrm{m/s}$. Die Zugkraft im Seil ist $Z = m_\mathrm{P}\, (g - a) = 492\ \mathrm{N}$.   b) Wenn Paul den Boden erreicht, befindet sich Wolfgang 5 m von der oberen Kante entfernt, weil das Seil 30 m lang ist. Die Länge der schiefen Ebene ist $\ell = (25\ \mathrm{m})/(\sin 40°) = 38{,}9\ \mathrm{m}$. Also rutscht Wolfgang $\Delta x = 33{,}9\ \mathrm{m}$ weit herab; dabei hat seine Beschleunigung den Betrag $g \sin\theta = 6{,}31\ \mathrm{m/s}^2$. Seine Geschwindigkeit beim Auftreffen auf dem Boden ist $v = (2\, a\, \Delta x)^{1/2} = 20{,}7\ \mathrm{m/s}$.

5.24 a) Auf den Wagen wirkt die Normal-

kraft $F_N = m\,g\,\cos\theta$. Parallel zur Ebene ist $-m\,g\,\sin\theta - \mu_H\,m\,g\,\cos\theta = m\,a$. Dabei ist die Richtung der Bewegung als positiv angenommen. Auflösen nach der Beschleunigung ergibt $a = -g\,(\sin\theta + \mu_H\,\cos\theta) = -9{,}17$ m/s^2. Dem entspricht der Weg $\Delta x = -v_0^2/(2\,a) = 49{,}1$ m.
b) Es ist $m\,g\,\sin\theta - \mu_H\,m\,g\,\cos\theta = m\,a$. Auch hier ist die Bewegungsrichtung positiv gesetzt, und es folgt $a = g\,(\sin\theta - \mu_H\,\cos\theta) = -4{,}09$ m/s^2 sowie $\Delta x = 110$ m.

5.25 a) Die maximale Haftreibungskraft, die auf den 2-kg-Körper (mit der Masse m_2) wirken kann, ist $\mu_H\,m_2\,g$. Diese Kraft bewirkt die Beschleunigung $a_2 = \mu_H\,g$. Die maximale Kraft $F_{\max}$, die ausgeübt werden kann, ist diejenige Kraft, die dem gesamten System die Beschleunigung $\mu_H\,g$ verleihen würde. Also ist $F_{\max} = (m_2 + m_4)\,\mu_H\,g = 17{,}7$ N. Dabei ist $m_4 = 4$ kg. b) Mit $F = \tfrac{1}{2}\,F_{\max}$ wird das System als ganzes beschleunigt, und zwar mit $\tfrac{1}{2}\,\mu_H\,g = 1{,}47$ m/s^2. Die Reibungskraft, die auf jeden Block wirkt, ist diejenige, die notwendig ist, damit m_2 diese Beschleunigung erhält; diese Kraft ist gleich $\tfrac{1}{2}\,m_2\,\mu_H\,g = 2{,}94$ N.   c) Die Blöcke verschieben sich gegeneinander, sobald $F = 2\,F_{\max}$ ist. Für m_2 gilt dann $\mu_G\,m_2\,g = m_2\,a_2$ und daher $a_2 = \mu_G\,g = 1{,}96$ m/s^2. Auf den unteren Block wirken zwei horizontale Kräfte; dabei ist $2\,F_{\max} - \mu_G\,m_2\,g = m_4\,a_4$. Daraus folgt $a_4 = 7{,}85$ m/s^2.

5.26 a) m_1 wird durch die Haftreibungskraft beschleunigt: $\mu_H\,m_1\,g = m_1\,a$. Daraus folgt $a = \mu_H\,g = 5{,}89$ m/s^2. b) Wenn sich m_1 und m_2 gemeinsam bewegen, dann ist $m_3\,g - Z = m_3\,a$ und $Z = (m_1 + m_2)\,a$. Mit der Beschleunigung a, die in Teil a) berechnet wurde, erhalten wir $m_3 = (m_1 + m_2)\,\mu_H/(1 - \mu_H) = 22{,}5$ kg. c) Hier gleitet m_1 auf m_2, beschleunigt durch die Gleitreibungskraft. Daher ist $\mu_G\,m_1\,g = m_1\,a_1$. Daraus folgt $a_1 = 3{,}92$ m/s^2. Für m_3 ist $m_3\,g - Z = m_3\,a_3$, und für m_2 ist $Z - \mu_G\,m_1\,g = m_2\,a_3$. Schließlich folgt $a_3 = g\,(m_3 - \mu_G\,m_1)/(m_2 + m_3) = 6{,}87$ m/s^2 und $Z = m_3\,(g - a_3) = 88{,}3$ N.

5.27 a) Wie in Aufgabe 5.20 gezeigt wurde, ist $F(\theta) = \mu_H\,m\,g/(\cos\theta + \mu_H\,\sin\theta)$.   b) $\mathrm{d}F/\mathrm{d}\theta = \mu_H\,m\,g\,(\sin\theta - \mu_H\,\cos\theta)/(\cos\theta + \mu_H\,\sin\theta)^2$. Dies ist null, wenn gilt $\sin\theta - \mu_H\,\cos\theta = 0$. Daraus folgt $\tan\theta = \mu_H$. Für $\mu_H = 0{,}6$ (wie in Aufgabe 5.20) ist $\theta = \arctan{(0{,}6)} = 31°$; vgl. auch die Abbildung zu Lösung 5.20.

5.28 a) Wir verwenden die Lösung zu Aufgabe 5.10 und erhalten $g = a\,(m_1 + m_2)/(m_1 - m_2)$. Die Beschleunigung a kann bestimmt werden aus der gemessenen Fallzeit t für die Strecke ℓ, wobei gilt $a = 2\,\ell/t^2$. Daraus ergibt sich $g = (2\,\ell/t^2)\,(m_1 + m_2)/(m_1 - m_2)$.   b) Aus diesem Ausdruck für g folgt $\mathrm{d}g/\mathrm{d}t = -(2/t)\,g$ und $\mathrm{d}g/g = -2\,\mathrm{d}t/t$. Es ist gefordert $\mathrm{d}g/g = 0{,}05$, wenn $\mathrm{d}t = 0{,}1$ s ist. Gemäß der obigen Beziehung muß daher $t = 4$ s sein. Mit $\ell = 3$ m ergibt dies $a = 0{,}375$ m/s^2. Mit $m_1 = 1$ kg ist jedoch $a = g\,(1\,\text{kg} - m_2)/(1\,\text{kg} + m_2)$. Daraus folgt $m_2 = (1 - a/g)/(1 + a/g) = 0{,}926$ kg.

5.29 a) Auf den Körper wirken zwei Kräfte: die Gewichtskraft $G = m\,g$ und der Luftwiderstand $F_W = -b\,v$. Nach dem zweiten Newtonschen Axiom bewirken diese eine Beschleunigung a, für die gilt $m\,g - b\,v = m\,a$ und daher $a = g - b\,v/m$.
b) Wegen $a = \mathrm{d}v/\mathrm{d}t$ folgt aus der obigen Beziehung $\mathrm{d}v/(g - b\,v/m) = \mathrm{d}t$.
c) Wir integrieren nun beide Seiten von $t = 0$ (wobei $v = 0$ ist) bis zu irgendeinem Zeitpunkt t. Die rechte Seite ergibt dabei einfach t. Für die linke Seite verwenden wir die Beziehung

$$\frac{\mathrm{d}\ln(g - b\,v/m)}{\mathrm{d}v} = \left(-\frac{b}{m}\right)\frac{1}{g - b\,v/m}.$$

Damit folgt

$$t = -\frac{m}{b}\left[\ln\left(g - \frac{b\,v}{m}\right) - \ln g\right]$$
$$= -\frac{m}{b}\ln\left[1 - \frac{b\,v}{m\,g}\right].$$

Umstellen liefert $v = (m\,g/b)\,(1 - e^{-b\,t/m})$. Für $t \to \infty$ ergibt sich $m\,g/b = v_e$, die Endgeschwindigkeit. Die Geschwindigkeit als Funktion der Endgeschwindigkeit und der Zeit ist daher $v = v_e\,(1 - e^{-g\,t/v_e})$.   d) Die Zeitabhängigkeit von v ist im Diagramm für den Fall $v_e = 60$ m/s aufgetragen.

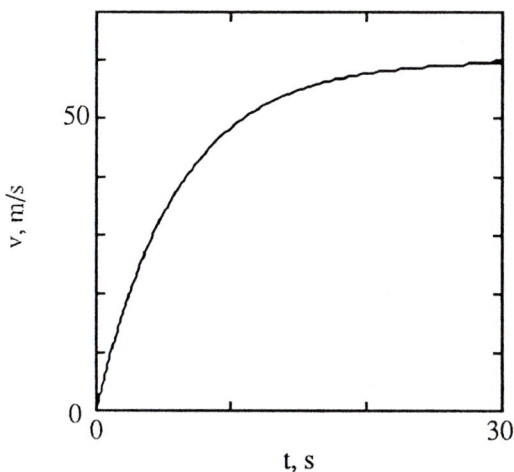

Das Ergebnis ist im wesentlichen identisch mit dem (numerisch ermittelten) von Aufgabe 13. Wir können auch schreiben $v = v_e (1 - e^{-t/\tau})$. Darin ist $\tau = v_e/g = m/b$ eine charakteristische Zeit, und v hängt etwa linear von t ab, wenn gilt $t \ll \tau$. Dagegen ist $v \approx v_e$ für $t \gg \tau$.

5.30 a) Die Endgeschwindigkeit ist erreicht, wenn gilt $m g = F_V$. Hier ist $m = \frac{4}{3}\pi r^3 \varrho$. Daher ist die Endgeschwindigkeit v_e gegeben durch $\frac{4}{3}\pi r^3 \varrho g = 6\pi \eta r v_e$. Daraus folgt $v_e = (2 r^2 \varrho g)/(9 \eta) = 2{,}42$ cm/s. b) Die Endgeschwindigkeit wird schon nach einigen Millisekunden erreicht. Da die Teilchen in dieser Zeit nur eine kurze Strecke weit fallen, können wir für nahezu die gesamte Fallstrecke die Endgeschwindigkeit annehmen. Also ist die Fallzeit etwa $t = (100\,\text{m})/v_e = 1{,}15$ h.

5.31 Wir setzen $m_1 = 20$ kg und $m_2 = 10$ kg. Dann ist $Z - m_1 g \sin\theta = m_1 a$, wobei aufwärts als positiv angesetzt ist. Entsprechend ist für m_2 die Abwärtsrichtung positiv, und es gilt $m_2 g \sin\theta - Z = m_2 a$. Addieren beider Beziehungen ergibt $a = -(g \sin\theta)(m_1 - m_2)/(m_1 + m_2) = -1{,}12$ m/s². Also wird m_1 nach unten und m_2 nach oben beschleunigt. Die Zugkraft im Seil ist $Z = m_1 (a + g \sin\theta) = 44{,}7$ N.

5.32 Wir setzen $m_1 = 20$ kg und $m_2 = 5$ kg. Dann ist $m_2 g - Z = m_2 a$. Auf m_1 wirkt die resultierende Kraft $2 Z$ nach rechts. Die Masse m_2 erfährt nach unten eine Beschleunigung mit dem Betrag a. Dann wird m_1 nach rechts beschleunigt, und die Beschleunigung hat den Betrag $a/2$. Also ist $2 Z = m_1 a/2$. Auflösen nach der Beschleunigung ergibt $a = m_2 g/(\frac{1}{4} m_1 + m_2) = 4{,}91$ m/s². Die Zugkraft im Seil ist $Z = m_1 a/4 = 24{,}5$ N.

5.33 a) Die Normalkraft F_N erzeugt die Zentripetalbeschleunigung der Masse. Also ist $F_N = m v^2/r$, mit $v = 2\pi r/T$. Darin ist T die Zeit für eine Umdrehung: $T = (60/B)$ s. Damit erhalten wir $F_N = 4\pi^2 m r B^2/(3600\,\text{s}^2)$ b) Die Masse fällt auf den Boden des Abteils, relativ zum Abteil. Im rotierenden Bezugssystem wird dies durch die Scheinkraft mit dem Betrag $m v^2/r$ hervorgerufen, die radial nach außen wirkt. c) Im Inertialsystem wirken keine Kräfte auf die Masse, so daß sich diese auf einer geraden Linie bewegt, und zwar mit derselben Geschwindigkeit, mit der sie fällt. Diese Gerade schneidet die Kreisbahn des Abteilbodens, so daß man die Masse auf diesen fallen sieht.

5.34 a) Wir setzen $m_1 = 10$ kg und $m_2 = 5$ kg. Die Richtung nach rechts setzen wir positiv an. Mit der maximalen Reibungskraft $\mu_H m_1 g$ erhalten wir $\mu_H m_1 g - F = m_1 a$ und $2 F - \mu_H m_1 g = m_2 a$. Das ergibt $F = \mu_H m_1 g (m_1 + m_2)/(2 m_1 + m_2) = 23{,}5$ N. b) Der Winkelträger und die Masse werden unter der Wirkung der resultierenden Kraft F gemeinsam beschleunigt. Dabei ist $a = F/(m_1 + m_2) = 1{,}57$ m/s². Wir können auch die obigen Gleichungen nach der Beschleunigung auflösen und erhalten $a = \mu_H m_1 g/(2 m_1 + m_2) = 1{,}57$ m/s².

Kapitel 6

Arbeit und Energie

6.1 a) Die kinetische Energie ist hier $E_{\text{kin}} = \frac{1}{2} m v^2 = \frac{1}{2} (0{,}01 \text{ kg}) (1200 \text{ m/s})^2 = 7200 \text{ J}$. b) Weil die kinetische Energie proportional zu v^2 ist, wird sie beim Halbieren von v auf ein Viertel herabgesetzt. Also ist $E_{\text{kin}} = 1800 \text{ J}$. c) E_{kin} steigt auf das 4fache; daher beträgt sie $28\,800 \text{ J}$.

6.2 a) Kraft und Verschiebung haben dieselbe Richtung. Somit ist $W = (80 \text{ N})(4 \text{ m}) = 320 \text{ J}$. b) Die Gravitationskraft wirkt der Bewegung entgegen; also ist $W = -m g h = -196 \text{ J}$. c) $\Delta E_{\text{kin}} = E_{\text{kin,e}} - E_{\text{kin,a}} = E_{\text{kin,e}} = 124 \text{ J}$.

6.3 a) Die Arbeit ist gleich der Fläche unter der Kurve, wenn F gegen x aufgetragen wird: $W = 7{,}5 \text{ J}$. b) $W = -3 \text{ J}$. c) $E_{\text{kin,e}} = E_{\text{kin,a}} + W = 0 + 7{,}5 \text{ J} = 7{,}5 \text{ J}$. d) $E_{\text{kin,e}} = E_{\text{kin,a}} + W = 0 + 7{,}5 \text{ J} - 3 \text{ J} = 4{,}5 \text{ J}$.

6.4 a) Auf den Körper wirken drei Kräfte: Die Gravitationskraft bzw. Gewichtskraft $m g$ wirkt abwärts; die Normalkraft F_{N} wirkt senkrecht zur schiefen Ebene, und die Gleitreibungskraft F_{G} wirkt entlang der schiefen Ebene aufwärts. Die von der Gravitationskraft verrichtete Arbeit ist $W_g = m g d \cos 30° = 102 \text{ J}$. Darin ist $d = 2 \text{ m}$. Der Winkel zwischen $\mathbf{g}$ und $\mathbf{d}$ beträgt 30°. Von der Normalkraft wird keine Arbeit verrichtet, da sie senkrecht zu $\mathbf{d}$ verläuft. Schließlich ist die Gleitreibungskraft dem Vektor $\mathbf{d}$ entgegengerichtet. Daher ist $W_{\text{G}} = -\mu_{\text{G}} m g d = -23{,}5 \text{ J}$. b) Die gesamte Arbeit ist die Summe der eben berechneten Beiträge: $W_{\text{ges}} = 78{,}4 \text{ J}$. c) Diese Arbeit ist gleich der Änderung der kinetischen Energie. Mit der Anfangsgeschwindigkeit $v_{\text{a}} = 0$ erhalten wir $\frac{1}{2} m v_{\text{e}}^2 = W = 78{,}4 \text{ J}$ und daraus die Endgeschwindigkeit $v_{\text{e}} = 5{,}11 \text{ m/s}$. Beträgt die Anfangsgeschwindigkeit 3 m/s, so darf man sie nicht einfach zum obigen Wert addieren. Vielmehr muß wieder die Änderung der kinetischen Energie gleich der gesamten Arbeit gesetzt werden: $\frac{1}{2} m v_{\text{e}}^2 - \frac{1}{2} m v_{\text{a}}^2 = W$. d) Mit $v_{\text{a}} = 3 \text{ m/s}$ und $W = 78{,}4 \text{ J}$ erhalten wir die Endgeschwindigkeit $v_{\text{e}} = 5{,}93 \text{ m/s}$.

6.5 a) $W = \mathbf{F} \cdot \Delta \mathbf{s} = (6 - 3 - 2) \text{ J} = 1 \text{ J}$. b) $\mathbf{F} \cdot \Delta \mathbf{s} = F \Delta s \cos \theta = (F \cos \theta) \Delta s$. Darin ist $F \cos \theta$ die Komponente von $\mathbf{F}$ in Richtung von $\Delta \mathbf{s}$. Daraus folgt $F \cos \theta = W/\Delta s = 0{,}213 \text{ N}$.

6.6 a) $\mathbf{A} \cdot \mathbf{e}_x = A_x (\mathbf{e}_x \cdot \mathbf{e}_x) + A_y (\mathbf{e}_y \cdot \mathbf{e}_x) + A_z (\mathbf{e}_z \cdot \mathbf{e}_x) = A_x$; denn es gilt $(\mathbf{e}_x \cdot \mathbf{e}_x) = 1$ und $(\mathbf{e}_y \cdot \mathbf{e}_x) = 0$ sowie $(\mathbf{e}_z \cdot \mathbf{e}_x) = 0$. b) Der Einheitsvektor parallel zu $\mathbf{A}$ ist $\mathbf{A}/A = \mathbf{A}/(A_x^2 + A_y^2 + A_z^2)^{1/2}$. c) Wir wollen die Komponente von $\mathbf{A} = 2\,\mathbf{e}_x + \mathbf{e}_y + \mathbf{e}_z$ bestimmen, die die Richtung von $\mathbf{B} = 3\,\mathbf{e}_x + 4\,\mathbf{e}_y$ hat. Dazu ermitteln wir zuerst den Einheitsvektor in Richtung von $\mathbf{B}$. Dieser ist $\mathbf{b} = \mathbf{B}/B = (3\,\mathbf{e}_x + 4\,\mathbf{e}_y)/5$. Einsetzen in den Ausdruck für $\mathbf{A}$ ergibt die gewünschte Komponente $\mathbf{A} \cdot \mathbf{b} = 6/5 + 4/5 = 2$.

6.7 a) Mit $E_{\text{pot,0}} = 0$ für $y = 0$, also auf dem Boden, ist die anfängliche potentielle Energie $E_{\text{pot}} = m g h = 392 \text{ J}$. b) Nach 1 s ist $y = \frac{1}{2} g t^2 = 4{,}91 \text{ m}$ und $v = g t = 9{,}81 \text{ m/s}$. c) Nach $t = 1 \text{ s}$ ist die kinetische Energie $E_{\text{kin}} = \frac{1}{2} m v^2 = 96{,}2 \text{ J}$, und die potentielle Energie ist $E_{\text{pot}} = m g (20 \text{ m} - 4{,}91 \text{ m}) = 296 \text{ J}$. Dieses Resultat können wir auch aus der Energieerhaltung ableiten; denn bei diesem System ist $E_{\text{kin}} + E_{\text{pot}}$ konstant. Zu Anfang ist $E_{\text{kin}} + E_{\text{pot}} = 0 + 392 \text{ J}$, und nach 1 s ist $E_{\text{kin}} + E_{\text{pot}} = 96{,}2 \text{ J} + E_{\text{pot}} = 392 \text{ J}$. Dies ergibt $E_{\text{pot}} = 296 \text{ J}$. d) Unmittelbar vor dem Auftreffen auf den Boden ist die gesamte potentielle Energie in kinetische umgesetzt, und es ist $392 \text{ J} = E_{\text{kin}} + 0 = \frac{1}{2} m v^2$. Daraus folgt $v = 19,8 \text{ m/s}$.

6.8 a) Die potentielle Energie ist $E_{\text{pot}} = \frac{1}{2} k x^2 = 50 \text{ J}$. Daraus folgt $x = 0,1 \text{ m}$.
b) Hier ist die Energie doppelt so groß, nämlich $E_{\text{pot}} = 100 \text{ J}$. Weil x proportional zur Quadratwurzel aus E_{pot} ist, ergibt sich $x = 0,141 \text{ m}$.

6.9 a) F_x ist bei A negativ, bei B null, bei C positiv, bei D null, bei E negativ und bei F null.
b) Bei C hat die Kraft den größten Betrag und bei A den zweitgrößten.   c) B, D und F sind Punkte, bei denen ein Gleichgewicht herrscht. Bei B ist es labil, bei D stabil und bei F indifferent.

6.10 Die Diagramme zeigen schematisch die potentielle Energie in Abhängigkeit von x für $C > 0$ und für $C < 0$.

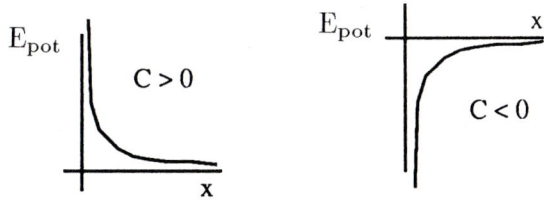

a) $F_x = -dE_{\text{pot}}/dx = C/x^2$.   b) Die Kraft ist vom Ursprung weg gerichtet, wenn $C > 0$ ist.
c) E_{pot} sinkt mit steigendem x, wenn $C > 0$ ist.
d) Für $C < 0$ ist die Kraft zum Ursprung gerichtet, und E_{pot} steigt mit wachsendem x.

6.11 a) In diesem System wird die anfängliche potentielle Energie der Gravitation vollständig in potentielle Energie der Feder umgesetzt; also ist $m g h = \frac{1}{2} k x^2$. Mit $h = 5 \text{ m}$ und $m = 3 \text{ kg}$ erhalten wir $x = 0,858 \text{ m}$.   b) Nachdem der Körper zur Ruhe gekommen ist, wird er durch die Feder beschleunigt, deren potentielle Energie dabei in kinetische Energie des Körpers umgesetzt wird. Dieser nimmt so viel kinetische Energie auf, daß er wieder die ursprüngliche Höhe von 5 m erreicht. Wenn keine nichtkonservativen Kräfte auf ihn wirken, wird er sich endlos hin und her bewegen.

6.12 Weil keine nichtkonservativen Kräfte wirken, bleibt die gesamte mechanische Energie erhalten. Also ist $\Delta E_{\text{pot}} + \Delta E_{\text{kin}} = 0$. Im vorliegenden Fall ist $\Delta E_{\text{pot}} = (-3 \text{ kg}) g h + (2 \text{ kg}) g h = -4,91 \text{ J}$. Dabei ist $h = 0,5 \text{ m}$. Die Änderung der kinetischen Energie ist $\Delta E_{\text{kin}} = -\Delta E_{\text{pot}} = \frac{1}{2} m v^2$, mit $m = 5 \text{ kg}$, weil sich beide Massen mit derselben Geschwindigkeit bewegen. Wir erhalten schließlich $v = 1,40 \text{ m/s}$.

6.13 a) Zu Beginn sind E_{pot} und E_{kin} beide null. Das System ist konservativ, so daß zu jedem späteren Zeitpunkt gelten muß $E_{\text{pot}} + E_{\text{kin}} = 0$. Wenn der 2-kg-Körper um die Strecke y fällt, ändert sich seine potentielle Energie um $-m_2 g y$, während die potentielle Energie des 4-kg-Körpers unverändert bleibt. Weil beide Körper durch das Seil miteinander verbunden sind, haben sie dieselbe Geschwindigkeit. Also ist ihre kinetische Energie $\frac{1}{2} (m_1 + m_2) v^2$. Kombinieren der Resultate ergibt $0 = -m_2 g y + \frac{1}{2} (m_1 + m_2) v^2$.
b) Mit $y = 2 \text{ m}$ erhalten wir $v = 3,62 \text{ m/s}$.

6.14 a) Wenn der Körper die gekrümmte Rampe herabgleitet, erreicht er schließlich dieselbe Geschwindigkeit, als fiele er um die Höhe h senkrecht herab. Also gilt $\frac{1}{2} m v^2 = m g h$ und daher $v^2 = 2 g h$. Mit $h = 3 \text{ m}$ folgt $v = 7,67 \text{ m/s}$.   b) Wenn der Körper auf der horizontalen Fläche gleitet, ändert sich seine kinetische Energie, während seine potentielle Energie gleich bleibt. Also ist die Reibungsarbeit $W_{\text{G}} = \Delta E_{\text{kin}} = 0 - \frac{1}{2} m v^2 = -58,9 \text{ J}$.   c) Für die (nichtkonservative) Reibungsarbeit können wir auch schreiben $W_{\text{G}} = -\mu_{\text{G}} m g d$; dabei ist d die horizontal zurückgelegte Strecke (9 m). Mit dem Ergebnis von Teil b) erhalten wir $\mu_{\text{G}} = (\frac{1}{2} v^2)/(g d) = g h/(g d) = h/d = \frac{1}{3}$.

6.15 a) Die Reibungsarbeit ist gegeben durch $W_{\text{G}} = -\mu_{\text{G}} m_1 g y$.   b) Wegen $W_{\text{G}} = \Delta E$ ist $E_{\text{e}} - E_{\text{a}} = E_{\text{e}} = -\mu_{\text{G}} m_1 g y$.   c) Hier ist die gesamte mechanische Energie $E = -\mu_{\text{G}} m_1 g y = -m_2 g y + \frac{1}{2} (m_1 + m_2) v^2$. Mit $y = 2 \text{ m}$ erhalten wir $v = 1,98 \text{ m/s}$.

6.16 a) $\Delta E_{\text{pot}} = m g h = 9{,}42 \cdot 10^4$ J.   b) Die Energie wird von chemischen Reaktionen in den Muskeln geliefert.   c) Die gesamte innere Energie, die der Student aufwendet, ist etwa 5mal so groß wie die in Teil a) berechnete, beträgt also rund $4{,}7 \cdot 10^5$ J.

6.17 a) Die Geschwindigkeit ist der Quotient aus Leistung und Kraft: $v = P/F = 1{,}67$ m/s. b) Die Arbeit ist das Produkt aus Leistung und Zeit: $W = P\,t = 15$ J.

6.18 Die Leistung ist $P = \mathrm{d}W/\mathrm{d}t$. Wenn das Wasser herabströmt, ist die dabei umgesetzte mechanische Arbeit gleich $W = m g h$. Also ist $P = \mathrm{d}W/\mathrm{d}t = (\mathrm{d}m/\mathrm{d}t)\,g\,h = 1{,}37 \cdot 10^6$ kW.

6.19 a) Der Energieumsatz pro Zeit ist 100 W $= 100$ J/s. In 24 h macht dies $8{,}64 \cdot 10^6$ J aus. b) $8{,}64 \cdot 10^6$ J $= 2065$ kcal.

6.20 Der Pendelkörper kommt auf der rechten Seite des Stiftes zur Ruhe, wobei er dieselbe Höhe erreicht, aus der er fallengelassen wurde. Wir geben die Höhe relativ zum tiefsten Punkt der Pendelschwingung an. Dann ist die Höhe, aus der der Pendelkörper losgelassen wurde, gegeben durch $\ell\,(1 - \cos\theta_1)$. Auf der rechten Seite ist sie $(\ell - x)(1 - \cos\theta_2)$. Gleichsetzen ergibt

$$\cos\theta_2 = 1 - \left(\frac{\ell}{\ell - x}\right)(1 - \cos\theta_1).$$

6.21 a) Der Betrag der Arbeit entspricht der Fläche unter der Kurve, wenn die Kraft gegen die Verschiebung aufgetragen ist. Das Vorzeichen der Arbeit ist positiv (bzw. negativ), wenn Kraft und Verschiebung gleiche (bzw. entgegengesetzte) Richtung haben. Das Teilchen bewege sich von $x = 0$ zu negativen Werten von x; dann ist die Verschiebung negativ, während die Kraft in positiver Richtung wirkt. Daher ist die verrichtete Arbeit -11 J für $x = -4$ m und -10 J für

$x = -3$ m und -7 J für $x = -2$ m sowie -3 J für $x = -1$ m. Entsprechend ist, jeweils für Verschiebungen ab $x = 0$ m, die Arbeit $W = 0$ J für $x = 0$ m und $W = 1$ J für $x = 1$ m und $W = 0$ J für $x = 2$ m und $W = -2$ J für $x = 3$ m sowie $W = -3$ J für $x = 4$ m.   b) Es gilt $\Delta E_{\text{pot}} = -W$, also beispielsweise $E_{\text{pot}}(-4\,\text{m}) - E_{\text{pot}}(0\,\text{m}) = E_{\text{pot}}(-4\,\text{m}) = 11$ J. Die gesamte Funktion $E_{\text{pot}}(x)$ ist, für $E_{\text{pot}}(0\,\text{m}) = 0$, im Diagramm aufgetragen.

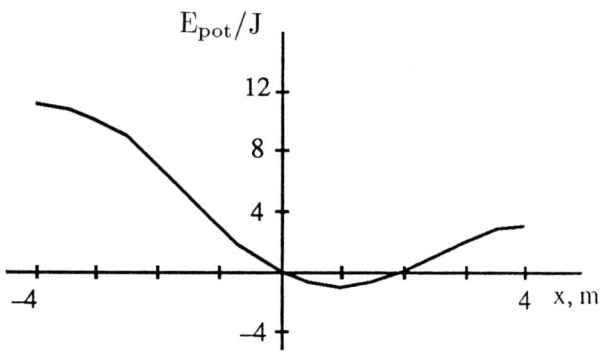

6.22 a) Die Richtung der Verschiebung und der Kraft sind hier stets gleich. Also ist die Arbeit stets positiv. Jeweils für Auslenkungen ab $x = 0$ m ist sie daher $W = 6$ J für $x = -4$ m und $W = 4$ J für $x = -3$ m und $W = 2$ J für $x = -2$ m und $W = 1/2$ J für $x = -1$ m und $W = 0$ J für $x = 0$ m und $W = 1/2$ J für $x = 1$ m und $W = 3/2$ J für $x = 3$ m und $W = 5/2$ J für $x = 3$ m sowie $W = 3$ J für $x = 4$ m.   b) $\Delta E_{\text{pot}} = E_{\text{pot}}(x) - E_{\text{pot}}(0\,\text{m}) = -W$. Die gesamte Funktion $E_{\text{pot}}(x)$ ist, für $E_{\text{pot}}(0\,\text{m}) = 0$, hier aufgetragen:

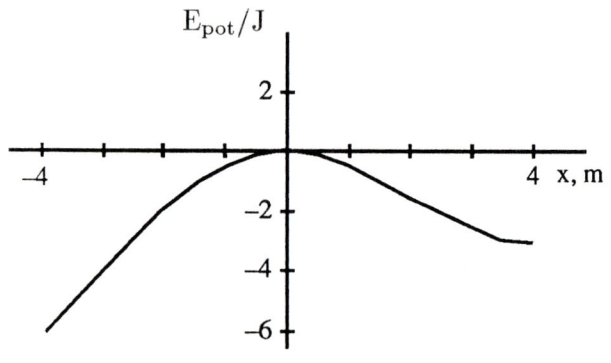

6.23 a) Die Arbeit ist gleich der Fläche unter der Kurve, wenn die Kraft gegen die Verschiebung aufgetragen ist. Hier ist näherungsweise

$W = 11/4$ J.   b) Die Änderung der kinetischen Energie ist $\Delta E_{kin} = W = \frac{1}{2} m v_e^2 - \frac{1}{2} m v_a^2$. Daraus folgt $E_{kin,e} = \frac{1}{2} m v_e^2 = \frac{1}{2} m v_a^2 + W = 6{,}13$ J.   c) Mit dem Ergebnis von Teil b) erhalten wir $v_e = (2 E_{kin,e}/m)^{1/2} = 2{,}02$ m/s.   d) Aus der Fläche unter der Kurve ermitteln wir $W \approx 14{,}25/4$ J. e) Die gleiche Vorgehensweise wie in den Teilen b) und c) ergibt $v_e = 2{,}15$ m/s.

6.24 Der allgemeine Ausdruck für die Arbeit lautet

$$W = \int_{s_1}^{s_2} \mathbf{F} \cdot d\mathbf{s}.$$

Also ist

$$\begin{aligned} W &= \int_0^A F_x \, dx = \int_0^A (-k\,x - a\,x^2) \, dx \\ &= -\frac{1}{2} k A^2 - \frac{1}{3} a A^3. \end{aligned}$$

6.25 a) Die Strecke BC ist um $30°$ gegen die Horizontale geneigt. Also beträgt die Höhendifferenz dieser beiden Punkte $h = (30\text{ m}) \sin 30° = 15$ m. Daher ist die Reibungsarbeit $W_G = \Delta E = \Delta E_{pot} + \Delta E_{kin} = m g h + (\frac{1}{2} m v_e^2 - \frac{1}{2} m v_a^2) = -2{,}68 \cdot 10^3$ J.   b) Beim Abheben am Punkt C ist die y-Komponente der Geschwindigkeit $v_y = v_e \sin 30° = \frac{1}{2} v_e$. Ein Körper, der sich mit der Startgeschwindigkeit v nach oben bewegt, erreicht die Höhe h, für die gilt $v^2 = 2 g h$. Im vorliegenden Fall ist $h = v_e^2/(8 g) = 6{,}74$ m. Diese Höhe ist zwar bemerkenswert, aber viel geringer als diejenige, die der Skifahrer erreichen würde, wenn die Steigung bei C nicht endete. Er käme dann 21,4 m weiter als Punkt C.

6.26 Wir bezeichnen die auf der schiefen Ebene zurückgelegte Strecke mit x. Dabei ist $x = 0$ die Gleichgewichtsposition der Feder, wobei x nach oben größer wird.   a) Bei reibungsfreier Ebene können wir die Energieerhaltung ansetzen. Mit $\ell = 4$ m gilt dann $m g \ell \sin 30° = -m g x \sin 30° + \frac{1}{2} k x^2$. Auflösen dieser quadratischen Gleichung nach x ergibt die maximale Stauchung der Feder $x = 0{,}989$ m.   b) Wir zerlegen den Vorgang am besten in zwei Teile. Zunächst bestimmen wir die kinetische Energie des Körpers beim Erreichen der Feder. Dazu setzen wir die Reibungsarbeit W_G gleich der Änderung der mechanischen Energie: $W_G = -\mu_G \, m g \ell \cos 30° = \Delta E_{pot} + \Delta E_{kin} = (0 - m g \ell \sin 30°) + (\frac{1}{2} m v^2 - 0)$. Also ist $\frac{1}{2} m v^2 = 25{,}6$ J, wenn der Körper auf die Feder trifft. Nun betrachten wir den Stauchungsvorgang. Nach den gleichen Prinzipien, nach denen wir eben verfuhren, ergibt sich $W_G = -\mu_G \, m g x \cos 30° = (-m g x \sin 30° - 0) + (\frac{1}{2} k x^2 - 0) + (0 - \frac{1}{2} m v^2)$. Hier treten zwei Beiträge zu ΔE_{pot} auf: einer von der Gravitation und einer von der Feder. Auflösen der quadratischen Gleichung ergibt $x = 0{,}783$ m.   c) Während der Körper die Feder komprimiert und dann wieder zu deren Gleichgewichtspunkt nach oben gleitet, wirkt die Reibung auf ihn. Die Reibungsarbeit dabei ist $W_G = -\mu_G \, m g (2 x) \cos 30° = 5{,}32$ J. Daher hat der Körper die kinetische Energie $\frac{1}{2} m v^2 = 20{,}3$ J, wenn er die Feder verläßt. Dadurch gleitet er die Strecke ℓ_2 auf der Ebene hinauf, für die gilt $-\mu_G \, m g \ell_2 \cos 30° = (m g \ell_2 \sin 30° - 0) + (0 - \frac{1}{2} m v^2)$. Daraus folgt $\ell_2 = 1{,}54$ m.

6.27 a) Für die Abhängigkeit der Masse m von der Höhe y gilt $m(0\text{ m}) = m_0 = 40$ kg und $m(40\text{ m}) = 20$ kg. Wegen des zeitlich konstanten Massenverlustes nimmt die Masse pro Meter Höhe um 0,5 kg ab. Somit gilt $m(y) = m_0 - (0{,}5\text{ kg/m})\,y$.   b) Die vom Arbeiter ausgeübte Kraft ist $F(y) = m(y)\,g$. Daher ist die verrichtete Arbeit

$$\begin{aligned} W &= \int_0^{40} F(y) \, dy = \int_0^{40} \left(m_0 - \frac{y}{2}\right) g \, dy \\ &= \left(m_0 y - \frac{y^2}{4}\right) g \bigg|_0^{40} = 1{,}18 \cdot 10^4 \text{ J}. \end{aligned}$$

6.28 a) Wir nehmen an, der Körper gleite die Strecke ℓ die Ebene hinauf. Dadurch gewinnt er die Höhe $h = \ell \sin 60°$. Auf ihn wirken drei Kräfte: die Gewichtskraft, aus der die Arbeit $-m g h = -m g \ell \sin 60°$ resultiert, die Reibungskraft, der die Arbeit $-\mu_G \, (m g \ell \cos 60°)$ entspricht, und die Normalkraft, die keine Arbeit verrichtet.   b) Der Körper gleitet die Ebene hinauf, bis seine kinetische Energie null ist. Also gilt

$\Delta E_{\text{kin}} = 0 - \frac{1}{2}\,m\,v^2 = W_{\text{ges}} = -m\,g\,\ell\,\sin 60°\,-$ $\mu_{\text{G}}\,m\,g\,\ell\,\cos 60°$. Dies ergibt $\ell = v^2/[2\,g\,(\sin 60°\,+$ $\mu_{\text{G}}\cos 60°)] = 0{,}451$ m.

c) Wenn der Körper wieder die Ebene hinuntergleitet, so ist die Arbeit: $m\,g\,\ell\,\sin 60°$ infolge der Gewichtskraft und $-\mu_{\text{G}}\,m\,g\,\ell\,\cos 60°$ infolge der Reibung sowie 0 infolge der Normalkraft.

d) Wir setzen wieder $W_{\text{ges}} = \Delta E_{\text{kin}}$ und erhalten $\frac{1}{2}\,m\,v^2 - 0 = m\,g\,\ell\,(\sin 60° - \mu_{\text{G}}\cos 60°)$ und daraus $v^2 = 2\,g\,\ell\,(\sin 60° - \mu_{\text{G}}\cos 60°)$ und schließlich $v = 2{,}52$ m/s.

6.29 a) Die Reibungsarbeit ist gleich der Änderung der mechanischen Energie, damit gleich der Änderung der kinetischen Energie, also $W_{\text{G}} = \frac{1}{2}\,m\,(\frac{1}{2}\,v_0)^2 - \frac{1}{2}\,m\,v_0^2 = -\frac{3}{4}\,(\frac{1}{2}\,m\,v_0^2) = -\frac{3}{4}\,E_{\text{kin,a}}$.   b) Wir können auch schreiben $W_{\text{G}} = -\mu_{\text{G}}\,m\,g\,(2\,\pi\,r)$ und erhalten $\mu_{\text{G}} = \frac{3}{4}\,E_{\text{kin,a}}/(m\,g\,2\,\pi\,r)$.   c) Um die Anzahl der Umläufe bis zum Stillstand zu ermitteln, setzen wir die Reibungsarbeit gleich der Änderung der kinetischen Energie von $\frac{1}{4}\,E_{\text{kin,a}}$ auf null: $W_{\text{G}} = -\mu_{\text{G}}\,m\,g\,d = 0 - \frac{1}{4}\,E_{\text{kin,a}}$. Einsetzen des obigen Ergebnisses für die Gleitreibungszahl ergibt $d = \frac{1}{3}\,(2\,\pi\,r)$, d.h. das Kügelchen führt noch ein Drittel eines Umlaufs aus.

6.30 a) Beim Durchfluß des Wassers durch die Turbine wird nichtkonservative Arbeit W_{nk} verrichtet und in elektrische Energie umgesetzt. Wir nehmen an, das Wasser befinde sich in der Turbine stets auf gleicher Höhe. Dann ist die Änderung der mechanischen Energie gleich der Änderung der kinetischen Energie: $W_{\text{nk}} = \Delta E_{\text{kin}} = E_{\text{kin,e}} - E_{\text{kin,a}}$. Darin ist $E_{\text{kin,a}} = m\,g\,h$; dies ist die kinetische Energie, die das Wasser erhält, wenn es die Höhe $h = 50$ m bis zur Turbine hinabströmt. Daraus folgt $W_{\text{nk}}/m = \frac{1}{2}\,v_e^2 - g\,h = -478$ J/kg. Die von der Turbine abgegebene Leistung ist daher $P = W/t = (478\,\text{J/kg})\,[1{,}5 \cdot 10^6\,\text{kg}/(60\,\text{s})] = 1{,}20 \cdot 10^7$ W.   b) Jeder Einwohner verbraucht $3 \cdot 10^{11}$ J pro Jahr; dies entspricht 9490 W. Die Anzahl der Einwohner, die der Stausee mit elektrischer Energie versorgen kann, ist daher $(1{,}20 \cdot 10^7\,\text{W}) / (9490\,\text{W}) = 1260$.

6.31 Der Motor des Wagens setzt chemische Energie in mechanische um. Also ist die von ihm verrichtete Arbeit nichtkonservativ; sie ist gleich der Änderung der mechanischen Energie des Wagens. Also ist $W_{\text{nk}} = \Delta E = \Delta E_{\text{pot}} + \Delta E_{\text{kin}} = m\,g\,h + \frac{1}{2}\,m\,v_e^2 - \frac{1}{2}\,m\,v_a^2 = 1{,}41 \cdot 10^6$ J. Diese Arbeit wird verrichtet während der Zeit, die der Wagen bergauf fährt. Dann ist dessen mittlere Geschwindigkeit $\langle v \rangle = \frac{1}{2}\,(v_e - v_a) = 17$ m/s. Die zurückgelegte Wegstrecke ist $d = [(2 \cdot 10^3)^2 + (120)^2]^{1/2}$ m. Daraus folgt $t = d/\langle v \rangle = 118$ s. Die Leistung ist $P = W/t = 12\,000$ W $= 12$ kW.

6.32 a) Die potentielle Energie der Gravitation setzen wir null für $\theta = 0$. Bei der Drehung um den Winkel θ wird die Masse m_1 um $\ell_1 \sin \theta$ gesenkt, während die Masse m_2 um $\ell_2 \sin \theta$ angehoben wird. Daraus folgt $E_{\text{pot}}(\theta) = (m_2\,\ell_2 - m_1\,\ell_1)\,g\,\sin \theta$.   b) Dem Ergebnis von Teil a) entnehmen wir, daß $E_{\text{pot}}(\theta)$ proportional zu $\sin \theta$ ist. Für die vorliegende mechanische Anordnung ist klar, daß θ nur zwischen $+\pi/2$ und $-\pi/2$ liegen kann. In diesem Bereich hat $\sin \theta$ ein Maximum bei $\theta = \pi/2$ und ein Minimum bei $\theta = -\pi/2$. Also hat bei $(m_2\,\ell_2 - m_1\,\ell_1) > 0$ die potentielle Energie ein Minimum, wenn $\sin \theta$ ein Minimum hat, nämlich bei $\theta = -\pi/2$. Bei $(m_2\,\ell_2 - m_1\,\ell_1) < 0$ hat die potentielle Energie aber ein Minimum, wenn $\sin \theta$ ein Maximum hat, nämlich bei $\theta = \pi/2$. Daher bestimmt die Größe $(m_2\,\ell_2 - m_1\,\ell_1)$, ob der Stab nach rechts oder nach links kippt. Das ist damit konsistent, daß das System dem Zustand geringster potentieller Energie zustrebt.   c) Aus dem Ergebnis von Teil a) folgt, daß für alle θ die potentielle Energie $E_{\text{pot}}(\theta)$ null ist, wenn gilt $(m_2\,\ell_2 - m_1\,\ell_1) = 0$.

6.33 a) Die Arbeit ist

$$W = \int \mathbf{F} \cdot \text{d}\mathbf{s}.$$

Hier ist $\mathbf{F} = 2\,(\text{N/m}^2)\,x^2\,\mathbf{e}_x$ und $\text{d}\mathbf{s} = \text{d}y\,\mathbf{e}_y$. Offensichtlich ist $\mathbf{F} \cdot \text{d}\mathbf{s} = 0$. Also ist die Arbeit längs dieses Weges null.   b) Längs dieses Weges steigt x um 3 m und gleichzeitig y um 4 m. Daher ist $\text{d}\mathbf{s}$

$= \mathrm{d}x\,\mathbf{e}_x + \mathrm{d}y\,\mathbf{e}_y = \mathrm{d}x\,\mathbf{e}_x + \frac{4}{3}\,\mathrm{d}y\,\mathbf{e}_y$, und es folgt
$\mathbf{F}\cdot\mathrm{d}\mathbf{s} = 2\,(\mathrm{N/m^2})\,x^2\,\mathrm{d}x$ und

$$W = \int_2^5 2\,x^2\,\mathrm{d}x = \frac{2}{3}\,x^3\,\Big|_2^5 = 78\ \mathrm{J}.$$

6.34 a) Die potentielle Energie der Gravitation setzen wir null für $y = 0$. Dabei ist die Länge der Schnur zwischen den beiden Rollen $2\,d$. Für $y \neq 0$ ist diese Länge $2\,(d^2 + y^2)^{1/2}$. Jede der großen Massen m_1 steigt um die Höhe $(d^2 + y^2)^{1/2} - d$, wenn die kleine Masse m_2 um die Höhe y sinkt. Also ist die potentielle Energie $E_{\mathrm{pot}}(y) = 2\,m_1\,g\,[(d^2 + y^2)^{1/2} - d] - m_2\,g\,y$.   b) Bei der Gleichgewichtshöhe hat E_{pot} ein Minimum, d.h. es gilt $\mathrm{d}E_{\mathrm{pot}}/\mathrm{d}y = 0$. Es ist $\mathrm{d}E_{\mathrm{pot}}/\mathrm{d}y = 2\,m_1\,g\,y/(d^2 + y^2)^{1/2} - m_2\,g$. Nullsetzen ergibt die Gleichgewichtshöhe

$$y_0 = d\,\frac{\left(\dfrac{m_2}{2\,m_1}\right)}{\sqrt{1 - \dfrac{m_2^2}{4\,m_1^2}}}.$$

Die Masse m_2 ist mit zwei Seilen verbunden, von denen jedes der Zugkraft $Z = m_1\,g$ ausgesetzt ist. Die Zugkräfte bilden mit der Senkrechten den Winkel $\pi/2 - \theta$; daher wirkt auf m_2 die vertikale Kraftkomponente $2\,m_1\,g\,\cos\,(\pi/2 - \theta) = 2\,m_1\,g\,\sin\,\theta = 2\,m_1\,g\,(y_0/x)$. Darin ist x die Länge jedes Seils zwischen m_2 und der Rolle. Es ist $x = (d^2 + y_0^2)^{1/2} = y_0\,(2\,m_1/m_2)$. Somit wirkt auf m_2 die resultierende, aufwärts gerichtete Kraft $2\,m_1\,g\,(y_0/x) = 2\,m_1\,g\,[m_2/(2\,m_1)] = m_2\,g$. Damit ist durch die Betrachtung der Kräfte die Gleichgewichtshöhe bestätigt.

6.35 a) Die abgegebene Leistung ist 3000 MW $= 3\cdot 10^9$ J/s. Also ist die pro Jahr abgegebene Energie $(3\cdot 10^9\,\mathrm{J/s})\,(3{,}16\cdot 10^7\,\mathrm{s}) = 9{,}47\cdot 10^{16}$ J. Dies setzen wir gleich $m\,c^2$ und erhalten $(9{,}47\cdot 10^{16}\,\mathrm{J})\,/\,(3\cdot 10^8\,\mathrm{m/s})^2 = 1{,}05$ kg. Wird für die gleiche Energiemenge Kohle verbrannt, so ist deren Masse $(9{,}47\cdot 10^{16}\,\mathrm{J})\,/\,(3{,}1\cdot 10^7\,\mathrm{J/kg}) = 3{,}05\cdot 10^9$ kg.

6.36 a) Die Masse pro Längeneinheit ist λ. Ist die Länge y angehoben, so befindet sich insgesamt die Masse $m = \lambda\,y$ über dem Boden und muß gehalten werden. Die dazu aufzuwendende Kraft ist $F(y) = \lambda\,y\,g$.   b) Die gesamte Arbeit, um ein Seilstück der Länge ℓ anzuheben, ist

$$W = \int_0^\ell F(y)\,\mathrm{d}y = \lambda\,g\int_0^\ell y\,\mathrm{d}y = \tfrac{1}{2}\,\lambda\,g\,\ell^2.$$

Wegen $m = \lambda\,\ell$ ist das gleich $\tfrac{1}{2}\,m\,g\,\ell$. Dies entspricht der Arbeit, die nötig ist, um den Schwerpunkt um die Strecke $\tfrac{1}{2}\,\ell$ hochzuheben.   c) Die Arbeit, die beim Anheben des Seils verrichtet wird, ist gleich der Änderung der mechanischen Energie, also gleich der Änderung der potentiellen Energie: $W = \tfrac{1}{2}\,m\,g\,\ell = \Delta E_{\mathrm{pot}} = E_{\mathrm{pot,e}} - E_{\mathrm{pot,a}}$. Mit der anfänglichen potentiellen Energie $E_{\mathrm{pot,a}} = 0$ für das auf dem Boden liegende Seil ist die Energie des angehobenen Seils $E_{\mathrm{pot}} = \tfrac{1}{2}\,m\,g\,\ell$.

6.37 a) Der Körper fällt aus der Höhe h auf die Höhe $2R$ und hat daher am höchsten Punkt des Loopings die kinetische Energie $\tfrac{1}{2}\,m\,v^2 = m\,g\,(h - 2R)$.   b) Der Körper bewegt sich auf einer Kreisbahn. Daher erfährt er die Zentripetalbeschleunigung $a_{\mathrm{z}} = v^2/R = 2\,g\,(h - 2R)/R$. c) Aus der Abbildung in der Aufgabe geht hervor, daß die Bahn auf den Körper eine abwärts gerichtete Kraft ausüben kann, so daß die Beschleunigung größer als die Fallbeschleunigung g ist. Aber die Bahn kann auf den Körper keine aufwärts gerichtete Kraft ausüben. Deswegen wird dieser bei $a_{\mathrm{z}} < g$ die Bahn verlassen und mit der Beschleunigung g frei fallen. Die Bedingung, daß der Körper gerade noch auf der Bahn bleibt, ist $a_{\mathrm{z}} = 2\,g\,(h - 2R)/R = g$. Daraus folgt $h = 2{,}5\,R$.

6.38 a) Am tiefsten Punkt der Schwingung des Pendelkörpers gilt $\tfrac{1}{2}\,m\,v^2 = m\,g\,(2\,\ell)$. Die Zentripetalbeschleunigung ist $a_{\mathrm{z}} = v^2/\ell = 4\,g$. Wir setzen die Richtung zum Drehpunkt positiv. Dann gilt nach dem zweiten Newtonschen Axiom für die Zugkraft Z die Beziehung $Z - m\,g = m\,a_{\mathrm{z}} = 4\,m\,g$ und daher $Z = 5\,m\,g$.   b) Wenn das Pendel sich 30° unterhalb der Horizontalen befindet, ist der Pendelkörper um die Höhe $1{,}5\,\ell$ gefallen. Daher ist $\tfrac{1}{2}\,m\,v^2 = m\,g\,(1{,}5\,\ell)$. Daraus folgt

$a_z = v^2/\ell = 3\,g$. Wir wenden das zweite Newtonsche Axiom an. Die Gravitationskraft wirkt nun nach außen, und zwar in einer Richtung, die um $60°$ von der radialen Richtung abweicht. Für die Zugkraft Z gilt dabei $Z - m\,g\cos 30° = 3\,m\,g$. Dies ergibt $Z = 3{,}5\,m\,g$.   c) Hier ist der Pendelkörper um die Höhe $\ell/2$ gefallen, und es ist $\frac{1}{2}\,m\,v^2 = m\,g\,(\ell/2)$ und $a_z = v^2/\ell = g$. Nun wirkt die Gravitationskraft nach innen, um $60°$ gegen die radiale Richtung geneigt; für die Zugkraft gilt $Z + m\,g\cos 60° = m\,g$ und $Z = \frac{1}{2}\,m\,g$.

6.39 Die Höhe, die der Skifahrer zwischen dem Startpunkt und dem Gipfel der Kuppe verliert, ist $h - r$; dabei ist $r = 4$ m. Auf dem Gipfel der Kuppe ist seine kinetische Energie also $\frac{1}{2}\,m\,v^2 = m\,g\,(h - r)$. Daher hat die (nach unten gerichtete) Zentripetalbeschleunigung den Betrag $a_z = v^2/r = 2\,g\,(h - r)/r$. Die einzige Kraft, die nach unten wirkt, ist die Gewichtskraft. Daher kann der Betrag der Abwärtsbeschleunigung höchstens gleich g sein. In diesem Fall ist $2\,(h - r)/r = 1$. Dies ergibt $h = 1{,}5\,R = 6$ m.

6.40 a) Um v in Abhängigkeit von θ zu ermitteln, setzen wir die Energieerhaltung an: $\frac{1}{2}\,m\,v_0^2 + m\,g\,h(\theta) = \frac{1}{2}\,m\,[v(\theta)]^2$. Darin ist $h(\theta)$ der Höhenverlust beim Winkel θ. Wir erhalten ihn folgendermaßen: Der Skifahrer befindet sich am Gipfel der Kuppe im Abstand r über deren Mittelpunkt, während er sich beim Winkel θ nur um die Strecke $r\cos\theta$ höher als der Mittelpunkt befindet. Also ist der Höhenverlust $h(\theta) = r\,(1 - \cos\theta)$. Es folgt schließlich

$$v(\theta) = \sqrt{v_0^2 + 2\,g\,r\,(1 - \cos\theta)}.$$

b) Auf den Skifahrer wirken die Gewichtskraft und die Normalkraft F_N, die von der Piste ausgeübt wird. Die Skier verlieren den Kontakt zur Piste, wenn die Normalkraft verschwindet. Aus dem zweiten Newtonschen Axiom folgt (mit der Zentripetalbeschleunigung a_z) beim Winkel θ für die Kräfte: $-F_N + m\,g\cos\theta = m\,a_z = m\,[v(\theta)]^2/r$. Dabei ist die radiale Richtung nach innen als positiv angenommen. Wir setzen die Normalkraft gleich null und erhalten $\cos\theta = \frac{2}{3} +$

$v_0^2/(3\,g\,r)$. Für $v_0 \approx 0$ ist $\theta \approx 48°$. Bei zu großer Anfangsgeschwindigkeit v_0 ergibt sich $\cos\theta > 0$. Dies würde bedeuten, daß die Skier schon beim Start (bei $\theta = 0$) keinen Kontakt mit der Piste hätten. Dafür gilt $\cos\theta = 1$ bzw. $v_0^2/r = g$, wie erwartet.

6.41 Wir messen den Abstand x von der Gleichgewichtsposition der Feder, wobei negatives x der Stauchung entspricht.   a) Die von der Feder verrichtete Arbeit ist

$$
\begin{aligned}
W_F &= \int_{-3}^{0} F\,\mathrm{d}x = \int_{-3}^{0} (-k\,x)\,\mathrm{d}x \\
&= -\tfrac{1}{2}\,k\,x^2 \Big|_{-3}^{0} = 0{,}9 \text{ J.}
\end{aligned}
$$

Hier ist $F = -k\,x$; das bedeutet, bei $x < 0$ wirkt die Kraft in positiver Richtung.   b) Die Reibungsarbeit ist

$$
\begin{aligned}
W_G &= \int_{-3}^{0} F\,\mathrm{d}x = \int_{-3}^{0} (-\mu_G\,m\,g)\,\mathrm{d}x \\
&= -\mu_G\,m\,g\,x \Big|_{-3}^{0} = -0{,}294 \text{ J.}
\end{aligned}
$$

c) Die insgesamt am Körper verrichtete Arbeit ist $W = W_F + W_G = 0{,}606 \text{ J} = \Delta E_{\text{kin}} = \frac{1}{2}\,m\,v^2 - 0$. Daraus erhalten wir die Geschwindigkeit $v = 0{,}492$ m/s.   d) Nachdem der Körper die Feder verlassen hat, wirkt auf ihn in horizontaler Richtung nur die Reibungskraft. Die von dieser verrichtete Arbeit bringt ihn zum Stillstand, wenn gilt $W_G = -\mu_G\,m\,g\,x = \Delta E_{\text{kin}} = 0 - \frac{1}{2}\,m\,v^2$. Die Strecke, die der Körper gleitet, ist daher $x = 6{,}17$ cm.

6.42 a) Die Kraft ist null, wenn $\mathrm{d}E_{\text{pot}}/\mathrm{d}x = 0$ ist. Dies ist hier der Fall für $x = 0$ m, $x = 2$ m und $x \geq 3$ m.   b) In der Abbildung auf der nächsten Seite ist die potentielle Energie gegen x aufgetragen.   c) Das Gleichgewicht ist stabil bei $x = 0$ m, labil bei $x = 2$ m und indifferent bei $x \geq 3$ m.   d) Die Gesamtenergie beträgt 12 J. Also ist $E = E_{\text{pot}} + E_{\text{kin}} = 12$ J. Bei $x = 2$ m ist $E_{\text{pot}} = 4$ J und daher $E_{\text{kin}} = 8$ J. Die entsprechende Geschwindigkeit ist $v = 2$ m/s.

Abbildung zu Lösung 6.42:

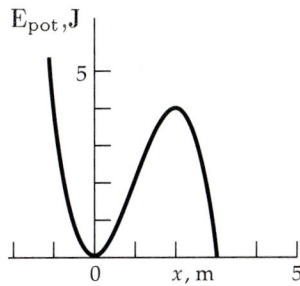

6.43 a) Für positive Werte von x ist die Kraft ebenfalls positiv, wirkt also in positiver Richtung. Das bedeutet: Ein Teilchen, das bei x aus der Ruhe losgelassen wird, bewegt sich zu höheren Werten von x. Jeder Körper bewegt sich zu einem Zustand mit geringerer potentieller Energie; daher nimmt E_{pot} mit steigendem x ab. b) Aus $F_x = -\mathrm{d}E_{\text{pot}}/\mathrm{d}x$ folgt $E_{\text{pot}}(x) = \frac{1}{2} A\, x^{-2} + E_{\text{pot},0}$. Wir setzen $E_{\text{pot}}(\infty) = 0$, d.h. $E_{\text{pot},0} = 0$. c) Die Abbildung zeigt die x-Abhängigkeit der potentiellen Energie.

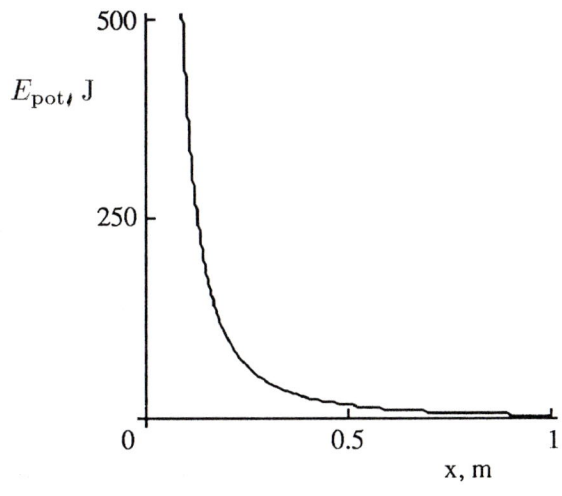

6.44 Wir betrachten zunächst den vertikalen Weg von $x = 4$ m, $y = 1$ m nach $x = 4$ m, $y = 4$ m. Dafür ist $\mathrm{d}\mathbf{s} = \mathrm{d}y\,\mathbf{e}_y$ und daher $\mathbf{F} \cdot \mathrm{d}\mathbf{s} = 3\,A\,x\,\mathrm{d}y = 12\,A\,\mathrm{d}y$. Die Integration von $y = 1$ m bis $y = 4$ m ergibt $W = 36\,A$. Nun betrachten wir einen dreiteiligen Weg: (1) horizontal von $x = 4$ m nach $x = 5$ m, und zwar bei $y = 1$ m; (2) vertikal von $y = 1$ m nach $y = 4$ m, und zwar bei $x = 5$ m; (3) horizontal von $x = 5$ m nach $x = 4$ m, und zwar bei $y = 4$ m. Die Arbeiten entlang dieser Teilwege berechnen wir zu

$W_1 = 10Aa$ und $W_2 = 45A$ sowie $W_3 = -10Aa$. Damit ist die gesamte Arbeit $W = 45A$. Offensichtlich hängt die Arbeit vom Weg ab.

6.45 a) Den Betrag von $\mathbf{F}$ erhalten wir aus dem Skalarprodukt von $\mathbf{F}$ mit sich selbst. Es ist $|\mathbf{F}|^2 = \mathbf{F} \cdot \mathbf{F} = (F_0^2/r^2)\,(y\,\mathbf{e}_x - x\,\mathbf{e}_y) \cdot (y\,\mathbf{e}_x - x\,\mathbf{e}_y) = (F_0^2/r^2)\,(y^2 + x^2) = F_0^2$. Daraus folgt $|\mathbf{F}| = F_0$. Dann betrachten wir das Skalarprodukt von $\mathbf{F}$ mit $\mathbf{r}$; dies ist $\mathbf{F} \cdot \mathbf{r} = (F_0/r)\,(y\,\mathbf{e}_x - x\,\mathbf{e}_y) \cdot (x\,\mathbf{e}_x + y\,\mathbf{e}_y) = (F_0/r)\,(y\,x - x\,y) = 0$. Die Beträge von $\mathbf{F}$ und $\mathbf{r}$ sind nicht null. Deshalb bedeutet die Tatsache, daß ihr Skalarprodukt null ist, daß sie aufeinander senkrecht stehen. b) Die Arbeit, die von $\mathbf{F}$ verrichtet wird, ist einfach zu ermitteln, weil ihr Betrag überall derselbe ist (außer am Ursprung, wo er nicht definiert ist). Weiterhin steht $\mathbf{F}$ senkrecht auf $\mathbf{r}$, so daß $\mathbf{F}$ tangential zu Kreisen verläuft, die den Ursprung als Mittelpunkt haben. Wenn man $\mathbf{F}$ an einigen Punkten in der x-y-Ebene skizziert, kann man sofort zeigen, daß $\mathbf{F}$ im Uhrzeigersinn rotiert. Somit ist die Arbeit, die $\mathbf{F}$ an einem Teilchen verrichtet, das sich auf einem Kreis mit dem Radius r bewegt, gegeben durch $\pm 2\,\pi\,r\,F_0$. Dabei entspricht das Pluszeichen (bzw. Minuszeichen) der Bewegung im (bzw. entgegen dem) Uhrzeigersinn.

6.46 a) In der Abbildung ist das Yukawa-Potential gegen x aufgetragen:

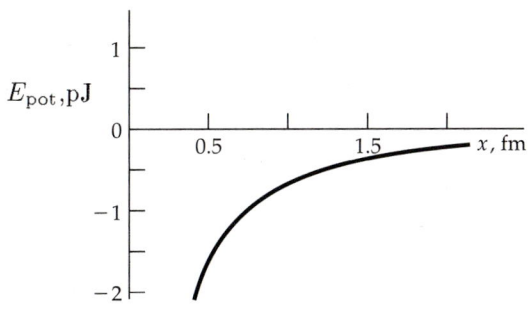

b) Die mit dem Yukawa-Potential verknüpfte Kraft ist

$$F_x = -\frac{\mathrm{d}E_{\text{pot}}}{\mathrm{d}x} = -E_0\; \mathrm{e}^{-x/a}\left[\frac{a}{x^2} - \frac{1}{x}\right].$$

c) $F_x(2a)/F_x(a) = (3\,\mathrm{e}^{-1})/8 = 0{,}138$.
d) $F_x(5a)/F_x(a) = (6\,\mathrm{e}^{-4})/50 = 0{,}00220$.

6.47 a) Die Gewichtskraft wirkt vertikal nach unten, bildet also mit dem Pendelstab den Winkel θ, wenn das Pendel um den Winkel θ gegen die Senkrechte ausgelenkt ist. Diese Kraft hat eine radiale Komponente $m\,g\cos\theta$ und eine tangentiale Komponente $-m\,g\sin\theta$. Das Minuszeichen zeigt an, daß diese Kraftkomponente der Auslenkung entgegenwirkt. Nach dem zweiten Newtonschen Axiom ist $-m\,g\sin\theta = m\,a = m\,\mathrm{d}v/\mathrm{d}t$. Daraus folgt $\mathrm{d}v/\mathrm{d}t = -g\sin\theta$.   b) Die tangentiale Geschwindigkeitskomponente v ist die Änderung der Bogenlänge $s = \ell\,\theta$ pro Zeiteinheit: $v = \ell\,\mathrm{d}\theta/\mathrm{d}t$.   c) Nach der Kettenregel ist $\mathrm{d}v/\mathrm{d}t = (\mathrm{d}v/\mathrm{d}\theta)(\mathrm{d}\theta/\mathrm{d}t)$. In Teil b) erhielten wir $\mathrm{d}\theta/\mathrm{d}t = v/\ell$. Damit folgt $\mathrm{d}v/\mathrm{d}t = (\mathrm{d}v/\mathrm{d}\theta)\,v/\ell$.   d) Kombinieren der Ergebnisse liefert $\mathrm{d}v/\mathrm{d}t = (\mathrm{d}v/\mathrm{d}\theta)\,v/\ell = -g\sin\theta$ und damit $v\,\mathrm{d}v = -g\,\ell\sin\theta\,\mathrm{d}\theta$.

e) Die Integration beider Seiten der Gleichung von Teil d) liefert

$$\int_0^v v\,\mathrm{d}v = \int_{\theta_0}^0 -g\,\ell\sin\theta\,\mathrm{d}\theta.$$

Das Integral auf der linken Seite ist offensichtlich gleich $\frac{1}{2}v^2$. Die rechte Seite ergibt

$$g\,\ell\cos\theta\,\Big|_{\theta_0}^0 = g\,\ell\,(1 - \cos\theta_0).$$

Die Höhe des Pendelkörpers beim Loslassen war $h = \ell\,(1 - \cos\theta_0)$; dieser Punkt liegt um die Strecke $\ell\cos\theta_0$ tiefer als der Aufhängungspunkt. Weiterhin befindet sich der Pendelkörper am tiefsten Punkt um die Strecke ℓ unterhalb des Aufhängungspunktes. Die Änderung der Höhe ist gleich der Differenz zwischen beiden Höhen. Damit ist $v = (2\,g\,h)^{1/2}$.

Kapitel 7

Teilchensysteme und Impulserhaltung

7.1 Der Massenmittelpunkt hat die Koordinaten $x_S = (2\,\text{kg})\,(10\,\text{m} + 0\,\text{m} + 10\,\text{m})\,/\,(6\,\text{kg}) = 6,67\,\text{m}$ und $y_S = (2\,\text{kg})\,(0\,\text{m} + 10\,\text{m} + 10\,\text{m})\,/\,(6\,\text{kg}) = 6,67\,\text{m}$.

7.2 Wir betrachten das Brett als aus zwei flachen, rechteckigen Brettern bestehend, jeweils mit den Abmessungen 60 cm × 30 cm. Eines steht mit seiner längeren Kante senkrecht, das andere waagerecht. Jedes hat die Masse 10 kg, und sein Massenmittelpunkt befindet sich in seinem geometrischen Zentrum. Als Ursprung wählen wir die linke untere Ecke. Dann sind die Koordinaten der Massenmittelpunkte: $x_1 = 30$ cm, $y_1 = 15$ cm und $x_2 = 75$ cm, $y_2 = 30$ cm. Der Massenmittelpunkt des ganzen Brettes liegt in der Mitte der Verbindungsgeraden beider Mittelpunkte: $x_S = 52,5$ cm und $y_S = 22,5$ cm.

7.3 Das gesamte System hat die Masse 500 g. Der Massenmittelpunkt hat die Koordinaten $x_S = [(300\,\text{g})\,(2\,\text{cm}) + (100\,\text{g})\,(1\,\text{cm}) + (100\,\text{g})\,(3\,\text{cm})]/(500\,\text{g}) = 2$ cm und $y_S = [(300\,\text{g})\,(2\,\text{cm}) + (100\,\text{g})\,(1\,\text{cm}) + (100\,\text{g})\,(0\,\text{cm})]\,/\,(500\,\text{g}) = 1,4$ cm.

7.4 Die Geschwindigkeit des Massenmittelpunktes ist $\mathbf{v}_S = (m_1\,\mathbf{v}_1 + m_2\,\mathbf{v}_2)\,/\,(m_1 + m_2)$. Mit $m_1 = 1500$ kg und $m_2 = 3000$ kg folgt $\mathbf{v}_1 = (-20\,\text{m/s})\,\mathbf{e}_x$ und $\mathbf{v}_2 = (16\,\text{m/s})\,\mathbf{e}_x$. Einsetzen ergibt $\mathbf{v}_S = (4\,\text{m/s})\,\mathbf{e}_x$. Der Massenmittelpunkt bewegt sich also mit 4 m/s nach Osten.

7.5 Allgemein gilt

$$\sum \mathbf{F}_{\text{ext}} = m\,\mathbf{a}_S.$$

Darin ist m die Gesamtmasse des Systems (hier 0,5 kg), und $\mathbf{F}_{\text{ext}}$ ist die jeweilige von außen wirkende Kraft, hier $(12\,\text{N})\,\mathbf{e}_x$. Daher ist $\mathbf{a}_S = (24\,\text{m/s}^2)\,\mathbf{e}_x$ die Beschleunigung des Massenmittelpunktes. Zwar hat der 300-g-Ball die Beschleunigung 40 m/s², aber die Beschleunigung des Massenmittelpunktes ist wesentlich geringer, da die anderen Bälle in Ruhe bleiben.

7.6 Wir nehmen an, daß der Regen exakt senkrecht fällt. Dann trägt er nichts zum Impuls in der Bewegungsrichtung des Waggons bei. Jeder Regentropfen stößt vollkommen unelastisch auf den Waggonboden. Insgesamt bleibt der horizontale Impuls von Waggon plus Regen erhalten: $m\,v = m'\,v'$ mit $m = 20\,000$ kg, $m' = 22\,000$ kg und $v = 5$ m/s. Die neue Geschwindigkeit ist $v' = 4,55$ m/s.

7.7 Der Ansatz $p_a = p_e$ ergibt hier $0 = (5\,\text{kg})\,(-8\,\text{m/s}) + (10\,\text{kg})\,v$. Dabei ist die Geschwindigkeit nach rechts als positiv gewählt. Offensichtlich ist die Geschwindigkeit der 10-kg-Masse $v = 4$ m/s. Das erhalten wir auch aus der Betrachtung der Kraft, weil die Feder auf jede Masse eine Kraft gleichen Betrages während derselben Zeit ausübt. Die doppelte Masse erfährt die halbe Beschleunigung, erreicht also die halbe Geschwindigkeit.

7.8 Der Anfangsimpuls ist $p_a = (250\,\text{g})\,(0,5\,\text{m/s}) = 125\,\text{g}\cdot\text{m/s}$. Nach der Kopplung ist der Impuls $p_e = (250\,\text{g} + 400\,\text{g})\,v = p_a$. Daraus folgt $v = 0,192$ m/s.

7.9 a) Vor der Kopplung hat nur der 250-g-Waggon kinetische Energie; diese beträgt $E_{\text{kin}} = \frac{1}{2}\,(0,25\,\text{kg})\,(0,5\,\text{m/s})^2 = 0,0313$ J. b) Die Geschwindigkeit des Massenmittelpunktes ist $v_S =$

$(m_1 v_1 + m_2 v_2) / (m_1 + m_2) = 0,192$ m/s. Weil keine äußeren Kräfte auftreten, gilt dies vor und nach der Kopplung. Die Geschwindigkeiten relativ zum Massenmittelpunkt sind $u_1 = v_1 - v_S = 0,308$ m/s und $u_2 = v_2 - v_S = -0,192$ m/s. Die anfängliche Energie des Systems relativ zum Massenmittelpunkt ist daher $E_{\text{kin,rel}} = \frac{1}{2} m u_1^2 + \frac{1}{2} m u_2^2 = 0,0192$ J.   c) $E_{\text{kin,S}} = \frac{1}{2} m v_S^2 = 0,0120$ J.   d) Die Summe von $E_{\text{kin,rel}}$ und $E_{\text{kin,S}}$ ist exakt die gleiche wie in Teil a).

7.10   a) Die gesamte kinetische Energie ist gleich der des Massenmittelpunktes, wenn der Ball eine reine Translationsbewegung ausführt, also nicht rotiert.   b) Wenn der Massenmittelpunkt ruht, der Ball aber um diesen rotiert, so ist die kinetische Energie gleich derjenigen relativ zum Massenmittelpunkt.

7.11   Die rollende Kugel hat die höhere Energie. Beide haben dieselbe kinetische Energie des Massenmittelpunktes $E_{\text{kin,S}}$, aber die rollende Kugel hat außerdem Energie der Bewegung relativ zum Massenmittelpunkt, $E_{\text{kin,rel}}$.

7.12   a) $E_{\text{kin,ges}} = \frac{1}{2} m_1 v_1^2 + \frac{1}{2} m_2 v_2^2 = 43,5$ J. b) $v_S = (m_1 v_1 + m_2 v_2) / (m_1 + m_2) = 1,5$ m/s. c) $u_1 = (5 - 1,5)$ m/s $= 3,5$ m/s und $u_2 = (-2 - 1,5)$ m/s $= -3,5$ m/s. Dabei ist die Bewegungsrichtung nach rechts als positiv angenommen. Vom Massenmittelpunkt aus gesehen, nähern sich beide Blöcke mit derselben Geschwindigkeit, da sie die gleiche Masse haben. d) $E_{\text{kin,rel}} = \frac{1}{2} m_1 u_1^2 + \frac{1}{2} m_2 u_2^2 = 36,75$ J. e) $E_{\text{kin,ges}} - E_{\text{kin,rel}} = 6,75$ J. Für den Massenmittelpunkt gilt $v_S = \frac{1}{2} m v_S^2 = 6,75$ J.

7.13   Aus $p_a = p_e$ folgt $(0,15$ kg$)(5$ m/s$) = (1,15$ kg$) v$ und damit $v = 0,652$ m/s.

7.14   a) Aus dem Prinzip der Impulserhaltung folgt $(2000$ kg$)(30$ m/s $+ 10$ m/s$) = (4000$ kg$) v$ und daraus $v = 20$ m/s.   b) Vor dem Stoß ist die kinetische Energie $E_{\text{kin,a}} = 10^6$ J. Nach dem Stoß beträgt sie $E_{\text{kin,e}} = 0,8 \cdot 10^6$ J $= 0,8 E_{\text{kin,a}}$. Also sind 20 Prozent der anfänglichen kinetischen Energie in andere Energieformen umgewandelt worden, vor allem in unelastische Verformungsarbeit, Wärme und Schall.

7.15   a) Wenn der Stoß vollkommen unelastisch ist, dann bewegen sich die Blöcke nach dem Stoß zusammen mit der Geschwindigkeit ihres Massenmittelpunktes: $v_1 = v_2 = 1,5$ m/s (siehe Lösung 12 b).   b) Im Massenmittelpunktssystem werden die Geschwindigkeiten beim elastischen Stoß umgekehrt: $u_{1,e} = -3,5$ m/s und $u_{2,e} = 3,5$ m/s (siehe Lösung 12). Kehren wir wieder zum anfänglichen Bezugssystem zurück, so gilt $v_{1,e} = -2$ m/s und $v_{2,e} = 5$ m/s. Die Körper tauschen also ihre Geschwindigkeiten, weil sie gleiche Masse haben.

7.16   a) Aus der Impulserhaltung folgt $(5$ kg$) (8$ m/s$) = (5$ kg$) (-2$ m/s$) + (85$ kg$) v$. Daher ist $v = 0,588$ m/s die auf den Mann übertragene Geschwindigkeit.   b) Die kinetische Energie ist zu Beginn $E_{\text{kin,a}} = 160$ J, und am Ende beträgt sie $E_{\text{kin,e}} = 24,7$ J $= 0,145 E_{\text{kin,a}}$. Offensichtlich ist der Stoß unelastisch, weil die kinetische Energie nicht erhalten bleibt.

7.17   a) Gegeben ist $h_e = 0,8 h_a$. Es gilt $v^2 = 2 g h$ und damit $v_e^2 = 0,8 v_a^2$. Daraus folgt $E_{\text{kin,e}} = 0,8 E_{\text{kin,a}}$. Demnach gehen bei jedem Stoß 20 Prozent der mechanischen Energie verloren. b) $e = (h_e/h_a)^{1/2} = (0,8)^{1/2} = 0,894$.

7.18   a) Die Richtung der Anspielkugel nach dem Stoß können wir aus der Energieerhaltung ermitteln. Weil beide Kugeln dieselbe Masse haben, gilt $v^2 = v_A^2 + v_S^2$. (A steht für die weiße Anspielkugel und S für die schwarze Kugel.) Dies können wir geometrisch interpretieren: v_A und v_S bilden ein rechtwinkliges Dreieck mit der Hypotenuse v. Somit bewegt sich die weiße Kugel in einem Winkel von 60° und entgegengesetzt zur Anfangsrichtung von der schwarzen Kugel weg.

b) Es verbleiben zwei Unbekannte: die Geschwindigkeiten v_A und v_S. Wir bestimmen sie aus der Impulserhaltung, und zwar parallel und senkrecht zur Anfangsrichtung: $v = v_S \cos 30° + v_A \cos 60°$ und $0 = v_S \sin 30° - v_A \sin 60°$. Es folgt $v_A = 2{,}5$ m/s und $v_S = 4{,}33$ m/s.

7.19 a) Die beiden Unbekannten $v_{2,e}$ und θ_2 ermitteln wir aus der Impulserhaltung parallel und senkrecht zur Anfangsrichtung:
$3\,m\,v_0 = m\sqrt{5}\,v_0 \cos\theta_1 + 2\,m\,v_{2,e}\cos\theta_2$ und $0 = m\sqrt{5}\,v_0 \sin\theta_1 - 2\,m\,v_{2,e}\sin\theta_2$. Wir können die Gleichungen vereinfachen, da gilt $\sqrt{5}\sin\theta_1 = 2$ und $\sqrt{5}\cos\theta_1 = 1$. Auflösen ergibt $v_{2,e} = \sqrt{2}\,v_0$ und $\theta_2 = 45°$. b) $E_{\text{kin,a}} = \frac{1}{2}\,m\,(3\,v_0)^2 = 4{,}5\,m\,v_0^2$ und $E_{\text{kin,e}} = \frac{1}{2}\,m\,(5\,v_0^2) + \frac{1}{2}\,m\,(2\,v_0^2) = 4{,}5\,m\,v_0^2 = E_{\text{kin,a}}$. Daher ist der Stoß elastisch.

7.20 a) Der Kraftstoß ist $\Delta p = m\,v - 0 = 10{,}75$ kg·m/s.   b) Die mittlere Kraft ist $\langle F \rangle = \Delta p / \Delta t = 1{,}34 \cdot 10^3$ N.

7.21 a) $\Delta p = p_e - p_a = m\,(v_e - v_a) = (0{,}15$ kg$)\,[-20$ m/s $- (+20$ m/s$)] = -6$ kg·m/s. Der Kraftstoß hat den Betrag 6 kg·m/s.
b) Für den Betrag der mittleren Kraft erhalten wir $\langle F \rangle = |\Delta p|/\Delta t = 4{,}62 \cdot 10^3$ N

7.22 Aus der Abbildung geht hervor, daß die y-Komponente des Impulses beim Aufprall nicht geändert wird. Es ist also $\Delta p_y = 0$.

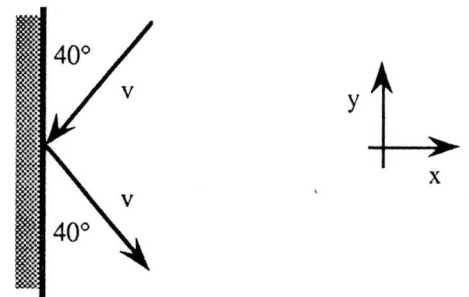

Für die x-Komponente folgt $\Delta p_x = m\,(v_e - v_a) = m\,[v\sin 40° - (-v\sin 40°)] = 1{,}93$ kg·m/s. Also ist $F_y = 0$ und $F_x = \Delta p_x / \Delta t = 964$ N. Diese Kraft wird von der Wand auf den Ball aus-

geübt, und dieser übt auf die Wand die Kraft $F_x = -964$ N aus.

7.23 Die Schubkraft der Rakete ist $F_{\text{Sch}} = u_{\text{aus}}|\mathrm{d}m/\mathrm{d}t| = (6 \cdot 10^3$ m/s$)\,(200$ kg/s$) = 1{,}2 \cdot 10^6$ N. Darin ist u_{aus} die Relativgeschwindigkeit, mit der das Gas ausgestoßen wird.

7.24 Bei Abwesenheit äußerer Kräfte ist die Geschwindigkeitsänderung der Rakete $v_e - v_a = u_{\text{aus}} \ln(m_a/m_e)$. Im vorliegenden Fall ist $v_a = 0$ und $u_{\text{aus}} = 5$ km/s sowie $m_a = m$ (wobei m nicht gegeben ist). Weiterhin ist $m_e = (0{,}05)\,m$. Damit folgt $v_e = (5$ km/s$)\ln(20) = 15{,}0$ km/s.

7.25 a) Die Nutzlast der Rakete beträgt 20 Prozent ihrer Gesamtmasse. Daher ist $m_a/m_e = 5$ und damit $v_e = (3$ km/s$)\ln(5) = 4{,}83$ km/s.
b) Hier ist $m_a/m_e = 10$; daraus folgt $v_e = 6{,}91$ km/s.   c) Mit $m_a/m_e = 100$ erhalten wir $v_e = 13{,}8$ km/s.

7.26 a) Die auf den Kleinwagen und auf den Lieferwagen ausgeübten Kräfte haben den gleichen Betrag. Damit folgt $m_K\,a_K = m_L\,a_L$ bzw. $a_L = (m_K/m_L)\,a_K = 0{,}6$ m/s^2.   b) $F_K = m_K\,a_K = 960$ N.

7.27 Wir können Gleichung (7.36) direkt anwenden, mit $m_1 = 16$ g und $m_2 = 1{,}5$ kg. Um die Höhe h zu erhalten, die die Pendelmasse erreicht, machen wir uns zuerst klar, daß sich das Gewicht anfangs $\ell = 2{,}3$ m unterhalb der Aufhängung befindet. Am höchsten Punkt befindet sich die Pendelmasse $\ell \cos 60° = 1{,}15$ m unterhalb der Aufhängung. Somit erreicht es nach dem Einschlag der Kugel die Höhe $h = \ell - \ell \cos 60° = 1{,}15$ m. Das ergibt $v_1 = 450$ m/s.

7.28 Aus der Impulserhaltung folgt $m_1 v_{1,a} + m_2 v_{2,a} = m_1 v_{1,e} + m_2 v_{2,e}$. Darin ist $m_1 = 3$ kg und $m_2 = 2$ kg sowie $v_{1,a} = 4$ m/s und $v_{2,a} = 0$. Wir benötigen eine weitere Bedingung, um die beiden Unbekannten zu ermitteln. Sie besteht darin, daß bei einem elastischen Stoß die relative Annäherungsgeschwindigkeit gleich der relativen Rückstoßgeschwindigkeit ist: $v_{1,a} - v_{2,a} = v_{2,e} - v_{1,e}$. Im vorliegenden Fall gilt $v_{2,e} = v_{1,a} + v_{1,e}$. Wir eliminieren damit die Größe $v_{2,e}$ in der Gleichung für die Impulserhaltung und erhalten

$$v_{1,e} = \left(\frac{m_1 - m_2}{m_1 + m_2}\right) v_{1,a} = 0{,}8 \text{ m/s}$$

und damit $v_{2,e} = 4{,}8$ m/s. Wir überprüfen die Energieerhaltung: $E_{\text{kin,a}} = \frac{1}{2}(3\text{ kg})(4\text{ m/s})^2 = 24$ J sowie $E_{\text{kin,e}} = \frac{1}{2}(3\text{ kg})(0{,}8\text{ m/s})^2 + \frac{1}{2}(2\text{ kg})(4{,}8\text{ m/s})^2 = 24$ J.

7.29 a) Das 2-kg-Bruchstück kehrt zur Abschußstelle zurück. Daher hat seine Geschwindigkeit unmittelbar nach der Explosion den gleichen Betrag wie die der Granate als Ganzes vor der Explosion. Die Richtung ist jedoch entgegengesetzt. Aus der Impulserhaltung folgt $mv = -(\frac{1}{3}mv) + \frac{2}{3}mv'$ und $v' = 2v$. Mit der doppelten Geschwindigkeit fliegt das 4-kg-Stück doppelt so weit wie das andere, bevor es landet. Die Reichweite der Granate ist $R = (v_0^2 \sin 60°)/g = 141{,}3$ m. Daher legt das 2-kg-Stück $\frac{1}{2}$ 141,3 m = 70,6 m vom Explosionsort zurück (in Richtung Abschußstelle), und das 4-kg-Stück legt 141,3 m mehr zurück, landet also 141,3 m + 70,6 m = 212 m vor der Abschußstelle. Dieses Resultat können wir auch aus der Bedingung erhalten, daß der Massenmittelpunkt der ursprünglichen Flugbahn folgt, auch nach der Explosion. Wenn die Bruchstücke landen, befindet sich der Massenmittelpunkt 141,3 m von der Abschußstelle entfernt. Also ist (6 kg) (141,3 m) = (2 kg) (0 m) + (4 kg) d bzw. $d = 212$ m, wie eben berechnet. b) Unmittelbar vor der Explosion ist die Geschwindigkeit der Granate $v = v_0 \cos 30° = 34{,}6$ m/s; damit ist die anfängliche kinetische Energie $E_{\text{kin,a}} = \frac{1}{2}(6\text{ kg})(34{,}6\text{ m/s})^2 = 3600$ J. Nach der Explosion sind die Geschwindigkeiten der Bruchstücke 34,6 m/s bzw. 2 (34,6 m/s) = 69,2 m/s. Der letztgenannte Wert gilt für das schwerere Stück. Damit ist die kinetische Energie vor der Landung $E_{\text{kin,e}} = \frac{1}{2}(2\text{ kg})(34{,}6\text{ m/s})^2 + \frac{1}{2}(4\text{ kg})(69{,}2\text{ m/s})^2 = 10\,800$ J. Also hat die

Explosion mindestens die Energiemenge $E_{\text{kin,e}} - E_{\text{kin,a}} = 7200$ J freigesetzt. Hinzu kommt natürlich noch eine gewisse Energiemenge, die als Wärme, Licht und Schall abgegeben wird.

7.30 a) Auf das System wirken keine äußeren Kräfte; somit bleibt der Gesamtimpuls erhalten. Für die x-Komponente gilt $mv = \frac{1}{3}m(0) + \frac{2}{3}mv_x$ mit $m = 3$ kg und $v = 6$ m/s. Wir erhalten $v_x = 9$ m/s. Für die y-Komponente folgt $0 = \frac{1}{3}mv_1 + \frac{2}{3}mv_y$ und daraus $v_y = -2$ m/s. Somit ist der Geschwindigkeitsvektor des 2-kg-Stückes um 12,5° nach unten gegen die x-Achse geneigt. Der Betrag der Geschwindigkeit ist 9,22 m/s. b) Wegen der Abwesenheit äußerer Kräfte bewegt sich der Massenmittelpunkt mit unveränderter Geschwindigkeit. Daher folgt $\mathbf{v}_S = (6\,m/s)\,\mathbf{e}_x$. Dieses Ergebnis können wir auch erhalten aus $\mathbf{v}_S = (m_1\mathbf{v}_1 + m_2\mathbf{v}_2)/(m_1 + m_2)$.

7.31 Aus der Definition des Stoßkoeffizienten e ergibt sich $v_{2,e} - v_{1,e} = -e(v_{2,a} - v_{1,a})$. Hier ist (mit positiver Bewegungsrichtung nach rechts) $v_{1,a} = 3$ m/s und $v_{2,a} = -2$ m/s. Mit $e = 0{,}4$ erhalten wir $v_{2,e} = v_{1,a} + (2\text{ m/s})$. Damit können wir $v_{2,e}$ in der Gleichung für die Impulserhaltung eliminieren. Mit $m_1 = 2$ kg und $m_2 = 3$ kg ist der Anfangsimpuls $m_1 v_{1,a} + m_2 v_{2,a} = 0$. Nach dem Stoß ist $0 = m_1 v_{1,e} + m_2 v_{2,e} = m_1 v_{1,e} + m_2 v_{1,e} + m_2(2\text{ m/s})$. Es folgt $v_{1,e} = -m_2(2\text{ m/s})/(m_1 + m_2) = -1{,}2$ m/s. Aus der obigen Beziehung ergibt sich $v_{2,e} = 0{,}8$ m/s. Beachten Sie, daß die Körper ihre Richtungen beim Stoß umgekehrt haben. Wegen $e \neq 1$ blieb die kinetische Energie nicht erhalten.

7.32 Wir setzen $m_1 = 2$ kg und $m_2 = 4$ kg sowie $v_{1,a} = 6$ m/s und $v_{2,a} = 0$. Ferner ist $v_{1,e} = -1$ m/s.   a) Aus der Impulserhaltung ergibt sich $m_1 v_{1,a} + m_2 v_{2,a} = 12$ kg·m/s $= m_1 v_{1,e} + m_2 v_{2,e}$. Es folgt $v_{2,e} = 3{,}5$ m/s.   b) $E_{\text{kin,a}} = \frac{1}{2}m_1 v_{1,a}^2 = 36$ J und $E_{\text{kin,e}} = \frac{1}{2}m_1 v_{1,e}^2 + \frac{1}{2}m_2 v_{2,e}^2 = 25{,}5$ J. Die Änderung der kinetischen Energie ist $E_{\text{kin,e}} - E_{\text{kin,a}} = -10{,}5$ J. Das System gibt also 10,5 J ab. c) Nach Definition ist $e = (v_{2,e} - v_{1,e})/(v_{1,a} - v_{2,a}) = 0{,}75$.

7.33 a) Der Abstand zwischen Erdmittelpunkt und Massenmittelpunkt ist

$$r_\mathrm{S} = \frac{m_\mathrm{E} \cdot 0 + m_\mathrm{M}\, R_\mathrm{E-M}}{m_\mathrm{E} + m_\mathrm{M}}$$

$$= \frac{m_\mathrm{M}\, R_\mathrm{E-M}}{82{,}3\, m_\mathrm{M}} = 4670 \text{ km}.$$

Der gemeinsame Massenmittelpunkt von Erde und Mond liegt also innerhalb der Erde, rund 1700 km unterhalb der Erdoberfläche. b) Die größte Kraft wird von der Sonne ausgeübt; daneben wirken auch die Kräfte aller anderen Himmelskörper (um so schwächer, je weiter sie entfernt sind). c) Mit sehr guter Näherung können wir die von der Sonne ausgeübte Kraft als einzige Kraft ansehen, die auf das System Erde – Mond wirkt. Dann wird dessen Massenmittelpunkt direkt zur Sonne hin beschleunigt. d) Der Erdmittelpunkt kann 4670 km vom Massenmittelpunkt von Erde und Mond entfernt sein, entweder zur Sonne hin oder von ihr abgewandt. Daher bewegt sich der Erdmittelpunkt in radialer Richtung alle 14 Tage um $2\,(4670\text{ km}) = 9340$ km.

7.34 Die runde Scheibe (Radius r) mit einem Loch (Radius $r/2$) können wir uns vorstellen als Überlagerung einer massiven runden Scheibe (Radius r) mit einer runden Scheibe negativer Masse (Radius $r/2$). Die massive Scheibe mit dem Radius r habe die Masse m_1; dann ist die Masse einer Scheibe mit dem Radius $r/2$ gleich $\frac{1}{4} m_1$. Vom Mittelpunkt der Scheibe aus gemessen, ist der Abstand zum Massenmittelpunkt

$$r_\mathrm{S} = \frac{m_1 \cdot 0 + \left(-\frac{m_1}{4}\right)\left(-\frac{r}{2}\right)}{m_1 - \frac{1}{4} m_1} = \frac{r}{6}.$$

Dabei ist die Richtung weg vom Loch als positiv angenommen.

7.35 Analog zur vorigen Aufgabe betrachten wir eine Überlagerung der großen Kugel (Radius r) mit einer kleineren Kugel (Radius $r/2$). Deren Masse ist gleich einem Achtel der Masse der massiven großen Kugel, denn die Masse einer Kugel ist proportional zu r^3, und es ist $\left(\frac{1}{2}\right)^3 = \frac{1}{8}$. Die Masse der großen Kugel ohne Höhlung sei m_1. Dann ist der Abstand des Massenmittelpunktes vom Mittelpunkt der Kugel

$$r_\mathrm{S} = \frac{m_1 \cdot 0 + \left(-\frac{m_1}{8}\right)\left(-\frac{r}{2}\right)}{m_1 - \frac{1}{8} m_1} = \frac{r}{14}.$$

Dabei ist die Richtung weg von der Höhlung als positiv angenommen.

7.36 Bei gleichmäßiger Massenverteilung liegt der Massenmittelpunkt bei

$$x_\mathrm{S} = \frac{\int x\, \mathrm{d}m}{\int \mathrm{d}m}.$$

Hier ist $\mathrm{d}m = \lambda\, \mathrm{d}x = \lambda_0 (1 + x^2/\ell^2)\, \mathrm{d}x$. Damit folgt

$$\int_0^\ell \mathrm{d}m = \frac{4}{3} \lambda_0 \ell$$

und

$$\int_0^\ell x\, \mathrm{d}m = \frac{3}{4} \lambda_0 \ell^2.$$

Kombinieren der Ergebnisse liefert $x_\mathrm{S} = \frac{9}{16} \ell$.

7.37 a) Wir betrachten die Impulserhaltung für jeden Wurf einzeln. Weil Wagen, Mädchen und Steine aus der Ruhe starten, ist der Anfangsimpuls null, und es gilt für den ersten Wurf $0 = (55 \text{ kg})\, v_1 + (5 \text{ kg})(v_1 - 7 \text{ m/s})$. Der Term $(v_1 - 7 \text{ m/s})$ rührt daher, daß der Stein vom Mädchen mit der Relativgeschwindigkeit 7 m/s abgeworfen wird. Also bewegt sich der Stein von ihr, die die Geschwindigkeit v_1 hat, mit 7 m/s fort. Auflösen ergibt $v_1 = 0{,}583$ m/s. Beim zweiten Wurf besteht das System aus Mädchen, Wagen und zweitem Stein. Es gilt $(55 \text{ kg})\, v_1 = (50 \text{ kg})\, v_2 + (5 \text{ kg})(v_2 - 7 \text{ m/s})$. Die Lösung ist hier $v_2 = 1{,}22$ m/s. b) Aus der Impulserhaltung folgt $0 = (50 \text{ kg})\, v + (10 \text{ kg})(v - 7 \text{ m/s})$ und $v = 1{,}17$ m/s. Die Endgeschwindigkeit ist hier also geringer, als wenn beide Steine einzeln abgeworfen werden. Das bedeutet beispielsweise, daß eine Rakete eine höhere Geschwindigkeit erreicht, wenn ihr Gasausstoß aus kleineren Teilchen besteht.

7.38 a) Mit $m_1 = 0{,}8\,\text{kg}$, $m_2 = 0{,}03\,\text{kg}$ und $v = 0{,}5\,\text{m/s}$ ergibt die Impulserhaltung $m_1 v = (m_2 + m_1) v_e$, also $v_e = 0{,}482$ m/s. b) Die Zeit bis zum Stillstand ist gleich der zurückgelegten Strecke, dividiert durch die mittlere Geschwindigkeit. Diese ist bei konstanter Verzögerung einfach gleich dem Mittelwert aus Anfangs- und Endgeschwindigkeit: $\langle v \rangle = \frac{1}{2}(v_a + v_e) = 0{,}241$ m/s. Mit der Strecke 0,02 m erhalten wir $t = 0{,}083$ s. c) Die Kraft ist $F = \Delta p / \Delta t = (0 - m_1 v)/(0{,}083\ \text{s}) = -4{,}82$ N. Das Minuszeichen gibt an, daß die Kraft der Bewegung entgegengerichtet ist. Alternativ können wir zuerst die Beschleunigung $a = \Delta v / \Delta t = -5{,}81$ m/s^2 und daraus die Kraft $F = (m_1 + m_2)\, a$ berechnen.

7.39 a) Zuerst bestimmen wir die Geschwindigkeit des Balles, wenn er die Hand verläßt. Aus der Energieerhaltung folgt $\frac{1}{2} m v^2 = m g h$ und $v = (2\,g\,h)^{1/2} = 28$ m/s. Mit der vernünftigen Annahme, daß die Beschleunigung konstant ist, folgt für die mittlere Geschwindigkeit beim Abwurf $\langle v \rangle = \frac{1}{2}(v_a + v_e) = 14$ m/s. Die Zeit, während der sich der Ball in der Hand befindet, ist dann $\Delta t = d / \langle v \rangle$. Mit $d = 1$ m erhalten wir $\Delta t = 0{,}0714$ s. Die Impulsänderung während des Abwurfs ist $\Delta p = m v - 0 = 4{,}2$ kg·m/s, und für die mittlere Kraft ergibt sich $\langle F \rangle = \Delta p / \Delta t = 4{,}16 \cdot 10^5$ N. b) Die Gewichtskraft des Balles ist $F_G = m g = 1{,}47$ N, beträgt also nur rund 2,5 Prozent der beim Wurf ausgeübten Kraft. Demnach darf die Gewichtskraft hier vernachlässigt werden.

7.40 a) Bei konstanter Verzögerung ist die mittlere Geschwindigkeit beim Aufprall $\langle v \rangle = \frac{1}{2}(v_a + v_e) = \frac{1}{2}(90\ \text{km/h}) = \frac{1}{2}(25\ \text{m/s}) = 12{,}5$ m/s. Wenn der Wagen 6 m lang ist, bewegt sich sein Mittelpunkt während des Aufpralls $d = 1{,}5$ m weit zur Wand hin. Daraus folgt $\Delta t = d / \langle v \rangle = 0{,}12$ s. b) Die Impulsänderung während des Aufpralls ist $\Delta p = 0 - m v = -50\,000$ kg·m/s, und die mittlere Kraft hat den Betrag $F = \Delta p / \Delta t = 2{,}08 \cdot 10^5$ N.

7.41 Wie im Text erläutert, stehen nach einem nichtzentralen elastischen Stoß zweier Kugeln gleicher Masse (von denen anfangs eine ruht) deren Geschwindigkeitsvektoren senkrecht aufeinander. Daher wird sich der zweite Ball in einem Winkel von 60° gegen die Richtung des ankommenden Balles wegbewegen.

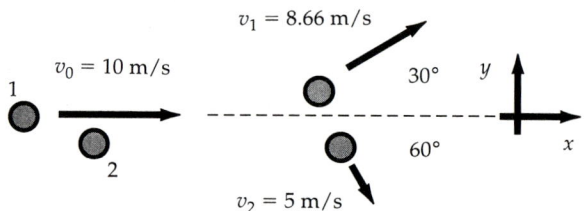

Die Impulserhaltung in y-Richtung ergibt $0 = m v_1 \sin 30° - m v_2 \sin 60°$ und $v_2 = (\sin 30° / \sin 60°)\, v_1 = 0{,}577\, v_1$. Für die x-Richtung ergibt sich $m v_0 = m v_1 \cos 30° + m v_2 \cos 60°$. Durch Einsetzen des Ergebnisses für v_2 erhalten wir $v_1 = v_0 / (\cos 30° + \sin 30° / \tan 60°) = 8{,}66$ m/s und schließlich $v_2 = 5$ m/s.

7.42 Wir wählen die Indices 1 für das Proton und 2 für den Kohlenstoffkern. Dann ist $m_1 = m$ und $m_2 = 12\,m$ sowie $v_1 = 300\,\text{m/s}$ und $v_2 = 0$. a) $v_S = (m_1 v_1 + m_2 v_2)/(m_1 + m_2) = m\, v_1 /(13\,m) = 23{,}1$ m/s. b) Im Massenmittelpunktssystem sind die Geschwindigkeiten $u_1 = v_1 - v_S = 277$ m/s und $u_2 = 0 - v_S = -23{,}1$ m/s. Infolge des Stoßes kehren sich die Vorzeichen um, und es gilt nach dem Stoß $u_1 = -277$ m/s und $u_2 = 23{,}1$ m/s. c) Wir transformieren in das Laborsystem, d.h. wir addieren v_S zu den Geschwindigkeiten nach dem Stoß im Massenmittelpunktssystem. Es folgt $v_1 = u_1 + v_S = -254$ m/s und $v_2 = u_2 + v_S = 46{,}2$ m/s.

7.43 a) Der Ball erfährt die Impulsänderung $\Delta p = m(v_e - v_a) = (0{,}3\ \text{kg})\,[(-8\ \text{m/s}) - (8\ \text{m/s})] = -4{,}8$ kg·m/s. Der auf die Wand abgegebene Kraftstoß hat den entgegengesetzten Wert: 4,8 kg·m/s. b) $\langle F \rangle = \Delta p / \Delta t = (4{,}8\ \text{kg·m/s})/(0{,}003\ \text{s}) = 1600$ N. c) Der Kraftstoß, der auf die Spielerin ausgeübt wird, hat den Betrag $\Delta p = m v = 2{,}4$ kg·m/s. d) Die

Impulsänderung wird während der Zeitspanne Δt zugeführt, für die gilt $\Delta t = d/\langle v \rangle$. Dabei ist $d = 0{,}5$ m und $\langle v \rangle = \frac{1}{2}(v_a + v_e) = 4$ m/s. Damit erhalten wir $\Delta t = 0{,}125$ s, und die mittlere Kraft auf die Spielerin ergibt sich zu $\langle F \rangle = \Delta p/\Delta t = 19{,}2$ N.

7.44 Die Arbeit, die am System Block – Kitt beim Gleiten entlang der Strecke $d = 0{,}15$ m verrichtet wird, ist $W = F\,d = \mu_G\,(m_1 + m_2)\,g\,d = 7{,}89$ J. Darin ist $m_1 = 13$ kg und $m_2 = 0{,}4$ kg sowie $\mu_G = 0{,}4$. Die 7,89 J sind die kinetische Energie des Systems Block – Kitt unmittelbar nach dem Stoß (sie ist nicht gleich der kinetischen Energie vor dem Stoß). Es folgt $W = \frac{1}{2}(m_1 + m_2)\,v^2$. Also ist die Geschwindigkeit nach dem Stoß $v = 1{,}09$ m/s. Die Anfangsgeschwindigkeit v_0 des Kittklumpens hängt wegen der Impulserhaltung mit der Geschwindigkeit v des Systems nach dem Stoß zusammen: $m_2\,v_0 = (m_1 + m_2)\,v$. Es folgt $v_0 = v\,(13{,}4)/(0{,}4) = 36{,}4$ m/s.

7.45 Aus der Impulserhaltung ergibt sich für die Geschwindigkeit v_e unmittelbar nach dem Stoß $m_1\,v = (m_1 + m_2)\,v_e$ und $v_e = m_1\,v/(m_1 + m_2)$. Unmittelbar nach dem Stoß hat das System Pendelmasse – Kugel die kinetische Energie $E_{kin} = \frac{1}{2}(m_1 + m_2)\,v_e^2 = \frac{1}{2}\,m_1^2\,v^2/(m_1 + m_2)$. Diese kinetische Energie wird bei der Pendelschwingung in potentielle Energie umgesetzt. Damit das Pendel einen vollständigen Kreis beschreiben kann, muß es mindestens bis zum Punkt direkt über der Aufhängung schwingen, also die Höhe 2ℓ über dem tiefsten Punkt erreichen. Die dafür nötige Energie ist $E_{kin} = (m_1 + m_2)\,g\,2\ell$. Das setzen wir gleich dem obigen Ausdruck für die kinetische Energie und erhalten

$$v = \left(\frac{m_1 + m_2}{m_1}\right)\sqrt{4\,g\,\ell}.$$

7.46 Aus der Impulserhaltung folgt $m_1\,v = m_1\,v/2 + m_2\,v_2$ und $v_2 = m_1\,v/(2\,m_2)$. Nun setzen wir die Energieerhaltung an: $\frac{1}{2}\,m_2\,v_2^2 = m_2\,g\,h$ bzw. $h = v_2^2/(2\,g) = m_1^2\,v^2/(8\,g\,m_2^2)$.

7.47 Die Endgeschwindigkeit v_e erhalten wir, indem wir zunächst die Impulsänderung berechnen. Allgemein gilt

$$\Delta p = \int F\,dt.$$

Im vorliegenden Fall ist $\Delta p = p_e - p_a = m\,v_e - 0$, also $v_e = \Delta p/m$. Nun werten wir das Integral aus:

$$\int_0^5 (3\,\text{N/s}^2)\,t^2\,dt = 5^3\,\text{kg}\cdot\text{m/s} - 0 = 125\,\text{kg}\cdot\text{m/s}.$$

Daraus folgt $v_e = 25$ m/s.

7.48 a) Die Schubkraft ist $F_S = u_{aus}\,|dm/dt| = 3{,}6\cdot10^5$ N. Darin ist u_{aus} die Ausstoßgeschwindigkeit der Abgase.   b) Achtzig Prozent der Anfangsmasse sind $2{,}4\cdot10^4$ kg. Diese Menge wird mit 200 kg/s verbrannt. Also ist der Treibstoff nach $t_v = 120$ s verbraucht.   c) Wir nehmen an, die Rakete startet aus der Ruhe; dann ist $v_e = -g\,t_v - u_{aus}\ln(m_e/m_a) = -1180 - (1{,}8\cdot10^3)\ln(0{,}2) = 1720$ m/s.

7.49 Die Beschleunigung ist $a = dv/dt = -g + (u_{aus}/m)\,|dm/dt|$ mit $u_{aus} = 1{,}8\cdot10^3$ m/s und $|dm/dt| = 200$ kg/s. Die Masse ändert sich von $m_a = 3\cdot10^4$ kg auf $m_e = 6\cdot10^3$ kg. Daraus folgt $a_a = 2{,}19$ m/s² und $a_e = 50{,}2$ m/s² $= 5{,}12\,g$.

7.50 a) Die Masse eines Wassertropfens ist $m = \varrho\,V = (1\,\text{g/cm}^3)(10\,\text{cm}^3) = 10^{-2}$ kg. Er fällt aus der Höhe $h = 5$ m und landet mit der Geschwindigkeit $v = (2\,g\,h)^{1/2} = 9{,}91$ m/s. Der in der Zeit $\Delta t = 1$ min $= 60$ s auf den Boden übertragene Impuls ist $\Delta p = 10\,m\,v = 0{,}991$ kg·m/s, und die mittlere Kraft ist $\langle F \rangle = \Delta p/\Delta t = 0{,}0165$ N.
b) Die Gewichtskraft eines einzelnen Wassertropfens ist $m\,g = 0{,}0981$ N, also erheblich größer als die Kraft, die von 10 Wassertropfen auf den Boden ausgeübt wird.

7.51 Um das Ei zum Stillstand zu bringen, ist die mittlere Kraft $\langle F \rangle = \Delta p/\Delta t$ erforderlich. Das

Ei werde über eine Strecke $d = 1$ m mit konstanter Verzögerung abgebremst. Dann kommt es nach der Zeit $\Delta t = d/\langle v \rangle$ zum Stillstand, wobei gilt $\langle v \rangle = \frac{1}{2}(v_\mathrm{a} + v_\mathrm{e}) = \frac{1}{2} v_\mathrm{a}$. Der Betrag des Impulses ist $\Delta p = m\, v_\mathrm{a}$, und die mittlere Kraft ist $\langle F \rangle = m\, v_\mathrm{a}^2/(2\,d)$. Daraus folgt $v_\mathrm{a}^2 = 2 \langle F \rangle\, d/m$. Die Reichweite bei einem Wurf ist $R = v^2 \sin(2\,\theta)/g$. Für $\theta = 45°$ hat sie den Maximalwert $R_\mathrm{max} = v^2/g$. Demnach ist die größtmögliche Entfernung beim Eierwerfen $R = 2 \langle F \rangle\, d/(m\,g) \approx 20$ m.

7.52 Die vom Raumschiff pro Stunde aufgenommene Masse ist $\Delta m = (100\text{ kg/s})\,(3600\text{ s}) = 3{,}5 \cdot 10^5$ kg. Sie bewegt sich mit der Geschwindigkeit $u = 100$ m/s. Wegen der Impulserhaltung ist $m_1 v + \Delta m\, u = (m_1 + \Delta m)(v + \Delta v)$. Darin ist $m_1 = 10^5$ kg, und $v = 10^4$ m/s ist die Anfangsgeschwindigkeit des Raumschiffs. Auflösen nach der Geschwindigkeitsänderung ergibt $\Delta v = \Delta m\,(u - v)/(m_1 + \Delta m) = -7748$ m/s. Nach einer Stunde beträgt die Geschwindigkeit also 2252 m/s.

7.53 Mit der relativen Ausstoßgeschwindigkeit u_aus der Abgase ist die Schubkraft der Rakete $F_\mathrm{S} = u_\mathrm{aus}\,|\mathrm{d}m/\mathrm{d}t|$. Zum Aufrechterhalten einer konstanten Geschwindigkeit muß die Schubkraft gerade den Effekt des Massenzuwachses ausgleichen. Es wird Masse mit der relativen Geschwindigkeit $v - u = (10^4 - 10^2)$ m/s $= 9900$ m/s und der Rate 100 kg/s aufgenommen. Die zum Ausgleich notwendige Schubkraft ist daher $(9900\text{ m/s})\,(100\text{ kg/s}) = 9{,}9 \cdot 10^5$ N.

7.54 Wir betrachten zunächst die Impulserhaltung in der Richtung senkrecht zur Anfangsgeschwindigkeit der weißen Anspielkugel (Index 1): $0 = m\, v_{2,\mathrm{e}} \sin\theta_1 - m\, v_{3,\mathrm{e}} \sin\theta_2$. Aus Symmetriegründen sind die Geschwindigkeiten der Kugeln 2 und 3 nach dem Stoß gleich: $v_{2,\mathrm{e}} = v_{3,\mathrm{e}}$. Daraus folgt $\theta_1 = \theta_2 = \theta$. Wegen der Impulserhaltung entlang der Bewegungsrichtung der weißen Kugel gilt $m\, v_{1,\mathrm{a}} = m\, v_{1,\mathrm{e}} + 2\, m\, v_{2,\mathrm{e}} \cos\theta$. Wir eliminieren m und erhalten $v_{1,\mathrm{a}} = v_{1,\mathrm{e}} + 2\, v_{2,\mathrm{e}} \cos\theta$. Weiterhin gilt die Energieerhaltung:

$v_{1,\mathrm{a}}^2 = v_{1,\mathrm{e}}^2 + 2\, v_{2,\mathrm{e}}^2$. Hier wurde m bereits eliminiert. Das Lösen der zwei Gleichungen ergibt $v_{2,\mathrm{e}} = v_{1,\mathrm{a}}(2 \cos\theta)/(1 + 2\cos^2\theta)$ und $v_{1,\mathrm{e}} = v_{1,\mathrm{a}}(1 - 2\cos^2\theta)/(1 + 2\cos^2\theta)$. Beim Stoß berühren sich alle drei Kugeln gleichzeitig:

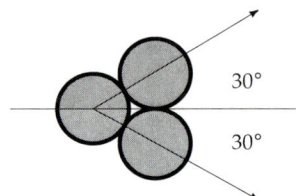

Weil die Kugeln ein gleichseitiges Dreieck bilden, ist $\theta = 30°$. Daraus ergibt sich $v_{2,\mathrm{e}} = 0{,}693\, v_{1,\mathrm{a}}$ und $v_{1,\mathrm{e}} = -0{,}2\, v_{1,\mathrm{a}}$. Wenn die beiden Kugeln 2 und 3 voneinander einen geringen Abstand (senkrecht zur Einlaufrichtung der weißen Kugel) gehabt hätten, so wäre θ größer, und die Endgeschwindigkeiten wären anders. Für $\theta = 45°$ ergäbe sich beispielsweise $v_{2,\mathrm{e}} = (\sqrt{2}/2)\, v_{1,\mathrm{a}}$ und $v_{1,\mathrm{e}} = 0$.

7.55 Unter der relativen Energie verstehen wir hier die Energie eines Teilchens relativ zum anderen. Wir betrachten beispielsweise die Bewegung des Teilchens 1. Relativ zu ihm hat das zweite Teilchen die kinetische Energie $E_{\mathrm{k,r}} = \frac{1}{2} m_2 (v_2 - v_1)^2$. Sie ist zu Anfang $E_{\mathrm{k,r,a}} = \frac{1}{2} m_2 (v_{2,\mathrm{a}} - v_{1,\mathrm{a}})^2$, und am Ende ist sie $E_{\mathrm{k,r,e}} = \frac{1}{2} m_2 (v_{2,\mathrm{e}} - v_{1,\mathrm{e}})^2 = e^2\, E_{\mathrm{k,r,a}}$; denn es ist nach Definition $v_{2,\mathrm{e}} - v_{1,\mathrm{e}} = -e\,(v_{2,\mathrm{a}} - v_{1,\mathrm{a}})$. Damit folgt $-\Delta E_{\mathrm{k,r}}/E_{\mathrm{k,r,a}} = -(E_{\mathrm{k,r,e}} - E_{\mathrm{k,r,a}})/E_{\mathrm{k,r,a}} = 1 - e^2$.

7.56 Der Stoß ist elastisch, und die Massen sind gleich. Daher folgt $v_0^2 = v_1^2 + v_2^2$. Darin ist v_0 die Anfangsgeschwindigkeit und v_1 die Endgeschwindigkeit des ankommenden Teilchens, und v_2 ist die Endgeschwindigkeit des zu Beginn ruhenden Teilchens. Aus der obigen Bedingung ergibt sich, daß $\mathbf{v}_0$, $\mathbf{v}_1$ und $\mathbf{v}_2$ ein rechtwinkliges Dreieck bilden:

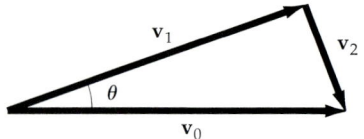

Offensichtlich ist $\sin\theta = v_2/v_0$ und daher $E_{\mathrm{kin},2} = \frac{1}{2} m\, v_2^2 = \frac{1}{2} m\, v_0^2 \sin^2\theta = (\sin^2\theta)\, E_0$.

7.57 Für die Koordinaten des Massenmittelpunktes gilt

$$m\, x_S = \int x\, \mathrm{d}m$$

und

$$m\, y_S = \int y\, \mathrm{d}m.$$

Aus der Symmetrie des Gegenstands ergibt sich $y_S = 0$. Um die x-Koordinate des Massenmittelpunktes zu erhalten, müssen wir folgendes beachten: Wenn die Scheibe die Gesamtmasse m hat, so ist ihre Masse pro Flächeneinheit $\sigma = 2\, m/(\pi\, r^2)$. Für ein Flächenelement ist dann $\mathrm{d}m = \sigma\, \mathrm{d}a$, wobei $\mathrm{d}a$ die Fläche eines infinitesimalen Streifens der Breite $\mathrm{d}x$ ist:

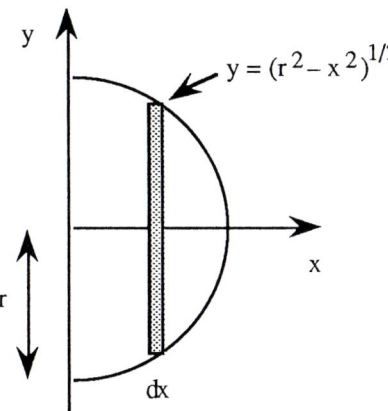

Der Abbildung entnehmen wir $\mathrm{d}a = 2\, y\, \mathrm{d}x = 2\,(r^2 - x^2)^{1/2}\, \mathrm{d}x$. Darin berücksichtigt der Faktor 2 den Beitrag von unterer und oberer Hälfte des Streifens. Insgesamt ergibt sich

$$\begin{aligned}
m\, x_S &= \frac{4\, m}{\pi\, r} \int_0^r x\, \sqrt{1 - \frac{x^2}{r^2}}\, \mathrm{d}x \\
&= \left. \frac{4\, m\, r}{3\, \pi} \left(1 - \frac{x^2}{r^2}\right) \right|_0^r \\
&= \frac{4\, m\, r}{3\, \pi}.
\end{aligned}$$

Es folgt $x_S = 4\, r/(3\, \pi)$.

7.58 Die Masse pro Fläche ist $2\, m/\ell^2$. Ein Streifen mit der infinitesimalen Breite $\mathrm{d}x$ und der Höhe x hat die Masse $\mathrm{d}m = (2\, m/\ell^2)\, x\, \mathrm{d}x$. Damit ist die x-Koordinate des Massenmittelpunktes

$$x_S = \frac{1}{m} \frac{2\, m}{\ell^2} \int_0^\ell x^2\, \mathrm{d}x = \frac{2}{3}\, \ell.$$

Für die y-Koordinate betrachten wir horizontale Streifen der Höhe $\mathrm{d}y$ und der Breite $(\ell - y)$. Deren Masse ist $\mathrm{d}m = (2\, m/\ell^2)\,(\ell - y)\, \mathrm{d}y$. Es folgt

$$y_S = \frac{1}{m} \frac{2\, m}{\ell^2} \int_0^\ell (\ell - y)\, y\, \mathrm{d}y = \frac{1}{3}\, \ell.$$

Mit $\ell = 10$ m erhalten wir $x_S = 6{,}67$ m und $y_S = 3{,}33$ m.

7.59 Wenn die Kugeln aus der Höhe h fallen, treffen sie mit der vertikalen Geschwindigkeit $v = (2\, g\, h)^{1/2}$ auf die Waagschale. Weil sie nach dem Aufprall wieder dieselbe Höhe erreichen, wird ihre vertikale Geschwindigkeitskomponente einfach umgekehrt. Daher ist die Impulsänderung $\Delta p = p_e - p_a = m\, v - (-m\, v) = 2\, m\, v$. Dabei ist die Aufwärtsrichtung als positiv angenommen. Bei 100 Stößen pro Sekunde ist die Kraft auf die Waagschale $F = 100\, \Delta p/\Delta t = (100)(3{,}31 \cdot 10^{-3}\, \mathrm{kg} \cdot \mathrm{m/s})/(1\,\mathrm{s}) = 0{,}313$ N. Die Wirkung dieser Kraft wird ausgeglichen durch ein Gewicht mit der Masse m, für die gilt $F = m\, g$ bzw. $m = 31{,}9$ g.

7.60 a) Die Masse der Rakete ist zu Beginn gleich der Summe aus den Massen von Nutzlast und Treibstoff: $m_a = m_N + m_T = 25\,000$ kg. Nach dem Ausbrennen ist ihre Masse $m_e = 5\,000$ kg. Wir verwenden Gleichung (7.51) und erhalten mit $u_{aus} = 6$ km/s die Endgeschwindigkeit $v_e = u_{aus} \ln(m_a/m_e) = 9{,}66$ km/s.   b) In einem gleichförmigen Gravitationsfeld ist (mit der Brenndauer t_v) die Endgeschwindigkeit $v_e = u_{aus} \ln(m_a/m_e) - g\, t_v$. Der Treibstoff wird mit $|\mathrm{d}m/\mathrm{d}t| = 200$ kg/s verbrannt; also ist mit $m_T = 20\,000$ kg die Brenndauer $t_v = m_T/|\mathrm{d}m/\mathrm{d}t| = 100$ s. Damit ergibt sich $v_e = 8{,}68$ km/s.   c) Die Annahme $g = $ const. ist zulässig, wenn die Rakete während der Brenndauer eine Höhe erreicht, die klein gegen den Erdradius ist. Mit der eben berechneten Endgeschwindigkeit von 8,68 km/s schätzen wir eine mittlere Geschwindigkeit von $\frac{1}{2}\,(8{,}68$ km/s$)$ ab. Daher erreicht die Rakete in den 100 s Brenndauer eine Höhe von etwa 400 km, also nur rund 7 Prozent des Erdradius. Die Näherung konstanter Erdbeschleunigung ist also zulässig.

7.61 a) Wir beginnen mit der Impulserhaltung. Für die Anfangsrichtung des ersten Teilchens gilt $m_1 v_0 = m_1 v \cos\varphi + m_2 v_2 \cos\theta$. Senkrecht zu dieser Richtung gilt $0 = m_1 v \sin\varphi - m_2 v_2 \sin\theta$. Wir stellen beide Gleichungen um und erhalten $m_2 v_2 \cos\theta = m_1 v_0 - m_1 v \cos\varphi$ sowie $m_2 v_2 \sin\theta = m_1 v \sin\varphi$. Dividieren beider Ausdrücke liefert $\tan\theta = v \sin\varphi / (v_0 - v \cos\varphi)$.

Beachten Sie, daß die Massen hier nicht mehr auftauchen, das Resultat also von ihnen unabhängig ist. b) Weil in Teil a) nur die Impulserhaltung einzusetzen war, gilt das Ergebnis sowohl für einen elastischen als auch für einen unelastischen Stoß.

Kapitel 8

Drehbewegungen

8.1 a) Die Winkelgeschwindigkeit ω hängt mit der Tangentialgeschwindigkeit v des Teilchens zusammen über $v = r\omega$. Daher ist $\omega = v/r = 0{,}2$ rad/s. b) Der Drehwinkel des Teilchens ist $\theta = \omega t = 6$ rad. Umrechnen in Umdrehungen ergibt $(6\,\text{rad})(1\,\text{U})/(2\pi\,\text{rad}) = [6/(2\pi)]$ U = 0,955 U.

8.2 a) Das Rad startet aus der Ruhe. Daher ist seine Winkelgeschwindigkeit $\omega = \alpha t = 10$ rad/s. b) Das Rad dreht sich um den Winkel $\theta = \frac{1}{2}\alpha t^2 = 25$ rad. c) 25 rad = (25 rad) $(1\,\text{U}/2\pi\,\text{rad}) = 3{,}98$ U. d) Die Geschwindigkeit eines Punktes beim Radius $r = 0{,}3$ m ist $v = r\omega = 3$ m/s. Die Beschleunigung hat zwei Komponenten. Die tangentiale ist $a_\text{t} = r\alpha = 0{,}6$ m/s^2, und die zentripetale ist $a_\text{z} = r\omega^2 = 30$ m/s^2.

8.3 a) Wir bestimmen die Winkelbeschleunigung α mit Hilfe der Beziehung $\omega = \omega_0 + \alpha t$. Hier ist $\omega_0 = 33\frac{1}{3}$ U/min und $t = 2$ min. Daraus folgt $\alpha = (\omega - \omega_0)/t = -16{,}7$ U/min^2 = $-0{,}0291$ rad/s^2. b) Weil die Winkelbeschleunigung konstant ist, ist die mittlere Winkelgeschwindigkeit einfach gleich dem Mittelwert von Anfangs- und Endwert: $\langle\omega\rangle = \frac{1}{2}(\omega + \omega_0) = \frac{1}{2}(33\frac{1}{3}\,\text{U/min}) = 16{,}7$ U/min = 1,75 rad/s. c) Mit dieser mittleren Winkelgeschwindigkeit werden in 2 min $33\frac{1}{3}$ Umdrehungen ausgeführt.

8.4 a) $\omega = \omega_0 + \alpha t = \alpha t = 50$ rad/s. b) $a_\text{t} = r\alpha = 1$ m/s^2; $a_\text{z} = v^2/r = (r\omega)^2/r = r\omega^2 = 250$ m/s^2.

8.5 a) $\omega = (1\,\text{U})/(25\,\text{s}) = (2\pi\,\text{rad})/(25\,\text{s}) = 0{,}251$ rad/s. b) $v = r\omega = 3{,}02$ m/s. c) $a_\text{z} = r\omega^2 = 0{,}758$ m/s^2.

8.6 a) Die Räder drehen sich um den Winkel $\theta = 5$ U = 10π rad. Bei konstanter Winkelbeschleunigung ergibt sich $\theta = \frac{1}{2}\alpha t^2$ und $\alpha = 2\theta/t^2 = 0{,}2\pi$ rad/s^2. b) $\omega = \alpha t = 2\pi$ rad/s = 6,28 rad/s. c) Die zurückgelegte Strecke ist $s = r\theta$; darin ist θ in rad einzusetzen. Es folgt $s = (10\pi\,\text{rad})(0{,}36\,\text{m}) = 11{,}3$ m.

8.7 a) Der Betrag des Drehmoments ist gegeben durch das Produkt aus Kraft und Kraftarm (Länge x). Wir erhalten $M = Fx = mgx = 9{,}81$ N$\cdot$m. b) Sowohl Kraft als auch Kraftarm sind ebenso groß wie in Teil a); also ist das Drehmoment ebenfalls gleich 9,81 N$\cdot$m.

8.8 a) Bei konstanter Winkelbeschleunigung ist $\omega = \omega_0 + \alpha t$. Hier ist $\omega_0 = 700$ U/min = 73,3 rad/s sowie $\omega = 0$ und $t = 10$ s. Damit ergibt sich $\alpha = -\omega_0/t = -7{,}33$ rad/s^2. Darin gibt das Minuszeichen an, daß die Rotation der Schleifscheibe langsamer wird. b) Der Betrag des Drehmoments ist $M = I\alpha$, wobei α der Betrag der Winkelbeschleunigung ist. Bei einer Scheibe ist $I = \frac{1}{2}mr^2$, und es folgt $M = 0{,}0359$ N$\cdot$m.

8.9 a) Aus $\theta = \frac{1}{2}\alpha t^2$ folgt $\alpha = 2\theta/t^2 = 2(2\pi\,\text{rad})/(10\,\text{s})^2 = 0{,}126$ rad/s^2. b) Der Kraftarm ist gleich dem Radius r des Karussells, und es ist $M = Fr = 400$ N$\cdot$m. c) $I = M/\alpha = 3{,}18\cdot10^3$ kg$\cdot$m^2.

8.10 a) Wir bestimmen zunächst die Lineargeschwindigkeiten der Körper. Für den 3-kg-Körper gilt $v_3 = r\omega = (0{,}2\,\text{m})(2\,\text{rad/s}) = 0{,}4$ m/s. Für den 1-kg-Körper ist $v_1 = 0{,}8$ m/s. Die kinetischen Energien sind $E_\text{kin,3} = \frac{1}{2}mv_3^2 = 0{,}24$ J und

$E_{kin,1} = \frac{1}{2} m v_1^2 = 0{,}32$ J. Die gesamte kinetische Energie ist damit $E_{kin} = 2(E_{kin,3} + E_{kin,1}) = 1{,}12$ J.   b) Das Trägheitsmoment des Systems ist $I = 2(m_3 r_3^2 + m_1 r_1^2) = 0{,}56$ kg·m². Damit erhalten wir die kinetische Energie $E_{kin} = \frac{1}{2} I \omega^2 = 1{,}12$ J.

8.11   a) Die Rotationsachse geht durch m_4, und die anderen Massen haben von ihr die Abstände $r_2 = 2\sqrt{2}$ m und $r_1 = r_3 = 2$ m. Damit ergibt sich $I = [m_4 (0)^2 + m_2 (2\sqrt{2}\text{ m})^2 + m_1 (2\text{ m})^2 + m_3 (2\text{ m})^2] = 56$ kg·m².   b) Die aufzuwendende Arbeit ist diejenige, die nötig ist, um den Endwert der kinetischen Energie des Systems zu erreichen, also $W = E_{kin} = \frac{1}{2} I \omega^2 = 112$ J.

8.12   a) $I = m(r_1^2 + r_2^2 + r_3^2 + r_4^2) = (2\text{ kg}) \{(0)^2 + (3\text{ m})^2 + (2\text{ m})^2 + [(2\text{ m})^2 + (3\text{ m})^2]\} = 52$ kg·m². b) Die kinetische Energie ist $E_{kin} = \frac{1}{2} I \omega^2 = 184$ J. Daraus erhalten wir für die Winkelgeschwindigkeit $\omega = (2 E_{kin}/I)^{1/2} = 2{,}66$ rad/s $= 25{,}4$ U/min.

8.13   a) Das Trägheitsmoment einer Kugel mit der Masse m und dem Radius r, die um ihren Durchmesser rotiert, ist $I = \frac{2}{5} m r^2$. Hier ist $m = 1{,}2$ kg und $r = 0{,}08$ m. Die kinetische Energie der Rotation ist $E_{kin} = \frac{1}{2} I \omega^2$ mit $\omega = 90$ U/min $= 9{,}42$ rad/s. Damit erhalten wir $E_{kin} = 0{,}136$ J.   b) Mit $E_{kin} = 2{,}136$ J ist die Winkelgeschwindigkeit $\omega = (2 E_{kin}/I)^{1/2} = 37{,}3$ rad/s $= 356$ U/min.

8.14   Die Leistung ist $P = M \omega$. Wir geben M in N·m und ω in rad/s an. Damit erhalten wir $P = 1{,}83 \cdot 10^5$ W.

8.15   Das Trägheitsmoment der dünnen Kugelschale ist $I = \frac{2}{3} m r^2 = \frac{2}{3} (0{,}057\text{ kg}) (0{,}035\text{ m})^2 = 4{,}66 \cdot 10^{-5}$ kg·m².

8.16   a) $I_x = (m_3 + m_4)(0)^2 + (m_1 + m_2)(2\text{ m})^2 = 28$ kg·m².   b) $I_y = (m_1 + m_4)(0)^2 + (m_2 + m_3)(2\text{ m})^2 = 28$ kg·m². c) Mit $I_z = I_x + I_y$ erhalten wir $I_z = 56$ kg·m²; vgl. Lösung 8.11.

8.17   a) In Lösung 8.12 ermittelten wir das Trägheitsmoment I um eine Achse durch eine der Massen zu $I = 52$ kg·m². Jede der Massen hat vom Schwerpunkt den Abstand $h = \frac{1}{2}\sqrt{13}$ m. Nach dem Satz von Steiner ist dann $I_S = I - m h^2 = 26$ kg·m².   b) Alle vier Massen sind 1 m von der x'-Achse entfernt; also ist $I_{x'} = (8\text{ kg})(1\text{ m})^2 = 8$ kg·m². Entsprechend sind alle vier Massen 1,5 m von der y'-Achse entfernt, und es ist $I_{y'} = (8\text{ kg})(1{,}5\text{ m})^2 = 18$ kg·m². Die z'-Achse steht senkrecht auf der Figurenebene und geht durch den Schwerpunkt. Daher ist das Trägheitsmoment um diese Achse 26 kg·m², wie in Teil a) gezeigt. Das stimmt mit Gleichung (8.30) überein, aus der folgt $I_{z'} = I_{x'} + I_{y'} = (8 + 18)$ kg·m² $= 26$ kg·m².

8.18   Wir legen das Koordinatensystem so an, daß die x- und die y-Achse in der Ebene der Scheibe liegen und sich in deren Mittelpunkt schneiden. Dann steht die z-Achse senkrecht auf der Scheibenebene und geht ebenfalls durch deren Mittelpunkt. Das Trägheitsmoment um die z-Achse ist dann $I_z = \frac{1}{2} m R^2$. Nach Gleichung (8.30) ist auch $I_z = I_x + I_y$. Wegen der Symmetrie der Scheibe ist $I_x = I_y$. Damit erhalten wir $I_z = 2 I_x$ bzw. $I_x = \frac{1}{2} I_z = \frac{1}{4} m R^2$.

8.19   Das Trägheitsmoment einer massiven Kugel um eine Achse durch ihren Mittelpunkt ist $I_S = \frac{2}{5} m R^2$. Nach dem Satz von Steiner ist das Trägheitsmoment um eine Achse, die den Abstand h vom Mittelpunkt hat, $I = I_S + m h^2$. Ist die Achse eine Tangente an die Kugel, so ist $h = R$, und es folgt $I = I_S + m R^2 = \frac{7}{5} m R^2$.

8.20   a) Der Drehimpuls ist $L = m v r = 60$ kg·m²/s.   b) Das Trägheitsmoment ist $I = m r^2 = 75$ kg·m².   c) Die Winkelgeschwindigkeit ist $\omega = v/r = 0{,}8$ rad/s. Das können wir auch aus $L = I \omega$ erhalten: $\omega = L/I = (60\text{ kg·m}^2/\text{s})/(75\text{ kg·m}^2) = 0{,}8$ rad/s.

8.21 a) Der Drehimpuls des Körpers ist $L = m\,v\,r\,\sin\theta$. Dabei ist $r\sin\theta = r_\perp$ der senkrechte Abstand der Bewegungsgeraden vom Punkt O:

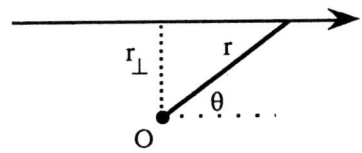

Mit $r_\perp = 5$ m erhalten wir $L = 60$ kg$\cdot$m^2/s. Dieser Wert ist der gleiche, als wenn sich der Körper auf einem Kreis mit dem Radius $r = 5$ m bewegt, und bleibt zeitlich konstant, weil sich $r_\perp$ nicht ändert.   b) Die Winkelgeschwindigkeit ist gegeben durch $\mathrm{d}\theta/\mathrm{d}t$. Wenn sich der Körper direkt über dem Punkt O befindet, ändert sich θ sehr schnell. Ist der Körper dagegen weiter von O entfernt, so wird die zeitliche Änderung von θ kleiner. Nach langer Zeit wird θ praktisch konstant gleich null, und die Winkelgeschwindigkeit geht ebenfalls gegen null.

8.22 a) Der Drehimpuls eines Teilchens auf einer Kreisbahn mit dem Radius r ist $L = m\,v\,r = p\,r$. Daher verdoppelt sich L, wenn p doppelt so groß wird.   b) Wiederum gehen wir aus von $L = m\,v\,r$. Durch Verdoppeln von r folgt eine Verdopplung von L.

8.23 a) Das Drehmoment ist das Produkt aus der Kraft und dem Kraftarm, auf den diese wirkt. Bei der Gravitationswechselwirkung zwischen Sonne und Planet wirkt die Kraft auf der direkten Verbindungslinie von Sonne und Planet. Wählen wir die Sonne als Ursprung, so hat der Kraftarm die Länge null, und das Drehmoment ist ebenfalls null.   b) Da auf den Planeten kein Drehmoment einwirkt, ist sein Drehimpuls konstant. Daher gilt $L_1 = m\,v_1\,r_1 = L_2 = m\,v_2\,r_2$ bzw. $v_1/v_2 = r_2/r_1$.

8.24 Die benötigte Arbeit ist einfach diejenige, die aufzuwenden ist, um die kinetische Energie von ihrem Anfangswert auf null zu reduzieren: $W = \Delta E_{\mathrm{kin}} = E_{\mathrm{kin,e}} - E_{\mathrm{kin,a}} = -E_{\mathrm{kin,a}}$.

Um diese kinetische Energie zu berechnen, erinnern wir uns daran, daß sie aus zwei Komponenten besteht, nämlich der Schwerpunktbewegung und der Rotation: $E_{\mathrm{kin,a}} = E_{\mathrm{kin,S}} + E_{\mathrm{rot}}$. Es ist $E_{\mathrm{kin,S}} = \frac{1}{2}\,m\,v_{\mathrm{S}}^2$ und $E_{\mathrm{rot}} = \frac{1}{2}\,I\,\omega^2$. Mit $I = \frac{1}{2}\,m\,r^2 = 0{,}563$ kg$\cdot$m^2 und $\omega = v/r = 40$ rad/s erhalten wir $W = -E_{\mathrm{kin,a}} = 1350$ J.

8.25 Die gesamte kinetische Energie ist $E_{\mathrm{ges}} = E_{\mathrm{rot}} + E_{\mathrm{kin,S}}$ mit $E_{\mathrm{kin,S}} = \frac{1}{2}\,m\,v^2$ und $E_{\mathrm{rot}} = \frac{1}{2}\,I\,\omega^2 = \frac{1}{2}\,I\,(v/r)^2 = \frac{1}{2}\,(I/r^2)\,v^2$. Damit ist $E_{\mathrm{ges}} = \frac{1}{2}\,(m + I/r^2)\,v^2$.   a) Mit $I = \frac{2}{5}\,m\,r^2$ ist die kinetische Energie der Rotation $E_{\mathrm{rot}} = \frac{1}{5}\,m\,v^2$, und die gesamte kinetische Energie ist $E_{\mathrm{ges}} = \frac{7}{10}\,m\,v^2$. Also ist $E_{\mathrm{rot}} = \frac{2}{7}\,E_{\mathrm{ges}}$. Mit anderen Worten: die Rotationsenergie entspricht 28,6 Prozent der gesamten kinetischen Energie der Kugel, und die kinetische Energie der Translation der Kugel macht 71,4 Prozent aus.
b) Beim homogenen Zylinder ist $I = \frac{1}{2}\,m\,r^2$ und damit $E_{\mathrm{rot}} = \frac{1}{4}\,m\,v^2$ und $E_{\mathrm{ges}} = \frac{3}{4}\,m\,v^2$. Also macht E_{rot} 33,3 Prozent der gesamten kinetischen Energie aus, und $E_{\mathrm{kin,S}}$ beläuft sich auf 66,7 Prozent.   c) Beim Ring ist $I = m\,r^2$ und damit $E_{\mathrm{rot}} = \frac{1}{2}\,m\,v^2$ und $E_{\mathrm{ges}} = m\,v^2$. Also machen E_{rot} und $E_{\mathrm{kin,S}}$ hier jeweils 50 Prozent der gesamten kinetischen Energie aus.

8.26 Aus der Energieerhaltung folgt $E_{\mathrm{kin,a}} + E_{\mathrm{pot,a}} = E_{\mathrm{kin,e}} + E_{\mathrm{pot,e}}$. Dabei ist $E_{\mathrm{kin,e}} = 0$ und $E_{\mathrm{kin,a}} = \frac{1}{2}\,m\,v^2 + \frac{1}{2}\,I\,\omega^2 = \frac{1}{2}\,m\,v^2 + \frac{1}{2}\,(I/r^2)\,v^2$. Für die Berechnung der potentiellen Energie wählen wir die anfängliche Höhe als Nullpunkt, so daß gilt $E_{\mathrm{pot,a}} = 0$ und $E_{\mathrm{pot,e}} = m\,g\,h$. Schließlich gilt für einen Ring $I = m\,r^2$. Wir kombinieren die Bedingungen und erhalten $\frac{1}{2}\,m\,v^2 + \frac{1}{2}\,m\,v^2 = m\,g\,h$ und $h = v^2/g = 40{,}8$ m. Die dieser Höhe entsprechende Strecke ℓ auf der schiefen Ebene ist gegeben durch $\sin\theta = h/\ell$. Es folgt $\ell = h/(\sin 30°) = 81{,}6$ m

8.27 a) Aus dem zweiten Newtonschen Axiom ergibt sich entlang der Richtung der schiefen Ebene $m\,g\,\sin\theta - F_{\mathrm{R}} = m\,a$. Hier ist die Abwärtsrichtung positiv gewählt, und F_{R} ist die Reibungskraft. Weil die Vektoren der Gewichtskraft und der (von der Ebene ausgeübten) Normalkraft durch den Schwerpunkt gehen, erzeugen sie kein Drehmoment. Daher resultiert das gesamte auf den Ball wirkende Drehmoment allein aus der Reibung: $M = F_R\, r$. Es ruft die Winkelbeschleunigung α hervor, für die gilt $F_R\, r = I\,\alpha$. Beim Rollen ohne Gleiten ist α mit der Translationsbeschleunigung a verknüpft durch $a = \alpha\, r$. Damit folgt $F_R = I\, a / r^2$. Einsetzen in die Beziehung für das zweite Newton-Axiom ergibt

$$a = \frac{m\, g \sin\theta}{m + \frac{I}{r^2}}.$$

Das Trägheitsmoment des als massiv angenommenen Balles ist $I = \frac{2}{5}\, m\, r^2$. Damit ist die Beschleunigung $a = \frac{5}{7}\, g \sin\theta$.   b) Die Reibungskraft ist $F_R = I\, a / r^2 = \frac{2}{7}\, m\, g \sin\theta$.   c) Die maximale Reibungskraft ist $F_{max} = \mu_H\, m\, g \cos\theta$. Das setzen wir gleich $\frac{2}{7}\, m\, g \sin\theta$, und es folgt die Bedingung $\tan\theta = \frac{7}{2}\, \mu_H$ für den maximalen Neigungswinkel θ, bei dem Rollen ohne Gleiten auftritt.

8.28   Wir nehmen an, am Berührungspunkt von Ball und Ebene greife eine Reibungskraft F_R an, die entgegen der Bewegungsrichtung des Balles wirke. Nach dem zweiten Newtonschen Axiom muß dann die Geschwindigkeit des Schwerpunktes kleiner werden: $v_S = v_{S,0} - a\, t = v_{S,0} - (F_R / m)\, t$. Andererseits ruft die Reibungskraft das Drehmoment $M = F_R\, r$ auf den Ball hervor. Dadurch wird die Winkelgeschwindigkeit erhöht: $\omega = \omega_0 + \alpha\, t = \omega_0 + (F_R\, r / I)\, t$. Offensichtlich kann die Translationsgeschwindigkeit des Balles nicht abnehmen, während die Winkelgeschwindigkeit zunimmt und er gleichzeitig weiterhin rollt, ohne zu gleiten. Also kann die angenommene Reibungskraft nicht existieren. Genau die gleiche Überlegung kann für eine Reibungskraft angestellt werden, die in der Bewegungrichtung wirkt; das Ergebnis ist dasselbe.

8.29   Hier ist $\mathbf{F} = -F\,\mathbf{e}_x$ und $\mathbf{r} = R\,\mathbf{e}_y$. Nach Definition ist das Drehmoment $\mathbf{M} = \mathbf{r} \times \mathbf{F} = -(FR)\,\mathbf{e}_y \times \mathbf{e}_x = (FR)\,\mathbf{e}_x \times \mathbf{e}_y = FR\,\mathbf{e}_z$.

8.30 $\mathbf{M} = \mathbf{r} \times \mathbf{F} = (x\,\mathbf{e}_x + y\,\mathbf{e}_y) \times (-m\, g\,\mathbf{e}_y) = (-m\, g\, x)\,\mathbf{e}_x \times \mathbf{e}_y + (-m\, g\, y)\,\mathbf{e}_y \times \mathbf{e}_y = -m\, g\, x\,\mathbf{e}_z$.

8.31   a) $\mathbf{A} \times \mathbf{B} = 36\,\mathbf{e}_z$.   b) $\mathbf{A} \times \mathbf{B} = -36\,\mathbf{e}_y$. c) $\mathbf{A} \times \mathbf{B} = 12\,\mathbf{e}_z$.

8.32 A und B sind die Beträge von $\mathbf{A}$ bzw. $\mathbf{B}$. Dann ist der Betrag von $\mathbf{A} \times \mathbf{B}$ gleich $AB\,|\sin\theta|$, und der Betrag von $\mathbf{A} \cdot \mathbf{B}$ ist $AB\,|\cos\theta|$. Damit beide Beträge gleich sind, muß gelten $|\sin\theta| = |\cos\theta|$. Das trifft zu für $\theta = 45°$, $135°$, $225°$ und $315°$.

8.33   a) Gegeben ist $\mathbf{r} = (12\,\text{m})\,\mathbf{e}_x + (4{,}3\,\text{m})\,\mathbf{e}_y$ und $\mathbf{v} = (2\,\text{m/s})\,\mathbf{e}_x$. Der Drehimpuls ist $\mathbf{L} = \mathbf{r} \times \mathbf{p} = (-25{,}8\,\text{kg} \cdot \text{m}^2/\text{s})\,\mathbf{e}_z$.   b) Das Drehmoment ist $\mathbf{M} = \mathbf{r} \times \mathbf{F} = (x\,\mathbf{e}_x + 4{,}3\,\text{m}\,\mathbf{e}_y) \times (-3\,\text{N}\,\mathbf{e}_x) = (12{,}9\,\text{N} \cdot \text{m})\,\mathbf{e}_z$, also unabhängig von x.

8.34   a) Um den Schwerpunkt auf dem Kreis mit dem Radius h zu bewegen, ist die Kraft $m\, v_S^2 / h = m\, h\, \omega^2 = 2{,}5\,\text{N}$ erforderlich.   b) Das 100-g-Gewicht (m_2) muß so auf der Scheibe angebracht werden, daß der gemeinsame Schwerpunkt von Gewicht und Scheibe auf der Drehachse liegt. Wir messen die Abstände h und x von der Achse. Dann lautet die Bedingung für die korrekte Position des Gewichts $m\, h + m_2\, x = (m + m_2)\,(0)$. Auflösen ergibt $x = -(m/m_2)\, h = -25\,\text{cm}$. Also muß das Gewicht 25 cm von der Achse entfernt angebracht werden, und zwar gegenüber dem Schwerpunkt der Scheibe.

8.35   a) Weil die Nase des Flugzeugs beim Abheben nach oben weist, wird dieses gedreht, wie in der Abbildung gezeigt. (Das Flugzeug bewegt sich in der durch $\mathbf{L}$ gegebenen Richtung.) Die Richtung des Drehmoments $\mathbf{M}$, das auf das Flugzeug wirkt, gehorcht der Rechte-Hand-Regel: Wenn die vier Finger der rechten Hand die Richtung der Rotation anzeigen, so gibt der ausgestreckte Daumen die Richtung des Drehmoments an. Dies ist hier die x-Richtung. Das Drehmoment bewirkt eine Änderung ΔL des Drehimpulses in Richtung des Drehmoments.

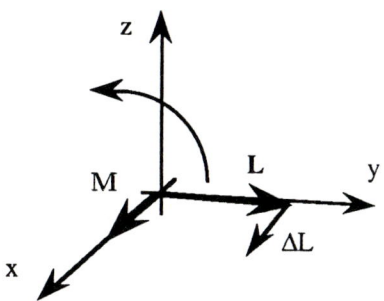

Das bedeutet, daß der zum Propeller gehörige Drehimpuls zur x-Achse hin gedreht wird (also nach rechts) und das Flugzeug ebenfalls nach rechts gedreht wird.   b) Wenn das Flugzeug eine Rechtskurve fliegt, so wird es zu einer Rotation gezwungen, die in der nächsten Abbildung gezeigt ist. Krümmt man die Finger der rechten Hand in diesem Drehsinn, so zeigt der Daumen, wie auch das Drehmoment, in negative z-Richtung.

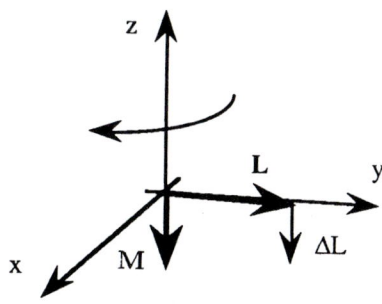

Damit weist ΔL ebenfalls in negative z-Richtung, und der Drehimpuls des Propellers weist nach unten, so daß die Nase des Flugzeugs nach unten gedrückt wird.

8.36 a) Mit der Gewichtskraft $F_G = 36$ N erhalten wir für den Drehimpuls $L = I\,\omega = m\,r^2\,\omega = (F_G/g)\,(0,3\text{ m})^2\,(10\text{ U/s})\,(2\,\pi\text{ rad/U}) = 20,8$ kg·m^2/s.   b) Die Winkelgeschwindigkeit der Präzession ist $\omega_P = m\,g\,d/L$. Darin ist $d = 0,3$ m der Abstand zwischen Drehpunkt und Schwerpunkt des Rades. Wir erhalten $\omega_P = 0,520$ rad/s.   c) Das System rotiert mit konstanter Winkelgeschwindigkeit um den Drehpunkt; daher ist $\theta = \theta_0 + \omega\,t$. Bei einer ganzen Umdrehung ist $\theta - \theta_0 = 2\,\pi$ rad. Die dafür benötigte Zeit ist $t = 2\,\pi/\omega = 12,1$ s.   d) Der Drehimpuls der Präzession ist $L_P = I\,\omega_P$. Darin ist $I = m\,d^2$ das

Trägheitsmoment bezüglich des Radschwerpunktes. Es folgt $L_P = 0,172$ kg·m^2/s. Dieser Drehimpuls weist nach oben, wenn der Drehimpuls der Raddrehung vom Drehpunkt weg weist (und umgekehrt).

8.37 a) Für den Drehimpuls der rotierenden Scheibe gilt $L = I\,\omega$, mit $I = \frac{1}{2}\,m\,r^2$ und $\omega = 2\,\pi\,(900/60)$ rad/s $= 94,2$ rad/s. Mit $d = 0,05$ m erhalten wir daraus die Winkelgeschwindigkeit der Präzession $\omega_P = m\,g\,d/L = 2,89$ rad/s.   b) $v_S = d\,\omega_P = 0,145$ m/s.   c) Weil die Scheibe mit konstanter Winkelgeschwindigkeit präzediert, wirkt auf ihren Schwerpunkt als einzige Beschleunigung die Zentripetalbeschleunigung $a_z = v_S^2/d = d\,\omega^2 = 0,418$ m/s^2; sie ist auf den Drehpunkt gerichtet.   d) In vertikaler Richtung liegt keine Beschleunigung vor; also ist die Vertikalkomponente der Kraft gleich null. Das bedeutet, das Gelenk übt die aufwärts gerichtete Kraft $F = m\,g = 19,6$ N auf die Scheibe aus. Das Gelenk muß ebenso die Kraft aufbringen, die die Zentripetalbeschleunigung hervorruft; ihr Vektor liegt in der horizontalen Ebene, und sie hat den Betrag $F = m\,a_z = 0,836$ N.

8.38 a) Aus der Energieerhaltung folgt für die nichtkonservative Energie $W_{nk} = \Delta E = \Delta E_{kin} = -E_{kin,a}$. Die kinetische Energie ist rein rotatorisch: $E_{kin,a} = \frac{1}{2}\,I\,\omega_0^2$ mit $I = \frac{1}{2}\,m\,r^2$ und $\omega_0 = 1200$ U/min $= 126$ rad/s. Die Arbeit, um das Rad zu stoppen, ist daher $W_{nk} = -5,69 \cdot 10^5$ J.   b) Das Drehmoment M ruft eine (negative) Winkelbeschleunigung hervor, die das Rad abbremst. Dabei gilt $\omega(t) = \omega_0 - \alpha\,t = \omega_0 - (M/I)\,t$. Darin ist $M = I\,\alpha$. Mit $\omega(t) = 0$ erhalten wir für das Drehmoment $M = I\,\omega_0/t = 75,4$ N·m. Weil die Kraft, die dieses Drehmoment hervorruft, tangential wirkt, ist dessen Betrag $M = r\,F$, und es folgt $F = M/r = 151$ N.   c) Die Anzahl der Umdrehungen bis zum Stillstand ist am einfachsten zu ermitteln, wenn man sich klarmacht, daß das Rad mit konstanter Winkelbeschleunigung abgebremst wird. Dann ist die mittlere Winkelgeschwindigkeit $\langle\omega\rangle = \frac{1}{2}\,(\omega_a + \omega_e) = \frac{1}{2}\,\omega_0 = 600$ U/min. In zwei Minuten führt das Rad 1200 Umdrehungen aus.

8.39 a) Die Kraft wirkt jeweils senkrecht zum Radius; daher ist das Drehmoment $M = R\,F = 2{,}4$ N·m.   b) Die Winkelbeschleunigung ist $\alpha = M/I$, wobei $I = \frac{1}{2}\,m\,R^2 = 0{,}036$ kg·m² das Trägheitsmoment der homogenen Scheibe ist. Wir erhalten für die Winkelbeschleunigung $\alpha = 66{,}7$ rad/s².   c) Weil die Scheibe aus der Ruhe startet, ist $\omega = \alpha\,t$. Damit beträgt bei $t = 3$ s die Winkelgeschwindigkeit $\omega = 200$ rad/s.   d) $E_{\mathrm{kin}} = \frac{1}{2}\,I\,\omega^2 = 720$ J.   e) $L = I\,\omega = 7{,}2$ kg·m²/s.   f) Da die Scheibe aus der Ruhe startet, ist der Drehwinkel $\theta - \theta_0 = \frac{1}{2}\,\alpha\,t^2 = 300$ rad.   g) Die vom Drehmoment verrichtete Arbeit ist $W = M\,\theta = 720$ J. Das bedeutet, die gesamte vom Drehmoment aufgebrachte Arbeit wurde in kinetische Energie umgesetzt.

8.40 a) Der Block bewegt sich mit konstanter Geschwindigkeit aufwärts. Daher ist die resultierende Kraft auf ihn gleich null, und es ist $Z = m\,g = 1{,}96 \cdot 10^4$ N.   b) Der Vektor der auf die Trommel ausgeübten Kraft steht jeweils senkrecht auf dem Radius, und das Drehmoment ist $M = r\,F = 5{,}89 \cdot 10^3$ N·m.   c) $\omega = v/r = 26{,}7$ rad/s.   d) $P = M\,\omega = 1{,}57 \cdot 10^5$ W.

8.41 a) Der Drehimpuls ist $L = I\,\omega$; dabei ist hier $I = \frac{1}{2}\,m\,r^2 = 4{,}5$ kg·m² und $\omega = 600$ U/min $= 62{,}8$ rad/s. Daraus folgt $L = 283$ kg·m²/s. b) Weil das Trägheitsmoment zeitlich konstant ist, muß gelten $\mathrm{d}L/\mathrm{d}t = I\,(\mathrm{d}\omega/\mathrm{d}t) = I\,\alpha$. Die Winkelbeschleunigung ist $\alpha = \omega/t = (62{,}8$ rad/s$)/(30\,\mathrm{s}) = 2{,}09$ rad/s². Damit erhalten wir $\mathrm{d}L/\mathrm{d}t = 9{,}43$ N·m.   c) Wie in Teil b) erwähnt, ist $\mathrm{d}L/\mathrm{d}t = I\,\alpha$. Aber es ist auch $I\,\alpha = M$; daher ist das Drehmoment gleich $9{,}43$ N·m.   d) Weil Kraft und Radius aufeinander senkrecht stehen, ist $M = r\,F$ und $F = M/r = 31{,}4$ N.

8.42 Zu einem bestimmten Zeitpunkt seien Position und Impuls des Teilchens, wie in der Abbildung gezeigt.

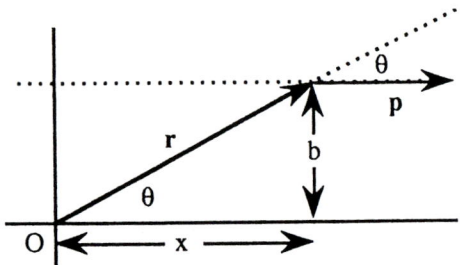

Die Fläche unter dem Ortsvektor ist $A(t) = \frac{1}{2}\,b\,x$. Von hier aus hat sich das Teilchen in der Zeit Δt so weiterbewegt, daß die Basis **r** des Dreiecks nun die Länge $x + v\,\Delta t$ hat. Die Fläche unter **r** beträgt nun $A(t + \Delta t) = \frac{1}{2}\,b\,(x + v\,\Delta t)$. Damit erhalten wir

$$\frac{\mathrm{d}A}{\mathrm{d}t} = \lim_{\Delta t \to 0} \frac{A(t + \Delta t) - A(t)}{\Delta t} = \frac{1}{2}\,b\,v.$$

Bei konstanter Geschwindigkeit ist natürlich auch $\mathrm{d}A/\mathrm{d}t$ konstant. Das Ergebnis können wir auch erhalten, indem wir berücksichtigen, daß alle Dreiecke mit gleicher Basis und gleicher Höhe dieselbe Fläche haben. Insbesondere ist die in der Zeit $\mathrm{d}t$ überstrichene Fläche stets durch ein Dreieck gegeben, das die Basis $v\,\mathrm{d}t$ und die Höhe b hat. Diese Fläche beträgt $\frac{1}{2}\,b\,v\,\mathrm{d}t$. Der Betrag des Drehimpulses des Teilchens ist $L = r\,p\,\sin\theta$. Aus der Abbildung geht hervor, daß $\sin\theta = b/r$ ist. Damit folgt $L = p\,b = m\,v\,b$ und $\mathrm{d}A/\mathrm{d}t = \frac{1}{2}\,(L/m)$.

8.43 Wir nehmen im folgenden an, daß das Drehmoment positiv ist, wenn es eine Drehung der Rolle im Uhrzeigersinn bewirkt. Damit ist bei gleichem Drehsinn auch der Drehimpuls positiv. Das bedeutet, daß v positiv ist, wenn sich m_1 nach oben bewegt.   a) Auf das System wirken mehrere Kräfte. Manche, etwa die Zugkraft im Seil, sind interne Kräfte, die sich in Paaren gegenseitig aufheben und kein resultierendes Drehmoment hervorrufen. Entsprechend bilden die Normalkraft auf m_2 und die Normalkomponente der Schwerkraft auf m_2 ein Paar, das einander aufhebt. Die einzigen Kräfte, die ein Drehmoment erzeugen, sind $m_1\,g$ und $m_2\,g\,\sin\theta$. Jede von ihnen wirkt im Abstand r vom Drehpunkt der Rolle. Mit den eingangs gewählten Vorzeichen ist das Drehmoment $M = (m_2\,\sin\theta - m_1)\,g\,r$.   b) Angenommen, die Massen bewegen sich in positiver Richtung, dann ist mit $\omega = v/r$ der gesamte Drehimpuls $L = I(v/r) + m_1 v r + m_2 v r = (I/r^2 + m_1 + m_2) v r$.   c) Mit $M = \mathrm{d}L/\mathrm{d}t$ wird $(m_2 \sin\theta - m_1) g r = (I/r^2 + m_1 + m_2) r a$, mit $a = \mathrm{d}v/\mathrm{d}t$. Auflösen nach der Beschleunigung ergibt

$$a = \left(\frac{m_2 \sin\theta - m_1}{m_1 + m_2 + \frac{I}{r^2}}\right) g.$$

Diese Formel gilt auch für einige Spezialfälle. Beispielsweise ist sie mit $I = 0$ und $\theta = 90°$ auf die Atwoodsche Fallmaschine anwendbar.

8.44 Für die kinetische Energie der Rotationsbewegung der Erde gilt $E_{\mathrm{rot}} = \frac{1}{2} I \omega^2$; dabei ist $I = \frac{2}{5} m R_{\mathrm{E}}^2$ und $\omega = 1\ \mathrm{U/Tag} = 7{,}27 \cdot 10^{-5}\ \mathrm{rad/s}$. Einsetzen ergibt $E_{\mathrm{rot}} = 2{,}60 \cdot 10^{29}\ \mathrm{J}$. Für die Umlaufbahn um die Sonne (hier als Kreis mit dem Radius r angenähert) gilt $I = m r^2$ und $\omega = 1\ \mathrm{U/Jahr} = 1{,}99 \cdot 10^{-7}\ \mathrm{rad/s}$. Für die kinetische Rotationsenergie der Erde um die Sonne folgt damit $E_{\mathrm{um}} = 2{,}67 \cdot 10^{33}\ \mathrm{J}$. Sie ist also rund 10 000mal größer als die Energie der Eigenrotation der Erde.

8.45 a) Aus der Abbildung gehen die einzelnen Größen hervor.

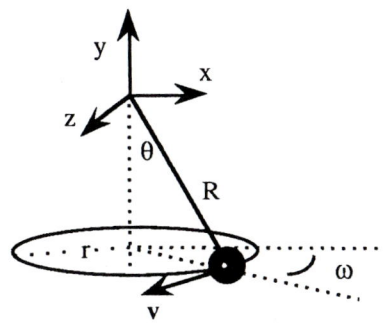

Zuerst bestimmen wir die Geschwindigkeit der Masse, indem wir die Zugkraft Z der Schnur betrachten. In senkrechter Richtung gilt nach dem zweiten Newtonschen Axiom $Z \cos\theta = m g$, während die horizontale Komponente die Bedingung $Z \sin\theta = m a_{\mathrm{z}} = m v^2/r$ erfüllt. Dabei ist a_{z} die Zentripetalbeschleunigung. Kombinieren der Gleichungen und Eliminieren von Z führt zu $v^2 = g r \tan\theta$, und für die Winkelgeschwindigkeit ω folgt $\omega^2 = (g/r) \tan\theta$.

Nun ermitteln wir den Drehimpuls nach $\mathbf{L} = \mathbf{r} \times \mathbf{p}$. Dabei ist $\mathbf{r} = R(\sin\theta \cos\omega t\, \mathbf{e}_x - \cos\theta\, \mathbf{e}_y + \sin\theta \sin\omega t\, \mathbf{e}_z)$ und $\mathbf{p} = m v(\cos\omega t\, \mathbf{e}_z - \sin\omega t\, \mathbf{e}_x)$. Bei den letzten Ausdrücken haben wir angenommen, daß die Masse bei $t = 0$ in der x-y-Ebene startet. Mit dem angegebenen Kreuzprodukt folgt $\mathbf{L} = -m v R(\cos\theta \cos\omega t\, \mathbf{e}_x + \sin\theta\, \mathbf{e}_y + \cos\theta \sin\omega t\, \mathbf{e}_z)$. Demnach ist die vertikale Komponente von $\mathbf{L}$ gleich $-m v R \sin\theta = -3{,}09\ \mathrm{kg \cdot m^2/s}$, und die horizontalen Komponenten sind $-m v R \cos\theta(\cos\omega t\, \mathbf{e}_x + \sin\omega t\, \mathbf{e}_z)$ mit dem Betrag $L_{\mathrm{hor}} = m v R \cos\theta = 5{,}36\ \mathrm{kg \cdot m^2/s}$.   b) Beachten Sie, daß nur die horizontalen Komponenten von $\mathbf{L}$ zeitabhängig sind, und zwar nur deren Richtung, nicht der Betrag. Die weitere Berechnung ergibt $\mathrm{d}\mathbf{L}/\mathrm{d}t = m R^2 \omega^2 \sin\theta \cos\theta(\sin\omega t\, \mathbf{e}_x - \cos\omega t\, \mathbf{e}_z)$. Dessen Betrag ist $|\mathrm{d}\mathbf{L}/\mathrm{d}t| = m R^2 \omega^2 \sin\theta \cos\theta = m g r = 14{,}7\ \mathrm{N \cdot m}$. Das Drehmoment ist $\mathbf{M} = \mathbf{r} \times \mathbf{F}$. Wir setzen $\mathbf{r}$ ein, wie oben gegeben, sowie $\mathbf{F} = -m g\, \mathbf{e}_y$ und erhalten $\mathbf{M} = m g r(\sin\omega t\, \mathbf{e}_x - \cos\omega t\, \mathbf{e}_z)$. Das ist identisch mit dem oben für $\mathrm{d}\mathbf{L}/\mathrm{d}t$ erhaltenen Ergebnis. Für den Betrag von $\mathbf{M}$ erhalten wir $M = m g r = 14{,}7\ \mathrm{N \cdot m}$.

8.46 a) Während der Beschleunigung ist das Drehmoment $M - M_{\mathrm{R}} = I \alpha_1$. Dabei ist $M = 50\ \mathrm{N \cdot m}$, und M_{R} ist das von der Reibung verursachte Drehmoment. Ferner ist $\alpha_1 = \omega/t = (600\ \mathrm{U/min})/(20\,\mathrm{s}) = \pi\ \mathrm{rad/s^2}$. Wenn das Rad langsamer wird, gilt für die Bewegung $-M_{\mathrm{R}} = I \alpha_2$, mit $\alpha_2 = -\alpha_1/6$. Wir eliminieren M_{R} und erhalten das Trägheitsmoment $I = M/(\alpha_1 - \alpha_2) = 13{,}6\ \mathrm{kg \cdot m^2}$.   b) Das Drehmoment aufgrund der Reibung hat den Betrag $M_{\mathrm{R}} = I \alpha_2 = 7{,}14\ \mathrm{N \cdot m}$.

8.47 Mit den gegebenen Werten errechnen wir die für eine Fahrtstrecke von 300 km erforderliche Energie zu $E = (2 \cdot 10^6\ \mathrm{J/km})(300\ \mathrm{km}) = 6 \cdot 10^8\ \mathrm{J}$. Die kinetische Energie des Rades muß mindestens diesen Wert haben. Es ist $E = \frac{1}{2} I \omega^2$, mit $I = \frac{1}{2} m r^2$ und $\omega = 2510\ \mathrm{rad/s}$. Für den Radius gilt $r^2 = 4 E/(m \omega^2)$. Es folgt $r = 1{,}95\ \mathrm{m}$.

8.48 Es ist $m_1 = 20\ \mathrm{kg}$, $m_2 = 30\ \mathrm{kg}$ und

$m = 5$ kg. Die positive Bewegungsrichtung ist die von m_1 nach oben (bzw. von m_2 nach unten). Die potentielle Energie der Gravitation setzen wir am Boden gleich null.   a) Die Geschwindigkeit v der Massen ermitteln wir aus der Energieerhaltung: $m_2\, g\, h = \frac{1}{2}\, m_1\, v^2 + \frac{1}{2}\, m_2\, v^2 + \frac{1}{2}\, I\, \omega^2 + m_1\, g\, h$. Dabei ist berücksichtigt, daß beide Blöcke dieselbe Geschwindigkeit haben, weil sie durch das Seil miteinander verbunden sind, und daß die Rolle ebenfalls kinetische Energie hat. Mit $\omega = v/r$ und $I = \frac{1}{2}\, m\, r^2$ folgt $v^2 = (m_2 - m_1)\, g\, h\, /\, (\frac{1}{2}\, m_1 + \frac{1}{2}\, m_2 + \frac{1}{4}\, m)$. Daraus ergibt sich $v = 2{,}73$ m/s. b) $\omega = v/r = 27{,}3$ rad/s.   c) Jeder Block bewegt sich mit einer Beschleunigung a, für die gilt $v^2 = 2\, a\, y$ bzw. $a = v^2/(2\, y) = 1{,}87$ m/s². Für m_1 folgt aus dem zweiten Newtonschen Axiom für die Zugkraft im Seil $Z_1 - m_1\, g = m_1\, a$ und $Z_1 = m_1\, (g + a) = 234$ N. Für m_2 ergibt sich $m_2\, g - Z_2 = m_2\, a$ und $Z_2 = m_2\, (g - a) = 238$ N. Wenn die Rolle masselos wäre, wären beide Zugkräfte gleich. Weil sie aber eine Masse hat, wird sie durch die ungleichen Zugkräfte in Rotation versetzt. Die Kraft Z_2 ruft eine Rotation im Uhrzeigersinn hervor, während durch Z_1 der andere Drehsinn erzwungen würde. Weil m_2 fällt und die Rolle im Uhrzeigersinn rotiert, muß Z_2 größer als Z_1 sein.   d) Die Fallzeit ermitteln wir nach $y = \frac{1}{2}\, a\, t^2$. Sie ist $t = (2\, y/a)^{1/2} = 1{,}46$ s.

8.49 a) Ein homogener Stab der Länge ℓ hat bezüglich eines Drehpunktes am Ende das Trägheitsmoment $I = \frac{1}{3}\, m\, \ell^2$. Wir setzen die potentielle Energie der Gravitation null bei der Höhe, bei der der Stab losgelassen wird. Wegen der Energieerhaltung gilt $0 = -m\, g\, \ell/2 + \frac{1}{2}\, I\, \omega^2$. Dabei ist zu beachten, daß der Schwerpunkt um die Strecke $\ell/2$ fällt. Auflösen nach der Winkelgeschwindigkeit ergibt $\omega = (3\, g/\ell)^{1/2} = 5{,}42$ rad/s. b) Die vom Drehpunkt ausgeübte Kraft ist gleich der Gewichtskraft $m\, g$ des Stabes plus der Kraft, die erforderlich ist, um den Schwerpunkt des Stabes auf eine Kreisbahn mit dem Radius $\ell/2$ zu zwingen: $F = m\, g + m\, v^2/r = m\, g + m\, r\, \omega^2 = m\, g + m\, (\ell/2)\, \omega^2 = \frac{5}{2}\, m\, g$.

8.50 a) Wir setzen die Anfangsenergie gleich null; dann folgt aus der Energieerhaltung

$$
\begin{aligned}
0 &= -m_2\, g\, h + \frac{1}{2}\, I\, \omega^2 + \frac{1}{2}\, m_2\, R^2\, \omega^2 \\
&= -m_2\, g\, (2\, R) + \frac{1}{4}\, m_1\, R^2\, \omega^2 + \frac{1}{2}\, m_2\, R^2\, \omega^2.
\end{aligned}
$$

Daraus erhalten wir sofort die Winkelgeschwindigkeit

$$
\omega = \sqrt{\dfrac{8\, m_2\, g}{R\, (m_1 + 2\, m_2)}}.
$$

b) Wir nehmen die Aufwärtsrichtung als positiv an; dann gilt für die Kraft F, die von der Scheibe ausgeübt wird: $F - m_2\, g = m_2\, v^2/R = m_2\, R\, \omega^2 = 8\, m_2^2\, g/(m_1 + 2\, m_2)$. Vereinfachen der obigen Relation ergibt

$$
F = m_2\, g \left(\frac{m_1 + 10\, m_2}{m_1 + 2\, m_2} \right).
$$

8.51 Wie betrachten zuerst die Translationsbewegung. Die auf den Zylinder wirkende resultierende Kraft beträgt 60 N $- 40$ N $= 20$ N $= m\, a$. Daraus errechnen wir die Beschleunigung $a = 0{,}2$ m/s². Die Geschwindigkeit als Funktion der Zeit ist $v = a\, t$, und es ist $x = x_0 + \frac{1}{2}\, a\, t^2$. Bei $t = 5$ s beträgt die Geschwindigkeit des Zylinders 1 m/s, und seine Verschiebung ist $2{,}5$ m. Nun zur Rotationsbewegung: Hier addieren sich die Effekte der Kräfte, weil beide eine Rotation im gleichen Drehsinn hervorrufen. Das Drehmoment ist $M = (40$ N $+ 60$ N$)\, (\,0{,}6$ m$) = 60$ N·m $= I\, \alpha$. Mit $I = \frac{1}{2}\, m\, r^2 = 18$ kg·m² hat die Winkelbeschleunigung den konstanten Wert $\alpha = 3{,}33$ rad/s². Die Winkelgeschwindigkeit als Funktion der Zeit ist $\omega = \alpha\, t$. Also ist nach 5 s die Winkelgeschwindigkeit $\omega = 16{,}7$ rad/s.

8.52 a) Das resultierende Drehmoment auf das System rührt von der Masse $m_2 = 20$ kg her, die am Bügel beim Radius $r_2 = 0{,}6$ m angebracht wurde. Also ist das Drehmoment $M = m_2\, g\, r_2$. Außerdem ist $M = I\, \alpha$ mit $I = \frac{1}{2}\, m\, r^2 + m_2\, r_2^2$. Darin sind m und r Masse bzw. Radius des Mühlsteins. Wir erhalten für die Winkelbeschleunigung $\alpha = M/I = 10{,}5$ rad/s².   b) Die maximale Winkelgeschwindigkeit tritt auf, wenn die 20-kg-Masse den tiefsten Punkt ihrer Kreisbahn erreicht. Wir setzen die Energieerhaltung für diese

Bewegung an, wobei wir die Energie gleich null setzen, wenn sich m_2 in horizontaler Position befindet. Es folgt $0 = -m_2\,g\,r_2 + \frac{1}{2}(\frac{1}{2}\,m\,r^2)\,\omega^2 + \frac{1}{2}\,m_2\,r_2^2\,\omega^2$ und $\omega^2 = 2\,m_2\,g\,r_2/(\frac{1}{2}\,m\,r^2 + m_2\,r_2^2)$ sowie $\omega = 4{,}59$ rad/s.

8.53 a) Wir nehmen die Abwärtsrichtung als positiv an und wenden das zweite Newtonsche Axiom auf die Masse m_2 an: $m_2\,g - Z = m_2\,a$. Die Zugkraft Z kann aus diesem Ausdruck eliminiert werden, indem wir berücksichtigen, daß sie das Drehmoment $M = ZR$ auf die Kugel ausübt. Damit ist die Winkelbeschleunigung $\alpha = ZR/I = a/R$. Die letzte Gleichsetzung folgt daraus, daß sich die Schnur ohne Gleiten abwickelt. Offensichtlich ist $Z = I\,a/R^2$. Das setzen wir, mit $I = \frac{2}{5}\,m_1\,R^2$ für die homogene Kugel, in die Bewegungsgleichung ein und erhalten

$$a = \frac{g}{1 + \frac{2}{5}\frac{m_1}{m_2}}.$$

b) Wie oben angemerkt, ist $Z = I\,a/R^2 = \frac{2}{5}\,m_1\,a$. Die Beschleunigung a ist die in Teil a) angegebene.

8.54 a) Das Trägheitsmoment ist definiert durch

$$I = \int r^2\,\mathrm{d}m.$$

Hier müssen wir über die Fläche der Platte integrieren. Für einen beliebigen Punkt (x, y) auf der Platte ist das Quadrat des Radius $r^2 = x^2 + y^2$. Das Massenelement $\mathrm{d}m$ bestimmen wir nach $\mathrm{d}m = \sigma\,\mathrm{d}A = \sigma\,\mathrm{d}x\,\mathrm{d}y$, wobei $\sigma = m/(a\,b)$ die Masse pro Flächeneinheit ist. Weiterhin ist $\mathrm{d}A = \mathrm{d}x\,\mathrm{d}y$ ein kleines Flächenelement. Damit ist das Trägheitsmoment

$$I = \frac{m}{a\,b}\left[\int_0^a x^2\,\mathrm{d}x \int_0^b \mathrm{d}y + \int_0^a \mathrm{d}x \int_0^b y^2\,\mathrm{d}y\right]$$
$$= \frac{1}{3}\,m\,(a^2 + b^2).$$

b) Nach dem Steinerschen Satz ist $I_S = I - m\,h^2$. Beachten Sie, daß daher I_S kleiner als I ist. Das wird bei der Betrachtung der geometrischen

Gegebenheiten klar. Wir erhalten schließlich $I_S = \frac{1}{12}\,m\,(a^2 + b^2)$.

8.55 Zunächst betrachten wir die Bedingung, daß die Kugel mit der Bahn in Kontakt bleibt. Wenn die Kugel gerade noch nicht herunterfällt, übt die Bahn keine Kraft auf sie aus, und es wirkt nur die Schwerkraft auf die Kugel. Dann ist $m\,g = m\,a = m\,v^2/R$. Darin ist v die Translationsgeschwindigkeit der Kugel, und R ist der Radius des Loopings. Wir erhalten $v^2 = g\,R$. Weil die Kugel ohne zu gleiten rollt, ist $\omega = v/r$ und $\omega^2 = g\,R/r^2$; dabei ist r der Radius der Kugel.   a) Wir setzen nun die Energieerhaltung an: $m\,g\,h = m\,g\,(2\,R) + \frac{1}{2}\,m\,v^2 + \frac{1}{2}\,I\,\omega^2$. Darin ist $I = \frac{2}{5}\,m\,r^2$ für eine homogene Kugel. Beachten Sie, daß hier die kinetische Energie der Translation und die der Rotation berücksichtigt sind. Ersetzen von v^2 und von ω^2 sowie Auflösen nach der Höhe ergibt $h = 2{,}7\,R$.   b) Hier tritt nur kinetische Translationsenergie auf, weil die Kugel gleitet, ohne zu rollen. Aus der Energieerhaltung folgt $m\,g\,h = m\,g\,(2\,R) + \frac{1}{2}\,m\,v^2$. Ersetzen von v^2 und Auflösen ergibt $h = 2{,}5\,R$. Diese nötige Höhe ist hier geringer, weil von der anfänglichen potentiellen Energie nichts in Rotationsenergie übergeht.

8.56 a) In der Abbildung ist die Situation zum Zeitpunkt $t = 0$ dargestellt.

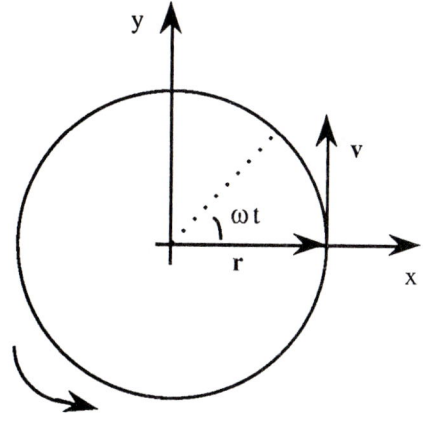

Es ist $\mathbf{r} = r\,(\cos\omega t\,\mathbf{e}_x + \sin\omega t\,\mathbf{e}_y)$ und $\mathbf{v} = \mathrm{d}\mathbf{r}/\mathrm{d}t = r\,\omega\,(-\sin\omega t\,\mathbf{e}_x + \cos\omega t\,\mathbf{e}_y)$. Der Vektor $\boldsymbol{\omega}$ weist in die positive z-Richtung. Das kann man zeigen, indem man die Finger der rechten Hand entlang der Teilchenbahn krümmt; dann zeigt der Daumen in die Richtung des Vektors $\boldsymbol{\omega}$. Es ist $\boldsymbol{\omega} = \omega\,\mathbf{e}_z$ und $\boldsymbol{\omega} \times \mathbf{r} = r\,\omega\,(\cos\omega t\,\mathbf{e}_y - \sin\omega t\,\mathbf{e}_x) = \mathbf{v}$. b) Weil sich das Teilchen mit konstanter Winkelgeschwindigkeit bewegt, liegt nur eine Zentripetalbeschleunigung vor: $\mathbf{a}_z = \mathrm{d}\mathbf{v}/\mathrm{d}t = -r\,\omega^2\,(\cos\omega t\,\mathbf{e}_x + \sin\omega t\,\mathbf{e}_y) = -\omega^2\,\mathbf{r}$. Das bedeutet, die Zentripetalbeschleunigung weist radial nach innen und hat den Betrag $r\,\omega^2$. Es kann jetzt leicht gezeigt werden, daß gilt $\boldsymbol{\omega} \times \mathbf{v} = r\,\omega^2\,(-\sin\omega t\,\mathbf{e}_y - \cos\omega t\,\mathbf{e}_x) = -\omega^2\,\mathbf{r} = \boldsymbol{\omega} \times (\boldsymbol{\omega} \times \mathbf{r})$.

8.57 a) Auf den Zylinder mit der Masse m und dem Radius R wirken zwei Kräfte: die Gravitationsanziehung nach unten und die Zugkraft des Seiles nach oben. Wir wählen die Abwärtsrichtung als positiv und setzen das zweite Newtonsche Axiom an. Es folgt $m\,g - Z = m\,a$. Die Zugkraft bewirkt am Zylinder das Drehmoment $M = Z\,R = I\,\alpha$ mit $I = \frac{1}{2}\,m\,R^2$. Weil sich die Schnur ohne Gleiten abrollt, ist $\alpha = a/R$ und daher $Z = I\,a/R^2 = \frac{1}{2}\,m\,a$. Diese Beziehung verwenden wir, um oben Z zu eliminieren; wir erhalten dann $m\,g - \frac{1}{2}\,m\,a = m\,a$ und $a = \frac{2}{3}\,g$. b) $Z = \frac{1}{2}\,m\,a = \frac{1}{3}\,m\,g$.

8.58 Wir nehmen an, daß $\mathbf{L}$ senkrecht nach oben weist und sich der Wagen direkt von uns weg bewegt, während er über eine Kuppe fährt. Wenn die gekrümmten Finger der rechten Hand in die Richtung der Wagenbewegung weisen, so zeigt der Daumen nach links, wie auch das Drehmoment. Der anfängliche Vektor $\mathbf{L}$ wird nun geändert um $\Delta\mathbf{L}$, das nach links weist. Daher rotiert $\mathbf{L}$ entgegen dem Uhrzeigersinn, und der Wagen wird nach links gedreht. Wäre $\mathbf{L}$ anfangs nach unten gerichtet, so würde bei gleichem $\Delta\mathbf{L}$ eine Rotation von $\mathbf{L}$ im Uhrzeigersinn auftreten, und der Wagen würde nach rechts gedreht. Wenn $\mathbf{L}$ nach vorn weist und der Wagen von uns weg eine Linkskurve fährt, dann weist – wie man mit Fingern und Daumen der rechten Hand zeigen kann – das Drehmoment, das die Straße auf den Wagen ausübt, nach oben. Also wird eine nach oben gerichtete Komponente zu $\mathbf{L}$ addiert, so daß der Vorderteil des Wagens angehoben wird. Würde

$\mathbf{L}$ nach hinten weisen, so würde bei der Linkskurve der hintere Teil des Wagens nach oben und der vordere nach unten gedrückt. Viele Automotoren erzeugen einen Drehimpuls, der nach hinten weist; daher werden bei Rennen meist Linkskurven gefahren, so daß die Vorderräder auf die Straße gedrückt werden.

8.59 a) Auf das System wirkt kein äußeres Drehmoment. Daher bleibt der Drehimpuls erhalten: $L_a = L_e$ bzw. $I_a\,\omega_a = I_e\,\omega_e$. Es folgt $\omega_e = (I_a/I_e)\,\omega_a = \frac{5}{2}\,\omega_a = 5\ \mathrm{U/s}$. b) Die Änderung der kinetischen Energie ist $\Delta E_{\mathrm{kin}} = E_{\mathrm{kin,e}} - E_{\mathrm{kin,a}} = \frac{1}{2}\,I_e\,\omega_e^2 - \frac{1}{2}\,I_a\,\omega_a^2 = \frac{1}{2}\,I_e\,(I_a/I_e)^2\,\omega_a^2 - \frac{1}{2}\,I_a\,\omega_a^2 = \frac{3}{2}\,E_{\mathrm{kin,a}} = 592\ \mathrm{J}$. c) Die zusätzliche Rotationsenergie wird von den Muskeln des Mannes aufgebracht, während er die Gewichte nach innen zieht.

8.60 Auf das System wirkt kein äußeres Drehmoment. Daher bleibt der Drehimpuls erhalten: $I_a\,\omega_a = I_e\,\omega_e$, und es folgt $(I + 3\,I)\,\omega_a = (I + I/10)\,\omega_e$. Das ergibt $\omega_e = (40/11)\,\omega_a = 29{,}1\ \mathrm{rad/s}$.

8.61 Die beiden Unbekannten sind die Beschleunigung a und die Zugkraft Z. Wir bestimmen sie mit Hilfe der Bedingungen, die für die lineare und die Winkel-Beschleunigung gelten. Wir wählen die Abwärtsrichtung als positiv. Dann gilt für die lineare Beschleunigung $m\,g - Z = m\,a$. Die Winkelbeschleunigung α wird durch ein einziges Drehmoment hervorgerufen, das durch die Schnur ausgeübt wird. Auf das Jo-Jo wirkt auch die Schwerkraft, aber sie erzeugt kein Drehmoment, weil sie durch seinen Mittelpunkt gerichtet ist. Also ist α gegeben durch $Z\,r = I\,\alpha$. Darin ist $r = 1\ \mathrm{cm}$ der Radius des (masselosen) Verbindungsstabes, und $I = \frac{1}{2}\,m\,R^2$ ist das Trägheitsmoment der beiden Scheiben mit dem Radius $R = 10\ \mathrm{cm}$ und der Gesamtmasse $m = 0{,}1\ \mathrm{kg}$. Weil sich die Schnur abwickelt, ohne zu gleiten, ist $r\,\alpha = a$. Daraus folgt unmittelbar $a = g/[1 + I/(m\,r^2)] = g/[1 + R^2/(2\,r^2)] = g/51 = 0{,}192\ \mathrm{m/s}^2$. Diese Beschleunigung hängt nicht von der Masse m ab. Die Zugkraft in der Schnur ist $Z = m g/(1 + 2 r^2/R^2) = (50/51) m g = 0{,}962$ N, also fast so groß, als wenn das Jo-Jo ruhen würde. Diese Ergebnisse gelten nicht nur, wenn die Schnur festgehalten wird, sondern auch, wenn sie mit konstanter Geschwindigkeit nach oben gezogen oder mit konstanter Geschwindigkeit herabgelassen wird.

8.62 a) Wenn das Seil den Schlagbaum stationär hält, muß das resultierende Drehmoment auf diesen gleich null sein. Der Kraftarm für die Zugspannung ist 4 m lang, und der für den Schwerpunkt ist $\frac{1}{2}(3)$ m lang. Die Bedingung, daß das Drehmoment null ist, ergibt dann $Z (4\,\mathrm{m}) = m g (1{,}5)$ m bzw. $Z = 552$ N.   b) Wenn das Seil durchtrennt wird, rührt das Drehmoment auf den Schlagbaum von der Schwerkraft her; es ist $M = m g (1{,}5\,\mathrm{m}) = I \alpha$. Das Trägheitsmoment eines homogenen Stabes der Länge ℓ um einen Drehpunkt an seinem Ende ist $I = \frac{1}{3} m \ell^2$. Es folgt $\alpha = 3 g (1{,}5\,\mathrm{m})/\ell^2 = 1{,}77$ rad/s^2.   c) Wegen der Energieerhaltung wird die ursprüngliche potentielle Energie des Schwerpunktes in kinetische Rotationsenergie umgesetzt: $m g (2\,\mathrm{m}) = \frac{1}{2} I \omega^2$. Hierbei ist berücksichtigt, daß der Schwerpunkt um die Strecke 2 m fällt, wenn der Schlagbaum in die Horizontale niedergeht. Es liegt keine kinetische Energie der Translation vor, weil der Drehpunkt in Ruhe verbleibt. Daher ist die Winkelgeschwindigkeit am Ende $\omega = 2{,}17$ rad/s.

8.63 Der Queue überträgt Translations- und Rotations-Energie auf die Kugel. Die Translation verläuft geradlinig, und es gilt $\Delta p = \langle F \rangle \Delta t = m v_0$. Der Stoß übt zudem ein Drehmoment auf die Kugel um ihren Mittelpunkt aus: $M = \langle F \rangle (h - r) = I \alpha$ mit $I = \frac{2}{5} m r^2$. Daher gerät die Kugel in Rotation. Sie erhält die Winkelgeschwindigkeit $\omega_0 = \alpha \Delta t = \langle F \rangle (h - r) \Delta t/I = \frac{5}{2} \Delta p (h - r) \Delta t/(m r^2 \Delta t) = \frac{5}{2} v_0 (h - r)/r^2$. Beachten Sie, daß diese Relation nicht allgemein die Bedingung für Rollen ohne Gleiten ($\omega = v/r$) erfüllt. Die Kugel rollt, ohne zu gleiten, wenn gilt $\frac{5}{2} (h - r) = r$, d.h. wenn sie in der Höhe $h = \frac{7}{5} r$ angestoßen wird. Daher haben die Banden am Billardtisch gerade diese Höhe, so daß die Kugeln ohne Drall und Rutschen abprallen.

8.64 Auf das System wirkt kein äußeres Drehmoment. Daher bleibt der Drehimpuls erhalten: $I_a \omega_a = I_e \omega_e$ bzw. $\omega_e = (I_a/I_e) \omega_a$. Die anfängliche Winkelgeschwindigkeit ist $\omega_a = (1\ \mathrm{U})/(25{,}3\ \text{Tage}) = 2{,}87 \cdot 10^{-6}$ rad/s. Beim Trägheitsmoment ändert sich nur der Radius: $I_a = \frac{2}{5} m r_a^2$ und $I_e = \frac{2}{5} m r_e^2$. Damit ist $I_e/I_a = r_a^2/r_e^2$. Damit erhalten wir $\omega_e = (r_a^2/r_e^2) \omega_a = 55\,700$ rad/s. Wegen $\omega = 2\pi/T$ ist $T = 2\pi/\omega = 1{,}13 \cdot 10^{-4}$ s.

8.65 a) Wir nehmen die Abwärtsrichtung als positiv an. Dann ist die Beschleunigung a von m_2 gegeben durch $m_2 a = m_2 g \sin\theta - Z$. Das Drehmoment, das die Zugkraft auf den Zylinder ausübt, ist $M = Z R = I \alpha = \frac{1}{2} m_1 R^2 \alpha = \frac{1}{2} m R$. Wir erhalten $Z = \frac{1}{2} m_1 a$. Einsetzen in die erste Gleichung ergibt $a = g \sin\theta/[1 + m_1/(2 m_2)]$.
b) $Z = \frac{1}{2} m_1 a = \frac{1}{2} m_1 g \sin\theta/[1 + m_1/(2 m_2)]$.
c) Das System startet aus der Ruhe; daher ist die kinetische Energie zu Anfang gleich null. Ferner setzen wir die potentielle Energie der Gravitation null bei der Anfangsposition von m_2. Damit hat das System zu Beginn die Gesamtenergie null.
d) Das System ist konservativ, d.h. die Gesamtenergie bleibt dieselbe, nämlich null.   e) Wegen der Energieerhaltung gilt

$$
\begin{aligned}
0 &= -m_2 g h + \frac{1}{2} m_2 v^2 + \frac{1}{2} I \omega^2 \\
&= -m_2 g h + \frac{1}{2} m_2 v^2 + \frac{1}{4} m_1 v^2.
\end{aligned}
$$

Darin ist $\omega = v/r$. Die Geschwindigkeit erhalten wir aus $v^2 = 2 g h/[1 + m_1/(2 m_2)]$.   f) Für $\theta = 0°$ sind Zugkraft, Beschleunigung und Geschwindigkeit gleich null. Für $\theta = 90°$ ist $a = g/[1 + m_1/(2 m_2)]$ und $Z = \frac{1}{2} m_1 a$ sowie $v^2 = 2 g h/[1 + m_1/(2 m_2)]$. Für $m_1 = 0$ ist schließlich $a = g \sin\theta$ und $Z = 0$ sowie $v^2 = 2 g h$.

8.66 Wir wählen die Richtung als positiv, bei der sich m_1 abwärts (und m_2 aufwärts) bewegt. Dabei rotiert die Rolle entgegen dem Uhrzeigersinn.   a) Wir wenden das zweite Newtonsche Axiom auf beide Massen an und erhalten

$m_1 g - Z_1 = m_1 a$ und $Z_2 - m_2 g = m_2 a$. Beachten Sie, daß Z_1 und Z_2 nicht gleich sind, weil die Rolle eine endliche Masse m hat; jedoch sind die Beschleunigungen der Massen gleich, da sie durch das Seil verbunden sind. Das auf die Rolle ausgeübte Drehmoment ist $(Z_1 - Z_2) r = I \alpha = \frac{1}{2} m r a$. Also ist $Z_1 - Z_2 = \frac{1}{2} m a$. Subtrahieren der ersten beiden Gleichungen zeigt, daß die Differenz der Zugkräfte geschrieben werden kann als $Z_1 - Z_2 = m_1 (g - a) - m_2 (g + a) = g (m_1 - m_2) - a (m_1 + m_2)$. Auflösen nach der Beschleunigung ergibt $a = (m_1 - m_2) g / (m_1 + \frac{1}{2} m + m_2) = -0{,}0948 \text{ m/s}^2$. Das Minuszeichen gibt an, daß die Masse m_1 nach oben beschleunigt wird.   b) Die Zugkraft im Seilstück bei m_1 ist $Z_1 = m_1 (g - a) = 4{,}952$ N, und bei m_2 ist sie $Z_2 = m_2 (g + a) = 4{,}955$ N. Die Differenz ist $Z_2 - Z_1 = 2{,}37 \cdot 10^{-3}$ N.   c) Wenn man die Bewegung der Rolle vernachlässigt, also $m = 0$ setzt, ist $a = -0{,}0971 \text{ m/s}^2$ und $Z_1 = Z_2 = 4{,}95$ N.

8.67 a) Das System ist im Gleichgewicht, wenn die von den beiden Massen ausgeübten Drehmomente gleiche Beträge haben: $M_1 = M_2$ bzw. $m_1 g R_1 = m_2 g R_2$. Daraus folgt $m_2 = m_1 (R_1 / R_2) = 72$ kg.   b) Es gilt die gleiche Vorzeichenvereinbarung wie in der vorigen Lösung. Mit dem zweiten Newtonschen Axiom ergibt sich $m_1 g - Z_1 = m_1 a_1$ und $Z_2 - m_2 g = m_2 a_2$. Hier sind die Beschleunigungen unterschiedlich, weil die Massen bei verschiedenen Radien angebracht sind. Mit $\alpha = a/R$ erhalten wir $Z_1 = m_1 (g - R_1 \alpha)$ und $Z_2 = m_2 (g + R_2 \alpha)$. Auf die Räder wirkt das Drehmoment $M = Z_1 R_1 - Z_2 R_2 = I \alpha$. Mit den obigen Relationen folgt $Z_1 R_1 - Z_2 R_2 = (m_1 R_1 - m_2 R_2) g - (m_1 R_1^2 + m_2 R_2^2) \alpha$ sowie $\alpha = (m_1 R_1 - m_2 R_2) g / (I + m_1 R_1^2 + m_2 R_2^2) = 1{,}37$ rad/s². Das setzen wir in die Ausdrücke für die Zugkräfte ein und erhalten $Z_1 = 294$ N und $Z_2 = 745$ N.

8.68 a) Die Zugkraft wirkt stets in radialer Richtung; daher übt sie kein Drehmoment auf die Masse aus, und der Drehimpuls bleibt erhalten: $L_0 = m r_0 v_0 = L = m r v$. Die Zugkraft liefert die notwendige Zentripetalkraft: $Z = m v^2 / r = L^2 / (m r^3) = L_0^2 / (m r_0^3)$. Die letzte Gleichsetzung

folgt aus der Erhaltung des Drehimpulses.

b) Wird die Schnur um die Strecke dr eingezogen, so ist dafür die Arbeit $dW = \mathbf{Z} \cdot d\mathbf{r} = -Z \, dr$ nötig. Das Minuszeichen rührt daher, daß $\mathbf{Z}$ und $d\mathbf{r}$ entgegengesetzte Richtungen haben. Insbesondere gilt $\mathbf{Z} = -Z \, \mathbf{r}$ und $d\mathbf{r} = dr \, \mathbf{r}$. Darin wird das Vorzeichen von dr durch die Integrationsgrenzen bestimmt. Im vorliegenden Fall ist $r_e < r_0$ und daher $dr < 0$ sowie $dW = -Z \, dr > 0$. Die gesamte Arbeit ist

$$W = -\frac{L_0^2}{m} \int_{r_0}^{r_e} \frac{1}{r^3} \, dr = \frac{L_0^2}{2 m} \left(r_e^{-2} - r_0^{-2} \right).$$

c) Aus der Drehimpulserhaltung folgt $m v_0 r_0 = m v_e r_e$ bzw. $v_e = v_0 r_0 / r_e = L_0 / (m r_e)$. Die Änderung der kinetischen Energie, die dieser Endgeschwindigkeit entspricht, ist

$$
\begin{aligned}
\Delta E_{\text{kin}} &= \frac{1}{2} m v_e^2 - \frac{1}{2} m v_0^2 \\
&= \frac{1}{2} m \left[L_0^2 / (m^2 r_e^2) \right] - \frac{1}{2} m \left[L_0^2 / (m^2 r_0^2) \right] \\
&= L_0^2 \left(r_e^{-2} - r_0^{-2} \right) / (2 m) = W.
\end{aligned}
$$

d) Für eine gegebene Zugkraft Z ist der Radius $r = [L_0^2 / (m Z)]^{1/3}$. Daher entspricht die Zugkraft $Z = 200$ N dem Radius $r = 0{,}282$ m.

8.69 a) Der Drehimpuls der Erdrotation ist $L = I \omega = \frac{2}{5} m r^2 \omega$. Daraus erhalten wir $\omega = 5 L / (2 m r^2)$. Die Winkelgeschwindigkeit ω ist gleich der Anzahl der Radianten pro Sekunde, während T die Anzahl der Sekunden pro Umlauf ist: $\omega = 2 \pi / T$. Darin ist 2π der Umrechnungsfaktor: $(2 \pi \text{ rad/U})$. Damit ist die Umlaufdauer (die Periode) $T = [4 \pi m / (5 L)] r^2$.   b) Ableiten von T ergibt $dT = [4 \pi m / (5 L)] (2 r \, dr) = [4 \pi m / (5 L)] r^2 (2 \, dr / r) = T (2 \, dr / r)$. Wir nähern dT und dr durch ΔT und Δr an und erhalten $\Delta T / T = 2 \Delta r / r$.   c) Die Änderung des Radius bei gegebenem ΔT ist $\Delta r = (r/2) \Delta T / T$. Hier ist $r = 6{,}37 \cdot 10^3$ km und $\Delta r = (r/2) [(0{,}25 \, \text{d}) / (365{,}24 \, \text{d})] = 2{,}18$ km.

8.70 Der Drehimpuls der Erde ist $L = I \omega = 2 \pi I / T$; daraus folgt $T = (2 \pi / L) I$. Diese Schreibweise ist vorteilhaft, weil L konstant bleibt. Dies ist der Fall, weil beim Schmelzen der Eiskappen und der Umverteilung ihrer Masse nur interne Kräfte und Drehmomente auftreten. Ableiten ergibt $dT = (2\pi/L)\,dI = (2\pi I/L)\,dI/I = T\,dI/I$. Damit ist angenähert $\Delta T/T = \Delta I/I$. Die Umverteilung der geschmolzenen Eismenge erzeugt eine Änderung von I; die daraus resultierende Änderung der Periode ist $\Delta T = T\,\Delta I/I$. Es ist $\Delta I = \frac{2}{3}m\,r^2$ und $I = \frac{2}{5}M_E\,r^2$ mit $M_E = 5{,}98\cdot10^{24}$ kg. Schließlich erhalten wir $\Delta T = (1\,d)\,5\,m/(3M_E) = 6{,}41\cdot10^{-6}\,d = 0{,}554$ s. Der Tag wäre länger, weil das Trägheitsmoment zunähme.

8.71 Das Trägheitsmoment einer massiven Kugel ist $I = \frac{2}{5}mR^2$, wobei ihre Masse $m = \frac{4}{3}\pi R^3 \varrho$ ist. Es folgt $I = \frac{8}{15}\pi\varrho R^5$ und $dI = \frac{8}{15}\pi\varrho\,5R^4\,dR$. Wenn der Radius um dR wächst, kann man dies als Hinzufügen einer dünnen Kugelschale der Dicke dR ansehen. Ihr Volumen ist $4\pi R^2\,dR$, und sie hat die Masse $dm = 4\pi R^2\varrho\,dR$. Daher ist der Anstieg des Trägheitsmoments der Kugel gleich dem Trägheitsmoment der hinzugefügten Kugelschale: $dI = \frac{8}{15}\pi\varrho\,5R^4\,dR = dm\,(10R^2/15) = \frac{2}{3}dm\,R^2$. Demnach ist das Trägheitsmoment der Kugelschale $I = \frac{2}{3}mR^2$.

8.72 a) Wenn das System nur aus zwei Punktmassen mit jeweils $m_1 = 500$ g im Abstand $R = 0{,}2$ m von der Rotationsachse besteht, ist $I = 2\,m_1 R^2 = 0{,}04$ kg·m². b) Das Trägheitsmoment des Systems setzt sich zusammen aus dem des $\ell = 0{,}3$ m langen Stabes ($\frac{1}{12}m\ell^2$) und dem der beiden Kugeln: $2(I_S + m_1 R^2)$ mit $I_S = \frac{2}{5}m_1 r^2$ und $r = 0{,}05$ m. Der letzte Beitrag resultiert aus dem Satz von Steiner. Damit wird $I = 2(I_S + m_1 R^2) + \frac{1}{12}m\ell^2 = 0{,}0415$ kg·m². Das Trägheitsmoment ist also rund 3,5 Prozent größer als das in Teil a) angenähert berechnete.

8.73 Das Trägheitsmoment eines homogenen Zylinders ist $I = \frac{1}{2}mR^2$. Das Trägheitsmoment eines Hohlzylinders kann angesehen werden als Differenz der Trägheitsmomente zweier Zylinder mit den Radien R_2 und R_1. Die Masse eines Zylinders der Höhe h, der aus einem Material mit

der Dichte ϱ besteht, ist $m = \pi R^2 h\varrho$, und es ist $I_1 = \frac{1}{2}\pi h\varrho R_1^4$ und $I_2 = \frac{1}{2}\pi h\varrho R_2^4$. Damit ist das Trägheitsmoment des Hohlzylinders

$$I = I_2 - I_1 = \frac{1}{2}\pi h\varrho\,(R_2^4 - R_1^4)$$
$$= \frac{1}{2}\pi h\varrho\,(R_2^2 - R_1^2)(R_2^2 + R_1^2).$$

Zum Umformen berücksichtigen wir, daß die Masse des Hohlzylinders $m = \pi h\varrho\,(R_2^2 - R_1^2)$ ist. Es folgt $I = \frac{1}{2}m\,(R_2^2 + R_1^2)$.

8.74 a) Nachdem die Kugel (mit der Masse m) den Boden berührt hat, wirkt am Kontaktpunkt die Gleitreibungskraft $F = \mu_G m g$. Sie bewirkt zweierlei: Erstens wird die Translationsgeschwindigkeit der Kugel herabgesetzt, und zweitens übt sie ein Drehmoment auf die Kugel aus, die daraufhin zu rotieren beginnt. Für die Geschwindigkeit der Translation gilt $v = v_0 - a t$ mit $a = \mu_G g$. Das Drehmoment, das die Kugel erfährt, ist $M = FR = \mu_G m gR = I\alpha$. Wegen $I = \frac{2}{5}mR^2$ erhalten wir $\alpha = \frac{5}{2}\mu_G g/R$. Die Winkelgeschwindigkeit der Kugel steigt mit der Zeit ($\omega = \alpha t$), bis die Bedingung für Rollen ohne Gleiten erfüllt ist, d.h. bis gilt $R\omega = v$. Daraus folgt $v_0 - \mu_G g t = \frac{5}{2}\mu_G g t$ und $t_1 = \frac{2}{7}v_0/(\mu_G g)$. Die Translationsgeschwindigkeit ist zu diesem Zeitpunkt $v_1 = v_0 - \mu_G g t_1 = \frac{5}{7}v_0$, und die zurückgelegte Strecke ist $s_1 = v_0 t_1 - \frac{1}{2}a t_1^2 = \frac{12}{49}v_0^2/(\mu_G g)$. b) Mit den in der Aufgabe gegebenen Werten erhalten wir $v_1 = 5{,}71$ m/s und $s_1 = 3{,}99$ m sowie $t_1 = 0{,}583$ s.

8.75 Bei der Rotation der Kugel (mit der Masse m) am Boden wirkt am Kontaktpunkt die Gleitreibungskraft $F = \mu_G m g$. Sie wirkt in Vorwärtsrichtung und ruft dabei die Beschleunigung a hervor, für die gilt $\mu_G m g = m a$. Dadurch wird die Geschwindigkeit v erhöht: $v = a t = \mu_G g t$. Die Reibungskraft erzeugt auch ein Drehmoment, das die Rotation der Kugel verlangsamt. Den Betrag α der Winkelbeschleunigung ermitteln wir aus dem Drehmoment $M = \mu_G m gR = I\alpha = \frac{2}{5}mR^2\alpha$. Das ergibt $\alpha = \frac{5}{2}\mu_G g/R$, und die Winkelgeschwindigkeit ist $\omega = \omega_0 - \alpha t = \omega_0 - \frac{5}{2}\mu_G g t/R$. Für Rollen ohne Gleiten muß gelten

$R\,\omega = v$ und daher $R\,\omega_0 - \frac{5}{2}\,\mu_G\,g\,t = \mu_G\,g\,t$. Schließlich ist $t = \frac{2}{7}\,R\,\omega_0/(\mu_G\,g)$. Das setzen wir in die Beziehung für die Geschwindigkeit ein und erhalten $v = \frac{2}{7}\,R\,\omega_0$.

8.76 a) Der Kraftstoß bewirkt während der Zeit Δt das Drehmoment $M = \langle F \rangle\,x = \Delta p_0\,x/\Delta t = I\,\alpha$. Darin ist $I = \frac{1}{3}\,m\,\ell^2$. Damit folgt für die Winkelbeschleunigung $\alpha = 3\,\Delta p_0\,x/(\Delta t\,m\,\ell^2)$. Die Winkelgeschwindigkeit nach dem Ende des Stoßes ist $\omega = \alpha\,\Delta t$. Die Geschwindigkeit des Schwerpunktes ist $v_0 = (\ell/2)\,\omega = \frac{3}{2}\,\Delta p_0\,x/(m\,\ell)$. b) Nehmen wir an, der Drehpunkt übt einen Kraftstoß Δp in derselben Richtung wie Δp_0 aus. Dann wirken auf den Stab zwei Kräfte in horizontaler Richtung, die die Geschwindigkeit v_0 bewirken. Im einzelnen gilt $(\Delta p_0 + \Delta p)/\Delta t = m\,a$ und $v_0 = a\,\Delta t = (\Delta p_0 + \Delta p)/m$. Dies setzen wir gleich $\frac{3}{2}\,\Delta p_0\,x/(m\,\ell)$, wie in Teil a) berechnet, und erhalten $\Delta p = \Delta p_0\,[3\,x/(2\,\ell) - 1]$. Also ist $\Delta p = 0$, wenn $x = \frac{2}{3}\,\ell$ ist. Für $x > \frac{2}{3}\,\ell$ wirkt Δp daher in derselben Richtung wie Δp_0, während für $x < \frac{2}{3}\,\ell$ der Kraftstoß Δp entgegengesetzt zu Δp_0 wirkt. In jedem Falle wirkt Δp so, daß der Drehpunkt in Ruhe verbleibt.

8.77 a) Mit dem zweiten Newtonschen Axiom erhalten wir für den Translationsanteil der Bewegung $m\,g\,\sin\theta - F = m\,a$. Darin ist $m = 41$ kg die Gesamtmasse des Systems, und F ist die nach oben gerichtete Haftreibungskraft. Die Schwerkraft wirkt auf den Schwerpunkt, ruft also kein Drehmoment hervor. Dagegen wirkt die Reibungskraft auf einen Kraftarm der Länge $r = 0{,}02$ m. Damit ist das Drehmoment $M = F\,r = I\,\alpha = I\,a/r$. Die letzte Gleichsetzung rührt daher, daß der Stab ohne Gleiten rollt; also ist $\alpha = a/r$. Auflösen nach F und Einsetzen in die Bewegungsgleichung für die Translation ergibt $a = m\,g\,\sin\theta/(m + I/r^2)$. Das Trägheitsmoment ist $I = 2\,(\frac{1}{2}\,m_1\,R^2) + \frac{1}{2}\,m_2\,r^2$ mit $m_1 = 20$ kg, $m_2 = 1$ kg und $R = 0{,}3$ m. Die Beschleunigung ist daher $a = 0{,}0443$ m/s². b) $\alpha = a/r = 2{,}21$ rad/s². c) Nach der Kinematik ist klar, daß $v^2 = 2\,a\,x$ ist, weil das System aus der Ruhe startet. Damit ist nach $x = 2$ m die kinetische Translationsenergie $E_{\mathrm{kin,t}} = \frac{1}{2}\,m\,v^2 = m\,a\,x = 3{,}63$ J.

d) Die kinetische Energie der Rotation ist $E_{\mathrm{rot}} = \frac{1}{2}\,I\,\omega^2$ mit $\omega^2 = v^2/r^2$ und $v^2 = 2\,a\,x$, wie oben. Es folgt $E_{\mathrm{rot}} = I\,a\,x/r^2 = 399$ J.

8.78 a) Für die Translationsbewegung des Zylinders gilt $Z - F = m\,a$. Dabei ist die Richtung der Zugkraft Z als positiv angesetzt, und die Reibungskraft F wird als zu Z entgegengerichtet angenommen. Es wirken zwei Drehmomente: $M = F\,R + Z\,r = I\,\alpha = \frac{1}{2}\,m\,R\,a$. Mit der für F angenommenen Richtung bewirken Reibung und Zugkraft Drehmomente in derselben Richtung. Es ist $F = \frac{1}{2}\,m\,a - Z\,r/R$. Das setzen wir in die erste Gleichung ein und erhalten $a = 2\,Z\,(1 + r/R)/(3\,m)$. Für die Reibungskraft folgt $F = \frac{1}{3}\,Z\,(1 - 2\,r/R)$. b) Wie in Teil a) abgeleitet, ist $a = 2\,Z\,(1 + r/R)/(3\,m)$.
c) Die Beschleunigung kann geschrieben werden als $a = (Z/m)\,[\frac{2}{3}\,(1 + r/R)]$. Sie ist größer als Z/m, wenn $r/R > \frac{1}{2}$ ist. d) Die Reibungskraft verschwindet für $r/R = \frac{1}{2}$, während für $r/R > \frac{1}{2}$ die Reibungskraft negativ ist, also dieselbe Richtung wie Z hat. Der Grund dafür ist folgender: Wenn Z bei großem Radius angreift, ist das Drehmoment groß, und der Zylinder wird schnell rotieren. Wenn er dann ohne Gleiten rotieren soll, muß sein Schwerpunkt schnell vorwärts bewegt werden. Bei großem r reicht die Kraft Z nicht aus, den Schwerpunkt genügend stark zu beschleunigen. Dann addiert sich die statische Reibungskraft zur Zugkraft und erhöht dadurch die Beschleunigung.

8.79 a) Die mittlere Beschleunigung des Balles während des Stoßes ist $\langle a \rangle = \langle F \rangle/m$. Weil die Kraft linear mit der Zeit steigt bzw. fällt, folgt $\langle F \rangle = \frac{1}{2}\,F_{\mathrm{max}} = 20\,000$ N. Daraus folgt $v_0 = \langle a \rangle\,\Delta t = 200$ m/s. b) Der Stoß bewirkt auch ein Drehmoment: $M = \langle F \rangle\,h$, wobei $h = \frac{4}{5}\,r$ ist. Für die Winkelbeschleunigung folgt $\alpha = \langle F \rangle\,h/I$. Die anfängliche Winkelgeschwindigkeit ist $\omega_0 = \alpha\,\Delta t = \langle F \rangle\,h\,\Delta t/(\frac{2}{5}\,m\,r^2) = 5\,v_0\,h/(2\,r^2) = 8000$ rad/s. c) Es ist $r\,\omega_0 = 5\,v_0\,h/(2\,r) = 2\,v_0$. Daher rotiert der Ball anfangs zu schnell für seine Vorwärtsgeschwindigkeit. Somit wirkt die Gleitreibungskraft F in Vorwärtsrichtung und ruft die Beschleunigung $a = F/m$

hervor. Damit ist $v = v_0 + (F/m)\,t$. Gleichzeitig bewirkt F ein Drehmoment auf den Ball und verlangsamt dessen Rotation mit der Winkelbeschleunigung $\alpha = F\,r/I = \frac{5}{2}\,F/(m\,r)$. Die Winkelgeschwindigkeit nimmt ab gemäß $\omega = \omega_0 - \alpha\,t$. Rollen ohne Gleiten tritt auf, wenn gilt $r\,\omega = v$. Dann ist $r\,\omega_0 - \frac{5}{2}\,(F/m)\,t = v_0 + (F/m)\,t$. Dies gilt zur Zeit $t = \frac{2}{7}\,v_0\,/(F/m)$. Das ergibt beim Einsetzen in den Ausdruck für die Geschwindigkeit $v = v_0 + \frac{2}{7}\,v_0 = \frac{9}{7}\,v_0 = 257$ m/s.   d) Die Zeit ist in Teil b) gegeben. Mit $F = \mu_G\,m\,g$ folgt $t = \frac{2}{7}\,v_0/(\mu_G\,g) = 11{,}7$ s.

8.80 a) Die Lineargeschwindigkeit der Kugel als Funktion der Zeit ist $v = v_0 - \mu_G\,g\,t$. Die Winkelbeschleunigung ist $\alpha = \mu_G\,m\,g/I = \frac{5}{2}\,\mu_G\,g/r$, so daß folgt $r\,\omega = \frac{5}{2}\,\mu_G\,g\,t$. Mit $r\,\omega = v$ erhalten wir $t = \frac{2}{7}\,v_0/(\mu_G\,g) = 0{,}194$ s.   b) Die zurückgelegte Strecke ist $x = v_0\,t - \frac{1}{2}\,a\,t^2 = \frac{12}{49}\,v_0^2/(\mu_G\,g) = 0{,}666$ m.   c) $v = v_0 - \mu_G\,g\,[\frac{2}{7}\,v_0/(\mu_G\,g)] = \frac{5}{7}\,v_0 = 2{,}86$ m/s.

8.81 Der Stab und die an ihm bzw. am Scharnier angreifenden Kräfte sind in der Abbildung gezeigt.

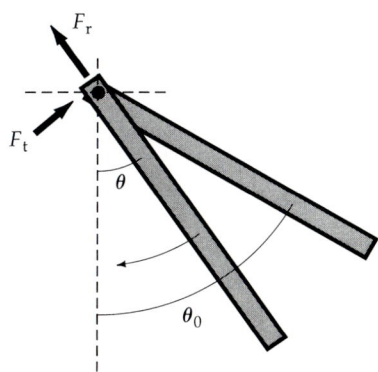

Bei einem Winkel θ befindet sich der Schwerpunkt in der Höhe $h = \frac{1}{2}\,\ell \cos\theta$ unterhalb vom Scharnier. Wenn der Stab vom Winkel θ_0 bis zum Winkel θ fällt, so fällt sein Schwerpunkt um die Höhe $\frac{1}{2}\,\ell\,(\cos\theta - \cos\theta_0)$. Die entsprechende Abnahme der potentiellen Gravitationsenergie führt zu der kinetischen Rotationsenergie $E_{\text{rot}} = \frac{1}{2}\,I\,\omega^2 = m\,g\,h$. Mit $I = \frac{1}{3}\,m\,\ell^2$ erhalten wir $\omega^2 = (3\,g/\ell)\,(\cos\theta - \cos\theta_0)$. Wegen $v_S = \frac{1}{2}\,L\,\omega$ ist die Zentripetalkraft, die auf

den Schwerpunkt ausgeübt wird, $m\,v_S^2/(\ell/2) = \frac{3}{2}\,m\,g\,(\cos\theta - \cos\theta_0)$. Auf den Schwerpunkt wirken zwei Kräfte, nämlich F_r und die Schwerkraft. Daher gilt $F_r - m\,g\cos\theta = \frac{3}{2}\,m\,g\,(\cos\theta - \cos\theta_0)$ und $F_r = \frac{1}{2}\,m\,g\,(5\cos\theta - 3\cos\theta_0)$. Schließlich müssen F_t und die Schwerkraftkomponente in gleicher Richtung (also $m\,g\sin\theta$) zusammen die tangentiale Beschleunigung des Schwerpunktes hervorbringen: $a_t = \frac{1}{2}\,\ell\,\alpha$. Die Winkelbeschleunigung α ist gegeben durch $M = \frac{1}{2}\,m\,g\,\ell = I\,\alpha = \frac{1}{3}\,m\,\ell^2\,\alpha$. Also ist $\alpha = \frac{3}{2}\,(g/\ell)\sin\theta$. Damit wird $a_t = \frac{3}{4}\,g\sin\theta$ und $m\,g\sin\theta - F_t = \frac{3}{4}\,m\,g\sin\theta$. Daraus folgt $F_t = \frac{1}{4}\,m\,g\sin\theta$.

8.82 a) Der Abbildung in der Aufgabe entnehmen wir $x = r_0 \cos\theta$ und $y = R + r_0 \sin\theta$. b) Weil das Rad sich mit der Geschwindigkeit v_R bewegt, liegt der Kontaktpunkt O mit dem Boden zur Zeit t bei $x = v_R\,t$. Dann liegt der Punkt P bei $x = v_R\,t + r_0 \cos\theta$, und es ist $\mathrm{d}x/\mathrm{d}t = v_R - r_0\,(\mathrm{d}\theta/\mathrm{d}t)\sin\theta = v_x$. Das Rad rollt ohne Gleiten. Daher nimmt θ mit der Zeit ab, und es gilt $\omega = -\mathrm{d}\theta/\mathrm{d}t = v_R/R$. Das ergibt $v_x = v_R + (r_0\,v_R/R)\sin\theta$. Entsprechend erhalten wir $v_y = \mathrm{d}y/\mathrm{d}t = 0 + r_0\,(\mathrm{d}\theta/\mathrm{d}t)\cos\theta = -(r_0\,v_R/R)\cos\theta$.   c) $\mathbf{r}\cdot\mathbf{v} = x\,v_x + y\,v_y = (r_0 \cos\theta)\,[v_R + (r_0\,v_R/R)\sin\theta] + (R + r_0\sin\theta)\,[-(r_0\,v_R/R)\cos\theta] = 0$.   d) Der Betrag der Geschwindigkeit ist $v = (v_x^2 + v_y^2)^{1/2} = v_R\,[1 + (2\,r_0/R)\sin\theta + r_0^2/R^2]^{1/2}$. Entsprechend ist $r = (x^2 + y^2)^{1/2} = R\,[1 + (2\,r_0/R)\sin\theta + r_0^2/R^2]^{1/2}$. Daher folgt $r\,\omega = v$ unmittelbar aus $v_R = R\,\omega$. e) Wir verwenden den Satz von Steiner, um das Trägheitsmoment relativ zum Punkt O zu ermitteln. Mit $\omega = v_R/R$ folgt $E_{\text{kin}} = \frac{1}{2}\,I\,\omega^2 = \frac{1}{2}\,(I_S + m\,R^2)\,\omega^2 = \frac{1}{2}\,I_S\,\omega^2 + \frac{1}{2}\,m\,v_R^2$. Diese Energie ist gleich der Summe aus der kinetischen Energie der Rotation um den Schwerpunkt und der kinetischen Energie der Translation des Schwerpunktes.

8.83 a) Die lineare Geschwindigkeit der Kugel ist $v = v_0 + (F/m)\,t$. Darin ist $F = \mu_G\,m\,g$ die Gleitreibungskraft, und es folgt $v = v_0 + \mu_G\,g\,t$. Die von F hervorgerufene Winkelbeschleunigung hat den Betrag $\alpha = F\,R/I = \frac{5}{2}\,\mu_G\,g/R$. Anfangs rotiert die Kugel zu schnell; daher sinkt ihre

Winkelgeschwindigkeit gemäß $\omega = \omega_0 - \frac{5}{2}\,\mu_G\,g\,t$. Beim Rollen ohne Gleiten ist $R\,\omega = v$, und mit $R\,\omega_0 = 3\,v_0$ erhalten wir $v_0 + \mu_G\,g\,t = 3\,v_0 - \frac{5}{2}\,\mu_G\,g\,t$. Daraus folgt $t = \frac{4}{7}\,v_0/(\mu_G\,g)$ und $v = v_0 + \frac{4}{7}\,v_0 = \frac{11}{7}\,v_0$.   b) Wie in Teil a) gegeben, ist $t = \frac{4}{7}\,v_0/(\mu_G\,g)$.   c) $x = v_0\,t + \frac{1}{2}\,a\,t^2 = \frac{36}{49}\,v_0^2/(\mu_G\,g)$.

8.84 a) Der vom Queue auf die Kugel übertragene Impuls erzeugt das Drehmoment $M = \langle F\rangle\,\frac{2}{3}\,R = I\,\alpha$. Das ergibt $\alpha = \frac{5}{3}\,\langle F\rangle/(m\,R)$. Darin ist $\langle F\rangle$ die mittlere auf die Kugel ausgeübte Kraft. Weil die Kugel aus der Ruhe startet und der Stoß durch den Queue die Dauer Δt hat, ist die Winkelgeschwindigkeit nach dem Stoß $\omega_0 = \alpha\,\Delta t = [5/(3\,R)]\langle F\rangle\,\Delta t/m$. Diesen Ausdruck können wir berechnen, wenn wir berücksichtigen, daß $\langle F\rangle$ auch die Beschleunigung $a = \langle F\rangle/m$ hervorruft. Es folgt $v_0 = \langle F\rangle\,\Delta t/m$ und daraus $\omega_0 = \frac{5}{3}\,v_0/R$. Dies ist der Betrag der Winkelgeschwindigkeit. Die Kugel startet aber ihre Drehung entgegengesetzt zur Richtung der Translationsbewegung.

b) Weil die Kugel auf dem Tisch rotiert, wirkt eine Reibungskraft F, so daß die Translation verlangsamt und der Drehsinn umgekehrt wird. Also ist $v = v_0 - (F/m)\,t$ und $M = F\,R = I\,\alpha$. Daraus ergibt sich $\alpha = \frac{5}{2}\,F/(m\,R)$ sowie $\omega = -\omega_0 + \alpha\,t$. Nun setzen wir $R\,\omega = v$ und erhalten $-\frac{5}{3}\,v_0 + \frac{5}{2}\,(F/m)\,t = v_0 - (F/m)\,t$ und daraus $t = \frac{16}{21}\,v_0/(F/m)$. Einsetzen dieser Zeit in den Ausdruck für v ergibt $v = \frac{5}{21}\,v_0$.   c) $E_{kin,a} = \frac{1}{2}\,m\,v_0^2 + \frac{1}{2}\,I\,\omega_0^2 = \frac{19}{18}\,m\,v_0^2$.   d) Die verrichtete Arbeit ist $W = \Delta E_{kin} = E_{kin,e} - E_{kin,a}$ mit $E_{kin,e} = \frac{1}{2}\,m\,v^2 + \frac{1}{2}\,I\,v^2/R^2 = \frac{25}{630}\,m\,v_0^2$. Damit ist $W = -\frac{640}{630}\,m\,v_0^2$.

Kapitel 9

Statisches Gleichgewicht des starren Körpers

9.1 Die Wippe ist ausbalanciert, wenn sich die auf sie wirkenden Drehmomente zu null addieren. Das resultierende Drehmoment um den Mittelpunkt der Wippe beträgt $(28\,\text{kg})\,g\,(2\,\text{m}) - (40\,\text{kg})\,g\,x$. Dabei ist x der Abstand vom Mittelpunkt zur Position des Kindes mit 40 kg Masse. Aus der Bedingung, daß das resultierende Drehmoment null sein muß, folgt $x = 1{,}4\,\text{m}$.

9.2 Der Ellbogen ist der Drehpunkt, und das resultierende Drehmoment ist $M = F\,(5\,\text{cm}) - (18\,\text{N})\,(28\,\text{cm}) = 0$. Darin ist F die vom Bizeps ausgeübte Kraft. Auflösen ergibt $F = 100{,}8\,\text{N}$.

9.3 Zwei Unbekannte sind zu bestimmen: F_1 und F_2, nämlich die Kräfte, die vom rechten und vom linken Bock ausgeübt werden. Die Kräfte müssen zwei Bedingungen erfüllen. Erstens muß gelten $F_1 + F_2 = 450\,\text{N}$, weil die resultierende Gesamtkraft auf das System null sein muß. Wir setzen den Drehpunkt am linken Bock an. Es muß (zweitens) für das resultierende Drehmoment gelten $M = (90\,\text{N})\,(5\,\text{m}) + (360\,\text{N})\,(8\,\text{m}) - F_2\,(10\,\text{m}) = 0$. Damit erhalten wir $F_2 = 333\,\text{N}$ und $F_1 = 117\,\text{N}$.

9.4 Wir beginnen mit der Gewichtskraft G_1. Für diese lautet die Bedingung für das Gleichgewicht: $(2\,\text{N})\,(3\,\text{cm}) = G_1\,(4\,\text{cm})$, und es folgt $G_1 = 1{,}5\,\text{N}$. Die gesamte vom unteren Stab in Abwärtsrichtung ausgeübte Kraft beträgt 3,5 N. Damit erhalten wir für die zweite Gewichtskraft $G_2\,(2\,\text{cm}) = (3{,}5\,\text{N})\,(4\,\text{cm})$ bzw. $G_2 = 7\,\text{N}$. Daher wirkt eine Kraft von 10,5 N abwärts, die die dritte Gewichtskraft kompensiert: $G_3\,(6\,\text{cm}) = (10{,}5\,\text{N})\,(2\,\text{cm})$, und es folgt $G_3 = 3{,}5\,\text{N}$.

9.5 a) Damit Gleichgewicht herrscht, muß der Betrag der Normalkraft F_N gleich $F_K \cos\theta$ sein, und der Betrag der Haftreibungskraft F_H muß gleich $F_K \sin\theta$ sein. Andererseits ist das Maximum von F_H gleich $\mu_H F_N$. Daraus folgt $\mu_H = \tan\theta$.   b) Wenn man geht, spielen die Beine im Prinzip die gleiche Rolle wie hier die Krücke, so daß dieselben Beziehungen wie bei Teil a) gelten. Insbesondere gibt μ_H den Tangens des maximalen Winkels an, den die Beine mit der Vertikalen bilden können, wenn man gerade noch nicht wegrutscht.   c) Auf Eis ist μ_H sehr klein, also ist der maximale Winkel θ klein; das bedeutet, man darf nur kleine Schritte machen.

9.6 Wir nehmen den Ursprung am Ort der leichteren Kugel an und verwenden für die x-Koordinate des Schwerpunktes die Beziehung

$$m\,x_S = \sum_i m_i\,x_i.$$

Es folgt $(3\,m)\,x_S = [0 + (2\,m)\,(4\,r)]$ und $x_S = \frac{8}{3}\,r$.

9.7 Weil der Draht homogen ist, können wir die Masse eines beliebigen Drahtstückes der Länge ℓ als m annehmen. Dann liegt der Schwerpunkt jedes Teilstückes in seinem geometrischen Mittelpunkt. Das U-förmige Gebilde hat die Gesamtmasse $5\,m$, und sein Schwerpunkt liegt auf der Vertikalen, die die Symmetrieachse bildet. Für den Abstand des Schwerpunktes von der Unterkante des Gebildes erhalten wir $y_S = (0 + 2\,m\,\ell + 2\,m\,\ell)\,/\,(5\,m) = \frac{4}{5}\,\ell$. Weil das L-förmige Gebilde keine einfache Symmetrie aufweist, müssen wir x_S und y_S berechnen. Wir setzen den Ursprung auf den Knick und erhalten $x_S = (0 + \frac{1}{2}\,m\,\ell)\,/\,(3\,m) =$

$\frac{1}{6}\,\ell$ und $y_S = (0 + 2\,m\,\ell)\,/\,(3\,m) = \frac{2}{3}\,\ell$. Der Schwerpunkt des dreieckigen Gebildes liegt auf der vertikalen Symmetrieachse. Die Mitte jeder Seite der Länge $2\,\ell$ liegt um $\frac{1}{4}\,\ell\,\sqrt{15}$ über der Basis des Dreiecks. Damit liegt der Schwerpunkt um $y_S = (0 + 2\,m\,\frac{1}{4}\,\ell\,\sqrt{15} + 2\,m\,\frac{1}{4}\,\ell\,\sqrt{15})\,/\,(5\,m) = \frac{1}{5}\,\ell\,\sqrt{15}$ darüber.

9.8 Weil die von den beiden Waagen ausgeübte Kraft gleich der Gewichtskraft des Mannes ist, gilt $G = 845\,\mathrm{N}$. Wir wählen den Drehpunkt an der Waage unter den Füßen des Mannes und setzen das resultierende Drehmoment gleich null: $(845\,\mathrm{N})\,x - (445\,\mathrm{N})\,(188\,\mathrm{cm}) = 0$. Darin ist x der Abstand des Schwerpunktes von den Füßen. Es folgt $x = 99$ cm.

9.9 Wir nehmen an, die Körper bestehen aus gleichmäßigen Platten, so daß ihre Schwerpunkte jeweils im geometrischen Mittelpunkt liegen. Wird ein Körper an einem bestimmten Punkt aufgehängt, so liegt sein Schwerpunkt auf der Vertikalen unter diesem Punkt:

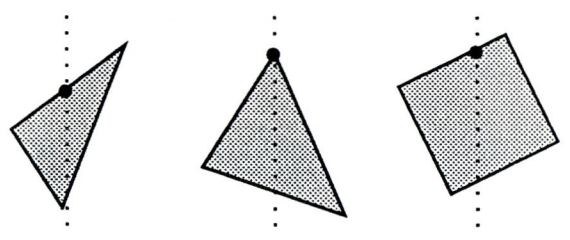

9.10 Die Kräfte, die an der rechten bzw. an der linken Stütze wirken, sind F_1 und F_2. Sie müssen zwei Bedingungen erfüllen. Erstens muß gelten $F_1 + F_2 = G = (100\,\mathrm{kg})\,(9{,}81\,\mathrm{m/s^2}) = 981\,\mathrm{N}$. Zweitens muß das Drehmoment um irgendeinen Drehpunkt gleich null sein. Wir wählen die linke Stütze: $0 = (981\,\mathrm{N})\,(3\,\mathrm{m}) - F_2\,(4\,\mathrm{m})$. Daraus folgt $F_2 = \frac{3}{4}\,(981\,\mathrm{N}) = 736\,\mathrm{N}$ und $F_1 = \frac{1}{4}\,(981\,\mathrm{N}) = 245\,\mathrm{N}$.

9.11 Wie in der Aufgabe erwähnt, darf der Balken gerade nicht kippen. Also wird das vom Arbeiter ausgeübte Drehmoment im Abstand x von der Kante aufgehoben durch das Drehmoment, das der Schwerpunkt des Balkens ausübt. Der Schwerpunkt ist $(5 - x)$ m von der Kante entfernt. Also gilt $(300\,\mathrm{kg})\,g\,(5 - x) = (60\,\mathrm{kg})\,g\,x$ mit der Lösung $x = 4{,}17$ m.

9.12 a) F_1 und r_1 sowie F_2 und r_2 sind die Kräfte bzw. Kraftarme am linken bzw. am rechten Ende der Stange. Wenn sie im Gleichgewicht ist, so heben die Drehmomente einander auf, und es ist $F_1\,r_1 = F_2\,r_2$ sowie $F_2 = F_1\,(r_1/r_2)$. Aus der Abbildung in der Aufgabe geht hervor, daß $r_1/r_2 = 9$ ist, so daß folgt $F_2 = 5400\,\mathrm{N}$. b) Das Verhältnis der Kräfte beträgt 9.

9.13 Die Drehmomente, die vom Schwerpunkt des Mannes bzw. von der Waage ausgeübt werden, müssen einander aufheben, d.h. gleichen Betrag und entgegengesetzte Richtungen haben. Der Betrag ist $(70\,\mathrm{kg})\,g\,x = (250\,\mathrm{N})\,(2\,\mathrm{m})$. Darin ist x der Abstand des Schwerpunktes vom Scheitel. Auflösen ergibt $x = 0{,}728$ m.

9.14 Wir legen Verlängerungsgeraden durch die Kraftvektoren in der Abbildung der Aufgabe und ermitteln den (rechtwinkligen) Abstand d dieser Geraden voneinander. Aus der Geometrie folgt $d = \frac{1}{2}\,(\sqrt{3}\,b - a)$. Damit erhalten wir schließlich das Drehmoment, das vom Kräftepaar ausgeübt wird: $\frac{1}{2}\,F\,(\sqrt{3}\,b - a)$

9.15 Jede Kraft hat die horizontale Komponente $F\sin 30° = \frac{1}{2}\,F$. Mit dem Abstand a zwischen den Verlängerungen der Vektoren dieser 2 Kräfte ist das Drehmoment, das dieses Paar im Uhrzeigersinn ausübt, $\frac{1}{2}\,F\,a$. Die vertikalen Komponenten sind $F\cos 30° = \frac{1}{2}\,\sqrt{3}\,F$, und sie haben den Abstand b. Daher ist das Drehmoment, das sie ausüben, $\frac{1}{2}\,\sqrt{3}\,F\,b$ (im Gegenuhrzeigersinn). Das resultierende Drehmoment ist, wenn wir den Gegenuhrzeigersinn positiv setzen: $\frac{1}{2}\,F\,(\sqrt{3}\,b - a) = F\,d$. Darin ist d der in der vorigen Aufgabe bestimmte rechtwinklige Abstand der Kraftvektoren voneinander.

9.16 a) Wenn sich der Würfel nicht bewegt, hat die Haftreibungskraft F_H den gleichen Betrag, aber die entgegengesetzte Richtung wie die Kraft F. Beide Kräfte haben voneinander den Abstand a. Daher bewirken sie das Drehmoment $M = Fa$, und zwar im Uhrzeigersinn. b) Der Würfel befindet sich im Gleichgewicht. Daher ist die aufwärts gerichtete Normalkraft betragsmäßig gleich der Gewichtskraft $m\,g$ des Würfels. Nehmen wir an, beide Kräfte haben den Abstand d voneinander. Dann bewirken sie das Drehmoment $M = m\,g\,d$, gegen den Uhrzeigersinn. Damit der Würfel nicht kippt, müssen die eben ermittelten Drehmomente einander aufheben: $Fa = m\,g\,d$. Mit $F = \frac{1}{3}\,m\,g$ folgt $d = a/3$. Also wirkt die Normalkraft aufwärts im Abstand $a/3$ von einer Geraden, die durch den Mittelpunkt des Würfels geht. Daher hat der effektive Angriffspunkt der Normalkraft den Abstand $a/6$ von der Würfelecke.   c) Wenn $F = 0$ ist, so besteht keine Tendenz, daß der Würfel kippt, und die Normalkraft wirkt aufwärts, direkt durch den Mittelpunkt. Wenn F ansteigt, bewegt sich der Angriffspunkt in Richtung zur Ecke, um dem Kippen entgegenzuwirken. Das Maximum von F liegt vor, wenn der Angriffspunkt an der Würfelecke liegt; dabei ist $d = a/2$. Wegen $Fa = m\,g\,d$ hat die maximale Kraft den Betrag $\frac{1}{2}\,m\,g$.

9.17 a) Wenn das Brett in Ruhe verharren soll, muß das von der Kraft F bewirkte Drehmoment betragsmäßig gleich dem sein, das von den Gewichtskräften der 60-kg-Masse und des Brettes (5 kg) hervorgerufen wird: $F\,(3\,\mathrm{m})\cos 30° = (60\,\mathrm{kg})\,g\,(0{,}8\,\mathrm{m})\cos 30° + (5\,\mathrm{kg})\,g\,(1{,}5\,\mathrm{m})\cos 30°$. Beachten Sie, daß jeweils $\cos 30°$ eingesetzt wird, um den Kraftarm zu berechnen. Auflösen nach der Kraft ergibt $F = 182\,\mathrm{N}$.   b) Die vom Scharnier auf das Brett ausgeübte Kraft F_S muß vertikale Richtung haben, weil alle anderen auf das Brett wirkenden Kräfte vertikale Richtung haben. Wir setzen die Aufwärtsrichtung als positiv an und erhalten für die Bedingung, daß sich das Brett im Gleichgewicht befindet, $F_S + F - (60\,\mathrm{kg})\,g - (5\,\mathrm{kg})\,g = 0$. Daraus folgt $F_S = 456\,\mathrm{N}$. Das können wir auch berechnen, indem wir das Drehmoment gleich null setzen; dabei wird irgendein anderer Punkt als das Scharnier als Drehpunkt gewählt.   c) Steht F senkrecht auf dem Brett, so ist der Kraftarm dieser Kraft $3\,\mathrm{m}$ lang, und die Bedingung für ein Drehmoment von null lautet $F\,(3\,\mathrm{m}) = (60\,\mathrm{kg})\,g\,(0{,}8\,\mathrm{m})\cos 30° + (5\,\mathrm{kg})\,g\,(1{,}5\,\mathrm{m})\cos 30°$. Es folgt $F = 157\,\mathrm{N}$. Nun hat die vom Scharnier auf das Brett ausgeübte Kraft vertikale und horizontale Komponenten. Es gilt $F_{Sx} - F\sin 30° = 0$, wobei die positive Richtung die nach rechts ist. Wir erhalten $F_{Sx} = 78{,}5\,\mathrm{N}$. Entsprechend ist $F_{Sy} + F\cos 30° - (5\,\mathrm{kg})\,g - (60\,\mathrm{kg})\,g = 0$. Damit ist die aufwärts gerichtete y-Komponente von F_S gegeben durch $F_{Sy} = 502\,\mathrm{N}$.

9.18 Wie wählen als Ursprung die linke untere Ecke der Platte. Dann ist die x-Koordinate des Schwerpunktes gegeben durch

$$m\,x_S = \sum_i m_i\,x_i.$$

Darin ist $m = (180\,\mathrm{N})/g$ und $m_1 = (40\,\mathrm{N})/g$, und so weiter. Der Faktor $1/g$ tritt in jedem Term auf und hebt sich daher schließlich heraus. Es folgt $x_S = [100\,(a/2) + 80\,(3\,a/2)]\,/\,180 = 0{,}944\,a$. Entsprechend erhalten wir für die y-Koordinate des Schwerpunktes $y_S = [90\,(a/2) + 90\,(3\,a/2)]\,/\,180 = a$.

9.19 Die rechtwinklige Platte habe die Höhe a und die Breite b; ihre Masse vor dem Herausschneiden des Loches betrug m. Damit ist ihre Masse pro Flächeneinheit $\sigma = m/(a\,b)$, und die Masse des herausgeschnittenen, kreisrunden Stückes ist $m_K = \pi R^2 \sigma = \pi R^2 m/(a\,b)$. Diese Masse setzen wir negativ an, um den Schwerpunkt der Platte mit der Bohrung zu berechnen. Den Ursprung setzen wir in den Mittelpunkt des Rechtecks. Wegen der Symmetrie ist dann die y-Koordinate des Schwerpunktes $y_S = 0$. Für die x-Koordinate erhalten wir $x_S = [m\,(0) - m_K\,(b/2 - R)]\,/\,(m - m_K)$. Daraus folgt

$$x_S = \frac{-\left(\frac{b}{2} - R\right)}{\frac{a\,b}{\pi R^2} - 1}.$$

Für den in der Abbildung der Aufgabe dargestellten Fall ist $x_S < 0$, d.h. der Schwerpunkt liegt –

wie erwartet – links vom Ursprung (der sich im Mittelpunkt des Rechtecks befindet).

9.20 Hier sind F_1 und F_2 die Kräfte, die von der linken bzw. von der rechten Flanke auf den Zylinder ausgeübt werden. Die Kräfte stehen senkrecht auf den Flanken; also gehen ihre Vektoren durch die Achse des Zylinders. F_1 und F_2 erfüllen die Bedingungen, daß die resultierenden Kräfte, die auf den Zylinder wirken, gleich null sind. Für die horizontalen Komponenten gilt $F_1 \sin 30^\circ - F_2 \sin 60^\circ = 0$, und für die vertikalen gilt $F_1 \cos 30^\circ + F_2 \cos 60^\circ - G = 0$. Darin ist G die Gewichtskraft des Zylinders. Wir kombinieren beide Gleichungen und erhalten $F_1 = G/[\cos 30^\circ + (\sin 30^\circ)/(\tan 60^\circ)] = 0,866\,G$ sowie $F_2 = F_1 (\sin 30^\circ / \sin 60^\circ) = 0,5\,G$.

9.21 a) Auf die Stütze wirken die beiden Zugkräfte Z_1 und Z_2 sowie die vom Scharnier ausgeübte Kraft F_S.   b) Der Drehpunkt liegt im Scharnier. Weil sich die Stütze im Gleichgewicht befindet, ist das auf sie wirkende resultierende Drehmoment null. Die Zugkraft Z_1 hat den Betrag 80 N und bewirkt im Uhrzeigersinn das Drehmoment $Z_1 \ell$, wobei ℓ die Länge der Stütze ist. Von Z_2 bewirkt nur die vertikale Komponente ein Drehmoment auf die Stütze; es hat den Betrag $(Z_2 \sin 30^\circ)\ell$ und ist gegen den Uhrzeigersinn gerichtet. Damit beide Drehmomente einander aufheben, muß die vertikale Komponente von Z_2 denselben Betrag wie Z_1 haben, nämlich 80 N. Wir erhalten daher $Z_2 = Z_1/(\sin 30^\circ) = 160$ N.   c) Die resultierende vertikale Kraft, die auf die Stütze durch Z_1 und Z_2 ausgeübt wird, ist null. Also kann F_S ausschließlich horizontal wirken. Die horizontalen Kräfte summieren sich zu null, wenn gilt $Z_2 \cos 30^\circ = F_S$. Daraus folgt $F_S = 139$ N. Diese Kraft ist nach rechts gerichtet.

9.22 Die Zugkraft Z_1 hält den Block, und die Zugkraft Z_2 wirkt auf die Wand. Die Stütze hat die Länge ℓ, und die Kraft am Scharnier ist F_S. a) Die Zugkraft Z_2 wirkt senkrecht zur Stütze, übt also auf diese das Drehmoment $Z_2 \ell$ aus. Nur die Komponente von Z_1, die senkrecht zur

Stütze wirkt, übt ein Drehmoment um das Scharnier aus. Gleichsetzen der Beträge dieser beiden Drehmomente ergibt $Z_2 \ell = (Z_1 \sin 45^\circ)\ell$ und $Z_2 = Z_1 \sin 45^\circ = 42,4$ N. Nun können wir die vom Scharnier ausgeübte Kraft berechnen, weil nur Z_1, Z_2 und F_S auf die Stütze wirken. Die senkrecht zur Stütze wirkende Komponente von Z_1 hebt Z_2 auf. Also bewirken Z_1 und Z_2 entlang der Stütze eine resultierende Kraft mit dem Betrag $Z_1 \cos 45^\circ = 42,4$ N. Die Kraft des Scharniers gleicht diese Kraft aus, wirkt also entlang der Stütze nach außen und hat den Betrag 42,4 N.   b) Wenn die Stütze die endliche Gewichtskraft $m\,g$ hat, lautet die Bedingung für das Drehmoment null um das Scharnier $Z_2 \ell = (Z_1 \sin 45^\circ)\ell + (m\,g \sin 45^\circ)(\ell/2)$. Das ergibt $Z_2 = 49,5$ N. Hier summieren sich die Kräfte Z_1, Z_2 und $m\,g$ so, daß eine nicht verschwindende Kraftkomponente senkrecht zur Stütze besteht. Daher ist F_S nicht entlang der Stütze gerichtet. Wir berechnen die x- und die y-Komponente von F_S am einfachsten einzeln. Es ist $F_{Sx} = Z_2 \sin 45^\circ = 35$ N und $F_{Sy} = Z_1 + m\,g - Z_2 \cos 45^\circ = 45$ N. Damit hat F_S den Betrag 57,0 N; ihr Vektor verläuft um 7,13° gegen die Stütze nach oben geneigt.

9.23 Auf die Kiste wirken drei Kräfte: die Gewichtskraft (hier mit **W** bezeichnet), die vom Brett ausgeübte Normalkraft, hier mit **N** bezeichnet, und die Haftreibungskraft **f**, die entlang der Ebene aufwärts gerichtet ist:

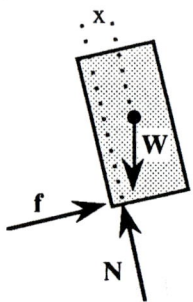

Als Drehpunkt nehmen wir am besten den Mittelpunkt der Kiste an. In diesem Falle können nur **f** und **N** Drehmomente erzeugen. Deren Beträge bestimmen wir aus der Bedingung für translatorisches Gleichgewicht: $N = W \sin \theta$ und $f = W \cos \theta$. Aus der Abbildung geht hervor, daß x der Kraftarm von N ist und daß der Kraftarm von f gleich der halben Höhe der Kiste, also gleich 1 m, ist. Das auf die Kiste wirkende resultierende Drehmoment ist null, wenn gilt $Nx = f(1\,\mathrm{m})$ bzw. $Wx\sin\theta = W(1\,\mathrm{m})\cos\theta$. Das ergibt $x = (1\,\mathrm{m})\tan\theta$. Der Betrag von x kann jedoch nicht größer als 0,5 m sein. Somit kippt die Kiste gerade noch nicht, wenn gilt $\tan\theta = 0,5$ und daher $\theta = 26,6°$. Dieser Zustand ist in der folgenden Abbildung gezeigt.

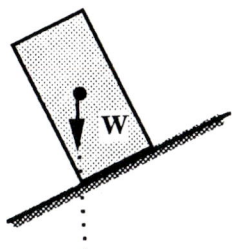

Der berechnete Winkel hat eine ganz einfache geometrische Interpretation: Die Kiste wird kippen, wenn der Vektor der Gewichtskraft nicht mehr durch die Grundfläche verläuft.

9.24 Zunächst scheint es, als seien hier zwei Unbekannte zu bestimmen. Jedoch ist nur eine der Kräfte an den Scharnieren unabhängig. Insbesondere sind die einzigen horizontalen Kräfte, die auf die Tür wirken, die von den Scharnieren ausgeübten. Also müssen sie gleiche Beträge und entgegengesetzte Richtungen haben. Wir nehmen das untere Scharnier als Drehpunkt an. Die Kraftarme der Gewichtskraft und des oberen Scharniers sind 0,4 m bzw. 1,6 m. Wenn auf die Tür kein Drehmoment einwirkt, muß die Kraft F_S des Scharniers folgende Bedingung erfüllen: $F_S(1,6\,\mathrm{m}) = mg(0,4\,\mathrm{m})$. Es folgt $F_S = \frac{1}{4}mg = 44,1\,\mathrm{N}$. Diese Kraft ist von der Tür weg gerichtet; die Kraft am unteren Scharnier hat den Betrag 44,1 N und ist auf die Tür zu gerichtet.

9.25 a) Weil der Boden reibungsfrei ist, kann er nur eine senkrechte Kraft auf die Leiter ausüben. Jeder Schenkel trägt die halbe Gewichtskraft. Demnach ist die vom Boden auf jeden Schenkel ausgeübte Kraft 450 N, nach oben gerichtet. b) Wir wählen als Drehpunkt das Scharnier und betrachten nur einen Schenkel. Der Kraftarm für die Zugkraft Z in der Strebe ist offensichtlich 2 m.

Eine einfache Überlegung zeigt, daß der Kraftarm r für die vom Boden ausgeübte Kraft gegeben ist durch $r = (4\,\mathrm{m})\tan 15° = 1,07\,\mathrm{m}$. Für die Bedingung, daß das Drehmoment null sein muß, folgt $Z(2\,\mathrm{m}) = (450\,\mathrm{N})(1,07\,\mathrm{m})$ und damit $Z = 241\,\mathrm{N}$. c) Wenn die Strebe vom Scharnier den Abstand ℓ hat, ist die Zugkraft $Z = (450\,\mathrm{N})(1,07\,\mathrm{m})/\ell$. Daher ist die Zugkraft geringer, wenn die Strebe weiter unten angebracht ist. Der Mindestwert der Zugkraft beträgt 121 N.

9.26 Als Drehpunkt nehmen wir die Oberkante der Stufe an. Die Kraft F wirkt in der Höhe $R - h$ über diesem Punkt und ruft daher das Drehmoment $F(R - h)$ hervor. Zwei andere Kräfte erzeugen ebenfalls Drehmomente: die Gewichtskraft mg und die Normalkraft F_N. Wenn das Rad gerade beginnt, hochzurollen, verschwindet die Normalkraft, und wir müssen nur noch das Drehmoment aufgrund der Gewichtskraft betrachten. Der Kraftarm für diese ist x; dies ist die Basis eines rechtwinkligen Dreiecks mit der Höhe $(R - h)$ und der Hypothenuse R. Also ist $x^2 = R^2 - (R - h)^2 = h(2R - h)$. Daher beginnt sich das Rad zu heben, wenn gilt $F(R - h) = mgx$. Die erforderliche Kraft ist

$$F = \frac{mg\sqrt{h(2R - h)}}{R - h}.$$

9.27 a) Der Drehpunkt liegt im Scharnier. Die Gewichtskräfte des Balkens und der 400-kg-Masse rufen jeweils ein Drehmoment im Uhrzeigersinn auf den Balken hervor. Diese Drehmomente werden ausgeglichen durch das Drehmoment aufgrund der vertikalen Komponente der Zugkraft Z im Seil, das die Länge 10 m hat. Die vertikale Komponente hat den Betrag $Z(8/10)$. Die Gleichgewichtsbedingung lautet $Z(8/10)(6\,\mathrm{m}) = (400\,\mathrm{kg})\,g\,(10\,\mathrm{m}) + (100\,\mathrm{kg})\,g\,(5\,\mathrm{m})$. Das ergibt $Z = 9,20 \cdot 10^3\,\mathrm{N}$. b) Die vom Scharnier auf den Balken ausgeübte horizontale Kraft ist betragsmäßig gleich der horizontalen Komponente der Zugkraft, also gleich $Z(6/10) = 5,52 \cdot 10^3\,\mathrm{N}$. c) Wir setzen die Aufwärtsrichtung positiv; dann lautet die Bedingung, daß die resultierende vertikale Kraft auf den Balken null ist, $F_S + Z(8/10) -$

(100 kg) g − (400 kg) g = 0. Darin ist F_S die vertikale Kraft am Scharnier. Auflösen ergibt F_S = −2,45 · 10³ N. Die Kraft ist also nach unten gerichtet.

9.28 Die Länge des Seiles in Metern ist $(8^2 + x^2)^{1/2}$. Also ist die vertikale Komponente der Zugkraft $Z [8 / (8^2 + x^2)^{1/2}]$. Die Bedingung dafür, daß das Drehmoment am Scharnier null ist, lautet $Z [8 / (8^2 + x^2)^{1/2}] \, x$ = (400 kg) g (10 m) + (100 kg) g (5 m). Die vertikale Kraft F_S am Scharnier ist gegeben durch einen Ausdruck, der analog ist zu dem, den wir in der vorigen Aufgabe angesetzt haben: $F_S + Z [8 / (8^2 + x^2)^{1/2}]$ − (100 kg) g − (400 kg) g = 0. Wir setzen F_S = 0, und es folgt $Z [8 / (8^2 + x^2)^{1/2}]$ = (100 kg) g + (400 kg) g. Das setzen wir in die Gleichung für das Drehmoment ein und erhalten [(100 kg) g + (400 kg) g] x = (400 kg) g (10 m) + (100 kg) g (5 m) und daraus x = 9 m.

9.29 Die Bedingung dafür, daß der Block gleitet, wurde in früheren Kapiteln bereits behandelt; sie lautet $\mu_H \, m \, g \cos \theta$ = $m \, g \sin \theta$ bzw. μ_H = $\tan \theta$. Hier ist μ_H = 0,4. Damit ist θ = 21,8°. Die Bedingung, daß der Block gerade zu kippen beginnt, haben wir in Aufgabe 9.23 behandelt: Der Vektor der Gewichtskraft (durch den Schwerpunkt) muß die Kante der Grundfläche schneiden. Also ist hier $\tan \theta$ = $(a/2)/(3a/2)$ = 1/3 bzw. θ = 18,4°. Daher ist klar, daß der Block kippt, bevor er gleitet.

9.30 a) Die Normalkraft, die der Boden ausübt, können wir entweder aus der Bedingung bestimmen, daß die resultierende Kraft in vertikaler Richtung null sein muß, oder aus der Bedingung, daß das resultierende Drehmoment null sein muß. Will man die Kräfte-Bedingung ansetzen, muß man die (noch unbekannte) vertikale Kraft kennen, die von der Stufenkante ausgeübt wird. Setzt man die Drehmoment-Bedingung an, so muß man die Kraft an der Kante nicht kennen. Wir wählen die Kante als Drehpunkt. Welche Kraft die Kante auch immer ausübt, sie erzeugt dann das Drehmoment null, geht also nicht

in die Berechnung ein. Das Drehmoment ist null, wenn gilt $F (2R − h) + F_N x$ = $m \, g \, x$. Hier ist x der Kraftarm sowohl für die Normalkraft F_N als auch für die Gewichtskraft. Wir haben ihn in Lösung 9.26 bestimmt; er ist $x = [h (2R − h)]^{1/2}$. Daher ist die Normalkraft

$$F_N = m \, g − F \sqrt{\frac{2R − h}{h}}.$$

b) Nun können wir die von der Kante ausgeübte Kraft berechnen, indem wir die resultierende Kraft gleich null setzen. Die horizontale Kraft F_x der Kante gleicht die einzige andere horizontale Kraft F aus: $F_x = −F$. c) Für die vertikalen Kräfte ist $F_y + F_N$ = $m \, g$ bzw.

$$F_y = F \sqrt{\frac{2R − h}{h}}.$$

9.31 Der Zylinder beginnt zu rollen, wenn die Normalkraft (berechnet in Lösung 9.30 a) null wird. Mit F_N = 0 erhalten wir

$$F = m \, g \sqrt{\frac{h}{2R − h}}.$$

Vergleichen Sie dies mit der Lösung 9.26.

9.32 a) Die von dem Mann ausgeübte resultierende Kraft ist betragsmäßig gleich der Gewichtskraft des Stabes ($m \, g$ = 49,1 N) und dieser entgegengerichtet. b) Damit sich der Stab nicht dreht, muß die Hand des Mannes ein Drehmoment erzeugen; dieses gleicht das von der (am Schwerpunkt des Stabes angreifenden) Gewichtskraft herrührende Drehmoment aus. Dieses ist M = $m \, g \, (1,5 \text{ m})$ = 73,6 N · m. c) Die Kraft, die auf das Ende des Stabes ausgeübt wird, ist F_1, und die 0,1 m vom Ende entfernt ausgeübte Kraft ist F_2. Wir wählen die Aufwärtsrichtung als positiv. Dann ist $F_1 + F_2$ = $m \, g$. Mit dem Stabende als Drehpunkt ist das Drehmoment M = $F_2 (0,1 \text{ m}) − m \, g \, (1,5 \text{ m})$ = 0. Daraus folgt F_2 = 736 N und F_1 = −687 N.

9.33 a) Um die Zugkraft im Seil zu bestimmen, wählen wir als Drehpunkt am besten das untere

Scharnier, weil dann die Bedingung des Drehmoments null nur die Berücksichtigung der Zugkraft Z und der Gewichtskraft des Tores erfordert. Das von der Gewichtskraft hervorgerufene Drehmoment ist $m\,g\,(1{,}5\,\text{m})$. Bei der Zugkraft betrachten wir die horizontale und die vertikale Komponente und berechnen die von diesen ausgeübten Drehmomente. Jede Kraftkomponente hat den Betrag $Z \sin 45° = Z \cos 45°$ und den Kraftarm $1{,}5\,\text{m}$. Damit lautet die Gleichgewichtsbedingung $M = (m\,g - Z \sin 45° - Z \cos 45°)\,(1{,}5\,\text{m}) = 0$. Die Lösung ist $Z = 141\,\text{N}$.   b) Die Kraft am unteren Scharnier ist F_1, und die am oberen ist F_2. Die resultierende horizontale Kraft muß null sein: $F_{1,x} - Z \cos 45° = 0$. Dabei ist die Richtung nach rechts als positiv angesetzt. Es folgt $F_{1,x} = 100\,\text{N}$.   c) Die Bedingung, daß die resultierende Kraft in vertikaler Richtung null ist, lautet $F_{1,y} + F_{2,y} + Z \sin 45° - m\,g = 0$. Wir erhalten daraus $F_{1,y} + F_{2,y} = 100\,\text{N}$. Man kann jedoch in diesem Falle mit Hilfe der Bedingung des Drehmoments null um einen beliebigen Drehpunkt die Kräfte $F_{1,y}$ und $F_{2,y}$ nicht separat ermitteln. Wir konnten hier nur deren Summe zu $100\,\text{N}$ bestimmen.

9.34 Wir setzen die Aufwärtsrichtung positiv; Die von der linken Stütze ausgeübte Kraft ist F_1, und die von der rechten ausgeübte ist F_2. Der über die linke Stütze hinausragende Teil des Brettes sei vernachlässigbar kurz. Dann ist der Schwerpunkt des Brettes $2{,}1\,\text{m}$ von der linken Stütze entfernt. Wir betrachten ihn als Drehpunkt. Dann lautet die Bedingung, daß das Drehmoment null ist, $M = F_2 - m\,g\,(2{,}1\,\text{m}) - (70\,\text{kg})\,g$ $(4{,}2\,\text{m}) = 0$. Es folgt $F_2 = 2919\,\text{N}$. Natürlich ist $F_1 + F_2 = (30\,\text{kg})\,g + (70\,\text{kg})\,g$, so daß $F_1 = -1938\,\text{N}$ ist. Aufgrund unserer Vorzeichenwahl gibt das Minuszeichen an, daß F_1 nach unten und F_2 nach oben wirkt: Die linke Stütze zieht nach unten und die rechte drückt nach oben.

9.35 Die hier gewählten Bezeichnungen der Kräfte gehen aus der folgenden Abbildung hervor. N_1 und N_2 sind die Normalkräfte, W ist die Gewichtskraft, und f ist die Reibungskraft.

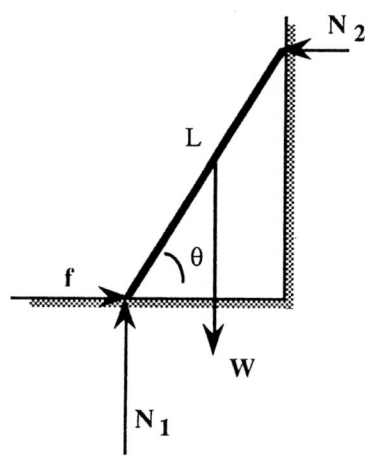

Es muß die Bedingung erfüllt sein, daß auf die Leiter kein resultierendes Drehmoment einwirkt: $M = W\,(L/2)\cos\theta - N_2\,L \sin\theta = 0$. Der Abbildung entnehmen wir, daß die Beträge von N_2 und f gleich sein müssen, damit die resultierende horizontale Kraft null ist. Die Kraft f ist die Haftreibungskraft: $f = \mu_H N_1 = \mu_H W$. Die letzte Gleichsetzung folgt daraus, daß N_1 betragsmäßig gleich W, dieser Kraft aber entgegengerichtet ist. Umstellen der Beziehung für das Drehmoment ergibt $\tan\theta = \frac{1}{2}\mu_H$ und damit $\theta = 59{,}0°$.

9.36 Hier wählen wir als Drehpunkt am besten den Schwerpunkt der Kiste. Dabei hat die Gewichtskraft keinen Kraftarm, und (das ist wichtiger) jede andere fiktive Kraft, die am Schwerpunkt angreift, hat ebenfalls den Kraftarm null. Zwei Kräfte rufen ein Drehmoment um den Schwerpunkt hervor: Die Reibungskraft F (an der Ladefläche) mit dem Kraftarm $1{,}5\,\text{m}$ sowie die Normalkraft F_N. Deren effektiver Angriffspunkt hängt vom Betrag von F ab und bewegt sich nach vorn, wenn F größer wird. Schließlich greift F_N an der Vorderkante der Kiste an, mit dem Kraftarm $0{,}5\,\text{m}$. Dann beginnt die Kiste zu kippen. Unmittelbar bevor dies geschieht, gilt für das Drehmoment $M = F_N\,(0{,}5\,\text{m}) - F\,(1{,}5\,\text{m}) = 0$. Die Kiste hat die Masse m, und die Normalkraft hat den Betrag $F_N = m\,g$. Der Betrag der Reibungskraft F hängt mit der (negativen) Beschleunigung a zusammen: $F = m\,a$. Kombination der Beziehungen ergibt für die Beschleunigung $a = g/3 = 3{,}27\,\text{m/s}^2$. Wenn man den Drehpunkt an die Vorderkante der Kiste legt, kann man zeigen, daß die Kraft auf den Schwerpunkt gleich $m\,g/3$ ist und nach vorn wirkt.

9.37 Auf den Stamm wirken vier Kräfte: Die Gewichtskraft mg, die Normalkraft F_{N} der horizontalen Fläche, die Haftreibungskraft F und die Zugkraft Z im Seil. Die resultierende Kraft auf den Stamm muß null sein. Für die vertikale Richtung bedeutet dies: $F_{\mathrm{N}} + Z\cos\theta - m\,g = 0$. Dabei ist die Aufwärtsrichtung als positiv angenommen. In horizontaler Richtung gilt $Z\sin\theta - F = 0$; darin ist $F = \mu_{\mathrm{H}}\,F_{\mathrm{N}} = \mu_{\mathrm{H}}\,(m\,g - Z\cos\theta)$. Aus beiden Bedingungen erhalten wir $Z = \mu_{\mathrm{H}}\,m\,g/(\sin\theta + \mu_{\mathrm{H}}\cos\theta)$. Dabei ist der Winkel θ noch unbestimmt. Weiterhin gilt die Bedingung, daß das resultierende Drehmoment auf den Stamm null sein muß. Als Drehpunkt wählen wir den Kontaktpunkt des Stammes mit dem Boden. Dann rufen nur zwei Kräfte ein Drehmoment hervor: $m\,g$ und Z. Der Radiusvektor durch die Mitte des Stammes hat die Länge $\ell/2$, wobei ℓ in Metern gegeben ist durch $(4^2 + 0{,}24^2)^{1/2}$, und ist um $23{,}4°$ gegen die Horizontale nach oben gerichtet. Dieser Winkel resultiert aus dem Winkel von $20°$ plus einem Winkel ϕ zwischen der Unterkante des Stammes und seinem Mittelpunkt. Es ist $\tan\phi = 0{,}12/2$ und $\phi = 3{,}43°$. Daher bewirkt die Gewichtskraft $m\,g$ das Drehmoment $(\ell/2)\,m\,g\,\sin(90° + 23{,}4°) = (m\,g\,\ell/2)\cos 23{,}4°$. Das Drehmoment aufgrund der Zugkraft Z wird am besten ermittelt, indem man deren horizontale und vertikale Komponente separat betrachtet. In vertikaler Richtung ist $\ell\,(Z\cos\theta)\,\sin(90° - 23{,}4°) = \ell\,Z\cos\theta\,\cos 23{,}4°$. In horizontaler Richtung gilt $\ell\,(Z\sin\theta)\,\sin 23{,}4°$. Daher lautet die Bedingung für das Drehmoment null: $(m\,g\,\ell/2)\cos 23{,}4° + \ell\,Z\sin\theta\,\sin 23{,}4° - \ell\,Z\cos\theta\,\cos 23{,}4° = 0$. Daher ist $Z = \frac{1}{2}\,m\,g/(\cos\theta - \sin\theta\,\tan 23{,}4°)$. Wir eliminieren Z, und es folgt $\tan\theta = \mu_{\mathrm{H}}/(1 + 2\,\mu_{\mathrm{H}}\tan 23{,}4°)$ sowie $\theta = 21{,}5°$ und $Z = 636\,\mathrm{N}$. Damit ist $F_{\mathrm{N}} = 389\,\mathrm{N}$ und $F = 233\,\mathrm{N}$.

9.38 Aus der Symmetrie der Figur folgt für die x-Koordinate des Schwerpunktes: $x_{\mathrm{S}} = 0$. Bei einem Winkel θ über der x-Achse ist $y = r\sin\theta$.

Es folgt für die y-Koordinate des Schwerpunktes

$$y_{\mathrm{S}} = \frac{\int_0^{\pi}(r\,\sin\theta)\,\lambda\,\mathrm{d}\theta}{\int_0^{\pi}\lambda\,\mathrm{d}\theta} = \frac{r\,\lambda\,(-\cos\theta)\big|_0^{\pi}}{\lambda\,\pi} = \frac{2\,r}{\pi}.$$

Darin ist λ die Masse pro Radiant, so daß die Gesamtmasse $m = \lambda\,\pi$ ist.

9.39 Hier sind N_1 und N_2 die Normalkräfte; $\mathbf{f}_1$ und $\mathbf{f}_2$ sind die Reibungskräfte. M ist die Masse der Leiter und m die des Feuerwehrmannes.

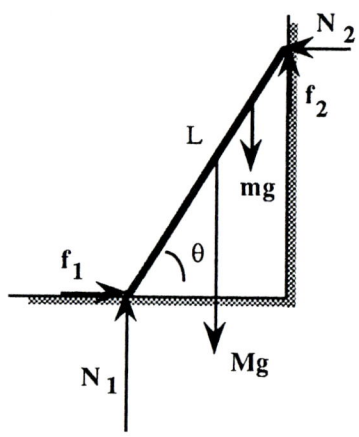

Wir wählen als Drehpunkt den Kontaktpunkt der Leiter mit dem Boden. Dann ist die Bedingung dafür, daß auf die Leiter kein resultierendes Drehmoment einwirkt: $M\,g\,(L/2)\cos\theta + m\,g\,(4\,L/5)\cos\theta - N_2\,L\sin\theta - f_2\,L\cos\theta = 0$. Darin ist $M\,g = 200\,\mathrm{N}$ und $m = 80\,\mathrm{kg}$. Um nach θ aufzulösen, müssen wir N_2 und f_2 kennen. Diese können wir daraus erhalten, daß die resultierende Kraft null sein muß. In horizontaler Richtung ist $f_1 - N_2 = 0$, und in vertikaler Richtung gilt $N_1 + f_2 = (M + m)\,g = G$ (die Gewichtskraft). Zudem haben die Reibungskräfte ihre Maximalwerte: $f_1 = \mu_{\mathrm{H1}}\,N_1$ und $f_2 = \mu_{\mathrm{H2}}\,N_2$, wobei die Koeffizienten $\mu_{\mathrm{H1}} = 0{,}7$ und $\mu_{\mathrm{H2}} = 0{,}4$ sind. Damit ist $N_2 = \mu_{\mathrm{H1}}\,G/(1 + \mu_{\mathrm{H1}}\,\mu_{\mathrm{H2}})$. Schließlich können wir die Drehmomentbedingung umschreiben: $\tan\theta = (\frac{1}{2}\,M\,g + \frac{4}{5}\,m\,g - f_2)/N_2$. Einsetzen der Werte ergibt $\tan\theta = 0{,}951$ und $\theta = 43{,}6°$.

9.40 a) Der oberste Backstein kann um $\ell/2$, also um seine halbe Länge, überstehen, wobei sich sein Schwerpunkt gerade über der Kante des darunterliegenden Backsteins befindet. Dieses Prinzip wenden wir nun auf die beiden obersten Backsteine an. Wir bestimmen zunächst die x-Koordinate ihres gemeinsamen Schwerpunktes. Es ist $x_S = (0 + m \ell/2)/(2m) = \ell/4$. Darin ist m die Masse eines Backsteins, und der Schwerpunkt des unteren Backsteins ist als Ursprung gewählt. Der gemeinsame Schwerpunkt der beiden obersten Backsteine befindet sich also um $\ell/4$ rechts vom Ursprung. Daher kann ihr Überhang gleich $\ell/2 - \ell/4 = \ell/4$ sein. Jetzt betrachten wir die drei obersten Backsteine; ihr gemeinsamer Schwerpunkt liegt bei $x_S = [0 + m\ell/4 + m(\ell/4 + \ell/2)]/(3m) = \ell/3$. Ihr Überhang ist damit $\ell/2 - \ell/3 = \ell/6$. Die beiden nächsten Überhänge sind entsprechend $\ell/8$ und $\ell/10$.   b) Der gesamte Überhang beträgt $\frac{1}{2}\ell(1 + \frac{1}{2} + \frac{1}{3} + \frac{1}{4} + \frac{1}{5}) = 1{,}14\,\ell$. Somit liegt die linke Kante des obersten Backsteins rechts von der rechten Kante des untersten. Weil die Reihe $1 + \frac{1}{2} + \frac{1}{3} + \frac{1}{4} + \cdots$ divergiert, ist im Prinzip ein beliebig großer Überhang realisierbar, wenn genügend viele Backsteine entsprechend gestapelt werden.

9.41 Auf den Block wirken folgende Kräfte: die Zugkraft Z im Seil, die Gewichtskraft $G = mg$, die Normalkraft F_N der Ebene und die Haftreibungskraft F. Senkrecht zur Ebene lautet die Bedingung, daß die resultierende Kraft null ist: $F_N - mg\cos\theta = 0$. Daraus kann der Betrag von F_N bestimmt werden. Wir setzen die Aufwärtsrichtung entlang der Ebene positiv. Dann liefert die Bedingung, daß die resultierende Kraft auch hier null ist, den Ausdruck $Z + F - mg\sin\theta = 0$. Dabei ist angenommen, daß F ihren Maximalbetrag hat: $F = \mu_H F_N = \mu_H mg\cos\theta$. Beachten Sie, daß F entlang der Ebene aufwärts wirkt, also den Block festhält. Aus beiden Bedingungen folgt die Zugkraft $Z = mg\cos\theta\,(\tan\theta - \mu_H)$. Weiterhin muß das resultierende Drehmoment gleich null sein. Als Drehpunkt wählen wir den Schwerpunkt des Blocks. Dann gilt für das Drehmoment $M = F(b/2) + F_N x - Z(b/2) = 0$. Dabei müssen wir beachten, daß der effektive Angriffspunkt von F_N mit dem Winkel variiert. Somit repräsentiert x den Abstand des Angriffspunktes von der Mitte der Basisfläche des Blocks, wobei

die Richtung die Ebene hinauf positiv ist. Der größtmögliche Wert von x ist $a/2$. Also folgt aus der Drehmoment-Bedingung $Z = mg\cos\theta\,(\mu_H + 2x/b) = mg\cos\theta\,(\mu_H + a/b)$. Gleichsetzen der Ausdrücke für Z ergibt $\tan\theta = 2\mu_H + a/b = 1{,}6 + 0{,}25$. Damit ist $\theta = 61{,}6°$.

9.42 Wir wählen die Achsen so, daß die x-Achse parallel zur Ebene verläuft (aufwärts wird als positiv angenommen). Dann steht die y-Achse senkrecht auf der Ebene; die positive Richtung ist die von der Schiene weg. Es müssen vier Kräfte bestimmt werden: F_{1x}, F_{1y}, F_{2x} und F_{2y}. Die resultierenden Kräfte in x- und in y-Richtung sind jeweils null: $F_{1y} + F_{2y} = mg\cos\theta$ und $F_{1x} + F_{2x} = mg\sin\theta$. Darin ist $\theta = 30°$. Um die untere Stütze ist das Drehmoment null: $mg\,(3\,\text{m})\cos\theta = F_{2y}\,(1\,\text{m})$. Daraus folgt $F_{1y} = \frac{1}{4}mg\cos\theta$ und $F_{2y} = \frac{3}{4}mg\cos\theta$. Um die x-Komponenten von F_1 und F_2 zu bestimmen, nehmen wir an, daß die Haftreibungszahl bei beiden Stützen gleich ist (denn in der Aufgabe ist nichts Gegenteiliges gegeben). Weil die Haftreibungskraft proportional zur jeweiligen Normalkraft ist (hier F_{1y} und F_{2y}), folgt $F_{2x} = 3 F_{1x}$, so daß gilt $F_{1x} = \frac{1}{4}mg\sin\theta$ und $F_{2x} = \frac{3}{4}mg\sin\theta$. Schließlich erhalten wir $F_1 = 49{,}1\,\text{N}$ und $F_2 = 147\,\text{N}$. Die Vektoren beider Kräfte bilden mit der x-Achse einen Winkel von 60° nach oben; so daß F_1 und F_2 antiparallel zur Richtung der Gravitationskraft verlaufen.

9.43 Die Abbildung zeigt die Anordnung. Hier ist $\mathbf{f}$ die Haftreibungskraft, und $\mathbf{N}$ sowie $\mathbf{F_S}$ sind die Normalkräfte.

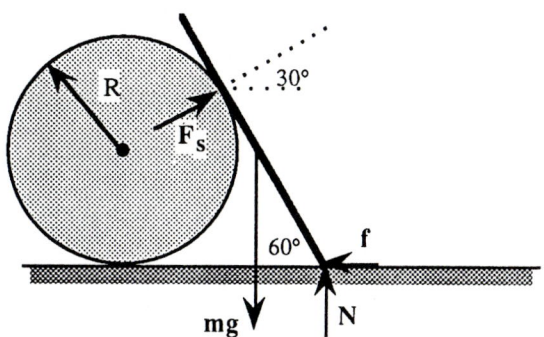

Die Länge des Leiterstücks zwischen den Berührungspunkten mit der Kugel und dem Boden ist $\sqrt{3}\,R$. a) Die Bedingung, daß das Drehmoment null ist, ergibt für die Kraft F_S den Ausdruck $m\,g\,(5\,R/4)\cos 60° = F_S\,\sqrt{3}\,R$. Daraus folgt $F_S = (5\,\sqrt{3}/24)\,m\,g = 0{,}361\,m\,g$. b) Die Reibungskraft f ist gegeben durch $f = F_S\cos 30° = (5/16)\,m\,g = 0{,}313\,m\,g$. c) Die Normalkraft N erhalten wir aus $N + F_S\sin 30° = m\,g$ bzw. $N = (1 - 5\,\sqrt{3}/48)\,m\,g = 0{,}820\,m\,g$. Damit die Leiter nicht abrutscht, muß μ_H mindestens den Wert $0{,}382$ haben.

9.44 a) Das Drehmoment um den Schwerpunkt muß null sein; daraus folgt $Z R = F_H R$. Darin ist F_H die Reibungskraft, und Z ist die Zugkraft im Seil. Es ergibt sich $Z = F_H$. Weiterhin muß die resultierende Kraft entlang der Ebene null sein: $Z\cos\theta + F_H = m\,g\sin\theta$. Das ergibt $Z = (m\,g\sin\theta)/(1 + \cos\theta) = 7{,}89\,\text{N}$. b) Die Normalkraft erhalten wir aus der Bedingung, daß die resultierende Kraft senkrecht zur Ebene null sein muß: $F_N = m\,g\cos\theta + Z\sin\theta$. Es folgt $F_N = m\,g = 29{,}4\,\text{N}$. c) Wie in Teil a) erwähnt, ist $F_H = Z = 7{,}89\,\text{N}$.

Kapitel 10

Gravitation

10.1 Das dritte Keplersche Gesetz lautet $(T/T_E)^2 = (r/r_E)^3$. Umstellen ergibt $r = r_E(T/T_E)^{2/3} = (1\,\text{AE})\,[5\,\text{a}/(1\,\text{a})]^{2/3} = 2{,}92\,\text{AE} = 4{,}39 \cdot 10^{11}$ m.

10.2 Nach dem dritten Keplerschen Gesetz ist $T_E^2 = Cr_E^3$ und $T_U^2 = Cr_U^3$. Daraus folgt $T_U = T_E(r_U/r_E)^{3/2} = (1\,\text{a})\,(28{,}7/1{,}496)^{3/2} = 84{,}0$ Jahre.

10.3 Weil der Drehimpuls konstant ist und der Radiusvektor im Aphel und im Perihel senkrecht auf dem Impulsvektor steht, folgt $m\,v_1\,r_1 = m\,v_2\,r_2$ und damit $v_2 = v_1\,(r_1/r_2) = 2{,}27 \cdot 10^4$ m/s.

10.4 Analog zur vorigen Aufgabe ist $v_2 = v_1\,(r_1/r_2) = 2{,}63 \cdot 10^6$ m/s.

10.5 a) Nach den dritten Keplerschen Gesetz ist $r_C = r_I\,(T_C/T_I)^{2/3} = 1{,}88 \cdot 10^9$ m. b) Das Resultat von Teil a) wird hier nicht benötigt, weil wir entweder die Umlaufbahn von Io oder die von Callisto betrachten müssen. Mit den Daten von Io erhalten wir die Jupitermasse $M_J = [4\,\pi^2/(G\,T_I^2)]\,R_I^3 = 1{,}90 \cdot 10^{27}$ kg.

10.6 a) Die Umlaufdauer des Oberon erhalten wir nach dem dritten Keplerschen Gesetz: $T_O = T_{Um}\,(r_O/r_{Um})^{3/2} = 1{,}16 \cdot 10^6$ s. Wir können das auch aus der ausführlicheren Form des Gesetzes erhalten: $T_O = [4\,\pi^2\,r_O^3/(GM_U)]^{1/2}$. b) Aus dem dritten Keplerschen Gesetz folgt $M_U = [4\,\pi^2/(G\,T_{Um}^2)]\,r_{Um}^3 = 8{,}79 \cdot 10^{25}$ kg.

10.7 a) Nach dem dritten Keplerschen Gesetz ist $T_M = [4\,\pi^2\,r_M^3/(GM_S)]^{1/2} = 8{,}18 \cdot 10^4$ s. b) Mit dem gleichen Gesetz berechnen wir den Bahnradius: $r_T = [GM_S\,T_T^2/(4\,\pi^2)]^{1/3} = 1{,}22 \cdot 10^9$ m.

10.8 Mit $r_M = 3{,}84 \cdot 10^8$ m und $T_M = 27{,}3\,\text{d} = 2{,}36 \cdot 10^6$ s erhalten wir die Masse der Erde zu $M_E = [4\,\pi^2/(G\,T_M^2)]\,r_M^3 = 6{,}02 \cdot 10^{24}$ kg.

10.9 Das dritte Keplersche Gesetz ergibt unmittelbar $M_\odot = [4\,\pi^2/(G\,T_E^2)]\,r_E^3 = 1{,}99 \cdot 10^{30}$ kg.

10.10 Wegen $g = GM/r^2$ erhalten wir die Erdmasse zu $M_E = g\,R_E^2/G = 5{,}97 \cdot 10^{24}$ kg.

10.11 Der Erdradius ist $R_E = 6{,}37 \cdot 10^6$ m. Die Frage lautet also: Wie groß ist die Beschleunigung im Abstand $2\,R_E$ vom Erdmittelpunkt? Wegen $g = Gm/r^2$ ist klar, daß ein Verdoppeln des Abstands die Beschleunigung auf ein Viertel herabsetzt. Somit ist $a = \frac{1}{4}\,g$.

10.12 Der Planet hat den 10fachen Radius, also das 1000fache Volumen wie die Erde. Weil er die gleiche Masse pro Volumeneinheit hat, ist seine Masse gleich der 1000fachen Erdmasse. Damit ist seine Gravitationsbeschleunigung $g_P = G\,(10^3\,M_E)\,/\,(10\,R_E)^2 = 10\,g$. Daher wäre die Gewichtskraft einer Person 10mal so groß wie auf der Erde.

10.13 a) Die Kraft zwischen den Massen können wir mit dem Newtonschen Gravitationsgesetz ermitteln: $F = G\,m_1\,m_2/r^2 = 2{,}67 \cdot 10^{-9}$ N. b) Das Drehmoment um den Mittelpunkt des

Stabes, der beide Massen verbindet, ist für jede Masse gleich $F\,(0,1\,\mathrm{m})$. Daher ist das Drehmoment $M = 2\,F\,(0,1\,\mathrm{m}) = 5,34 \cdot 10^{-10}\ \mathrm{N \cdot m}$.

10.14 a) Es ist gegeben $m_1 = 1\ \mathrm{kg}$ und $a_1 = F/m_1 = 2,6587\ \mathrm{m/s^2}$. Für den zweiten Körper ist $a_2 = 1,1705\ \mathrm{m/s^2}$ und somit $m_2 = F/a_2 = m_1 a_1 / a_2 = 2,2714\ \mathrm{kg}$.   b) Hier wird die träge Masse betrachtet, weil sozusagen ihr Widerstand gegen eine Beschleunigung berechnet wurde.

10.15 a) Es ist $m_2 = m_1 (F_{G2} / F_{G1}) = (1\ \mathrm{kg})\,(56,6/9,81) = 5,77\ \mathrm{kg}$.   b) Schwere Masse.

10.16 Die Fluchtgeschwindigkeit auf der Erde ist $v_{\mathrm{F,E}} = (2\,g\,R_{\mathrm{E}})^{1/2} = (2\,G M_{\mathrm{E}}/R_{\mathrm{E}})^{1/2}$. Beim Saturn ist $v_{\mathrm{F,S}} = [2\,G\,(95,2)\,M_{\mathrm{E}}/(9,47\,R_{\mathrm{E}})]^{1/2} = (95,2/9,47)^{1/2}\,v_{\mathrm{F,E}} = 3,55 \cdot 10^4\ \mathrm{m/s}$. Das sind etwa 127 800 km/h.

10.17 Für die Fluchtgeschwindigkeit, die auf dem Mond herrscht, gilt die Beziehung $v_{\mathrm{F,M}} = (2\,g_{\mathrm{M}}\,R_{\mathrm{M}})^{1/2} = [2\,(0,166)\,g\,(0,273)\,R_{\mathrm{E}}]^{1/2} = [(0,166)\,(0,273)]^{1/2}\,v_{\mathrm{F,E}} = 2,38 \cdot 10^3\ \mathrm{m/s}$. Das entspricht etwa 8570 km/h.

10.18 Aus der Energieerhaltung folgt $\frac{1}{2}\,m\,v^2 + E_{\mathrm{pot}}(R_{\mathrm{E}}) = 0 + E_{\mathrm{pot}}(2\,R_{\mathrm{E}})$. Für die potentielle Energie setzen wir $E_{\mathrm{pot}}(R_{\mathrm{E}}) = 0$, so daß folgt $E_{\mathrm{pot}}(r) = G M_{\mathrm{E}}\,m/R_{\mathrm{E}} - G M_{\mathrm{E}}\,m/r$ und damit $E_{\mathrm{pot}}(2\,R_{\mathrm{E}}) = G M_{\mathrm{E}}\,m/(2\,R_{\mathrm{E}})$. Auflösen nach der Geschwindigkeit ergibt $v = (G M_{\mathrm{E}}/R_{\mathrm{E}})^{1/2} = (g\,R_{\mathrm{E}})^{1/2} = v_{\mathrm{F}}/(2)^{1/2} = 7,92 \cdot 10^3\ \mathrm{m/s}$.

10.19 a) Wegen $E_{\mathrm{pot}}(r) = -G M m/r$ ist die potentielle Energie auf der Erdoberfläche $E_{\mathrm{pot}}(R_{\mathrm{E}}) = -G M_{\mathrm{E}}\,m/R_{\mathrm{E}} = -g\,m\,R_{\mathrm{E}} = -6,25 \cdot 10^9\ \mathrm{J}$.   b) $E_{\mathrm{pot}}(2\,R_{\mathrm{E}}) = \frac{1}{2}\,E_{\mathrm{pot}}(R_{\mathrm{E}}) = -3,13 \cdot 10^9\ \mathrm{J}$.   c) Das Resultat von Teil b) zeigt, daß zum Entweichen von der Höhe $r = 2\,R_{\mathrm{E}}$ nur halb so viel Anfangsenergie erforderlich ist wie von der Erdoberfläche ($r = R_{\mathrm{E}}$). Daher folgt $\frac{1}{2}\,m\,v^2 = \frac{1}{2}\,(\frac{1}{2}\,m\,v_{\mathrm{F}}^2)$ bzw. $v = v_{\mathrm{F}}/(2)^{1/2} = 7,92 \cdot 10^3\ \mathrm{m/s}$.

10.20 a) Die Gravitationskraft ist $F = G M_{\mathrm{E}}\,m/r^2 = m\,g\,(R_{\mathrm{E}}/r)^2$. Darin ist $r = R_{\mathrm{E}} + r_{\mathrm{Sat}}$ mit $r_{\mathrm{Sat}} = 5 \cdot 10^7\ \mathrm{m}$. Einsetzen der Werte ergibt $F = 37,6\ \mathrm{N}$.   b) Die Geschwindigkeit des Satelliten ist so groß, daß die Gravitationskraft der Zentripetalkraft gleicht: $m\,v^2/r = G M_{\mathrm{E}}\,m/r^2$. Vereinfachen ergibt $v^2 = g\,R_{\mathrm{E}}^2/r$ und $v = 2,66 \cdot 10^3\ \mathrm{m/s}$.   c) Der Satellit bewegt sich mit konstanter Geschwindigkeit v auf einem Kreis des Umfangs $2\,\pi\,r$. Daher ist seine Umlaufdauer T gegeben durch $v\,T = 2\,\pi\,r$; es folgt $T = 2\,\pi\,r/v = 1,33 \cdot 10^5\ \mathrm{s} = 1,54$ Tage.

10.21 a) Das Gravitationsfeld innerhalb einer homogenen Kugelschale ist null. Also ist $g = 0$ für $r = 0,5\ \mathrm{m}$.   b) Es ist $g = 0$.   c) Das Gravitationsfeld hat den Betrag $g = G m/r^2 = 3,20 \cdot 10^{-9}\ \mathrm{m/s^2}$ und ist auf den Mittelpunkt der Kugelschale gerichtet.

10.22 Die Anziehungskraft aufgrund der Gravitation ist zwischen den Schalen gleich null, weil das Gravitationsfeld innerhalb der großen Schale überall null ist und daher jedes Massenelement der kleinen Schale die Kraft null erfährt.

10.23 Die Kraft zwischen beiden Massen wirkt stets anziehend. Daher muß (positive) Arbeit aufgewandt werden, um sie voneinander zu entfernen. Wir setzen die potentielle Energie der Gravitation bei unendlichem Abstand null. Beim Abstand R ist sie $E_{\mathrm{pot}} = -G M m_0/R$. Um die Masse m_0 unendlich weit zu entfernen, ist die Arbeit $W = -E_{\mathrm{pot}}$ aufzuwenden, damit die potentielle Energie des Systems null wird. Wir können die Arbeit direkt nach $\mathrm{d}W = F\,\mathrm{d}r = (G M m_0/r^2)\,\mathrm{d}r$ berechnen und dann von $r = R$ bis $r = \infty$ integrieren. Wir erhalten

$$W = \int_R^\infty \frac{G M m_0}{r^2}\,\mathrm{d}r = \frac{G M m_0}{R}.$$

10.24 a) Beim Abstand $r = 3\,a$ haben die beiden Kugelschalen den Effekt, als wäre ihre gesamte Masse im Ursprung konzentriert. Dann ist

$F = G\,(M_1 + M_2)\,m/(3\,a)^2$.   b) Bei $r = 1,9\,a$ übt nur die kleinere Schale eine Gravitationskraft auf m aus: $F = G M_1 m/(1,9\,a)^2$.   c) Bei $r = 0,9\,a$ übt keine der Kugelschalen eine Gravitationskraft auf m aus, und es ist $F = 0$.

10.25 a) Außerhalb der Kugel ist ihr Gravitationsfeld so beschaffen, als wäre ihre gesamte Masse im Ursprung konzentriert. Dann ist $g = G\,m/r^2 = (0,559\,\mathrm{N\cdot m^2/kg})/r^2$, mit Richtung auf den Mittelpunkt.   b) Innerhalb der Kugel wirkt sich nur die Masse zwischen dem betrachteten Radius und dem Mittelpunkt aus; es ist $g = G\,(\tfrac{4}{3}\,\pi\,r^3\,\varrho)/r^2 = [5,59 \cdot 10^{-7}\,\mathrm{N/(kg\cdot m)}]\,r$.

10.26 Das Teilchen wird nach oben abgeschossen, und zwar mit der doppelten Fluchtgeschwindigkeit $v = 2\,v_\mathrm{F} = 2,24 \cdot 10^4$ m/s. Die Arbeit, die am Teilchen durch die Gravitation verrichtet wird, verlangsamt es, während es sich wegbewegt. Seine Endgeschwindigkeit können wir aus der Energieerhaltung bestimmen: $\tfrac{1}{2}\,m\,(2\,v_\mathrm{F})^2 - G M_\mathrm{E}\,m/R_\mathrm{E} = \tfrac{1}{2}\,m\,v_\mathrm{e}^2$. Hier ist die potentielle Energie in unendlichem Abstand als null angesetzt. Wir lösen nach der Endgeschwindigkeit auf. Mit $g = G M_\mathrm{E}/R_\mathrm{E}^2$ ist sie $v_\mathrm{e} = (6\,g R_\mathrm{E})^{1/2} = \sqrt{3}\,v_\mathrm{F} = 1,94 \cdot 10^4$ m/s. Sie ist also nur rund 13 Prozent geringer als die Startgeschwindigkeit.

10.27 Es sei $E_\mathrm{pot}(\infty) = 0$. Um die Energie zu erhalten, muß gelten $\tfrac{1}{2}\,m\,v_\mathrm{a}^2 - G M_\mathrm{E}\,m/R_\mathrm{E} = \tfrac{1}{2}\,m\,v_\mathrm{e}^2$. Dabei ist die Endgeschwindigkeit $v_\mathrm{e} = 50$ km/s. Wir berechnen die Anfangsgeschwindigkeit: $v_\mathrm{a} = (v_\mathrm{e}^2 + 2\,G M_\mathrm{E}/R_\mathrm{E})^{1/2} = (v_\mathrm{e}^2 + 2\,g R_\mathrm{E}^2)^{1/2} = 51,2$ km/s. Beachten Sie die geringe Differenz zwischen Anfangs- und Endgeschwindigkeit; sie ist wesentlich kleiner als die Fluchtgeschwindigkeit: $v_\mathrm{a} - v_\mathrm{e} \ll v_\mathrm{F}$.

10.28 Die anfängliche Höhe über der Erdoberfläche ist $h = 4 \cdot 10^6$ m. Dann folgt aus der Energieerhaltung $\tfrac{1}{2}\,m\,v_\mathrm{e}^2 - G M_\mathrm{E}\,m/R_\mathrm{E} = 0 - G M_\mathrm{E}\,m/(R_\mathrm{E} + h)$. Auflösen nach dem Quadrat der Endgeschwindigkeit ergibt $v_\mathrm{e}^2 = 2\,g R_\mathrm{E}\,[h/(R_\mathrm{E} + h)]$. Daraus folgt $v_\mathrm{e} = 6,94$ km/s.

10.29 Mit der Anfangsgeschwindigkeit $v_\mathrm{a} = 4$ km/s wird die Höhe h erreicht, für die gilt $\tfrac{1}{2}\,m\,v_\mathrm{a}^2 - G M_\mathrm{E}\,m/R_\mathrm{E} = 0 - G M_\mathrm{E}\,m/(R_\mathrm{E} + h)$. Umstellen führt zu $h = 2\,g R_\mathrm{E}^2/(2\,g R_\mathrm{E} - v_\mathrm{a}^2) - R_\mathrm{E} = R_\mathrm{E}/(v_\mathrm{F}^2/v_\mathrm{a}^2 - 1)$. Darin ist das Quadrat der Fluchtgeschwindigkeit $v_\mathrm{F}^2 = 2\,g R_\mathrm{E}$. Es folgt $h = 9,35 \cdot 10^5$ m.

10.30 a) Aus dem 3. Keplerschen Gesetz $T^2 = C\,r^3$ folgt direkt $C = T_1^2/r_1^3$ und damit $T_2^2 = C\,r_2^3 = T_1^2\,r_2^3/r_1^3$. Darin ist $r_2 = \tfrac{1}{2}\,(100 + 180)\,10^9$ m $= 140 \cdot 10^9$ m. Einsetzen der Zahlenwerte ergibt $T_2 = 3,31$ Jahre.   b) Das 3. Keplersche Gesetz lautet $T^2 = 4\,\pi^2\,r^3/(G M_\mathrm{S})$, und es folgt $M_\mathrm{S} = 4\,\pi^2\,r_1^3/(G\,T_1^2) = 4\,\pi^2\,r_2^3/(G\,T_2^2) = 1,49 \cdot 10^{29}$ kg.   c) Die Geschwindigkeit des Planeten 1 ist einfach $v_1 = 2\,\pi r_1/T_1 = 9,96$ km/s. Für Planet 2 nehmen wir an, daß sein Drehimpuls während seiner Bewegung durch die Punkte A und P konstant ist: $m\,v_P\,r_1 = m\,v_A\,r_A$. Ferner bleibt die Energie erhalten: $\tfrac{1}{2}\,m\,v_P^2 - G M_\mathrm{S}\,m/r_1 = \tfrac{1}{2}\,m\,v_A^2 - G M_\mathrm{S}\,m/r_A$. Aus beiden Ausdrücken folgt für die Geschwindigkeit am Punkt P: $v_P^2 = G M_\mathrm{S}\,r_A/(r_1\,r_2)$ und daraus $v_P = 11,3$ km/s. Die Geschwindigkeit ist also größer als die Geschwindigkeit von Planet 1 an diesem Punkt. Um zu entscheiden, welcher Planet die größere Gesamtenergie hat, betrachten wir den Punkt P, an dem beide Planeten dieselbe potentielle Energie haben. Weil Planet 2 hier die höhere Geschwindigkeit hat, besitzt er hier die höhere kinetische Energie und daher die höhere Gesamtenergie. Beachten Sie, daß jeder Planet eine negative Gesamtenergie hat.   d) Die Erhaltung des Drehimpulses führt zu $v_A = v_P\,r_1/r_A = v_P/(1,8) = 6,28$ km/s. Diese Geschwindigkeit ist geringer als die von Planet 2 am Punkt P und auch geringer als die von Planet 1.

10.31 Aus der Symmetrie der Kugelschale ergibt sich, daß das Gravitationsfeld an einem gegebenen Punkt durch die Masse zwischen diesem Radius und dem Ursprung hervorgerufen wird. Daher muß gelten $g_r = 0$ für $r < R_1$ sowie $g_r = G M/r^2$ für $r > R_2$. Für dazwischenliegende Werte von r berücksichtigen wir, daß für die Dichte (= Masse/Volumen) der Kugelschale gilt $\varrho = M/[\frac{4}{3}\pi\,(R_2^3 - R_1^3)]$. Daher ist ihre Masse zwischen dem Ursprung und dem Radius r gegeben durch $m = \varrho\,\frac{4}{3}\pi\,(r^3 - R_1^3)$. Kombinieren der Beziehungen ergibt für $R_1 < r < R_2$:

$$g_r = \frac{GM\,\left(r^3 - R_1^3\right)}{r^2\,\left(R_2^3 - R_1^3\right)}.$$

10.32 a) Jede Masse m übt auf die Punktmasse m_0 eine Kraft aus, deren Betrag $F = G\,m\,m_0/r^2 = G\,m\,m_0/(x^2 + a^2)$ ist. Die y-Komponenten dieser Kräfte heben einander auf, aber ihre x-Komponenten addieren sich. Für letztere gilt $F_x = -F\cos\theta$ mit $\cos\theta = x/(x^2 + a^2)^{1/2}$. Addieren dieser Komponenten ergibt $\mathbf{F} = [-2\,G\,m\,m_0\,x/(x^2 + a^2)^{3/2}]\,\mathbf{e}_x$. b) Nach Definition ist das Gravitationfeld $\mathbf{g} = \mathbf{F}/m_0 = [-2\,G\,m\,x/(x^2 + a^2)^{3/2}]\,\mathbf{e}_x$. c) Die x-Komponente des Gravitationsfeldes ist $g_x = -2\,G\,m\,x/(x^2 + a^2)^{3/2} = -2\,G\,m\,x/[x^3(1 + a^2/x^2)^{3/2}]$. Für $x \gg a$ kann im Nenner der Term a^2/x^2 vernachlässigt werden, und es folgt $g_x \approx -2\,G\,m/x^2$. d) Um das Maximum von $|g_x|$ zu ermitteln, leiten wir zunächst g_x nach x ab: $\mathrm{d}g_x/\mathrm{d}x = -2\,G\,m\,[1/(x^2 + a^2)^{1/2} - 3\,x^2/(x^2 + a^2)^{5/2}]$. Das setzen wir gleich null und erhalten $x^2 + a^2 = 3\,x^2$ bzw. $x = \pm a/\sqrt{2}$.

10.33

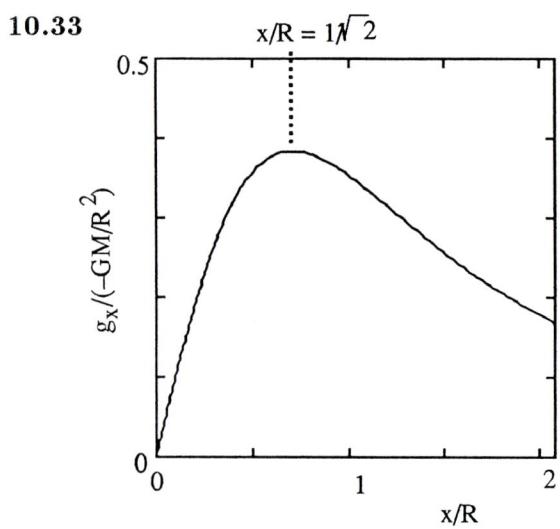

a) Jedes Massenelement im Ring hat von einem Punkt auf der x-Achse den gleichen Abstand. Daher ist $\mathbf{g} = \mathbf{F}/m = [-G\,m\,x/(x^2 +$

$R^2)^{3/2}]\,\mathbf{e}_x$ sowie $g_x = -(Gm/R^2)\,(x/R)/(1 + x^2/R^2)^{3/2}$. Diese Funktion ist in der obigen Abbildung für $x/R > 0$ aufgetragen.   b) Den Ort des maximalen Betrags von g_x ermitteln wir, indem wir $\mathrm{d}g_x/\mathrm{d}x = 0$ setzen, wie in der vorigen Aufgabe. Es ergibt sich $x = \pm R/\sqrt{2}$. Beachten Sie, daß der Betrag von g_x symmetrisch zu $x/R = 0$ ist.

10.34 Aus der Symmetrie geht hervor, daß $F_x = 0$ ist. Für die y-Komponente erhalten wir $F_y = F_1\cdot 0 + F_2\sin 45^\circ + F_3 + F_4\sin 45^\circ + F_5\cdot 0 = (GMm/R^2)\,(1 + \sqrt{2})$. Die letzte Gleichsetzung folgt daraus, daß alle Kräfte den gleichen Betrag GMm/R^2 haben. Einsetzen der Werte ergibt $F_y = 9{,}66\cdot 10^{-8}$ N.

10.35 a) Der Ring hat die Masse M und den Radius R. Wir stellen uns eine Masse m in seinem Mittelpunkt vor. Der Beitrag eines jeden Massenelements des Ringes zum Gravitationsfeld im Mittelpunkt ist $\mathrm{d}\mathbf{g} = \mathrm{d}\mathbf{F}/m = (G\,\mathrm{d}m/R^2)\,\mathbf{r}$. Darin ist $\mathrm{d}m = [M/(2\,\pi\,R)]\,R\,\mathrm{d}\theta = [M/(2\,\pi)]\,\mathrm{d}\theta$ und $\mathbf{r} = \cos\theta\,\mathbf{e}_x + \sin\theta\,\mathbf{e}_y$, wobei θ im Gegenuhrzeigersinn von der x-Achse aus gemessen ist. Es folgt unmittelbar

$$g_x = \frac{GM}{2\,\pi\,R^2}\int_0^{2\pi}\cos\theta\,\mathrm{d}\theta = 0$$

und

$$g_y = \frac{GM}{2\,\pi\,R^2}\int_0^{2\pi}\sin\theta\,\mathrm{d}\theta = 0.$$

Daher ist das gesamte Gravitationsfeld im Mittelpunkt gleich null. Das können wir auch dem Diagramm von Lösung 10.33 entnehmen.   b) Die Längen der Ringsegmente sind $s_1 = r_1\,\mathrm{d}\theta$ und $s_2 = r_2\,\mathrm{d}\theta$. Die Massen der Segmente sind proportional zu ihren Längen. Daraus folgt $m_1/m_2 = s_1/s_2 = r_1/r_2 < 1$. Nun bestimmen wir, welches Segment das stärkere Gravitationsfeld erzeugt. Zwar ist m_2 größer, aber weiter von dem Punkt P entfernt. Daher erhalten wir $g_1 = G\,m_1/r_1^2$ und $g_2 = G\,m_2/r_2^2 = G\,m_1\,(r_2/r_1)/r_2^2 = g_1\,(r_1/r_2) < g_1$. Also erzeugt die kleinere Masse m_1 am Punkt P das stärkere Feld, weil dieses Segment näher liegt.   c) Aufgrund der Symmetrie bewirkt der ganze Ring eine Kraft entlang der Verbindungsgeraden von s_1 und s_2. Nach dem Ergebnis von Teil a) ist klar, daß das Feld zu s_1 hin gerichtet ist.   d) Wenn die Kraft proportional zu $1/r$ ist, erhalten wir $g_1 = G\,m_1/r_1$ und $g_2 = G\,m_2/r_2 = G\,m_1\,(r_2/r_1)/r_2 = G\,m_1/r_1 = g_1$. Damit wäre das Gravitationsfeld am Punkt P gleich null.   e) Läge der Punkt P innerhalb einer Kugelschale, und wären m_1 und m_2 die Massen der beiden Kappen, so gälte $m_1/m_2 = (r_1/r_2)^2$. Mit einer Kraft proportional zu $1/r^2$ wäre dann $g_1 = g_2$, und das Feld am Punkt P wäre null.

10.36   a) Die Änderung des Gravitationsfeldes bei einer Massenänderung um $\Delta m = 80$ kg ist $\Delta g = G\,\Delta m/r^2 = 10^{-11}\,g$. Die letzte Gleichsetzung entspricht der maximalen Empfindlichkeit des Instruments. Auflösen nach der Entfernung ergibt $r^2 = G\,\Delta m/(10^{-11}\,g)$ und $r = 7{,}38$ m.   b) Die Änderung des Gravitationfeldes ist $\Delta g = GM_{\mathrm{E}}/R_{\mathrm{E}}^2 - GM_{\mathrm{E}}/(R_{\mathrm{E}} + \Delta r)^2 = 10^{-11}\,g$; die entsprechende Änderung der Entfernung ist $\Delta r = [(1 - 10^{-11})^{-1/2} - 1]R_{\mathrm{E}}$. Zum Auswerten setzen wir die Reihenentwicklung an: $(1 + x)^{-1/2} = 1 - \tfrac{1}{2}x + \cdots$. Dabei berücksichtigen wir nur die ersten zwei Terme, da $x \ll 1$ ist. Es folgt $\Delta r = \tfrac{1}{2}(10^{-11})R_{\mathrm{E}} = 0{,}0319$ mm.

10.37   Wir betrachten eine Masse m_0 im Abstand r vom Erdmittelpunkt. Die von der Erde auf diese Masse wirkende Kraft setzen wir gleich der vom Mond auf sie ausgeübten: $GM_{\mathrm{E}}\,m_0/r^2 = GM_{\mathrm{M}}\,m_0/(R - r)^2$. Darin sind M_{E} bzw. M_{M} die Massen von Erde bzw. Mond, und $R = 3{,}82 \cdot 10^8$ m ist der Mittelpunktsabstand zwischen beiden. Mit $x = M_{\mathrm{E}}/M_{\mathrm{M}} = (5{,}98 \cdot 10^{24}$ kg$)/(7{,}35 \cdot 10^{22}$ kg$)$ ist $r = R\sqrt{x}/(1 + \sqrt{x})$. Es folgt $r = 3{,}44 \cdot 10^8$ m; das sind 90 Prozent des Abstands von der Erde zum Mond.

10.38   a) Ein Gegenstand der Masse m, der sich im Abstand r vom Erdmittelpunkt befindet, erfährt die Gravitationskraft $\mathbf{F}(r) = (G\,M'\,m/r^2)\,\mathbf{r}$, wobei gilt $M' = \tfrac{4}{3}\pi r^3 \varrho = \tfrac{4}{3}\pi r^3\,[M_{\mathrm{E}}/(\tfrac{4}{3}\pi R_{\mathrm{E}}^3)] = M_{\mathrm{E}}\,(r/R_{\mathrm{E}})^3$. Um den Gegenstand um die Strecke $\mathrm{d}r$ nach oben zu

bewegen, ist die Arbeit $\mathrm{d}W = F(r)\,\mathrm{d}r = (m\,g/R_{\mathrm{E}})\,r\,\mathrm{d}r$ aufzuwenden. Die gesamte Arbeit ist damit

$$W = \frac{m\,g}{R_{\mathrm{E}}} \int_0^{R_{\mathrm{E}}} r\,\mathrm{d}r = \frac{1}{2}\,m\,g\,R_{\mathrm{E}}.$$

b) Die Arbeit, die am Gegenstand verrichtet wird, ist gleich der Änderung seiner kinetischen Energie. Hier ist $\Delta E_{\mathrm{kin}} = \tfrac{1}{2}m\,v^2 = W = \tfrac{1}{2}m\,g\,R_{\mathrm{E}}$ und $v = (g\,R_{\mathrm{E}})^{1/2} = 7{,}91 \cdot 10^3$ m/s.

10.39   Wir betrachten zunächst die auf den Stab ausgeübte Kraft. Dabei verhält sich die Kugel so, als wäre ihre gesamte Masse in ihrem Mittelpunkt konzentriert. Sie übt auf jedes Massenelement $\mathrm{d}m$ des Stabes eine Kraft aus, deren Betrag gegeben ist durch $\mathrm{d}F = GM\,\mathrm{d}m/r^2$. Darin ist $\mathrm{d}m = (m/\ell)\,\mathrm{d}x$ und $r = x$. Die gesamte Anziehungskraft ist

$$
\begin{aligned}
F &= \frac{GM m}{\ell} \int_a^{a+\ell} \frac{1}{x^2}\,\mathrm{d}x \\
  &= -\frac{GM m}{\ell}\left(\frac{1}{a+\ell} - \frac{1}{a}\right) = \frac{GM m}{a\,(a+\ell)}.
\end{aligned}
$$

Dies ist nicht dasselbe Resultat, als wenn man einfach annimmt, daß die Masse des Stabes in seinem Mittelpunkt konzentriert sei. In diesem Falle wäre die Kraft gleich $GM m/(a + \ell/2)^2$.

10.40   Der Abbildung sind die entsprechenden Größen zu entnehmen.

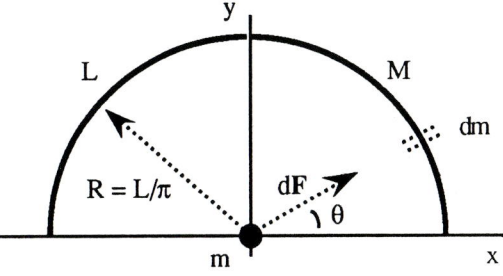

Der Stab hat die Länge L. Damit ist der Radius des Halbkreises gleich L/π. Das Massenelement, das dem Winkelelement $\mathrm{d}\theta$ entspricht, ist $\mathrm{d}m = (M/\pi)\,\mathrm{d}\theta$. Der Betrag von $\mathrm{d}\mathbf{F}$ ist daher $\mathrm{d}F = GM m\,\mathrm{d}\theta/(\pi R^2) = GM m\,\pi\,\mathrm{d}\theta/L^2$. Die x- und die y-Komponente von $\mathrm{d}\mathbf{F}$ sind: $\mathrm{d}F_x = \mathrm{d}F\cos\theta$ und $\mathrm{d}F_y = \mathrm{d}F\sin\theta$. Es folgt aufgrund der Symmetrie

$$F_x = \frac{GMm\pi}{L^2} \int_0^\pi \cos\theta \, \mathrm{d}\theta = 0$$

sowie

$$F_y = \frac{GMm\pi}{L^2} \int_0^\pi \sin\theta \, \mathrm{d}\theta = \frac{2\,GMm\pi}{L^2}.$$

Einsetzen der Werte liefert $F_y = 3{,}35 \cdot 10^{-11}$ N.

10.41 a) Die von der Kugelschale auf die Masse m_0 ausgeübte Kraft wirkt radial und hat den Betrag $F_r = GMm_0/r$ für $r > R$ sowie $F_r = 0$ für $r < R$.   b) Wir wählen $E_{\mathrm{pot}}(\infty) = 0$ und erhalten $E_{\mathrm{pot}}(r) = -GMm_0/r$. Offensichtlich ist $E_{\mathrm{pot}}(R) = -GMm_0/R$.   c) Weil innerhalb der Kugelschale überall $\mathrm{d}E_{\mathrm{pot}} = -F_r\,\mathrm{d}r = 0$ ist, muß E_{pot} hier überall konstant sein. Für $r \le R$ gilt also $E_{\mathrm{pot}}(r) = -GMm_0/R$.   d) Das Diagramm zeigt die Auftragung von E_{pot} gegen r/R.

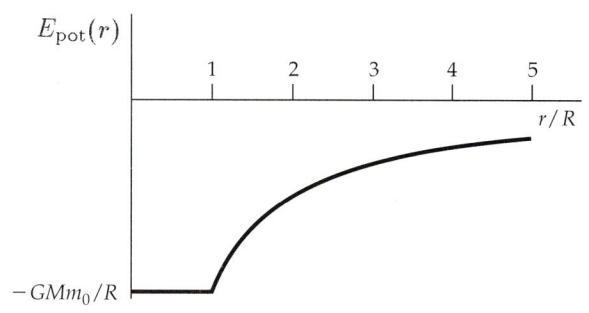

10.42 a) Wir betrachten ein Massenelement des Stabes mit der Länge $\mathrm{d}x$; es hat die Masse $\mathrm{d}m = (M/\ell)\,\mathrm{d}x$. Wird eine Masse m_0 bei $x_0 > \frac{1}{2}\ell$ plaziert, so ist die vom Massenelement $\mathrm{d}m$ auf sie ausgeübte Kraft $\mathrm{d}\mathbf{F} = -[G\,m_0\,\mathrm{d}m/(x_0 - x)^2]\,\mathbf{e}_x$. Daher ist das Gravitationsfeld am Ort x_0 gegeben durch $\mathrm{d}g_x = -GM\,\mathrm{d}x/[\ell\,(x_0 - x)^2]$.
b) Integrieren dieses Ausdrucks ergibt

$$\begin{aligned}
g_x &= -\frac{GM}{\ell} \int_{-\ell/2}^{\ell/2} \frac{1}{(x_0 - x)^2} \, \mathrm{d}x \\
&= -\frac{GM}{\ell} \left(\frac{1}{x_0 - \ell/2} - \frac{1}{x_0 + \ell/2} \right) \\
&= -\frac{GM}{x_0^2 - \ell^2/4}.
\end{aligned}$$

c) Wegen $\mathbf{F} = m\,\mathbf{g}$ folgt für $x_0 > \frac{1}{2}\ell$:

$$\mathbf{F} = -\frac{GMm_0}{x_0^2 - \ell^2/4}\,\mathbf{e}_x.$$

10.43 a) Für $r = \infty$ wird $E_{\mathrm{pot}} = 0$ gesetzt. Dann ist die potentielle Gravitationsenergie zweier Massen M und m_0 im Abstand r voneinander: $E_{\mathrm{pot}}(r) = -GMm_0/r$. Das wenden wir auf ein Massenelement $\mathrm{d}m$ des Stabes an und erhalten $\mathrm{d}E_{\mathrm{pot}} = -G\,\mathrm{d}m\,m_0/(x_0 - x) = -GMm_0\,\mathrm{d}x/[\ell\,(x_0 - x)]$.   b) Integrieren ergibt

$$\begin{aligned}
E_{\mathrm{pot}} &= -\frac{GMm_0}{\ell} \int_{-\ell/2}^{\ell/2} \frac{\mathrm{d}x}{(x_0 - x)} \\
&= \frac{GMm_0}{\ell} \ln(x_0 - x)\Big|_{-\ell/2}^{\ell/2} \\
&= \frac{GMm_0}{\ell} \left[\ln(x_0 - \ell/2) - \ln(x_0 + \ell/2) \right] \\
&= -\frac{GMm_0}{\ell} \ln\left(\frac{x_0 + \ell/2}{x_0 - \ell/2} \right).
\end{aligned}$$

Wir ersetzen x_0 durch den allgemeinen Wert x. Für $x > \ell/2$ erhalten wir dann $E_{\mathrm{pot}}(x) = -(GMm_0/\ell) \ln[(x + \ell/2)/(x - \ell/2)]$. In diesem Bereich ist $E_{\mathrm{pot}}(x) < 0$, wie erwartet.   c) $F_x = -\mathrm{d}E_{\mathrm{pot}}/\mathrm{d}x = -(GMm_0/\ell)\,[1/(x - \ell/2) - 1/(x + \ell/2)] = -GMm_0/(x^2 - \ell^2/4)$, in Übereinstimmung mit der Lösung der vorigen Aufgabe.

10.44 a) Die 1-kg-Masse auf der x-Achse sei m_0. Mit $d = (x^2 + r^2)^{1/2}$ sowie $\mathrm{d}m = [M/(\pi R^2)]\,(2\pi r\,\mathrm{d}r)$, also Masse pro Flächeneinheit, multipliziert mit der Fläche des Ringelements, ist dann $\mathrm{d}E_{\mathrm{pot}} = -Gm_0\,\mathrm{d}m/d$. Daraus folgt

$$\mathrm{d}E_{\mathrm{pot}} = -\frac{2\,GMm_0\,r}{R^2\sqrt{x^2 + r^2}}\,\mathrm{d}r.$$

b) Wir integrieren:

$$\begin{aligned}
E_{\mathrm{pot}} &= -\frac{2\,GMm_0}{R^2} \int_0^R \frac{r\,\mathrm{d}r}{\sqrt{x^2 + r^2}} \\
&= -\frac{2\,GMm_0}{R^2} \left(\sqrt{x^2 + r^2} \right)\Big|_0^R.
\end{aligned}$$

Das ergibt

$$E_{\mathrm{pot}}(x) = -\frac{2\,GMm_0}{R^2} \left(\sqrt{x^2 + r^2} - x \right).$$

c) Mit $F_x = -\mathrm{d}E_{\mathrm{pot}}/\mathrm{d}x$ folgt

$$F_x = -\frac{2\,GMm_0}{R^2} \left(1 - \frac{x}{\sqrt{x^2 + R^2}} \right).$$

Beachten Sie, daß F_x negativ ist. Demnach ist die (anziehende) Kraft auf die 1-kg-Masse auf den Ursprung gerichtet. Die Formel gilt aber nur für $x > 0$. Dagegen folgt für $x < 0$:

$$E_{\text{pot}}(x) = -\frac{2\,GM\,m_0}{R^2}\left(\sqrt{x^2 + r^2} + x\right)$$

sowie

$$F_x = -\frac{2\,GM\,m_0}{R^2}\left(1 + \frac{x}{\sqrt{x^2 + R^2}}\right).$$

Hier ist $F_x > 0$; diese Kraft ist auch auf den Ursprung gerichtet. Das Gravitationsfeld ist jeweils $g_x = F_x / m_0$.

10.45 Gemäß dem Hinweis ist die auf eine Masse m_0 am Ort x wirkende Kraft $F_x = GM\,m_0/x^2 - GM_{\text{H}}\,m_0/(x - R/2)^2$. Darin ist M die Masse der Kugel, und M_{H} ist die (entfernte) Masse der Höhlung. Diese beträgt $M_{\text{H}} = \frac{4}{3}\pi\,(R/2)^3\,\varrho_0 = M/8$. Einsetzen von M_{H} ergibt

$$g_x = F_x / m_0 = GM\left(\frac{1}{x^2} - \frac{1}{8\,(x - R/2)^2}\right).$$

Das Gravitationsfeld ist auf den Ursprung gerichtet, wie auch aus der Symmetrie hervorgeht.

10.46 Das Gravitationsfeld einer homogenen Kugel mit dem Radius R und dem Mittelpunkt im Ursprung hat bei $r < R$ den Betrag $g = G\,(\frac{4}{3}\pi\,r^3\,\varrho_0)/r^2 = (GM/R^3)\,r$. Darin ist $M = \frac{4}{3}\pi\,R^3\,\varrho_0$. Das Feld weist radial nach innen, auf den Ursprung. Für irgendeinen Punkt (x, y) innerhalb der Kugel ist daher $g_x = -g\,(x/r) = -(GM/R^3)\,x$ und $g_y = -g\,(y/r) = -(GM/R^3)\,y$. Nun betrachten wir den Effekt einer Kugel mit der Masse $-M_{\text{H}} = -M/8$ und dem Mittelpunkt bei $(\frac{1}{2}R, 0)$. Für diese Kugel ist der Radius von ihrem Mittelpunkt zum Punkt (x, y) gegeben durch $r_{\text{H}} = [(x - R/2)^2 + y^2]^{1/2}$, und das von ihr hervorgerufene Feld hat den Betrag $g_{\text{H}} = G\,(\frac{4}{3}\pi\,r_{\text{H}}^3\,\varrho_0)/r_{\text{H}}^2 = (GM/R^3)\,r_{\text{H}}$. Weil diese Kugel eine negative Masse hat, weist ihr Feld vom Punkt $(\frac{1}{2}R, 0)$ radial nach außen. Daher ist $g_{\text{H},x} = g_{\text{H}}\,(x - R/2)/r_{\text{H}} = (GM/R^3)\,(x - R/2)$ und $g_{\text{H},y} = g_{\text{H}}\,y/r_{\text{H}} = (GM/R^3)\,y$. Damit folgt

$g_{x,\text{ges}} = -\frac{1}{2}\,(GM/R^2)$ und $g_{y,\text{ges}} = 0$. Dieses Feld hängt nicht von x und y ab, ist also gleichförmig. Sein Betrag ist $\frac{1}{2}\,(GM/R^2)$, und es weist in die negative x-Richtung.

10.47 Wir betrachten einen Körper der Masse m im Abstand r vom Mittelpunkt des Planeten, der den Radius $R > r$ hat. Auf die Masse wirkt die Gravitationskraft $F = G\,(\frac{4}{3}\pi\,r^3\,\varrho_0)\,m/r^2 = (GM/R^3)\,m\,r$. Dabei ist $M = \frac{4}{3}\pi\,R^3\,\varrho_0$ die Masse des Planeten. Wenn der Körper relativ zum Tunnel keine Beschleunigung erfahren soll, muß die Gravitationskraft exakt gleich der Zentripetalkraft $m\,v^2/r = m\,r\,\omega^2$ sein, die eine Kreisbahn des Körpers mit dem Radius r erzwingt. Wir setzen beide Kräfte gleich und erhalten $\omega = (GM/R^3)^{1/2} = (\frac{4}{3}\,G\,\pi\,\varrho_0)^{1/2}$.

10.48 a) Auf eine Masse m auf der Erdoberfläche wirkt von der Sonne die Kraft $F_\odot = GM_\odot\,m/r_\odot^2$, und vom Mond wirkt die Kraft $F_{\text{m}} = GM_{\text{m}}\,m/r_{\text{m}}^2$. Der Quotient beider Kräfte ist $F_\odot / F_{\text{m}} = (M_\odot/M_{\text{m}})\,(r_{\text{m}}/r_\odot)^2 = 169$. Die Sonne übt also die viel größere Kraft aus. b) Differenzieren von $F = G\,m_1\,m_2/r^2$ ergibt $\mathrm{d}F = -(2\,G\,m_1\,m_2/r^3)\,\mathrm{d}r$ bzw. $\mathrm{d}F/F = (-2)\,\mathrm{d}r/r$. c) Aus dem Resultat von Teil b) berechnen wir mit dem Erdradius R_{E} die maximalen Änderungen der Kräfte von Sonne und Mond: $\Delta F_\odot = -(2\,GM_\odot\,m/r_\odot^3)\,(2\,R_{\text{E}})$ und $\Delta F_{\text{m}} = -(2\,GM_{\text{m}}\,m/r_{\text{m}}^3)\,(2\,R_{\text{E}})$. Der Quotient ist $\Delta F_\odot / \Delta F_{\text{m}} = (M_\odot/M_{\text{m}})\,(r_{\text{m}}/r_\odot)^3 = 0{,}422$. Also hat der Mond den größeren Einfluß auf die Gezeiten.

10.49 Eine Anhäufung von Schwermetallen bewirkt unter der betreffenden Stelle der Erdoberfläche eine höhere Masse als unter den übrigen Orten. Die höhere Masse erzeugt ein um Δg stärkeres Gravitationsfeld, wobei gilt $\Delta g = G\,\Delta m/r^2$ mit $\Delta m = (\frac{4}{3}\pi R^3)\,\Delta\varrho$ und $\Delta\varrho = 5000$ kg/m³ sowie $R = 10^3$ m und $r = 2000$ m. Einsetzen der Zahlenwerte ergibt $\Delta g = 3{,}49 \cdot 10^{-4}$ m/s² bzw. $\Delta g/g = 3{,}56 \cdot 10^{-5}$. Dichteunterschiede solchen Ausmaßes wurden im Raumschiff Apollo bei der Mondumkreisung ermittelt, und zwar anhand von Änderungen der Umlaufbahn.

10.50 a) Die von der massiven Bleikugel ausgeübte Kraft ist $F_1 = GMm/d^2$. Analog sind F_2 und F_3 die Kräfte der Kugeln mit negativer Masse über bzw. unter der x-Achse. Diese bei-

den Kräfte sind betragsgleich, und es gilt $F_2 = F_3 = G\,(M/8)\,m/(d^2 + R^2/4)$. Sie weisen von der Bleikugel weg, und ihre x- und y-Komponenten sind $F_{2,x} = F_{3,x} = F_2\,[d/(d^2 + R^2/4)^{1/2}]$ sowie $F_{2,y} = -F_{3,y}$. Damit ist die gesamte Kraft $\mathbf{F} = -(GMm/d^2)\,[1 - \frac{1}{4}\,d^3/(d^2 + R^2/4)^{3/2}]\,\mathbf{e}_x$.
b) Wir setzen $d = R$ und erhalten damit $\mathbf{F} = -0{,}821\,(GMm/r^2)\,\mathbf{e}_x$.

Kapitel 11

Mechanik deformierbarer Körper

11.1 Wir berücksichtigen die Masse des Glases. Dann ist die Masse des Wassers im Kolben $0{,}13067\,\text{kg} = \varrho_W V$, wobei $\varrho_W = 1\,\text{g/cm}^3$ ist. Ferner ist V das Volumen des Kolbens. Die Masse der Milch im Kolben ist $0{,}13496\,\text{kg} = \varrho_M V$, wobei V mit dem obigen Volumen identisch ist. Eliminieren von V ergibt $\varrho_M = \varrho_W\,(0{,}13496)/(0{,}13067) = 1{,}0328\,\text{g/cm}^3$.

11.2 Die ursprüngliche Masse des Quecksilbers ist $m = \varrho_0 V$. Darin ist $\varrho_0 = 13{,}645\,\text{g/cm}^3$ und $V = 60\,\text{mL} = 60\,\text{cm}^3$. Nach dem Aufheizen befinden sich $1{,}47\,\text{g}$ Quecksilber weniger im Behälter, so daß gilt $\varrho V = m - 1{,}47\,\text{g} = \varrho_0 V - 1{,}47\,\text{g}$. Es folgt $\varrho = 13{,}621\,\text{g/cm}^3$.

11.3 Aus der Definition des Elastizitätsmoduls E folgt $\Delta\ell = \ell\,(F/A)/E$. Für Stahl ist $E = 200 \cdot 10^9\,\text{N/m}^2$. Wir setzen die gegebenen Werte ein und erhalten $\Delta\ell = 0{,}976\,\text{mm}$.

11.4 a) Die maximale Kraft ist gleich dem Produkt aus der Bruchspannung und der Querschnittsfläche: $F_{\max} = (3 \cdot 10^8\;\text{N/m}^2)\,[\pi\,(0{,}00021\,\text{m})^2] = 41{,}6\,\text{N}$. Das ist die Gewichtskraft von $4{,}24\,\text{kg}$. b) Die relative Längenänderung ist $\Delta\ell/\ell = (F/A)/E$. Der Elastizitätsmodul von Kupfer ist $E = 110 \cdot 10^9\,\text{N/m}^2$. Mit $F/A = 1{,}5 \cdot 10^8\,\text{N/m}^2$ folgt $\Delta\ell/\ell = 0{,}00136$; dies entspricht einer Dehnung um $0{,}136$ Prozent.

11.5 Im Text ist gegeben $\tan\theta = (F_S/A)/G$. Mit $F_S = 25\,\text{N}$, $A = 15 \cdot 10^{-4}\,\text{m}^2$ und $G = 1{,}9 \cdot 10^5\,\text{N/m}^2$ erhalten wir $\tan\theta = 0{,}0877$ und $\theta = 5{,}01°$.

11.6 a) In der Tiefe h ist der Druck $p = p_0 + \varrho g h$; hier ist $p_0 = 101\,\text{kPa}$ und $\varrho = 1\,\text{g/cm}^3$. Mit $p = 2\,p_{At}$ folgt $h = p_{At}/(\varrho g) = 10{,}3\,\text{m}$. b) Die Dichte von Quecksilber ist $13{,}6$-mal höher als die von Wasser; also ist die entsprechende Tiefe im Quecksilber $(10{,}3\,\text{m})/(13{,}6) = 0{,}757\,\text{m}$.

11.7 a) Wasser hat die Dichte $\varrho = 1\,\text{g/cm}^3$. In $5\,\text{m}$ Wassertiefe herrscht daher der absolute Druck $p = p_{At} + \varrho g h = 1{,}5 \cdot 10^5\,\text{Pa}$. b) Durch Subtrahieren des Atmosphärendrucks erhalten wir den Überdruck $\varrho g h = 4{,}91 \cdot 10^4\,\text{Pa}$.

11.8 Mit $A = (0{,}8\,\text{m})^2 = 0{,}64\,\text{m}^2$ und $p = p_{At} = 101\,\text{kPa}$ ist die Kraft, die auf die Oberseite des Tisches wirkt, $F = pA = 6{,}46 \cdot 10^4\,\text{N}$. Der Tisch bricht natürlich nicht zusammen, weil der Luftdruck auch von unten gegen die Platte wirkt und damit eine aufwärts gerichtete Kraft ausübt. Diese ist um einen winzigen Betrag größer als die nach unten gerichtete Kraft, weil die Tischplatte eine endliche Dicke h hat und daher der Luftdruck unter ihr um $\varrho_{\text{Luft}}\,g\,h$ größer ist als über ihr. Dadurch erfährt der Tisch einen äußerst geringen Auftrieb.

11.9 Die Zylinderfläche an der Hebebühne ist $A = \pi\,(0{,}08\,\text{m})^2$. Daher ist der zum Anheben des Wagens nötige Druck $p = F/A = 7{,}32 \cdot 10^5\,\text{N/m}^2$. Derselbe Druck muß am Betätigungszylinder (Fläche $A_1 = \pi\,(0{,}01\,\text{m})^2$) erzeugt werden, und es folgt für die hier aufzuwendende Kraft $F_1 = pA_1 = p\,\pi\,(0{,}01\,\text{m})^2 = 230\,\text{N}$. Dies entspricht der Gewichtskraft von $23{,}4\,\text{kg}$. Das ist $1/64$ der Masse des Wagens. Man kann auch sagen: Aufgrund des Radienverhältnisses $1/8$ beträgt das Verhältnis der Flächen der hydraulischen Hebebühne $1/64$. Also ist am Betätigungszylinder 1/64 der Gewichtskraft des schweren Gegenstands zum Anheben aufzuwenden.

11.10 Die vom Herzen ausgeübte Kraft ist $F = p\,A = (120\,\text{Torr})\,(133{,}3\,\text{Pa/Torr})\,\pi\,(0{,}009\,\text{m})^2 = 4{,}07\,\text{N}$.

11.11 a) In 8 m Wassertiefe herrscht der Druck $p = p_{\text{At}} + \varrho\,g\,h = 1{,}80 \cdot 10^5\,\text{N/m}^2$. Auf die Wagentür mit der Fläche $0{,}5\,\text{m}^2$ wirkt daher die Kraft $F = p\,A = 8{,}97 \cdot 10^4\,\text{N}$.   b) Die von der Luft im Wageninneren auf die Tür ausgeübte Kraft ist $F = p_{\text{At}}\,A = 5{,}05 \cdot 10^4\,\text{N}$.   c) Somit wirkt eine resultierende Kraft von $3{,}92 \cdot 10^4\,\text{N}$ nach innen, die das Öffnen der Tür unmöglich macht. Man muß daher mit den Versuchen, die Tür zu öffnen, warten, bis das Wasser im Wageninneren hoch genug steht, so daß innerer und äußerer Druck annähernd gleich sind.

11.12 Der für die Volumenänderung ΔV nötige Druck ist $p = -K\,(\Delta V/V)$. Darin ist K der Kompressionsmodul; für Wasser beträgt er $K = 2 \cdot 10^9\,\text{N/m}^2$. Für $V = 1\,\text{L}$ und $\Delta V = -0{,}01\,\text{L}$ folgt $p = 2 \cdot 10^7\,\text{N/m}^2 \approx 200\,\text{atm}$.

11.13 Um den Wagen zu stützen, muß die Reifenfläche $A = F/p$ im Kontakt mit der Straße sein. Es ist $A = 0{,}0736\,\text{m}^2$; auf jeden Reifen entfallen also $0{,}0184\,\text{m}^2$. Das entspricht etwa einem Quadrat mit der Seitenlänge $13{,}6\,\text{cm}$.

11.14 Es ist gefordert $\varrho\,g\,h = p = 12\,\text{Torr}$. Dabei ist $1\,\text{Torr} = 133{,}3\,\text{Pa}$. Ferner ist $\varrho = 1{,}03\,\text{g/cm}^3$. Auflösen nach der Höhe ergibt $h = p/(\varrho\,g) = 15{,}8\,\text{cm}$.

11.15 a) Der von der Wassersäule ausgeübte Druck ist $p = \varrho\,g\,h = 1{,}18 \cdot 10^5\,\text{Pa}$. Er wirkt auf eine kreisförmige Fläche mit dem Radius $r = 0{,}2\,\text{m}$. Daraus ergibt sich die Kraft $F = p\,A = 1{,}48 \cdot 10^4\,\text{N}$.   b) Eine Wassersäule der Höhe $h = 12\,\text{m}$ mit dem Querschnittsradius $r = 3 \cdot 10^{-3}\,\text{m}$ hat die Masse $m = \varrho\,\pi\,r^2\,h = 0{,}339\,\text{kg}$.

11.16 Die Auftriebskraft ist gleich der Gewichtskraft der verdrängten Flüssigkeit. Hier wird Wasser von einem Kupferblock der Masse $0{,}5$ kg verdrängt. Die Dichte von Wasser ist $8{,}96$-mal geringer als die von Kupfer. Daher ist die verdrängte Wassermasse $(0{,}5\,\text{kg})/(8{,}96) = 0{,}0558\,\text{kg}$. Sie hat die Gewichtskraft $0{,}547\,\text{N}$, und die Anzeige der Waage ist $(0{,}5\,\text{kg})\,g - 0{,}547\,\text{N} = 4{,}36\,\text{N}$.

11.17 a) Die Auftriebskraft, also die Verringerung der Gewichtskraft des Blocks nach dem Eintauchen, beträgt $0{,}45\,\text{N}$. Seine Gewichtskraft in Luft ist $5\,\text{N}$. Damit ist die relative Dichte $5/(0{,}45) = 11{,}1$, und die Dichte ist $(11{,}1)\,\varrho_{\text{W}} = 11{,}1\,\text{g/cm}^3$.   b) Der Tabelle 11.1 entnehmen wir, daß es sich vermutlich um Blei handelt.

11.18 Die Gewichtskraft eines 5-kg-Eisenblocks beträgt in Luft $49{,}05\,\text{N}$, und in der Flüssigkeit nur $6{,}16\,\text{N}$. Also ist die Gewichtskraft der verdrängten Flüssigkeitsmenge $F_{\text{GF}} = 42{,}89\,\text{N}$. Mit dem Volumen V des Blocks und der Flüssigkeitsdichte ϱ_{F} ist $F_{\text{GF}} = \varrho_{\text{F}}\,V\,g$. Wir ermitteln V aus $\varrho_{\text{Fe}}\,V = 5\,\text{kg}$. Einsetzen ergibt schließlich $\varrho_{\text{F}} = F_{\text{GF}}\,\varrho_{\text{Fe}}/(49{,}05\,\text{N}) = 6{,}96\,\text{g/cm}^3$.

11.19 Die Oberflächenspannung ist $\gamma = h\,r\,\varrho\,g/(2\cos\theta_{\text{K}})$. Im vorliegenden Fall ist $h = 1{,}5\,\text{cm}$, $r = 0{,}04\,\text{cm}$ und $\varrho = 0{,}79\,\text{g/cm}^3$ sowie $\theta_{\text{K}} = 0°$. Es folgt $\gamma = 0{,}0233\,\text{N/m}$; damit ist die Oberflächenspannung von Methanol etwa 3mal geringer als die von Wasser.

11.20 a) Die auf das Volumen bezogene Fließgeschwindigkeit beträgt $I_V = v_1\,A_1$. Der Index 1 bezieht sich auf die Aorta. Wir erhalten $I_V = 7{,}60 \cdot 10^{-5}\,\text{m}^3/\text{s} = 4{,}58\,\text{L/min}$.   b) Aus der Kontinuitätsbedingung folgt $v_1\,A_1 = v_2\,A_2$ und damit $A_2 = A_1\,(v_1/v_2)$; der Index 2 bezieht sich auf die Kapillaren. Es folgt $A_2 = A_1\,(0{,}3\,/\,0{,}001) = 300\,A_1 = 7{,}63 \cdot 10^{-2}\,\text{m}^2 = 763\,\text{cm}^2$.

11.21 a) Aus der Kontinuitätsbedingung folgt $v_2 = v_1 (A_1/A_2) = v_1 (d_1/d_2)^2$. Die letzte Gleichsetzung ergibt sich daraus, daß die Fläche proportional zum Quadrat des Durchmessers (d_1 bzw. d_2) ist. Der Durchmesser des Ventils ist $d_2 = d_1/10$. Daraus folgt $v_2 = 100\, v_1 = 65\, v_1$.   b) Anwenden der Bernoulli-Gleichung mit derselben Höhe ergibt $p_1 + \frac{1}{2}\varrho v_1^2 = p_2 + \frac{1}{2}\varrho v_2^2$. Darin ist $p_2 = p_{At}$, und v_2 wurde in Teil a) bestimmt. Wir lösen nach dem Druck an der Pumpe auf und erhalten $p_1 = p_{At} + \frac{1}{2}\varrho (v_2^2 - v_1^2) = 2{,}21 \cdot 10^6\, \text{Pa} = 21{,}9\, \text{atm}$.

11.22 a) Der Index 1 bezieht sich auf den normalen und der Index 2 auf den engeren Querschnitt. Dann folgt aus der Kontinuitätsbedingung $v_2 = v_1 (d_1/d_2)^2 = 4\, v_1 = 12\, \text{m/s}$.   b) Mit Hilfe der Bernoulli-Gleichung berechnen wir den Druck im engen Teil der Röhre: $p_1 + \frac{1}{2}\varrho v_1^2 = p_2 + \frac{1}{2}\varrho v_2^2$. Daraus folgt $p_2 = p_1 + \frac{1}{2}\varrho v_1^2 (1-16) = 133\, \text{kPa}$.   c) Die Durchflußraten in beiden Teilen sind identisch. Diese Bedingung haben wir bereits in Teil a) verwendet, um v_2 zu berechnen.

11.23 Der Index 1 bezieht sich auf den größeren Durchmesser und der Index 2 auf den kleineren. Um den Durchmesser im engeren Teil zu ermitteln, berechnen wir zuerst mit der Bernoulli-Gleichung die dort vorliegende Geschwindigkeit: $v_2^2 = v_1^2 + 2(p_1 - p_2)/\varrho$. Dabei gilt $v_1 = (2{,}8\, \text{L/s}) / (\frac{1}{4}\pi d_1^2) = 8{,}91\, \text{m/s}$. Damit erhalten wir $v_2 = 12{,}7\, \text{m/s}$. Nun bestimmen wir mit der Kontinuitätsbedingung die Fläche und aus dieser den Durchmesser des engeren Bereichs. Es gilt $A_2 = A_1 (v_1/v_2)$, und für den Durchmesser erhalten wir $d_2 = d_1 (v_1/v_2)^{1/2} = 1{,}68\, \text{cm}$.

11.24 Der Index 1 bezieht sich auf das Innere des Hauses und der Index 2 auf die Außenluft. Dann ist $p_1 = 1\, \text{atm}$ und $v_1 = 0$ sowie $v_2 = 30\, \text{m/s}$. Wir ermitteln die Druckdifferenz mit der Bernoulli-Gleichung: $p_2 - p_1 = \frac{1}{2}\varrho v_2^2$ mit $\varrho = 1{,}293\, \text{kg/m}^3$. Die aufgrund der Druckdifferenz auf das Dach wirkende Kraft ist $F = (p_2 - p_1)(15\, \text{m})^2 = 1{,}31 \cdot 10^5\, \text{N}$.

11.25 Die Druckdifferenz kann direkt aus der im Text gegebenen Gleichung berechnet werden: $\Delta p = 8\eta\ell I_V/(\pi r^4)$. Darin ist $\eta = 10^{-3}\, \text{Pa} \cdot \text{s}$ und $\ell = 0{,}25\, \text{m}$ sowie $I_V = 0{,}3 \cdot 10^{-6}\, \text{m}^3/\text{s}$ und $r = 6 \cdot 10^{-4}\, \text{m}$. Es ergibt sich $\Delta p = 1{,}47 \cdot 10^3\, \text{Pa}$.

11.26 Wenn die Druckdifferenz bei doppelter Durchflußrate gleich bleiben soll, muß r^4 ebenfalls doppelt so groß sein. Der geforderte Durchmesser ist $d' = 2^{1/4} d = 1{,}43\, \text{mm}$.

11.27 Die Viskosität ist gegeben durch $\eta = \Delta p\, \pi r^4/(8\ell I_V)$ mit $I_V = v A = v\pi r^2$. Daraus folgt $\eta = \Delta p\, r^2/(8\ell v)$. Mit $\Delta p = 2{,}6 \cdot 10^3\, \text{Pa}$, $r = 3{,}5 \cdot 10^{-6}\, \text{m}$, $\ell = 10^{-3}\, \text{m}$ sowie $v = 10^{-3}\, \text{m/s}$ erhalten wir $\eta = 3{,}98 \cdot 10^{-3}\, \text{Pa} \cdot \text{s}$.

11.28 Die Lunge ist über den Schlauch mit der Atmosphäre verbunden; daher ist der Druck in ihr gleich p_{At}. In der Tiefe h ist der Druck auf den Brustkorb $p_{At} + \varrho g h$. Wenn F die Kraft ist, gegen die der Brustkorb noch expandiert werden kann, so gilt für die größte erreichbare Wassertiefe $h = F/(\varrho g A)$. Darin ist A die Vorderfläche des Brustkorbs. Es folgt $h = 0{,}453\, \text{m}$.

11.29 Die Oberseite des Kellerbodens ist dem Atmosphärendruck p_{At} ausgesetzt, während auf die Unterseite der Druck $p_{At} + \varrho g h$ ausgeübt wird. Damit ist die nach oben wirkende resultierende Kraft $F = pA = \varrho g h A = 1{,}96 \cdot 10^6\, \text{N}$.

11.30 a) Für den kritischen Kontaktwinkel θ_K gilt $\cos\theta_K = m g/(12\pi r \gamma)$. Mit der Oberflächenspannung $\gamma = 0{,}073\, \text{N/m}$ von Wasser erhalten wir $\theta_K = 69{,}1°$.   b) Bei $\theta_K = 0°$ ist $\cos\theta_K = 1$, und die maximal zu tragende Masse ist $m = 12\pi r \gamma/g = 5{,}61 \cdot 10^{-6}\, \text{kg}$, also 2,81-mal größer als die des Insekts in Teil a).

11.31 Wir wenden die Bernoulli-Gleichung auf die Punkte a und b in der Abbildung zur Aufgabe an, um die Geschwindigkeit des bei b austretenden Wassers zu bestimmen. Wir setzen beim Punkt b die Höhe als null an. Am Punkt a bewegt sich das Wasser praktisch nicht, und es gilt $p + \varrho\,g\,h + \frac{1}{2}\varrho\,v^2 = p_{At} + \varrho\,g\,h + 0$. Am Punkt b ist $p + \varrho\,g\,h + \frac{1}{2}\varrho\,v^2 = p_{At} + 0 + \frac{1}{2}\varrho\,v_b^2$. Der Druck am Punkt b ist gleich p_{At}, weil das Gefäß zur Atmosphäre hin offen ist. Damit folgt $v_b = (2\,g\,h)^{1/2}$. Das ist dieselbe Geschwindigkeit, die ein Körper erreicht, der um die Höhe h fällt. Sie ist hier unabhängig von der Dichte der Flüssigkeit. Der Rest ist nun einfache Kinematik. Das Wasser fällt um die Höhe $(H - h)$; die dazu benötigte Zeit ist $t = [2\,(H - h)/g]^{1/2}$. Die von ihm in dieser Zeit zurückgelegte horizontale Strecke ist $x = v_b\,t = 2\,[h\,(H - h)]^{1/2}$.

11.32   Der Elastizitätsmodul ist definiert als $E = (F/A)/(\Delta\ell/\ell)$. Wenn die Kraft F auf den Draht wirkt, so dehnt dieser sich um $\Delta\ell$, wobei gilt $F = (AE/\ell)\,\Delta\ell$. Wenn wir den Draht als Feder mit der Federkonstanten k ansehen, so ist $F = k\,x$. Darin ist x die Auslenkung bzw. Dehnung der Feder. Somit können wir für den Draht $k = AE/\ell$ setzen. Die in einer Feder gespeicherte Energie ist $\frac{1}{2}k\,x^2$. Der entsprechende Ausdruck für den Draht lautet $E_{pot} = \frac{1}{2}(AE/\ell)(\Delta\ell)^2 = \frac{1}{2}(AE\,\Delta\ell/\ell)\,\Delta\ell = \frac{1}{2}F\,\Delta\ell$.

11.33   Die Druckdifferenz ist einfach die durch die Höhe $h = 5 \cdot 10^{-5}$ m des Öls hervorgerufene. Das Öl hat die Dichte $\varrho = 0{,}900\,\text{g/cm}^3$. Damit folgt $\Delta p = \varrho\,g\,h = 0{,}441\,\text{Pa}$.

11.34   Wenn das Floß mit der Grundfläche A um die Strecke h in das Wasser einsinkt, so ist die Auftriebskraft gleich der Gewichtskraft des verdrängten Wassers: $\varrho_W\,g\,A\,h$. Sie wird ausgeglichen durch die Gewichtskraft des Floßes $\varrho_H\,g\,A\,h$, plus der der Personen $(m\,g)$ auf dem Floß. Deren Gesamtmasse ist $m = (\varrho_W - \varrho_H)A\,h = 396\,\text{kg} = (5{,}66)\,(70\,\text{kg})$. Also können 5 Personen ungefährdet auf dem Floß stehen.

11.35   Die mittlere Dichte des Tauchers ist $\langle\varrho\rangle = 0{,}96 \cdot 10^3\ \text{kg/m}^3$. Es ist $\langle\varrho\rangle\,V = m$.

Darin ist $m = 85\,\text{kg}$ die Masse des Tauchers, und V ist sein Volumen. Die Bleistücke, die er mit sich trägt, haben die Masse m_B und das Volumen $V_B = m_B/\varrho_B$. Die mittlere Dichte des Tauchers mit dem Blei ist $(m + m_B)\,/\,(V + V_B) = (m + m_B)\,/\,(m/\langle\varrho\rangle + m_B/\varrho_B)$. Diese Dichte setzen wir gleich der Dichte ϱ_W des Wassers und erhalten $m_B = m\,(\varrho_W/\langle\varrho\rangle - 1)/(1 - \varrho_W/\varrho_B) = 3{,}89\,\text{kg}$.

11.36   Die von der Waage angezeigte Gewichtskraft ist um die Gewichtskraft der verdrängten Luft, also um $\varrho_L V g$, kleiner als die tatsächliche Gewichtskraft. Die Dichte der Luft ist $\varrho_L = 1{,}29\,\text{kg/m}^3$, und V ist das Volumen des Körpers. Dieses beträgt bei einem Menschen ungefähr so viele Liter $(10^{-3}\,\text{m}^3)$ wie die Masse in kg, beispielsweise 60. Damit ist die Auftriebskraft in Luft $0{,}759\,\text{N}$; sie macht somit nur 0,13 Prozent der Gewichtskraft (hier $589\,\text{N}$) aus.

11.37   Bevor der Block ins Wasser eingetaucht wird, zeigt die obere Waage $19{,}6\,\text{N}$ und die untere $29{,}4\,\text{N}$ an. Nach dem Eintauchen verdrängt der Block ein entsprechendes Volumen Wasser und erfährt eine Auftriebskraft, so daß die obere Waage ein geringeren Wert anzeigt. Die Masse des Gesamtsystems bleibt konstant; also muß die Summe der Anzeigen beider Waagen die gleiche wie vor dem Eintauchen sein. Daher ist die Anzeige der unteren Waage nun höher. Das können wir auch anders begründen: Nach dem Eintauchen steht das Wasser im Behälter höher, so daß der Wasserdruck auf seinen Boden größer ist. Da seine Grundfläche dieselbe bleibt, ist die vom Wasser ausgeübte Kraft nun größer, nämlich ebenso groß wie bei einem nur mit Wasser bis zur gleichen Höhe gefüllten Behälter. Die Auftriebskraft des Blocks im Wasser ist $F_A = \varrho_W\,V\,g$. Darin ist das Volumen des Aluminiumblocks $V = m_{Al}/\varrho_{Al}$, und es folgt $F_A = m_{Al}\,g\,(\varrho_W/\varrho_{Al}) = 7{,}27\,\text{N}$. Die Anzeigen der Waagen sind nun oben $12{,}4\,\text{N}$ und unten $36{,}7\,\text{N}$.

11.38   Der Index 1 bezieht sich auf den kleinen Kolben und der Index 2 auf den großen. Die zum Bewegen der Kolben zu verrichtende Arbeit ist am kleinen Kolben $W_1 = F_1\,h_1$, und am großen ist sie $W_2 = F_2\,h_2$. Um beide Arbeitsbeträge vergleichen zu können, müssen wir das Verhältnis der beiden Kräfte und das Verhältnis der Höhendifferenzen kennen. Im gesamten System herrscht überall der gleiche Druck, so daß gilt $F_1 = F_2\,(A_1/A_2)$. Das Höhenverhältnis erhalten wir aus der Bedingung, daß das Volumen im Hydrauliksystem konstant ist; daher ist $h_1\,A_1 = h_2\,A_2$ bzw. $h_1 = h_2\,(A_2/A_1)$. Schließlich folgt $W_1 = F_1\,h_1 = F_2\,(A_1/A_2)\,h_2\,(A_2/A_1) = F_2\,h_2 = W_2$. Im vorliegenden Fall ist $F_1 = F_2/100$ und $h_1 = 100\,h_2$. Die am kleinen Kolben auszuübende Kraft ist kleiner als die am großen Kolben ausgeübte, und der kleine Kolben muß entsprechend weiter bewegt werden.

11.39 Auf das Korkstück wirkt die Auftriebskraft F_A nach oben und seine Gewichtskraft $m_K\,g$ nach unten. Die nach oben wirkende resultierende Kraft ist also $F_A - m_K\,g$. Sie wird von der Federwaage ausgeglichen; diese zeigt die Kraft $F = F_A - m_K\,g$ an. Die Auftriebskraft ist betragsmäßig gleich der Gewichtskraft des verdrängten Wassers: $F_A = \varrho_W\,V\,g$; darin ist $V = m_K/\varrho_K$ das Volumen des Korkstücks. Es folgt $F_A = m_K\,g\,(\varrho_W/\varrho_K)$ und $\varrho_K = \varrho_W/[1 + F/(m_K\,g)]$. Aus den gegebenen Gewichtskräften ergibt sich $F/(m_K\,g) = 3$; damit erhalten wir $\varrho_K = \frac{1}{4}\varrho_W = 0{,}25\ \text{g/cm}^3$.

11.40 Die Stahlkugel beschreibt einen Kreisbogen. Daher ist die Zugkraft Z im Seil gleich der Gewichtskraft der Kugel plus der Zentripetalkraft. Das Seil dehnt sich also um $\Delta\ell = \ell\,[Z/(AE)]$. Die Kugel fällt um die Höhe $\ell\,(1 - \cos\theta)$; daher ist ihre Geschwindigkeit v im untersten Punkt der Schwingung gegeben durch $v^2 = 2\,g\,\ell\,(1 - \cos\theta)$. Daraus folgt $Z = m\,g + m\,v^2/\ell = m\,g\,(3 - 2\cos\theta)$ sowie $\Delta\ell = \ell\,[m\,g/(AE)]\,(3 - 2\cos\theta) = 5{,}14$ cm.

11.41 a) Das pro Sekunde ausströmende Wasser hat das Volumen V und die Masse $m = \varrho\,V$. Das Volumen ist gleich dem Produkt aus der Fläche $(\pi\,r^2)$ und der pro Sekunde zurückgelegten

Strecke (30 m). Wir erhalten $m = 21{,}2$ kg. b) Der Impuls ist $p = m\,v = 636\ \text{N}\cdot\text{s}$. c) Die Abbildung zeigt die Vektoren des Anfangsimpulses p_i und des Endimpulses p_f.

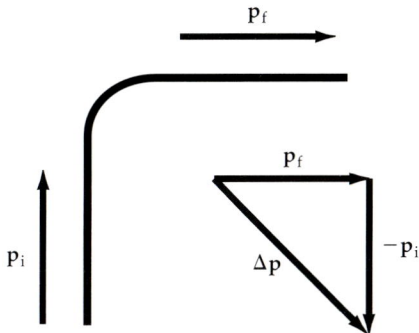

Die Impulsänderung $\Delta p = \mathbf{p}_f - \mathbf{p}_i$ ist um $45°$ gegen die Horizontale nach unten gerichtet und hat den Betrag $\Delta p = \sqrt{2}\,p = 900\ \text{N}\cdot\text{s}$. Die Kraft ist $F = \Delta p/\Delta t = 900$ N.

11.42 Wir messen die Höhe (y) im Wasser relativ zur Düse (Index 2). Der Index 1 bezieht sich auf die Pumpe. Aus der Düse muß das Wasser mit einer solchen Geschwindigkeit v_2 ausströmen, daß es mindestens die Höhe $h = 12$ m erreichen kann; also ist $v_2^2 = 2\,g\,h$. Zudem ist $p_2 = p_{At}$ und $y_2 = 0$. Die Strömungsgeschwindigkeit an der Pumpe können wir aus der Kontinuitätsbedingung ermitteln: $v_1\,A_1 = v_2\,A_2$. Wegen $r_1 = 2\,r_2$ ergibt das $v_1 = \frac{1}{4}\,v_2$. Mit $y_1 = -d = -3$ m können wir die Bernoulli-Gleichung folgendermaßen schreiben: $p_1 + \varrho\,g\,(-d) + \frac{1}{2}\,\varrho\,v_2^2/16 = p_{At} + 0 + \frac{1}{2}\,\varrho\,v_2^2$. Der Druck an der Pumpe ist $p_1 = p_{At} + \varrho\,g\,d + \frac{1}{2}\,\varrho\,(2\,g\,h)\,(1 - 1/16) = 2{,}41\cdot10^5\ \text{Pa} = 2{,}38$ atm.

11.43 a) Wir lassen den Atmosphärendruck außer acht; dann ist der Druck in der Tiefe y gegeben durch $p = \varrho\,g\,y$. Die auf einen Streifen der Breite w und der Höhe $\mathrm{d}y$ in der Tiefe y wirkende Kraft ist $\mathrm{d}F = p\,\mathrm{d}A = (\varrho\,g\,y)\,w\,\mathrm{d}y$. b) Wir integrieren von der Oberfläche $(y = 0)$ bis zur Tiefe des Reservoirs $(y = d)$ und erhalten

$$F = \int \mathrm{d}F = \varrho\,g\,w \int_0^d y\,\mathrm{d}y = \frac{1}{2}\,\varrho\,g\,w\,d^2.$$

Einsetzen der Zahlenwerte ergibt die Kraft $F = 9{,}20\cdot10^7$ N. c) Der Atmosphärendruck darf außer acht gelassen werden. Jedoch ist er nicht vernachlässigbar; denn erst in einer Wassertiefe von 10 m ist der Druck des Wassers gleich einer Atmosphäre. Der Atmosphärendruck geht in die Rechnung deshalb nicht ein, weil er auf beiden Seiten des Dammes herrscht und daher keine resultierende Kraft auf ihn hervorruft.

11.44 a) Nach der Dehnung um $\Delta\ell$ ist die Länge der Saite $\ell' = \ell + \Delta\ell$, und es gilt $\Delta\ell = \ell F/(AE)$. Für die Länge der ungedehnten Saite erhalten wir damit $\ell = \ell'/[1 + F/(AE)] = 34{,}7$ cm. b) Wenn die Saite gespannt ist, so ist in ihr die Arbeit W als potentielle Energie gespeichert: $E_{\mathrm{pot}} = \frac{1}{2} F \Delta\ell$. Hier ist $\Delta\ell = 0{,}00293$ m und damit $E_{\mathrm{pot}} = W = 7{,}76 \cdot 10^{-2}$ J.

11.45 Im Meerwasser verdrängt das Schiff mit der Querschnittsfläche A das Wasser bis zur Tiefe d. Mit der Dichte ϱ_M des Meerwassers ist die Masse des beladenen Schiffes daher $m = \varrho_M \, A \, d \, g$. In Süßwasser (Dichte ϱ_S) taucht das entladene Schiff genauso tief ein und hat jetzt die Masse $m - \Delta m = \varrho_S \, A \, d \, g$. Aus der ersten Gleichung folgt $A \, d \, g = m/\varrho_M$ und damit $m = \Delta m/(1 - \varrho_S/\varrho_M) = 2{,}06 \cdot 10^7$ kg.

11.46 a) Damit das Aräometer gerade eben schwimmt, muß seine Gesamtdichte gleich der der Flüssigkeit sein. Die Gesamtdichte des Aräometers ist $\varrho = (m_{\mathrm{Glas}} + m_{\mathrm{Blei}})/(V_{\mathrm{Kugel}} + \pi \, r^2 \, h)$. Für die Flüssigkeitsdichte $\varrho = 0{,}9$ g/cm^3 erhalten wir $m_{\mathrm{Blei}} = 14{,}7$ g. b) Die größte Dichte kann gemessen werden, wenn die Kugel noch ganz in die Flüssigkeit eintaucht. Dann gilt $\varrho = (m_{\mathrm{Glas}} + m_{\mathrm{Blei}})/V_{\mathrm{Kugel}} = 1{,}03$ g/cm^3.

11.47 Die von der Oberflächenspannung hervorgerufene Kraft wirkt am ganzen Umfang des Loches und ist $F = 2\,\pi\,r\,\gamma\,\cos\theta_K$. Sie wird ausgeglichen von der Kraft, die der Wasserdruck in der betreffenden Tiefe d erzeugt; diese ist $F = pA = (\varrho \, g \, d)(\pi \, r^2)$. Kombinieren beider Beziehungen ergibt $d = (2\,\gamma\,\cos\theta_K)/(\varrho \, g \, r)$. Bei der größten Tiefe, bei der noch kein Wasser in die Dose strömt, ist $\cos\theta_K = 1$. Für diese Tiefe erhalten wir $d = 14{,}9$ cm.

11.48 a) Die von der Oberflächenspannung hervorgerufene Kraft setzen wir gleich der Gewichtskraft der Kugel; dies ergibt $2\,\pi\,r\,\gamma\,\cos\theta_K = \frac{4}{3}\,\pi\,r^3\,\varrho\,g$. Daraus folgt $\cos\theta_K = 2\,r^2\,\varrho\,g/(3\,\gamma)$. b) Der maximale Radius ist derjenige, bei dem $\cos\theta_K$ den Maximalwert 1 hat. Daher ist $r_{\mathrm{max}} = [3\,\gamma/(2\,\varrho_{\mathrm{Cu}}\,g)]^{1/2} = 1{,}12$ mm.

11.49 a) Das Kegelvolumen ist $V = \frac{1}{3}\,\pi\,r^2\,h = 5{,}89 \cdot 10^{-3}$ m^3. Die Gewichtskraft des Wassers im Kegel ist also $F_G = \varrho \, V g = 57{,}8$ N. b) Die vom Wasser auf die Grundfläche des Kegels ausgeübte Kraft ist $F = pA = (\varrho \, g \, h)(\pi \, r^2) = \varrho\,(3\,V)\,g = 3\,F_G$, 3mal größer als die Gewichtskraft des Wassers im Kegel. Die Kraft F hängt nur von der Höhe h der Flüssigkeit im Gefäß und von der Grundfläche $\pi \, r^2$ ab, jedoch überhaupt nicht von der Form des Gefäßes. Daher ist die Kraft auf den Boden stets gleich, ob das Gefäß ein Kegel, ein Zylinder oder ein irgendwie anders geformter Körper ist. Jedoch darf man nicht annehmen, daß der wassergefüllte Kegel auf einer Waage eine 3fach zu hohe Gewichtskraft ergeben würde. Obwohl das Wasser nach unten eine große Kraft ausübt, bewirkt es auf die geneigte Mantelfläche des Kegels eine Kraft mit einer aufwärts gerichteten Komponente. Die insgesamt resultierende Kraft des Wassers auf den Kegel ist die nach unten gerichtete Gewichtskraft. Die große Kraftkomponente, die nach unten gerichtet ist, wird teilweise durch die nach oben gerichtete Komponente ausgeglichen.

11.50 Wenn eine Flüssigkeit mit der Viskosität η aufgrund der Druckdifferenz Δp durch eine Kapillare mit dem Innenradius r und der Länge ℓ fließt, so ist die Durchflußrate (Volumen pro Zeit) gegeben durch $I_V = \Delta p\,\pi\,r^4/(8\,\eta\,\ell)$. Die Druckdifferenz ist hier $\Delta p = \varrho \, g \, h$. Wir können die Durchflußrate auch auf die Höhe der Flüssigkeitssäule (hier Wasser) beziehen; dabei ist im zylindrischen Behälter $I_V = v \, A = -A \, dh/dt$. Das bedeutet, daß die Höhe h abnimmt, wenn Wasser ausströmt (positive Flußrate). Kombinieren der Beziehungen ergibt $dh/dt = -[\pi \, r^4 \, \varrho \, g/(8A\eta\ell)]\,h$

und $dt = -[8A\eta\ell/(\pi r^4 \varrho g)]\,dh/h$. Wir integrieren diesen Ausdruck von $t = 0$ bis $t = T$ sowie von der Höhe $h = h_1 = 10$ cm bis zur Höhe $h_2 = 5$ cm und erhalten

$$\int_0^T dt = -\left(\frac{8A\eta\ell}{\pi r^4 \varrho g}\right)\int_{h_1}^{h_2}\frac{dh}{h}$$

sowie

$$T = -\left(\frac{8A\eta\ell}{\pi r^4 \varrho g}\right)\ln h\,\Big|_{h_1}^{h_2} = \left(\frac{8A\eta\ell}{\pi r^4 \varrho g}\right)\ln 2.$$

Einsetzen der Zahlenwerte ergibt die Ausflußzeit $T = 1{,}81\cdot10^4$ s $= 5{,}02$ h.

11.51 Auf die rechte Halbkugel wirkt aufgrund der Oberflächenspannung nach links die Kraft $2\pi R\gamma$. Auf die rechte Halbkugel wirken aber auch Kräfte nach rechts, und zwar aufgrund des Überdrucks p_e im Ballon. Dieser Druck hat überall auf der Oberfläche des Ballons den gleichen Betrag und bewirkt eine radial nach außen gerichtete Kraft. Wir wählen die z-Achse so, daß sie durch die Mitte der rechten Halbkugel geht. Dann gilt für die Flächenelemente auf ihr $dA = (2\pi R\sin\theta)\,R\,d\theta$. Auf jedem dieser infinitesimalen Streifen ruft der Überdruck eine Kraft in z-Richtung hervor, die gegeben ist durch $dF = (p_e\cos\theta)\,dA = 2\pi R^2 p_e\sin\theta\cos\theta\,d\theta$. Kräfte in anderen Richtungen heben einander wegen der Symmetrie auf. Integrieren ergibt

$$F = 2\pi R^2 p_e\int_0^{\pi/2}\sin\theta\cos\theta\,d\theta$$

$$= \pi R^2 p_e\sin^2\theta\,\Big|_0^{\pi/2} = \pi R^2 p_e.$$

Mit $F = 2\pi R\gamma$ folgt $p_e = 2\gamma/R$. Der Druck innerhalb des Ballons ist $p = p_{\text{At}} + 2\gamma/R$.

11.52 a) Nach der Bernoulli-Gleichung ist $p_{\text{At}} + \varrho g h + 0 = p_{\text{At}} + 0 + \frac{1}{2}\varrho v_2^2$ und damit $v_2 = (2gh)^{1/2}$. b) Die Kontinuitätsbedingung ergibt $v_1 A_1 = v_2 A_2$ mit $v_1 = -dh/dt$. Daraus folgt $dh/dt = -(A_2/A_1)(2gh)^{1/2}$. Die Bedingung $A_2 \ll A_1$ bedeutet, daß $v_1 \ll v_2$ ist. Daher können wir, wie in Teil a), v_1 als null annehmen. c) Das obige Resultat können wir umschreiben: $dt = -[(2gh)^{-1/2}A_1/A_2]\,dh$, so daß folgt

$$\int_0^t dt = -\frac{1}{\sqrt{2g}}\frac{A_1}{A_2}\int_H^h\frac{dh}{\sqrt{h}}$$

und

$$t = \frac{1}{\sqrt{2g}}\frac{2A_1}{A_2}\left(\sqrt{H} - \sqrt{h}\right).$$

Schließlich erhalten wir

$$h = \left(\sqrt{H} - \frac{A_2 t}{\sqrt{2}A_1}\right)^2.$$

d) Die Höhe ist also $h = 0$ zur Zeit $T = \sqrt{2H/g}\,(A_1/A_2) = 6{,}39\cdot10^3$ s $= 1{,}77$ h.

11.53 a) Die Lösung wurde in Aufgabe 11.31 abgeleitet. Es ist $x = 2[h(H-h)]^{1/2}$. b) Mit $h = \frac{1}{2}H + \alpha$ ist die Reichweite $x = 2(\frac{1}{4}H^2 - \alpha^2)^{1/2}$. Beachten Sie, daß die Reichweite nicht vom Vorzeichen von α abhängt. Das bedeutet, daß die Reichweite dieselbe ist, ob sich der Ausfluß um die Strecke α oberhalb oder unterhalb der Höhe $\frac{1}{2}H$ befindet. c) Um das Maximum der Reichweite x zu bestimmen, leiten wir nach der Höhe ab: $dx/dh = (H-h)^{1/2}/h^{1/2} - h^{1/2}/(H-h)^{1/2}$. Das setzen wir gleich null, und es folgt $h = \frac{1}{2}H$ für die maximale Reichweite. Diese ist $x = H$, also gleich der Anfangshöhe der Flüssigkeit im Behälter.

Kapitel 12

Schwingungen

12.1 a) $\nu = \omega/(2\pi) = (k/m)^{1/2}/(2\pi) = 7{,}96$ Hz. b) $T = 1/\nu = 0{,}126$ s. c) Weil der Gegenstand aus der Ruhe losgelassen wird, ist die Amplitude gleich der anfänglichen Auslenkung: $A = 0{,}1$ m. d) $v_{max} = \omega A = 5$ m/s. e) $a_{max} = \omega^2 A = 250$ m/s^2. f) Für die Bewegung des Gegenstands gilt $x = A\cos\omega t$. Daher ist $x = 0$ für $\omega t = \pi/2$, also für $t = \frac{1}{4}T = 0{,}0314$ s. Die Beschleunigung ist $a = \omega^2 A\cos\omega t$; somit ist $a = 0$ für $x = 0$.

12.2 a) Aus $\nu = (k/m)^{1/2}/(2\pi)$ folgt für die Federkonstante $k = 4\pi^2\nu^2 m = 474$ N/m.
b) Die Schwingungsdauer bzw. Schwingungsperiode ist $T = 1/\nu = 0{,}5$ s.
c) $v_{max} = \omega A = 2\pi\nu A = 1{,}26$ m/s.
d) $a_{max} = \omega^2 A = 4\pi^2\nu^2 A = 15{,}8$ m/s^2.

12.3 Wenn nur die Schwingungsdauer gegeben ist, kann die Federkonstante nicht berechnet werden, sondern nur das Verhältnis k/m. Im vorliegenden Fall ist $k/m = 4\pi^2\nu^2 = 4\pi^2/T^2 = \pi^2/4$ s^{-2}. Bei senkrechter Feder ist die Gleichgewichtslage definiert durch $kx = mg$ bzw. $x = (m/k)g = 3{,}98$ m.

12.4 Das Erhöhen der Masse um 80 kg bewirkt eine Kompression der Feder um $2{,}5\cdot10^{-2}$ m. Daher ist $k = mg/x = 3{,}14\cdot10^4$ N/m. Mit $m = 2480$ kg folgt für die Frequenz des ganzen Systems $\nu = (k/m)^{1/2}/(2\pi) = 0{,}556$ Hz.

12.5 a) Die maximale Beschleunigung ist $a_{max} = \omega^2 A = (k/m)A$. Daraus folgt $k = m\,a_{max}/A = 3000$ N/m. b) Die Kreisfrequenz ist $\omega = (k/m)^{1/2} = 24{,}5$ rad/s. Damit folgt für die Frequenz $\nu = \omega/(2\pi) = 3{,}90$ Hz.
c) $T = 1/\nu = 0{,}257$ s.

12.6 a) Die maximale Geschwindigkeit ist $v_{max} = \omega A = (k/m)^{1/2}A$. Daraus erhalten wir $m = k(A/v_{max})^2 = 1{,}49$ kg. b) $\nu = \omega/(2\pi) = v_{max}/(2\pi A) = 5{,}84$ Hz. c) $T = 1/\nu = 0{,}171$ s.

12.7 a) Für die Position in einer harmonischen Bewegung gilt allgemein $x = A\cos(\omega t + \delta)$. Im vorliegenden Fall ist $\delta = 0$ sowie $\omega = 4\pi$ und damit $\nu = \omega/(2\pi) = 2$ Hz. b) $T = 1/\nu = 0{,}5$ s. c) $A = 0{,}05$ m. d) Die Gleichgewichtsposition (also $x = 0$) wird erstmals erreicht, wenn $4\pi t = \pi/2$ ist. Daraus folgt $t = \frac{1}{8}$ s $= \frac{1}{4}T$. Die Geschwindigkeit des Körpers ist $v = -(5\text{ cm})(4\pi\text{ rad/s})\sin(4\pi t)$. Damit ist bei $t = \frac{1}{8}$ s die Geschwindigkeit $v = -20\pi$ cm/s; also bewegt sich der Körper in negativer Richtung. e) $v = \mathrm{d}x/\mathrm{d}t = -(20\pi\text{ cm/s})\sin(4\pi t)$. Daraus ergibt sich die maximale Geschwindigkeit zu $v_{max} = 20\pi$ cm/s $= 62{,}8$ cm/s.
f) $a = \mathrm{d}v/\mathrm{d}t = -(80\pi^2\text{ cm/s}^2)\cos(4\pi t)$. Daraus folgt die maximale Beschleunigung $a_{max} = 80\pi^2$ cm/s$^2 = 790$ cm/s^2.

12.8 Die Position des Körpers ist $x(t) = (0{,}4\text{ m})\cos(3t + \pi/4)$. a) Offensichtlich ist $\omega = 3$ rad/s, also $\nu = \omega/(2\pi) = 3/(2\pi)$ Hz $= 0{,}477$ Hz, und die Schwingungsdauer ist $T = 1/\nu = (2\pi/3)$ s $= 2{,}09$ s. b) $x(0) = (0{,}4\text{ m})\cos(\pi/4) = 0{,}283$ m. c) $x(0{,}5) = (0{,}4\text{ m})\cos(3/2 + \pi/4) = -0{,}262$ m.

12.9 a) Für die Position in einer harmonischen Bewegung gilt allgemein $x(t) = A\cos(\omega t + \delta)$. Im vorliegenden Fall startet der Körper bei seiner maximalen Auslenkung ($A = 0{,}25$ m) aus der Ruhe; daher ist $\delta = 0$. Die Schwingungsdauer ist $T = 1{,}5$ s. Daraus folgt die Kreisfrequenz

$\omega = 2\pi/T = \frac{4}{3}\pi$ rad/s. Schließlich erhalten wir
$x(t) = (0{,}25$ m$) \cos(\frac{4}{3}\pi t)$.
b) $v = dx/dt = -[(\pi/3)$ m/s$] \sin(\frac{4}{3}\pi t)$.
c) $a = dv/dt = -[(4\pi^2/9)$ m/s$^2] \cos(\frac{4}{3}\pi t)$.

12.10 a) Die allgemeine Formel für die Position ist $x = A\cos(\omega t + \delta)$, und für die Geschwindigkeit gilt $v = -A\omega\sin(\omega t+\delta)$. Wir können für die Anfangsbedingungen schreiben $x(0) = A\cos\delta = 0{,}25$ m und $v(0) = -A\omega\sin\delta = 0{,}5$ m/s. Mit diesen beiden Gleichungen können wir die zwei Unbekannten A und δ ermitteln. Beachten Sie: Obwohl der Körper am gleichen Ort startet wie in Aufgabe 9, hat er nun bei $t = 0$ eine endliche Geschwindigkeit, und seine Amplitude ist eine andere. Die Schwingungsdauer ist jedoch dieselbe, und es ist ebenfalls $\omega = \frac{4}{3}\pi$. Wir bilden den Quotienten der beiden Gleichungen und erhalten $\tan\delta = -2/\omega$ und daraus $\delta = -0{,}445$ rad. Damit ergibt sich für die Amplitude $A = (0{,}25$ m$)/\cos\delta = 0{,}277$ m. Schließlich folgt $x = (0{,}277$ m$)\cos(\frac{4}{3}\pi t - 0{,}445)$.
b) $v = dx/dt = -(1{,}16$ m/s$)\sin(\frac{4}{3}\pi t - 0{,}445)$.
c) $a = dv/dt = -(4{,}86$ m/s$^2)\cos(\frac{4}{3}\pi t - 0{,}445)$.

12.11 a) Die Frequenz ist $\nu = v/(2\pi R) = 0{,}318$ Hz. Für die Kreisfrequenz folgt $\omega = 2\pi\nu = 2$ rad/s.   b) $T = 1/\nu = 3{,}14$ s.   c) Wenn der Körper auf der positiven x-Achse startet, ist $x = (0{,}4$ m$)\cos 2t$. Wenn er auf der negativen x-Achse startet, gilt $x = -(0{,}4$ m$)\cos 2t$.

12.12 a) Die Geschwindigkeit ist gleich dem Quotienten aus dem zurückgelegten Weg und der dafür benötigten Zeit: $v = 2\pi R/T = 2\pi(0{,}15$ m$)/(3$ s$) = 0{,}314$ m/s.   b) Die Winkelgeschwindigkeit ist gleich der Winkeländerung pro Zeit: $\omega = 2\pi/T = \frac{2}{3}\pi$ rad/s.   c) Wenn der Körper auf der positiven x-Achse startet, ist $x = (0{,}15$ m$)\cos\frac{2}{3}\pi t$.

12.13 Hier ist $E_{\text{ges}} = \frac{1}{2}kA^2 = \frac{1}{2}(5000$ N/m$) \cdot (0{,}1$ m$)^2 = 25$ J.

12.14 a) Es ist $E_{\text{ges}} = \frac{1}{2}mv_{\text{max}}^2 = \frac{1}{2}(1{,}5$ kg$)\cdot (0{,}7$ m/s$)^2 = 0{,}368$ J.   b) Wir können die Gesamtenergie auch schreiben als $E_{\text{ges}} = \frac{1}{2}kA^2$. Daraus folgt $A = (2E_{\text{ges}}/k)^{1/2} = 3{,}83$ cm.

12.15 a) $A = (2E_{\text{ges}}/k)^{1/2} = 3$ cm.
b) Aus $E_{\text{ges}} = \frac{1}{2}mv_{\text{max}}^2$ folgt $v_{\text{max}} = (2E_{\text{ges}}/m)^{1/2} = 77{,}5$ cm/s.

12.16 Aus $E_{\text{ges}} = \frac{1}{2}kA^2$ erhalten wir $k = 2E_{\text{ges}}/A^2 = 1{,}38 \cdot 10^3$ N/m.

12.17 a) $E_{\text{ges}} = \frac{1}{2}kA^2 = 0{,}270$ J.
b) Für $y' = A$ ist die potentielle Energie des Gegenstands $E_{\text{pot,G}} = -mgy' = -0{,}736$ J.   c) Bei $y' = A$ ist die potentielle Energie der Feder $E_{\text{pot,F}} = \frac{1}{2}ky'^2 + mgy' = 1{,}01$ J. Beachten Sie, daß gilt $E_{\text{ges}} = E_{\text{pot,G}} + E_{\text{pot,F}}$.   d) Die maximale kinetische Energie ist $\frac{1}{2}mv_{\text{max}}^2 = \frac{1}{2}m(\omega A)^2 = \frac{1}{2}m(k/m)A^2 = \frac{1}{2}kA^2 = E_{\text{ges}} = 0{,}270$ J.

12.18 a) $E_{\text{ges}} = \frac{1}{2}kA^2 = 0{,}127$ J.
b) Für $y' = A$ ist die potentielle Energie des Gegenstands $E_{\text{pot,G}} = -mgy' = -0{,}324$ J.   c) Bei $y' = A$ ist die potentielle Energie der Feder $E_{\text{pot,F}} = \frac{1}{2}ky'^2 + mgy' = 0{,}451$ J. Beachten Sie, daß gilt $E_{\text{ges}} = E_{\text{pot,G}} + E_{\text{pot,F}}$.   d) Die maximale kinetische Energie ist $\frac{1}{2}mv_{\text{max}}^2 = \frac{1}{2}m(\omega A)^2 = \frac{1}{2}m(k/m)A^2 = \frac{1}{2}kA^2 = E_{\text{ges}} = 0{,}127$ J.

12.19 Wir lösen die Gleichung für die Schwingungsdauer T eines Pendels nach g auf und erhalten $g = 4\pi^2\ell/T^2 = 9{,}79$ m/s^2.

12.20 Mit $\ell = 34$ m und $g = 9{,}81$ m/s^2 folgt für die Schwingungsdauer $T = 2\pi(\ell/g)^{1/2} = 11{,}7$ s.

12.21 a) Auf die Masse m des Teilchens wirken zwei Kräfte: die von der Gravitation herrührende

$(m\,g)$ sowie die Normalkraft F_N der Schale auf das Teilchen. Wird dieses vom tiefsten Punkt der Schale um den Winkel φ ausgelenkt, so kann die Gravitationskraft in zwei Komponenten zerlegt werden : $m\,g\sin\varphi$ tangential zur Schale und $m\,g\cos\varphi$ senkrecht zur Schale. Die tangentiale Komponente wirkt als Rückstellkraft, während die Normal-Komponente durch F_N kompensiert wird. Die Situation ist daher dieselbe wie bei einer Masse an einem Faden, wobei die Spannung des Fadens die gleiche Rolle spielt wie hier die Kraft F_N. In beiden Fällen ist die lineare Auslenkung vom tiefsten Punkt gleich: $r\,\varphi$.   b) Die Teilchen treffen sich am tiefsten Punkt der Schale, weil ihre Auslenkung jeweils klein gegen r und damit ihre Bewegung harmonisch ist (wie bei einem Pendel mit kleiner Amplitude). Bei einer einfachen harmonischen Bewegung ist die Schwingungsdauer unabhängig von der Amplitude; deshalb brauchen beide Teilchen dieselbe Zeit zur Rückkehr in die Gleichgewichtslage.

12.22   Das Trägheitsmoment in Bezug auf den Drehpunkt ist nach dem Satz von Steiner gegeben durch $I = I_S + m\,h^2 = \frac{1}{2}m\,r^2 + m\,r^2 = \frac{3}{2}m\,r^2$. Hier ist I_S das Trägheitsmoment relativ zum Schwerpunkt. Weiterhin wird die Scheibe nur geringfügig aus ihrer Gleichgewichtslage ausgelenkt; daher resultiert eine einfache harmonische Bewegung. Deren Schwingungsdauer ist $T = 2\pi\,[I/(m\,g\,d)]^{1/2}$. Im vorliegenden Fall ist $d = r$, und wir erhalten $T = 2\pi\,(\frac{3}{2}r/g)^{1/2} = 1{,}10$ s. Beachten Sie, daß die Schwingungsdauer die gleiche wie bei einem einfachen Pendel der Länge $\ell = \frac{3}{2}r$ ist.

12.23   Das Trägheitsmoment in Bezug auf den Drehpunkt (vgl. Lösung 12.22) ist $I = I_S + m\,h^2 = 2\,m\,r^2$. Wegen der kleinen Amplitude liegt eine einfache harmonische Bewegung vor; daher ist die Schwingungsdauer gegeben durch $T = 2\pi\,[I/(m\,g\,d)]^{1/2}$ mit $d = r$. Es folgt $T = 2\pi\,(2\,r/g)^{1/2} = 2{,}01$ s.

12.24   Der Ausdruck für die Schwingungsdauer einer ebenen Figur kann umgestellt werden, so

daß sich ergibt $I = T^2\,m\,g\,d/(4\,\pi^2)$. Wir erhalten damit $I = 0{,}504$ kg$\cdot$m^2.

12.25   a) $T = 2\pi\,(m/k)^{1/2} = 0{,}444$ s. b) $E_{\text{ges}} = \frac{1}{2}kA^2 = 0{,}180$ J.   c) Die Energie nimmt pro Periode um 1 % ab. Damit folgt $|\Delta E|/E = 1/100 = 2\pi/Q$ bzw. $Q = 628$. Die Dämpfungskonstante ist $b = 2\pi m/(Q\,T) = 0{,}045$ kg/s.

12.26   Bei einem gedämpften System ist $x(t) = A\,e^{-b\,t/(2\,m)}\cos(\omega' t + \delta)$. Damit ist die zeitabhängige Amplitude $A(t) = A\,e^{-b\,t/(2\,m)}$. Wir nehmen eine beliebige Laufzahl n an und bilden dann das Verhältnis zweier aufeinanderfolgender Amplituden: $A_{(n+1)T}/A_{nT} = A\,e^{-b\,(n+1)\,T/(2\,m)}/(A\,e^{-b\,n\,T/(2\,m)}) = e^{-b\,T/(2\,m)}$. Diese Größe hängt, wie zu beweisen war, nicht von n ab.

12.27   a) Die Gesamtenergie ist $E_{\text{ges}} = \frac{1}{2}kA^2$. Daraus folgt $dE = kA\,dA$ bzw. $dE/E = 2\,dA/A$. Für ein System mit geringer Dämpfung ist daher $|\Delta E/E| = 2\,|\Delta A/A|$, so daß sich die Energie pro Periode um 10 % verringert.   b) Die Zeitkonstante ist $T/(|\Delta E|/E) = (3\text{ s})/(0{,}1) = 30$ s. c) $Q = 2\pi/(|\Delta E|/E) = 62{,}8$.

12.28   a) Die Resonanz-Kreisfrequenz ist $\omega_0 = (k/m)^{1/2} = 6{,}32$ rad/s. Ihr entspricht die Resonanzfrequenz $\nu_0 = \omega_0/(2\pi) = 1{,}01$ Hz. b) $\nu_0 = 2{,}01$ Hz.   c) Für ein Pendel mit kleiner Amplitude ist $\omega_0 = (g/\ell)^{1/2} = 2{,}21$ rad/s. Die Resonanzfrequenz ist $\nu_0 = 0{,}352$ Hz.

12.29   a) Gegeben ist $|\Delta E|/E = 0{,}02$. Daraus folgt $Q = 2\pi/(0{,}02) = 314$. b) Die Breite der Resonanzkurve ist $\Delta\nu = \nu_0/Q = 0{,}955$ Hz. Das entspricht $\Delta\omega = 2\pi\Delta\nu = \nu_0\,(0{,}02) = 6$ rad/s.

12.30   a) Wie im Text abgeleitet, ist die Amplitude $A = F_0/[m^2(\omega_0^2 - \omega^2)^2 + b^2\omega^2]^{1/2} =$

4,98 cm.   b) Resonanz tritt auf bei der Kreisfrequenz $\omega' = \omega_0 \{1 - [b/(2\,m\,\omega_0)]^2\}^{1/2} = 14{,}1$ rad/s. Dies ist auf 3 Stellen genau gleich $\omega_0 = (200)^{1/2} = 14{,}1$ rad/s. Somit reicht es aus, ω' durch ω_0 zu ersetzen.   c) Die Amplitude im Resonanzfall, also bei $\omega = \omega_0$, ist $A = F_0/(b\,\omega_0) = 0{,}354$ m.   d) Die Breite der Resonanzkurve ist $\Delta\nu = \nu_0/Q = \nu_0\,b\,T/(2\,\pi\,m)$. Darin ist $T = 2\,\pi/\omega_0$. Wir erhalten $\Delta\nu = 0{,}159$ Hz und $\Delta\omega = 2\,\pi\,\Delta\nu = 1$ rad/s.

12.31 a) Die Kreisfrequenz beträgt hier $\omega = 2\,\pi/T = \pi/4$. Das Teilchen startet zum Zeitpunkt $t = 0$ bei $x = A$. Somit ist seine Position als Funktion der Zeit $x(t) = (10\text{ cm})\cos(\frac{1}{4}\,\pi\,t)$:

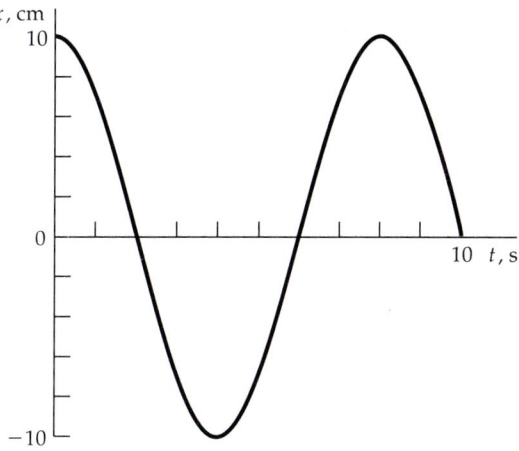

b) Von $t = 0$ bis $t = 1$ s ändert sich die Position von 10 cm auf 7,07 cm; also wurden 2,93 cm zurückgelegt. Von $t = 1$ s bis $t = 2$ s ändert sich die Position von 7,07 cm auf 0 cm; also wurden 7,07 cm zurückgelegt. In der dritten und vierten Sekunde werden die Strecken 7,07 cm bzw. 2,93 cm zurückgelegt.

12.32 a) Die Masse kann ausgedrückt werden durch $m = k/(4\,\pi^2\,\nu^2)$, und wir errechnen den Wert 1,51 kg.   b) Die in a) ermittelte Masse hängt an der vertikalen Feder und dehnt sie dadurch um die Strecke $x = m\,g/k = 0{,}821$ cm.   c) Es gilt $\omega = 2\,\pi\,\nu = 11\,\pi$. Es sei x positiv in Abwärtsrichtung; dann ist die Position in Abhängigkeit von der Zeit $x(t) = (2{,}5\text{ cm})\cos(11\,\pi\,t)$. Wir erhalten für die Geschwindigkeit $v = \mathrm{d}x/\mathrm{d}t = -(86{,}4\text{ cm/s})\sin(11\,\pi\,t)$, und die Beschleunigung ist $a = \mathrm{d}v/\mathrm{d}t = -(2990\text{ cm/s}^2)\cos(11\,\pi\,t)$.

12.33 Häufig wird fälschlicherweise angenommen, der Gegenstand falle nach dem Loslassen bis zur Gleichgewichtsposition (die gegeben ist durch $y_0 = m\,g/k$) und komme hier zum Stillstand. Dies ist falsch, da in der Gleichgewichtsposition zwar die Kraft null auf den Gegenstand wirkt, dieser aber während des Falls einen Impuls erhalten hat. Daher kann er erst zum Stillstand kommen, wenn eine Kraft entgegen seiner Bewegungsrichtung wirkt. Deswegen fällt der Gegenstand über die Gleichgewichtsposition hinaus, und zwar ebenso weit, wie er anfangs von ihr (nach oben) entfernt war. Das wird klar, wenn wir die Energie betrachten. Die potentielle Energie der Feder und des Gegenstands seien null an dem Punkt, an dem der Gegenstand losgelassen wird. Dann ist die Gesamtenergie zu Beginn gleich null. Am tiefsten Punkt (wo er zum Stillstand kommt) ist die Energie immer noch null, und es gilt $0 = -m\,g\,y + \frac{1}{2}\,k\,y^2$. Das ergibt $y = 2\,m\,g/k$, und wir erhalten $m/k = \frac{1}{2}\,y/g = \frac{1}{2}\,(3{,}42\text{ cm})/g$ und schließlich $T = 2\,\pi\,(m/k)^{1/2} = 0{,}262$ s.

12.34 a) Die von den Blöcken erfahrene maximale Beschleunigung ist $a_{\max} = \omega^2 A = 4\,\pi^2\,A/T^2 = 0{,}617$ m/s^2. Die auf den oberen Block ausgeübte maximale Reibungskraft ist $\mu_{\mathrm{H}}\,m\,g$. Sie kann die Beschleunigung a hervorrufen, für die gilt $m\,a = \mu_{\mathrm{H}}\,m\,g$ bzw. $a = \mu_{\mathrm{H}}\,g = 2{,}45$ m/s^2. Dieser Wert ist größer als die Beschleunigung, die die Blöcke bei der hamonischen Bewegung erfahren. Also wird der obere Block nicht verrutschen.   b) Damit Verrutschen eintritt, muß gelten $a_{\max} = \mu_{\mathrm{H}}\,g$ bzw. $A = \mu_{\mathrm{H}}\,g\,T^2/(4\,\pi^2) = 3{,}98$ cm.

12.35 a) Die potentielle Energie der Gravitation sei hier null am tiefsten Punkt der Schaukel. Dann ist die gesamte Energie des Systems $\frac{1}{2}\,m\,v_{\max} = 70$ J.   b) Der Energieverlust ist $|\Delta E| = 2\,\pi\,E/Q = 22$ J, macht also einen erheblichen Anteil der Gesamtenergie aus.   c) Um die Amplitude konstant zu halten, muß die Leistung $P = \Delta E/\Delta t = (22\text{ J})/(3\text{ s}) = 7{,}33$ W zugeführt werden.

12.36 a) Die anfängliche Energie sei E_0. Dann ist nach einer Periode die Energie des Systems $E_1 = (1 - 0{,}02)\,E_0$. Also ist $(E_1 - E_0)/E_0 = -0{,}02$, wie gegeben. Nach zwei Perioden ist die Energie $E_2 = (1 - 0{,}02)\,E_1 = (1 - 0{,}02)^2\,E_0$. Aus $E_n = (1 - 0{,}02)^n\,E_0 = \frac{1}{2}\,E_0$ folgt $(1 - 0{,}02)^n = \frac{1}{2}$ und $n = \ln(0{,}5)/\ln(0{,}98) = 34{,}3$ Perioden.
b) $Q = 2\,\pi/(0{,}02) = 314$.
c) $\Delta\nu = \nu_0/Q = 0{,}318$ Hz.

12.37 a) $|\Delta E|/E = 2\,\pi/Q = \pi/10 = 0{,}314$.
b) Gegeben ist $\omega' = \omega_0\,[1 - 1/(4\,Q^2)]^{1/2}$. Wegen $Q = 20$ ist die Größe $1/(4\,Q^2)$ klein, und es folgt $\omega' \approx \omega_0\,[1 - 1/(8\,Q^2)]$ und daraus $|\Delta\omega|/\omega_0 = 1/(8\,Q^2) = 0{,}000313$. Das bedeutet, bei jeder Periode ändert sich die Resonanz-Kreisfrequenz um $0{,}0313$ Prozent.

12.38 Die Abnahme der Amplitude mit der Zeit wird beschrieben durch $A(t) = A\,\mathrm{e}^{-b\,t/(2\,m)}$. Nach acht Perioden gilt $A(8T) = A\,\mathrm{e}^{-8\,b\,T/(2\,m)} = A/\mathrm{e}$. Daraus ergibt sich $4\,b\,T/m = 1$. Weiterhin gilt $b/m = 2\,\pi/(Q\,T)$ und die Erhaltungsbedingung lautet $1 = 8\,\pi/Q$ bzw. $Q = 8\,\pi = 25{,}1$.

12.39 a) $|\Delta E|/E = 2\,\pi/Q = 0{,}0157$. Der Energieverlust pro Periode beträgt also $1{,}57$ Prozent.
b) Die Energie nach einer Periode ist $E_1 = E_0 - (|\Delta E|/E_0)\,E_0 = (1 - 0{,}0157)\,E_0 = 0{,}984\,E_0$. Nach zwei Perioden ist die Energie $E_2 = 0{,}984\,E_1 = (0{,}984)^2\,E_0$, usw. Nach n Perioden ist die Energie $E_n = (0{,}984)^n\,E_0$.   c) Zwei Tage bedeuten $53{,}3$ Schwingungsperioden, und die dann verbleibende Energie ist $E = (0{,}984)^{53{,}3}\,E_0 = (0{,}430)\,E_0$. Nach einem Monat hat die Energie abgenommen auf $(3{,}16 \cdot 10^{-6})\,E_0$.

12.40 a) Die maximale Kraft der Haftreibung, die auf die Masse m_2 ausgeübt werden kann, ist $\mu_\mathrm{H}\,m_2\,g$. Sie bewirkt eine Beschleunigung a, für die gilt $\mu_\mathrm{H}\,m_2\,g = m_2\,a$ und $a = \mu_\mathrm{H}\,g$. Der kleinstmögliche Wert der Haftreibungszahl ist $\mu_\mathrm{H} = a_{\max}/g = \omega^2\,A/g$. Dabei ist $\omega^2 = k/(m_1 + m_2)$. Beachten Sie, daß im Ausdruck

für ω^2 die Gesamtmasse auftritt, weil angenommen wird, daß sich beide Blöcke gemeinsam bewegen. Damit folgt für die minimale Haftreibungszahl $\mu_\mathrm{H} = k\,A/[(m_1 + m_2)\,g]$.   b) Weil m_2 auf m_1 gesetzt wird, wenn diese sich gerade (momentan) im Stillstand befindet, kann man das System nun so betrachten, als würde es von diesem Zustand aus der Ruhe gestartet. Also ändert sich die Amplitude nicht, und die Gesamtenergie ist ebenfalls dieselbe: $E_\mathrm{ges} = \frac{1}{2}\,k\,A^2$. Schließlich verringert sich die Kreisfrequenz auf $\omega_\mathrm{e} = [m_1/(m_1 + m_2)]^{1/2}\,\omega_\mathrm{a}$, und die Schwingungsdauer steigt auf $T_\mathrm{e} = [(m_1 + m_2)/m_1]^{1/2}\,T_\mathrm{a}$.

12.41 a) Hier gilt $E_\mathrm{ges} = \frac{1}{2}\,m\,v_{\max}^2 = \frac{1}{2}\,k\,A^2$. Darin ist $k = m\,g/x$. Wir lösen nach der Amplitude auf und erhalten $A = v_{\max}\,(x/g)^{1/2} = 1{,}66$ cm. Dies ist die maximale Auslenkung über und unter den Gleichgewichtspunkt, der sich 5 cm oberhalb des Bodens befindet. Damit ist die maximale Höhe über dem Boden $h_{\max} = 5$ cm $+ 1{,}66$ cm $= 6{,}66$ cm.   b) Die Bewegung vom Gleichgewichtspunkt zu einem der beiden Umkehrpunkte oder zurück erfordert jeweils die Zeit $\frac{1}{4}\,T$. Weil der Gegenstand abwärts startet, wird die maximale Höhe erstmals nach der Zeit $\frac{3}{4}\,T = \frac{3}{4}\,(2\,\pi)\,(x/g)^{1/2} = 0{,}261$ s erreicht.   c) Der Gegenstand erreicht nie die Position, bei der die Feder entspannt ist, weil $h_{\max} < 8$ cm ist. Für $h_{\max} = 8$ cm muß $A = 3$ cm sein; das bedeutet $v_{\max} = A\,(g/x)^{1/2} = 0{,}542$ m/s.

12.42 Das Netz senkt sich etwa um $x = m\,g/k = 3 \cdot 10^{-3}$ m, und Schwingungen mit kleiner Amplitude treten auf mit der Frequenz $\nu = (k/m)^{1/2}/(2\,\pi) = (g/x)^{1/2}/(2\,\pi) = 9{,}10$ Hz.

12.43 a) Aus $T = 2\,\pi\,(\ell/g)^{1/2}$ bilden wir das Differential und erhalten $\mathrm{d}T = 2\,\pi\,\ell^{1/2}\,(-\frac{1}{2})\,g^{-3/2}\,\mathrm{d}g$ bzw. $\mathrm{d}T/T = -\frac{1}{2}\,\mathrm{d}g/g$. Für kleine, endliche Änderungen können wir schreiben $\Delta T/T \approx -\frac{1}{2}\,\Delta g/g$.   b) Wenn die Uhr genau geht, ist ihre Schwingungsdauer $T = 1$ s. Wenn sie um 90 s pro Tag nachgeht, hat sie pro Tag ($= 86\,400$ s) also 90 Schwingungsperioden weniger ausgeführt. Dann ist die Dauer einer Periode $T' = (86\,400 \text{ s})\,/\,(86\,400 - 90) = 1{,}00104$ s. Damit ist $\Delta T = 0{,}00104$ s, und wir erhalten $\Delta g = -2\,g\,\Delta T/T = -0{,}0205$ m/s^2.

12.44 a) Aus $\nu = (k/m)^{1/2}/(2\,\pi)$ folgt für die Federkonstante $k = 4\,\pi^2\,\nu^2\,m = 5{,}23 \cdot 10^4$ N/m. b) Mit dem Elastizitätsmodul E ist die Kraft $F = (A\,E/\ell)\,\Delta\ell$. Andererseits ist die Federkonstante k definiert durch $F = k\,\Delta\ell$. Durch Gleichsetzen folgt $E = k\,\ell/A$. c) Wir setzen die Zahlenwerte ein und erhalten $E = 2 \cdot 10^{11}$ N/m; dies ist der Wert für Stahl.

12.45 Die Schwingungsdauer T bei endlichen Winkeln φ hängt mit der Schwingungsdauer T_0 bei sehr kleinen Winkeln zusammen über $T = T_0\,(1 + \frac{1}{4}\sin^2\varphi_0/2)$. Bei sehr kleiner Amplitude geht die Uhr pro Tag (86 400 s) um 5 min (= 300 s) vor. Daraus folgt die Schwingungsdauer $T_0 = (86\,400 \text{ s})/(86\,400 + 300) = 0{,}99654$ s. Gefordert ist aber eine Schwingungsdauer von exakt 1 s. Also muß gelten $\sin^2\varphi_0/2 = 4\,(T - T_0)/T_0$; das ergibt $\varphi_0 = 13{,}5°$.

12.46 Die Indices 1 und 2 beziehen sich auf die Masse 1 kg bzw. 2 kg, und die Indices a und e geben den Anfangs- und den Endzustand an. a) Bei einem ideal unelastischen Stoß bleiben die Körper aneinander haften, und aus der Impulserhaltung folgt $m_1\,v_a = (m_1 + m_2)\,v_e$. Daher ist die Geschwindigkeit beider Massen nach dem Stoß $v_e = m_1\,v_a\,/\,(m_1 + m_2) = 2$ m/s. Dies ist auch die Maximalgeschwindigkeit beider Gegenstände, denn es ist ihre Geschwindigkeit am Gleichgewichtspunkt. Damit ergibt sich $\frac{1}{2}\,m\,v_{\max}^2 = \frac{1}{2}\,m\,v_e^2 = \frac{1}{2}\,k\,A^2$. Darin ist $m = m_1 + m_2$. Daher ist die Amplitude der Bewegung $A = v_e\,(m/k)^{1/2} = 0{,}141$ m. Die Schwingungsdauer ist $T = 2\,\pi\,(m/k)^{1/2} = 0{,}444$ s. b) Bei diesem Stoß beibt der Impuls erhalten: $m_1\,v_a = m_1\,v_1 + m_2\,v_2$. Ebenso bleibt die kinetische Energie erhalten: $\frac{1}{2}\,m_1\,v_a^2 = \frac{1}{2}\,m_1\,v_1^2 + \frac{1}{2}\,m_2\,v_2^2$. Daraus können wir die beiden unbekannten Geschwindigkeiten v_1 und v_2 errechnen: $v_1 = v_a\,(m_1 - m_2)/(m_1 + m_2) = -2$ m/s. Der Gegenstand 1 prallt also zurück. Für den anderen Gegenstand folgt $v_2 =$

$2\,m_1\,v_a/(m_1 + m_2) = 4$ m/s. Die Amplitude ist daher $A = v_2\,(m_2/k)^{1/2} = 0{,}231$ m, und die Schwingungsdauer ist $T = 2\,\pi\,(m_2/k)^{1/2} = 0{,}363$ s. c) Allgemein ist die Auslenkung in Abhängigkeit von der Zeit gegeben durch $x(t) = A\,\cos\,(\omega\,t + \delta)$. Hier muß $x > 0$ gesetzt werden, entsprechend der Stauchung der Feder. Wir können A und $\omega = 2\,\pi/T$ aus den Resultaten in den Teilen a) und b) erhalten. Ferner ist der auf den 2-kg-Gegenstand übertragene Impuls $p_2 = \Delta p_2 = p_{2,a}$. Aus den beiden Anfangsbedingungen ($x(0) = 0$ und $v(0) > 0$) bestimmen wir δ zu $-\frac{1}{2}\,\pi$ oder $-\frac{3}{2}\,\pi, -\frac{7}{2}\,\pi, \ldots$ Dann folgt für den unelastischen Stoß $x(t) = (0{,}141 \text{ m})\cos\,[(14{,}1 \text{ rad/s})\,t - \pi/2]$ und $p_2 = 4$ kg$\cdot$m/s. Für den elastischen Stoß ist $x(t) = (0{,}231 \text{ m})\cos\,[(17{,}3 \text{ rad/s})\,t - \pi/2]$ und $p_2 = 8$ kg$\cdot$m/s.

12.47 a) Die maximale Beschleunigung des Kolbens ist $a_{\max} = \omega^2 A$. Wenn der Block auf dem Kolben liegenbleibt, ist seine maximale Beschleunigung gleich g, und er hebt ab, wenn gilt $a_{\max} = \omega^2 A > g$. b) Hier ist die Beschleunigung des Kolbens $a = -3\,g\,\sin\omega\,t$. Das setzen wir gleich $-g$ und erhalten $\omega\,t = 0{,}340$ rad. Um den Zeitpunkt des Abhebens zu ermitteln, schreiben wir $\omega = (3\,g/A)^{1/2}$ mit $A = 15$ cm. Damit folgt $t = (0{,}340 \text{ rad})\,[A/(3\,g)]^{1/2} = 0{,}0243$ s.

12.48 Die vertikale Position wird hier mit y bezeichnet, und die positive Richtung ist die Abwärtsbewegung. Der Kieselstein werde zum Zeitpunkt $t = 0$ auf den Block gelegt. a) Gemäß den Angaben in der Aufgabe ist die Position des Blocks als Funktion der Zeit $y = A\,\cos\omega\,t$. Darin ist $A = 0{,}07$ m und $\omega = 8\,\pi$ rad/s. Daraus folgt die Beschleunigung des Blocks zu $a = -\omega^2 A\,\cos\omega\,t$. Der Kieselstein trennt sich vom Block, wenn $a = g$ ist, also wenn gilt $\cos\omega\,t = -g/(\omega^2 A)$. Das setzen wir in den Ausdruck für die Position ein und erhalten $y = -g/\omega^2 = -1{,}55$ cm. Das Minuszeichen zeigt an, daß diese Position oberhalb des Gleichgewichtspunktes liegt. b) Für die Geschwindigkeit des Kieselsteins gilt $v = -\omega A\,\sin\omega\,t = -\omega A\,(1 - \cos^2\omega\,t)^{1/2} = -1{,}72$ m/s. Der negative Wert drückt aus, daß die Bewegung aufwärts gerichtet ist.   c) Nachdem der Kieselstein den Block verlassen hat, befindet er sich im freien Fall. Seine größte Höhe erreicht er für $v = 0$, wobei gilt $v = -1,72\ \mathrm{m/s} + g\,t$. Also wird die größte Höhe erreicht bei $t = 0,175$ s. Zu diesem Zeitpunkt ist die Position $y = -0,0155\ \mathrm{m} - 1,72\,t + \frac{1}{2}g\,t^2 = -0,166\ \mathrm{m} = -16,6$ cm. Wiederum erkennen wir am Minuszeichen, daß dieser Punkt oberhalb des Gleichgewichtspunktes liegt.

12.49 Die Frequenz der Schwingung ist $\nu = \omega/(2\,\pi) = (k/m)^{1/2}/(2\,\pi)$. Darin ist k die Federkonstante (oder Kraftkonstante) des Systems. Mit geeigneter Definition dieser Größe gilt die angegebene Gleichung für die dargestellten Systeme.   a) Wird die Masse um die Strecke x ausgelenkt, so wirkt auf sie die Kraft $F = -k_{\mathrm{eff}}\,x$. Die Gesamtkraft ist die Summe der Kräfte, die von beiden Federn herrühren, die um die Strecke x ausgelenkt werden. Damit folgt $F = -k_1\,x - k_2\,x = -(k_1 + k_2)\,x$ und $k_{\mathrm{eff}} = k_1 + k_2$.   b) Hier wird der Block um die Strecke x und die Federn um x_1 bzw. x_2 ausgelenkt. Diese beiden Unbekannten sind mit Hilfe folgender Beziehungen zu bestimmen: $x_1 + x_2 = x$ und (da auf jede Feder dieselbe Kraft wirkt) $-k_1\,x_1 = -k_2\,x_2$ bzw. $x_2 = x_1\,(k_1/k_2)$. Wir kombinieren beide Bedingungen und erhalten $x_1 = k_2\,x/(k_1 + k_2)$. Daraus folgt die Kraft $F = -k_{\mathrm{eff}}\,x = -k_1\,x_1 = -k_2\,x_2 = -[k_1\,k_2/(k_1 + k_2)]\,x$. Schließlich identifizieren wir k_{eff} als $k_{\mathrm{eff}} = k_1\,k_2/(k_1 + k_2)$ bzw. $1/k_{\mathrm{eff}} = 1/k_1 + 1/k_2$.

12.50 a) Die Abbildung zeigt die geometrischen Gegebenheiten.

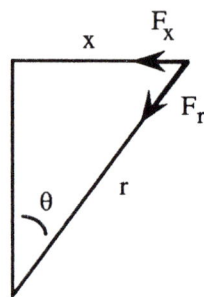

Der Zeichnung entnehmen wir $F_x = F_r \cos(\pi/2 - \theta) = F_r \sin\theta$. Weiterhin ist $F_r = -(G\,m\,M_{\mathrm{E}}/R_{\mathrm{E}}^3)\,r = -k\,r$ und daher $F_r \sin\theta = -k\,r\sin\theta = -k\,x$. Dabei gilt $x = r\sin\theta$. Somit ist die Bewegung harmonisch, und die Kraftkonstante ist $k = G\,m\,M_{\mathrm{E}}/R_{\mathrm{E}}^3$.   b) Mit $R_{\mathrm{E}} = 6,37 \cdot 10^6$ m ist die Schwingungsdauer der Bewegung $T = 2\,\pi\,(m/k)^{1/2} = 2\,\pi\,[m/(G\,m\,M_{\mathrm{E}}/R_{\mathrm{E}}^3)]^{1/2} = 2\,\pi\,[R_{\mathrm{E}}/(GM_{\mathrm{E}}/R_{\mathrm{E}}^2)]^{1/2} = 2\,\pi\,(R_{\mathrm{E}}/g)^{1/2} = 84,4$ Minuten.

12.51 a) Bei einem mathematischen Pendel ist die Rückstellkraft $F = -m\,g\,\sin\varphi_0$. Für eine harmonische Bewegung muß der Winkel klein sein. Dann ist $F \approx -m\,g\,\varphi_0 = -(m\,g/\ell)\,\ell\,\varphi_0 = -k\,s$. Darin ist $k = m\,g/\ell$, und $s = \ell\,\varphi_0$ ist die Bogenlänge der Auslenkung. Damit folgt für die Kreisfrequenz des Pendels $\omega = (k/m)^{1/2} = (g/\ell)^{1/2}$. Damit können wir die Geschwindigkeit bei $\varphi = 0$ ermitteln; denn dort ist sie maximal, und für eine harmonische Bewegung gilt $v_{\max} = \omega A$. Die Amplitude A ist einfach gleich der anfänglichen Bogenlänge $\ell\varphi_0$, und wir erhalten $v_{\max} = \varphi_0\,(g\,\ell)^{1/2}$.   b) Um die Geschwindigkeit bei $\varphi = 0$ exakt zu berechnen, müssen wir beachten, daß die Pendelmasse beim Winkel φ_0 auf die Höhe $\ell\,(1 - \cos\varphi_0)$ über dem tiefsten Punkt der Schwingung angehoben ist. Dann folgt aus der Energieerhaltung $mgh = mg\,\ell\,(1 - \cos\varphi_0) = \frac{1}{2}\,m\,v^2$ und $v = [2\,g\,\ell\,(1 - \cos\varphi_0)]^{1/2}$.   c) Auf den ersten Blick scheinen die Resultate aus a) und b) recht unterschiedlich zu sein; jedoch ergibt die Reihenentwicklung von $\cos\varphi_0$ für kleine Winkel $(1 - \cos\varphi_0) \approx [1 - (1 - \frac{1}{2}\varphi_0^2)] = \frac{1}{2}\varphi_0^2$. Damit folgt $v \approx \varphi_0\,(g\,\ell)^{1/2}$, wie bei der harmonischen Näherung.   d) Für $\varphi_0 = 0,2$ rad und $\ell = 1$ m erhalten wir $v_{\max} = \varphi_0\,(g\,\ell)^{1/2} = 0,626\ \mathrm{m/s}$ und $v = [2\,g\,\ell\,(1 - \cos\varphi_0)]^{1/2} = 0,625\ \mathrm{m/s}$. Die Abweichung beträgt nur 0,167 Prozent.

12.52 a) Es gilt $Q = 2\,\pi\,m/(b\,T)$. Die Größe b kann aus den Angaben in der Aufgabe bestimmt werden. Sie hängt mit der Grenzgeschwindigkeit v_{g} zusammen über $b = m\,g/v_{\mathrm{g}}$. Damit folgt $Q = 2\,\pi\,v_{\mathrm{g}}/(g\,T) = (v_{\mathrm{g}}/g)\,(k/m)^{1/2} = 29,4$.   b) Die Amplitude als Funktion der Zeit ist $A(t) = A\,\mathrm{e}^{-b\,t/(2\,m)}$. Daher ist die Amplitude auf die Hälfte ihres Anfangswertes gesunken, wenn gilt $e^{-bt/(2m)} = \frac{1}{2}$ und damit $t = (2m/b)\ln 2 = T(Q\ln 2)/\pi = 3{,}53$ s. c) Die Anfangsenergie des Systems ist $E_0 = \frac{1}{2}kA^2 = 8$ J. Weil die Amplitude A um den Faktor 2 sinkt und die Energie proportional zu A^2 ist, nimmt die Energie um den Faktor 4 ab. Somit ist jetzt nur noch $\frac{1}{4}$ der Energie vorhanden, und die entzogene Energiemenge beträgt $\frac{3}{4}E_0 = 6$ J.

12.53 Für die Schwingungsdauer um einen Punkt, der um die Strecke h vom Schwerpunkt entfernt ist, gilt $T = 2\pi[I/(mgh)]^{1/2}$. Daraus folgt $gT^2/(4\pi^2) = I/(mh)$. Darin ist I das Trägheitsmoment bezüglich des Drehpunktes. Nach dem Satz von Steiner ist es gegeben durch $I = I_S + mh^2$. (Hierin ist I_S das Trägheitsmoment relativ zum Schwerpunkt.) Es folgt $gT^2/(4\pi^2) = (I_S + mh_1^2)/(mh_1) = I_S/(mh_1) + h_1 = I_S/(mh_2) + h_2$. Die letzte Gleichsetzung ergibt sich daraus, daß die Schwingungsdauer für h_1 und für h_2 dieselbe ist. Wir setzen beiden letzten Ausdrücke gleich und erhalten $I_S = mh_1h_2$. Einsetzen dieser Beziehung in den Ausdruck für die Schwingungsdauer führt zu $gT^2/(4\pi^2) = h_1 + h_2$.

12.54 a) Es ist $T = 2\pi[I_S/(mgh)]^{1/2}$, wobei I_S das Trägheitsmoment relativ zum Schwerpunkt sowie $h = \ell$ ist. Dann ist das Trägheitsmoment bezüglich des Drehpunktes $I = I_S + m\ell^2 = \frac{2}{5}mr^2 + m\ell^2$. Mit $T_0 = 2\pi(\ell/g)^{1/2}$ folgt $T = T_0[1 + \frac{2}{5}(r^2/\ell^2)]^{1/2}$. b) Für kleines r kann die Wurzel in eine Reihe entwickelt werden; das Schema lautet $(1+x)^{1/2} \approx 1 + \frac{1}{2}x$ für $x \ll 1$. Wir erhalten damit $T \approx T_0[1 + r^2/(5\ell^2)]$. c) Mit der in b) angesetzten Näherung können wir für die Abweichung der Schwingungsdauer schreiben $(T - T_0)/T_0 = r^2/(5\ell^2)$. Für $r = 0{,}02$ m und $\ell = 1$ m beträgt die Abweichung 0,008 Prozent. Damit sie 1 Prozent ausmacht, muß gelten $r^2 = 5\ell^2/100$ bzw. $r = 22{,}4$ cm.

12.55 a) Die Resonanzfrequenz eines gedämpften Oszillators ist $\omega' = \omega_0\{1 - [b/(2m\omega_0)]^2\}^{1/2}$. Hier ist $\omega' = 0{,}9\omega_0$. Daraus folgt $b/(2m\omega_0) =$

0,436. Das kann in den Ausdruck für die Amplitude als Funktion der Zeit eingesetzt werden; dieser lautet $A(t) = A\,e^{-bt/(2m)}$. Das Argument der Exponentialfunktion ist $(0{,}436)\,\omega_0\,T$ mit $T = 2\pi/\omega' = 2\pi/(0{,}9\,\omega_0)$. Also wird die Amplitude um den Faktor $e^{-3{,}04} = 0{,}0477$ verringert.
b) Weil die Energie proportional zum Amplitudenquadrat ist, verringert sie sich um den Faktor $(0{,}0477)^2 = 0{,}00227$.

12.56 Die Gleichgewichtslage sei $x = 0$, und die positive Bewegungrichtung sei die nach rechts.
a) In der ersten halben Periode ist x positiv; die Federkraft wirkt nach links und die Reibungskraft nach rechts. Daher gilt $m\,d^2x/dt^2 = -kx + \mu_k\,mg$. Hierin ist μ_k die Gleitreibungszahl. Es folgt $d^2x/dt^2 = -\omega^2(x - \mu_k\,g/\omega^2) = -\omega^2 x' = d^2x'/dt^2$. Die letzte Gleichsetzung beruht darauf, daß gilt $d^2x'/dt^2 = d^2(x - x_0)/dt^2 = d^2x/dt^2$.
b) Hier ist x negativ; die Federkraft wirkt nach rechts und die Reibungskraft nach links. Daher folgt $m\,d^2x/dt^2 = -kx - \mu_k\,mg$, und wir erhalten $d^2x/dt^2 = -\omega^2(x + x_0) = -\omega^2 x'' = d^2x''/dt^2$. c) Aus der Lösung von Teil a) folgt $x'(t) = A'\cos\omega t = x(t) - x_0$. Die Anfangsbedingung lautet $x(0) = A = 10\,x_0 = x_0 + A'$. Damit ist $A' = 9\,x_0$ und $x(t) = x_0(1 + 9\cos\omega t)$. Für die zweite Halbperiode (die bei $t = 0$ startet) können wir auf ähnliche Weise zeigen, daß gilt $x(t) = -x_0(1 + 7\cos\omega t)$. Für die ersten 5 Halbperioden ergibt sich das nachfolgende Diagramm. Beachten Sie, daß die Masse bei $t = 2{,}5\,T$ vollständig zur Ruhe kommt.

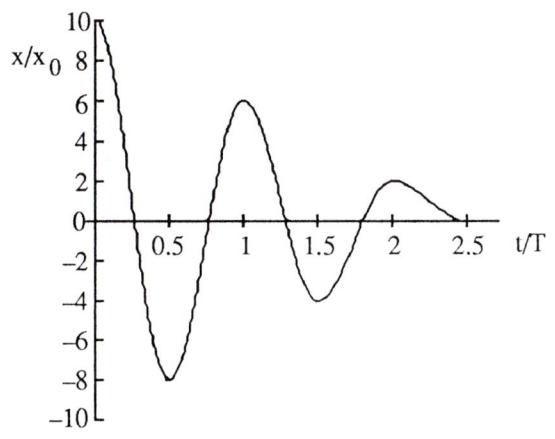

12.57 a) Gegeben ist $F = F_0 \cos \omega t$ sowie $x = A \cos(\omega t - \delta)$. Daraus folgt $v = -\omega A \sin(\omega t - \delta)$, und es ergibt sich mit $P = Fv$ sofort das gewünschte Resultat.   b) Wir verwenden die trigonometrische Umformung $\sin(\omega t - \delta) = \sin \omega t \cos \delta - \cos \omega t \sin \delta$. Das setzen wir in das Ergebnis von Teil a) ein und erhalten direkt den gewünschten Ausdruck für P.   c) Das zeitliche Mittel des zweiten in der Aufgabe gegebenen Terms ist

$$\int_0^T \cos \omega t \, \sin \omega t \, \mathrm{d}t = \frac{1}{2\omega} \sin^2 \omega t \bigg|_0^T = 0.$$

Dagegen ist das zeitliche Mittel von $\cos^2 \omega t$ über eine ganze Periode

$$\int_0^{2\pi} \cos^2 \omega t \, \mathrm{d}\omega t = \frac{1}{2}.$$

Daraus folgt nun $P = \frac{1}{2} A \omega F_0 \sin \delta$.   d) Wenn die δ gegenüberliegende Seite $b\omega$ und die anliegende Seite $m(\omega_0^2 - \omega^2)$ ist, so ist die Hypothenuse $[m^2(\omega_0^2 - \omega^2)^2 + b^2 \omega^2]^{1/2}$. Dann ist die δ gegenüberliegende Seite, dividiert durch die Hypothenuse, gleich $\sin \delta = b\omega/[m^2(\omega_0^2 - \omega^2)^2 + b^2 \omega^2]^{1/2}$. Das können wir vereinfachen, da gilt $A = F_0/[m^2(\omega_0^2 - \omega^2)^2 + b^2 \omega^2]^{1/2}$; es folgt $\sin \delta = b\omega A/F_0$.   e) Aus Teil d) erhalten wir $\omega A = (F_0/b) \sin \delta$ und damit $\langle P \rangle = \frac{1}{2}(F_0^2/b) \sin^2 \delta$. Das Ergebnis aus Teil d) für $\sin \delta$ kann nun in diesen Ausdruck eingesetzt werden.

12.58 a) Die halbe Leistung liegt ungefähr dann vor, wenn gilt $m^2(\omega_0^2 - \omega^2)^2 = b^2 \omega_0^2$. Weiterhin ist $m^2(\omega_0^2 - \omega^2)^2 = m^2(\omega_0 - \omega)^2(\omega_0 + \omega)^2$. Das führt zu der geforderten Gleichung.   b) Wenn wir $\omega_0 + \omega = 2\omega_0$ setzen, dann folgt $m^2(\omega_0^2 - \omega^2)^2 = m^2(\omega_0 - \omega)^2(4\omega_0^2)$ und daraus $\omega_0 - \omega = \pm b/(2m)$.   c) Wegen $\omega_0 = 2\pi/T$ folgt $Q = 2\pi m/(bT) = m\omega_0/b$.   d) Aus Teil c) erhalten wir $b/m = \omega_0/Q$ und damit $\omega_1 = \omega_0 - \omega_0/(2Q)$ und $\omega_2 = \omega_0 + \omega_0/(2Q)$.

Kapitel 13

Mechanische Wellen

13.1

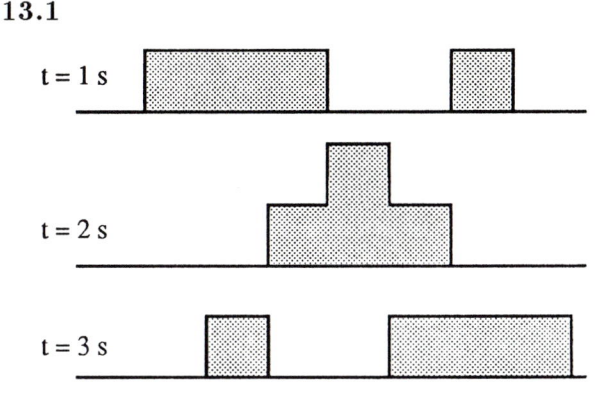

13.2

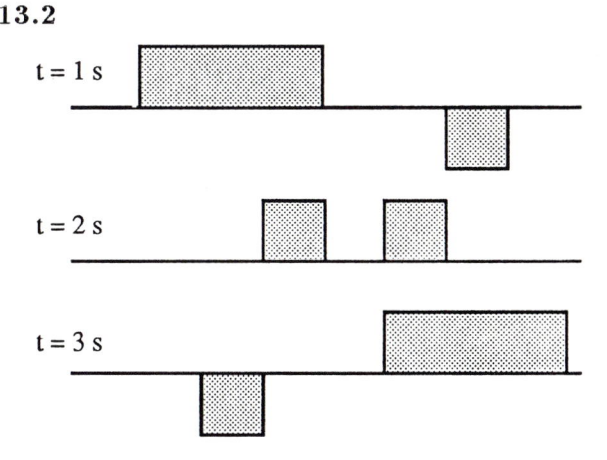

13.3 a) Ein gegebener Punkt der Welle entspricht $x + (34\,\text{m/s})\,t = C$. Daher ist $x = C - (34\,\text{m/s})\,t$ und $v = -34$ m/s. Somit breitet sich die Welle mit der Geschwindigkeit 34 m/s in negativer Richtung aus. b) Diese Welle breitet sich mit 20 m/s in positiver Richtung aus.
c) Positive Richtung; die Geschwindigkeit beträgt hier 10 m/s.

13.4 a) Die Geschwindigkeit ist unabhängig von der Gesamtlänge der Saite. Daher ist $v = 20$ m/s.
b) Verdoppeln der Zugkraft erhöht die Geschwindigkeit um den Faktor $\sqrt{2}$, so daß folgt $v =$

$20\sqrt{2}$ m/s = 28,3 m/s. c) Die Geschwindigkeit ist umgekehrt proportional zur Quadratwurzel aus der Massenbelegung μ (Masse pro Längeneinheit). Daher wird die Geschwindigkeit von 20 m/s abgesenkt auf $(20/\sqrt{2})$ m/s = 14,1 m/s.

13.5 a) Mit der Massenbelegung μ ergibt sich $v = (F/\mu)^{1/2} = [F/(m/\ell)]^{1/2} = 265$ m/s.
b) Damit die Geschwindigkeit halbiert wird, muß die Massenbelegung μ und damit die Masse um den Faktor 4 anwachsen. Damit wird die Gesamtmasse der Saite 20 g; also müssen 15 g Kupferdraht herumgewickelt werden.

13.6 a) Damit die Saite das Glas nicht berührt, muß sie eine stehende Welle ausbilden, darf sich also relativ zum Glas nicht bewegen. Sie muß genau mit der Ausbreitungsgeschwindigkeit der Welle durch die Röhre gezogen werden. Mit der Zugkraft T gilt $v = (T/\mu)^{1/2} = 22,4$ m/s.
b) Die Zentripetalbeschleunigung des Saitensegments ist $a_z = v^2/r = 6250\ \text{m/s}^2 = 637\,g$.
c) Die Abbildung zeigt ein Segment der Saite.

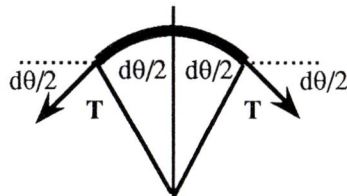

Seine Masse ist $dm = \mu\,r\,d\theta$. Die Kraft, die erforderlich ist, damit das Segment eine Kreisform annimmt, ist daher $v^2\,dm/r = \mu\,r\,v^2\,d\theta/r = \mu\,v^2\,d\theta$. Die auf den Kreismittelpunkt gerichtete Kraft ist $2\,T\sin(d\theta/2) \approx T\,d\theta$. Dabei ist die Näherung um so genauer, je kleiner $d\theta$ ist. Gleichsetzen beider Kräfte ergibt $v^2 = T/\mu$, in Übereinstimmung mit dem Ergebnis von Teil a). Beachten Sie, daß die Gravitation außer acht blieb; das Resultat von Teil b) zeigt, daß dies zulässig ist.

13.7 a) $v = s/t = 2\ell/\Delta t = (800\,\text{m}) \,/\, (12\,\text{s}) = 66{,}7\ \text{m/s}$. b) Die Zugkraft im Seil ist $F = v^2\mu = v^2 m/\ell = 889\ \text{N}$.

13.8 a) Die Frequenz bestimmen wir nach der Formel $\nu = v/\lambda$. Für $\lambda = 4 \cdot 10^{-7}$ m ist $\nu = 7{,}5 \cdot 10^{14}$ Hz, und für $\lambda = 7 \cdot 10^{-7}$ m ist $\nu = 4{,}29 \cdot 10^{14}$ Hz. b) $\nu = v/\lambda = (3 \cdot 10^{8}\,\text{m/s})/ (0{,}03\,\text{m}) = 10^{10}$ Hz.

13.9 Hierfür gilt $\omega = (1/A)\,[2\,P/(\mu\,v)]^{1/2} = 2\,\pi\,\nu$. Darin ist $\mu = 0{,}05$ kg/m und $v = (F/\mu)^{1/2} = 34{,}6$ m/s. Daraus folgt $\nu = 171$ Hz.

13.10 a) Die Amplitude der resultierenden Welle ist $2\,A\cos\left(\tfrac{1}{2}\delta\right) = (0{,}04\,\text{m})\cos\left(\pi/12\right) = 3{,}86$ cm. b) Mit einer Phasendifferenz von $\pi/3$ ist die resultierende Amplitude $2\,A\cos\left(\pi/6\right) = 3{,}46$ cm.

13.11 Damit die resultierende Amplitude gleich der ursprünglichen ist, muß gelten $\cos\left(\tfrac{1}{2}\delta\right) = \tfrac{1}{2}$. Daraus folgt $\tfrac{1}{2}\delta = \pi/3$ und $\delta = 2\,\pi/3 = 120°$.

13.12 a) $v = (F/\mu)^{1/2} = [F/(m/\ell)]^{1/2} = 521$ m/s. b) Die Bedingung für stehende Wellen ergibt für die Grundschwingung $\lambda_1 = 2\,\ell = 2{,}8$ m. Die entsprechende Frequenz ist $\nu_1 = v/\lambda_1 = 186$ Hz. c) $\nu_2 = 2\,\nu_1 = 372$ Hz und $\nu_3 = 3\,\nu_1 = 558$ Hz.

13.13 a) Die Frequenz der Grundschwingung einer an einem Ende eingespannten Saite ist $\nu_1 = v/(4\,\ell) = 1{,}25$ Hz. b) Die erste Oberschwingung entspricht dem ersten erlaubten Wert von n, der größer als 1 ist, hier also dem Wert $n = 3$. Damit hat die erste Oberschwingung die Frequenz $\nu_3 = 3\,\nu_1 = 3{,}75$ Hz. c) Die zweite Oberschwingung hat $n = 5$ und die Frequenz $\nu_5 = 5\,\nu_1 = 6{,}25$ Hz.

13.14 Wir stellen den Ausdruck für die Grundschwingung um und erhalten $F = 4\,\ell^2\,\nu_1^2\,\mu = 4\,\ell\,\nu_1^2\,m = 1533$ N.

13.15 a) Die Ausbreitungsgeschwindigkeit v der Welle hängt mit der Frequenz der Grundschwingung zusammen über $\nu_1 = v/(2\,\ell)$. Das erhalten wir auch aus $\lambda = 2\,\ell$ für die Grundschwingung. Es folgt $v = 2\,\ell\,\nu_1 = 296$ m/s. b) $F = \mu\,v^2 = 87{,}9$ N.

13.16 a) Eine stehende Welle können wir uns vorstellen als Überlagerung einer Welle mit ihrer eigenen Reflexion. Beide Wellen haben daher dieselbe Ausbreitungsgeschwindigkeit, nämlich $v = \omega/k = 200$ m/s. Wenn also eine stehende Welle erzeugt wird, addieren sich beide Wellen in Phase, und die resultierende Amplitude ist einfach $2A = 0{,}5$ cm; es folgt $A = 0{,}25$ cm. b) Knoten treten bei jeder halben Wellenlänge auf. Der Abstand benachbarter Knoten ist daher $\lambda/2 = \pi/k = 1{,}26$ m. c) Die kleinstmögliche Länge $\ell_{\min}$ der Saite ist die, bei der an jedem Ende ein Knoten liegt und ein Maximum in der Mitte auftritt. Mit dem Resultat von Teil b) ist $\ell_{\min} = 1{,}26$ m.

13.17

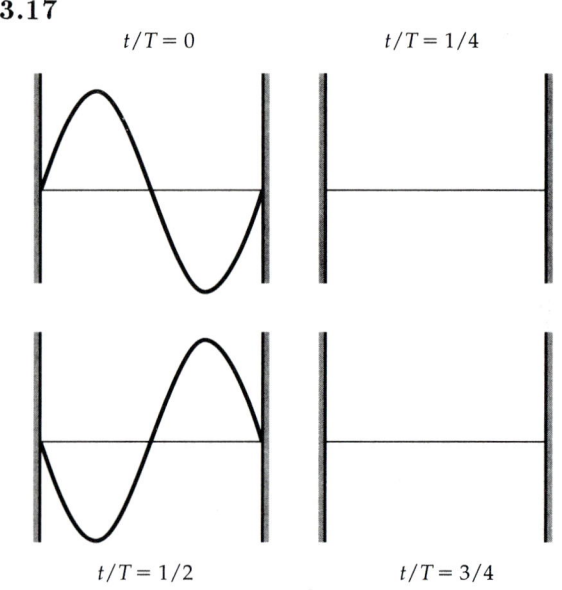

a) Weil die Saite 2,51 m lang ist, paßt eine ganze Wellenlänge zwischen ihre Enden. Ihre Auslenkungen zu verschiedenen Zeitpunkten sind in der Abbildung gezeigt. b) $T = 2\pi/\omega = 0,0126$ s. c) Verläuft die Saite momentan geradlinig, so ist ihre gesamte Energie kinetisch. Insbesondere ist für $y(x) = 0$ die Geschwindigkeit eines jeden Elements maximal. Dieser Sachverhalt ist analog zu dem bei einer Feder, die beim Durchgang durch die Gleichgewichtslage die maximale Geschwindigkeit hat.

13.18 a) Die Verhältnisse sind $125/75 = 5/3$ und $175/125 = 7/5$. b) Die angegebenen Frequenzen sind aufeinanderfolgende Resonanzfrequenzen; damit ist klar, daß die Saite nur an einem Ende eingepannt ist, weil die geradzahligen Harmonischen fehlen. c) Aus den obigen Ergebnissen folgt 75 Hz $= \nu_3 = 3\nu_1$. Die Grundfrequenz ist somit $\nu_1 = 25$ Hz. d) Die gegebenen Frequenzen 75 Hz, 125 Hz und 175 Hz entsprechen der 3., der 5. bzw. der 7. Harmonischen. e) Beispielsweise ist für die Grundschwingung $\nu_1 = v/(4\ell)$. Daraus folgt $\ell = v/(4\nu_1) = 4$ m.

13.19 a) Für $y(x,t) = (x + vt)^3$ ist $\partial y/\partial x = 3(x + vt)^2$ und $\partial^2 y/\partial x^2 = 6(x + vt)$. Entsprechend ist $\partial y/\partial t = 3v(x + vt)^2$ und $\partial^2 y/\partial t^2 = 6v^2(x + vt) = v^2 \partial^2 y/\partial x^2$. b) Hier ist $\partial y/\partial t = -Aikv\,e^{ik(x-vt)}$ und $\partial^2 y/\partial t^2 = -Ak^2 v^2 e^{ik(x-vt)}$. Die räumliche Ableitung ergibt $\partial y/\partial x = Aik\,e^{ik(x-vt)}$ und $\partial^2 y/\partial x^2 = -Ak^2 e^{ik(x-vt)} = (1/v^2)\,\partial^2 y/\partial t^2$. c) Es ist $\partial y/\partial t = -v/(x - vt)$ und $\partial^2 y/\partial t^2 = -v^2/(x - vt)^2$. Schließlich folgt $\partial y/\partial x = 1/(x - vt)$ und $\partial^2 y/\partial x^2 = -1/(x - vt)^2 = (1/v^2)\,\partial^2 y/\partial t^2$.

13.20 Die Frequenz der Grundschwingung einer an beiden Enden eingespannten Saite ist $\nu_1 = v/(2\ell)$. Damit ist die Anfangslänge $\ell_0 = v/(2\nu_1)$. Die höheren Noten entsprechen ebenfalls Grundschwingungen, aber der verkürzten Saite. Mit der Grundfrequenz ν ist die Länge der Saite $\ell = v/(2\nu) = [v/(2\nu_1)](\nu_1/\nu) = \ell_0\nu_1/\nu$. Daher ist der Abstand, bei dem der Finger angesetzt werden muß, gegeben durch $\ell_0 - \ell = \ell_0(1 - \nu_1/\nu)$. Für die Frequenzen 220 Hz, 247 Hz, 262 Hz und 294 Hz sind die Abstände daher $\ell = 3,27$ cm, 6,19 cm, 7,56 cm bzw. 10 cm.

13.21 a) Die Frequenz der Wellen ist gleich der der Stimmgabel: $\nu = 400$ Hz. Damit ist $T = 1/\nu = 2,5 \cdot 10^{-3}$ s. b) $v = (F/\mu)^{1/2} = 316$ m/s. c) $\lambda = v/\nu = 0,791$ m und $k = 2\pi/\lambda = 7,95$ m^{-1}. d) Eine der vielen geeigneten Wellenfunktionen ist $y = (0,5 \cdot 10^{-3}$ m$) \sin[2\pi(x/\lambda - \nu t)] = (0,5 \cdot 10^{-3}$ m$) \sin[2\pi(1,26\,x - 400\,t)]$. Dabei sind x und y in m und t in s einzusetzen. e) $v_{max} = \omega A = 2\pi\nu A = 1,26$ m/s und $a_{max} = \omega^2 A = 3,16 \cdot 10^3$ m/s^2. f) Die notwendige Leistung ist $P = \frac{1}{2}\mu\omega^2 A^2 v = 2,50$ W.

13.22 In der Aufgabe ist gegeben, daß für die Geschwindigkeiten gilt $v_1 = 2v_2$. Die Drähte haben die gleiche Zugkraft, also ist $\mu_2 = F/v_2^2 = 4\mu_1$. Die Amplitude der reflektierten Welle im Draht 1 ist halb so groß wie die der im Draht 2 transmittierten Welle: $A_r = \frac{1}{2}A_t$. a) Wir setzen die zugeführte Leistung gleich der reflektierten plus der transmittierten Leistung. Es folgt $\frac{1}{2}\mu_1\omega^2 A^2 v_1 = \frac{1}{2}\mu_1\omega^2 A_r^2 v_1 + \frac{1}{2}\mu_2\omega^2 A_t^2 v_2$. Mit den obigen Beziehungen erhalten wir $A_r^2 = (1/9)A^2$; also liegt 1/9 der Leistung in der reflektierten Welle vor. Aus der Energieerhaltung folgt, daß 8/9 der Energie transmittiert werden. b) wie oben abgeleitet, ist $A_r = A/3$ und damit $A_t = 2A_r = 2A/3$.

13.23 a) $P = \frac{1}{2}\mu\omega^2 A^2 v = \frac{1}{2}\mu(2\pi\nu)^2 A^2 v = 0,079$ W. b) Um die Leistung um den Faktor 100 zu erhöhen, muß die Amplitude oder die Frequenz um den Faktor 10 heraufgesetzt werden, oder die Geschwindigkeit muß um den Faktor 100 erhöht werden. Das bedeutet, daß die Spannung um den Faktor 10 000 erhöht werden muß.
c) Am leichtesten ist wahrscheinlich die Frequenz der Quelle zu ändern, meist auch die Amplitude. Die Spannung auf das 10 000fache heraufzusetzen, wird meist nicht gelingen.

13.24 a) Eine der vielen möglichen Wellenfunktionen ist $y(x,t) = A \sin kx \cos\omega t$ mit $A = 0,03$ m und $\omega = 2\pi\nu = 200\pi$ s^{-1}. Die Größe k erhalten wir daraus, daß die dritte Harmonische $\nu_3 = 3v/(4\ell)$ ist, so daß folgt $v =$

$4\,\ell\,\nu_3/3 = \lambda\,\nu_3$. Damit ist $\lambda = 4\,\ell/3 = (8/3)\,\mathrm{m}$ und $k = 2\,\pi/\lambda = (3\,\pi/4)\,\mathrm{m}^{-1}$.   b) Die kinetische Energie eines kurzen Elements der Saite ist $\mathrm{d}E_{\mathrm{kin}} = \frac{1}{2}\,\mathrm{d}m\,v^2 = \frac{1}{2}\,\mu\,\mathrm{d}x\,v^2$. Dabei gilt $v = \partial y/\partial t = -\omega A\,\sin kx\,\sin\omega t$, und wir erhalten $\mathrm{d}E_{\mathrm{kin}} = \frac{1}{2}\,\mu\,\omega^2 A^2\,\sin^2 kx\,\sin^2\omega t\,\mathrm{d}x$. Offensichtlich ist die kinetische Energie maximal, wenn gilt $\sin\omega t = 1$ und daher $\omega t = \pi/2$ bzw. $t = 2{,}5\cdot 10^{-3}$ s. Durch Vergleich mit der oben angegebenen Wellenfunktion $y(x,t)$ stellen wir fest, daß $y = 0$ (für alle x) ist, wenn die kinetische Energie maximal ist. Dann ist die Saite gerade.   c) Um die maximale kinetische Energie zu berechnen, integrieren wir den Ausdruck $\mathrm{d}E_{\mathrm{kin}} = \frac{1}{2}\,\mu\,\omega^2 A^2\,\sin^2 kx\,\mathrm{d}x$ und erhalten

$$E_{\mathrm{kin}} = \int \mathrm{d}E_{\mathrm{kin}} = \frac{1}{2}\,\mu\,\omega^2 A^2 \int_0^\ell \sin^2 kx\,\mathrm{d}x.$$

Wir vereinfachen das Integral durch die Substitution $\theta = \frac{4}{3}\,k\,x$, so daß folgt

$$E_{\mathrm{kin}} = \frac{1}{2}\,\mu\,\omega^2 A^2 \int_0^{2\pi} \sin^2\theta\,\mathrm{d}\theta = \frac{1}{2}\,\mu\,\omega^2 A^2.$$

Mit den Zahlenwerten von ω und A erhalten wir $E_{\mathrm{kin}} = 18\,\mu\,\pi^2$ J.   d) Die potentielle Energie eines Elements $\mathrm{d}x$ der Saite ist

$$\begin{aligned}
\mathrm{d}E_{\mathrm{pot}} &= \tfrac{1}{2}\,\mu\,\omega^2\,y^2\,\mathrm{d}x \\
&= \tfrac{1}{2}\,\mu\,\omega^2 A^2\,\sin^2 kx\,\cos^2\omega t\,\mathrm{d}x.
\end{aligned}$$

Die maximale potentielle Energie ist

$$E_{\mathrm{pot}} = \frac{1}{2}\,\mu\,\omega^2 A^2 \int_0^\ell \sin^2 kx\,\mathrm{d}x = \frac{1}{2}\,\mu\,\omega^2 A^2.$$

Sie ist gleich der maximalen kinetischen Energie, wie zu erwarten ist. Die Saite hat hier also die Form einer Sinuskurve mit der maximal möglichen Auslenkung an jedem Punkt x.

13.25 a) Die Wellenfunktion der n-ten Schwingungsmode ist $y_n = A_n\,\sin k_n x\,\cos\omega_n t$ mit $k_n = 2\,\pi/\lambda_n = n\,\pi/\ell$ und $\omega_n = n\,\omega_1$. Wegen

$$(\partial y/\partial t)^2 = n^2\,\omega_1^2\,A_n^2\,\sin^2(n\,\pi\,x/\ell)\,\sin^2(n\,\omega_1\,t)$$

ist die kinetische Energie der n-ten Mode

$$E_{\mathrm{kin}} = \frac{1}{2}\,\mu\,n^2\,\omega_1^2\,A^2\,\sin^2(n\,\omega_1\,t) \int_0^\ell \sin^2\frac{n\,\pi\,x}{\ell}\,\mathrm{d}x.$$

Mit $\theta = n\,\pi\,x/\ell$ berechnen wir das Integral zu $\ell/2$ und erhalten

$$E_{\mathrm{kin}} = \frac{1}{4}\,\mu\,n^2\,\omega_1^2\,A_n^2\,\ell\,\sin^2(n\,\omega_1\,t).$$

b) Die maximale kinetische Energie ist gleich $\frac{1}{4}\,\mu\,n^2\,\omega_1^2\,A_n^2\,\ell$.   c) Wenn die kinetische Energie maximal ist, so ist $y(x,t) = 0$ für alle x.   d) Separieren der Faktoren, die von der n-ten Mode abhängen, von den Faktoren, die nicht von ihr abhängen, ergibt $E_{\mathrm{kin}} = (\frac{1}{4}\,\mu\,\omega_1^2\,\ell)\,(n^2 A_n^2)$. Weil der erste Faktor konstant ist, ist die maximale kinetische Energie proportional zu $n^2 A_n^2$.

13.26 a) Mit $v = (F/\mu)^{1/2}$ folgt $\mathrm{d}v/\mathrm{d}F = \frac{1}{2}\,F^{-1/2}/\mu^{1/2} = \frac{1}{2}\,v/F$. Umstellen ergibt $\mathrm{d}v/v = \frac{1}{2}\,\mathrm{d}F/F$.   b) Aus a) folgt $\mathrm{d}F = 2\,F\,\mathrm{d}v/v = 2\,(500\,\mathrm{N})\,(12\,\mathrm{m/s})/(300\,\mathrm{m/s}) = 40$ N.

13.27 a) Die n-te Harmonische hat die Frequenz $\nu_n = [n/(2\,\ell)]\,(F/\mu)^{1/2}$. Daraus erhalten wir $\mathrm{d}\nu/\mathrm{d}F = \frac{1}{2}\,[n/(2\,\ell)]\,[1/(F\,\mu)]^{1/2} = \nu_n/F$ und $\mathrm{d}\nu_n/\nu_n = \frac{1}{2}\,\mathrm{d}F/F$.   b) Aus dem Ergebnis von Teil a) folgt $\mathrm{d}F/F = 2\,\mathrm{d}\nu_n/\nu_n = 0{,}0154$. Demnach muß die Spannung der Saite um 1,54 Prozent erhöht werden, damit die gewünschte Frequenzerhöhung resultiert.

13.28 a) $v_1 = \lambda_1\,\nu = (0{,}1\,\mathrm{m})\,(120\,\mathrm{Hz}) = 12$ m/s.   b) Mit $\mu_2 = \frac{1}{3}\,\mu_1$ ist in der zweiten Saite $v_2 = (F/\mu_2)^{1/2} = \sqrt{3}\,v_1 = 20{,}8$ m/s.   c) $\lambda_2 = v_2/\nu = \sqrt{3}\,v_1/\nu = \sqrt{3}\,\lambda_1 = 17{,}3$ cm.

13.29 a) Es ergibt sich direkt, daß die Summe von $y_1 = 0{,}01\,\sin(\pi x/2 - 40\pi t)$ und $y_2 = 0{,}01\,\sin(\pi x/2 + 40\pi t)$ die gewünschte stehende Welle darstellt.   b) Knoten treten immer dort auf, wo $\sin\pi x/2 = 0$ ist, also bei $\pi x/2 = n\,\pi$ mit $n = 0, 1, 2, \ldots$ Aufeinanderfolgende Werte von x sind demnach $0, 2, 4, \ldots$, und der Abstand zwischen den Knoten beträgt 2 m.   c) Bei $x = 1$ m ist $\sin\pi x/2 = 1$. Daraus folgt $v = \partial y/\partial t = -(2{,}51\,\mathrm{m/s})\,\sin 40\pi t$.   d) Bei $x = 1$ m ist $a = \partial^2 y/\partial t^2 = -(316\,\mathrm{m/s^2})\,\cos 40\pi t$.

13.30 a) Die Geschwindigkeit der resultierenden Welle in Abhängigkeit von x und t ist

$$\begin{aligned} v &= \partial y_r / \partial t \\ &= -A_1\, \omega_1\, \sin \omega_1 t\, \sin k_1 x \\ &\quad - A_2\, \omega_2\, \sin \omega_2 t\, \sin k_2 x. \end{aligned}$$

b) Das Element dx der Saite hat die kinetische Energie

$$\begin{aligned} dE_{kin} &= \frac{1}{2}\, \mu\, v^2\, dx \\ &= \frac{1}{2}\, \mu\, [A_1^2 \omega_1^2\, \sin^2 \omega_1 t\, \sin^2 k_1 x \\ &\quad + A_2^2 \omega_2^2\, \sin^2 \omega_2 t\, \sin^2 k_2 x \\ &\quad + 2\, A_1 A_2 \omega_1 \omega_2\, \sin \omega_1 t\, \sin \omega_2 t \\ &\quad \sin k_1 x\, \sin k_2 x]\, dx. \end{aligned}$$

c) Die gesamte kinetische Energie der Saite ist

$$E_{kin} = \frac{1}{2}\, \mu \int_0^\ell v^2\, dx.$$

Darin ist v^2 das in Teil b) ermittelte. Zum Berechnen von E_{kin} benötigen wir folgende Integrale. Zunächst

$$\int_0^\ell \sin^2 k_1 x\, dx = \int_0^\ell \sin^2 k_2 x\, dx = \ell/2$$

mit $k_1 = n_1 \pi/\ell$ und $k_2 = n_2 \pi/\ell$ sowie

$$\int_0^\ell \sin k_1 x\, \sin k_2 x\, dx = 0$$

für $n_1 \neq n_2$. Kombinieren der Resultate ergibt

$$\begin{aligned} E_{kin} &= \frac{1}{4}\, \mu\, \ell\, (A_1^2 \omega_1^2 + A_2^2 \omega_2^2) \\ &= \frac{1}{4}\, \mu\, \ell\, \omega_1 \left[(n_1 A_1)^2 + (n_2 A_2)^2 \right]. \end{aligned}$$

13.31 a) Für dieses System können wir die Wellenfunktion folgendermaßen schreiben: $y = A \sin kx \cos \omega t$ mit $A = 0,02$ m und $k = 2\pi/\lambda = \pi/\ell = (\pi/2)\,\text{m}^{-1}$ (für die Grundschwingung) sowie $\omega = v\,k = [F/(m/\ell)]^{1/2}\, k = 14,1\,\pi$. Die kinetische Energie eines Elements dx des Drahtes ist $dE_{kin} = \frac{1}{2}\mu\, v^2\, dx$ mit $v = \partial y/\partial t =$

$-A\,\omega\, \sin kx\, \sin \omega t$. Natürlich ist dE_{kin} maximal, wenn $\sin \omega t = 1$ ist. Wir integrieren, um die kinetische Energie des ganzen Drahtes zu erhalten:

$$E_{kin} = \frac{1}{2}\, \mu\, A^2\, \omega^2 \int_0^\ell \sin^2 kx\, dx = \frac{1}{4}\, \mu\, A^2\, \omega^2\, \ell.$$

Einsetzen der Zahlenwerte liefert $E_{kin} = 0,0197$ J. b) Im Augenblick der maximalen Auslenkung ist $\cos \omega t = 1$ und damit $\sin \omega t = 0$. Daher sind hier die Geschwindigkeit des Drahtes und seine kinetische Energie null. c) Wegen $dE_{kin} = \frac{1}{2}\mu\, A^2\, \omega^2\, \sin^2 kx\, dx$ ist die Position, die der größten kinetischen Energie entspricht, gegeben durch $\sin kx = \sin(\pi x/2) = 1$. Diese Bedingung wird erfüllt bei $x = 1$ m. d) Die potentielle Energie eines Elements dx des Drahtes ist $dE_{pot} = \frac{1}{2}\mu\, \omega^2\, y^2\, dx$. Daher tritt die maximale potentielle Energie bei dem Ort auf, an dem das Maximum von y auftritt, also bei $x = 1$ m. Beachten Sie, daß bei $x = 1$ m sowohl die kinetische als auch die potentielle Energie ihren Maximalwert annehmen. Dagegen sind an den Knoten beide Energien zu allen Zeitpunkten null.

13.32 a) $v = (F/\mu)^{1/2} = 10$ m/s. b) $\lambda = v/\nu = 2$ m. c) Der maximale transversale Impuls ist $p = m\, v_{max} = (\mu \Delta x)\, \omega A = 1,26 \cdot 10^{-4}$ kg $\cdot$ m/s, wobei $\Delta x = 1$ mm ist. d) Die maximale Kraft auf ein Element der Länge dx ist $F = m\, a_{max} = (\mu \Delta x)\, \omega^2 A = 3,95 \cdot 10^{-3}$ N.

13.33 a) An einem gegebenen Punkt y des Seils muß die Zugkraft so groß sein, daß die Masse μy des Seils gehalten wird, die unter diesem Punkt hängt: $F(y) = \mu y g$. Daher ist die Geschwindigkeit von transversalen Wellen im Seil $v(y) = [F(y)/\mu]^{1/2} = (y g)^{1/2}$. b) Zum Zurücklegen der Strecke dy benötigt der Puls die Zeit $dt = dy/v(y)$. Um die gesamte Zeit zu ermitteln, die ein Puls benötigt, um die gesamte Länge des Seils nach oben zurückzulegen, müssen wir integrieren:

$$t = \frac{1}{\sqrt{g}} \int_0^\ell y^{-1/2}\, dy = 2 \sqrt{\frac{\ell}{g}}.$$

Der Weg hinauf und hinunter erfordert daher die Zeit $T = 2\,t = 4\,(\ell/g)^{1/2} = 2,21$ s.

13.34 a) Wir nehmen A_{ein}, k_1, k_2 und ω als gegeben an. Dann sind die beiden Unbekannten A_r und A_t zu bestimmen. Dazu beachten wir die beiden Randbedingungen bei $x = 0$. Erstens ist die Auslenkung stetig: $y_{\text{ein}} + y_r = y_t$, und zweitens ist die Steigung stetig: $\partial(y_{\text{ein}} + y_r)/\partial x = \partial y_t/\partial x$. Die erste Bedingung ergibt $A_{\text{ein}} + A_r = A_t$. Aus der zweiten Bedingung erhalten wir $-A_{\text{ein}} k_1 \sin(-\omega t) - A_r k_1 \sin(\omega t) = -A_t k_2 \sin(-\omega t)$ und $(A_{\text{ein}} - A_r) k_1 = A_t k_2$. Auflösen nach A_r und A_t ergibt

$$A_r = A_{\text{ein}} (k_1 - k_2) / (k_1 + k_2)$$

und

$$A_t = A_{\text{ein}} (2 k_1) / (k_1 + k_2).$$

Damit sind die reflektierte und die transmittierte Welle vollständig bestimmt. b) Die mechanische Energie bleibt erhalten, wenn gilt $P_{\text{ein}} = P_r + P_t$. Dabei ist $P_{\text{ein}} = \frac{1}{2} \mu_1 \omega^2 A_{\text{ein}}^2 v_1 = \frac{1}{2} (F \mu_1)^{1/2} \omega^2 A_{\text{ein}}^2$. Durch Umformen ergibt sich

$$P_r + P_t = \frac{1}{2} \sqrt{F\mu_1} \, \omega^2 \left[A_r^2 + \sqrt{\frac{\mu_2}{\mu_1}} \, A_t^2 \right].$$

Wegen $k = \omega/v$ ist $\sqrt{\mu_2/\mu_1} = k_2/k_1$ und daher

$$A_r^2 + \sqrt{\frac{\mu_2}{\mu_1}} \, A_t^2 =$$

$$A_{\text{ein}}^2 \frac{k_1^2 - 2 k_1 k_2 + k_2^2 + 4 k_1 k_2}{(k_1 + k_2)^2} = A_{\text{ein}}^2.$$

Also bleibt die mechanische Energie tatsächlich erhalten. c) Für $\mu_2 > \mu_1$ gilt $k_2/k_1 = (\mu_2/\mu_1)^{1/2} > 1$, also $k_2 > k_1$. Daraus folgt, daß A_r das umgekehrte Vorzeichen wie A_{ein} hat. Die reflektierte Welle erfährt demnach eine Phasenänderung um π, wenn die Reflexion an einem dichteren Medium erfolgt. Ein Extremfall liegt bei $\mu_2 = \infty$ vor, d.h wenn die Saite an einer festen Wand befestigt ist. Dabei gilt $A_r = -A_{\text{ein}}$ und $A_t = 0$.

13.35 a) Die eintreffende Welle hat die Geschwindigkeit $v_1 = \omega/k = (50 \text{ rad/s})/(25 \text{ m}^{-1}) = 2$ m/s. Für große x ist die Geschwindigkeit $v_2 = (F/\mu_2)^{1/2} = (F/\mu_1)^{1/2} (\mu_1/\mu_2)^{1/2}$. Dabei ist $\mu_2 = \frac{1}{4} \mu_1$. Damit folgt $v_2 = 2 v_1 = 4$ m/s. b) Die Amplitude bestimmen wir dadurch, daß wir fordern, daß die mechanische Energie erhalten bleibt:

$$P_1 = \frac{1}{2} \mu_1 \omega^2 A_1^2 v_1 = P_2 = \frac{1}{2} \mu_2 \omega^2 A_2^2 v_2.$$

Daraus ergibt sich $A_2 = A_1 [\mu_1 v_1/(\mu_2 v_2)]^{1/2} = \sqrt{2} A_1 = 0,00424$ m. c) $k_2 = \omega/v_2 = \frac{1}{2} k_1$. Damit ist $y(x, t) = (0,00424 \text{ m}) \cos(12,5 x - 50 t)$.

Kapitel 14

Akustik

14.1 Mit $K = 2 \cdot 10^9$ N/m^2 und $\varrho = 10^3$ kg/m^3 erhalten wir $v = (K/\varrho)^{1/2} = 1{,}41 \cdot 10^3$ m/s.

14.2 $v = (E/\varrho)^{1/2} = 5{,}09 \cdot 10^3$ m/s.

14.3 Mit $v = (\gamma R T / M)^{1/2}$ erhalten wir $v = 1{,}32 \cdot 10^3$ m/s.

14.4 Auflösen nach dem Kompressionsmodul in Abhängigkeit von der Geschwindigkeit und der Dichte ergibt $K = v^2 \varrho = 2{,}70 \cdot 10^{10}$ N/m^2.

14.5 a) Die Wellenlänge ist gegeben durch $\lambda = v/\nu = (340\,\text{m/s}) / (262\,\text{Hz}) = 1{,}30$ m.
b) Wenn die Frequenz verdoppelt wird, wird die Wellenlänge halb so groß: $\lambda = 0{,}649$ m.

14.6 Die Auslenkungs-Amplitude und die Druck-Amplitude hängen zusammen über $s_0 = p_0/(\varrho \omega v)$. Es ist $p_0 = 10{,}1$ Pa, $\varrho = 1{,}29$ kg/m^3, $\omega = 2\pi (100)\,\text{s}^{-1}$ und $v = 340$ m/s. Damit folgt $s_0 = 3{,}67 \cdot 10^{-5}$ m.

14.7 a) $s_0 = p_0/(\varrho \omega v) = 2{,}11 \cdot 10^{-5}$ m.
b) Wenn die Frequenz verdoppelt wird, wird die Auslenkung halb so groß: $s_0 = 1{,}05 \cdot 10^{-5}$ m.

14.8 a) Wie bei der Ableitung im Text gezeigt ist, sind hier die Funktionen von Druck und Auslenkung um 90° außer Phase. Wenn also der Druck maximal ist, ist die Auslenkung null.
b) $s_0 = p_0/(\varrho \omega v) = 3{,}67 \cdot 10^{-6}$ m.

14.9 a) $p_0 = \varrho \omega s_0 v = 138$ Pa.   b) Die Intensität erhalten wir am einfachsten aus $I = $

$\frac{1}{2} \varrho \omega^2 s_0^2 v = 21{,}6$ W/m^2.   c) Die Fläche des Kolbens ist $A = 10^{-2}$ m^2. Daher ist die mittlere erforderliche Leistung $\langle P \rangle = I A = 0{,}216$ W.

14.10 a) Die Lautstärke erhalten wir aus $\beta = 10 \log (I/I_0)$ mit $I_0 = 10^{-12}$ W/m^2. Bei $I = 10^{-10}$ W/m^2 ist $\beta = 10(2) = 20$ dB.   b) Mit $I = 10^{-2}$ W/m^2 erhalten wir $\beta = 100$ dB.

14.11 In dem Ausdruck $\beta_1 = 10 \log (I/I_0)$ ersetzen wir I durch $I/10$ und erhalten $\beta_2 = 10 \log [(I/10)/I_0] = \beta_1 - 10 \log 10 = \beta_1 - 10$. Wenn man also von β den Wert 10 subtrahiert, so entspricht das einer Verringerung der Intensität um den Faktor 10. Soll β von 90 dB auf 70 dB verringert werden, so muß demnach die Intensität um den Faktor $10^2 = 100$ herabgesetzt werden. Anders ausgedrückt: 99 Prozent der akustischen Leistung müssen eliminiert werden, um β um 20 dB zu senken.

14.12 a) Der Wegunterschied am fraglichen Punkt ist $\Delta x = 0{,}85$ m. Die Wellenlänge des Schalls ist $\lambda = v/\nu = 3{,}4$ m $= 4 \Delta x$. Damit ist die Phasendifferenz $\delta = 2\pi \Delta x/\lambda = \pi/2 = 90°$.   b) Die resultierende Amplitude ist $A_{\mathrm{r}} = 2 A \cos \frac{1}{2}\delta = 2 A \cos \pi/4 = \sqrt{2}\, A$.

14.13 a) Die Hypothenuse des rechtwinkligen Dreiecks, das die Lautsprecher und der Hörer bilden, ist 10 m lang. Damit ist der Wegunterschied $\Delta x = 2$ m. Wir nehmen an $\Delta x = \lambda/2$; dann ist $\lambda = 4$ m, und die Frequenz ist $\nu = v/\lambda = 85$ Hz. Das nächste ungeradzahlige Vielfache von $\lambda/2$ ist $\Delta x = 3\lambda/2$; also ist $\lambda = (4/3)$ m und $\nu = 255$ Hz.
b) Etwas Schall wird aus mehreren Gründen doch zu hören sein. So sinkt die Schall-Intensität mit

dem Abstand, und sie hängt auch vom Winkel des Schalls gegen den Lautsprecher ab. Zudem wird auch etwas Schall von den Wänden reflektiert, so daß insgesamt verschiedene Wegunterschiede vorliegen.

14.14 Allgemein wird die Auslöschung des Schalls nicht total sein. Die Geigen bringen keine kohärenten Wellen hervor, so daß sich die Phasendifferenz mit der Zeit ändert. Außerdem werden Reflexionen an den Wänden oder Gegenständen im Raum verschiedene Wegunterschiede erzeugen; dadurch kann selbst im Falle konstanter Phasendifferenz keine totale Auslöschung eintreten.

14.15 Wir schreiben die beiden Wellen als $y_1 = A_1 \sin(kx - \omega t + \pi/2)$ und $y_2 = A_2 \sin(kx - \omega t)$. Subtraktion der Argumente der Sinusfunktionen ergibt die Phasendifferenz zwischen den Wellen zu $k(r_2 - r_1) - \pi/2 = \delta$ bzw. $r_2 - r_1 = \lambda[\delta/(2\pi) + \frac{1}{4}]$. a) Bei einem Maximum ist $\delta = n\,2\pi$ mit $n = 0, \pm 1, \pm 2, \ldots$ Der kleinste Wert von $(r_2 - r_1)$ tritt für $n = 0$ auf. Dann ist $r_2 - r_1 = \lambda/4$. b) Bei einem Minimum ist $\delta = (2n - 1)\pi$ mit $n = 0, \pm 1, \pm 2, \ldots$ Das ergibt $r_2 - r_1 = \lambda(n - \frac{1}{4})$. Damit tritt der kleinste Betrag von $(r_2 - r_1)$ für $r_2 - r_1 = -\lambda/4$ auf, und der kleinste positive Wert ist $r_2 - r_1 = 3\lambda/4$.

14.16 Die Schwebungsfrequenz ist die Differenz beider Frequenzen, also 4 Hz.

14.17 a) Bei einer Schwebungsfrequenz von 4 Hz hat die zweite Stimmgabel die Frequenz 496 Hz oder 504 Hz. b) Die Frequenz der ersten Stimmgabel wird verringert, liegt also näher bei 496 Hz und weiter weg von 504 Hz. Wenn die Schwebungsfrequenz nun sinkt, beträgt die Frequenz der zweiten Stimmgabel 496 Hz, andernfalls 504 Hz.

14.18 a) Eine an einem Ende geschlossene Pfeife hat die Grundfrequenz $\nu_1 = v/(4\ell)$; also ist $\ell = v/(4\nu_1)$. Die größte Länge entspricht der kleinsten Frequenz. Damit ist $\ell = 4{,}25$ m. b) Für eine an beiden Enden offene Pfeife ist $\ell = v/(2\nu_1) = 8{,}5$ m.

14.19 a) $\nu_1 = v/(2\ell) = 2267$ Hz. b) Die Harmonischen dieser Pfeife haben die Frequenzen $\nu_n = n\nu_1$. Für $\nu_n = 20\,000$ Hz ist $n = 8{,}82$; also hat hier die achte Harmonische die höchste hörbare Frequenz.

14.20 a) Die der Länge des Gehörgangs entsprechende Grundfrequenz ist $\nu_1 = v/(4\ell) = 3400$ Hz. Höhere Harmonische im Hörbereich liegen bei 10 200 Hz und bei 17 000 Hz. b) Wir erwarten, daß das Ohr in der Nähe der eben berechneten Resonanzfrequenzen am empfindlichsten ist, weil sie im Gehörgang stehende Wellen ausbilden.

14.21 a) Es treten 10^5 Pulse pro Sekunde auf; also ist die maximale Dauer eines Pulses 10^{-5} s. b) Mit $\Delta t = 10^{-5}$ s ergibt sich aus $\Delta\omega\,\Delta t \approx 1$ für den Frequenzbereich: $\Delta\omega \approx 100\,000$ rad/s bzw. $\Delta\nu \approx 15\,900$ Hz.

14.22 a) Die Dauer dieses Wellenpakets ist etwa $T = 1/\nu_0$. Die Anzahl der Perioden in der Zeit Δt ist $\Delta t/T$. Dies ist gleich N, so daß folgt $N \approx \Delta t/T = \nu_0\,\Delta t$. b) $\Delta x \approx N\lambda$ bzw. $\lambda \approx \Delta x/N$. c) $k = 2\pi/\lambda \approx 2\pi N/\Delta x$. d) N ist unbestimmt, da das Wellenpaket nicht abrupt endet, sondern langsam ausklingt. Somit sind Zeitpunkt von Beginn und Ende nicht eindeutig definiert. e) Aus Teil c) folgt $\Delta k = (2\pi/\Delta x)\,\Delta N$. In diesem Falle hat ΔN den Betrag 1. Daher hat die Unsicherheit in der Wellenzahl den Betrag $\Delta k = 2\pi/\Delta x$.

14.23 a) Für $\lambda = 3$ m ist die Frequenz $\nu = v/\lambda = 113$ Hz. b) Hier ist $\lambda = 0{,}03$ mm, und die Frequenz ist $\nu = v/\lambda = 11\,300$ Hz. c) Für $\lambda = 0{,}6$ m ist $\nu = v/\lambda = 567$ Hz, und für $\lambda = 0{,}006$ m ist $\nu = v/\lambda = 56\,700$ Hz.

14.24 a) Es werden 20 Kekse pro Minute hergestellt, und das Monster verzehrt in derselben Zeit ebenso viele. Die Frequenz ist also $\nu = 20\ \text{min}^{-1}$. Das Band bewegt sich mit der Geschwindigkeit v; zwischen aufeinanderfolgenden Keksen vergeht die Zeit T. Dann ist der Abstand zwischen den Keksen (die Wellenlänge) gegeben durch $\lambda = v\,T = v/\nu = 15$ m.   b) Das Band hat relativ zum Bäcker nun die Geschwindigkeit 270 m/min. Die Wellenlänge ist jetzt $\lambda = (270\ \text{m/min}) / (20\ \text{min}^{-1}) = 13{,}5$ m (das ist also der Abstand aufeinanderfolgender Kekse). Die Frequenz, mit der die Kekse verpeist werden, ist $\nu = v/\lambda$. Beachten Sie aber, daß für das Monster die Geschwindigkeit des Bandes immer noch $v = 300$ m/min beträgt. Also ist die Frequenz, mit der Kekse verpeist werden, $\nu = (300\ \text{m/min}) / (13{,}5\ \text{m}) = 22{,}2$ Kekse pro Minute. c) Weil der Bäcker stehenbleibt, beträgt der Abstand aufeinanderfolgender Kekse 15 m, wie in Teil a). Für das Monster bewegt sich das Band nun mit 330 m/min, und es muß $\nu = v/\lambda = 22$ Kekse pro Minute verspeisen.

14.25 a) Weil sich die Quelle auf den Hörer zu bewegt, ist die Wellenlänge zwischen Quelle und Hörer $\lambda = v\,(1 - u_{\text{Q}}/v)/\nu_0 = 1{,}3$ m.
b) $\nu' = v/\nu = 262$ Hz.

14.26 a) Von der Quelle aus gesehen, bewegt sich der Schall von ihr weg, und zwar mit der Geschwindigkeit 340 m/s − 80 m/s = 260 m/s. b) Die Quelle emittiert weiterhin Wellen mit der Frequenz $\nu = 200$ Hz; doch scheinen sich diese nur mit 260 m/s zu bewegen. Damit ist die Wellenlänge $\lambda = v/\nu = (260\ \text{m/s}) / (200\ \text{Hz}) = 1{,}3$ m. Dies ist (wie erwartet) das gleiche Ergebnis wie in der vorigen Aufgabe; denn der Wechsel des Betrachtungsortes hat keinen Einfluß auf die Wellenlänge des Schalls.   c) Von der Quelle aus gesehen, nähert sich der Hörer mit der Geschwindigkeit 80 m/s; er empfängt Schall, der mit der Frequenz 200 Hz emittiert wird und sich mit 260 m/s bewegt. Also ist $\nu' = \nu_0\,(1 + u_{\text{H}}/v) = (200\ \text{Hz})\,(1 + 80/260) = 262$ Hz. Der Hörer zählt, wie zuvor, 262 Schwingungen pro Sekunde, unabhängig davon, wo sich der Beobachter befindet.

14.27 Die Pfeife bewegt sich auf einem Kreis, und zwar mit der Periode $T = \frac{1}{3}$ s und der Geschwindigkeit $u_{\text{P}} = 2\,\pi\,r/T = 6\,\pi$ m/s. Bei der Annäherung an den Hörer ist die von ihm wahrgenommene Frequenz maximal, nämlich $\nu' = \nu_0\,/(1 - u_{\text{P}}/v) = 529$ Hz. Die minimale Frequenz ergibt sich bei der Entfernung vom Hörer: $\nu' = \nu_0\,/(1 + u_{\text{P}}/v) = 474$ Hz.

14.28 a) $\nu = v/\lambda = 0{,}593$ Hz.   b) Die Geschwindigkeit der Wellen relativ zum Boot ist $(15 + 8{,}9)$ m/s $= 23{,}9$ m/s. Die Wellenlänge ist aber immer noch $\lambda = 15$ m; denn sie ändert sich durch die Bewegung des Bootes nicht. Also ist $\nu = (23{,}9\ \text{m/s})/(15\ \text{m}) = 1{,}59$ Hz.

14.29 Wie im Text gezeigt, ist der Winkel θ der Bugwelle gegeben durch $\sin\theta = v/u$; dabei ist v die Ausbreitungsgeschwindigkeit der Welle, und u ist die Geschwindigkeit der Quelle. Auflösen ergibt $v = u\,\sin\theta = 3{,}42$ m/s.

14.30 a) Die Mach-Zahl ist $u/v = 2{,}5$. Den Winkel θ der Stoßwelle ermitteln wir aus $\sin\theta = v/u = 1/2{,}5$; damit ist $\theta = 23{,}6°$.   b) Die Stoßwelle erreicht den Boden im Winkel θ über der Horizontalen. Mit der Flughöhe h und dem horizontalen Abstand x des Beobachters zum Ort direkt unter dem Flugzeug folgt $\tan\theta = h/x$ und $x = h/\tan\theta = 11{,}5$ km. Wenn der Beobachter den Überschallknall hört, befindet sich das Flugzeug also schon über einem 11,5 km entfernten Ort.

14.31 a) Die Intensität einer Welle ist $I = \frac{1}{2}\varrho\,\omega^2\,s_0^2\,v$. Die Größen ω und s_0 sind in beiden Systemen gleich; damit ist das Verhältnis der Intensitäten $I_1/I_2 = \varrho_1 v_1/(\varrho_2\,v_2)$. Der Index 1 bezieht sich auf O_2 und der Index 2 auf H_2. Wegen $v = (\gamma R\,T/M)^{1/2}$ folgt (bei gleichem γ für beide Gase) $v_1/v_2 = (M_2/M_1)^{1/2}$. Die Dichte ist proportional zur molaren Masse: $\varrho_1/\varrho_2 = M_1/M_2$. Damit folgt schließlich $I_1/I_2 = (M_1/M_2)^{1/2} = 4$. b) Die Druck-Amplitude ist $p_0 = \varrho\,\omega\,v\,s_0$. Wir setzen sie in beiden Gasen gleich und erhalten $\varrho_1 \omega v_1 s_{01} = \varrho_2 \omega v_2 s_{02}$ und daraus $s_{01}/s_{02} = \varrho_2 v_2/(\varrho_1 v_1) = \frac{1}{4}$. Die Intensität kann geschrieben werden als $I = \frac{1}{2} p_0 \omega s_0$. Es folgt $I_1/I_2 = s_{01}/s_{02} = \frac{1}{4}$. c) Gleichsetzen der Intensitäten ergibt $s_{01}/s_{02} = [\varrho_2 v_2/(\varrho_1 v_1)]^{1/2} = \frac{1}{2}$. Mit diesem Ergebnis ist das Verhältnis der Druck-Amplituden $p_{01}/p_{02} = \varrho_1 v_1 s_{01}/(\varrho_2 v_2 s_{02}) = 2$.

14.32 Um die Entfernung d vom Blitz zu berechnen, messen wir die Zeit t zwischen Blitz und Donner. Es gilt $v_{\text{Luft}} t = (340\,\text{m/s})\,t = (0{,}34\,\text{km/s})\,t \approx (\frac{1}{3}\,\text{km/s})\,t$. Wird t (in Sekunden angegeben) durch 3 dividiert, so ergibt sich die ungefähre Entfernung in Kilometern. Der Fehler beträgt rund 1,96 Prozent und ist damit wesentlich kleiner als der Fehler in der Zeitbestimmung durch Abzählen der Sekunden. Die Lichtgeschwindigkeit ist sehr groß gegen die Schallgeschwindigkeit, so daß man annehmen darf, daß der Blitz praktisch sofort zu sehen ist: Das Licht benötigt beispielsweise zum Zurücklegen von 10 km nur 10^{-4} Sekunden.

14.33 Wenn der Schall in der Entfernung ℓ von der Mauer erzeugt wird, so hört man das Echo nach der Zeit $\Delta t = 2\,\ell/v$. Hört man es jeweils genau zur halben Zeit zwischen zwei Schlägen, so ist das Zeitintervall zwischen zwei Schlägen $\Delta t = 4\,\ell/v$. Daraus folgt für die Schallgeschwindigkeit $v = 4\,\ell/\Delta t$. Darin ist Δt die Zeit zwischen zwei Schlägen, und die Anzahl der Schläge pro Sekunde ist $N = 1/\Delta t$, und es folgt $v = 4\,\ell N$. Ein vernünftiges Zeitintervall liegt zwischen $\frac{1}{4}$ s und $\frac{1}{2}$ s, so daß der Abstand zur Mauer 20 m bis 40 m betragen sollte.

14.34 a) In 4 Sekunden fällt der Stein die Strecke $y = \frac{1}{2} g t^2 = 78{,}5$ m. b) Um diese Strecke zurückzulegen, benötigt der Schall (bei $v = 340\,\text{m/s}$) die Zeit $t = y/v = 0{,}231$ s. Wir subtrahieren diese Zeit von der Gesamtzeit 4 s und erhalten 3,77 s. In dieser Zeit fällt der Stein 69,7 m tief. c) Der exakte Abstand zum Wasser sei y. Dann benötigt der Stein für den Fall die Zeit $t_{\text{F}} = (2\,y/g)^{1/2}$, und der Schall braucht für

den Weg nach oben die Zeit $t_{\text{S}} = y/v$. Damit ist die Gesamtzeit $\Delta t = 4\,\text{s} = (2\,y/g)^{1/2} + y/v$. Diese quadratische Gleichung in $y^{1/2}$ hat eine positive Lösung: $y^{1/2} = 8{,}40\,\text{m}^{1/2}$. Also ist $y = 70{,}5$ m.

14.35 a) Im Resonanzfall liegen im Rohr stehende Wellen vor, mit Bäuchen und Knoten. An einem Bauch wird das Pulver durcheinandergewirbelt und wegtransportiert, während es sich an einem Knoten sammelt, weil es sich dort nicht bewegt. b) Der Abstand d zwischen den Knoten ist gleich der halben Wellenlänge: $d = \lambda/2$. Damit erhalten wir für die Geschwindigkeit der Welle $v = \lambda \nu = 2\,d\,\nu$. c) Bei einem sinnvollen Knotenabstand $d = 5$ cm ist $\lambda = 0{,}1$ m. Dabei ist $\nu = v/\lambda = 3400$ Hz. d) Das Rohr sei 1 m lang. An einem Ende befindet sich ein Knoten und am anderen Ende ein Bauch; daher beträgt die längstmögliche Wellenlänge 4 m. Die entsprechende Frequenz in Luft ist 85 Hz. Bei einem minimalen Abstand von 2 cm zwischen den Knoten ist die maximale Frequenz 8500 Hz. Im gleichen Rohr betragen die zugehörigen Frequenzen in Helium (Schallgeschwindigkeit 139 m/s) 35 Hz bzw. 3500 Hz.

14.36 a) Wäre die Pfeife an beiden Enden offen, so gälte für aufeinanderfolgende Resonanzfrequenzen $\nu_n = n\,\nu_1$ mit $n = 1, 2, 3, \ldots$ Damit wären die Differenzen der aufeinanderfolgenden Frequenzen $\nu_1 = (1834 - 1310)\,\text{Hz} = (2358 - 1834)\,\text{Hz} = 524$ Hz. Hier entspricht 1310 Hz dem Wert $n = 1310/524 = 2{,}5$. Das kann kein erlaubter Wert sein, weil n hier ganzzahlig sein muß. Wäre die Pfeife an einem Ende geschlossen, so wäre $\nu_n = n\,\nu_1$ mit $n = 1, 3, 5, \ldots$ Damit ist die Differenz aufeinanderfolgender Frequenzen $2\,\nu_1 = 524$ Hz und $\nu_1 = 262$ Hz. Die drei Frequenz entsprechen den Werten $n = 5, 7$ und 9. b) $\nu_1 = 262$ Hz. c) Wegen $\nu_1 = v/(4\,\ell)$ ist die Länge der Pfeife $\ell = v/(4\,\nu) = 0{,}324$ m.

14.37 Eine Monoaufnahme wird verwendet, damit beide Lautsprecher gleiche Signale kohärent abgeben. Die Bässe werden betont, weil sie niedrigere Frequenzen und damit größere Wellenlängen haben. Für $\nu = 60$ Hz ist beispielsweise $\lambda = 5,67$ m. Bei dieser großen Wellenlänge entspricht der Wegunterschied von den Lautsprechern zum Hörer nur einem kleinen Bruchteil der Wellenlänge, so daß Interferenzeffekte, die der Hörer wahrnimmt, ausschließlich auf Phasendifferenzen der Quellen zurückzuführen sind.

14.38 a) Die Intensität an einem Punkt P ist $I = \langle P \rangle / (4\pi r^2)$. Vom Punkt P hat Lautsprecher 1 die Entfernung 2 m, und Lautsprecher 2 ist 3 m entfernt. Damit folgt $I_1 = 1,99 \cdot 10^{-5}$ W/m^2 und $I_2 = 0,884 \cdot 10^{-5}$ W/m^2. b) Die Wellenlänge beträgt $\lambda = 0,5$ m, so daß der Wegunterschied 2λ ist. Über die relativen Positionen der Lautsprecher ist nichts gegeben, sondern es sind nur ihre Abstände vom Punkt P bekannt. Wir nehmen also an, daß sich die Lautsprecher auf einer Geraden befinden und in dieselbe Richtung abstrahlen. Dann ist die Amplitude bei P gleich der Summe der einzelnen Amplituden, die ihrerseits proportional zu den einzelnen Intensitäten sind. Es folgt $y_1 \propto (I_1)^{1/2} = 4,46 \cdot 10^{-3}$ und $y_2 \propto (I_2)^{1/2} = 2,97 \cdot 10^{-3}$, und die resultierende Intensität ist $[(I_1)^{1/2} + (I_2)^{1/2}]^2 = 5,53 \cdot 10^{-5}$ W/m^2. c) Sind die Lautsprechersignale um π außer Phase, so ist die resultierende Amplitude gleich der Differenz der beiden Amplituden, und die resultierende Intensität ist $[(I_1)^{1/2} - (I_2)^{1/2}]^2 = 0,221 \cdot 10^{-5}$ W/m^2. d) Für inkohärente Quellen ist die resultierende Intensität gleich der Summe der einzelnen Intensitäten: $I = I_1 + I_2 = 2,87 \cdot 10^{-5}$ W/m^2.

14.39 Hier treten zwei Doppler-Effekte auf. Erstens empfängt das Auto aufgrund seiner Bewegung einen Radarstrahl mit doppler-verschobener Frequenz. Zweitens entsteht der reflektierte Strahl in einer bewegten Quelle (am Auto). Somit empfängt das Radargerät eine zusätzliche Doppler-Verschiebung. Die vom Auto empfangene Frequenz ist $\nu' = \nu_0 (1 - u/c)$. Darin ist u die Geschwindigkeit des Autos, und c ist die Lichtgeschwindigkeit. Das Radargerät empfängt die Frequenz $\nu'' = \nu'/(1 + u/c) = \nu_0 (1 - u/c)/(1 + u/c) \approx \nu_0 (1 - 2u/c)$. Die letzte Gleichsetzung gilt für $u \ll c$, was hier sicher der Fall ist. Auflösen

nach der Geschwindigkeit des Autos ergibt $u = c(\nu'' - \nu_0)/(2\nu_0) = (3 \cdot 10^8 \text{ m/s})(293 \text{ Hz})/(4 \cdot 10^9 \text{ Hz}) = 22$ m/s.

14.40 a) Wir erhalten hier $p_0 = \varrho \omega v s_0 = (1,29 \text{ kg/m}^3)(2\pi)(10^3 \text{ Hz})(340 \text{ m/s})(2 \cdot 10^{-5} \text{ m}) = 55,1$ N/m^2.
b) $I = \frac{1}{2}\varrho\omega^2 s_0^2 v = 3,46$ W/m^2.
c) $P = IA = I\pi(0,15 \text{ m})^2 = 0,245$ W.

14.41 a) Die Zeitverzögerung Δt entsteht dadurch, daß der Schall die Strecke d zweimal zurücklegt: nach unten und wieder nach oben. Also ist $2d = v\Delta t$ bzw. $d = v\Delta t/2 = 61,6$ m. b) Weil die reflektierten Pulse eine geringere Frequenz haben, ist klar, daß sich die Tauchglocke (mit der Geschwindigkeit u) nach unten bewegt. Mit $\nu_0 = 40$ MHz ist die von der Glocke empfangene Frequenz $\nu' = \nu_0 (1 - u/v)$. Die Reflexion entsteht an einer bewegten Quelle, so daß für die Frequenz der reflektierten und vom Schiff empfangenen Welle gilt: $\nu'' = \nu'/(1 + u/v) = \nu_0 (1 - u/v)/(1 + u/v) \approx \nu_0 (1 - 2u/v)$. Die letzte Gleichsetzung gilt für $u \ll v$. Auflösen nach der Sinkgeschwindigkeit der Tauchglocke ergibt $u = v(1 - \nu''/\nu_0)/2 = 0,809$ m/s.

14.42 Der Student empfängt beim Gehen reflektierten Schall mit der Frequenz 516 Hz. Die Frequenz des Schalls beim Erreichen der Wand am Ende der Halle ist $\nu' = \nu_0/(1 - u/v)$. Der Student empfängt die Frequenz $\nu'' = \nu'(1 + u/v) = \nu_0 (1 + u/v)/(1 - u/v) \approx \nu_0 (1 + 2u/v)$. Damit folgt $u = v(\nu''/\nu_0 - 1)/2 = 1,33$ m/s.

14.43 a) Für die Lautstärke erhalten wir hier $\beta = 10\log(I/I_0) = 10\log(10^{-2}/10^{-12}) = 100$ dB. b) $P = I(2\pi r^2) = 25,1$ W. c) Für $\beta = 120$ dB muß $I = 1$ W/m^2 sein, also hundertmal größer als sie bei $r = 20$ m ist. Weil I mit r^{-2} variiert, muß für die 100fache Intensität der Abstand auf 1/10 fallen. Daher ist $\beta = 120$ dB bei $r = 2$ m. d) Bei $r = 30$ m ist die Intensität $I = P/(2\pi r^2) = 4,44 \cdot 10^{-3}$ W/m^2, und die Lautstärke ist $\beta = 96,5$ dB.

14.44 a) Beim Fall wird die potentielle Energie $m\,g\,h$ der Nadel in kinetische Energie umgesetzt. Wenn 0,05 Prozent davon innerhalb von $\Delta t = 0{,}1\,\text{s}$ in Schall umgewandelt werden, dann hat der Schall die Leistung $P = (5 \cdot 10^{-4})\,m\,g\,h/\Delta t$. Mit $I = 10^{-11}\,\text{W/m}^2$ folgt für den Abstand $r = [P/(4\,\pi\,I)]^{1/2} = 198\,\text{m}$.   b) Die Intensität für $\beta = 40\,\text{dB}$ ist $I = 10^{-8}\,\text{W/m}^2$. Damit ergibt sich ein vernünftigerer Wert für den Abstand: $r = 6{,}25\,\text{m}$.

14.45 Für die Lautstärke erhalten wir hier $\beta = 10\log[I/(10^{-12}\,\text{W/m}^2)] = 65\,\text{dB}$. Auflösen nach der Intensität ergibt $I = 3{,}16 \cdot 10^{-6}\,\text{W/m}^2$. Wenn wir annehmen, daß der Schall in alle Richtungen gleichmäßig abgestrahlt wird, ist $P = I\,(4\,\pi\,r^2) = 3{,}97 \cdot 10^{-5}\,\text{W}$. Wenn der Schall nur in die vordere Halbkugel abgestrahlt wird, ist die Leistung nur halb so groß.

14.46 a) Für $\beta = 70\,\text{dB}$, $73\,\text{dB}$ bzw. $80\,\text{dB}$ ist die Intensität $10^{-5}\,\text{W/m}^2$, $2 \cdot 10^{-5}\,\text{W/m}^2$ bzw. $10^{-4}\,\text{W/m}^2$. Die Addition dieser Werte ergibt die Gesamtintensität $I_{\text{ges}} = 1{,}3 \cdot 10^{-4}\,\text{W/m}^2$, und die Lautstärke ist $\beta = 10\log(I_{\text{ges}}/I_0) = 81{,}1\,\text{dB}$. b) Nach Eliminieren der beiden schwächsten Quellen (mit $70\,\text{dB}$ bzw. $73\,\text{dB}$) verbleibt eine Lautstärke von $80\,\text{dB}$.

14.47 a) Die Lautstärke in einem bestimmten Jahr (n) sei β_n, und im darauffolgenden Jahr betrage sie β_{n+1}. Dann gilt $\beta_{n+1} - \beta_n = 1 = 10\log(I_{n+1}/I_0) - 10\log(I_n/I_0) = 10\log(I_{n+1}/I_n)$. Auflösen nach der Intensität ergibt $I_{n+1} = (1{,}26)\,I_n$. Das entspricht einer übertrieben hohen jährlichen Zunahme um 26 Prozent. b) In m Jahren steigt die Intensität auf $I_{n+m} = (1{,}26)^m\,I_n$. Sie verdoppelt sich, wenn gilt $(1{,}26)^m = 2$ und damit $m = (\log 2)/(\log 1{,}26) = 3{,}01$ Jahre.

14.48 Der Pegel im leeren Saal ist $\beta = 40\,\text{dB}$; daher ist die Intensität $I = 10^{-8}\,\text{W/m}^2$. Mit 100 Studenten im Saal ist der Pegel $\beta = 60\,\text{dB}$,

und die Intensität ist $I = 10^{-6}\,\text{W/m}^2$. Somit beträgt die Intensität pro Student $(10^{-6}\,\text{W/m}^2 - 10^{-8}\,\text{W/m}^2)/100$, und der Pegel bei 50 Studenten ist $\beta = 10\log(I/I_0)$ mit $I = 50\,(10^{-6}\,\text{W/m}^2 - 10^{-8}\,\text{W/m}^2)/100$ und $I_0 = 10^{-12}\,\text{W/m}^2$. Einsetzen der Werte ergibt $\beta = 57\,\text{dB}$. Der Pegel ist also nur um 3 dB geringer als der mit 100 Studenten. Wäre die dB-Skala linear anstatt logarithmisch, so betrüge der Pegel mit 50 Studenten nur 50 Dezibel.

14.49 a) Die Abbildung zeigt die Gegebenheiten.

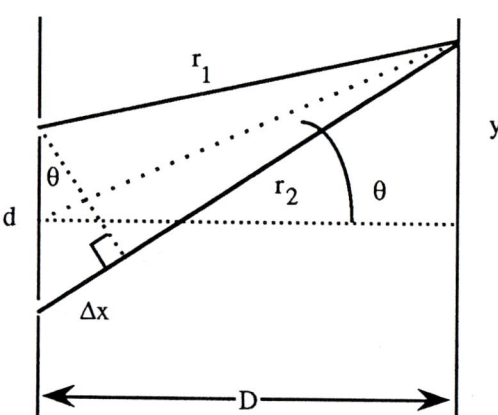

Der Wegunterschied ist $\Delta x = d\sin\theta$. Dies gilt jedoch nur näherungsweise, weil die Gerade in der Abbildung senkrecht zu r_2 gezeichnet ist, während sie senkrecht auf der Winkelhalbierenden zwischen r_1 und r_2 stehen sollte. Der Fehler ist aber klein, solange $d \ll D$ ist. b) Ein Interferenzmaximum tritt auf für $\Delta x = d\sin\theta = m\,\lambda$ mit $m = 0, 1, 2, \ldots$ Der Abbildung entnehmen wir $\sin\theta = y/r$; dabei ist r die Länge der Winkelhalbierenden. Für großes D ist $r \approx D$ eine gute Näherung, und es folgt $d\sin\theta \approx d\,(y/D)$. Daher erscheint das m-te Interferenzmaximum etwa bei $y_m = m\,D\,\lambda/d$.

14.50 Die Quellen haben voneinander den Abstand $d = 2\,\text{m}$, und die Wellenlänge ist $\lambda = (340\,\text{m/s})\,/\,(600\,\text{Hz}) = 0{,}567\,\text{m}$. a) Das erste Minimum tritt auf, wenn der Wegunterschied $\lambda/2$ ist. Mit dem Ergebnis der vorigen Aufgabe ist $d\sin\theta = \lambda/2$. Daraus folgt $\sin\theta = \lambda/(2\,d)$ bzw. $\theta = 8{,}14°$. b) Das erste Maximum (außer bei $\theta = 0°$) tritt auf, wenn der Wegunterschied gleich λ ist, so daß gilt $\sin\theta = \lambda/d$. Dabei ist der Winkel $\theta = 16,5°$.   c) Maxima treten auf für $d\sin\theta = m\lambda$. Der größtmögliche Wert von $\sin\theta$ ist 1. Daher kann m höchstens $m = d/\lambda = 3,53$ sein. Das bedeutet, daß das dritte Maximum bei $\theta = 58,2°$ das letzte hörbare ist.

14.51 a) Das erste Maximum tritt auf bei $\sin\theta_1 = \lambda/d$ bzw. $\lambda = d\sin\theta_1 = 0,279$ m. Das können wir auch aus der Bedingung für das zweite Maximum erhalten: $\lambda = (d/2)\sin\theta_2 = 0,279$ m. b) $\nu = v/\lambda = 1,22 \cdot 10^3$ Hz.   c) Die anderen Winkel für konstruktive Interferenz sind gegeben durch $\sin\theta_m = m\lambda/d$. Die Ergebnisse sind (mit m als Index): $\theta_3 = 24,7°$, $\theta_4 = 33,9°$, $\theta_5 = 44,2°$, $\theta_6 = 56,9°$ und $\theta_7 = 77,6°$. Bei $\theta > \theta_7$ sind keine Maxima möglich.   d) Das erste Minimum tritt auf bei $\sin\theta = \lambda/(2\,d)$ bzw. $\theta = 4°$.

14.52 a) Wir können die Wellenfunktionen folgendermaßen schreiben: $y_1 = A_0\cos(kx_1 - \omega t)$ und $y_2 = A_0\cos(kx_1 - \omega t + k\Delta x + \delta_0) = A_0\cos(kx_1 - \omega t + \delta + \delta_0)$. Darin ist $\delta = k\,\Delta x$.
b) Die gesamte Wellenfunktion ist $y_{ges} = y_1 + y_2 = 2A_0\cos[\frac{1}{2}(\delta + \delta_0)]\cos[kx_1 - \omega t + \frac{1}{2}(\delta + \delta_0)]$. (Dabei wurden trigonometrische Umformungen verwendet.) Die Amplitude der resultierenden Welle ist also $2A_0\cos[\frac{1}{2}(\delta + \delta_0)]$.   c) Die Intensität ist proportional zum Quadrat der Amplitude, so daß folgt $I \propto 4A_0^2\cos^2(\frac{1}{2}Ct)$. Dabei wurden $\delta = 0$ und $\delta_0 = Ct$ in den Ausdruck für die Amplitude in Teil b) eingesetzt. Die Abbildung zeigt die Intensität als Funktion der Zeit.

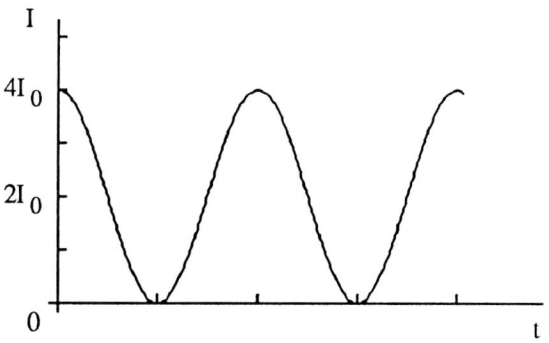

Das zeitliche Mittel von $\cos^2\theta$ ist $\frac{1}{2}$; daher ist das zeitliche Mittel der Intensität $\frac{1}{2}(4I_0) = 2I_0$.

d) Hier ist die Intensität proportional zu $4A_0^2\cos^2\frac{1}{2}(\pi + Ct) = 4A_0^2\sin^2(\frac{1}{2}Ct)$. Die Abbildung zeigt die Intensität als Funktion der Zeit.

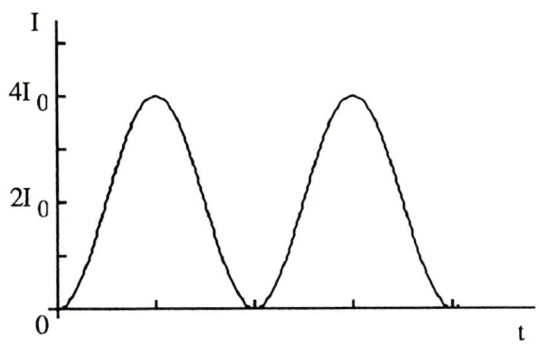

Das zeitliche Mittel der Intensität ist hier ebenfalls $2I_0$.

14.53 Aus $v(T) = (\gamma RT/m)^{1/2}$ erhalten wir $dv/dt = \frac{1}{2}[\gamma R/(mT)]^{1/2} = v/(2T)$. Es folgt $v(T) \approx v(T_0) + (dv/dt)_{T_0}\Delta T = v(T_0)[1 + \Delta T/(2T_0)]$. Mit $\Delta T = t_C$ und $T_0 = 273$ K sowie $v(T_0) = 331$ m/s erhalten wir $v \approx (331 + 0,606\,t_C)$ m/s.

14.54 Wir nehmen hier die Lichtgeschwindigkeit als unendlich hoch an. Der Donner braucht 2 Sekunden, um das Stadion (S) zu erreichen; dieses ist daher $(340\,\text{m/s})(2\,\text{s}) = 680$ m entfernt. Es vergehen 6 Sekunden, bis der Donner das Zimmer (Z) erreicht, das also 2040 m vom Gewitter (G) entfernt ist. Die Abbildung zeigt die Anordnung:

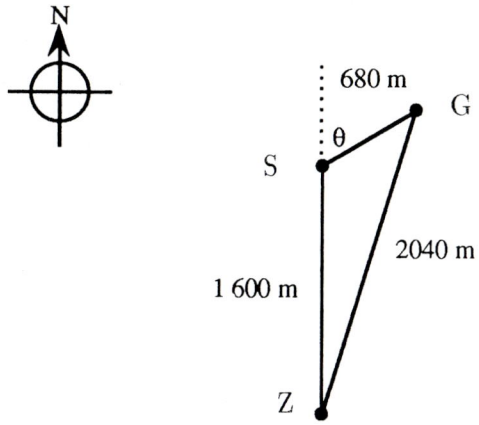

Nach dem Cosinus-Satz können wir den Winkel θ wie folgt berechnen: $(2040\,\text{m})^2 = (680\,\text{m})^2 + (1600\,\text{m})^2 + 2(680\,\text{m})(1600\,\text{m})\cos\theta$. Das ergibt $\theta = 58{,}4°$. Daraus folgt, daß das Gewitter vom Stadion $(680\,\text{m})\cos\theta = 356\,\text{m}$ in nördlicher Richtung und $(680\,\text{m})\sin\theta = 579\,\text{m}$ in östlicher (oder westlicher) Richtung entfernt ist.

14.55 Der Wegunterschied zu beiden Antennen ist $d\sin\theta = (200\,\text{m})\sin 10° = 34{,}7\,\text{m}$. Die Wellenlänge ist $\lambda = c/\nu = 15\,\text{m}$; daraus folgt der Wegunterschied zu $2{,}32\,\lambda$. Der Wegunterschied λ entspricht der Phasendifferenz 2π. Deshalb ist ein Wegunterschied $m\,\lambda$ (wobei m eine ganze Zahl ist) gleichbedeutend mit dem Wegunterschied null, soweit Phasendifferenzen betroffen sind. Daher muß die Phasendifferenz $0{,}32\,(2\,\pi) = 1{,}98\,\text{rad}$ sein. Das entspricht der Zeitverzögerung $1{,}16\cdot 10^{-7}\,\text{s}$.

14.56 a) Die Geschwindigkeit der longitudinalen Wellen ist $v = (K/\varrho)^{1/2}$. Darin ist ϱ die Dichte, und $K = -P/(\Delta V/V)$ ist der Kompressionsmodul. Die Länge im ungedehnten Zustand ist ℓ_0, und die Querschnittsfläche der Feder ist A. Dann ist $V = A\,\ell$ und $\varrho = m/(A\,\ell)$ sowie $P = F/A = -k\,(\ell - \ell_0)/A$ und $\Delta V = (\ell - \ell_0)\,A$.

Einsetzen der Werte ergibt $K/\varrho = k\,\ell^2/m$ und $v = \ell\,(k/m)^{1/2}$. b) Für transversale Wellen ist $v = (Z/\mu)^{1/2}$. Darin ist μ die Massenbelegung (Masse pro Längeneinheit), und Z ist die Zugkraft: $Z = k\,(\ell - \ell_0)$. Mit $\ell_0 \ll \ell$ folgt $Z \approx k\,\ell$ und $v = \ell\,(k/m)^{1/2}$.

14.57 Der Student hört die Frequenz $\nu' = \nu_0/(1 + u/v)$. Es folgt $u = v\,(\nu_0/\nu' - 1) = 34\,\text{m/s}$. Diese Geschwindigkeit wird erreicht in der Zeit $t = u/g = 3{,}47\,\text{s}$, in der die Stimmgabel $58{,}9\,\text{m}$ tief fällt. Bis der Student den Schall hören kann, muß dieser den Weg durch den Aufzugsschacht nach oben zurücklegen. Die dazu benötigte Zeit ist $t = (58{,}9\,\text{m})\,/\,(340\,\text{m/s}) = 0{,}173\,\text{s}$. Also hört er $3{,}64\,\text{s}$ nach dem Loslassen die Frequenz $400\,\text{Hz}$. In dieser Zeit ist die Stimmgabel $65{,}0\,\text{m}$ tief gefallen.

Kapitel 15

Temperatur

15.1 a) Wir lösen die Gleichung für den Zusammenhang zwischen Länge ℓ_t und Temperatur t_C nach der Länge auf: $\ell_t = [t_C/(100\ °C)]\,(\ell_{100} - \ell_0) + \ell_0$. Für $t_C = 22\ °C$ ist $\ell_t = 8{,}4$ cm.
b) Mit $\ell_t = 25{,}4$ cm ist $t_C = 107\ °C$.

15.2 a) $t_C = [(0{,}1-0{,}4)/(0{,}546-0{,}4)]\cdot 100\ °C = -206\ °C$. b) $P_t = (444{,}6/100)\,(0{,}546 - 0{,}4)$ atm $+\ 0{,}4$ atm $= 1{,}05$ atm.

15.3 a) $P = P_3\,(T/273{,}16\ K) = (50$ torr$)$ $[(300\ K) / (273{,}15\ K)] = 54{,}9$ torr.
b) $T = (273{,}16\ K)\,(P/P_3) = 3704\ K$.

15.4 Die Temperaturdifferenz beträgt 70 K. Für Stahl ist $\alpha = 11 \cdot 10^{-6}\ K^{-1}$. Damit ist $\Delta \ell = \alpha\,\ell\,\Delta T = 7{,}7$ cm.

15.5 Bei $0\ °C$ ist die Länge des Bandes $\ell = 2\,\pi\,R_E$. Darin ist $R_E = 6{,}37 \cdot 10^6$ m der Radius der Erde. Die Länge des Bandes bei $30\ °C$ ist $\ell' = \ell + \Delta \ell = 2\,\pi\,(R_E + h)$. Hier ist h der Abstand des Bandes von der Erde. Es folgt $\Delta \ell = 2\,\pi\,h$ und $h = \Delta \ell/(2\,\pi) = \alpha\,\ell\,\Delta T/(2\,\pi) = \alpha\,R_E\,\Delta T = 2{,}10$ km.

15.6 a) $T = PV/R = (1$ atm$)\,(10$ L$)\ /$ $[0{,}08206\ L \cdot atm/(mol \cdot K)] = 122\ K$. b) Weil T direkt proportional zu V ist, muß die Temperatur doppelt so hoch sein: 244 K. c) $P = RT/V =$ $= [0{,}08206\ L \cdot atm/(mol \cdot K)]\,(350\ K)\ /\ (20$ L$) = 1{,}44$ atm.

15.7 Der Druck ist $P = n\,R\,T/V$. Wenn P konstant ist, bleibt auch der Quotient T/V gleich. Daraus folgt $T_1/V_1 = T_2/V_2$ oder $V_2 = V_1\,(T_2/T_1)$. Es müssen absolute Temperaturen eingesetzt werden, und wir erhalten $V_2 = V_1$ $(373{,}15\ /\ 323{,}15) = 1{,}16\,V_1$.

15.8 Die Anzahl der Moleküle ist $N = P\,V/(k_B\,T)$. Wir setzen den Druck in Pa und das Volumen in m^3 ein und erhalten $N = (10^{-8}$ torr$)$ $[133{,}3\ Pa\ /(1$ torr$)]\,(10^{-6}\ m^3)\ /\ [(1{,}38 \cdot 10^{-23}\ J/K)$ $(300\ K)] = 3{,}22 \cdot 10^8$ Moleküle.

15.9 a) $n = P\,V/(R\,T) = (1$ atm$)\,(9 \cdot 10^4$ L$)$ $/\ [(0{,}08206\ L \cdot atm/(mol \cdot K))\,(300\ K)] = 3{,}66 \cdot$ 10^3 mol. b) Für $T = 305\ K$ ist die Anzahl der Mole $n = 3{,}60 \cdot 10^3$ mol. Somit sind 60 mol aus dem Raum entwichen.

15.10 a) Mit $P = (10$ atm$)\,[(1{,}01 \cdot 10^5\ Pa)$ $/(1$ atm$)]$ und $n = 1$ sowie $V = 10^{-3}\ m^3$ erhalten wir $v_{rms} = (3\,R\,T/M)^{1/2} = [3\,P\,V/(n\,M)]^{1/2} =$ 275 m/s. b) $v_{rms,He} = (M_{Ar}/M_{He})^{1/2}\,v_{rms,Ar} =$ $10^{1/2}\,v_{rms,Ar} = 870$ m/s.

15.11 $E_{kin} = \frac{3}{2}\,n\,R\,T = \frac{3}{2}\,P\,V = 152$ J.

15.12 Atomarer Wasserstoff hat die molare Masse $M = 10^{-3}$ kg/mol. Damit ist $v_{rms,H} =$ $[3\,(8{,}314\ J/mol \cdot K)\,(10^{-7}\ K)\ /\ (10^{-3}\ kg/mol)]^{1/2}$ $= 4{,}99 \cdot 10^5$ m/s. Die mittlere kinetische Energie ist $\langle E_{kin} \rangle = \frac{3}{2}\,k_B\,T = 2{,}07 \cdot 10^{-16}$ J.

15.13 a) $V = n\,R\,T/P = 30{,}6$ L.
b) $T = (P + a/V^2)\,(V - b)/R = [1{,}01 \cdot$ $10^5\ Pa + (0{,}55\ Pa \cdot m^6/mol^2)\,(1\ mol)^2\ /\ (30{,}6 \cdot$ $10^{-3}\ m^3)^2]\,(30{,}6 \cdot 10^{-3}\ m^3 - 30 \cdot 10^{-6}\ m^3)\ /\ [(1\ mol)$ $(8{,}314\ J)/(mol \cdot K)] = 374\ K$.

15.14 Das Diagramm enthält die Werte aus Tabelle 15.2 und eine angenäherte Ausgleichskurve.

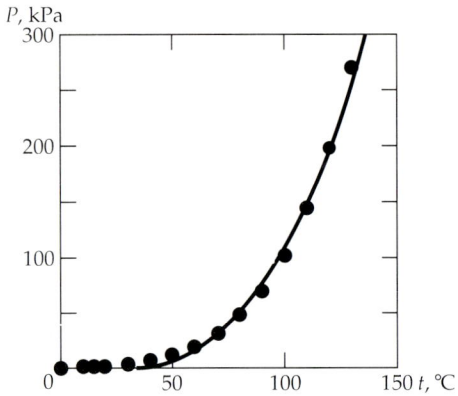

a) Ein Druck von 70 kPa herrscht bei circa 88,2 °C.   b) Bei 0,5 atm = 50,5 kPa beträgt die Temperatur etwa 80,4 °C.   c) Bei 115 °C ist der Dampfdruck ungefähr 173 kPa.

15.15 Die angegebene Temperatur ist 20 °C = 293,15 K. Liegt die kritische Temperatur einer Substanz darunter, so kann sie nicht durch Druck verflüssigt werden. Von den Gasen in Tabelle 15.3 gilt dies für Argon, Helium, Neon, Sauerstoff, Stickstoffmonoxid und Wasserstoff.

15.16 Der Partialdruck p_{H_2O} des Wasserdampfes ist gleich der relativen Luftfeuchtigkeit (in %), multipliziert mit $p_D/100$, wobei p_D der Dampfdruck des Wassers bei der betreffenden Temperatur ist. Wir erhalten $p_{H_2O} = 3,39$ kPa.

15.17 Mit dem Partialdruck p_{H_2O} und dem Dampfdruck p_D erhalten wir die relative Luftfeuchtigkeit zu $100\,(p_{H_2O}/p_D) = (100\,\%)\,(3/4,24) = 70,8\,\%$.

15.18 Weil das Volumen konstant ist, gilt $P_1/T_1 = P_2/T_2$ und $P_2 = P_1\,(T_2/T_1) = 1,33$ atm. Dies ist der Druck, den die Gasmoleküle von innen auf die Wände ausüben. Gleichzeitig wirkt von außen der Atmosphärendruck (1 atm). Also ist die resultierende Kraft nach außen auf eine

Wand $(0,33 \text{ atm}) [1,01 \cdot 10^5 \text{ Pa} / (1 \text{ atm})] (0,2 \text{ m})^2 = 1,35 \cdot 10^3$ N.

15.19 Die quadratisch gemittelte Geschwindigkeit ist $v_{rms} = (3\,RT/M)^{1/2}$. Es ist $R = 8,314$ J/(mol·K) und $T = 273,15$ K. Die molaren Massen sind $M_{H_2} = 2 \cdot 10^{-3}$ kg/mol, $M_{O_2} = 32 \cdot 10^{-3}$ kg/mol und $M_{CO_2} = 44 \cdot 10^{-3}$ kg/mol. a) $v_{rms,\,H_2} = 1846$ m/s;   b) $v_{rms,\,O_2} = 461$ m/s; c) $v_{rms,\,CO_2} = 393$ m/s.   d) Ein Sechstel der Fluchtgeschwindigkeit auf dem Mars ist 833 m/s. Daher können O_2 und CO_2 in seiner Atmosphäre enthalten sein, nicht aber H_2.

15.20 Diese Berechnung verläuft ebenso wie die in der vorigen Aufgabe, jedoch mit $T = 123,15$ K. a) $v_{rms,\,H_2} = 1239$ m/s;   b) $v_{rms,\,O_2} = 310$ m/s; c) $v_{rms,\,CO_2} = 264$ m/s.   d) Ein Sechstel der Fluchtgeschwindigkeit ist hier 10^4 m/s. Daher können alle genannten Gase in der Jupiter-Atmosphäre enthalten sein.

15.21 a) Für ein ideales Gas ist $V = nRT/P$. Bei konstantem P ist daher $\gamma = (1/V)\,dV/dT = [P/(nRT)]\,(nR/P) = 1/T$.   b) Bei 0 °C ist $\gamma = 1/T = 1/(273,15 \text{ K}) = 0,003661$ K^{-1}. Die Abweichung vom gemessenen Wert beträgt nur rund 0,33 %.

15.22 a) Bei einer bestimmten Temperatur sei $\ell_B - \ell_A = \ell$. Wird die Temperatur um ΔT geändert, dann ist $\ell'_B - \ell'_A = (\ell_B - \ell_A) + (\alpha_B \ell_B - \alpha_A \ell_A)\,\Delta T$. Offensichtlich gilt $\ell'_B - \ell'_A = (\ell_B - \ell_A)$, wenn $\alpha_B \ell_B = \alpha_A \ell_A$ ist. Das ist gleichbedeutend mit $\ell_A/\ell_B = \alpha_B/\alpha_A$.   b) Die Länge des Stahlstabes muß $\ell_B = \ell_A\,(\alpha_A/\alpha_B) = 432$ cm sein. Daraus folgt $\ell = \ell_B - \ell_A = 182$ cm.

15.23 a) Die angegebenen Abschnitte entsprechen folgenden physikalischen Prozessen. Es sind auch jeweils die Volumenänderungen angegeben. AB: Sublimation des Festkörpers zum Dampf bei konstantem Druck; starke Volumenzunahme. BC: der Dampf kondensiert zur Flüssigkeit bei konstanter Temperatur; starke Volumenabnahme. *CD*: die Flüssigkeit erstarrt zum Festkörper bei konstantem Druck; schwache Volumenabnahme. *DE*: der Festkörper schmilzt zur Flüssigkeit bei konstanter Temperatur; schwache Volumenzunahme.   b) Die Phasenänderungen sind folgende. *AB*: Festkörper → Gas. *BC*: Gas → Flüssigkeit. *CD*: Flüssigkeit → Festkörper. *DE*: Festkörper → Flüssigkeit.   c) Der Abschnitt *OG* entspricht einer Substanz, bei der die Schmelztemperatur mit steigendem Druck zunimmt.   d) Der Punkt *F* ist der kritische Punkt. Flüssigkeit und Gas können nicht koexistieren, wenn die Temperatur oberhalb der kritischen Temperatur oder wenn der Druck unterhalb des Drucks beim Tripelpunkt liegt.

15.24 Das Volumen des Tanks ändert sich um $\Delta V_\mathrm{T} = \gamma\, V\, \Delta T = 3\,\alpha\, V\, \Delta T = 0{,}0297$ L. Das Volumen des Benzins nimmt ebenfalls zu, und zwar um $\Delta V_\mathrm{B} = 0{,}810$ L. Die Differenz ist 0,78 L. So viel Benzin läuft infolge der Erwärmung aus.

15.25 a) Wir definieren den quadratischen (oder Flächen-)Ausdehnungskoeffizienten β über die Flächenzunahme: $\Delta A = \beta\, A\, \Delta T$ bzw. $\beta = (1/A)\,\mathrm{d}A/\mathrm{d}T$.   b) Für eine quadratische Fläche $A = x^2$ ist $\beta = (1/A)\,\mathrm{d}A/\mathrm{d}T = 2\,(1/x)\,\mathrm{d}x/\mathrm{d}T = 2\,\alpha$, weil $\alpha = (1/x)\,\mathrm{d}x/\mathrm{d}T$ ist. Für eine Kreisfläche $A = \pi\, r^2$ gilt $\beta = (1/A)\,\mathrm{d}A/\mathrm{d}T = 2\,(1/r)\,\mathrm{d}r/\mathrm{d}T = 2\,\alpha$. Dieses Ergebnis gilt offensichtlich für beliebig geformte Flächen.

15.26 Beim Anfangszustand ist $P_1\, V_1 = n\, R\, T_1$. Die Endtemperatur ist $T_2 = P_2\, V_2/(n\, R)$. Darin ist $P_2 = 2{,}5$ atm und $V_2 = V_1$. Daraus folgt $T_2 = P_2\, V_1/(n\, R) = T_1\,(P_2/P_1) = (300\text{ K})\,(2{,}5/2) = 375$ K. Beachten Sie, daß die Endtemperatur allein durch den dabei herrschenden Druck und das Volumen gegeben ist, also nicht davon abhängt, über welche Zwischenzustände der Endzustand erreicht wurde.

15.27 Das Endvolumen ist gegeben durch $V_2 = n\, R\, T_2/P_2$. Darin ist $P_2 = P_1 + \varrho\, g\, h$. Mit

$P_1\, V_1/T_1 = n\, R$ sowie $P_1 = P_a = 1$ atm erhalten wir $V_2 = V_1\,(P_1/P_2)\,(T_2/T_1) = 78{,}6\text{ cm}^3$.

15.28 Bei $T = 300$ K ist die mittlere kinetische Energie eines Sauerstoffmoleküls $\langle E_\mathrm{kin}\rangle = \frac{3}{2}\,k_\mathrm{B}\,T = 6{,}21\cdot10^{-21}$ J. Weiterhin ist die Differenz der potentiellen Energie, die von der Gravitation herrührt, zwischen oberer und unterer Wand des Behälters $m\, g\, h = (32\cdot10^{-3}\text{ kJ/mol})\,[(1\text{ mol}) / (6{,}022\cdot10^{23})]\,(9{,}81\text{ m/s}^2)\,(0{,}15\text{ m}) = 7{,}82\cdot10^{-26}$ J. Beachten Sie, daß die Änderung der potentiellen Energie der Gravitation rund 10^{-5}-mal geringer als die mittlere kinetische Energie ist und daher völlig vernachlässigt werden kann.

15.29 a) Die mittlere Geschwindigkeit ist $\langle v\rangle = [3\,(2\text{ m/s}) + 3\,(5\text{ m/s}) + 3\,(6\text{ m/s}) + 1\,(8\text{ m/s})] / 10 = 4{,}7$ m/s.   b) Die quadratisch gemittelte Geschwindigkeit ist $v_\mathrm{rms} = [\langle v^2\rangle]^{1/2}$. Zunächst berechnen wir $\langle v^2\rangle = [3\,(2\text{ m/s})^2 + 3\,(5\text{ m/s})^2 + 3\,(6\text{ m/s})^2 + 1\,(8\text{ m/s})^2] / 10 = 25{,}9\ (\text{m/s})^2$. Damit ist $v_\mathrm{rms} = 5{,}09$ m/s.

15.30 Die Maxwell-Boltzmann-Verteilung lautet $f(v) = (4/\sqrt{\pi})\,a^{3/2}\,v^2\,\mathrm{e}^{-a\,v^2}$. Dabei ist $m/(2\,k_\mathrm{B}\,T) = a$ gesetzt. Die Ableitung ergibt $\mathrm{d}f/\mathrm{d}v = (4/\sqrt{\pi})\,a^{3/2}\,(2\,v - 2\,a\,v^3)\,\mathrm{e}^{-a\,v^2}$. Das setzen wir gleich null und erhalten $\frac{1}{2}\,m\,v^2 = k_\mathrm{B}\,T$ oder $v = \sqrt{2\,k_\mathrm{B}\,T/m}$.

15.31 Wir setzen $a = m/(2\,k_\mathrm{B}\,T)$ und integrieren die Funktion $f(v) = (4/\sqrt{\pi})\,a^{3/2}\,v^2\,\mathrm{e}^{-a\,v^2}$. Das ergibt

$$\int_0^\infty f(v)\,\mathrm{d}v = \frac{4}{\sqrt{\pi}}\,a^{3/2}\int_0^\infty v^2\,\mathrm{e}^{-a\,v^2}\,\mathrm{d}v.$$

Mit dem in der Aufgabe angegebenen Integral folgt

$$\int_0^\infty f(v)\mathrm{d}v = \frac{4}{\sqrt{\pi}}\left(\frac{m}{2k_\mathrm{B}T}\right)^{\frac{3}{2}}\frac{\sqrt{\pi}}{4}\left(\frac{m}{2k_\mathrm{B}T}\right)^{-\frac{3}{2}}$$
$$= \frac{4}{\sqrt{\pi}}\,a^{3/2}\,\frac{\sqrt{\pi}}{4}\,a^{-3/2} = 1.$$

15.32 Die mittlere Geschwindigkeit ist definiert durch

$$\langle v \rangle = \int_0^\infty v\, f(v)\, \mathrm{d}v.$$

Mit dem in der Aufgabe gegebenen Integral folgt

$$
\begin{aligned}
\langle v \rangle &= \frac{4}{\sqrt{\pi}} \left(\frac{m}{2\,k_\mathrm{B}\,T} \right)^{3/2} \frac{1}{2} \left(\frac{m}{2\,k_\mathrm{B}\,T} \right)^{-2} \\
&= \frac{2}{\sqrt{\pi}} \left(\frac{2\,k_\mathrm{B}\,T}{m} \right)^{1/2} = \sqrt{\frac{8\,k_\mathrm{B}\,T}{\pi\,m}}.
\end{aligned}
$$

15.33 Für ein van-der-Waals-Gas gilt $P = n\,R\,T/(V - n\,b) - a\,n^2/V^2$. Daraus folgt $\mathrm{d}P/\mathrm{d}V = -n\,R\,T/(V - n\,b)^2 + 2\,a\,n^2/V^3$ und $\mathrm{d}^2P/\mathrm{d}V^2 = 2\,n\,R\,T/(V - n\,b)^3 - 6\,a\,n^2/V^4$. Wir setzen diese beiden Ableitungen gleich null und erhalten folgende zwei Bedingungen: $n\,R\,T/(V - n\,b)^2 = 2\,a\,n^2/V^3$ sowie $2\,n\,R\,T/(V - n\,b)^3 = 6\,a\,n^2/V^4$. Nun dividieren wir die erste Gleichung durch die zweite. Das liefert $\frac{1}{2}(V - n\,b) = V/3$ oder $V = 3\,n\,b$. Also ist das kritische Volumen pro Mol gleich $3\,b$.

15.34 a) Wir verwenden die Lösungen der vorigen Aufgabe und setzen $V_\mathrm{k} = 3\,n\,b$ in eine der dort ermittelten Bedingungen ein. Mit der ersten Bedingung erhalten wir $n\,R\,T/(4\,n^2\,b^2) = 2\,a\,n^2/(27\,n^3\,b^3)$ und daraus $T_\mathrm{k} = 8\,a/(27\,R\,b)$. Den kritischen Druck errechnen wir aus der van-der-Waals-Gleichung: $P_\mathrm{k} = n\,R\,T_\mathrm{k}/(V_\mathrm{k} - n\,b) - a\,n^2/V_\mathrm{k}^2 = a/(27\,b^2)$. b) $(P_\mathrm{r} + 3\,V_\mathrm{r}^3)(3\,V_\mathrm{r} - 1) = 8\,T_\mathrm{r}$.

15.35 Wir bezeichnen den Schmelzpunkt des Wassers mit dem Index 1 und seinen Siedepunkt mit dem Index 2. Die Unbekannten R_0 und B ermitteln wir aus $R_1 = R_0\,e^{B/T_1}$ und $R_2 = R_0\,e^{B/T_2}$. Beim Dividieren der beiden Gleichungen kürzt sich R_0 heraus, und wir erhalten $B = \ln(R_1/R_2)/(1/T_1 - 1/T_2) = 3{,}95 \cdot 10^3$ K. Damit errechnen wir $R_0 = R_1\,e^{-B/T_1} = 3{,}89 \cdot 10^{-3}\ \Omega$. b) Es ist $T = 310{,}15$ K, und der Widerstand beträgt 1320 Ω. c) Die Ableitung von R nach T ist $\mathrm{d}R/\mathrm{d}T = R_0\,(-B/T^2)\,e^{B/T}$. Bei 0 °C hat sie den Wert $-393\ \Omega/\mathrm{K}$, und bei 100 °C ist sie $-4{,}37\ \Omega/\mathrm{K}$. Der Thermistor ist also bei bei 0 °C wesentlich empfindlicher, d.h. sein Widerstand ändert sich hier bei gleicher Temperaturänderung stärker.

15.36 a) Bei Erwärmung nimmt die Länge ℓ des Pendels zu, und seine Schwingungsperiode $T = 2\,\pi\,\sqrt{\ell/g}$ wird größer. Die Uhr wird also an heißen Tagen nachgehen, da jede Schwingung nun länger dauert. b) Bei einer Temperaturänderung um Δt_C (in °C) ist die relative Längenänderung $\Delta\ell/\ell = \alpha\,\Delta t_\mathrm{C} = 19 \cdot 10^{-5}$. Wegen $\mathrm{d}T/\mathrm{d}\ell = \frac{1}{2}\,T/\ell$ ist für $\Delta t_\mathrm{C} = 10$ °C die relative Änderung der Schwingungsperiode $\Delta T/T = \frac{1}{2}\,\Delta\ell/\ell = 9{,}5 \cdot 10^{-5}$. Die für eine Schwingung nötige Zeitspanne nimmt also um 0,0095 % zu, und die Uhr geht nach 24 Stunden um $\Delta t = (9{,}5 \cdot 10^{-5})\,(24\ \mathrm{h}) = 8{,}21$ s nach.

15.37 Die vom Stab mit der Querschnittsfläche A ausgeübte Kraft ist $F = A\,E\,\Delta\ell/\ell$. Darin ist E der Elastizitätsmodul. Für Stahl ist $E = 2 \cdot 10^{11}\ \mathrm{N/m^2}$. Die relative Zunahme von Länge und Radius des Stabes sind $\Delta\ell/\ell = \Delta r/r = 4{,}4 \cdot 10^{-4}$. Damit ist der neue Radius $r' = 2{,}201$ cm, und der neue Querschnitt ist $A' = \pi\,(r')^2$. Die Kraft ist somit $F = 1{,}34 \cdot 10^5$ N.

15.38 Durch die Erwärmung um ΔT steigt der Außenradius des Stahlrohres von r_S auf $r_\mathrm{S}' = r_\mathrm{S} + \alpha_\mathrm{S}\,r_\mathrm{S}\,\Delta T$. Entsprechend wird der Innenradius des Messingrohres $r_\mathrm{M}' = r_\mathrm{M} + \alpha_\mathrm{M}\,r_\mathrm{M}\,\Delta T$. Gleichsetzen ergibt $\Delta T = (r_\mathrm{S} - r_\mathrm{M})/(\alpha_\mathrm{M}\,r_\mathrm{M} - \alpha_\mathrm{S}\,r_\mathrm{S}) = 125$ K. Daher muß auf 145 °C = 418 K erwärmt werden, damit das Stahlrohr in das Messingrohr hineinpaßt.

15.39 a) $\langle E_\mathrm{kin} \rangle = \frac{3}{2}\,k_\mathrm{B}\,T = 1{,}24 \cdot 10^{-19}$ J. b) Es ist $v_\mathrm{rms} = \sqrt{3\,R\,T/M}$. Die molaren Massen sind $M_\mathrm{H} = 1 \cdot 10^{-3}$ kg/mol und $M_\mathrm{U} = 238 \cdot 10^{-3}$ kg/mol. Damit sind die quadratisch gemittelten Geschwindigkeiten $v_\mathrm{rms,\,H} = 1{,}22 \cdot 10^4$ m/s und $v_\mathrm{rms,\,U} = 7{,}92 \cdot 10^2$ m/s.

15.40 a) Es gilt $T = M v_{\text{rms}}^2/(3\,R)$. Auf der Erde ist $v_{\text{rms}}^2 = v_{\text{E}}^2 = 2\,g\,R_{\text{E}}$, also $T = 2\,M\,g\,R_{\text{E}}/(3\,R)$. Für O_2 ist $M = 32 \cdot 10^{-3}$ kg/mol und $T = 1{,}61 \cdot 10^5$ K.   b) Die entsprechende Temperatur für H_2 beträgt $T = 1{,}01 \cdot 10^4$ K.   c) Wir betrachten zuerst ein H_2-Molekül mit der Masse $m = 3{,}34 \cdot 10^{-27}$ kg. Mit $T = 1000$ K und $v = v_{\text{E}} = 1{,}12 \cdot 10^4$ m/s hat die Boltzmann-Funktion den Wert $f(v) \approx 10^{-9}$, so daß nur eines von etwa einer Milliarde Molekülen eine ausreichende Geschwindigkeit hat, die Erdatmosphäre zu verlassen. Demnach scheint ein sehr geringer Anteil der Moleküle zu entweichen. Jedoch ist die Erde rund 4,5 Milliarden Jahre alt, so daß genug Zeit zum Entweichen war.

Dagegen hat ein O_2-Molekül die Masse $5{,}34 \cdot 10^{-26}$ kg. Bei gleicher Temperatur und Geschwindigkeit ist $f(v) \approx 10^{-106}$. Daher wird beispielsweise auch nach 10^9 Jahren noch kein merklicher Anteil des Sauerstoffs die Erdatmosphäre verlassen.   d) Auf dem Mond ist die Fallbeschleunigung $g = (9{,}81\ \text{m/s}^2)/6$, und sein Radius ist $R_{\text{M}} = 1738$ km. Damit ist seine Fluchtgeschwindigkeit $v_{\text{M}} = 2{,}38 \cdot 10^3$ m/s. Die quadratisch gemittelte Geschwindigkeit von H_2- bzw. O_2-Molekülen ist gleich v_{M}, wenn $T = 7{,}28 \cdot 10^3$ K bzw. $T = 455$ K ist. Nehmen wir grob an, die Temperatur der Mondoberfläche sei der der oberen Erdatmosphäre ähnlich (1000 K). Dann ist anhand der Werte klar, daß beide Gase nicht im Schwerefeld des Mondes bleiben können.

Kapitel 16

Wärme und der Erste Hauptsatz der Thermodynamik

16.1 a) $(2500 \cdot 10^3 \text{ cal}) [(4{,}184 \text{ J}) / (1 \text{ cal})] = 1{,}046 \cdot 10^7$ J.   b) $P = E/t = 121$ W.

16.2 Die vom Metallstück mit der Masse m_M abgegebene Wärme ist gleich der Wärmemenge, die von Behälter (Masse m_B) und Wasser (Masse m_W) aufgenommen wird: $m_M c_M (100 \text{ °C} - t) = m_B c_M (t - 20 \text{ °C}) + m_W c_W (t - 20 \text{ °C})$. Darin ist $t = 21{,}4$ °C. Daraus folgt die spezifische Wärme des Metalls zu $c_M = 0{,}386$ kJ/(kg · K).

16.3 a) Zum Schmelzen von 200 g Eis bei 0 °C ist die Wärmemenge $Q = m Q_S = 66{,}7$ kJ erforderlich. Sie wird dem warmen Wasser entnommen. Jedoch liefert die Abkühlung von 500 g Wasser von 20 °C auf 0 °C nur 41,8 kJ. Somit wird nicht alles Eis geschmolzen, und die Temperatur des Systems beträgt am Ende 0 °C.   b) Die Masse des geschmolzenes Eises ist $m = Q/Q_S = (41{,}8 \text{ kJ})/Q_S = 125$ g.

16.4 Der gesamte Prozeß kann in vier Abschnitte aufgeteilt werden: (1) Abkühlung des Dampfes von 150 °C auf 100 °C; hierbei wird die Wärme $Q_1 = m c \Delta T = (0{,}1 \text{ kg}) [2{,}01 \text{ kJ}/(\text{kg} \cdot \text{K})] (-50 \text{ K}) = -10{,}05$ kJ frei. (2) Kondensation des Dampfes zu flüssigem Wasser bei 100 °C; hierbei wird die Wärme $Q_2 = -m Q_V = -(0{,}1 \text{ kg}) (2257 \text{ kJ/kg}) = -225{,}7$ kJ frei. (3) Abkühlung des Wassers von 100 °C auf 0 °C; die freiwerdende Wärme ist $Q_3 = m c \Delta T = (0{,}1 \text{ kg}) [4{,}18 \text{ kJ}/(\text{kg} \cdot \text{K})] (-100 \text{ K}) = -41{,}8$ kJ. (4) Erstarren des Wassers bei 0 °C; es wird die Wärme $Q_4 = -m Q_S = -(0{,}1 \text{ kg}) (333{,}5 \text{ kJ/kg}) = -33{,}35$ kJ frei. Damit gibt das System insgesamt die Wärme $Q_{ges} = -310{,}9$ kJ ab.

16.5 Der Wärmewiderstand ist $R = \Delta T / I$ mit $I = \lambda A \Delta T / \Delta x$. Wir setzen ein und erhalten $R = \Delta x / (\lambda A) = 15{,}9$ K/W.   b) $I = \lambda A \Delta T / \Delta x = 6{,}30$ W.   c) Mit den eben erhaltenen Werten ist $\Delta T / \Delta x = I/(\lambda A) = 50$ K/m, oder (direkter) $\Delta T / \Delta x = (100 \text{ °C})/(2 \text{ m}) = 50$ K/m.   d) Der Temperaturgradient beträgt 50 K/m bzw. 50 °C/m. Damit beträgt in einer Entfernung von 25 cm vom heißen Ende die Temperatur $100 \text{ °C} - (0{,}25 \text{ m}) (50 \text{ °C/m}) = 87{,}5$ °C.

16.6 a) Der Wärmewiderstand ist $R = \Delta x / (\lambda A)$. Die Wärmeleitfähigkeiten sind $\lambda_{Al} = 237$ W / (m · K) für Aluminium und $\lambda_{Cu} = 401$ W/(m · K) für Kupfer. Mit $\Delta x = 0{,}03$ m und $A = \Delta x^2$ erhalten wir $R_{Al} = 0{,}141$ K/W und $R_{Cu} = 0{,}0831$ K/W.   b) Für das System mit zwei verschiedenen thermischen Widerständen in Reihe ist der gesamte thermische Widerstand $R_{ers} = R_{Al} + R_{Cu} = 0{,}224$ K/W.   c) $I = \Delta T / R_{ers} = 358$ W.   d) Wegen der Energieerhaltung müssen beide Würfel denselben Wärmestrom führen. Wir können daher von irgendeinem Ende her rechnen und die Temperaturdifferenz ΔT zur Grenzfläche ermitteln. Sie ist $\Delta T_1 = I R_{Al} = 50{,}3$ K oder $\Delta T_2 = I R_{Cu} = 29{,}7$ K. Damit ist die Temperatur an der Grenzfläche 70,3 °C.

16.7 a) Der Wärmestrom ist definiert als $I = \Delta Q / \Delta t = \lambda A \Delta T / \Delta x$. Mit $\lambda_{Al} = 237$ W/(m · K) und $\lambda_{Cu} = 401$ W/(m · K) erhalten wir $I_{Al} = 569$ W und $I_{Cu} = 962$ W.   b) Der gesamte Wärmestrom ist $I_{ges} = I_{Al} + I_{Cu} = 1531$ W.   c) Der gesamte thermische Widerstand ist $R_{ers} = \Delta T / I_{ges} = 0{,}0522$ K/W. Wir können statt des-

sen auch mit den in der vorigen Aufgabe ermittelten Wärmewiderständen rechnen: $1/R_{\text{ers}}$
$= 1/R_{\text{Al}} + 1/R_{\text{Cu}}$ mit $R_{\text{Al}} = 0{,}141$ K/W und R_{Cu}
$= 0{,}0831$ K/W.

16.8 Wir berücksichtigen sowohl Strahlung
als auch Absorption von Wärme. Damit ist
die Oberfläche der strahlenden Drähte $A =$
$I / \left[e\, \sigma (T^4 - T_0^4) \right]$. Darin ist der Emissionsgrad
$e = 1$ für einen schwarzen Strahler, und σ ist
die Stefan-Boltzmann-Konstante: $\sigma = 5{,}6703 \cdot$
10^{-8} W/(m$^2 \cdot$ K^4). Die Temperaturen sind $T =$
$1173{,}15$ K und $T_0 = 293{,}15$ K. Damit ist $A =$
$9{,}35 \cdot 10^{-3}$ m$^2 = 93{,}5$ cm^2.

16.9 Die Temperatur beträgt 33 °C bzw. 306 K,
und wir erhalten $\lambda_{\text{max}} = (2{,}898\ \text{mm} \cdot \text{K}) / (306\ \text{K})$
$= 9{,}47 \cdot 10^{-3}$ mm $= 9470$ nm.

16.10 Blei hat die spezifische Wärme $c_{\text{Pb}} =$
$0{,}128$ kJ/(kg $\cdot$ K) und die Schmelzwärme $Q_{\text{S}} =$
$24{,}7$ kJ/kg. Der Schmelzpunkt ist 600 K. Zum
Erwärmen von 30 °C auf den Schmelzpunkt und
zum Schmelzen ist folgende Wärmemenge nötig:
$Q = mc\Delta T + mQ_{\text{S}}$ mit $\Delta T = 600$ K $- 303{,}15$ K
$= 296{,}85$ K. Wir setzen diese Wärmemenge gleich
der kinetischen Energie $\frac{1}{2} m v^2$ und erhalten $v =$
$[2\,(c\,\Delta T + Q_{\text{S}})]^{1/2} = 354$ m/s.

16.11 Die Änderung der Inneren Energie ist
$\Delta U = Q + W$ mit $Q = 400$ kcal $= 1674$ kJ und
$W = -800$ kJ. Damit ist $\Delta U = 874$ kJ.

16.12 Die Temperatur steigt an. Bei der freien
Expansion wird weder Wärme noch Arbeit aufgenommen oder abgegeben. Daher bleibt die Innere Energie des Gases konstant. Infolge der Expansion entfernen sich die einander abstoßenden
Ionen voneinander, und die potentielle Energie
nimmt ab. Da die Innere Energie konstant bleibt,
muß die kinetische Energie zunehmen, die proportional zur Temperatur des Gases ist.

16.13 a) Das P-V-Diagramm für diesen Prozeß
hat folgendes Aussehen:

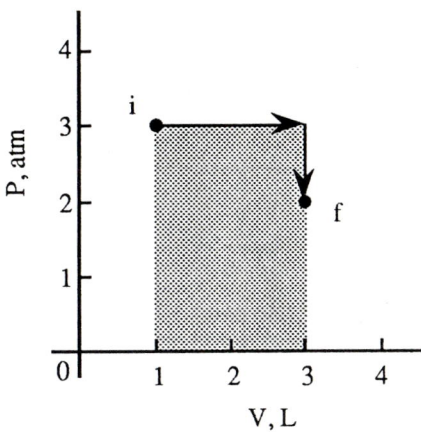

Die vom Gas verrichtete Arbeit W entspricht
der grauen Fläche: $W = -P\,\Delta V = -6$ L $\cdot$ atm $=$
-608 J.   b) Die dem System zugeführte Wärme
ist $Q = \Delta U - W$ mit $\Delta U = U_2 - U_1 = 456$ J.
Damit ist $Q = 1064$ J.

16.14 a) Das P-V-Diagramm für diesen Prozeß
hat folgendes Aussehen:

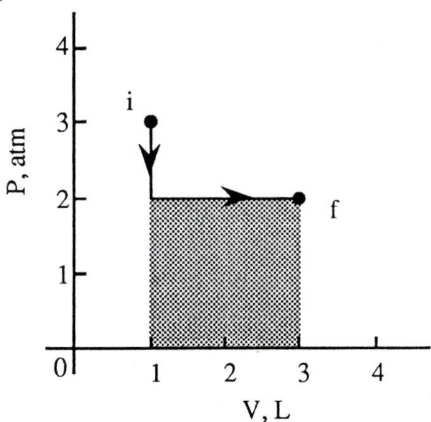

Die vom Gas verrichtete Arbeit W entspricht
der grauen Fläche: $W = -P\,\Delta V = -4$ L $\cdot$ atm $=$
-405 J.   b) Es ist $Q = \Delta U - W$ mit $\Delta U = U_2 -$
$U_1 = 456$ J. Damit erhalten wir die zugeführte
Wärme $Q = 456$ J $+ 405$ J $= 861$ J.

16.15 a) Das P-V-Diagramm für diesen Prozeß
hat folgendes Aussehen:

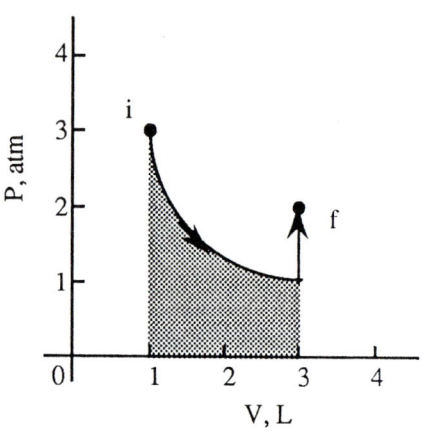

Mit $RT = P_1 V_1 =$ konst. ist die Arbeit W (sie entspricht der grauen Fläche): $W = -RT \ln(V_2/V_1) = -P_1 V_1 \ln 3 = -3,3$ L·atm $= -334$ J.   b) Es ist $Q = \Delta U - W = 790$ J.

16.16 a) Das P-V-Diagramm für diesen Prozeß hat folgendes Aussehen:

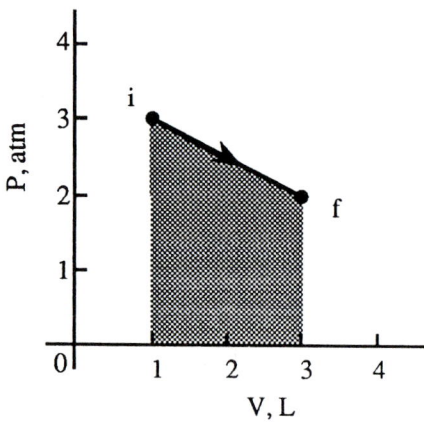

Die vom Gas verrichtete Arbeit W entspricht der grauen Fläche: $W = -5$ L·atm $= -507$ J. b) $Q = \Delta U - W = 963$ J.

16.17 a) Weil sich der Vorgang isotherm an einem idealen Gas vollzieht, wissen wir, daß $dW = -nRT\,dV/V$ ist. Damit ist die vom Gas verrichtete Arbeit $W = -nRT \ln(V_2/V_1)$. Hier sind die Volumina nicht gegeben; aber weil T konstant ist, gilt $P_1 V_1 = P_2 V_2$ bzw. $V_2/V_1 = P_1/P_2 = \frac{1}{2}$. Damit folgt $W = -$ (1 mol) [8,314 J/(mol·K)] (273,15 K) $\ln \frac{1}{2} = 1,57$ kJ. Die Arbeit ist positiv, weil dem System Energie zugeführt wurde; mit anderen Worten: Es mußten 1,57 kJ aufgewandt

werden, um das Gas zu komprimieren.   b) Bei $\Delta T = 0$ ist bei einem idealen Gas $\Delta U = 0$. Damit folgt $Q = -W = -1,57$ kJ. Es wurde also Wärme abgegeben (beachten Sie das negative Vorzeichen). Wird diese Wärme bei der Kompression nicht abgeführt, dann steigt die Temperatur des Gases.

16.18 a) Für ein einatomiges ideales Gas ist $C_V = \frac{3}{2} n R$ und damit $n = 2 C_V/(3R) = 3,99$. b) $U = \frac{3}{2} n R T = 14,9$ kJ.   c) $C_P = C_V + nR = 83,0$ J/K.

16.19 a) Für ein zweiatomiges Gas ist $C_V = \frac{5}{2} n R$ und damit für ein Mol $\Delta U = \frac{5}{2} R \Delta T = 6,24$ kJ. Weil das Volumen konstant gehalten wird ($\Delta V = 0$), ist auch $W = 0$. Nach dem Ersten Hauptsatz ist daher $Q = \Delta U - W = 6,24$ kJ. b) ΔU hängt allein von der Temperaturdifferenz ab, gleichgültig, auf welche Art sie zustandekommt. Deshalb ist $\Delta U = 6,24$ kJ, wie zuvor. Die dem einen Mol Gas zugeführte Wärme ist $Q = C_P \Delta T = (C_V + R) \Delta T = \frac{7}{2} R \Delta T = 8,73$ kJ. Nach dem Ersten Hauptsatz erhalten wir die Arbeit zu $W = \Delta U - Q = -2,49$ kJ.   c) Das Gas verrichtet Arbeit, und es ist $W = -P \Delta V$. Bei einem idealen Gas ist bei konstantem Druck $\Delta V = (R/P) \Delta T$, und es ergibt sich $W = -R \Delta T = -2,49$ kJ, wie bei b).

16.20 a) Das Anfangsvolumen folgt direkt aus dem idealen Gasgesetz $P_1 V_1 = R T_1$ bzw. $V_1 = R T_1/P_1 = 2,24$ L. Zum Berechnen des Endvolumens müssen wir die Endtemperatur kennen oder die Relation bei adiabatischen Prozessen ansetzen: $P_1 V_1^\gamma = P_2 V_2^\gamma$. Damit ist $V_2 = V_1 (P_1/P_2)^{1/\gamma} = 5,89$ L.   b) Mit der Adiabatengleichung $T_1 V_1^{\gamma-1} = T_2 V_2^{\gamma-1}$ folgt $T_2 = T_1 (V_1/V_2)^{\gamma-1} = 143$ K $= -130$ °C. Dieses Resultat können wir auch mit Hilfe des idealen Gasgesetzes errechnen: $T_2 = P_2 V_2/R$.   c) Die beim adiabatischen Prozeß verrichtete Arbeit ist $W = C_V \Delta T$. Es gilt $C_V = C_P/\gamma = (C_V + R)/\gamma$ oder $C_V = R/(\gamma - 1) = \frac{3}{2} R$. Damit erhalten wir $W = \frac{3}{2} R \Delta T = -1,62$ kJ. Das Gas verrichtet also bei der Expansion Arbeit an der Umgebung.

16.21 a) Mit $C_V = \frac{3}{2}nR$ folgt $C_P = \frac{5}{2}nR$ und $\gamma = \frac{5}{3}$. Damit ist die Endtemperatur $T_2 = T_1(V_1/V_2)^{\gamma-1} = 465\ \mathrm{K} = 192\ °\mathrm{C}$.   b) In diesem Fall ist $\gamma = \frac{7}{5}$, und daher $T_2 = 387\ \mathrm{K} = 114\ °\mathrm{C}$.

16.22 Die Masse des Aluminiumschrots ist $m_\mathrm{S} = 0{,}3\ \mathrm{kg}$, die des Behälters $m_\mathrm{B} = 0{,}2\ \mathrm{kg}$ und die des Wassers $m_\mathrm{W} = 0{,}5\ \mathrm{kg}$. Die spezifischen Wärmen sind für Schrot und Behälter $c_\mathrm{Al} = 0{,}9\ \mathrm{kJ/(kg \cdot K)}$ sowie $c_\mathrm{W} = 4{,}18\ \mathrm{kJ/(kg \cdot K)}$. Ferner hat der Al-Schrot zu Beginn die Temperatur $T_\mathrm{S} = 100\ °\mathrm{C}$, und die Anfangstemperatur des Kalorimeters ist $T_1 = 20\ °\mathrm{C}$.   a) Die Endtemperatur sei T_2. Dann sinkt die Temperatur des Schrots um $T_\mathrm{S} - T_2$, und die Temperatur des Kalorimeters (Wasser mit Al-Behälter) steigt um $T_2 - T_1$. Die Wärme, die der Schrot beim Abkühlen abgibt, ist gleich der vom Kalorimeter aufgenommenen: $m_\mathrm{S}\,c_\mathrm{Al}\,(T_\mathrm{S} - T_2) = m_\mathrm{B}\,c_\mathrm{Al}\,(T_2 - T_1) + m_\mathrm{W}\,c_\mathrm{W}\,(T_2 - T_1)$. Daraus erhalten wir $T_2 = 28{,}5\ °\mathrm{C}$.   b) Die Raumtemperatur sei T_R. Dann können wir Anfangstemperatur T_1 und Endtemperatur T_2 ausdrücken durch $T_1 = T_\mathrm{R} - x$ und $T_2 = T_\mathrm{R} + x$. Wegen der Energieerhaltung folgt $m_\mathrm{S}\,c_\mathrm{Al}\,(T_\mathrm{S} - T_\mathrm{R} - x) = m_\mathrm{B}\,c_\mathrm{Al}\,(2\,x) + m_\mathrm{W}\,c_\mathrm{W}\,(2\,x)$. Das ergibt $x = 4{,}49\ °\mathrm{C}$. Also sollte die Anfangstemperatur $T_1 = 15{,}5\ °\mathrm{C}$ sein, so daß die Endtemperatur $T_2 = 24{,}5\ °\mathrm{C}$ resultiert.

16.23 Gegeben ist $c = a\,T + b\,T^3$ mit $a = 0{,}0108$ $\mathrm{J/(kg \cdot K^2)}$ und $b = 7{,}62 \cdot 10^{-4}\ \mathrm{J/(kg \cdot K^4)}$. Mit $T = 4\ \mathrm{K}$ folgt sofort $c = 0{,}0920\ \mathrm{J/(kg \cdot K)}$.   b) Weil c von der Temperatur abhängt, ist für eine Temperaturerhöhung um $\mathrm{d}T$ die Wärme $\mathrm{d}Q = c(T)\,\mathrm{d}T$ aufzuwenden. Die zum Erwärmen des Kupfers von 1 K auf 3 K erforderliche Wärmemenge ist

$$Q = \int_1^3 c(T)\,\mathrm{d}T = \int_1^3 (a\,T + b\,T^3)\,\mathrm{d}T$$
$$= \left. \tfrac{1}{2}a\,T^2 + \tfrac{1}{4}b\,T^4 \right|_1^3$$

Das ergibt $Q = 0{,}0584\ \mathrm{J/kg}$.

16.24 Die vom Aluminiumstück abgegebene Wärmemenge ist $Q = m\,c_\mathrm{Al}\,\Delta T = (50\ \mathrm{g})$ $[0{,}9\ \mathrm{J/(g \cdot °C)}]\ (-196\ °\mathrm{C} - 20\ °\mathrm{C}) = -9720\ \mathrm{J}$. Die hierdurch verdampfte Masse an Stickstoff ist $m_\mathrm{N_2} = |Q|/Q_\mathrm{V} = |Q|/(199\ \mathrm{J/g}) = 48{,}8\ \mathrm{g}$.

16.25 a) Das Eis habe zu Beginn die Temperatur 0 °C. Ferner nehmen wir an, daß die gesamte potentielle Energie beim Aufprall in Wärme umgesetzt wird. Dann ist die Mindestfallhöhe h gegeben durch $m\,g\,h = m\,Q_\mathrm{S}$; also ist $h = Q_\mathrm{S}/g = (333{,}5\ \mathrm{kJ/kg})\ /\ (9{,}81\ \mathrm{m/s^2}) = 34{,}0\ \mathrm{km}$.
b) Weil der Erdradius rund 6400 km beträgt, kann die Änderung der Fallbeschleunigung entlang der Fallstrecke von 34 km vernachlässigt werden.   c) Der Luftwiderstand bewirkt durch die Reibung beim Fall eine Erwärmung des Eisstücks, aber auch eine Verringerung der Fallgeschwindigkeit, so daß die kinetische Energie beim Aufprall geringer ist. Jedoch ist die abgegebene potentielle Energie in beiden Fällen (mit und ohne Luftwiderstand) dieselbe, so daß die resultierende Erwärmung praktisch gleich ist. Dabei wird hier davon abgesehen, daß das durch die Luftreibung erwärmte Eis während des Falles etwas mehr Wärme durch Strahlung abgibt.

16.26 a) Zuerst berechnen wir T_2 unter der Annahme, daß alles Eis schmilzt. Dieser Ansatz stellt sich als gerechtfertigt heraus, wenn $T_2 > 0\ °\mathrm{C}$ resultiert. Die vom Eis aufgenommene Wärme ist $Q_1 = m_\mathrm{E}\,c_\mathrm{E}\,(20\ °\mathrm{C}) + m_\mathrm{E}\,Q_\mathrm{S} + m_\mathrm{E}\,c_\mathrm{W}\,(T_2 - 0\ °\mathrm{C})$. Darin sind c_E und c_W die spezifischen Wärmen von Eis bzw. Wasser. Die vom Wasser und dem Kalorimeterbehälter abgegebene Wärmemenge ist $Q_2 = m_\mathrm{W}\,c_\mathrm{W}\,(T_2 - 20\ °\mathrm{C}) + m_\mathrm{B}\,c_\mathrm{Al}\,(T_2 - 20\ °\mathrm{C})$. Hier sind m_B die Behältermasse und c_Al die spezifische Wärme von Aluminium, aus dem er besteht. Die Summe beider Wärmemengen ist null, und es folgt $T_2 = 2{,}99\ °\mathrm{C}$. Also schmilzt die gesamte Eismenge.   b) Im Kalorimeter befinden sich jetzt 0,6 kg Wasser bei der Temperatur 2,99 °C. Zum Abkühlen auf 0 °C müssen 8,05 kJ abgeführt werden; denn es ist $[(0{,}6\ \mathrm{kg})\ (4{,}18\ \mathrm{kJ/(kg \cdot K)}) + (0{,}2\ \mathrm{kg})\ (0{,}9\ \mathrm{kJ/(kg \cdot K)})]\ (2{,}99\ \mathrm{K}) = 8{,}05\ \mathrm{kJ}$. Zum Erwärmen des Eisstücks von $-20\ °\mathrm{C}$ auf 0 °C ist die Wärme $(0,2\ \text{kg})\ [2\ \text{kJ}/(\text{kg}\cdot\text{K})]\ (20\ \text{K}) =$ 8 kJ erforderlich. Demnach stehen 0,05 kJ zum Schmelzen des Eises zur Verfügung, so daß nur 0,15 g schmelzen $[= (0,05\ \text{kJ})/(333,5\ \text{kJ}/\text{kg})]$. Vom zweiten Eisstück bleiben also 199,85 g fest. c) Nein; das Ergebnis ist exakt dasselbe, weil in beiden Fällen die Energiemengen gleich sind.

16.27 Wir nehmen an, die Wärme wird von der Wendel ausschließlich durch Strahlung abgegeben. Dann ist der Wärmestrom $I = e\,\sigma\,A\,(T^4 - T_0^4) = e\,\sigma\,A\,T^4\,[1 - (T_0/T)^4]$. Hier ist $(T_0/T)^4 = 0,00120$, so daß das Vernachlässigen der Raumtemperatur nur einen Fehler von rund 0,1 % verursacht. Mit $I = e\,\sigma\,A\,T^4$ erhalten wir also $T_2 = T_1\,(I_2/I_1)^{1/4} = (1573\ \text{K})\,(2)^{1/4} = 1871\ \text{K} = 1598\ °\text{C}$.

16.28 Der Wärmestrom $\Delta Q/\Delta t$ ist dadurch gegeben, daß in der Zeitspanne $\Delta t = 10$ min die vorhandene Wassermenge verdampft. Diese ist (mit der Dichte 1 kg/L) gleich $m_\text{W} = 0,8$ kg. Die zum Verdampfen erforderliche Wärmemenge ist $Q = m_\text{W}\,Q_\text{V}$ mit $Q_\text{V} = 2257$ kJ/kg. Nach Definition ist der Wärmestrom $\Delta Q/\Delta t = \lambda\,A\,(\Delta T/\Delta x)$. Kupfer hat die Wärmeleitfähigkeit $\lambda_\text{Cu} = 401$ W/(m·K); ferner ist $\Delta x = 0,003$ m. Die Temperaturdifferenz ist $\Delta T = T_\text{a} - T_\text{i}$, wobei die Indices für die Außenseite bzw. die Innenseite des Topfbodens stehen. Die Temperatur an der Außenseite ist damit $T_\text{a} = T_\text{i} + m\,Q_\text{V}\,\Delta x/(\lambda\,A\,\Delta t) = 101,3\ °\text{C}$.

16.29 Die Temperatur innerhalb des Iglus bleibt konstant bei dem Wärmestrom $\Delta Q/\Delta t = 38$ MJ/d $= 440$ J/s (hier steht d für Tag). Mit Hilfe der Beziehung $\Delta Q/\Delta t = \lambda\,A\,\Delta T/\Delta x$ erhalten wir $\Delta x = \lambda\,A\,\Delta T/(\Delta Q/\Delta t)$. In der Aufgabe sind die Werte von T, r und λ gegeben. Es ist $\Delta T = 40\ °\text{C}$ sowie $A = 2\,\pi\,r^2$, und es folgt $\Delta x = 47,8$ cm.

16.30 Die Kupferkugel befindet sich in einer wärmeren Umgebung, nimmt also Wärme auf. Der Wärmestrom ist $I = e\,\sigma\,A\,(T_0^4 - T^4) =$

$\Delta Q/\Delta t = (m\,c\,\Delta T)/\Delta t$. Die Geschwindigkeit, mit der die Temperatur der Kugel ansteigt, ist damit $\Delta T/\Delta t = e\,\sigma\,A\,(T_0^4 - T^4)/(m\,c)$. Dabei ist die Masse der Kugel $m = \frac{4}{3}\,\pi\,r^3\,\varrho$, wobei $\varrho = 8,96$ g/cm³ die Dichte von Kupfer ist. Dessen spezifische Wärme beträgt $c = 0,386$ J/(g·K). Einsetzen der Werte ergibt $\Delta T/\Delta t = 2,24\cdot10^{-3}$ K/s.

16.31 Bei der Absorption von Strahlung ist der Wärmestrom $I = e\,\sigma\,A\,(T^4 - T_0^4)$. In diesem Falle ist $e = 1$, $A = \pi\,d^2$, $T = 77$ K und $T_0 = 4,2$ K. Die Verdampfungsgeschwindigkeit des Heliums ist gegeben durch $I = (\text{d}m/\text{d}t)\,Q_\text{V}$ bzw. $\text{d}m/\text{d}t = I/Q_\text{V}$. Hier ist $Q_\text{V} = 21$ kJ/kg die Verdampfungswärme des Heliums. Es ergibt sich $\text{d}m/\text{d}t = 0,0268$ g/s. In einer Stunde verdampfen also $(0,0268\ \text{g/s})\,(3600\ \text{s}) = 96,6$ g Helium.

16.32 Die Sonne befindet sich im Weltraum mit einer Temperatur von rund 3 K. Der von ihr ausgehende Wärmestrom ist damit $I = e\,\sigma\,A\,T^4 = I_0\,(4\,\pi\,R_\text{SE}^2)$. Dabei ist $e = 1$ für einen schwarzen Körper, und $I_0 = 1,35\cdot10^3$ W/m² ist die Solarkonstante. Ferner ist $R_\text{SE} = 1,50\cdot10^{11}$ m der Abstand zwischen Sonne und Erde. Die Sonnenoberfläche ist $4\,\pi\,R_\text{S}^2$. Damit errechnet sich ihre Temperatur zu $T_\text{S} = [(I_0\,R_\text{SE}^2)/(\sigma\,R_\text{S}^2)]^{1/4} = 5767$ K.

16.33 Der Eisblock hat Masse m_E, und der Reibungskoeffizient ist $\mu_\text{G} = 0,05$. Dann bewirkt die Reibungskraft die Arbeit $W = (\mu_\text{G}\,m_\text{E}\,g\,\cos\theta)\,d$. Dabei ist der Winkel $\theta = 30°$, und $d = 5$ m ist die Wegstrecke. Aufgrund der Arbeit schmilzt die Masse m an Eis, wobei gilt $W = m\,Q_\text{S}$ mit $Q_\text{S} = 333,5$ kJ/kg. Einsetzen in den obigen Ausdruck für W und Auflösen nach m ergibt $m = (\mu_\text{G}\,m_\text{E}\,g\,\cos\theta)\,d/Q_\text{S} = 0,127$ g.

16.34 a) Bei einem idealen Gas hängt die Innere Energie U nur von der Temperatur T ab. Daher entspricht einer gegebenen Temperaturdifferenz ΔT genau ein Wert ΔU. Weil bei Vorgängen mit konstantem Volumen $\Delta U = C_V\,\Delta T$ ist, muß dies für alle Prozesse gelten. b) Bei einem Prozeß mit konstantem Druck ist $\text{d}W = -P\,\text{d}V$. Mit dem idealen Gasgesetz $PV = nRT$ folgt daraus $dW = -nR\,dT$. Integration zwischen den betreffenden Temperaturen ergibt $W = -nR\,\Delta T$. Bei konstantem Druck ist außerdem nach Definition $Q = C_P\,\Delta T$. Das setzen wir ein, wobei wir den Ersten Hauptsatz berücksichtigen: $\Delta U = Q + W = C_P\,\Delta T - nR\,\Delta T = (C_P - nR)\,\Delta T = C_V\,\Delta T$, weil $C_P - C_V = nR$ ist.

16.35 a) Wegen $C_P - C_V = nR = 29{,}1$ J/K beträgt die Anzahl der Mole $n = 3{,}50$.   b) $C_V = \frac{3}{2}nR = 43{,}7$ J/K, $C_P = \frac{5}{2}nR = 72{,}8$ J/K.   c) $C_V = \frac{5}{2}nR = 72{,}8$ J/K, $C_P = \frac{7}{2}nR = 102$ J/K.

16.36 a) $U_1 = \frac{3}{2}nRT = 3{,}40$ kJ.   b) Es werden 500 J Wärme bei konstantem Druck zugeführt. Dadurch steigt die Temperatur um $\Delta T = Q/C_P = (500\text{ J}) / (2{,}5\,R) = 24{,}1$ K. Der Anstieg der Inneren Energie ist damit $\Delta U = \frac{3}{2}R\,\Delta T = 300$ J. Damit ist die Innere Energie am Ende $U_2 = 3{,}70$ kJ, und die vom Gas verrichtete Arbeit ist $W = \Delta U - Q = -200$ J.   c) Bei konstantem Volumen ist $\Delta T = Q/C_V = Q/(\frac{3}{2}R)$, und die Änderung der Inneren Energie ist $\Delta U = \frac{3}{2}R\,\Delta T = Q = 500$ J. Die Innere Energie ist am Ende $U_2 = 3{,}90$ kJ. Es wurde keine Arbeit umgesetzt, da $\Delta V = 0$ ist: $W = \Delta U - Q = 0$.

16.37 a) Wir nehmen Helium als ideales Gas an. Dann ist das Endvolumen $V_2 = V_1\,(P_1/P_2)^{1/\gamma}$. Damit errechnen wir die Endtemperatur zu $T_2 = T_1\,(V_1/V_2)^{\gamma-1} = T_1\,(P_2/P_1)^{(\gamma-1)/\gamma} = 263$ K.   b) Mit dem Ergebnis aus a) ist das Endvolumen $V_2 = 10{,}8$ L.   c) Weil der Prozeß adiabatisch ist, muß $Q = 0$ sein. Damit wird $W = \Delta U = \frac{3}{2}nR\,\Delta T = -1{,}48$ kJ.   d) Wie in Teil c) berechnet, ist $\Delta U = W = -1{,}48$ kJ.

16.38 a) Das P-V-Diagramm für diesen Prozeß hat folgendes Aussehen:

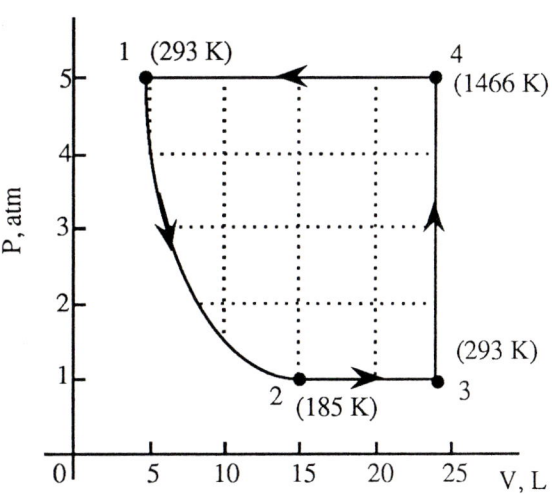

Die Werte an den vier Punkten sind: $P_1 = 5$ atm; $T_1 = 293$ K; $V_1 = RT_1/P_1 = 4{,}81$ L und $P_2 = 1$ atm; $T_2 = P_2 V_2/R = 185$ K; $V_2 = V_1\,(P_1/P_2)^{1/\gamma} = 15{,}2$ L und $P_3 = 1$ atm; $T_3 = 293$ K; $V_3 = RT_3/P_3 = 24{,}1$ L und $P_4 = 5$ atm; $T_4 = P_4 V_4/R = 1466$ K; $V_4 = 24{,}1$ L.   b) Beachten Sie, daß beim Prozeß $4 \to 1$ dem System Arbeit zugeführt wird ($W > 0$). Gleiches gilt für den gesamten Zyklus. Jedes der durch die gestrichelten Linien angedeutete Quadrat entspricht eine Volumenarbeit von 5 L$\cdot$atm $= 506{,}7$ J. Da ungefähr 12 Quadrate von der Kurve eingeschlossen werden, beträgt die gesamte Volumenarbeit etwa $6{,}08$ kJ.   c) In den einzelnen Schritten werden folgende Wärmemengen übertragen: $Q_{12} = 0$, $Q_{23} = \frac{7}{2}R\,\Delta T = 3{,}141$ kJ, $Q_{34} = \frac{5}{2}R\,\Delta T = 24{,}42$ kJ und $Q_{41} = \frac{7}{2}R\,\Delta T = -34{,}15$ kJ. Damit wird im gesamten Zyklus die Wärme $Q = -6{,}59$ kJ umgesetzt, d.h diese Wärme wird abgegeben (negatives Vorzeichen). Weil Anfangs- und Endzustand gleich sind, ist $\Delta U = 0$ und daher $W = -Q = 6{,}59$ kJ. Diese Arbeit wird dem System zugeführt. Wir hatten diesen Wert im Teil b) schon anhand der Fläche im Diagramm abgeschätzt.   d) In den einzelnen Schritten wird folgende Arbeit vom System aufgenommen bzw. verrichtet: $W_{12} = \Delta U = \frac{5}{2}R\,\Delta T = -2{,}25$ kJ, $W_{23} = -P_2\,\Delta V = -0{,}90$ kJ, $W_{34} = 0$ und $W_{41} = -P_4\,\Delta V = 9{,}74$ kJ. Die Summe ist $W = 6{,}59$ kJ. Wie schon erwähnt, ist dies wegen $\Delta U = 0$ betragsmäßig gleich der abgegebenen Wärmemenge. Dem System wird im gesamten Zyklus Arbeit zugeführt.

16.39 a) Das P-V-Diagramm für diesen Prozeß hat folgendes Aussehen:

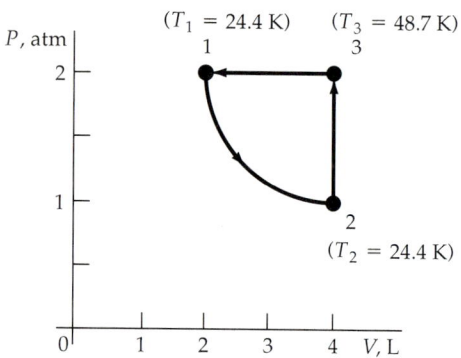

b) Für den Schritt $1 \rightarrow 2$ ist $\Delta U = 0$, weil die Temperatur konstant bleibt. Deshalb ist $Q = -W$. Die bei diesem isothermen Prozeß verrichtete Arbeit ist $W = -n\,R\,T\,\ln(V_2/V_1) = -P_1\,V_1\,\ln(V_2/V_1) = -2{,}77\ \text{L}\cdot\text{atm} = -281\ \text{J}$. Daher ist $Q = 281\ \text{J}$. Für den Schritt $2 \rightarrow 3$ ist $W = 0$, weil das Volumen konstant bleibt. Damit ist $Q = \Delta U = \frac{3}{2}\,n\,R\,\Delta T = 608\ \text{J}$. Für den Schritt $3 \rightarrow 1$ ist schließlich $W = -P_1\,\Delta V = 4\ \text{L}\cdot\text{atm} = 405\ \text{J}$. Die Änderung der Inneren Energie ist hier $\Delta U = \frac{3}{2}\,n\,R\,\Delta T = -608\ \text{J}$. Damit erhalten wir $Q = \Delta U - W = -1{,}013\ \text{kJ}$. c) $T_1 = P_1\,V_1/(n\,R) = 24{,}4\ \text{K}$; $T_2 = T_1$; $T_3 = P_3\,V_3/(n\,R) = 2\,T_1 = 48{,}7\ \text{K}$.

16.40 a) Wegen $Q = C_P\,\Delta T = \frac{7}{2}\,n\,R\,T$ ist die Temperaturänderung $\Delta T = Q/(7\,R) = 8{,}59\ \text{K}$. b) $W = \Delta U - Q = C_V\,\Delta T - Q = 5\,R\,\Delta T - Q = -143\ \text{J}$. c) Für ein ideales Gas gilt $V_2/V_1 = T_2\,P_1/(T_1\,P_2)$. Hier ist $P_1 = P_2$ und $T_2 = T_1 + \Delta T$, so daß folgt $V_2/V_1 = 1{,}03$.

16.41 Die von dem Kupferstück abgegebene Wärmemenge ist $Q = (100\ \text{g})\,[0{,}386\ \text{J}/(\text{g}\cdot\text{K})]\,(311\ \text{K} - T) < 0$. Das negative Vorzeichen zeigt an, daß Wärme abgegeben wird. Diese bewirkt folgendes: Erwärmung des Kupferkalorimeters von $16\ ^\circ\text{C}$ auf $38\ ^\circ\text{C}$ ($= 311\ \text{K}$), Erwärmung von $m_V = 1{,}2\ \text{g}$ Wasser auf $100\ ^\circ\text{C}$ und Verdampfung dieser Wassermenge sowie Erwärmung des restlichen Wassers ($m_r = 198{,}8\ \text{g}$) auf $38\ ^\circ\text{C}$. Mit den in der Aufgabe gegebenen Massen m_{Cu} und

m_W sowie der Behältermasse m_B und den Temperaturen $T_1 = 16\ ^\circ\text{C} = 289\ \text{K}$ und $T_2 = 38\ ^\circ\text{C} = 311\ \text{K}$ lautet die gesamte Energiebilanz

$m_{\text{Cu}}\,c_{\text{Cu}}\,(T_2 - T)$ + $m_B\,c_{\text{Cu}}\,(T_2 - T_1)$
$+\ (m_W - m_V)\,c_W\,(T_2 - T_1)$
$+\ m_V\,c_W\,(373\ \text{K} - T_1) + m_V\,Q_V = 0.$

Mit $c_W = 4{,}18\ \text{J}/(\text{g}\cdot\text{K})$, $c_{\text{Cu}} = 0{,}386\ \text{J}/(\text{g}\cdot\text{K})$ und $Q_V = 2{,}26\ \text{J}/\text{g}$ erhalten wir die Temperatur des aufgeheizten Kupferstücks zu $T = 899\ \text{K} = 626\ ^\circ\text{C}$.

16.42 a) Der Wärmestrom durch die Eisschicht der Dicke x ist $I = \mathrm{d}Q/\mathrm{d}t = \lambda\,A\,\Delta T/x$. Darin ist A die Oberfläche des Teiches. Wenn die Wärmemenge $\mathrm{d}Q$ vom Wasser abgegeben wird, bildet sich Eis der Masse $\mathrm{d}m = \mathrm{d}Q/Q_V = \varrho\,A\,\mathrm{d}x$. Daraus folgt sofort $\mathrm{d}x/\mathrm{d}t = \lambda\,\Delta T/(Q_V\,\varrho\,x) = 1{,}94\cdot10^{-6}\ \text{m/s} = 0{,}697\ \text{cm/h}$. b) Wenn wir berechnen wollen, wie lange die Bildung einer 20 cm dicken Eisschicht dauert, müssen wir berücksichtigen, daß die Geschwindigkeit der Eisbildung von der Schichtdicke x abhängt. Also muß von der Dicke 0 cm bis zur Dicke 20 cm integriert werden. Es gilt $\mathrm{d}t = [Q_V\,\varrho\,x/(\lambda\,\Delta T)]\,\mathrm{d}x$. Integration von 0 bis t bzw. von 0 bis x ergibt $t = Q_V\,\varrho\,x^2/(2\,\lambda\,\Delta T) = 1{,}0368\cdot10^6\ \text{s} = 12\ \text{Tage}$. Hätten wir die Bildungsgeschwindigkeit der Eisschicht mit dem in a) berechneten Wert als konstant angenommen, so wäre das Ergebnis nur ungefähr 1 Tag.

16.43 Die Beziehung $I = \lambda\,A\,\mathrm{d}T/\mathrm{d}x$ für den Wärmestrom können wir hier nicht direkt anwenden, weil die Fläche A nicht definiert ist. Außen- und Innenseite der Isolationsschicht haben verschiedene Flächen. Betrachten wir aber eine Schicht mit der infinitesimalen Dicke $\mathrm{d}r$ beim Radius r, so können wir hierfür Innenfläche und Außenfläche gleichsetzen: $A = 2\,\pi\,r\,\ell$. Damit ist $I = \lambda\,2\,\pi\,r\,\ell\,\mathrm{d}T/\mathrm{d}r$. Dieser Wärmestrom ist für alle Radien derselbe, weil bei stationärem Zustand die in die Isolation hineinfließende Wärmemenge gleich der nach außen abgegebenen ist. Wir stellen um: $\mathrm{d}T = [I/(\lambda\,2\,\pi\,\ell)]\,\mathrm{d}r/r$. Integration von r_1 bis r_2 liefert $T_2 - T_1 = [I/(\lambda\,2\,\pi\,\ell)]\,\ln(r_2/r_1)$. Damit ist der Wärmestrom $I = \lambda\,2\,\pi\,\ell\,(T_2 - T_1)/\ln(r_2/r_1)$. Wenn r_2 nur wenig größer als r_1 ist, d.h. wenn gilt $r_2 = r_1 + \Delta r$ mit $\Delta r \ll r_1$, dann folgt $\ln(r_2/r_1) \approx \Delta r/r_2$ und $I \approx \lambda\,(2\,\pi\,r_2\,\ell)\,\Delta T/\Delta r = \lambda\,A\,\Delta T/\Delta r$.

16.44 a) Für einen isothermen Prozeß gilt $P_0\,V_0 = P_1\,V_1$. Mit $V_1 = 2\,V_0$ ist daher $P_1 = \frac{1}{2}\,P_0$. b) Bei der adiabatischen Kompression gilt für Drücke und Volumina $P_2/P_1 = (V_1/V_2)^\gamma$ und daher $\gamma = \ln(2,64)/(\ln 2) = 1,4 = \frac{7}{5}$. Das Gas ist demnach einatomig. c) Die kinetische Energie des Gases hängt allein von der Temperatur ab, ändert sich also bei der isothermen Expansion nicht. Dagegen nimmt bei der adiabatischen Kompression die Temperatur auf $T_2 = 1,32\,T_0$ zu, und die kinetische Energie steigt um denselben Faktor.

16.45 Der Wärmestrom ist $I = \Delta T/R_{\text{ers}}$, wobei R_{ers} der gesamte Wärmewiderstand ist. Für die Kupferrohre ist $R_{\text{Cu}} = \Delta x_{\text{Cu}}/(\lambda_{\text{Cu}}\,A)$, und für die Eisschicht gilt $R_{\text{Eis}} = \Delta x_{\text{Eis}}/(\lambda_{\text{Eis}}\,A)$. Kupferrohr und Eisschicht bilden Wärmewiderstände in Reihe. Deshalb ist $R_{\text{ers}} = R_{\text{Cu}} + R_{\text{Eis}}$. Der Quotient aus den Wärmeströmen mit und ohne Eisschicht ist somit

$$
\begin{aligned}
I_{\text{ges}}/I_{\text{Cu}} &= R_{\text{Cu}}/R_{\text{ers}} \\
&= 1/\left[1 + (R_{\text{Eis}}/R_{\text{Cu}})\right] \\
&= 1/\left[1 + (\Delta x_{\text{Eis}}\,\lambda_{\text{Cu}})/(\Delta x_{\text{Cu}}\,\lambda_{\text{Eis}})\right] \\
&= 4,43 \cdot 10^{-4}.
\end{aligned}
$$

An dem Wert erkennen wir, daß die Eisschicht eine sehr gute Wärmeisolation bewirkt. Sie setzt hier den Wärmedurchgang durch die Kupferrohre auf einige Tausendstel herab.

16.46 Die Geschwindigkeit der Wärmeabgabe ist $\mathrm{d}Q/\mathrm{d}t = h\,A\,(T - T_0)$. Aus der Definition der spezifische Wärme c folgt $\mathrm{d}Q = -m\,c\,\mathrm{d}T$. Daher ist bei Abgabe der Wärmemenge $\mathrm{d}Q$ die Temperaturerniedrigung $\mathrm{d}T = [-1/(m\,c)]\,\mathrm{d}Q$. Mit dem Newtonschen Abkühlungsgesetz erhalten wir $\mathrm{d}T/\mathrm{d}t = -[h\,A/(m\,c)]\,(T - T_0)$ oder $\mathrm{d}T/(T - T_0) = -[h\,A/(m\,c)]\,\mathrm{d}t$. Wir integrieren von T_1 bis T:

$$
\int_{T_1}^{T} \frac{\mathrm{d}T}{T - T_0} = \ln(T - T_0)\Big|_{T_1}^{T} = \ln\left(\frac{T - T_0}{T_1 - T_0}\right).
$$

Für einen Zeitpunkt t, zu dem die Temperatur T beträgt ist die rechte Seite dieses Ausdrucks gleich $-[h\,A/(m\,c)]\,t$. Exponentiation und Umstellung liefert $T = T_0 + (T_1 - T_0)\,\mathrm{e}^{-h\,A\,t/(m\,c)}$.

16.47 Bei einem isothermen Prozeß ist $PV = C$ oder $P = C/V$. Damit ist die Steigung einer Isothermen im P-V-Diagramm gleich $\mathrm{d}P/\mathrm{d}V = -C/V^2 = -P/V$. Bei einem adiabatischen Prozeß ist $P\,V^\gamma = C'$ und damit $\mathrm{d}P/\mathrm{d}V = -\gamma\,C'/V^{\gamma+1} = -\gamma\,P/V$. Damit verläuft die Adiabate um den Faktor γ steiler als die Isotherme.

16.48 a) Das P-V-Diagramm für diesen Prozeß hat folgendes Aussehen:

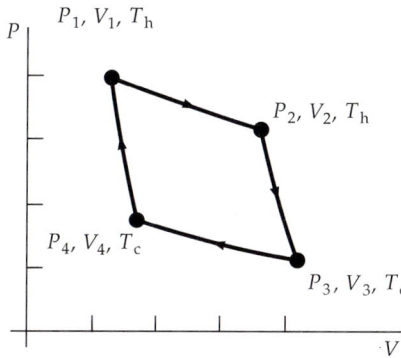

b) Für einen isothermen Vorgang ist bei einem idealen Gas $\Delta U = 0$, da U nur von der Temperatur T abhängt. Damit gilt $Q = -W = n\,R\,T\,\ln(V_e/V_a)$. Hier ist V_e das End- und V_a das Anfangsvolumen. Im vorliegenden Fall ist die bei der Temperatur T_h umgesetzte Wärme $Q_h = n\,R\,T_h\,\ln(V_2/V_1)$. c) Entsprechend wird bei der isothermen Kompression auf V_4 bei T_c die Wärme $Q_c = n\,R\,T_c\,\ln(V_4/V_3) < 0$ umgesetzt; es wird Wärme abgegeben (negatives Vorzeichen). d) Für die adiabatische Expansion von V_2 auf V_3 gilt $T_h\,V_2^{\gamma-1} = T_c\,V_3^{\gamma-1}$ oder

$$
V_3 = V_2\,(T_h/T_c)^{1/(\gamma-1)}.
$$

Entsprechend gilt

$$
V_4 = V_1\,(T_h/T_c)^{1/(\gamma-1)}.
$$

Daraus folgt $V_3/V_4 = V_2/V_1$. e) Für einen kompletten Zyklus ist $\Delta U = 0$, da Anfangs- und Endzustand identisch sind (U ist eine Zustandsfunktion). Damit ist $W = -Q$ mit $Q = Q_h - |Q_c|$. Mit der Definition des Wirkungsgrades ε erhalten wir $\varepsilon = Q/Q_h = 1 - |Q_c|/Q_h$.   f) Mit dem Ergebnis aus Teil d) ist der Quotient der Wärmemengen

$$\frac{|Q_c|}{Q_h} = \frac{n\,R\,T_c\,\ln(V_3/V_4)}{n\,R\,T_h\,\ln(V_2/V_1)} = \frac{T_c}{T_h}.$$

16.49   a) Mit $x = \Theta_E/T$ erhalten wir für $T \gg \Theta_E$, also für hohe Temperaturen, $x \ll 1$. Für kleines x kann die Exponentialfunktion als Reihe angenähert werden: $e^x \approx 1 + x$. Damit ist die molare Wärmekapazität

$$C_{V,\mathrm{m}} \approx 3\,R\,x^2\,\frac{1 + x}{(1 + x - 1)^2} = 3\,R\,(1 + x) \approx 3\,R.$$

Das entspricht dem Wert nach der Regel von Dulong-Petit.   b) Wiederum mit $x = \Theta_E/T$ ist $C_{V,\mathrm{m}} = 3\,R\,x^2\,e^x/(e^x - 1)^2$. Es ist $dT = -\Theta_E\,dx/x^2$. Mit den beiden Temperaturen $T_1 = 300$ K und $T_2 = 600$ K setzen wir $x_1 = \Theta_E/(300\ \mathrm{K}) = (1060\ \mathrm{K})/(300\ \mathrm{K})$ und $x_2 = \Theta_E/(600\ \mathrm{K}) = (1060\ \mathrm{K})/(600\ \mathrm{K})$. Damit folgt für die Zunahme der Inneren Energie

$$
\begin{aligned}
\Delta U &= -3\,R\,\Theta_E \int_{x_1}^{x_2} \frac{e^x}{(e^x - 1)^2}\,dx \\
&= 3\,R\,\Theta_E\,(e^x - 1)^{-1}\Big|_{x_1}^{x_2} \\
&= 3\,R\,\Theta_E\left[(e^{x_2} - 1)^{-1} - (e^{x_1} - 1)^{-1}\right] \\
&= 4{,}65\ \mathrm{kJ/mol}.
\end{aligned}
$$

Die numerische Integration mit der Auftragung von $C_{V,\mathrm{m}}$ gegen T kann mit folgendem Diagramm durchgeführt werden:

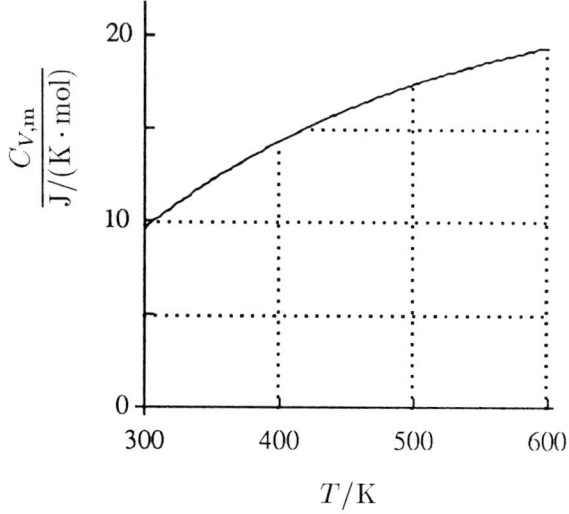

Jedes Rechteck entspricht 500 J/mol. Wir zählen circa 9,25 Rechtecke, so daß die Zunahme der Inneren Energie etwa gleich 4625 J(mol·K) ist, in guter Übereinstimmung mit dem berechneten Wert.

Kapitel 17

Die Verfügbarkeit der Energie

17.1 a) Der Wirkungsgrad ist $\varepsilon = 1 - (60\ \text{J})/(100\ \text{J}) = 0{,}40$. b) Die Leistung ist die Arbeit pro Zeit, also $P = |W|/t = Q_{\text{w}}\,\varepsilon/t = (100\ \text{J})(0{,}4)/(0{,}5\ \text{s}) = 80\ \text{W}$.

17.2 a) Weil jeder Zyklus $\Delta t = 0{,}1\ \text{s}$ dauert, ist die pro Zyklus verrichtete Arbeit $W = P\,\Delta t = 20\ \text{J}$. b) Die pro Zyklus aufgenommene Wärme ist $Q_{\text{w}} = W/\varepsilon = 66{,}7\ \text{J}$. Die pro Zyklus abgegebene Wärme ist $|Q_{\text{k}}| = (1 - \varepsilon)\,Q_{\text{w}} = 46{,}7\ \text{J}$.

17.3 a) In einem kompletten Zyklus ist $\Delta U = 0$ und daher $|Q| = W$. Darin ist bei einer Kältemaschine W die dem System zuzuführende Arbeit, und $|Q|$ ist die Wärme, die das System abgibt. Somit ist $W = 8\ \text{kJ} - 5\ \text{kJ} = 3\ \text{kJ}$, und die Leistungszahl ist $c_{\text{L}} = Q_{\text{k}}/W = \frac{5}{3} = 1{,}67$. b) Es ist $\varepsilon = |W|/Q_{\text{w}} = \frac{3}{8} = 0{,}375$.

17.4 Diese Maschine entnimmt dem wärmeren Reservoir 200 J, verrichtet 60 J Arbeit und gibt die restlichen 140 J an das kältere Reservoir ab. Wenn die Kältemaschinen-Formulierung des Zweiten Hauptsatzes falsch wäre, so könnte eine hypothetische Kältemaschine konstruiert werden, die 140 J vom kälteren auf das wärmere Reservoir überträgt, ohne irgendeinen anderen Effekt hervorzurufen. Der Gesamteffekt beider Maschinen wäre folgender: 60 J Wärme würden dem wärmeren Reservoir entnommen, 60 J Arbeit würden verrichtet, und keine Wärme würde an das kältere Reservoir abgegeben, was der Wärmekraftmaschinen-Formulierung des Zweiten Hauptsatzes widerspricht.

17.5 Die erste Maschine entnimmt dem wärmeren Reservoir die Wärmemenge $Q_{\text{w}} = 200\ \text{J}$, verrichtet $\varepsilon Q_{\text{w}} = 60\ \text{J}$ Arbeit und gibt 140 J Wärme an das kältere Reservoir ab. Wird sie als Kältemaschine betrieben, so entnimmt sie 140 J Wärme dem kälteren Reservoir, benötigt 60 J Arbeit und gibt 200 J Wärme an das wärmere Reservoir ab. Nun benutzen wir die zweite Maschine, um die dem kälteren Reservoir entnommene Wärme von 140 J zu ersetzen; dazu entnimmt die Maschine Wärme aus dem wärmeren Reservoir und verrichtet Arbeit, mit der die Kältemaschine betrieben wird. Wegen $\varepsilon_2 > 0{,}3$ ist die dem wärmeren Reservoir entnommene Wärme $Q_{\text{w}2} = (140\ \text{J})/(1 - \varepsilon_2) > 200\ \text{J}$, und die verrichtete Arbeit ist $|W_2| = \varepsilon_2 Q_{\text{w}2} > 60\ \text{J}$. Der Gesamteffekt besteht darin, daß dem wärmeren Reservoir Wärme entnommen und Arbeit verrichtet, aber keine Wärme an das kältere Reservoir abgegeben wird. Das widerspricht der Wärmekraftmaschinen-Formulierung des Zweiten Hauptsatzes.

17.6 a) Es ist $\varepsilon = |W|/Q_{\text{w}} = (50\ \text{J})/(150\ \text{J}) = 0{,}333$. b) Würde eine Kältemaschine mit $c_{\text{L}} > 2$ zwischen denselben Reservoiren betrieben, so würden die von der reversiblen Maschine verrichteten 50 J Arbeit die Kältemaschine betreiben. Diese würde die Wärme $Q_{\text{k}} = c_{\text{L}} \cdot (50\ \text{J}) > 100\ \text{J}$ dem kälteren Reservoir entnehmen und die Wärme $|Q_{\text{w}}| = W + Q_{\text{k}} > 150\ \text{J}$ an das wärmere Reservoir abgeben. Insgesamt würde Wärme vom kälteren auf das wärmere Reservoir übertragen, ohne daß Arbeit zu verrichten wäre. Das widerspricht der Kältemaschinen-Formulierung des Zweiten Hauptsatzes.

17.7 Der Wirkungsgrad einer reversibel arbeitenden Wärmekraftmaschine ist $\varepsilon = 1 - T_{\text{k}}/T_{\text{w}} = (T_{\text{w}} - T_{\text{k}})/T_{\text{w}}$. Wird die niedrigere Temperatur um ΔT kleiner, so wird der Wirkungsgrad $\varepsilon' = [T_{\text{w}} - (T_{\text{k}} - \Delta T)]/T_{\text{w}} = (T_{\text{w}} - T_{\text{k}} + \Delta T)/T_{\text{w}}$. Wird statt dessen die höhere Temperatur um

ΔT erhöht, dann ist der Wirkungsgrad $\varepsilon'' = (T_{\mathrm{w}} + \Delta T - T_{\mathrm{k}})/(T_{\mathrm{w}} + \Delta T)$. Die Zähler von ε' und von ε'' sind gleich, und es folgt $\varepsilon'/\varepsilon'' = (T_{\mathrm{w}} + \Delta T)/T_{\mathrm{w}} > 1$. Also steigt der Wirkungsgrad stärker an, wenn die Temperatur des kälteren Reservoirs um ΔT abnimmt, als wenn die des wärmeren Reservoirs um ΔT zunimmt.

17.8   a) Die Leistungszahl ist $c_{\mathrm{L}} = Q_{\mathrm{k}}/W = Q_{\mathrm{k}}/(\varepsilon \, |Q_{\mathrm{w}}|) = (1 - \varepsilon)/\varepsilon = T_{\mathrm{k}}/(T_{\mathrm{w}} - T_{\mathrm{k}}) = 13{,}7$.
b) $c_{\mathrm{L}} = T_{\mathrm{k}}/(T_{\mathrm{w}} - T_{\mathrm{k}}) = 8{,}77$.

17.9   a) Der Carnot-Wirkungsgrad ist $\varepsilon_{\mathrm{C}} = 1 - T_{\mathrm{k}}/T_{\mathrm{w}} = 0{,}6$. Also ist der tatsächliche Wirkungsgrad $\varepsilon = \varepsilon_{\mathrm{r}} \varepsilon_{\mathrm{C}} = 0{,}51$.   b) $|W| = Q_{\mathrm{w}} \varepsilon = 102$ kJ.
c) $|Q_{\mathrm{k}}| = (1 - \varepsilon) Q_{\mathrm{w}} = 98$ kJ.

17.10   a) $c_{\mathrm{L}} = T_{\mathrm{k}}/(T_{\mathrm{w}} - T_{\mathrm{k}}) = 5{,}26$.   b) Um die Wärme $|Q_{\mathrm{w}}|$ an das wärmere Reservoir abzugeben, ist die Arbeit $W = |Q_{\mathrm{w}}|/(1 + c_{\mathrm{L}})$ aufzuwenden. Dem entspricht die Leistung $P = (|Q_{\mathrm{w}}|/t)/(1 + c_{\mathrm{L}}) = (20 \text{ kW})/(1 + 5{,}26) = 3{,}19$ kW.

17.11   Die Kältemaschine hat die Leistungszahl 13,7. Die pro Minute aus dem kälteren Reservoir abgeführte Wärme ist $Q_{\mathrm{k}} = W c_{\mathrm{L}} = P t c_{\mathrm{L}} = 303$ kJ.

17.12   Bei diesem Prozeß bleibt die Temperatur konstant. Daher ist $\Delta S = n R \ln(V_2/V_1) = 11{,}5$ J/K.   b) Der Prozeß verläuft reversibel, und die Entropieänderung des Universums ist null. Die Entropie des Gases nimmt bei der Expansion zu. Weil aber seine Temperatur während der reversiblen Expansion konstant gehalten wird, nimmt es Wärme aus der Umgebung auf, so daß deren Entropie um den gleichen Betrag (11,5 J/K) abnimmt.

17.13   a) Wir erinnern uns daran, daß die Entropie eine Zustandsfunktion ist; also hängt ihr Wert nicht davon ab, wie der betreffende Zustand erreicht wurde. Anfangs- und Endzustand

sind dieselben wie in der vorigen Aufgabe. Daher ist auch die Entropiezunahme des Gases mit 11,5 J/K gleich groß.   b) Die Entropie des Universums ändert sich bei einem reversiblen Prozeß nicht, aber bei einem irreversiblen Vorgang (wie hier) nimmt sie zu: $\Delta S_{\mathrm{U}} > 0$.

17.14   Die dem System zugeführte Wärme ist $Q = 200$ J $- 100$ J $= 100$ J, und die verrichtete Arbeit ist $|W| = 50$ J. Damit ist $\Delta U = Q - |W| = 50$ J.   b) Die bei 300 K zugeführte Wärme erhöht die Entropie, und die bei 200 K abgeführte Wärme verringert sie. Die gesamte Entropieänderung ist somit $\Delta S = Q_{\mathrm{w}}/T_{\mathrm{w}} - |Q_{\mathrm{k}}|/T_{\mathrm{k}} = 0{,}167$ J/K > 0.   c) Weil der Prozeß reversibel verläuft, ist die Entropieänderung des Universums null.   d) Die Antworten zu a) und b) bleiben beim irreversiblen Vorgang gleich, weil ΔU und ΔS nur von Anfangs- und Endzustand abhängen, aber nicht vom Weg der Zustandsänderungen. Weil der Prozeß irreversibel ist, lautet die Antwort für c) nun: $\Delta S_{\mathrm{U}} > 0$.

17.15   a) Weil die Entropie eine Zustandsfunktion ist und das System in den Anfangszustand zurückkehrt, ist die Entropieänderung des Systems null.   b) Weil der Zyklus reversibel durchlaufen wird, ist die gesamte Entropieänderung des Systems $\Delta S = Q_1/T_1 + Q_2/T_2 + Q_3/T_3 = (300 \text{ J})/(300 \text{ K}) + (200 \text{ J})/(400 \text{ K}) - (400 \text{ J})/T = 0$. Auflösen nach der Temperatur ergibt $T = 267$ K.

17.16   Stein, Erdboden und Atmosphäre haben am Ende dieselbe Temperatur wie zu Beginn: $T = 300$ K. Jedoch wurde die Wärme $Q = m g h$ dem System zugeführt. Das System kann hier mit dem Universum gleichgesetzt werden. Die Entropieänderung des Universums kann ebenso berechnet werden, als wenn bei dem Prozeß die Wärme Q bei 300 K reversibel zugeführt würde. Damit ist $\Delta S_{\mathrm{U}} = Q/T = m g h/(300 \text{ K}) = 0{,}981$ J/K.

17.17   Dem wärmeren Reservoir wird Wärme entnommen. Dadurch verringert sich seine Entropie um Q/T_w. Entsprechend wird dem kälteren Reservoir Wärme zugeführt, und seine Entropie erhöht sich um Q/T_k. Somit ist die gesamte Entropieänderung $\Delta S = Q(1/T_k - 1/T_w) = 0,417$ J/K. Beachten Sie, daß die Entropieänderung – wie erwartet – positiv ist, weil die Wärme stets irreversibel von einem heißen auf einen kalten Körper übergeht.

17.18 a) Das Eis nimmt beim Schmelzen die Wärmemenge $Q = m Q_S$ aus dem See auf. Dadurch steigt seine Entropie um $\Delta S_{Eis} = m Q_S/T = 2,44 \cdot 10^2$ J/K.   b) Der See gibt die gleiche Wärmemenge ab; daher ist seine Entropieänderung $\Delta S_{See} = -2,44 \cdot 10^2$ J/K.   c) Die Entropieänderung des Universums ist $\Delta S_U = \Delta S_{Eis} + \Delta S_{See} = 0$. Sie ist null, da Eis und See praktisch dieselbe Temperatur haben und der Wärmeübergang nahezu reversibel verläuft.

17.19 Der maximale Wirkungsgrad einer Wärmekraftmaschine, die zwischen diesen beiden Reservoirs arbeitet, ist $\varepsilon = 1 - T_k/T_w = 0,25$. Daher ist mit $Q_w = 500$ J die verrichtete Arbeit $|W| = \varepsilon Q_w = 125$ J.

17.20 a) Beim Prozeß 1 gehen die 500 J kinetische Energie als nutzbare Arbeit verloren, und beim Prozeß 2 könnte eine Wärmekraftmaschine betrieben werden, deren Reservoirtemperaturen 400 K bzw. 300 K betragen. Damit ist ihr Wirkungsgrad $\varepsilon = 1 - T_k/T_w = \frac{1}{4}$. Beim Übertragen von 1 kJ Wärme könnte also die Arbeit $\frac{1}{4}(1\,kJ) = 250$ J verrichtet werden. Daraus folgt, daß beim Prozeß 1 mehr Energie entwertet wird.   b) Für Prozeß 1 ist $\Delta S_1 = Q/T = W_n/T = 1,67$ J/K. Beim Prozeß 2 ist $\Delta S_2 = Q(1/T_k - 1/T_w) = 0,833$ J/K. Wie erwartet, erzeugt der Prozeß, bei dem mehr Energie entwertet wird, auch mehr Entropie.

17.21 a) Die Abbildung zeigt den Zyklus der Maschine.

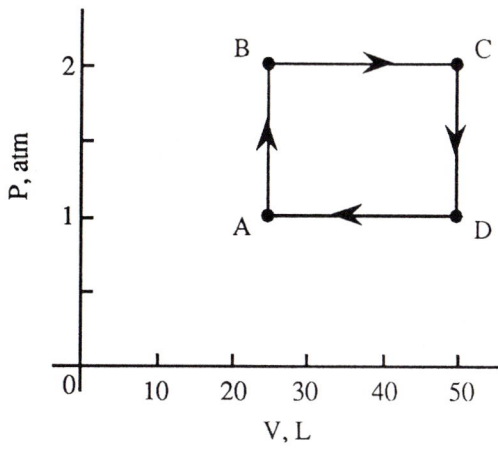

Bei jedem Schritt wird die Arbeit $W = -P\,\Delta V$ verrichtet. Dabei ist $V_A = V_B = 24,6$ L und $V_C = V_D = 49,2$ L. Für die Innere Energie gilt $U = \frac{3}{2} R T = \frac{3}{2} P V$ und damit $\Delta U_{AB} = \frac{3}{2}(P_B V_B - P_A V_A) = 36,9$ L·atm. Entsprechendes gilt für die anderen Schritte. Daher ist die jeweils übertragene Wärme $Q = \Delta U - W$. Die Energiewerte (in L·atm) sind folgende:

	W	Q	ΔU
$A \rightarrow B$	0	36,9	36,9
$B \rightarrow C$	$-49,2$	123,6	74,4
$C \rightarrow D$	0	$-74,4$	$-74,4$
$D \rightarrow A$	24,6	$-61,5$	$-36,9$
gesamt	$-24,6$	24,6	0

b) Der Wirkungsgrad ist gleich der Arbeit pro Zyklus (24,6 L·atm), dividiert durch die zugeführte Wärmemenge (36,9 L·atm + 123,6 L·atm = 160,5 L·atm). Damit ist $\varepsilon = 0,153$.

17.22 Es läuft folgender Zyklus ab:

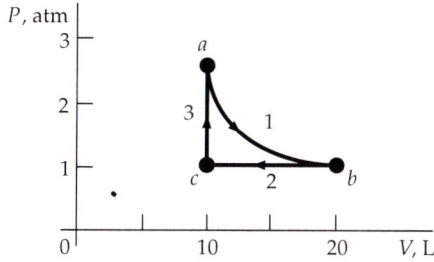

Es ist $P_a = 2,64$ atm, $P_b = P_c = 1$ atm sowie $V_a = V_c = 10$ L und $V_b = 20$ L. Der Wirkungsgrad wird berechnet über $\varepsilon = |W|/Q_w$.

Der erste Prozeß ist adiabatisch, und es ist $Q_1 = 0$. Beim Prozeß 2 ist $Q_2 = n C_P \Delta T =$

$\frac{7}{2} n R \Delta T = \frac{7}{2}(P_c V_c - P_b V_b) = -35$ L·atm. Wie erwartet, muß während der Kompression (bei konstantem Druck) Wärme aus dem System abgeführt werden. Für Prozeß 3 ist schließlich $Q_3 = n C_V \Delta T = \frac{5}{2} n R \Delta T = \frac{5}{2}(P_a V_a - P_c V_c) = 41$ L·atm. Hier muß Wärme zugeführt werden, damit der Druck bei konstantem Volumen steigt. Für einen gesamten Zyklus ist $\Delta U = 0$ und damit $Q = |W| = Q_1 + Q_2 + Q_3 = 6$ L·atm. Nun erhalten wir den Wirkungsgrad als Quotient aus der verrichteten Arbeit und der zugeführten Wärme: $\varepsilon = |W|/Q_3 = 0{,}146$.

17.23 a) Der maximal mögliche Wirkungsgrad ist $\varepsilon = 1 - T_k/T_w = 0{,}405$. b) Die an die Umgebung abgegebene Wärme ist $|Q_k| = (1-\varepsilon) Q_w = (1-\varepsilon)(|W|/\varepsilon) = (1-\varepsilon)(P t/\varepsilon)$ mit $P = 200$ kJ und $\varepsilon = 0{,}3$ sowie $t = 3600$ s. Einsetzen der Werte ergibt $|Q_k| = 1{,}68 \cdot 10^9$ J.

17.24 a) Das Volumen beim Punkt 2 ist dasselbe wie beim Punkt 1. Damit ist $V_2 = n R T_1/P_1 = (1\text{ mol})[0{,}08206$ L·atm/(mol·K)]$(273{,}15$ K$)/(1$ atm$) = 22{,}4$ L. Weiterhin ist beim Punkt 2 der Druck $P_2 = R T_2/V_2 = 1{,}55$ atm. Damit errechnet sich das Volumen beim Punkt 3 zu $V_3 = V_2(P_2/P_3)^{1/\gamma} = V_2(P_2/P_1)^{1/\gamma} = 30{,}6$ L. Schließlich ist am Punkt 3 die Temperatur $T_3 = P_3 V_3/R = 373$ K. b) Die bei den einzelnen Schritten übertragenen Wärmemengen sind $Q_{12} = C_V \Delta T = \frac{5}{2} R \Delta T = 3{,}12$ kJ und $Q_{23} = 0$ sowie $Q_{31} = C_P \Delta T = \frac{7}{2} R \Delta T = -2{,}91$ kJ. c) Es ist $\varepsilon = 1 - |Q_k|/Q_w$, wobei in diesem Falle $|Q_k| = 2{,}91$ kJ und $Q_w = 3{,}12$ kJ ist. Damit ist der Wirkungsgrad $\varepsilon = 0{,}0667$. d) Die höchste Temperatur ist $T_2 = 150\,°C = 423{,}15$ K $= T_w$, und die niedrigste ist. $T_1 = 0\,°C = 273{,}15$ K $= T_k$. Damit ist der Wirkungsgrad $\varepsilon = 1 - T_k/T_w = 0{,}354$.

17.25 a) Zuerst ist zu prüfen, ob alles Eis schmilzt. Das Schmelzen von 100 g Eis erfordert die Wärmemenge $m_E Q_S = (100\text{ g})(333{,}5$ J/g$) = 33.350$ J. Beim Abkühlen gibt das warme Wasser folgende Wärmemenge ab: $m_W c \Delta T = (100\text{ g})[4{,}18$ J/(g·K)]$(100$ K$) = 41.800$ J. Die

Wärme des warmen Wassers ist also mehr als ausreichend, um die gesamte Eismenge zu schmelzen. Wir setzen nun die vom Wasser abgegebene Wärmemenge gleich der vom Eis aufgenommenen (das dadurch geschmolzen und erwärmt wird): $m_W c (100\,°C - T) = m_E Q_S + m_E c (T - 0\,°C)$. Wegen $m_E = m_W$ folgt $T = [c(100\,°C) - Q_S]/(2 c) = 10{,}1\,°C$. b) Die Entropieänderung des Eises ist $\Delta S_E = m_E Q_S/(273{,}15$ K$) + m_E c \ln(283{,}25/273{,}15) = 137$ J/K. Die Entropieänderung des Wassers ist $\Delta S_W = m_W c \ln(283{,}25/373{,}15) = -115$ J/K. Damit ist die Entropieänderung des Universums $\Delta S_U = \Delta S_E + \Delta S_W = 22{,}0$ J/K.

17.26 Beim Kondensieren und anschließendem Abkühlen auf $0\,°C$ gibt der Dampf folgende Wärmemenge ab: $Q = m_D Q_V + m_D c \Delta T = (10\text{ g})(2257$ J/g$) + (10\text{ g})(4{,}18$ J/g·K$)(100$ K$) = 26{,}75$ kJ. Die durch diese Wärmemenge geschmolzene Masse an Eis ist $m_E = Q/Q_S = (26{,}75$ kJ$)(333{,}5$ J/g$) = 80{,}2$ g. Weil am Ende noch Eis vorhanden ist, hat die Mischung dann die Temperatur $0\,°C$. Damit ist die Entropieänderung des Dampfes $\Delta S_D = -m_D Q_V/(373{,}15$ K$) + m_D c_W \ln(273{,}15/373{,}15) = -73{,}5$ J/K. Die Entropiezunahme des Eises errechnet sich zu $\Delta S_E = m_E Q_S/(273{,}15$ K$) = 97{,}9$ J/K. Schließlich ist die Entropieänderung des Universums $\Delta S_U = \Delta S_E + \Delta S_D = 24{,}4$ J/K.

17.27 Die kinetische Energie des Wagens wird in Wärme umgesetzt, die an die Umgebung abgegeben wird. Diese hat die konstante Temperatur $20\,°C = 293{,}15$ K. Die Entropieänderung bei dem Vorgang ist ebenso groß wie in einem Prozeß, bei dem Wärme reversibel übertragen wird: $\Delta S_U = Q/T = (\frac{1}{2} m v^2)/T = 1974$ J/K.

17.28 a) $\varepsilon = |W|/Q_w = 200/1000 = 0{,}2$. b) Das wärmere Reservoir gibt bei konstanter Temperatur T_w Wärme ab, und seine Entropie sinkt um $\Delta S_w = -|Q_w|/T_w = -2{,}5$ J/K. Dagegen nimmt das kältere Reservoir bei der konstantem Temperatur T_k Wärme auf, und seine Entropie steigt um $\Delta S_k = Q_k/T_k = (Q_w - |W|)/T_k =$

4 J/K. Weil der gesamte Prozeß zyklisch ist, sind Anfangs- und Endzustand identisch, und deren Entropie ist dieselbe (da sie eine Zustandsfunktion ist). Damit ist die Entropieänderung des Universums $\Delta S_U = Q_k/T_k - |Q_w|/T_w = 1{,}5$ J/K. c) $\varepsilon_C = 1 - T_k/T_w = 0{,}5$. d) $|W| = \varepsilon_C\,Q_w = 500$ J. e) Die Differenz der Arbeitsbeträge ist $\Delta W = |W_C| - |W| = Q_w\,\varepsilon_C - Q_w\,\varepsilon = Q_w\,[(1 - T_k/T_w) - (1 - |Q_k|/Q_w)] = |Q_k| - Q_w\,T_k/T_w$. Daraus folgt $\Delta W/T_k = |Q_k|/T_k - Q_w/T_w = \Delta S_U$ und $\Delta W = T_k\,\Delta S_U$. Wir prüfen anhand der Zahlenwerte nach: $\Delta W = 500$ J $- 200$ J $= 300$ J $= (200$ K$)\,(1{,}5$ J/K$)$.

17.29 a) Die Entropie ist eine Zustandsfunktion; daher hat das Gas am Ende des Zyklus dieselbe Entropie wie zu Beginn. Während der adiabatischen freien Expansion wird keine Wärme mit der Umgebung ausgetauscht, aber die Entropie des Gases nimmt zu. Bei der isothermen Kompression gibt das Gas Wärme an die Umgebung ab, und seine Entropie sinkt auf den Anfangswert. Die Kompression verläuft reversibel, so daß dabei die gesamte Entropieänderung null ist. Das bedeutet, daß die Entropie der Umgebung in gleichem Maße zunimmt, wie die des Gases abnimmt. Somit ist während der isothermen Kompression die Entropieabnahme des Gases $\Delta S_G = R\ln(V_2/V_1) = R\ln(0{,}5) = -5{,}76$ J/K, und die Entropiezunahme des Universums ist $\Delta S_U = -R\ln(V_2/V_1) = R\ln 2 = 5{,}76$ J/K. b) Würde die Expansion isotherm und reversibel verlaufen, so könnte die Arbeit $W = -R\,T\ln(V_2/V_1) = -1{,}73$ kJ verrichtet werden. Jedoch wird bei der freien Expansion keine Arbeit verrichtet, so daß dieser Arbeitsbetrag entwertet wird. c) Aus dem eben Gesagten folgt, daß $|W| = T\,\Delta S_U$ ist.

17.30 Die Leistungszahl dieser Kältemaschine ist $c_L = T_k/\Delta T = 278{,}15/20 = 13{,}9$. Es soll pro Minute die Wärme $|Q_w|$ abgeführt werden. Diese ist $|Q_w| = (84$ kJ/K$)\,/\,(1$ K$) = 84$ kJ. Die dazu erforderliche Leistung ist $P = W/t = (|Q_w|/t)/(1 + c_L) = 93{,}9$ W.

17.31 Für eine völlig reversible Kältemaschine ist die Leistungszahl: $c_{L,\max} = Q_k/W$. Dabei wird die Arbeit W *am* System verrichtet. Ferner ist $Q_k > 0$. Wir stellen um: $c_{L,\max} = -Q_k/(Q_k + Q_w) = -Q_k/(Q_k - |Q_w|)$; denn bei einer Kältemaschine ist $Q_w < 0$ und $W > 0$. Damit folgt $c_{L,\max} = 1/(|Q_w|/Q_k - 1) = 1/(T_w/T_k - 1)$, wobei die letzte Gleichsetzung bei reversibler Arbeitsweise gilt. Mit $\varepsilon = 1 - T_k/T_w$ folgt direkt $c_{L,\max} = T_k/(\varepsilon\,T_w)$.

17.32 a) Die aufgenommene Wärmemenge ist $Q_w = C_V(T_c - T_b)$, und die abgegebene Wärmemenge ist $|Q_k| = C_V(T_d - T_a)$. Damit ist der Wirkungsgrad $\varepsilon = 1 - |Q_k|/Q_w = 1 - (T_d - T_a)/(T_c - T_b)$. b) Die Schritte a–b und c–d sind adiabatisch, wobei gilt: $T\,V^{\gamma-1} =$ konstant. Wir können daher schreiben $T_c - T_b = T_d\,(V_d/V_c)^{\gamma-1} - T_a\,(V_a/V_b)^{\gamma-1}$. Bei diesem Kreisprozeß ist $V_a = V_d$ und $V_b = V_c$. Damit erhalten wir $T_c - T_b = (T_d - T_a)\,(V_a/V_b)^{\gamma-1}$ sowie $\varepsilon = 1 - (V_b/V_a)^{\gamma-1}$. c) Mit $V_a/V_b = 8$ ist der Wirkungsgrad $\varepsilon = 1 - (\tfrac{1}{8})^{0{,}4} = 0{,}565$. d) In einer realen Maschine verlaufen Expansion und Kompression nicht völlig adiabatisch, und die Prozesse sind auch nicht reversibel.

17.33 Der Wirkungsgrad ist $\varepsilon = 1 - |Q_k|/Q_w$. Im vorliegenden Fall gilt $Q_w = C_P(T_c - T_b)$ und $|Q_k| = C_V(T_d - T_a)$. Mit $\gamma = C_P/C_V$ erhalten wir $\varepsilon = 1 - (T_d - T_a)/[\gamma\,(T_c - T_b)]$. Das wollen wir durch die Volumina ausdrücken und verwenden folgende Beziehungen: $T_a\,V_a^{\gamma-1} = T_b\,V_b^{\gamma-1}$ und $T_c\,V_c^{\gamma-1} = T_d\,V_d^{\gamma-1}$ sowie $V_a = V_d$. Damit können wir schreiben $T_d - T_a = T_c\,(V_c/V_a)^{\gamma-1} - T_b\,(V_b/V_a)^{\gamma-1}$, und es folgt $\varepsilon = 1 - [(V_c/V_a)^{\gamma-1} - (T_b/T_c)\,(V_b/V_a)^{\gamma-1}]/[\gamma\,(1 - T_b/T_c)]$. Wenn wir das Gas als ideal annehmen, gilt $T_b/T_c = V_b/V_c$, weil $P_b = P_c$ ist. Schließlich erweitern wir den zweiten Term mit V_c/V_a und erhalten

$$\varepsilon = 1 - \frac{1}{\gamma}\cdot\frac{(V_c/V_a)^{\gamma} - (V_b/V_a)^{\gamma}}{V_c/V_a - V_b/V_a}.$$

17.34 Zunächst betrachten wir die in jedem Schritt übertragene Wärme. Bei einem isothermen Prozeß ist $\Delta T = 0$ und daher $\Delta U = 0$, und es folgt $Q = |W| = n\,R\,T\ln(V_2/V_1)$. Wir setzen $V_2 = V_a = V_d$ und $V_1 = V_b = V_c$. Bei Erwärmung bei konstantem Volumen ist $Q = n\,C_V\,(T_2 - T_1)$. Daher sind die in den einzelnen Schritten des Stirling-Kreisprozesses übertragenen Wärmemengen: $Q_{ab} = n\,R\,T_{\mathrm{k}}\ln(V_1/V_2) < 0$ und $Q_{bc} = n\,C_V\,(T_{\mathrm{w}} - T_{\mathrm{k}}) > 0$ und $Q_{cd} = n\,R\,T_{\mathrm{w}}\ln(V_2/V_1) > 0$ sowie $Q_{da} = n\,C_V\,(T_{\mathrm{k}} - T_{\mathrm{w}}) < 0$. In einem kompletten Zyklus ist $Q = |W|$. Daraus folgt $|W| = n\,R\,(T_{\mathrm{w}} - T_{\mathrm{k}})\ln(V_2/V_1)$. Die im ganzen Zyklus zugeführte Wärme ist $Q_{\mathrm{w}} = Q_{bc} + Q_{cd} = n\,C_V\,(T_{\mathrm{w}} - T_{\mathrm{k}}) + n\,R\,T_{\mathrm{w}}\ln(V_2/V_1)$. Damit folgt der Wirkungsgrad zu

$$\varepsilon = \varepsilon_{\mathrm{C}} / \{1 + C_V\,\varepsilon_{\mathrm{C}} / [R\ln(V_2/V_1)]\}.$$

Darin ist ε_{C} der Carnot-Wirkungsgrad: $\varepsilon_{\mathrm{C}} = (T_{\mathrm{w}} - T_{\mathrm{k}})/T_{\mathrm{w}}$.

17.35 Wird der vorgeschlagene Kreisprozeß im Uhrzeigersinn durchlaufen, so kann das System Arbeit abgeben. Jedoch wird nur bei der isothermen Expansion Wärme ausgetauscht, beispielsweise einem wärmeren Reservoir entnommen. Bei diesem Kreisprozeß wird aber keine Wärme an ein kälteres Reservoir abgegeben. Dadurch wird der Kreisprozeß die Wärmekraftmaschinen-Formulierung des Zweiten Hauptsatzes verletzen, weil es unmöglich ist, daß zyklisch Arbeit aus Wärme gewonnen wird, ohne gleichzeitig Wärme zu „entwerten", also in ein Reservoir mit tieferer Temperatur zu überführen.

17.36 Der allgemeine Ausdruck für die Entropieänderung eines idealen Gases ist $\Delta S = C_V\ln(T_2/T_1) + n\,R\ln(V_2/V_1)$. Bei einem adiabatischen Prozeß ist $T_1\,V_1^{\gamma-1} = T_2\,V_2^{\gamma-1}$ und daher $T_2/T_1 = (V_1/V_2)^{\gamma-1}$. Das setzen wir in den Ausdruck für die Entropieänderung ein und erhalten $\Delta S = [n\,R - C_V(\gamma-1)]\ln(V_2/V_1)$. Mit $\gamma = C_P/C_V$ und $C_P = C_V + n\,R$ folgt $n\,R - C_V(\gamma-1) = n\,R - C_P + C_V = 0$. Damit ist auch $\Delta S = 0$.

17.37 a) Die Temperatur am Punkt 1 ist $T_1 = P_1\,V_1/R = (100\text{ kPa})\,[(1\text{ atm}) / (101{,}3\text{ kPa})]\,(25\text{ L}) / [(1\text{ mol})\,(0{,}08206\text{ L}\cdot\text{atm})/(\text{mol}\cdot\text{K})] = 301\text{ K}$. Entsprechend ist $T_2 = T_3 = 601\text{ K}$.   b) In den Schritten des Kreisprozesses werden folgende Wärmemengen übertragen: $Q_{12} = C_V\,R\,\Delta T = \frac{3}{2}R\,\Delta T = 3{,}75\text{ kJ}$ und $Q_{23} = R\,T\ln(V_2/V_1) = 3{,}47\text{ kJ}$ und $Q_{31} = C_P\,R\,\Delta T = \frac{5}{2}R\,\Delta T = -6{,}25\text{ kJ}$.   c) $\varepsilon = |W|/Q_{\mathrm{w}} = (Q_{12} + Q_{23} + Q_{31}) / (Q_{12} + Q_{23}) = 0{,}134$.

17.38 Gemäß den Angaben in der Abbildung ist $\varepsilon_1 = |W_1|/Q_{\mathrm{w}}$ und $\varepsilon_2 = |W_2|/Q_{\mathrm{m}}$. Damit ist der Gesamtwirkungsgrad $\varepsilon_{\mathrm{ges}} = |W_{\mathrm{ges}}|/Q = (|W_1| + |W_2|)/Q_{\mathrm{w}} = |W_1|/Q_{\mathrm{w}} + |W_2|/Q_{\mathrm{w}} = \varepsilon_1 + (Q_{\mathrm{m}}/Q_{\mathrm{w}})(|W_2|/Q_{\mathrm{m}}) = \varepsilon_1 + (Q_{\mathrm{m}}/Q_{\mathrm{w}})\varepsilon_2$. Jedoch ist $\varepsilon_1 = |W_1|/Q_{\mathrm{w}} = (Q_{\mathrm{w}} - Q_{\mathrm{m}})/Q_{\mathrm{w}} = 1 - Q_{\mathrm{m}}/Q_{\mathrm{w}}$ und daher $Q_{\mathrm{m}}/Q_{\mathrm{w}} = 1 - \varepsilon_1$. Damit folgt schließlich $\varepsilon_{\mathrm{ges}} = \varepsilon_1 + (1 - \varepsilon_1)\,\varepsilon_2$.

17.39 Wir beginnen mit $\varepsilon_1 = 1 - T_{\mathrm{m}}/T_{\mathrm{w}}$ und $\varepsilon_2 = 1 - T_{\mathrm{k}}/T_{\mathrm{m}}$. Daraus ergibt sich $\varepsilon_{\mathrm{ges}} = (1 - T_{\mathrm{m}}/T_{\mathrm{w}}) + (T_{\mathrm{m}}/T_{\mathrm{w}})\,(1 - T_{\mathrm{k}}/T_{\mathrm{m}}) = 1 - T_{\mathrm{k}}/T_{\mathrm{w}}$.

17.40 a) Es sind gegeben P_1, V_1 und T_1. Damit errechnen wir $n\,R = P_1\,V_1/T_1 = 0{,}5$ L$\cdot$atm$/(\text{mol}\cdot\text{K})$. Daraus folgen die anderen Temperaturen: $T_2 = P_2\,V_2/(n\,R) = 600\text{ K}$ und $T_3 = 1800\text{ K}$ sowie $T_4 = 600\text{ K}$.   b) Wird der Zyklus im Uhrzeigersinn durchlaufen, dann ist die verrichtete Arbeit gleich der Fläche unter der Kurve: $|W| = 400$ L$\cdot$atm. Dem System wird Wärme zugeführt: $Q_{\mathrm{ein}} = Q_{12} + Q_{23} = n\,C_V\,(600\text{ K} - 200\text{ K}) + n\,C_P\,(1800\text{ K} - 600\text{ K})$. Hier ist $C_V = \frac{5}{2}R$ und $C_P = \frac{7}{2}R$, und es folgt $Q_{\mathrm{ein}} = \frac{5}{2}n\,R\,(400\text{ K}) + \frac{7}{2}n\,R\,(1200\text{ K}) = 2600$ L$\cdot$atm. Der Wirkungsgrad beträgt damit $\varepsilon = |W|/Q_{\mathrm{ein}} = 0{,}154$.

17.41 Es läuft folgender Zyklus ab:

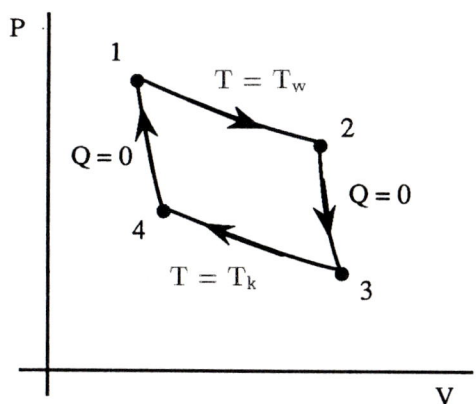

Dem System wird nur im Schritt $1 \to 2$ Wärme zugeführt. Er ist isotherm, und es gilt

$$Q_{12} = |W_{12}| = n\,R\,T_{\mathrm{w}} \int \frac{\mathrm{d}V}{V - n\,b}$$
$$= n\,R\,T_{\mathrm{w}}\, \ln\left(\frac{V_2 - n\,b}{V_1 - n\,b}\right) = Q_{\mathrm{w}}$$

Analog ist der Betrag der in einem Zyklus abgeführten Wärmemenge $|Q_{\mathrm{k}}| = |Q_{34}|$ und daher

$$|Q_{\mathrm{k}}| = n\,R\,T_{\mathrm{k}}\, \ln\left(\frac{V_3 - n\,b}{V_4 - n\,b}\right).$$

Aus der Definition des Wirkungsgrades folgt $\varepsilon = |W|/Q_{\mathrm{w}} = (Q_{\mathrm{w}} - |Q_{\mathrm{k}}|)/Q_{\mathrm{w}} = 1 - |Q_{\mathrm{k}}|/Q_{\mathrm{w}}$.

Damit wird

$$\varepsilon = 1 - \frac{T_{\mathrm{k}}}{T_{\mathrm{w}}} \cdot \frac{\ln\left(\dfrac{V_2 - n\,b}{V_1 - n\,b}\right)}{\ln\left(\dfrac{V_3 - n\,b}{V_4 - n\,b}\right)}.$$

Um diesen Ausdruck zu vereinfachen, können die Volumina V_1 und V_2 mit V_3 und V_4 verknüpft werden, und zwar über die Gesetzmäßigkeiten bei den adiabatischen Prozessen. Es ist $\mathrm{d}Q = 0 = \mathrm{d}U - \mathrm{d}W = C_V\,\mathrm{d}T + P\,\mathrm{d}V = C_V\,\mathrm{d}T + [n\,R\,T/(V - n\,b)]\,\mathrm{d}V$. Daraus wird

$$\frac{\mathrm{d}T}{T} = -\frac{n\,R}{C_V} \frac{\mathrm{d}V}{V - n\,b} = -(\gamma - 1)\frac{\mathrm{d}V}{V - n\,b}.$$

Die Integration ergibt, daß $T\,(V - n\,b)^{\gamma-1}$ eine Konstante ist. Daher ist $T_{\mathrm{w}}\,(V_2 - n\,b)^{\gamma-1} = T_{\mathrm{k}}\,(V_3 - n\,b)^{\gamma-1}$ und $T_{\mathrm{w}}\,(V_1 - n\,b)^{\gamma-1} = T_{\mathrm{k}}\,(V_4 - n\,b)^{\gamma-1}$. Daraus folgt

$$\frac{V_2 - n\,b}{V_1 - n\,b} = \frac{V_3 - n\,b}{V_4 - n\,b}.$$

Damit wird der Wirkungsgrad $\varepsilon = 1 - T_{\mathrm{k}}/T_{\mathrm{w}}$, wie auch beim idealen Gas.

Kapitel 18

Das elektrische Feld I: diskrete Ladungsverteilungen

18.1 Die Anzahl der Elektronen, die die negative Ladung q ergeben, ist $n = q/(-e) = (-0{,}8 \cdot 10^{-6}\ \text{C})/(-1{,}6 \cdot 10^{-19}\ \text{C}) = 5 \cdot 10^{12}$.

18.2 Die Faraday-Konstante ist gleich $N_A e = (6{,}022 \cdot 10^{23}\ \text{mol}^{-1})(1{,}60 \cdot 10^{-19}\ \text{C}) = 9{,}64 \cdot 10^4\ \text{C/mol}$.

18.3 a) Damit eine leitende Kugel eine negative Ladung erhält, bringt man den positiv geladenen Stab in ihre Nähe. Dadurch entsteht auf der dem Stab zugewandten Seite der Kugel eine negative und auf der abgewandten Seite eine positive Überschußladung. Dann wird die Kugel geerdet, so daß negative Ladung von der Erde die positive Überschußladung ausgleicht. Dann wird (während der Stab noch immer in der Nähe ist) die Erdung entfernt. Nun trägt die Kugel eine negative Ladung. b) Um mit Hilfe eines positiv geladenen Stabes eine positive Ladung auf eine Kugel zu bringen, wird sie zuerst mit einer zweiten Kugel leitend verbunden. Dann wird der geladene Stab in die Nähe einer der beiden Kugeln gebracht. Seine Ladung zieht negative Ladung an, so daß auf der ihm zugewandten Kugel eine negative und auf der von ihm abgewandten Kugel eine positive Überschußladung entsteht. Während der Stab noch in der Nähe ist, wird die leitende Verbindung der Kugeln getrennt. Nun hat die abgewandte Kugel eine positive Ladung. c) Der in Teil b) beschriebene Vorgang erzeugt eine Kugel mit positiver und eine mit negativer Ladung, wie gewünscht. Also muß der Stab nicht neu geladen werden.

18.4 a) Die Ladungsverteilung ist folgende:

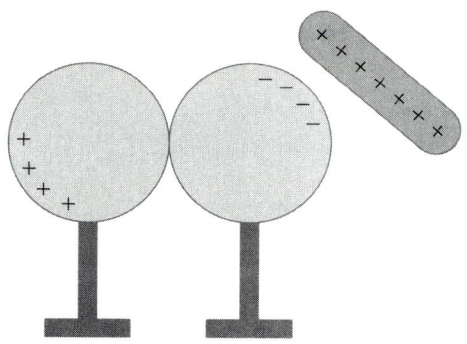

Negative Ladungen werden vom positiven Stab angezogen, so daß auf der vom Stab abgewandten Kugel ein positiver Ladungsüberschuß zurückbleibt. b) Die Kugeln werden voneinander entfernt, während der Stab noch in der Nähe ist. Dann wird der Stab entfernt. Es ergibt sich folgende Ladungsverteilung auf den Kugeln:

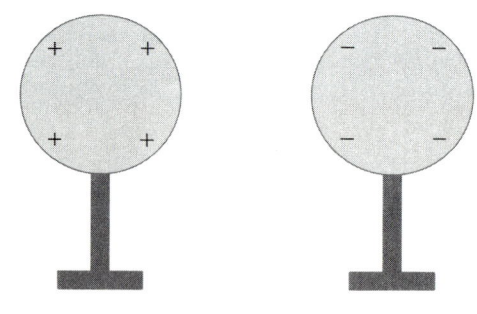

18.5 Die Ladung am Ursprung ist q_1, und die Ladung q_2 befindet sich bei $y = 6$ m. Dann ist die auf q_3 ausgeübte Kraft $\mathbf{F}_3 = \mathbf{F}_{13} + \mathbf{F}_{23}$. Darin ist $r_{13} = 8$ m und $\mathbf{r}_{13}/r_{13} = \mathbf{e}_x$ sowie $r_{23} = 10$ m und $\mathbf{r}_{23}/r_{23} = 0{,}8\,\mathbf{e}_x - 0{,}6\,\mathbf{e}_y$. Es folgt $\mathbf{F}_3 = \frac{1}{4\pi\varepsilon_0}\,q_3\left[(q_1/r_{13}^2)\,(\mathbf{e}_x) + (q_2/r_{23}^2)\,(0{,}8\,\mathbf{e}_x - 0{,}6\,\mathbf{e}_y)\right] = (1{,}27 \cdot 10^{-3}\ \text{N})\,\mathbf{e}_x - (3{,}24 \cdot 10^{-4}\ \text{N})\,\mathbf{e}_y$.

18.6 Das Quadrat hat die Seitenlänge $r = 0{,}05$ m, und die Ladung ist $q = 3$ nC. Die Diagonale des Quadrats hat die Länge $2^{1/2}\,r$; das Quadrat dieser Länge ist $2\,r^2$.

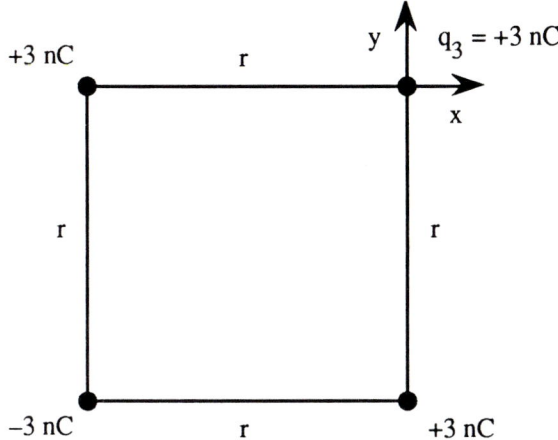

Mit dem in der Abbildung gezeigten Koordinatensystem erhalten wir für die auf q_3 wirkende Kraft $\mathbf{F}_3 = \frac{1}{4\pi\varepsilon_0}\,(q/r)^2\,[\mathbf{e}_x - 0{,}5\,(\mathbf{e}_x + \mathbf{e}_y)/\sqrt{2} + \mathbf{e}_y] = (2{,}09\cdot 10^{-5}\,\mathrm{N})\,(\mathbf{e}_x + \mathbf{e}_y)$. Beachten Sie, daß die Kraft entlang der Diagonalen wirkt und von der -3-nC-Ladung weg gerichtet ist.

18.7 Der Abstand der 2-μC-Ladung zu einer der anderen Ladungen ist $r = 8{,}54$ cm. Jede dieser Ladungen übt auf die 2-μC-Ladung eine Kraft F mit gleichem Betrag aus. Dieser ist $F = \frac{1}{4\pi\varepsilon_0}\,q_1\,q_2\,/r^2 = 12{,}3$ N. Aufgrund der Symmetrie ist klar, daß die x-Komponente der resultierenden Kraft gleich null ist. Sowohl die 5-μC- als auch die -5-μC-Ladung üben auf die 2-μC-Ladung eine Kraft aus, deren y-Komponente gegeben ist durch $(-3\,\mathrm{cm}/r)\,F$. Daher ist die gesamte auf diese Ladung wirkende Kraft $\mathbf{F} = -2\,[(3\,\mathrm{cm})/r]\,F\,\mathbf{e}_y = (-8{,}66\,\mathrm{N})\,\mathbf{e}_y$.

18.8 a) Bei $x = -2$ m ist der Einheitsvektor $\mathbf{r}_0$ für beide Ladungen gleich $-\mathbf{e}_x$. Damit ist $\mathbf{E} = \frac{1}{4\pi\varepsilon_0}\,q\,(1/2^2 + 1/10^2)\,(-\mathbf{e}_x) = (-9{,}35\cdot 10^3\,\mathrm{N/C})\,\mathbf{e}_x$. b) Bei $x = 2$ m erzeugt die Ladung im Ursprung ein Feld in positiver Richtung, und die Ladung bei $x = 8$ m erzeugt ein Feld in negativer Richtung. Damit ist $\mathbf{E} = \frac{1}{4\pi\varepsilon_0}\,q\,(1/2^2 - 1/6^2)\,\mathbf{e}_x = (7{,}99\cdot 10^3\,\mathrm{N/C})\,\mathbf{e}_x$. c) Wegen der Symmetrie ist bei $x = 6$ m das Feld $\mathbf{E} = (-7{,}99\cdot 10^3\,\mathrm{N/C})\,\mathbf{e}_x$. d) Symmetriebetrachtungen ergeben $\mathbf{E} = (9{,}35\cdot 10^3\,\mathrm{N/C})\,\mathbf{e}_x$. e) Das elektrische

Feld verschwindet in der Mitte zwischen beiden Ladungen bei $x = 4$ m.   f) Die Abbildung zeigt E_x in Abhängigkeit von x. Die Punkte auf der x-Achse geben die Orte der Ladungen an.

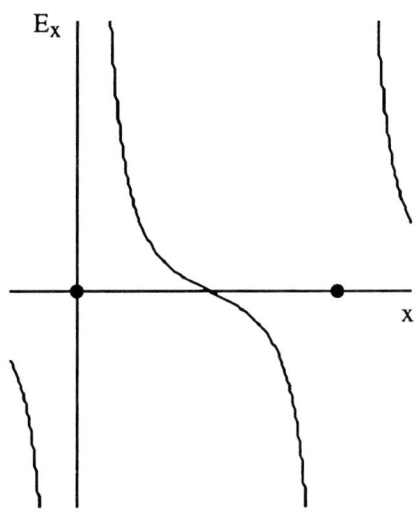

18.9 a) Jede Ladung erzeugt ein elektrisches Feld mit dem Betrag $E = \frac{1}{4\pi\varepsilon_0}\,q/r^2 = 2{,}16\cdot 10^4\,\mathrm{N/C}$ am Punkt $x = 4$ cm. Aufgrund der Symmetrie ist die resultierende y-Komponente von $\mathbf{E}$ gleich null, und jede Ladung trägt $\frac{4}{5}\,E$ zur resultierenden x-Komponente bei. Daher ist $\mathbf{E} = (3{,}45\cdot 10^4\,\mathrm{N/C})\,\mathbf{e}_x$.   b) Wegen $\mathbf{F} = q_0\,\mathbf{E}$ erhalten wir $\mathbf{F} = (6{,}90\cdot 10^{-5}\,\mathrm{N})\,\mathbf{e}_x$.

18.10 a) Nach Definition ist das elektrische Feld $\mathbf{E} = \mathbf{F}/q_0 = [(8\cdot 10^{-4}\,\mathrm{N})\,\mathbf{e}_y]/(2\cdot 10^{-9}\,\mathrm{C}) = (4\cdot 10^5\,\mathrm{N/C})\,\mathbf{e}_y$.   b) $\mathbf{F} = q_0\,\mathbf{E} = (-4\,\mathrm{nC})\,[(4\cdot 10^5\,\mathrm{N/C})\,\mathbf{e}_y] = (-1{,}6\cdot 10^{-3}\,\mathrm{N})\,\mathbf{e}_y$.   c) Der Betrag des elektrischen Feldes einer Punktladung q im Abstand r ist $E = \frac{1}{4\pi\varepsilon_0}\,q/r^2$. Mit $r = 0{,}03$ m und der Feldstärke wie in Teil a) ist $q = E\,r^2\,(4\,\pi\varepsilon_0) = 40{,}0$ nC.

18.11 Die elektrische Kraft muß den Betrag $m\,g$ haben. Daher ist der Betrag der elektrischen Feldstärke $E = m\,g/q_0 = 8{,}18\cdot 10^5\,\mathrm{N/C}$. Weil der Öltropfen positiv geladen ist, hat die vom elektrischen Feld auf ihn ausgeübte Kraft dieselbe Richtung wie das elektrische Feld, also nach oben.

18.12 a) Der Quotient der beiden auf das Elektron wirkenden Kräfte ist $eE/(mg) = 2{,}69 \cdot 10^{12}$. Obwohl E ziemlich klein ist, ist die elektrische Kraft wesentlich größer als die Gravitationskraft. b) Eine negative Ladung des Betrages $q = mg/E = 1{,}96 \cdot 10^{-4}$ C wäre erforderlich, um die Gewichtskraft auf die Münze auszugleichen. Diese Ladung erscheint klein, entspricht aber etwa 10^{15} Elektronen.

18.13 a) Wir erkennen: Das Teilchen links in der Abbildung hat die größere Ladung, weil sie mehr Feldlinien (nämlich 32) erzeugt, während von der anderen Ladung nur 8 Feldlinien ausgehen. Also hat das linke Teilchen eine 4mal höhere Ladungsmenge als das rechte. b) Stellen wir uns vor, wir bringen eine kleine positive Probeladung in das System. Die auf sie ausgeübte Kraft hat dieselbe Richtung wie das elektrische Feld. Somit wird die Probeladung vom linken Teilchen abgestoßen und vom rechten angezogen, die damit als positiv bzw. negativ identifiziert sind.
c) Das elektrische Feld ist stärker, wo die Feldlinien dichter beieinander liegen, also oberhalb und unterhalb des linken Teilchens. Das Feld ist schwach, wo die Linien weiter auseinander liegen, wie rechts und links der beiden Teilchen.

18.14 Die elektrischen Feldlinien haben folgenden Verlauf:

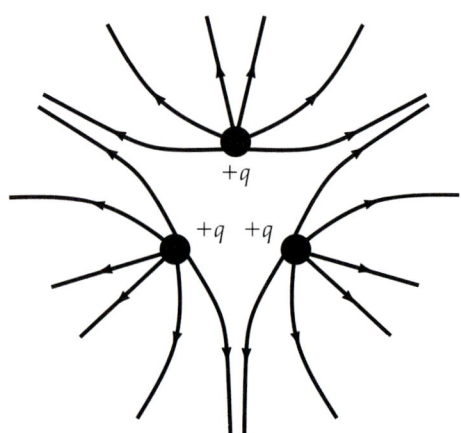

Beachten Sie, daß die Feldstärke innerhalb des gleichseitigen Dreiecks sehr klein ist. Dort heben

die Kräfte der Ladungen einander nahezu auf. Zu größeren Entfernungen hin wirkt die Anordnung wie eine einzige Ladung von $+3\,q$; alle Feldlinien verlaufen dort radial.

18.15 Von der kleinen Kugel gehen 8 Feldlinien aus. Von der großen Kugel gehen 11 Linien aus, und 3 Linien enden in ihr, so daß netto 8 Linien von ihr ausgehen. Die Ladungsmenge ist proportional zur Anzahl der ein- bzw. ausgehenden Linien. Daher haben beide Kugeln gleich große positive Ladungen. Die kleinere Kugel erzeugt ein starkes Feld, insbesondere zwischen ihr und der größeren Kugel. Dadurch wird auf dieser eine lokale negative Ladung induziert; dies wird durch die drei eingehenden Linien angedeutet. Der größte Teil der Oberfläche der größeren Kugel ist positiv geladen, so daß ihre resultierende Ladung positiv ist.

18.16 a) $e/m = (1{,}6 \cdot 10^{-19}$ C$)/(9{,}11 \cdot 10^{-31}$ kg$) = 1{,}76 \cdot 10^{11}$ C/kg. b) Die Beschleunigung des Elektrons hat den Betrag $a = (e/m)\,E = 1{,}76 \cdot 10^{13}$ m/s² und ist dem elektrischen Feld entgegen gerichtet. c) $t = v/a = 1{,}71 \cdot 10^{-7}$ s $= 0{,}171\,\mu$s. d) $x = \frac{1}{2}\,a\,t^2 = 25{,}6$ cm.

18.17 a) Die Beschleunigung des Elektrons hat negative y-Richtung und den Betrag $a = (e/m)\,E = 7{,}03 \cdot 10^{13}$ m/s². b) In x-Richtung wirkt keine Kraft auf das Elektron; daher ist die x-Komponente seiner Geschwindigkeit konstant. Um 10 cm zurückzulegen, benötigt es die Zeit $t = x/v_x = 5 \cdot 10^{-8}$ s. c) In dieser Zeit wird das Elektron in negativer y-Richtung abgelenkt um $y = \frac{1}{2}\,a\,t^2 = 8{,}78$ cm.

18.18 a) Mit der kinetischen Energie $E_{\text{kin}} = \frac{1}{2}\,m\,v^2$ ist die Geschwindigkeit des Elektrons $v = (2\,E_{\text{kin}}/m)^{1/2} = 2{,}19 \cdot 10^6$ m/s. b) Der Betrag der elektrischen Kraft, die das Proton auf das Elektron ausübt, ist $F = \frac{1}{4\pi\varepsilon_0}\,e^2/r^2$. Diese Kraft ruft die Zentripetalbeschleunigung hervor; daher gilt $\frac{1}{4\pi\varepsilon_0}\,e^2/r^2 = m\,v^2/r$, und es folgt $r = \frac{1}{4\pi\varepsilon_0}\,e^2/(2\,E_{\text{kin}}) = 5{,}28 \cdot 10^{-11}$ m $= 0{,}0528$ nm.

18.19 Das auf den elektrischen Dipol wirkende Drehmoment ist $\mathbf{M} = \mathbf{p} \times \mathbf{E}$. Sein Betrag ist $M = pE\sin\theta$.   a) Ist der Dipol parallel zum Feld ausgerichtet, so ist $\theta = 0°$ und $M = 0$. b) Hier ist $\theta = 90°$ und damit $M = pE = 3{,}2 \cdot 10^{-24}$ N·m.   c) Bei $\theta = 30°$ ist $M = pE\sin 30° = 1{,}6 \cdot 10^{-24}$ N·m.   d) Die potentielle Energie ist $E_{\mathrm{pot}} = -\mathbf{p}\cdot\mathbf{E} = -pE\cos\theta$. Für die oben angegebenen Winkel ist damit: $E_{\mathrm{pot}} = -3{,}2\cdot 10^{-24}$ J für $\theta = 0°$ und $E_{\mathrm{pot}} = 0$ für $\theta = 90°$ sowie $E_{\mathrm{pot}} = -2{,}77\cdot 10^{-24}$ J für $\theta = 30°$.

18.20 a) Wir bezeichnen den Anteil der freien Ladungen mit x, die Anzahl der Cu-Atome mit N und die Ladung mit q. Dann ist $x = q/(Ne) = 3{,}3\cdot 10^{-9}$. Also müßten nur $3{,}3\cdot 10^{-7}$ Prozent der freien Elektronen entfernt werden. b) $F = \frac{1}{4\pi\varepsilon_0}\, q^2/r^2 = 32{,}4$ N.

18.21 a) Die geeigneten Einheitsvektoren für beide Ladungen sind für die -5-μC-Ladung $\mathbf{r}_0 = (-5\,\mathbf{e}_x + 2\,\mathbf{e}_y)/(29)^{1/2}$ sowie für die 12-μC-Ladung $\mathbf{r}_0 = (-2\,\mathbf{e}_x - 2\,\mathbf{e}_y)/(8)^{1/2}$. Die Radien zu den Ladungen sind also $(29)^{1/2}$ m bzw. $(8)^{1/2}$ m. Damit erhalten wir für das elektrische Feld $\mathbf{E} = \frac{1}{4\pi\varepsilon_0}[(-5\,\mu C)(-5\,\mathbf{e}_x + 2\,\mathbf{e}_y)/(29)^{3/2} + (12\,\mu C)(-2\,\mathbf{e}_x - 2\,\mathbf{e}_y)/(8)^{3/2}] = (-8{,}10\cdot 10^3\,\text{N/C})\,\mathbf{e}_x - (1{,}01\cdot 10^4\,\text{N/C})\,\mathbf{e}_y$. Also hat $\mathbf{E}$ den Betrag $E = 1{,}30\cdot 10^4$ N/C und weist in die Richtung, die um 231° entgegen dem Uhrzeigersinn gegen die x-Achse gedreht ist. b) Ein Elektron erfährt die Kraft $\mathbf{F} = (-e)\,\mathbf{E} = (1{,}30\cdot 10^{-15}\,\text{N})\,\mathbf{e}_x + (1{,}62\cdot 10^{-15}\,\text{N})\,\mathbf{e}_y$. Deren Betrag ist $F = 2{,}07\cdot 10^{-15}$ N, und ihre Richtung ist der des elektrischen Feldes entgegengesetzt, also um 51,3° gegen die x-Achse gedreht (entgegen dem Uhrzeigersinn).

18.22 Damit sich das Elektron im Gleichgewicht befindet, muß es sich irgendwo auf der Geraden befinden, die durch beide Ladungen geht. $q_1 = -2{,}5\,\mu$C liegt im Ursprung und $q_2 = 6\,\mu$C bei $x = 1$ m, $y = 0{,}5$ m. Damit sich die Kräfte auf das Elektron aufheben, muß es sich im dritten Quadranten aufhalten. Wir vereinfachen die

Rechnung, indem wir die x-Achse auf die Verbindungsgerade der Ladungen legen. Dann liegt q_1 bei $x_1 = 0$ und q_2 bei $x_2 = (\sqrt{5}/2)\,\text{m} = R$ und das Elektron bei $x = -r$. Dann ist die Kraft auf das Elektron

$$\mathbf{F} = \frac{1}{4\pi\varepsilon_0}\,\frac{e\,q_1}{r^2}\cdot(-\mathbf{e}_x) + \frac{1}{4\pi\varepsilon_0}\,\frac{e\,q_2}{(r+R)^2}\cdot\mathbf{e}_x.$$

Wir setzen $\mathbf{F} = 0$ und erhalten direkt $q_1(r+R)^2 + q_2 r^2 = 0$ bzw.

$$r = \frac{R\,q_1}{q_1 + q_2}\left(-1 \pm \sqrt{\frac{-q_2}{q_1}}\right).$$

Einsetzen der Werte ergibt $r = 2{,}04$ m und $r = -0{,}439$ m. Nur die positive Lösung entspricht der Kraft $\mathbf{F}$, wie sie zuvor beschrieben wurde. Also ist das Elektron 2,04 m vom Ursprung entfernt. Im ursprünglichen Koordinatensystem gilt für die Koordinaten des Elektrons $y = \frac{1}{2}x$. Mit $x^2 + y^2 = (2{,}04\,\text{m})^2$ ergeben sich die Koordinaten des Elektrons zu $x = -1{,}82$ m und $y = -0{,}911$ m.

18.23 a) Das elektrische Feld verläuft in y-Richtung; daher bleibt die x-Komponente der Geschwindigkeit unverändert. Damit folgt $x = v_x t = (v\cos\theta)\,t$ mit $\theta = 35°$. In y-Richtung erfährt das Elektron die konstante Beschleunigung a, so daß gilt $y = v_y t + \frac{1}{2}a t^2$. Hier ist $v_y = v\sin\theta$, und mit der Elektronenmasse m ist $a = F/m = (-e)\,E_y/m$. Es folgt $y = (v\sin\theta)\,t - [eE_y/(2\,m)]\,t^2$. Wir setzen $y = 0$; dann wird klar, daß die Elektronenbahn die x-Achse zum zweiten Mal schneidet, wenn gilt $t = (2\,m\,v\sin\theta)/(eE_y)$. Es ist auch $t = (v\cos\theta)/x$, und wir erhalten für das elektrische Feld $E_y = (2\,m\,v^2\sin\theta\cos\theta)/(e\,x) = 3{,}21\cdot 10^3$ N/C.   b) Das Proton hat die Masse $m = 1{,}67\cdot 10^{-27}$ kg. Damit folgt für das elektrische Feld $E_y = -(2\,m\,v^2\sin\theta\cos\theta)/(e\,x) = -5{,}88\cdot 10^6$ N/C.

18.24 Für die Bewegung des Elektrons gilt $y = (v_0\sin\theta)\,t - [eE_y/(2\,m)]\,t^2$ und $v_y = v_0\sin\theta - (eE_y/m)\,t$. Um zu prüfen, ob das Elektron die obere Platte berührt, setzen wir $v_y = 0$; dadurch erhalten wir den Maximalwert von y. Dieser tritt auf bei $t = (m\,v_0\sin\theta)/(eE_y)$; dies ergibt $y_{\mathrm{max}} = (m\,v_0^2\sin^2\theta)/(2\,eE_y) = 1{,}02$ cm. Das ist kleiner als die Strecke von 2 cm, die zum Erreichen der oberen Platte nötig ist. Daher trifft das Elektron die untere Platte bei $y = 0$, also bei $t = (2\,m\,v_0 \sin\theta)/(eE_y)$. Das Elektron trifft die untere Platte am Ort $x = (v_0 \cos\theta)\,t = (2\,m\,v_0^2 \sin\theta \cos\theta)/(eE_y) = 4{,}07$ cm.

18.25 a) Für die Bewegung in y-Richtung gilt $y = \frac{1}{2}a\,t^2$. Darin ist $a = -(e\,E_y)/m$ die Beschleunigung, und m ist die Elektronenmasse. Für die Bewegung in x-Richtung gilt $x = v_0\,t = (2\,E_{\text{kin}}/m)^{1/2}\,t$. Das Elektron erreicht das Ende der Ablenkplatten zur Zeit $t = x\,[m/(2\,E_{\text{kin}})]^{1/2}$ mit $x = 4$ cm. Damit folgt $y = -(e\,E_y\,x^2)/(4\,E_{\text{kin}}) = -6{,}4$ mm. Das Minuszeichen gibt an, daß das Elektron unterhalb der Röhrenachse abgelenkt wird.   b) Wenn das Elektron die Ablenkplatten verläßt, sind seine Geschwindigkeitskomponenten $v_y = -(e\,E_y/m)\,t = -e\,E_y\,x/(2\,m\,E_{\text{kin}})^{1/2}$ und $v_x = (2\,E_{\text{kin}}/m)^{1/2}$. Daraus folgt $v_y/v_x = -e\,E_y\,x/(2\,E_{\text{kin}}) = -0{,}32$. Also bewegt sich das Elektron in einem Winkel von $17{,}7°$ unterhalb der Röhrenachse.   c) Extrapolation der geradlinigen Bewegung des Elektrons vom Verlassen der Ablenkplatten bis zum Schirm (in 12 cm Abstand) ergibt $y/(12\,\text{cm}) = v_y/v_x = -0{,}32$. Damit folgt $y = -3{,}84$ cm. Diese Ablenkung kommt zu der durch die Platten bewirkten Ablenkung um $-6{,}4$ mm hinzu, so daß auf dem Schirm der gesamte Abstand von der Achse $y = -4{,}48$ cm ist.

18.26 a) Wir setzen den Ursprung auf die linke untere Ecke. Dann sind, im Uhrzeigersinn fortschreitend, die Einheitsvektoren der Ladungen auf den anderen drei Ecken: $-\mathbf{e}_y$ und $(-\mathbf{e}_x - \mathbf{e}_y)/\sqrt{2}$ sowie $-\mathbf{e}_x$. Damit ist die Kraft $\mathbf{F} = \frac{1}{4\pi\varepsilon_0}q^2\,[\mathbf{e}_y/\ell^2 + (-\mathbf{e}_x - \mathbf{e}_y)/(2\sqrt{2}\,\ell^2) + \mathbf{e}_x/\ell^2] = (\frac{1}{4\pi\varepsilon_0}q^2/\ell^2)(1 - \sqrt{2}/4)(\mathbf{e}_x + \mathbf{e}_y)$. Der Betrag dieser Kraft ist $F = (\frac{1}{4\pi\varepsilon_0}q^2/\ell^2)\sqrt{2}\,(1 - \sqrt{2}/4)$. Ihre Richtung verläuft entlang der Diagonalen, auf die obere positive Ladung zu.   b) Wir betrachten die Mitte der unteren Seite. Beginnend an der linken unteren Ecke und im Uhrzeigersinn fortschreitend, sind die Einheitsvektoren: $\mathbf{e}_x$ und $(\mathbf{e}_x - 2\,\mathbf{e}_y)/\sqrt{5}$ und $(-\mathbf{e}_x - 2\,\mathbf{e}_y)/\sqrt{5}$ sowie $-\mathbf{e}_x$.

Dabei haben wir die Tatsache ausgenutzt, daß der Abstand von den beiden oberen Ecken zur Mitte der unteren Seite gleich $(\sqrt{5}/2)\,\ell$ ist. Dann folgt für das elektrische Feld $\mathbf{E} = (\frac{1}{4\pi\varepsilon_0}/\ell^2)\,[\mathbf{e}_x\,q\,(4) + (\mathbf{e}_x - 2\,\mathbf{e}_y)\,(-q)\,(4/5\sqrt{5}) + (-\mathbf{e}_x - 2\,\mathbf{e}_y)\,q\,(4/5\sqrt{5}) + (-\mathbf{e}_x)\,(-q)\,(4)] = \frac{1}{4\pi\varepsilon_0}\,(8\,q/\ell^2)\,(1 - \sqrt{5}/25)\,\mathbf{e}_x$. Offensichtlich verläuft $\mathbf{E}$ entlang der unteren Seite und ist zur negativen Ladung hin gerichtet. Der Betrag ist $E = \frac{1}{4\pi\varepsilon_0}\,(8\,q/\ell^2)\,(1 - \sqrt{5}/25)$.

18.27 a) Gegeben ist $q_1 + q_2 = Q = 6\ \mu$C und $\ell = 3$ m sowie $F = \frac{1}{4\pi\varepsilon_0}q_1 q_2/\ell^2 = 8 \cdot 10^{-3}$ N. Mit $Q - q_1 = q_2$ erhalten wir $F = (\frac{1}{4\pi\varepsilon_0}/\ell^2)\,(q_1 Q - q_1^2)$ und $q_1^2 - Q q_1 + (4\pi\varepsilon_0)\,\ell^2 F = 0$. Die quadratische Gleichung für die Ladungen hat zwei Lösungen: $q_1 = 0{,}667\,Q$ und $q_2 = 0{,}333\,Q$ sowie $q_1 = 0{,}333\,Q$ und $q_2 = 0{,}667\,Q$.   b) Wir nehmen an, daß q_2 negativ ist. Dann gilt $q_1 + q_2 = q_1 - |q_2| = Q$. Das setzen wir ein in die Gleichung für die Kraft, $F = \frac{1}{4\pi\varepsilon_0}q_1\,|q_2|/\ell^2$, und erhalten $q_1^2 - Q\,q_1 - (4\pi\varepsilon_0)\,\ell^2 F = 0$. Auflösen der quadratischen Gleichung ergibt $q_1 = 1{,}187\,Q$ und $q_2 = -0{,}187\,Q$. Wenn q_1 negativ ist, sind die Werte beider Ladungen zu vertauschen.

18.28 Die von einer Ladung auf die andere ausgeübte Kraft ist $F = \frac{1}{4\pi\varepsilon_0}q_1 q_2/d^2$. Wegen $q_1 + q_2 = q$ und $d = $ const. ist die Kraft am größten, wenn $q_1 q_2 = q_1\,(q - q_1)$ maximal ist. Der Wert von q_1, für den dies gilt, ist gegeben durch Nullsetzen der Ableitung nach q_1. Wir erhalten $q - 2\,q_1 = 0$ bzw. $q_1 = \frac{1}{2}q = q_2$.

18.29 a) Der Beobachtungspunkt auf der x-Achse hat von jeder der beiden Ladungen denselben Abstand $r = (x^2 + a^2)^{1/2}$. Jede der Ladungen ist verknüpft mit einem Einheitsvektor, der von ihr zum Punkt x zeigt. Für $y = a$ ist $\mathbf{r}_0 = (x\,\mathbf{e}_x - a\,\mathbf{e}_y)/r$, und für $y = -a$ ist $\mathbf{r}_0 = (x\,\mathbf{e}_x + a\,\mathbf{e}_y)/r$. Daher ist das von beiden Ladungen hervorgerufene elektrische Feld $\mathbf{E} = \frac{1}{4\pi\varepsilon_0}\,(q/r^2)\,[(x\,\mathbf{e}_x - a\,\mathbf{e}_y)/r + (x\,\mathbf{e}_x + a\,\mathbf{e}_y)/r] = \frac{1}{4\pi\varepsilon_0}\,(2\,q\,x/r^3)\,\mathbf{e}_x$. Also ist $E_y = 0$ und $E_x = \frac{1}{4\pi\varepsilon_0}\,2\,q\,x/(x^2 + a^2)^{3/2}$.
b) Es ist $E_x = \frac{1}{4\pi\varepsilon_0}\,2\,q\,x/[a^3\,(1 + x^2/a^2)^{3/2}]$. Für

$x \ll a$ ist $x^2 \ll a^2$, daher $E_x \approx \frac{1}{4\pi\varepsilon_0} 2\,q\,x/a^3$.

c) Das elektrische Feld kann auch geschrieben werden als $E_x = \frac{1}{4\pi\varepsilon_0} 2\,q\,x/[x^3(1 + a^2/x^2)^{3/2}]$. Für $x \gg a$ ist $a^2/x^2 \ll 1$ und daher $E_x \approx \frac{1}{4\pi\varepsilon_0} 2\,q/x^2$. Dieses Resultat hätten wir vorwegnehmen können; denn bei größerem x wirkt sich die Tatsache, daß die Ladungen q nur wenig oberhalb bzw. unterhalb der x-Achse liegen, immer weniger aus. Dadurch ähnelt das System immer mehr einer Anordnung, bei der sich eine Ladung $2\,q$ im Ursprung befindet, wofür gilt $E \approx \frac{1}{4\pi\varepsilon_0} (2\,q)/x^2$.

18.30 a) Wir leiten den Ausdruck für E_x aus der vorigen Aufgabe ab und erhalten $\mathrm{d}E_x/\mathrm{d}x = \frac{1}{4\pi\varepsilon_0}[2\,q/(x^2+a^2)^{3/2} - \frac{3}{2}(2\,q\,x)(2\,x)/(x^2+a^2)^{5/2}]$. Mit $r = (x^2 + a^2)^{1/2}$ vereinfacht sich das zu $\mathrm{d}E_x/\mathrm{d}x = \frac{1}{4\pi\varepsilon_0}(2\,q/r^3)(1 - 3\,x^2/r^2)$ und $\mathrm{d}E_x/\mathrm{d}x = \frac{1}{4\pi\varepsilon_0}(2\,q/r^3)(a^2 - 2\,x^2)/r^2$. Offensichtlich ist $\mathrm{d}E_x/\mathrm{d}x = 0$ für $x = a/\sqrt{2}$ oder für $x = -a/\sqrt{2}$.   b) In der Abbildung ist E_x gegen x aufgetragen.

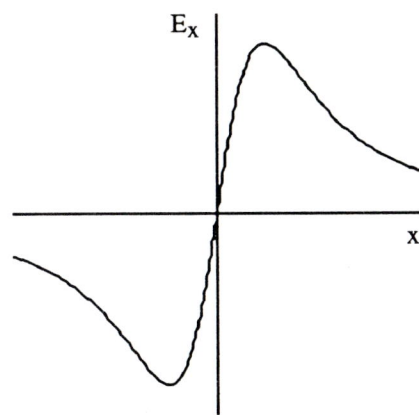

Hier sind die in dieser und in der vorigen Aufgabe behandelten Eigenschaften erkennbar. Insbesondere verläuft das Feld in der Nähe des Ursprungs linear mit x und fällt bei großem x mit $1/x^2$ ab. Die Maxima des Betrages liegen symmetrisch zum Ursprung.

18.31 Ein Punkt y auf der y-Achse hat von jeder der beiden Ladungen den Abstand $r = (y^2 + a^2)^{1/2}$. Wir ermitteln nun die Einheitsvektoren von den Ladungen zu diesem Punkt. Für $x = a$ ist $\mathbf{r}_0 = (-a\,\mathbf{e}_x + y\,\mathbf{e}_y)/r$, und

für $x = -a$ ist $\mathbf{r}_0 = (a\,\mathbf{e}_x + y\,\mathbf{e}_y)/r$. Die Ladung bei $x = -a$ ist $-q$. Damit erhalten wir $\mathbf{E} = \frac{1}{4\pi\varepsilon_0}(q/r^3)[(-a\,\mathbf{e}_x + y\,\mathbf{e}_y) - (a\,\mathbf{e}_x + y\,\mathbf{e}_y)] = \frac{1}{4\pi\varepsilon_0}(-p/r^3)\,\mathbf{e}_x = -\frac{1}{4\pi\varepsilon_0}\,\mathbf{p}/r^3$. Darin ist der Betrag des Dipolmoments $p = (2\,a)\,q$, und der Dipolmomentvektor ist $\mathbf{p} = 2\,a\,q\,\mathbf{e}_x$. Für $y \gg a$ ist $r \approx y$ und $\mathbf{E} \approx -\frac{1}{4\pi\varepsilon_0}(p/y^3)\,\mathbf{e}_x$.

18.32 Jede Ladung auf dem Halbkreis übt auf die Ladung q eine Kraft mit dem gleichen Betrag aus. Dieser ist $F = \frac{1}{4\pi\varepsilon_0}Q\,q/R^2$. Um die gesamte Kraft auf q zu bestimmen, ermitteln wir die Einheitsvektoren, die den einzelen Ladungen zugeordnet sind. Sie weisen jeweils von der betreffenden Ladung Q auf die Ladung q. Der Einheitsvektor von der obersten Ladung ist $-\mathbf{e}_y$; für die nächstuntere ist er $(\mathbf{e}_x - \mathbf{e}_y)/\sqrt{2}$, und so weiter. Wenn wir alle Beiträge addieren, folgt $\mathbf{F}_{\text{ges}} = \frac{1}{4\pi\varepsilon_0}(Q\,q/R^2)[-\mathbf{e}_y + (\mathbf{e}_x - \mathbf{e}_y)/\sqrt{2} + \mathbf{e}_x + (\mathbf{e}_x + \mathbf{e}_y)/\sqrt{2} + \mathbf{e}_y] = \frac{1}{4\pi\varepsilon_0}(Q\,q/R^2)(\sqrt{2} + 1)\,\mathbf{e}_x$.

18.33 a) Auf jede Kugel wirken drei Kräfte: die Gravitationskraft $m\,g$, die elektrische Kraft $F = \frac{1}{4\pi\varepsilon_0}q^2/r^2$ und die Zugkraft Z in der Schnur. Wir setzen die horizontalen Komponenten der drei Kräfte gleich null und erhalten $Z\sin\theta = F$. Für die vertikalen Komponenten ergibt sich $Z\cos\theta = m\,g$. Durch Eliminieren von Z folgt $F/(m\,g) = \tan\theta$ bzw. $q^2 = (4\pi\varepsilon_0)\,r^2\,m\,g\,\tan\theta$. Aus der Geometrie der Anordnung geht hervor, daß gilt $r = 2\ell\sin\theta$. Daraus folgt $q = 2\ell\sin\theta\,[(4\pi\varepsilon_0)\,m\,g\,\tan\theta]^{1/2}$.   b) Einsetzen der Werte in die Gleichung von Teil a) ergibt $q = 0{,}241\ \mu\text{C}$.

18.34 Wir betrachten das Wassermolekül als aus zwei Dipolen bestehend, die jeweils einem Wasserstoffkern zugeordnet sind. Für den rechten Kern gilt $\mathbf{p}_1 = e(x\,\mathbf{e}_x + y\,\mathbf{e}_y)$, und für den linken Kern ist $\mathbf{p}_2 = e(-x\,\mathbf{e}_x + y\,\mathbf{e}_y)$. Damit ist das gesamte Dipolmoment des Wassermoleküls $\mathbf{p} = \mathbf{p}_1 + \mathbf{p}_2 = (0{,}116\,e\cdot\text{nm})\,\mathbf{e}_y$.

18.35 a) Die Verschiebung einer positiven Probeladung entlang der x-Achse führt zu einer re-

sultierenden Kraft **F**, die vom Ursprung weg gerichtet ist, wie in der Abbildung gezeigt. Daher
ist das Gleichgewicht instabil hinsichtlich solcher
Verschiebungen.

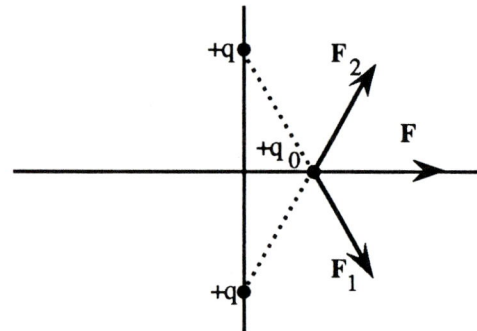

Andererseits führt die Verschiebung entlang der
y-Achse zu einer resultierenden Kraft zum Ursprung hin, wie in der nächsten Abbildung gezeigt. Daher ist das Gleichgewicht stabil.

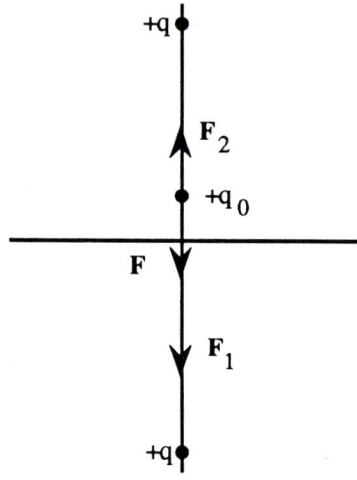

b) Für eine negative Probeladung ergibt die Verschiebung entlang der x-Achse eine stabile Anordnung.

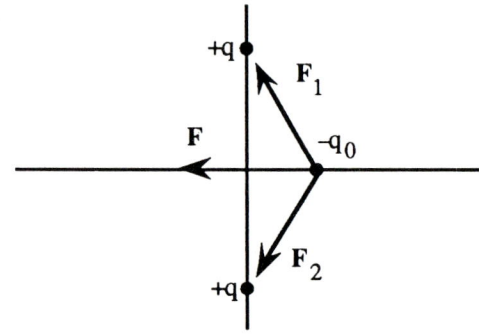

Dagegen ergibt sich hier für die Verschiebung einer negativen Probeladung entlang der y-Achse
eine instabile Anordnung:

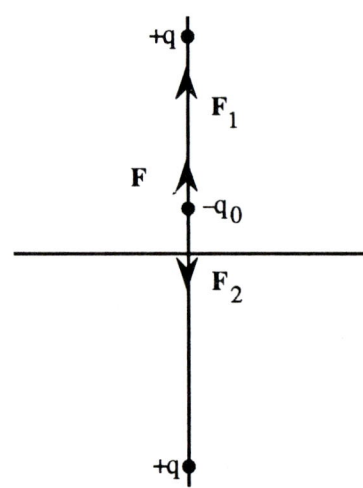

c) Wir stellen uns nun eine Ladung q_0 am
Ursprung vor. Die Kraft auf sie ist null. Also
müssen wir nur die auf eine Ladung $+q$ wirkende Kraft gleich null setzen. (Dann ist die Kraft
auf die andere Ladung $+q$ wegen der Symmetrie
zwangsläufig auch null.) Die auf die Ladung bei
$y = a$ wirkende Kraft ist $\mathbf{F} = \frac{1}{4\pi\varepsilon_0}\{(q\,q_0/a^2)\,\mathbf{e}_y +$
$[q^2/(2\,a)^2]\,\mathbf{e}_y\}$. Das setzen wir gleich null und er-
halten $q_0 = -q/4$.   d) Wenn die Ladungen $+q$
räumlich fixiert sind, ist das System wie in Teil
b) stabil gegenüber Verschiebungen entlang der
y-Achse. Wenn sich alle drei Ladungen frei bewegen können, so ist das System instabil gegenüber
jeder Verschiebung.

18.36 a) In Aufgabe 29 hatten wir für $x \ll a$
die x-Komponente des elektrischen Feldes be-
stimmt zu $E_x = \frac{1}{4\pi\varepsilon_0}(2\,q/a^3)\,x$. Bei einer Ladung $-q$ führt das zur Kraft $F_x = (-q)\,E_x =$
$\frac{1}{4\pi\varepsilon_0}(-2\,q^2/a^3)\,x$. Beachten Sie, daß das Vorzeichen der Kraft dem der Verschiebung entge-
gengesetzt ist. Es ist also eine Rückstellkraft.
Sie ist linear in x, so daß das System eine
harmonische Bewegung ausführt.   b) Die Periode T der harmonischen Bewegung ist $T =$
$2\pi\,(m/k)^{1/2}$. Darin ist k die Kraftkonstante, definiert durch $F = -k\,x$. Gemäß dem in Teil a)
ermittelten Ergebnis identifizieren wir die Kraft-
konstante als $k = \frac{1}{4\pi\varepsilon_0}2\,q^2/a^3$. Damit ist $T =$
$2\pi\,[(4\,\pi\varepsilon_0)\,m\,a^3/(2\,q^2)]^{1/2}$.

18.37 a) Gemäß den Angaben in der Aufgabe
liegt die positive Ladung bei $x_1 + a$ und die ne-

gative bei $x_1 - a$. Auf die Ladung $+q$ wirkt die Kraft $\mathbf{F} = q\,C\,(x_1 + a)\,\mathbf{e}_x$, und auf die Ladung $-q$ wirkt die Kraft $\mathbf{F} = -q\,C\,(x_1 - a)\,\mathbf{e}_x$. Damit ist die gesamte Kraft auf das System $\mathbf{F}_{\text{ges}} = 2\,q\,a\,C\,\mathbf{e}_x = C\,p\,\mathbf{e}_x$. Darin ist $p = q\,(2\,a)$ der Betrag des Dipolmoments.   b) Wir betrachten den Fall, daß E_x eine allgemeine Funktion von x ist. Die Kraft auf $+q$ ist dann $\mathbf{F} = q\,E_x\,(x_1 + a)\,\mathbf{e}_x \approx q\,[E_x(x_1) + a\,(\mathrm{d}E_x/\mathrm{d}x)]\,\mathbf{e}_x$. Dabei ist die Ableitung von E_x an der Stelle x_1 einzusetzen. Für $-q$ ist entsprechend $\mathbf{F} = -q\,E_x\,(x_1 - a)\,\mathbf{e}_x \approx -q\,[E_x(x_1) - a\,(\mathrm{d}E_x/\mathrm{d}x)]\,\mathbf{e}_x$. Damit ist die resultierende Kraft auf das System $\mathbf{F}_{\text{ges}} \approx -2\,q\,a\,(\mathrm{d}E_x/\mathrm{d}x)\,\mathbf{e}_x = (\mathrm{d}E_x/\mathrm{d}x)\,p\,\mathbf{e}_x$. Dieser Ausdruck geht exakt in den für einen sogenannten Punkt-Dipol über, der durch drei Bedingungen definiert ist: 1) a geht gegen null, 2) q geht gegen unendlich und 3) das Produkt $q\,a$ bleibt endlich.

18.38 a) Der Dipol bestehe aus den beiden Ladungen $-q$ und $+q$ an den Orten $(r - a)$ bzw. $(r + a)$. Dann ist die auf den Dipol wirkende Kraft $\mathbf{F} = \frac{1}{4\pi\varepsilon_0}\,[-Q\,q/(r - a)^2 + Q\,q/(r + a)^2]\,\mathbf{r} = \frac{1}{4\pi\varepsilon_0}\,[-Q\,q\,4\,r\,a/(r^2 - a^2)^2]\,\mathbf{r} \approx \frac{1}{4\pi\varepsilon_0}\,(-Q\,q\,4\,a/r^3)\,\mathbf{r} = \frac{1}{4\pi\varepsilon_0}\,(-2\,Q\,p/r^3)\,\mathbf{r}$. Darin ist $p = 2\,q\,a$, und $\mathbf{r}$ ist der in radiale Richtung weisende Einheitsvektor. Die Kraft ist also auf den Ursprung gerichtet und daher anziehend. Ihr Betrag geht in den der Punktdipol-Näherung über (siehe vorige Aufgabe). Eine anziehende Kraft tritt auf, wenn der Dipol wie in der folgenden Abbildung angeordnet ist. Wenn das Dipolmoment umgekehrt wird, so daß $\mathbf{p}$ auf die Ladung $+Q$ weist, dann ist die Kraft abstoßend.

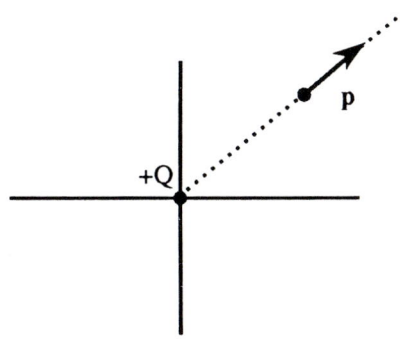

b) Wir betrachten den Dipol $\mathbf{p}$, der auf die Ladung $+Q$ weist, wie in der folgenden Abbildung.

Wie wir in Teil a) ermittelt haben, resultiert eine abstoßende Kraft.

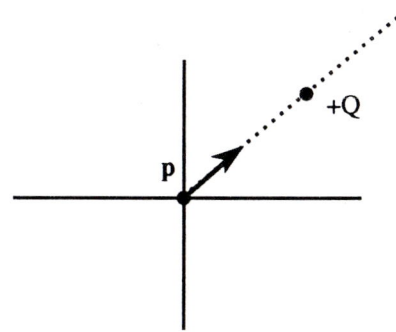

Aus dem dritten Newton-Axiom geht hervor, daß die Ladung $+Q$ eine Kraft erfährt, die betragsgleich mit der vom Dipol $\mathbf{p}$ erfahrenen Kraft ist. Daher ist die Kraft auf $+Q$ gegeben durch $\mathbf{F}_Q = \frac{1}{4\pi\varepsilon_0}\,(2\,Q\,p/r^3)\,\mathbf{r}$. Das ist gleichbedeutend mit $\mathbf{F}_Q = \mathbf{E}\,Q$, und es folgt $\mathbf{E} = \frac{1}{4\pi\varepsilon_0}\,(2\,p/r^3)\,\mathbf{r}$.

18.39 Auf den ersten Blick scheint es, als wäre für $r \gg a$ das elektrische Feld einfach das der Nettoladung am Ursprung. Hier aber ist die Nettoladung null, und $E = \frac{1}{4\pi\varepsilon_0}\,q_{\text{netto}}/r^2$ ist null. Für großes r hat das Feld hier tatsächliche keine $1/r^2$-Abhängigkeit. Ebenso verschwindet für großes r auch das gesamte Dipolmoment dieses Systems. Also hat das Feld für großes r auch keine $1/r^3$-Abhängigkeit. Allgemein hat ein System mit der Nettoladung null (Monopolmoment) und mit verschwindendem Dipolmoment, aber nicht verschwindendem Quadrupolmoment, ein elektrisches Feld, das mit $1/r^4$ variiert.   a) Der Punkt x hat von den positiven Ladungen den Abstand $r = (x^2 + a^2)^{1/2}$, von der Ladung $-2\,q$ am Ursprung den Abstand x. Wir ermitteln nun die Einheitsvektoren von den Ladungen zu diesem Punkt x. Für $+q$ bei $y = a$ ist $\mathbf{r}_0 = (x\,\mathbf{e}_x - a\,\mathbf{e}_y)/r$, und für $-2\,q$ ist $\mathbf{r}_0 = \mathbf{e}_x$. Für $+q$ bei $y = -a$ ist $\mathbf{r}_0 = (x\,\mathbf{e}_x + a\,\mathbf{e}_y)/r$. Damit ist das elektrische Feld $\mathbf{E} = \frac{1}{4\pi\varepsilon_0}\,[(+q)\,(x\,\mathbf{e}_x - a\,\mathbf{e}_y)/r^3 + (-2\,q)\,(\mathbf{e}_x)/x^2 + (+q)\,(x\,\mathbf{e}_x + a\,\mathbf{e}_y)/r^3] = \frac{1}{4\pi\varepsilon_0}\,2\,q\,(x/r^3 - 1/x^2)\,\mathbf{e}_x$. Für großes x ist $r^{-3} = x^{-3}\,(1 + a^2/x^2)^{3/2} \approx x^{-3}\,[1 - 3\,a^2/(2\,x^2)]$. Mit dieser Näherung ist $\mathbf{E} = \frac{1}{4\pi\varepsilon_0}\,(-3\,q\,a^2/x^4)\,\mathbf{e}_x$. Hieraus geht die erwähnte $1/r^4$-Abhängigkeit hervor.   b) Hier ist $\mathbf{e}_y$ der Einheitsvektor für jede der Ladungen. Dann folgt für das elektrische Feld $\mathbf{E} = \frac{1}{4\pi\varepsilon_0}\,[(+q)/(y - a)^2 +$

$(-2\,q)/y^2 + (+q)/(y+a)^2]\,\mathbf{e}_y$. Für $y \gg a$ ergibt die Reihenentwicklung $1/(y-a)^2 = (1/y^2)(1 - a/y)^{-2} \approx (1/y^2)(1 + 2\,a/y + 3\,a^2/y^2)$, wobei wir bis zur selben Ordnung entwickeln wie in Teil a).

Entsprechend ist $1/(y+a)^2 \approx (1/y^2)(1 - 2\,a/y + 3\,a^2/y^2)$. Kombinieren der Beziehungen ergibt $\mathbf{E} = \frac{1}{4\pi\varepsilon_0}(6\,q/y^4)\,\mathbf{e}_y$, wieder mit der erwarteten Abstandsabhängigkeit.

Kapitel 19

Das elektrische Feld II: kontinuierliche Ladungsverteilungen

19.1 a) Aus der Definition folgt $Q = \lambda \ell = (3{,}5\,\text{nC/m})\,(5\,\text{m}) = 17{,}5\,\text{nC}$. b) Das elektrische Feld auf der Achse einer Linienladung ist gegeben durch $E_x = \frac{1}{4\pi\varepsilon_0} Q/[x_0\,(x_0 - \ell)]$. Für $x_0 = 6$ m erhalten wir $E_x = 26{,}2$ N/C. c) Bei $x_0 = 9$ m ist $E_x = 4{,}37$ N/C. d) Bei $x_0 = 250$ m ist $E_x = 2{,}57 \cdot 10^{-3}$ N/C. e) Wäre die gesamte Ladung Q im Ursprung konzentriert, wäre das elektrische Feld auf der x-Achse $E_x = \frac{1}{4\pi\varepsilon_0} Q/x_0^2$. Bei $x_0 = 250$ m ist $E_x = 2{,}52 \cdot 10^{-3}$ N/C, also um etwa 2 Prozent geringer als das korrekte Ergebnis für die Linienladung. Natürlich erwarten wir, daß das Feld der Linienladung stärker ist, weil bei dieser ein Teil der Ladung näher beim Beobachtungspunkt liegt.

19.2 a) Jede Ebene erzeugt ein homogenes Feld der Stärke $\frac{1}{4\pi\varepsilon_0} 2\pi\sigma$, das von ihr weg gerichtet ist, wie in der Abbildung gezeigt.

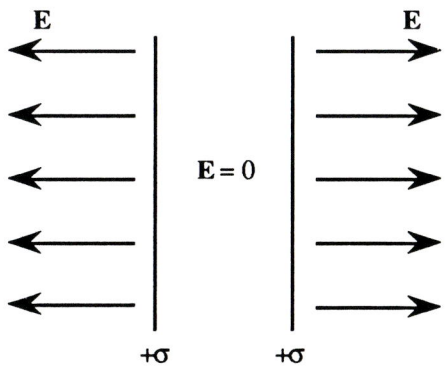

Das Feld beider Platten zusammen ist die Summe der Einzelfelder. So ist rechts von den Platten das Feld $\frac{1}{4\pi\varepsilon_0} 4\pi\sigma$; es weist nach rechts. Ein gleich starkes Feld ist von der linken Platte nach links gerichtet. Zwischen den Platten ist das Feld null. b) Hier (siehe nächste Abbildung) ruft die rechte Platte ein Feld hervor, das auf sie selbst gerich-

tet ist. Es addiert sich hier zum Feld der linken Platte; zwischen den Platten hat es den Betrag $\frac{1}{4\pi\varepsilon_0} 4\pi\sigma$. Außerhalb der Platten ist das Feld null.

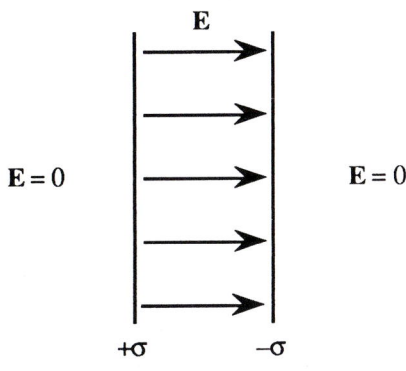

19.3 a) Aus der Definition folgt $Q = \lambda \ell = (4{,}5\,\text{nC/m})\,(0{,}05\,\text{m}) = 0{,}225\,\text{nC}$. b) Das elektrische Feld auf der Mittelsenkrechten einer Linienladung Q mit der endlichen Länge ℓ hat den Betrag $E = \frac{1}{4\pi\varepsilon_0} Q/[y\,(\ell^2/4 + y^2)^{1/2}]$. Für $y = 4$ cm erhalten wir $E = 1{,}07 \cdot 10^3$ N/C. c) Bei $y = 12$ cm ist $E = 138$ N/C. d) Bei $y = 4{,}5$ m ist $E = 0{,}099887$ N/C. e) Eine Punktladung $Q = 0{,}225$ nC im Abstand $r = 4{,}5$ m erzeugt ein Feld mit dem Betrag $E = \frac{1}{4\pi\varepsilon_0} Q/r^2 = 0{,}099889$ N/C. Dieser Wert ist um 0,0015 Prozent größer als der in Teil d) ermittelte. Wir erwarten, daß er für eine Linienladung kleiner ist, weil hier ein Teil der Ladung bei größeren Abständen als 4,5 m liegt.

19.4 Das Feld auf der Achse der Scheibe mit dem Radius a ist $E_x = \frac{1}{4\pi\varepsilon_0} 2\pi\sigma\,[1 - x/(x^2 + a^2)^{1/2}]$. Es ist $E_x = \frac{1}{2}\,\sigma/(2\,\varepsilon_0)$ für $x/(x^2 + a^2)^{1/2} = \frac{1}{2}$. Daraus folgt $x = a/\sqrt{3}$.

19.5 Das Feld auf der Achse des Ringes mit dem Radius a ist $E_x = \frac{1}{4\pi\varepsilon_0} Q\,x/(x^2 + a^2)^{3/2}$.

a) Bei $x = 0,2\,a$ ist $E_x = \frac{1}{4\pi\varepsilon_0}\,(0{,}189)\,Q/a^2$.

b) Bei $x = 0,5\,a$ ist $E_x = \frac{1}{4\pi\varepsilon_0}\,(0{,}358)\,Q/a^2$.

c) Bei $x = 0,7\,a$ ist $E_x = \frac{1}{4\pi\varepsilon_0}\,(0{,}385)\,Q/a^2$.

d) Bei $x = a$ ist $E_x = \frac{1}{4\pi\varepsilon_0}\,(0{,}354)\,Q/a^2$.

e) Bei $x = 2\,a$ ist $E_x = \frac{1}{4\pi\varepsilon_0}\,(0{,}179)\,Q/a^2$.

f) In der Abbildung ist E_x in Vielfachen von $\frac{1}{4\pi\varepsilon_0}\,Q/a^2$ gegen x aufgetragen. Die eingezeichneten Punkte entsprechen den in a) bis e) berechneten Werten.

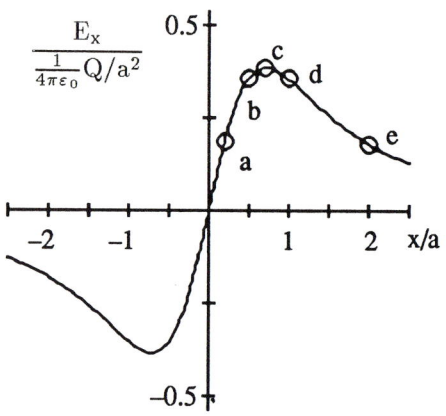

19.6 a) Weil das elektrische Feld über die Fläche des Quadrats homogen ist, ist der Fluß $\phi = \mathbf{E} \cdot \mathbf{A} = EA = 20\ \mathrm{N \cdot m^2/C}$. b) Im vorliegenden Fall ist $\phi = \mathbf{E} \cdot \mathbf{A} = EA\cos 30° = 17{,}3\ \mathrm{N \cdot m^2/C}$.

19.7 a) Die nach außen gerichteten Normalen auf den Stirnflächen des Zylinders verlaufen in Richtung des elektrischen Feldes. Daher ist $\phi = EA = E\,(\pi r^2) = 1{,}57\ \mathrm{N \cdot m^2/C}$. b) Die nach außen gerichteten Normalen auf der Mantelfläche stehen auf dem elektrischen Feld senkrecht. Daher ist $\phi = 0$. c) Der gesamte Fluß ist $\phi = 3{,}14\ \mathrm{N \cdot m^2/C}$. d) Die eingeschlossene Ladung ist $Q = \varepsilon_0\,\phi = 2{,}78 \cdot 10^{-11}\ \mathrm{C}$.

19.8 a) Der Würfel umschließt die Ladung vollständig. Deshalb gehen alle n Feldlinien durch die Würfelflächen. b) Die einer Punktladung zugeordneten Feldlinien sind symmetrisch um diese verteilt; daher werden alle Würfelflächen von gleich vielen Feldlinien durchsetzt, nämlich von $n/6$ Feldlinien, weil der Würfel sechs Flächen

hat. c) Nach dem Gesetz von Gauß ist der resultierende Fluß des elektrischen Feldes nach außen gleich q/ε_0. d) Die in Teil b) beschriebene Symmetrie liegt auch beim Fluß vor. Damit wird jede Würfelfläche vom Fluß $q/(6\,\varepsilon_0)$ durchsetzt.

e) Nur die Lösungen von Teil b) und d) ändern sich. So bleibt die Lösung von Teil c) dieselbe, weil nach dem Gesetz von Gauß der Fluß nur von der Gesamtladung im Inneren des Würfels abhängt, nicht aber davon, wo sie sich dort befindet. Dagegen hängen die Antworten von Teil b) und d) von der Symmetrie ab; liegt die Ladung nicht im Mittelpunkt des Würfels, so liegt nicht mehr dieselbe Symmetrie vor, und der Fluß durch jede Fläche ist ein anderer.

19.9 a) $Q = \varepsilon_0\,\phi = 5{,}31 \cdot 10^{-8}\ \mathrm{C}$. b) Nein. Ein resultierender Fluß null bedeutet, daß die Gesamtladung null ist; diese kann beispielsweise auch durch zwei gleich große, entgegengesetzte Ladungen erzeugt werden.

19.10 a) $A = 4\pi r^2 = 3{,}14\ \mathrm{m^2}$. b) $E = \frac{1}{4\pi\varepsilon_0}\,q/r^2 = 7{,}19 \cdot 10^4\ \mathrm{N/C}$. c) Weil das elektrische Feld überall senkrecht auf der Kugeloberfläche steht, ist der elektrische Fluß einfach $\phi = EA = 2{,}26 \cdot 10^5\ \mathrm{N \cdot m^2/C}$. d) Der Fluß durch eine geschlossene Oberfläche ist proportional zur Ladung innerhalb der Fläche. Daher ändert sich der Gesamtfluß durch die Fläche nicht, wenn die Ladung im Inneren verschoben wird. e) Der Würfel umschließt dieselbe Ladung wie die Kugel. Deshalb ist der Fluß durch seine gesamte Oberfläche derselbe: $\phi = 2{,}26 \cdot 10^5\ \mathrm{N \cdot m^2/C}$.

19.11 Der Fluß des Gravitationfeldes wird ebenso berechnet wie beim elektrischen Feld. Bei der Gravitation ist $\mathbf{g} = -(G\,m/r^2)\,\mathbf{r}$. Dies ersetzt hier die Größe $\mathbf{E}$. Weil $\mathbf{g}$ überall senkrecht zur Kugeloberfläche nach außen gerichtet ist, ist der Fluß einfach $\phi = \mathbf{g} \cdot \mathbf{A} = gA = -(G\,m/r^2)\,(4\pi r^2) = -4\pi\,G\,m$. Das Gravitationsfeld hat dieselbe reziproke Abhängigkeit vom Abstandsquadrat wie das elektrische Feld. Daher ist das Ergebnis für den Fluß dasselbe, unabhängig vom Ort von m. Der Gesamtfluß ist damit $\phi_{\text{ges}} = -4\pi G\, m_{\text{innen}}$.

19.12 a) $Q = \frac{4}{3}\pi R^3 \varrho = 0{,}407$ nC.   b) Für $r < R$ ist das elektrische Feld gegeben durch $E_r = \frac{1}{4\pi\varepsilon_0} Q\, r/R^3$. Bei $r = 2$ cm ist $E_r = 339$ N/C. c) Bei $r = 5{,}9$ cm ist $E_r = 1000$ N/C.   d) Für $r > R$ ist das elektrische Feld gegeben durch $E_r = \frac{1}{4\pi\varepsilon_0} Q/r^2$. Bei $r = 6{,}1$ cm ist $E_r = 984$ N/C. e) Bei $r = 10$ cm ist $E_r = 366$ N/C.

19.13 a) $Q = 2\pi R \ell\, \sigma = 40{,}7$ nC.   b) Das elektrische Feld ist null überall innerhalb eines unendlich langen geladenen Rohres. Das vorliegende Rohr kann als nahezu unendlich lang betrachtet werden. Also ist bei $r = 2$ cm das elektrische Feld $E_r = 0$.   c) Bei $r = 5{,}9$ cm (noch innerhalb des Rohres) ist $E_r = 0$.   d) Bei $r = 6$ cm ist das elektrische Feld gleich dem einer Linienladung mit der Ladungsdichte $\lambda = Q/\ell = 2\pi R\,\sigma$, die auf der Zylinderachse sitzt. Damit ist $E_r = \frac{1}{4\pi\varepsilon_0} 2\lambda/r = 1000$ N/C.   e) Bei $r = 10$ cm ist $E_r = \frac{1}{4\pi\varepsilon_0} 2\lambda/r = 610$ N/C.

19.14 a) Innerhalb der inneren Kugel ist das Feld null. Also ist $E = 0$ für $r < R_1$. Bei $R_1 < r < R_2$ erzeugt nur die Ladung der inneren Kugelschale ein Feld, und es ist $E = \frac{1}{4\pi\varepsilon_0} q_1/r^2$.

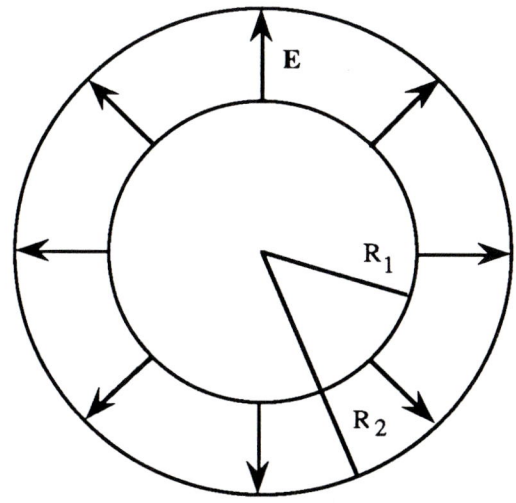

Außerhalb der größeren Kugelschale ist das Feld das gleiche, als wäre die gesamte Ladung $(q_1 + q_2)$ im Ursprung konzentriert. Daher ist für $r > R_2$

das Feld $E = \frac{1}{4\pi\varepsilon_0}(q_1 + q_2)/r^2$.   b) Damit das Feld für $r > R_2$ verschwindet, muß gelten $q_1 + q_2 = 0$ bzw. $q_2 = -q_1$. Daraus folgt $|q_1/q_2| = 1$, wobei die Ladungen entgegengesetzte Vorzeichen haben.   c) Die elektrischen Feldlinien zu Teil b) sind in der Abbildung gezeigt, und zwar für den Fall $q_1 > 0$ und $q_2 < 0$. Für umgekehrte Vorzeichen beider Ladungen würden die Pfeile jeweils in die Gegenrichtung zeigen.

19.15 Aufgrund der Symmetrie hat das elektrische Feld, von der Zylinderachse aus gesehen, stets radiale Richtung.   a) Innerhalb der inneren Röhre befindet sich keine Ladung. Also ist $E = 0$ für $r < R_1$. Für $R_2 > r > R_1$ ist der Fluß $\phi = EA = E(2\pi r \ell)$. Die eingeschlossene Ladung ist $Q = \sigma_1(2\pi R_1 \ell)$. Kombinieren der Resultate ergibt $E = \sigma_1 R_1/(\varepsilon_0 r)$. Für $r > R_2$ ist $E = (\sigma_1 R_1 + \sigma_2 R_2)/(\varepsilon_0 r)$. b) Das Feld ist null für $r > R_2$, wenn gilt $\sigma_1 R_1 + \sigma_2 R_2 = 0$ bzw. $\sigma_2/\sigma_1 = -R_1/R_2$. Diese Bedingung ist gleichbedeutend damit, daß beide Zylindermäntel dieselbe Ladung pro Längeneinheit haben. Das Feld zwischen beiden ist nach wie vor $E = \sigma_1 R_1/(\varepsilon_0 r)$. c) Die elektrischen Feldlinien zu Teil b) sind in der Abbildung gezeigt, und zwar für den Fall $\sigma_1 > 0$. Für $\sigma_1 < 0$ würden die Pfeile jeweils in die Gegenrichtung zeigen. Diese Abbildung gleicht der in der vorigen Aufgabe. Hier blicken wir aber entlang der Achse zweier konzentrischer Zylinder.

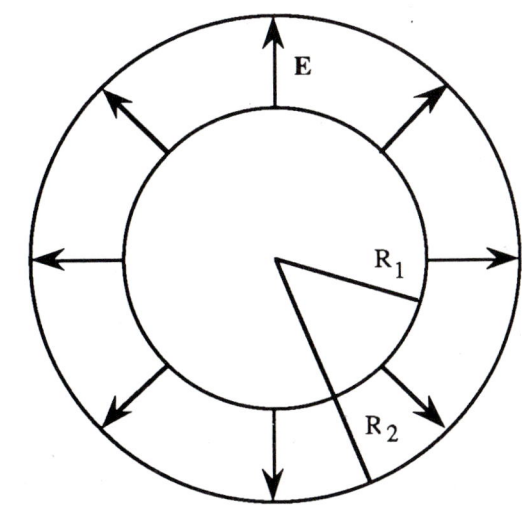

19.16 Man kann mit Hilfe des Gauß-Gesetzes zeigen, daß die Komponente des elektrischen Feldes, die senkrecht auf der Oberfläche mit der Flächenladungsdichte σ steht, unstetig ist. Die exakte Relation ist $E_{n2} - E_{n1} = \frac{1}{4\pi\varepsilon_0} 4\pi\sigma$. Die Bedeutung der Variablen geht aus der Abbildung hervor. Hier ist $E_{n2} = E_x = 4{,}65 \cdot 10^5$ N/C, und E_{n1} soll ermittelt werden.

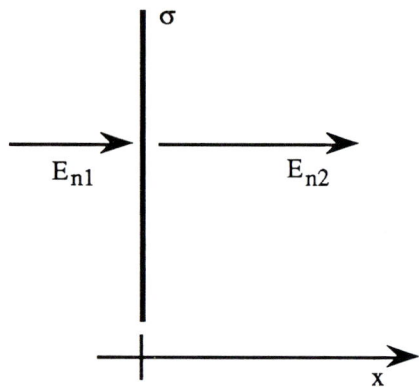

Mit den gegebenen Daten erhalten wir $E_{n1} = E_{n2} - \frac{1}{4\pi\varepsilon_0} 4\pi\sigma = 1{,}15 \cdot 10^5$ N/C. Dies gilt, unabhängig davon, welche anderen Ladungsverteilungen noch im System vorhanden sind oder welchen Wert σ auf anderen Teilen der Oberfläche hat.

19.17 a) $\sigma = Q/A = 150$ nC/m^2. b) Unmittelbar links oder rechts von der Platte wirkt sie wie eine unendlich ausgedehnte Ladungsebene, für die gilt $E = \frac{1}{4\pi\varepsilon_0} 2\pi\sigma = 8{,}47 \cdot 10^3$ N/C.
c) Hier ist die Ladung über eine doppelt so große Fläche verteilt wie in Teil a). Daher ist $\sigma' = \sigma/2 = 75$ nC/m^2. d) Nahe der Oberfläche der Platte ist $E = \sigma'/\varepsilon_0 = \sigma/(2\,\varepsilon_0) = \frac{1}{4\pi\varepsilon_0} 2\pi\sigma = 8{,}47 \cdot 10^3$ N/C, wie in Teil b).

19.18 a) Für $r < a$ ist das elektrische Feld einfach $E = \frac{1}{4\pi\varepsilon_0} q/r^2$. Innerhalb des Leiters, also für $a < r < b$, ist das Feld null, weil das System im Gleichgewicht ist. Im Bereich $r > b$ schließt eine Gaußsche Fläche die Gesamtladung q ein, da die Kugelschale ungeladen ist. Aus der Symmetrie des Systems können wir folgern $E = \frac{1}{4\pi\varepsilon_0} q/r^2$.
b) Die Abbildung zeigt die elektrischen Feldlinien.

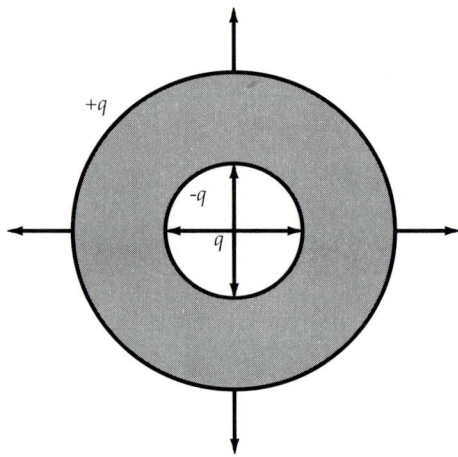

Beachten Sie die Unstetigkeiten im elektrischen Feld an der inneren und an der äußeren Oberfläche. Sie entsprechen der negativen bzw. positiven Oberflächenladungsdichte auf der inneren bzw. der äußeren Oberfläche.   c) Weil das Feld innerhalb des Leiters verschwindet, wird eine Ladung $-q$ auf der inneren Oberfläche der Schale induziert. Das führt zu der Oberflächenladungsdichte $\sigma = -q/(4\pi a^2)$. Die Schale hat die Gesamtladung null. Also wird eine Ladung $+q$ auf der äußeren Oberfläche induziert, und die Oberflächenladungsdichte ist hier $\sigma = q/(4\pi b^2)$.

19.19 Für einen Punkt oberhalb der Erdoberfläche kann die gesamte Ladung der Erde als in ihrem Mittelpunkt konzentriert gedacht werden. Daher ist $E = \frac{1}{4\pi\varepsilon_0} Q_E/R_E^2$ bzw. $Q_E = (4\pi\varepsilon_0) R_E^2 E = 6{,}77 \cdot 10^5$ C.

19.20 Sogar eine Höhe von 400 m kann gegen den Erdradius vernachlässigt werden. Somit können wir die Erde hier als flach ansehen. Die Abbildung auf der nächsten Seite zeigt die Situation. Das Feld E_2 weist nach unten; daraus folgt, daß die Ladungsdichte nahe der Erde negativ ist. Weiterhin hat E_1 einen höheren Betrag als E_2 und weist ebenfalls nach unten. Daher muß die Ladungsdichte ϱ auch negativ sein. Der elektrische Fluß durch die Gaußsche Oberfläche (siehe Abbildung) ist $\phi = (E_2 - E_1) A$; darin ist A die Größe der Endflächen der Oberfläche. Wir wissen, daß gilt $\phi = \frac{1}{4\pi\varepsilon_0} 4\pi Q = \frac{1}{4\pi\varepsilon_0} 4\pi (\varrho A h)$. Daraus folgt $\varrho = (E_2 - E_1) / (\frac{1}{4\pi\varepsilon_0} 4\pi h) = -1{,}18 \cdot 10^{-12}$ C/m^3.

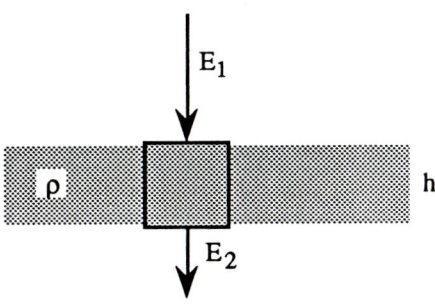

19.21 a) Die Gleichgewichtsposition des Kernes ist natürlich der Mittelpunkt der kugelförmig verteilten Elektronenladung. Würde der Kern um den Abstand d vom Mittelpunkt der Kugel entfernt, so wirkte die Ladung bis zum Radius d wie eine negative punktförmige Ladung im Mittelpunkt, so daß eine Rückstellkraft resultierte.   b) Die Gleichgewichtsposition des Kernes bei Anwesenheit eines äußeren Feldes E_0 ist der Punkt, an dem die von diesem Feld auf den Kern ausgeübte Kraft $Z e E_0$ denselben Betrag hat wie die Rückstellkraft durch die Elektronenladung. Bei der Auslenkung d hat die den Kern anziehende Ladung den Betrag $q = (Z e)(\frac{4}{3}\pi d^3)/(\frac{4}{3}\pi R^3) = Z e\, d^3/R^3$. Die Gleichgewichtsbedingung lautet daher $Z e E_0 = \frac{1}{4\pi\varepsilon_0}(Z e) q / d^2 = \frac{1}{4\pi\varepsilon_0}(Z e)^2 d/R^3$. Daraus ergibt sich die Auslenkung $d = (4\pi\varepsilon_0) E_0 R^3/(Z e)$.
c) Das Dipolmoment ist gleich der Ladung, multipliziert mit der Auslenkung, also $p = (Z e) d = (4\pi\varepsilon_0) E_0 R^3$. Es ist proportional zum äußeren elektrischen Feld E_0.

19.22 Es ist $E_x = \frac{1}{4\pi\varepsilon_0} Q\, x/(x^2 + a^2)^{3/2}$, und wir erhalten

$$\frac{\mathrm{d}E_x}{\mathrm{d}x} =$$

$$= \frac{1}{4\pi\varepsilon_0} Q \left[\frac{1}{(x^2+a^2)^{3/2}} - \frac{3}{2}\frac{x\,(2\,x)}{(x^2+a^2)^{5/2}} \right]$$

$$= \frac{1}{4\pi\varepsilon_0} \frac{Q}{(x^2+a^2)^{3/2}} \left(1 - \frac{3\,x^2}{x^2+a^2} \right).$$

Also ist $\mathrm{d}E_x/\mathrm{d}x = 0$, wenn gilt $3\,x^2 = x^2 + a^2$. Daraus folgt unmittelbar $x = \pm a/\sqrt{2}$. Das Maximum von E_x liegt für $Q > 0$ bei $x = a/\sqrt{2}$, und

das Minimum liegt bei $x = -a/\sqrt{2}$. Dies ist in der Abbildung gezeigt.

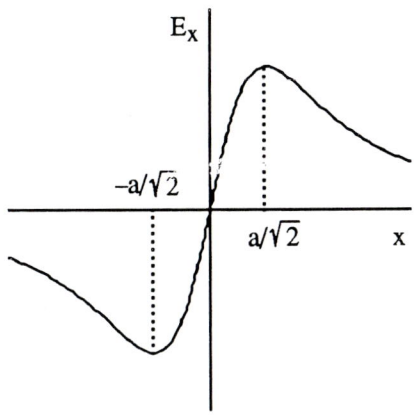

19.23 a) Die Anordnung ist in der Abbildung gezeigt.

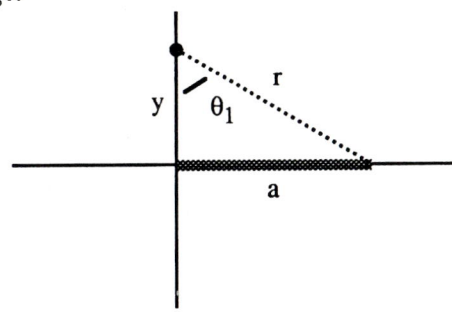

Die Ladung auf einem Längenelement $\mathrm{d}x$ der Geraden ist $\mathrm{d}q = \lambda\,\mathrm{d}x$. Diese Ladung erzeugt ein Feld mit dem Betrag $\mathrm{d}E = \frac{1}{4\pi\varepsilon_0}\,\mathrm{d}q/r^2 = \frac{1}{4\pi\varepsilon_0}(\lambda/r^2)\,\mathrm{d}x$. Aus der nächsten Abbildung geht hervor, daß die y-Komponente dieses Feldes gegeben ist durch $\mathrm{d}E\cos\theta = \frac{1}{4\pi\varepsilon_0}(\lambda/r^2)\cos\theta\,\mathrm{d}x$. Darin ist θ der Winkel, der dem betreffenden Längenelement zugeordnet ist.

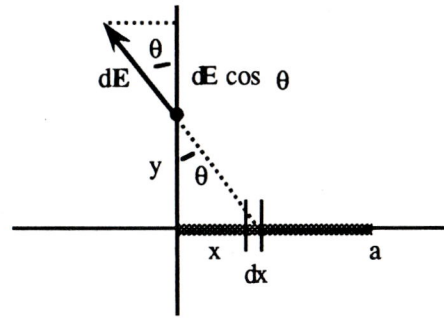

Der Abbildung entnehmen wir außerdem, daß $x = y\tan\theta$ ist, so daß folgt $\mathrm{d}x = (r^2/y)\,\mathrm{d}\theta$, wie im Text abgeleitet. Kombinieren der Resultate ergibt $dE_y = \frac{1}{4\pi\varepsilon_0}(\lambda/y)\cos\theta\,d\theta$ und damit, wie gefordert,

$$E_y = \frac{1}{4\pi\varepsilon_0}\frac{\lambda}{y}\int_0^{\theta_1}\cos\theta\,d\theta = \frac{1}{4\pi\varepsilon_0}\frac{\lambda}{y}\sin\theta_1.$$

Aus der ersten Abbildung ist zu ersehen, daß gilt $\sin\theta_1 = a/r = a/(y^2+a^2)^{1/2}$.
b) Diesen Fall zeigt die folgende Abbildung

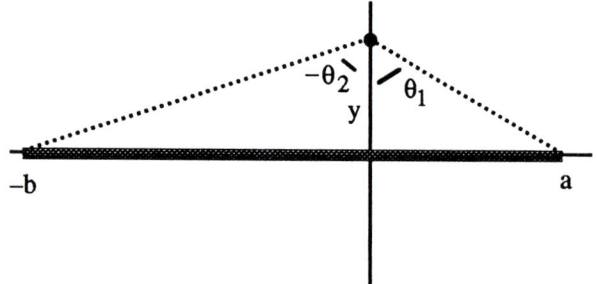

Es folgt

$$\begin{aligned}
E_y &= \frac{1}{4\pi\varepsilon_0}\frac{\lambda}{y}\int_{-\theta_2}^{\theta_1}\cos\theta\,d\theta\\
&= \frac{1}{4\pi\varepsilon_0}\frac{\lambda}{y}[\sin\theta_1 - \sin(-\theta_2)]\\
&= \frac{1}{4\pi\varepsilon_0}\frac{\lambda}{y}[\sin\theta_1 + \sin\theta_2].
\end{aligned}$$

Darin ist $\sin\theta_2 = b/(y^2+b^2)^{1/2}$.

19.24 Wir betrachten zunächst die geladene Kugelschale. Innerhalb der Schale mit dem Radius r und der Ladung Q ist das Feld gleich null, und unmittelbar außerhalb ist es $E = \frac{1}{4\pi\varepsilon_0}Q/r^2 = \frac{1}{4\pi\varepsilon_0}[Q/(4\pi r^2)]4\pi r^2/r^2 = \frac{1}{4\pi\varepsilon_0}4\pi\sigma = \sigma/\varepsilon_0$. Wenn wir Q als positiv annehmen, dann weist das Feld radial nach außen. Nun ermitteln wir das Feld im Mittelpunkt eines kleinen Lochs in der Kugelschale. Dazu überlagern wir eine kleine, kreisrunde nichtleitende Scheibe der Ladungsdichte $-\sigma$ mit der Kugelschale. Nahe deren Oberfläche wirkt die kleine Scheibe wie eine unendlich ausgedehnte Ebene und erzeugt daher ein Feld mit dem Betrag $\frac{1}{4\pi\varepsilon_0}2\pi\sigma = \sigma/(2\varepsilon_0)$, das zur Scheibe hin weist. Gerade innerhalb der Kugelschale ergibt dies durch Überlagerung das gesamte Feld $0 + \sigma/(2\varepsilon_0) = \sigma/(2\varepsilon_0)$. Dabei ist die Richtung radial nach außen als positiv angenommen. Unmittelbar außerhalb der Kugelschale ist

das gesamte Feld $\sigma/\varepsilon_0 - \sigma/(2\varepsilon_0) = \sigma/(2\varepsilon_0)$. Damit hat das Feld in der Mitte der kleinen Scheibe den Betrag $\sigma/(2\varepsilon_0)$ und weist radial nach außen.

19.25 Wir setzen $\sigma_1 = 3\ \mu C/m^2$ und $\sigma_2 = -2\ \mu C/m^2$ sowie $x_0 = 1$ m und $y_0 = -0{,}6$ m. a) Der Punkt $x = 0{,}4$ m und $y = 0$ m hat von Mittelpunkt der Ladungskugel den Abstand $0{,}849$ m; damit befindet er sich innerhalb der Kugel. Daher rührt das Feld in diesem Punkt nur von den beiden geladenen Ebenen her und ist gegeben durch $\mathbf{E} = \frac{1}{4\pi\varepsilon_0}2\pi[(-\sigma_2)\mathbf{e}_x + \sigma_1\mathbf{e}_y]$. Daraus erhalten wir den Betrag des elektrischen Feldes zu $E = \frac{1}{4\pi\varepsilon_0}2\pi(\sigma_2^2 + \sigma_1^2)^{1/2} = 2{,}04\cdot10^5$ N/C. Seine Richtung bildet mit der positiven x-Achse im Gegenuhrzeigersinn den Winkel $\theta = 56{,}3°$. b) Hier liegt der zu betrachtende Punkt außerhalb der geladenen Kugel; er hat von deren Mittelpunkt den Abstand $r = 1{,}62$ m. Das von der Kugel hervorgerufene Feld ist $\mathbf{E}_K = \frac{1}{4\pi\varepsilon_0}[(4\pi R^2)\sigma_3/r^2][(x-x_0)\mathbf{e}_x + (y-y_0)\mathbf{e}_y]/r$. Darin ist $x = 2{,}5$ m und $y = 0$ m, und $R = 1$ m ist der Radius der Kugel. Ferner ist $\sigma_3 = -3\ \mu C/m^2$ die Ladungsdichte auf der Kugel. Deren Feld addiert sich zu denen der beiden Ebenen: $\mathbf{E}_1 = \frac{1}{4\pi\varepsilon_0}2\pi\sigma_1\mathbf{e}_y$ und $\mathbf{E}_2 = \frac{1}{4\pi\varepsilon_0}2\pi\sigma_2\mathbf{e}_x$. Damit ist das gesamte Feld $\mathbf{E}_{ges} = \mathbf{E}_K + \mathbf{E}_1 + \mathbf{E}_2$. Einsetzen der Zahlenwerte ergibt das Feld $E = 2{,}63\cdot10^5$ N/C und den Winkel $\theta = 153°$, im Gegenuhrzeigersinn zur positiven x-Achse.

19.26 Aus der Symmetrie der Anordnung und aus der Tatsache, daß sich bei $r < a$ keine Ladung befindet, geht hervor, daß das Feld für $r < a$ null ist. Für $r > b$ wirkt die Kugelschale wie eine Gesamtladung $q = \varrho\frac{4}{3}\pi(b^3-a^3)$, die sich bei $r = 0$ befindet. Daraus folgt $E = \frac{1}{4\pi\varepsilon_0}[\varrho\frac{4}{3}\pi(b^3-a^3)]/r^2$. Das elektrische Feld weist radial nach außen, wenn die Ladungsdichte $\varrho > 0$ ist. Für $a < r < b$ trägt nur die Ladung bis zum Radius r zum Feld bei. Mit dem Gesetz von Gauß erhalten wir $\varepsilon_0 E(4\pi r^2) = \varrho\frac{4}{3}\pi(r^3-a^3)$ bzw. $E = \frac{1}{4\pi\varepsilon_0}[\varrho\frac{4}{3}\pi(r^3-a^3)]/r^2$.

19.27 Die Ebene mit der Ladungsdichte σ_1 erzeugt für alle $y > 0$ das Feld $\mathbf{E}_1 =$

$\frac{1}{4\pi\varepsilon_0} 2\pi\sigma_1 \mathbf{e}_y$. Die Ebene mit der Ladungsdichte σ_2 erzeugt zwischen den zwei Ebenen das Feld $\mathbf{E}_2 = \frac{1}{4\pi\varepsilon_0} 2\pi\sigma_2 [(\sin 30°)\mathbf{e}_x - (\cos 30°)\mathbf{e}_y]$. Punkte außerhalb der beiden Ebenen, für die $y > 0$ ist, erfahren von der Ebene 2 das Feld $\mathbf{E}_2 = \frac{1}{4\pi\varepsilon_0} 2\pi\sigma_2 [(-\sin 30°)\mathbf{e}_x + (\cos 30°)\mathbf{e}_y]$.   a) Hier liegt der zu betrachtende Punkt zwischen den Ebenen, und das Feld ist $\mathbf{E} = \frac{1}{4\pi\varepsilon_0} 2\pi [(\sigma_2 \sin 30°)\mathbf{e}_x + (\sigma_1 - \sigma_2 \cos 30°)\mathbf{e}_y] = (1{,}27\cdot10^3\,\text{N/C})\mathbf{e}_x + (1{,}47\cdot10^3\,\text{N/C})\mathbf{e}_y$.   b) Hier liegt der Punkt außerhalb der beiden Ebenen, und das Feld ist $\mathbf{E} = \frac{1}{4\pi\varepsilon_0} 2\pi [(-\sigma_2 \sin 30°)\mathbf{e}_x + (\sigma_1 + \sigma_2 \cos 30°)\mathbf{e}_y] = (-1{,}27\cdot10^3\,\text{N/C})\mathbf{e}_x + (5{,}87\cdot10^3\,\text{N/C})\mathbf{e}_y$.

19.28   a) Die Ringabschnitte tragen die Ladungen $q_1 = s_1\lambda$ und $q_2 = s_2\lambda$. Daraus folgt $q_2/q_1 = s_2/s_1$. Es gilt $s_1 = r_1\theta$ und $s_2 = r_2\theta$, wobei θ der jeweilige Winkel des betreffenden Elements ist. Wir erhalten $q_2/q_1 = s_2/s_1 = r_2/r_1$. Nun ermitteln wir, welches Element das stärkere Feld erzeugt. Dazu setzen wir $E_1 = \frac{1}{4\pi\varepsilon_0} q_1/r_1^2$ und $E_2 = \frac{1}{4\pi\varepsilon_0} q_2/r_2^2$. Der Quotient ist $E_1/E_2 = (q_1/q_2)(r_2^2/r_1^2) = r_2/r_1 > 1$. Also ruft der Ringabschnitt s_1 das stärkere Feld bei P hervor.   b) Jeder Abschnitt erzeugt ein Feld, das von ihm weg weist, und zwar entlang einer Geraden durch seine Mitte und durch den Punkt P. Weil s_1 das stärkere Feld hervorruft, weist das gesamte elektrische Feld von s_1 weg.   c) Hier ist $E_1/E_2 = (q_1/q_2)(r_2/r_1) = 1$. Daher heben die von beiden Elementen erzeugten Felder einander exakt auf, so daß das resultierende Feld null ist.   d) Bei einer Kugelschale ist die Ladung eines Flächenelements proportional zu dessen Fläche. Daraus folgt $q_2/q_1 = r_2^2/r_1^2$, und beide Elemente rufen am Punkt P Felder gleicher Stärke hervor, so daß dort das resultierende Feld null ist. Wenn E mit $1/r$ anstatt $1/r^2$ variierte, so erzeugte s_2 das stärkere Feld, und das gesamte Feld wiese von s_2 weg.

19.29   Der exakte Ausdruck für das Feld auf der Achse ist $E_{\text{exakt}} = \frac{1}{4\pi\varepsilon_0} 2\pi\sigma [1 - x/(x^2+R^2)^{1/2}] = [\sigma/(2\varepsilon_0)][1 - x/(x^2 + R^2)^{1/2}]$, mit $R = 30\,\text{cm}$. Bei der Näherung $E = \sigma/(2\varepsilon_0)$ wird der Term

$[\sigma/(2\varepsilon_0)]x/(x^2+R^2)^{1/2}$ vernachlässigt. Dies entspricht $100\,x/(x^2+R^2)^{1/2}$ Prozent von E.   a) Der Fehler beträgt $0{,}333\,\%$ bei $x = 0{,}1\,\text{cm}$ bzw. $0{,}667\,\%$ bei $x = 0{,}2\,\text{cm}$ bzw. $9{,}95\,\%$ bei $x = 3\,\text{cm}$. b) Der Fehler ist $1\,\%$ bei $x = 0{,}3\,\text{cm} = R/100$.

19.30   Das von einem Element der Länge dx hervorgerufene Feld ist im Abstand r gegeben durch $dE = \frac{1}{4\pi\varepsilon_0}(\lambda/r^2)\,dx$. Der Abbildung entnehmen wir, daß gilt $dE_x = -dE\sin\theta$ sowie $dE_y = dE\cos\theta$. Dabei ist $\tan\theta = x/y$.

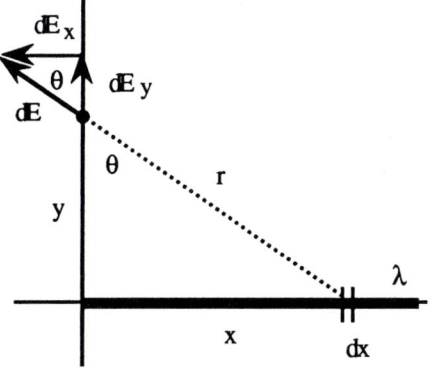

Mit $dx/d\theta = (r^2/y)\,d\theta$ erhalten wir für die Komponenten des elektrischen Feldes

$$E_x = \int_0^{\pi/2} dE_x$$
$$= \frac{1}{4\pi\varepsilon_0}\int_0^{\pi/2} -\frac{\lambda}{y}\sin\theta\,d\theta$$
$$= \frac{1}{4\pi\varepsilon_0}\frac{\lambda}{y}\cos\theta\Big|_0^{\pi/2} = -\frac{1}{4\pi\varepsilon_0}\frac{\lambda}{y}$$

sowie

$$E_y = \int_0^{\pi/2} dE_y$$
$$= \frac{1}{4\pi\varepsilon_0}\int_0^{\pi/2}\frac{\lambda}{y}\cos\theta\,d\theta$$
$$= \frac{1}{4\pi\varepsilon_0}\frac{\lambda}{y}\sin\theta\Big|_0^{\pi/2} = \frac{1}{4\pi\varepsilon_0}\frac{\lambda}{y}.$$

19.31   Die unendliche Ebene erzeugt am Beobachtungspunkt das Feld $\mathbf{E}_{\text{p}} = -[\sigma/(2\varepsilon_0)]\mathbf{e}_x = (-1{,}13\cdot10^5\,\text{N/C})\mathbf{e}_x$. Der Beobachtungspunkt hat von der Linienladung in der x-y-Ebene den Abstand $1{,}5\,\text{m} - 0{,}5\,\text{m} = 1\,\text{m}$. Daher ist sein senkrechter Abstand von der Linienladung $r =$ (1 m) $\sin 45° = 0{,}707$ m. Damit hat das Feld hier den Betrag $E_1 = \frac{1}{4\pi\varepsilon_0} 2\lambda/r = 1{,}02 \cdot 10^5$ N/C. Weil das Feld beim Winkel $\theta = -45°$ liegt, können wir schreiben $\mathbf{E}_1 = (7{,}19 \cdot 10^4$ N/C$)\,(\mathbf{e}_x - \mathbf{e}_y)$. Der Beobachtungspunkt hat vom Kugelmittelpunkt den Abstand $r = 0{,}707$ m; also trägt nur die Ladung zwischen dem Mittelpunkt und diesem Radius zum Feld bei. Damit ist das Feld der Kugel $E_K = \frac{1}{4\pi\varepsilon_0} (\frac{4}{3}\pi r^3 \varrho)/r^2 = 1{,}60 \cdot 10^5$ N/C. Es weist in die Richtung $\theta = 225°$, also auf den Kugelmittelpunkt. Schließlich erhalten wir $\mathbf{E}_K = (-1{,}13 \cdot 10^5$ N/C$)\,(\mathbf{e}_x + \mathbf{e}_y)$. Addieren aller Beiträge ergibt $\mathbf{E}_{\text{ges}} = (-1{,}54 \cdot 10^5$ N/C$)\,\mathbf{e}_x - (1{,}85 \cdot 10^5$ N/C$)\,\mathbf{e}_y$ sowie $E_{\text{ges}} = 2{,}41 \cdot 10^5$ N/C und $\theta = 230°$.

19.32 a) Die Ladung $\mathrm{d}q$ im Volumen $\mathrm{d}V$ ist $\mathrm{d}q = \varrho(r)\,\mathrm{d}V = \varrho(r)\,4\pi r^2\,\mathrm{d}r = 4\pi A\, r^3\,\mathrm{d}r$. Wir integrieren dies von $r = 0$ bis $r = R$ und erhalten für die gesamte Ladung

$$Q = \int \mathrm{d}q = 4\pi A \int_0^R r^3\,\mathrm{d}r = \pi A R^4.$$

b) Außerhalb der Kugel ist das Feld radial und hat den Betrag $E_r = \frac{1}{4\pi\varepsilon_0} Q/r^2 = \frac{1}{4\pi\varepsilon_0} \pi A R^4/r^2$. Innerhalb der Kugel ist die zum Feld beitragende Ladung $q(r) = \pi A\, r^4$. Dies folgt aus der Integration über $\mathrm{d}q$ von 0 bis r. Daraus folgt $E_r(r) = \frac{1}{4\pi\varepsilon_0} q(r)/r^2 = \frac{1}{4\pi\varepsilon_0} \pi A\, r^4/r^2 = \frac{1}{4\pi\varepsilon_0} \pi A\, r^2$. Diese Ergebnisse sind in der Abbildung gegen r/R aufgetragen.

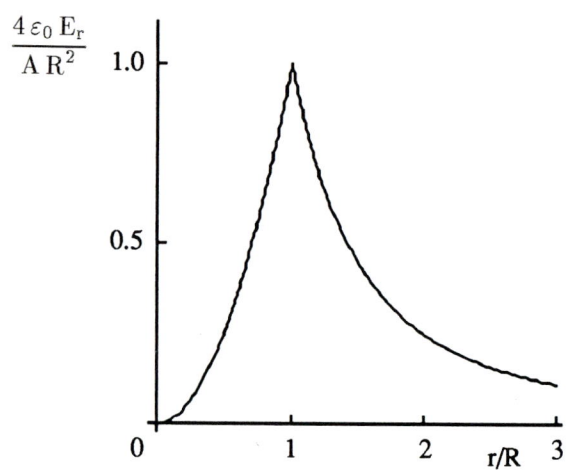

c) Das Ladungselement zwischen r und $(r + \mathrm{d}r)$ ist $\mathrm{d}q = \varrho(r)\,4\pi r^2\,\mathrm{d}r$. Die Integration ergibt für

die gesamte Ladung in der Kugel

$$Q = \int \mathrm{d}q = 4\pi B \int_0^R r\,\mathrm{d}r = 2\pi B R^2.$$

Außerhalb der Kugel ist $E_r = \frac{1}{4\pi\varepsilon_0} Q/r^2 = \frac{1}{4\pi\varepsilon_0} 2\pi B R^2/r^2$. Innerhalb der Kugel ist $E_r(r) = \frac{1}{4\pi\varepsilon_0} q(r)/r^2 = \frac{1}{4\pi\varepsilon_0} 2\pi B\, r^2/r^2 = \frac{1}{4\pi\varepsilon_0} 2\pi B$. Demnach hat E_r in der Kugel überall denselben Betrag. Die r-Abhängigkeit des Feldes ist in der Abbildung gezeigt.

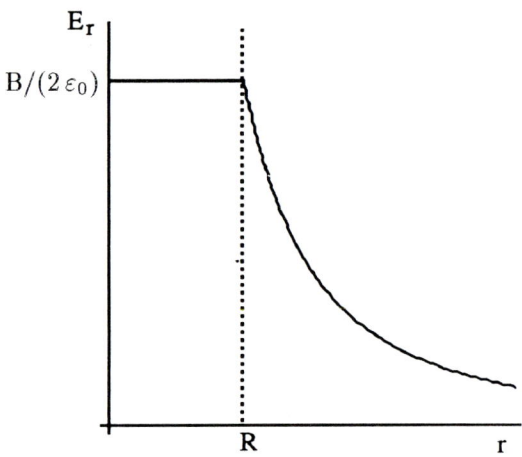

d) Hier ist die gesamte Ladung

$$Q = \int \mathrm{d}q = 4\pi C \int_0^R \mathrm{d}r = 4\pi C R.$$

Außerhalb der Kugel ist $E_r = \frac{1}{4\pi\varepsilon_0} Q/r^2 = \frac{1}{4\pi\varepsilon_0} 4\pi C R/r^2$. Innerhalb der Kugel ist $E_r(r) = \frac{1}{4\pi\varepsilon_0} q(r)/r^2 = \frac{1}{4\pi\varepsilon_0} 4\pi C\, r/r^2 = \frac{1}{4\pi\varepsilon_0} 4\pi C/r$. Diese Abhängigkeit ist in der Abbildung aufgetragen.

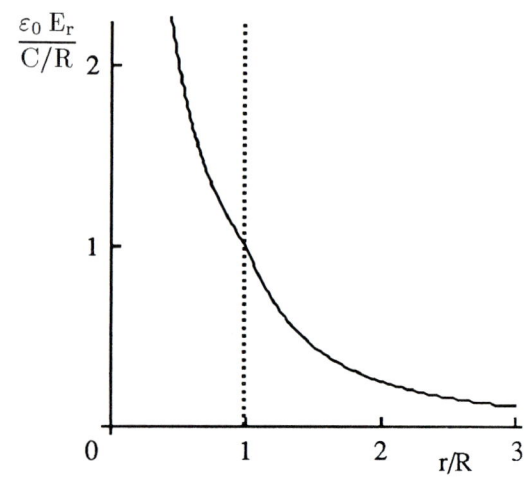

19.33 Die Gerade befindet sich außerhalb der Kugel; daher wirkt diese so, als wäre ihre gesamte Ladung im Ursprung konzentriert. Sie erzeugt deshalb ein radiales Feld mit dem Betrag $\frac{1}{4\pi\varepsilon_0} Q/r^2$. Dieses wirkt auf alle Ladungselemente dq der Geraden; für diese gilt $dq = \lambda\, dr = (q/d)\, dr$. Damit wirkt die radiale Kraft $dF = \frac{1}{4\pi\varepsilon_0}[Q\,q/(r^2\,d)]\,dr$. Durch Integration erhalten wir für die gesamte von der Kugel auf die Gerade ausgeübte Kraft

$$
\begin{aligned}
F &= \frac{1}{4\pi\varepsilon_0} \int_R^{R+d} \frac{Q\,q}{r^2\,d}\,dr \\
&= \frac{1}{4\pi\varepsilon_0} \frac{Q\,q}{d}\left(-\frac{1}{R+d} + \frac{1}{R}\right) \\
&= \frac{1}{4\pi\varepsilon_0} \frac{Q\,q}{R\,(R+d)}.
\end{aligned}
$$

19.34 a) Die linke Linienladung erzeugt ein elektrisches Feld, das entlang der x-Achse ausgerichtet ist; sein Betrag ist $E = \frac{1}{4\pi\varepsilon_0}\,\lambda\,\ell\,/\,[x\,(x-\ell)]$. Dabei ist ℓ die Länge jeder Linienladung, λ ihre Ladung pro Längeneinheit, und x ist die x-Koordinate. Nun betrachten wir ein Element dx der rechten Linienladung. Es hat die Ladung $\lambda\,dx$ und erfährt durch die erste Linienladung die Kraft $dF = \lambda E\,dx = \frac{1}{4\pi\varepsilon_0}\{\lambda^2\,\ell\,/\,[x\,(x-\ell)]\}\,dx$. Die gesamte Kraft auf die zweite Linienladung erhalten wir durch Integration von $x = \ell + d$ bis $x = 2\,\ell + d$. Es folgt

$$
\begin{aligned}
F &= \frac{1}{4\pi\varepsilon_0}\,\lambda^2\,\ell \int_{\ell+d}^{2\ell+d} \frac{dx}{x\,(x-\ell)} \\
&= \frac{1}{4\pi\varepsilon_0}\,\lambda^2\,\ell\,\frac{1}{\ell}\,\ln\left(\frac{x-\ell}{x}\right)\Bigg|_{\ell+d}^{2\ell+d} \\
&= \frac{1}{4\pi\varepsilon_0}\,\lambda^2\left[\ln\left(\frac{\ell+d}{2\,\ell+d}\right) - \ln\left(\frac{d}{\ell+d}\right)\right] \\
&= \frac{1}{4\pi\varepsilon_0}\,\lambda^2\,\ln\left(\frac{(\ell+d)^2}{d\,(2\,\ell+d)}\right).
\end{aligned}
$$

Dies ist die Gesamtkraft einer Linienladung auf die andere.   **b)** Für $d \gg \ell$ ist das Argument des Logarithmus $[d^2\,(1+\ell/d)^2]\,/\,[d^2\,(1+2\,\ell/d)] = (1+\ell/d)^2\,/\,(1+2\,\ell/d) = (1+2\,\ell/d+\ell^2/d^2)\,(1-2\,\ell/d+4\,\ell^2/d^2-\cdots) = 1 + \ell^2/d^2 + \cdots$. Wegen

$\ln(1+x) \approx x$ für kleines x erhalten wir $F \approx \frac{1}{4\pi\varepsilon_0}\,\lambda^2\,(\ell^2/d^2) = \frac{1}{4\pi\varepsilon_0}\,Q^2/d^2$. Darin ist $Q = \lambda\,\ell$ die Ladung jeder Linie.

19.35 Jeder Punkt der x-Achse liegt auf einer Mittelsenkrechten jeder der Quadratseiten. Dann erzeugt jede Seite das Feld

$$
E = \frac{1}{4\pi\varepsilon_0}\,\frac{2\,\lambda}{r}\,\frac{\ell/2}{\sqrt{(\ell/2)^2 + r^2}}.
$$

Darin ist $r = \sqrt{x^2 + \ell^2/4}$. Wir erhalten für den Betrag des Feldes jeder der Seiten

$$
E = \frac{1}{4\pi\varepsilon_0}\,\frac{2\,\lambda}{\sqrt{\ell^2/4 + x^2}}\,\frac{\ell/2}{\sqrt{\ell^2/2 + x^2}}.
$$

Das Feld liegt jedoch nicht in Richtung der x-Achse, sondern bildet mit dieser den Winkel θ, für den gilt $\cos\theta = x/r$. Also liegt $\mathbf{E}$ auf dem Radiusvektor vom Mittelpunkt einer Seite zum Punkt x, und die Komponente eines solchen Vektors in x-Richtung ist $E_x = E\cos\theta = E\,(x/r)$. Die anderen Komponenten von $\mathbf{E}$ heben wegen der Symmetrie einander auf. Die Gesamtladung des Quadrates ist $Q = 4\,\lambda\,\ell$. Somit folgt für das elektrische Feld am Punkt x auf der x-Achse

$$
\begin{aligned}
(E_x)_{\text{ges}} &= 4\,E_x \\
&= \frac{1}{4\pi\varepsilon_0}\,\frac{4\,\lambda\,\ell\,x}{(\ell^2/4 + x^2)\,\sqrt{\ell^2/2 + x^2}} \\
&= \frac{1}{4\pi\varepsilon_0}\,\frac{Q\,x}{(\ell^2/4 + x^2)\,\sqrt{\ell^2/2 + x^2}}.
\end{aligned}
$$

Für einen Ring mit dem Radius $R = \ell/2$ und der Gesamtladung Q erhalten wir für das Feld am Punkt x

$$
\begin{aligned}
E_x &= \frac{1}{4\pi\varepsilon_0}\,\frac{Q\,x}{(\ell^2/4 + x^2)^{3/2}} \\
&= \frac{1}{4\pi\varepsilon_0}\,\frac{Q\,x}{(\ell^2/4 + x^2)\,\sqrt{\ell^2/4 + x^2}}.
\end{aligned}
$$

Beachten Sie, daß die anderen Komponenten des elektrischen Feldes einander wegen der Symmetrie aufheben, wie beim Quadrat.

19.36 Wir können das System als Überlagerung zweier Kugeln ansehen: Eine hat den Radius a und die Ladungsdichte ϱ, und die andere hat den Radius $b < a$ und die Ladungsdichte $-\varrho$. Das Zentrum dieser Kugel liegt bei $x = b$ und $y = 0$. Mit $q(r) = \frac{4}{3}\pi r^3 \varrho$ erzeugt die erste Kugel ein Feld mit dem Betrag $E_1 = \frac{1}{4\pi\varepsilon_0} q(r)/r^2$. Dabei ist r der Abstand vom Ursprung zu irgendeinem Punkt (x, y). Damit ist das Feld $E_1 = \frac{1}{4\pi\varepsilon_0}\frac{4}{3}\pi\varrho\, r$, mit radialer Richtung. Daraus folgt $E_{1x} = E\,(x/r) = \frac{1}{4\pi\varepsilon_0}\frac{4}{3}\pi\varrho\, x$ und $E_{1y} = \frac{1}{4\pi\varepsilon_0}\frac{4}{3}\pi\varrho\, y$. Die zweite Kugel erzeugt das Feld $E_2 = \frac{1}{4\pi\varepsilon_0}\frac{4}{3}\pi\,(-\varrho)\,r_2$. Darin ist r_2 der Radius vom Punkt $x = b$, $y = 0$ zum Punkt (x, y). Das Feld E_2 hat radiale Richtung bezüglich des Mittelpunkts der zweiten Kugel. Also ist $E_{2x} = E_2\,(r_{2x}/r)$ und $E_{2y} = E_2\,(r_{2y}/r)$. Wegen $r_{2x} = r_x - b$ und $r_{2y} = r_y$ erhalten wir $E_{2x} = -\frac{1}{4\pi\varepsilon_0}\frac{4}{3}\pi\varrho\,(x - b)$ und $E_{2y} = -\frac{1}{4\pi\varepsilon_0}\frac{4}{3}\pi\varrho\, y$. Kombinieren der Ergebnisse liefert $E_x = E_{1x} + E_{2x} = \frac{1}{4\pi\varepsilon_0}\frac{4}{3}\pi\varrho\,[x - (x - b)] = \frac{1}{4\pi\varepsilon_0}\frac{4}{3}\pi\varrho\, b = \varrho\, b/(3\,\varepsilon_0)$ und $E_y = E_{1y} + E_{2y} = 0$. Die Komponente E_z wird auf demselben Weg berechnet wie E_y und ist ebenfalls null.

19.37 a) Ein kleines Flächenstückchen ΔA mit der Ladungsdichte σ erzeugt in seiner Nähe ein Feld mit dem Betrag $\sigma/(2\,\varepsilon_0)$. Dieses ist auf jeder Seite der Fläche gleich stark und steht auf ihr senkrecht. Wenn dieses Ladungsstückchen ein Teil der Oberfläche eines Leiters ist, so ist das Feld auf einer Seite null (nämlich innerhalb des Leiters). Dagegen hat das Feld auf der anderen Seite den Betrag σ/ε_0. Wir können dieses Resultat erhalten durch Überlagerung des Feldes, das von dem kleinen Flächenstückchen herrührt, und dem homogenen Feld mit dem Betrag $\sigma/(2\,\varepsilon_0)$, das von allen anderen Ladungen auf dem Leiter herrührt. Daher ist die Kraft auf das kleine Flächenstückchen gleich dem Produkt seiner Ladung und dem Feld, in dem es sich befindet: $F = (\sigma\,\Delta A)\,[\sigma/(2\,\varepsilon_0)] = \sigma^2\,\Delta A/(2\,\varepsilon_0)$.   b) Wie in Teil a) erklärt, rührt die Hälfte des Feldes unmittelbar außerhalb eines Leiters von der Ladung auf der Fläche ΔA her, und die andere Hälfte wird von allen anderen Ladungen hervorgerufen. Nur diese letztere Hälfte trägt zur Kraft auf die Fläche ΔA bei.   c) $F/\Delta A = \sigma^2/(2\,\varepsilon_0) = \frac{1}{4\pi\varepsilon_0}\,2\,\pi\,\sigma^2 = \frac{1}{4\pi\varepsilon_0}\,2\,\pi\,q^2/(4\,\pi\,r^2)^2 = 14{,}3\ \mathrm{N/m^2}$.

Kapitel 20

Das elektrische Potential

20.1 a) Weil die Energie im System erhalten bleibt, gilt $\Delta E_{\text{pot}} + \Delta E_{\text{kin}} = 0$. Wir erhalten daher für die Änderung der potentiellen Energie $\Delta E_{\text{pot}} = Q\,\Delta\varphi = Q\,(-\mathbf{E}\cdot\Delta\boldsymbol{\ell}) = -QE\,\Delta x$. Die Änderung der kinetischen Energie ist $\Delta E_{\text{kin}} = E_{\text{kin,e}} - E_{\text{kin,a}} = E_{\text{kin,e}}$. Es folgt $\Delta E_{\text{pot}} = -QE\,\Delta x = -\Delta E_{\text{kin}} = -E_{\text{kin,e}}$ und $E_{\text{kin,e}} = QE\,\Delta x = 2{,}4\cdot 10^{-2}$ J. b) $\Delta E_{\text{pot}} = -QE\,\Delta x = -2{,}4\cdot 10^{-2}$ J. c) $\Delta\varphi = -\mathbf{E}\cdot\Delta\boldsymbol{\ell} = -E\,\Delta x = -8000$ V. d) Die Änderung des Potentials vom Punkt x_0 zum Punkt x ist $\Delta\varphi = \varphi(x) - \varphi(x_0) = -E\,(x - x_0)$. Mit $x_0 = 0$ und $\varphi(x_0) = 0$ erhalten wir $\varphi(x) = -E\,x = (-2\text{ kV/m})\,x$.
e) Hier ist $x_0 = 0$ und $\varphi(x_0) = 4$ kV, und es folgt $\varphi(x) = (4000\text{ V}) - (2\text{ kV/m})\,x$.
f) Hier ist $x_0 = 1$ m und $\varphi(x_0) = 0$. Damit ergibt sich $\varphi(x) = (2000\text{ V}) - (2\text{ kV/m})\,x$.

20.2 a) $E_x = \sigma/(2\,\varepsilon_0) = 1{,}41\cdot 10^5$ N/C $= 1{,}41\cdot 10^5$ V/m. Das Feld weist bei positiven x-Werten in die positive x-Richtung. b) $\varphi_b - \varphi_a = -\mathbf{E}\cdot\Delta\boldsymbol{\ell} = -E\,(b - a) = 4{,}24\cdot 10^4$ V/m. Also ist das Potential näher bei der Ebene höher.
c) Wir nehmen an, daß sich die kinetische Energie der Probeladung nicht ändert. Dann ist $W = \Delta E_{\text{pot}} = q\,\Delta\varphi = 6{,}36\cdot 10^{-5}$ J.

20.3 a) Weil das elektrische Feld zwischen den Platten homogen ist, gilt $\Delta\varphi = -\mathbf{E}\cdot\Delta\boldsymbol{\ell} = -E\,d$. Darin ist d der Abstand der Platten voneinander. Das elektrische Feld hat den Betrag $E = \Delta\varphi/d = 5$ kV/cm. Es weist von der positiven zur negativen Platte. Dies muß die Richtung abnehmenden Potentials sein; also ist das Potential an der positiven Platte höher. b) Die Kraft auf das Elektron hat den Betrag $F = eE$. Weil sie dieselbe Richtung wie die Verschiebung des Elektrons hat, ist die Arbeit positiv: $W = e\,E\,d = 500$ eV $= 8\cdot 10^{-17}$ J. c) Die Ände-

rung der potentiellen Energie ist $\Delta E_{\text{pot}} = q\,\Delta\varphi = -e\,(\varphi_b - \varphi_a) = -500$ eV. Das elektrische Feld ist konservativ, also folgt $\Delta E_{\text{pot}} + \Delta E_{\text{kin}} = 0$ und $\Delta E_{\text{kin}} = E_{\text{kin,e}} = -\Delta E_{\text{pot}} = 500$ eV.

20.4 a) $\varphi_C = \frac{1}{4\pi\varepsilon_0}(q_1/r_1 + q_2/r_2) = \frac{1}{4\pi\varepsilon_0}2q/r = 2\,(8{,}99\cdot 10^9\text{ N}\cdot\text{m}^2/\text{C}^2)\,(2\cdot 10^{-6}\text{ C})/\,(3\text{ m}) = 12\,000$ V. b) Die Arbeit, um die Ladung $q_C = 5\ \mu$C aus dem Unendlichen zum Punkt C zu bringen, ist $W = \Delta E_{\text{pot}} = q_C\,\Delta\varphi = q_C\,(\varphi_C - \varphi_\infty) = q_C\,\varphi_C = 0{,}0599$ J. c) Hier ist $\varphi_C = \frac{1}{4\pi\varepsilon_0}\,q\,(1/r - 1/r) = 0$. Damit ist auch $W = 0$.

20.5 a) Jede der sechs Ladungen des Betrages $q = 3\ \mu$C hat vom Mittelpunkt der Kugel den Abstand $R = 0{,}6$ m. Daher ist $\varphi = \frac{1}{4\pi\varepsilon_0}6\,q/R = 2{,}68\cdot 10^5$ V. b) Jede der sechs Ladungen hat vom Nordpol der Kugel den Abstand $r = R\sqrt{2}$. Daher ist das Potential $\varphi = \frac{1}{4\pi\varepsilon_0}6\,q/(R\sqrt{2}) = 1{,}91\cdot 10^5$ V.

20.6 a) $\varphi = \frac{1}{4\pi\varepsilon_0}\,q/r = 4\,500$ V. b) Die Arbeit, um die im Unendlichen ruhende Ladung q nach $r = 4$ m (ebenfalls ruhend) zu bringen, ist $W = \Delta E_{\text{pot}} = q\,\Delta\varphi = q\,\varphi = 1{,}35\cdot 10^{-2}$ J. c) $W = 1{,}35\cdot 10^{-2}$ J, wie zuvor. Wenn q_1 die Ladung am Ursprung und q_2 die Ladung bei $r = 4$ m ist, so können die Resultate aus den Teilen a) und b) folgendermaßen zusammengefaßt werden: $\varphi = \frac{1}{4\pi\varepsilon_0}q_1/r$ und $W = \frac{1}{4\pi\varepsilon_0}q_1\,q_2/r$. Hier ist $\varphi = \frac{1}{4\pi\varepsilon_0}q_2/r$ und $W = q_1\,\varphi = \frac{1}{4\pi\varepsilon_0}q_1\,q_2/r$. Daher ist die Arbeit dieselbe.

20.7 a) Mit $r = 2{,}5$ m ist $W = \frac{1}{4\pi\varepsilon_0}q^2\,(1/r + 1/r + 1/r) = \frac{1}{4\pi\varepsilon_0}3\,q^2/r = 0{,}19$ J. b) $W = \frac{1}{4\pi\varepsilon_0}q^2\,(-1/r + 1/r - 1/r) = -\frac{1}{4\pi\varepsilon_0}q^2/r =$

$-0{,}0634\,\text{J}.$ c) $W = \frac{1}{4\pi\varepsilon_0}\,q^2\,(-1/r + 1/r - 1/r) =$ $-\frac{1}{4\pi\varepsilon_0}\,q^2/r = -0{,}0634\,\text{J}.$

20.8 a) Die Funktion $\varphi(x) = \frac{1}{4\pi\varepsilon_0}\,Q/(x^2 + a^2)^{1/2}$ ist in der Abbildung aufgetragen. Der Achsenabschnitt auf der Ordinate ist $\frac{1}{4\pi\varepsilon_0}\,Q/a$.

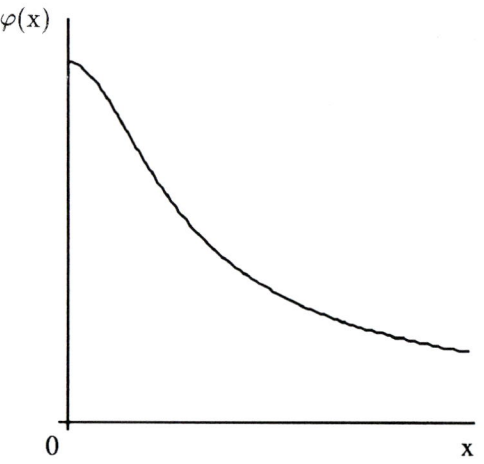

b) Aus dem Diagramm geht hervor, daß $\varphi(x)$ bei $x = 0$ maximal ist, also im Mittelpunkt des Ringes.   c) Aufgrund der Symmetrie der Ringladung ist klar, daß das elektrische Feld im Mittelpunkt eines Ringes null ist.

20.9 a) Das elektrische Feld ist überall innerhalb der Kugelschale gleich null. Unmittelbar außerhalb der Kugelschale ist es $E = \frac{1}{4\pi\varepsilon_0}\,q/r^2 = 6{,}24 \cdot 10^3\,\text{V/m}.$ b) Das elektrische Potential ist an der Oberfläche der Kugelschale stetig und hat dort den Wert $\varphi = \frac{1}{4\pi\varepsilon_0}\,q/r.$ Also ist unmittelbar innerhalb und unmittelbar außerhalb der Kugelschale das elektrische Potential $\varphi = \frac{1}{4\pi\varepsilon_0}\,q/r = 749\,\text{V}.$ c) Das elektrische Potential ist überall im Volumen der Kugelschale konstant; also ist am Mittelpunkt $\varphi = 749\,\text{V}.$ Dort ist wegen der Symmetrie das Feld null.

20.10 Das Potential auf der Achse einer geladenen Scheibe ist $\varphi(x) = \frac{1}{4\pi\varepsilon_0}\,2\pi\sigma\,[(x^2 + r^2)^{1/2} - x].$ Hier ist $r = 6{,}25\,\text{cm}$ und $\sigma = 7{,}5\,\text{nC/m}^2.$ a) Bei $x = 0{,}5\,\text{cm}$ ist $\varphi = 24{,}4\,\text{V}.$ b) Bei $x = 3\,\text{cm}$ ist $\varphi = 16{,}7\,\text{V}.$ a) Bei $x = 6{,}25\,\text{cm}$ ist $\varphi = 11{,}0\,\text{V}.$

20.11 Das elektrische Potential beim Abstand r von einer Linienladung ist $\varphi(r) = -\frac{1}{4\pi\varepsilon_0}\,2\lambda\,\ln(r/a).$ Darin hängt a davon ab, wo das Potential gleich null gesetzt wird. Wir setzen $\varphi(r) = 0$ bei $r = 2{,}5\,\text{m}$; also ist $a = 2{,}5\,\text{m}.$ a) Bei $r = 2\,\text{m}$ ist $\varphi = 6{,}02 \cdot 10^3\,\text{V}.$ b) Bei $r = 4\,\text{m}$ ist $\varphi = -1{,}27 \cdot 10^4\,\text{V}.$ a) Bei $r = 12\,\text{m}$ ist $\varphi = -4{,}23 \cdot 10^4\,\text{V}.$

20.12 a) Das elektrische Potential ist $\varphi = \frac{1}{4\pi\varepsilon_0}\,(q_1/r_1 + q_2/r_2).$ Hier ist $q_1 = 3\,\mu\text{C}$ und $q_2 = -3\,\mu\text{C}$ sowie $r_1 = r_2 = 3\,\text{m}.$ Wir erhalten $\varphi = 0.$ b) Das elektrische Feld ist $\mathbf{E} = \frac{1}{4\pi\varepsilon_0}\,[(q_1/r_1)\,\mathbf{e}_x + (q_2/r_2)\,(-\mathbf{e}_x)] = (5{,}99 \cdot 10^3\,\text{V/m})\,\mathbf{e}_x.$ c) Bei $x = 3{,}01\,\text{m}$ ist $\varphi = -59{,}9\,\text{V}$ und daher $-\Delta\varphi/\Delta x = 5{,}99 \cdot 10^3\,\text{V/m}.$ Das ist (bis auf 3 Stellen) gleich dem exakten Resultat, das wir in Teil b) erhielten.

20.13 Das elektrische Feld nahe einer unendlich ausgedehnten Ladungsebene hat den Betrag $E = \frac{1}{4\pi\varepsilon_0}\,2\pi\sigma$ und steht senkrecht auf der Oberfläche. Wir wählen die x-Achse als senkrecht zur Oberfläche und erhalten $E = -\text{d}\varphi/\text{d}x = \frac{1}{4\pi\varepsilon_0}\,2\pi\sigma$ und daraus $\text{d}x = -\text{d}\varphi\,(4\pi\varepsilon_0)/(2\pi\sigma).$ Integration beider Seiten ergibt $\Delta x = -\Delta\varphi\,(4\pi\varepsilon_0)/(2\pi\sigma).$ Mit $\Delta\varphi = 100\,\text{V}$ folgt daraus $\Delta x = 0{,}506\,\text{mm}.$

20.14

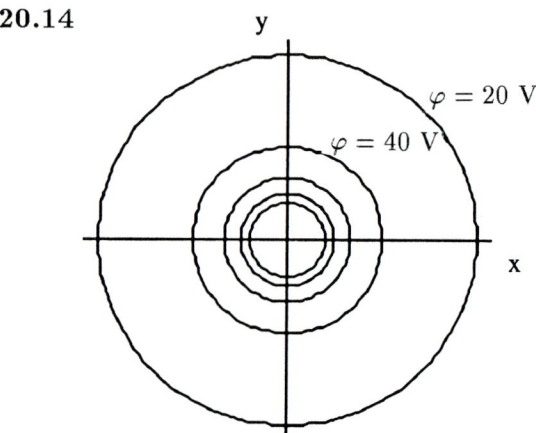

Das zu einer Punktladung im Ursprung gehörende Potential ist $\varphi = \frac{1}{4\pi\varepsilon_0}\,q/r.$ Daher ist $r = \frac{1}{4\pi\varepsilon_0}\,q/\varphi.$ Die Radien mit den gegebenen

Potentialen sind: $\varphi = 20$ V bei $r = 0{,}499$ m, $\varphi = 40$ V bei $r = 0{,}250$ m, $\varphi = 60$ V bei $r = 0{,}166$ m, $\varphi = 80$ V bei $r = 0{,}125$ m und $\varphi = 100$ V bei $r = 0{,}0999$ m. Die Abbildung zeigt die fünf Äquipotentialflächen. Beachten Sie, daß diese nicht äquidistant sind.

20.15 a) In Luft erfolgt ein Durchschlag, wenn das Feld den Wert $E_{max} = 3$ MV/m überschreitet. Das Feld unmittelbar außerhalb eines kugelförmigen Leiters ist $E = \frac{1}{4\pi\varepsilon_0} q/r^2$. Also ist die maximale Ladung $q_{max} = (4\pi\varepsilon_0)\,E_{max}\,r^2 = 8{,}54\ \mu$C. Dies ist der Betrag der Ladung, die daher positiv oder negativ sein kann. b) $\varphi_{max} = \pm\frac{1}{4\pi\varepsilon_0}\,q_{max}/r = \pm 4{,}8\cdot 10^5$ V.

20.16 Nahe der Oberfläche eines Leiters ist das elektrische Feld $E = \sigma/\varepsilon_0$. Daher ist die maximale Oberflächenladungsdichte σ gegeben durch $\sigma_{max} = \varepsilon_0\,E_{max}$. Für Luft ist $E_{max} = 3$ MV/m. Einsetzen der Werte ergibt $\sigma_{max} = 26{,}6\ \mu$C/m^2.

20.17 Das Potential an der Oberfläche einer leitenden Kugel mit dem Radius r ist $\varphi = \frac{1}{4\pi\varepsilon_0}\,q/r$, und das Feld ist $E = \frac{1}{4\pi\varepsilon_0}\,q/r^2 = \varphi/r$. Für $\varphi = 10\,000$ V und $E = E_{max}$ erhalten wir $r = \varphi/E_{max} = 3{,}33$ mm.

20.18 Um eine Ladung q entgegen der Potentialdifferenz $\Delta\varphi$ zu bewegen, ist die Arbeit $W = q\,\Delta\varphi$ aufzuwenden. Die Leistung P ist gleich der Arbeit pro Zeit, und es folgt $P = \mathrm{d}W/\mathrm{d}t = (\mathrm{d}q/\mathrm{d}t)\,\Delta\varphi$. Es ist gegeben $\mathrm{d}q/\mathrm{d}t = 200\ \mu$C/s; damit ist $P = 250$ J/s $= 250$ W.

20.19 Gegeben ist $\frac{1}{4\pi\varepsilon_0}\,q/R = 450$ V. Darin ist R der Radius der Kugel, und q ist ihre Ladung. Ferner gilt $\frac{1}{4\pi\varepsilon_0}\,q/(R+r) = 150$ V, mit $r = 0{,}2$ m. Dividieren beider Gleichungen ergibt $R/(R+r) = 150/450 = 1/3$. Auflösen liefert $R = 0{,}1$ m. Mit der ersten Gleichung folgt daraus $q = (4\pi\varepsilon_0)\,(450\ \text{V})\,R = 5{,}01$ nC.

20.20 Mit $E_x = \frac{1}{4\pi\varepsilon_0}\,2\,x^3$ kN/C $= -\mathrm{d}\varphi/\mathrm{d}x$ folgt

$$\begin{aligned}
\Delta\varphi &= \int_{\varphi_a}^{\varphi_e} \mathrm{d}\varphi = -\int_{x_a}^{x_e} E_x\,\mathrm{d}x \\
&= -3\int_{x_a}^{x_e} x^3\,\mathrm{d}x = -\frac{1}{2}\,(x_e^4 - x_a^4).
\end{aligned}$$

Hier ist $x_a = 1$ m und $x_e = 2$ m. Einsetzen der gegebenen Werte ergibt schließlich $\Delta\varphi = \varphi(2\,\text{m}) - \varphi(1\,\text{m}) = -7{,}5$ kV.

20.21 a) Im Bereich $0 < x < a$ heben die Felder der beiden Ebenen einander auf. Also ist $-\mathrm{d}\varphi/\mathrm{d}x = 0$ bzw. $\varphi = \text{const}$. Weil $\varphi = 0$ bei $x = 0$ ist, folgt, daß $\varphi = 0$ bei allen x ist, für die gilt $0 < x < a$. Für $x < 0$ ist das Feld $\mathbf{E} = -(\sigma\,\varepsilon_0)\,\mathbf{e}_x$ und daher $\varphi(x) = \sigma\,x/\varepsilon_0$. Für $x > a$ ist das Feld $\mathbf{E} = (\sigma/\varepsilon_0)\,\mathbf{e}_x$ und daher $\varphi(x) = -\sigma\,x/\varepsilon_0 + C$. Die Konstante C wird dadurch bestimmt, daß $\varphi(a) = 0$ ist. Damit folgt $C = \sigma\,a/\varepsilon_0$ und $\varphi(x) = (-\sigma/\varepsilon_0)\,(x-a)$. b) Hier verschwindet das Feld für $x < 0$ und für $x > a$; daher ist φ in diesen Bereichen konstant. Mit $\varphi = 0$ bei $x = 0$ erhalten wir $\varphi = 0$ für alle $x < 0$. Im Bereich $0 < x < a$ ist das Feld $\mathbf{E} = (\sigma/\varepsilon_0)\,\mathbf{e}_x$ und damit $\varphi(x) = -\sigma\,x/\varepsilon_0$. Beachten Sie, daß $\varphi(0) = 0$ ist, wie gefordert. Schließlich erhalten wir $\varphi(a) = -\sigma\,a/\varepsilon_0$ und daraus $\varphi = -\sigma\,a/\varepsilon_0$ für alle $x > a$.

20.22 a) Wegen der Energieerhaltung gilt $\Delta E_{pot} + \Delta E_{kin} = 0$ bzw. $\Delta E_{kin} = E_{kin,e} - E_{kin,a} = -\Delta E_{pot} = -q\,(\varphi_e - \varphi_a)$. Hier ist $E_{kin,e} = \frac{1}{2}\,m\,v^2$ und $E_{kin,a} = 0$ sowie $\varphi_e = 0$ und $\varphi_a = 5$ MV. Damit folgt $\frac{1}{2}\,m\,v^2 = q\,\varphi_a$. Auflösen ergibt $v = (2\,q\,\varphi_a/m)^{1/2} = 3{,}10\cdot 10^7$ m/s. b) Wenn die Potentialänderung gleichmäßig erfolgt, dann ist das elektrische Feld konstant, und es gilt $E = -\Delta\varphi/\Delta x = \varphi_a/\Delta x = 2{,}5\cdot 10^6$ V/m. Dieses Ergebnis können wir auch aus der Kinematik erhalten: $v^2 = v_0^2 + 2\,a\,\Delta x$, mit $v_0 = 0$ und der Beschleunigung $a = F/m = q\,E/m$. Kombinieren dieser Resultate mit dem Ergebnis für v aus Teil a) ergibt $2\,q\,\varphi_a/m = 2\,q\,E\,\Delta x/m$ und $E = \varphi_a/\Delta x$, wie zuvor.

20.23 a) Hier folgt $E_{\text{pot}} = \frac{1}{4\pi\varepsilon_0} q_1 q_2/(2\,R) = \frac{1}{4\pi\varepsilon_0}(46\,e)^2/(2\,R) = 234$ MeV $= 3,75 \cdot 10^{-11}$ J. b) Die Spaltungsgeschwindigkeit, also die Anzahl der pro Sekunde gespaltenen Kerne, nennen wir r. Wenn E_{pot} die pro Spaltung freigesetzte Energie ist, ist die Leistung $P = r\,E_{\text{pot}} = 1$ MW. Auflösen ergibt $r = P/E_{\text{pot}} = 2,67 \cdot 10^{16}$ Spaltungen pro Sekunde. Also müssen pro Sekunde $1,04 \cdot 10^{-8}$ kg Uran gespalten werden; das entspricht weniger als 1 mg pro Tag.

20.24 $E_{\text{pot}} = 5,30$ MeV $= \frac{1}{4\pi\varepsilon_0}(2\,e)(82\,e)/R$. Daraus folgt $R = \frac{1}{4\pi\varepsilon_0}(2\,e)(82\,e)/E_{\text{pot}} = 4,46 \cdot 10^{-14}$ m.

20.25 a) Nachdem die Elektronen aus der Ruhe durch die Potentialdifferenz $\Delta\varphi$ beschleunigt wurden, haben sie die kinetische Energie $\frac{1}{2}\,m\,v^2 = e\,\Delta\varphi$. Mit $\Delta\varphi = 30\,000$ V beträgt diese Energie 30 000 eV.   b) $30\,000$ eV $= 4,8 \cdot 10^{-15}$ J. c) Die Geschwindigkeit der Elektronen ist $v = (2\,e\,\Delta\varphi/m)^{1/2}$. Mit $m = 9,11 \cdot 10^{-31}$ kg erhalten wir $v = 1,03 \cdot 10^8$ m/s. Das entspricht etwa einem Drittel der Lichtgeschwindigkeit.

20.26

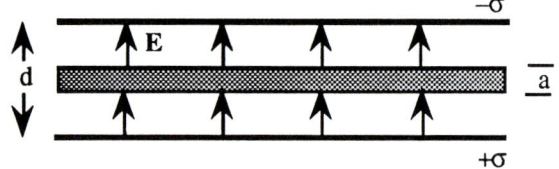

a) Jede Ebene erzeugt ein Feld mit dem Betrag $\sigma/(2\,\varepsilon_0)$. Weil beide Ebenen entgegengesetzte Ladungsdichten aufweisen, addieren sich die Felder zwischen den Ebenen zu $E = \sigma/\varepsilon_0$. Dieses Feld ist homogen; daher gilt $E = -\Delta\varphi/\Delta x$ bzw. $|\Delta\varphi| = E\,\Delta x = \sigma\,d/\varepsilon_0$. Natürlich liegt die Ebene mit der positiven Ladung auf höherem Potential.   b) Innerhalb der leitenden Scheibe ist das Feld null, und außerhalb von ihr ist es nach wie vor homogen. Der Gesamteffekt ist derselbe, als hätten die Ebenen nun nicht mehr den Abstand d, sondern den Abstand $d - a$ voneinander. Also

ist $|\Delta\varphi| = \sigma\,(d - a)/\varepsilon_0$. Die Abbildung zeigt die Feldlinien zwischen beiden Ebenen. Beachten Sie, daß die Feldlinien auf der Oberfläche der leitenden Scheibe enden.

20.27 Aufgrund der Symmetrie verläuft das Feld zwischen den Röhren radial, und nach dem Gauß-Gesetz ist $\varepsilon_0 E_{\text{r}}\,2\,\pi\,r = (q/\ell)$ und daher $E_{\text{r}} = \frac{1}{4\pi\varepsilon_0}2\,q/(\ell\,r) = -\mathrm{d}\varphi/\mathrm{d}r$. Die Integration ergibt

$$
\begin{aligned}
\Delta\varphi &= \int_{\varphi_a}^{\varphi_b}\mathrm{d}\varphi = -\int_a^b E_{\text{r}}\,\mathrm{d}r \\
&= -\frac{1}{4\pi\varepsilon_0}\frac{2\,q}{\ell}\int_a^b\frac{1}{r}\,\mathrm{d}r = -\frac{1}{4\pi\varepsilon_0}\frac{2\,q}{\ell}\ln r\Big|_a^b \\
&= -\frac{1}{4\pi\varepsilon_0}\frac{2\,q}{\ell}(\ln b - \ln a).
\end{aligned}
$$

Daraus folgt $\varphi_a - \varphi_b = \frac{1}{4\pi\varepsilon_0}(2\,q/\ell)\ln(b/a)$. Beachten Sie, daß, wie erwartet, $\varphi_a > \varphi_b$ ist, weil die innere Röhre die positive Ladung trägt.

20.28 Wenn sich das Proton von der Oberfläche der positiv geladenen Kugel zur Oberfläche der negativ geladenen Kugel bewegt, erniedrigt sich seine elektrische potentielle Energie um $q\,\Delta\varphi$. Sie tritt als kinetische Energie auf, und es ist $\frac{1}{2}\,m\,v^2 = q\,\Delta\varphi$ bzw. $v = (2\,q\,\Delta\varphi/m)^{1/2} = 1,38 \cdot 10^5$ m/s.

20.29 a) Wir betrachten ein Längenelement $\mathrm{d}x'$ des Stabes, das sich an der Position x' befindet. Die Ladung auf diesem Element ist $\mathrm{d}q = (Q/\ell)\,\mathrm{d}x'$. Sie erzeugt am Punkt x das Potential $\mathrm{d}\varphi = \frac{1}{4\pi\varepsilon_0}(Q/\ell)\,\mathrm{d}x'/r$; dabei ist $r = x - x'$. Die Integration ergibt für das gesamte Potential des Stabes

$$
\begin{aligned}
\varphi(x) &= \frac{1}{4\pi\varepsilon_0}\frac{Q}{\ell}\int_{-\ell/2}^{\ell/2}\frac{\mathrm{d}x'}{x - x'} \\
&= \frac{1}{4\pi\varepsilon_0}\frac{Q}{\ell}\ln\left(\frac{x + \ell/2}{x - \ell/2}\right).
\end{aligned}
$$

b) Das Argument des Logarithmus können wir schreiben als $[1 + \ell/(2\,x)]\,/\,[1 - \ell/(2\,x)]$. Für $x \gg \ell/2$ wird daraus $[1 + \ell/(2\,x)]\,[1 + \ell/(2\,x)] \approx$

$1 + \ell/x$. Wegen $\ln(1+x) \approx x$ erhalten wir $\varphi(x) \approx \frac{1}{4\pi\varepsilon_0}(Q/\ell)\ln(1+\ell/x) \approx \frac{1}{4\pi\varepsilon_0}(Q/\ell)(\ell/x) = \frac{1}{4\pi\varepsilon_0}Q/x$, wie für eine Punktladung Q erwartet.

20.30 Wegen der Energieerhaltung gilt $\Delta E_{\text{pot}} + \Delta E_{\text{kin}} = 0$ bzw. $E_{\text{kin,e}} = -\Delta E_{\text{pot}} = -q\,\Delta\varphi = q\,(\varphi_a - \varphi_e) = q\,\varphi_a$.   a) Mit allen vier Ladungen an den Anfangspositionen ist $\varphi_a = \frac{1}{4\pi\varepsilon_0}Q\,[1/\ell + 1/\ell + 1/(\ell\sqrt{2})] = \frac{1}{4\pi\varepsilon_0}[Q/(2\,\ell)](4+\sqrt{2})$. Damit folgt $E_{\text{kin,e}} = \frac{1}{4\pi\varepsilon_0}[Q^2/(2\,\ell)](4+\sqrt{2})$.
b) Hier ist $\varphi_a = \frac{1}{4\pi\varepsilon_0}(Q/\ell)[1/\ell + 1/(\ell\sqrt{2})]$ und daher $E_{\text{kin,e}} = \frac{1}{4\pi\varepsilon_0}[Q^2/(2\,\ell)](2+\sqrt{2})$.
c) $\varphi_a = \frac{1}{4\pi\varepsilon_0}(Q/\ell)$ und $E_{\text{kin,e}} = \frac{1}{4\pi\varepsilon_0}Q^2/\ell$.
d) Hier ist $E_{\text{kin,e}} = 0$, d.h. die letzte Ladung bleibt in Ruhe.

20.31 a) Die Kugeln 3 und 4 induzieren Ladungen entgegengesetzten Vorzeichens auf den Kugeln 1 und 2. Daher haben die Feldlinien folgenden Verlauf:

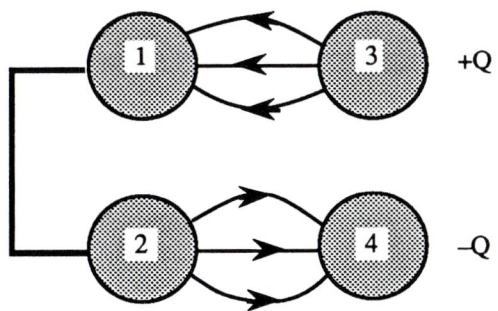

b) Weil die Kugeln 1 und 2 leitend miteinander verbunden sind, haben sie gleiches Potential. Die positiv geladene Kugel hat das höchste Potential und die negativ geladene das niedrigste Potential. Also ist $\varphi_3 \geq \varphi_1 = \varphi_2 \geq \varphi_4$. Die Gleichheitszeichen gelten, wenn $Q = 0$ ist. Die Potentiale der Kugeln 1 und 2 haben einen mittleren Wert, weil die auf ihnen induzierten Ladungen jeweils nur einen Bruchteil von Q betragen.   c) Wenn die Kugeln 3 und 4 leitend miteinander verbunden werden, dann haben auch sie gleiches Potential. Wegen $\varphi_3 = \varphi_4$ müssen in diesem Falle alle vier Kugeln gleiches Potential haben. Das ist nur bei $Q = 0$ möglich.

20.32 Die beiden Unbekannten σ_{o} und σ_{u}

können wir aus zwei Bedingungen ermitteln. Erstens ist die gesamte Ladungsdichte $\sigma_{\text{o}} + \sigma_{\text{u}} = \sigma = 12\ \mu\text{C/m}^2$. Zweitens sind die obere und die untere Platte leitend miteinander verbunden, so daß sie auf gleichem Potential liegen. Die Potentialdifferenz zwischen der oberen Oberfläche der mittleren Platte und der oberen Platte ist $\Delta\varphi_{\text{o}} = -E_{\text{o}}\,\Delta x_{\text{o}} = -\frac{1}{4\pi\varepsilon_0}2\,\pi\,\sigma_{\text{o}}\,\Delta x_{\text{o}}$. Entsprechend ist die Potentialdifferenz zwischen der unteren Oberfläche der mittleren Platte und der unteren Platte dann $\Delta\varphi_{\text{u}} = -E_{\text{u}}\,\Delta x_{\text{u}} = -\frac{1}{4\pi\varepsilon_0}2\,\pi\,\sigma_{\text{u}}\,\Delta x_{\text{u}}$. Die mittlere Platte hat überall gleiches Potential; daher können wir die zweite Bedingung wie folgt schreiben: $\Delta\varphi_{\text{o}} = \Delta\varphi_{\text{u}}$ bzw. $\sigma_{\text{o}}\,\Delta x_{\text{o}} = \sigma_{\text{u}}\,\Delta x_{\text{u}}$. Mit $\Delta x_{\text{o}} = 1$ mm und $\Delta x_{\text{u}} = 3$ mm erhalten wir $\sigma_{\text{o}} = 0{,}75\,\sigma = 9\ \mu\text{C/m}^2$ und $\sigma_{\text{u}} = 0{,}25\,\sigma = 3\ \mu\text{C/m}^2$.

20.33 Das Potential auf der Achse einer geladenen Scheibe mit dem Radius R ist $\varphi(x) = \frac{1}{4\pi\varepsilon_0}2\,\pi\,\sigma\,[(x^2 + R^2)^{1/2} - x]$. Wir klammern x aus: $\varphi(x) = \frac{1}{4\pi\varepsilon_0}2\,\pi\,\sigma\,x\,[(1+R^2/x^2)^{1/2}-1]$. Für $x \gg R$ ist $y = R^2/x^2 \ll 1$, und die Quadratwurzel kann angenähert werden, mit $(1+y)^{1/2} \approx 1 + \frac{1}{2}\,y$. Damit folgt $\varphi(x) \approx \frac{1}{4\pi\varepsilon_0}2\,\pi\,\sigma\,x\,(1 + \frac{1}{2}\,R^2/x^2 - 1) = \frac{1}{4\pi\varepsilon_0}\pi R^2\,\sigma/x = \frac{1}{4\pi\varepsilon_0}Q/x$. Darin ist $Q = \pi R^2\,\sigma$ die Gesamtladung der Scheibe.

20.34 a) Das gesamte Potential ist gleich der Summe aus den Potentialen, die den einzelnen Ladungen entsprechen. Daher ist $\varphi(x) = \frac{1}{4\pi\varepsilon_0}[Q/(x^2 + a^2)^{1/2} + Q'/|x - 2a|]$.   b) Bei $x < 2a$ erhalten wir $\varphi(x) = \frac{1}{4\pi\varepsilon_0}[Q/(x^2 + a^2)^{1/2} + Q'/(2a - x)]$ und damit $E_x = -\text{d}\varphi/\text{d}x = \frac{1}{4\pi\varepsilon_0}[Q\,x/(x^2 + a^2)^{3/2} - Q'/(2a - x)^2]$. Bei $x > 2a$ ist das Potential $\varphi(x) = \frac{1}{4\pi\varepsilon_0}[Q/(x^2 + a^2)^{1/2} + Q'/(x - 2a)]$ und damit $E_x = -\text{d}\varphi/\text{d}x = \frac{1}{4\pi\varepsilon_0}[Q\,x/(x^2 + a^2)^{3/2} + Q'/(x - 2a)^2]$. Die anderen Komponenten von $\mathbf{E}$ sind wegen der Symmetrie gleich null. Es wäre nicht korrekt, zu sagen, daß $E_y = 0$ sei, weil φ in Teil a) nicht von y abhängt. Im allgemeinen hängt φ von y ab. Dies ist hier in Teil a) jedoch nicht der Fall, da dieses Ergebnis speziell das Potential auf der x-Achse angibt.

20.35 a) $E_x = -\partial\varphi/\partial x = \frac{1}{4\pi\varepsilon_0}\,Q\,(x-a)\,/\,[(x-a)^2 + y^2 + z^2]^{3/2}$ und $E_y = -\partial\varphi/\partial y = \frac{1}{4\pi\varepsilon_0}\,Q\,y\,/\,[(x-a)^2 + y^2 + z^2]^{3/2}$ sowie $E_z = -\partial\varphi/\partial z = \frac{1}{4\pi\varepsilon_0}\,Q\,z\,/\,[(x-a)^2 + y^2 + z^2]^{3/2}$.
b) Dieses Potential wird durch eine Punktladung Q hervorgerufen, die sich bei $x = a$, $y = 0$ und $z = 0$ befindet.

20.36 Aus dem gegebenen Ausdruck für das Potential erhalten wir $E_x = -\partial\varphi/\partial x = -(4\,\mathrm{V/m^2})\,x$ und $E_y = -\partial\varphi/\partial y = -(1\,\mathrm{V/m^2})\,z$ sowie $E_z = -\partial\varphi/\partial z = -(1\,\mathrm{V/m^2})\,y$. Am fraglichen Punkt ist $\mathbf{E} = -(8\,\mathrm{V/m})\,\mathbf{e}_x - (2\,\mathrm{V/m})\,\mathbf{e}_y - (1\,\mathrm{V/m})\,\mathbf{e}_z$.

20.37 a) Für $x > a$ ist $E_x = \frac{1}{4\pi\varepsilon_0}\,[q_1/x^2 + q_2/(x-a)^2]$. Für $0 < x < a$ ist $E_x = \frac{1}{4\pi\varepsilon_0}\,[q_1/x^2 - q_2/(x-a)^2]$. Für $x < 0$ ist $E_x = \frac{1}{4\pi\varepsilon_0}\,[-q_1/x^2 - q_2/(x-a)^2]$. b) $\varphi(y) = \frac{1}{4\pi\varepsilon_0}\,[q_1/|y| + q_2/(y^2 + a^2)^{1/2}]$. c) Für $y > 0$ ist das Potential $\varphi(y) = \frac{1}{4\pi\varepsilon_0}\,[q_1/y + q_2/(y^2 + a^2)^{1/2}]$, und das Feld ist $E_y = -\mathrm{d}\varphi/\mathrm{d}y = \frac{1}{4\pi\varepsilon_0}\,[q_1/y^2 + q_2\,y/(y^2 + a^2)^{3/2}]$. Für $y < 0$ ist das Potential $\varphi(y) = \frac{1}{4\pi\varepsilon_0}\,[-q_1/y + q_2/(y^2 + a^2)^{1/2}]$, und das Feld ist $E_y = -\mathrm{d}\varphi/\mathrm{d}y = \frac{1}{4\pi\varepsilon_0}\,[-q_1/y^2 + q_2\,y/(y^2 + a^2)^{3/2}]$. Der erste Term im Ausdruck für E_y ist nach dem Coulomb-Gesetz für die Ladung q_1 berechnet. Für die Ladung q_2 hat das Feld den Betrag $\frac{1}{4\pi\varepsilon_0}\,q_2/r^2$ mit $r = (y^2 + a^2)^{1/2}$. Es hat die Richtung eines Vektors, der sich vom Punkt $x = a$, $y = 0$ zu einem willkürlichen Punkt auf der y-Achse erstreckt. Die y-Komponente dieses Feldes ist damit $\frac{1}{4\pi\varepsilon_0}\,(q_2/r^2)\,(r_y/r) = \frac{1}{4\pi\varepsilon_0}\,q_2\,y/r^3$. Dies ist genau die gegebene Formel.

20.38 a) Für $r \geq R$ folgt aus dem Gaußschen Gesetz $E_r = \frac{1}{4\pi\varepsilon_0}\,Q/r^2$. Das entsprechende Potential ist $\varphi = \frac{1}{4\pi\varepsilon_0}\,Q/r$. b) Innerhalb der Kugel ergibt das Gaußsche Gesetz $E_r = \frac{1}{4\pi\varepsilon_0}\,Q(r)/r^2$, wobei gilt $Q(r) = Q\,(\frac{4}{3}\pi r^3)\,/\,(\frac{4}{3}\pi R^3) = Q\,r^3/R^3$. Daraus folgt $E_r = \frac{1}{4\pi\varepsilon_0}\,Q\,r/R^3$. Wegen $\mathrm{d}\varphi = -E_r\,\mathrm{d}r$ erhalten wir daraus

$$\varphi(r) - \varphi(0) = -\frac{1}{4\pi\varepsilon_0}\,\frac{Q}{R^3}\int_0^r r\,\mathrm{d}r = -\frac{1}{4\pi\varepsilon_0}\,\frac{Q\,r^2}{2\,R^3}.$$

Daraus ergibt sich $\varphi(r) = \varphi(0) - \frac{1}{4\pi\varepsilon_0}\,Q\,r^2/(2\,R^3)$. Weil φ bei $r = R$ stetig ist, folgt $\varphi(R) = \frac{1}{4\pi\varepsilon_0}\,Q/R = \varphi(0) - \frac{1}{4\pi\varepsilon_0}\,Q\,R^2/(2\,R^3)$ bzw. $\varphi(0) = \frac{1}{4\pi\varepsilon_0}\,3\,Q/(2\,R)$. Mit diesem Ergebnis ist $\varphi(r) = \frac{1}{4\pi\varepsilon_0}\,\frac{1}{2}\,Q\,(3/R - r^2/R^3)$. Wir können $\varphi(r)$ auch erhalten, indem wir von ∞ bis zu dem Radius $r < R$ integrieren. Dies führt zu

$$\varphi(r) - \varphi(\infty) =$$
$$= -\int_\infty^R E_r\,\mathrm{d}r - \int_R^r E_r\,\mathrm{d}r$$
$$= -\frac{1}{4\pi\varepsilon_0}\left[Q\int_\infty^R \frac{1}{r^2}\,\mathrm{d}r + \frac{Q}{R^3}\int_R^r r\,\mathrm{d}r\right]$$
$$= \frac{1}{4\pi\varepsilon_0}\left[\frac{3\,Q}{2\,R} - \frac{Q\,r^2}{2\,R^3}\right].$$

Hierbei ist, wie üblich, $\varphi(\infty) = 0$ gesetzt, so daß sich das vorhin erhaltene Resultat ergibt.
c) $\varphi(0) = \frac{1}{4\pi\varepsilon_0}\,3\,Q/(2\,R)$.   d) In der Abbildung ist $\varphi(r)$ aufgetragen. Der Achsenabschnitt auf der Ordinate ist $\frac{1}{4\pi\varepsilon_0}\,3\,Q/(2\,R)$, und der Wert bei $r = R$ ist $\frac{1}{4\pi\varepsilon_0}\,Q/R$.

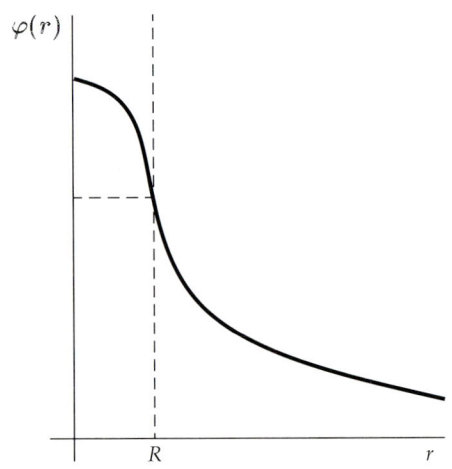

20.39 a) Hier ist nach dem zweiten Newtonschen Axiom $F = m\,a$ bzw. $\frac{1}{4\pi\varepsilon_0}\,e^2/r^2 = m\,v^2/r$. Daraus folgt $E_{\mathrm{kin}} = \frac{1}{2}\,m\,v^2 = \frac{1}{4\pi\varepsilon_0}\,e^2/(2\,r)$. Die potentielle Energie ist $E_{\mathrm{pot}} = -\frac{1}{4\pi\varepsilon_0}\,e^2/r$. Damit ist $E_{\mathrm{kin}} = \frac{1}{2}\,|E_{\mathrm{pot}}|$; dies gilt für alle r.
b) Mit $e = 1{,}6\cdot 10^{-19}$ C und $r = 0{,}529\cdot 10^{-10}$ m ist die kinetische Energie $E_{\mathrm{kin}} = \frac{1}{4\pi\varepsilon_0}\,e^2/(2\,r) =$

$2{,}18 \cdot 10^{-18}$ J $= 13{,}6$ eV. Damit erhalten wir $E_{\text{pot}} = -2\,E_{\text{kin}} = -27{,}2$ eV und $W = E_{\text{kin}} + E_{\text{pot}} = E_{\text{kin}} - 2\,E_{\text{kin}} = -E_{\text{kin}} = -13{,}6$ eV. Also sind 13,6 eV nötig, um ein Wasserstoffatom zu ionisieren.

20.40 a) Das Potential dieses Systems ist $\varphi = \frac{1}{4\pi\varepsilon_0}\,q\,(1/r_+ - 1/r_-) = \frac{1}{4\pi\varepsilon_0}\,q\,(r_- - r_+)/(r_-\,r_+)$. Beachten Sie, daß gilt $\mathbf{r}_+ = \mathbf{r} - a\,\mathbf{e}_z$. Daraus folgt $r_+^2 = r^2 - 2\,r\,a\cos\theta + a^2$ bzw. $r_+ = (r^2 - 2\,r\,a\cos\theta + a^2)^{1/2}$. Für $r \gg a$ können wir Terme wie $(a/r)^2$ und alle höheren Potenzen vernachlässigen. Damit erhalten wir $r_+ \approx r\,[1 - (a/r)\cos\theta]$. Entsprechend ist $\mathbf{r}_- = \mathbf{r} + a\,\mathbf{e}_z$ und daher $r_- \approx r\,[1 + (a/r)\cos\theta]$. Insgesamt folgt $r_- - r_+ = 2\,a\cos\theta$ und auch $r_-\,r_+ \approx r^2$, wenn $(a/r)^2$ und alle höheren Potenzen vernachlässigt werden. Kombinieren der Ergebnisse liefert $\varphi \approx \frac{1}{4\pi\varepsilon_0}\,q\,(2\,a\cos\theta)/r^2 = \frac{1}{4\pi\varepsilon_0}\,p\,z/r^3$. Darin folgt die letzte Gleichsetzung aus $p = 2\,a\,q$ und $\cos\theta = z/r$.   b) $E_x = -\mathrm{d}\varphi/\mathrm{d}x = \frac{1}{4\pi\varepsilon_0}\,3\,p\,z\,x/r^5$ und $E_y = -\mathrm{d}\varphi/\mathrm{d}y = \frac{1}{4\pi\varepsilon_0}\,3\,p\,z\,y/r^5$ sowie $E_z = -\mathrm{d}\varphi/\mathrm{d}z = \frac{1}{4\pi\varepsilon_0}\,(-p/r^3 + 3\,p\,z^2/r^5)$.

20.41 Angenommen, auf der inneren Schale befindet sich die Ladung q. Dann ist das Feld zwischen beiden Kugelschalen $\frac{1}{4\pi\varepsilon_0}\,q/r^2$, und das Potential ist $\varphi = \frac{1}{4\pi\varepsilon_0}\,q/r$. Damit ist $\varphi(b) - \varphi(a) = \frac{1}{4\pi\varepsilon_0}\,(q/b - q/a)$. Die innere Schale ist geerdet; deshalb ist $\varphi(a) = 0$, und es folgt $\varphi(b) = \frac{1}{4\pi\varepsilon_0}\,(q/b - q/a)$. Wie groß ist nun $\varphi(b)$? Dies ermitteln wir, indem wir das Feld außerhalb der Kugelschalen betrachten. Für $r > b$ ist $E = \frac{1}{4\pi\varepsilon_0}\,(Q + q)/r^2$, und das Potential ist $\varphi = \frac{1}{4\pi\varepsilon_0}\,(Q + q)/r$. Damit wird $\varphi(b) - \varphi(\infty) = \frac{1}{4\pi\varepsilon_0}\,(Q + q)/b$. Kombinieren mit dem zuvor erhaltenen Ergebnis liefert $\frac{1}{4\pi\varepsilon_0}\,(Q + q)/b = \frac{1}{4\pi\varepsilon_0}\,(q/b - q/a)$. Auflösen ergibt $q = -a\,Q/b$.

20.42 a) Das Feld ist null für $r < b$ und für $r > c$. Deshalb ist das Potential in diesen Bereichen konstant. Insbesondere ist es gleich null bei $r = \infty$, also auch bei $r = c$. Somit ist $\varphi(c) = 0$. Weiterhin ist das Potential zwischen den Kugelschalen $\varphi = \frac{1}{4\pi\varepsilon_0}\,Q/r$, so daß gilt $\varphi(b) - \varphi(c) =$ $\frac{1}{4\pi\varepsilon_0}\,(Q/b - Q/c)$. Wegen $\varphi(c) = 0$ führt dies nun zu $\varphi(b) = \frac{1}{4\pi\varepsilon_0}\,(Q/b - Q/c)$. Das Potential ist konstant für $r < b$, so daß gilt $\varphi(a) = \varphi(b) = \frac{1}{4\pi\varepsilon_0}\,(Q/b - Q/c)$.   b) Die Ladung auf der inneren Kugelschale sei Q_a, und die auf der äußeren sei Q_c. Dann ist $Q_a + Q_c = -Q$. Nun werden diese beiden Schalen miteinander verbunden, so daß sie gleiches Potential haben. Dies liefert uns die zweite Bedingung für die beiden Unbekannten. Das Feld ist für $r > c$ weiterhin null, weil die gesamte Ladung aller Schalen null ist. Daraus folgt $\varphi(c) = 0 = \varphi(a)$. Im Bereich $a < r < b$ ist das Potential $\varphi = \frac{1}{4\pi\varepsilon_0}\,Q_a/r$. Damit erhalten wir $\varphi(b) - \varphi(a) = \frac{1}{4\pi\varepsilon_0}\,Q_a\,(1/b - 1/a) = \varphi(b)$. Für $b < r < c$ ist das Potential entsprechend $\varphi = \frac{1}{4\pi\varepsilon_0}\,(Q_a + Q)/r$, und es folgt $\varphi(c) - \varphi(b) = \frac{1}{4\pi\varepsilon_0}\,(Q_a + Q)\,(1/c - 1/b) = -\varphi(b)$. Wir setzen beide Ausdrücke für $\varphi(b)$ gleich und erhalten $Q_a = -Q\,(a/b)\,(c - b)/(c - a)$ sowie $\varphi(b) = -\frac{1}{4\pi\varepsilon_0}\,Q_a\,(b - a)/(b\,a) = \frac{1}{4\pi\varepsilon_0}\,Q\,(c - b)\,(b - a)/[(c - a)\,b^2]$. Dann setzen wir $Q_a + Q_c = -Q$, und es ist $Q_c = -Q\,(c/b)\,(b - a)/(c - a)$.

20.43 a) Die Gesamtladung in der Kugel ist

$$Q = \int_0^R 4\,\pi\,r^2\,\varrho(r)\,\mathrm{d}r = \frac{4\,\pi\,\varrho_0}{R}\int_0^R r^3\,\mathrm{d}r$$
$$= \pi\,\varrho_0\,R^3.$$

b) Die Ladung bis zum Radius r ist

$$q = \int_0^r 4\,\pi\,r^2\,\varrho(r)\,\mathrm{d}r = \frac{4\,\pi\,\varrho_0}{R}\int_0^r r^3\,\mathrm{d}r$$
$$= \frac{\pi\,\varrho_0\,r^4}{R} = \frac{Q\,r^4}{R^4}.$$

c) Für $r > R$ ist $4\,\pi\,r^2\,E_r = Q/\varepsilon_0$ und daher $E_r = \frac{1}{4\pi\varepsilon_0}\,Q/r^2$. Für $r < R$ ist entsprechend $4\,\pi\,r^2\,E_r = q/\varepsilon_0$ und daher $E_r = \frac{1}{4\pi\varepsilon_0}\,Q\,r^2/R^4$.   d) Für $r > R$ ist das Potential einfach $\varphi(r) = \frac{1}{4\pi\varepsilon_0}\,Q/r$. Das bedeutet, daß gilt $\varphi(R) = \frac{1}{4\pi\varepsilon_0}\,Q/R$. Für $r < R$ müssen wir $\mathrm{d}\varphi = -E_r\,\mathrm{d}r$ integrieren:

$$\varphi(r) - \varphi(R) = -\frac{1}{4\pi\varepsilon_0}\,\frac{Q}{R^4}\int_R^r r^2\,\mathrm{d}r$$
$$= \frac{1}{4\pi\varepsilon_0}\,\frac{Q}{3\,R^4}\,(R^3 - r^3).$$

Wegen $\varphi(R) = \frac{1}{4\pi\varepsilon_0} Q/R$ führt das zu $\varphi(r) = \frac{1}{4\pi\varepsilon_0} [4\,Q/(3\,R) - Q\,r^3/(3\,R^4)]$.

20.44 a) Wegen der Energieerhaltung ist $\Delta E_{\mathrm{pot}} + \Delta E_{\mathrm{kin}} = 0$. Weil die Teilchen aus der Ruhe losgelassen werden, gilt für das positive Teilchen $\frac{1}{2}\,m\,v^2 = -\Delta E_{\mathrm{pot}} = -Q\,\Delta\varphi$. Das von der positiven Ladung erfahrene Potential ist $\varphi = -\frac{1}{4\pi\varepsilon_0} Q/r$. Wenn sich das Teilchen von $x = +a$ zu einem Punkt mit dem allgemeinen Wert x bewegt, so ist die Änderung seines Potentials $\Delta\varphi = -\frac{1}{4\pi\varepsilon_0} Q\,[1/(2\,x) - 1/(2\,a)]$. Damit ist die kinetische Energie des positiven Teilchens $\frac{1}{2}\,m\,v^2 = \frac{1}{4\pi\varepsilon_0}\,(Q^2/2)\,(1/x - 1/a)$. Daraus folgt $v(x) = [\frac{1}{4\pi\varepsilon_0}\,Q/(2\,m)]^{1/2}\,(1/x - 1/a)^{1/2}$. Das Teilchen bewegt sich in negativer x-Richtung, und es ist $\mathbf{v} = -v(x)\,\mathbf{e}_x$.   b) Die Zeit T für den Stoß, also für die Bewegung des positiven Teilchens von $x = a$ nach $x = 0$, erhalten wir durch Integration von $\mathrm{d}t = -\mathrm{d}x/v(x)$:

$$T = -\int_a^0 \frac{\mathrm{d}x}{v(x)} = \sqrt{\frac{2\,m}{\frac{1}{4\pi\varepsilon_0}\,Q^2}}\int_0^a \frac{\sqrt{a\,x}}{\sqrt{a-x}}\,\mathrm{d}x.$$

Zum Vereinfachen des Integrals setzen wir $y = (x/a)^{1/2}$ und erhalten

$$T = 2\,a^{3/2}\sqrt{\frac{2\,m}{\frac{1}{4\pi\varepsilon_0}\,Q^2}}\int_0^1 \frac{y^2}{\sqrt{1-y^2}}\,\mathrm{d}y.$$

Mit $y = \sin\theta$ folgt

$$T = 2\,a^{3/2}\sqrt{\frac{2\,m}{\frac{1}{4\pi\varepsilon_0}\,Q^2}}\int_0^{\pi/2} \sin^2\theta\,\mathrm{d}\theta.$$

Dies ergibt

$$T = \sqrt{\frac{2\,m}{\frac{1}{4\pi\varepsilon_0}\,Q^2}}\,\frac{\pi}{2}\,a^{3/2}.$$

Beachten Sie, daß (wie beim dritten Keplerschen Gesetz) T^2 proportional zu a^3 ist.

Kapitel 21

Kapazität, Dielektrika und elektrostatische Energie

21.1 Mit der Plattenfläche A und dem Plattenabstand s ist die Kapazität eines Kondensators mit parallelen Platten $C = \varepsilon_0 A/s$. Damit erhalten wir $A = C s/\varepsilon_0 = 1{,}69 \cdot 10^7$ m^2. Wären die Platten quadratisch, so wäre ihre Seitenlänge $\ell = \sqrt{A} = 4117$ m. Daran ist zu erkennen, wie groß die Kapazität 1 Farad ist.

21.2 a) Wenn das elektrische Feld zwischen den Platten $E_{\max}$ ist, so ist die Potentialdifferenz zwischen ihnen $U_{\max} = E_{\max} s = 4800$ V.
b) $Q_{\max} = C U_{\max} = 9{,}60$ mC.

21.3 a) $C = 2\pi \varepsilon_0 \ell/\ln(r_2/r_1) = 1{,}55 \cdot 10^{-12}$ F.
b) Die Ladung pro Längeneinheit ist $Q/\ell = C U/\ell = 15{,}5$ nC/m.

21.4 Ein Plattenkondensator, der mit einem Dielektrikum mit der Dielektrizitätszahl ε_r gefüllt ist, hat die Kapazität $C = \varepsilon_r \varepsilon_0 A/s$. Hier ist $C = 2{,}71$ nF.

21.5 Wir betrachten das elektrische Feld in einem Plattenkondensator. Ohne Dielektrikum ist es $E = \sigma/\varepsilon_0$, und mit Dielektrikum ist es $E = \sigma/(\varepsilon_r \varepsilon_0)$. Also hebt die auf dem Dielektrikum gebundene Ladungsdichte σ_b die freie Ladungsdichte σ auf den Platten teilweise auf; daher ist die kombinierte Ladungsdichte σ/ε_r. Also können wir schreiben $\sigma - \sigma_b = \sigma/\varepsilon_r$. Auflösen ergibt $\varepsilon_r = (1 - \sigma_b/\sigma)^{-1}$. a) $\varepsilon_r = (1 - 0{,}8)^{-1} = 5$.
b) $\varepsilon_r = 1{,}25$. c) $\varepsilon_r = 50$.

21.6 a) Gegeben ist $E = 2{,}5 \cdot 10^5$ V/m und $E' = E/\varepsilon_r = 1{,}2 \cdot 10^5$ V/m. Damit folgt $\varepsilon_r = 2{,}08$.

b) Mit dem elektrischen Feld ohne Dielektrikum ist beispielsweise $E = \sigma/\varepsilon_0 = Q/(A\varepsilon_0)$ bzw. $A = Q/(\varepsilon_0 E) = 45{,}2$ cm^2. c) Ohne Dielektrikum ist $E = Q/(A\varepsilon_0)$, und mit Dielektrikum ist $E' = Q'/(A\varepsilon_0)$. Darin ist $Q' = Q - Q_{\text{ind}}$, und wir erhalten $Q_{\text{ind}} = Q - Q' = Q - E'A\varepsilon_0 = 5{,}20$ nC.

21.7 Wenn die Kugel auf $U = 2$ kV aufgeladen ist, so ist ihre Ladung Q gegeben durch $U = \frac{1}{4\pi\varepsilon_0} Q/r$. Daraus folgt $Q = 4\pi\varepsilon_0 U r$. Daher ist die gespeicherte Energie $W = \frac{1}{2} Q U = 4\pi\varepsilon_0 U^2 r = 2{,}22 \cdot 10^{-5}$ J.

21.8 a) $W = \frac{1}{2} C U^2 = 1{,}5 \cdot 10^{-2}$ J. b) Weil die Spannung verdoppelt wird, erhöht sich die Energie um den Faktor 4, und die zusätzlich aufzuwendende Energie ist $3 W = 4{,}5 \cdot 10^{-2}$ J.

21.9 Die Energiedichte des elektrischen Feldes E ist $w_{\text{el}} = \frac{1}{2} \varepsilon_0 E^2$. Hier ist $w_{\text{el}} = 39{,}8$ J/m^3.

21.10 a) $E = U/s = 10^5$ V/m. b) Die Energiedichte (Energie pro Volumeneinheit) ist $w_{\text{el}} = \frac{1}{2} \varepsilon_0 E^2 = 0{,}0443$ J/m^3. Wir können auch folgendermaßen rechnen: $W = \frac{1}{2} C U^2$, mit $C = \varepsilon_0 A/s$, so daß folgt $W = \varepsilon_0 A U^2/(2 s)$. Weil das Volumen zwischen den Platten gleich $A s$ ist, folgt für die Energiedichte $W/(A s) = \varepsilon_0 U^2/(2 s^2) = 0{,}0443$ J/m^3. c) $W = w_{\text{el}} A s = 8{,}85 \cdot 10^{-5}$ J.
d) $C = \varepsilon_0 A/s = 1{,}77 \cdot 10^{-8}$ F.
e) $W = \frac{1}{2} C U^2 = 8{,}85 \cdot 10^{-5}$ J.

21.11 a) Für die Ersatzkapazität C_{ers} der in Reihe geschalteten Kondensatoren gilt $1/C_{\text{ers}} = 1/C_1 + 1/C_2$ bzw. $C_{\text{ers}} = C_1 C_2/(C_1 + C_2) =$

6,67 μF.   b) Da sie in Reihe geschaltet sind, haben die Kondensatoren notwendigerweise dieselbe Ladung, die gleich der auf dem Ersatzkondensator ist. Daraus folgt $Q = C_{\text{ers}} U = 40\ \mu$C.

c) Die Spannungsdifferenzen über den beiden Kondensatoren sind $U_{10} = Q/(10\ \mu\text{F}) = 4$ V und $U_{20} = Q/(20\ \mu\text{F}) = 2$ V. Die Summe beider Spannungsdifferenzen ist natürlich gleich der Batteriespannung von 6 V.

21.12   a) Die Kapazitäten parallelgeschalteter Kondensatoren addieren sich, und die Ersatzkapazität ist $C_{\text{ers}} = 30\ \mu$F.   b) An jedem Kondensator liegt die Batteriespannung $U = 6$ V an.

c) Mit $Q = C\,U$ erhalten wir $Q_{10} = 60\ \mu$C und $Q_{20} = 120\ \mu$C.

21.13   a) $Q = C\,U = 24\ \mu$C.   b) Die zwei parallelgeschalteten Kondensatoren haben die Ersatzkapazität $C_{\text{ers}} = C_1 + C_2$. Hier ist $C_{\text{ers}} = Q/U = (24\,\mu\text{C})/(4\,\text{V}) = 6\,\mu$F. Mit $C_1 = 2\,\mu$F erhalten wir $C_2 = 4\ \mu$F. Wir prüfen nach: Die Ladung auf C_1 ist $Q_1 = C_1\,U = 8\ \mu$C, und die Ladung auf C_2 ist $Q_2 = C_2\,U = 16\ \mu$C. Damit ist die Gesamtladung $Q = Q_1 + Q_2 = 24\ \mu$C, in Übereinstimmung mit Teil a).

21.14   a) Mit $C = 1\ \mu$F ist die Ersatzkapazität von n dieser Kondensatoren $C_{\text{ers}} = n\,C$. Mit $Q = 1$ mC und $U = 10$ V folgt $C_{\text{ers}} = Q/U = 10^{-4}\ \text{F} = 100\,(1\ \mu\text{F})$, und es ist $n = 100$.

b) Über jedem Kondensator liegt die Potentialdifferenz 10 V. Weil die Kondensatoren parallelgeschaltet sind, ist die Potentialdifferenz über dem gesamten Aufbau ebenfalls 10 V.   c) Wenn die Kondensatoren in Reihe geschaltet sind, ist die Potentialdifferenz der Kombination gleich der Summe der einzelnen Potentialdifferenzen. Hier ist $U = 100\,(10\ \text{V}) = 1000\,$V. Für jeden Kondensator gilt $Q = C\,U = (1\ \mu\text{F})(10\ \text{V}) = 10^{-5}$ C. Beachten Sie, daß dies dieselbe Ladung der Kondensatoren ist wie in Teil a), und daß wegen $100\,(10^{-5}\ \text{C}) = 1$ mC auch die gleiche Gesamtladung wie in Teil a) vorliegt.

21.15   Für die beiden parallelgeschalteten Kondensatoren ist $C_{\text{ers}} = C_1 + C_2 = 3\ \mu$F. Diese Ersatzkapazität ist in Reihe geschaltet mit $C_3 = 6\ \mu$F, so daß sich für die Ersatzkapazität der Gesamtschaltung ergibt $C_{\text{ers}} = [1/(C_1 + C_2) + 1/C_3]^{-1} = 2\ \mu$F.

21.16   Die Ersatzkapazität der in Reihe geschalteten Kondensatoren C_1 und C_3 ist $(1/C_1 + 1/C_3)^{-1} = C_1 C_3/(C_1 + C_3)$. Diese Ersatzkapazität ist parallelgeschaltet zu C_2, und die Ersatzkapazität der gesamten Kombination ist $C_{\text{ers}} = C_2 + C_1 C_3/(C_1 + C_3) = (C_1 C_2 + C_2 C_3 + C_1 C_3)/(C_1 + C_3)$.

21.17   a) Das elektrische Feld ist $E_0 = U_0/d = 2{,}5 \cdot 10^4$ V/m. Daraus ermitteln wir die Ladungsdichte zu $\sigma = \varepsilon_0 E_0 = 2{,}21 \cdot 10^{-7}$ C/m^2. Schließlich ist die elektrostatische potentielle Energie $E_{\text{pot}} = \frac{1}{2} C\,U_0^2 = \frac{1}{2}\,(\varepsilon_0 A/d)\,U_0^2 = 6{,}64 \cdot 10^{-7}$ J.

b) $E = E_0/\varepsilon_{\text{r}} = 6250$ V/m.   c) $U = E\,d = U_0/\varepsilon_{\text{r}} = 25$ V.   d) Wegen $\sigma = \sigma_{\text{b}} = \sigma/\varepsilon_{\text{r}}$ folgt $\sigma_{\text{b}} = \sigma\,(1 - 1/\varepsilon_{\text{r}}) = 1{,}66 \cdot 10^{-7}$ C/m^2.

21.18   a) Nach $E = U/s$ berechnen wir den Mindestabstand, der der größten Feldstärke entspricht: $s = U/E = 0{,}05$ mm.   b) Die Kapazität ist $C = \varepsilon_{\text{r}} \varepsilon_0 A/s$, so daß folgt $A = C\,s/(\varepsilon_{\text{r}} \varepsilon_0) = 235$ cm^2.

21.19   Zu Anfang ist $C_{\text{a}} = \varepsilon_0 A/d$ und $U_{\text{a}} = U = E\,d$ sowie $W_{\text{a}} = \frac{1}{2} C\,U^2 = \varepsilon_0 A\,U^2/(2\,d)$. Wir berechnen nun die Endwerte.   a) $C_{\text{e}} = \varepsilon_0 A/(2\,d) = \frac{1}{2} C_{\text{a}}$.   b) $U_{\text{e}} = 2\,E\,d = 2\,U_{\text{a}}$.

c) $W_{\text{e}} = \frac{1}{2} C_{\text{e}} U_{\text{e}}^2 = \varepsilon_0 A\,U^2/d = 2\,W_{\text{a}}$.

d) Die benötigte Arbeit ist $\Delta W = W_{\text{e}} - W_{\text{a}} = W_{\text{a}} = \varepsilon_0 A\,U^2/(2\,d)$.

21.20   a) Die beiden parallelgeschalteten Kondensatoren haben die Ersatzkapazität 1,25 μF. Diese ist in Reihe geschaltet mit dem 0,3-μF-Kondensator, so daß folgt $C_{\text{ers}} = C_1 C_2/(C_1 + C_2) = 0{,}242\ \mu$F.   b) Die Ladung $Q = C_{\text{ers}} U = 2{,}42\,\mu$C auf dem 0,3-$\mu$F-Kondensator ist auf die beiden anderen Kondensatoren verteilt. Um zu ermitteln, wie sie auf diese verteilt ist, bestimmen wir zuerst die Potentialdifferenz über diesen Kondensatoren. Wir wissen, daß über dem $0{,}3$-μF-Kondensator die Spannung $U = Q/C = 8{,}06$ V liegt. Daher ist die verbleibende Spannung 10 V $-$ 8,06 V $=$ 1,94 V diejenige über den beiden anderen Kondensatoren. Damit sind deren Ladungen $Q_{1,0} = (1\ \mu\text{F})(1{,}94\ \text{V}) = 1{,}94\ \mu\text{C}$ und $Q_{0,25} = (0{,}25\ \mu\text{F})(1{,}94\ \text{V}) = 0{,}484\ \mu\text{C}$. Beachten Sie, daß $Q_{1,0} + Q_{0,25} = 2{,}42\ \mu\text{C}$ ist, wie erwartet. c) $W = \frac{1}{2} C_{\text{ers}} U^2 = 1{,}21 \cdot 10^{-5}$ J.

21.21 a) Für die beiden in Reihe geschalteten Kondensatoren ist $C_{\text{ers}} = (1/C_1 + 1/C_2)^{-1} = (60/19)\ \mu\text{F}$. Diese Kombination ist parallelgeschaltet mit dem 12-μF-Kondensator. Damit ist die gesamte Ersatzkapazität $C_{\text{ers}} = (60/19 + 12)\ \mu\text{F} = 15{,}2\ \mu\text{F}$.   b) Die Spannung über dem 12-μF-Kondensator beträgt 200 V, und seine Ladung ist $Q_{12} = C\,U = (12\ \mu\text{F})(200\ \text{V}) = 2400\ \mu\text{C}$. Die anderen beiden Kondensatoren haben jeweils die Ladung $Q = [(60/19)\ \mu\text{F}](200\ \text{V}) = 632\ \mu\text{C}$. Also ist $Q_4 = Q_{15} = 632\ \mu\text{C}$.   c) $W = \frac{1}{2} C_{\text{ers}} U^2 = 0{,}303$ J.

21.22 a) Aus $1/C_{\text{ers}} = 1/C_1 + 1/C_2 = (C_1 + C_2)/(C_1 C_2)$ folgt $C_{\text{ers}} = C_1 C_2/(C_1 + C_2)$.   b) Es ist $C_{\text{ers}} = C_1/(1 + C_1/C_2)$. Weiterhin gilt $(1 + C_1/C_2) > 1$, weil Kapazitäten stets positiv sind. Daher ist $C_{\text{ers}} < C_1$. Entsprechend ist $C_{\text{ers}} = C_2/(1 + C_2/C_1) < C_2$.   c) Für drei Kondensatoren gilt $C_{\text{ers}} = (1/C_1 + 1/C_2 + 1/C_3)^{-1} = [(C_1 + C_2)/(C_1 C_2) + 1/C_3]^{-1} = [(C_1 C_3 + C_2 C_3 + C_1 C_2)/(C_1 C_2 C_3)]^{-1}$ und damit $C_{\text{ers}} = C_1 C_2 C_3/(C_1 C_3 + C_2 C_3 + C_1 C_2)$.

21.23 a) Wir setzen $C_1 = 20$ pF und $C_2 = 50$ pF. Die ursprüngliche Ladung auf C_1 ist $Q = C_1 U_0 = 6 \cdot 10^{-8}$ C. Diese Ladung wird nun auf beide Kondensatoren aufgeteilt; dabei gelten zwei Bedingungen. Erstens bleibt die Gesamtladung erhalten: $Q_1 + Q_2 = Q$. Zweitens muß die Potentialdifferenz an beiden Kondensatoren gleich sein: $U = Q_1/C_1 = Q_2/C_2$. Kombinieren der Beziehungen ergibt $Q_1 = Q\,C_1/(C_1 + C_2) =$

$1{,}71 \cdot 10^{-8}$ C und $Q_2 = Q - Q_1 = Q\,C_2/(C_1 + C_2) = 4{,}29 \cdot 10^{-8}$ C.   b) Die Anfangsenergie ist $W_a = \frac{1}{2} C\,U_0^2 = 9 \cdot 10^{-5}$ J. Nach dem Verbinden beider Kondensatoren ist $U = Q_1/C_1 = 857$ V und $W_e = \frac{1}{2}(C_1 + C_2)\,U^2 = 2{,}75 \cdot 10^{-5}$ J. Ein beträchtlicher Teil der Energie wurde in Form von Strahlung und infolge Erwärmung der Verbindungsdrähte abgegeben.

21.24 a) Die maximale Kapazität wird erzielt, wenn die Kondensatoren parallelgeschaltet werden. Daher ist $3\,C = 15\ \mu\text{F}$ bzw. $C = 5\ \mu\text{F}$. b) Die anderen drei Kombinationen sind: 1) zwei Kondensatoren parallel und einer dazu in Reihe; die Ersatzkapazität ist hierfür $(10/3)\,\mu\text{F}$. 2) Zwei in Reihe und einer parallel dazu, mit der Ersatzkapazität $(15/2)\,\mu\text{F}$. 3) Alle drei in Reihe, mit der Ersatzkapazität $(5/3)\,\mu\text{F}$.

21.25 a) Die Ladung auf jedem Kondensator ist $Q = C_{\text{ers}} U = [(1/4 + 1/12)^{-1}\ \mu\text{F}](12\ \text{V}) = 36\ \mu\text{C}$. Nach der erneuten Verbindung ist die Gesamtladung $2Q$ auf beide Kondensatoren aufgeteilt, wobei ihre Potentialdifferenzen gleich sind. Daraus folgt $2Q = C_1 U_e + C_2 U_e$ und $U_e = 2Q/(C_1 + C_2) = 4{,}5$ V.   b) Die anfangs gespeicherte Energie ist $W_a = \frac{1}{2} C_{\text{ers}} U^2 = 2{,}59 \cdot 10^{-3}$ J. Nach der erneuten Verbindung ist $W_e = \frac{1}{2}(C_1 + C_2)\,U_e^2 = 0{,}162 \cdot 10^{-3}$ J.

21.26 a) Hier haben die beiden Kondensatoren anfangs verschiedene Ladungen, und zwar $Q_1 = C_1 U = 48\ \mu\text{C}$ und $Q_2 = C_2 U = 144\ \mu\text{C}$. Nach der erneuten Verbindung (positive an negative Platten) ist die Gesamtladung $144\ \mu\text{C} - 48\ \mu\text{C} = 96\ \mu\text{C} = Q$. Diese Ladung ist jetzt zwischen den beiden Kondensatoren so aufgeteilt, daß gilt $Q = C_1 U_e + C_2 U_e$ und $U_e = Q/(C_1 + C_2) = 6$ V.   b) Die zu Anfang gespeicherte Energie ist $W_a = \frac{1}{2} C_{\text{ers}} U^2 = 1{,}15 \cdot 10^{-3}$ J. Nach der erneuten Verbindung ist die Energie $W_e = \frac{1}{2}(C_1 + C_2)\,U_e^2 = 0{,}288 \cdot 10^{-3}$ J.

21.27 a) Das elektrische Feld ohne Dielektrikum sei E_0; dann ist es mit Dielektrikum $E = E_0/\varepsilon_{\text{r}}$. Im vorliegenden System ist

$E_0 = \sigma/\varepsilon_0 = Q/(A\varepsilon_0)$. Daher sind die Felder in den beiden Dielektrika $E_1 = E_0/\varepsilon_{r1}$ und $E_2 = E_0/\varepsilon_{r2}$. b) Die Potentialdifferenz zwischen beiden Platten ist $U = E_1 d_1 + E_2 d_2 = (E_0/\varepsilon_{r1})(d/2) + (E_0/\varepsilon_{r2})(d/2) = (E_0 d/2)(1/\varepsilon_{r1} + 1/\varepsilon_{r2})$. c) Wegen $C = Q/U$ ist $C = (E_0 A \varepsilon_0)/[(E_0 d/2)(1/\varepsilon_{r1} + 1/\varepsilon_{r2})] = (2\varepsilon_0 A/d)(1/\varepsilon_{r1} + 1/\varepsilon_{r2})^{-1} = 2 C_0 \varepsilon_{r1} \varepsilon_{r2}/(\varepsilon_{r1} + \varepsilon_{r2})$. Darin ist $C_0 = \varepsilon_0 A/d$. d) Wir betrachten einen Kondensator mit dem Plattenabstand $d/2$ und der Dielektrizitätszahl ε_{r1}. Seine Kapazität ist $C_1 = 2\varepsilon_{r1}\varepsilon_0 A/d = 2\varepsilon_{r1} C_0$. Ein identischer Kondensator mit der Dielektrizitätszahl ε_{r2} hat demnach die Kapazität $C_2 = 2\varepsilon_{r2}\varepsilon_0 A/d = 2\varepsilon_{r2} C_0$. Diese beiden Kondensatoren haben in Reihe geschaltet die Ersatzkapazität $C_{ers} = (1/C_1 + 1/C_2)^{-1} = C_1 C_2/(C_1 + C_2)$. Das ist dasselbe Resultat wie in Teil c).

21.28 a) $C = \varepsilon_r \varepsilon_0 A/d = 1{,}67 \cdot 10^{-8}$ F.
b) $Q = CU = 1{,}17 \cdot 10^{-9}$ C.   c) $E = U/d = 7 \cdot 10^6$ V/m.

21.29 a) Innerhalb der Metallplatte ist das elektrische Feld überall gleich null. Daher ist die Potentialdifferenz zwischen den Platten $U = E(d-s)$. Dabei ist es unerheblich, wo sich die Metallplatte im Kondensator befindet, da das Feld außerhalb von ihr homogen ist. Die Ladung auf den Kondensatorplatten ist $Q = \sigma A = \varepsilon_0 E A$. Daher ist die Kapazität $C = Q/U = \varepsilon_0 A/(d-s)$.
b) Wir setzen $C_1 = \varepsilon_0 A/a$ und $C_2 = \varepsilon_0 A/b$. Mit diesen Kapazitäten in Reihe erhalten wir $C_{ers} = C_1 C_2/(C_1 + C_2) = \varepsilon_0 A/(a+b)$. Es ist gegeben $a+b+s = d$. Damit ist $a+b = d-s$ und $C_{ers} = \varepsilon_0 A/(d-s)$, wie in Teil a). Die Scheibe kann daher wie ein dicker Draht betrachtet werden, der zwei Kondensatoren verbindet, die in Reihe geschaltet sind.

21.30 a) Die Ersatzkapazität ist $C_{ers} = [(1/C_1 + 1/C_2)^{-1} + C_3] = 5 \ \mu$F. b) Für C_3 ist die maximale Spannung zwischen den Punkten a und b gleich 400 V. Die beiden anderen Kondensatoren haben dieselbe Ladung, so daß gilt $Q = U_1 C_1 = U_2 C_2$. Die gesamte Span-

nung zwischen a und b ist $U_1 + U_2$. Wir setzen $U_1 = 100$ V. Dann ergibt sich $U_2 = U_1(C_1/C_2) = \frac{1}{3}U_1 = 33{,}3$ V, und die gesamte Spannung ist $U = 133$ V. Wenn wir $U_2 = 50$ V setzen, so folgt $U_1 = U_2(C_2/C_1) = 3 U_2 = 150$ V sowie $U = 200$ V. Also ist die maximale Spannung $U = 133$ V, bei der C_1 gerade noch nicht durchschlägt.

21.31 a) Da die Kondensatorplatten nicht unterbrochen sind, hat jede Platte konstantes Potential. Damit entspricht die vorliegende Anordnung zwei parallelgeschalteten Kondensatoren, bei denen ja auch jeweils zwei Platten auf gleichem Potential liegen. (Nur sind sie hier nicht durch eine Leitung verbunden, sondern direkt, Kante an Kante.) Damit hat jeder Kondensator die Fläche $A/2$, und die Gesamtkapazität ist die Summe der einzelnen Kapazitäten.
b) Gemäß der Beschreibung in Teil a) setzen wir $C_1 = \varepsilon_{r1}\varepsilon_0(A/2)/d$ und $C_2 = \varepsilon_{r2}\varepsilon_0(A/2)/d$. Mit $C_0 = \varepsilon_0 A/d$ folgt daraus $C_{ers} = C_1 + C_2 = C_0(\varepsilon_{r1} + \varepsilon_{r2})/2$.

21.32 a) Die Kapazität eines zylindrischen Kondensators mit der Länge ℓ und den Radien r_1 und r_2 ist $C = 2\pi\varepsilon_r\varepsilon_0\ell/\ln(r_2/r_1)$. Hier ist $C = 2{,}28 \cdot 10^{-9}$ F. b) In einem zylindrischen System ist das elektrische Feld $E = \lambda/(2\pi\varepsilon_r\varepsilon_0 r)$. Darin ist λ die Ladung pro Längeneinheit. Das größte Feld tritt beim kleinsten Radius (hier $r_{min} = 4$ cm) auf. Daraus folgt $\lambda_{max} = E_{max} 2\pi\varepsilon_r\varepsilon_0 r_{min}$, und die maximal zu speichernde Ladung ist $Q_{max} = \lambda_{max}\ell = 6{,}67 \cdot 10^{-5}$ C.

21.33 a) Die gespeicherte Energie ist $W = \frac{1}{2}CU^2$. Wenn sich der Abstand x ändert, so gilt $C = \varepsilon_0 A/x$ und $U = Ex$. Daraus folgt $W(x) = \frac{1}{2}(\varepsilon_0 A/x)(Ex)^2 = \varepsilon_0 A E^2 x/2$. Wegen $E = \sigma/\varepsilon_0$ erhalten wir $W(x) = \sigma^2 A x/(2\varepsilon_0)$. b) Aus $dW/dx = \sigma^2 A/(2\varepsilon_0)$ folgt $dW = [\sigma^2 A/(2\varepsilon_0)]dx$. c) Mit $Q = \sigma A$ ergibt sich aus dem Ergebnis von Teil b) die Kraft zu $F = \sigma^2 A/(2\varepsilon_0) = Q^2/(2\varepsilon_0 A)$. d) Das elektrische Feld zwischen den Platten ist $E = \sigma/\varepsilon_0 = Q/(\varepsilon_0 A)$. Daraus folgt $F = \frac{1}{2}EQ$. Der Faktor

$\frac{1}{2}$ rührt daher, daß E das elektrische Feld beider Platten gemeinsam ist. Jede Platte ruft das Feld $\frac{1}{2}E$ hervor, das das externe Feld für die jeweils andere Platte ist, und die Kraft ist das Produkt aus der Ladung und dem auf sie einwirkenden externen Feld.

21.34 a) Wir können diese Anordnung ansehen als zwei parallelgeschaltete Kondensatoren. Der eine hat die Fläche $A_1 = bx$ und die Dielektrizitätszahl ε_r, und der andere hat die Fläche $A_2 = b(a-x)$ und die Dielektrizitätszahl 1. Damit ist $C_1 = \varepsilon_r \varepsilon_0 A_1/d$ und $C_2 = \varepsilon_0 A_2/d$. Die Parallelschaltung beider Kondensatoren hat die Ersatzkapazität $C_{ers} = C_1 + C_2 = (\varepsilon_0 b/d)(a - x + \varepsilon_r x) = (\varepsilon_0 b/d)[(\varepsilon_r - 1)x + a] = C(x)$. b) $C(0) = (\varepsilon_0 b/d)a = \varepsilon_0 ab/d$, wie für einen Kondensator ohne Dielektrikum erwartet. $C(a) = \varepsilon_r \varepsilon_0 ab/d$, wie wir es für einen Kondensator erwarten, der ein Dielektrikum mit der Dielektrizitätszahl ε_r enthält.

21.35 a) $C_{ers} = [1/C_0 + 1/(2C_0)]^{-1} = 2C_0/3$. b) Wir können den diagonal eingezeichneten Kondensator auch vertikal anordnen, weil die oberen und die unteren Verbindungspunkte jeweils auf gleichem Potential liegen. Also liegen drei parallelgeschaltete Kondensatoren mit jeweils der Kapazität C_0 vor, und die Ersatzkapazität ist $C_{ers} = 3C_0$. c) Die waagerechte Verbindung in der Mitte hat keine Auswirkung, weil sie zwei Punkte miteinander verbindet, die auch ohne diese Leitung gleiches Potential hätten. Somit ist $C_{ers} = 2(1/C_0 + 1/C_0)^{-1} = C_0$.

21.36 a) Wir zeichnen den Schaltplan um:

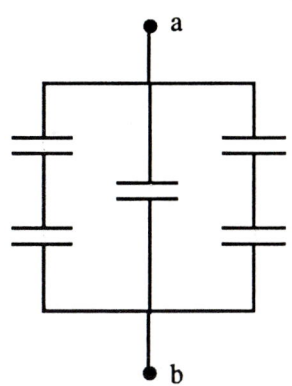

Die hier links bzw. rechts in Reihe geschalteten Kondensatoren haben jeweils die Ersatzkapazität $\frac{1}{2}C_0$. Die gesamte Ersatzkapazität zwischen a und b ist daher $C_{ers} = 2C_0$. b) Wenn der Kondensator in der Mitte die Kapazität $10C_0$ hat, dann ist $C_{ers} = \frac{1}{2}C_0 + 10C_0 + \frac{1}{2}C_0 = 11C_0$.

21.37 Wir setzen $C = 2\ \mu\text{F}$. Damit ist $C_1 = C$ und $C_2 = 2C$ sowie $C_3 = 3C$. Ferner setzen wir $Q_1 = C_1 U = 400\ \mu\text{C} = Q$. Damit ist $Q_2 = 2Q$ und $Q_3 = 3Q$. a) Weil jeder Kondensator bereits eine gleichgroße, entgegengesetzte Ladung auf seinen zwei Platten hat, geschieht nichts, wenn sie über S_1 und S_2 miteinander verbunden werden. Also bleiben die Spannungen dieselben: $U_1 = U_2 = U_3 = 200$ V. b) Nach dem Schließen von S_3 ändert sich die Ladungsverteilung, wobei folgende drei Bedingungen gelten: 1) Die Gesamtladung zwischen zwei Platten muß gleich bleiben. 2) Jeder Kondensator muß gleich große, entgegengesetzte Ladungen auf seinen beiden Platten haben. 3) Die gesamte Potentialdifferenz über den drei Kondensatoren muß null sein; denn das Schließen von S_3 zwingt die entgegengesetzten Platten von C_1 und C_3 auf gleiches Potential. Die neuen Ladungen auf den drei Kondensatoren bezeichnen wir mit q_1 und q_2 sowie q_3. Die Vorzeichen sind dieselben wie in der Abbildung der Aufgabe. Aus den Bedingungen 1) und 2) folgt $q_1 - q_3 = Q_1 - Q_3 = -2Q$ und $q_2 - q_1 = Q$ sowie $q_3 - q_2 = Q$. Beachten Sie, daß nur zwei dieser drei Gleichungen voneinander unabhängig sind. Aus Bedingung 3) ergibt sich $C q_1 + 2C q_2 + 3C q_3 = 0$. Aus 1) und 2) folgt $q_2 = Q + q_1$ und $q_3 = 2Q + q_1$. Das führt in Verbindung mit Bedingung 3) zu $q_1 = -\frac{4}{3}Q = -533\ \mu\text{C}$ und zu $q_2 = -\frac{1}{3}Q = -133\ \mu\text{C}$ sowie zu $q_3 = \frac{2}{3}Q = 267\ \mu\text{C}$. Ein Minuszeichen bedeutet hier, daß das betreffende Vorzeichen dem in der Abbildung entgegengesetzt ist. c) Die Spannungen sind $U_1 = C q_1 = -267$ V und $U_2 = 2C q_2 = -133$ V sowie $U_3 = C q_3 = 400$ V.

21.38 a) $U_{max} = E_{max}\, s = 40$ V. b) $A = C s/(\varepsilon_r \varepsilon_0) = 1{,}49 \cdot 10^{-5}\ \text{m}^2$. c) Die Oberfläche ist $A = 0{,}149\ \text{cm}^2 = a/n$. Hier ist n die Anzahl der Kondensatoren, und es ist $a = 1\ \text{cm}^2$.

Daraus folgt $n = a/A = 6{,}71$. Also passen sechs vollständige Kondensatoren auf einen Quadratzentimeter.

21.39 Die Höhe $h = 1000$ m ist klein gegen den Erdradius $R_E = 6{,}37 \cdot 10^6$ m. Daher sind die Oberflächen der Atmosphärenschichten bei $r = R_E$ und bei $r = R_E + h$ praktisch gleich, und wir können für das Volumen schreiben $V = A\,h = 4\,\pi\,R_E^2\,h$. Die Gesamtenergie in diesem Volumen ist $w_{el}\,V = \frac{1}{2}\,\varepsilon_0\,E^2\,A\,h = 9{,}03 \cdot 10^{10}$ J.

21.40 a) Beide Kondensatoren haben dieselbe Spannung $U = 200\ \mathrm{V} = Q_1/C_1 = Q_2/C_2 = Q_2/(\varepsilon_r\,C_1)$. Also ist $Q_1 = U\,C_1$ und $Q_2 = \varepsilon_r\,U\,C_1$. b) $W_a = \frac{1}{2}\,C_1\,U^2 + \frac{1}{2}\,\varepsilon_r\,C_1\,U^2 = \frac{1}{2}\,(1+\varepsilon_r)\,U^2\,C_1$. c) Die Gesamtladung $Q = Q_1 + Q_2 = (1 + \varepsilon_r)\,U\,C_1$ ist gleichmäßig auf beide Kondensatoren aufgeteilt. Dann ist die nun insgesamt gespeicherte Energie $W_e = 2\,[\frac{1}{2}\,(Q/2)^2/C_1] = \frac{1}{4}\,(1 + \varepsilon_r)^2\,U^2\,C_1 = \frac{1}{2}\,(1+\varepsilon_r)\,W_a$. d) Die Spannung ist nun $U_e = (Q/2)/C_1 = \frac{1}{2}\,(1 + \varepsilon_r)\,U$.

21.41 Diesen Kondensator können wir als Kombination von drei Kondensatoren ansehen, die jeweils die Fläche $A/2$ haben. Die Kondensatoren mit den Dielektrizitätszahlen ε_{r1} und ε_{r2} haben den Plattenabstand $d/2$ und sind in Reihe geschaltet. Parallel zu ihnen liegt der Kondensator mit der Dielektrizitätszahl ε_{r3} und dem Plattenabstand d. Also ist $C_{ers} = C_3 + C_1\,C_2/(C_1 + C_2)$, wobei gilt $C_1 = \varepsilon_{r1}\,\varepsilon_0\,(A/2)/(d/2)$ und $C_2 = \varepsilon_{r2}\,\varepsilon_0\,(A/2)/(d/2)$ sowie $C_3 = \varepsilon_{r3}\,\varepsilon_0\,(A/2)/d$. Einsetzen ergibt $C_{ers} = (\varepsilon_0\,A/d)\,[\frac{1}{2}\,\varepsilon_{r3} + \varepsilon_{r1}\,\varepsilon_{r2}/(\varepsilon_{r1} + \varepsilon_{r2})]$.

21.42 Aus den gegebenen Werten können wir schließen, daß die Dielektrizitätszahl des Dielektrikums $\varepsilon_r = 3{,}5$ ist. a) Die insgesamt gespeicherte Energie ist jetzt $W_a = \frac{1}{2}\,C\,U^2 + \frac{1}{2}\,\varepsilon_r\,C\,U^2 = \frac{1}{2}\,(1+\varepsilon_r)\,C\,U^2 = 0{,}225$ J. b) $Q_1 = C\,U = 1$ mC und $Q_2 = \varepsilon_r\,C\,U = \varepsilon_r\,Q_1 = 3{,}5$ mC. c) Nach Entfernen des Dielektrikums und Trennen von der Spannungsquelle verteilt sich die Gesamtladung $Q = Q_1 + Q_2$ zu gleichen Teilen auf beide

Kondensatoren. Also hat nun jeder die Ladung $\frac{1}{2}\,Q = 2{,}25$ mC. d) Die nun gespeicherte Energie ist $W_e = 2\,[\frac{1}{2}\,(Q/2)^2/C] = 0{,}506$ J.

21.43 a) Die Platten der Kondensatoren sind Leiter und daher Äquipotentialflächen. Deswegen muß die Potentialdifferenz zwischen den Platten überall gleich sein: dort, wo sich Dielektrikum befindet, und dort, wo sich keines befindet. Die Potentialdifferenz ist $U = E\,d$, wobei d der Plattenabstand ist. Er ist in den Gebieten mit und ohne Dielektrikum derselbe. Somit ist E in beiden Fällen gleich. b) Nahe der Oberfläche eines geladenen Leiters ist das Feld $E = \sigma/(\varepsilon_r\,\varepsilon_0)$. Daraus folgt $\sigma = E\,\varepsilon_r\,\varepsilon_0$. Weil E in den Bereichen mit und ohne Dielektrikum dasselbe ist, gilt $\sigma_1 = E\,\varepsilon_r\,\varepsilon_0$ und $\sigma_2 = E\,\varepsilon_0$. Mit $\varepsilon_r = 2$ erhalten wir $\sigma_1 = 2\,\sigma_2$. c) Die neue Kapazität ist $C_e = C_1 + C_2$, mit $C_1 = \varepsilon_r\,\varepsilon_0\,(A/2)/d$ und $C_2 = \varepsilon_0\,(A/2)/d$. Mit $\varepsilon_r = 2$ erhalten wir $C_e = 3\,\varepsilon_0\,A/(2\,d) = \frac{3}{2}\,C_a$. Darin ist $C_a = \varepsilon_0\,A/d$. Die Anfangsladung $Q = C_a\,U_a$ bleibt gleich, weil der Kondensator mit keiner Ladungsquelle verbunden ist. Also ist jetzt $U_e = Q/C_e = C_a\,U_a/(\frac{3}{2}\,C_a) = \frac{2}{3}\,U_a$.

21.44 a) Die anfangs gespeicherte Energie ist $W_a = 2\,(\frac{1}{2}\,Q^2/C) = 0{,}001$ J. b) Die gesamte Ladung, die sich auf die Kondensatoren aufteilt, ist $2\,Q = 200\ \mu\mathrm{C} = Q_1 + Q_2$. Die Potentialdifferenz über den Kondensatoren muß dieselbe sein. Daher ist $U = Q_1/C = Q_2/(\varepsilon_r\,C)$ bzw. $Q_2 = \varepsilon_r\,Q_1$. Kombinieren der Beziehungen ergibt $Q_1 = 2\,Q/(1 + \varepsilon_r) = 47{,}6\ \mu\mathrm{C}$ und $Q_2 = 152\ \mu\mathrm{C}$. c) Die nun gespeicherte Energie ist $W_e = \frac{1}{2}\,Q_1^2/C + \frac{1}{2}\,Q_2^2/(\varepsilon_r\,C) = 2\,Q^2/[(1+\varepsilon_r)\,C] = 2\,W_a/(1+\varepsilon_r) = 4{,}76 \cdot 10^{-4}$ J.

21.45 a) Wir nehmen an, die innere Kugelschale habe die Ladung $+Q$, und die äußere habe die Ladung $-Q$. Zwischen den Schalen ist das Potential $\frac{1}{4\pi\varepsilon_0}\,Q/r$. Daher ist die Potentialdifferenz zwischen ihnen $U = \frac{1}{4\pi\varepsilon_0}\,Q\,(1/R_1 - 1/R_2) = \frac{1}{4\pi\varepsilon_0}\,Q\,(R_2 - R_1)/(R_1\,R_2)$. Mit dem bekannten Ausdruck für die Kapazität erhalten wir $C = Q/U = 4\pi\varepsilon_0\,R_1\,R_2/(R_2 - R_1)$. b) Mit

$R_2 = R_1 + d$ folgt $C = 4\pi\varepsilon_0 (R_1^2 + R_1 d)/d = 4\pi\varepsilon_0 R_1^2 (1 + d/R_1)/d$. Wenn $d \ll R_1$ ist, folgt $C \approx 4\pi\varepsilon_0 R_1^2/d = \varepsilon_0 A/d$.

21.46 Die Arbeit, die zum Herausziehen der Glasplatte aufzuwenden ist, ist gleich der Änderung der gespeicherten Energie: $\Delta W = W_e - W_a$. Zu Anfang ist die gespeicherte Energie $W_a = \frac{1}{2} C_a U_a^2$, mit $C_a = \varepsilon_r \varepsilon_0 A/s$ und $U_a = Q/C_a$. Nach dem Entfernen der Glasplatte ist die Kapazität $C_e = \varepsilon_0 A/s = C_a/\varepsilon_r$. Weil die Ladung des Kondensators konstant bleibt, ist am Ende die Spannung $U_e = Q/C_e = \varepsilon_r Q/C_a = \varepsilon_r U_a$. Damit erhalten wir für die Energie am Ende $W_e = \frac{1}{2} C_e U_e^2 = \frac{1}{2} \varepsilon_r C_a U_a^2 = \varepsilon_r W_a$. Also ist $\Delta W = \frac{1}{2} (\varepsilon_r - 1) C U^2 = 2{,}55 \cdot 10^{-6}$ J.

21.47 a) Das elektrische Feld ist nur zwischen den Kugelschalen nicht null. Daher gilt $U = \frac{1}{4\pi\varepsilon_0} Q/r$ sowie $E = \frac{1}{4\pi\varepsilon_0} Q/r^2$. Die Energiedichte ist $w_{el} = \frac{1}{2}\varepsilon_0 E^2 = (\frac{1}{4\pi\varepsilon_0})^2 \varepsilon_0 Q^2/(2 r^4)$.
b) $dW = w_{el} 4\pi r^2\, dr = [\frac{1}{4\pi\varepsilon_0} Q^2/(2 r^2)]\, dr$.
c) Die Integration des Ergebnisses von Teil b) ergibt für die gesamte gespeicherte Energie

$$W = \frac{1}{4\pi\varepsilon_0} \frac{Q^2}{2} \int_{R_1}^{R_2} \frac{dr}{r^2} = \frac{1}{4\pi\varepsilon_0} \frac{Q^2}{2} \frac{R_2 - R_1}{R_1 R_2}.$$

Die Potentialdifferenz zwischen den Kugelschalen ist $U = \frac{1}{4\pi\varepsilon_0} Q (1/R_1 - 1/R_2) = \frac{1}{4\pi\varepsilon_0} Q (R_2 - R_1)/(R_1 R_2)$. Daraus ersehen wir, daß (wie erwartet) gilt $W = \frac{1}{2} Q U$.

21.48 a) Das elektrische Feld ist nur zwischen den Zylinderschalen nicht null. Daher gilt $E = \frac{1}{4\pi\varepsilon_0} 2\lambda/r = \frac{1}{4\pi\varepsilon_0} 2Q/(r\ell)$, und die Energiedichte ist $w_{el} = \frac{1}{2}\varepsilon_0 E^2 = (\frac{1}{4\pi\varepsilon_0})^2 2\varepsilon_0 Q^2/(r^2 \ell^2)$.
b) $dW = w_{el} 2\pi r\ell\, dr = \frac{1}{4\pi\varepsilon_0} [Q^2/(r\ell)]\, dr$.
c) Die Integration des Ergebnisses von Teil b) ergibt für die gesamte gespeicherte Energie

$$W = \frac{1}{4\pi\varepsilon_0} \frac{Q^2}{\ell} \int_{R_1}^{R_2} \frac{dr}{r} = \frac{1}{4\pi\varepsilon_0} \frac{Q^2}{\ell} \ln\left(\frac{R_2}{R_1}\right).$$

Die Potentialdifferenz zwischen den Schalen erhalten wir durch Integration von $dU = -E_r\, dr$. Das Ergebnis hat den Betrag $U = \frac{1}{4\pi\varepsilon_0} (2Q/\ell) \ln(R_2/R_1)$. Mit $C = Q/U$ folgt $C = 2\pi\varepsilon_0 \ell/[\ln(R_2/R_1)]$. Kombinieren der Resultate ergibt $W = \frac{1}{2} C U^2 = \frac{1}{2} Q U$, wie erwartet.

21.49 a) Für $r > R$ ist das elektrische Feld $E = \frac{1}{4\pi\varepsilon_0} Q/r^2$, und die Energiedichte ist $w_{el} = \frac{1}{2}\varepsilon_0 E^2 = (\frac{1}{4\pi\varepsilon_0})^2 \varepsilon_0 Q^2/(2 r^4)$. Für $r < R$ folgt aus dem Gesetz von Gauß $\varepsilon_0 4\pi r^2 E_r = \varrho (\frac{4}{3}\pi r^3)$ bzw. $E_r = \varrho r/(3\varepsilon_0) = \frac{1}{4\pi\varepsilon_0} Q r/R^3$. Daraus folgt $w_{el} = (\frac{1}{4\pi\varepsilon_0})^2 \varepsilon_0 Q^2 r^2/(2 R^6)$. b) Für $r > R$ ist $dW = w_{el} 4\pi r^2\, dr = \frac{1}{4\pi\varepsilon_0} [Q^2/(2 r^2)]\, dr$. Für $r < R$ ist $dW = \frac{1}{4\pi\varepsilon_0} [Q^2 r^4/(2 R^6)]\, dr$. c) Integrieren von $r = 0$ bis $r = R$ ergibt die in diesem Bereich gespeicherte Energie:

$$\begin{aligned} W &= \frac{1}{4\pi\varepsilon_0} \frac{Q^2}{2 R^6} \int_0^R r^4\, dr = \frac{1}{4\pi\varepsilon_0} \frac{Q^2}{2 R^6} \frac{R^5}{5} \\ &= \frac{1}{4\pi\varepsilon_0} \frac{Q^2}{10 R}. \end{aligned}$$

Dann integrieren wir von $r = R$ bis $r = \infty$ und erhalten für die Energie in diesem Bereich

$$W = \frac{1}{4\pi\varepsilon_0} \frac{Q^2}{2} \int_R^\infty \frac{dr}{r^2} = \frac{1}{4\pi\varepsilon_0} \frac{Q^2}{2 R}.$$

Damit ist die im System insgesamt gespeicherte Energie gleich $\frac{1}{4\pi\varepsilon_0} (Q^2/R)(1/10 + 1/2) = \frac{1}{4\pi\varepsilon_0} 3 Q^2/(5 R)$. Bei einem kugelförmigen Leiter mit dem Radius R, der die Ladung Q trägt, ist für $r < R$ das Feld null, also $W = \frac{1}{4\pi\varepsilon_0} Q^2/(2 R)$, wie wir oben für $r > R$ berechnet haben. Für die geladene Kugel ist das Feld bei $r < R$ aber nicht null; also ist auch in diesem Bereich eine endliche Energiemenge gespeichert. Diese zusätzliche Energie erklärt das höhere Ergebnis.

21.50 a) Das elektrische Feld in einem zylindrischen System ist $E_r = \frac{1}{4\pi\varepsilon_0} 2\lambda/(\varepsilon_r r)$. Integrieren ergibt für die Potentialdifferenz $U = \frac{1}{4\pi\varepsilon_0} (2\lambda/\varepsilon_r) \ln(b/a) = \frac{1}{4\pi\varepsilon_0} [2Q/(\varepsilon_r \ell)] \ln(b/a)$.
b) $\sigma_f = Q/(2\pi a\ell)$.   c) $\sigma_f = -Q/(2\pi b\ell)$.
d) Die gebundene Ladung gleicht einen Teil der freien Ladung aus, so daß die gesamte Ladung Q/ε_r ist. Es folgt $Q + Q_b = Q/\varepsilon_r$ bzw. $Q_b = Q (\varepsilon_r - 1)/\varepsilon_r$. Damit ist $\sigma_b = -Q (\varepsilon_r - 1)/(2\pi a\ell \varepsilon_r)$.   e) $\sigma_b = Q (\varepsilon_r - 1)/(2\pi b\ell \varepsilon_r)$.

f) $W_{\mathrm{a}} = \frac{1}{2} Q U = \frac{1}{4\pi\varepsilon_0} [Q^2/(\varepsilon_{\mathrm{r}}\ell)] \ln(b/a)$. g)
Die aufzuwendende Arbeit ist $W = W_{\mathrm{e}} - W_{\mathrm{a}}$.
Darin ist W_{e} die Energie in Abwesenheit des Di-
elektrikums: $W_{\mathrm{e}} = \frac{1}{2} Q U = \frac{1}{4\pi\varepsilon_0} (Q^2/\ell) \ln(b/a)$.
Daraus folgt $W = \frac{1}{4\pi\varepsilon_0} [Q^2/(\varepsilon_{\mathrm{r}}\ell)] (\varepsilon_{\mathrm{r}} - 1) \ln(b/a)$.

21.51 a) Für $r < R_1$ ist wegen der Symmetrie
$E_{\mathrm{r}} = 0$. Für $r > R_2$ ist das Feld $E_{\mathrm{r}} = \frac{1}{4\pi\varepsilon_0} Q/r^2$.
Schließlich ist für $R_1 < r < R_2$ das Feld $E_{\mathrm{r}} = \frac{1}{4\pi\varepsilon_0} Q/(\varepsilon_{\mathrm{r}} r^2)$. b) Mit $\mathrm{d}\varphi = -E_{\mathrm{r}}\,\mathrm{d}r$ erhalten
wir für das Potential der Kugel

$$
\begin{aligned}
\varphi(R_1) &= \int \mathrm{d}\varphi \\
&= \frac{1}{4\pi\varepsilon_0}\left[-Q\int_\infty^{R_2}\frac{\mathrm{d}r}{r^2} - \frac{Q}{\varepsilon_{\mathrm{r}}}\int_{R_2}^{R_1}\frac{\mathrm{d}r}{r^2}\right] \\
&= \frac{1}{4\pi\varepsilon_0}Q\left[\frac{1}{R^2} + \frac{1}{\varepsilon_{\mathrm{r}}}\left(\frac{R_2-R_1}{R_1 R_2}\right)\right] \\
&= \frac{1}{4\pi\varepsilon_0}\frac{Q}{\varepsilon_{\mathrm{r}}}\left[\frac{R_1(\varepsilon_{\mathrm{r}}-1)+R_2}{R_1 R_2}\right].
\end{aligned}
$$

c) $W = \frac{1}{2} Q U = \frac{1}{4\pi\varepsilon_0} [Q^2/(2\varepsilon_{\mathrm{r}})] [R_1(\varepsilon_{\mathrm{r}}-1) + R_2]/(R_1 R_2)$.

21.52 a) Im Dielektrikum ist das Feld $E = E_0/[\varepsilon_{\mathrm{r}}(y)] = \sigma/[\varepsilon_{\mathrm{r}}(y)\varepsilon_0]$. Hieraus bestimmen wir
den Betrag der Potentialdifferenz zwischen den
beiden Platten zu

$$
\begin{aligned}
U &= \frac{\sigma}{\varepsilon_0}\int_0^{y_0}\frac{\mathrm{d}y}{1 + 3y/y_0} \\
&= \frac{\sigma y_0}{3\varepsilon_0}\ln(1 + 3y/y_0)\Big|_0^{y_0} \\
&= \frac{\sigma y_0}{3\varepsilon_0}\ln 4.
\end{aligned}
$$

Mit $C = Q/U$ und $Q = \sigma A$ ergibt sich
$C = 3\varepsilon_0 A/(y_0 \ln 4)$. Das können wir auch er-
halten, indem wir das System als eine Ansamm-
lung von unendlich vielen in Reihe geschalteten
Kondensatoren ansehen, jeder mit der Kapazität
$\varepsilon_{\mathrm{r}}(y)\varepsilon_0 A/\mathrm{d}y$. Damit ist

$$
\frac{1}{C_{\mathrm{ers}}} = \int_0^{y_0}\frac{1}{\varepsilon_{\mathrm{r}}\varepsilon_0 A}\,\mathrm{d}y = \frac{y_0}{3\varepsilon_0 A}\ln 4.
$$

Das entspricht dem eben berechneten Ausdruck.

b) Die gebundene Ladungsdichte ist $\sigma_{\mathrm{b}} = (1 - \varepsilon_{\mathrm{r}})/\varepsilon_{\mathrm{r}}$. Also ist bei $y = 0$ die induzierte Ladungsdichte $\sigma_{\mathrm{b}} = 0$. Bei $y = y_0$, wo $\varepsilon_{\mathrm{r}} = 4$ ist, ist die
induzierte Ladungsdichte $\sigma_{\mathrm{b}} = -3\sigma/4$. c) Im
Dielektrikum ist das Feld $E(y) = -\sigma/[\varepsilon_{\mathrm{r}}(y)\varepsilon_0] = -\sigma/[\varepsilon_0(1 + 3y/y_0)]$. Nun betrachten wir ein
Gaußsches Volumenelement mit der Höhe $\mathrm{d}y$ und
der Fläche A. Dann folgt aus dem Gesetz von
Gauß $[E(y + \mathrm{d}y) - E(y)]A = [\varrho(y)A/\varepsilon_0]\,\mathrm{d}y$. Wegen $E(y + \mathrm{d}y) \approx E(y) + (\mathrm{d}E/\mathrm{d}y)\,\mathrm{d}y$ wird dies
zu $\mathrm{d}E/\mathrm{d}y = \varrho(y)/\varepsilon_0$ bzw. $\varrho(y) = 3\sigma/[y_0(1 + 3y/y_0)^2]$. d) Die Integration von $\varrho(y)$ über das
Volumen des Dielektrikums ergibt

$$
\begin{aligned}
q &= \int_0^{y_0}\varrho(y)\,\mathrm{d}y \\
&= -\sigma A\,\frac{1}{1 + 3y/y_0}\Big|_0^{y_0} = \frac{3}{4}\sigma A.
\end{aligned}
$$

Also ist die Volumenladung der Oberflächenla-
dung entgegengesetzt und gleich groß; daher ist
die Gesamtladung null.

21.53 Jede differentielle Kapazität hat die
Form $C = \varepsilon_0 A/s$. Hierbei ist $A = b\,\mathrm{d}x$ und
$s = y_0(1 + x/a) = (y_0/a)(a + x)$. Es folgt
$\mathrm{d}C = \{\varepsilon_0 a b/[y_0(a + x)]\}\,\mathrm{d}x$. Diese differentiellen
Kapazitäten liegen parallel, so daß die Gesamtka-
pazität gleich ihrer Summe bzw. gleich dem Inte-
gral ist:

$$
C = \frac{\varepsilon_0 a b}{y_0}\int_0^a\frac{\mathrm{d}x}{x + a} = \frac{\varepsilon_0 a b \ln 2}{y_0}.
$$

Es ist $C = (0{,}693)\varepsilon_0 a b/y_0$. Interessant ist der
Vergleich mit einem Kondensator mit paralle-
len Platten des Abstands $3y_0/2$ (dies ist der
Mittelwert aus y_0 und $2y_0$). Dafür ist $C = \varepsilon_0 a b/(3y_0/2) = (2/3)\varepsilon_0 a b/y_0$. Dieser Wert ist
nur um 4 Prozent geringer als der exakt berech-
nete.

Kapitel 22

Elektrischer Strom

22.1 a) $\Delta Q = I \Delta t = (2\,\text{A})(300\,\text{s}) = 600$ C.
b) Ein Elektron hat die Ladung $e = 1,6 \cdot 10^{-19}$ C. Also ist die Anzahl der Elektronen $N = \Delta Q / e = 3,75 \cdot 10^{21}$.

22.2 Mit der Driftgeschwindigkeit v_{d} der Elektronen und der Querschnittsfläche A des Drahtes ist die Stromstärke $I = n A v_{\text{d}} e$. Darin ist n die Anzahl der Leitungselektronen pro Volumeneinheit. Es folgt $v_{\text{d}} = I/(nAe)$. Kupfer hat $n = 8,47 \cdot 10^{28}$ Elektronen pro Kubikmeter. Für einen Kupferdraht mit dem Durchmesser 2,60 mm erhalten wir damit $v_{\text{d}} = 0,278$ mm/s; das ist eine ziemlich geringe Geschwindigkeit.

22.3 Obwohl es nicht explizit angegeben ist, ist klar, daß sich die Elektronen und die positiven Ionen in entgegengesetzte Richtungen bewegen, weil sie ungleichnamige Ladungen tragen. Den Elektronen allein entspricht ein Strom von 0,32 A, und den positiven Ionen allein ein Strom von 0,08 A. Eine negative Ladung, die sich nach links bewegt, hat den gleichen Effekt wie eine positive Ladung, die sich nach rechts bewegt. Daher ist der Gesamtstrom die Summe beider Beiträge, also 0,40 A.

22.4 a) Gegeben ist $E_{\text{kin}} = \frac{1}{2} m v^2 = 10$ keV $= 10^4 (1,6 \cdot 10^{-19}$ J$)$. Daraus folgt $v = 5,93 \cdot 10^7$ m/s, etwa ein Fünftel der Lichtgeschwindigkeit. b) Die Stromstärke ist $I = n A e v$. Mit $A = \pi d^2/4$ und $d = 1$ mm erhalten wir $I = 3,72 \cdot 10^{-5}$ A.

22.5 a) Für einen Umlauf benötigt die Ladung die Zeit $T = 2\pi r/v$. Damit ist die Anzahl der Umläufe pro Sekunde, also die Frequenz, gleich $\nu = v/(2\pi r)$. b) Die Stromstärke ist $I = \Delta Q/\Delta t = q/T = q/(1/\nu) = q\nu = q v/(2\pi r)$.

22.6 Die Gesamtladung des Ringes ist $\lambda\, 2\pi R$. Sie passiert einen gegebenen Punkt alle T Sekunden, wobei gilt $T = 2\pi/\omega$. Daraus folgt $I = \Delta Q/\Delta t = \lambda\, 2\pi R/(2\pi/\omega) = \lambda \omega R$.

22.7 a) Es ist $U = IR = (5\,\text{A})(0,2\,\Omega) = 1$ V.
b) Der Betrag der elektrischen Feldstärke ist gegeben durch den Quotienten aus Spannung und Länge: $E = U/\ell = 0,1$ V/m.

22.8 a) $R = U/I = (100\,\text{V})/(3\,\text{A}) = 33,3\ \Omega$.
b) $I = U/R = (25\,\text{V})/(33,3\,\Omega) = 0,75$ A.

22.9 a) Bei 20 °C ist der spezifische Widerstand von Wolfram $\varrho = 5,5 \cdot 10^{-8}\ \Omega \cdot$m. Daraus folgt für den Widerstand $R = \varrho\ell/A = 0,0275\ \Omega$. b) Der spezifische Widerstand als Funktion der Temperatur ist $\varrho = \varrho_{20}[1 + \alpha(t_{\text{C}} - 20\ °\text{C})]$. Darin ist für Wolfram $\alpha = 4,5 \cdot 10^{-3}$ K^{-1}. Somit beträgt bei 40 °C der spezifische Widerstand $6 \cdot 10^{-8}\ \Omega \cdot$m, und der Widerstand ist $R = 0,030\ \Omega$.

22.10 Es gilt $R = \varrho\ell/A$. Damit erhalten wir für die Länge des Stabes $\ell = AR/\varrho = 8,98$ mm.

22.11 a) Der maximale Strom ist $I = (P/R)^{1/2} = 5$ mA. b) Die maximale Spannung ist $U = (PR)^{1/2} = 50$ V.

22.12 Die im Toaster umgesetzte Leistung ist $P = U^2/R = 2,4$ kW. Die Kosten für einen 4 Minuten ($= \frac{1}{15}$ Stunde) langen Betrieb sind $(2,4\,\text{kW}) (\frac{1}{15}\,\text{h}) (0,25\,\text{DM/kWh}) = 0,04\,\text{DM}$.

22.13 Die Leistung ist $P = UI$. Also ist die in 5 s abgegebene Energie $W = P \Delta t = 180$ J.

22.14 Der Spannungsabfall über den Innenwiderstand R_i beträgt $12\,\text{V} - 11,4\,\text{V} = 0,6$ V. Der Innenwiderstand ist hier gegeben durch $0,6\,\text{V} = I R_i$ und beträgt $R_i = 0,03\ \Omega$.

22.15 a) Die Leistung ist $P = U I = 240$ W. b) Der Strom beträgt 20 A, und der Spannungsabfall über dem Anlasser ist 11,4 V. Daher ist die ihm zugeführte Leistung 228 W. c) Die chemische Energie in der Batterie geht vor allem in die Erwärmung der Batterie und in die mechanische Energie des Anlassers über. Die Änderung der chemischen Energie beträgt $W = P \Delta t = (240\,\text{W})\,(180\,\text{s}) = 4,32 \cdot 10^4$ J. d) Die mit dem Innenwiderstand verknüpfte Leistung ist $P = I^2 R_i = 12$ W. Innerhalb von 3 Minuten entsteht dadurch die Wärmemenge $W = P \Delta t = (12\,\text{W})\,(180\,\text{s}) = 2160$ J.

22.16 a) Es ist $I = U/R = (12\,\text{V})/(0,4\,\Omega) = 30$ A. b) Die Klemmenspannung U ist gleich der EMK des galvanischen Elements, abzüglich des Spannungsabfalls über dem Innenwiderstand. Mit $I R_i = (20\,\text{A})(0,4\,\Omega) = 8$ V sinkt die Klemmenspannung auf 4 V ab.

22.17 a) Die Widerstände sind parallelgeschaltet; also ist $1/R_{\text{ers}} = 1/R_1 + 1/R_2 + 1/R_3 = (9/12)\,\Omega^{-1}$ und damit $R_{\text{ers}} = 1,33\ \Omega$. b) Jeder Widerstand erfährt dieselbe Potentialdifferenz. Daraus folgt $I_4 = (12\,\text{V})/(4\,\Omega) = 3$ A und $I_3 = 4$ A sowie $I_6 = 2$ A. Damit beträgt der Gesamtstrom 9 A. Wir prüfen das mit dem Ersatzwiderstand nach: $(9\,\text{A})\,(1,33\,\Omega) = 12$ V.

22.18 a) Die beiden parallelgeschalteten Widerstände haben den Ersatzwiderstand $[1/(6\,\Omega)+1/(2\,\Omega)]^{-1}$. Dieser ist mit dem 3-$\Omega$-Widerstand in Reihe geschaltet. Damit ist $R_{\text{ers}} = 3\,\Omega +$

$[1/(6\,\Omega) + 1/(2\,\Omega)]^{-1} = 4,5\ \Omega$. b) Der gesamte durch die Schaltung fließende Strom ist $I = U/R_{\text{ers}} = 2,67$ A. Er fließt durch den 3-Ω-Widerstand; also ist $I_3 = 2,67$ A. Für die parallelgeschalteten Widerstände gilt $I_6/I_2 = R_2/R_6$. Damit ist $I_6 = I_2\,(2\,\Omega)/(6\,\Omega) = \frac{1}{3} I_2$, und wir erhalten $\frac{4}{3} I_2 = 2,67$ A und daraus $I_2 = 2$ A sowie $I_6 = \frac{2}{3}$ A.

22.19 a) Der Ersatzwiderstand R_{ers} dieser Schaltung ist gegeben durch $1/R_{\text{ers}} = 1/(4\,\Omega) + 1/(3\,\Omega + 5\,\Omega)$ bzw. $R_{\text{ers}} = 2,67\ \Omega$. b) Der gesamte Strom zwischen a und b ist $I = U/R_{\text{ers}} = (12\,\text{V})\,/\,(\frac{8}{3}\,\Omega) = 4,5$ A. Der Ersatzwiderstand des 3-Ω- und des 5-Ω-Widerstands ist 8 Ω. Also fließt durch den 4-Ω-Widerstand ein doppelt so hoher Strom wie durch den anderen Zweig der Schaltung. Damit ist $I_4 = 3$ A und $I_3 = I_5 = 1,5$ A, und der Gesamtstrom beträgt 4,5 A.

22.20 a) Der Ersatzwiderstand beträgt im oberen Teil der Schaltung 18 Ω und im unteren Teil 9 Ω. Diese Teile sind parallelgeschaltet, so daß der gesamte Ersatzwiderstand $R_{\text{ers}} = 6\ \Omega$ ist.
b) Wegen $R_{\text{ers}} = 6\ \Omega$ fließt zwischen a und b der Strom 2 A. Davon fließt halb so viel durch den oberen Zweig wie durch den unteren, und es ist $I_o = \frac{2}{3}$ A und $I_u = \frac{4}{3}$ A. Durch die beiden im unteren Zweig parallelgeschalteten 6-Ω-Widerstände teilt sich der Strom zu gleichen Teilen von je $\frac{2}{3}$ A auf. Im oberen Zweig ist $I_{12} = I_6 = \frac{2}{3}$ A.

22.21 a) $U = I R = 12$ V. b) Wie in Aufgabe 19 ist $I_3 = 1,5$ A.

22.22 a) Sowohl der obere als auch der untere Zweig der Schaltung haben den Ersatzwiderstand $2R$. Beide Zweige sind parallelgeschaltet, so daß folgt $1/R_{\text{ers}} = 1/(2R) + 1/(2R)$ bzw. $R_{\text{ers}} = R$.
b) Das Einfügen eines Widerstands zwischen c und d hätte keine Auswirkung, da sich diese beiden Punkte auf gleichem Potential befinden.

22.23 a) Der obere Zweig der Schaltung entspricht einem 6-Ω-Widerstand, in Reihe geschaltet mit einem 2,4-Ω-Widerstand. Damit hat der obere Zweig den Ersatzwiderstand 8,4 Ω. Der untere Zweig entspricht zwei 4-Ω-Widerständen in Reihe, hat also den Ersatzwiderstand 8 Ω. Somit sind ein 8,4-Ω- und ein 8-Ω-Widerstand parallelgeschaltet, und der gesamte Ersatzwiderstand beträgt 4,10 Ω.   b) Wird zwischen a und b eine Spannung von 12 V angelegt, so fließt ein Gesamtstrom von 2,93 A. Der Strom durch den unteren Zweig ist $I = U/R = (12\,\text{V})/(8\,\Omega) = 1{,}5\,\text{A}$. Dies ist auch der Strom durch den 4-Ω-Widerstand im unteren Zweig; der Strom durch die beiden 8-Ω-Widerstände im unteren Zweig ist jeweils halb so groß, beträgt also 0,75 A. Der Strom durch den oberen Zweig ist $I = U/R = (12\,\text{V})/(8{,}4\,\Omega) = 1{,}43\,\text{A}$. Dies ist auch der Strom durch den 6-Ω-Widerstand; der Spannungsabfall über diesem Widerstand ist $U = IR = 8{,}57\,\text{V}$. Damit fällt über dem Rest des oberen Zweiges die Spannung 3,43 V ab. Daher ist der Strom durch den oberen 4-Ω-Widerstand $I = (3{,}43\,\text{V})/(4\,\Omega) = 0{,}857\,\text{A}$, und der Strom durch die in Reihe geschalteten Widerstände 2 Ω und 4 Ω beträgt $I = (3{,}43\,\text{V})/(6\,\Omega) = 0{,}571\,\text{A}$.

22.24 a) Der Ersatzwiderstand der Schaltung ist $R_{\text{ers}} = 3\,\Omega + [1/(2\,\Omega) + 1/(2\,\Omega) + 1/(4\,\Omega)]^{-1} = (19/5)\,\Omega$. Damit ist der gesamte durch die Batterie fließene Strom $I = U/R_{\text{ers}} = (30/19)\,\text{A}$. Es folgt $I_3 = (30/19)\,\text{A}$. Wenn durch den 4-Ω-Widerstand ein Strom I fließt, dann fließt durch jeden der 2-Ω-Widerstände ein doppelt so hoher Strom. Insgesamt ergibt sich $5I = (30/19)\,\text{A}$ bzw. $I = (6/19)\,\text{A}$. Daraus folgt $I_4 = (6/19)\,\text{A}$ und $I_2 = I_2 = (12/19)\,\text{A}$.   b) $P = U^2 R = (6\,\text{V})^2/[(19/5)\,\Omega] = 9{,}47\,\text{W}$.

22.25 Der Widerstand ist $R = \varrho\,\ell/A = 0{,}3\,\Omega$. Bei der Dehnung auf die Länge $\ell' = 2\ell$ ändert sich das Volumen des Drahtes nicht; also ist $\ell A = \ell' A'$ bzw. $A' = A/2$. Daraus folgt $R' = \varrho\,\ell'/A' = 4\,\varrho\,\ell/A = 1{,}2\,\Omega$.

22.26 a) Die in der Zeit t dem Wasser zugeführte Wärmemenge ist $Q = 0{,}9\,Pt$. Die dadurch hervorgerufene Temperaturerhöhung ΔT

ist gegeben durch $Q = m\,c\,\Delta T$. Damit ergibt sich
$t = m\,c\,\Delta T/(0{,}9\,P) = (0{,}25\,\text{kg})\,[4{,}184\,\text{kJ}/(\text{kg}\cdot\text{K})]\,(85\,\text{K})\,/\,[(0{,}9)\,(200\,\text{W})] = 8{,}32\,\text{min}$.
b) Mit der spezifischen Verdampfungswärme Q_V ist $t = m\,Q_\text{V}/(0{,}9\,P) = (0{,}25\,\text{kg})\,(2257\,\text{kJ/kg})/[(0{,}9)\,(200\,\text{W})] = 52{,}2\,\text{min}$.

22.27 a) Wir setzen $x = R_2/R_1$ und erhalten $1/R_{\text{ers}} = 1/R_1 + 1/R_2 = (1/R_1)\,(1 + 1/x) = (1/R_1)\,(x + 1)/x$ bzw. $R_{\text{ers}} = R_1\,x/(1 + x)$.
b) Die Abbildung zeigt R_{ers}/R_1 als Funktion von x. Beachten Sie, daß stets $R_{\text{ers}} < R_1$ ist.

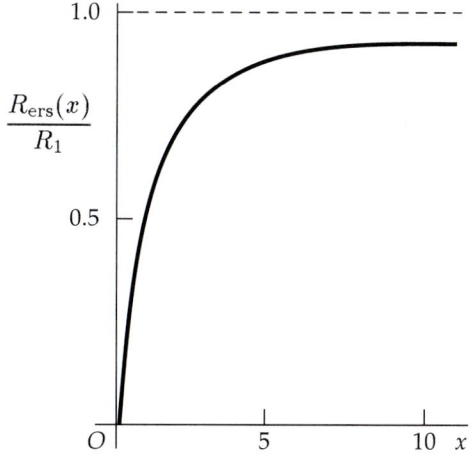

22.28 a) Der Strom ist $I = \Delta Q/\Delta t = \sigma\,(b\,\Delta x)/\Delta t = \sigma\,b\,v$. Darin ist $b = 0{,}5\,\text{m}$ die Breite des Bandes, das die Geschwindigkeit v hat. Bei $v = 20\,\text{m/s}$ ist der Strom $I = 0{,}05\,\text{A}$.
b) $P = I\,U = (0{,}05\,\text{A})\,(100\,\text{kV}) = 5000\,\text{W}$.

22.29 a) Das elektrische Feld ist $E = U/\ell = I\,R/\ell = I\,\varrho\,\ell/(A\,\ell) = 4\,I\,\varrho/(\pi\,d^2)$. Für Kupfer folgt $E_\text{Cu} = 0{,}0433\,\text{V/m}$, und für Eisen ist $E_\text{Fe} = 0{,}255\,\text{V/m}$.   b) Wegen $U = I\,R = I\,\varrho\,\ell/A$ beträgt die Potentialdifferenz über dem Kufperdraht 3,46 V, und über dem Eisendraht ist sie 12,5 V.   c) Der gesamte Spannungsabfall über den hintereinandergeschalteten Drähten ist 15,9 V. Damit ist der Ersatzwiderstand $R = U/I = 7{,}97\,\Omega$. Mit $R = \varrho\,\ell/A$ erhalten wir $R_\text{Cu} = 1{,}73\,\Omega$ und $R_\text{Fe} = 6{,}24\,\Omega$. Ihre Summe ist, wie erwartet, exakt gleich dem Ersatzwiderstand von 7,97 Ω.

22.30 a) Wegen $I = dQ/dt$ bzw. $dQ = I\,dt = [20\ \text{A} + (3\ \text{A/s}^2)\,t^2]\,dt$ ist die gesamte in dieser Zeit transportierte Ladung

$$
\begin{aligned}
Q &= \int dQ = \int_0^{10} [20\ \text{A} + (3\ \text{A/s}^2)\,t^2]\,dt \\
&= [(20\ \text{A})\,t + (1\ \text{A/s}^2)\,t^3]\Big|_0^{10} = 1200\ \text{C}.
\end{aligned}
$$

b) Der mittlere Strom ist damit $I = \Delta Q / \Delta t = (1200\,\text{C})/(10\,\text{s}) = 120\ \text{A}$.

22.31 Die Spannungsquelle hält eine konstante Spannung aufrecht. Daher gilt $U = 230\ \text{V} = I_1 R_1 = I_2 R_2$ bzw. $R_2/R_1 = I_1/I_2$. Der spezifische Widerstand ϱ ist eine Funktion der Temperatur: $\varrho = \varrho_{20}[1 + \alpha\,(t_C - 20\ ^\circ\text{C})]$. Daraus folgt $R = (\ell\,\varrho_{20}/A)[1 + \alpha\,(t_C - 20\ ^\circ\text{C})]$. Bei $t_C = 0\ ^\circ\text{C}$ ist der Widerstand $R_1 = (\ell\,\varrho_{20}/A)(1 - 20\,\alpha)$, und bei der zu bestimmenden Temperatur t_C ist er $R_2 = (\ell\,\varrho_{20}/A)[1 + \alpha\,(t_C - 20\ ^\circ\text{C})]$. Daraus folgt der Quotient $R_2/R_1 = [1 + \alpha\,(t_C - 20\ ^\circ\text{C})]/(1 - 20\,\alpha) = I_1/I_2$, und es ist $t_C = 20\ ^\circ\text{C} + [(I_1/I_2)(1 - 20\,\alpha) - 1]/\alpha = 382\ ^\circ\text{C}$.

22.32 Gleichsetzen der Widerstände ergibt $R = \varrho_G\,\ell_G/A = \varrho_{Cu}\,\ell_{Cu}/A$. Daraus folgt nun $\ell_{Cu} = \ell_G\,(\varrho_G/\varrho_{Cu}) = (0,01\ \text{m})(10^{12}\,\Omega \cdot \text{m})/(1,7 \cdot 10^{-8}\ \Omega \cdot \text{m}) = 5,88 \cdot 10^{17}\ \text{m}$. Das entspricht 62,2 Lichtjahren. Also ist der Widerstand eines 1 cm langen Glasstabes gleich dem eines gleich dicken Kupferdrahtes, der 15mal so lang ist wie die Entfernung von der Erde zum nächsten Stern.

22.33 a) Eine Energiesparbirne nimmt 55 W weniger als eine normale Birne auf. Bei einem Strompreis von 0,25 DM pro kWh entspricht dies pro Jahr einer Ersparnis an Stromkosten von 723,17 DM. Es muß aber noch berücksichtigt werden, daß die Energiesparbirne einerseits teurer ist und andererseits eine höhere Lebensdauer (8000 h) hat. Für sechs solcher Birnen zu je 40 DM betragen die Anschaffungskosten pro Jahr 262,98 DM. Für 6 normale Birnen (Lebensdauer 1200 h) zu je 1,50 DM fallen pro Jahr

65,73 DM an. Also sind die Anschaffungskosten der Energiesparbirnen um 197,25 DM höher. Die Netto-Ersparnis beläuft sich daher jährlich auf 525,92 DM. b) Wir setzen die gesparten Stromkosten gleich der Differenz der Anschaffungskosten: $6\,(55\ \text{W})\,(24\ \text{h})\,(365,24\ \text{d})\,x\,/(10^3) = 6\,(24\ \text{h})\,(365,24\ \text{d})\,[(40\ \text{DM})/(8000\ \text{h}) - (1,50\ \text{DM})/(1200\ \text{h})]$. Darin sind x die Kosten pro kWh. Es ergibt sich $x = 0,068\ \text{DM/kWh}$.

22.34 Die in Form von Joulescher Wärme abgegebene Leistung ist $P = I^2 R = I^2 \varrho\,\ell/A$. Die Leistung pro Längeneinheit ist daher $P/\ell = I^2 \varrho/A = I^2 \varrho/(\pi\,d^2/4)$. Mit $P/\ell = 2\ \text{W/m}$ erhalten wir $d = 2,08\ \text{mm}$.

22.35 a) Die von der Batterie abzugebende Energie ist $W = P\,\Delta t = I\,U\,\Delta t = Q\,U = 6,91 \cdot 10^6\ \text{J}$. b) Mit $P = 150\ \text{W}$ erhalten wir $\Delta t = W/P = 12,8\ \text{h}$.

22.36 a) Die Leistung ist $P = F\,v = 26,7\ \text{kW}$. b) $W = Q\,U = 6,91 \cdot 10^7\ \text{J}$ (vgl. vorige Aufgabe). c) Die Zeit, die der Wagen mit einer Batterieladung fahren kann, ist $\Delta t = W/P = 2,59 \cdot 10^3\ \text{s}$. Die in dieser Zeit zurückgelegte Strecke ist $\Delta x = v\,\Delta t = (80\,000\ \text{m/h})\,[(1\ \text{h})/(3600\ \text{s})]\,(2,59 \cdot 10^3\ \text{s}) = 57,6\ \text{km}$. Wir können auch direkter rechnen; denn die Gesamtenergie ist gleich dem Produkt aus Reibungskraft und zurückgelegtem Weg: $W = F\,s$ und daher $s = W/F = (6,91 \cdot 10^7\ \text{J})/(1200\ \text{N}) = 57,6\ \text{km}$. d) Der Preis dieser Fahrt ist $(6,91 \cdot 10^7\ \text{J})\,(0,25\ \text{DM})/\text{kWh} = 4,81\ \text{DM}$. Das entspricht 0,085 DM/km.

22.37 a) $W = P\,\Delta t = 3 \cdot 10^{-3}\ \text{kWh}$. b) Die Kosten pro kWh sind $(15\ \text{DM})/(3 \cdot 10^{-3}\ \text{kWh}) = 4943\ \text{DM/kWh}$. Dieser enorme Preis muß sozusagen für die Bequemlichkeit bezahlt werden. c) Bei 0,25 DM/kWh beträgt der Strompreis für eine Aufladung nur 0,075 Pfennige.

22.38 a) Der Strom ist $I = 5\ \text{mA} = 5 \cdot 10^{-3}\ \text{C/s}$. Er wird hervorgerufen durch geladene Teilchen, die sich etwa mit Lichtgeschwindigkeit bewegen: $v \approx c$. Pro Volumeneinheit sind n Protonen vorhanden; der Protonenstrahl habe den Querschnitt A. Dann ist der von den Protonen hervorgerufene Strom $I = n\,e\,A\,c$. Die Anzahl der Protonen pro Längeneinheit ist $nA = I/(e\,c) = 1{,}04 \cdot 10^8$ m^{-1}. b) Mit $A = 10^{-6}$ m^2 erhalten wir $n = 1{,}04 \cdot 10^{14}$ Protonen pro m^3. Mit anderen Worten: im Mittel nimmt jedes Proton das Volumen $[1/(1{,}04 \cdot 10^{14})]$ m^3 ein. Die dritte Wurzel daraus ergibt den mittleren Abstand $d = 2{,}13 \cdot 10^{-5}$ m.

22.39 a) Der zusätzliche Widerstand ist $R = \varrho\,\ell/A = 0{,}03\ \Omega$. b) $0{,}03\ \Omega$ sind $0{,}3$ Pozent von $10\ \Omega$. c) Aus $\varrho = \varrho_{20}\,[1 + \alpha\,(t_C - 20\ °C)]$ folgt, daß sich der Widerstand um $0{,}3$ Prozent ändert, wenn sich die Temperatur um ΔT ändert, so daß gilt $\alpha\,\Delta T = 0{,}003$. Für Chrom-Nickel ist $\alpha = 0{,}4 \cdot 10^{-3}$ K^{-1}, und es folgt $\Delta T = 7{,}5$ K.

22.40 Der Widerstand bei $20\ °C$ sei $R(T_0)$. Dann ist der Widerstand nach der Erwärmung $R(T) = R(T_0)\,(1 + \alpha\,\Delta T)$. Mit $R(T) = 8\,R(T_0)$ folgt $\Delta T = 7/\alpha = 1750$ K.

22.41 a) $R = \varrho\,\ell/A = 79{,}6\ \Omega$. b) Bei der Dehnung ändert sich das Volumen nicht, so daß gilt $R' = \varrho\,\ell'/A'$. Darin ist $\ell' = 2\ell$ und $A' = A/2$. Also ist $R' = 4\,R = 318\ \Omega$.

22.42 a) Wir berechnen zunächst den Widerstand der Kupferleitung. Ihre Querschnittsfläche ist $3{,}14$ mm^2. Damit ist $R = \varrho\,\ell/A = 0{,}162\ \Omega$. Bei einem Strom von 15 A ist der entsprechende Spannungsabfall $2{,}44$ V, so daß am Heizlüfter eine Spannung von $227{,}6$ V anliegt. b) Jede Glühbirne mit 60 W zieht den Strom $0{,}26$ A. Der Heizlüfter zieht 15 A, so daß noch 19 Birnen betrieben werden können.

22.43 a) Die drei Adern haben die gesamte Querschnittsfläche $3\,(3{,}14$ mm$^2)$. Damit ist der Widerstand $R = \varrho\,\ell/A = 5{,}40 \cdot 10^{-3}\ \Omega$.
b) Der Spannungsabfall ist $U = I\,R = 0{,}486$ V.
c) Die Leistung ergibt sich zu $P = I^2\,R = 43{,}7$ W.

22.44 a) Jeder Puls mit N Elektronen transportiert die Ladung $Q = I\,\Delta t = N\,e$. Daraus folgt $N = I\,\Delta t/e = 10^{12}$ Elektronen. b) Mit einer Ladung von $1{,}6 \cdot 10^{-7}$ C pro Puls und bei 10^3 Pulsen pro Sekunde ist der mittlere Strom $\langle I \rangle = 1{,}6 \cdot 10^{-4}$ A $= 0{,}16$ mA. c) Jeder der 10^3 Pulse in einer Sekunde enthält 10^{12} Elektronen; also werden pro Sekunde 10^{15} Elektronen beschleunigt, wobei jedes die Energie 400 MeV aufnimmt. Damit ist die abgegebene Leistung $P = (400 \cdot 10^6\ \text{eV})\,(1{,}6 \cdot 10^{-19}\ \text{J/eV})\,(10^{15}\ \text{s}^{-1}) = 6{,}4 \cdot 10^4$ W. d) Die Spitzenleistung liegt vor, wenn ein einzelner Puls von 10^{12} Elektronen in $0{,}1\ \mu$s beschleunigt wird; dann ist $P = (400 \cdot 10^6\ \text{eV})\,(1{,}6 \cdot 10^{-19}\ \text{J/eV})\,(10^{12})\,/\,(10^{-7}\ \text{s}) = 6{,}4 \cdot 10^8$ W. e) Der Beschleuniger arbeitet 1000mal pro Sekunde, und zwar jeweils 10^{-7} s lang, also 10^{-4} s pro 1 s. Das Tastverhältnis beträgt damit 10^{-4}.

22.45 a) In Abhängigkeit von der Temperatur T ist der Widerstand der Drähte $R = \varrho_1\,(1 + \alpha_1\,\Delta T)\,\ell_1/A + \varrho_2\,(1 + \alpha_2\,\Delta T)\,\ell_2/A = \varrho_1\,\ell_1/A + \varrho_2\,\ell_2/A + \Delta T\,(\varrho_1\,\alpha_1\,\ell_1 + \varrho_2\,\alpha_2\,\ell_2)/A$. Der Widerstand R ist unabhängig von der Temperatur, wenn gilt $\varrho_1\,\alpha_1\,\ell_1 + \varrho_2\,\alpha_2\,\ell_2 = 0$. b) Für Kupfer ist $\varrho = 1{,}7 \cdot 10^{-8}\ \Omega \cdot$ m und $\alpha = 3{,}9 \cdot 10^{-3}$ K^{-1}. Für Graphit ist $\varrho = 3500 \cdot 10^{-8}\ \Omega \cdot$ m und $\alpha = -0{,}5 \cdot 10^{-3}$ K^{-1}. Damit erhalten wir $\ell_{\text{Cu}}/\ell_{\text{Gr}} = -\varrho_{\text{Gr}}\,\alpha_{\text{Gr}}\,/\,(\varrho_{\text{Cu}}\,\alpha_{\text{Cu}}) = 264$.

22.46 a) Der Widerstand ist $R = U^2/P = 529\ \Omega$, und die Stromstärke ist $I = P/U = 0{,}435$ A. b) Aus $P = U^2/R$ folgt $\text{d}P/\text{d}U = 2\,U/R = 2\,U^2/(RU) = 2\,P/U$. Umstellen ergibt $\text{d}P/P = 2\,\text{d}U/U$ bzw. $\Delta P/P \approx 2\,\Delta U/U$. c) Bei einer Spannungsänderung um $\Delta U = -10$ V ändert sich die Leistung gegenüber $P = 100$ W etwa um $\Delta P = 2\,P\,(-10\ \text{V})/(230\ \text{V}) = -8{,}7$ W. Also gibt der Fön noch $91{,}3$ W ab.

22.47 Wir betrachten dünne Streifen beim Radius r mit der Länge $\pi\,r$ und der Breite $\text{d}r$ sowie der Dicke t. Sie erstrecken sich also von einem Ende des Halbringes zum anderen. Mit $R =$

$\varrho\,\ell/A$ erhalten wir den Widerstand eines Streifens zu $\mathrm{d}R = \varrho\,(\pi\,r)/(t\,\mathrm{d}r)$. Die parallel aneinandergelegten Streifen ergeben den gesamten Halbring. Wegen der Parallelschaltung gilt $\mathrm{d}(1/R) = [t/(\varrho\,\pi\,r)]\,\mathrm{d}r$. Daraus folgt

$$\frac{1}{R} = \int \mathrm{d}\left(\frac{1}{R}\right) = \frac{t}{\varrho\,\pi}\int_a^b \frac{1}{r}\,\mathrm{d}r = \frac{t}{\varrho\,\pi}\ln\left(\frac{b}{a}\right).$$

Also ist der Ersatzwiderstand zwischen den Enden des Halbringes $R = \varrho\,\pi/[t\,\ln(b/a)]$.

22.48   Wegen $R = \varrho\,\ell/A$ ist der Widerstand jedes Kugelschalen-Elements der Dicke $\mathrm{d}r$ gegeben durch $\mathrm{d}R = [\varrho/(4\,\pi\,r^2)]\,\mathrm{d}r$. Wir betrachten diese Schichten als in Reihe geschaltete Widerstände, die sich zwischen den beiden leitfähigen Kugeln befinden. Daher ist der Gesamtwiderstand gleich dem Integral über $\mathrm{d}R$ von $r = a = 1{,}5$ cm bis $r = b = 5$ cm. Es ergibt sich $R = [\varrho/(4\,\pi)]\,(1/a - 1/b)$. Wir setzen die gegebenen Werte ein und erhalten $R = 3{,}71 \cdot 10^9\ \Omega$.

22.49   a) Die Einzelwiderstände haben die Form von Zylinderschalen. Ihr Widerstand ist $\mathrm{d}R = [\varrho/(2\,\pi\,r\,\ell)]\,\mathrm{d}r$, und sie sind in Reihe geschaltet (vgl. die vorige Aufgabe). Die Integration ergibt den Gesamtwiderstand

$$R = \int \mathrm{d}R = \frac{\varrho}{2\,\pi\,\ell}\int_a^b \frac{1}{r}\,\mathrm{d}r = \frac{\varrho}{2\,\pi\,\ell}\ln\left(\frac{b}{a}\right).$$

b) Wir setzen die gegebenen Werte ein und erhalten $I = U/R = 2{,}05$ A.

22.50   a) Mit $R = U/I$ erhalten wir $R = U/[I_0\,(e^{eU/kT} - 1)] = (10^{-9}\ \mathrm{A}^{-1})\,U/(e^{eU/kT} - 1)$. Aus den gegebenen Werten ergibt sich, daß für $U = 0{,}5$ V der Widerstand $R = 4{,}05\ \Omega$ ist.
b) Hier ist $U = 0{,}6$ V und $R = 0{,}0849\ \Omega$.

22.51   Wir unterteilen den Draht in Elemente der Länge $\mathrm{d}x$:

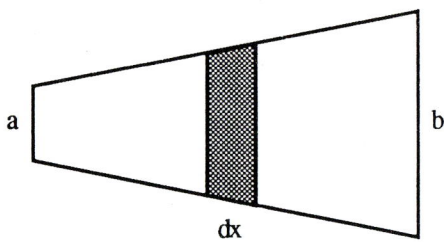

Wegen $R = \varrho\,\ell/A$ ist mit $\alpha = (b-a)/\ell$ der Widerstand jedes Elements $\mathrm{d}R = [\varrho/(\pi\,r^2)]\,\mathrm{d}x = \{\varrho/[\pi\,(a + \alpha\,x)^2]\}\,\mathrm{d}x$. Die Elemente sind in Reihe geschaltet; daher ist der Gesamtwiderstand

$$\begin{aligned}
R &= \int \mathrm{d}R = \frac{\varrho}{\pi}\int_0^\ell \frac{1}{(a + \alpha\,x)^2}\,\mathrm{d}x \\[2mm]
&= -\frac{\varrho}{\pi}\left.\frac{1}{\alpha\,(a + \alpha\,x)}\right|_0^\ell \\[2mm]
&= \frac{\varrho}{\alpha\,\pi}\left(\frac{1}{a} - \frac{1}{a + \alpha\,\ell}\right) = \frac{\varrho}{\pi}\frac{\ell}{a\,(a + \alpha\,\ell)}.
\end{aligned}$$

Einsetzen des obigen Ausdrucks für α ergibt $R = \varrho\,\ell/(\pi\,a\,b)$.

Kapitel 23

Gleichstromkreise

23.1 a) Mit $R = 5\,\Omega$ und dem Innenwiderstand $R_i = 0{,}3\,\Omega$ ist der Strom $I = U/(R_i + R) = 1{,}13$ A. Die Leistung ist $P = U^2/(R_i + R) = 6{,}79$ W. b) $I = U/(R_i + R) = 0{,}583$ A und $P = U^2/(R_i + R) = 3{,}50$ W.

23.2 a) Es ist gegeben 6 A $= U/R_1$ und 2 A $= U/(R_1 + 10\,\Omega)$. Kombinieren beider Relationen ergibt 2 A $= R_1\,(6\,\text{A})\,/\,(R_1 + 10\,\Omega)$ und damit $R_1 = 5\,\Omega$. b) $U = (6\,\text{A})\,R_1 = 30$ V.

23.3 a) Die gesamte Spannung im Stromkreis beträgt 12 V − 6 V = 6 V. Ferner ist der gesamte Widerstand $R = 6\,\Omega$, und der Strom ist $(6\,\text{V})/(6\,\Omega) = 1$ A. b) Hier fließt der Strom von der 12-V-Batterie in die 6-V-Batterie. Also gibt die 12-V-Batterie die Leistung 12 W ab, und die 6-V-Batterie nimmt 6 W auf. c) Im 2-Ω-Widerstand ist $P = I^2 R = 2$ W, und im 4-Ω-Widerstand ist $P = I^2 R = 4$ W.

23.4 Die Ströme in den einzelnen Teilen der Schaltung sind in der Abbildung eingezeichnet:

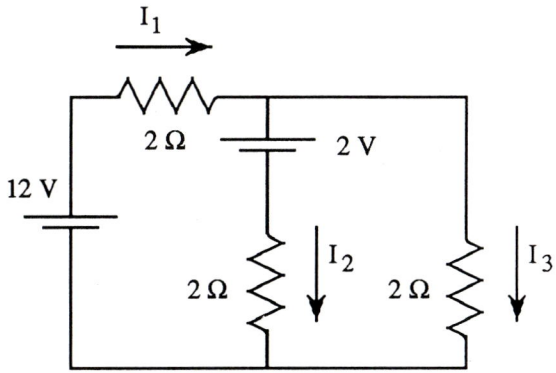

Es gelten drei Bedingungen: erstens $(12\,\text{V}) - (2\,\Omega)\,I_1 - (2\,\text{V}) - (2\,\Omega)\,I_2 = 0$, zweitens $(12\,\text{V}) - (2\,\Omega)\,I_1 - (2\,\Omega)\,I_3 = 0$ und drittens $I_1 = I_2 + I_3$. Daraus folgt $I_1 = (11/3)$ A und $I_2 = (4/3)$ A so-

wie $I_3 = (7/3)$ A. a) Der Strom durch das Amperemeter ist $I_2 = (4/3)$ A. b) $W = P\,\Delta t = I\,U\,\Delta t = [(11/3)\,\text{A}]\,(12\,\text{V})\,(3\,\text{s}) = 132$ J. c) Die gesamte Joulesche Wärme ist $(I_1^2\,R + I_2^2\,R + I_3^2\,R)\,\Delta t = 124$ J. d) Die Differenz beträgt 8 J. Dies ist die von der 2-V-Batterie aufgenommene Energie; wir berechnen sie zu $W = I_2\,(2\,\text{V})\,(3\,\text{s}) = 8$ J.

23.5 a) Wir bezeichnen die Ströme, wie in der Abbildung angegeben:

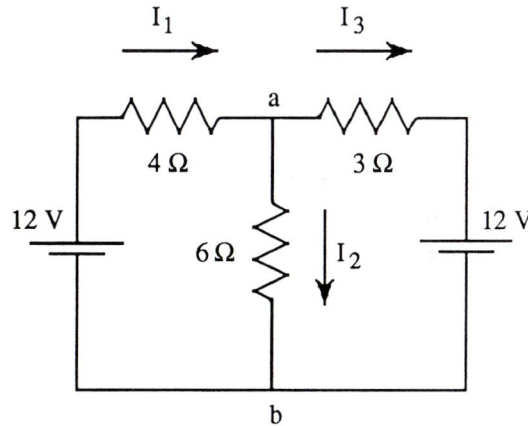

Es gelten drei Bedingungen: erstens $(12\,\text{V}) - (4\,\Omega)\,I_1 - (6\,\Omega)\,I_2 = 0$, zweitens $(12\,\text{V}) - (4\,\Omega)\,I_1 - (3\,\Omega)\,I_3 - (12\,\text{V}) = 0$ und drittens $I_1 = I_2 + I_3$. Daraus folgt $I_1 = (2/3)$ A und $I_2 = (14/9)$ A sowie $I_3 = -(8/9)$ A. Das Minuszeichen gibt an, daß I_3 entgegen der eingezeichneten Richtung fließt. b) Der Spannungsabfall über dem 6-Ω-Widerstand ist $U = I_2\,(6\,\Omega) = (28/3)$ V. Damit ist $U_b - U_a = -(28/3)$ V. c) Für die linke Batterie ist $P = UI = 8$ W, und für die rechte Batterie ist $P = (32/3)$ W.

23.6 a) Wir bezeichnen die Ströme, wie in der Abbildung auf der nächsten Seite angegeben. Es gelten drei Bedingungen: erstens $(7\,\text{V}) - (2\,\Omega)\,I_1 -$

$(3\,\Omega)\,I_2 + (5\,\mathrm{V}) = 0$, zweitens $(7\,\mathrm{V}) - (2\,\Omega)\,I_1 - (1\,\Omega)\,I_3 = 0$ und drittens $I_1 = I_2 + I_3$. Es folgt $I_1 = 3\,\mathrm{A}$ und $I_2 = 2\,\mathrm{A}$ sowie $I_3 = 1\,\mathrm{A}$.

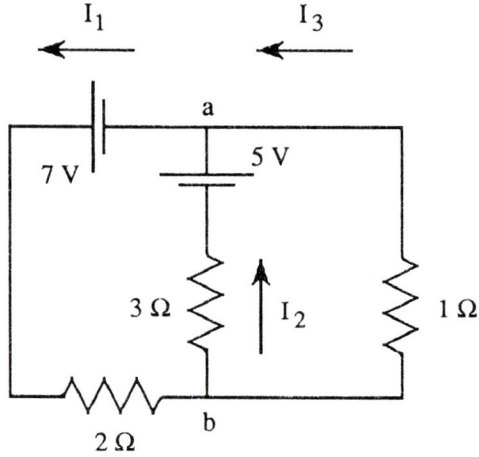

b) Die Potentialdifferenz zwischen a und b ist gegeben durch $U_b - (3\,\Omega)\,I_2 + (5\,\mathrm{V}) = U_a$. Daraus folgt $U_b - U_a = (3\,\Omega)\,I_2 - (5\,\mathrm{V}) = 1\,\mathrm{V}$.
c) Die von beiden Batterien abgegebenen Leistungen sind $P_1 = I_1\,(7\,\mathrm{V}) = 21\,\mathrm{W}$ und $P_2 = I_2\,(5\,\mathrm{V}) = 10\,\mathrm{W}$.

23.7 a) $Q_0 = C\,U_0 = 6 \cdot 10^{-4}\,\mathrm{C}$. b) $I_0 = U_0/R = 0{,}2\,\mathrm{A}$. c) Die Zeitkonstante ist $\tau = R\,C = 3\,\mathrm{ms}$. d) Die Ladung auf dem Kondensator als Funktion der Zeit t ist $Q = Q_0\,\mathrm{e}^{-t/RC}$. Bei $t = 6\,\mathrm{ms}$ ist daher $Q = 8{,}12 \cdot 10^{-5}\,\mathrm{C}$.

23.8 Abbildung zu Teil c):

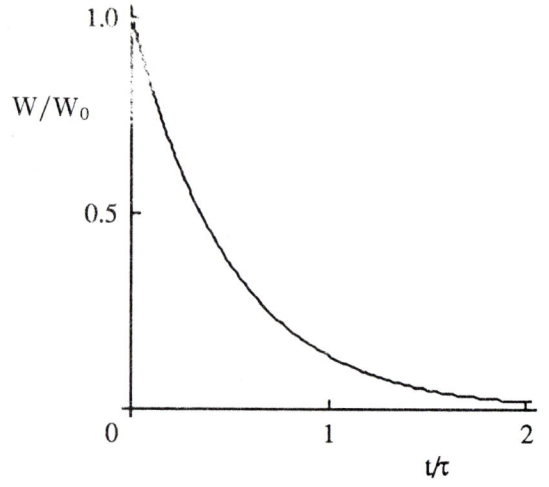

a) $W_0 = \frac{1}{2}\,C\,U_0^2 = 0{,}03\,\mathrm{J}$. b) Die im Kondensator gespeicherte Energie können wir auch schreiben als $W = \frac{1}{2}\,Q^2/C$. Wegen $Q = Q_0\,\mathrm{e}^{-t/\tau}$ folgt daraus $W = \frac{1}{2}\,(Q_0^2/C)\,\mathrm{e}^{-2t/\tau} = W_0\,\mathrm{e}^{-2t/\tau}$.
c) Die Energie W ist als Funktion der Zeit in der obigen Abbildung aufgetragen.

23.9 a) Nach einer langen Zeit ist die Spannung über dem Kondensator gleich derjenigen über der Spannungsquelle, und es ist $Q = C\,U = 8\,\mu\mathrm{C}$.
b) Die Ladung als Funktion der Zeit ist $Q = C\,U\,(1 - \mathrm{e}^{-t/RC})$. Mit $Q = 0{,}99\,C\,U$ erhalten wir $t = R\,C\,\ln 100 = 0{,}0737\,\mathrm{s}$.

23.10 Wir verwenden die Beziehungen $Q = C\,U\,(1 - \mathrm{e}^{-t/RC})$ und $I = \mathrm{d}Q/\mathrm{d}t = (U/R)\,\mathrm{e}^{-t/RC}$.
a) Wenn $t = \tau = R\,C$ ist, dann ist die Ladung $Q = C\,U\,(1 - \mathrm{e}^{-1}) = 5{,}69\,\mu\mathrm{C}$. b) $\mathrm{d}Q/\mathrm{d}t = (U/R)\,\mathrm{e}^{-1} = 1{,}10\,\mu\mathrm{C/s}$. c) Bei diesem einfachen Stromkreis sind die Stromstärke und die Geschwindigkeit, mit der die Ladung auf dem Kondensator zunimmt, gleich. Also ist $I = 1{,}10\,\mu\mathrm{A}$.
d) $P = U\,I = 6{,}62 \cdot 10^{-6}\,\mathrm{W}$. e) $P = I^2\,R = 2{,}44 \cdot 10^{-6}\,\mathrm{W}$. f) Mit $W = \frac{1}{2}\,Q^2/C$ erhalten wir $\mathrm{d}W/\mathrm{d}t = (Q/C)\,\mathrm{d}Q/\mathrm{d}t = 4{,}19 \cdot 10^{-6}\,\mathrm{J/s}$. Beachten Sie, daß dies (wie erwartet) die Differenz zwischen der von der Batterie abgegebenen Leistung und der im Widerstand dissipierten Wärmeleistung ist.

23.11 Mit der Anzahl N der Elektronen ist der Strom $I = \Delta Q/\Delta t = N\,e/\Delta t$. Die Zahl der pro Sekunde durch den Leiter fließenden Elektronen ist damit $N = I\,\Delta t/e = (10^{-12}\,\mathrm{C/s})\,(1\,\mathrm{s})\,/\,(1{,}6 \cdot 10^{-19}\,\mathrm{C}) = 6{,}25 \cdot 10^6$.

23.12 a) Der Strom durch das Galvanometer ist I_1, und der durch den Widerstand R ist I_2. Bei parallelgeschalteten Widerständen ist $I_1/I_2 = R_2/R_1$. Daher gilt $R_2 = R = R_1\,(I_1/I_2)$, und wir erhalten $R = 6{,}75 \cdot 10^{-4}\,\Omega$ b) $R_{\mathrm{ers}} = 6{,}75 \cdot 10^{-4}\,\Omega$. c) Es ist $R = \varrho\,\ell/A$ bzw. $\ell = R\,A/\varrho$. Hier ist $A = 5{,}26\,\mathrm{mm}^2$ und $\varrho = 1{,}7 \cdot 10^{-8}\,\Omega \cdot \mathrm{m}$. Daraus folgt $\ell = 0{,}209\,\mathrm{m}$.

23.13 a) Da der Widerstand R_R in Reihe mit dem Galvanometer zu schalten ist, muß gelten $(1,5\,\text{mA})\,(R_R + 90\,\Omega) = 1,5\,\text{V}$. Damit ist $R_R = 910\,\Omega$.   b) Der halbe Ausschlag liegt vor, wenn der Strom durch das Galvanometer den halben Maximalwert hat. Daher gilt für den Widerstand R, bei dem dies der Fall ist: $(R + 90\,\Omega + R_R)\,(1,5\,\text{mA})/2 = 1,5\,\text{V}$ bzw. $R = 1000\,\Omega$.   c) Hier ist $(R + 90\,\Omega + R_R)\,(1,5\,\text{mA})\,/\,10 = 1,5\,\text{V}$. Es folgt $R = 9000\,\Omega$.

23.14 Wir schreiben die Lösung von Teil c) der vorigen Aufgabe um und erhalten $R = (1,5\,\text{V})\,/\,[f\,(1,5\,\text{mA})] - 90\,\Omega - R_R = (1000/f - 1000)\,\Omega$. Darin ist $f = 1/10$ der Anteil des Vollausschlags. Wenn die Skala von $x = 0$ bis $x = L$ reicht, so ist $f = x/L$ und $R = [1000/(x/L) - 1000]\,\Omega$. Für $x/L = 1$ ist $R = 0$. Also entspricht $x/L = 0,5$ dem Widerstandswert $R = 1000\,\Omega$, wie in der vorigen Aufgabe. Das Galvanometer ist folgendermaßen zu kalibrieren:

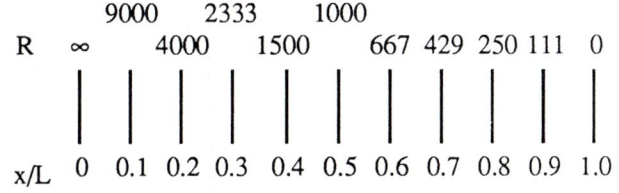

23.15 Aus der Bedingung $1\,\text{V} = I\,(R_G + R_1)$ folgt $R_1 = (1\,\text{V})\,/\,(0,13\,\text{mA}) - R_G = 7582\,\Omega$. Entsprechend ist $R_2 = (10\,\text{V})/(0,13\,\text{mA}) - R_G - R_1 = 69\,231\,\Omega$ und $R_3 = (100\,\text{V})/(0,13\,\text{mA}) - R_G - R_1 - R_2 = 692\,308\,\Omega$.

23.16 Wir betrachten zunächst den 0,1-A-Anschluß. Hier liegt $R_1 + R_2 + R_3$ in Reihe mit $R_G = 110\,\Omega$. Vom Gesamtstrom 0,1 A fließen 0,13 mA durch das Galvanometer. Die Spannung über $(R_1 + R_2 + R_3)$ ist gleich der über R_G. Daher gilt $(R_1 + R_2 + R_3)\,(0,1\,\text{A} - 0,13\,\text{mA}) = R_G\,(0,13\,\text{mA})$. Es folgt $R_1 + R_2 + R_3 = 0,143\,\Omega$. Am 1-A-Anschluß liegt $R_1 + R_2$ in Reihe mit $R_3 + R_G$. Also ist $(R_1 + R_2)\,(1\,\text{A} - 0,13\,\text{mA}) = (R_3 + R_G)(0,13\,\text{mA})$. Ferner gilt am 10-A-Anschluß $R_1\,(10\,\text{A} - 0,13\,\text{mA}) = (R_2 + R_3 +$

$R_G)\,(0,13\,\text{mA})$. Aus diesen 3 Bedingungen erhalten wir $R_1 = 1,43 \cdot 10^{-3}\,\Omega$ und $R_2 = 1,29 \cdot 10^{-2}\,\Omega$ sowie $R_3 = 0,129\,\Omega$.

23.17 a) Wenn die Spannungsquellen in Reihe geschaltet sind, ist der Strom $I = 2\,U_Q/(2\,R_i + R)$, und die dem Widerstand R zugeführte Leistung ist $P = I^2\,R = 4\,U_Q^2\,R/(2\,R_i + R)^2 = U_Q^2\,R/(R_i + R/2)^2$. Sind die Spannungsquellen parallelgeschaltet, so liegen die beiden Innenwiderstände R_i zueinander parallel und in Reihe mit R. Dann gilt $I = U_Q/(R_i/2 + R)$ und $P = U_Q^2\,R/(R_i/2 + R)^2$. Wenn $R = R_i$ ist, ist in beiden Fällen die Leistung gleich. Jedoch liefert bei $R < R_i$ die Parallelschaltung die höhere Leistung. Hier wird die höchste Leistung abgegeben, wenn $R = R_i/2$ ist. Dies ist gleich dem Ersatzwiderstand der beiden parallelgeschalteten Spannungsquellen. Dieser Sachverhalt ist ein Beispiel für die sogenannte Impedanzanpassung.   b) Bei $R > R_i$ liefert die Reihenschaltung der Spannungsquellen die höhere Leistung. Hier wird die höchste Leistung abgegeben, wenn $R = 2\,R_i$ ist. Wiederum ist dies der Ersatzwiderstand der (nun in Reihe geschalteten) Spannungsquellen.

23.18 a) Die Abbildung zeigt den Stromkreis:

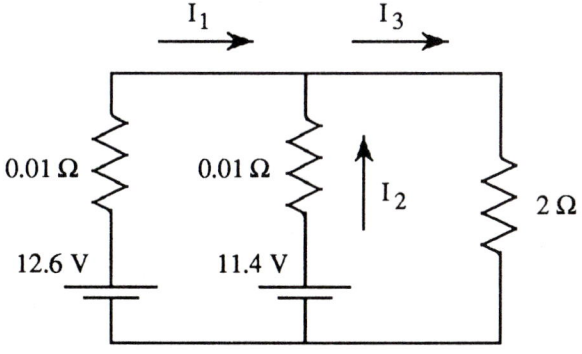

b) Es gelten drei Bedingungen: erstens $(12,6\,\text{V}) - (0,01\,\Omega)\,I_1 - (2\,\Omega)\,I_3 = 0$, zweitens $(11,4\,\text{V}) - (0,01\,\Omega)\,I_2 - (2\,\Omega)\,I_3 = 0$ und drittens $I_1 + I_2 = I_3$. Daraus folgt $I_1 = 63,0\,\text{A}$ und $I_2 = -57,0\,\text{A}$ sowie $I_3 = 5,99\,\text{A}$. Das Minuszeichen gibt an, daß I_2 entgegen der eingezeichneten Richtung fließt, also in die schwächere Batterie hinein.   c) Die von der 12,6-V-Batterie abgegebene Leistung ist $P = I_1\,U_Q = 794\,\text{W}$. Davon werden

650 W in der schwachen Batterie gespeichert, 32,5 W erwärmen die schwache Batterie, 39,7 W erwärmen die 12,6-V-Batterie, und 71,8 W werden im 2-Ω-Widerstand als Wärme abgegeben.

23.19 a) Wir zeichnen den Schaltplan um:

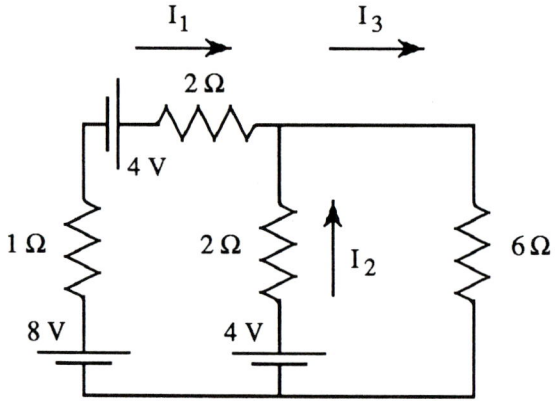

Es gelten drei Bedingungen: erstens $(8\,\mathrm{V}) - (1\,\Omega)\,I_1 + (4\,\mathrm{V}) - (2\,\Omega)\,I_1 - (6\,\Omega)\,I_3 = 0$, zweitens $(4\,\mathrm{V}) - (2\,\Omega)\,I_2 - (6\,\Omega)\,I_3 = 0$ und drittens $I_1 + I_2 = I_3$. Es folgt $I_1 = 2\,\mathrm{A}$ und $I_2 = -1\,\mathrm{A}$ sowie $I_3 = 1\,\mathrm{A}$. Der Strom I_2 fließt also in die 4-V-Batterie hinein. b) Die von den Batterien abgegebenen Leistungen sind $P_1 = I_1\,(8\,\mathrm{V}) = 16\,\mathrm{W}$ und $P_2 = I_1\,(4\,\mathrm{V}) = 8\,\mathrm{W}$ sowie $P_3 = I_2\,(4\,\mathrm{V}) = -4\,\mathrm{W}$. Insgesamt geben die Batterien daher eine Leistung von 20 W ab. (P_3 wird von der betreffenden Batterie aufgenommen.) c) Die in den Widerständen umgesetzen Leistungen sind: $P_a = I_1^2\,(1\,\Omega) = 4\,\mathrm{W}$ und $P_b = I_1^2\,(2\,\Omega) = 8\,\mathrm{W}$ und $P_c = I_2^2\,(2\,\Omega) = 2\,\mathrm{W}$ sowie $P_d = I_3^2\,(6\,\Omega) = 6\,\mathrm{W}$. Die insgesamt dissipierte Leistung beträgt, wie erwartet, 20 W.

23.20 Wir bezeichnen die Ströme, wie in der Abbildung in der nächsten Spalte angegeben. Es gelten drei Bedingungen: erstens $(2\,\mathrm{V}) - (1\,\Omega)\,I_1 + (4\,\Omega)\,I_2 - (4\,\mathrm{V}) - (1\,\Omega)\,I_1 = 0$, zweitens $(2\,\mathrm{V}) - (1\,\Omega)\,I_1 - (1\,\Omega)\,I_3 - (2\,\mathrm{V}) - (1\,\Omega)\,I_3 - (1\,\Omega)\,I_1 = 0$ und drittens $I_1 + I_2 = I_3$. Es folgt $I_1 = -(1/5)\,\mathrm{A}$ und $I_2 = (2/5)\,\mathrm{A}$ sowie $I_3 = (1/5)\,\mathrm{A}$. Beachten Sie, daß $I_1 = -I_3$ ist, wie wir schon der Symmetrie des Stromkreises entnehmen konnten. Wir erhalten $U_b + (4\,\mathrm{V}) - (4\,\Omega)\,I_2 = U_a$ und daraus $U_b - U_a = -(12/5)\,\mathrm{V}$.

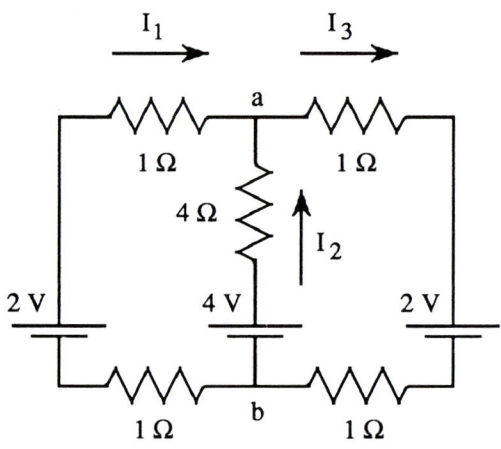

23.21 a) Die Zeitkonstante eines RC-Kreises ist $\tau = RC$. Im vorliegenden Fall ist $R = \varrho\,d/A$, wobei d der Abstand der Platten ist. Ferner ist $C = \varepsilon_r\,\varepsilon_0\,A/d$. Kombination der Beziehungen liefert $\tau = \varepsilon_r\,\varepsilon_0\,\varrho$. b) Wegen $Q = Q_0\,\mathrm{e}^{-t/\tau}$ ist die Ladung gleich Q_0/e^2, wenn gilt $\mathrm{e}^{-t/\tau} = \mathrm{e}^{-2}$ bzw. $t = 2\,\tau = 7{,}97 \cdot 10^{-7}\,\mathrm{s}$.

23.22 a) Der Innenwiderstand der Spannungsquelle ist $R_i = 0{,}01\,\Omega$, der Widerstand im Stromkreis ist $R = 0{,}74\,\Omega$ und der Widerstand des Amperemeters $R_A = 0{,}01\,\Omega$. Dann ist der Strom in Stromkreis und Amperemeter $I = U_Q/(R_i + R + R_A) = 1{,}97\,\mathrm{A}$. b) In Abwesenheit des Amperemeters ist der Strom $I = U_Q/(R_i + R) = 2\,\mathrm{A}$. Also verändert das Einfügen des Amperemeters die Stromstärke um 1,33 Prozent. c) Wenn das Voltmeter (mit dem Widerstand $R_V = 1\,\mathrm{k}\Omega$) angeschlossen ist, so ist der Ersatzwiderstand des Stromkreises $R_{\mathrm{ers}} = R_i + (1/R_V + 1/R)^{-1}$. Dann ist die zwischen a und b liegende Spannung $U = I\,(1/R_V + 1/R)^{-1} = U_Q\,(1/R_V + 1/R)^{-1}/R_{\mathrm{ers}} = 1{,}47999\,\mathrm{V}$. d) Ohne Voltmeter ist der Spannungsabfall zwischen a und b gleich $U = U_Q\,R/(R_i + R) = 1{,}48\,\mathrm{V}$. Also wird durch Anschließen des Voltmeters die Spannung um nur $9{,}87 \cdot 10^{-4}$ Prozent verändert.

23.23 a) Die Reihenschaltung der Batterien ergibt den Strom $I_s = (U_{Q1} + U_{Q2})/(R_{i1} + R_{i2} + R) = (12\,\mathrm{V})/(1{,}2\,\Omega + R)$. Beim Parallelschalten bezeichnen wir die Ströme wie folgt:

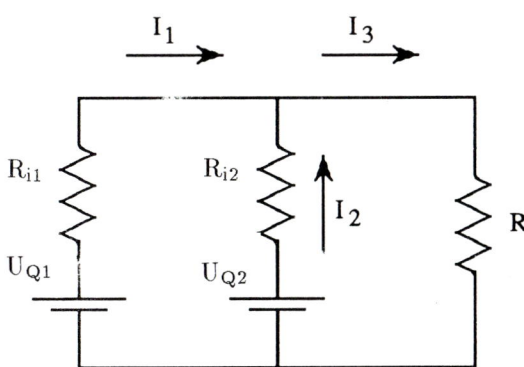

Für die Ströme gelten drei Bedingungen: Erstens ist $U_{Q1} - I_1 R_{i1} - I_3 R = 0$, zweitens ist $U_{Q2} - I_2 R_{i2} - I_3 R = 0$, und drittens ist $I_1 + I_2 = I_3$. Auflösen nach I_3 ergibt den Strom durch den Widerstand R bei Parallelschaltung: $I_p = (U_{Q1} R_{i2}/R_{i1} + U_{Q2}) / [R(1 + R_{i2}/R_{i1}) + R_{i2}] = (7,5\,\text{V})/(0,4\,\Omega + 3\,R/2)$. In der folgenden Abbildung ist der Strom für die Parallelschaltung (p) und für die Reihen- bzw. Seriell-Schaltung (s) der Batterien gegen R aufgetragen.

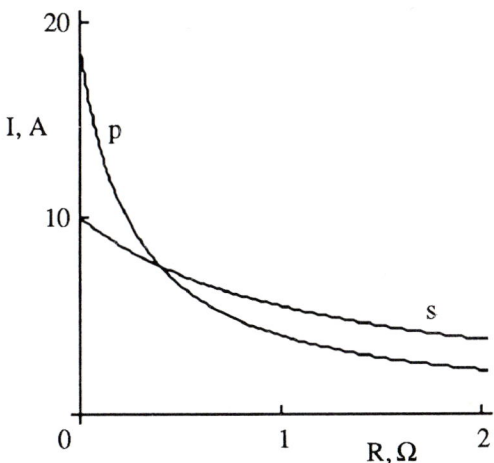

Beachten Sie, daß die parallelgeschalteten Batterien den größeren Strom liefern, wenn R klein ist. Das ist zu erwarten, weil bei dieser Verschaltung ihr effektiver Widerstand klein ist. Daher geben sie eine hohe Leistung ab, wenn sie an einen kleinen Widerstand angeschlossen werden. (Dies ist ein Beispiel von Impedanzanpassung.) Bei der Reihenschaltung der Batterien gilt das Gegenteil. Für $R = 0,4\,\Omega$ sind beide Schaltungen gleichwertig.   b) 10,7 A, Parallelschaltung.   c) 6,67 A, Reihenschaltung.   d) 5,45 A, Reihenschaltung. e) 4,44 A, Reihenschaltung.

23.24 Nach dem Schließen der beiden Schalter ist der 50-Ω-Widerstand praktisch vom Stromkreis getrennt, und dieser kann folgendermaßen gezeichnet werden:

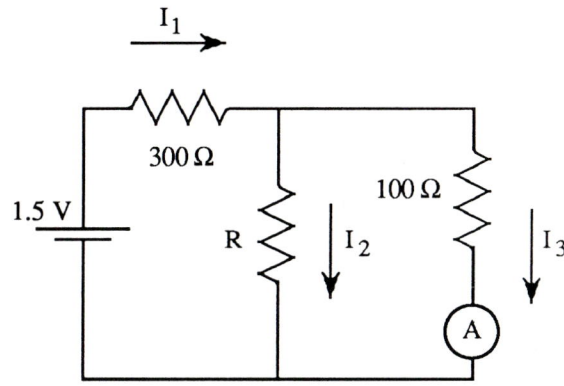

Es gelten drei Bedingungen: erstens $(1,5\,\text{V}) - (300\,\Omega) I_1 - R I_2 = 0$. Zweitens ist $(1,5\,\text{V}) - (300\,\Omega) I_1 - (100\,\Omega) I_3 = 0$, und drittens $I_1 = I_2 + I_3$. Daraus folgt für den Strom durch das Amperemeter $I_3 = (1,5\,\text{A}) R / (400\,R + 30\,000\,\Omega)$ bzw. $R = (30\,000\,\Omega) I_3 / [(1,5\,\text{A}) - 400\,I_3]$. Gegeben ist, daß I_3 derselbe Strom ist, der auch fließt, wenn beide Schalter offen sind. Dabei gilt $I_3 = (1,5\,\text{V})/(450\,\Omega)$. Dies setzen wir ein und erhalten $R = 600\,\Omega$.

23.25 a) Wir bezeichnen die Ströme wie folgt:

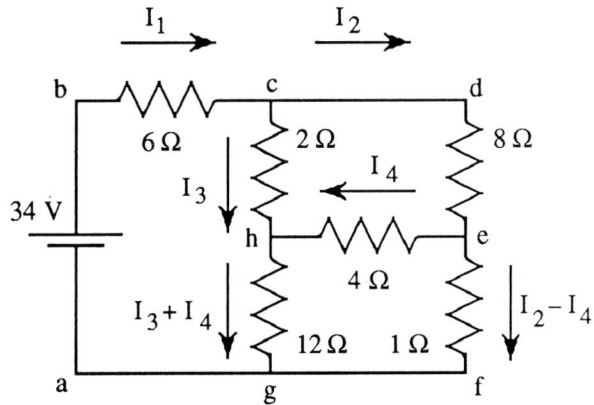

Es gelten vier Bedingungen: erstens $(34\,\text{V}) - (6\,\Omega) I_1 - (2\,\Omega) I_3 - (12\,\Omega)(I_3 + I_4) = 0$, zweitens $(34\,\text{V}) - (6\,\Omega) I_1 - (8\,\Omega) I_2 - (1\,\Omega)(I_2 - I_4) = 0$, drittens $(34\,\text{V}) - (6\,\Omega) I_1 - (8\,\Omega) I_2 - (4\,\Omega) I_4 - (12\,\Omega)(I_3 + I_4) = 0$ und viertens $I_1 = I_2 + I_3$. Es folgt $I_1 = 3,49\,\text{A}$, $I_2 = 1,29\,\text{A}$, $I_3 = 2,20\,\text{A}$ und $I_4 = -1,48\,\text{A}$.   b) Die Potentialdifferenzen gegenüber dem Punkt a sind: $U_b = 34$ V, $U_c = 34$ V $- (6\,\Omega)\,I_1 = 13,1$ V, $U_d = U_c = 13,1$ V, $U_e = U_d - (8\,\Omega)\,I_2 = 2,77$ V, $U_f = U_a = 0$ V, $U_g = U_a = 0$ V und $U_h = U_c - (2\,\Omega)\,I_3 = 8,67$ V.

23.26 a) Wir bezeichnen die Ströme wie folgt:

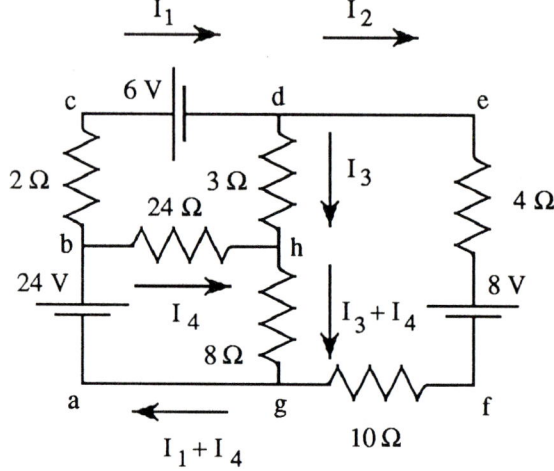

Es gelten vier Bedingungen: Erstens ist $(-6\,\text{V}) - (3\,\Omega)\,I_1 + (24\,\Omega)\,I_4 - (2\,\Omega)\,I_1 = 0$, zweitens $(24\,\text{V}) - (24\,\Omega)\,I_4 - (8\,\Omega)(I_3 + I_4) = 0$, drittens $(-8\,\text{V}) - (10\,\Omega)\,I_2 + (8\,\Omega)(I_3 + I_4) + (3\,\Omega)\,I_3 - (4\,\Omega)\,I_2 = 0$ und viertens $I_1 = I_2 + I_3$. Es folgt $I_1 = 1,5$ A und $I_2 = 0,5$ A und $I_3 = 1$ A sowie $I_4 = 0,5$ A. b) Die Potentialdifferenzen gegenüber dem Potential am Punkt a sind: $U_b = 24$ V, $U_c = U_b - (2\,\Omega)\,I_1 = 21$ V, $U_d = U_c - 6\,\text{V} = 15$ V, $U_e = U_d = 15$ V, $U_f = U_e - (4\,\Omega)\,I_2 - 8\,\text{V} = 5$ V, $U_g = U_f - (10\,\Omega)\,I_2 = U_a = 0$ V und $U_h = U_g + (8\,\Omega)(I_3 + I_4) = 12$ V.

23.27 a) Wir nehmen an, ein Strom I fließe am Punkt a in den Stromkreis hinein. Wegen der Symmetrie teilt er sich in zwei Teilströme $I/2$ auf, die durch den oberen bzw. den unteren Zweig fließen. Bei der nächsten Verzweigung teilt sich der Strom $I/2$ wiederum auf, so daß der Strom I' durch den Widerstand $\frac{1}{2}\,R$ fließt, während der Strom $I/2 - I'$ durch den Widerstand R fließt. Der Spannungsabfall über R muß ebenso groß sein wie der über $\frac{1}{2}\,R$ und $\frac{1}{4}\,R$. Also ist $(I/2 - I')\,R = I'\,(\frac{1}{2}\,R) + 2\,I'\,(\frac{1}{4}\,R)$. Beachten Sie, daß durch $\frac{1}{4}\,R$ der Strom $2\,I'$ fließt, weil er Beiträge vom unteren und vom oberen Zweig erhält. Gleichsetzen der Potentialdifferenzen er-

gibt $I' = I/4$. Die Potentialdifferenz zwischen a und b ist damit $U = I\,R_{\text{ers}} = (I/2)\,R + (I/2 - I')\,R = I\,(\frac{3}{4}\,R)$. Daraus folgt $R_{\text{ers}} = \frac{3}{4}\,R$.
b) Mit $R = 10\,\Omega$ und $U = 80$ V erhalten wir $I = U/R_{\text{ers}} = (80\,\text{V})/(7,5\,\Omega) = (32/3)$ A. Also führen die beiden Widerstände R am Punkt a und der Widerstand $\frac{1}{4}\,R$ jeweils den Strom $(16/3)$ A, und die anderen Widerstände führen den Strom $(8/3)$ A

23.28 a) Unter Berücksichtigung der Symmetrie bezeichnen wir die Ströme wie folgt:

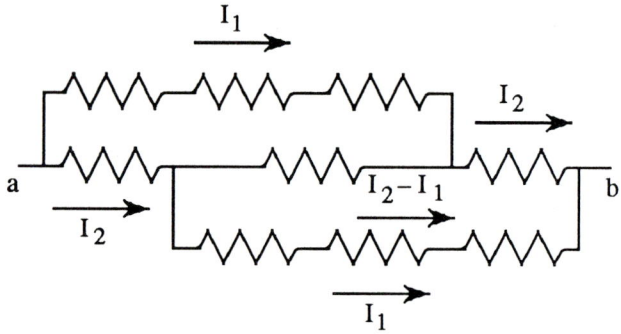

Der Ersatzwiderstand R_{ers} der Schaltung ist gegeben durch die Spannung U zwischen den Punkten a und b. Sie ist $U = I\,R_{\text{ers}}$. Ferner ist der gesamte Strom, der hinein- und wieder herausfließt, $I = I_1 + I_2$. Beachten Sie, daß I_1 und I_2 miteinander zusammenhängen. Beispielsweise muß der Spannungsabfall $3\,I_1\,R$ über den drei oberen Widerständen gleich dem Spannungsabfall über den ersten beiden Widerständen in der mittleren Reihe sein: $I_2\,R + (I_2 - I_1)\,R = 2\,I_2\,R - I_1\,R$. Gleichsetzen der Bedingungen ergibt $I_2 = 2\,I_1$ und daher $I = 3\,I_1$. Die Spannung zwischen den Punkten a und b ist $3\,I_1\,R + I_2\,R = (I + \frac{2}{3}\,I)\,R = I\,(5\,R/3)$. Daraus folgt $R_{\text{ers}} = 5\,R/3 = (50/3)\,\Omega$. b) Mit $U = 20$ V erhalten wir $I = U/R_{\text{ers}} = (6/5)$ A und damit $I_1 = (2/5)$ A sowie $I_2 = (4/5)$ A.

23.29 Wenn die Widerstände in Reihe geschaltet sind, fließt durch jeden derselbe Strom: $I_8 = U/[(24\,\Omega) + R]$. Wenn sie parallelgeschaltet sind, ist der Strom $I = U/R_{\text{ers}}$ mit $R_{\text{ers}} = (16\,\Omega) + [1/(8\,\Omega) + 1/R]^{-1} = (16\,\Omega) + (8\,\Omega)\,R/(8\,\Omega + R)$. Durch den 8-$\Omega$-Widerstand fließt nicht der gesamte Strom, weil ein Teil durch R fließt. Der Strom durch R hängt mit dem Strom durch den 8-Ω-Widerstand zusammen über $I_R = I_8 (8\,\Omega)/R$. Daraus folgt $I = I_R + I_8 = I_8\,[1 + (8\,\Omega)/R] = I_8\,(8\,\Omega + R)/R$, und wir erhalten $I_8 = U R/[(16\,\Omega)\,(8\,\Omega + R) + (8\,\Omega)\,R] = U/(24\,\Omega + R)$. Auflösen ergibt $R^2 = 128\,\Omega^2$ bzw. $R = 11,3\,\Omega$.

23.30   Im ersten Fall sind die 21 V der Quellenspannung entgegengerichtet und erzwingen einen Strom in die Spannungsquelle hinein. Mit $I_1 = 1$ A gilt $21\,\text{V} - I_1 R - U_Q = 0$. Im zweiten Fall hat die angelegte Potentialdifferenz dieselbe Richtung wie die Spannung aus der Spannungsquelle, und es fließt ein Strom aus dieser heraus. Hier steigt die Spannung über der Spannungsquelle, und mit $I_2 = 2$ A ist $21\,\text{V} - I_2 R + U_Q = 0$. Kombinieren der Bedingungen ergibt $R = (42\,\text{V})/(I_1 + I_2) = 14\,\Omega$ sowie $U_Q = -R\,(I_1 - I_2)/2 = 7$ V.

23.31   a) Wenn das Voltmeter über den 68-kΩ-Widerstand geschaltet wird, hat der gesamte Stromkreis den Ersatzwiderstand $R_\text{ers} = 10\,\Omega + 56\,\text{k}\Omega + [1/(68\,\text{k}\Omega) + 1/(100\,\text{k}\Omega)]^{-1} = 96,5\,\text{k}\Omega$. Damit fließt im Stromkreis der Strom $I = (60\,\text{V})/R_\text{ers} = 6,22 \cdot 10^{-4}$ A, und der Spannungsabfall über dem 68-kΩ-Widerstand ist $U_{68} = (60\,\text{V}) - (10\,\Omega)\,I - (56\,\text{k}\Omega)\,I = 25,2$ V.   b) Wenn das Voltmeter über den 56-kΩ-Widerstand geschaltet wird, ist der Ersatzwiderstand $R_\text{ers} = 10\,\Omega + 68\,\text{k}\Omega + [1/(56\,\text{k}\Omega) + 1/(100\,\text{k}\Omega)]^{-1} = 10,4$ kΩ. Damit ist der Strom $I = 5,77 \cdot 10^{-4}$ A, und der Spannungsabfall über dem 56-kΩ-Widerstand ist $U_{56} = (60\,\text{V}) - (10\,\Omega)\,I - (68\,\text{k}\Omega)\,I = 20,7$ V.   c) Liegt das Voltmeter über der Spannungsquelle, so ist der Ersatzwiderstand $R_\text{ers} = 10\,\Omega + [1/(56\,\text{k}\Omega + 68\,\text{k}\Omega) + 1/(100\,\text{k}\Omega)]^{-1}$. Der Strom ist hier $I = 10,8 \cdot 10^{-4}$ A, und es ist $U_Q = (60\,\text{V}) - (10\,\Omega)\,I = 59,989$ V.   d) Bevor wir den jeweiligen Fehler berechnen, können wir uns überlegen, daß er beim 68-kΩ-Widerstand am größten sein wird, weil dieser Widerstandswert dem des Voltmeters am ähnlichsten ist und der Widerstand daher den größten Strom an das Voltmeter abgibt. Im Idealfall wäre der Strom $I = (60\,\text{V})/(10\,\text{k}\Omega + 56\,\text{k}\Omega + 68\,\text{k}\Omega) = 4,84 \cdot 10^{-4}$ A. Das ergibt $U_Q = 59,995$ V; also beträgt der Fehler 0,01 Prozent. Bei $U_{56} = 27,1$ V beträgt der Fehler 23,5 Prozent, und bei $U_{68} = 32,9$ V beläuft er sich auf 23,5 Prozent. Da U_{68} die höhere Spannung ist, ist der Fehler hier absolut gesehen größer.

23.32   a) Weil die Kondensatoren zu Anfang ungeladen sind, fließt der Strom zunächst fast ohne Widerstand in sie hinein. Also sind die oberen drei Widerstände nun praktisch parallelgeschaltet, und der Ersatzwiderstand ist $R_\text{ers} = 10\,\Omega + [1/(15\,\Omega) + 1/(15\,\Omega) + 1/(12\,\Omega)]^{-1} = 14,6\,\Omega$. Damit erhalten wir $I = U/R_\text{ers} = 3,42$ A.
b) Nach langer Zeit fließt kein Strom mehr in die Kondensatoren, weil sie nun mit Ladung gesättigt sind. Jetzt sind die oberen drei Widerstände praktisch in Reihe geschaltet, und der Ersatzwiderstand ist $R_\text{ers} = (10 + 15 + 15 + 12)\,\Omega = 52\,\Omega$, und der Strom ist $I = U/R_\text{ers} = 0,962$ A.
c) Jeder Kondensator liegt zwischen einem Ende eines 15-Ω-Widerstands und dem anderen Ende des 12-Ω-Widerstands. Daher ist der Spannungsabfall über den Kondensatoren $U = I\,(15\,\Omega + 12\,\Omega) = 26,0$ V. Damit sind am Ende die Ladungen auf den Kondensatoren $Q_{10} = C\,U = 260\,\mu\text{C}$ und $Q_5 = C\,U = 130\,\mu\text{C}$.

23.33   a) Im stationären Zustand ist die Spannung über dem Kondensator $U = Q/C = 200$ V. Sie liegt auch über dem 10-Ω-Widerstand; daher fließt durch diesen der Strom $I = U/R = 20$ A. Es ist gegeben, daß durch den unteren Zweig ein Strom von 5 A fließt. Also liefert die Spannungsquelle den Strom 25 A.   b) Über dem 10-Ω-Widerstand liegt die Spannung 200 V, und über dem 50-Ω-Widerstand liegen 250 V. Deshalb fällt an R_2 eine Spannung von 50 V ab. Weil durch ihn 5 A fließen, hat er den Wert $R_2 = U/I = 10\,\Omega$. Weiterhin ist der Strom durch den 5-Ω-Widerstand gleich 10 A. Somit fallen über ihm 50 V ab. Der gesamte Spannungsabfall über dem unteren Zweig beträgt damit 300 V. Der Spannungsabfall über dem oberen Zweig ist natürlich ebenso groß. Hier gilt $200\,\text{V} + (15\,\text{A})\,R_3 = 300$ V. Daraus folgt $R_3 = (100\,\text{V})/(15\,\text{A}) = 6,67\,\Omega$. Weil schließlich der Spannungsabfall über der gesamten Brücke 300 V beträgt, muß der Spannungsabfall über R_1 gleich 10 V sein. Es folgt $R_1 = (10\,\text{V})/(25\,\text{A}) = 0,4\,\Omega$.

23.34 a) Znächst wirkt der Kondensator wie ein Kurzschluß, und der Strom ist $I = (120\,\mathrm{V})/(1{,}2 \cdot 10^6\,\Omega) = 10^{-4}$ A.   b) Nach langer Zeit ist der Kondensator mit Ladung gesättigt und wirkt nun wie ein geöffneter Stromkreis; daher ist jetzt $I = (120\,\mathrm{V})/(1{,}2 \cdot 10^6\,\Omega + 0{,}6 \cdot 10^6\,\Omega) = 6{,}67 \cdot 10^{-5}$ A.   c) Die Maximalspannung über dem Kondensator ist die gleiche wie die über dem 600-kΩ-Widerstand, nämlich $U = IR = (6{,}67 \cdot 10^{-5}\,\mathrm{A})(0{,}6 \cdot 10^6\,\Omega) = 40$ V.

23.35 a) Nach ausreichend langer Zeit wirkt der Kondensator wie ein offener Stromkreis, und der Ersatzwiderstand ist $R_{\mathrm{ers}} = [1/(90\,\Omega) + 1/(60\,\Omega)]^{-1} = 36\,\Omega$. Damit ist der Strom $I = (36\,\mathrm{V})/(36\,\Omega) = 1$ A. Er teilt sich zwischen den beiden Zweigen des Stromkreises auf, wobei gilt $I_{90} = \frac{2}{3} I_{60}$ und $I_{90} + I_{60} = 1$ A. Das ergibt $I_{90} = (2/5)$ A und $I_{60} = (3/5)$ A. Der Spannungsabfall über dem 10-Ω-Widerstand beträgt 4 V, und der über dem 40-Ω-Widerstand ist 24 V. Daher fallen über dem Kondensator 20 V ab.   b) Wenn die Batterie entfernt wird, dann liegt der Kondensator parallel zu einem Widerstand von 50 Ω und zu einem Widerstand von 100 Ω. Der Ersatzwiderstand ist $R_{\mathrm{ers}} = 33{,}3\,\Omega$. Dieser Stromkreis hat die Zeitkonstante $\tau = R_{\mathrm{ers}} C = 3{,}33 \cdot 10^{-4}$ s. Vor dem Entfernen der Batterie ist die Ladung auf dem Kondensator $Q_0 = C U_0 = (10^{-5}\,\mathrm{F})(20\,\mathrm{V}) = 2 \cdot 10^{-4}$ C. Die Ladung als Funktion der Zeit ist nach dem Entfernen der Batterie $Q(t) = Q_0 \mathrm{e}^{-t/\tau}$. Der entsprechende Strom im Kondensator ist $I = \mathrm{d}Q/\mathrm{d}t = -[Q_0/(RC)]\mathrm{e}^{-t/\tau} = -(0{,}6\,\mathrm{A})\mathrm{e}^{-t/\tau}$. Das Minuszeichen gibt hier an, daß sich der Kondensator entlädt.   c) Die Potentialdifferenz über dem Kondensator als Funktion der Zeit ist $U(t) = Q(t)/C = (Q_0/C)\mathrm{e}^{-t/\tau} = U_0 \mathrm{e}^{-t/\tau}$. Mit $U = 1$ V und $U_0 = 20$ V erhalten wir $t = \tau \ln 20 = 9{,}99 \cdot 10^{-4}$ s.

23.36 a) Den Abstand von 0 bis a bezeichnen wir mit x, und $(\ell - x)$ ist der Abstand von a bis $\ell = 100$ cm. Mit der Proportionalitätskonstanten c ist dann $R_1 = cx$ und $R_2 = c(\ell - x)$. Daraus folgt $R_2/R_1 = (\ell - x)/x$. Wenn durch das Galvanometer kein Strom fließt, so ist der Spannungsabfall zwischen 0 cm und a gleich dem über R_x. Damit ergibt sich $I_1 R_1 = I_2 R_x$ und $I_1/I_2 = R_x/R_1$. Um R_x zu bestimmen, beachten wir, daß der Spannungsabfall über dem unteren Zweig der Brücke gleich dem über dem oberen Zweig sein muß: $I_1(R_1 + R_2) = I_2(R_x + R_0)$. Dies ergibt $R_x = (I_1/I_2)(R_1 + R_2) - R_0$. Mit diesen beiden Beziehungen erhalten wir $R_x = R_x(1 + R_1/R_2) - R_0 = R_x[1 + (\ell - x)/x] - R_0 = \ell R_x/x - R_0$. Wir lösen auf: $R_x = x R_0/(\ell - x)$. Mit $x = 18$ cm erhalten wir $R_x = 43{,}9\,\Omega$.   b) Für $x = 60$ cm ist $R_x = 300\,\Omega$.   c) Für $x = 95$ cm ist $R_x = 3800\,\Omega$.

23.37 a) Mit den in der vorigen Lösung aufgestellten Beziehungen erhalten wir für $x = 98$ cm den Widerstand $R_x = 9800\,\Omega$.   b) Für $x = 98{,}2$ cm ist $R_x = 10\,911\,\Omega$ (mit einem Fehler von 11,3 Prozent), und für $x = 97{,}8$ cm ist $R_x = 8891\,\Omega$ (mit einem Fehler von 9,28 Prozent). Zum Vergleich: der Fehler in x liegt bei nur 0,204 Prozent.   c) Die Brücke ist bei $x = 50$ cm abgeglichen, wenn gilt $R_0 = R_x$. Daher muß hier R_0 auf 9800 Ω erhöht werden.

23.38 a) Die Abbildung zeigt die Schaltung des Amperemeters und die entsprechenden Ströme.

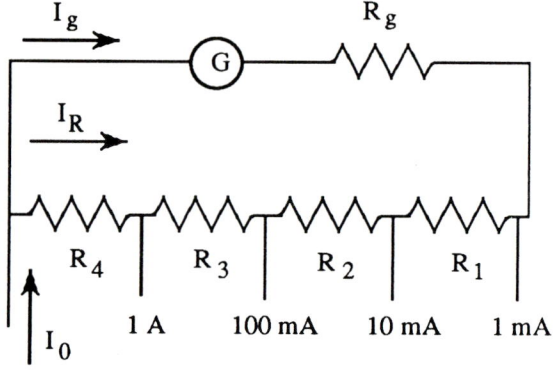

Das Amperemeter wird zunächst am 1-mA-Anschluß betrieben. Dabei ist der durch den Galvanometer-Zweig fließende Stromanteil am größten. Wir setzen die Spannungsabfälle am unteren und am oberen Zweig gleich und erhalten $I_g R_g = I_R (90\,\Omega)$ mit $R_g = 10\,\Omega$. Also ist $I_g = 9 I_R$. Wegen $I_0 = I_g + I_R$ folgt $I_g = 0{,}9 I_0$. Nun wird das Amperemeter am 10-mA-Anschluß betrieben. Dann ist der in den Stromkreis hineinfließende Strom $10\,I_0 = I_g + I_R$. Beim Vollausschlag des Galvanometers ist dann $I_g = 0.9\,I_0$ und $I_R = 10\,I_0 - I_g = 9.1\,I_0$. Gleichsetzen der Spannungsabfälle ergibt $I_g\,(R_g + R_1) = I_R\,(90\,\Omega - R_1)$ und daraus $R_1 = 81\,\Omega$. Für den 100-mA-Anschluß ist der hineinfließende Strom $100\,I_0$, und es ist $I_R = 99.1\,I_0$. Gleichsetzen der Spannungsabfälle ergibt $I_g\,(R_g + R_1 + R_2) = I_R\,(90\,\Omega - R_1 - R_2)$ und daraus $R_2 = 8.1\,\Omega$. Schließlich ist beim 1-A-Anschluß der hineinfließende Strom $1000\,I_0$, und das Gleichsetzen der Spannungsabfälle ergibt $I_g\,(R_g + R_1 + R_2 + R_3) = I_R\,(90\,\Omega - R_1 - R_2 - R_3)$ und daraus $R_3 = 0.81\,\Omega$. Damit folgt für den letzten Widerstand $R_4 = 0.09\,\Omega$. b) Für $I_0 = 1$ mA ist $I_g = 0.9\,I_0 = 9 \cdot 10^{-4}$ A.

23.39 a) Im Stromkreis (a) ist der Strom $I_a = U_Q / [(1/R + 1/R_v)^{-1} + R_a]$, und die Spannung über dem Voltmeter ist $U_a = U_Q - I_a\,R_a$. Daraus folgt $R_b = U_a/I_a = R/(1 + R/R_v)$. Im Stromkreis (b) ist der Strom durch den Widerstand R gegeben durch $I_b = U_Q/(R + R_a)$, und die Spannung über dem Voltmeter ist $U_b = U_Q$. Damit gilt für diesen Stromkreis $R_b = U_b/I_b = R + R_a$. In der Abbildung ist R_b/R gegen R aufgetragen, wobei für beide Stromkreise $R_a = 0.1\,\Omega$ und $R_v = 100\,\Omega$ ist.

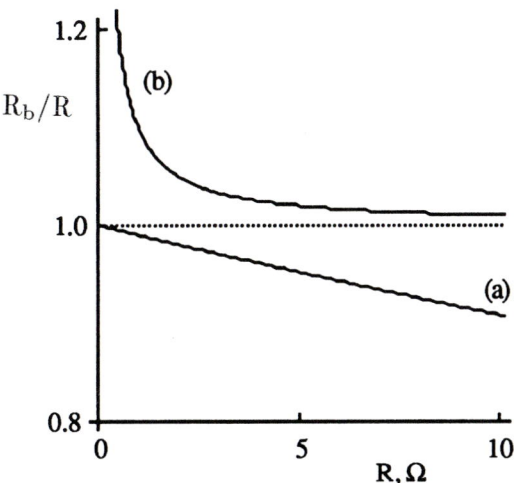

Offensichtlich ist Stromkreis (a) für kleines R (kleiner als rund $3\,\Omega$) besser geeignet. Für größere Widerstände liefert Stromkreis (b) die genaueren Ergebnisse.   b) Stromkreis (a): $R_b = 0.498\,\Omega$, Stromkreis (b): $R_b = 0.6\,\Omega$.   c) Stromkreis (a):

$R_b = 2.91\,\Omega$, Stromkreis (b): $R_b = 3.1\,\Omega$.   d) Stromkreis (a): $R_b = 44.4\,\Omega$, Stromkreis (b): $R_b = 80.1\,\Omega$.

23.40 a) In der vorigen Aufgabe hatten wir festgestellt, daß für den Stromkreis (a) gilt $R_b = R/(1 + R/R_v)$ bzw. $R_b = R\,R_v/(R + R_v) = (1/R + 1/R_v)^{-1}$. Also ist $1/R_b = 1/R + 1/R_v$. Für Stromkreis (b) wurde gezeigt $R_b = R + R_a$.
b) Mit Stromkreis (a) tritt ein Fehler von 5 Prozent auf, wenn $R > 526\,\Omega$ ist (siehe Abbildung).

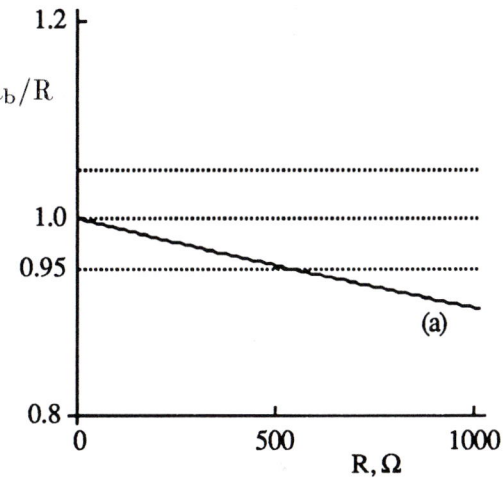

b) Mit Stromkreis (b) tritt ein Fehler von über 5 Prozent auf, wenn $R < 0.2\,\Omega$ ist (siehe Abbildung).

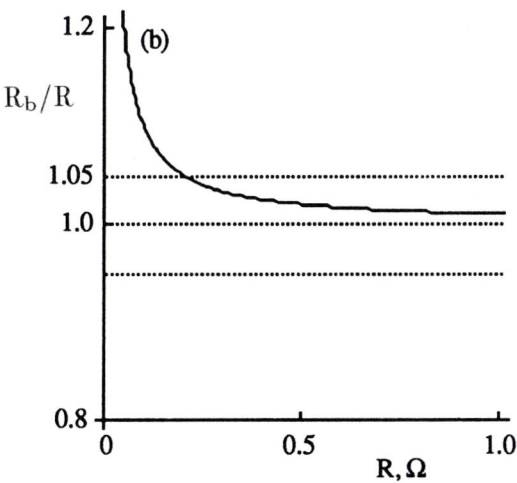

23.41 a) Der durch die Batterie fließende Strom ist $I_b = U/\{R_i + [1/R_1 + 1/(R_2 + R_a)]^{-1}\}$. Daraus erhalten wir den Strom durch das Amperemeter zu $I_a = (U - I_b\,R_i)/(R_2 + R_a)$. Ersetzen von I_b

und Umstellen ergibt $I_a = U\,[R_2 + R_a + R_i + (R_2 + R_a)\,R_i/R_1]^{-1}$. b) Hier ist der Strom durch die Batterie $I_b = U/[R_i + R_2 + (1/R_1 + 1/R_a)^{-1}]$. Daraus folgt $I_a = [U - I_b\,(R_i + R_2)]/R_a$. Ersetzen von I_b und Umstellen ergibt $I_a = U\,[R_2 + R_a + R_i + (R_2 + R_i)\,R_a/R_1]^{-1}$.

23.42 Wir bezeichnen die Ströme und Widerstände, wie in der Abbildung angegeben. r_1 und r_2 sind die Innenwiderstände der Batterien.

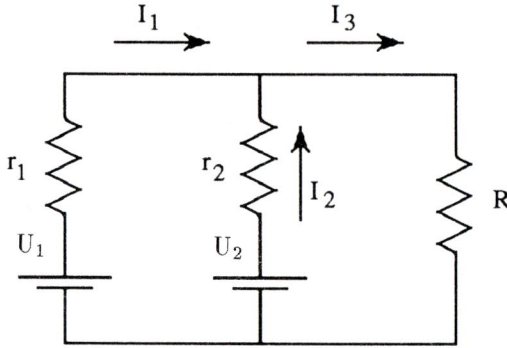

Für die Ströme bzw. Spannungen gelten drei Bedingungen: $U_1 - I_1\,r_1 - I_3\,R = 0$. Zweitens ist $U_2 - I_2\,r_2 - I_3\,R = 0$, und drittens ist $I_1 + I_2 = I_3$. Daraus folgt $I_3 = (U_1\,r_2 + U_2\,r_1)\,/\,[r_1\,r_2 + R\,(r_1 + r_2)]$. Damit ist die dem Lastwiderstand R zugeführte Leistung

$$P = I_3^2\,R = \frac{(U_1\,r_2 + U_2\,r_1)^2}{(r_1 + r_2)^2}\;\frac{R}{\left(R + \frac{r_1\,r_2}{r_1+r_2}\right)^2}$$

$$= A\,\frac{R}{(R + B)^2}.$$

Darin sind A und B Konstanten, d.h. sie hängen nicht von R ab. Um die maximale Leistung zu ermitteln, setzen wir die Ableitung dieses Ausdrucks nach R gleich null. Die Ableitung ist

$$\frac{\mathrm{d}P}{\mathrm{d}R} = \frac{A\,(R + B)^2 - 2\,A\,R\,(R + B)}{(R + B)^4}.$$

Nullsetzen ergibt $R = B = r_1\,r_2/(r_1 + r_2) = (1/r_1 + 1/r_2)^{-1}$. Also ist die Leistung maximal, wenn R gleich dem Ersatzwiderstand der Spannungsquellen ist; dies ist ein Beispiel für Impedanzanpassung.

23.43 Wenn zwischen den Punkten a und b die Spannung U aufrechterhalten wird, fließt ein Strom I bei a hinein und bei b heraus, wobei gilt $I = U/R_{\text{ers}}$. Wegen der Symmetrie fließt der Strom $I/4$ durch jeden der Widerstände direkt bei a. Entsprechend muß bei b der Strom I heraus fließen, also $I/4$ durch jeden der Widerstände direkt bei b. Wegen der Überlagerung ist der Strom durch den Widerstand zwischen a und b gegeben durch $I/4 + I/4 = I/2$. Somit ist $U = I\,R_{\text{ers}} = (I/2)\,R$ und $R_{\text{ers}} = \frac{1}{2}\,R$.

23.44 Die Spannung über einem der Widerstände sei U. Dann ist der Ersatzwiderstand definiert durch $R_{\text{ers}} = U/I$, wobei I der Strom ist, der an einem Ende in diesen Widerstand hinein- und am anderen Ende herausfließt. Ein an einem bestimmten Punkt hineinfließender Strom I teilt sich wegen der Symmetrie in sechs gleiche Anteile auf, so daß der Strom $I/6$ durch jeden hier anliegenden Widerstand fließt. Entsprechendes gilt für den herausfließenden Strom. Also ist infolge der Überlagerung der Strom durch den betrachteten Widerstand gleich $I/3$, und die Spannung ist $U = I\,R_{\text{ers}} = (I/3)\,R$. Damit ist der Ersatzwiderstand $R_{\text{ers}} = \frac{1}{3}\,R$.

23.45 An jeden Punkt des kubischen Gitters sind sechs Widerstände angeschlossen, ebenso wie im Dreiecksgitter der vorigen Aufgabe. Daher ist der Ersatzwiderstand hier derselbe, nämlich $\frac{1}{3}\,R$.

23.46 An den beiden unteren Punkten (siehe die Abbildung auf der nächsten Seite) sei eine externe Spannung angeschlossen, so daß der linke Punkt auf der Spannung $+U$ und der rechte auf $-U$ liegt. Dann ist wegen der Symmetrie die Spannung an den anderen Punkten jeweils gleich null. Wenn infolge der Potentialdifferenz $U - (-U) = 2\,U$ ein Strom I fließt, so entspricht einer Potentialdifferenz U der Strom $I/2$. Damit ist der in die Schaltung hinein- und wieder herausfließende Gesamtstrom $I_{\text{total}} = I + 4\,(I/2) = 3\,I$. Der Ersatzwiderstand ist definiert durch $I_{\text{total}}\,R_{\text{ers}} = I\,R$; daraus folgt $R_{\text{ers}} = R\,I/I_{\text{total}} = $

$R/3$. Der in die Schaltung hineinfließende Strom ist gleich dem herausfließenden. Zudem ist es wegen der Symmetrie hier gleichgültig, welche Anschlüsse verwendet werden; der Ersatzwiderstand hat stets denselben Wert.

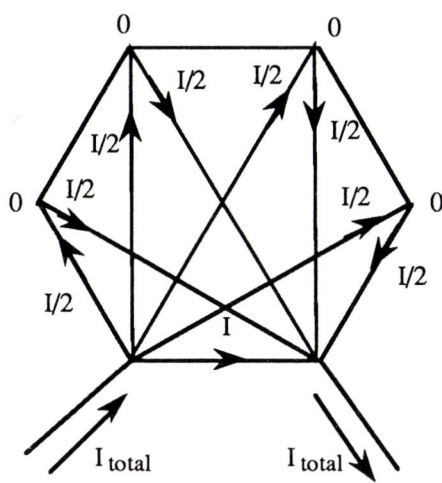

23.47 a) Der in Punkt a hineinfließende Strom I teilt sich in drei Teile auf, so daß gilt $I = 2\,I'' + I'$ (siehe Abbildung). Natürlich muß I' von I'' verschieden sein, weil I' dem direkten Weg zwischen den beiden Anschlüssen entspricht, während I'' einem anderen Weg folgt.

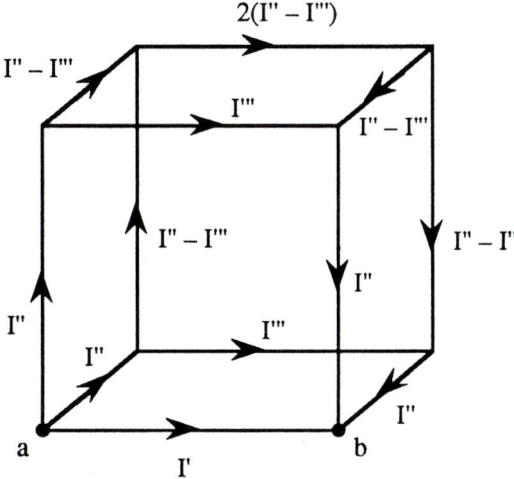

Für den Ersatzwiderstand gilt $U_{ab} = I R_{ers} = I' R$ bzw. $R_{ers} = R (I'/I)$. Also müssen wir I' bestimmen. Tatsächlich sind für eine komplette Lösung des Problems alle drei Ströme I' und I'' sowie I''' zu ermitteln. Dazu betrachten wir zwei weitere Bedingungen: Erstens gilt für die Ströme im vorderen Quadrat $I'\,R = (I'' + I''' + I'')\,R$.

Zweitens gilt für einen etwas längeren Weg $I'\,R = [I'' + (I'' - I''') + 2\,(I'' - I''') + (I'' - I''') + I'']\,R$. Damit haben wir drei Bedingungen für die drei Unbekannten: Erstens $I = 2\,I'' + I'$, zweitens $I' = 2\,I'' + I'''$ und drittens $I' = 6\,I'' - 4\,I'''$. Daraus folgt $I' = (7/12)\,I$ sowie $R_{ers} = (7/12)\,R$.
b) In Teil a) kann der Ersatzwiderstand angesehen werden als Parallelschaltung von R, der a und b direkt verbindet, mit dem Rest des Würfels mit dem Ersatzwiderstand R'_{ers}. Wird der Widerstand R zwischen a und b entfernt, so ist der Ersatzwiderstand des Systems gleich dem des Restwürfels, also R'_{ers}. Daher ist $(7/12)\,R = (1/R + 1/R'_{ers})^{-1} = R\,R'_{ers}/(R + R'_{ers})$. Dies ergibt $R'_{ers} = (7/5)\,R$.

23.48 Das System rechts von a' und b' habe den Ersatzwiderstand R'_{eq}. Dann ist die unendliche Widerstandskette gleichbedeutend mit folgender Schaltung:

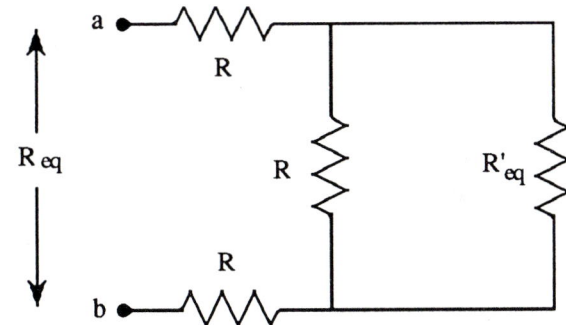

Gemäß der Abbildung ist der Ersatzwiderstand $R_{eq} = 2\,R + (1/R + 1/R'_{eq})^{-1} = 2\,R + R\,R'_{eq}/(R + R'_{eq})$. Weil die Widerstandskette unendlich lang ist, spielt es keine Rolle, ob sie bei a und b oder bei a' und b' beginnt. Also ist $R_{eq} = R'_{eq}$, und die obige Beziehung für R_{eq} wird zu $R_{eq}^2 - 2\,R R_{eq} - 2\,R^2 = 0$. Die positive Lösung dieser quadratischen Gleichung ergibt $R_{eq} = (1 + \sqrt{3})\,R$.

23.49 Diese Aufgabe lösen wir nach dem gleichen Prinzip wie die vorige. Die Schaltung ist in der Abbildung auf der nächsten Seite gezeigt. Der Ersatzwiderstand ist $R_{eq} = [1/(2\,R) + 1/(2\,R + R'_{eq})]^{-1}$. Weil die Kette unendlich lang ist, gilt $R'_{eq} = R_{eq}$ und damit $R_{eq}^2 + 2\,R R_{eq} - 4\,R^2 = 0$. Auflösen ergibt $R_{eq} = (\sqrt{5} - 1)\,R$.

Abbildung zu Lösung 23.49:

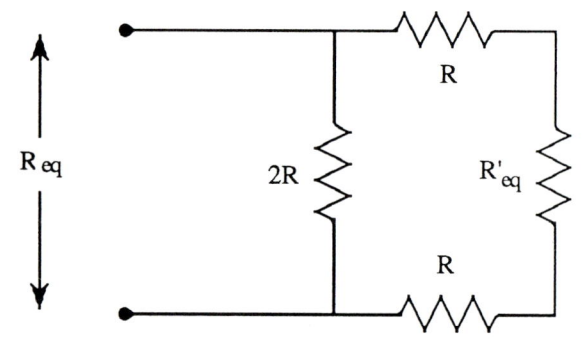

23.50 Der Stromkreis ist folgender:

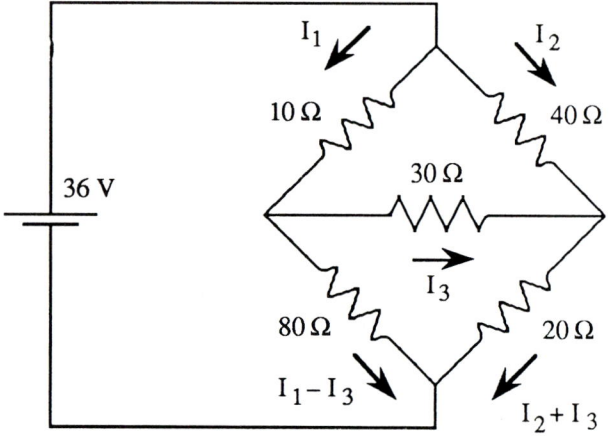

Wir betrachten die große Stromschleife durch den 10-Ω- und den 80-Ω-Widerstand und zwei kleinere Schleifen durch das obere bzw. das untere Dreieck. Damit erhalten wir drei Bedingungen: erstens $(36\,\text{V}) - (10\,\Omega)\,I_1 - (80\,\Omega)\,(I_1 - I_3) = 0$, zweitens $-(10\,\Omega)\,I_1 - (30\,\Omega)\,I_3 + (40\,\Omega)\,I_2 = 0$ und drittens $-(80\,\Omega)\,(I_1 - I_3) + (20\,\Omega)\,(I_2 + I_3) + (30\,\Omega)\,I_3 = 0$. Es folgt $I_1 = (104{,}4/141)$ A und $I_2 = (66{,}6/141)$ A sowie $I_3 = (54/141)$ A. Also ist $I_{10} = (104{,}4/141)$ A und $I_{40} = (66{,}6/141)$ A und $I_{30} = (54/141)$ A und $I_{80} = (50{,}4/141)$ A sowie $I_{20} = (120{,}6/141)$ A.

23.51 a) Unmittelbar nach dem Schließen des Schalters wirkt der anfangs ungeladene Kondensator wie ein Kurzschluß. Dabei ist $I = (50\,\text{V})/(200\,\Omega) = (1/4)$ A.   b) Lange Zeit nach dem Schließen des Schalters hat der Kondensator seine maximale Ladung und wirkt wie ein geöffneter Stromkreis. Nun ist $I = (50\,\text{V})/(800\,\Omega) =$

$(1/16)$ A.   c) Nach dem Schließen des Schalters sind die Ströme folgende:

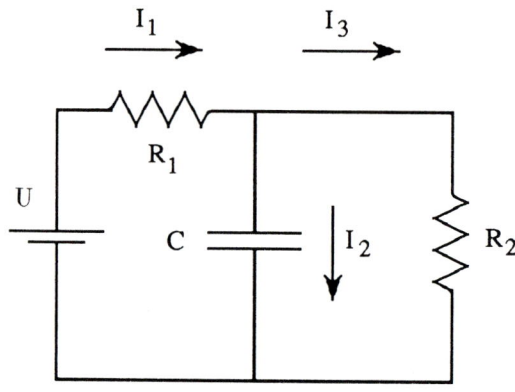

Es gelten drei Bedingungen: $U - I_1 R_1 - q/C = 0$. Zweitens ist $U - I_1 R_1 - I_3 R_2 = 0$, und drittens ist $I_1 = I_2 + I_3$. Dabei ist q die Ladung auf dem Kondensator, und es gilt $I_2 = \mathrm{d}q/\mathrm{d}t$. Wir leiten die erste Bedingung nach der Zeit ab und erhalten $\mathrm{d}I_1/\mathrm{d}t = -I_2/(R_1 C)$. Die zweite Bedingung ergibt entsprechend $\mathrm{d}I_1/\mathrm{d}t = -(R_2/R_1)\,\mathrm{d}I_3/\mathrm{d}t$. Mit $I_2 = I_1 - I_3$ folgt aus der Kombination dieser Beziehungen $\mathrm{d}I_3/\mathrm{d}t = (I_1 - I_3)/(R_2 C)$. Aus der zweiten Bedingung ergibt sich $I_1 = (U - I_3 R_2)/R_1$. Insgesamt folgt daraus $\mathrm{d}I_3/\mathrm{d}t = U/(R_1 R_2 C) - I_3\,(R_1 + R_2)/(R_1 R_2 C)$. Wir setzen als Zeitabhängigkeit die Funktion $I_3(t) = A + B\,\mathrm{e}^{-t/a}$ an. Einsetzen in obige Gleichung ergibt $a = R_1 R_2 C/(R_1 + R_2)$ und $A = U/(R_1 + R_2)$. Die Konstante B erhalten wir aus der Anfangsbedingung $I_3(0) = 0$. Also ist $B = -A$. Der Strom im 600-Ω-Widerstand ist daher

$$I_3(t) = \left(\frac{U}{R_1 + R_2}\right)\left(1 - \mathrm{e}^{-t/a}\right)$$

mit $U/(R_1 + R_2) = (1/16)$ A und $a = 7{,}5 \cdot 10^{-4}$ s. Wie in Teil b) berechnet, ist $(1/16)$ A der Strom zu Zeit $t = \infty$.

23.52 a) Die Ladung auf dem Kondensator C_1 ist zu Beginn $Q = C_1 U_0$, und die Ladung auf dem Kondensator C_2 ist null. Nach dem Schließen der Schalter verteilt sich die Ladung neu, wobei zwei Bedingungen gelten: (1) Die Potentialdifferenz über beiden Kondensatoren muß gleich sein. (2) Die gesamte Ladung im System ist gleich Q. Die Ladungen auf den Kondensatoren C_1 und C_2 seien am Ende q_1 bzw. q_2. Damit lau-

ten die Bedingungen: (1) $q_1/C_1 = q_2/C_2$ und
(2) $q_1 + q_2 = Q$. Auflösen nach den Ladungen am Ende ergibt $q_1 = QC_1/(C_1 + C_2)$ und
$q_2 = QC_2/(C_1 + C_2)$.   b) Die zu Anfang gespeicherte Energie ist $W_a = \frac{1}{2} Q^2/C_1$. Nach dem
Schließen der Schalter ist die Energie im System
$W_e = \frac{1}{2} q_1^2/C_1 + \frac{1}{2} q_2^2/C_1 = \frac{1}{2} Q^2/(C_1 + C_2)$. Beachten Sie, daß die am Ende gespeicherte Energie
geringer ist als die zu Anfang gespeicherte, weil
$C_2 > 0$ ist.   c) Im vorliegenden System kann
Energie nur im Widerstand R dissipiert werden.
Tatsächlich entspricht die Energiedifferenz genau
der im Widerstand freigesetzten Wärmemenge.
Diese ist übrigens vom Wert des Widerstands R
unabhängig.

23.53 a) Zu Anfang wirken die Kondensatoren, als wären es Kurzschlüsse, und der Ersatzwiderstand des Stromkreises beträgt 100 Ω.
Der Strom ist $I = (112\,\text{V})/(100\,\Omega) = 1{,}12\,\text{A}$.
b) Nach langer Zeit wirken die Kondensatoren
wie offene Stromkreise, und der Strom ist $I = (112\,\text{V})/(300\,\Omega) = 0{,}373\,\text{A}$.   c) Weil der Strom
am Ende 0,373 A beträgt, errechnet sich die
Spannung über dem Kondensator C_1 zu 112 V −
$(0{,}373\,\text{A})(100\,\Omega) = 74{,}7\,\text{V}$.   d) Die Spannung
über dem Kondensator C_2 ist am Ende 112 V −
$(0{,}373\,\text{A})(150\,\Omega) = 56\,\text{V}$.   e) Nach dem Öffnen von S_2 sind der 150-Ω-Widerstand und der
Kondensator C_2 vom übrigen Stromkreis abgetrennt und miteinander in Reihe geschaltet. Also
ist $I(t) = (U/R)\,\text{e}^{-t/RC} = (0{,}373\,\text{A})\,\text{e}^{-t/(7{,}5\,\text{ms})}$.

23.54 a) Aus den Kirchhoff-Regeln folgt für den
Stromkreis $U - IR - q/C = 0$. Ferner ist der Strom
in den Kondensator $I = \text{d}q/\text{d}t$; darin ist q die
Ladung auf dem Kondensator. Einsetzen in die
obige Beziehung ergibt $\text{d}q/\text{d}t = U/R - q/(RC) = (UC - q)/(RC)$. Die Art dieser Gleichung legt
die Definition einer Ladung q' nahe, und zwar
$q' = q - UC$. Beachten Sie, daß gilt $\text{d}q'/\text{d}t = \text{d}q/\text{d}t$, weil U und C konstant sind. Wir erhalten daher $\text{d}q'/\text{d}t = -q'/(RC)$. Die Lösung dieser Gleichung ist $q'(t) = q_0'\,\text{e}^{-t/RC}$. Wir drücken
das in Abhängigkeit von der ursprünglichen Ladung q aus: $q(t) - UC = (q_0 - UC)\,\text{e}^{-t/RC}$. Darin
ist $q_0 = 0$, da der Kondensator zu Beginn unge-

laden war. Somit folgt $q(t) = UC(1 - \text{e}^{-t/RC})$.
Die von der Batterie abgegebene Leistung ist
$P = UI = U\,(\text{d}q/\text{d}t) = (U^2/R)\,\text{e}^{-t/RC}$.   b)
Die im Widerstand dissipierte Leistung ist $P = I^2 R = [(U/R)\,\text{e}^{-t/RC}]^2\,R = (U^2/R)\,\text{e}^{-2t/RC}$.
c) Die zum Zeitpunkt t im Kondensator gespeicherte Energie ist $W = \frac{1}{2}\,q(t)^2/C = \frac{1}{2}\,U^2 C\,(1 - \text{e}^{-t/RC})^2$. Die Geschwindigkeit, mit der Energie
im Kondensator gespeichert wird, ist daher

$$
\begin{aligned}
\frac{\text{d}W}{\text{d}t} &= \left(\frac{U^2}{R}\right)\left(1 - \text{e}^{-t/RC}\right)\text{e}^{-t/RC}\\[4pt]
&= \left(\frac{U^2}{R}\right)\text{e}^{-t/RC} - \left(\frac{U^2}{R}\right)\text{e}^{-2t/RC}.
\end{aligned}
$$

Dies hätten wir schon aus den Ergebnissen der
Teile a) und b) vorwegnehmen können, weil die
Geschwindigkeit der Energiespeicherung im Kondensator gleich der Geschwindigkeit ist, mit der
die Batterie Energie liefert, abzüglich der Geschwindigkeit, mit der im Widerstand Energie
dissipiert wird. Die drei Geschwindigkeiten sind
im Diagramm gegen die Zeit aufgetragen:
(a) $(U^2/R)\,\text{e}^{-t/RC}$
(b) $(U^2/R)\,\text{e}^{-2t/RC}$
(c) $(U^2/R)\,\text{e}^{-t/RC} - (U^2/R)\,\text{e}^{-2t/RC}$

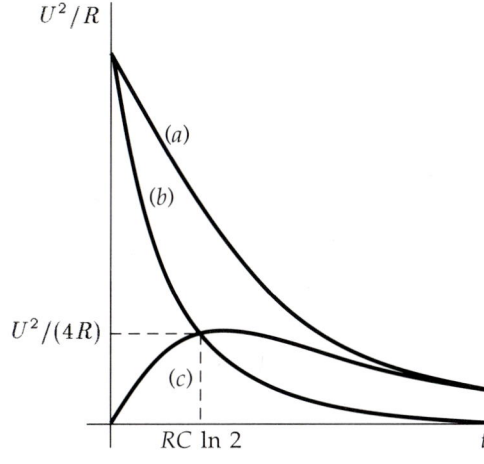

d) Die maximale Geschwindigkeit der Energiespeicherung ermitteln wir, indem wir die
zweite Ableitung null setzen: $\text{d}^2W/\text{d}t^2 = -[U^2/(R^2 C)]\,\text{e}^{-t/RC} + [2\,U^2/(R^2 C)]\,\text{e}^{-2t/RC} = 0$. Dies ergibt $t = RC\ln 2$ und $(\text{d}W/\text{d}t)_{\text{max}} = U^2/(4\,R)$.

Kapitel 24

Das Magnetfeld

24.1 Die magnetische Kraft ist $\mathbf{F} = q\,\mathbf{v} \times \mathbf{B}$. Darin ist $q = 1{,}6 \cdot 10^{-19}$ C und $\mathbf{v} = (4{,}46 \cdot 10^6\,\text{m/s})\,\mathbf{e}_x$ sowie $\mathbf{B} = (1{,}75\,\text{T})\,\mathbf{e}_z$. Daraus folgt $\mathbf{F} = -(1{,}25 \cdot 10^{-12}\,\text{N})\,\mathbf{e}_y$.

24.2 a) $\mathbf{F} = q\,\mathbf{v} \times \mathbf{B} = -(3{,}48 \cdot 10^{-3}\,\text{N})\,\mathbf{e}_z$.
b) $\mathbf{F} = -(4{,}72 \cdot 10^{-3}\,\text{N})\,\mathbf{e}_z$.   c) $\mathbf{F} = 0$.
d) $\mathbf{F} = (4{,}72 \cdot 10^{-3}\,\text{N})\,\mathbf{e}_y$.

24.3 Der Geschwindigkeitsvektor ist $\mathbf{v} = (3{,}75 \cdot 10^6\,\text{m/s})\,[(\sin 30°)\,\mathbf{e}_x + (\cos 30°)\,\mathbf{e}_y]$. Damit erhalten wir $\mathbf{F} = q\,\mathbf{v} \times \mathbf{B} = (1{,}6 \cdot 10^{-19}\,\text{C})\,(3{,}75 \cdot 10^6\,\text{m/s})\,[(\sin 30°)\,\mathbf{e}_x + (\cos 30°)\,\mathbf{e}_y] \times (0{,}85\,\text{T}) \cdot \mathbf{e}_y = -(2{,}55 \cdot 10^{-13}\,\text{N})\,\mathbf{e}_z$.

24.4 $\mathbf{F} = I\,\boldsymbol{\ell} \times \mathbf{B} = (2{,}5\,\text{A})\,[(3\,\text{cm})\,\mathbf{e}_x + (4\,\text{cm})\,\mathbf{e}_y] \times (1{,}5\,\text{T})\,\mathbf{e}_x = -(0{,}15\,\text{N})\,\mathbf{e}_z$.

24.5 Die Kraft pro Längeneinheit ist $\mathbf{F}/\ell = (I\,\boldsymbol{\ell} \times \mathbf{B})/\ell$. Hier ist $\boldsymbol{\ell}/\ell = \mathbf{e}_x$ und $I = 8{,}5$ A und $\mathbf{B} = (1{,}65\,\text{T})\,\mathbf{e}_y$. Daraus folgt $\mathbf{F}/\ell = (14{,}0\,\text{N/m})\,\mathbf{e}_z$.

24.6 Das α-Teilchen hat die Ladung $q = 2\,(1{,}6 \cdot 10^{-19})$ C und die Masse $m = 4\,(1{,}67 \cdot 10^{-27})$ kg.
a) $T = 2\pi\,m/(qB) = 1{,}31 \cdot 10^{-7}$ s.
b) $v = 2\pi\,r/T = 2{,}40 \cdot 10^{-7}$ m/s.
c) $E_{\text{kin}} = \tfrac{1}{2}\,m\,v^2 = 1{,}92 \cdot 10^{-12}$ J $= 12{,}0$ MeV.

24.7 a) Wenn sich ein Proton im Magnetfeld bewegt, erfährt es die Kraft $\mathbf{F} = q\,\mathbf{v} \times \mathbf{B} = (1{,}69 \cdot 10^{-15}\,\text{N})\,\mathbf{e}_z$. Damit das elektrische Feld diese Kraft ausgleicht, muß für dieses gelten $\mathbf{E} = -\mathbf{F}/q = -(1{,}05 \cdot 10^4\,\text{N/C})\,\mathbf{e}_z$.
b) Elektronen mit derselben Geschwindigkeit werden nicht abgelenkt, weil magnetische und elektrische Kraft andere Vorzeichen haben.

24.8 a) Der Radius der Kreisbewegung ist $r = m\,v/(qB) = 1{,}42$ km.   b) Hier ist der Radius $r = m\,v/(qB) = 28{,}5$ m.

24.9 a) Die vom Ion aufgenommene kinetische Energie ist $E_{\text{kin}} = \tfrac{1}{2}\,m\,v^2 = q\,U$. Dabei ist $q = 1{,}6 \cdot 10^{-19}$ C. Wegen $r = m\,v/(qB)$ folgt $r = (2\,E_{\text{kin}}\,m)^{1/2}/(qB) = (1/B)\,(2\,U\,m/q)^{1/2}$. Mit $m = 24\,(1{,}67 \cdot 10^{-27})$ kg und $U = 2{,}5$ kV erhalten wir $r = 63{,}5$ cm.   b) Der Radius r ist proportional zu $m^{1/2}$. Daher ist $r_{26} - r_{24} = r_{24}\,(r_{26}/r_{24} - 1) = r_{24}\,[(26/24)^{1/2} - 1] = 2{,}59$ cm.

24.10 a) Die Zyklotronfrequenz ist hier $\nu = qB/(2\pi\,m) = 2{,}13 \cdot 10^7$ Hz.   b) Wegen $r = m\,v/(qB)$ ist die kinetische Energie $E_{\text{kin}} = \tfrac{1}{2}\,m\,v^2 = (r\,qB)^2/(2\,m) = 46{,}0$ MeV.   c) Aus den Ergebnissen von a) und b) folgt, daß ν und E_{kin} umgekehrt proportional zu m sind, wenn alle anderen Größen konstant sind. Also sind ν und E_{kin} bei doppelter Masse halb so groß.

24.11 a) Der Betrag des magnetischen Moments ist $m_{\text{m}} = N\,I\,A = (20)\,(3\,\text{A})\,(\pi\,r^2) = 0{,}302\,\text{A} \cdot \text{m}^2$.   b) Das Feld bewirkt auf die Spule das Drehmoment $M = N\,I\,A\,B\,\sin\theta$. Einsetzen der Werte ergibt $M = 0{,}131\,\text{N} \cdot \text{m}$.

24.12 Das Drehmoment ist $\mathbf{M} = \mathbf{m}_{\text{m}} \times \mathbf{B}$. Daher gilt $B = M/m_{\text{m}}$, und die Einheit ist $1\,(\text{N} \cdot \text{m})/(\text{A} \cdot \text{m}^2) = (1\,\text{N})/(\text{A} \cdot \text{m}) = 1$ T.

24.13 Mit dem Ergebnis von Aufgabe 12 erhalten wir $1\,\text{N/T} = (1\,\text{N})/[1\,\text{N}/(\text{A} \cdot \text{m})] = 1\,\text{A} \cdot \text{m}$.

24.14 a) Weil der stromführende Leiter in der x-y-Ebene liegt, muß das magnetische Moment entlang der z-Achse verlaufen. Wenn **B** in z-Richtung verläuft, tritt kein Drehmoment auf. b) Da **B** in x-Richtung liegt, ist der Betrag des Drehmoments maximal, und es gilt $M = NIAB = 2{,}7 \cdot 10^{-3}\,\text{N} \cdot \text{m}$. Die Richtung des Drehmoments ist unbestimmt, weil die Stromrichtung (mit oder entgegen dem Uhrzeigersinn) nicht gegeben ist. Das einzige, was gesagt werden kann, ist, daß **M** entweder in positive oder in negative y-Richtung zeigt.

24.15 a) Das magnetische Moment ist $\mathbf{m}_\text{m} = |P|\,\boldsymbol{\ell} = (2{,}125\,\text{N} \cdot \text{m/T})\,\mathbf{e}_x$.   b) $\mathbf{M} = \mathbf{m}_\text{m} \times \mathbf{B} = (-3{,}40\,\text{N} \cdot \text{m})\,\mathbf{e}_y + (5{,}31\,\text{N} \cdot \text{m})\,\mathbf{e}_z$.

24.16 a) Mit der Breite x des Streifens ist die Driftgeschwindigkeit $v_\text{d} = U_\text{H}/(B\,x) = 1{,}07 \cdot 10^{-4}\,\text{m/s}$. b) $n = IB/(q\,t\,U_\text{H}) = 5{,}85 \cdot 10^{28}\,\text{m}^{-3}$.

24.17 a) Die Ladungsträger sind negativ geladen, und die Kraft $\mathbf{F} = q\,\mathbf{v} \times \mathbf{B}$ ist auf den Punkt b gerichtet. Daher sammeln sich die Ladungsträger am Punkt b an, so daß Punkt a das höhere Potential hat.   b) Die Kraft $\mathbf{F} = q\,\mathbf{v} \times \mathbf{B}$ ist auf den Punkt b gerichtet, gleichgültig, ob die Ladungsträger positiv oder negativ sind. Hier folgt für positive Ladungsträger, daß sich positive Ladung am Punkt b ansammelt, so daß dieser auf höherem Potential liegt.

24.18 $U_\text{H} = v_\text{d} B x = (0{,}6\,\text{m/s})\,(0{,}2\,\text{T})\,(0{,}85 \cdot 10^{-2}\,\text{m}) = 1{,}02 \cdot 10^{-3}\,\text{V}$.

24.19 Der Bahnradius hängt mit der Geschwindigkeit zusammen über $r = m\,v/(q\,B)$. Wenn also v konstant gehalten wird, so ist r proportional zu m. Werden Teilchen durch dieselbe Spannung beschleunigt (wie es hier der Fall ist), dann haben sie dieselbe kinetische Energie, nicht dieselbe Geschwindigkeit. Wir schreiben daher $r = (2\,E_\text{kin}\,m)^{1/2}/(q\,B)$. Wir sehen hier, daß bei konstanter kinetischer Energie der Radius (und damit auch der Durchmesser d) proportional zu $m^{1/2}$ ist. Daraus folgt $d_7/d_6 = (7/6)^{1/2}$ und $d_7 = (7/6)^{1/2}\,d_6 = 16{,}2\,\text{cm}$.

24.20 Die Kraft auf das 3-cm-Leiterstück ist $\mathbf{F} = I\,\boldsymbol{\ell} \times \mathbf{B} = (-0{,}0648\,\text{N})\,\mathbf{e}_y$, und die auf das 4-cm-Leiterstück ist $\mathbf{F} = (0{,}0864\,\text{N})\,\mathbf{e}_x$. Daher ist die gesamte Kraft auf den Leiter $\mathbf{F} = (0{,}0864\,\text{N})\,\mathbf{e}_x - (0{,}0648\,\text{N})\,\mathbf{e}_y$. Für ein gerades Stück von a nach b ist $\boldsymbol{\ell} = (3\,\text{cm})\,\mathbf{e}_x + (4\,\text{cm})\,\mathbf{e}_y$, und es folgt, daß $\mathbf{F} = I\,\boldsymbol{\ell} \times \mathbf{B}$ identisch mit der eben berechneten Kraft ist.

24.21 Weil das horizontale Magnetfeld senkrecht auf dem Draht steht, hat die magnetische Kraft ihren maximalen Betrag und wirkt senkrecht. Es ist $m\,g = I\,\ell\,B$ und damit $I = m\,g/(\ell\,B) = 1{,}48\,\text{A}$.

24.22 a) Die Elektronen treten in die Apparatur ein mit der Geschwindigkeit $v = (2\,E_\text{kin}/m)^{1/2} = 3{,}14 \cdot 10^7\,\text{m/s}$. Sie befinden sich während der Zeitspanne $t_1 = x_1/v$ zwischen den Platten. (Es ist $x_1 = 6\,\text{cm}$.) In dieser Zeit erfahren die Elektronen rechtwinklig zur Anfangsrichtung des Strahles die Beschleunigung $a = eE/m$. Daher ist die Ablenkung zwischen den Platten $\frac{1}{2}\,a\,t_1^2 = \frac{1}{2}\,(eE/m)\,(x_1/v)^2$. Nach dem Verlassen des Raumes zwischen den Platten ist die Geschwindigkeitskomponente in der Anfangsrichtung des Strahles immer noch gleich v, und die Komponente senkrecht dazu ist $v_\text{s} = a\,t_1 = (eE/m)\,x_1/v$. In der Zeit $t_2 = x_2/v$ erreichen die Elektronen den Schirm. (Es ist $x_2 = 30\,\text{cm}$.) In dieser Zeit erfolgt die weitere Ablenkung $v_\text{s}\,t_2$. Also ist die gesamte Ablenkung gleich $\frac{1}{2}\,(eE/m)\,(x_1/v)^2 + (eE/m)\,(x_1/v)\,(x_2/v) = 7{,}35\,\text{mm}$.   b) Gleichsetzen elektrischer und magnetischer Kraft ergibt $qE = q\,v\,B$ bzw. $B = E/v = 6{,}64 \cdot 10^{-5}\,\text{T}$.

24.23 a) Die Komponente der Gewichtskraft, die den Draht in die senkrechte Position zurückzieht, ist $m\,g\,\sin\theta$. Sie muß ausgeglichen werden durch die magnetische Kraft $F = I\ell B$. Also ist $\sin\theta = I\ell B/(mg)$ und $\theta = 4{,}68°$.   b) Für dieses System ist das magnetische Feld gegeben durch $B = (mg\sin\theta)/(I\ell)$. Die Auslenkung $x = 0{,}5$ mm können wir schreiben als $x = \ell\sin\theta$. Daraus folgt $B = mgx/(I\ell^2) = 4{,}91\cdot 10^{-6}$ T.

24.24 a) Lägen die Windungen in der y-z-Ebene, so wiese die Normale in Richtung der x-Achse. Weil sie aber um $37°$ gegen die y-z-Ebene verdreht sind, weist die Normale in eine Richtung, die um $37°$ nach unten gegen die x-Achse verdreht ist.   b) $\mathbf{n} = (\cos 37°)\,\mathbf{e}_x - (\sin 37°)\,\mathbf{e}_y = 0{,}799\,\mathbf{e}_x - 0{,}602\,\mathbf{e}_y$.   c) Das magnetische Moment ist $\mathbf{m}_\mathrm{m} = NIA\,\mathbf{n} = (0{,}42\text{ A}\cdot\text{m}^2)\,\mathbf{n} = (0{,}335$ A$\cdot$m$^2)\,\mathbf{e}_x - (0{,}253$ A$\cdot$m$^2)\,\mathbf{e}_y$.   d) $\mathbf{M} = \mathbf{m}_\mathrm{m}\times\mathbf{B} = (0{,}503$ N$\cdot$m$)\,\mathbf{e}_z$.

24.25 a) Weil die Ladung q einen gegebenen Punkt jeweils nach der Zeit T (der Bewegungsperiode) passiert, ist der Strom $I = q/T = q\omega/(2\pi)$. Das magnetische Moment hat den Betrag $m_\mathrm{m} = NIA = [q\omega/(2\pi)](\pi r^2) = \frac{1}{2}q\omega r^2$. b) Der Radiusvektor zum Teilchen und dessen Impuls stehen stets senkrecht aufeinander. Also ist $L = rp = r(mv) = r(mr\omega) = mr^2\omega$. Beachten Sie, daß $\mathbf{L}$ und $\mathbf{m}_\mathrm{m}$ dieselbe Richtung haben. Also ist auf beide Vektoren die gleiche Rechte-Hand-Regel anzuwenden. Wegen $m_\mathrm{m}/L = (\frac{1}{2}q\omega r^2)/(mr^2\omega) = q/(2m)$ folgt daraus $\mathbf{m}_\mathrm{m} = [q/(2m)]\,\mathbf{L}$.

24.26 a) Aus dem zweiten Newton-Axiom ergibt sich, daß die magnetische Kraft mit dem Betrag qvB die Zentripetalbeschleunigung v^2/r hervorrufen muß. Daraus folgt $qvB = mv^2/r$ und $qB = mv/r$ sowie $p = mv = Bqr$.   b) $E_\mathrm{kin} = p^2/(2m) = (Bqr)^2/(2m) = B^2q^2r^2/(2m)$.

24.27 Der Bahnradius ist gegeben durch $r = mv/(qB) = (2E_\mathrm{kin}\,m)^{1/2}/(qB)$. Daher ist für konstante kinetische Energie der Radius proportional zu $m^{1/2}$ und umgekehrt proportional zu q. Daher ist $r_\mathrm{d}/r_\mathrm{p} = (m_\mathrm{d}/m_\mathrm{p})^{1/2}(q_\mathrm{p}/q_\mathrm{d}) = \sqrt{2}$ und $r_\alpha/r_\mathrm{p} = (m_\alpha/m_\mathrm{p})^{1/2}(q_\mathrm{p}/q_\alpha) = 1$.

24.28 Die Zyklotronfrequenz ist gegeben durch $\nu = qB/(2\pi m)$. Für konstantes B ist sie proportional zu q und umgekehrt proportional zu m. Es folgt $\nu_\mathrm{d}/\nu_\mathrm{p} = (q_\mathrm{d}/q_\mathrm{p})(m_\mathrm{p}/m_\mathrm{d}) = \frac{1}{2}$ und $\nu_\alpha/\nu_\mathrm{p} = (q_\alpha/q_\mathrm{p})(m_\mathrm{p}/m_\alpha) = \frac{1}{2}$ und $\nu_\alpha = \nu_\mathrm{d}$.

24.29 a) $n = IB/(qtU_\mathrm{H}) = 2{,}42\cdot 10^{29}$ m^{-3}. b) Die Anzahldichte der Atome ist die Dichte, dividiert durch die molare Masse: $\varrho_n = (1{,}83\text{ g/cm}^3)/(9{,}01\text{ g/mol}) = 0{,}203$ mol/cm^3. Multiplizieren mit der Avogadro-Zahl $(6{,}022\cdot 10^{23}$ mol$^{-1})$ und Umrechnen in m^{-3} ergibt die Anzahldichte $1{,}22\cdot 10^{29}$ m^{-3}.   c) Dividieren der Anzahldichte der Elektronen durch die Anzahldichte der Atome ergibt $n/\varrho_n = 1{,}98$ Elektronen pro Atom. Somit liegen im Beryllium praktisch zwei freie Elektronen pro Atom vor.

24.30 Das magnetische Moment der Schleife weist in die z-Richtung. Also ruft $B_z\,\mathbf{e}_z$ kein Drehmoment hervor, und es ist $\mathbf{M} = \mathbf{m}_\mathrm{m}\times\mathbf{B} = m_\mathrm{m}B_x\,\mathbf{e}_y = NIAB_x\,\mathbf{e}_y$. Um eine Seite der Schleife anzuheben, muß das dazu auszuübende Drehmoment gleich dem von der Gravitation hervorgerufenen sein: $M = NIAB_x = mgR$. Auflösen nach dem Strom ergibt $I = mgR/(N\pi R^2 B_x) = mg/(\pi R B_x)$.

24.31 Der Betrag des magnetischen Drehmoments ist $M_\mathrm{m} = m_\mathrm{m}B = NIAB$. Es muß gleich dem Drehmoment $M_\mathrm{D} = k\theta$ sein, das vom Draht ausgeübt wird. Darin ist k die Torsionskonstante Gleichsetzen ergibt $I = k\theta/(NAB)$.

24.32 Ein Draht der Länge ℓ ergibt bei N Windungen den Spulenumfang $C = \ell/N$. Wegen $C = 2\pi r$ ist der Radius $r = \ell/(2\pi N)$, und die Fläche ist $\pi r^2 = A = \ell^2/(4\pi N)^2$. Damit ist das magnetische Moment $m_\mathrm{m} = NIA = I\ell^2/(4\pi N)$.

24.33 Wenn der Strom durch die Scheibe fließt, auf die ein Magnetfeld einwirkt, entsteht die Kraft $F = I\ell B = IRB$. Die Kraft ist über die

Scheibe gleichmäßig von der Achse bis zum Rand verteilt. Daher ist das von ihr verursachte Drehmoment $M = (R/2)\,F = IR^2B/2$. Um die Reibungskraft F_R zu ermitteln, beachten wir, daß sie nur beim Radius R wirkt. Daher ist das Drehmoment $M = F_R\,R$. Gleichsetzen beider Größen ergibt $F_R = IRB/2 = 0{,}113$ N.

24.34 a) Zunächst nehmen wir an $v_{0x} = 0$. Dann liegt die Bahn des Teilchens in der y-z-Ebene und hat einen Radius, der dadurch bestimmt ist, daß die magnetische und die Zentripetalkraft gleich sind: $m\,v_{0y}^2/r = q\,v_{0y}B$ bzw. $r = m\,v_{0y}/(qB)$. Nun setzen wir $v_{0x} \neq 0$. Daraus resultiert keine Änderung der Kräfte, da $\mathbf{B}$ in x-Richtung liegt. Also driftet das Teilchen in x-Richtung mit der Geschwindigkeit v_{0x}, während es gleichzeitig eine Kreisbewegung mit dem gegebenen Radius ausführt. b) Ein Umlauf in der Spirale benötigt die Zeit $t = d/v = 2\,\pi\,r/v_{0y} = 2\,\pi\,m\,v_{0y}/(qB\,v_{0y}) = 2\,\pi\,m/(qB)$.

24.35 a) $\mathbf{F} = q\,\mathbf{v}\times\mathbf{B} = (-e)\,\mathbf{v}\times\mathbf{B} = e\,vB\,\mathbf{e}_y = (1{,}6\cdot10^{-18}\text{ N})\,\mathbf{e}_y$. b) Im Gleichgewichtszustand gleicht die elektrische Kraft die magnetische Kraft aus: $\mathbf{F}_E = -e\,\mathbf{E} = -\mathbf{F}_B = (-e\,vB\,\mathbf{e}_y)$ bzw. $\mathbf{E} = vB\,\mathbf{e}_y = (10\text{ V/m})\,\mathbf{e}_y$. c) $\Delta U = E\,\Delta x = 20$ V.

24.36 a) Die auf den Stab (Masse m) wirkende Kraft ist $F = I\,\ell\,B$. Wegen $F = m\,a$ resultiert daraus die Beschleunigung $a = I\,\ell\,B/m$. Der Stab startet zur Zeit $t = 0$ aus der Ruhe. Also hat er zu späteren Zeitpunkten t die Geschwindigkeit $v = a\,t = (I\,\ell\,B/m)\,t$. b) Es ist $\mathbf{F} = I\,\boldsymbol{\ell}\times\mathbf{B}$. Darin ist $\boldsymbol{\ell}$ ein Vektor, der in Richtung des Stromes weist. Der Abbildung in der Aufgabe entnehmen wir, daß $\mathbf{F}$ nach rechts wirkt; also bewegt sich der Stab nach rechts. c) Damit der Stab gerade in Bewegung versetzt wird, muß gelten $I\,\ell\,B = \mu_H\,m\,g$ bzw. $B = \mu_H\,m\,g/(I\,\ell)$.

24.37 a) Wie aus der Abbildung hervorgeht, ist die Komponente der Gravitationskraft in Richtung der geneigten Ebene $m\,g\sin\theta$, und die entsprechende Komponente der magnetischen Kraft ist $F_m\cos\theta = I\,\ell\,B\cos\theta$.

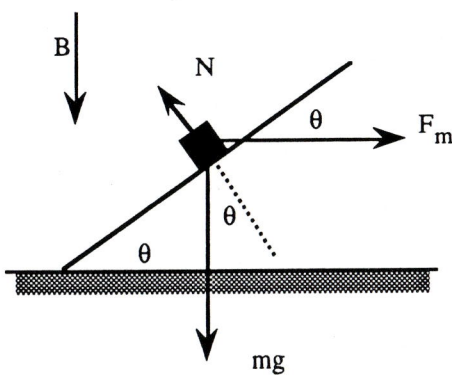

Gleichsetzen beider Komponenten ergibt $B = [m\,g/(I\,\ell)]\tan\theta$. b) Wenn B doppelt so groß ist wie in Teil a), so ist $F_m = 2\,m\,g\sin\theta$, und die gesamte Kraftkomponente entlang der geneigten Ebene ist $-m\,g\sin\theta + 2\,m\,g\sin\theta = m\,g\sin\theta$. Dabei ist die Aufwärtsrichtung als positiv angenommen. Daraus folgt $m\,a = m\,g\sin\theta$, und die aufwärts gerichtete Beschleunigung ist damit $a = g\sin\theta$.

24.38 Eine Kraft mit dem Betrag $F = I\,\ell\,B$ wirkt für eine kurze Zeit auf den Draht, der aus der Ruhe startet. Während dieser Zeit erhält der Draht den Impuls $\Delta p = F\,\Delta t = I\,\ell\,B\,\Delta t$. Wegen $\Delta p = p_e - p_a = p_e = m\,v$ ist die Geschwindigkeit, mit der sich der Draht nach oben bewegt, $v = (I\,\ell\,B/m)\,\Delta t$. Die Ladung, die die Batterie an den Draht abgibt, während sie Kontakt mit dem Draht hat, ist $I\,\Delta t = Q = 2$ C. Damit folgt $v = \ell\,B\,Q/m$. Mit dieser Aufwärtsgeschwindigkeit erreicht der Draht die Höhe $h = v^2/(2\,g) = \ell^2\,B^2\,Q^2/(2\,m^2\,g) = 5{,}10$ m.

24.39 Wenn sich die Schleife mit der Masse m um den kleinen Winkel θ dreht, so ist das auf sie ausgeübte Drehmoment $M = -m_m\,B\sin\theta = -IAB\sin\theta \approx -IAB\,\theta$. Das Minuszeichen gibt an, daß das Drehmoment den Gleichgewichtszustand des Systems wiederherzustellen sucht. Das Trägheitsmoment der Schleife ist mR^2. Damit ist das Drehmoment $M = mR^2\,\mathrm{d}^2\theta/\mathrm{d}t^2 = -IAB\,\theta$. Daraus folgt $\mathrm{d}^2\theta/\mathrm{d}t^2 = -[IAB/(mR^2)]\,\theta$. Wenn der Winkel die Form $\theta = A\sin\omega t$ hat, so ist

$\omega^2 = IAB/(mR^2) = I\pi B/m$. Damit ergibt sich schließlich die Periode der Bewegung zu $T = 2\pi\,[m/(\pi I B)]^{1/2}$.

24.40   Die Abbildung zeigt die Anordnung:

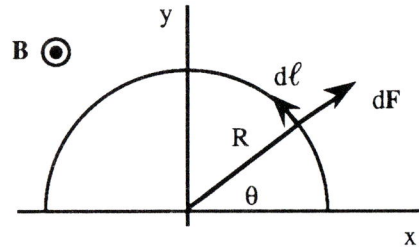

Es ist $dF = IB\,d\ell = IRB\,d\theta$. Wegen der Symmetrie verschwindet die x-Komponente von F, und es gilt

$$F_x = \int dF_x = \int_0^\pi dF\cos\theta$$
$$= IRB\int_0^\pi \cos\theta\,d\theta = 0.$$

Die y-Komponente ist

$$F_y = \int dF_y = \int_0^\pi dF\sin\theta$$
$$= IRB\int_0^\pi \sin\theta\,d\theta = 2\,IRB.$$

Daraus folgt $\mathbf{F} = 2\,IRB\,\mathbf{e}_y$.

24.41   Ist U die Spannung zwischen den Elektroden des Zyklotrons, so nimmt ein Teilchen mit der Ladung q pro Umlauf die Energie $2qU$ auf. Also hat das Teilchen nach N Umläufen die kinetische Energie $E_{\mathrm{kin}} = 2NqU$; mit $r = mv/(qB)$ bzw. $r = (2E_{\mathrm{kin}}m)^{1/2}/(qB)$ folgt, daß der Radius r proportional zu $N^{1/2}$ ist.

24.42   Der Draht ist mit seinen Endpunkten a und b in der Abbildung in der nächsten Spalte gezeigt.

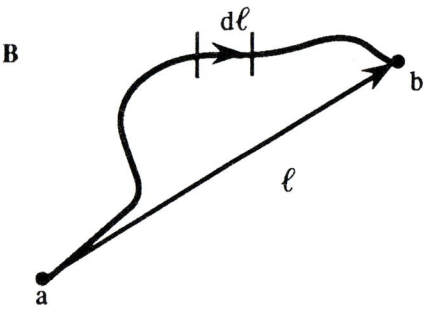

Ein kleines Segment $d\ell$ des Drahtes erfährt die Kraft $d\mathbf{F} = I\,d\boldsymbol{\ell}\times\mathbf{B}$. Damit ist die gesamte Kraft auf den Draht

$$\mathbf{F} = \int_a^b d\mathbf{F} = \int_a^b I\,d\boldsymbol{\ell}\times\mathbf{B}.$$

Beachten Sie aber, daß $\mathbf{B}$ und I für alle Segmente $d\ell$ konstant sind. Daraus folgt

$$\mathbf{F} = I\left(\int_a^b d\boldsymbol{\ell}\right)\times\mathbf{B} = I\,\boldsymbol{\ell}\times\mathbf{B}.$$

Darin ist

$$\boldsymbol{\ell} = \int_a^b d\boldsymbol{\ell}$$

der Vektor von a nach b.

24.43   Eine Spule mit dem Radius r mit N Windungen erfordert einen Draht der Länge $\ell = (2\pi R)\,N$. Also ist bei gegebener Länge ℓ der Radius $r = \ell/(2\pi N)$, und die Fläche ist $A = \pi r^2 = \ell^2/(4\pi N^2)$. Wenn durch die Spule der Strom I fließt, so ist das magnetische Moment $m_{\mathrm{m}} = NIA = I\ell^2/(4\pi N)$. Offensichtlich ist m_{m} maximal, wenn N am kleinsten ist. Weil N nicht kleiner als 1 sein kann, hat das maximale magnetische Moment den Betrag $m_{\mathrm{m}} = I\ell^2/(4\pi)$. Wegen $m_{\mathrm{m}} = NIA$ folgt für konstante Werte von N und I, daß das magnetische Moment maximal ist, wenn A maximal ist. Es genügt, kreisrunde Spulen zu betrachten, weil ein Kreis bei gegebenem Umfang die größte Fläche hat.

24.44   a) Das magnetische Moment ist $m_{\mathrm{m}} = NIA$. Daraus folgt $dm_{\mathrm{m}} = NA\,dI$. Es ist $N = 1$ und $A = \pi x^2$. Der Strom dI ist der zu einem kurzen Längenelement des Stabes gehörende

Strom. Ferner ist dI die Ladung, die pro Zeiteinheit einen gegebenen Punkt passiert. Wenn T die Periodendauer der Rotation ist, so folgt $dI = dq/dt = (\lambda\, dx)/T$. Mit $\omega = 2\pi/T$ erhalten wir $dI = [\lambda\omega/(2\pi)]\, dx$ und daraus $dm_{\mathrm{m}} = \frac{1}{2}\lambda\omega x^2\, dx$. b) Die Integration ergibt für das gesamte magnetische Moment im Stab

$$m_{\mathrm{m}} = \int dm_{\mathrm{m}} = \int_0^\ell \frac{1}{2}\lambda\omega x^2\, dx$$

$$= \frac{1}{2}\lambda\omega\left(\frac{\ell^3}{3} - \frac{0^3}{3}\right) = \frac{1}{6}\lambda\omega\ell^3.$$

c) Die Gesamtladung auf dem Stab ist $Q = \lambda\ell$. Das Trägheitsmoment eines homogenen Stabes der Länge ℓ und der Masse m um eines seiner Enden ist $I = \frac{1}{3}m\ell^2$. Für den Drehimpuls $L = I\omega$ erhalten wir damit $L = \frac{1}{3}m\ell^2\omega$. Der Vektor $\mathbf{m}_{\mathrm{m}}$ ist mit denselben Konventionen definiert wie der Vektor $\mathbf{L}$, nur daß $\mathbf{m}_{\mathrm{m}}$ auch vom Vorzeichen von Q abhängt. Somit sind $\mathbf{m}_{\mathrm{m}}$ und $\mathbf{L}$ parallel bei $Q > 0$ und antiparallel bei $Q < 0$. Daher ist $\mathbf{m}_{\mathrm{m}} = \frac{1}{2}(\mathbf{L}/m)\lambda\ell = [Q/(2\,m)]\,\mathbf{L}$.

24.45 a) Der schmale Ring trägt die Ladung $dq = \sigma\, dA = \sigma(2\pi r\, dr) = 2\pi r\sigma\, dr$. Diese Ladung passiert jeweils nach der Zeit T einen gegebenen Punkt, wobei die Periode der Bewegung $T = 2\pi/\omega$ ist. Damit ist $dI = dq/T = \omega\sigma r\, dr$.
b) Für das magnetische Moment gilt $dm_{\mathrm{m}} = N A\, dI = (1)(\pi r^2)(\omega\sigma r\, dr) = \pi\omega\sigma r^3\, dr$.
c) Die Integration ergibt für das gesamte magnetische Moment der Scheibe

$$m_{\mathrm{m}} = \int dm_{\mathrm{m}} = \int_0^R \pi\omega\sigma r^3\, dr = \frac{1}{4}\pi\omega\sigma R^4.$$

d) Der Drehimpuls der Scheibe ist gegeben durch $L = I\omega = \frac{1}{2}m R^2\omega$. Es ist $m_{\mathrm{m}}/L = (\frac{1}{4}\pi\omega\sigma R^4)/(\frac{1}{2}m R^2\omega) = \sigma(\pi R^2)/(2\,m) = Q/(2\,m)$. Ferner sind $\mathbf{m}_{\mathrm{m}}$ und $\mathbf{L}$ parallel (bzw. antiparallel), wenn Q positiv (bzw. negativ) ist. Die Kombination der Resultate ergibt $\mathbf{m}_{\mathrm{m}} = [Q/(2\,M)]\,\mathbf{L}$.

24.46 a) Das magnetische Feld erzeugt ein Drehmoment auf den Magneten, das ihn in Richtung des Feldes dreht. Das Drehmoment ist $\mathbf{M} =$ $\mathbf{m}_{\mathrm{m}} \times \mathbf{B}$ und hat den Betrag $M = m_{\mathrm{m}} B \sin\theta$. Die Drehung des Magneten um den kleinen Winkel $d\theta$ erfordert die Arbeit $dW = M\, d\theta = m_{\mathrm{m}} B \sin\theta\, d\theta$. b) Soll der Magnet von einem gegebenen Winkel $\theta' = \theta$ zum Winkel $\theta' = 90°$ gedreht werden, so ist durch eine äußere Kraft folgende Arbeit aufzuwenden:

$$W = \int dW = \int_\theta^{90°} m_{\mathrm{m}} B \sin\theta'\, d\theta'$$

$$= m_{\mathrm{m}} B\,(-\cos\theta')\Big|_\theta^{90°} = m_{\mathrm{m}} B \cos\theta.$$

Die vom magnetischen Feld aufgewandte Arbeit ist die hierzu entgegengesetzte Arbeit, also $W_{\mathrm{B}} = -m_{\mathrm{m}} B \cos\theta$. c) In einem konservativen System gilt $\Delta E_{\mathrm{pot}} + \Delta E_{\mathrm{kin}} = 0$ bzw. $\Delta E_{\mathrm{pot}} = -\Delta E_{\mathrm{kin}} = -W$. Darin ist W die von der konservativen Kraft verrichtete Arbeit. Im vorliegenden Fall ist $W = W_{\mathrm{B}}$ und damit $\Delta E_{\mathrm{pot}} = E_{\mathrm{pot}}(90°) - E_{\mathrm{pot}}(\theta) = -W_{\mathrm{B}} = m_{\mathrm{m}} B \cos\theta$. Wenn wir $E_{\mathrm{pot}}(90°) = 0$ setzen, dann ist die potentielle Energie $E_{\mathrm{pot}}(\theta) = -m_{\mathrm{m}} B \cos\theta = -\mathbf{m}_{\mathrm{m}} \cdot \mathbf{B}$. d) Die Ergebnisse ändern sich nicht. Bei einer Spule steht $\mathbf{m}_{\mathrm{m}}$ senkrecht auf ihrer Ebene, verläuft aber bei einem Magneten entlang dessen Längsachse.

24.47 Wir teilen den Vektor $\mathbf{v}$ in die Komponente $\mathbf{v}_1$ entlang und die Komponente $\mathbf{v}_2$ senkrecht zum magnetischen Feld $\mathbf{B}$. Damit ist $\mathbf{v} = \mathbf{v}_1 + \mathbf{v}_2$. Für $\mathbf{v}_1$ liegt keine Kraft vor, weil $\mathbf{F}_1 = q\,\mathbf{v}_1 \times \mathbf{B}$ ist und weil $\mathbf{v}_1$ und $\mathbf{B}$ parallel zueinander sind. Das bedeutet, das Teilchen driftet in Richtung des elektrischen Feldes, und zwar mit der konstanten Geschwindigkeit $v_1 = v\cos\theta$. Für $\mathbf{v}_2$ ist die Kraft $\mathbf{F}_2 = q\,\mathbf{v}_2 \times \mathbf{B}$. Sie bewirkt eine spiralförmige Bahn des Teilchens. In einem Bezugssystem mit der Geschwindigkeit v_1 bewegt sich das Teilchen daher auf einer Kreisbahn, senkrecht auf der Richtung des Feldes; die Kreisbewegung hat die Periode $T = 2\pi m/(qB)$. Während dieser Zeit hat das Teilchen in Feldrichtung die Strecke d zurückgelegt, für die gilt $d = v_1 T = [2\pi m/(qB)]\,v\cos\theta$. Am Ende der Zeitspanne T ist damit die Geschwindigkeit des Teilchens genau dieselbe wie zu Anfang.

24.48 Wir nehmen an, der Magnet habe seinen Südpol am Ursprung, wie in der Abbildung gezeigt.

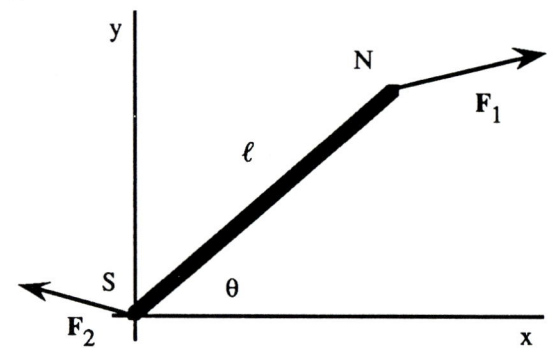

Die auf jeden Pol wirkende Kraft ist $\mathbf{F} = P\,\mathbf{B}$. Darin ist P definiert durch $\mathbf{m}_{\mathrm{m}} = |P|\,\boldsymbol{\ell}$, wobei $\boldsymbol{\ell}$ der Vektor vom Südpol zum Nordpol ist. Am Nordpol ist P positiv, dagegen negativ am Südpol. Mit der Länge ℓ des Magneten ist $\boldsymbol{\ell} = \ell\,[(\cos\theta)\,\mathbf{e}_x + (\sin\theta)\,\mathbf{e}_y]$. Entsprechend ist $\mathbf{m}_{\mathrm{m}} = m_{\mathrm{m}}\,[(\cos\theta)\,\mathbf{e}_x + (\sin\theta)\,\mathbf{e}_y]$. Daraus folgt $|P| = m_{\mathrm{m}}/\ell$, und es ergibt sich

$$\mathbf{F}_2 = -\frac{m_{\mathrm{m}}}{\ell}\,[B_x(0)\,\mathbf{e}_x + B_y(0)\,\mathbf{e}_y]$$

und

$$
\begin{aligned}
\mathbf{F}_1 &= \frac{m_{\mathrm{m}}}{\ell}\,[B_x\,(\ell\cos\theta)\,\mathbf{e}_x + B_y\,(\ell\sin\theta)\,\mathbf{e}_y] \\
&\approx \frac{m_{\mathrm{m}}}{\ell}\left\{\left[B_x(0) + (\ell\cos\theta)\,\frac{\partial B_x}{\partial x}\right]\mathbf{e}_x \right. \\
&\quad \left. + \left[B_y(0) + (\ell\sin\theta)\,\frac{\partial B_y}{\partial y}\right]\mathbf{e}_y\right\}.
\end{aligned}
$$

Kombinieren der Resultate ergibt die Gesamtkraft

$$
\begin{aligned}
\mathbf{F}_1 & \\
&\approx \left[(m_{\mathrm{m}}\cos\theta)\,\frac{\partial B_x}{\partial x}\right]\mathbf{e}_x + \left[(m_{\mathrm{m}}\sin\theta)\,\frac{\partial B_y}{\partial y}\right]\mathbf{e}_y \\
&= \left(m_{\mathrm{m}x}\,\frac{\partial B_x}{\partial x}\right)\mathbf{e}_x + \left(m_{\mathrm{m}y}\,\frac{\partial B_y}{\partial y}\right)\mathbf{e}_y.
\end{aligned}
$$

Dabei sind die partiellen Ableitungen $\partial B_x/\partial x$ sowie $\partial B_y/\partial y$ am Ursprung zu berechnen.

Kapitel 25

Die Quellen des magnetischen Feldes

25.1 Es ist $\mathbf{B} = [\mu_0/(4\pi r^2)]\, q\,\mathbf{v}\times\mathbf{r}$. Darin ist $\mathbf{r}$ der Einheitsvektor, der von der Ladung q zum Beobachtungspunkt P zeigt. a) Es ist $\mathbf{r} = -\mathbf{e}_y$ und $r = 2$ m sowie $v = (30 \text{ m/s})\,\mathbf{e}_x$. Daraus folgt $\mathbf{B} = (-9\cdot 10^{-12} \text{ T})\,\mathbf{e}_z$. b) Es ist $\mathbf{r} = -\mathbf{e}_y$ und $r = 1$ m, also $\mathbf{B} = (-3{,}6\cdot 10^{-11} \text{ T})\,\mathbf{e}_z$. c) Hier ist $\mathbf{r} = \mathbf{e}_y$ und $r = 1$ m. Es folgt $\mathbf{B} = (3{,}6\cdot 10^{-11} \text{ T})\,\mathbf{e}_z$. d) $\mathbf{r} = \mathbf{e}_y$ und $r = 2$ m und $\mathbf{B} = (9\cdot 10^{-12} \text{ T})\,\mathbf{e}_z$.

25.2 Die Kraft auf jede Ladung hat den Betrag $F_E = q^2/(4\pi\varepsilon_0 b^2)$, unabhängig davon, ob sich die Ladungen bewegen. Zudem erzeugt jede Ladung am Ort der jeweils anderen ein magnetisches Feld. Betrachten wir zunächst die sich auf der x-Achse bewegende Ladung und das von ihr hervorgerufene Feld. Hier ist $\mathbf{r} = \mathbf{e}_y$ und $r = b$ sowie $\mathbf{v} = v\,\mathbf{e}_x$ und $\mathbf{B} = [\mu_0\, q\, v/(4\pi b^2)]\,\mathbf{e}_z$. Daraus erhalten wir den Betrag der magnetischen Kraft zu $F_B = q\,vB = \mu_0\, q^2\, v^2/(4\pi b^2)$. Damit ist der Quotient der Beträge $F_B/F_E = v^2\mu_0\,\varepsilon_0$. Wie im Text später noch gezeigt wird, ist $\mu_0\,\varepsilon_0 = 1/c^2$. Darin ist c die Lichtgeschwindigkeit. Es folgt $F_B/F_E = v^2/c^2$.

25.3 Um das magnetische Feld zu bestimmen, ermitteln wir zuerst die Geschwindigkeit des Elektrons in seiner Umlaufbahn. Wir setzen die elektrostatische Kraft gleich der Kraft, die für die Zentripetalbeschleunigung erforderlich ist: $m\,v^2/r = e^2/(4\pi\varepsilon_0\,r^2)$ und $v = e\,(m\,r\,4\pi\varepsilon_0)^{-1/2}$. Daraus erhalten wir den Betrag von $\mathbf{B}$ im Mittelpunkt der Umlaufbahn zu $B = [\mu_0/(4\pi)]\,e\,v/r^2 = 12{,}5$ T.

25.4 Für ein Stromelement ist das Feld $d\mathbf{B} = [\mu_0/(4\pi r^2)]\, I\, d\boldsymbol{\ell}\times\mathbf{r}$. Darin ist $\mathbf{r}$ der Einheitsvektor, der vom Stromelement zum Beobachtungspunkt zeigt. a) Es ist $\mathbf{r} = \mathbf{e}_x$ und $r = 3$ m sowie $d\mathbf{B} = (4{,}44\cdot 10^{-11} \text{ T})\,\mathbf{e}_y$. b) Es ist $\mathbf{r} = -\mathbf{e}_x$ und $r = 6$ m sowie $d\mathbf{B} = (-1{,}11\cdot 10^{-11} \text{ T})\,\mathbf{e}_y$. c) Es ist $\mathbf{r} = \mathbf{e}_z$ und $d\mathbf{B} = 0$. d) Es ist $\mathbf{r} = \mathbf{e}_y$ und $r = 3$ m sowie $d\mathbf{B} = (-4{,}44\cdot 10^{-11} \text{ T})\,\mathbf{e}_x$.

25.5 Das magnetische Feld im Mittelpunkt einer stromführenden Schleife mit dem Radius r ist $B = \mu_0\, I/(2\,r)$. Daraus folgt $I = 2\,B\,r/\mu_0 = 11{,}1$ A für $B = 0{,}7\cdot 10^{-4}$ T und $r = 0{,}1$ m. Die Orientierungen der Schleife und des Stromes sind in der Abbildung gezeigt.

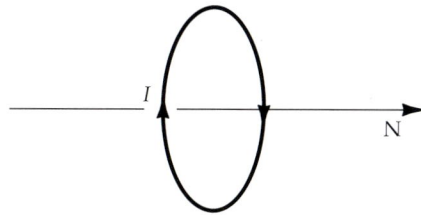

Der Strom auf der dem Leser zugewandten Seite der Schleife fließt nach unten. Wenn der Daumen der rechten Hand in Richtung des Stromes zeigt, so sind die Finger nach Süden gekrümmt; somit weist das von der Schleife hervorgerufene Feld nach Süden und wirkt dem Magnetfeld der Erde entgegen.

25.6 Bei einer Spule mit n Windungen pro Längeneinheit und dem Radius r ist $B = \frac{1}{2}\mu_0\, n\, I\,[a/(a^2 + r^2)^{1/2} + b/(b^2 + r^2)^{1/2}]$, wobei a und b die Abstände vom Beobachtungspunkt zu beiden Enden der Spule sind. Hier ist $n = 300/(0{,}3\,\text{m})$ und $I = 2{,}6$ A sowie $r = 0{,}012$ m. a) Im Mittelpunkt ist $a = b = 0{,}15$ cm, und es folgt $B = 3{,}26\cdot 10^{-3}$ T. b) Hier ist $a = 0{,}1$ cm und $b = 0{,}2$ m und damit $B = 3{,}25\cdot 10^{-3}$ T, also nur wenig kleiner als der Wert in der Mitte. c) Für $a = 0$ cm und $b = 0{,}3$ m ist $B = 1{,}63\cdot 10^{-3}$ T, also rund halb so groß wie in der Mitte der Spule.

25.7 Auf der Achse der Schleife mit dem Radius r ist $B = \frac{1}{2}\mu_0 r^2 I / (x^2 + r^2)^{3/2}$. Darin ist x der Abstand (entlang der Achse) vom Mittelpunkt der Schleife.   a) Im Mittelpunkt der Schleife ist $B = \mu_0 I / (2\,r) = 5{,}45 \cdot 10^{-5}$ T.
b) Bei $x = 0{,}01$ m ist $B = 4{,}65 \cdot 10^{-5}$ T.
c) Bei $x = 0{,}02$ m ist $B = 3{,}14 \cdot 10^{-5}$ T.
d) Bei $x = 0{,}35$ m ist $B = 3{,}39 \cdot 10^{-8}$ T.

25.8 Das magnetische Feld im Abstand r von einem langen, geraden Draht ist $B = \mu_0 I / (2\,\pi\,r)$.
a) Bei $r = 0{,}1$ m ist $B = 2 \cdot 10^{-5}$ T.
b) Bei $r = 0{,}5$ m ist $B = 4 \cdot 10^{-6}$ T.
c) Bei $r = 2$ m ist $B = 10^{-6}$ T.

25.9 Jeder Draht erzeugt ein Feld mit dem Betrag $B = \mu_0 I / (2\,\pi\,r)$. Die Richtung des Feldes ist gegeben durch die Richtung der Finger der rechten Hand, wenn der Daumen in Stromrichtung weist.   a) Hier ruft der nähere stromführende Draht ein Feld in negativer z-Richtung hervor, während der entferntere Leiter ein Feld in positiver z-Richtung erzeugt. Damit ist $\mathbf{B} = [\mu_0 I / (2\,\pi)] [1/(0{,}09\,\text{m}) - 1/(0{,}03\,\text{m})]\,\mathbf{e}_z = (-8{,}89 \cdot 10^{-5}\,\text{T})\,\mathbf{e}_z$.   b) Bei $y = 0$ erzeugen beide Leiter Felder mit gleichem Betrag, aber entgegengesetzter Richtung. Damit ist hier $\mathbf{B} = 0$.   c) Bei $y = 3$ cm sind die Felder von Teil a) umgekehrt; also ist $\mathbf{B} = (8{,}89 \cdot 10^{-5}\,\text{T})\,\mathbf{e}_z$.   d) Bei $y = 9$ cm weisen die Felder der beiden Leiter in negative z-Richtung. Daher ist $\mathbf{B} = [-\mu_0 I / (2\,\pi)] [1/(0{,}03\,\text{m}) + 1/(0{,}15\,\text{m})]\,\mathbf{e}_z = (-1{,}6 \cdot 10^{-4}\,\text{T})\,\mathbf{e}_z$.

25.10 Wie in Teil a) der vorigen Aufgabe erläutert, ist die z-Komponente von $\mathbf{B}$ gegeben durch $B_z = [\mu_0 I / (2\,\pi)] [1/(0{,}06\,\text{m} - y) + 1/(-0{,}06\,\text{m} - y)]$. Darin ist y im Metern einzusetzen. In der Abbildung in der nächsten Spalte ist B_z gegen y (hier in cm) aufgetragen.

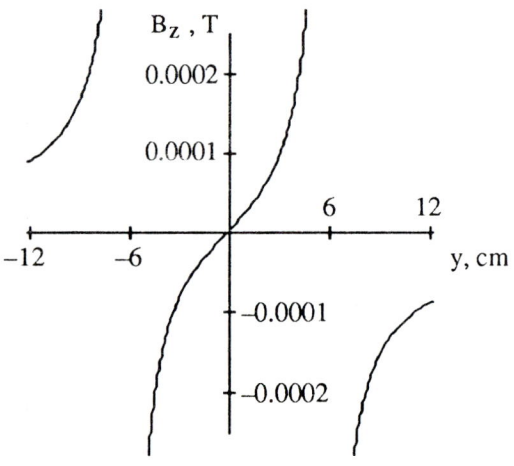

25.11 Der allgemeine Ausdruck für das Feld, das von einem Abschnitt des Leiters erzeugt wird, ist $B = [\mu_0 I / (4\,\pi\,r)]\,(\sin\theta_1 + \sin\theta_2)$. Wir wenden ihn auf die in der Abbildung gezeigten Abschnitte a–b und e–f an. Es folgt, daß beide nichts beitragen, weil sie den Winkel $\theta_1 = \theta_2 = 0$ haben.

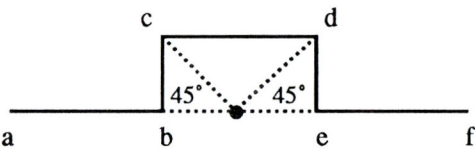

Für die Abschnitte b–c und d–e ist $B = [\mu_0 I / (4\,\pi\,r)]\,(\sin 0° + \sin 45°)$. Mit $I = 8$ A und $r = 1$ cm erhalten wir $B = 56{,}6\ \mu$T. Das Feld weist jeweils in die Papier-Ebene hinein. Der Beitrag des Abschnitts c–d schließlich ist $B = [\mu_0 I / (4\,\pi\,r)]\,(\sin 45° + \sin 45°) = 113\ \mu$T, ebenfalls in die Papier-Ebene hinein gerichtet. Damit hat das gesamte Feld den Betrag $B = 226\ \mu$T.

25.12 Keiner der geradlinigen Abschnitte erzeugt ein Feld, weil beide auf einer Geraden liegen, die durch den Punkt P geht. Der halbkreisförmige Abschnitt erzeugt ein Feld, dessen Betrag halb so groß ist wie bei einer kreisförmigen Schleife. Also ist hier $B = \frac{1}{2}\mu_0 I / (2r) = 2{,}36 \cdot 10^{-5}$ T. Das Feld weist in die Papier-Ebene hinein.

25.13 Jeder halbkreisförmige Abschnitt erzeugt ein Feld, dessen Betrag halb so groß ist wie bei einer kreisförmigen Schleife. Die geradlinigen Abschnitte erzeugen hier kein Feld am Punkt P, weil beide auf einer Geraden liegen, die durch den Punkt P geht. Der Abschnitt 2 erzeugt das schwächere Feld (in die Papier-Ebene hinein), während Abschnitt 1 das stärkere Feld erzeugt (aus der Papier-Ebene heraus). Also ist $B = (\mu_0 I/4)(1/R_1 - 1/R_2)$; es weist aus der Papier-Ebene heraus.

25.14 a) Leiter mit antiparallelen Strömen stoßen einander ab.   b) Weil die Ströme in beiden Leitern denselben Betrag haben, ist die Kraft pro Längeneinheit $F/\ell = \mu_0 I^2/(2\pi r)$. Daraus folgt $I = [2\pi r F/(\mu_0 \ell)]^{1/2} = 39{,}3$ mA.

25.15 Auf die Aufhängung wirkt keine Kraft, wenn gilt $m\,g = (F/\ell)\,\ell$. Dabei ist $F/\ell = \mu_0 I^2/(2\pi r)$ die abstoßende Kraft pro Länge, die jeder Leiter auf den anderen ausübt. Also ist $I = [2\pi r\, m\, g/(\mu_0 \ell)]^{1/2} = 28{,}0$ A.

25.16 a) Die auf den oberen Draht von den beiden unteren Drähten ausgeübten Kräfte sind in der Abbildung dargestellt. Die Kräfte verlaufen in Richtung der Geraden, die die Drähte miteinander verbinden, während die Linien der Magnetfelder senkrecht auf den Verbindungsgeraden stehen.

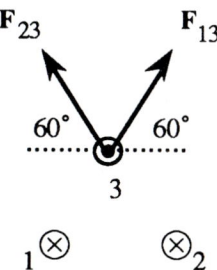

Wegen der Symmetrie heben die horizontalen Komponenten der Kräfte einander auf. Somit wirkt die gesamte Kraft senkrecht nach oben und hat pro Längeneinheit den Betrag $2\,(F/\ell)\sin 60°$ mit $F/\ell = \mu_0 I^2/(2\pi r)$. Damit ist die nach

oben gerichtete Gesamtkraft $F_{\mathrm{ges}}/\ell = 7{,}79 \cdot 10^{-4}$ N/m.   b) Weil die Gesamtkraft auf den oberen Draht nach oben gerichtet ist und weil gilt $\mathbf{F} = I\,\boldsymbol{\ell} \times \mathbf{B}$, folgt, daß $\mathbf{B}$ horizontal verläuft und nach rechts gerichtet ist. Das Feld hat den Betrag $B = F/(\ell\,I) = 5{,}20 \cdot 10^{-5}$ T.

25.17 Wir ermitteln das Feld mit Hilfe von Symmetrie-Betrachtungen und setzen das Ampère-Gesetz an:

$$\oint \mathbf{B}\cdot \mathrm{d}\boldsymbol{\ell} = \mu_0\, I.$$

Aufgrund der Symmetrie muß das Feld an allen Punkten dasselbe sein, die den gleichen Abstand von der Zylinderachse haben. Wir wählen daher einen Kreis mit dem Radius r als Weg für das Integral. Dieses wird damit gleich $B\,(2\pi r)$. Daraus folgt $B = \mu_0 I/(2\pi r)$. Also ist $B = 0$ für $r < R$ und $B = \mu_0 I/(2\pi r)$ für $r > R$.

25.18 a) Die Wegintegrale für die drei Wege sind: $(8\,\mathrm{A})\,\mu_0$ für C_1 und 0 für C_2 sowie $(-8\,\mathrm{A})\,\mu_0$ für C_3.   b) Weil $\mathbf{B}$ hier keine einfache Symmetrie hat, kann das Integral im Ampère-Gesetz bei keinem der drei Wege einfach berechnet werden. Also ist keiner der drei Wege geeignet, um $\mathbf{B}$ zu ermitteln.

25.19 a) Für den Raum zwischen Seele und Abschirmung lautet das Ampère-Gesetz

$$\oint \mathbf{B}\cdot \mathrm{d}\boldsymbol{\ell} = B\,(2\pi r) = \mu_0\, I.$$

Darin ist I der Strom durch die Spannungsquelle. Es folgt $B = \mu_0 I/(2\pi r)$ für $0 < r < R$.
b) Außerhalb des Koaxialkabels hat das Ampère-Gesetz dieselbe Form wie in Teil a); jedoch ist hier der Strom $I = 0$, weil die Ströme in Seele und Abschirmung gleichen Betrag und entgegengesetzte Richtungen haben. Also ist $B = 0$ für $r > R$.

25.20 Wir nehmen an, der Strom I sei gleichmäßig über die Querschnittsfläche des

Drahtes verteilt; das bedeutet, der Strom zwischen der Mitte des Drahtes und dem Radius r ist $I\left[\pi r^2/(\pi a^2)\right] = I r^2/a^2$. Darin ist a der Radius des Drahtes. Mit dem Ampère-Gesetz ist innerhalb des Drahtes $B(2\pi r) = \mu_0 I r^2/a^2$ und $B = \mu_0 I r/(2\pi a^2)$. Für $r > a$ ist der Strom I vollständig durch die Integrationskurve eingeschlossen, und es ist $B = \mu_0 I/(2\pi r)$.   a) Mit dem Ergebnis für $r < a$ erhalten wir $B = 8 \cdot 10^{-4}$ T.   b) An der Oberfläche des Drahtes kann jeder der beiden Ausdrücke angewandt werden, und es ergibt sich $B = 4 \cdot 10^{-3}$ T.   c) Mit dem Ergebnis für $r > a$ erhalten wir $B = 2{,}86 \cdot 10^{-3}$ T. d) In der Abbildung ist B im gesamten Bereich aufgetragen. Beachten Sie, daß B sein Maximum an der Oberfläche des Drahtes annimmt.

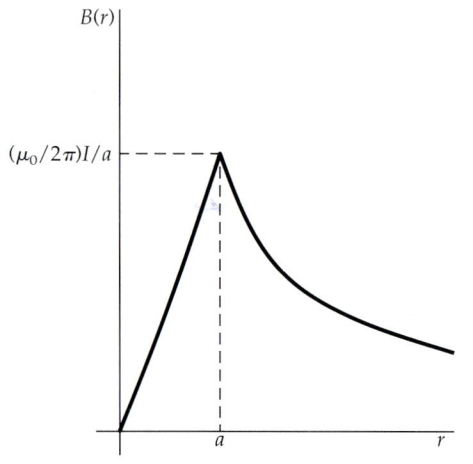

25.21   Die Integration an der rechten vertikalen Seite des Weges ergibt null, weil hier das Feld zu null angenommen ist. Ebenso sind die Integrale an der oberen und an der unteren Seite null, weil dort **B** entweder null ist oder (falls endlich) senkrecht zum Integrationsweg verläuft. Die Integration an der vierten, der linken Seite ergibt dagegen nicht null, da **B** hier endlich ist und parallel zum Integrationsweg verläuft. Damit ist das gesamte Wegintegral nicht null. Nach dem Ampère-Gesetz bedeutet dies, daß ein nichtverschwindender Strom durch den Querschnitt der Kontur fließen muß. Weil hier aber kein Strom fließt, muß etwas falsch sein; und zwar ist es die Annahme, daß außen kein Streufeld existiert. Somit wird aufgrund der Existenz des Streufeldes das Wegintegral null, wie es sein muß. Also ist mit Hilfe des Ampère-Gesetzes gezeigt, daß eine

Situation, wie sie in der Abbildung in der Aufgabe gezeigt ist, unmöglich ist.

25.22   Das Feld in einem Torus ist $B = \mu_0 N I/(2\pi r)$.   a) Für $r = 1{,}1$ cm erhalten wir $B = 0{,}0273$ T.   b) Für $r = 1{,}5$ cm ist $B = 0{,}0200$ T.

25.23   Das magnetische Feld in der Mitte einer Schleife mit dem Radius r ist $B = \mu_0 I/(2 r)$. Eine Spule mit N Windungen hat also das Feld $B = N\mu_0 I/(2 r)$. Weil der Draht eine bestimmte Länge ℓ hat, hängt der Radius der Spule von der Anzahl N der Windungen ab. Die Länge ist das N-fache des Umfangs der Spule: $\ell = N(2\pi r)$. Daraus folgt $r = \ell/(2\pi N)$ sowie schließlich $B = N\mu_0 I/(2 r) = \mu_0 \pi N^2 I/\ell$.

25.24   Das magnetische Feld im Abstand r von der Achse eines Drahts ist $B = \mu_0 I/(2\pi r)$. Hier sei r größer als der Radius des Drahtes. Mit $r = 1$ cm erhalten wir $B = 4 \cdot 10^{-4}$ T. Das Feld rotiert um den Draht, wobei die Richtung durch die Rechte-Hand-Regel gegeben ist. Damit ist die Kraft auf das Elektron $\mathbf{F} = q\,\mathbf{v} \times \mathbf{B}$ mit $q = -e = -1{,}6 \cdot 10^{-19}$ C.   a) Wenn sich das Elektron direkt vom Draht weg bewegt, so steht $\mathbf{v}$ senkrecht auf $\mathbf{B}$, und die Kraft $\mathbf{F}$ hat ihren maximalen Betrag. Daraus folgt $F = e v B = 3{,}2 \cdot 10^{-16}$ N. Diese Kraft ist dem Strom entgegengerichtet. b) Hier hat die Kraft denselben Betrag wie in Teil a); aber sie ist direkt vom Draht weg gerichtet. c) Weil $\mathbf{v}$ entweder parallel oder antiparallel zu $\mathbf{B}$ verläuft, ist die Kraft gleich null.

25.25   Der Beobachtungspunkt P hat von jedem Abschnitt des Drahtes den senkrechten Abstand a. Jeder Abschnitt des Drahtes erzeugt am Punkt P ein Feld, das aus der Papier-Ebene heraus weist. Für das Feld gilt jeweils $B = \left[\mu_0 I/(4\pi a)\right](\sin\theta_1 + \sin\theta_2)$. Beispielsweise ist für die beiden ins Unendliche reichenden Abschnitte $\theta_1 = 90°$ und $\theta_2 = 45°$, so daß für jeden Abschnitt folgt $B = \left[\mu_0 I/(4\pi a)\right](2 + \sqrt{2})/2$. Für den horizontalen Abschnitt ist $\theta_1 = $

$\theta_2 = 45^\circ$ und damit $B = [\mu_0 I/(4\pi a)](\sqrt{2}/2 + \sqrt{2}/2) = [\mu_0 I/(4\pi a)]\sqrt{2}$. Aufsummieren aller drei Beiträge ergibt $B = [\mu_0 I/(2\pi a)](1 + \sqrt{2})$.

25.26 a) Das magnetische Feld in der Mitte einer kreisrunden Schleife mit dem Radius r ist $B = \mu_0 I/(2r)$. Mit der Länge $\ell = 2\pi r$ des Leiters erhalten wir $B = \pi \mu_0 I/\ell = 3{,}14\,\mu_0 I/\ell$. b) Für ein Quadrat ist die Länge jeder Seite gleich $\ell/4$. Damit ist der senkrechte Abstand vom Mittelpunkt des Quadrats gleich $\ell/8$. Jede Seite des Quadrats ist ein Abschnitt des Leiters und erzeugt das Feld $B = [8\mu_0 I/(4\pi\ell)](\sin\theta_1 + \sin\theta_2)$. Darin ist $\theta_1 = \theta_2 = 45^\circ$. Aufsummieren der Beiträge ergibt $B = (8\sqrt{2}/\pi)\mu_0 I/\ell = 3{,}60\,\mu_0 I/\ell$. Dieses Feld hat einen größeren Betrag als das beim kreisförmigen Leiter. c) Bei einem gleichseitigen Dreieck mit der Seitenlänge l ist der senkrechte Abstand vom Mittelpunkt zu einer Dreieckseite gleich $l/(2\sqrt{3})$. Eine Seite des Dreiecks hat hier die Länge $\ell/3$, und der senkrechte Abstand ist daher gleich $\ell/(6\sqrt{3})$. Also ist das Feld jedes Abschnitts $B = [6\sqrt{3}\,\mu_0 I/(4\pi\ell)](\sin\theta_1 + \sin\theta_2)$, wobei gilt $\theta_1 = \theta_2 = 60^\circ$. Wegen $\sin 60^\circ = \sqrt{3}/2$ erhalten wir $B = 3[6\sqrt{3}\,\mu_0 I/(4\pi\ell)]\sqrt{3} = [27/(2\pi)]\mu_0 I/\ell = 4{,}30\,\mu_0 I/\ell$. Also wird das stärkste Feld im Dreieck erzeugt.

25.27 Das vom 2 m tief eingegrabenen Kabel an der Erdoberfläche erzeugte Feld hat den Betrag $B = \mu_0 I/(2\pi r) = 5 \cdot 10^{-6}$ T $= 0{,}05$ G. Das ist ein schwaches Feld; sein Betrag macht aber ungefähr 7 Prozent von dem des Erdmagnetfeldes aus. Daher ist sein Effekt merklich. Wenn das Kabel in Nord-Süd-Richtung verläuft, so hat sein Feld Ost-West-Richtung. Also kann das Kabel aufgespürt werden, indem man den Kompaß bewegt und darauf achtet, wo die Nadel am meisten aus der Nord-Süd- Richtung abgelenkt wird. Wenn das Kabel dagegen in Ost- West-Richtung verläuft, so hat sein Feld Nord-Süd-Richtung. Dadurch verstärkt es das Erdmagnetfeld ein wenig oder schwächt es ab, bei gleichbleibender Richtung. Daher kann mit Hilfe eines Kompasses nur ein weitgehend in Nord-Süd- Richtung verlegtes Kabel gefunden werden.

25.28 a) Wir betrachten den Leiter in der linken unteren Ecke.

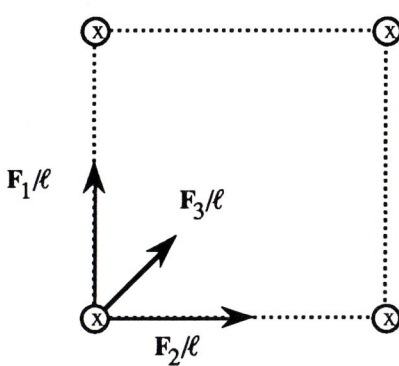

Auf diesen Leiter wirken drei Kräfte: $\mathbf{F}_1/\ell$ und $\mathbf{F}_2/\ell$ mit dem gleichen Betrag $\mu_0 I^2/(2\pi a)$ und die Kraft $\mathbf{F}_3/\ell$ mit dem Betrag $\mu_0 I^2/(2\pi\sqrt{2}a)$. Wegen der Symmetrie hat die resultierende Kraft die Richtung der Diagonalen, weist also zur entgegengesetzten (oberen rechten) Ecke. Insbesondere ergeben $\mathbf{F}_1/\ell$ und $\mathbf{F}_2/\ell$ zusammen eine Kraft mit dem Betrag (pro Längeneinheit) $\sqrt{2}\,\mu_0 I^2/(2\pi a)$ und der Richtung entlang der Diagonalen. Sie addiert sich zur Kraft $\mathbf{F}_3/\ell$. Damit hat die gesamte Kraft pro Längeneinheit den Betrag $F/\ell = [\mu_0 I^2/(2\pi a)](\sqrt{2} + 1/\sqrt{2}) = 3\sqrt{2}\,\mu_0 I^2/(4\pi a)$. b) Wir betrachten hier ebenfalls den Leiter in der linken unteren Ecke.

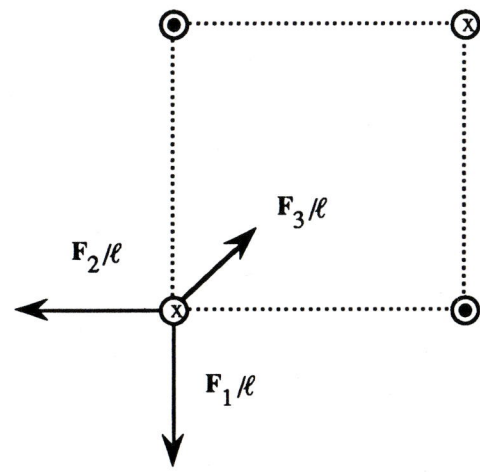

Die resultierende Kraft hat die Richtung der Diagonalen. Wir wählen nach rechts und nach oben als positiv und erhalten für die Kraft pro Längeneinheit den Betrag $F/\ell = [\mu_0 I^2/(2\pi a)](-\sqrt{2} + 1/\sqrt{2}) = -\sqrt{2}\,\mu_0 I^2/(4\pi a)$. Darin gibt das Minuszeichen an, daß die resultierende Kraft von der gegenüberliegenden Ecke weg gerichtet ist.

25.29 a) Der Radius des Drahtes sei $a = 1{,}4$ mm. Für $r > a$ erhalten wir den Betrag des magnetischen Feldes $B = \mu_0 I/(2\pi r)$. Also ist B umgekehrt proportional zu r. Daraus folgt $B(r_2) = B(r_1) r_1/r_2$. Mit $B(r_1) = 2{,}46$ mT und $r_1 = 1{,}4$ mm sowie $r_2 = 2{,}1$ mm ist $B(r_2) = 1{,}64$ mT.   b) Für $r < a$ ist der Betrag des magnetischen Feldes $B = \mu_0 I r/(2\pi a^2)$, wie in Lösung 25.20 gezeigt. Also ist B proportional zu r, und es gilt $B(r_2) = B(r_1) r_2/r_1$. Mit $B(r_1) = 2{,}46$ mT und $r_1 = 1{,}4$ mm sowie $r_2 = 2{,}1$ mm ist $B(r_2) = 1{,}05$ mT.   c) Hier erhalten wir $I = B(2\pi a)/\mu_0 = 17{,}2$ A.

25.30 a) Ein geschlossener Weg bei $r = 1{,}5$ mm schließt den inneren Leiter und den Strom I ein, aber nicht den Rückstrom. Daher ist das Integral über $\mathbf{B} \cdot d\boldsymbol{\ell}$ für diesen Weg gleich $\mu_0 I = 2{,}26 \cdot 10^{-5}$ T·m.   b) Obwohl dieser Weg durch die Mitte des äußeren Leiters geht, schließt er nicht die Hälfte seines Stromes ein; denn der Weg schließt nicht die halbe Querschnittsfläche des Leiters ein, da die Fläche proportional zu r^2 ist. Die Querschnittsfläche des äußeren Leiters sei A; dann ist die vom Weg eingeschlossene Fläche $A' = A\{\frac{1}{4} + r_1/[2(r_1 + r_2)]\}$. Darin sind r_1 und r_2 der innere bzw. der äußere Radius des Außenleiters. Somit werden 9/20 von dessen Querschnittsfläche vom Integrationsweg eingeschlossen, und dieser erfaßt insgesamt den Strom $I - (9/20)I = (11/20)I$. Das Wegintegral ergibt damit $(11/20)\mu_0 I = 1{,}24 \cdot 10^{-5}$ T·m.   c) Beim Radius $r = 3{,}5$ mm werden innerer und äußerer Leiter vom Weg eingeschlossen. Daher ist der gesamte durch den Weg fließende Strom und damit auch das Wegintegral gleich null.

25.31 Die von den zwei Leitern erzeugten Felder haben in den Quadranten I und III entgegengesetzte Richtungen. In den Quadranten II und IV heben sie einander nicht auf, sondern addieren sich. Wir betrachten zunächst den Quadranten I. Der Index 1 bezieht sich auf den Draht auf der x-Achse und der Index 2 auf den Draht auf der y-Achse. Damit gilt $\mathbf{B}_1 = [\mu_0 I/(2\pi y)]\mathbf{e}_z$

und $\mathbf{B}_2 = -[\mu_0 I/(8\pi x)]\mathbf{e}_z$. Addieren ergibt $\mathbf{B} = [\mu_0 I/(2\pi)][1/y - 1/(4x)]\mathbf{e}_z$. Also ist das Feld null, wenn $y = 4x$ ist. Genau dasselbe Resultat erhalten wir im Quadranten III.

25.32 Aus Kapitel 24 wissen wir, daß für das Drehmoment gilt $\mathbf{M} = \mathbf{m}_m \times \mathbf{B}$. Darin ist $\mathbf{m}_m = N I A \, \mathbf{n}$. Im vorliegenden Fall steht $\mathbf{n}$ senkrecht auf $\mathbf{B}$. Daraus folgt $M = m_m B = (N_1 I_2 A_2)[\mu_0 N_1 I_1/(2r_1)]$. Darin bezieht sich der Index 1 auf die große und der Index 2 auf die kleine Spule. Das Feld B ist N_1-mal stärker als das Feld im Mittelpunkt einer Schleife mit dem Radius r_1 und dem Strom I_1. Schließlich erhalten wir $M = 1{,}97 \cdot 10^{-6}$ N·m.

25.33 Das von der Spule des Radius R hervorgerufene Feld ist $B_c = \mu_0 I N/(2R)$. Es addiert sich zum Erdmagnetfeld, und das resultierende Feld schließt mit der Nordrichtung den Winkel θ ein:

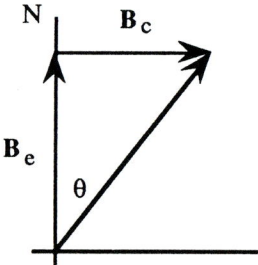

Offensichtlich ist $\tan\theta = B_c/B_e$ und damit $B_e \tan\theta = B_c = \mu_0 I N/(2R)$. Durch Messung von θ kann der Strom bestimmt werden: $I = [2R B_e/(\mu_0 N)]\tan\theta$.

25.34 Das gesamte Feld in diesem System entsteht durch Überlagerung der Felder eines geraden Leiters und einer Schleife. Das Feld des geraden Leiters hat den Betrag $\mu_0 I/(2\pi r)$ und weist aus der Papier-Ebene heraus. Für den kreisförmigen Teil ist das Feld $\mu_0 I/(2R)$; es weist in die Papier-Ebene hinein. Hier ist $R = 10$ cm der Radius der Schleife. Damit die Felder einander aufheben, muß gelten $1/R = 1/(\pi r)$ bzw. $r = R/\pi = 3{,}18$ cm.

25.35   Die Abbildung zeigt die Anordnung.

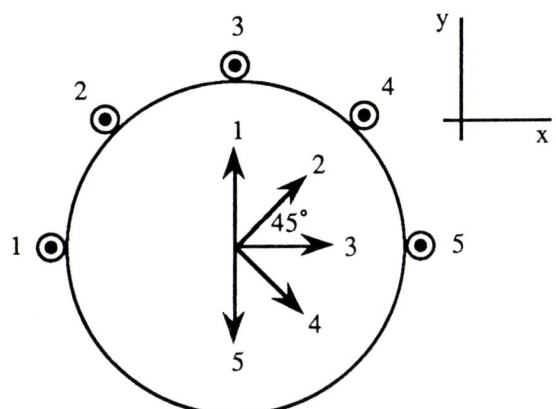

Die Drähte erzeugen Felder, die rechtwinklig zu den Geraden verlaufen, die die Drähte mit dem Beobachtungspunkt verbinden. Das von einem Draht erzeugte Feld hat den Betrag $B = \mu_0 I/(2\pi R)$. Aus der Abbildung ergibt sich $\mathbf{B} = B(1 + 2\cos 45°)\,\mathbf{e}_x = [(1 + \sqrt{2})\,\mu_0 I/(2\pi R)]\,\mathbf{e}_x$.

25.36   a) In der Abbildung sind die Richtungen der Felder angegeben, die von den drei Drähten erzeugt werden. Ihr Betrag ist $B = \mu_0 I/(2\pi r)$.

Offensichtlich ist $\mathbf{B}_1 = -[\mu_0 I/(2\pi\ell)]\,\mathbf{e}_y$ und $\mathbf{B}_3 = [\mu_0 I/(2\pi\ell)]\,\mathbf{e}_x$. Der Einheitsvektor in Richtung von $\mathbf{B}_2$ ist $(\mathbf{e}_x - \mathbf{e}_y)/\sqrt{2}$. Daraus folgt $\mathbf{B}_2 = [\mu_0 I/(2\pi\sqrt{2}\,\ell)]\,(\mathbf{e}_x - \mathbf{e}_y)/\sqrt{2} = [\mu_0 I/(4\pi\ell)]\,(\mathbf{e}_x - \mathbf{e}_y)$. Aufsummieren der drei Beiträge ergibt $\mathbf{B} = [3\mu_0 I/(4\pi\ell)]\,(\mathbf{e}_x - \mathbf{e}_y)$. Dies hat dieselbe Richtung wie $\mathbf{B}_2$.   b) Hier haben die Felder folgende Richtungen:

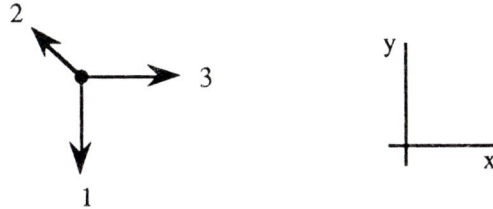

Die einzige Änderung ist, daß $\mathbf{B}_2$ durch $-\mathbf{B}_2$ ersetzt wurde. Also ist $\mathbf{B} = [\mu_0 I/(4\pi\ell)]\,(\mathbf{e}_x - \mathbf{e}_y)$.

Dies hat die Richtung von $-\mathbf{B}_2$, dieselbe wie in Teil a); aber es hat einen geringeren Betrag.
c) Hier haben die Felder folgende Richtungen:

Dies ist identisch mit Teil a), außer daß $\mathbf{B}_3$ durch $-\mathbf{B}_3$ ersetzt wurde. Also ist $\mathbf{B} = [\mu_0 I/(4\pi\ell)]\,(-\mathbf{e}_x - 3\,\mathbf{e}_y)$. Dies hat eine Richtung zwischen denen von $\mathbf{B}_1$ und $\mathbf{B}_3$.

25.37   a) Die unendlich langen geraden Abschnitte tragen zum Feld nichts bei, weil sie auf Geraden verlaufen, die durch den Beobachtungspunkt gehen. Für den kurzen Abschnitt gilt $\sin\theta_1 = \sin\theta_2 = a/(a^2 + R^2)^{1/2}$ und damit

$$B = \frac{\mu_0 I}{2\pi R}\,\frac{a}{\sqrt{a^2 + R^2}} = \frac{\mu_0 I}{2\pi R}\sin\theta.$$

b) Wir stellen uns den kurzen Abschnitt als eine Seite eines regelmäßigen N-Ecks vor. Dann ist, vom Mittelpunkt des Vielecks aus gesehen, der Winkel über jedem Abschnitt gleich 2θ. Der gesamte Winkel im Vieleck ist 2π. Für ein N-Eck folgt daraus $N(2\theta) = 2\pi$ und $\theta = \pi/N$. Das Feld im Mittelpunkt des N-Ecks ist dann

$$B = N\,\frac{\mu_0 I}{2\pi R}\,\sin\frac{\pi}{N}.$$

Der erste Faktor N rührt daher, daß jede der N Seiten den gleichen Beitrag zum Feld liefert. Für sehr großes N ist der Winkel π/N sehr klein; dann gilt $\sin(\pi/N) \approx \pi/N$ und damit $B = \mu_0 I/(2R)$, genau wie im Mittelpunkt einer kreisförmigen Schleife.

25.38   a) Mit dem im Text gegebenen Ausdruck erhalten wir die in der Abbildung gezeigte x-Abhängigkeit des magnetischen Feldes auf der Achse der Schleife.

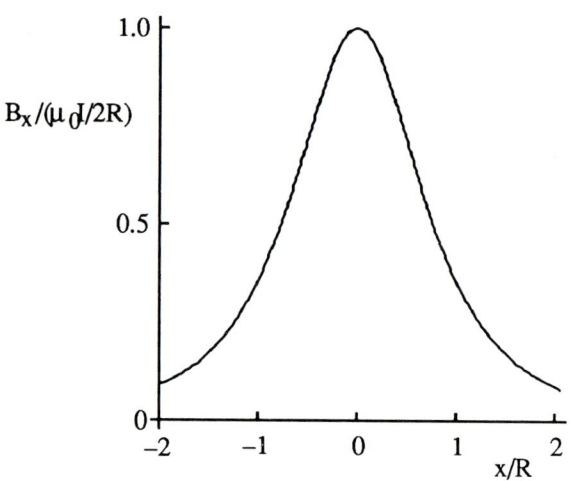

Die nächste Abbildung zeigt zum Vergleich das elektrische Feld auf der Achse einer geladenen Schleife.

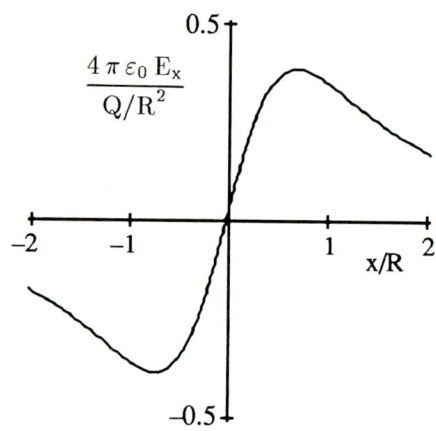

b) Die nächsten Abbildungen zeigen die magnetischen Felder zweier getrennter Schleifen und ihre Summe, und zwar für verschiedene Abstände d der Schleifen. Für $d = 0{,}5\,R$ hat das Feld sein Maximum genau in der Mitte zwischen beiden Schleifen; hier ist $dB_x/dx = 0$.

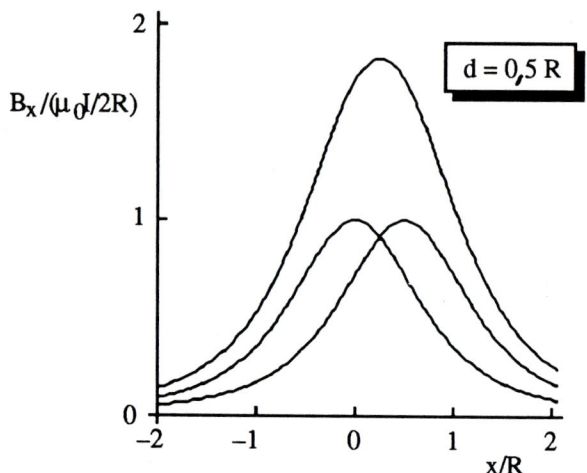

Für $d = R$ ist das Maximum breiter und flacher; es gibt hier einen kleinen Bereich, in dem das Feld nahezu konstant ist. Auch hier ist in der Mitte zwischen den Schleifen $dB_x/dx = 0$.

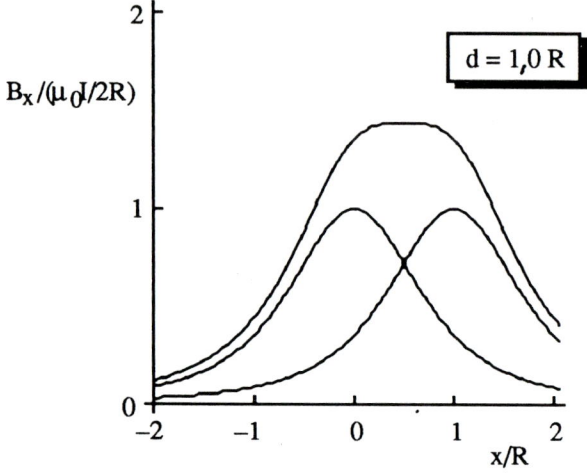

Für $d = 1{,}5\,R$ tritt ein kleines Zwischenminimum in der Mitte zwischen den Schleifen auf. Auch hier ist $dB_x/dx = 0$.

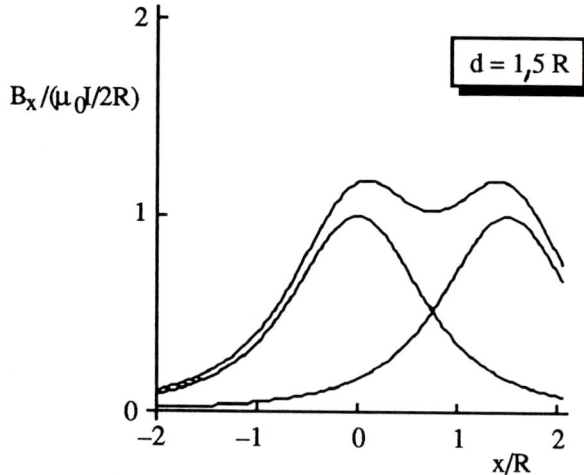

Die Resultate zeigen, daß eine Besonderheit auftritt, wenn die Schleifen einen Abstand voneinander haben, der gleich ihrem Radius ist. Man spricht hier von Helmholtz-Spulen (vgl. die nächste Aufgabe).

25.39 Mit dem Radius $R = 10$ cm der Spulen und der Anzahl N der Windungen pro Spule können wir die x-Komponente des resultierenden Feldes berechnen.

Es ergibt sich

$$B_x(x) = \frac{\mu_0}{4\pi} 2\pi R^2 N I \cdot$$

$$\left[\frac{1}{(x^2 + R^2)^{3/2}} + \frac{1}{[(x - R)^2 + R^2]^{3/2}} \right]$$

a) Für $x = 5$ cm ist $B_x = 0,0540$ T, für $x = 7$ cm ist $B_x = 0,0539$ T, für $x = 9$ cm ist $B_x = 0,0526$ T, und für $x = 11$ cm ist $B_x = 0,0486$ T.
b) In der Abbildung ist B_x gegen x/R aufgetragen.

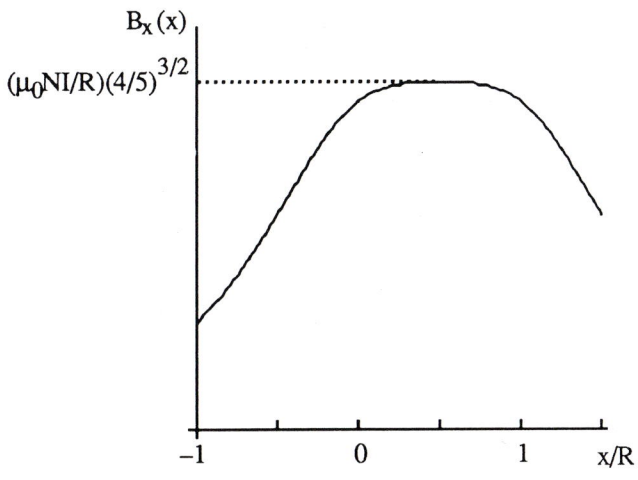

25.40

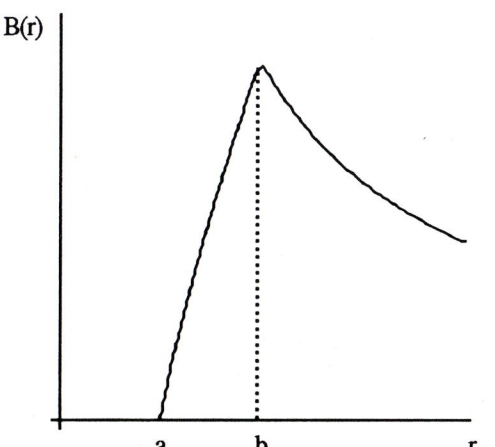

a) Bei $r < a$ fließt kein Strom durch den Integrationsweg; daher ist $B(2\pi r) = 0$, also $B = 0$.
b) Im Gebiet $a < r < b$ ist das Feld gegeben durch $B(2\pi r) = \mu_0 I_c$. Darin ist I_c der Strom, der durch den Integrationsweg fließt. Insbesondere ist $I_c = \{I/[\pi(b^2 - a^2)]\}[\pi(r^2 - a^2)] =$

$I(r^2 - a^2)/(b^2 - a^2)$. Daraus folgt

$$B = \frac{\mu_0 I}{2\pi r} \frac{r^2 - a^2}{b^2 - a^2}.$$

c) Für $r > b$ wird der Strom durch den Integrationsweg eingeschlossen, und es gilt $B = \mu_0 I/(2\pi r)$. Die Resultate sind in der obigen Abbildung zusammengefaßt.

25.41 a) Wir betrachten zuerst die Kräfte $\mathbf{F}_1$ und $\mathbf{F}_2$. Für den Abschnitt, der am dichtesten beim Draht liegt, ist $F_1 = B_1 I_2 \ell = [\mu_0/(2\pi)] I_1 I_2 \ell/r_1 = 1 \cdot 10^{-4}$ N. Darin ist $I_1 = 20$ A und $I_2 = 5$ A sowie $\ell = 10$ cm und $r_1 = 2$ cm. Entsprechend ist $F_2 = [\mu_0/(2\pi)] I_1 I_2 \ell/r_2 = 0,286 \cdot 10^{-4}$ N, mit $r_2 = 7$ cm.

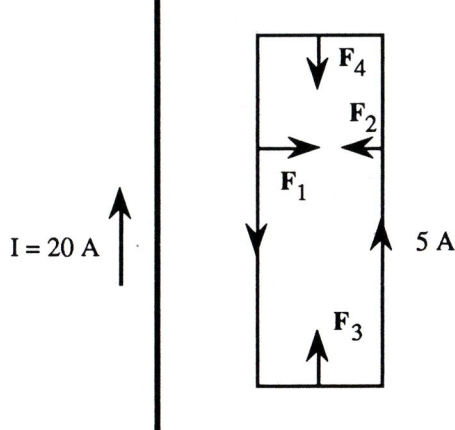

Um $\mathbf{F}_3$ zu ermitteln, müssen wir integrieren, weil der Betrag von B kontinuierlich mit r von r_1 bis r_2 variiert. Insbesondere ist $B = \mu_0 I_1/(2\pi r)$ und damit $dF_3 = [\mu_0/(2\pi)] I_1 I_2\, dr/r$. Die Integration von $1/r$ ergibt $\ln r$. Damit folgt $F_3 = [\mu_0/(2\pi)] I_1 I_2 \ln(7/2) = 0,251 \cdot 10^{-4}$ N. Offensichtlich hat $\mathbf{F}_4$ exakt denselben Betrag, aber die zu $\mathbf{F}_3$ entgegengesetzte Richtung.   b) Die gesamte Kraft wirkt nach rechts und hat den Betrag $0,714 \cdot 10^{-4}$ N.

25.42 a) Der Strom I_1 erzeugt ein Feld, das nach unten und nach rechts weist, und der Strom I_2 erzeugt ein Feld, das nach oben und nach rechts weist. Weil I_1 und I_2 symmetrisch zu P sind, verläuft das von ihnen hervorgerufene resultierende Feld horizontal nach rechts (dies ist hier die $-\mathbf{e}_x$-Richtung).   b) Der Strom in der gesamten Ebene ist aus den Komponenten I_1 und I_2 zusammengesetzt, so daß das gesamte Feld ebenfalls in die $-\mathbf{e}_x$-Richtung weist.   c) An einem Punkt unterhalb der Ebene verläuft $\mathbf{B}$ in $\mathbf{e}_x$-Richtung.   d) Wir integrieren entlang des rechteckigen Weges, im Uhrzeigersinn. Mit der Breite w des Rechtecks ergibt dies nach dem Ampère-Gesetz $Bw + 0 + Bw + 0 = \mu_0 (\lambda w)$ und damit $B = \mu_0 \lambda / 2$. Für Punkte oberhalb der Ebene ist daher $\mathbf{B} = -\frac{1}{2}\mu_0 \lambda \, \mathbf{e}_x$.

25.43 In der Abbildung sind zwei der vier Beiträge zum gesamten Feld an einem Punkt auf der x-Achse gezeigt. Aufgrund der Symmetrie muß gelten $\mathbf{B}_1 + \mathbf{B}_2 = (2\,B \sin\theta)\,\mathbf{e}_x = [2\,B\,(\ell/2)/r]\,\mathbf{e}_x$. Darin ist B das Feld, das einem einzelnen Segment entspricht (das wird später abgeleitet), und es ist $r = (x^2 + \ell^2/4)^{1/2}$. Die gleichen Überlegungen führen zum selben Resultat für die beiden anderen Beiträge zum gesamten Feld.

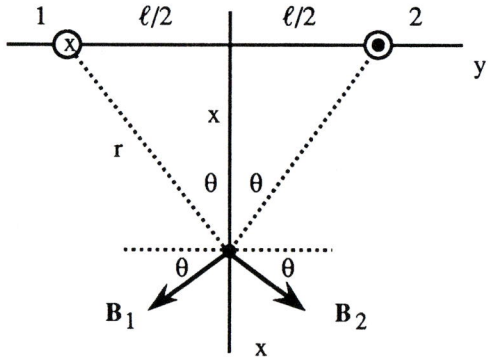

Nun ermitteln wir den Betrag des Beitrages jedes Segments; siehe die nächste Abbildung. Das Feld ist $B = [\mu_0\,I/(4\,\pi\,r)]\,(\sin\phi_1 + \sin\phi_2)$. Darin ist $\sin\phi_1 = \sin\phi_2 = (\ell/2)/s$.

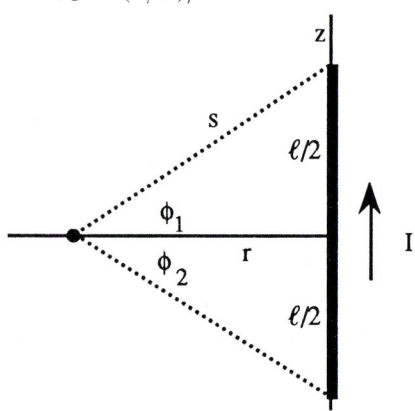

Aus der Abbildung geht hervor, daß gilt $s = (r^2 + \ell^2/4)^{1/2} = (x^2 + \ell^2/2)^{1/2}$. Daraus folgt $\sin\phi_1 + \sin\phi_2 = \ell/(x^2 + \ell^2/2)^{1/2}$. Schließlich addieren wir alle vier Beiträge und erhalten

$$\begin{aligned}
\mathbf{B} &= (4\,B\sin\theta)\,\mathbf{e}_x \\
&= 4\,\frac{\mu_0\,I}{4\,\pi\,r}\,\frac{\ell}{(x^2 + \ell^2/2)^{1/2}}\,\frac{\ell/2}{(x^2 + \ell^2/4)^{1/2}}\,\mathbf{e}_x.
\end{aligned}$$

Vereinfachen ergibt

$$\mathbf{B} = \frac{\mu_0\,I\,\ell^2}{2\,\pi\,x^3}\,\frac{1}{1 + \ell^2/(4\,x^2)}\,\frac{1}{[1 + \ell^2/(2\,x^2)]^{1/2}}\,\mathbf{e}_x.$$

Mit $\mathbf{m}_\mathrm{m} = I\,\ell^2\,\mathbf{e}_x$ erhalten wir für $x \gg \ell$ das Feld

$$\mathbf{B} = \frac{\mu_0\,I\,\ell^2}{2\,\pi\,x^3}\,\mathbf{e}_x = \frac{\mu_0}{4\,\pi}\,\frac{2\,\mathbf{m}_\mathrm{m}}{x^3}.$$

25.44 a) Das Feld auf der Achse einer kreisförmigen Schleife ist $B_x = (\mu_0\,I\,R^2/2)(x^2 + R^2)^{-3/2}$. Integration von $x = -\ell_1$ bis $x = +\ell_1$ ergibt

$$\begin{aligned}
\int \mathbf{B} \cdot \mathrm{d}\boldsymbol{\ell} &= \int_{-\ell_1}^{\ell_1} B_x \, \mathrm{d}x \\
&= \frac{\mu_0\,I\,R^2}{2} \int_{-\ell_1}^{\ell_1} \frac{\mathrm{d}x}{(R^2 + x^2)^{3/2}} \\
&= \mu_0\,I\,\frac{\ell_1}{\sqrt{R^2 + \ell_1^2}} \\
&= \mu_0\,I\,\frac{1}{\sqrt{1 + R^2/\ell_1^2}}.
\end{aligned}$$

b) Aus dem Ergebnis von Teil a) geht hervor, daß das Integral gegen $\mu_0 I$ geht, wenn ℓ_1 gegen ∞ geht.

25.45 a) Wir können das System ansehen als Überlagerung eines Leiters mit dem Radius R, der den Strom I' in positiver z-Richtung führt, und einem dünneren Leiter mit dem Radius a, der den Strom I'' in negativer z-Richtung führt. Dabei gilt die Bedingung, daß beide Leiter dieselbe Stromdichte, also den gleichen Strom pro Flächeneinheit führen. Den gesamten Strom in z-Richtung bezeichnen wir mit I. Mit der Stromdichte j ist $I = j(\pi R^2 - \pi a^2) = j\,\pi\,(R^2 - a^2)$.

Daraus folgt $I' = j\pi R^2 = IR^2/(R^2 - a^2)$ und $I'' = j\pi a^2 = Ia^2/(R^2 - a^2)$.

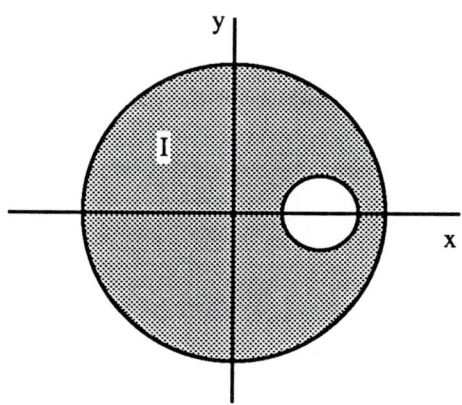

An einem Punkt auf der x-Achse bei $x = 2R$ erzeugt der dickere Leiter ein Feld in $\mathbf{e}_y$-Richtung, und der dünnere Leiter erzeugt ein Feld in $-\mathbf{e}_y$-Richtung. Das Feld im Abstand r von einem geraden Leiter, der den Strom I führt, ist $\mu_0 I/(2\pi r)$. Im vorliegenden Fall ist $\mathbf{B} = [\mu_0/(2\pi)]\,[I'/(2R) - I''/(2R - b)]\,\mathbf{e}_y$. Daraus folgt

$$\mathbf{B} = \frac{\mu_0 I}{2\pi(R^2 - a^2)}\left(\frac{R}{2} - \frac{a^2}{2R - b}\right)\mathbf{e}_y.$$

b) An einem Punkt auf der y-Achse bei $y = 2R$ müssen wir zwei Felder betrachten. Ihre Beträge sind $B' = \mu_0 I'/(4\pi R)$, und $B'' = \mu_0 I''/(2\pi r)$. Darin ist $r = (b^2 + 4R^2)^{1/2}$. Das Feld B' liegt in $-\mathbf{e}_x$-Richtung, und B'' ist gegen die positive x-Richtung leicht nach unten geneigt. Insbesondere ist $B''_x = B''\cos\theta = B''(2R/r)$ und $B''_y = -B''\sin\theta = -B''(b/r)$. Also ist am betrachteten Punkt

$$B_x = \frac{\mu_0 I}{\pi(R^2 - a^2)}\left(\frac{a^2 R}{b^2 + 4R^2} - \frac{R}{4}\right)$$

$$B_y = \frac{\mu_0 I}{2\pi(R^2 - a^2)}\,\frac{a^2 b}{b^2 + 4R^2}.$$

25.46 Zunächst betrachten wir das magnetische Feld in der Mitte der Bohrung. Hier ist $\mathbf{B} = [\mu_0(j\pi b^2)/(2\pi b)]\,\mathbf{e}_y$. Die Stromdichte ist j (siehe vorige Lösung). Beachten Sie, daß hier der dünne Leiter keinen Beitrag zum Feld liefert, weil wir einen Punkt auf seiner Achse betrachten. Mit dem betreffenden Wert von j erhalten wir $\mathbf{B} =$

$\{\mu_0 I b/[2\pi(R^2 - a^2)]\}\,\mathbf{e}_y$. Nun berechnen wir das Feld an einem Punkt in der Bohrung.

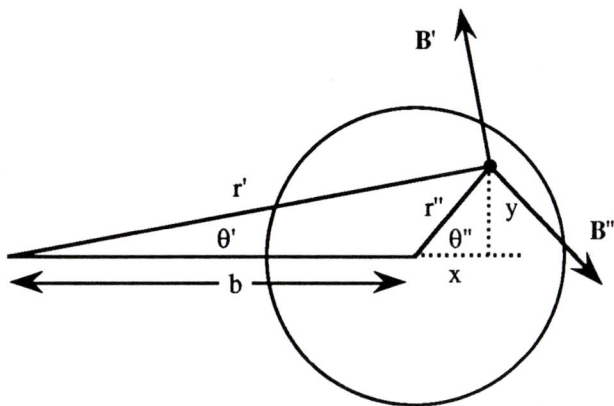

Zuerst ermitteln wir die Beträge von $\mathbf{B}'$ und $\mathbf{B}''$. (Die Striche haben hier dieselbe Bedeutung wie in der vorigen Lösung.) Das Feld des dickeren Leiters ist $B' = \mu_0(j\pi r'^2)/(2\pi r') = \mu_0 I r'/[2\pi(R^2 - a^2)] = A r'$. Darin ist $A = \mu_0 I/[2\pi(R^2 - a^2)]$. Für den dünneren Leiter ist $B'' = \mu_0(j\pi r''^2)/(2\pi r'') = A r''$. Nun hat jedes Feld eine x- und eine y-Komponente: $B'_x = -B'\sin\theta'$ und $B'_y = B'\cos\theta'$ sowie $B''_x = B''\sin\theta''$ und $B''_y = -B''\cos\theta''$. Aufsummieren der Beiträge ergibt für das gesamte Feld $B_x = B'_x + B''_x = A[r''(y/r'') - r'(y/r')] = 0$ und $B_y = A[r'(b+x)/r' - r''(x/r'')] = A b = \mu_0 I b/[2\pi(R^2 - a^2)]$, in Übereinstimmung mit dem früher betrachteten Spezialfall. Also ist das Feld in der Bohrung homogen und hat den Betrag $A b$; es weist in positive (bzw. negative) y-Richtung, wenn der Strom in positive (bzw. negative) z-Richtung fließt.

25.47 a) Weil die Ladung dq auf einem Streifen einen gegebenen Punkt jeweils nach der Zeit T passiert, ist der Strom $dI = dq/T = [\omega/(2\pi)]\,dq$. Mit $dq = \sigma 2\pi r\,dr$ folgt $dI = \omega\sigma r\,dr$. b) Das Feld im Mittelpunkt einer Schleife ist $B = \mu_0 I/(2R)$. Wir sehen jeden Streifen als Schleife an und erhalten $dB = [\mu_0/(2r)]\,dI = \tfrac{1}{2}\mu_0\sigma\omega\,dr$. Um das gesamte Feld der Scheibe zu erhalten, integrieren wir von $r = 0$ bis $r = R$:

$$B = \int_0^R dB = \frac{1}{2}\mu_0\sigma\omega\int_0^R dr = \frac{1}{2}\mu_0\sigma\omega R.$$

c) Das Feld auf der Achse einer Schleife ist $B_x = \tfrac{1}{2}\mu_0 R^2 I(x^2 + R^2)^{-3/2}$. Daher ist der Beitrag jedes

Ladungsstreifens $dB_x = \frac{1}{2}\mu_0\, r^2\,(x^2+r^2)^{-3/2}\,dI = \frac{1}{2}\mu_0\,\sigma\,\omega\,r^3\,(x^2+r^2)^{-3/2}\,dr$. Die Integration ergibt

$$
\begin{aligned}
B_x &= \int_0^R dB_x = \frac{1}{2}\mu_0\,\sigma\,\omega\int_0^R \frac{r^3}{(x^2+r^2)^{3/2}}\,dr \\
&= \frac{1}{2}\mu_0\,\sigma\,\omega\left[(x^2+r^2)^{1/2} + \frac{x^2}{(x^2+r^2)^{1/2}}\right]\Bigg|_0^R \\
&= \frac{1}{2}\mu_0\,\sigma\,\omega\left[\frac{R^2+2\,x^2}{(x^2+R^2)^{1/2}} - 2\,x\right].
\end{aligned}
$$

25.48 Wir verwenden den Ausdruck für B_x aus Lösung 39 und erhalten

$$
\begin{aligned}
\frac{dB_x}{dx} &= \frac{1}{2}\mu_0\,N\,R^2\,I\left(\frac{x}{x_1^5} + \frac{x-R}{x_2^5}\right) \\
\frac{d^2B_x}{dx^2} &= \frac{1}{2}\mu_0\,N\,R^2\,I\left(\frac{1}{x_1^5} + \frac{1}{x_2^5}\right.\\
&\qquad\left. -\frac{5\,x^2}{x_1^7} - \frac{5\,(x-R)^2}{x_2^7}\right) \\
\frac{d^3B_x}{dx^3} &= \frac{1}{2}\mu_0\,N\,R^2\,I\left(\frac{-15\,x}{x_1^7} - \frac{15\,(x-R)}{x_2^7}\right.\\
&\qquad\left. +\frac{35\,x^3}{x_1^9} - \frac{35\,(x-R)^3}{x_2^9}\right).
\end{aligned}
$$

Darin ist $x_1^2 = x^2+R^2$ und $x_2^2 = (x-R)^2+R^2$. In jedem Fall ergibt die Substitution $x = \frac{1}{2}R$ null.

25.49 Das Feld auf der Achse einer Schleife ist $B = \frac{1}{2}\mu_0\,R^2\,I\,(x^2+R^2)^{-3/2}$. Hier betrachten wir ein schmales Segment des Solenoids (d.h. der Spule) am Ort x'. Der Beitrag dieser sogenannten Schleife zum Feld ist $dB = \frac{1}{2}\mu_0 R^2\,[(x-x')^2 + R^2]^{-3/2}\,dI'$. Darin ist $dI' = n\,I\,dx'$. Die Integration ergibt

$$
\begin{aligned}
B &= \int dB \\
&= \frac{1}{2}\mu_0\,R^2\,n\,I\int_{-\ell/2}^{\ell/2}\frac{dx'}{[(x-x')^2 + R^2]^{3/2}} \\
&= \frac{1}{2}\mu_0\,n\,I\left(\frac{x+\ell/2}{[(x+\ell/2)^2 + R^2]^{1/2}}\right.\\
&\qquad\left. - \frac{x-\ell/2}{[(x-\ell/2)^2 + R^2]^{1/2}}\right).
\end{aligned}
$$

Das können wir vereinfachen, indem wir die in der Abbildung eingezeichneten Winkel verwenden.

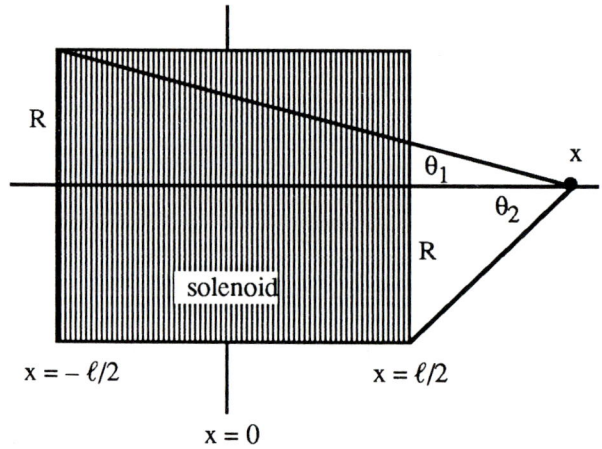

Es ist $\cos\theta_1 = (x+\ell/2)\,/\,[(x+\ell/2)^2 + R^2]^{1/2}$ und $\cos\theta_2 = (x-\ell/2)\,/\,[(x-\ell/2)^2 + R^2]^{1/2}$. Es folgt $B = \frac{1}{2}\mu_0\,n\,I\,(\cos\theta_1 - \cos\theta_2)$.

25.50 a) Die Winkel θ_1 und θ_2 sind die gleichen wie in der Abbildung zur vorigen Lösung. Für kleines θ ist $\tan\theta \approx \theta$. Dafür ergibt sich aus der Abbildung $\theta_1 \approx \tan\theta_1 = R/(x+\ell/2)$ und $\theta_2 \approx \tan\theta_2 = R/(x-\ell/2)$. b) Mit den Ausdrücken von Teil a) folgt $\cos\theta_1 \approx 1 - R^2/[2\,(x+\ell/2)^2]$; Entsprechendes gilt für $\cos\theta_2$. Für einen Punkt fern von der Spule sind die Winkel klein, und die Näherungen gelten. Also ist $B = \frac{1}{2}\mu_0\,n\,I\,(\cos\theta_1 - \cos\theta_2) \approx [\mu_0/(4\,\pi)]\,(n\,I\,\pi R^2)\,[1/(x-\ell/2)^2 - 1/(x+\ell/2)^2] = [\mu_0/(4\,\pi)]\,(P/r_1^2 - P/r_2^2)$. Darin ist $P = n\,I\,\pi R^2$ und $r_1 = x-\ell/2$ sowie $r_2 = x+\ell/2$.

25.51 a) Allgemein ist das magnetische Moment gegeben durch $m_m = N\,I\,A$. Hier wollen wir die Anzahl N der Windungen eines Elements einer Spule ermitteln; für dieses gilt $(N/\ell)\,dx = n\,dx$. Dabei ist n die Anzahl der Windungen pro Längeneinheit. Es folgt $dm_m = n\,I\,A\,dx$. b) Das magnetische Feld weit von der Spule entfernt ist $B = [\mu_0/(2\,\pi)]\,m_m/x^3$. Also ist das Feld in großer Entfernung von einem Element der Spule $dB = [\mu_0/(2\,\pi\,x'^3)]\,dm_m = [\mu_0/(2\,\pi\,x'^3)]\,n\,I\,A\,dx$. Es ist $x' = x_0 - x$, wobei x_0 der Ort des Beobachtungspunkts und x der des Spulenelements ist.

c) Die Integration ergibt

$$
\begin{aligned}
B &= \int dB = \frac{\mu_0}{2\,\pi}\, n\, I\, A \int_{-\ell/2}^{\ell/2} \frac{dx}{(x_0 - x)^3} \\
&= \frac{\mu_0}{4\,\pi}\, n\, I\, A \left[\frac{1}{(x_0 - \ell/2)^2} - \frac{1}{(x_0 + \ell/2)^2} \right].
\end{aligned}
$$

Das ist identisch mit dem Resultat der vorigen Aufgabe.

Kapitel 26

Magnetische Induktion

26.1 In einem einfachen Fall wie diesem ist der magnetische Fluß $\phi_m = \mathbf{B} \cdot \mathbf{n} A = BA \cos\theta$.
a) $\theta = 0°$ und $\phi_m = 5 \cdot 10^{-4}$ Wb.   b) $\theta = 30°$ und $\phi_m = 4{,}33 \cdot 10^{-4}$ Wb.   c) $\theta = 60°$ und $\phi_m = 2{,}5 \cdot 10^{-4}$ Wb.   d) $\theta = 90°$ und $\phi_m = 0$.

26.2 Der magnetische Fluß durch die Spule ist $\phi_m = NBA \cos\theta$. Darin ist $N = 25$ die Anzahl der Windungen, und A ist die Fläche. Ferner ist B das Erdmagnetfeld, und θ ist der Winkel zwischen der Normalen auf der Spulenebene und $\mathbf{B}$.
a) Liegt die Ebene der Spule horizontal, so verläuft die Normale vertikal, und es ist $\theta = 90°$ und $\phi_m = 0$.   b) Hier ist $\theta = 0°$ und $\phi_m = NBA = 1{,}37 \cdot 10^{-5}$ Wb.
c) Wiederum ist $\theta = 90°$ und daher $\phi_m = 0$.
d) $\phi_m = NBA \cos 30° = 1{,}19 \cdot 10^{-5}$ Wb.

26.3 Der magnetische Fluß durch die Spule rührt von dem Magnetfeld her, das sie selbst erzeugt. Das Feld ist $B = \mu_0 n I = \mu_0 N I/\ell$. Darin ist N die Anzahl der Windungen der Spule, und ℓ ist die Länge der Spule. Das Feld der Spule verläuft parallel zu ihrer Achse; also ist $\phi_m = NBA = 7{,}58 \cdot 10^{-4}$ Wb.

26.4 a) $\phi_m = NBA \cos 0° = 8{,}48 \cdot 10^{-3}$ Wb.
b) Um den Fluß $\phi_m = 0{,}015$ Wb hervorzurufen, muß die Anzahl der Windungen $N = \phi_m/(BA) = 132{,}6$ sein. Aufgerundet ergeben sich 133 Windungen.

26.5 a) Der Betrag der induzierten Spannung ist hier $|U_{ind}| = d\phi_m/dt = d(BA \cos\theta)/dt = (A \cos\theta) dB/dt$. Einsetzen der Werte ergibt $|U_{ind}| = 0{,}314$ mV.   b) $I = U_{ind}/R = 0{,}785$ mA.
c) $P = U_{ind} I = 2{,}47 \cdot 10^{-7}$ W.

26.6 Ein sich änderndes Magnetfeld B erzeugt den Strom $I = U_{ind}/R = [N (dB/dt) A \cos\theta]/R$. Also ist die Geschwindigkeit, mit der sich das Magnetfeld ändert, gegeben durch $dB/dt = IR/(NA \cos\theta) = 199$ T/s.

26.7 a) Mit $\phi_m = [t^2 - (4\,\text{s}^{-1})\,t] \cdot 10^{-1}\,\text{T} \cdot \text{m}^2$ erhalten wir $U_{ind} = -d\phi_m/dt = -(2\,\text{s}^{-2}\,t - 4\,\text{s}^{-1}) \cdot 10^{-1}$ V.   b) Es ist $t = 0$ und $\phi_m = 0$. Daraus folgt $U_{ind} = 0{,}4$ V. Mit $t = 2$ s und $\phi_m = -0{,}4$ Wb ergibt sich $U_{ind} = 0$. Mit $t = 4$ s und $\phi_m = 0$ ergibt sich $U_{ind} = -0{,}4$ V. Mit $t = 6$ s und $\phi_m = 1{,}2$ Wb ergibt sich $U_{ind} = -0{,}8$ V.

26.8 a) In der Abbildung ist $\phi_m = (t^2 - 4\,\text{s}^{-1}\,t) \cdot 10^{-1}\,\text{T} \cdot \text{m}^2$ gegen die Zeit aufgetragen.

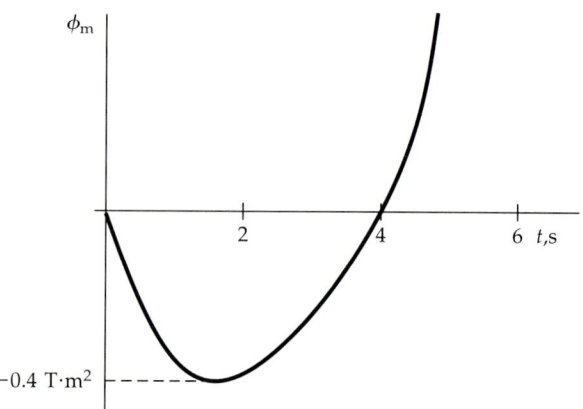

Die entsprechende Induktionsspannung ist im Diagramm auf der nächsten Seite aufgetragen.
b) Bei $t = 2$ s hat ϕ_m ein Minimum, d.h. den größten negativen Wert. Wenn die Zeit gegen unendlich geht, geht auch ϕ_m gegen unendlich. Bei $t = 2$ s ist $U_{ind} = 0$.   c) Bei $t = 0$ s und bei $t = 4$ s ist $\phi_m = 0$. Bei $t = 0$ s ist $U_{ind} = 0{,}4$ V, und bei $t = 4$ s ist $U_{ind} = -0{,}4$ V.

Abbildung zu Lösung 26.8:

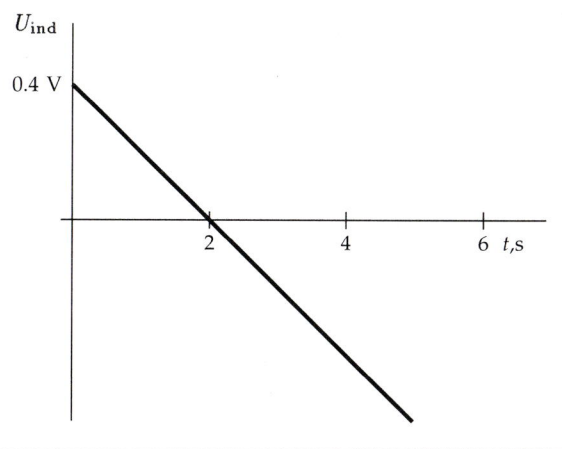

26.9 a) Anfangs ist der magnetische Fluß durch die Spule $\phi_m = NBA = 3{,}14 \cdot 10^{-2}$ Wb. Wird das Feld umgekehrt, so wird eine Spannung induziert, für die gilt $U_{ind} = -\Delta\phi_m/\Delta t$. Dann ist die durch die Spule fließende Ladung $\Delta Q = I\,\Delta t = (U_{ind}/R)\,\Delta t = -\Delta\phi_m/R$. Es gilt $\Delta\phi_m = \phi_{m,e} - \phi_{m,a} = -\phi_m - \phi_m = -2\,\phi_m$. Daraus folgt $\Delta Q = 2\,\phi_m/R = 1{,}26 \cdot 10^{-3}$ C.   b) Der mittlere Strom ist $\langle I \rangle = \Delta Q/\Delta t = 12{,}6$ mA.
c) $\langle U_{ind} \rangle = \langle I \rangle\,R = 0{,}628$ V.

26.10 Wie in der vorigen Aufgabe ist $\Delta Q = -\Delta\phi_m/R = 2\,\phi_m/R = 2\,NBA/R = 2{,}8 \cdot 10^{-4}$ C.

26.11 a) Der magnetische Fluß durch die Spule ist $\phi_m = NBA\cos\theta = (400)\,(0{,}06\,\text{T})\,\pi\,(8 \cdot 10^{-3}\,\text{m})^2 \cos 50° = 3{,}10 \cdot 10^{-3}$ Wb.
b) Die induzierte Spannung hat den Betrag $\phi_m/\Delta t = 2{,}21 \cdot 10^{-3}$ V.

26.12 a) Mit der angegebenen Stromrichtung in Schleife A wird an der Schleife B ein magnetisches Feld erzeugt, das nach links weist. Wenn die Stromstärke in A zunimmt, wächst die Feldstärke an der Schleife B. Dadurch wird in B ein Strom induziert, der der Änderung entgegenwirkt. Also erzeugt dieser Strom ein Feld, das nach rechts gerichtet ist; damit fließt der Strom in der Schleife B im Uhrzeigersinn. Weil die Ströme in beiden Schleifen entgegengesetzte Richtungen haben, stoßen die Schleifen einander ab.   b) Mit

den gleichen Überlegungen wie in Teil a) folgt, daß der Strom in Schleife B entgegen dem Uhrzeigersinn fließt. Die Schleifen ziehen einander an.

26.13 a) Während sich der Magnet der Schleife nähert, steigt der magnetische Fluß. Dieser ist maximal, wenn der Magnet (zur Zeit t_1) die Schleife halb passiert hat. Danach sinkt der magnetische Fluß wieder ab; siehe Abbildung.

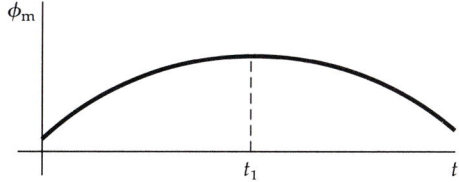

b) Der Strom in der Schleife ist proportional zur induzierten Spannung, die gleich der Änderung von ϕ_m pro Zeiteinheit ist. Damit ergibt sich qualitativ der zeitliche Verlauf von I, wie er in der nächsten Abbildung skizziert ist.

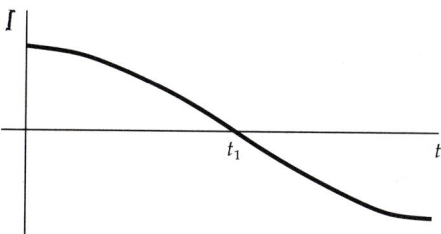

Bei $I > 0$, also bei einem Strom entgegen dem Uhrzeigersinn, erzeugt die Schleife ein Feld, das nach links weist und dem ansteigenden, nach rechts weisenden Feld entgegen gerichtet ist, das durch die Bewegung des Magneten erzeugt wird.

26.14 a) Bei konstantem Strom mit der in der Abbildung dargestellten Richtung befindet sich der rechte Stromkreis in einem Feld, das aus der Papierebene heraus weist.

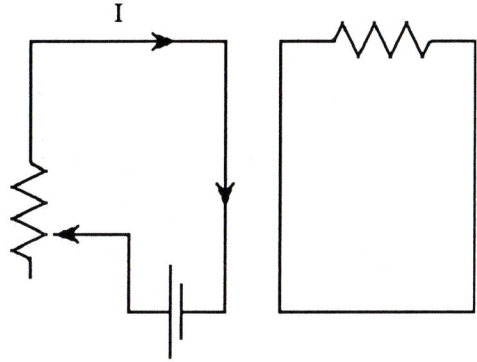

Wenn der Widerstand erhöht wird, nimmt die Stromstärke I ab, und der Betrag von B sinkt. Dadurch wird ein Strom im zweiten Stromkreis induziert, der der Änderung entgegenwirkt. Die Änderung im zweiten Kreis besteht in der Erniedrigung des Betrages von B. Daher fließt der induzierte Strom hier entgegen dem Uhrzeigersinn, weil dieser Strom ein Feld hervorruft, das aus der Papierebene heraus weist. Damit bewirkt er eine Erhöhung des Betrages von B.   b) Das Gegenteil ist der Fall, wenn der Widerstand verkleinert wird: Der Betrag von B steigt, und der induzierte Strom fließt im Uhrzeigersinn.

26.15   a) Während der Magnet nach oben und unten schwingt, variiert der Fluß in gleicher Weise mit der Zeit; siehe Abbildung. Der maximale Fluß tritt auf, wenn der Magnet die Schleife halb passiert hat.

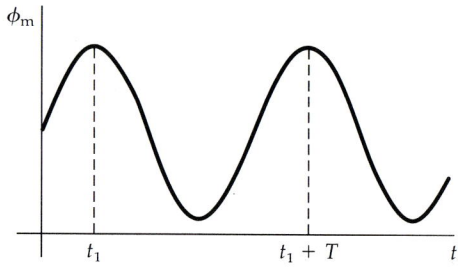

b) Der Strom ist proportional zur Änderung des Flusses pro Zeiteinheit; daher ist der Strom gleich null, wenn der Fluß ein Maximum bzw. ein Minimum hat.

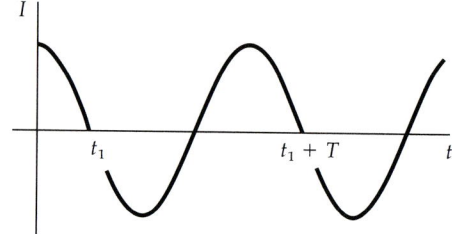

Anfangs nähert sich der Magnet der Schleife, und der Fluß von B (nach unten durch die Schleife gerichtet) steigt an. Dadurch wird ein Strom induziert, der der Änderung entgegenwirkt, indem er ein Feld erzeugt, das nach oben weist. Also fließt anfangs der Strom entgegen dem Uhrzeigersinn (von oben gesehen).

26.16   a) Die induzierte Spannung ist einfach $U_{\mathrm{ind}} = B\ell v = 1{,}6$ V.   b) $I = U_{\mathrm{ind}}/R = 0{,}8$ A, entgegen dem Uhrzeigersinn.   c) Um den Stab mit konstanter Geschwindigkeit zu bewegen, muß eine Kraft ausgeübt werden, die gleich der magnetischen Kraft auf den Stab ist. Daher gilt $F = I\ell B = 0{,}128$ N.   d) $P = Fv = 1{,}28$ W. e) $P = I^2 R = 1{,}28$ W. Weil keine Reibung auftritt und sich der Stab mit konstanter Geschwindigkeit bewegt, wird die gesamte dem System zugeführte Leistung als Wärme im Widerstand dissipiert.

26.17   a) Die auf ein Elektron ausgeübte Kraft ist $\mathbf{F} = q\,\mathbf{v} \times \mathbf{B} = -e\,\mathbf{v} \times \mathbf{B}$. Weil $\mathbf{v}$ und $\mathbf{B}$ senkrecht aufeinander stehen, hat die Kraft den Betrag $F = evB = 6{,}4 \cdot 10^{-20}$ N.   b) Durch die Bewegung des Stabes entsteht ein elektrisches Feld, das die Wirkung der magnetischen Kraft ausgleicht. Daher ist $E = vB = 0{,}4$ V/m.   c) Die Potentialdifferenz über dem Stab ist $U = E\ell = 0{,}12$ V.

26.18   a) Aus $U_{\mathrm{ind,max}} = NBA\omega$ folgt $\omega = U_{\mathrm{ind,max}}/(NBA) = 250$ rad/s und daraus $\nu = \omega/(2\pi) = 39{,}8$ Hz.   b) Bei $\nu = 60$ Hz ist die maximale induzierte Spannung $U_{\mathrm{ind,max}} = NBA(2\pi\nu) = 15{,}1$ V.

26.19   a) Aus der Definition ergibt sich $\phi_{\mathrm{m}} = LI = 24$ Wb.   b) $U_{\mathrm{ind}} = -L\,\mathrm{d}I/\mathrm{d}t = -1600$ V.

26.20   Der magnetische Fluß ist $\phi_{\mathrm{m}} = LI = LI_0 \sin(2\pi\nu t)$. Diese Funktion ist in der Abbildung gegen t aufgetragen.

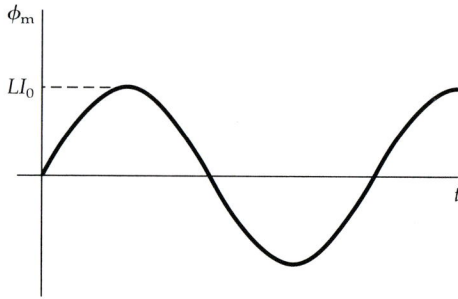

Aus $U_{\mathrm{ind}} = -L\,\mathrm{d}I/\mathrm{d}t$ erhalten wir damit $U_{\mathrm{ind}} =$

$-L\,I_0\,2\,\pi\,\nu\,\cos(2\,\pi\,\nu\,t)$. Diese Funktion ist in der nächsten Abbildung gegen t aufgetragen.

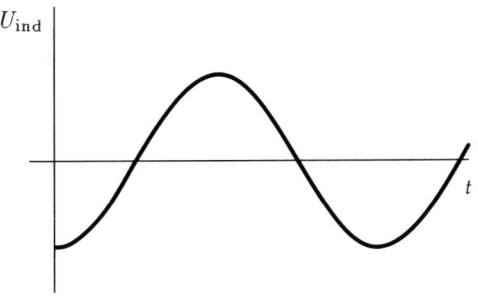

26.21 a) Das Feld in der Spule ist $B = \mu_0\,n\,I = \mu_0\,(N/\ell)\,I = 6{,}03\cdot10^{-3}$ T.   b) Der Fluß ist $\phi_{\mathrm{m}} = N B A = 7{,}58\cdot10^{-4}$ Wb.   c) $L = \phi_{\mathrm{m}}/I = 253\,\mu$H.
d) $|U_{\mathrm{ind}}| = L\,\mathrm{d}I/\mathrm{d}t = 37{,}9$ mV.

26.22 Nach Definition ist die Gegeninduktivität $M = \mu_0\,n_1\,n_2\,\ell\,\pi\,r_1^2$. Darin bezieht sich der Index 1 auf die innere und der Index 2 auf die äußere Spule. Im vorliegenden Fall ist $M = 1{,}89$ mH.

26.23 a) Wenn der Strom in einem LR-Kreis zum Zeitpunkt $t = 0$ gleich null ist, so ist er zur Zeit t gegeben durch $I = (U/R)(1 - e^{-Rt/L})$. Die Stromstärke hat die Hälfte ihres Maximalwertes, wenn gilt $1 - e^{-Rt/L} = \frac{1}{2}$ bzw. $t = \tau \ln 2$. Darin ist $\tau = L/R$ die Zeitkonstante. Im vorliegenden System ist $\tau = (4\,\mathrm{s})/(\ln 2) = 5{,}77$ s.   b) Mit $R = 5\,\Omega$ ist die Induktivität $L = R\,\tau = 28{,}9$ H.

26.24 Wie in der vorigen Aufgabe ist der Strom $I = (U/R)(1 - e^{-Rt/L})$. Hier ist $I = (12{,}5\,\mathrm{A})(1 - e^{-2t})$. Darin ist t in Sekunden einzusetzen. Es folgt $\mathrm{d}I/\mathrm{d}t = (U/L)\,e^{-Rt/L} = (25\,\mathrm{A/s})\,e^{-2t}$.
a) $I = 0$ und $\mathrm{d}I/\mathrm{d}t = 25$ A/s.
b) $I = 2{,}27$ A und $\mathrm{d}I/\mathrm{d}t = 20{,}5$ A/s.
c) $I = 7{,}90$ A und $\mathrm{d}I/\mathrm{d}t = 9{,}20$ A/s.
d) $I = 10{,}8$ A und $\mathrm{d}I/\mathrm{d}t = 3{,}38$ A/s.

26.25 a) In Abhängigkeit vom Endwert I_{e} der Stromstärke ist der Strom $I = (U/R)(1 - e^{-Rt/L}) = I_{\mathrm{e}}(1 - e^{-Rt/L})$. Daher werden 90 Prozent der End-Stromstärke erreicht, wenn gilt $1 - e^{-Rt/L} = 1 - e^{-t/\tau} = 0{,}9$ und damit $t/\tau =$

$\ln(1-0{,}9)^{-1} = 2{,}30$.   b) $t/\tau = \ln(1-0{,}99)^{-1} = 4{,}61$.   c) $t/\tau = \ln(1-0{,}999)^{-1} = 6{,}91$.

26.26 Die Stromstärke als Funktion der Zeit ist $I = (U_0/R)(1 - e^{-Rt/L})$. Es ist $U_0/R = 4$ A und $L/R = 0{,}2$ s. Die Änderung der Stromstärke pro Zeit ist $\mathrm{d}I/\mathrm{d}t = (U_0/L)\,e^{-Rt/L}$, mit $U_0/L = 20$ A/s. Daher ist bei $t = 0{,}5$ s die Stromstärke $I = 3{,}67$ A, und ihre zeitliche Änderung ist $\mathrm{d}I/\mathrm{d}t = 1{,}64$ A/s.   a) Die Spannungsquelle liefert die Leistung $P = U\,I = 44{,}06$ W.   b) Die Joulesche Wärmeleistung ist $P = I^2 R = 40{,}44$ W.   c) Die Geschwindigkeit, mit der die Energie in der Spule gespeichert wird, ist gleich der Leistung, die die Spannungsquelle liefert, abzüglich der im Widerstand pro Zeiteinheit dissipierten Energie, also $44{,}06$ W $- 40{,}44$ W $= 3{,}62$ W. Dieses Resultat können wir auch mit der Beziehung $W = \frac{1}{2}L\,I^2$ erhalten; damit folgt $\mathrm{d}W/\mathrm{d}t = L\,I\,\mathrm{d}I/\mathrm{d}t = 3{,}62$ W.

26.27 a) Die Stromstärke ist am Ende $I_{\mathrm{e}} = U/R = 2$ A.   b) Die gespeicherte Energiemenge ist $W = \frac{1}{2}L\,I^2 = 4$ J.

26.28 a) Die Energiedichte des magnetischen Feldes ist $w_{\mathrm{m}} = B^2/(2\,\mu_0)$. Damit ist im Volumen V die Energie $W_{\mathrm{m}} = w\,V$. Hier ist $W_{\mathrm{m}} = 3{,}98\cdot10^5$ J.   b) Die Energiedichte des elektrischen Feldes ist $w_{\mathrm{e}} = \frac{1}{2}\varepsilon_0 E^2$. Damit ist die im Volumen V gespeicherte Energie $W_{\mathrm{e}} = 4{,}43\cdot10^{-4}$ J.   c) $W = W_{\mathrm{m}} + W_{\mathrm{e}} = 3{,}98\cdot10^5$ J. Demnach ist also bei vernünftigen Werten der Feldstärken die im magnetischen Feld gespeicherte Energie wesentlich größer als die im elektrischen Feld gespeicherte.

26.29 Das Feld ist homogen und der Normalenvektor konstant. Also ist der magnetische Fluß $\phi_{\mathrm{m}} = N\,\mathbf{B}\,\mathbf{n}\,A$. Darin ist $\mathbf{B} = (0{,}4\,\mathrm{T})\,\mathbf{e}_x$ und $A = \pi\,(0{,}04\,\mathrm{m})^2$. a) $\phi_{\mathrm{m}} = N B A = 3{,}02\cdot10^{-2}$ Wb. b) $\phi_{\mathrm{m}} = 0$. c) $\phi_{\mathrm{m}} = N B A/\sqrt{2} = 2{,}13\cdot10^{-2}$ Wb. d) $\phi_{\mathrm{m}} = 0$. e) $\phi_{\mathrm{m}} = N B A\,(0{,}6) = 1{,}81\cdot10^{-2}$ Wb.

26.30 Der Fluß durch die kugelförmige Fläche muß derselbe sein wie der durch die Basis der Halbkugel. Also ist $\phi_m = B\pi R^2$. Für die Berechnung legen wir die z-Achse in Richtung des Feldes und den Ursprung in den Mittelpunkt der Basis der Halbkugel. Für einen schmalen Streifen mit der Mitte auf der z-Achse ist dann $\mathrm{d}\phi_m = (B\cos\theta)(2\pi R\sin\theta)R\,\mathrm{d}\theta$. Daraus folgt, wie wir auch erwarten,

$$\phi_m = 2\pi R^2 B \int_0^{\pi/2} \sin\theta\,\cos\theta\,\mathrm{d}\theta = \pi R^2 B.$$

26.31 Der Fluß durch den Ring ist $\phi_m = B\pi R^2 = B\pi(R_0 + vt)^2$. Weil sich der Fluß zeitlich ändert, ist die induzierte Spannung $U_{\mathrm{ind}} = -\mathrm{d}\phi_m/\mathrm{d}t = -2B\pi(R_0 + vt)v$.

26.32 a) Die Spule erzeugt ein homogenes Magnetfeld, das parallel zu ihrer Achse verläuft; sein Betrag ist innen $B = \mu_0 n I$. Außen ist das Feld im wesentlichen null. Daher ist der Fluß durch den großen Ring $\phi_m = \mu_0 n I(N\pi R_1^2)$.   b) Der kleine Ring befindet sich vollständig im homogenen Feld, und es ist $\phi_m = \mu_0 n I(N\pi R_3^2)$.

26.33 Wenn sich der Fluß ändert, wird ein Strom induziert, für den gilt $I = U_{\mathrm{ind}}/R = -(1/R)N\,\mathrm{d}\phi_m/\mathrm{d}t$. Wegen $I = \mathrm{d}Q/\mathrm{d}t$ ist die Ladung, die die Spule passiert, gegeben durch

$$Q = \int \mathrm{d}Q = \int_{t_1}^{t_2} I\,\mathrm{d}t = -\frac{N}{R}\int_{t_1}^{t_2} \frac{\mathrm{d}\phi_m}{\mathrm{d}t}\,\mathrm{d}t$$

$$= -\frac{N}{R}\int_{\phi_{m1}}^{\phi_{m2}} \mathrm{d}\phi_m = \frac{N}{R}(\phi_{m1} - \phi_{m2}).$$

Dies gilt unabhängig davon, wie sich der Fluß von einem Wert zum anderen ändert.

26.34 a) Es ist $\phi_m = \mathbf{B}\cdot\mathbf{n}\,NA$. Daraus folgt $\phi_m = NBA\cos\theta$, mit $\theta = \omega t$. Damit ist die induzierte Spannung $U_{\mathrm{ind}} = -\mathrm{d}\phi_m/\mathrm{d}t = NBA\omega\sin\omega t = NBab\omega\sin\omega t$.   b) Das Ergebnis von Teil a) können wir auch schreiben als $U_{\mathrm{ind}} = U_{\mathrm{ind,max}}\sin\omega t$, mit $U_{\mathrm{ind,max}} =$ $NBab\omega$. Damit die induzierte Spannung maximal ist, muß für die Kreisfrequenz gelten $\omega = U_{\mathrm{ind,max}}/(NBab) = 275$ rad/s.

26.35 a) Die gesamte Spannung über dem Widerstand ist $U - U_{\mathrm{geg}}$. Daraus folgt $I = (U - U_{\mathrm{geg}})/R$ und $U_{\mathrm{geg}} = U - IR = 87$ V.   b) Anfangs liegt keine Gegeninduktionsspannung vor, und es gilt $I = U/R = 21{,}8$ A.

26.36 a) Anfangs liegt keine Gegeninduktionsspannung vor, und der Strom ist $I = U/R_{\mathrm{ges}}$. Mit $I = 15$ A ist $R_{\mathrm{ges}} = 14{,}7\ \Omega$. Daher ist der Widerstand, der in Reihe zum Motor zu schalten ist, $R = R_{\mathrm{ges}} - 0{,}75\ \Omega = 13{,}9\ \Omega$.   b) Bei normaler Drehzahl ist der Spannungsabfall über dem Motor $U = (8\,\mathrm{A})(0{,}75\,\Omega) = 6$ V. Weil der Motor mit 220 V betrieben wird, entsteht eine Gegenspannung von 214 V.

26.37 Wegen $I = I_0\,\mathrm{e}^{-t/\tau}$ ist die Änderung des Stromes pro Zeiteinheit gleich $\mathrm{d}I/\mathrm{d}t = -(I_0/\tau)\,\mathrm{e}^{-t/\tau}$. Zu Anfang ist $\mathrm{d}I/\mathrm{d}t = -I_0/\tau$. Bleibt diese Änderungsgeschwindigkeit konstant, so ist der Strom als Funktion der Zeit gegeben durch $I = I_0 - (I_0/\tau)\,t$. Dabei ist der Strom gleich null zur Zeit $t = \tau$. Also ist $I = 0$ nach dem Ablauf einer Zeitkonstanten.

26.38 a) Die Stromstärke als Funktion der Zeit t ist $I = I_0\,\mathrm{e}^{-t/\tau}$. Hier ist $I_0 = 2{,}5$ A. Zur Zeit $t = 45$ ms ist der Strom $I_{45} = 1{,}5\,\mathrm{A} = I_0\,\mathrm{e}^{-t/\tau}$. Daraus folgt $\tau = t/[\ln(I_0/I_{45})] = 88{,}1$ ms. b) $L = \tau R = 35{,}2$ mH.

26.39 Hier gilt $I = (U/R)(1 - \mathrm{e}^{-Rt/L}) = (0{,}08\,\mathrm{A})(1 - \mathrm{e}^{-Rt/L})$. Darin ist $L/R = \tau = 2{,}67\cdot 10^{-5}$ s und $\mathrm{d}I/\mathrm{d}t = (U/L)\mathrm{e}^{-Rt/L} = (3000\,\mathrm{A/s})\mathrm{e}^{-Rt/L}$.   a) Wir setzen $t = 0$ und erhalten $\mathrm{d}I/\mathrm{d}t = 3000\,\mathrm{A/s}$.   b) Der Strom hat den halben Endwert, wenn gilt $1 - \mathrm{e}^{-Rt/L} = 0{,}5$ und daher $\mathrm{e}^{-Rt/L} = 0{,}5$. In diesem Fall ist $\mathrm{d}I/\mathrm{d}t = (U/R)\frac{1}{2} = 1500\,\mathrm{A/s}$.   c) Der Endstrom ist $I_e = U/R = 0{,}08$ A.   d) Der Strom erreicht 99 Prozent seines Endwertes, wenn gilt $1 - e^{-Rt/L} = 0{,}99$. Daraus folgt $t = (L/R)\ln(1 - 0{,}99)^{-1} = 1{,}23 \cdot 10^{-4}$ s $= 4{,}61\,\tau$.

26.40 Die Energiedichte des elektrischen Feldes ist $w_e = \frac{1}{2}\varepsilon_0 E^2$, und die Energiedichte des magnetischen Feldes ist $w_m = \frac{1}{2}B^2/\mu_0$. Mit $E = cB = B/(\varepsilon_0\mu_0)^{1/2}$ folgt daraus $w_e = \frac{1}{2}\varepsilon_0 B^2/(\varepsilon_0\mu_0) = \frac{1}{2}B^2/\mu_0 = w_m$.

26.41 Die zwei Spulen L_1 und L_2 sind in Reihe geschaltet. Die Spannungsabfälle über den Spulen sind $U_1 = -L_1\,dI_1/dt$ und $U_2 = -L_2\,dI_2/dt$. Der gesamte Spannungsabfall über beide Spulen ist dann $U = U_1 + U_2 = -L_1\,dI_1/dt - L_2\,dI_2/dt$. Da die Spulen in Reihe geschaltet sind, fließt überall der gleiche Strom. Daher ist $dI_1/dt = dI_2/dt = dI/dt$ und $U = -(L_1 + L_2)\,dI/dt$. Mit $U = -L_{ges}\,dI/dt$ folgt $L_{ges} = L_1 + L_2$.

26.42 a) Nach einer langen Zeit sind die Ströme zeitlich konstant; daher fällt keine Spannung über der Induktivität (ohne ohmschen Widerstand) ab. Also wirkt die Spule wie ein Kurzschluß über dem 100-Ω-Widerstand, und der von der Spannungsquelle gelieferte Strom ist $I_Q = (10\,\text{V})/(10\,\Omega) = 1$ A. Derselbe Strom fließt durch den 10-Ω-Widerstand und die Spule. Durch den kurzgeschlossenen 100-Ω-Widerstand fließt kein Strom.   b) Nach Öffnen des Schalters muß der Strom von 1 A durch den 100-Ω-Widerstand fließen, so daß der Spannungsabfall über ihm und über der Spule 100 V beträgt.   c) Der Strom als Funktion der Zeit nach dem Öffnen des Schalters ist $I(t) = I_0\,e^{-Rt/L} = (1\,\text{A})\,e^{-50\,\text{s}^{-1}\,t}$. Darin ist t in Sekunden einzusetzen.

26.43 Da die Spulen parallelgeschaltet sind, fällt über ihnen die gleiche Spannung ab (obwohl die Ströme im allgemeinen nicht gleich sind). Also gilt $U_1 = -L_1\,dI_1/dt = U_2 = -L_2\,dI_2/dt = U$. Die Änderung des gesamten Stromes pro Zeit ist $dI/dt = dI_1/dt + dI_2/dt = -U_1/L_1 - U_2/L_2 = -U\,(1/L_1 + 1/L_2)$. Wegen $dI/dt = -U/L_{ges}$ erhalten wir $1/L_{ges} = 1/L_1 + 1/L_2$.

26.44 a) Es gilt, wie in der vorigen Aufgabe gezeigt, $1/L_{ges} = 1/L_1 + 1/L_2$. Mit $L_1 = 8$ mH und $L_2 = 4$ mH erhalten wir $L_{ges} = \frac{8}{3}$ mH. Also ist die anfängliche Änderung des Stromes $dI/dt = U/L_{ges} = (24\,\text{V})/(\frac{8}{3}\,\text{mH}) = 9000$ A/s. Das ist die zeitliche Änderung des Stromes in der Spannungsquelle und im Widerstand. Für die Spulen müssen wir die Bedingung berücksichtigen, daß an ihnen dieselbe Spannung abfällt. Weiterhin ist bei $t = 0$ der Strom gleich null, so daß dann keine Spannung über dem Widerstand abfällt und die Spannung über den Spulen 24 V beträgt. Daraus folgt $L_1\,dI_1/dt = L_2\,dI_2/dt = 24$ V sowie $dI_1/dt = 3000$ A/s und $dI_2/dt = 6000$ A/s. Es gilt, wie erwartet, $dI_1/dt + dI_2/dt = dI/dt$.   b) Nach langer Zeit wirken die Spulen wie Kurzschlüsse, und es ist $I = U/R = (24\,\text{V})/(15\,\Omega) = 1{,}6$ A.

26.45 a) Unmittelbar nach dem Schließen des Schalters fließt kein Strom durch die Spule, da ihre Induktivität den Änderungen des Stromes entgegenwirkt, aber es fließt ein Strom durch den anderen Zweig der Schaltung. Er ist $I = (150\,\text{V})/(30\,\Omega) = 5$ A $= I_1 = I_2$. Ferner ist $I_3 = 0$.   b) Nach langer Zeit ist der Strom in der Spule konstant, und sie wirkt wie ein Kurzschluß. Somit sind die beiden 20-Ω-Widerstände effektiv parallelgeschaltet und haben den Ersatzwiderstand 10 Ω. Also ist der Strom $I = (150\,\text{V})/(20\,\Omega) = 7{,}5$ A, und wir erhalten $I_1 = 7{,}5$ A sowie $I_2 = I_3 = I_1/2 = 3{,}75$ A.   c) Unmittelbar nach dem Öffnen des Schalters bleibt der Strom durch die Spule konstant, und I_1 wird null, da der Stromkreis hier offen ist. Der Strom durch die Spule muß durch beide 20-Ω-Widerstände fließen; also ist $I_3 = 3{,}75$ A $= -I_2$.   d) Lange Zeit nach dem Öffnen des Schalters sind alle Ströme null.

26.46 a) Die Induktivität einer Spule ist $L = \mu_0 n^2 A\ell$, und wir erhalten $W = \frac{1}{2}LI^2 = 0{,}0536$ J.   b) Mit dem Ergebnis von Teil a) folgt die magnetische Energiedichte $w_m = W/V = W/(A\ell) = 447$ J/m^3.   b) $B = \mu_0 n I = \mu_0(N/\ell)I = 0{,}0335$ T.   d) Die magnetische

Energiedichte ist $w_{\mathrm{m}} = \frac{1}{2}\,B^2/\mu_0 = 447\ \mathrm{J/m^3}$, wie in Teil b) ebenfalls ermittelt.

26.47 a) Der Radius der Spule sei r, und der mittlere Radius des Kreisrings (Torus) sei R. Da jede Windung der Spule die Drahtlänge $2\,\pi\,r$ hat, ist die Anzahl der Windungen $N = \ell/(2\,\pi\,r) = 7958$. b) Das Feld beim mittleren Radius ermitteln wir nach dem Ampère-Gesetz. Als Weg für die Integration wählen wir einen Kreis in der Mitte des Torus. Damit folgt $B\,(2\,\pi\,R) = N\,\mu_0\,I = \ell\,\mu_0\,I/(2\,\pi\,r)$ bzw. $B = \mu_0\,\ell\,I/(4\,\pi^2\,r\,R) = 2,55\ \mathrm{T}$. c) Die magnetische Energiedichte ist $w_{\mathrm{m}} = \frac{1}{2}\,B^2/\mu_0 = 2,58\cdot 10^6\ \mathrm{J/m^3}$, und die gesamte im Torus gespeicherte Energiedichte beträgt etwa $W = w_{\mathrm{m}}\,V = w_{\mathrm{m}}\,(\pi\,r^2)\,(2\,\pi\,R) = 5093\ \mathrm{J}$.

26.48 Es gilt

$$\oint \mathbf{E}\cdot d\boldsymbol{\ell} = -\frac{\mathrm{d}\phi_{\mathrm{m}}}{\mathrm{d}t}.$$

Darin ist $\mathbf{E}$ das induzierte elektrische Feld, und ϕ_{m} ist der magnetische Fluß. a) Wir wählen einen kreisförmigen Integrationsweg mit dem Radius $r < R$ in einer Querschnittsebene der Spule. Die Integration ergibt $E\,(2\,\pi\,r) = -\mathrm{d}\phi_{\mathrm{m}}/\mathrm{d}t$. Das Feld in der Spule ist $B = \mu_0\,n\,I$. Damit ist der magnetische Fluß $\phi_{\mathrm{m}} = \mu_0\,n\,\pi\,r^2\,I_0\sin\omega t$. Daraus folgt $E = -\frac{1}{2}\mu_0\,n\,r\,I_0\,\omega\cos\omega t$.

b) Für $r > R$ ist der magnetische Fluß $\phi_{\mathrm{m}} = \mu_0\,n\,\pi\,R^2\,I_0\sin\omega t$, und das Feld ist $E = -\frac{1}{2}\mu_0\,n\,(R^2/r)\,I_0\,\omega\cos\omega t$.

26.49 Wenn sich der Stab der Länge ℓ mit der Geschwindigkeit v in einem homogenen Feld B bewegt, so ist die in ihm induzierte Spannung $U_{\mathrm{ind}} = B\,\ell\,v$. Hier ist $v = \mathrm{d}x/\mathrm{d}t = -\omega A\sin\omega t = -(120\,\pi\,\mathrm{s^{-1}})\,(2\,\mathrm{cm})\sin(120\,\pi\,t)$, und damit $U = -(1{,}36\,\mathrm{V})\sin(120\,\pi\,t)$.

26.50 a) Der magnetische Fluß ist gleich B, multipliziert mit der Fläche der Schleife in dem Gebiet, in dem das Feld nicht null ist. Für $0\,\mathrm{s} \leq t \leq 4{,}17\,\mathrm{s}$ ist $\phi_{\mathrm{m}} = (2{,}04\cdot 10^{-3}\ \mathrm{Wb/s})\,t$. Für $4{,}17\,\mathrm{s} \leq t \leq 8{,}33\,\mathrm{s}$ ist $\phi_{\mathrm{m}} = 8{,}5\cdot 10^{-3}\ \mathrm{Wb}$. Für

$8{,}33\,\mathrm{s} \leq t \leq 12{,}5\,\mathrm{s}$ ist $\phi_{\mathrm{m}} = 8{,}5\cdot 10^{-3}\ \mathrm{Wb} - (2{,}04\cdot 10^{-3}\ \mathrm{Wb/s})\,(t - 8{,}33\,\mathrm{s})$. Für $t > 12{,}5\,\mathrm{s}$ ist schließlich $\phi_{\mathrm{m}} = 0\ \mathrm{Wb}$.

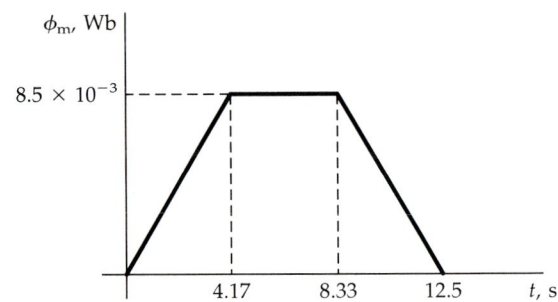

b) Wir berechnen U_{ind} direkt nach $U_{\mathrm{ind}} = -\mathrm{d}\phi_{\mathrm{m}}/\mathrm{d}t$. Für $0\,\mathrm{s} \leq t \leq 4{,}17\,\mathrm{s}$ ist $U_{\mathrm{ind}} = -2{,}04\cdot 10^{-3}\ \mathrm{V}$. Für $4{,}17\,\mathrm{s} \leq t \leq 8{,}33\,\mathrm{s}$ ist $U_{\mathrm{ind}} = 0\ \mathrm{V}$. Für $8{,}33\,\mathrm{s} \leq t \leq 12{,}5\,\mathrm{s}$ ist $U_{\mathrm{ind}} = 2{,}04\cdot 10^{-3}\ \mathrm{V}$. Für $t > 12{,}5\,\mathrm{s}$ ist schließlich $U_{\mathrm{ind}} = 0\ \mathrm{V}$. Beachten Sie: Eine negative (bzw. positive) Spannung bedeutet, daß der Strom in der Schleife im (bzw. entgegen dem) Uhrzeigersinn fließt.

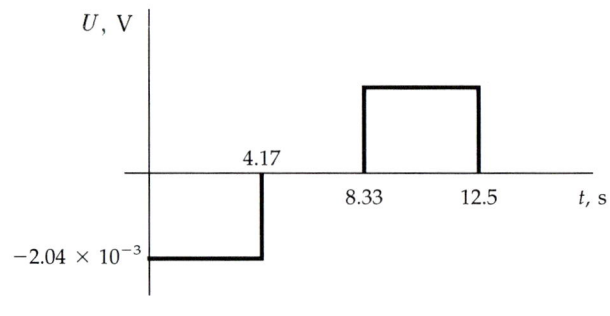

26.51 Der im Stromkreis induzierte Strom ist $I = U_{\mathrm{ind}}/R$. Dabei gilt $U_{\mathrm{ind}} = B\,\ell\,v$. Wie im Beispiel 26.7 gezeigt, ist die Geschwindigkeit als Funktion der Zeit $v = v_0\,\mathrm{e}^{-A\,t}$, mit $A = B^2\,\ell^2/(m\,R)$. Daraus folgt $I = (B\,\ell\,v_0/R)\,\mathrm{e}^{-A\,t}$, und die im Widerstand dissipierte Leistung ist $P = I^2\,R = (B^2\,\ell^2\,v_0^2/R)\,\mathrm{e}^{-2\,A\,t}$. Die Integration dieser Leistung über die gesamte Zeit ergibt die insgesamt dissipierte Energie:

$$\int_0^\infty I^2\,R\ \mathrm{d}t = \frac{(B\,\ell\,v_0)^2}{R}\left(\frac{-m\,R}{2\,B^2\,\ell^2}\right)\mathrm{e}^{-2\,A\,t}\Bigg|_0^\infty$$

$$= \frac{1}{2}\,m\,v_0^2.$$

Also kommt der Stab zur Ruhe, wenn die im Widerstand dissipierte Energie gleich der anfänglichen kinetischen Energie des Stabes ist.

26.52 a) Wir berechnen zunächst den durch den Stab fließenden Strom. Die Spannungsquelle liefert eine Spannung U, und der Stab induziert aufgrund seiner Bewegung eine Gegenspannung mit dem Betrag $B\,\ell\,v$. Also ist die resultierende Spannung $U - B\,\ell\,v = IR$. Daraus folgt $I = (U - B\,\ell\,v)/R$. Wegen dieses Stromes im Stab wirkt auf ihn durch das magnetische Feld die Kraft $F = I\,\ell\,B = (U - B\,\ell\,v)\,B\,\ell/R = m\,a$.   b) Die Endgeschwindigkeit v_{e} tritt auf, wenn $F = 0$ ist, also wenn gilt $U - B\,\ell\,v_{\mathrm{e}} = 0$. Daraus folgt $v_{\mathrm{e}} = U/(B\,\ell)$.   c) Bei der Endgeschwindigkeit ist der Strom im Stab $I = (U - B\,\ell\,v_{\mathrm{e}})/R = 0$.

26.53 a) In diesem Stromkreis liegen drei Spannungsquellen vor: Q/C am Kondensator und IR am Widerstand sowie $B\,\ell\,v$ durch die Gegeninduktion. Wir setzen die Summe der Spannungsabfälle im gesamten Stromkreis gleich null: $Q/C - IR - B\,\ell\,v = 0$. Die Kraft, die auf den Stab wirkt, hat den Betrag $F = I\,\ell\,B = m\,\mathrm{d}v/\mathrm{d}t$. Daraus folgt $I = [m/(B\,\ell)]\,\mathrm{d}v/\mathrm{d}t$ und $Q/C - [m\,R/(B\,\ell)]\,\mathrm{d}v/\mathrm{d}t - B\,\ell\,v = 0$. Schließlich betrachten wir den Zusammenhang zwischen der Ladung Q und der Geschwindigkeit v: $I = -\mathrm{d}Q/\mathrm{d}t = [m/(B\,\ell)]\,\mathrm{d}v/\mathrm{d}t$. Dies ergibt $\mathrm{d}Q = -[m/(B\,\ell)]\,\mathrm{d}v$. Wir integrieren beide Seiten von den Anfangswerten ($Q = Q_0$ und $v = 0$) bis zu den Endwerten ($Q = Q$ und $v = v$) und erhalten $Q - Q_0 = -[m/(B\,\ell)]\,(v - 0)$ bzw. $Q = Q_0 - m\,v/(B\,\ell)$. Daraus ergibt sich $\mathrm{d}v/\mathrm{d}t = Q_0\,B\,\ell/(m\,R\,C) - [1/(RC) + B^2\,\ell^2/(m\,R)]\,v$. Das kann nach $v(t)$ aufgelöst werden. Wir setzen $v(t) = \alpha + \beta\,\mathrm{e}^{-\gamma\,t}$. Damit ist $\gamma = 1/(RC) + B^2\,\ell^2/(m\,R)$ und $\alpha = Q_0\,B\,\ell/(m + B^2\ell^2 C)$. Schließlich muß für $v(t) = 0$ gelten $\beta = -\alpha$. Daher wird die Bewegung des Stabes beschrieben durch $v(t) = \alpha\,(1 - \mathrm{e}^{-\gamma\,t})$. Daraus folgt die Endgeschwindigkeit $v_{\mathrm{e}} = \alpha = Q_0\,[1 + m/(B^2\,\ell^2\,C)]^{-1}/(B\,\ell\,C)$.   b) Um die Endgeschwindigkeit in Abhängigkeit von der Endladung zu ermitteln, nutzen wir wieder die Beziehung $Q/C - IR - B\,\ell\,v = 0$. Die Endgeschwindigkeit tritt auf, wenn die Kraft auf den Stab gleich null ist, d.h. wenn $I = 0$ ist. Dann gilt $Q/C = B\,\ell\,v$. Daraus folgt $v_{\mathrm{e}} = Q_{\mathrm{e}}/(B\,\ell\,C)$. Wir prüfen jetzt nach, ob dies mit dem Resultat von Teil a) über-

einstimmt. Es gilt $Q = Q_0 - m\,v/(B\,\ell)$. Bei der Endgeschwindigkeit wird das zu $Q_{\mathrm{e}} = Q_0 - m\,v_{\mathrm{e}}/(B\,\ell) = Q_0 - m\,Q_{\mathrm{e}}/(B^2\,\ell^2\,C)$. Daraus folgt $Q_{\mathrm{e}} = Q_0\,[1 + m/(B^2\,\ell^2\,C)]^{-1}$, in völliger Übereinstimmung mit dem Ergebnis von Teil a). Das bedeutet physikalisch, daß bei der Endgeschwindigkeit die Gegeninduktionsspannung $B\,\ell\,v_{\mathrm{e}}$ des Stabes gleich der Spannung Q_{e}/C am Kondensator ist.

26.54 a) Die auf den Schienen zurückgelegte Distanz ist x. Dann ist der magnetische Fluß $\phi_{\mathrm{m}} = \mathbf{B}\cdot\mathbf{n}\,A = B\,\ell\,x\,\cos\theta$, und die induzierte Spannung hat den Betrag $\mathrm{d}\phi_{\mathrm{m}}/\mathrm{d}t = B\,\ell\,v\,\cos\theta$. Damit fließt im Stab der Strom $I = (B\,\ell\,v/R)\,\cos\theta$, und die magnetische Kraft ist $F = I\,\ell\,B = (B^2\,\ell^2\,v/R)\,\cos\theta$. Daher ist die verzögernde Kraft $F\cos\theta = (B^2\,\ell^2\,v/R)\,\cos^2\theta$.

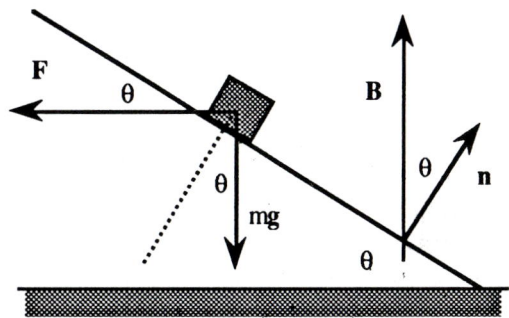

b) Die Endgeschwindigkeit v_{e} ist erreicht, wenn die verzögernde Kraft gleich der Komponenten der Gravitationskraft ist, die entlang der Ebene nach unten weist. Diese Bedingung lautet $(B^2\,\ell^2\,v/R)\,\cos^2\theta = m\,g\,\sin\theta$. Daraus folgt $v_{\mathrm{e}} = (m\,g\,R\,\sin\theta)/(B^2\,\ell^2\,\cos^2\theta)$.

26.55 Weil das Pendel (siehe Abbildung auf der nächsten Seite) eine harmonische Bewegung ausführt, können wir schreiben $\theta(t) = \theta_0\cos\omega t$. Darin ist $\omega = (g/\ell)^{1/2}$. Wir betrachten die Induktionsspannung eines Drahtstückes mit der Länge $\mathrm{d}r$; siehe Abbildung. Die Geschwindigkeit dieses Drahtstückes der Länge $\mathrm{d}r$ ist $r\,\mathrm{d}\theta/\mathrm{d}t = -r\,\omega\,\theta_0\sin\omega t$. Daraus folgt $U_{\mathrm{ind}} = B\,(-\omega\,\theta_0\sin\omega t)\,r\,\mathrm{d}r$. Die Integration über r von 0 bis ℓ ergibt $\frac{1}{2}\ell^2$. Damit erhalten wir $U_{\mathrm{ind}} = -\frac{1}{2}\ell^2\,B\,\omega\,\theta_0\sin\omega t$.

Abbildung zu Lösung 26.55:

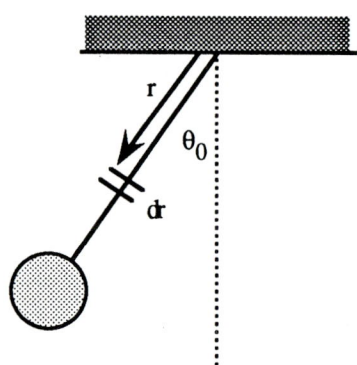

26.56 a) Das vom stromführenden Draht erzeugte magnetische Feld ist $B = \mu_0 I/(2\pi y)$. Die Geschwindigkeit der Kugel ist $v = g\,t$, und ihre Position ist $y = h - \frac{1}{2}g t^2$. Damit ist das infolge der Bewegung induzierte elektrische Feld $E = vB = (\mu_0 I g t)/[2\pi(h - \frac{1}{2}gt^2)] = 1{,}38\cdot 10^{-4}\,\text{V/m}$. b) Die Spannung über dem Kugeldurchmesser ist gleich dem elektrischen Feld, multipliziert mit dem Durchmesser, also $U = E\,2R = 5{,}51\cdot10^{-6}\,\text{V}$.

26.57 a) Das vom stromführenden Draht erzeugte magnetische Feld ist $B = \mu_0 I/(2\pi x)$. Also variiert das Feld von der dem Draht zugewandten Seite der Schleife zur abgewandten Seite.

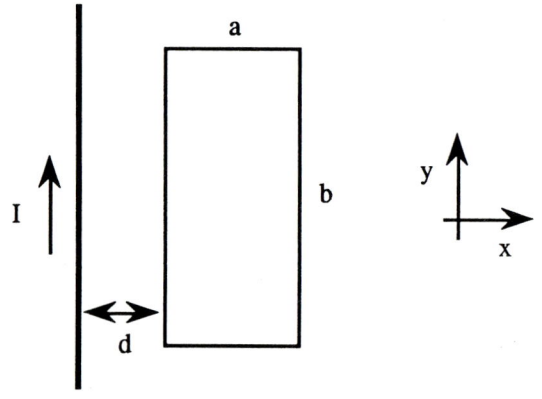

Für ein schmales Segment dx ist der Fluß $d\phi_{\mathrm m} = B\,b\,dx = [\mu_0 I b/(2\pi x)]\,dx$. Die Integration über $1/x$ von $x = d$ bis $x = d + a$ ergibt $\phi_{\mathrm m} = [\mu_0 I b/(2\pi)]\ln[(d+a)/d]$. b) Einsetzen der gegebenen Werte ergibt $\phi_{\mathrm m} = 5{,}01\cdot 10^{-7}\,\text{Wb}$.

26.58 a) In jedem Stück dx ist die induzierte Spannung $dU_{\mathrm{ind}} = B\,v\,dx = [\mu_0 I v/(2\pi x)]\,dx$.

Die Integration über $1/x$ von $x = d$ bis $x = \ell + d$ ergibt für die gesamte Potentialdifferenz $U = [\mu_0 I v/(2\pi)]\ln[(\ell+d)/d]$. b) Der magnetische Fluß durch ein Element der Länge dx ist $d\phi_{\mathrm m} = B\,dA = B\,v\,t\,dx = [\mu_0 I v t/(2\pi x)]\,dx$. Die Integration ergibt $\phi_{\mathrm m} = [\mu_0 I v t/(2\pi)]\ln[(\ell+d)/d]$. Daher hat die im Stab induzierte Spannung den Betrag $d\phi_{\mathrm m}/dt = [\mu_0 I v/(2\pi)]\ln[(\ell+d)/d]$, in Übereinstimmung mit Teil a).

26.59 a) Die senkrecht zum Draht verlaufenden Abschnitte der Schleife überstreichen bei der Bewegung keine Fläche. Also wird in ihnen keine Spannung induziert. In dem dem Draht am nächsten liegenden Abschnitt hat die induzierte Spannung den Betrag $U_1 = B v b = \mu_0 I b v/[2\pi(d+vt)]$. Im weiter weg gelegenen Abschnitt ist sie $U_2 = \mu_0 I b v/[2\pi(d+vt+a)]$. Beide Spannungen haben dieselbe Richtung; siehe Abbildung. Weil U_1 den größeren Betrag hat, hat der induzierte Strom die eingezeichnete Richtung.

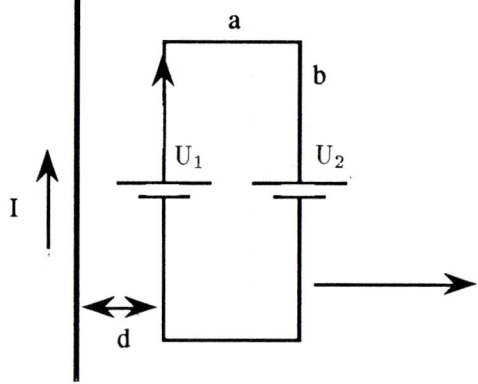

Die in der Schleife induzierte Nettospannung ist $U_{\mathrm{ind}} = U_1 - U_2 = [\mu_0 I b v/(2\pi)][1/(d+vt) - 1/(d+vt+a)]$. Beachten Sie, daß die Richtung des induzierten Stromes auch die ist, die der Änderung des magnetischen Flusses entgegenwirkt, die durch die Bewegung der Schleife hervorgerufen wird. b) Eine Verallgemeinerung des Ergebnisses von Aufgabe 57 ergibt $\phi_{\mathrm m} = [\mu_0 I b/(2\pi)]\ln[(d+vt+a)/(d+vt)] = [\mu_0 I b/(2\pi)][\ln(d+vt+a) - \ln(d+vt)]$. Es folgt $U_{\mathrm{ind}} = -d\phi_{\mathrm m}/dt = [\mu_0 I v b/(2\pi)][1/(d+vt) - 1/(d+vt+a)]$, wie in Teil a).

26.60 a) Wir blicken entlang der z-Achse auf

die Anordnung. Beide Ströme erzeugen ein Feld **B** in der eingezeichneten Richtung.

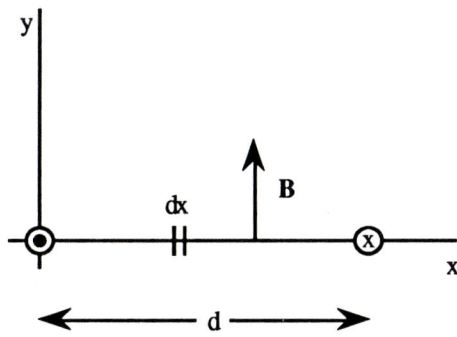

Für den Strom in der z-Achse hat das Feld den Betrag $B = \mu_0 I/(2\pi x)$, und der Betrag des bei $x = d$ erzeugten Feldes ist $B = \mu_0 I/[2\pi(d-x)]$. Also ist der magnetische Fluß durch ein Stück der Länge $\mathrm{d}x$ gegeben durch $\mathrm{d}\phi_\mathrm{m} = [\mu_0 I\,\ell/(2\pi)]\,[\mathrm{d}x/x + \mathrm{d}x/(d-x)]$. Darin ist ℓ eine gegebene Länge in z-Richtung. Integrieren von $x = 0$ bis $x = d$ ergibt hier $\phi_\mathrm{m} = (\mu_0 I\,\ell/\pi)\cdot$ $\ln[(d-a)/a]$ und $\phi_\mathrm{m}/\ell = (\mu_0 I/\pi)\ln[(d-a)/a]$. b) $L/\ell = (\phi_\mathrm{m}/\ell)/I = (\mu_0/\pi)\ln[(d-a)/a]$.

26.61 Weil der Strom I gleichmäßig über den Querschnitt des Leiters verteilt ist, ist der Strom bis zu einem Radius r gegeben durch $I(\pi r^2)/(\pi R^2) = I r^2/R^2$. Mit dem Ampère-Gesetz erhalten wir $B(2\pi r) = \mu_0 I r^2/R^2$ bzw. $B = \mu_0 I r/(2\pi R^2)$. Nun betrachten wir einen schmalen Streifen der Breite $\mathrm{d}r$, der sich über die Länge ℓ des Leiters erstreckt und die Fläche $\mathrm{d}A = \ell\,\mathrm{d}r$ hat. In diesem Streifen ist der magnetische Fluß $\mathrm{d}\phi_\mathrm{m} = B\,\mathrm{d}A = [\mu_0 I r\,\ell/(2\pi R^2)]\,\mathrm{d}r$. Die Integration über r von 0 bis R ergibt $\frac{1}{2}R^2$, so daß für den gesamten Fluß folgt $\phi_\mathrm{m} = \mu_0 I\,\ell/(4\pi)$. Pro Längeneinheit ist der Fluß $\phi_\mathrm{m}/\ell = \mu_0 I/(4\pi)$.

26.62 a) Die magnetische Kraft auf eine Ladung q ist $\mathbf{F} = q\,\mathbf{v}\times\mathbf{B}$. Weil $\mathbf{v}$ und $\mathbf{B}$ senkrecht aufeinander stehen, hat die Kraft den Betrag $F = qvB = q(r\omega)B$.   b) Diese magnetische Kraft hat denselben Effekt wie ein elektrisches Feld mit dem Betrag $E = F/q = Br\omega$. Daraus folgt $E = vB = (r\omega)B$. Die Integration über r von $r = 0$ bis $r = \ell$ ergibt $\frac{1}{2}\ell^2$. Damit ist $\Delta U = \frac{1}{2}B\omega\ell^2$.   c) Ein Sektor-Flächenelement

hat die Fläche $\mathrm{d}A = r\,\theta\,\mathrm{d}r$. Daher ist diese gesamte Fläche $A = \frac{1}{2}\theta\,\ell^2$. Der magnetische Fluß durch diese Fläche ist $\phi_\mathrm{m} = BA = \frac{1}{2}B\theta\ell^2$, und der Betrag der induzierten Spannung ist $U_\mathrm{ind} = \mathrm{d}\phi_\mathrm{m}/\mathrm{d}t = \frac{1}{2}B\,(\mathrm{d}\theta/\mathrm{d}t)\,\ell^2 = \frac{1}{2}B\,\omega\,\ell^2$.

26.63 Der Strom in diesem Stromkreis ist $I(t) = (U_0/R)(1 - \mathrm{e}^{-Rt/L})$.   a) Die Batterie liefert die Leistung $P = U_0 I(t)$. Damit ist die in der Zeit τ abgegebene Energie

$$W = \int_0^\tau P\,\mathrm{d}t = \frac{U_0^2}{R}\int_0^\tau \left(1 - \mathrm{e}^{-Rt/L}\right)\mathrm{d}t$$
$$= \left(\frac{U_0}{R}\right)^2 \frac{L}{\mathrm{e}} = 3{,}53\ \mathrm{J}.$$

b) Entsprechend ist die im Widerstand dissipierte Energie

$$W = \int_0^\tau P\,\mathrm{d}t = \frac{U_0^2}{R}\int_0^\tau \left(1 - \mathrm{e}^{-Rt/L}\right)^2 \mathrm{d}t$$
$$= \left(\frac{U_0}{R}\right)^2 L\left(\frac{2}{\mathrm{e}} - \frac{1}{2\,\mathrm{e}^2} - \frac{1}{2}\right) = 1{,}61\ \mathrm{J}.$$

c) Zur Zeit τ ist die in der Spule gespeicherte Energie $W_\mathrm{m} = \frac{1}{2}L I^2 = \frac{1}{2}L(U_0/R)^2(1-\mathrm{e}^{-1})^2 = 1{,}92\ \mathrm{J}$. Die von der Batterie abgegebene Energie ist also, wie zu erwarten, gleich der im Widerstand dissipierten Energie plus der Energie, die in der Spule gespeichert wird.

26.64 Aufgrund der Definition der Gegeninduktivität M können wir für den zweiten Stromkreis schreiben $L_2\,\mathrm{d}I_2/\mathrm{d}t + M\,\mathrm{d}I_1/\mathrm{d}t - I_2 R = 0$. Wir integrieren beide Seiten dieser Gleichung über die Zeit. Für den ersten Term ergibt sich

$$\int_{t_\mathrm{a}}^{t_\mathrm{e}} \frac{\mathrm{d}I_2}{\mathrm{d}t}\,\mathrm{d}t = \int_{t_{2\mathrm{a}}}^{t_{2\mathrm{e}}} \mathrm{d}I_2 = I_{2\mathrm{e}} - I_{2\mathrm{a}} = 0 - 0 = 0.$$

Entsprechend gilt für den zweiten Term

$$\int_{t_\mathrm{a}}^{t_\mathrm{e}} \frac{\mathrm{d}I_1}{\mathrm{d}t}\,\mathrm{d}t = \int_{t_{1\mathrm{a}}}^{t_{1\mathrm{e}}} \mathrm{d}I_1 = I_{1\mathrm{e}} - I_{1\mathrm{a}} = I_{1\mathrm{e}} - 0 = I_{1\mathrm{e}}.$$

Schließlich erhalten wir für den dritten Term

$$\int_{t_\mathrm{a}}^{t_\mathrm{e}} I_2 R\,\mathrm{d}t = R\int_{t_\mathrm{a}}^{t_\mathrm{e}} I_2\,\mathrm{d}t = R\,\Delta Q.$$

Daraus folgt $M = R\,\Delta Q/I_\mathrm{e} = 12\ \mathrm{mH}$.

26.65 a) Für $r < r_1$ ist das magnetische Feld null, weil hier kein Strom fließt. Für einen Kreis mit dem Radius $r > r_2$ ist der resultierende Strom, der durch die Kontur fließt, gleich null; damit ist auch B gleich null. Für $r_1 < r < r_2$ ergibt sich aus dem Ampère-Gesetz $B\,(2\,\pi\,r) = \mu_0\,I$ und damit $B = \mu_0\,I/(2\,\pi\,r)$. b) Die magnetische Energiedichte ist $w_{\mathrm{m}} = \frac{1}{2}\,B^2/\mu_0 = \mu_0\,I^2/(8\,\pi^2\,r^2)$. c) Die gesamte magnetische Energie im Volumen zwischen den Zylindern ist

$$
\begin{aligned}
W_{\mathrm{m}} &= \int w_{\mathrm{m}}\,\mathrm{d}V \\
&= \frac{\mu_0\,I^2\,\ell}{4\,\pi}\int_{r_1}^{r_2}\frac{1}{r}\,\mathrm{d}r = \frac{\mu_0\,I^2\,\ell}{4\,\pi}\ln\frac{r_2}{r_1}.
\end{aligned}
$$

d) Für die magnetische Energie können wir auch schreiben $W_{\mathrm{m}} = \frac{1}{2}\,L\,I^2$. Daraus folgt $L/\ell = [\mu_0/(2\,\pi)]\ln r_2/r_1$.

26.66 Wir betrachten einen Streifen mit der Länge ℓ und der Breite $\mathrm{d}r$. Der magnetische Fluß durch diesen Streifen ist gegeben durch $\mathrm{d}\phi_{\mathrm{m}} = B\,\mathrm{d}A = [\mu_0\,I\,\ell/(2\,\pi\,r)]\,\mathrm{d}r$. Die Integration von $1/r$ ergibt $\ln r$. Damit ist der gesamte Fluß $\phi_{\mathrm{m}} = [\mu_0\,I\,\ell/(2\,\pi)]\ln r_2/r_1$. Also ist die Induktivität pro Längeneinheit $L/\ell = \phi_{\mathrm{m}}/(I\,\ell) = [\mu_0/(2\,\pi)]\ln r_2/r_1$, in Übereinstimmung mit dem Resultat in der vorigen Aufgabe.

26.67 Das magnetische Feld in der Ringspule ist $B = \mu_0\,N\,I/(2\,\pi\,r)$. Damit ist der Fluß durch einen schmalen Steifen der Höhe h und der Breite $\mathrm{d}r$ gegeben durch $\mathrm{d}\phi_{\mathrm{m}} = [\mu_0\,N\,I/(2\,\pi\,r)]\,h\,\mathrm{d}r$. Integrieren von $r = a$ bis $r = b$ ergibt für eine Windung $\phi_{\mathrm{m}1} = [\mu_0\,N\,I\,h/(2\,\pi)]\ln b/a$. Der gesamte Fluß in der Ringspule ist daher $\phi_{\mathrm{m}} = N\,\phi_{\mathrm{m}1}$, und es folgt $L = \phi_{\mathrm{m}}/I = [\mu_0\,N^2\,h/(2\,\pi)]\ln b/a$. Wir prüfen das nach, indem wir den inneren Radius a gegen unendlich gehen lassen und $b = a + h$ setzen. Dann entspricht die Ringspule einer geraden Spule mit der Länge $\ell = 2\,\pi\,a$, der Fläche $A = h^2$ und der Anzahl $n = N/(2\,\pi\,a)$ Windungen pro Längeneinheit. Mit $\ln b/a = \ln\,(1+h/a) \approx h/a$ erhalten wir $L \approx [\mu_0\,(2\,\pi\,a\,n)^2\,h^2]/(2\,\pi\,a) = \mu_0\,n^2\,A\,\ell$, wie für eine gerade Spule zu erwarten.

Kapitel 27

Magnetismus in Materie

27.1 a) $B = B_0 = \mu_0 n I = \mu_0 (N/\ell) I = 0{,}0101$ T.   b) $B_0 = 0{,}0101$ T, wie in Teil a). Mit der Magnetisierung M ist $B = B_0 + \mu_0 M = 1{,}52$ T.

27.2 Wie wir am Vorzeichen der magnetischen Suszeptibilität erkennen, sind Wasserstoff, Kohlendioxid und Stickstoff diamagnetisch, während Sauerstoff paramagnetisch ist.

27.3 a) Das Feld wird schwächer. Es gilt $\Delta B/B_0 = [B_0 - B_0 (1+\chi_m)]/B_0 = -\chi_m = -6{,}8 \cdot 10^{-5}$. Also beträgt die Abnahme $6{,}8 \cdot 10^{-3}$ Prozent.   b) Die Selbstinduktion ist $L = \phi_m/I = BNA/I$; daher nimmt sie ebenfalls ab, und zwar um denselben Prozentsatz wie das Feld B.

27.4 Mit Hilfe der Resultate von Aufgabe 3 ergibt sich der Prozentsatz der Änderung zu $(100)\,\Delta B/B_0 = -(100)\,\chi_m$. Daher ergibt sich aus einer Abnahme um 0,004 Prozent hier $\chi_m = (-0{,}004)/(-100) = 4 \cdot 10^{-5}$.

27.5 a) $B_0 = \mu_0 n I = 0{,}0628$ T.   b) Für Aluminium ist $\chi_m = 2{,}3 \cdot 10^{-5}$. Daraus folgt, auf drei Stellen genau, $B = B_0 (1 + \chi_m) = 0{,}0628$ T. Tatsächlich ist B um $2{,}3 \cdot 10^{-3}$ Prozent größer als B_0.   c) Für Silber ist $\chi_m = -2{,}6 \cdot 10^{-5}$. Daraus folgt, auf drei Stellen genau, $B = B_0 (1 + \chi_m) = 0{,}0628$ T. Tatsächlich ist B um $2{,}6 \cdot 10^{-3}$ Prozent kleiner als B_0.

27.6 Mit der molaren Masse $\mathcal{M}$ ist die Anzahl der Atome pro m^3 gegeben durch $n = N_A \varrho/\mathcal{M} = (6{,}022 \cdot 10^{23}\ \text{mol}^{-1})(8{,}7 \cdot 10^3\ \text{kg/m}^3)/(58{,}7 \cdot 10^{-3}\ \text{kg/mol}) = 8{,}92 \cdot$

10^{28} m^{-3}. Damit ist das magnetische Moment eines Ni-Atoms $m_m = M_s/n = (0{,}61\,\text{T})/(\mu_0 n) = (5{,}44 \cdot 10^{-24}\,\text{A}\cdot\text{m}^2)\,(1\,\mu_B)\,/\,(9{,}27 \cdot 10^{-24}\,\text{A}\cdot\text{m}^2) = 0{,}587\,\mu_B$.

27.7 Die Magnetisierung ist definiert als $M = \chi_m B_0/\mu_0$, und das Curie-Gesetz lautet $M = [m_m B_0/(3\,k_B T)]\,M_s$. Der Vergleich beider Beziehungen ergibt $\chi_m = m_m \mu_0 M_s/(3\,k_B T)$.

27.8 a) Mit der molaren Masse $\mathcal{M}$ ist $M_s = n\,m_m = (N_A \varrho/\mathcal{M})\,\mu_B = 5{,}58 \cdot 10^5$ A/m und $\mu_0 M_s = 0{,}701$ T.   b) Gemäß der Lösung der vorigen Aufgabe ist $\chi_m = \mu_B \mu_0 M_s/(3\,k_B T) = 5{,}23 \cdot 10^{-4}$.   c) In Teil b) wurde χ_m nach dem Curie-Gesetz berechnet. Dies läßt aber diamagnetische Effekte außer acht, die für χ_m kleinere Werte ergeben.

27.9 Es ist $\chi_m = \mu_0 M_s/B_0$. Daraus folgt hier $\chi_m = 10{,}7$. Damit ist die relative Permeabilität $\mu_r = 1 + \chi_m = 11{,}7$. Weiterhin ist die Permeabilität $\mu = \mu_0 \mu_r = 1{,}48 \cdot 10^{-5}$ H/m.

27.10 $B = \mu_r B_0 = 0{,}864$ T sowie $M = \chi_m B_0/\mu_0 = (\mu_r - 1)\,B_0/\mu_0 = 6{,}87 \cdot 10^5$ A/m.

27.11 Damit ein Feld von $5{,}53 \cdot 10^{-2}$ T auf den Magneten einwirkt, muß der Strom $I = B_0/(\mu_0 n)$ fließen. Darin ist $n = 600/(0{,}15\,\text{m})$. Es folgt $I = 11{,}0$ A.

27.12 a) $B_0 = \mu_0 n I = 0{,}0126$ T.
b) $M = (B - B_0)/\mu_0 = 1{,}36 \cdot 10^6$ A/m.
c) $\mu_r = B/B_0 = 137$.

27.13 a) Mit dem Eisenkern ist das Feld in der Spule $B = \mu_r B_0 = \mu_r (\mu_0 n I) = 0{,}0603$ T.

b) Um dieses Feld in einer Spule ohne Eisenkern zu erzeugen, muß der Strom $I = B/(\mu_0 n) = 24$ A fließen. Also muß der Strom genau um den Faktor $\mu_r = 1200$ größer als der Strom mit Eisenkern sein.

27.14 a) Das Dipolmoment des Stabes ist gleich der Sättigungsmagnetisierung M_s, multipliziert mit dem Volumen des Stabes. Dieses ist $V = (2 \cdot 10^{-4}$ m$^2)(0{,}2$ m$) = 4 \cdot 10^{-5}$ m^3. Mit der molaren Masse $\mathcal{M} = 55{,}9$ g/mol und der Dichte $\varrho = 7{,}96$ g/cm^3 folgt daraus $m_m = n V m_{m,\mathrm{Fe}} = [N_A \varrho/\mathcal{M}] V (2{,}219 \mu_B) = 70{,}5$ A $\cdot$ m^2. b) In Kapitel 24 haben wir gesehen, daß das Drehmoment gegeben ist durch $\mathbf{M} = \mathbf{m}_m \times \mathbf{B}$. Hier erhalten wir $M = m_m B = 17{,}6$ N $\cdot$ m.

27.15 a) $M = m_m/V = m_m/(\pi r^2 s) = 8{,}12 \cdot 10^3$ A/m. b) $n = m_m/\mu_B = 1{,}62 \cdot 10^{21}$ Elektronen. c) Die Magnetisierung M ist der Oberflächenstrom pro Längeneinheit, so daß folgt $I = M s = 24{,}4$ A.

27.16 a) Die Selbstinduktion ist $L = \phi_m/I$. Im vorliegenden System ist der magnetische Fluß pro Windung $\phi_{m1} = BA = \mu_r B_0 A = \mu_r \mu_0 n I A = \mu n I A$. Weil die Spule insgesamt $n \ell$ Windungen hat, ist der gesamte Fluß $\phi_m = n \ell \phi_{m1} = \mu n^2 I \ell A$. Daraus folgt $L = \phi_m/I = \mu n^2 \ell A$. Dies ist die Verallgemeinerung der Formel $\mu_0 n^2 \ell A$ für eine Spule mit Vakuum im Inneren. b) $W_m = \frac{1}{2} L I^2 = \frac{1}{2} \mu n^2 \ell A I^2$. c) Die magnetische Energiedichte ist $w_m = W_m/V = W_m/(\ell A) = \frac{1}{2} \mu n^2 I^2$. Das magnetische Feld in der Spule ist $B = \mu_r B_0 = \mu n I$. Daraus folgt $B^2 = (\mu n I)^2$ und $w_m = \frac{1}{2} B^2/\mu$.

27.17 a) $V = m_m/M = 6 \cdot 10^{13}$ m^3.
b) $r = [3 V/(4 \pi)]^{1/3} = 24{,}3$ km.

27.18 a) In diesem einfachen Modell ist die Magnetisierung $M = \nu M_s$. Nach dem Curie-Gesetz ist $M = [m_m B/(3_B k T)] M_s$. Durch Gleichsetzen erhalten wir $\nu = m_m B/(3 k_B T)$.
b) Hier ist $\nu = 7{,}46 \cdot 10^{-4}$.

27.19 Damit $\mu_r = 1$ ist, muß gelten $\chi_m = 0$. Wenn die Suszeptibilität χ eines Gases proportional zur Anzahldichte n seiner Teilchen ist, so ist die gesamte Suszeptibilität hier proportional zu $n_O \chi_O + n_N \chi_N$. Dies setzen wir null und erhalten $n_O/n_N = -\chi_N/\chi_O = 0{,}00239$. Daraus folgt $n_N = 418 n_O$.

27.20 Bei einer Spule gilt $B_0 = \mu_0 n I$ und damit $n I = B_0/\mu_0$. Wir rechnen die Werte in der linken Tabellenspalte in die B_0-Werte um, indem wir mit μ_0 multiplizieren. Weiterhin ist $\mu_r = B/B_0 = B/(\mu_0 n I)$. Auch diese Werte erhalten wir aus der Tabelle. Mit den entsprechenden Umrechnungen ergeben sich folgende Diagramme:

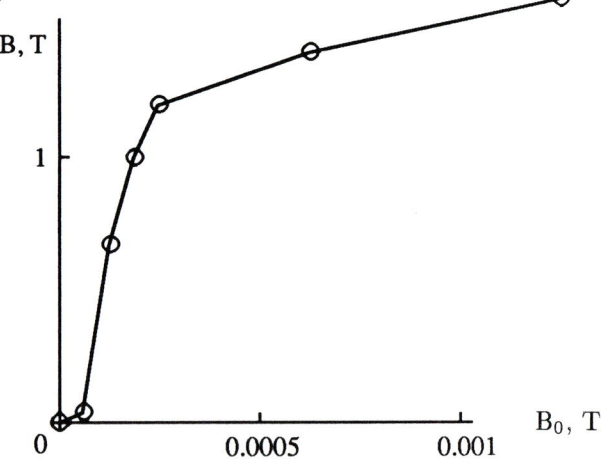

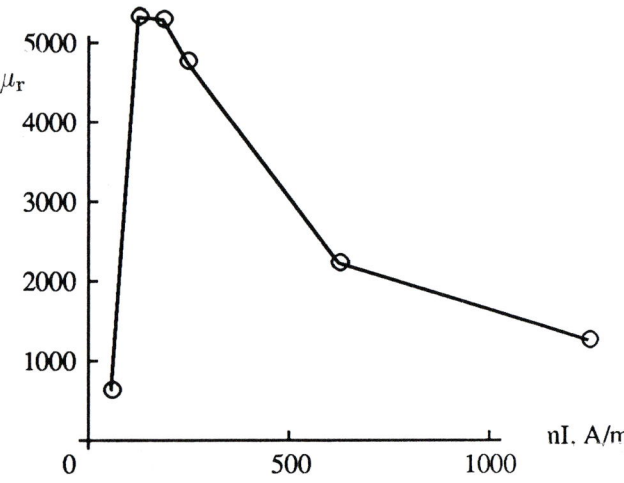

27.21 Um B_0 zu ermitteln, wenden wir das Ampère-Gesetz auf einen Kreis mit dem Radius R und dem Mittelpunkt in der Mitte des Kreisrings (Torus) an. Es ergibt sich $B_0(2\pi R) = \mu_0 N I$. Dabei müssen wir berücksichtigen, daß jede der N Windungen den Strom I führt. Damit folgt $B_0 = \mu_0 N I/(2\pi R)$. Die Magnetisierung ist überall parallel zu $\mathbf{B}_0$. Daher ist der Betrag des gesamten Feldes $B = B_0 + \mu_0 M = \mu_0 N I/(2\pi R) + \mu_0 M$.

27.22 Es gilt $B_0 = \mu_0 N I/(2\pi R)$, wie in der vorigen Aufgabe. a) Die Magnetisierung ist $M = \chi_m B_0/\mu_0 = \chi_m N I/(2\pi R) = 95,5$ A/m. b) $B = B_0 + \mu_0 M = (1,004) B_0 = 0,0301$ T. c) $\Delta B/B_0 = \chi_m = 0,004$. Also steigt B durch den Sauerstoff um 0,4 Prozent an.

27.23 a) Die Magnetisierung ist $M = (B - B_0)/\mu_0$. Darin ist $B_0 = \mu_0 N I/(2\pi R) = 0,02$ T und $B = 1,8$ T. Damit ist die Magnetisierung $M = 1,42 \cdot 10^6$ A/m. b) Es ist $\mu_r = B/B_0 = 90$ und $\mu = \mu_0 \mu_r = 90 \mu_0 = 1,13 \cdot 10^{-4}$ T·m/A und $\chi_m = \mu_r - 1 = 89$.

27.24 a) Das magnetische Feld eines einzelnen Drahts ist $B = \mu_0 I/(2\pi r)$. Wenn sich der Draht in einem Medium mit der relativen Permeabilität μ_r befindet, so ist das Feld $B = \mu_r \mu_0 I/(2\pi r)$. Hier sei d der Abstand zum Mittelpunkt. Weil die Drähte Ströme in entgegengesetzten Richtungen führen, addieren sich ihre Felder am Mittelpunkt. Dort ist $B = 2\mu_r \mu_0 I/(2\pi d) = 0,096$ T. b) Wegen $F = I \ell B$ ist die Kraft pro Längeneinheit $F/\ell = IB$. Darin ist B das Feld an einem Draht, das vom anderen herrührt. Daraus folgt $B = \mu_r \mu_0 I/(2\pi 2 d)$ und $F/\ell = 0,96$ N/m.

27.25 Ein Stabmagnet mit dem magnetischen Moment $\mathbf{m}_m$ erfährt in einem Feld $\mathbf{B}$ das Drehmoment $\mathbf{M} = \mathbf{m}_m \times \mathbf{B}$. Also wird sich der Magnet nach den Feldlinien ausrichten. Wird er um den kleinen Winkel θ ausgelenkt, ist das Drehmoment $M = -m_m B \sin\theta \approx -m_m B \theta$. Das

Minuszeichen zeigt an, daß das Drehmoment der Änderung entgegenwirkt. Mit dem Trägheitsmoment I gilt $M = I\,d^2\theta/dt^2$ und daher $-m_m B \theta = I\,d^2\theta/dt^2$. Um die Gleichung zu lösen, setzen wir $\theta = \theta_0 \cos\omega t$ und erhalten $-m_m B \theta_0 \cos\omega t = -I\omega^2 \theta_0 \cos\omega t$ und daraus $\omega^2 = m_m B/I$. Mit $\omega = 2\pi\nu$ ist die Frequenz der Schwingung $\nu = [1/(2\pi)](m_m B/I)^{1/2}$.

27.26 Mit der molaren Masse $\mathcal{M} = 55,9$ g/mol und der Dichte $\varrho = 7,96$ g/cm³ sowie dem Volumen $V = A\ell = 2,4 \cdot 10^{-7}$ m³ ist das magnetische Moment des Eisenstabes $m_m = (N_A \varrho/\mathcal{M}) V (2,2\mu_B) = 0,42$ A·m². Der Stab ist in seiner Mitte aufgehängt; daher ist das Trägheitsmoment $I = m\ell^2/12 = \varrho V \ell^2/12 = 1,02 \cdot 10^{-6}$ kg·m². Damit und mit der Lösung der vorigen Aufgabe erhalten wir für die Frequenz der Schwingung mit kleiner Amplitude $\nu = [1/(2\pi)](m_m B/I)^{1/2} = 0,722$ Hz.

27.27 a) Mit der Lösung von Aufgabe 25 erhalten wir das magnetische Moment der Kompaßnadel $m_m = 4\pi^2 \nu^2 I/B = \frac{1}{3}\pi^3 \nu^2 \varrho r^2 \ell^3/B = 0,0524$ A·m². b) Die Magnetisierung ist $M = m_m/V = m_m/(\pi r^2 \ell) = 7,70 \cdot 10^5$ A/m. c) Die Magnetisierung M hat die Dimension Stromstärke pro Länge und ist gleich dem Oberflächenstrom pro Längeneinheit entlang der Nadel; es folgt $I = M\ell = 2,31 \cdot 10^4$ A.

27.28 a) Der Radius des Drahtes ist $R = 1$ mm. Wenn der Strom gleichmäßig über der Querschnittsfläche verteilt ist, dann ist der Strom bis zum Radius $r < R$ gegeben durch $I r^2/R^2$. Aus dem Ampère-Gesetz ergibt sich dann $B(2\pi r) = \mu_0 I r^2/R^2$ und daraus $B = \mu_0 I r/(2\pi R^2) = (8 r)$ T. Darin ist r in m einzusetzen. b) Der Draht erzeugt im ferromagnetischen Material das Feld $B_0 = \mu_0 I/(2\pi r)$. Für 1 mm $< r <$ 4 mm ergibt sich $B = \mu_r B_0 = [(3,2 \cdot 10^{-3})/r]$ T. Es ist r in m einzusetzen. c) Außerhalb des ferromagnetischen Materials ist, wieder mit r in m, das Feld $B_0 = \mu_0 I/(2\pi r) = [(8 \cdot 10^{-6})/r]$ T. In der Abbildung sind mit $\mu_r = 4$ die Ergebnisse der Teile a) bis c) aufgetragen.

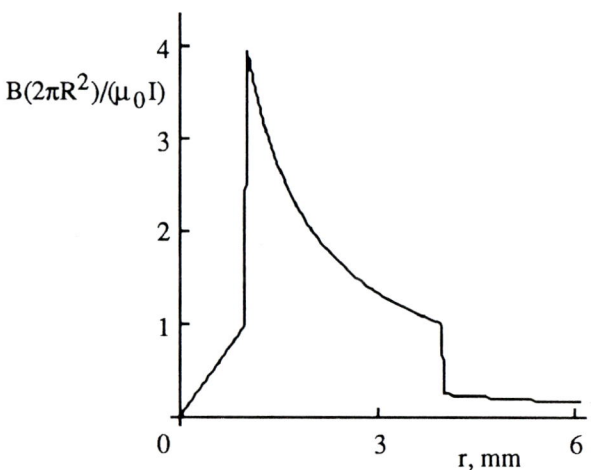

Mit $\mu_r = 400$ ergibt sich ein sehr ähnliches Diagramm, bei dem aber der Sprung in B 100-mal größer ist. d) Das Feld im ferromagnetischen Gebiet entsteht durch den Strom I_{Dr} im Draht und den induzierten Strom I_{ind} auf der inneren Oberfläche des ferromagnetischen Materials. Es ist $B = (3{,}2 \cdot 10^{-3})/r = [\mu_0/(2\pi r)](I_{Dr} + I_{ind})$. Daraus folgt $I_{ind} = (3{,}2 \cdot 10^{-3})/(2 \cdot 10^6) - I_{Dr} = 1560$ A. Weil dieser Strom positiv ist, hat er dieselbe Richtung wie der Strom im Draht. Der gleiche Strom fließt auch an der äußeren Oberfläche des ferromagnetischen Materials, aber in entgegengesetzter Richtung. Daher ist innerhalb des ferromagnetischen Gebiets das Feld das gleiche, als wenn der Draht einen Strom von 1600 A führte anstatt von 40 A.

27.29 Wie im Text erläutert, gilt $\Delta v = e\, r B/(2 m_e)$. Mit $v = r\omega$ folgt $\Delta\omega = \Delta v/r = e\, B/(2 m_e)$.

27.30 Mit dem im Text gegebenen Ergebnis ist der Drehimpulsbetrag $L = (2 m_e/e) m_m = (2 m_e/e) M_s V = (2 m_e/e) M_s (\pi r^2 \ell)$. Er ist verknüpft mit dem magnetischen Moment des Stabes, das entlang dessen Längsachse ausgerichtet ist. Wenn der Stab um diese Achse rotiert, ist sein Drehimpuls $L = I\omega$. Darin ist I das Trägheitsmoment einer Scheibe. Es folgt $L = \frac{1}{2} m r^2 \omega = \frac{1}{2}(\varrho \pi r^2 \ell) r^2 \omega$. Das setzen wir gleich dem Ausdruck für den Drehimpuls und erhalten $\omega = 4 m_e M_s/(e \varrho r^2) = 4{,}92 \cdot 10^{-5}$ s^{-1}. Das ist eine äußerst geringe Frequenz.

27.31 a) Wir nehmen an, das Feld ändere sich in dem schmalen Zwischenraum nicht. Dann ist hier die magnetische Energiedichte $w_m = \frac{1}{2} B^2/\mu_0$. Der Anstieg der magnetischen Energie ist gleich dem Produkt von magnetischer Energiedichte und Volumenzunahme: $dW_m = w_m A\, dx = [B^2 A/(2\mu_0)]\, dx$. b) Die Arbeit, die aufzuwenden ist, um die Teile um die Strecke dx auseinanderzuziehen, ist $F\, dx = dW_m$. Daraus folgt $F = B^2 A/(2\mu_0) = 1{,}25$ N.

27.32 Auf das Proton wird durch das Feld ein Drehmoment ausgeübt, das gegeben ist durch $\mathbf{M} = \mathbf{m}_m \times \mathbf{B} = d\mathbf{L}/dt$. Der Drehimpuls $\mathbf{L}$ und das magnetische Moment $\mathbf{m}_m$ hängen zusammen über $\mathbf{m}_m = [e/(2 m_P)]\mathbf{L}$. Daraus folgt $d\mathbf{m}_m/dt = -[e/(2 m_P)]\mathbf{B} \times \mathbf{m}_m = \boldsymbol{\Omega} \times \mathbf{m}_m$. Darin ist $\boldsymbol{\Omega} = -[e\mathbf{B}/(2 m_P)]$. Dies bedeutet: $\mathbf{m}_m$ führt eine Präzession um eine Achse aus, die die Richtung von $\boldsymbol{\Omega}$ hat. Die Kreisfrequenz der Präzession ist $[eB/(2 m_P)]$.

27.33 a) Das magnetische Feld zwischen den Platten ist homogen und liegt parallel zu den Platten; außerhalb der Platten ist das Feld null. Wir wenden nun das Ampère-Gesetz auf einen Weg der Länge ℓ und der Breite h an. Es ergibt sich $B\ell = \mu_0 (I/\ell)\ell$ bzw. $B_0 = \mu_0 I/\ell = 3{,}02 \cdot 10^{-4}$ T. b) $B = \mu_r B_0 = 0{,}121$ T. c) $w_m = \frac{1}{2} B^2/\mu_0 = \frac{1}{2}(B_0^2/\mu_0)\mu_r = 14{,}5$ J/m^3.

27.34 a) Der Impuls, der zu einer Zu- oder Abnahme der Geschwindigkeit des Elektrons führt, wird in den Teilen b) und c) besprochen. Hier betrachten wir die Geschwindigkeitsänderung, die notwendig ist, um den Bahnradius r konstant zu halten. Dieser wird bestimmt durch die elektrostatische Anziehung zwischen Elektron und Kern; es gilt $m v^2/r = [1/(4\pi\varepsilon_0)] q q'/r^2$. Nun werde ein infinitesimales Feld dB angelegt, das eine zusätzliche radiale Kraft bewirkt; deren Betrag ist $q v\, dB$. Dadurch verändert sich die Geschwindigkeit von v auf $v + dv$. Im vorliegenden Fall ist $m(v + dv)^2/r = [1/(4\pi\varepsilon_0)] q q'/r^2 +$

$q\,(v + \mathrm{d}v)\,\mathrm{d}B = m\,v^2/r + q\,(v + \mathrm{d}v)\,\mathrm{d}B$. Umstellen dieses Ausdrucks und Vernachlässigen der Terme, die zweiter Ordnung in den Differentialen sind, ergibt $(2\,m\,v/r)\,\mathrm{d}v = q\,v\,\mathrm{d}B$. Daraus folgt $\mathrm{d}v = [q\,r/(2\,m)]\,\mathrm{d}B$. Wir integrieren und erhalten $\Delta v = [q\,r/(2\,m)]\,\Delta B$. Dies ist die Änderung der Geschwindigkeit, die den Bahnradius konstant hält.   b) Der magnetische Fluß durch die Bahnkurve ist $\phi_{\mathrm{m}} = B\,\pi\,r^2$. Daher ist der Betrag der induzierten Spannung $|U_{\mathrm{ind}}| = \mathrm{d}\phi_{\mathrm{m}}/\mathrm{d}t = \pi\,r^2\,\mathrm{d}B/\mathrm{d}t$. Die induzierte Spannung ist aber auch gleich dem Linienintegral des elektrischen Feldes über der Bahnkurve: $\pi\,r^2\,\mathrm{d}B/\mathrm{d}t = E\,(2\,\pi\,r)$ bzw. $E = \frac{1}{2}\,r\,\mathrm{d}B/\mathrm{d}t$.

c) Mit $F = q\,E = m\,\mathrm{d}v/\mathrm{d}t$ erhalten wir $\mathrm{d}v/\mathrm{d}t = [q\,r/(2\,m)]\,\mathrm{d}B/\mathrm{d}t$ und $\mathrm{d}v = [q\,r/(2\,m)]\,\mathrm{d}B$. Wenn wir dies integrieren, erkennen wir, daß die Geschwindigkeitsänderung infolge des Anstiegs des magnetischen Feldes von 0 auf B gegeben ist durch $\Delta v = [q\,r/(2\,m)]\,B$. Dies ist die gleiche Änderung wie die zum Aufrechterhalten des Bahnradius erforderliche.

27.35 Im Text wurde gezeigt: Das induzierte magnetische Moment eines Elektrons in einer Umlaufbahn senkrecht zu $\mathbf{B}_0$ ist $\Delta m_{\mathrm{m}} = -[q^2\,r^2/(4\,m_{\mathrm{e}})]\,B_0$. Wir betrachten ein Atom mit Z Elektronen und nehmen an, daß $\frac{1}{3}$ von diesen im Mittel eine Bahn senkrecht zu $\mathbf{B}_0$ hat. Dann ist das induzierte magnetische Moment pro Atom $\Delta m_{\mathrm{m,At}} = -[Z\,q^2\,r^2/(12\,m_{\mathrm{e}})]\,B_0$. Die dadurch bewirkte Magnetisierung ist $M = n\,\Delta m_{\mathrm{m,At}} = -[n\,Z^2\,q^2\,r^2/(12\,m_{\mathrm{e}})]\,B_0$. Damit ist die magnetische Suszeptibilität $\chi_{\mathrm{m}} = M\,/\,(B_0/\mu_0) = -[n\,Z\,q^2\,r^2/(12\,m_{\mathrm{e}})]\,\mu_0$. Einsetzen der Werte ergibt $\chi_{\mathrm{m}} = -2{,}21 \cdot 10^{-5}$.

Kapitel 28

Wechselstromkreise

28.1 a) $I_{\text{eff}} = \langle P \rangle / U_{\text{eff}} = (100 \text{ W}) / (220 \text{ V}) = 0,455 \text{ A}.$ b) $I_0 = \sqrt{2}\, I_{\text{eff}} = 0,643 \text{ A}.$
c) $P_0 = 2\langle P \rangle = 200 \text{ W}.$

28.2 a) $\omega = 2\pi\nu = 2\pi\,(60 \text{ Hz}) = 377 \text{ s}^{-1}.$
b) $I_0 = U_0 / R = (12 \text{ V}) / (3\,\Omega) = 4 \text{ A}$ und
$I_{\text{eff}} = I_0 / \sqrt{2} = 2,83 \text{ A}.$ c) $P_0 = U_0 I_0 = 48 \text{ W}.$
d) Weil es Zeitpunkte gibt, zu denen die Spannung und die Stromstärke null sind, ist $P_{\min} = 0$.
e) $\langle P \rangle = \frac{1}{2} P_0 = 24 \text{ W}.$

28.3 a) Bei einem maximal erlaubten Strom von $I_0 = 15 \text{ A}$ ist der effektive Strom $I_{\text{eff}} = I_0 / \sqrt{2} = 10,6 \text{ A}.$
b) Es ist $\langle P \rangle = U_{\text{eff}}\, I_{\text{eff}} = 2,33 \text{ kW}.$

28.4 Nach Definition ist der Blindwiderstand $X_L = \omega L = 2\pi\nu L$. a) $X_L = 0{,}377\,\Omega$.
b) $X_L = 3{,}77\,\Omega$. c) $X_L = 37{,}7\,\Omega$.

28.5 Der Blindwiderstand einer Spule ist $X_L = \omega L$, und der Blindwiderstand eines Kondensators ist $X_C = 1/(\omega C)$. Also ist $X_L = X_C$, wenn gilt $\omega = (LC)^{-1/2} = 2\pi\nu$. Es folgt $\nu = 1{,}59 \text{ kHz}.$

28.6 Bei $L = 3 \text{ mH}$ ist der induktive Blindwiderstand $X_L = \omega L = (2\pi\nu)(3 \cdot 10^{-3} \text{ H})$. In der Abbildung in der nächsten Spalte ist der Blindwiderstand gegen die Frequenz ν aufgetragen.

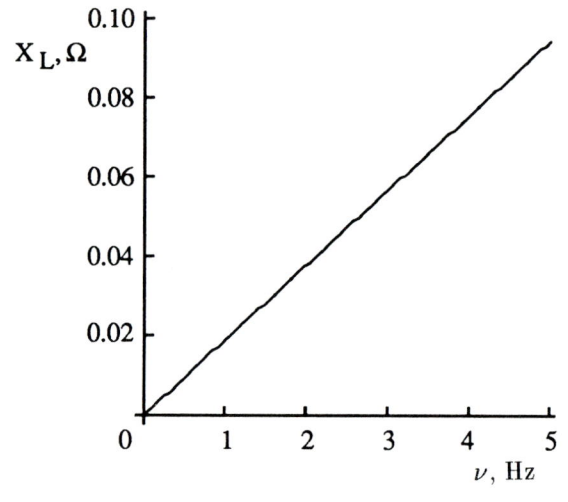

28.7 Der Blindwiderstand eines Kondensators ist $X_C = 1/(\omega C) = (2\pi\nu C)^{-1}$. a) $X_C = 2{,}65 \text{ M}\Omega$. b) $X_C = 26{,}5 \text{ k}\Omega$. c) $X_C = 26{,}5\,\Omega$.

28.8 Für $C = 100\ \mu\text{F}$ ist der Blindwiderstand $X_C = 1/(\omega C) = [(2\pi\nu)(10^{-4} \text{ F})]^{-1}$. Das Diagramm zeigt die Frequenzabhängigkeit:

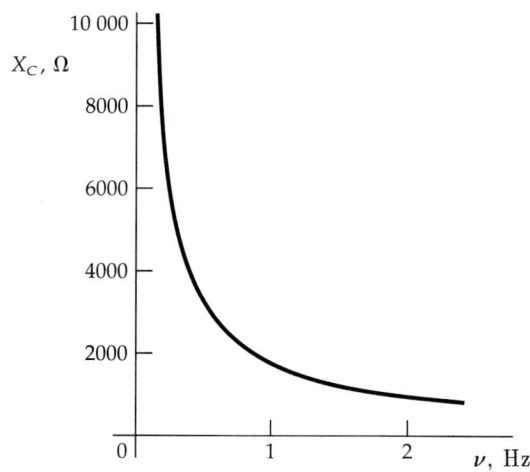

28.9 a) In diesem Stromkreis spielt der Blindwiderstand des Kondensators dieselbe Rolle wie der ohmsche Widerstand eines Widerstandsstromkreises. Daher ist $I_0 = U_0/X_C = U_0(2\pi\nu C) = 0{,}025$ A.   b) $I_{\text{eff}} = I_0/\sqrt{2} = 0{,}0178$ A.

28.10 Das Zeigerdiagramm hat folgendes Aussehen:

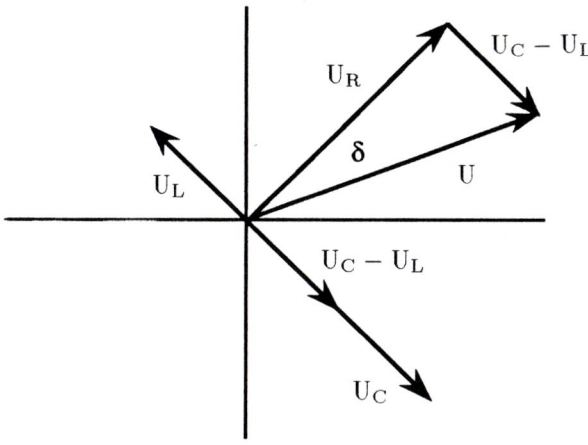

Beachten Sie, daß die resultierende Spannung U um den Winkel δ dem Strom nacheilt, dessen Vektor dieselbe Richtung hat wie der von U_R. Aus der Abbildung ergibt sich $\tan\delta = (U_C - U_L)/U_R$.

28.11 Wegen $C = q/U$ hat die Kapazität die Dimension Ladung/Spannung. Mit $U = L\,dI/dt$ ist die Einheit der Induktivität 1 H $= 1$ V$\cdot$s/A $= 1$ V$\cdot$s^2/C. Also hat LC die Einheit s^2, und $(LC)^{-1/2}$ hat die Einheit s^{-1}.

28.12 Die Kreisfrequenz ist $\omega = (LC)^{-1/2}$, und die Periode ist $T = 2\pi/\omega = 2\pi(LC)^{1/2} = 1{,}26$ ms.

28.13 a) Die Schwingungsfrequenz hängt nur vom Produkt LC ab. Daher haben alle drei Schwingkreise dieselbe Frequenz.   b) In einem LC-Kreis ist der maximale Strom $I_0 = \omega Q_0 = \omega CU$. Die drei betrachteten Kreise haben dieselbe Kreisfrequenz ω, und auch U ist gleich. Daher ist der maximale Strom proportional zu C, und I_0 ist im dritten Kreis am größten.

28.14 a) Die im System gespeicherte Energie ist gleich der anfangs im Kondensator gespeicherten Energiemenge, also $W = \frac{1}{2}CU^2 = 2{,}25$ mJ. b) $\nu = [2\pi(LC)^{1/2}]^{-1} = 712$ Hz.   c) Der maximale Strom tritt auf, wenn sich die gesamte gespeicherte Energie in der Spule befindet (und keine Energie im Kondensator ist). Dann gilt $W = \frac{1}{2}LI_0^2$. Damit ist $I_0 = (2W/L)^{1/2} = 0{,}671$ A.

28.15 a) $\omega_0 = (LC)^{-1/2} = 7071$ s^{-1}.   b) In einem RLC-Kreis gilt für den maximalen Strom allgemein $I_0 = U_0/Z$. Im Resonanzfall ist $Z = R$, und es folgt $I_{\text{eff}} = I_0/\sqrt{2} = U_0/(R\sqrt{2}) = 14{,}1$ A. c) $X_C = 1/(\omega C) = 62{,}5\ \Omega$ und $X_L = \omega L = 80\ \Omega$. d) Die Impedanz ist $Z = [R^2 + (X_C - X_L)^2]^{1/2} = 18{,}2\ \Omega$. Daraus folgt $I_{\text{eff}} = U_0/(Z\sqrt{2}) = 3{,}89$ A. e) Bei dem RLC-Kreis ist $\cos\delta = R/Z = 0{,}275$, also $\delta = 74{,}1°$. Das positive Vorzeichen gibt an, daß die Spannung dem Strom voreilt.

28.16 Die Resonanzfrequenz ist gegeben durch $\nu = [2\pi(LC)^{1/2}]^{-1}$. Daraus folgt $C = (4\pi^2\nu^2 L)^{-1}$. Für $\nu = 500$ kHz erhalten wir $C = 0{,}101\ \mu$F, und für $\nu = 1600$ kHz ist $C = 9{,}89$ nF.

28.17 Nach Definition ist der Gütefaktor $Q = \nu_0/\Delta\nu$. Wir erhalten hier $Q = 2002$.

28.18 a) Der Leistungsfaktor eines Stromkreises ist $\cos\delta = R/Z$. Im betrachteten Kreis ist $\omega = 400$ s^{-1}, und wir erhalten $X_C = 1250\ \Omega$ sowie $X_L = 800\ \Omega$. Daraus folgt $Z = [R^2 + (X_C - X_L)^2]^{1/2} = 450\ \Omega$ und der Leistungsfaktor ist schließlich $\cos\delta = 20/450 = 0{,}0444$.
b) Damit der Leistungsfaktor $0{,}5$ beträgt, muß gelten $Z = 2R = 40\ \Omega$. Das bedeutet $(X_C - X_L)^2 = [1/(\omega C) - \omega L]^2 = Z^2 - R^2 = 3R^2$. Wir berechnen den Ausdruck in der Klammer und multiplizieren mit ω^2/L^2. Das ergibt $\omega^4 - \omega^2[2/(LC) + 3R^2/L^2] + 1/(L^2C^2) = 0$. Es ist schließlich $\omega^2 = \frac{1}{2}[2/(LC) + 3R^2/L^2] \pm \frac{1}{2}\{[2/(LC) + 3R^2/L^2]^2 - 4/(L^2C^2)\}^{1/2}$ und da-

her $\omega = 491\,\mathrm{s}^{-1}$ und $\omega = 509\,\mathrm{s}^{-1}$. Die Gleichung liefert keine negativen Werte für ω.

28.19 a) $Q = \omega_0 L/R = 14{,}1$.   b) $\Delta\nu = \nu_0/Q = 79{,}6\,\mathrm{Hz}$.   c) Wie in der Lösung zu Aufgabe 15 gezeigt, ist der Leistungsfaktor $\cos\delta = 0{,}275$.

28.20 In diesem Stromkreis ist $X_L = \omega L = 0$ und $X_C = 1/(\omega C) = 125\,\Omega$ sowie $R = 80\,\Omega$. Daraus folgt $Z = [R^2 + (X_C - X_L)^2]^{1/2} = 148\,\Omega$. a) Der Leistungsfaktor ist $\cos\delta = R/Z = 0{,}539$. b) $I_{\mathrm{eff}} = U_0/(Z\sqrt{2}) = 95{,}3\,\mathrm{mA}$.   c) $\langle P\rangle = U_{\mathrm{eff}}\,I_{\mathrm{eff}}\cos\delta = (U_0/\sqrt{2})\,I_{\mathrm{eff}}\cos\delta = I_{\mathrm{eff}}^2 R = 0{,}727\,\mathrm{W}$.

28.21 a) In diesem Stromkreis ist $R = 100\,\Omega$ und $X_C = 0$ sowie $X_L = 2\pi\nu L = 151\,\Omega$. Daraus folgt $Z = 181\,\Omega$, und der Leistungsfaktor ist $\cos\delta = R/Z = 0{,}553$. b) $I_{\mathrm{eff}} = U_{\mathrm{eff}}/Z = (120\,\mathrm{V})/(181\,\Omega) = 0{,}663\,\mathrm{A}$. c) $\langle P\rangle = U_{\mathrm{eff}}\,I_{\mathrm{eff}}\cos\delta = I_{\mathrm{eff}}^2 R = 44\,\mathrm{W}$.

28.22 a) Die Spannung wird heruntergesetzt. b) Die Spannung U_2 an der Sekundärwicklung ist $U_2 = (N_2/N_1)\,U_1$. Der Index 1 bezieht sich auf die Primär- und der Index 2 auf die Sekundär-Wicklung. Hier ist der Effektivwert der Sekundärspanung $U_2 = 4{,}4\,\mathrm{V}$.   c) Der Sekundärstrom ist $I_2 = (N_1/N_2)\,I_1 = 5\,\mathrm{A}$.

28.23 $N_1 = N_2\,(U_1/U_2) = (400)\,(2000)\,/\,(240) = 3333$ Windungen.

28.24 a) Der sinusförmige Strom sei I_s, und der Halbwellenstrom sei I_h. Es gilt $I_{\mathrm{eff}} = [\langle I^2\rangle]^{1/2}$. Dann ist $\langle I_h^2\rangle = \frac{1}{2}\langle I_s^2\rangle = \frac{1}{2}(\frac{1}{2}I_0^2) = \frac{1}{4}I_0^2$. Daraus folgt $I_{h,\mathrm{eff}} = \frac{1}{2}I_0 = 1{,}75\,\mathrm{A}$.   b) Der Vollwellenstrom sei I_v. Wegen $I_v = |I_s|$ folgt $\langle I_v^2\rangle = \langle I_s^2\rangle = \frac{1}{2}I_0^2$ und $I_{v,\mathrm{eff}} = I_0/\sqrt{2} = 2{,}47\,\mathrm{A}$.

28.25 In der Abbildung ist der zeitliche Verlauf der Stromstärke skizziert. Die gepunktete Kurve gibt den Strom ohne Filter wieder, und die durchgezogene Kurve wurde mit einem Tiefpaßfilter erhalten; dieser glättet die Strom-Zeit-Kurve.

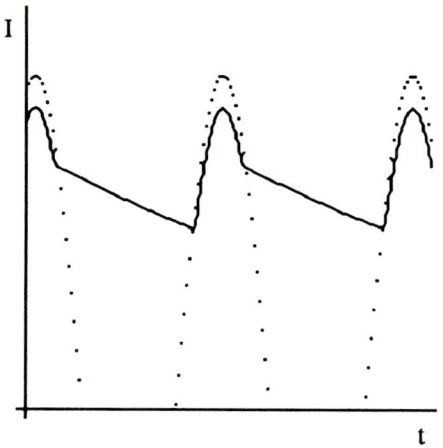

28.26 a) Es ist $U_{\mathrm{eff}} = [\langle U^2\rangle]^{1/2}$. Im vorliegenden Fall ist stets $U^2 = U_0^2$; daher gilt $\langle U^2\rangle = U_0^2$ und $U_{\mathrm{eff}} = U_0 = 12\,\mathrm{V}$.   b) Hier ist in der Hälfte der Zeit $U^2 = U_0^2$, und in der anderen Hälfte der Zeit ist $U^2 = 0$. Daraus folgt $\langle U^2\rangle = \frac{1}{2}U_0^2$ und $U_{\mathrm{eff}} = U_0/\sqrt{2} = 8{,}49\,\mathrm{V}$.

28.27 a) Der Scheitelstrom sei $I_0 = 15\,\mathrm{A}$. In einem Zehntel der Zeit ist $I^2 = I_0^2$, und in neun Zehnteln der Zeit ist $I^2 = 0$. Also ist $\langle I^2\rangle = 0{,}1\,I_0^2$ und $I_{\mathrm{eff}} = I_0/(10)^{1/2} = 4{,}74\,\mathrm{A}$.   b) Die Leistung pro Puls ist $P = U I_0 = 1500\,\mathrm{W}$. Sie wird aber nur in einem Zehntel der Zeit geliefert; damit ist die mittlere Leistung $\langle P\rangle = 150\,\mathrm{W}$.

28.28 Zunächst scheint es so, daß die Spannung über dem Widerstand 20 V beträgt. Jedoch verhalten sich die Spannungen am Widerstand und am Kondensator, wie in der Abbildung auf der nächsten Seite gezeigt. Weil U_R und U_C nicht kollinear sind, dürfen wir sie nicht einfach addieren oder subtrahieren. Vielmehr gilt, wie wir dem Diagramm auf der nächsten Seite entnehmen können, $U_R = (U^2 - U_C^2)^{1/2} = 60\,\mathrm{V}$.

Abbildung zu Lösung 28.28:

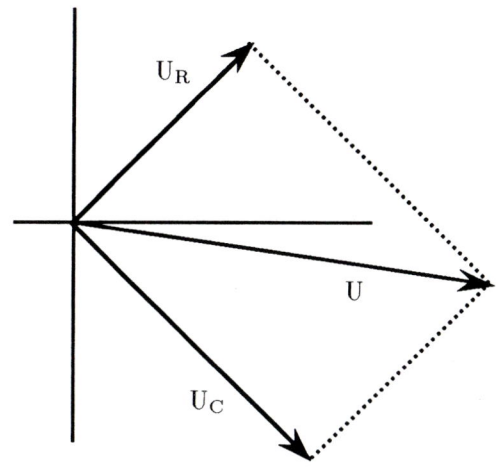

28.29 a) Mit nur einem Widerstand im Stromkreis ist $Z = R$ und damit $U_{\text{eff}}^2 R/Z^2 = (U_{\text{eff}}/R)^2 R = I_{\text{eff}}^2 R = \langle P \rangle$.   b) Für den Kondensator ist $Z = X_C$ sowie $R = 0$ und damit $\langle P \rangle = 0$, in Übereinstimmung mit $U_{\text{eff}}^2 R/Z^2$.   c) Hier ist $Z = X_L$ und $R = 0$, also $\langle P \rangle = 0$, wieder in Übereinstimmung mit der gegebenen Formel.

28.30 a) Für einen Serien-LR-Kreis gilt $Z = (R^2 + \omega^2 L^2)^{1/2}$. Diese Funktion ist in der Abbildung gegen ω aufgetragen.

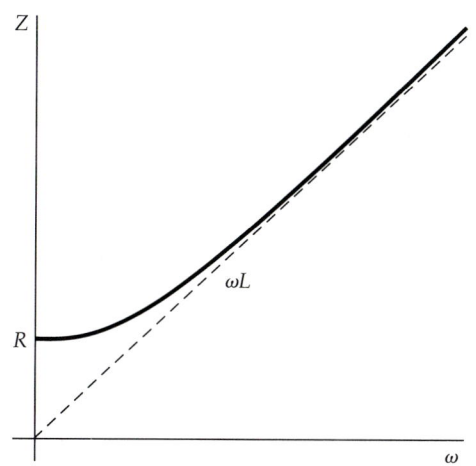

b) Für einen Serien-RC-Kreis gilt $Z = (R^2 + \omega^{-2} C^{-2})^{1/2}$. Diese Funktion ist in der nächsten Abbildung gegen ω aufgetragen.

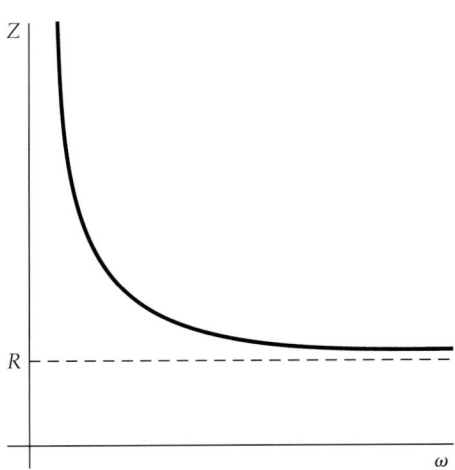

c) Für einen Serien-LCR-Kreis gilt $Z = [R^2 + (\omega L - 1/\omega C)^2]^{1/2}$. Diese Funktion ist in der nächsten Abbildung gegen ω aufgetragen.

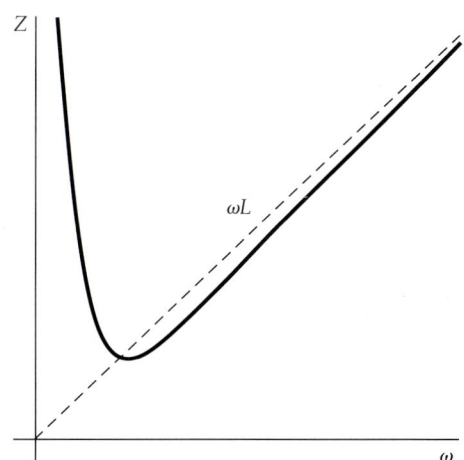

Beachten Sie, daß sich dieses System bei kleinem ω wie ein RC-Kreis verhält, dagegen bei größerem ω wie ein LR-Kreis.

28.31 Die Ladung auf dem Kondensator ist $Q = Q_0 \cos(\omega t + \delta) = (15\,\mu\text{C}) \cos[(1250\,\text{s}^{-1})\,t + \pi/4]$.   a) Der Strom ist $I = dQ/dt = -(15\,\mu\text{C})(1250\,\text{s}^{-1}) \sin[(1250\,\text{s}^{-1})\,t + \pi/4] = -(0{,}0188\,\text{A}) \sin[(1250\,\text{s}^{-1})\,t + \pi/4]$.   b) Die Kreisfrequenz im LC-Kreis ist $\omega = (LC)^{-1/2}$. Daraus folgt $C = 1/(L\omega^2) = 22{,}9\,\mu\text{F}$.
c) Die elektrische Energie ist $W_{\text{e}} = \frac{1}{2}Q^2/C = (4{,}92 \cdot 10^{-6}\,\text{J}) \cos^2[(1250\,\text{s}^{-1})\,t + \pi/4]$, und die magnetische Energie ist $W_{\text{m}} = \frac{1}{2}LI^2 = (4{,}92 \cdot 10^{-6}\,\text{J}) \sin^2[(1250\,\text{s}^{-1})\,t + \pi/4]$. Damit ist die gesamte Energie $W = W_{\text{e}} + W_{\text{m}} = 4{,}92 \cdot 10^{-6}\,\text{J} = W_{0,\text{e}} = W_{0,\text{m}}$.

28.32 Die Impedanz dieses Stromkreises ist $Z = (R^2 + \omega^2 L^2)^{1/2}$. Daraus erhalten wir $L = (Z^2 - R^2)^{1/2}/\omega = 29,2$ mH.

28.33 a) Der Strom ist hier $I = (U_1 + U_2)/R = [(5\,\text{V})/(25\,\Omega)][\cos(\omega t + \alpha) + \cos(\omega t - \alpha)]$. Mit der trigonometrischen Umformung $\cos A + \cos B = 2\cos[\frac{1}{2}(A+B)]\cos[\frac{1}{2}(A-B)]$ folgt hier $I = [(10\,\text{V})/(25\,\Omega)]\cos\alpha\cos\omega t = (0,4\,\text{A})\cos\alpha\cos\omega t$. b) Das nachstehende Vektordiagramm zeigt die beiden Spannungen und ihre Resultierende. Diese hat den Betrag $2(5\,\text{V})\cos\alpha$ und weist in die durch $\cos\omega t$ gegebene Richtung.

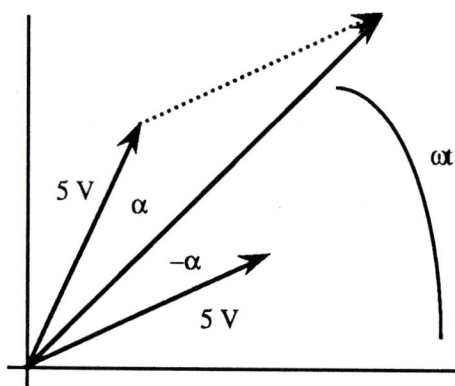

Den Strom erhalten wir aus der Division der Spannung durch den Widerstand $R = 25\,\Omega$.
c) Der Winkel zwischen U_1 und U_2 ist $2\alpha = \pi/2$. Also ist der Betrag der resultierenden Spannung $(5^2 + 7^2)^{1/2} = 8,60$ V. Weiterhin ist die Resultierende $\arctan(7/5) - \pi/4 = 0,165$ rad; sie eilt also der Winkelhalbierenden zwischen den Spannungen um diesen Winkel vor. Daraus folgt $U = (8,60\,\text{V})\cos(\omega t + 0,165)$ und $I = U/R = (0,344\,\text{A})\cos(\omega t + 0,165)$.

28.34 a) Über der Spule (mit dem Widerstand r und der Induktivität L) fallen 180 V ab. Jedoch sind U_r und U_L um 90° außer Phase. Es folgt $U_r^2 + U_L^2 = (180\,\text{V})^2$. Für den gesamten Stromkreis sind U_r und U_R in Phase; also ist $U_L^2 + (U_r + U_R)^2 = (220\,\text{V})^2$. Eliminieren von U_L ergibt $U_r = (220^2 - 180^2 - 100^2)/100 = 60\,\text{V} = Ir$. Wegen $U_R = IR = I(50\,\Omega) = 100$ V ist $I = 2$ A und damit $r = 30\,\Omega$. Daher ist $P_r = I^2 r = 120$ W. b) Wie in Teil

a) gezeigt, ist $r = 30\,\Omega$. c) Aus dem Ergebnis von Teil a) erhalten wir $U_L^2 = (180\,\text{V})^2 - U_r^2$ und damit $U_L = 170$ V. Mit $U_L/I = \omega L$ ergibt sich $L = U_L/I\omega = 0,27$ H.

28.35 a) Nach langer Zeit ist der Strom konstant, und die Spule wirkt wie ein Widerstand r. Es ist gegeben $I = U/(R + r) = (100\,\text{V})/(4\,\Omega + r) = 10$ A. Daraus folgt $r = 6\,\Omega$. b) Wenn die Spule nur mit der 220-V-Spannungsquelle verbunden ist, so wirkt sie wie ein RL-Kreis mit dem Widerstand r und der Induktivität L. Die Impedanz dieses Stromkreises ist $Z = (r^2 + \omega^2 L^2)^{1/2}$ bzw. $Z = U/I = (220\,\text{V})/(15\,\text{A}) = 14,7\,\Omega$. Daraus folgt $L = (Z^2 - r^2)^{1/2}/\omega = 42,6$ mH.

28.36 a) Der Strom in diesem Stromkreis ist $I = U/Z = (100\,\text{V})/(10\,\Omega) = 10$ A. b) In der Abbildung ist die Spannung U_R am Widerstand eingezeichnet, die mit dem Strom in Phase ist. Ebenso sind $U_L = 80$ V und die angelegte Spannung (100 V) eingetragen.

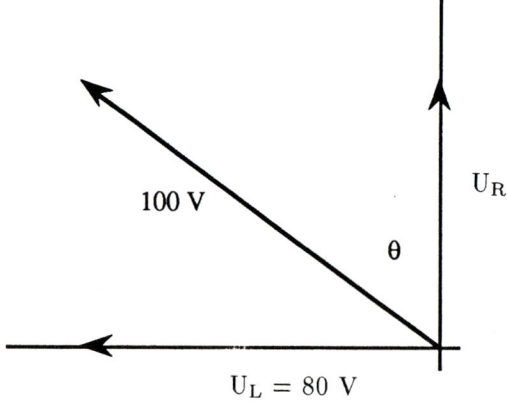

Die angelegte Spannung eilt dem Strom um den Winkel θ voraus; dabei gilt $\sin\theta = 80/100$ und daher $\theta = 53,1°$. c) Im Resonanzfall sind Strom und Spannung in Phase. Der Kreis wird betrieben mit $\omega = 2\pi\nu = 2\pi(60\,\text{Hz})$. Die Resonanzfrequenz ist $\omega = (LC)^{-1/2}$. Die einzusetzende Kapazität ist daher $C = (\omega^2 L)^{-1} = [\omega(\omega L)]^{-1} = (\omega X_L)^{-1} = 332\,\mu\text{F}$. d) Im Resonanzfall ist $X_L = X_C$ und damit $Z = R$. Der Strom ist dann $I = U/R$. Um R zu ermitteln, berücksichtigen wir, daß vor dem Einfügen des Kondensators galt: $X_L = 8\,\Omega$ und $Z = 10\,\Omega$. Also ist

$R = (Z^2 - X_L^2)^{1/2} = 6\ \Omega$. Weder der Widerstand noch X_L haben sich geändert, und es gilt $U_C = I\,X_C = I\,X_L = [(100\,\text{V})/(6\,\Omega)]\,(8\,\Omega) = 133$ V. Diese Spannung ist deutlich größer als die angelegte Spannung. Zum Vergleich: eine Folge von schwachen Stößen an ein schwingendes Pendel kann zu einer großen Amplitude führen, wenn die Frequenz der Stöße etwa gleich der Resonanzfrequenz ist.

28.37 a) Der Strom ist gegeben durch $I_{\text{eff}} = U_L/X_L = (50\,\text{V})/(\omega L) = 0{,}531$ A. Die Kapazität ist $C = I_{\text{eff}}/(\omega\,U_C) = 18{,}8\ \mu\text{F}$.   b) Weil sich kein Widerstand im Stromkreis befindet, ist $U_{\text{eff}} = I_{\text{eff}}\,Z = I_{\text{eff}}\,[(X_C - X_L)^2]^{1/2} = I_{\text{eff}}\,(X_C - X_L) = U_C - U_L = 25$ V.

28.38 Im Text ist gegeben $I_0 = U_0/[R^2 + (X_L - X_C)^2]^{1/2}$. Wir multiplizieren Zähler und Nenner mit ω. Es folgt

$$
\begin{aligned}
I_0 &= \frac{\omega\,U_0}{\sqrt{\omega^2 R^2 + \omega^2\,[\omega L - 1/(\omega C)]^2}}\\[4pt]
&= \frac{\omega\,U_0}{\sqrt{\omega^2 R^2 + (\omega^2 L - 1/C)^2}}\\[4pt]
&= \frac{\omega\,U_0}{\sqrt{\omega^2 R^2 + L^2\,[\omega^2 - 1/(L\,C)]^2}}\\[4pt]
&= \frac{\omega\,U_0}{\sqrt{\omega^2 R^2 + L^2\,(\omega^2 - \omega_0^2)^2}}.
\end{aligned}
$$

Darin ist $\omega_0 = (L\,C)^{-1/2}$.

28.39 a) Im Text ist gegeben $\tan\delta = (X_L - X_C)/R = [\omega L - 1/(\omega C)]/R$. Wir multiplizieren Zähler und Nenner mit ω und erhalten $\tan\delta = (\omega^2 L - 1/C)/(\omega R) = L\,[\omega^2 - 1/(L\,C)]/(\omega R) = L\,(\omega^2 - \omega_0^2)/(\omega R)$. Darin ist $\omega_0 = (L\,C)^{-1/2}$. b) Das Resultat von Teil a) kann auch geschrieben werden als $\tan\delta = \omega L/R - \omega_0^2 L/(\omega R) = \omega L/R - 1/(\omega R C)$. Bei sehr kleinen Frequenzen dominiert der zweite Term, und es gilt $\tan\delta \approx -1/(\omega R C)$ bzw. $\cot\delta \approx -\omega R C$. Setzen wir $\omega = 0$, so folgt $\delta = -\pi/2$. Für sehr kleines ω ist $\delta = -\pi/2 + \omega R C$.   c) Für sehr große Werte von ω dominiert im Ausdruck für $\tan\delta$ der erste

Term, und es ist $\tan\delta \approx \omega L/R$. Im Extremfall $\omega = \infty$ ist $\tan\delta = \pi/2$, und für sehr große Werte von ω ist $\delta \approx \pi/2 - R/(\omega L)$.

28.40 a) Bei $L = 0$ ist $\cos\delta = R/Z = R/(R^2 + X_C^2)^{1/2} = R/[R^2 + 1/(\omega^2 C^2)]^{1/2}$. Wir multiplizieren Zähler und Nenner mit ωC und erhalten $\cos\delta = \omega R C/(\omega^2 R^2 C^2 + 1)^{1/2}$.   b) Der Leistungsfaktor $\cos\delta$ ist in der Abbildung gegen $\omega R C$ aufgetragen.

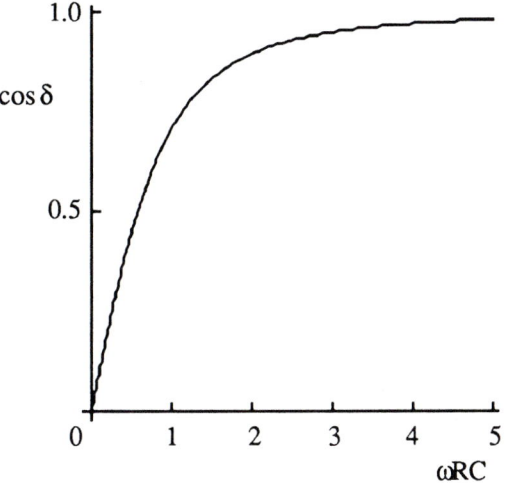

Beachten Sie, daß der Leistungsfaktor gegen 1 geht, wenn ω gegen ∞ geht. Dann verhält sich der Schwingkreis so, als wäre seine Resonanzfrequenz unendlich. Dies stimmt damit überein, daß gilt $\omega = (L\,C)^{-1/2}$, wobei $L = 0$ ist. Wenn ω gegen 0 geht, wird der Leistungsfaktor null; dies erwarten wir, weil sich dann der Kondensator wie ein geöffneter Stromkreis verhält.

28.41 Zeigerdiagramm zu Teil d):

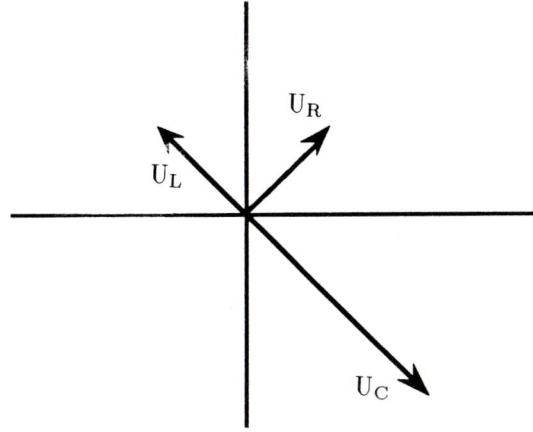

Wir bestimmen zunächst den Effektivwert des Stromes: $I_{\text{eff}} = U_{\text{eff}}/[R^2 + (\omega L - 1/\omega C)^2]^{1/2} = 2{,}24$ A.   a) $U_{AB} = U_L = I_{\text{eff}} X_L = I_{\text{eff}} \omega L = 96{,}4$ V.   b) $U_{BC} = U_R = I_{\text{eff}} R = 112$ V.
c) $U_{CD} = U_C = I_{\text{eff}} X_C = I_{\text{eff}}/(\omega C) = 285$ V.
d) Aus der obigen Abbildung geht hervor: $U_{AC} = (U_L^2 + U_R^2)^{1/2} = 148$ V.   e) Entsprechend ist $U_{BD} = (U_C^2 + U_R^2)^{1/2} = 306$ V.

28.42   a) Es ist $\omega_0 = (LC)^{-1/2} = 2{,}83 \cdot 10^3$ Hz und $\nu_0 = \omega_0/(2\pi) = 450$ Hz.   b) Der Gütefaktor ist $Q = \omega_0 L/R = 0{,}141$. Dies ist ein recht kleiner Wert.   c) Der frequenzabhängige Teil von $\langle P \rangle$ ist $\omega^2/[L^2(\omega^2 - \omega_0^2)^2 + \omega^2 R^2]$. Bei der Resonanzfrequenz ist dies gleich $1/R^2$. Damit die mittlere Leistung den halben Maximalwert hat, muß gelten $\omega^2/[L^2(\omega^2 - \omega_0^2)^2 + \omega^2 R^2] = 1/(2R^2)$. Diese Bedingung führt zu $L^2(\omega^2 - \omega_0^2)^2 = \omega^2 R^2$ bzw. $L(\omega^2 - \omega_0^2) = \pm\omega R$. Auflösen nach der Kreisfrequenz ergibt $\omega = \pm(\frac{1}{2} R/L) \pm [(\frac{1}{2} R/L)^2 + \omega_0^2]^{1/2}$. Diese Gleichung hat zwei positive Lösungen: $\omega = 20\,392\,\text{s}^{-1}$ und $\omega = 392\,\text{s}^{-1}$. Die entsprechenden Frequenzen sind $\nu = 3{,}25$ kHz und $\nu = 62{,}4$ Hz.

28.43   Wie in der Lösung zu Aufgabe 39 gezeigt, ist $\tan\delta = \omega L/R - 1/(\omega R C)$. Auflösen nach der Kapazität ergibt $C = (\omega^2 L - \omega R \tan\delta)^{-1} = 0{,}935\,\mu\text{F}$.

28.44   a) Es ist $\omega_0 = (LC)^{-1/2} = 756\,\text{s}^{-1}$ und $\nu_0 = \omega_0/(2\pi) = 120$ Hz.   b) Es gilt $\tan\delta = (X_L - X_C)/R = [\omega L - 1/(\omega C)]/R$. Auflösen nach der Kreisfrequenz ergibt $\omega = 2\pi\nu = (\frac{1}{2} R/L)\tan\delta \pm [(\frac{1}{2} R/L)^2 \tan^2\delta + \omega_0^2]^{1/2}$. Für $\delta = 60°$ ist $\nu = 356$ Hz und $\nu/\nu_0 = 2{,}96$.   c) Für $\delta = -60°$ ist $\nu = 40{,}7$ Hz und $\nu/\nu_0 = 0{,}338$.

28.45   Der Widerstand wird durch den geforderten Wert von Q bestimmt. Es gilt $Q = \omega_0 L/R$ bzw. $R = \omega_0 L/Q = 933\,\Omega$. Die Kapazität wird durch die Resonanzfrequenz bestimmt: $\omega_0 = (LC)^{-1/2}$. Es folgt $C = 1/(\omega_0^2 L) = 0{,}517$ pF.

28.46   a) Die Generatorspannung ist $U = U_0 \cos\omega t$. Daher hat der Strom im Kondensator

die Amplitude $I_C = U_0/X_C = U_0\,\omega C$. Die Spannung über dem Kondensator ist gleich der Generatorspannung; sie eilt dem Strom um 90° nach. Für die Spule ist $I_L = U_0/X_L = U_0/(\omega L)$. Die Spannung über dem Widerstand eilt dem Strom um 90° vor.   b) Aus den Ergebnissen von Teil a) folgt, daß I_C und I_L um 180° außer Phase sind. Wenn sie gleiche Beträge haben, ist der gesamte Strom durch den Generator gleich null. Dabei gilt $U_0\,\omega C = U_0/(\omega L)$ bzw. $\omega = (LC)^{-1/2} = 100\,\text{s}^{-1} = \omega_0$.   c) Bei der Frequenz ω_0 hat der Strom in der Spule und im Kondensator den Betrag $I = (100\,\text{V})(100\,\text{s}^{-1})(25\cdot10^{-6}\,\text{F}) = (100\,\text{V}) / [(100\,\text{s}^{-1})(4\,\text{H})] = \frac{1}{4}$ A.   d) Bei $X_L > X_C$ ist der Strom in der Spule kleiner als der durch den Kondensator, wie aus der Abbildung hervorgeht. Hier ist die angelegte Spannung mit U bezeichnet. Bei einem induktiven Stromkreis ist der Generatorstrom in Phase mit dem Strom im Kondensator.

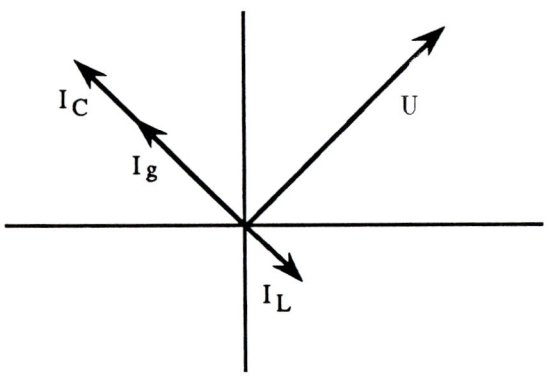

28.47   Abbildung zu Teil c):

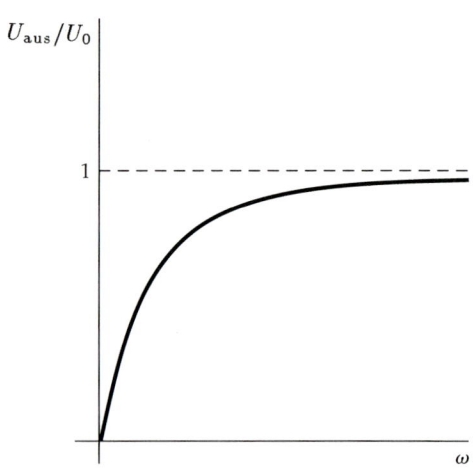

a) In diesem Stromkreis ist die Impedanz $Z = [R^2 + (X_L - X_C)^2]^{1/2} = [R^2 + 1/(\omega^2 C^2)]^{1/2}$. Daher ist die Spannung über dem Widerstand $U_{aus} = IR = (U_0/Z)\,R = U_0\,R/[R^2 + 1/(\omega^2\,C^2)]^{1/2} = U_0/[1 + 1/(\omega^2 R^2 C^2)]^{1/2}$. b) Die Ausgangsspannung ist gleich der halben Eingangsspannung, wenn gilt $\omega = (\sqrt{3}\,R\,C)^{-1}$. c) In der Abbildung auf der vorigen Seite ist U_{aus}/U_0 gegen $\omega\,R\,C$ aufgetragen. Beachten Sie, daß Hochfrequenzspannungen den Stromkreis fast ohne Änderung der Amplitude passieren, während Spannungen mit niedriger Frequenz stark gedämpft werden.

28.48 a) Die gesamte Spannung über jedem Kondensator ist $U = 24\,\text{V} + (20\,\text{V})\cos(120\,\pi\,t)$. Also sind die Ladungen auf den Kondensatoren $q_1 = C_1\,U$ und $q_2 = C_2\,U$. b) Mit den Ergebnissen von Teil a) erhalten wir $I_1 = \mathrm{d}q_1/\mathrm{d}t = -(120\,\pi)(20\,\text{V})(3\,\mu\text{F})\sin(120\,\pi\,t) = -(0{,}0226\,\text{V})\sin(120\,\pi\,t)$ und $I_2 = \mathrm{d}q_2/\mathrm{d}t = -(0{,}0113\,\text{V})\sin(120\,\pi\,t)$. Den Gesamtstrom erhalten wir durch Addition dieser Ströme: $I_{ges} = I_1 + I_2 = -(0{,}0339\,\text{V})\sin(120\,\pi\,t)$. c) Die maximale Energie ist in den Kondensatoren gespeichert, wenn die Spannung über ihnen maximal ist. Aus Teil a) wissen wir, daß die maximale Spannung 44 V beträgt. Es ist $W_{\max} = \tfrac{1}{2}C_1\,U_0^2 + \tfrac{1}{2}C_2\,U_0^2 = 4{,}36\cdot 10^{-3}\,\text{J}$. d) Der in Teil a) ermittelten Gleichung entnehmen wir, daß die minimale Spannung über den Kondensatoren 4 V beträgt. Also ist $W_{\min} = 3{,}6\cdot 10^{-5}\,\text{J}$.

28.49 a) Die Impedanz dieses Stromkreises ist $Z = (R^2 + \omega^2 L^2)^{1/2}$. Darin ist $\omega = 10\,000\,\text{s}^{-1}$ für die eine Signalquelle und $\omega = 100\,\text{s}^{-1}$ für die andere Signalquelle. Die Ausgangsspannung für die erste Quelle ist $U_1 = (U_0/Z_1)\,R$, mit $U_0 = 10\,\text{V}$ und $Z_1 = (R^2 + \omega_1^2 L^2)^{1/2}$. Es ergibt sich $U_1 = 9{,}95\,\text{V}$. Entsprechend ist für die zweite Quelle $U_2 = (U_0/Z_2)\,R = 0{,}995\,\text{V}$. Die beobachtete Ausgangsspannung ist also $U = (9{,}95\,\text{V})\cos(100\,t) + (0{,}995\,\text{V})\cos(10\,000\,t)$. b) Aus den Ergebnissen von Teil a) folgt, daß die Amplitude der Spannung mit der kleineren Frequenz 10mal größer ist als die der Spannung mit der höheren Frequenz. Daher wird in diesem Stromkreis die Spannung mit der höheren Frequenz praktisch eliminiert.

28.50 a) Den Leistungsfaktor erhalten wir aus der Relation $\cos\delta = \langle P\rangle/(U_{\text{eff}}\,I_{\text{eff}})$. Hier ist $\cos\delta = 0{,}333$. b) Die mittlere Leistung können wir auch ausdrücken als $\langle P\rangle = I_{\text{eff}}^2\,R$. Daraus folgt $R = \langle P\rangle/I_{\text{eff}}^2 = 26{,}7\,\Omega$. c) Es gilt $Z = U_{\text{eff}}/I_{\text{eff}}$ und $Z = (R^2 + X_L^2)^{1/2} = (R^2 + \omega^2 L^2)^{1/2}$. Damit ergibt sich $L = \omega^{-1}(Z^2 - R^2)^{1/2} = \omega^{-1}[(U_{\text{eff}}/I_{\text{eff}})^2 - R^2]^{1/2} = 0{,}2\,\text{H}$. d) Wie in der Abbildung gezeigt ist, eilt der Strom (der mit U_R in Phase ist) der Spannung U nach.

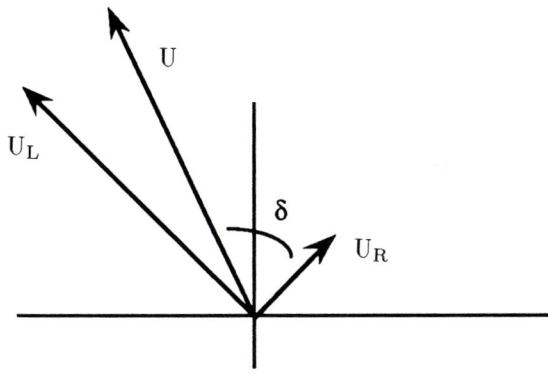

Im einzelnen gilt $U_R = (1{,}5\,\text{A})(26{,}7\,\Omega) = 40\,\text{V}$ und $U_L = (1{,}5\,\text{A})(120\,\pi\,\text{s}^{-1})(0{,}2\,\text{H}) = 113\,\text{V}$ sowie $U = 120\,\text{V}$. Aus Teil a) wissen wir, daß $\cos\delta = \tfrac{1}{3}$ ist, also $\delta = 70{,}5°$. Wegen $\cos\delta = U_R/U = \tfrac{1}{3}$ ist dies auch der Abbildung zu entnehmen.

28.51 a) Zunächst sagen die gegebenen Werte nichts über die Frequenz aus. Doch ist $X_C X_L = L/C$, unabhängig von der Frequenz. Im vorliegenden Fall ist $L/C = 64\,\Omega^2$. Weiterhin wissen wir, daß gilt $LC = \omega_0^{-2} = 10^{-8}\,\text{s}^2$. Damit haben wir 2 Bedingungen für 2 Unbekannte und erhalten $L = 0{,}8\,\text{mH}$ und $C = 12{,}5\,\mu\text{F}$. Mit diesen Werten berechnen wir die Kreisfrequenz: $\omega = X_L/L = (X_C\,C)^{-1} = 5000\,\text{s}^{-1}$. b) Nach Definition ist $Q = L\,\omega_0/R$ und damit $Q = 1{,}6$. c) Der maximale Strom bei dieser Frequenz ist $I_0 = U_0/[R^2 + (X_L - X_C)^2]^{1/2} = 2{,}0\,\text{A}$. Im Resonanzfall ist $X_L = X_C$, und der maximale Strom ist $I_0 = U_0/R = 5{,}2\,\text{A}$.

28.52 a) $I_0 = U_C/X_C = U_C\,\omega\,C = 3\,\text{A}$. b) Der maximale Strom im Stromkreis ist $I_0 =$

$U_0/Z = U_0/[R^2 + (X_C - X_L)^2]^{1/2} = U_0/\{R^2 + [1/(\omega C) - \omega L]^2\}^{1/2}$. Auflösen nach L ergibt $L = \omega^{-2} C^{-1} \pm \omega^{-1}[(U_0/I_0)^2 - R^2]^{1/2}$. Mit dem Pluszeichen erhalten wir $L = 31{,}6$ mH, und mit dem Minuszeichen ist $L = 8{,}38$ mH. Zwischen diesen beiden Werten ist die Stromstärke größer als 3 A. Daher sind zwischen 8 mH und 40 mH die sicheren Bereiche 8 mH bis 8,38 mH sowie 31,6 mH bis 40 mH.

28.53 a) $\langle P \rangle = U_0 I_0 \cos\delta = 933$ W. b) $R = \langle P \rangle / I_{\text{eff}}^2 = 7{,}71\ \Omega$. c) Aus $Z = U_{\text{eff}}/I_{\text{eff}} = \{R^2 + [1/(\omega C) - \omega L]^2\}^{1/2}$ folgt $1/(\omega C) - \omega L = \pm (Z^2 - R^2)^{1/2}$. Weil der Strom der Spannung voreilt, ist der Stromkreis kapazitiv, und es gilt $1/(\omega C) > \omega L$. Daher müssen wir das positive Vorzeichen wählen. Auflösen nach der Kapazität ergibt $C = 99{,}8\ \mu$F. d) Der Leistungsfaktor beträgt 1 im Resonanzfall, also wenn gilt $\omega L = 1/(\omega C)$. Damit ist die geforderte Induktivität $L = 1/(\omega^2 C) = 0{,}0705$ H. Eine Spule mit 0,0205 H muß also eingefügt werden, und zwar in Reihe mit der schon vorhandenen Spule. Andererseits ist die geeignete Kapazität $C = 1/(\omega^2 L) = 1{,}41 \cdot 10^{-4}\ \mu$F. Somit wird der Leistungsfaktor gleich 1, wenn ein 40,9-μF-Kondensator parallel zum schon vorhandenen Kondensator eingefügt wird.

28.54 a) Im Zweig mit R_1 ist $Z_1 = (R^2 + X_C^2)^{1/2} = 14{,}1\ \Omega$. Im Zweig mit R_2 ist $Z_2 = (R^2 + X_L^2)^{1/2} = 50\ \Omega$. b) Im Zweig mit R_1 ist $I_0 = U_0/Z_1 = (110\,\text{V})/(14{,}1\ \Omega) = 7{,}78$ A, und im Zweig mit R_2 ist die Stromamplitude $I_0 = U_0/Z_2 = 2{,}2$ A. Der Strom im Zweig 1 eilt der Spannung um δ voraus, wobei gilt $\cos\delta = R/Z_1 = 1/\sqrt{2}$ und daher $\delta = 45°$. Im Zweig 2 eilt der Strom der Spannung um δ nach, wobei gilt $\cos\delta = R/Z_2 = 4/5$ und daher $\delta = 36{,}9°$.
c) Das folgende Vektordiagramm zeigt den Strom $I_1 = 7{,}78$ A im Zweig 1, der der angelegten Spannung um 45° voreilt, und den Strom $I_2 = 2{,}2$ A im Zweig 2, der der angelegten Spannung um 36,9° nacheilt. Auch der Vektor des Gesamtstromes (8,38 A; s.u.) ist eingetragen, der der Vektorsumme beider Einzelströme entspricht.

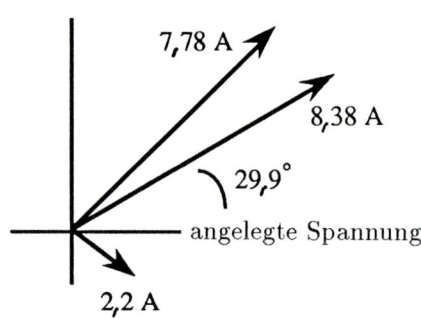

Beachten Sie, daß die Vektoren von I_1 und I_2 nicht senkrecht aufeinander stehen. Um den Gesamtstrom I_{ges} zu ermitteln, betrachten wir seine Komponenten: $(I_{\text{ges}})_x = I_1 \cos 45° + I_2 \cos 36{,}9°$ und $(I_{\text{ges}})_y = I_1 \sin 45° - I_2 \sin 36{,}9°$. Dies ergibt als Amplitude des Gesamtstromes $I_{\text{ges}} = 8{,}38$ A. Er eilt der angelegten Spannung um den Winkel θ voraus, für den gilt $\tan\theta = (I_{\text{ges}})_y/(I_{\text{ges}})_x$. Daraus folgt $\theta = 29{,}9°$.

28.55 a) Es ist $\tan\delta = (X_L - X_C)/R = [\omega L - 1/(\omega C)]/R$. Wir klammern L/ω aus und erhalten $\tan\delta = (L/\omega)[\omega^2 - 1/(LC)]/R = [L/(\omega R)](\omega^2 - \omega_0^2)$. Darin ist $\omega_0 = (LC)^{-1/2}$. Mit $Q = \omega_0 L/R$, also $L/R = Q/\omega_0$, folgt $\tan\delta = Q(\omega^2 - \omega_0^2)/(\omega\omega_0)$. b) Für Frequenzen nahe der Resonanzfrequenz ist $\omega - \omega_0 = \Delta\omega \ll 1$. Nun vernachlässigen wir Terme zweiter Ordnung in $\Delta\omega$. Es folgt $\tan\delta = Q[(\omega_0 + \Delta\omega)^2 - \omega_0^2]/(\omega\omega_0) = Q(2\omega_0\Delta\omega)/(\omega\omega_0) = 2Q\Delta\omega/\omega = 2Q(\omega - \omega_0)/\omega$. c) Die Abbildung zeigt δ als Funktion von ω/ω_0 für zwei Werte von Q.

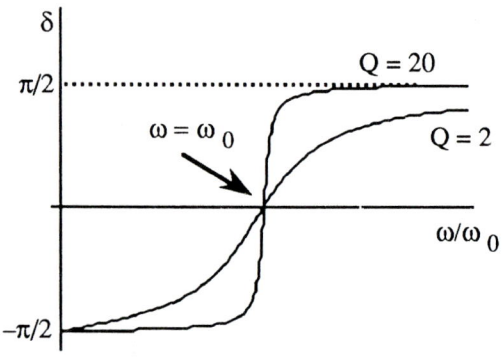

28.56 Zunächst formulieren wir Gleichung (28.51) in Abhängigkeit von $I = dq/dt$. Damit erhalten wir

$$L \frac{dI}{dt} + R I + \frac{1}{C} \int I \, dt = U_0 \cos \omega t.$$

Wegen $I = I_0 \cos(\omega t - \delta)$ ist die zeitliche Ableitung $-\omega I_0 \sin(\omega t - \delta)$, und das Integral über die Zeit ist $(I_0/\omega) \sin(\omega t - \delta)$. Daraus folgt $-\omega L I_0 \sin(\omega t - \delta) + R I_0 \cos(\omega t - \delta) + [I_0/(\omega C)] \sin(\omega t - \delta) = U_0 \cos \omega t$ bzw. $-X_L \sin(\omega t - \delta) + R \cos(\omega t - \delta) + X_C \sin(\omega t - \delta) = (U_0/I_0) \cos \omega t = Z \cos \omega t$. Wir verwenden nun die trigonometrischen Umformungen $\sin(A + B) = \sin A \cos B + \cos A \sin B$ und $\cos(A + B) = \cos A \cos B - \sin A \sin B$. Nun fassen wir entsprechende Terme zusammen und erhalten $(-X_L \cos \delta + R \sin \delta + X_C \cos \delta) \sin \omega t + (X_L \sin \delta + R \cos \delta - X_C \sin \delta - Z) \cos \omega t = 0$. Wir setzen den Koeffizienten von $\sin \omega t$ null; das ergibt, wie erwartet, $\tan \delta = (X_L - X_C)/R$. Der Koeffizient von $\cos \omega t$ ist deshalb $(X_L - X_C) \sin \delta + R \cos \delta - Z = 0$. Daraus folgt $\tan \delta \sin \delta + \cos \delta - 1/(\cos \delta) = 0$. Schließlich multiplizieren wir mit $\cos \delta$ und erhalten $\sin^2 \delta + \cos^2 \delta - 1 = 0$. Weil dies für alle Werte von δ gilt, ist die Lösung damit verifiziert.

28.57 a) $Z = U_{\text{eff}}/I_{\text{eff}} = 22 \ \Omega$.   b) Mit dem Widerstand R und dem Blindwiderstand X ist $(R^2 + X^2)^{1/2} = Z = 22 \ \Omega$. Wir haben zwei Unbekannte und brauchen daher eine zweite Gleichung. Diese erhalten wir mit $\tan \delta = X/R$ und daraus, daß gilt $\cos \delta = \langle P \rangle/(U_{\text{eff}} I_{\text{eff}}) = 0{,}327$. Damit ist $\tan \delta = (1 - \cos^2 \delta)^{1/2}/(\cos \delta) = 2{,}89$ und $X = 2{,}89 \, R$. Aus diesen beiden Bedingungen folgt $R = 3{,}93 \ \Omega$ und $X = 11{,}3 \ \Omega$.   c) Wenn der Strom der Spannung voreilt, ist der Blindwiderstand kapazitiv.

28.58 a) Gemäß der Kirchhoffschen Regel gilt für den Stromkreis $U - L \, dI/dt - q/C = 0$. Mit $I = dq/dt$ ergibt sich $L \, d^2q/dt^2 + q/C = U = U_0 \cos \omega t$.   b) Aus $q = q_0 \cos \omega t$ folgt $dq/dt = -\omega q_0 \sin \omega t$ und $d^2q/dt^2 = -\omega^2 q_0 \cos \omega t = -\omega^2 q$. Einsetzen in die Gleichung ergibt $-\omega^2 L q_0 + q_0/C = U_0$. Dabei wurde die Gleichung durch $\cos \omega t$ dividiert. Umstellen führt zu $q_0(-\omega^2 L + 1/C) = -q_0 L(\omega^2 - \omega_0^2) = U_0$. Darin ist $\omega_0^2 = 1/(L C)$. Schließlich erhalten wir,

wie erwartet, $q_0 = -U_0/[L(\omega^2 - \omega_0^2)]$.   c) Aus der Definition für den Strom folgt $I = dq/dt = -\omega q_0 \sin \omega t = \{\omega U_0/[L(\omega^2 - \omega_0^2)]\} \sin \omega t$. Wir können für den maximalen Strom schreiben $I_0 = \omega U_0/(L |\omega^2 - \omega_0^2|) = U_0/|\omega L - 1/(\omega C)| = U_0/|X_L - X_C|$. Dann ist für $\omega > \omega_0$ der Strom $I = I_0 \sin \omega t = I_0 \cos(\omega t - \delta)$, mit $\delta = 90°$. Für $\omega < \omega_0$ ist der Strom $I = -I_0 \sin \omega t = I_0 \cos(\omega t - \delta)$, wobei hier $\delta = -90°$ ist.

28.59 a) Das System ist in Resonanz, so daß gilt $L = 1/(\omega_0^2 C) = 4 \ \text{mH}$.   b) Im Resonanzfall ist $Z = R$; also ist $I_0 = U_0/R = 0{,}1 \ \text{A}$.

28.60 a) Wir wenden die Kirchhoffsche Regel auf den ersten Zweig an; hier gilt $U - I_R R = 0$ bzw. $I_R = (U_0/R) \cos \omega t$.   b) Entsprechend gilt für den zweiten Zweig $U - L \, dI_L/dt = 0$ bzw. $dI_L/dt = U/L = (U_0/L) \cos \omega t$. Daher muß gelten $I_L = [U_0/(\omega L)] \sin \omega t = (U_0/X_L) \cos(\omega t - 90°)$.   c) Der gesamte durch die Spannungsquelle fließende Strom ist $I = I_R + I_L = U_0 [(1/R) \cos \omega t + (1/X_L) \sin \omega t]$. Dies wollen wir in der Form $I = I_0 \cos(\omega t - \delta)$ schreiben. Dazu beachten wir, daß gilt $I_0 \cos(\omega t - \delta) = I_0 (\cos \omega t \cos \delta + \sin \omega t \sin \delta)$. Der Vergleich mit dem Ausdruck für I ergibt folgende Identitäten: $I_0 \cos \delta = U_0/R$ und $I_0 \sin \delta = U_0/X_L$. Dividieren dieser Gleichungen liefert unmittelbar $\tan \delta = R/X_L$. Schließlich ist $I_0^2 \cos^2 \delta + I_0^2 \sin^2 \delta = I_0^2 = U_0^2 (1/R^2 + 1/X_L^2)$ und $I_0 = U_0/Z$, wobei gilt $1/Z^2 = 1/R^2 + 1/X_L^2$.

28.61 a) Wie in der vorigen Aufgabe wenden wir die Kirchhoffsche Regel auf den ersten Zweig an; hier gilt $U - I_R R = 0$ bzw. $I_R = (U_0/R) \cos \omega t$.   b) Entsprechend gilt für den zweiten Zweig $U - q/C = 0$ bzw. $q = C U = C U_0 \cos \omega t$. Daher muß gelten $I_C = -(\omega C U_0) \sin \omega t = (U_0/X_C) \cos(\omega t + 90°)$.   c) Der gesamte durch die Spannungsquelle fließende Strom ist $I = I_R + I_C = U_0 [(1/R) \cos \omega t + (1/X_C) \sin \omega t]$. Dies wollen wir in der Form $I = I_0 \cos(\omega t + \delta)$ schreiben. Dazu beachten wir, daß gilt $I_0 \cos(\omega t + \delta) = I_0 (\cos \omega t \cos \delta - \sin \omega t \sin \delta)$.

Der Vergleich mit dem Ausdruck für I ergibt folgende Identitäten: $I_0 \cos\delta = U_0/R$ und $I_0 \sin\delta = U_0/X_C$. Dividieren dieser Gleichungen liefert unmittelbar $\tan\delta = R/X_C$. Schließlich ist $I_0^2 \cos^2\delta + I_0^2 \sin^2\delta = I_0^2 = U_0^2 (1/R^2 + 1/X_C^2)$ und $I_0 = U_0/Z$, wobei gilt $1/Z^2 = 1/R^2 + 1/X_C^2$.

28.62   Nahe der Resonanzfrequenz ist die Leistung gleich der halben Maximalleistung, wenn gilt $L^2 (\omega^2 - \omega_0^2)^2 + \omega^2 R^2 \approx 2\omega_0^2 R^2$ bzw. $L^2 (\omega^2 - \omega_0^2)^2 \approx \omega_0^2 R^2$. Wegen $\omega^2 - \omega_0^2 = (\omega + \omega_0)(\omega - \omega_0)$ folgt $(\omega^2 - \omega_0^2)^2 = (\omega + \omega_0)^2 (\omega - \omega_0)^2 \approx \omega_0^2 R^2/L^2$. Weil die Frequenz nicht sehr von der Resonanzfrequenz abweicht, können wir schreiben $\omega + \omega_0 \approx 2\omega_0$ und daher $(\omega - \omega_0)^2 \approx [R/(2L)]^2$ bzw. $|\omega - \omega_0| \approx R/(2L)$. Diese Gleichung hat zwei Lösungen: $\omega_1 = \omega_0 - R/(2L)$ und $\omega_2 = \omega_0 + R/(2L)$. Damit ist $\Delta\omega = \omega_2 - \omega_1 = R/L = 2\pi\Delta\nu$. Wir wissen, daß gilt $Q = \omega_0 L/R$. Damit folgt hier $Q = \omega_0/\Delta\omega = \nu_0/\Delta\nu$.

28.63   Mit den allgemeinen Beziehungen für den Transformator erhalten wir $I_1 = (-N_2/N_1) I_2 = (-N_2/N_1)(-N_2/N_1)(U/Z) = (N_2/N_1)^2 (U/Z)$. Daher ist $I_1 = U/Z_{\text{eff}}$, mit $Z_{\text{eff}} = (N_1/N_2)^2 Z$.

28.64   Wir benötigen die ersten beiden zeitlichen Ableitungen von $q = q_0 e^{-Rt/2L} \cos\omega't$. Diese sind gegeben durch $I = dq/dt = (q_0 e^{-Rt/2L})[-\omega' \sin\omega't - (R/2L)\cos\omega't]$ sowie durch $d^2q/dt^2 = (q_0 e^{-Rt/2L})\{[(R/2L)^2 - (\omega')^2]\cos\omega't + (R\omega'/L)\sin\omega't\}$. Diese Beziehungen setzen wir ein in $L\, d^2q/dt^2 + q/C + R\, dq/dt$. Dabei fallen die Terme mit $\sin\omega't$ heraus. Dividieren der Gleichung durch $L q_0 e^{-Rt/2L}$ ergibt den Koeffizienten von $\cos\omega't$, und zwar ist dieser $(R/2L)^2 - (\omega')^2 + 1/(LC) - R^2/(2L^2)$. Dies muß null sein, damit die Differentialgleichung erfüllt ist. Damit erhalten wir, wie erwartet, $\omega' = [1/(LC) - (R/2L)^2]^{1/2}$.

28.65   a) In der vorigen Lösung sahen wir, daß gilt $I = dq/dt = (q_0 e^{-Rt/2L})[-\omega' \sin\omega't - (R/2L)\cos\omega't]$. Daraus folgt $I = -I_0 [\sin\omega't + (R/2L\omega')\cos\omega't] e^{-Rt/2L}$. Darin ist $I_0 = \omega' q_0$.
b) Weil gilt $\tan\delta = R/(2L\omega') = (\sin\delta)/(\cos\delta)$, ergibt sich damit für die Stromstärke $I = -[I_0/(\cos\delta)](\cos\delta \sin\omega't + \sin\delta \cos\omega't) e^{-Rt/2L}$. Wir verwenden die trigonometrische Umformung $\sin(A + B) = \sin A \cos B + \cos A \sin B$ und setzen darin $A = \omega't$ und $B = \delta$. Damit ergibt sich $I = -[I_0/(\cos\delta)] \sin(\omega't + \delta) e^{-Rt/2L}$.

Kapitel 29

Maxwellsche Gleichungen und elektromagnetische Wellen

29.1 a) Das elektrische Feld zwischen den Platten ist $E = \sigma/\varepsilon_0 = Q/(\varepsilon_0 A)$. Darin ist A die Fläche der Platten. Es folgt $dE/dt = I/(\varepsilon_0 A) = 3{,}40 \cdot 10^{14}$ V/(m·s). b) Der elektrische Fluß zwischen den Platten ist $\phi_e = EA$. Damit ist $I_v = \varepsilon_0 \, d\phi_e/dt = \varepsilon_0 A \, dE/dt = \varepsilon_0 A \, [I/(\varepsilon_0 A)] = I = 5$ A.

29.2 Gegeben ist $A = 1$ cm², und es gilt $\phi_e = EA$ sowie $I_v = \varepsilon_0 \, d\phi_e/dt$. Dieser Verschiebungsstrom hat den Maximalwert $\varepsilon_0 E_{\max} \omega = \varepsilon_0 (0{,}05 \text{ N/C}) (2000 \text{ rad/s}) = 8{,}85 \cdot 10^{-10}$ A.

29.3 Wir bilden die räumlichen Ableitungen

$$\frac{\partial E_y}{\partial x} = k \, E_0 \cos(k\,x - \omega\,t)$$

und

$$\frac{\partial^2 E_y}{\partial x^2} = -k^2 \, E_0 \sin(k\,x - \omega\,t) = -k^2 \, E_y$$

sowie die zeitlichen Ableitungen

$$\frac{\partial E_y}{\partial t} = -\omega \, E_0 \cos(k\,x - \omega\,t)$$

und

$$\frac{\partial^2 E_y}{\partial t^2} = -\omega^2 \, E_0 \sin(k\,x - \omega\,t) = -\omega^2 \, E_y.$$

Es folgt, wie gefordert,

$$\frac{\partial^2 E_y}{\partial x^2} = \frac{k^2}{\omega^2} \frac{\partial^2 E_y}{\partial t^2} = c^{-2} \frac{\partial^2 E_y}{\partial t^2} = \mu_0 \, \varepsilon_0 \frac{\partial^2 E_y}{\partial t^2}.$$

29.4 $(\mu_0 \varepsilon_0)^{-1/2} = [(4\pi \cdot 10^{-7} \text{ H/m})(8{,}85 \cdot 10^{-12} \text{ F/m})]^{-1/2} = 2{,}999 \cdot 10^8$ m/s. Das ist praktisch gleich $c = 3 \cdot 10^8$ m/s.

29.5 a) $P_s = I/c = 3{,}33 \cdot 10^{-7}$ N/m².
b) $E_{\text{eff}} = (\mu_0 \, c \, I)^{1/2} = 194$ V/m.
c) $B_{\text{eff}} = E_{\text{eff}}/c = 647$ nT.

29.6 a) $E_{\text{eff}} = E_0/\sqrt{2} = 283$ V/m.
b) $B_{\text{eff}} = E_{\text{eff}}/c = 943$ nT.
c) $I = E_{\text{eff}} \, B_{\text{eff}}/\mu_0 = 212$ W/m².
d) $P_s = I/c = 7{,}08 \cdot 10^{-7}$ N/m² = 708 nPa.

29.7 a) $S = E \, B/\mu_0$. Die Einheiten sind: $(\text{V/m})(\text{T})/(\text{T}\cdot\text{m/A}) = (\text{V A/m}^2) = \text{W/m}^2$.
b) I/c hat die Einheiten $(\text{W/m}^2)(\text{s/m}) = [\text{N}\cdot\text{m/(s}\cdot\text{m}^2)] \, [\text{s/m}] = \text{N/m}^2$.

29.8 a) $F = P_s A = (I/c) A = 4 \cdot 10^{-8}$ N.
b) Wenn die Karte die einfallende Strahlung vollständig reflektiert, ist die auf sie ausgeübte Kraft $2 P_s A = 8 \cdot 10^{-8}$ N.

29.9 Hier ist $F = 2 P_s A \cos 30° = 6{,}93 \cdot 10^{-8}$ N.

29.10 a) $B_{\text{eff}} = E_{\text{eff}}/c = 1{,}33 \cdot 10^{-6}$ T.
b) $\langle w \rangle = E_{\text{eff}} B_{\text{eff}}/(\mu_0 c) = 1{,}41 \cdot 10^{-6}$ J/m³.
c) $I = \langle w \rangle c = 424$ W/m².

29.11 Die Einheiten von $c\,B$ sind $(\text{m/s})(\text{T}) = (\text{m/s})[\text{N/(A}\cdot\text{m})] = (\text{m/s})[\text{N}\cdot\text{s/(C}\cdot\text{m})] = \text{N/C}$.

29.12 a) $E_{\text{eff}} = c \, B_{\text{eff}} = 73{,}5$ V/m.
b) $\langle w \rangle = E_{\text{eff}} B_{\text{eff}}/(\mu_0 c) = 4{,}78 \cdot 10^{-8}$ J/m³.
c) $I = c \langle w \rangle = 14{,}3$ W/m².

29.13 a) $\lambda = c/\nu = 300$ m.   b) $\lambda = 3$ m.

29.14 $\nu = c/\lambda = 10^{10}$ Hz.

29.15 $\nu = c/\lambda = 3 \cdot 10^{18}$ Hz.

29.16 Weil zwischen den Platten kein Leitungsstrom fließt, ist das Magnetfeld $B\,(2\,\pi\,r) = \mu_0\,(I_v)_{\text{ein}}$. Darin ist $(I_v)_{\text{ein}}$ der Verschiebungsstrom, der durch einen Kreis mit dem Radius r fließt. Die Platten haben den Radius $R = 2{,}3$ cm, und für $r < R$ gilt dann $(I_v)_{\text{ein}} = I_v\,[\pi\,r^2\,/\,(\pi\,R^2)] = I_v\,r^2/R^2$. Damit erhalten wir $B = \mu_0\,I_v\,r/(2\,\pi\,R^2) = (1{,}89 \cdot 10^{-3}\ \text{T/m})\,r$ für $r < R$.

29.17 a) Die Kapazität eines Kondensators mit parallelen Platten ist $C = \varepsilon_0\,A/d$. Darin ist A die Fläche der Platten, und d ist ihr Abstand. Die Spannung an den Kondensatorplatten ist $U = E\,d$. Es folgt $I_v = \varepsilon_0\,\mathrm{d}\phi_e/\mathrm{d}t = \varepsilon_0\,\mathrm{d}(EA)/\mathrm{d}t = \varepsilon_0\,A\,\mathrm{d}E/\mathrm{d}t = (\varepsilon_0\,A/d)\,\mathrm{d}(Ed)/\mathrm{d}t = C\,\mathrm{d}U/\mathrm{d}t$.
b) Hier ist $I_v = C\,\mathrm{d}U/\mathrm{d}t = -C\,U_0\,\omega\,\sin(\omega\,t) = -(2{,}36 \cdot 10^{-5}\ \text{A})\,\sin\,(500\,\pi\,t)$.

29.18 a) Der Verschiebungsstrom im Raum zwischen den Platten setzt den Leitungsstrom fort; also ist $I_v = 10$ A.   b) Der elektrische Fluß ist hier $\phi_e = EA$, und es folgt $\mathrm{d}E/\mathrm{d}t = I_v/(\varepsilon_0\,A) = 2{,}26 \cdot 10^{12}$ V/(m·s).   c) Ein Kreis mit dem Radius $r = 10$ cm, innerhalb der Platten (mit der Fläche $A = 0{,}5$ m^2) und parallel zu ihnen, schließt den Strom $I_v\,(\pi\,r^2/A)$ ein. Somit ist das Linienintegral über $\mathbf{B} \cdot \mathrm{d}\boldsymbol{\ell}$ gleich $\mu_0\,I_v\,(\pi\,r^2/A) = 7{,}90 \cdot 10^{-7}$ T·m.

29.19 a) $I' = I\,[(10\ \text{m})\,/\,(30\ \text{m})]^2 = I/9$.
b) $I' = I\,(\sin 45°)^2\,/\,(\sin 90°)^2 = I/2$.
b) $I' = I\,[(10\ \text{m})\,/\,(20\ \text{m})]^2\,(\sin 30°)^2 = I/16$.

29.20 a) Die neue Intensität ist $I' = I\,[(10\ \text{m})\,/\,(5\ \text{m})]^2\,(\sin\theta)^2/(\sin 90°)^2$. Für $I' = I$

ist $\sin\theta = \frac{1}{2}$ und damit $\theta = 30°$.   b) Hier ist $I' = I\,[(10\ \text{m})\,/\,r]^2\,(\sin 45°)^2/(\sin 90°)^2$. Für $I' = I$ muß der Radius $r = (10\ \text{m})\sin 45° = 7{,}07$ m sein.

29.21 Die mittlere Intensität kann geschrieben werden als $\langle I \rangle = c\,\varepsilon_0\,E_{\text{eff}}^2 = \frac{1}{2}\,c\,\varepsilon_0\,E_{\text{max}}^2$ oder als $\langle I \rangle = \langle P \rangle/(4\,\pi\,r^2)$. Daraus folgt $E_{\text{max}} = \langle P \rangle/(2\,\pi\,r^2\,c\,\varepsilon_0)^{1/2}$ und $B_{\text{max}} = E_{\text{max}}/c$.
a) $E_{\text{max}} = 3{,}46$ V/m und $B_{\text{max}} = 1{,}15 \cdot 10^{-8}$ T.
b) $E_{\text{max}} = 0{,}346$ V/m und $B_{\text{max}} = 1{,}15 \cdot 10^{-9}$ T.
c) $E_{\text{max}} = 3{,}46 \cdot 10^{-2}$ V/m; $B_{\text{max}} = 1{,}15 \cdot 10^{-10}$ T.

29.22 a) Mit $\langle I \rangle = c\,\varepsilon_0\,E_{\text{eff}}^2$ erhalten wir $E_{\text{eff}} = [\langle I \rangle/(c\,\varepsilon_0)]^{1/2} = 713$ V/m und $B_{\text{eff}} = E_{\text{eff}}/c = 2{,}38 \cdot 10^{-6}$ T.   b) Wir nehmen den Abstand Erde–Sonne zu $D = 1{,}5 \cdot 10^{11}$ m an. Dann ist die gesamte abgestrahlte Leistung $P = I\,(4\,\pi\,D^2) = 3{,}82 \cdot 10^{26}$ W.   c) Der Radius der Sonne ist $R_{\text{S}} = 6{,}96 \cdot 10^8$ m. Damit ist die Intensität an der Oberfläche der Sonne $I_{\text{S}} = P/(4\,\pi\,R_{\text{S}}^2)$. Darin ist P die gesamte von der Sonne abgestrahlte Leistung, wie in Teil b) bestimmt. Einsetzen der Zahlenwerte ergibt $I_{\text{S}} = 6{,}27 \cdot 10^7$ W/m^2. Der Strahlungsdruck an der Sonnenoberfläche ist $P_{\text{s}} = I_{\text{S}}/c = 0{,}209$ N/m^2.

29.23 Die auftreffende Intensität ist $I = 0{,}75$ kW/m^2, und der Wirkungsgrad ist $e = 0{,}3$. Die gewünschte Leistung beträgt $P = 25$ kW. Dann ist $P = I\,e\,A$, wobei A die Kollektor-Oberfläche ist. Es folgt $A = P/(I\,e) = 111$ m^2.

29.24 Die zu übertragende Leistung ist $P = UI = 7{,}5 \cdot 10^8$ W. Mit der Querschnittsfläche $A = 50$ m^2 ist die Intensität des Strahles $I = P/A$. Die Intensität kann auch geschrieben werden als $I = E_{\text{eff}}^2/(\mu_0\,c)$. Also ist $E_{\text{eff}} = (P\,\mu_0\,c/A)^{1/2} = 7{,}52 \cdot 10^4$ V/m und $B_{\text{eff}} = E_{\text{eff}}/c = 2{,}51 \cdot 10^{-4}$ T.

29.25 a) Der Strahlungsdruck des Laserstrahls ist $P_{\text{s}} = I/c = \langle P \rangle/(c\,A)$. Darin ist A die Querschnittsfläche des Strahles. Die von ihm ausgeübte Kraft ist $F = P_{\text{s}}\,A = \langle P \rangle/c = 3 \cdot 10^{-12}$ N.

Das ist absolut nicht wahrnehmbar.

b) Wird der Strahl nicht absorbiert, sondern reflektiert, so ist die ausgeübte Kraft doppelt so groß, beträgt also $6 \cdot 10^{-12}$ N.

29.26 a) Die Intensität des Strahles ist gleich der Leistung pro Fläche: $I = \langle P \rangle / A = \langle P \rangle / (\pi\, r^2) = 1{,}91$ kW/m^2. b) Geben wir die Feldstärken an, so gilt $I = E_{\text{eff}}^2 / (c\,\mu_0)$ und damit $E_{\text{eff}} = (\mu_0\, c\, I)^{1/2} = 849$ V/m. c) $B_{\text{eff}} = E_{\text{eff}}/c = 2{,}83\ \mu$T. d) $P_{\text{s}} = I/c = 637\ \mu$Pa.

29.27 a) Die Länge des Pulses ist gleich der vom Licht während der Pulsdauer zurückgelegten Strecke: $\ell = c\,\Delta t = 3$ m. b) Die Energie pro Volumeneinheit des Pulses ist $w_{\text{el}} = W/V = (20\ \text{J}) / (\pi\, r^2 \ell) = 5{,}31 \cdot 10^5$ J/m^3. c) Es ist $w_{\text{el}} = \varepsilon_0\, E_{\text{eff}}^2 = \frac{1}{2}\, \varepsilon_0\, E_{\text{max}}^2$. Damit ist die Amplitude des elektrischen Feldes des Pulses $E_{\text{max}} = (2\, w_{\text{el}}/\varepsilon_0)^{1/2} = 3{,}46 \cdot 10^8$ V/m. Für das magnetische Feld gilt $B_{\text{max}} = E_{\text{max}}/c = 1{,}15$ T.

29.28 a) Die Frequenz dieser Welle ist $\nu = 100$ MHz, und die Kreisfrequenz ist $\omega = 2\,\pi\,\nu = 6{,}28 \cdot 10^8$ rad/s. Die Wellenlänge beträgt $\lambda = c/\nu = 3$ m. Die Wellenzahl ist $k = 2\,\pi/\lambda = 2{,}09$ m^{-1}. Beachten Sie, daß das Argument des Cosinus konstant ist für $z = (\omega/k)\,t$, so daß sich die Welle in positiver z-Richtung ausbreitet. b) Die Ausbreitungsrichtung einer elektromagnetischen Welle ist gegeben durch die Richtung von $\mathbf{E} \times \mathbf{B}$. Weil dies in positiver z-Richtung verläuft und $\mathbf{B}$ positive x-Richtung hat, wenn $\cos(k\,z - \omega\,t)$ positiv ist, hat $\mathbf{E}$ negative y-Richtung. Der Betrag von $\mathbf{E}$ ist $c\,B$; also ist $\mathbf{E}(z,t) = -(3\ \text{V/m})\cos(k\,z - \omega\,t)\,\mathbf{e}_y$. c) Der Poynting-Vektor ist $\mathbf{S} = (\mathbf{E} \times \mathbf{B})/\mu_0 = (0{,}0239\ \text{W/m}^2)\cos^2(k\,z - \omega\,t)\,\mathbf{e}_z$; die Intensität ist $I = E_{\text{max}}\, B_{\text{max}}/(2\,\mu_0) = 0{,}0119$ W/m^2.

29.29 a) Eine elektromagnetische Welle breitet sich in Richtung des Poynting-Vektors aus, der hier positive x-Richtung hat. b) Aus dem Ausdruck für $\mathbf{S}$ folgt $k = 10$ m^{-1} und $\lambda = 2\,\pi/k = 0{,}628$ m. Die Frequenz beträgt $\nu = c/\lambda = 4{,}77 \cdot$ 10^8 Hz. Dies können wir auch mit $\omega = 3 \cdot 10^9$ rad/s und $\nu = \omega/(2\,\pi)$ erhalten. c) Der Betrag des Poynting-Vektors ist $S = EB/\mu_0 = E^2/(\mu_0\, c)$. Daraus folgt $E = (S\,\mu_0\, c)^{1/2} = 194$ V/m und $B = E/c = 0{,}647 \cdot 10^{-6}$ T. Es ist gegeben, daß $\mathbf{E}$ in y-Richtung schwingt; also muß $\mathbf{B}$ in z-Richtung schwingen, damit $\mathbf{S}$ die richtige Richtung hat. Schließlich erhalten wir $\mathbf{E}(x,t) = (194\ \text{V/m})\cos[10\,x - (3 \cdot 10^9)\,t]\,\mathbf{e}_y$ und $\mathbf{B}(x,t) = (0{,}647 \cdot 10^{-6}\ \text{T})\cos[10\,x - (3 \cdot 10^9)\,t]\,\mathbf{e}_z$.

29.30 Der vom Laserstrahl herrührende Impuls ist $p = W/c = (1000\ \text{MW})\,(200\ \text{ns})\,/\,c = 0{,}667 \cdot 10^{-6}$ kg·m/s. Wir nehmen an, der Impuls werde vollständig auf die Masse übertragen. Dann erhält diese die Geschwindigkeit $v = p/m = 6{,}67 \cdot 10^{-2}$ m/s. Nun wird die anfängliche kinetische Energie der Masse $(\frac{1}{2}\, m\, v^2)$ in potentielle Energie umgewandelt: $m\, g\, h = m\, g\, \ell\,(1 - \cos\theta)$. Darin ist ℓ die Länge der Faser, und θ ist der Ablenkungswinkel. Es folgt $\cos\theta = 1 - v^2/(2\, g\, \ell)$ und damit $\theta = 6{,}1°$.

29.31 a) Für einen schwarzen Körper ist der Emissionsgrad $e = 1$. Dann ist die vom Draht auf seiner Länge insgesamt abgestrahlte Leistung $P_{\text{ges}} = \sigma\, A\,(T^4 - T_0^4)$. Darin ist $\sigma = 5{,}67 \cdot 10^{-8}$ W/(m^2 · K^4) und $T = 1000$ K sowie $T_0 = 273{,}15$ K. Die Fläche A ist hier die Oberfläche des Drahtes mit der Länge ℓ und dem Radius R. Damit erhalten wir $P/\ell = \sigma\, 2\,\pi\, R\,(T^4 - T_0^4) = 1417$ W/m. b) Der Betrag des Poynting-Vektors ist hier gleich der Leistung pro Flächeneinheit beim Radius $r = 25$ cm: $S = \sigma\, 2\,\pi\, R\, \ell\,(T^4 - T_0^4)\,/\,(2\,\pi\, r\, \ell) = 902$ W/m^2. c) $E_{\text{eff}} = (S\,\mu_0\, c)^{1/2} = 583$ V/m. d) $B_{\text{eff}} = E_{\text{eff}}/c = 1{,}94 \cdot 10^{-6}$ T.

29.32 Die vom schwarzen Körper absorbierte Leistung ist $(\pi\, R^2)\,[P/(4\,\pi\, d^2)]$. Darin ist P die von der Sonne abgegebene Leistung, und d ist der Abstand des schwarzen Körpers von der Sonne. Der Körper absorbiert nicht nur Strahlung, sondern emittiert auch Energie. Die emittierte Leistung ist $\sigma\, 4\,\pi\, R^2\, T^4$. Das System ist im Gleichgewicht, wenn beide Leistungen gleich sind. Dann ist die Temperatur $T = [P/(16\,\pi\,d^2\,\sigma)]^{1/4} = 241$ K. Wenn wir den Abstand Erde–Sonne, der rund $1,5 \cdot 10^{11}$ m beträgt, gleich d setzen, erhalten wir für die Gleichgewichts-Temperatur 278 K; das ist ein sehr vernünftiger Wert.

29.33 a) Wie in der vorigen Aufgabe ist die Temperatur der Erde 278 K.   b) Wenn 40 Prozent der einfallenden Strahlung reflektiert werden, ist $T = [(0,6)\,P/(16\,\pi\,d^2\,\sigma)]^{1/4} = 245$ K. Ein realistischeres Modell für die Erde sollte hier nicht nur die Reflexion der einfallenden Strahlung berücksichtigen, sondern auch den Treibhauseffekt. Das bedeutet, der Emissionsgrad ist kleiner als 1, und die errechnete Temperatur ist dann höher.

29.34 a) Die Wellen entsprechen einer Bewegung in positiver x-Richtung; also liegt $\mathbf{B}$ in z-Richtung und hat den Betrag E/c. Damit ist $\mathbf{E} = [E_{10} \cos(k_1 x - \omega_1 t) + E_{20} \cos(k_2 x - \omega_2 t + \delta)]\,\mathbf{e}_y$ und $\mathbf{B} = (1/c)\,[E_{10} \cos(k_1 x - \omega_1 t) + E_{20} \cos(k_2 x - \omega_2 t + \delta)]\,\mathbf{e}_z$. Daraus folgt $\mathbf{S} = [1/(\mu_0 c)]\,[E_{10}^2 \cos^2(k_1 x - \omega_1 t) + 2\,E_{10} E_{20} \cos(k_1 x - \omega_1 t) \cos(k_2 x - \omega_2 t + \delta) + E_{20}^2 \cos^2(k_2 x - \omega_2 t + \delta)]\,\mathbf{e}_x$.   b) Bei der Bildung des zeitlichen Mittelwertes von $\mathbf{S}$ müssen wir beachten, daß das zeitliche Mittel sowohl von $\cos^2(k_1 x - \omega_1 t)$ als auch von $\cos^2(k_2 x - \omega_2 t + \delta)$ gleich $\frac{1}{2}$ ist. Dagegen ist das zeitliche Mittel von $\cos(k_1 x - \omega_1 t) \cos(k_2 x - \omega_2 t + \delta)$ gleich null. Damit ist $\langle \mathbf{S} \rangle = [1/(2\,\mu_0 c)]\,(E_{10}^2 + E_{20}^2)\,\mathbf{e}_x$.   c) Hier ist $\mathbf{E} = [E_{10} \cos(k_1 x - \omega_1 t) + E_{20} \cos(k_2 x + \omega_2 t + \delta)]\,\mathbf{e}_y$ und $\mathbf{B} = (1/c)\,[E_{10} \cos(k_1 x - \omega_1 t) - E_{20} \cos(k_2 x + \omega_2 t + \delta)]\,\mathbf{e}_z$. Daraus folgt $\mathbf{S} = [1/(\mu_0 c)]\,[E_{10}^2 \cos^2(k_1 x - \omega_1 t) - E_{20}^2 \cos^2(k_2 x + \omega_2 t + \delta)]\,\mathbf{e}_x$. d) Das zeitliche Mittel des Ergebnisses von Teil c) ist $\langle \mathbf{S} \rangle = [1/(2\,\mu_0 c)]\,(E_{10}^2 - E_{20}^2)\,\mathbf{e}_x$, wie erwartet. Also transportiert die erste Welle Energie in positiver x-Richtung, während die zweite Welle Energie in negativer x-Richtung transportiert.

29.35 Die Anordnung ist in der Abbildung dargestellt. Die von der Gravitation herrührende Rückstellkraft ist $m\,g\,\sin\theta$. Diese Komponente steht senkrecht auf der Karte und bewirkt deren Rückkehr in die vertikale Position. Die auf der Karte senkrecht stehende, von der Strahlung ausgeübte Kraftkomponente ist $2\,P_s\,A\,\cos\theta = 2\,(I/c)\,A\,\cos\theta$. Der Faktor 2 rührt daher, daß die Karte die Strahlung vollständig reflektiert. Gleichsetzen beider Kräfte ergibt $I = [m\,g\,c/(2\,A)]\,\tan\theta = 3,42 \cdot 10^6$ W/m^2.

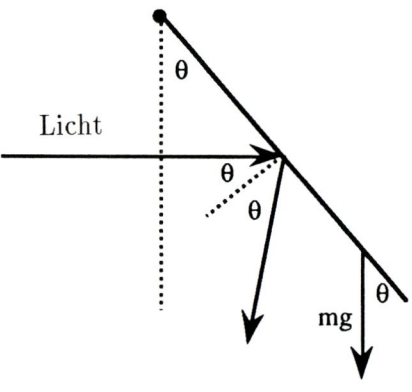

29.36 Der Impuls, der der Energie W des Laserstrahles entspricht, ist $p = W/c$. Es folgt $\mathrm{d}p/\mathrm{d}t = m\,a = (1/c)\,\mathrm{d}W/\mathrm{d}t = P/c$. Die Beschleunigung des Raumfahrers ist daher $a = P/(m\,c)$, so daß er in der Zeitspanne t die Strecke $d = \frac{1}{2}\,a\,t^2$ zurücklegt. Für $d = 95$ m erhalten wir $t = (2\,d/a)^{1/2} = (2\,d\,m\,c/P)^{1/2} = 6,32 \cdot 10^4$ s $= 17,5$ h.

29.37 Die in der Drahtschleife mit der Querschnittsfläche $A = \pi\,R^2$ induzierte Spannung hat den Betrag $U_{\text{ind}} = A\,\mathrm{d}B/\mathrm{d}t$. Weil B sinusförmigen Verlauf hat, folgt $\mathrm{d}B/\mathrm{d}t = B\,\omega$ und $U_{\text{ind}} = A\,B\,\omega = \pi\,R^2\,B\,\omega$. Weiterhin müssen wir den Betrag von B im Abstand r vom Sender ermitteln. Es ist $S\,(4\,\pi\,r^2) = P = 50$ kW, wobei gilt $S = c\,B^2/\mu_0$. Damit wird $B = [\mu_0\,P/(4\,\pi\,c)]^{1/2}\,(1/r) = (4,08 \cdot 10^{-6}$ T$\cdot$m$)/r$. Einsetzen ergibt $U_{\text{ind}} = (\pi\,R^2\,\omega)\,(4,08 \cdot 10^{-6}$ T$\cdot$m$)/r = 7,25$ mV.

29.38 a) Die Intensität einer Welle ist gegeben durch den Betrag des Poynting-Vektors $S = E\,B/\mu_0 = c\,B^2/\mu_0$. Damit wird $B = (S\,\mu_0/c)^{1/2} = 6,47 \cdot 10^{-15}$ T.   b) Mit $\mu_r = 200$, der relativen Permeabilität des Spulenkerns, hat die Spannung in jeder Windung der Spule den Betrag $A \mu_r \, dB/dt = (\pi r^2) \mu_r \, dB/dt = (\pi r^2) \mu_r \, B \omega$. Die letzte Gleichsetzung gilt, weil B sinusförmig variiert. Für die ganze Antenne ist $U_{ind} = N (\pi r^2) \mu_r \, B \omega = 7{,}15 \cdot 10^{-7}$ V.   c) Der Betrag von E ist gegeben durch $E = cB$. Somit ist (bei konstantem E) die im Draht der Länge ℓ induzierte Spannung $U_{ind} = E\ell = cB\ell = 3{,}88 \cdot 10^{-6}$ V.

29.39   a) $U_{ind} = E\ell = (5 \cdot 10^{-5}$ V$) \cos(10^6 t)$.
b) Die in der Schleife induzierte Spannung ist $U_{ind} = -A \, dB/dt = -\pi R^2 \, dB/dt$. Um B zu erhalten, erinnern wir uns daran, daß $B = E/c$ ist. Also gilt hier $B = (3{,}33 \cdot 10^{-13}$ T$) \cos(10^6 t)$. Es folgt $dB/dt = -(3{,}33 \cdot 10^{-7}$ T/s$) \sin(10^6 t)$ und $U_{ind} = \pi R^2 (3{,}33 \cdot 10^{-7}$ T/s$) \sin(10^6 t)$. Die in der Schleife maximal induzierte Spannung ist $\pi R^2 (3{,}33 \cdot 10^{-7}$ T/s$) = 4{,}19 \cdot 10^{-8}$ V.

29.40   a) Wir ermitteln zuerst die Ladung auf den Platten als Funktion der Zeit. Der Strom von einer Platte zur anderen ist $I = -dQ/dt$, d.h. ein positiver Strom bewirkt die Abnahme der Ladung auf einer Platte. Weiterhin ist nach dem Ohmschen Gesetz $I = U/R$. Hier ist $R = \varrho \, d/A$, wobei ϱ der spezifische Widerstand ist (siehe Kapitel 22); ferner ist d der Abstand der Platten voneinander, und A ist die Fläche der Platten. Einsetzen ergibt $-dQ/dt = A U/(\varrho d) = A Q/(C \varrho d)$. Die letzte Gleichsetzung folgt aus der Definition der Kapazität $C = Q/U$. Mit der Dielektrizitätszahl ε_r des Dielektrikums erhalten wir die Kapazität des Kondensators mit parallelen Platten: $C = \varepsilon_0 \varepsilon_r A/d$ und daher $dQ/dt = -Q/(\varrho \varepsilon_0 \varepsilon_r)$ bzw. $Q(t) = Q_0 e^{-at}$. Darin ist $a = (\varrho \varepsilon_0 \varepsilon_r)^{-1}$. Schließlich ist der Leitungsstrom $I = -dQ/dt = Q/(\varrho \varepsilon_0 \varepsilon_r)$.   b) Nach Definition ist der Verschiebungsstrom $I_v = \varepsilon_r \varepsilon_0 \, d\phi_e/dt = \varepsilon_r \varepsilon_0 A \, dE/dt = (\varepsilon_r \varepsilon_0 A/d) \, dU/dt = (\varepsilon_r \varepsilon_0 A/d)(1/C) \, dQ/dt = dQ/dt = -I$. Der gesamte Strom zwischen den Platten ist null.   c) Mit dem Ampère-Gesetz erhalten wir $B(2\pi r) = \mu_0 I [\pi r^2/(\pi R^2)]$ und $B = \mu_0 I r/(2\pi R^2) = \mu_0 Q(t) r/(2\pi R^2 \varrho \varepsilon_r \varepsilon_0)$.
d) Wegen $I_v = -I$ ist das zu I_v gehörige Feld dem zu I gehörenden entgegengerichtet, und es ist $B_v = -B$.   e) Aus c) und d) geht hervor,

daß das gesamte Magnetfeld zwischen den Platten null ist.

29.41   a) Der Leitungsstrom ist $I = U/R = UA/(\varrho d) = At/(100 \varrho d)$.   b) Der Verschiebungsstrom ist $I_v = (\varepsilon_r \varepsilon_0 A/d) \, dU/dt = \varepsilon_r \varepsilon_0 A/(100 \, d)$.   c) Diese beiden Ströme sind gleich, wenn gilt $At/(100 \varrho d) = \varepsilon_r \varepsilon_0 A/(100 \, d)$, d.h. nach der Zeit $t = \varepsilon_r \varepsilon_0 \varrho$.

29.42   a) Der Verschiebungsstrom zwischen den Platten ist gegeben durch $I_v = \varepsilon_r \varepsilon_0 A \, dE/dt = (\varepsilon_r \varepsilon_0 A/d) \, dU/dt = -(\varepsilon_r \varepsilon_0 A \omega U_0/d) \sin(\omega t) = -(4{,}19 \cdot 10^{-5}$ A$) \sin(\omega t)$. Die Verschiebungsstromdichte ist gleich dem Verschiebungsstrom pro Flächeneinheit: $j_v = I_v/A$.
b) Der Leitungsstrom ist hier $I = U/R = [U_0 \cos(\omega t)]/(\varrho d/A) = [\pi R^2 U_0/(\varrho d)] \cos(\omega t) = (0{,}503$ A$) \cos(\omega t)$.
c) Der gesamte Strom ist gleich der Summe von I und I_v. Beachten Sie jedoch, daß der eine von $\cos(\omega t)$ abhängt und der andere von $\sin(\omega t)$ und sie daher um 90° phasenverschoben sind. Die angelegte Spannung ist in Phase mit dem Leitungsstrom I. Somit ist der Gesamtstrom gegen I um 45° phasenverschoben, wenn gilt $|I_v| = |I|$. Die Bedingung hierfür ist $\pi R^2 U_0/(\varrho d) = \varepsilon_r \varepsilon_0 A \omega U_0/d$. Damit ist die Frequenz $\omega = 1/(\varrho \varepsilon_r \varepsilon_0) = 4{,}52 \cdot 10^6$ rad/s.

29.43   a) Der Kondensator nimmt zwei verschiedene Ströme auf: den Leitungsstrom und den Verschiebungsstrom. Der Leitungsstrom ist $I = U/R = [U_0 \sin(\omega t)]/R$. Darin ist R der Widerstand, der die beiden Platten verbindet. Der Verschiebungsstrom ist $I_v = \varepsilon_0 A \, dE/dt = (\varepsilon_0 A/d) \, dU/dt = (\varepsilon_0 A \omega U_0/d) \cos(\omega t)$. Der vom Kondensator aufgenommene Gesamtstrom ist daher $I_{total} = I + I_v = U_0[(1/R) \sin(\omega t) + (\varepsilon_0 A \omega/d) \cos(\omega t)]$.   b) Wenn wir das Linienintegral über $\mathbf{B} \cdot d\boldsymbol{\ell}$ berechnen, müssen wir beachten, daß $\mu_0 I$ für alle r voll beiträgt, während $\mu_0 I_v$ nur als $\mu_0 I_v \pi r^2/A$ beiträgt. Damit folgt $B = [\mu_0/(2\pi)] \{[U_0/(r R)] \sin(\omega t) + (\varepsilon_r \omega \pi U_0 r/d) \cos(\omega t)\}$.   c) Der Leitungsstrom ist mit der angelegten Spannung in Phase (siehe

Abbildung). Daher ist klar, daß der Phasenwinkel δ zwischen dem Gesamtstrom und der angelegten Spannung U gegeben ist durch $\tan \delta = |I_\mathrm{v}| \,/\, |I| = \varepsilon_0 \, A \, \omega \, R / d$.

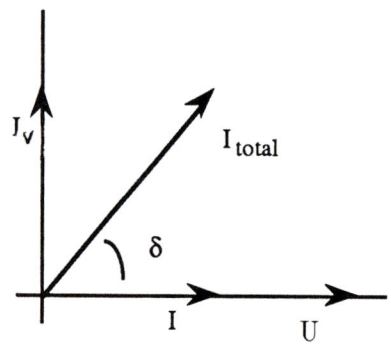

29.44 Wir betrachten nur die Normalkomponenten des Feldes. Aus der Abbildung geht hervor, daß das Integral von $B_\mathrm{n} \, \mathrm{d}A$ über die Gaußsche Fläche gleich $B_\mathrm{n1} A - B_\mathrm{n2} A$ ist.

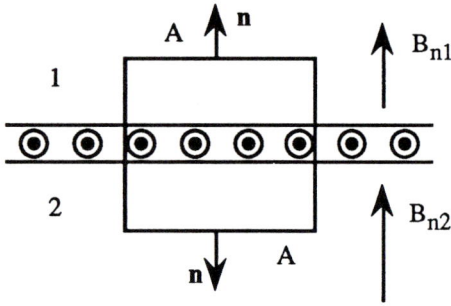

Weil das Integral null sein muß, folgt $B_\mathrm{n1} = B_\mathrm{n2}$. Das bedeutet, die Normalkomponente von **B** ist an der Oberfläche stetig, auch wenn diese einen Strom führt.

29.45 a) Wir erhalten das elektrische Feld aus folgenden Beziehungen: $E \ell = U = I R = I \varrho \, \ell / A = I \varrho \, \ell / (\pi \, a^2)$. Damit ist $E = I \varrho / (\pi \, a^2)$. b) Mit dem Ampère-Gesetz ergibt sich $B \, (2 \, \pi \, a) = \mu_0 \, I$ bzw. $B = \mu_0 \, I / (2 \, \pi \, a)$. c) Der Betrag des Poynting-Vektors ist $S = E B / \mu_0 = [I \varrho / (\pi \, a^2)] \, [\mu_0 \, I / (2 \, \pi \, a)] \, (1/\mu_0) = I^2 \varrho / (2 \, \pi^2 \, a^3)$. Um die Richtung von **S** zu erhalten, beachten wir, daß **E** dieselbe Richtung hat wie der Strom (siehe Abbildung). Mit der entsprechenden Richtung von **B** folgt, daß **S** radial nach innen weist, also auf die Achse des Drahtes. d) Weil **S** senkrecht nach innen weist, ist der Energiefluß in den Draht $S \, (2 \, \pi \, a \, \ell) =$

$[I^2 \varrho / (2 \, \pi^2 \, a^3)] \, (2 \, \pi \, a \, \ell) = I^2 \varrho \, \ell / (\pi \, a^2) = I^2 \, R$, wie erwartet.

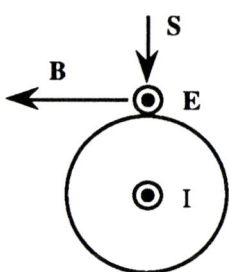

29.46 a) Das magnetische Feld in einer Zylinderspule ist $B = \mu_0 \, n \, I$, also hier $B(t) = \mu_0 \, n \, a \, t$. Damit ist der magnetische Fluß in der Spule $\phi_\mathrm{m} = B A = \mu_0 \, n \, a \, t \, \pi \, r^2$. Das Linienintegral von E über einen Kreis $E \, (2 \, \pi \, r)$ ist gleich $-\mathrm{d}\phi_\mathrm{m}/\mathrm{d}t$, und es folgt $E = -\frac{1}{2} \mu_0 \, n \, a \, r$. Das Minuszeichen besagt, daß **E** in entgegengesetzter Richtung wie der Strom umläuft. b) Für $r = R$ ist der Betrag des Poynting-Vektors $S = E B / \mu_0 = \frac{1}{2} \mu_0 \, n^2 \, a^2 \, R \, t$. Weil die Richtung von **E** der des Stromes entgegengesetzt ist, zeigt $\mathbf{S} = (\mathbf{E} \times \mathbf{B}) / \mu_0$ radial nach innen auf die Achse der Spule. c) Um den Energiefluß in die Spule zu berechnen, betrachten wir eine zylindrische Oberfläche mit dem Radius R und der Länge ℓ. Die Energie, die diese Fläche pro Zeiteinheit durchsetzt, ist $\mathrm{d}W/\mathrm{d}t = S A = (\frac{1}{2} \mu_0 \, n^2 \, a^2 \, R \, t) \, (2 \, \pi \, R \, \ell) = \pi \, R^2 \, \ell \, \mu_0 \, n^2 \, a^2 \, t$. Für das magnetische Feld gilt $w_\mathrm{m} = B^2 / (2 \, \mu_0) = \frac{1}{2} \mu_0 \, n^2 \, a^2 \, t^2$. Damit ist die Energie im Zylinder mit der Länge ℓ und dem Radius R gegeben durch $W = w_\mathrm{m} V = (\frac{1}{2} \mu_0 \, n^2 \, a^2 \, t^2) \, (\pi \, R^2 \, \ell)$, und es folgt $\mathrm{d}W/\mathrm{d}t = \pi \, R^2 \, \ell \, \mu_0 \, n^2 \, a^2 \, t$, in Übereinstimmung mit dem Ergebnis, das wir für den Poynting-Vektor erhielten.

29.47 Die Kraft der Gravitationsanziehung auf ein Teilchen ist $F_\mathrm{g} = G M_\mathrm{S} \, \varrho \, (\frac{4}{3} \pi \, r^3) / R^2$. Der auf ein Teilchen ausgeübte Strahlungsdruck ist $P_\mathrm{s} = I / c = [P \, / \, (4 \, \pi \, R^2)] \, / \, c$. Also ist die von der Strahlung hervorgerufene Kraft $F_\mathrm{s} = P \, \pi \, r^2 / (4 \, \pi \, R^2 \, c)$. Gleichsetzen beider Kräfte ergibt für den Radius der Teilchen $r = 3 \, P \, / \, (16 \, \pi \, \varrho \, G M_\mathrm{S} \, c)$. Darin ist $G = 6{,}67 \cdot 10^{-11} \ \mathrm{N \cdot m^2 / kg^2}$ und $M_\mathrm{S} = 1{,}99 \cdot 10^{30} \ \mathrm{kg}$. Einsetzen der Werte liefert $r = 5{,}74 \cdot 10^{-7} \ \mathrm{m}$.

29.48 a) Das Magnetfeld, das am Punkt P von einem Teilstrom hervorgerufen wird, ist $B = [\mu_0\,I/(4\,\pi\,R)]\,(\sin\theta_1 + \sin\theta_2)$; siehe auch Kapitel 25. Die Abbildung zeigt die entsprechenden Größen:

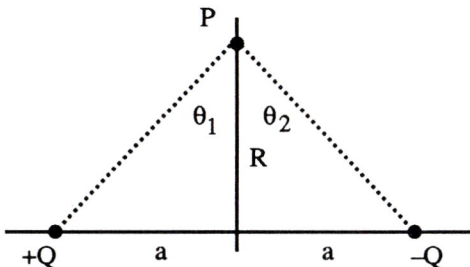

Hier ist $\sin\theta_1 = \sin\theta_2 = a/(R^2+a^2)^{1/2}$. Daher ist $B = [\mu_0\,Ia/(2\,\pi\,R)]\,(R^2 + a^2)^{-1/2}$.   b) Die folgende Abbildung zeigt, wie das elektrische Feld an einem Punkt auf der y-Achse im Abstand r von der x-Achse erhalten wird.

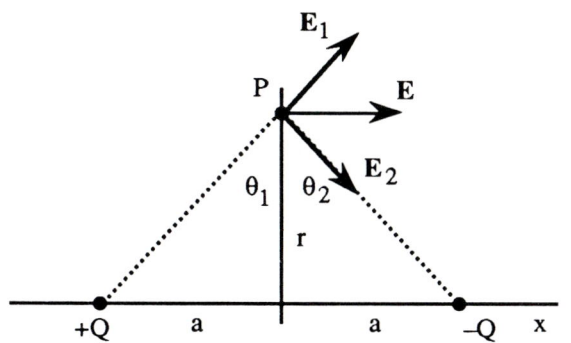

Es ist $E_x = 2\,[1/(4\,\pi\varepsilon_0)]\,[Q/(r^2 + a^2)]\sin\theta_1 = 2\,[1/(4\,\pi\varepsilon_0)]\,[Q\,a/(r^2 + a^2)^{3/2}]$. Die Fläche des Kreises ist $dA = 2\,\pi\,r\,dr$, und es folgt $E_x\,dA = (Q/\varepsilon_0)\,a\,(r^2 + a^2)^{-3/2}\,r\,dr$.   c) Um den elektrischen Fluß heraus, zum Radius R, zu erhalten, integrieren wir $E_x\,dA = E_x\,2\,\pi\,r\,dr$ von $r = 0$ bis $r = R$:

$$
\begin{aligned}
\phi_e &= \int_0^R E_x\,2\,\pi\,r\,dr \\
&= -\left(\frac{Q\,a}{\varepsilon_0}\right)(r^2 + a^2)^{-1/2}\Big|_0^R \\
&= \left(\frac{Q\,a}{\varepsilon_0}\right)\left[\frac{1}{(R^2 + a^2)^{1/2}} + \frac{1}{a}\right].
\end{aligned}
$$

Damit ist $\varepsilon_0\,\phi_e = Q\,[1 - a/(R^2 + a^2)^{1/2}]$.   d) Nach Definition ist $I_v = \varepsilon_0\,d\phi_e/dt$. Jedoch ist im Ausdruck für ϕ_e die einzige Größe, die von der Zeit abhängt, Q. Mit $dQ/dt = -I$ erhalten wir

$I_v = -I\,[1 - a/(R^2+a^2)^{1/2}]$ und $I + I_v = I\,a/(R^2+a^2)^{1/2}$.   e) Das Gesetz von Ampère besagt, daß das Linienintegral über $\mathbf{B}\cdot d\boldsymbol{\ell}$ längs eines Kreises vom Radius R in der yz-Ebene mit dem Mittelpunkt am Ursprung, das gleich $B\,(2\,\pi\,R)$ ist, auch gleich $\mu_0\,(I + I_v)$ sein muß. Gemäß dem Ergebnis in d) ist das $\mu_0\,Ia/(R^2 + a^2)^{1/2}$. Damit wird $B = [\mu_0\,Ia/(2\,\pi\,R)]\,(R^2 + a^2)^{-1/2}$, in Übereinstimmung mit dem Resultat in Teil a), das wir nach dem Biot-Savart-Gesetz erhielten.

29.49 a) Wir betrachten zunächst Abbildung 29.4, ersetzen aber B_z durch E_z. Nach dem Faraday-Gesetz ist

$$
\oint \mathbf{E}\cdot d\boldsymbol{\ell} = E_z(x_1)\,\Delta z - E_z(x_2)\,\Delta z.
$$

Darin ist $E_z(x_2) = E_z(x_1 + \Delta x) \approx E_z(x_1) + (\partial E_z/\partial x)\,\Delta x$. Also kann das Linienintegral angenähert werden durch $-(\partial E_z/\partial x)\,\Delta x\,\Delta z$. Weil der magnetische Fluß durch die Schleife etwa $B_y\,\Delta x\,\Delta z$ ist, gilt nach dem Faraday-Gesetz $-(\partial E_z/\partial x)\,\Delta x\,\Delta z = -(\partial B_y/\partial t)\,\Delta x\,\Delta z$ oder $\partial E_z/\partial x = \partial B_y/\partial t$. Sodann wenden wir Gleichung (29.6d) auf Abbildung 29.3 an, wobei B und E die Rollen tauschen, und erhalten $\partial B_y/\partial x = \mu_0\,\varepsilon_0\,\partial E_z/\partial t$.
b) E_z erfüllt die Wellengleichung:

$$
\frac{\partial}{\partial x}\left(\frac{\partial E_z}{\partial x}\right) = \frac{\partial}{\partial x}\left(\frac{\partial B_y}{\partial t}\right) \implies \frac{\partial^2 E_z}{\partial x^2} = \frac{\partial^2 B_y}{\partial x\,\partial t}
$$

$$
\frac{\partial}{\partial t}\left(\frac{\partial B_y}{\partial x}\right) = \mu_0\,\varepsilon_0\,\frac{\partial}{\partial t}\left(\frac{\partial E_z}{\partial t}\right) \implies
$$

$$
\frac{\partial^2 B_y}{\partial t\,\partial x} = \mu_0\,\varepsilon_0\,\frac{\partial^2 E_z}{\partial t^2}
$$

$$
\frac{\partial^2 B_y}{\partial x\,\partial t} = \frac{\partial^2 B_y}{\partial t\,\partial x} \implies \frac{\partial^2 E_z}{\partial x^2} = \mu_0\,\varepsilon_0\,\frac{\partial^2 E_z}{\partial t^2}.
$$

Auch für B_y kann gezeigt werden, daß es die Wellengleichung erfüllt:

$$
\frac{\partial}{\partial t}\left(\frac{\partial E_z}{\partial x}\right) = \frac{\partial}{\partial t}\left(\frac{\partial B_y}{\partial t}\right) \implies \frac{\partial^2 E_z}{\partial t\,\partial x} = \frac{\partial^2 B_y}{\partial t^2}
$$

$$
\frac{\partial}{\partial x}\left(\frac{\partial B_y}{\partial x}\right) = \mu_0\,\varepsilon_0\,\frac{\partial}{\partial x}\left(\frac{\partial E_z}{\partial t}\right) \implies
$$

$$
\frac{\partial^2 B_y}{\partial x^2} = \mu_0\,\varepsilon_0\,\frac{\partial^2 E_z}{\partial x\,\partial t}
$$

$$\frac{\partial^2 E_z}{\partial x\,\partial t} = \frac{\partial^2 E_z}{\partial t\,\partial x} \implies \frac{\partial^2 B_y}{\partial x^2} = \mu_0\,\varepsilon_0\,\frac{\partial^2 B_y}{\partial t^2}.$$

29.50 a) Der Strahlungsdruck ist $P_s = I/c$, wobei I die Intensität der elektromagnetischen Welle ist. Im vorliegenden Fall ist $I = P_0/(4\,\pi\,r^2)$ und damit $P_s = P_0/(4\,\pi\,r^2\,c)$. Hierbei ist P_0 die Ausgangsleistung der Sonne. Wegen $P_s = F/A = m\,a/A$ ist die Beschleunigung $a = P_0\,A/(4\,\pi\,r^2\,m\,c)$. b) Man darf nicht der Versuchung erliegen, die kinematischen Gleichungen für eindimensionale Bewegungen anzuwenden, denn die Beschleunigung ist hier nicht konstant, sondern hängt von r ab. Also muß a über r integriert werden. Dabei ist zu beachten, daß $a = \mathrm{d}v/\mathrm{d}t = (\mathrm{d}v/\mathrm{d}r)(\mathrm{d}r/\mathrm{d}t) = v\,(\mathrm{d}v/\mathrm{d}r)$ bzw. $a\,\mathrm{d}r = v\,\mathrm{d}v$ ist. Es ergibt sich

$$\int_{r_0}^{r} a\,\mathrm{d}r = \frac{P_0\,A}{4\,\pi\,m\,c} \int_{r_0}^{r} \frac{\mathrm{d}r}{r^2} = \frac{P_0\,A}{4\,\pi\,m\,c}\left(\frac{1}{r_0} - \frac{1}{r}\right)$$
$$= \int_{v_0}^{v} v\,\mathrm{d}v = \frac{1}{2}\left(v^2 - v_0^2\right)$$

und daraus $v^2 = v_0^2 + [P_0\,A/(2\,\pi\,m\,c)]\,(1/r_0 - 1/r)$.

c) Wegen $a_g = GM_S/r^2$ ist der Quotient der beiden Beschleunigungen gleich $a_s/a_g = [P_0/(4\,\pi\,GM_S\,c)]\,(A/m) \approx (8\cdot 10^{-4}\ \mathrm{kg/m^2})\cdot(A/m)$. Damit sich Gravitations- und Strahlungskraft die Waage halten, darf die Masse des Raumschiffs pro Flächeneinheit höchstens $8\cdot 10^{-4}\ \mathrm{kg/m^2}$ betragen. Das ist sehr wenig, aber das System könnte funktionieren, wenn das Segel beispielsweise aus dünner Goldfolie (nur einige Atomlagen dick) gefertigt wäre.

29.51 a) Die Strahlungsintensität am Radiometer ist $I = P/(4\,\pi\,r^2) = 15,9\ \mathrm{W/m^2}$, und der entsprechende Strahlungsdruck ist $P_s = I/c = 5,31\cdot 10^{-8}\ \mathrm{N/m^2}$. Wir nehmen an, die Flügel haben die Seitenlänge $\ell = 1$ cm. Dann ist die Kraft auf eine vollkommen absorbierende Fläche $F = P_s\,A = 5,31\cdot 10^{-12}$ N, und die Kraft auf eine perfekt reflektierende Fläche ist $2\,F$. Zwei der Flügel stehen beispielsweise senkrecht auf der Richtung des Lichtstrahles; dann sind die beiden anderen parallel zu ihr. Die Mittelpunkte der Flügel haben von der Drehachse den Abstand 2ℓ. Dann ist das auf das Flügelrad wirkende Drehmoment $M = R\,(2\,F) - R\,(F) = R\,F = I\,\alpha$. Darin ist I das Trägheitsmoment der Flügel. Mit diesen Annahmen erhalten wir $I \approx 17\,m\,\ell^2 = 3,4\cdot 10^{-6}\ \mathrm{kg\cdot m^2}$, wobei $m = 2$ g die Masse eines Flügels ist. Auflösen nach der Winkelbeschleunigung ergibt $\alpha \approx 3,12\cdot 10^{-6}\ \mathrm{rad/s^2}$.

b) $t = \omega/\alpha = 3,36\cdot 10^5$ s $= 3,38$ Tage.

c) Der Strahlungsdruck ist offensichtlich nicht verantwortlich für die schnelle Rotation, die sich innerhalb von Sekunden nach Beginn der Einstrahlung einstellt.

Kapitel 30

Licht

30.1 Beim geschilderten Verfahren beträgt die Unsicherheit der gemessenen Entfernung $\Delta x = c\,\Delta t = \pm 0,3$ m.

30.2 Der Anteil des Lichts, der an der Grenzfläche reflektiert wird, ist $I/I_0 = (n_1 - n_2)^2 / (n_1 + n_2)^2$. Mit $n_1 = 1$ für Luft und $n_2 = 1,33$ für Wasser folgt $I/I_0 = 0,0201$. Demnach werden nur rund 2 Prozent der Lichtenergie reflektiert.

30.3 Der an der ersten Grenzfläche reflektierte Teil der Lichtintensität ist $I = (1 - 1,5)^2 / (1 + 1,5)^2\, I_0 = 0,040\, I_0$. Also werden hier 96 Prozent der Lichtintensität durchgelassen. An der zweiten Grenzfläche sind die Rollen von n_1 und n_2 vertauscht, aber der reflektierte Anteil beträgt ebenfalls 4 Prozent. Damit ist – bei Vernachlässigung von Mehrfachreflexionen – der Anteil des insgesamt durchgehenden Lichts $I = (0,96)(0,96)I_0 = 0,922\, I_0$.

30.4 Der Winkel zur Normalen in Luft ist θ_1, und der Brechungswinkel, also der Winkel zur Normalen im Wasser, dem zweiten Medium, ist θ_2. Es gilt $n_1 \sin\theta_1 = n_2 \sin\theta_2$. Mit $n_1 = 1$ und $n_2 = 1,33$ ist dann $\theta_2 = \arcsin\left[(n_1/n_2)\sin\theta_1\right]$. a) $\theta_1 = 20°$; $\theta_2 = 14,9°$. b) $\theta_1 = 30°$; $\theta_2 = 22,1°$. c) $\theta_1 = 45°$; $\theta_2 = 32,1°$. d) $\theta_1 = 60°$; $\theta_2 = 40,6°$.

30.5 Es gilt $\sin\theta_k = n_2/n_1$. Daraus folgt $\theta_k = \arcsin(1/1,33) = 48,8°$.

30.6 Die Lichtgeschwindigkeit in einem Medium mit der Brechzahl n ist $c_m = c/n$. In Wasser ist die Lichtgeschwindigkeit $c_m = c/1,33 =$ $2,26 \cdot 10^8$ m/s, und in Glas ist sie $c_m = c/1,5 = 2 \cdot 10^8$ m/s.

30.7 a) In einem Medium mit der Brechzahl n ist die Wellenlänge des Lichts $\lambda' = \lambda/n$, wobei λ die Wellenlänge im Vakuum ist. Im vorliegenden Fall ist $\lambda' = 526$ nm. b) Eine Person unter der Wasseroberfläche beobachtet dieselbe Farbe, weil die Farbwahrnehmung von der – hier unveränderten – Frequenz des Lichts und nicht von der Wellenlänge abhängt.

30.8 Hier ist $n_1 = 1,33$ und $n_2 = 1,5$ sowie $\theta_2 = \arcsin\left[(1,33/1,5)\sin\theta_1\right]$. a) $\theta_1 = 60°$; $\theta_2 = 50,2°$. b) $\theta_1 = 45°$; $\theta_2 = 38,8°$. c) $\theta_1 = 30°$; $\theta_2 = 26,3°$.

30.9 Der kritische Winkel der Totalreflexion θ_k entspricht dem Brechungswinkel θ_2 im Wasser, der 90° beträgt. Damit folgt $\sin\theta_k = n_2/n_1$ bzw. $\theta_k = \arcsin(1,33/1,5) = 62,5°$.

30.10 Hier ist $\theta_2 = \arcsin\left[(1/n_2)\sin 45°\right]$. Für $\lambda = 400$ nm und $n_2 = 1,66$ ist $\theta_2 = 25,2°$. Für $\lambda = 700$ nm und $n_2 = 1,61$ ist $\theta_2 = 26,1°$.

30.11 Der Weg des geringsten Zeitbedarfs ist auch der Weg, der dem Brechungsgesetz gehorcht. Wir wählen für Sand den Index 1 und für Wasser den Index 2. Mit $n_1 = c/c_1$ und $n_2 = c/c_2$ folgt aus dem Brechungsgesetz $\sin\theta_1 = (c_1/c_2)\sin\theta_2 = 3\sin\theta_2$, und es muß gelten $\theta_2 < \theta_1$. Wenn θ_1 nicht null ist, kann daher auch θ_2 nicht null sein. Für die dargestellten 5 Wege gilt: A: $\theta_1 = 0$; B: $\theta_1 < \theta_2$; C: $\theta_1 = \theta_2$; D: $\theta_2 < \theta_1$; E: $\theta_2 = 0$. Daher ist D der geeignete Weg.

30.12 a) Die von der ersten Polarisationsfolie durchgelassene Intensität ist $I_1 = \frac{1}{2} I_0$. Für die folgenden Folien gilt jeweils $I_2 = I_1 \cos^2 \theta$, wobei I_1 die auftreffende und I_2 die durchgelassene Intensität ist. Wenn die Transmissionsachse der mittleren Folie mit der Achse der ersten den Winkel θ bildet, dann bildet sie mit der Achse der letzten Folie den Winkel $90° - \theta$, und es gilt $I_3 = I_2 \cos^2(90° - \theta) = I_1 \cos^2 \theta \cos^2(90° - \theta) = \frac{1}{2} I_0 \cos^2 \theta \cos^2(90° - \theta)$. Für $\theta = 45°$ erhalten wir $I_3 = I_0/8$.   b) Für $\theta = 30°$ ist $I_3 = 3\,I_0/32$.

30.13 a) Ist der Einfallswinkel gleich dem Polarisationswinkel, so stehen reflektierter und gebrochener Strahl senkrecht aufeinander:

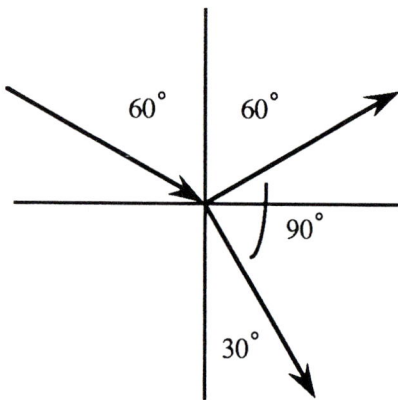

Der reflektierte Strahl bildet hier mit der Normalen einen Winkel von 60°, so daß der gebrochene Strahl mit ihr einen Winkel von 30° bilden muß. Also ist $\theta_2 = 30°$.   b) Die Bedingung für den Polarisationswinkel lautet $\tan \theta_{\mathrm{p}} = n_2/n_1$. Im vorliegenden Fall ist $n_2 = n$ und $n_1 = 1$. Mit $\theta_{\mathrm{p}} = 60°$ folgt $n = \sqrt{3} = 1{,}73$. Dieses Resultat können wir auch mit Hilfe des Brechungsgesetzes erhalten: $\sin \theta_1 = n \sin \theta_2$ bzw. $n = (\sin 60°)/(\sin 30°) = \sqrt{3}$.

30.14 Für den kritischen Winkel θ_{k} der Totalreflexion gilt $n_1 \sin \theta_{\mathrm{k}} = n_2 \sin \theta_{\mathrm{r}} = n_2 \sin 90° = n_2$. Daraus folgt $\sin \theta_{\mathrm{k}} = n_2/n_1$. Weiterhin ist $\tan \theta_{\mathrm{p}} = n_2/n_1$ und damit $\theta_{\mathrm{p}} = \arctan(n_2/n_1) = \arctan(\sin \theta_{\mathrm{k}}) = 35{,}3°$. Wie erwartet, ist der Polarisationswinkel kleiner als der kritische Winkel der Totalreflexion.

30.15 Die Abbildung zeigt die Anordnung:

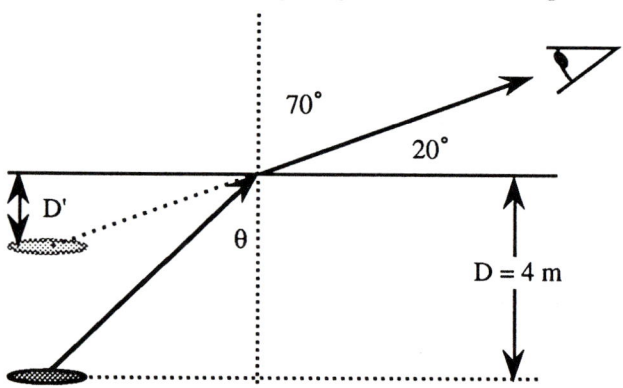

Der Winkel θ gehorcht dem Brechungsgesetz: $1{,}33 \sin \theta = \sin 70°$; also ist $\theta = 45{,}0°$. Aus der Geometrie folgt $D/D' = \cot \theta / \tan 20°$, und wir erhalten $D' = D(\tan 20°)/(\cot \theta) = D(\tan 20°)(\tan \theta) = 1{,}45$ m.

30.16 Die Entfernung von der Erdoberfläche zum Satelliten ist $\ell = 37{,}9 \cdot 10^6$ m. Das Signal legt von London über den Satelliten nach New York und zurück insgesamt die Strecke $4\,\ell$ zurück. Dafür benötigt es die Zeit $\Delta t = 4\,\ell/c = 0{,}505$ s. Das Experiment wird wahrscheinlich nicht gelingen, weil die zu messende Zeitspanne mit der Reaktionszeit der Studenten vergleichbar ist.

30.17 Licht, das auf die Wasseroberfläche mit Winkeln kleiner als θ_{k} auftrifft, tritt in die Luft aus, während für Winkel größer als θ_{k} Totalreflexion erfolgt. Der Radius R des Lichtkreises geht aus der Abbildung hervor:

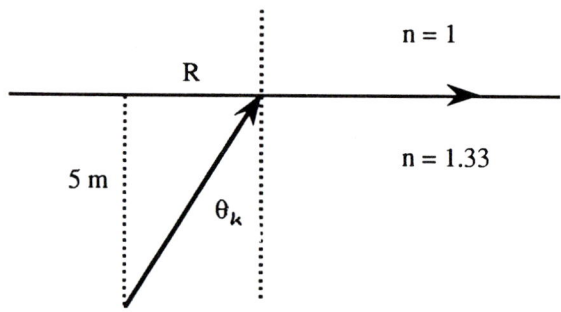

Der kritische Winkel der Totalreflexion entspricht $\theta_2 = 90°$, also $\sin \theta_{\mathrm{k}} = 1/1{,}33$. Der Abbildung entnehmen wir, daß $\sin \theta_{\mathrm{k}} = R/(R^2 + 5^2)^{1/2}$

ist. Damit ist die Fläche des Lichtkreises $A = \pi R^2 = 25\,\pi/[(1,33)^2 - 1] = 102$ m^2, und sein Radius ist $R = 5{,}70$ m.

30.18 Diese Aufgabe ähnelt der vorigen; jedoch betrachten wir Licht, das sich in der entgegengesetzten Richtung ausbreitet. Der Winkel $\theta_k = \arcsin(1/1{,}33)$ definiert den Winkel, unter dem das Licht aus der Luft den Schwimmer unter Wasser erreichen kann. Mit der Wassertiefe 3 m folgt $\sin\theta_k = 1/1{,}33 = R/(R^2 + 3^2)^{1/2}$ und daraus $R = 3{,}42$ m.

30.19 Wenn der ankommende Lichtstrahl mit der Normalen auf dem Spiegel den Winkel ϕ bildet, so bildet er mit dem reflektierten Strahl den Winkel $2\,\phi$:

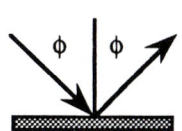 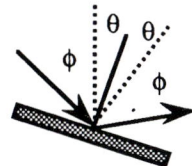

Nun rotiere der Spiegel so, daß die Normale um den Winkel θ aus der vorherigen Richtung gedreht wird. Dann ist der Einfallswinkel gleich $\phi + \theta$, und der Reflexionswinkel ist ebenfalls gleich $\phi + \theta$. Damit ist der gesamte Winkel zwischen einfallendem und reflektiertem Strahl $2\,\phi + 2\,\theta$, also um $2\,\theta$ größer als zuvor.

30.20 Weil das einfallende Licht senkrecht auf die längste Seite des Prismas auftrifft, bildet es mit der Diagonalseite einen Winkel von 45°. Wenn dieser gleich dem kritischen Winkel θ_k der Totalreflexion ist, dann gilt $\sin\theta_k = \sin 45° = 1/n$ bzw. $n = \sqrt{2}$. Daraus folgt $c_1 = c/n = c/\sqrt{2} = 2{,}12 \cdot 10^8$ m/s.

30.21 Die an der ersten Grenzfläche reflektierte Intensität ist $I_r = I_0 (1 - n)^2 / (1 + n)^2$. Damit ist die durchgelassene Intensität $I_t = I_0 - I_r = I_0\,[1 - (1 - n)^2 / (1 + n)^2] = I_0\,[4\,n/(1 + n)^2]$. Beim Passieren der zweiten Grenzfläche wird diese Intensität um denselben Faktor herabgesetzt. Damit ist die insgesamt durchgelassene Intensität

$I_T = I_0\,[4\,n/(1 + n)^2]^2$. Effekte wie Mehrfachreflexionen wurden hier außer acht gelassen.

30.22 a) Die Abbildung zeigt den einfallenden Lichtstrahl mit dem Einfallswinkel θ und den horizontalen gebrochenen Strahl. Offensichtlich ist der Ablenkungswinkel gleich $\theta - \alpha/2$. Dieselbe Ablenkung erfährt der Strahl an der anderen Seite des Prismas, so daß er insgesamt um $\delta = 2\,\theta - \alpha$ abgelenkt wird. Damit ist $\theta = (\alpha + \delta)/2$.

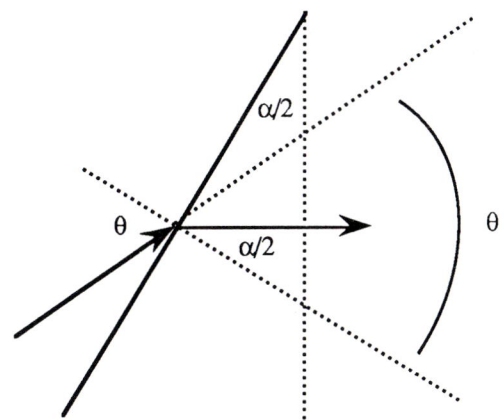

Aus dem Brechungsgesetz folgt $\sin\theta = n\,\sin(\alpha/2)$ bzw. $\sin[(\alpha + \delta)/2] = n\,\sin(\alpha/2)$. b) Für rotes Licht ist $n = 1{,}48$, und mit $\alpha = 60°$ erhalten wir $\delta = 35{,}5°$. Entsprechend ist für violettes Licht $n = 1{,}52$ und $\delta = 38{,}9°$. Damit beträgt beim Austritt aus dem Prisma der Winkel zwischen rotem und violettem Licht (den Grenzen des sichtbaren Lichts) 3,47°.

30.23 Es ist $\theta_{\text{violett}} = \arcsin[(1/1{,}67)\sin 45°] = 25{,}1°$ und $\theta_{\text{rot}} = \arcsin[(1/1{,}61)\sin 45°] = 26{,}1°$. Somit ist hier der Brechungswinkel für violettes Licht um 1,00° kleiner als der für rotes Licht.

30.24 Bei einem Material mit der Brechzahl n ist der kritische Winkel der Totalreflexion $\theta_k = \arcsin(1/n)$, wenn das andere Material Luft mit der Brechzahl 1 ist. a) $\theta_k = \arcsin(1/1{,}67) = 36{,}8°$. b) $\theta_k = \arcsin(1/1{,}61) = 38{,}4°$.

30.25 a) Wie in der vorigen Aufgabe ist der kritische Winkel θ_k der Totalreflexion gegeben durch $\sin\theta_k = 1/n$. Der Polarisationswinkel θ_p

entspricht dem Einfallswinkel, bei dem reflektierter und gebrochener Strahl aufeinander senkrecht stehen: $\theta_{\text{gebr.}} + 90° + \theta_{\text{refl.}} = 180°$. Wegen $\theta_{\text{refl.}} = \theta_{\text{p}}$ folgt $\theta_{\text{r}} = \theta_{\text{gebr.}} = 90° - \theta_{\text{p}}$. Das kombinieren wir mit dem Brechungsgesetz und erhalten $n \sin\theta_{\text{p}} = \sin\theta_{\text{r}} = \sin(90° - \theta_{\text{p}}) = \cos\theta_{\text{p}}$. Damit ist $\tan\theta_{\text{p}} = 1/n = \sin\theta_{\text{k}}$.   b) Der kritische Winkel der Totalreflexion ist der größere der beiden. Dies ist anhand der physikalischen Gegebenheiten zu verstehen: Beim Polarisationwinkel erfolgt noch Transmission, während beim kritischen Winkel der Totalreflexion der gebrochene Strahl parallel zur Grenzfläche verläuft.

30.26 a) Weil der Reflexionswinkel gleich dem Einfallswinkel ist, gilt $\theta_1 + 90° + \theta_2 = 180°$, wobei θ_2 der Brechungswinkel ist. Wir erhalten $\theta_2 = 32°$, und aus dem Brechungsgesetz $\sin\theta_1 = n \sin\theta_2$ folgt die Brechzahl $n = (\sin\theta_1)/(\sin\theta_2) = 1{,}60$.   b) $\theta_{\text{k}} = \arcsin(1/n) = 38{,}7°$.

30.27 Die von der ersten Polarisationsfolie durchgelassene Intensität ist $I_1 = \frac{1}{2} I_0$. Beim Passieren der zweiten Folie wird die Intensität herabgesetzt auf $I = \frac{1}{2} I_0 \cos^2\theta$. Der letzte Polarisator bildet mit dem mittleren den Winkel $90° - \theta$. Damit ist die Intensität nach Passieren aller Folien $I = \frac{1}{2} I_0 \cos^2\theta \cos^2(90° - \theta) = I_0 \frac{1}{2}\cos^2\theta \sin^2\theta$. In der Abbildung ist $\cos^2\theta\sin^2\theta$ gegen θ aufgetragen.

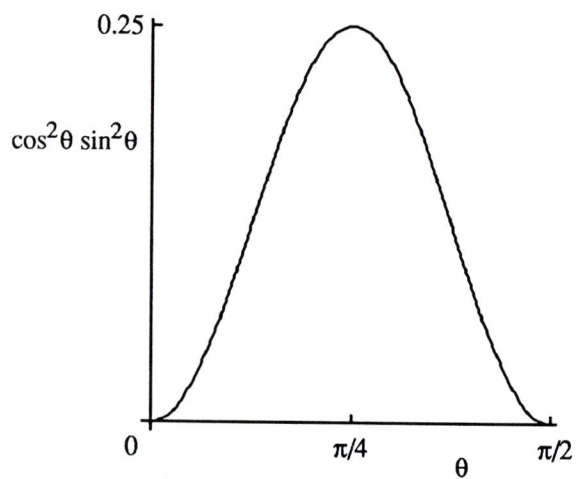

Die Kurve ist (wie erwartet) symmetrisch zur Senkrechten bei $\theta = 45°$ und hat hier den Ma-

ximalwert $\frac{1}{4}$. Daher ist die maximal durchgelassene Intensität $I = I_0/8$. Dieses Ergebnis können wir auch erhalten, indem wir uns daran erinnern, daß $\sin(2\theta) = 2\sin\theta\cos\theta$ ist. Damit folgt $I = (I_0/8)\sin^2(2\theta)$; hieraus wird klar, daß das Maximum von I bei $\theta = 45°$ auftritt und die Intensität hier den Wert $I_0/8$ hat.

30.28 Wegen $\theta = 0$ zum Zeitpunkt $t = 0$ ist der Winkel in Abhängigkeit von der Zeit $\theta = \omega t$. Damit ist die durchgelassene Intensität als Funktion der Zeit $I = (I_0/8)\sin^2(2\omega t)$.

30.29 a) Die von der ersten Folie durchgelassene Intensität ist $I_1 = I_0$. Die Intensität hinter der zweiten Folie ist $I_2 = I_1 \cos^2[\pi/(2N)] = I_0 \cos^2[\pi/(2N)]$. Hinter der dritten Folie beträgt die Intensität $I_3 = I_2\cos^2[\pi/(2N)] = I_0\cos^4[\pi/(2N)]$. Das Prinzip ist nun klar: Die von der ersten der $(N+1)$ Folien durchgelassene Intensität ist I_0, und hinter jeder weiteren Folie wird die Intensität um den Faktor $\cos^2[\pi/(2N)]$ kleiner. Nach Passieren des ganzen Stapels ist die Intensität $I = I_0 \cos^{2N}[\pi/(2N)]$. b) Für $N = 2$ ist $I = I_0 \cos^4(\pi/4) = \frac{1}{4} I_0$. c) Für $N = 100$ ist $I = I_0\cos^{200}(\pi/200) = 0{,}976\, I_0$.   d) Die Polarisationsrichtung des austretenden Strahl steht jeweils senkrecht auf der des einfallenden Strahls.

30.30 Aus den gegebenen Daten geht hervor, daß der kritische Winkel der Totalreflexion einem Kreis mit dem Radius 6 cm entspricht, der sich 5 cm über der Lichtquelle befindet:

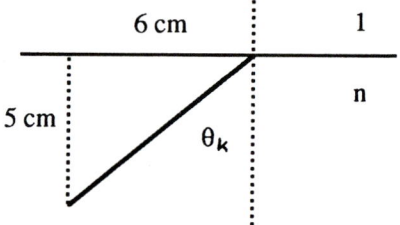

Die Brechzahl ist $n = 1/(\sin\theta_{\text{k}}) = [(6\ \text{cm})^2 + (5\ \text{cm})^2]^{1/2}/(6\ \text{cm}) = 1{,}30$.

30.31 a) Mit $\theta_2 = 90°$ folgt aus dem Brechungsgesetz $n_1 \sin \theta_1 = n_2$ bzw. $1{,}655 \sin 53{,}7° = n_2 = 1{,}33$. b) Mit $n_2 = 1$ ist der kritische Winkel θ_k der Totalreflexion gegeben durch $\sin \theta_k = 1/1{,}655$. Damit ist $\theta_k = 37{,}2°$. c) Nach dem Brechungsgesetz ist $1{,}655 \sin 37{,}2° = 1{,}33 \sin \theta_2$, also $\theta_2 = 48{,}7°$. Allgemein ändert eine Platte mit parallelen Ebenen die Richtung des durchgehenden Lichtstrahls nicht, sondern versetzt ihn seitlich. Also wird der austretende Strahl bei Abwesenheit der Flüssigkeit parallel zur Grenzfläche verlaufen. Daher gilt mit der Flüssigkeit dasselbe, und der Strahl tritt nicht aus ihr aus. Das Brechungsgesetz ergibt hierfür: $1{,}33 \sin 48{,}7° = 1 \sin \theta_r = 1$ und damit $\theta_r = 90°$, wie erwartet.

30.32 Mit dem Ergebnis von Aufgabe 40 erhalten wir $\theta_{1m} = 59{,}5°$ für $n = 1{,}3318$ und $58{,}8°$ für $n = 1{,}3435$. Mit den im Text gegebenen Beziehungen kann der Winkelradius für jede Farbe im Regenbogen bestimmt werden. Für rotes Licht beträgt er $42{,}3°$, und für blaues Licht ist er $40{,}6°$. Damit ist die Winkeltrennung dieser Farben im Regenbogen $1{,}68°$.

30.33 Mit dem Brechungsgesetz ergibt sich $n_1 \sin \theta_1 = n_2 \sin \theta_2$ und $n_2 \sin \theta_2 = n_3 \sin \theta_3$. Damit folgt direkt $n_1 \sin \theta_1 = n_3 \sin \theta_3$.

30.34 a) Für die erste Brechung gilt $\sin \theta = n_G \sin \theta_2$. Am Punkt P folgt aus der Geometrie der Anordnung $\theta_1 = 90° - \theta_2$, und das Brechungsgesetz lautet hier $n_G \sin(90° - \theta_2) = n_G \cos \theta_2 = n_W \sin \theta_3$. Damit bei P Totalreflexion auftritt, muß gelten $\theta_3 = 90°$ und daher $\theta_2 = \arccos(n_W/n_G) = 27{,}5°$. Schließlich ist $\theta = \arcsin(n_G \sin \theta_2) = 43{,}9°$. b) Wenn das Wasser entfernt wird, gilt für die Brechung bei P: $n_G \sin \theta_2 = \sin \theta_3$. Jedoch ist auch $\sin \theta = n_G \sin \theta_2$ und damit $\sin \theta = \sin \theta_3$ bzw. $\theta_3 = \theta = 43{,}9°$, und es tritt keine Totalreflexion auf. Um das zu verstehen, muß man beachten, daß ohne Wasser am Punkt P noch einmal dieselbe Brechung erfolgt wie an der oberen Grenzfläche, wobei der Lichtstrahl aber in der entgegengesetzten Richtung verläuft.

30.35 Die Wellenlänge des ordentlichen Strahls ist $\lambda_o = \lambda/n_o$, und die des außerordentlichen Strahls ist $\lambda_{ao} = \lambda/n_{ao}$. In der Schichtdicke t ist die Anzahl der Wellenlängen $N_o = t/\lambda_o$ bzw. $N_{ao} = t/\lambda_{ao}$. Wenn wir berücksichtigen, daß die Phasendifferenz pro Wellenlänge gleich 2π ist, erhalten wir für die Phasendifferenz $\delta = 2\pi(N_o - N_{ao}) = 2\pi(n_o - n_{ao})\,t/\lambda$.

30.36 Nach dem Brechungsgesetz gilt $\sin \theta_1 = n \sin \theta_2$. Darin ist θ_2 der Winkel des Lichtstrahls zur Normalen im transparenten Material. Aufgrund der Geometrie ist dieser Winkel gegeben durch $\tan \theta_2 = d/t$ bzw. $\theta_2 = \arctan(d/t)$. Daraus folgt $n = (\sin \theta_1)/\{\sin[\arctan(d/t)]\}$.

30.37 a) Die Geschwindigkeit des Läufers ist v_L, und die Endgeschwindigkeit des Regens ist v_R. Dann gilt für den scheinbaren Winkel θ des Regens zur Vertikalen des Läufers $\tan \theta = v_L/v_R = 4/9$. Damit ist $\theta = 24{,}0°$. b) Die Wolke scheint sich für den Läufer auf einem Kreis mit dem Winkelradius $24{,}0°$ zu bewegen. c) Diese Aufgabe entspricht der mit dem Läufer. Der Winkelradius θ hängt mit der Geschwindigkeit v_E der Erde zusammen über $\tan \theta = v_E/c$. d) Es gilt $v_E = 2\pi R/T = 2\pi(1{,}5 \cdot 10^{11} \text{ m})/(3{,}15 \cdot 10^7 \text{ s}) = 2{,}99 \cdot 10^4$ m/s. Damit und mit $\theta = \frac{1}{2}(41{,}2'') = \frac{1}{2}(41{,}2/3600)° = (5{,}72 \cdot 10^{-3})°$ erhalten wir $c = v_E/(\tan \theta) = 2{,}99 \cdot 10^8$ m/s.

30.38 Die Abbildung zeigt die Gegebenheiten.

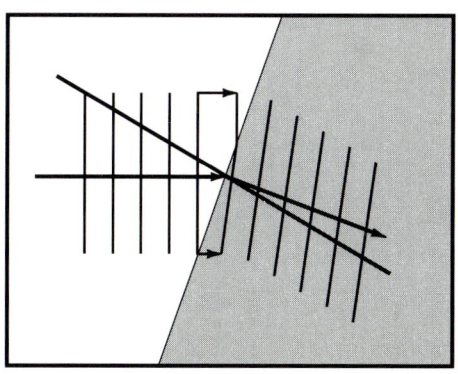

Sobald die Reihe den Schlammboden erreicht, bewegt sich ihr unteres Ende mit der Hälfte der

Geschwindigkeit des oberen Endes, so daß die
Marschrichtung zur Senkrechten auf der Grenz-
linie hin abknickt. Der Winkel zwischen der alten
Marschrichtung und der Normalen beträgt 30°.
Für die neue Richtung gilt nach dem Brechungs-
gesetz $\theta_2 = \arcsin\left(\frac{1}{2}\sin\theta_1\right) = 14{,}5°$.

30.39 a) $n = 1/(\sin 45°) = 1{,}41$.   b) Für den
kritischen Winkel θ_k der Totalreflexion gilt allgemein $\sin\theta_k = n_2/n_1$, und die Brechzahl des
Prismas ist $n_1 = n_2/(\sin\theta_k)$. Damit liegt der Bereich der möglichen Brechzahlen des Prismas zwi-
schen $n_{1,1} = 1{,}15/(\sin 45°) = 1{,}63$ und $n_{1,2} = 1{,}33/(\sin 45°) = 1{,}88$.

30.40 a) Wir beginnen mit $\phi_A = \pi + 2\theta - 4\arcsin\left[(1/n)\sin\theta_1\right]$ und erhalten $d\phi_A/d\theta_1 = 2 - (4\cos\theta_1)/(n^2 - \sin^2\theta_1)^{1/2}$.   b) Wenn wir
das Ergebnis aus Teil a) gleich null setzen, ergibt
sich $\cos\theta_1 = \frac{1}{2}(n^2 - \sin^2\theta_1)^{1/2}$ bzw. $\cos^2\theta_1 = \frac{1}{4}(n^2 - \sin^2\theta_1) = \frac{1}{4}(n^2 - 1 + \cos^2\theta_1)$. Daraus
folgt $\theta_{1m} = [(n^2 - 1)/3]^{1/2}$. Für $n = 1{,}33$ ist der
Winkel für minimale Ablenkung $\theta_{1m} = 59{,}6°$.

30.41 a) $\theta_k = \arcsin(1{,}33/1{,}5) = 62{,}5°$.
b) Der kritische Winkel der Totalreflexion
beim Übergang von Glas in Luft ist $\theta_k = \arcsin(1/1{,}5) = 41{,}8°$. Wenn Wasser vorhanden
ist, kann das Licht das Glas verlassen mit Win-
keln zwischen 41,8° und 62,5°. Die Frage ist dann,
ob dieses Licht auch das Wasser verlassen kann.
Für 41,8° gilt: Der Brechungswinkel in das Was-
ser beträgt $1{,}5\sin 41{,}8° = 1{,}33\sin\theta$, und es ist
$\theta = 48{,}7°$. Dies ist auch der Einfallswinkel, unter
dem der Strahl auf die Normale zur Grenzfläche
Wasser/Luft trifft. Dafür gilt $1{,}33\sin 48{,}7° = 1\sin\theta$, und es ist $\theta = 90°$. Daher verhindert das
Wasser, daß das Licht in die Luft gelangt, weil
der Winkel größer als der kritische Winkel der
Totalreflexion an der Grenzfläche Glas/Luft ist.

30.42 Wir entnehmen der Abbildung: $\delta = t\tan\theta_r$ und $d = 2\delta\cos\theta_i$. Daraus folgt $d = 2t\tan\theta_r\cos\theta_i$.

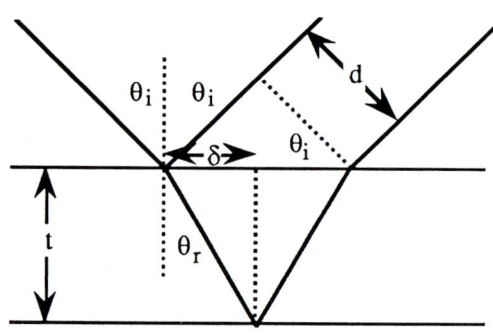

Die Winkel θ_i und θ_r hängen miteinander zusammen über $\sin\theta_i = n\sin\theta_r$. Das ist gleichbedeutend mit $\sin\theta_r = (1/n)\sin\theta_i$, und es ergibt
sich $d = 2t(1/n)\sin\theta_i(1 - \sin^2\theta_i)^{1/2}/\cos\theta_r = (2t/n)\sin\theta_i(1 - \sin^2\theta_i)^{1/2}/[1 - (\sin^2\theta_i)/n^2]^{1/2} = 2t\sin\theta_i(1 - \sin^2\theta_i)^{1/2}/(n^2 - \sin^2\theta_i)^{1/2}$. Mit $t = 3$ cm und $n = 1{,}5$ sowie $\theta_i = 40°$ erhalten wir
$d = 2{,}18$ cm.

30.43 a) Die Abbildung zeigt die Gegebenheiten.

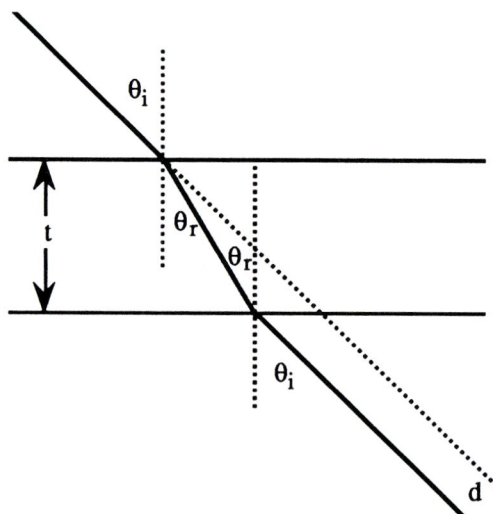

Die Winkel θ_i und θ_r treten an beiden
Grenzflächen auf, wenn diese zueinander parallel
sind. Damit hat der austretende Strahl dieselbe
Richtung wie der einfallende, ist aber um den Abstand d gegen diesen verschoben.   b) Die Größe
der Verschiebung d ermitteln wir anhand der Abbildung auf der nächsten Seite.

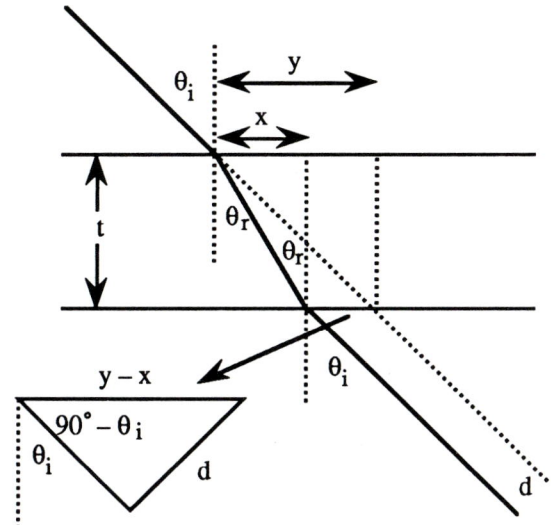

Wir entnehmen der Zeichnung: $x = t \tan \theta_r$ und $y = t \tan \theta_i$. Damit ist $y - x = t(\tan \theta_i - \tan \theta_r)$, wobei gilt $\theta_r = \arcsin[(1/n) \sin \theta_i]$. Aus der Geometrie des kleinen Dreiecks folgt $d = (y - x) \sin(90° - \theta_i) = (y - x) \cos \theta_i = t(\tan \theta_i - \tan \theta_r) \cos \theta_i$. Mit $\theta_i = 60°$ und $n = 1{,}5$ sowie $t = 10$ cm erhalten wir $d = 5{,}12$ cm.

30.44 Das Licht tritt aus der Grenzfläche in einem Konus mit dem Winkel $\theta_k = \arcsin (1/n)$ aus, während die Lichtquelle gleichförmig in alle Richtungen emittiert. Berechnen wir nun den Anteil der Kugeloberfläche, der von dem Konus mit dem Öffnungswinkel θ_k aus der Kugel herausgeschnitten wird. Die Fläche eines Ringes beim Winkel θ auf einer Kugel mit dem Radius R ist $dA = 2\pi (R \sin \theta)(R \, d\theta) = 2\pi R^2 \sin \theta \, d\theta$. Das integrieren wir von $\theta = 0$ bis $\theta = \theta_k$ und erhalten $A = 2\pi R^2 (1 - \cos \theta_k)$. Damit ist der Anteil des emittierten Lichts, der den See verläßt, $f = A/(4\pi R^2) = \frac{1}{2}(1 - \cos \theta_k) = \frac{1}{2}[1 - (1 - 1/n^2)^{1/2}]$.

Kapitel 31

Geometrische Optik

Vorbemerkung:
In den Lösungen zu diesem Kapitel ist s die Gegenstandsweite und s' die Bildweite. In den Abbildungen ist der Krümmungsmittelpunkt mit C bezeichnet.

31.1 Das Auge kann alle Strahlen zwischen den beiden mit einem Pfeil gekennzeichneten Strahlen sehen:

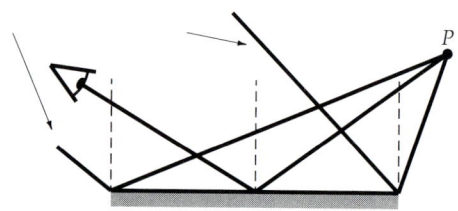

31.2 a) Das erste Bild im linken Spiegel befindet sich 10 cm hinter diesem. Weiterhin hat der Gegenstand im rechten Spiegel ein Bild, das 20 cm hinter diesem liegt, also 50 cm vom linken Spiegel entfernt ist. Daher befindet sich das zweite Bild 50 cm hinter dem linken Spiegel. Schreiten wir so voran, so ist das erste Bild im linken Spiegel 40 cm vom rechten Spiegel entfernt und hat deshalb ein Bild 40 cm hinter dem rechten Spiegel, d.h. 70 cm vom linken Spiegel entfernt. Damit liegt das dritte Bild im linken Spiegel 70 cm hinter diesem. Entsprechend befindet sich das vierte Bild 110 cm hinter dem Spiegel. b) Die Überlegung verläuft wie in Teil a), und die ersten vier Bilder hinter dem rechten Spiegel liegen 20 cm, 40 cm, 80 cm und 100 cm hinter diesem.

31.3 a) Damit sich die Person der Größe H im Spiegel gerade vollständig sehen kann, muß die Anordnung wie folgt aussehen:

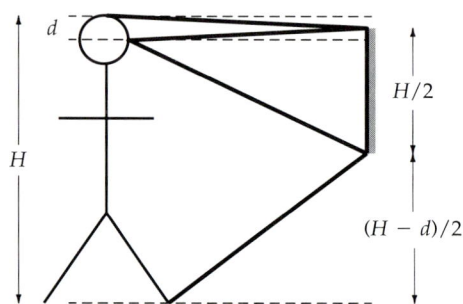

Die Augenhöhe befindet sich im Abstand d unterhalb des Scheitels, und die Oberkante des Spiegels muß um $d/2$ tiefer als der Scheitel liegen, also um $H - d/2$ über dem Fußboden. Die Augen liegen $H - d$ über dem Boden; daher muß die Unterkante des Spiegels um $(H - d)/2$ über dem Boden liegen. Damit ist die Höhe des Spiegels $(H - d/2) - (H - d)/2 = H/2$. Somit muß die Höhe des Spiegels gleich der halben Körpergröße sein – unabhängig davon, wie hoch sich die Augen über dem Boden befinden. Im vorliegenden Fall ist die Höhe des Spiegels 0,81 m. b) Wie in Teil a) begründet, muß die Oberkante des Spiegels um $(H - d)/2 = 0,735$ m über dem Boden sein.

31.4 a) Die Abbildung zeigt die beiden Spiegel und den Gegenstand auf der Winkelhalbierenden zwischen ihnen. Es ergeben sich fünf Bilder:

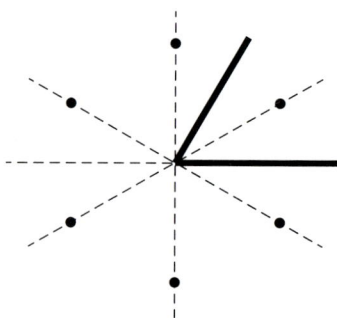

Wenn die beiden Spiegel einen Winkel von 120° einschließen, so entstehen zwei Bilder, weil keine Mehrfachreflexionen auftreten können:

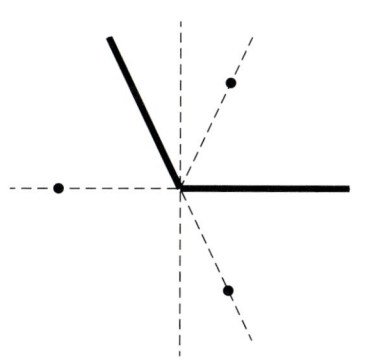

31.5 Bei diesem Spiegel ist $r = 40$ cm und $f = r/2 = 20$ cm. In der Abbildung sind Krümmungsmittelpunkt C und Brennpunkt F eingezeichnet.
a) Wie aus der Zeichnung hervorgeht, entsteht ein reelles, umgekehrtes, verkleinertes Bild:

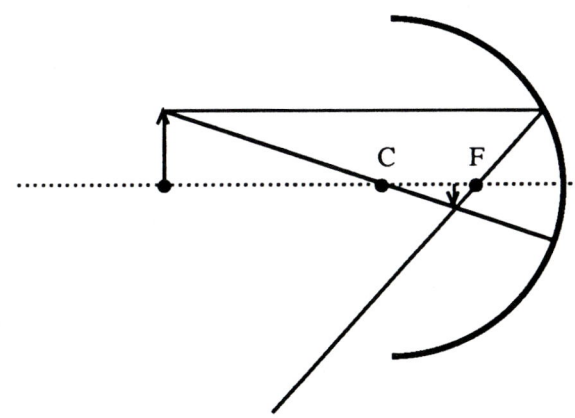

b) Befindet sich der Gegenstand im Krümmungsmittelpunkt, so ist das Bild reell, umgekehrt und ebenso groß wie der Gegenstand:

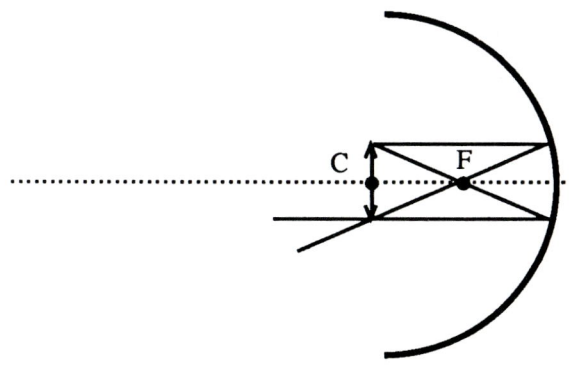

c) Befindet sich der Gegenstand im Brennpunkt, so ist das Bild reell, umgekehrt und vergrößert:

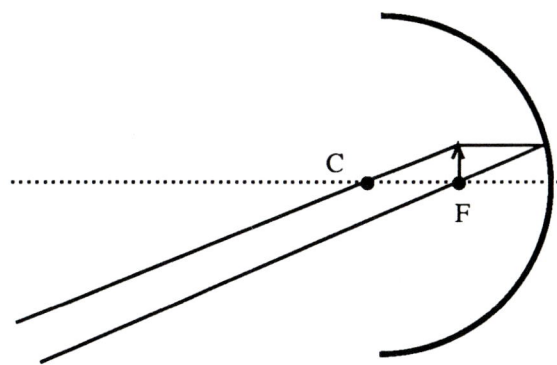

d) Das Bild ist virtuell, aufrecht und vergrößert:

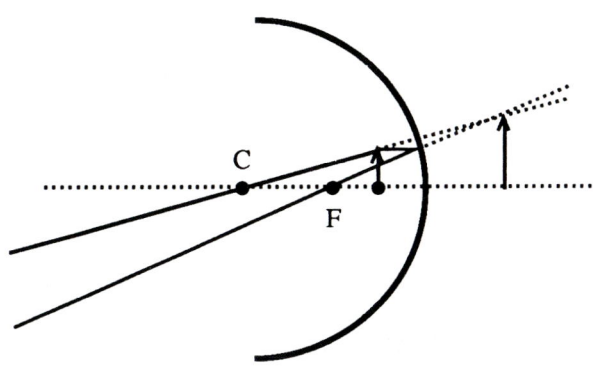

31.6 Wir verwenden die Abbildungsgleichung $1/s' = 1/f - 1/s$. Hier ist $f = r/2 = 20$ cm.   a) Mit $s = 100$ cm erhalten wir $s' = 25$ cm und den Abbildungsmaßstab $V = -s'/s = -0{,}25$. Das Bild ist also reell ($s' > 0$), umgekehrt ($V < 0$) und verkleinert ($|V| < 1$).   b) Hier ist $s = 40$ cm und $s' = 40$ cm sowie $V = -1$. Das Bild ist reell, umgekehrt und ebenso groß wie der Gegenstand. c) Mit $s = 20$ cm $= f$ erhalten wir $s' = \infty$ und den Abbildungsmaßstab $V = -\infty$. Das Bild ist reell, umgekehrt und vergrößert.   d) Hier ist $s = 10$ cm und $s' = -20$ cm sowie $V = 2$. Das Bild ist virtuell, aufrecht und vergrößert.

31.7 Die Brennweite des Spiegels ist $f = r/2 = -20$ cm.   a) Das Bild ist virtuell, aufrecht und verkleinert:

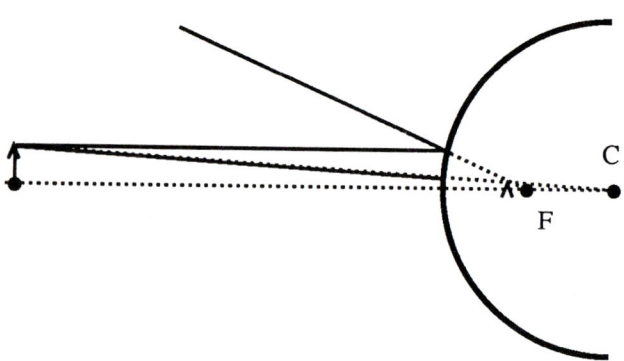

b) Das Bild ist virtuell, aufrecht und verkleinert:

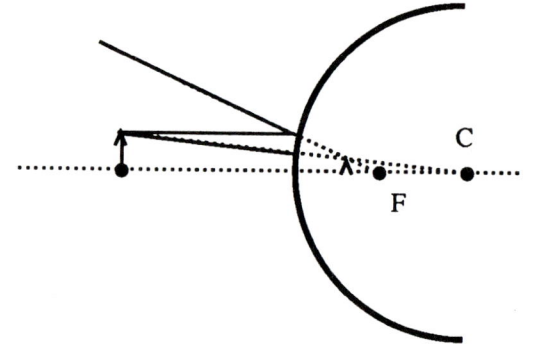

c) Das Bild ist virtuell, aufrecht und verkleinert:

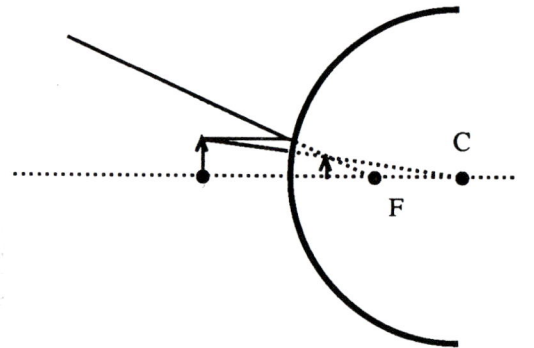

d) Wie in allen diesen Fällen ist das Bild virtuell, aufrecht und verkleinert:

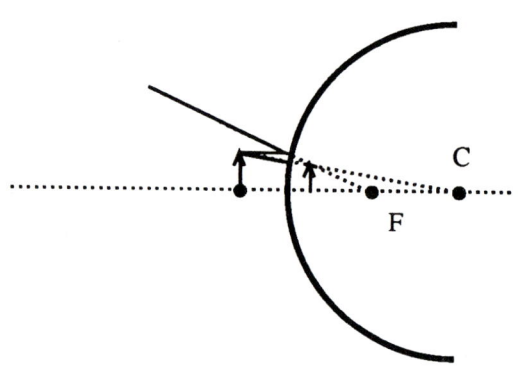

Wird die Gegenstandsweite kleiner, dann ähneln die Verhältnisse immer mehr denen beim planaren Spiegel: Das virtuelle, aufrechte Bild nimmt allmählich die Größe des Gegenstands an.

31.8 Es gilt $1/s' = 1/f - 1/s$ mit $f = r/2 = -20$ cm.   a) Es ist $s = 100$ cm, und wir erhalten $s' = -16,7$ cm und $V = -s'/s = 0,167$. Somit ist das Bild virtuell ($s' < 0$), aufrecht ($V > 0$) und verkleinert ($|V| < 1$).   b) Hier ist $s = 40$ cm. Damit ergibt sich $s' = -13,3$ cm und $V = 0,333$. Das Bild ist also virtuell, aufrecht und verkleinert. c) Mit $s = 20$ cm $= f$ folgt $s' = -10$ cm und $V = 0,5$. Das Bild ist daher virtuell, aufrecht und verkleinert.   d) Mit $s = 10$ cm erhalten wir $s' = -6,67$ cm und $V = 0,667$. Das Bild ist auch hier virtuell, aufrecht und verkleinert.

31.9 Bei einem konvexen Spiegel und einem realen Gegenstand ist $f < 0$ und $s > 0$. Daraus folgt $s' = [1/f - 1/s]^{-1} < 0$. Das bedeutet: Das Bild ist virtuell – unabhängig davon, wo sich der Gegenstand befindet.

31.10 Weil der Spiegel konvex ist, ist der Krümmungsradius negativ. Er beträgt hier $r = -1,2$ m. Damit ist $f = -0,6$ m.   a) Mit $s = 10$ m erhalten wir $s' = -0,566$ m, und das Bild befindet sich $0,566$ m hinter dem Spiegel.   b) Wie wir am Vorzeichen von s' erkennen, ist das Bild virtuell, d.h. es liegt hinter dem Spiegel.   c) Der Abbildungsmaßstab bzw. die Vergrößerung ist $V = -s'/s = 0,0566$, und das Bild des 2 m goßen Kunden hat die Höhe $h' = V h = 0,113$ m.

31.11 Die Brennweite beträgt $f = 4$ m. Aus der Abbildungsgleichung folgt $s' = [1/(4\,\text{m}) - 1/(3,8 \cdot 10^8\,\text{m})]^{-1} = 4{,}000\,000\,042$ m. Das bedeutet: Der Gegenstand befindet sich praktisch im Unendlichen, so daß das Bild beinahe am Brennpunkt liegt. Der Durchmesser des Bildes ist $d' = |V| d = |(4\,\text{m})/(3,8 \cdot 10^8\,\text{m})|(3,5 \cdot 10^6\,\text{m}) = 0,0368$ m $= 3,68$ cm.

31.12 Wie wir in Aufgabe 7 gesehen haben, erzeugt ein konvexer Spiegel ein verkleinertes Bild; also wird hier ein konkaver Spiegel benötigt. Es muß daher $r > 0$ sein.   a) Die Abbildungsgleichung lautet $1/s + 1/s' = 1/f = 2/r$. Darin ist $s' = -Vs$ und $V = 5,5$. Wir lösen nach dem Radius auf und erhalten $r = 2s/(1 - 1/V) = 5,13$ cm.   b) Konkav, wie in a) schon begründet.

31.13 Weil die Oberfläche der Glasscheibe planar ist, ist der Krümmungsradius unendlich. Damit folgt $n_1/s + n_2/s' = (n_2 - n_1)/r = 0$ bzw. $s' = -(n_2/n_1)s$. Wegen $n_2 = 1$ für Luft ist der scheinbare Abstand vom Papier $s' = -s/n_1 = (2\text{ cm})/(1,5) = -1,33$ cm. Das Minuszeichen deutet an, daß sich das Bild auf derselben Seite der brechenden Oberfläche befindet wie der Gegenstand.

31.14 Wir verwenden hier die Beziehung $1/s + n/s' = (n-1)/r$ bzw. $s' = n\left[(n-1)/r - 1/s\right]^{-1}$ mit $n = 1,5$ und $r = 5$ cm. Wie gewöhnlich ist die Brennweite definiert als Wert von s' für $s = \infty$. Im vorliegenden Fall ist $f = n\,r/(n-1) = 15$ cm. Der Brennpunkt ist in den folgenden Abbildungen mit F bezeichnet.
a) $s = 20$ cm; $s' = 30$ cm; reelles Bild:

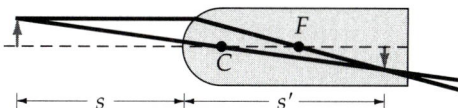

b) $s = 5$ cm; $s' = -15$ cm; virtuelles Bild:

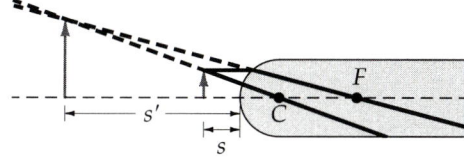

c) $s = \infty$; $s' = 15$ cm. Das reelle Bild befindet sich am Brennpunkt und hat die Größe null:

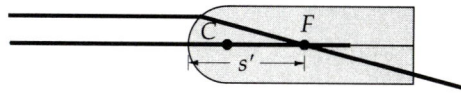

31.15 Im Teil c) der vorigen Aufgabe haben wir gesehen, daß parallel eintreffende Strahlen ein Bild im Brennpunkt erzeugen. Also wird man versuchen, den Gegenstand im Abstand $s = f = 15$ cm vor dem Glasstab zu plazieren, damit parallele Strahlen im Stab entstehen, also $s' = \infty$ ist. Jedoch ist für $s = 15$ cm die Bildweite $s' = 45$ cm. Wenn wir andererseits $s' = \infty$ setzen, so folgt $s = r/(n-1) = 10$ cm als geeignete Gegenstandsweite:

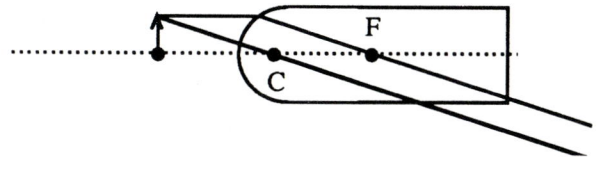

31.16 Wir verwenden hier die Beziehung $1/s + n/s' = (n-1)/r$ bzw. $s' = n\left[(n-1)/r - 1/s\right]^{-1}$ mit $n = 1,5$ und $r = -5$ cm. Die Brennweite ist $f = n\,r/(n-1) = -15$ cm. Der Brennpunkt ist in den folgenden Abbildungen mit F bezeichnet.
a) $s = 20$ cm; $s' = -10$ cm; virtuelles Bild:

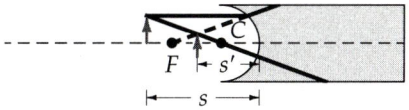

b) $s = 5$ cm; $s' = -5$ cm; virtuelles Bild. Achsennahe Strahlen, die von C ausgehen, werden nicht gebrochen. Daher befinden sich Bild und Gegenstand am selben Ort:

c) $s = \infty$; $s' = -15$ cm; virtuelles Bild der Größe null am Brennpunkt:

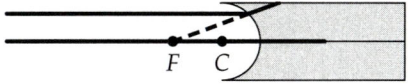

31.17 In Wasser statt in Luft ist der Unterschied der Brechzahlen kleiner, so daß das Licht weniger stark gebrochen wird und der Brennpunkt weiter von der Wasser/Glas-Grenzfläche entfernt ist. Es gilt $n_1/s + n_2/s' = (n_2 - n_1)/r$ mit $r = 5$ cm und $n_1 = 1,33$ sowie $n_2 = 1,5$. Wir setzen $s = \infty$, um die Brennweite zu bestimmen: $s' = f = n_2\, r/(n_2 - n_1) = 44,1$ cm.

a) $s = 20$ cm; $s' = -46,2$ cm; virtuelles Bild:

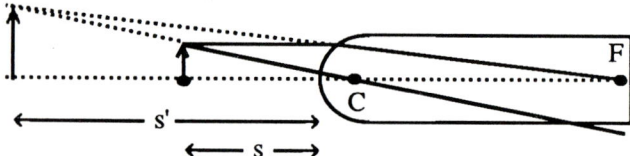

b) $s = 5$ cm; $s' = -6,47$ cm; virtuelles Bild:

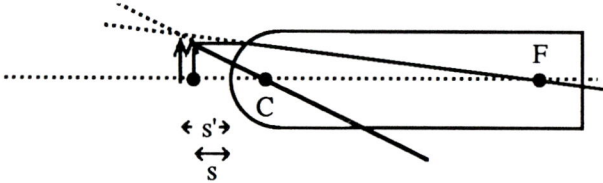

c) $s = \infty$; $s' = 44,1$ cm; reelles Bild der Größe null am Brennpunkt:

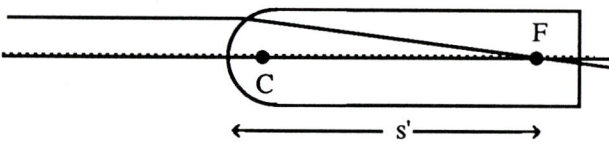

31.18 In Wasser statt in Luft ist der Unterschied der Brechzahlen kleiner, so daß das Licht weniger stark gebrochen wird und der Brennpunkt weiter von der Wasser/Glas-Grenzfläche entfernt ist. Es gilt $n_1/s + n_2/s' = (n_2 - n_1)/r$ mit $r = -5$ cm und $n_1 = 1,33$ sowie $n_2 = 1,5$. Wir setzen $s = \infty$, um die Brennweite zu bestimmen: $s' = f = n_2\, r/(n_2 - n_1) = -44,1$ cm. Das bedeutet, der Brennpunkt befindet sich auf derselben Seite der brechenden Fläche wie die ankommenden Strahlen.

a) $s = 20$ cm; $s' = -14,9$ cm; virtuelles Bild:

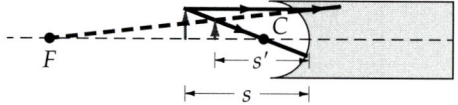

b) $s = 5$ cm; $s' = -5$ cm; virtuelles Bild. Achsennahe Strahlen, die von C ausgehen, werden nicht gebrochen. Daher befinden sich Bild und Gegenstand am selben Ort:

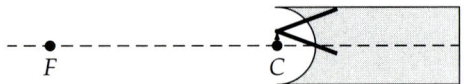

c) $s = \infty$; $s' = -44,1$ cm; virtuelles Bild der Größe null am Brennpunkt:

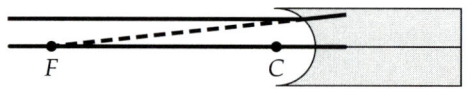

31.19 Wir verwenden die Beziehung $1/f = (n - 1)(1/r_1 - 1/r_2)$ mit $n = 1,5$.

a) $f = 13,5$ cm, bikonvex (links);

b) $f = 20$ cm, plankonvex (Mitte);

c) $f = -10$ cm, bikonkav (rechts):

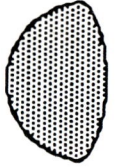  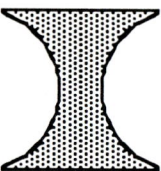

d) $f = -40$ cm, plankonkav:

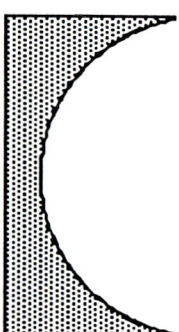

31.20 a) Für die Brennweite f gilt $1/f = (n - 1)(1/r_1 - 1/r_2)$ mit $n = 1,6$ und $|r_1| = |r_2| = r$. Hier ist $f = +5$ cm. Daher muß $r_1 = r$ und $r_2 = -r$ sein, und wir erhalten $r = 2(n-1)f = 6$ cm. Die Linse ist bikonvex (linke Abbildung).

b) Hier ist $f = -5$ cm. Daher muß $r_1 = -r$ und $r_2 = r$ sein, und wir erhalten $r = -2(n-1)f = 6$ cm. Die Linse ist bikonkav (rechts).

31.21 a) Für die Brennweite gilt $1/f = (n - 1)(1/r_1 - 1/r_2) = (0,45)\,[-1/(30\,\text{cm}) - 1/(25\,\text{cm})]$.

Daraus folgt $f = -30{,}3$ cm.   b) $s' = (1/f - 1/s)^{-1} = -22{,}0$ cm.   c) $V = -s'/s = 0{,}275$. d) Weil s' negativ ist, ist das Bild virtuell. Ferner ist es aufrecht; denn V ist positiv.

31.22 Wenn die erste Oberfläche konvex ist, gilt $r_1 = 50$ cm. Wir erhalten $r_2 = \{1/r_1 - 1/[f\,(n - 1)]\}^{-1} = -72$ cm. Wegen $r_2 < 0$ ist die zweite Oberfläche ebenfalls konvex.

31.23 Die Bildweite ist gegeben durch $s' = (1/f - 1/s)^{-1}$. Bei einer Zerstreuungslinse ist $f < 0$. Wenn der Gegenstand real ist, dann ist nach Definition $s > 0$. Einsetzen ergibt eine negative Bildweite: $s' < 0$. Das bedeutet: Die Zerstreuungslinse kann kein reelles Bild erzeugen.

31.24 Das Bild liegt bei $s' = (1/f - 1/s)^{-1} = 6{,}67$ cm, also etwas rechts vom rechten Brennpunkt. Beachten Sie, daß das Bild reell ist.

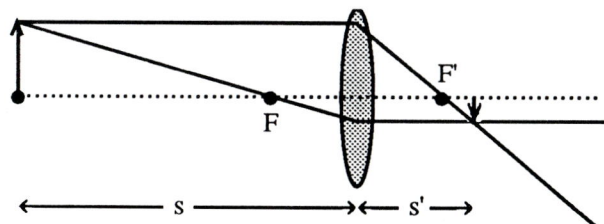

Der Abbildungsmaßstab ist $V = -s'/s = -1/3$. Das Bild ist daher umgekehrt und 1 cm hoch.

31.25 a) Damit das Bild aufrecht und doppelt so groß wie der Gegenstand ist, muß gelten $V = -s'/s = 2$. Daraus folgt $s' = -2\,s$. Das setzen wir (mit $f = 10$ cm) in die Linsengleichung $1/s + 1/s' = 1/f$ ein und erhalten $s = 5$ cm und $s' = -10$ cm. Das Bild ist hier virtuell:

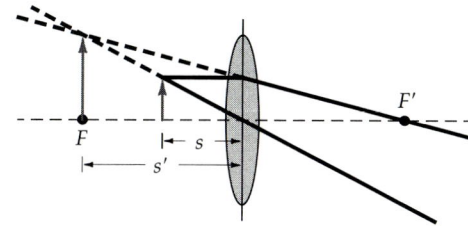

b) Damit das Bild umgekehrt und doppelt so groß wie der Gegenstand ist, muß gelten $V = -s'/s = -2$. Daraus folgt $s' = 2\,s$. Das setzen wir (mit $f = 10$ cm) in die Linsengleichung $1/s + 1/s' = 1/f$ ein und erhalten $s = 15$ cm und $s' = 30$ cm. Das Bild ist hier reell:

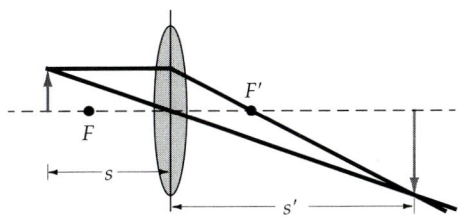

31.26 Beide Linsen haben die Brennweite $f = 10$ cm.   a) Das Bild der ersten Linse befindet sich um den Abstand $s_1' = (1/f - 1/s)^{-1} = 20$ cm hinter der Linse. Weil die Linsen 35 cm voneinander entfernt sind, wirkt das Bild der ersten Linse als Gegenstand für die zweite Linse, und es ist $s_2 = 15$ cm. Daraus folgt $s_2' = (1/f - 1/s_2)^{-1} = 30$ cm. Das Bild der rechten Linse befindet sich also 30 cm rechts von der zweiten Linse:

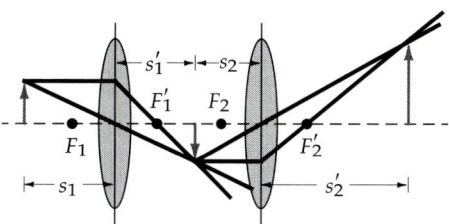

b) Wie aus der Abbildung zu ersehen ist, ist das Endbild reell und aufrecht.
c) Der gesamte Abbildungsmaßstab der beiden kombinierten Linsen ist $V = V_1 V_2 = (-20/20)\,(-30/15) = 2$.

31.27 a) Wie in der vorigen Aufgabe erzeugt die erste Linse ein Bild, das sich 15 cm vor der zweiten Linse befindet. Das Bild, das die zweite Linse hiervon erzeugt, liegt bei $s_2' = [1/(-15\text{ cm}) - 1/(15\text{ cm})]^{-1} = -7{,}5$ cm.
b) Wie aus der Abbildung auf der nächsten Seite hervorgeht, ist das Endbild virtuell und umgekehrt.   c) $V = V_1 V_2 = (-1)\,(1/2) = -1/2$.

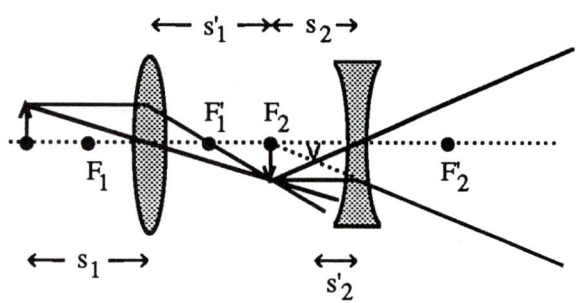

31.28 Die Brennweite einer dünne Linse ist $f = (n-1)(1/r_1 - 1/r_2)$. Im vorliegenden Fall ist $r_1 = 10$ cm und $r_2 = -10$ cm.   a) $n = 1{,}47$; $f = 10{,}6$ cm.   b) $n = 1{,}53$; $f = 9{,}43$ cm.

31.29 Die Abbildung zeigt folgenden Sachverhalt: Strahlen, die einen kleinen Winkel zur Achse bilden, schneiden diese praktisch im gleichen Punkt. Für diesen gilt $1/s + 1/s' = 1/f$ und damit $s' = 4{,}5$ cm. Jedoch schneiden Strahlen mit größeren Winkeln zur Achse diese nicht mehr am selben Punkt. Damit dehnt sich das Bild des Punktes entlang der Achse aus.

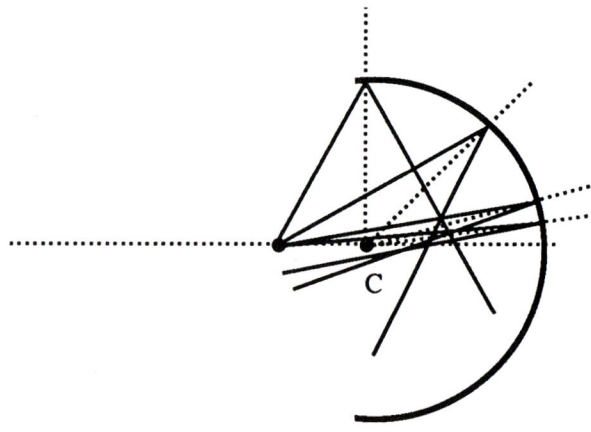

Der Strahl mit einem Winkel von 60° zur Achse geht von 3 cm links vom Krümmungsmittelpunkt aus und schneidet die Achse 3 cm rechts von ihm, also 3 cm vom Spiegel entfernt. Somit erstreckt sich das Bild über 1,5 cm (nämlich von 3 cm bis 4,5 cm vor dem Spiegel).

31.30 a) Der Abbildung entnehmen wir: Alle Strahlen, die einen kleinen Abstand von der Achse haben, schneiden diese nach der Reflexion praktisch im gleichen Punkt, und zwar bei

$r/2 = 3$ cm vor dem Spiegel. Dies erwarten wir wegen $1/s + 1/s' = 1/f$ mit $s = \infty$ und $f = r/2$.

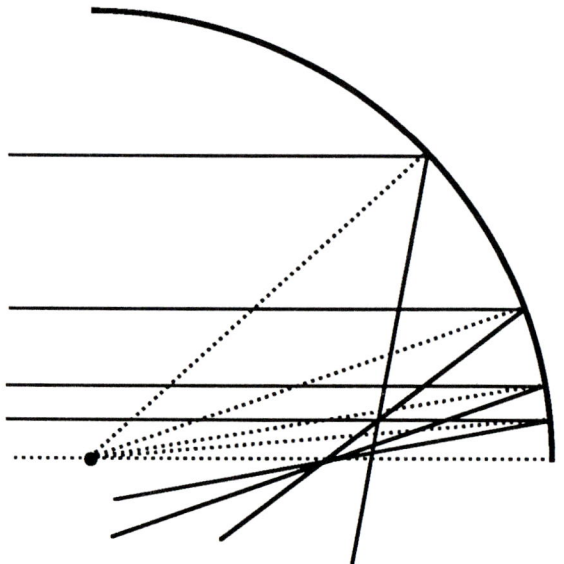

Ist der Strahl von der Achse weiter entfernt, so schneidet er sie nach der Reflexion weiter vom Brennpunkt entfernt. Bei einem Abstand h von der Achse liegt der Schnittpunkt mit der Achse bei der Entfernung $d = r\{1 - 1/[2\cos(\arcsin h/r)]\}$ vom Spiegel. Für $h/r = 1/12$ ist $d/r = 0{,}498$; für $h/r = 1/6$ ist $d/r = 0{,}493$; für $h/r = 1/3$ ist $d/r = 0{,}470$; und für $h/r = 2/3$ ist $d/r = 0{,}329$. Damit ist die Ausdehnung entlang der Achse $r(0{,}498 - 0{,}329) = 1{,}01$ cm.   b) Wird in einem Abstand von 2 cm zur Achse ausgeblendet, so beträgt die Ausdehnung entlang der Achse $r(0{,}498 - 0{,}470) = 0{,}168$ cm, ist also um 83,4 % reduziert.

31.31 a) Wenn Brechung an der Grenzfläche zwischen einem Medium 1 (das das Objekt enthält) mit der Brechzahl n_1 und einem Medium 2 mit der Brechzahl n_2 erfolgt, so gilt $n_1/s + n_2/s' = (n_2 - n_1)/r$. Das wenden wir auf die vordere und auf die hintere Oberfläche einer dünnen Linse mit der Brechzahl n an. Mit der Brechzahl n_W des Wassers erhalten wir $n_W/s + n/s'_1 = (n - n_W)/r_1$ und $-n/s'_1 + n_W/s' = (n_W - n)/r_2$. Eliminieren von s'_1 aus beiden Gleichungen ergibt $n_W/s + n_W/s' - (n_W - n)/r_2 = (n - n_W)/r_1$ bzw. $1/s + 1/s' = (n - n_W)(1/r_1 - 1/r_2)/n_W$. Um hierfür die Brennweite f' der Linse zu ermitteln, setzen wir $s = \infty$ und erhalten $s' = f' =$

$[n_W/(n-n_W)](1/r_1-1/r_2)^{-1}$. Die Brennweite derselben Linse in Luft ist $f=[(n-1)(1/r_1-1/r_2)]^{-1}$, und es folgt $f'=f[n_W(n-1)/(n-n_W)]$. Dies ergibt (wie erwartet) $f'=f$ für $n_W=1$.   b) Für die gegebenen Werte erhalten wir $f=-32,3$ cm und $f'=-126$ cm.

31.32 Um die Brennweite der Linse zu bestimmen, setzen wir $s=\infty$ und lösen nach der Bildweite auf, die dann gleich der Brennweite ist. a) Für die Brechung an der ersten Oberfläche gilt $1/s+1/s'=(n-1)/r_1$ mit $n=1,5$ und $r_1=20$ cm. Für $s=\infty$ ist die Bildweite nach der ersten Brechung $s'=n\,r_1/(n-1)=60$ cm. Das Bild entsteht also 60 cm rechts von der ersten Oberfläche. Diese ist 4 cm von der zweiten Oberfläche entfernt, so daß für letztere gilt $s=-56$ cm. Für die zweite Brechung ist $-n/(56\,\text{cm})+1/s'=(1-n)/r_2$ mit $r_2=-20$ cm. Daraus folgt die Brennweite zu $f=s'=19,3$ cm. b) Befindet sich die Linse in Wasser statt in Luft, so gilt $s'=n\,r_1/(n-n_W)=176$ cm, und wir erhalten für die Brennweite $f=n_W[(n_W-n)/r_2+n/(172\,\text{cm})]^{-1}=77,3$ cm. Dieses Ergebnis ist etwa gleich dem, das mit der in Aufgabe 31 abgeleiteten Gleichung erhalten würde, die aber nur für eine dünne Linse gilt.

31.33 a) Wir beginnen mit $1/s+1/s'=1/f$ und fordern $s'=-Vs$. Mit dem Abbildungsmaßstab V ist dann $1/s-1/(Vs)=1/f=(1/s)(V-1)/V$. Auflösen nach der Gegenstandsweite ergibt $s=f(V-1)/V$. Beachten Sie, daß dies sowohl für positives als auch für negatives V gilt. b) Hier ist der Abbildungsmaßstab $V=-(2,4\,\text{cm})/(175\,\text{cm})=-0,0137$, und wir erhalten $s=f(V-1)/V=3,70$ m.

31.34 Zu Anfang beträgt der Abstand zum Bild des Läufers $s'=(1/f-1/s)^{-1}=-1,43$ m. Das Minuszeichen gibt an, daß sich das Bild hinter dem Spiegel befindet. Um die Geschwindigkeit des Bildes zu ermitteln, bilden wir die zeitliche Ableitung: $ds'/dt=(-1)(1/f-1/s)^{-2}(1/s^2)(ds/dt)=-(s'/s)^2\,ds/dt$. Wir wissen, daß $s'=-1,43$ m und $s=5$ m ist. Jedoch

müssen wir das richtige Vorzeichen von ds/dt einsetzen. Der Läufer nähert sich dem Spiegel, so daß s mit fortschreitender Zeit kleiner wird. Daher ist $ds/dt=-3,5$ m/s, und es folgt $ds'/dt=0,286$ m/s. Wegen $ds'/dt>0$ wird die (negative) Bildweite mit fortschreitender Zeit betragsmäßig kleiner, und das Bild nähert sich der Spiegeloberfläche sowie dem Beobachter.

31.35 a) Wenn der kleine Spiegel nicht vorhanden wäre, würde das Licht auf den Brennpunkt des großen Spiegels fokussiert, also im Abstand $r/2=2,5$ m vor dem Scheitel des großen Spiegels. Somit gibt es für den kleinen Spiegel einen virtuellen Gegenstand mit $s=-0,5$ m. Davon erzeugt der kleine Spiegel ein Bild bei $s'=2$ m, und die Brennweite ist $f=(1/s+1/s')^{-1}=-0,667$ m; ferner ist $r=2f=-1,33$ m.   b) Der negative Krümmungsradius besagt, daß der kleine Spiegel konvex ist.

31.36 a) Die Bildweite dieser Linse ist $s'=(1/f-1/s)^{-1}=20$ cm. Das Bild erzeugt einen virtuellen Gegenstand für den Spiegel bei $s=-10$ cm. Damit ist $s'=-s=10$ cm. Also erzeugt der Spiegel ein reelles Bild, das 10 cm über seiner Oberfläche liegt.   b) Das Bild ist reell. c) Der Strahlenverlauf ist folgender:

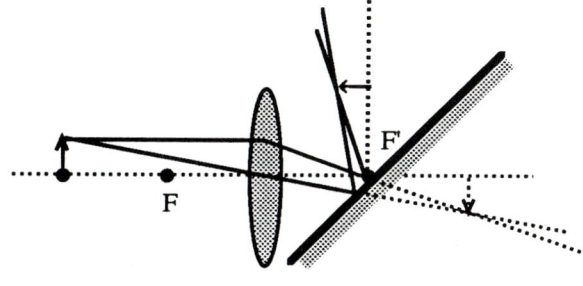

31.37 Der Gegenstand befindet sich am Brennpunkt der ersten Linse, so daß parallele Strahlen aus dieser austreten und $s_1'=\infty$ ist. Die parallelen Strahlen gelangen nun zur zweiten Linse, die daraus ein Bild an ihrem Brennpunkt erzeugt, der 15 cm rechts von der zweiten Linse liegt. Die Abbildung auf der nächsten Seite zeigt den Strahlenverlauf.

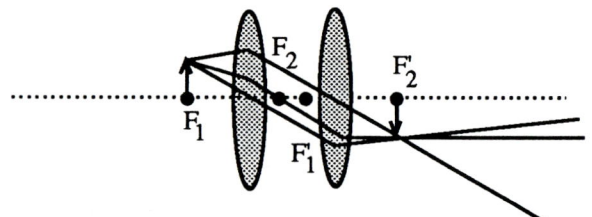

Die aus der ersten Linse austretenden Strahlen sind parallel zueinander. Der Strahl durch F_2 wird durch die zweite Linse so gebrochen, daß er parallel zu deren Achse austritt. Der Strahl durch die Mitte der zweiten Linse passiert diese ungebrochen. Das endgültige Bild ist reell, umgekehrt und ebenso groß wie der Gegenstand; d.h. der Abbildungsmaßstab beträgt -1.

31.38 Der Gegenstand befindet sich am Brennpunkt der ersten Linse, so daß parallele Strahlen aus dieser austreten und $s_1' = \infty$ ist. Die parallelen Strahlen gelangen zur zweiten Linse, die daher ein Bild an ihrem Brennpunkt erzeugt, der 15 cm links von der zweiten Linse liegt:

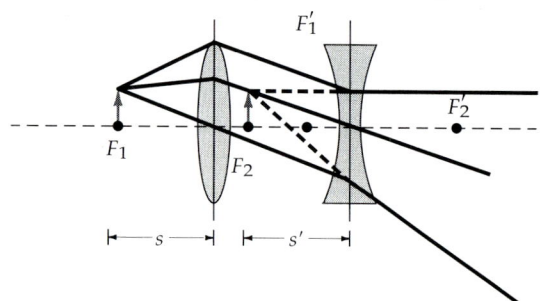

Die aus der ersten Linse austretenden Strahlen sind parallel zueinander. Der Strahl, der in Richtung auf F_2' verläuft, wird durch die zweite Linse so gebrochen, daß er parallel zu deren Achse austritt. Der Strahl durch die Mitte der zweiten Linse passiert diese ungebrochen. Die rückwärtige Extrapolation der aus der zweiten Linse austretenden Strahlen ergibt das Bild, wie in der Abbildung dargestellt. Das endgültige Bild ist virtuell, aufrecht und ebenso groß wie der Gegenstand; d.h. der Abbildungsmaßstab beträgt 1.

31.39 Wir betrachten eine Glaskugel mit dem Radius $r = 2$ mm und der Brechzahl $n = 1,5$. Für die Brechung an der ersten Oberfläche gilt

$1/s_1 + n/s_1' = (n-1)/r_1$, wobei $r_1 = r$ ist. Um die Brennweite zu ermitteln, setzen wir $s_1 = \infty$ und erhalten $s_1' = n\,r_1/(n-1) = 3\,r$. An der zweiten Oberfläche ist $s_2 = -r$, und es gilt $n/s_2 + 1/s_2' = (n-1)/r_2$, wobei $r_2 = -r$ ist. Damit erhalten wir $-n/r + 1/s_2' = (n-1)/r$ bzw. $s_2' = f = [(n-1)/r + n/r]^{-1} = r/2 = 1$ mm.

31.40 a) Der Gegenstand ist $s_1 = 15$ cm von der Linse entfernt, so daß das Bild bei $s_1' = 30$ cm liegt, also 5 cm hinter dem Spiegel. Dieses Bild ist damit für den Spiegel ein virtueller Gegenstand mit der Gegenstandsweite $s_2 = -5$ cm. Damit ist die Bildweite $s_2' = 2,5$ cm, d.h. das Bild liegt $s_3 = 22,5$ cm hinter der Linse, so daß $s_3' = 18$ cm ist. Das endgültige Bild befindet sich somit 18 cm links von der Linse.   b) Das Bild ist, wie in der Abbildung in Teil c) dargestellt wird, reell und aufrecht. Der Abbildungsmaßstab ist $V = 0,8$. c) Die Abbildung zeigt den Ort des Gegenstands und aller seiner Bilder sowie den Ort, an dem das Auge das endgültige Bild sehen kann.

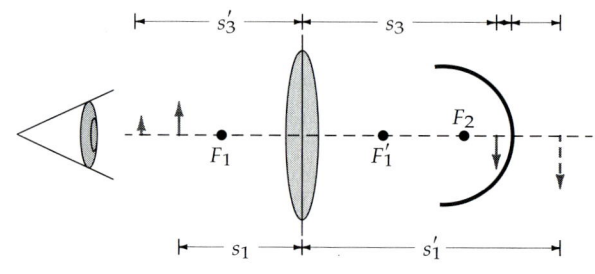

31.41 Zuerst berechnen wir aus den gegebenen Werten die Brennweite der Linse: $f_\mathrm{L} = [1/(30\text{ cm}) + 1/(-7,5\text{ cm})]^{-1} = -10$ cm. Es handelt sich um eine Zerstreuungslinse. Die vordere Oberfläche der Linse wirkt als Spiegel mit der Brennweite $f_\mathrm{v} = [1/(30\text{ cm}) + 1/(6\text{ cm})]^{-1} = 5$ cm. Weil dies größer als null ist, ist die Oberfläche konkav, und der Krümmungsradius hat den Betrag $r_\mathrm{v} = 10$ cm. Wird die Linse umgedreht, so wirkt die andere Oberfläche als Spiegel mit der Brennweite $f_\mathrm{h} = [1/(30\text{ cm}) + 1/(10\text{ cm})]^{-1} = 7,5$ cm. Auch diese Oberfläche ist konkav, und der Krümmungsradius hat den Betrag $r_\mathrm{h} = 15$ cm. Wir setzen $f = -10$ cm, $r_1 = -10$ cm und $r_2 = 15$ cm ein in $1/f = (n-1)(1/r_1 - 1/r_2)$ und erhalten $n = 1,6$.

31.42 Für die Brechung an der Luft/Wasser-Grenzfläche gilt $1/s_1 + n/s_1' = (n-1)/r$ mit $n = 1{,}33$ und $r = \infty$. Daraus folgt $s_1' = -n\,s_1$. Dieses Bild befindet sich im Abstand $s_2 = 1 - s_1'$ vom Spiegel. Dieser erzeugt ein Bild bei $s_2' = (1/f - 1/s_2)^{-1}$ mit $f = r/2 = 25$ cm. Somit liegt dieses Bild beim Abstand $s_3 = 1 - s_2'$ von der Luft/Wasser-Grenzfläche; es unterliegt der Brechung, für die gilt $n/s_3 + 1/s_3' = (1-n)/r$, wiederum mit $n = 1{,}33$ und $r = \infty$. Schließlich befindet sich das endgültige Bild bei $s_3' = -s_3/n$. Mit $s_3' = s_1$ ergibt sich für s_1 die quadratische Gleichung $s_1^2 + (2-r)s_1/n + (1-r)/n^2 = 0$. Die positive Lösung dieser Gleichung ist $s_1 = 36{,}8$ cm. Damit erhalten wir $s_1' = -48{,}9$ cm, $s_2 = 49{,}9$ cm, $s_2' = 50{,}1$ cm, $s_3 = -49{,}1$ cm und $s_3' = 36{,}8$ cm $= s_1$, wie gewünscht.

31.43 Die Brechzahl n des Linsenmaterials ist gegeben durch $1/f = (n-1)(1/r_1 - 1/r_2)$ mit $f = 27{,}5$ cm, $r_1 = 8$ cm und $r_2 = 17$ cm. Damit ergibt sich $n = 1{,}55$. In Aufgabe 31 hatten wir die Gleichung $f' = f[n_F(n-1)/(n-n_F)]$ hergeleitet. Darin steht der Index F für die Flüssigkeit (in Aufgabe 31 Wasser), in der sich die Linse befindet. Mit $f' = 109$ cm ist $n_F = 1{,}36$.

31.44 a) Die Brechung an der vorderen Oberfläche der Kugel wird beschrieben durch $1/s_1 + n/s_1' = (n-1)/r$. Darin ist $n = 1{,}5$ und $s = 30$ cm sowie $r = 10$ cm. Auflösen nach der Bildweite ergibt $s_1' = n[(n-1)/r - 1/s]^{-1} = 90$ cm. Damit befindet sich das Bild 70 cm hinter der Rückseite der Kugel. Für die Reflexion an der Rückseite gilt $1/s_2 + 1/s_2' = 1/f$ mit $s_2 = -70$ cm und $f = r/2 = 5$ cm. Wir erhalten $s_2' = (1/f - 1/s)^{-1} = 4{,}67$ cm. Das positive Vorzeichen besagt, daß das Bild vor der Rückseite der Kugel liegt (also innerhalb der Kugel). Es ist 20 cm $-$ 4,67 cm $= 15{,}3$ cm von der Vorderseite entfernt. Für die letzte auftretende Brechung gilt $n/s_3 + 1/s_3' = (1-n)/r$ mit $s_3 = 15{,}3$ cm, $n = 1{,}5$ und $r = -10$ cm. Daraus folgt $s_3' = [(1-n)/r - n/s_3]^{-1} = -20{,}9$ cm. Das endgültige Bild liegt daher 0,9 cm hinter der Rückseite der Kugel. b) Mit denselben Rechenschritten wie in Teil a) erhalten wir $s_1' = \infty$ und $s_2' = 5$ cm sowie $s_3' = -20$ cm. Hier befindet sich das endgültige Bild genau auf der Rückseite der Kugel.

31.45 Mit $s = x + f$ und $s' = x' + f$ lautet die Linsengleichung $1/(x+f) + 1/(x'+f) = 1/f = (x+x'+2f)/[(x+f)(x'+f)] = 1/f$. Umstellen ergibt $(x+f)(x'+f) = f(x+x'+2f)$ bzw. $xx' + xf + x'f + f^2 = xf + x'f + 2f^2$. Vereinfachen liefert $xx' = f^2$. Für die Vergößerung V beginnen wir mit $V = -s'/s = -(x'+f)/(x+f)$. Mit Hilfe von $x' = f^2/x$ eliminieren wir x' und erhalten $V = -(f^2/x + f)/(x+f) = -f(f+x)/[x(f+x)] = -f/x = -f/(f^2/x') = -x'/f$.

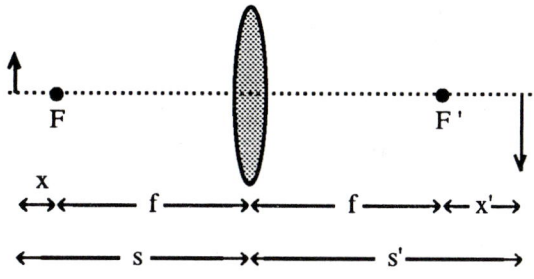

31.46 a) Wir bezeichnen mit x den anfänglichen Abstand zwischen Gegenstand und Linse. Mit dieser Definition ist zu Beginn die Gegenstandsweite $s_1 = x$, und die Bildweite ist $s_1' = 2{,}4\text{ m} - x$. Bei dieser Anordnung wird auf dem Schirm ein Bild erzeugt. Daher gilt $1/s_1 + 1/s_1' = 1/f$. Damit bei der zweiten Stellung der Linse ein Bild auf dem Schirm entsteht, muß gelten $1/s_2 + 1/s_2' = 1/f$. Das trifft offensichtlich zu, wenn Gegenstands- und Bildweite vertauscht sind: $s_2 = s_1'$ und $s_2' = s_1$. Diese Vertauschung wird erreicht, indem die Linse 1,2 m weit zum Schirm hin verschoben wird. Somit ist $s_2 = s_1 + 1{,}2$ m $= x + 1{,}2$ m und $s_2' = s_1' - 1{,}2$ m $= 1{,}2$ m $- x$. Wir setzen nun $s_2' = s_1$ und erhalten 1,2 m $- x = x$ bzw. $x = 0{,}6$ m. Das gleiche Ergebnis für x resultiert, wenn $s_2 = s_1'$ gesetzt wird. Also befand sich die Linse anfangs 0,6 m vom Gegenstand (in Richtung Schirm) entfernt, d.h. 1,8 m vor dem Schirm. Nach der Verschiebung befindet sie sich 0,6 m vor dem Schirm. b) Mit $x = 0{,}6$ m $=$

60 cm erhalten wir $s_1 = 60$ cm und $s_1' = 180$ cm. Das ergibt $f = (1/s_1 - 1/s_1')^{-1} = 45$ cm.

31.47 a) Die erste Linse erzeugt ein Bild im Abstand $s_1' = (1/f_1 - 1/s_1)^{-1} = 17$ cm. Dieser Ort liegt 12 cm hinter der zweiten Linse, so daß das von der ersten Linse hervorgerufene Bild als virtueller Gegenstand für die zweite Linse wirkt. Daher ist $s_2 = -12$ cm. Mit dieser Bildweite folgt $s_2' = (1/f_2 - 1/s_2)^{-1} = 20$ cm. Insgesamt ist die Entfernung zwischen Gegenstand und Bild 17 cm + 5 cm + 20 cm = 42 cm. b) Die Gesamtvergrößerung ist $V = V_1 V_2 = (-s_1'/s_1)(-s_2'/s_2) = -1{,}67.$ c) Mit $s_2' > 0$ und $V < 0$ ist das Endbild reell und aufrecht.

31.48 a) Wir beginnen mit $1/f = (n-1)(1/r_1 - 1/r_2)$ bzw. $f = (n-1)^{-1}(1/r_1 - 1/r_2)^{-1}$. Wir leiten die zweite Gleichung nach n ab: $df/dn = -(n-1)^{-2}(1/r_1 - 1/r_2)^{-1}$. Wegen $(1/r_1 - 1/r_2)^{-1} = f(n-1)$ folgt $df/dn = -f/(n-1)$ oder $df/f = -dn/(n-1)$.   b) Die Änderung der Brennweite beträgt etwa $\Delta f = -[f/(n-1)]\Delta n = -[(20\text{ cm})/(1{,}47-1)](1{,}53-1{,}47) = -2{,}55$ cm $= f_2 - f_1$. Damit ist $f_2 = \Delta f + f_1 = 20$ cm $- 2{,}55$ cm $= 17{,}45$ cm.

31.49 Wir stellen uns einen Gegenstand vor, der eine Ausdehnung entlang der Achse eines Spiegels oder einer Linse hat. Daher gilt für die Gegenstandsweite ein bestimmter Bereich Δs. Zu ermitteln ist nun der entsprechende Bereich der Bildweite $\Delta s'$. Diesen erhalten wir direkt aus $1/f = 1/s + 1/s'$. Das formen wir um: $s' = (1/f - 1/s)^{-1}$. Die Ableitung nach s ergibt $ds'/ds = -(1/f - 1/s)^{-2}(1/s^2) = -(s'/s)^2 = -V^2$. Wenn der Gegenstand die Länge Δs hat, so hat das Bild etwa die Länge $\Delta s' = -V^2 \Delta s$, und die Längenvergrößerung beträgt ungefähr $-V^2$.

31.50 Für die Brechung an der ersten Linsenoberfläche gilt $n_1/s_1 + n_L/s_1' = (n_L - n_1)/r_1$. Für die Brechung an der zweiten Oberfläche gilt $n_L/s_2 + n_2/s_2' = (n_2 - n_L)/r_2$. Um diese Gleichungen auf eine dünne Linse anzuwenden, setzen wir $s_2 = -s_1'$. Dafür folgt aus der ersten Gleichung $-s_1' = -n_L[(n_L - n_1)/r_1 - n_1/s_1]^{-1}$. Mit dieser Substitution ergibt sich $-[(n_L - n_1)/r_1 - n_1/s_1] + n_2/s_2' = (n_2 - n_L)/r_2$. Schließlich identifizieren wir s_1 mit der Gegenstandsweite $s_1 = s$ und s_2' mit der Bildweite $s_2' = s'$, und es folgt $n_1/s + n_2/s' = (n_L - n_1)/r_1 - (n_L - n_2)/r_2$. Wie gewöhnlich, ist die Brennweite gleich der Bildweite, wenn $s = \infty$ ist. Für diesen Fall ist $1/s' = 1/f = (n_L - n_1)/(n_1 r_1) - (n_L - n_2)/(n_2 r_2)$. Mit dieser Gleichung für f erhalten wir schließlich $n_1/s + n_2/s' = n_2/f$.

Kapitel 32

Optische Instrumente

32.1 Die Bildweite eines Gegenstands, der sich 25 cm vor dem Auge befindet, ist $b = (1/f - 1/g)^{-1} = [1/(2,5\text{ cm}) - 1/(25\text{ cm})]^{-1} = 2,78$ cm. Das Bild entsteht also 0,278 cm hinter der Netzhaut. Wird die Linse um 0,278 cm auf den Gegenstand zu bewegt, so bewegt sich das Bild etwa um denselben Abstand und damit auf die Netzhaut.

32.2 Die Brennweite ermitteln wir aus der Gleichung $f = (1/g + 1/b)^{-1}$. Die Bildweite muß jeweils $b = 2,5$ cm betragen. Daraus folgt $f_{3\text{ m}} = 2,48$ cm und $f_{30\text{ cm}} = 2,31$ cm. Die Änderung der Brennweite ist $\Delta f = -0,172$ cm.

32.3 a) Hier werden Brillengläser benötigt, die bei der Gegenstandsweite $g = 45$ cm die Bildweite $b = -80$ cm erzeugen. Die Brennweite ist daher $f = (1/g + 1/b)^{-1} = 103$ cm.   b) Die Brechkraft einer Linse ist definiert als $D = 1/f$. Wird f in m angegeben, so hat D die Einheit Dioptrie: 1 dpt $= 1\text{ m}^{-1}$. Im vorliegenden Fall ist $D = 0,972$ dpt.

32.4 Aus der Brechkraft der Linsen bestimmen wir die Brennweite: $1/f = D$; also ist $f = 57,1$ cm. Um den Nahpunkt zu finden, setzen wir die Gegenstandsweite $g = 25$ cm und erhalten $b = (1/f - 1/g)^{-1} = (D - 1/g)^{-1} = -44,4$ cm. Das Bild ist virtuell, und der Nahpunkt liegt ohne Brille bei 44,4 cm.

32.5 Hier werden Brillengläser benötigt, die von einem unendlich weit entfernten Gegenstand ein Bild erzeugen, das 225 cm von der Brille entfernt ist. Daher muß für die Brennweite gelten $f = (1/g + 1/b)^{-1} = [1/\infty + 1/(-225\text{ cm})]^{-1} = -225$ cm $= -2,25$ m. Dieser Brennweite entspricht die Brechkraft $D = 1/f = -0,444$ dpt.

32.6 Für die Brechung an der Hornhaut gilt $1/g + n/b = (n - 1)/r$. Dabei gilt für Licht, das auf der Netzhaut fokussiert wird, $r > 0$ und $n = 1,4$ sowie $b = 2,5$ cm. Für parallel auftreffendes Licht setzen wir $g = \infty$, so daß folgt $r = b(n - 1)/n = 0,714$ cm. Bei dieser Berechnung wird angenommen, daß die gesamte Brechung an der Vorderseite der Linse erfolgt, obwohl ein Teil des Lichts auch an der Rückseite gebrochen wird. Das Material hinter der Linse hat vermutlich eine Brechzahl, die nahe bei der des Wassers ($n = 1,33$) liegt. Wenn dies der Fall ist, dann bewirkt die größere Brechzahl der Linse eine solche Brechung der Lichtstrahlen an der Rückseite, daß sie dichter an der Linse fokussiert werden, also bei $b < 2,5$ cm. Um eine Fokussierung bei 2,5 cm zu erreichen, muß im Ausdruck für r die Bildweite $b > 2,5$ cm sein. Das bedeutet, der Radius muß größer als 0,714 cm sein.

32.7 Der Mindestabstand auf der Netzhaut sei $d = 2$ μm. Ferner sei $f = 2,5$ cm die Brennweite des Auges; diese ist also gleich dessen Durchmesser. Schließlich sei x der Mindestabstand zweier noch getrennt wahrnehmbarer Punktgegenstände P_1 und P_2.   a) Der kleinste Winkel, den die beiden Punkte einschließen dürfen, ist ungefähr $\varepsilon = d/f = 8 \cdot 10^{-5}$ rad.   b) Mit den Gesetzen über ähnliche Dreiecke folgt $d/(0,025\text{ m}) = x/(20\text{ m})$ und $x = d\,(20\text{ m})\,/\,(0,025\text{ m}) = 1,6$ mm.

32.8 Gegeben ist der Abstand des Nahpunktes vom Auge: $s_0 = 0,3$ m, sowie die Brechkraft der Lupe: $D = 20$ dpt. Damit ist die Brennweite der Lupe $f = 1/D = 0,05$ m. Mit der Definition der Vergrößerung folgt $v_L = s_0/f = 6$.

32.9 a) Die Definition der Vergrößerung lautet $v_L = s_0/f$. Damit ist $v_{L,1} = (25\ \text{cm})/(6\ \text{cm}) = 4{,}17$ und $v_{L,2} = (40\ \text{cm})/(6\ \text{cm}) = 6{,}67$.
b) Die Größe eines Bildes auf der Netzhaut ist proportional zum Winkel, unter dem der Gegenstand zu sehen ist. Weil die in Teil a) berechneten Vergrößerungen Winkelvergrößerungen sind, ist der Quotient der Bildgrößen bei beiden Personen $v_{L,1}/v_{L,2} = 0{,}625$.

32.10 Mit $f = 50\ \text{mm}$ und $d = 25\ \text{mm}$ ist die Blendenzahl $(50\ \text{mm})/(25\ \text{mm}) = 2$. Der Blendenwert ist $f/2$.

32.11 Die Brennweite ist $f = 20\ \text{cm}$. Daher erzeugt ein Gegenstand im Unendlichen ein Bild bei der Bildweite $b = 20\ \text{cm}$. Wenn der Gegenstand $30\ \text{m} = 3000\ \text{cm}$ weit entfernt ist, beträgt die Bildweite $[1/(20\ \text{cm}) - 1/(3000\ \text{cm})]^{-1} = 20{,}134\ \text{cm}$. Also muß das Objektiv um $1{,}34\ \text{mm}$ nach vorn bewegt werden.

32.12 Die Brennweite ist $f = 2{,}8\ \text{cm}$. Daher erzeugt ein Gegenstand im Unendlichen ein Bild bei der Bildweite $b = 2{,}8\ \text{cm}$. Wenn der Gegenstand $5\ \text{m} = 500\ \text{cm}$ weit entfernt ist, beträgt die Bildweite $[1/(2{,}8\ \text{cm}) - 1/(500\ \text{cm})]^{-1} = 2{,}8158\ \text{cm}$. Also muß das Objektiv um $0{,}158\ \text{mm}$ nach vorn bewegt werden. Das ist sehr wenig. Deswegen befinden sich für ein Weitwinkelobjektiv Gegenstände, die weiter als etwa $5\ \text{m}$ entfernt sind, praktisch im Unendlichen.

32.13 Für eine korrekte Belichtung muß eine bestimmte Lichtmenge das Objektiv passieren. Diese Lichtmenge ist proportional zum Produkt aus der Fläche der Objektivöffnung und der Belichtungszeit. Die Öffnungsfläche des Objektivs ist proportional zu d^2, wobei $d = f/\text{Blendenzahl}$ ist. Die Blendenzahl ist also gleich f/d. Der Verschluß ist während der Zeit t offen. Die in die Kamera gelangende Lichtmenge ist damit $L = A\,t/(f/d)^2 = A\left(\frac{1}{30}\ \text{s}\right)/(16^2)$. Darin ist A eine

Konstante. Soll L gleich bleiben, so ist die Belichtungszeit in Abhängigkeit von der Blendenzahl f/d gleich $t = \left(\frac{1}{30}\ \text{s}\right)(f/d)^2/(16^2)$.
a) $t = \left(\frac{1}{30}\ \text{s}\right)(11)^2/(16^2) \approx \frac{1}{64}\ \text{s}$.   b) $t \approx \frac{1}{120}\ \text{s}$.
c) $t \approx \frac{1}{250}\ \text{s}$.   d) $t \approx \frac{1}{500}\ \text{s}$.   e) $t \approx \frac{1}{1000}\ \text{s}$.
Beachten Sie, daß die Zeit der Verschlußöffnung jeweils um den Faktor 2 kleiner wird. Dieser Abnahme entspricht eine Abnahme der Blendenzahl f/d um den Faktor $\sqrt{2}$, da die durchgelassene Lichtmenge proportional zu $(f/d)^2$ ist. Die bei der Kamera aufeinanderfolgenden Blendenzahlen sind 4, 5,6, 8, 11 usw., also jeweils um den Faktor $\sqrt{2}$ größer. Die bei der Kamera aufeinanderfolgenden Verschlußzeiten unterscheiden sich jeweils um den Faktor 2.

32.14 a) Aus der vorigen Aufgabe wissen wir, daß eine Abnahme der Verschlußzeit um den Faktor 4 eine Abnahme der Blendenzahl um den Faktor 2 erfordert, hier also auf 4.   b) Eine Blendenzahl von 22 bedeutet gegenüber 8 einen Anstieg um den Faktor $2\sqrt{2}$. Somit muß die Verschlußzeit um den Faktor $(2\sqrt{2})^2 = 8$ zunehmen. Damit ist $t \approx \frac{1}{32}\ \text{s}$.

32.15 Aus der Definition folgt für die Vergrößerung $v_M = -t\,s_0/(f_{Ob}\,f_{Ok}) = -(16\ \text{cm})(25\ \text{cm})/[(0{,}5\ \text{cm})(3\ \text{cm})] = -267$.

32.16 Aus der Brechkraft $D = 20\ \text{dpt}$ ergibt sich die Brennweite der Linsen: $f = 1/D = 5\ \text{cm}$.   a) Die Tubuslänge ist definiert als Abstand des zweiten Brennpunkts des Objektivs vom ersten Brennpunkt des Okulars. Hier ist $t = 30\ \text{cm} - 2\,(5\ \text{cm}) = 20\ \text{cm}$.   b) $V_{Ob} = -t/f_{Ob} = -(20\ \text{cm})/(5\ \text{cm}) = -4$.   c) $v_M = V_{Ob}\,V_{Ok} = (-4)\,s_0/f_{Ok} = (-4)(25\ \text{cm})/(5\ \text{cm}) = -20$.
d) Das vom Objektiv hervorgerufene Bild muß am ersten Brennpunkt des Okulars entstehen, der $25\ \text{cm}$ vom Objektiv entfernt ist. Daher ist $b = 25\ \text{cm}$, und wir erhalten $g = (1/f - 1/b)^{-1} = 6{,}25\ \text{cm}$.

32.17 a) Den Durchmesser d des Bildes erhalten wir aus $d/f = \tan\varepsilon \approx \varepsilon$, wobei $\varepsilon = 0{,}009\ \text{rad}$

ist. Es folgt $d = (100 \text{ cm}) (0{,}009 \text{ rad}) = 0{,}9 \text{ cm}$.
b) Der vom Bild eingenommene Winkel ist $\varepsilon_{\text{Ok}} = v_{\text{T}}\varepsilon_{\text{Ob}} = -(f_{\text{Ob}}/f_{\text{Ok}})\varepsilon_{\text{Ob}} = (-20)(0{,}009 \text{ rad}) = -0{,}18 \text{ rad}$.   c) $v_{\text{T}} = -(f_{\text{Ob}}/f_{\text{Ok}}) = -20$.

32.18   Wie in der vorigen Aufgabe ist $d \approx f\,\varepsilon = (19{,}5 \text{ m})(0{,}009 \text{ rad}) = 17{,}6 \text{ cm}$.

32.19   a) Die Lichtausbeute ist proportional zur Öffnungsfläche des Teleskops. Damit ist sie beim Mount-Palomar-Observatorium um den Faktor $(5{,}1/1{,}02)^2 = 25$ größer als beim Yales-Observatorium.   b) $v_{\text{T}} = -(f_{\text{Ob}}/f_{\text{Ok}}) = -134$.

32.20   a) Für einen Gegenstand der Höhe h, der sich am Nahpunkt (also im Abstand s_0) befindet, ist der Sehwinkel $\varepsilon_0 = h/s_0$. Wird eine Lupe verwendet, um im Abstand s_0 vom Auge ein Bild zu erzeugen, so ist $b = -s_0$. Die dieser Bildweite entsprechende Gegenstandsweite ist $g = (1/f - 1/b)^{-1} = (1/f + 1/s_0)^{-1} = s_0 f/(s_0 + f)$. Damit ist der Sehwinkel $\varepsilon = h/g = h(s_0 + f)/(s_0 f)$, und die Winkelvergößerung ist $v_{\text{L}} = \varepsilon/\varepsilon_0 = (s_0 + f)/f = s_0/f + 1$.   b) Eine Linse mit der Brechkraft $D = 20$ dpt hat die Brennweite $f = 1/D = 5$ cm. Damit wird $v_{\text{L}} = (30 \text{ cm})/(5 \text{ cm}) + 1 = 7$. Die Abbildung zeigt den Strahlenverlauf.

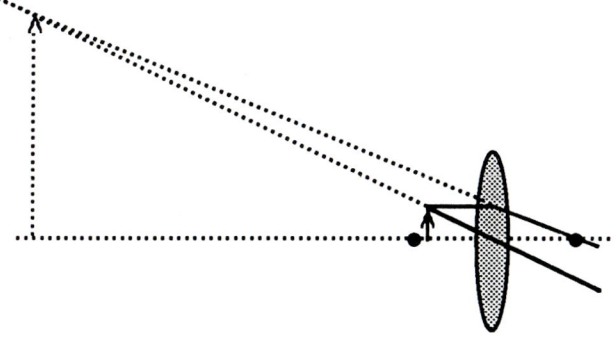

32.21   a) Die Winkelvergrößerung ist $v_{\text{L}} = s_0/f = s_0 D = (0{,}25 \text{ m})(12) = 3$.   b) Wenn das Endbild nicht im Unendlichen, sondern am Nahpunkt entsteht, so nimmt die Vergrößerung um 1 zu, beträgt dann also 4.

32.22   In Aufgabe 32.20 wurde gezeigt: Wenn sich das Bild am Nahpunkt befindet, ist die Winkelvergrößerung $v_{\text{L}} = \theta/\theta_0 = s_0/f + 1$. (Hier wird der Sehwinkel mit θ bezeichnet.) In der Abbildung ist ein Beispiel dargestellt. Darin ist θ_0 der Winkel, den der Gegenstand umfaßt, wenn er sich am Nahpunkt befindet, und θ ist der entsprechende Winkel, wenn der Gegenstand so plaziert ist, daß das Bild am Nahpunkt liegt.

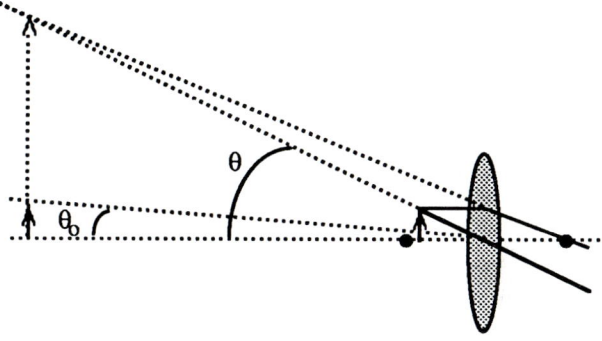

Hier ist $\theta = (s_0/f + 1)\,\theta_0 = 7\,\theta_0$. Die Lateralvergrößerung ist in der nächsten Abbildung gezeigt.

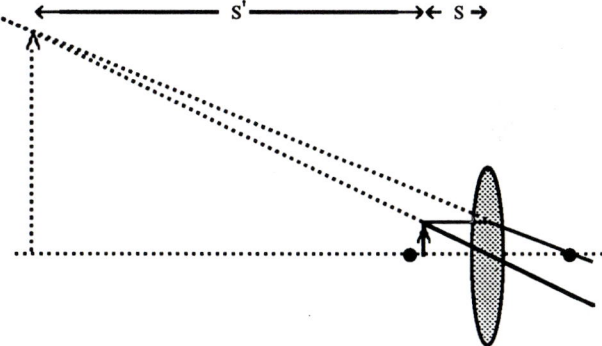

Die Lateralvergrößerung ist definiert als $V = -s'/s$. Die Bedeutung dieser Größen geht aus der Zeichnung hervor. Weil Gegenstand und Bild demselben Winkel gegenüberliegen, sind die beiden Dreiecke ähnlich, und deren Höhen stehen im gleichen Verhältnis zueinander wie ihre Abstände von der Linse. Mit den Lösungen aus Aufgabe 20 erhalten wir also $V = -(-s_0)/[s_0 f/(s_0 + f)] = s_0/f + 1 = V$, wie erwartet. Im vorliegenden Fall ist $-s' = 7\,s$.

32.23   Mit der Lateralvergrößerung V sollte hier gelten $(200 \text{ cm})|V| = 3{,}6 \text{ cm}$ bzw. $|V| = $

3,6/200 = 0,018. Da das Objektiv ein umge-kehrtes Bild erzeugt, ist $V = -0,018$. Mit $V = -b/g$ folgt $b = 0,018\,g$ und daraus $1/g + 1/b = 1/g + 1/(0,018\,g) = 1/f$, wobei $g = 3000$ cm ist. Schließlich erhalten wir $f = [1/g + 1/(0,018\,g)]^{-1} = 53$ cm.

32.24 Eine Vergrößerung von 7 bedeutet, daß $f_{Ob}/f_{Ok} = 7$ ist. Weiterhin werden bei einem Te-leskop im Prinzip die von einem Gegenstand im Unendlichen ausgesandten Lichtstrahlen im Ob-jektivbrennpunkt fokussiert. An dessen Ort be-findet sich auch der Brennpunkt des Okulars. Damit sieht das Auge des Beobachters paralle-les Licht. Daher ist die Tubuslänge des Tele-skops $t = f_{Ob} + f_{Ok}$. Im vorliegenden Fall gilt $t = 7\,f_{Ok} + f_{Ok} = 32$ cm. Daraus folgt $f_{Ok} = (32\text{ cm})/8 = 4$ cm und $f_{Ob} = 7\,f_{Ok} = 28$ cm.

32.25 Hier ist der Gegenstand 25 cm vom Auge entfernt. Jedoch befindet sich die Linse 2 cm vor dem Auge. Somit ist $g = 23$ cm. Entspre-chend soll das Endbild 80 cm vom Auge ent-fernt sein, also 78 cm hinter der Linse. Daher ist $b = -78$ cm. Mit diesen Gleichsetzungen er-halten wir $f = [(1/(23\text{ cm}) + 1/(78\text{ cm}))]^{-1} = 32,6$ cm. Schließlich ist die Brechkraft der Linse $D = 1/(0,326\text{ m}) = 3,07$ dpt.

32.26 Die Abbildung zeigt den Strahlengang. (Hier wird der Sehwinkel mit θ und die Bildgröße mit y' bezeichnet.)

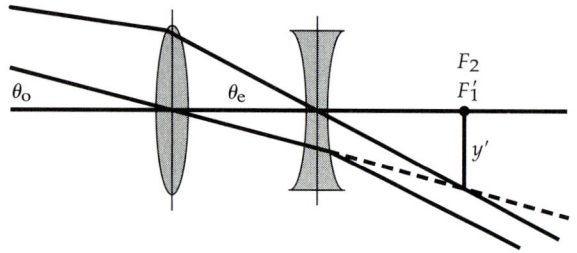

a) Das Bild eines weit entfernten Gegenstands entsteht am zweiten Brennpunkt F_1' der ersten Linse, d.h. des Objektivs. Dieser befindet sich am gleich Ort wie der erste Brennpunkt F_2 der zweiten Linse, die eine Zerstreuungslinse ist und

das Okular bildet. Der Abstand von F_1' zur er-sten Linse ist also gleich f_{Ob}, und der Abstand von F_2 zur zweiten Linse ist hier $|f_{Ok}|$. Das Be-tragzeichen wird verwendet, da $f_{Ok} < 0$ ist. Der Abbildung entnehmen wir: Der dem Objektiv ge-genüberliegende Winkel ist $\theta_o = \theta_{Ob} = -y'/f_{Ob}$, wobei y' die Bildgröße ist. Wegen $y' < 0$ ist da-her $\theta_{Ob} > 0$. Entsprechend ist der Sehwinkel am Okular $\theta_e = \theta_{Ok} = y'/f_{Ok}$. Zu beachten ist dabei, daß $f_{Ok} < 0$ ist. Damit ergibt sich die Winkel-vergrößerung zu $v_T = \theta_{Ok}/\theta_{Ob} = -f_{Ob}/_{Ok} > 0$. Wie wir wissen, bedeutet eine positive Vergröße-rung, daß das Bild aufrecht ist.   b) Die Abbil-dung in Teil a) macht die gewünschten Eigen-schaften deutlich. Es gelangen parallele Strahlen aus dem Unendlichen in das Teleskop, und paral-lele Strahl verlassen das Okular. Letztere erschei-nen dem Auge als von einem Bild aus dem Unend-lichen herrührend. Das Bild ist selbstverständ-lich virtuell, weil es auf der Eingangsseite der Linse entsteht. Betrachten wir beispielsweise den Strahl, der von der Oberkante des Gegenstands ausgeht: Dieser entspricht $\theta_{Ob} > 0$ und ebenso (siehe Zeichnung) $\theta_{Ok} > 0$. Also ist der Sehwin-kel für die Oberkante des Gegenstands sowohl für das bloße Auge als auch mit dem Teleskop posi-tiv. Das bedeutet, daß das Bild aufrecht ist.

32.27 a) Die Bildweite des Objektivs ist $b = (1/f - 1/g)^{-1} = (1/100 - 1/3000)^{-1} = 103,45$ cm. b) Das Okular soll ein Bild erzeugen, das sich 25 cm von der Linse entfernt auf deren Eingangs-seite befindet. Dazu setzen wir $b = -25$ cm und erhalten $g = (1/f - 1/b)^{-1} = [1/(-5) - 1/(-25)]^{-1} = -6,25$ cm. Demnach ist das Ob-jekt hier virtuell.   c) Der Abstand zwischen den Linsen ist $t = 103,45$ cm $- 6,25$ cm $= 97,2$ cm.   d) Weil das Bild dicht beim Nah-punkt (und nicht im Unendlichen) liegt, kann die Beziehung $v_T = -f_{Ob}/f_{Ok}$ nicht verwen-det werden, um die Vergrößerung des Teleskops zu berechnen. Vielmehr beachten wir, daß die Vergrößerung des Objektivs gegeben ist durch $V_{Ob} = -b/g = -103,45/3000 = -0,0345$. Die Vergrößerung des Okulars ist $V_{Ok} = -b/g = -(-25)/(-6,25) = -4$. Damit ist die Gesamt-vergrößerung $v_T = V_{Ob} V_{Ok} = 0,138$. Die Höhe des Endbildes ergibt sich daraus zu $h = 0,138$ (1,5 m) $= 20,7$ cm.   e) Die Winkelvergrößerung ist $v_T = -f_{Ob}/f_{Ok} = 20$ für einen Gegenstand im Unendlichen und ein Endbild im Unendlichen. In diesem Fall ist aber der Winkel über dem Gegenstand mit dem bloßen Auge etwa $\varepsilon_1 = $ (1,5 m) / (30 m) $= 0,05$ rad, und der Winkel über dem Endbild ist etwa $\varepsilon_2 =$(20,7 cm) / (6,25 cm) $= 3,31$ rad. Damit ist die Winkelvergrößerung (3,31 rad) / (0,05 rad) $= 66,2$.

32.28 Wenn das Endbild am Nahpunkt (und nicht im Unendlichen) entsteht, muß die übliche Formel für die Vergrößerung modifiziert werden. Sie ergibt normalerweise $v_M = -t\,s_0/(f_{Ob}\,f_{Ok}) = V_{Ob}\,V_{Ok} = -221$. Im vorliegenden Fall steigt die Vergrößerung des Okulars von $V_{Ok} = s_0/f_{Ok}$ auf $V_{Ok} = s_0/f_{Ok} + 1$ (vgl. Aufgabe 20). Auch die Vergrößerung des Objektivs ändert sich, und zwar von ihrem gewöhnlichen Wert $V_{Ob} = -t/f_{Ob}$ auf $V_{Ob} = -[t + (f_{Ok} - g)]/f_{Ob}$. Darin ist g die Gegenstandsweite, die einem Bild am Nahpunkt entspricht: $g = [1/f_{Ok} - 1/(-s_0)]^{-1} = s_0\,f_{Ok}/(s_0 + f_{Ok})$. Mit diesen Änderungen erhalten wir $v_T = V_{Ob}\,V_{Ok} = -232$. Dieser Wert ist nur wenig größer als der beim entspannten Sehen.

32.29 a) Wenn die Brechkraft des Brillenglases 2,1 dpt beträgt, ist $1/f = 0,021$ cm. Befindet sich der Gegenstand 25 cm vor dem Auge, das 2,2 cm hinter dem Glas liegt, so ist $g = 22,8$ cm, und die Bildweite ist $b = (1/f-1/g)^{-1} = -43,7$ cm. Also lag der Nahpunkt mit 45 Jahren bei 43,7 cm + 2,2 cm $= 45,9$ cm.   b) Im Alter von 55 Jahren ist die Gegenstandsweite 40 cm − 2,2 cm $= 37,8$ cm; somit ist die Bildweite $b = (1/f - 1/g)^{-1} = -183$ cm, und der Nahpunkt liegt bei 185 cm. c) Wir setzen $g = 22,8$ cm und $b = -183$ cm. Das ergibt $1/f = 1/g + 1/b = 0,0384$ cm^{-1}, und die Brillenstärke beträgt 3,84 dpt.

32.30 Schaut man in falscher Richtung durch ein Teleskop, so wirkt das Okular als Objektiv und umgekehrt. Deshalb gilt $v_T = f_{Ok}/f_{Ob} = 0,00667$. Also wird die Winkelgröße eines Gegenstands um den Faktor 150 verringert.

32.31 a) Ein Gegenstand im Unendlichen ($g = \infty$) soll dem Auge 2,5 m weit erscheinen; es ist $b = -248$ cm. Daraus folgt $1/f = 1/g + 1/b = -0,00403$ cm^{-1}, und die Brechkraft beträgt $-0,403$ dpt.   b) Hier soll der Gegenstand, der 25 cm weit entfernt ist (also bei $g = 23$ cm), scheinbar bei $b = -73$ cm liegen. Daraus folgt $1/f = 0,0298$ cm^{-1}, und die Brechkraft beträgt 2,98 dpt.   c) Durch den oberen Teil des Brillenglases kann ein Gegenstand klar gesehen werden, dessen Bild 75 cm vor dem Auge liegt: $b = -73$ cm. Die Gegenstandsweite ist dann $g = (1/f - 1/b)^{-1} = 103$ cm; d.h. der Gegenstand befindet sich 105 cm vor dem Auge. Für den entferntesten Gegenstand, der durch den unteren Teil des Brillenglases klar zu sehen ist, beträgt die Bildweite -250 cm. Damit ist die Gegenstandsweite $g = [0,0298 - 1/(-250 + 2)]^{-1} = 29,6$ cm. Der Abstand vom Auge ist dabei 31,6 cm. Mit der Zweistärkenbrille können also Gegenstände zwischen 31,6 cm und 105 cm nicht scharf gesehen werden.   d) Ohne die Zweistärkenbrille sind Gegenstände zwischen 75 cm und 105 cm klar zu sehen. Es verbleibt somit ein Bereich zwischen 31,6 cm und 75 cm, in dem weder mit noch ohne Zweistärkenbrille gut gesehen wird.

32.32 a) $f_{Ok} = s_0/V_{Ok} =$ (25 cm) / 15 $= 1,67$ cm.   b) Die Vergrößerung des Objektivs ist $V_{Ob} = -v_M/V_{Ok} = -40$. Das ist gleichbedeutend mit $V_{Ob} = -b/g = -40$. Damit wird $b = 22$ cm − 1,67 cm und $g = b/40 = 0,508$ cm. Der Gegenstand befindet sich also 0,508 cm vor dem Objektiv.   c) Wir erhalten $f = (1/g + 1/b)^{-1} = 0,496$ cm.

32.33 a) Die Brennweiten sind 50 cm für die Linse mit 2 dpt und 15,4 cm für die Linse mit 6,5 dpt.   b) Die Vergrößerung ist $v_T = -f_{Ob}/f_{Ok}$. Ist die Linse mit kleinerer Brennweite das Okular, so ist die Vergrößerung $v_T = -50/15,4 = 3,25$. Sie kann größer sein, wenn sich das Endbild beim Nahpunkt und nicht im Unendlichen befindet. Der Sehwinkel durch das Objektiv ist $\varepsilon_{Ob} = -G/(f_{Ob} + x)$, wobei x der Abstand ist, um den ein Objekt nähergerückt werden muß, damit ein Bild am Nahpunkt entsteht. Mit $b = -s_0$ folgt $g = s_0 f_{Ok}/(s_0 + f_{Ok})$ und $x = f_{Ok} - g = f_{Ok}^2/(s_0 + f_{Ok})$. Entsprechend ist der Sehwinkel durch das Okular $\varepsilon_{Ok} = G/(f_{Ok} - x)$. Kombinieren der Ergebnisse liefert die maximale Winkelvergrößerung $v_T = \varepsilon_{Ok}/\varepsilon_{Ob} = (f_{Ob} + x)/(f_{Ok} - x) = f_{Ob}/f_{Ok} + (f_{Ok} + f_{Ob})/s_0 = 5{,}87$.

b) Normalerweise ist die Länge des Tubus $t = f_{Ob} + f_{Ok} = 65{,}4\,\text{cm}$. Für maximale Vergrößerung ist die Tubuslänge $t - x = 65{,}4\,\text{cm} - 5{,}87\,\text{cm} = 59{,}5\,\text{cm}$.   c) Wie in Teil a) erwähnt, dient die Linse mit der kürzeren Brennweite, also die 6,5-dpt-Linse, als Okular. Für die damit erzielte Vergrößerung gilt $|v_T| = f_{Ob}/f_{Ok} > 1$, wie es für ein Teleskop gefordert ist.

Kapitel 33

Interferenz und Beugung

33.1 Weil die Quellen in Phase sind, rührt die Phasendifferenz am Ursprung nur vom Wegunterschied her. Also ist $\delta = 360°(\Delta r/\lambda)$. Der Wegunterschied ist $\Delta r = 15$ cm $- [(14$ cm$)^2 + (3$ cm$)^2]^{1/2} = 0{,}682$ cm. Daraus folgt $\delta = 360°\cdot (0{,}682$ cm$) / (1{,}5$ cm$) = 164°$.

33.2 Hier rufen beide Oberflächen bei der Reflexion eine Phasenänderung um 180° hervor. Daher rührt die resultierende Phasendifferenz vom Wegunterschied in der Schicht der Dicke d her. Dieser Wegunterschied ist $2\,d$, und die Phasendifferenz zur Auslöschung (destruktiven Interferenz) beträgt 180° bzw. eine halbe Wellenlänge. Mit der Wellenlänge $\lambda' = \lambda/n$ in der Schicht folgt $2\,d = \lambda'/2$ und $d = \lambda'/4$. Wir erhalten $d = (600$ nm$) / [4 \cdot (1{,}30)] = 115$ nm.

33.3 Die Bedingung für konstruktive Interferenz an einer dünnen Schicht lautet $d = (m + \frac{1}{2})\lambda/(2\,n)$. Hier ist $\lambda = 590$ nm und $n = 1$. Für den 19. hellen Streifen ist $m = 18$, weil der erste Streifen bei $m = 0$ auftritt. Damit folgt $d = (18{,}5)(590$ nm$)/2 = 5{,}46\ \mu$m. Das liefert die untere Grenze für die Dicke d des Drahtes. Die obere Grenze ermitteln wir aus der Tatsache, daß kein 20. Streifen auftritt. Für diesen wäre $d = (19{,}5)(590$ nm$)/2 = 5{,}75\ \mu$m. Somit liegt die Dicke des Drahtes zwischen $5{,}46\ \mu$m und $5{,}75\ \mu$m

---

33.4 a) Die Anzahl der Wellenlängen in einer Zelle der Länge ℓ ist ℓ/λ, also hier $84\,848$. b) Jede Verschiebung um einen Streifen bedeutet, daß eine weitere halbe Wellenlänge in die Zelle paßt. Somit beträgt die Anzahl der Wellenlängen in der luftgefüllten Zelle $84\,848 + 49{,}6/2 = 84\,873$. c) Die Anzahl der zusätzlichen Wellenlängen ist $N = 2\,d(1/\lambda' - 1/\lambda) = (2\,d/\lambda)(n - 1)$. Darin ist $\lambda' = \lambda/n$ die Wellenlänge in Luft mit der Brechzahl n. Es folgt $d = N\lambda/[2(n - 1)]$. Daraus erhalten wir die Brechzahl $n = [N\lambda/(2\,d)] + 1 = 1 + (49{,}6)(589{,}29\cdot 10^{-9}$ m$)/(10\cdot 10^{-2}$ m$) = 1{,}000292$.

33.5 a) Die y-Koordinate des m-ten Streifens ist $y = m\lambda\ell/d$. Also ist der Abstand zweier aufeinanderfolgender Streifen $\Delta y = \lambda\ell/d$. Im vorliegenden Fall ist $\Delta y = 0{,}05$ mm. b) Streifen, die so dicht beieinander liegen, können nur sehr schwierig beobachtet werden, und der Schirm wird vermutlich gleichmäßig beleuchtet erscheinen. c) Der Abstand der Spalte ist $d = \lambda\ell/\Delta y$ mit $\Delta y = 1$ mm. Wir erhalten $d = 0{,}5$ mm.

33.6 a) Das Licht erfährt bei der Reflexion am Spiegel eine Phasenänderung von 180°. Daher wirkt diese Anordnung wie ein Doppelspalt mit dem Spaltabstand $d = 2$ mm, wobei aber die Phasendifferenz von 180° beider Quellen zu berücksichtigen ist. Dadurch ist die Reihenfolge von Maxima und Minima gegenüber derjenigen beim normalen Doppelspalt vertauscht. Die Maxima liegen hier bei $y = (m + \frac{1}{2})\lambda\ell/d$, und das erste Maximum liegt bei $y = \lambda\ell/(2\,d) = 0{,}15$ mm. b) Der Abstand zwischen den Minima ist $\Delta y = \lambda\ell/d$, und die Anzahl der Minima pro Längeneinheit beträgt $1/\Delta y = d/(\lambda\ell) = 33{,}3$/cm.

33.7 a) $d = \lambda\ell/y = 9{,}26\ \mu$m. b) Für allgemeine Winkel lautet die Bedingung für ein Maximum: $d\sin\theta = m\lambda$. Damit ist die Anzahl der Maxima bis zum Winkel θ gegeben durch $m = (d/\lambda)\sin\theta$. Mit $\theta = 90°$ folgt $m = 14{,}6$. Also treten auf jeder Seite der Mittellinie 14 Maxima auf. Zusammen mit dem zentralen Maximum ist die gesamte Anzahl der Maxima gleich 29.

33.8 Das Vektordiagramm hat folgendes Aussehen:

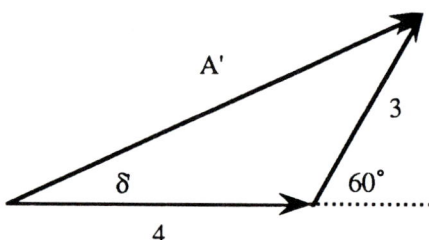

Die Welle E_1 mit der Amplitude 4 V/m ist horizontal aufgetragen, und die Welle E_2 mit der Amplitude 3 V/m ist gegen E_1 um 60° gedreht. Wenn wir die Wellen als Vektoren darstellen, so ist $\mathbf{E}_1 = (4\,\text{V/m})\,\mathbf{e}_x$ und $\mathbf{E}_2 = (3\,\text{V/m})\cos 60°\,\mathbf{e}_x + (3\,\text{V/m})\sin 60°\,\mathbf{e}_y$. Das resultierende Feld ist $\mathbf{E} = \mathbf{E}_1 + \mathbf{E}_2 = (5{,}5\,\text{V/m})\,\mathbf{e}_x + (2{,}60\,\text{V/m})\,\mathbf{e}_y$. Daraus folgt $A' = [(5{,}5)^2 + (2{,}60)^2]^{1/2} = 6{,}08$ V/m und $\delta' = \arctan(2{,}60/5{,}5) = 25{,}3°$. Damit ist $E = (6{,}08\,\text{V/m})\sin(\omega t + 25{,}3°)$.

33.9 Hauptmaxima treten auf für $d\sin\theta = m\lambda$ mit $m = 0, 1, 2, \ldots$ Für kleine Winkel ergibt das $y = m\lambda\ell/d = m\,(1{,}2\ \text{cm})$. Nebenmaxima liegen bei etwa $y = (m + \frac{1}{2})\lambda\ell/d = (m + \frac{1}{2})\,(1{,}2\ \text{cm})$. Die Minima finden sich bei $y = (m + \frac{1}{3})\,(1{,}2\ \text{cm})$ und bei $y = (m + \frac{2}{3})\,(1{,}2\ \text{cm})$.

33.10 Das Interferenzmuster für 5 Spalte hat folgendes Aussehen:

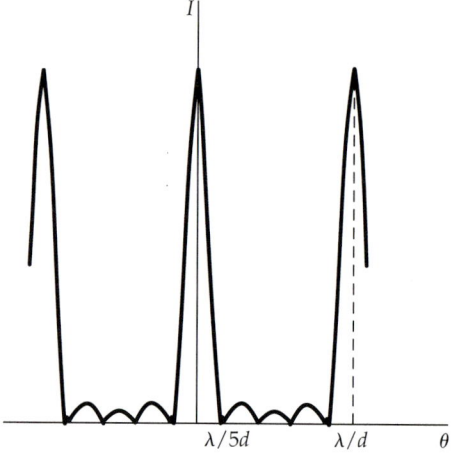

a) Für die Hauptmaxima gilt $d\sin\theta = m\lambda$ bzw. (für kleine Winkel) $\theta = m\lambda/d$. Das erste Hauptmaximum, für das der Winkel nicht null ist, liegt bei $\theta_1 = \lambda/d$. Das erste Minimum tritt auf,

wenn die Wellen von jedem Spalt jeweils um $(360°)/5$ außer Phase sind. Das bedeutet, der Wegunterschied für jeden aufeinanderfolgenden Spalt beträgt $\lambda/5$. Also gilt für kleine Winkel $\theta_{\min} = \lambda/(5\,d)$.   b) Siehe Abbildung.

33.11 In der ersten Gleichung ist d der Abstand zwischen den Spalten, und $d\sin\theta = m\lambda$ ist die Bedingung für ein Interferenzmaximum. In der zweiten Gleichung ist a die Breite eines einzelnes Spalts, und $a\sin\theta = m\lambda$ ist die Bedingung für ein Beugungsminimum.

33.12 a) Das erste Beugungsminimum tritt beim Winkel $\theta = \arcsin(\lambda/a)$ auf. Darin ist a die Breite des Spalts. Im vorliegenden Fall ist $\theta = \arcsin(6 \cdot 10^{-4}) = 6 \cdot 10^{-4}$ rad.
b) $\theta = \arcsin(6 \cdot 10^{-3}) = 6 \cdot 10^{-3}$ rad.
c) $\theta = \arcsin(6 \cdot 10^{-2}) = 6 \cdot 10^{-2}$ rad.

33.13 Die Breite des zentralen Maximums ist für kleine Winkel gegeben durch $2y = 2\ell\lambda/a$. Darin ist hier $\ell = 2$ m und $\lambda = 500$ nm. Für größere Winkel ist $\theta = \arcsin(\lambda/a)$ und daher $2y = 2\ell\tan\theta$.   a) $2y = 2$ cm.   b) $2y = 20$ cm. c) In diesem Fall sind die betreffenden Winkel so groß, daß die Näherung für kleine Winkel nicht angewandt werden kann. Das erste Minimum tritt auf bei $\theta = \arcsin(\lambda/a) = 30°$. Daraus folgt $2y = 2\ell\tan\theta = 2{,}31$ m.

33.14 Das erste Beugungsminimum entspricht $m = 1$. Damit ist die Wellenlänge $\lambda = d\sin\theta = (5 \cdot 10^{-2}\ \text{m})\sin 37° = 3{,}01$ cm.

33.15 a) Für den Winkel θ_5 des fünften Interferenzmaximums gilt $d\sin\theta_5 = 5\lambda$. Für den Winkel θ_1 des ersten Beugungsminimums ist $a\sin\theta_1 = \lambda$. Wenn die Näherung für kleine Winkel angewandt werden kann, ist $\theta_5 = 5\lambda/d$ und $\theta_1 = \lambda/a$. Wir setzen $\theta_5 = \theta_1$ und erhalten $a = d/5 = 20\ \mu$m.   b) Auf jeder Seite von $\theta = 0$ sind vier Interferenzmaxima zu sehen; ein weiteres Interferenzmaximum tritt bei $\theta = 0$ auf.

Somit werden im zentralen Beugungsmaximum neun helle Streifen beobachtet.

33.16 Die 17 Streifen im zentralen Beugungsmaximum entsprechen 8 Streifen auf jeder Seite und einem Streifen in der Mitte. Also ist $d/a = 9$. Das erste Beugungsminimum tritt bei $\theta_1 = \lambda/a$ auf, das zweite bei $\theta_2 = 2\,\lambda/a$, so daß das Nebenmaximum der Beugung zwischen den Winkeln θ_1 und θ_2 liegt. Andererseits liegen die Interferenzmaxima bei den Winkeln $\theta = m\,\lambda/d = m\,\lambda/(9\,a)$. Daher liegt das Maximum mit $m = 9$ bei θ_1, und das Maximum mit $m = 18$ liegt bei θ_2. Diese Maxima sind nicht zu beobachten, weil das Beugungsmuster hier die Intensität null hat. Jedoch sind die Streifen für $m = 10$ bis $m = 17$ im Nebenmaximum der Beugung sichtbar. Somit sind dort 8 helle Streifen zu sehen.

33.17 a) Für kleine Winkel tritt hinter einer kreisförmigen Öffnung (mit dem Durchmesser d) das erste Minimum beim Winkel $\theta = 1{,}22\,\lambda/d$ auf. Hier ist $\theta = 8{,}54 \cdot 10^{-3}$ rad. b) Der Abstand auf dem Schirm, der in der Entfernung $\ell = 8$ m steht, ist $y = \ell \tan\theta \approx \ell\,\theta = 6{,}83$ cm.

33.18 Nach dem Rayleigh-Kriterium muß der Winkelabstand der beiden Quellen mindestens $\alpha_k = 1{,}22\,\lambda/d = 8{,}54 \cdot 10^{-3}$ rad betragen. Dabei beträgt in einer Entfernung von $\ell = 10$ m ihr linearer Abstand $y = \ell\,\alpha_k = 8{,}54$ cm.

33.19 a) Damit zwei Gegenstände noch getrennt wahrzunehmen sind, muß ihr Winkelabstand mindestens $\alpha_k = 1{,}22\,\lambda/d$ sein (Rayleigh-Kriterium). Mit $\lambda = 600$ nm und $d = 5$ mm erhalten wir $\alpha_k = 1{,}46 \cdot 10^{-4}$ rad. Der lineare Abstand der Gegenstände auf dem Mond (Entfernung $\ell = 380\,000$ km von der Erde) beträgt dabei $y = \ell\,\alpha_k = 55{,}6$ km. b) Mit $d = 5$ m ist der kritische Winkel $\alpha_k = 1{,}46 \cdot 10^{-7}$ rad, und der lineare Abstand auf dem Mond ist $y = 55{,}6$ m.

33.20 Die Gegenstände (hier die Wimpern) sind $\ell = 25$ m vom Beobachter entfernt, und ihr

Abstand voneinander ist $y = \ell\,\alpha_k = 1{,}22\,\lambda/d$. Es folgt $d = 1{,}22\,\lambda\,\ell/y = 33{,}6$ mm.

33.21 Der Abstand der Linien bzw. Spalte voneinander ist $d = (10^{-2}\ \text{m})\,/\,(2000) = 5 \cdot 10^{-6}$ m. Die Winkel für die beiden Wellenlängen sind $\theta_1 = \lambda_1/d = (434\ \text{nm})/d = 8{,}68 \cdot 10^{-2}$ rad und $\theta_2 = \lambda_2/d = (410\ \text{nm})/d = 8{,}20 \cdot 10^{-2}$ rad.

33.22 Wir verwenden die Ergebnisse der vorigen Aufgabe; ferner ist $d = 5 \cdot 10^{-6}$ m. Damit erhalten wir $\lambda_1 = \theta_1\,d = 486$ nm und $\lambda_2 = \theta_2\,d = 660$ nm.

33.23 Der Abstand der Linien bzw. Spalte voneinander ist $d = (10^{-2}\ \text{m})\,/\,(15\,000) = 6{,}67 \cdot 10^{-7}$ m. Mit der Gleichung von Aufgabe 21 erhalten wir $\theta_1 = \lambda_1/d = 0{,}651$. Offensichtlich ist dieser Winkel so groß, daß wir die Näherung für kleine Winkel nicht anwenden können. Daher gilt $\theta_1 = \arcsin(\lambda_1/d) = 40{,}6°$. Entsprechend ist $\theta_2 = \arcsin(\lambda_2/d) = 38{,}0°$.

33.24 a) Der Abstand der Linien bzw. Spalte voneinander ist $d = (10^{-2}\ \text{m})\,/\,(2000) = 5 \cdot 10^{-6}$ m. Da die Winkeldifferenz klein sein wird, verzichten wir wegen der höheren Genauigkeit auf die Näherung für kleine Winkel und erhalten $\theta_1 = \arcsin(\lambda_1/d) = 6{,}65°$ sowie $\theta_2 = \arcsin(\lambda_2/d) = 6{,}63°$ und $\Delta\theta = 0{,}0231°$. b) Damit diese Linien noch aufzulösen sind, muß das Auflösungsvermögen $A = \lambda/|\Delta\lambda| = 578/2 = 289$ sein. Wir können auch schreiben $A = m\,N$. Dabei ist m die Ordnung, und N ist die Anzahl der Spalte bzw. Linien. Hier ist $m = 1$, und es folgt $N = A = 289$. Weil 2000 Linien bzw. Spalte pro cm vorhanden sind, muß die Breite des Strahls mindestens $(289)\,/\,(2000/\text{cm}) = 0{,}145$ cm sein.

33.25 Der Abstand der Linien bzw. Spalte voneinander ist $d = (10^{-2}\ \text{m})\,/\,(4000) = 2{,}5 \cdot 10^{-6}$ m. Für die Interferenzmaxima gilt $d \sin\theta = m\,\lambda$. Deshalb entspricht die größte Wellenlänge dem größten Wert von $\sin\theta$; dafür ist $\lambda = d/m$. Mit

$m = 5$ (also für das Spektrum 5. Ordnung) ist die größte Wellenlänge $\lambda = d/5 = 500$ nm.

33.26 a) Beim Maximum erster Ordnung ist $d \sin\theta = \lambda$. Darin ist d der Abstand zwischen benachbarten Spalten. Mit der Näherung für kleine Winkel gilt $\theta = \lambda/d = 0{,}60°$. Wird der mittlere Spalt abgedeckt, so wirken die beiden anderen Spalte wie ein Doppelspalt mit dem Spaltabstand $2\,d$. Dann tritt das Maximum erster Ordnung bei $\theta = \lambda/(2\,d) = 0{,}30°$ auf. b) Das Maximum m-ter Ordnung tritt bei $\theta = m\,\lambda/d$ auf. Wird also d durch $2\,d$ ersetzt, dann ist der Winkel derselbe, wenn m ebenfalls verdoppelt wird. Daher tritt das Maximum 8. Ordnung nun dort auf, wo sich zuvor das Maximum 4. Ordnung befand.

33.27 Das Rayleigh-Kriterium für kleine Winkel lautet $\alpha_k = 1{,}22\,\lambda/d$. Darin ist hier $d = 5{,}1$ m, und die Wellenlänge des sichtbaren Lichts sei beispielsweise $\lambda = 500$ nm. Der Winkelabstand der beiden Sterne ist $\theta = y/\ell$, wobei y ihr Abstand voneinander und $\ell = 4$ Lichtjahre $= 3{,}78 \cdot 10^{16}$ m ihre Entfernung von der Erde ist. Gleichsetzen beider Winkel ergibt $y = 1{,}22\,\lambda\,\ell/d = 4{,}54 \cdot 10^{9}$ m. Das entspricht nur etwa dem 12fachen Abstand zwischen Erde und Mond.

33.28 Befindet sich eine dünne Schicht (der Dicke d) eines Materials mit der Brechzahl n in Luft, so lautet die Bedingung für destruktive Interferenz $2\,d/\lambda' = m$. Dabei ist λ' die Wellenlänge des Lichts im Material. Mit der Ordnung m als Index gilt dann für die Wellenlängen $\lambda'_m = 2\,d/m = \lambda_m/n$. Daher gilt für aufeinanderfolgende Ordnungen $\lambda_{m+1}/\lambda_m = m/(m+1)$. Beispielsweise ist $(542\text{ nm})/(633\text{ nm}) = 0{,}856$. Das setzen wir gleich $[m/(m+1)]$ und erhalten $m = 0{,}856/(1 - 0{,}856) \approx 6$. Also entspricht der Wellenlänge 633 nm die 6. Ordnung. Nun können wir die Brechzahl bestimmen: $n = m\,\lambda_m/(2\,d) = 6\,\lambda_6/(2\,d) = 1{,}58$. Dasselbe Resultat erhalten wir natürlich auch mit jeder der anderen Wellenlängen.

33.29 Die Winkelaufweitung aufgrund der Beugung beträgt etwa $\theta = 1{,}22\,\lambda/d$, wobei d der Durchmesser der Öffnung ist. Mit dieser Winkelaufweitung ist der Durchmesser des Lichtkreises auf dem Mond $2\,y = 2\,\theta\,\ell = 32{,}2$ km. Darin ist ℓ die Entfernung zwischen Erde und Mond.

33.30 a) Die Intensitätsmaxima bei der Beugung an einem Gitter liegen bei den Winkeln θ, für die gilt $d \sin\theta = m\,\lambda$. Für kleine Winkel gilt $\theta = m\,\lambda/d$. Für das vorliegende Gitter ist $d = (10^{-2}\text{ m})/(4000) = 2{,}5 \cdot 10^{-6}$ m. Die beiden ersten Maxima auf einer Seite des zentralen Maximums treten bei den Winkeln $\theta = 0{,}236$ rad und $0{,}471$ rad auf. Das entspricht dem linearen Abstand $y = \theta\,\ell = 0{,}353$ m bzw. $0{,}707$ m.
b) Wie bei Aufgabe 10 erläutert, tritt bei einer Anordnung mit mehreren Spalten das erste Minimum bei $\theta = \lambda/(N\,d)$ auf. Darin ist N die Anzahl der Spalte. Hier ist $N = 8000$ und damit $\theta = 2{,}95 \cdot 10^{-5}$ rad. Das zentrale Maximum hat auf dem Schirm die lineare Breite $y = 2\,\theta\,\ell = 88{,}4\;\mu$m
c) Das Auflösungsvermögen ist $A = m\,N$, also gleich N bei der ersten Ordnung. Für dieses Gitter ist demnach $A = 8000$.

33.31 Beim zentralen Maximum liegen alle Vektoren auf einer Geraden, so daß die kombinierte Amplitude A_0 und die Intensität $I_0 = A_0^2$ ist. Für das zweite Nebenmaximum haben die Vektoren die gleiche Gesamtlänge, bilden aber 2,5 Kreise; die Netto-Amplitude ist gleich dem Durchmesser des resultierenden Kreises. Es folgt daher $A_0 = 2{,}5\,(2\,\pi\,r)$ und $A = 2\,r = A_0/(2{,}5\,\pi)$. Die Intensität ist damit $I = A^2 = A_0^2/(2{,}5\,\pi)^2 = I_0/(2{,}5\,\pi)^2 = 0{,}0162\,I_0$.

33.32 a) Die Bedingung für destruktive Interferenz, durch die eine reflektierte Welle ausgelöscht wird, lautet hier $2\,n\,d/\lambda = m + \frac{1}{2}$. Für erste Ordnung ($m = 0$) muß die Dicke der Beschichtung $d = \lambda/(4\,n) = 97{,}8$ nm sein. b) Für die destruktive Interferenz bei der nächsthöheren Ordnung gilt $\lambda = 2\,n\,d/(\frac{3}{2}) = 180$ nm. Das liegt weit außerhalb des sichtbaren Bereichs. Somit tritt destruktive Interferenz für sichtbares Licht nur bei

$\lambda = 540$ nm auf.   c) Für andere Wellenlängen als 540 nm tritt teilweise destruktive Interferenz auf, für die gilt $I = 4\,I_0 \cos^2(\delta/2)$. Darin ist δ die Phasendifferenz zwischen den Wellen. Es ist $\delta = 360°\,(2\,n\,d/\lambda)$, weil $2\,n\,d/\lambda$ der Anteil der Strahlung (mit der Wellenlänge λ) ist, der die Beschichtung durchquert und zurückkehrt. Wir setzen $I_{\max} = 4\,I_0$ gleich der Intensität, die hier höchstens reflektiert werden kann, und erhalten für 400 nm bzw. für 700 nm: $I_{400} = 0{,}273\,I_{\max}$ bzw. $I_{700} = 0{,}124\,I_{\max}$.

33.33 a) Wir stellen uns das Zeigerdiagramm vor. Das erste Minimum tritt auf, wenn der Winkel zwischen den Zeigern 120° beträgt. Dabei ist der Wegunterschied $d \sin\theta = \lambda/3$. Für kleine Winkel gilt $\theta = \lambda/(3\,d)$. Das nächste Minimum tritt auf, wenn der Winkel zwischen den Zeigern 240° beträgt. Dann ist $\theta = 2\,\lambda/(3\,d)$. Bei einem Winkel von 360° zwischen den Zeigern addieren sich diese aber zu einem Hauptmaximum, und das nächste Minimum tritt erst bei $\theta = 4\,\lambda/(3\,d)$ auf. Dieses Muster setzt sich unendlich fort, mit Minima bei $\theta = n\,\lambda/(3\,d)$, wobei n eine ganze Zahl größer oder gleich 1 ist, jedoch kein Vielfaches von 3. Für die Vielfachen von 3 resultieren die Hauptmaxima. Der Abstand auf dem Schirm ist $y = \theta\,\ell$; der Wert von θ ist der oben gegebene.   b) Wie in Teil a) erwähnt, tritt das erste Minimum bei $y = \lambda\,\ell/(3\,d)$ auf. Damit ist die Breite eines Hauptmaximums $2\,y = 2\,\lambda\,\ell/(3\,d) = 3{,}33$ mm.

33.34 a) Wir stellen uns das Zeigerdiagramm vor. Das erste Minimum tritt auf, wenn der Winkel zwischen den Zeigern 90° beträgt. Dabei ist der Wegunterschied $d \sin\theta = \lambda/4$. Für kleine Winkel gilt $\theta = \lambda/(4\,d)$. Das nächste Minimum tritt auf, wenn der Winkel zwischen den Zeigern 180° beträgt. Dann ist $\theta = 2\,\lambda/(4\,d)$. Für das nächste Minimum bei 270° ist $\theta = 3\,\lambda/(4\,d)$. Bei einem Winkel von 360° zwischen den Zeigern addieren sich diese aber zu einem Hauptmaximum, und das nächste Minimum tritt erst bei $\theta = 5\,\lambda/(4\,d)$ auf. Dieses Muster setzt sich unendlich fort, mit Minima bei $\theta = n\,\lambda/(4\,d)$, wobei n eine ganze Zahl größer oder gleich 1 ist, jedoch kein Vielfaches von 4. Für die Viel-

fachen von 4 resultieren die Hauptmaxima. Der Abstand auf dem Schirm ist $y = \theta\,\ell$; der Wert von θ ist der oben gegebene.   b) Wie in Teil a) erwähnt, tritt das erste Minimum bei $y = \lambda\,\ell/(4\,d)$ auf. Damit ist die Breite eines Hauptmaximums $2\,y = 2\,\lambda\,\ell/(4\,d) = 6$ mm. Bei zwei Quellen sind die Hauptmaxima doppelt so breit, also ist $2\,y = 12$ mm.

33.35 Für jeden Punkt auf dem Film läßt das Loch einen Lichtkegel mit dem Öffnungswinkel $\theta = (d/2)/\ell$ eintreten. Darin ist d der Durchmesser des Loches, und ℓ ist der Abstand zwischen Loch und Film. Wenn d gegen null geht, bildet jeder Punkt auf dem Film einen einzelnen Punkt des Gegenstands ab; also entsteht ein scharfes Bild. Anderseits machen sich die Beugungsefekte um so stärker bemerkbar, je kleiner der Lochdurchmesser ist. Die Winkelaufweitung aufgrund der Beugung ist $\theta = 1{,}22\,\lambda/d$. Wir setzen beide Winkel gleich und erhalten $1{,}22\,\lambda/d = (d/2)/\ell$ und daraus $d = 0{,}366$ mm.

33.36 In dieser Anordnung tritt an beiden reflektierenden Oberflächen eine Phasenänderung um 180° auf. Daher gilt für die Reflexionsmaxima $d = m\,\lambda/(2\,n)$, wobei $n = 1{,}22$ die Brechzahl des Öls ist. Für den zweiten roten Streifen setzen wir $m = 2$ sowie $\lambda = 650$ nm und erhalten $d = 533$ nm.

33.37 Die Winkelaufweitung eines Farbpunktes aufgrund der Beugung im Auge ist $\theta = 1{,}22\,\lambda/d$. Darin ist $d = 5$ mm der Durchmesser der Pupille. Das vergleichen wir mit dem Winkel, unter dem der Farbpunkt in der Entfernung ℓ erscheint. Dieser beträgt ungefähr $\theta = y/\ell$ mit $y = 2$ mm. Wenn die Winkelaufweitung eines Farbpunktes im wesentlichen gleich diesem Winkel ist, so verschmelzen benachbarte Punkte miteinander. Dafür gilt $1{,}22\,\lambda/d = y/\ell$ bzw. $\ell = y\,d/(1{,}22\,\lambda)$. Für die kleinsten Wellenlängen muß natürlich der größte Abstand eingehalten werden, und für $\lambda = 400$ nm ist $\ell = 20{,}5$ m.

33.38 a) Weil der Abstand der Spalte voneinander 5mal so groß ist wie die Spaltbreite, fällt das erste Beugungsminimum mit dem fünften Interferenzmaximum zusammen. Daher befinden sich 4 helle Streifen auf jeder Seite des zentralen Maximums, also sind insgesamt 9 helle Streifen vorhanden.   b) Das Intensitätverhältnis ist $I/I_0 = [(\sin\frac{1}{2}\phi)/(\frac{1}{2}\phi)]^2$. Darin ist ϕ die Phasendifferenz der Wellen von der Ober- und der Unterkante des Spaltes. Beim ersten Beugungsminimum, das beim selben Winkel liegt wie das fünfte Interferenzmaximum, ist $\phi = 360°$. Daher ist die Phasendifferenz zum dritten Interferenzmaximum $\phi = \frac{3}{5}360° = 216° = 3{,}77$ rad. Daraus folgt $I/I_0 = 0{,}255$.

33.39 Der Wegunterschied ist natürlich auf beiden Seiten des Schirmes derselbe. Daher ist der gesamte Wegunterschied $d\sin\phi + d\sin\theta$. Wenn diese Differenz gleich einem ganzzahligen Vielfachen der Wellenlänge ist, tritt ein Interferenzmaximum auf. Dann liegen Maxima bei Winkeln, für die gilt $\sin\theta + \sin\phi = m\lambda/d$.

33.40 a) Hier tritt ein Phasenänderung nur bei einer Reflexion auf, aber nicht bei der anderen. Daher gilt für konstruktive Interferenz $2d/\lambda' = m + \frac{1}{2}$. Die dünne Schicht besteht aus Luft; also ist $\lambda' = \lambda/n = \lambda$ und $d = (m + \frac{1}{2})\lambda/2$.   b) Der Radius r eines hellen Ringes ist gegeben durch $r^2 = R^2 - (R - d)^2 = 2dR - d^2 = 2dR(1 - \frac{1}{2}d/R)$. Mit $d/R \ll 1$ folgt für den Radius eines Ringes $r = (2dR)^{1/2} = [(m + \frac{1}{2})\lambda R]^{1/2}$.   c) Das transmittierte Muster wird erzeugt durch Interferenz einer direkt durchgehenden Welle mit einer Welle, die im Luftspalt zweimal reflektiert wird. Die beiden Reflexionen ergeben insgesamt die Phasendifferenz 0°. Damit entspricht die Bedingung für konstruktive Interferenz bei der Reflexion der Bedingung für destruktive Interferenz bei Transmission. Dadurch ist das transmittierte Muster invertiert. Da die Interferenz nach einer doppelten Reflexion erfolgt, werden die Interferenzstreifen schwach erscheinen.   d) Auflösen nach der Ordnung ergibt $m = r^2/(\lambda R) - \frac{1}{2} = 67{,}3$. Also liegen 68 helle Streifen vor, da der erste Streifen der Ordnung $m = 0$ entspricht.   e) Für den

sechsten hellen Streifen ist $m = 5$ und daher $2r = 2[(m + \frac{1}{2})\lambda R]^{1/2} = 1{,}14$ cm.   f) Weil die Brechzahl von Wasser kleiner ist als die von Glas, ist in der Bedingung für konstruktive Interferenz nur λ durch $\lambda' = \lambda/n$ zu ersetzen. Mit den Ergebnissen aus Teil e) ist klar, daß der Durchmesser jedes Ringes kleiner ist, wenn Wasser statt Luft vorhanden ist; somit rücken die Ringe enger zusammen.

33.41 a) Aus den gegebenen Informationen schließen wir, daß das Einleiten von Luft in eine Röhre der Länge ℓ die Anzahl der Wellenlängen in dieser Strecke um 198 ändert. Ist vor dem Einleiten von Luft $\ell = N\lambda$, so gilt nach dem Belüften $\ell = (N + 198)\lambda/n$. Daraus folgt $n = (N + 198)\lambda/\ell = (\ell/\lambda + 198)\lambda/\ell = 1 + 198\lambda/\ell = 1{,}000\,292$.   b) Wenn die Genauigkeit $\pm 0{,}25$ Streifen beträgt, liegt die Brechzahl zwischen $1{,}000\,291\,92$ und $1{,}000\,291\,19$. Der Fehler beträgt also $7{,}29 \cdot 10^{-5}$ Prozent.

33.42 a) Für den Winkel θ eines hellen Streifens gilt $\sin\theta = m\lambda/d$. Wir leiten ab: $\mathrm{d}\theta/\mathrm{d}\lambda = m/(d\cos\theta)$. Wir nähern die Differentiale durch endliche Differenzen an und erhalten $D = \Delta\lambda_m/\Delta\lambda = m/[d(1 - \sin^2\theta)^{1/2}] = m/[d(1 - m^2\lambda^2/d^2)^{1/2}] = m/(d^2 - m^2\lambda^2)^{1/2}$.   b) Das Auflösungsvermögen ist $A = \lambda/|\Delta\lambda| = (589{,}3\text{ nm})/(0{,}6\text{ nm})$. Dabei haben wir für λ den Mittelwert beider Wellenlängen eingesetzt. Es folgt $A = 982{,}2 = mN = 2N$ und $N = 491$ Spalte bzw. Linien.   c) Die Linien auf dem Schirm haben voneinander den Abstand $\Delta y = \ell\Delta\theta_m = \ell D\Delta\lambda = \ell m\Delta\lambda/(d^2 - m^2\lambda^2)^{1/2}$. Darin ist $\ell = 4$ m und $m = 2$ sowie $\Delta\lambda = 0{,}6$ nm und $d = (10^{-2}\text{ m})/2000 = 5 \cdot 10^{-6}$ m. Einsetzen ergibt $\Delta y = 0{,}988$ mm.

33.43 a) Für kleine Winkel ist die Winkelausdehnung des zentralen Maximums $2\theta = 2\lambda/a$. Die entsprechende lineare Ausdehnung auf dem Schirm (der sich in der Entfernung ℓ vom Spalt befindet) ist $2y = 2\theta\ell = 2\lambda\ell/a$.   b) Die Berechnung von Teil a) wird wiederholt, wobei a

durch $(2\lambda\ell/a)$ ersetzt wird. Wir erhalten $2y = 2\lambda\ell/(2\lambda\ell/a) = a$.

33.44 Die Dicke des Plastikstreifens sei d. In Luft enthält diese Strecke N Wellenlängen, und es gilt $d = N\lambda$. In Plastik enthält dieselbe Strecke $(N + 5{,}5)$ Wellenlängen, und es gilt $d = (N + 5{,}5)\lambda/n$. Darin ist n die Brechzahl des Plastikmaterials. In diesem ist die Wellenlänge kleiner als in Luft, weil im Plastik mehr Wellenlängen vorliegen als in Luft. Kombinieren der Gleichungen ergibt $d = (1/n)(d + 5{,}5\lambda)$. Entsprechend sind in der Strecke d in Wasser M Wellenlängen vorhanden: $d = M\lambda/n_{\mathrm{W}}$. Darin ist $n_{\mathrm{W}} = 1{,}33$ die Brechzahl von Wasser. Es gilt $M = N\,n_{\mathrm{W}}$. In Pastik ist hier $d = (M + 3{,}5)\lambda/n$, und wir erhalten $d = (1/n)(n_{\mathrm{W}}\,d + 3{,}5\lambda)$.   a) Dividieren beider Ausdrücke für d liefert $d = 2\lambda/(n_{\mathrm{W}} - 1)$ $= 3{,}84\ \mu\mathrm{m}$.   b) Die Brechzahl ist $n = 1 + 5{,}5\lambda/d = 1{,}91$.

33.45 a) Die erste Größe, die wir zum Berechnen benötigen, ist die Phasendifferenz der Wellen, die von benachbarten Spalten ausgehen. Sie ist $\delta = (2\pi/\lambda)\,d\sin\theta$. Darin ist $\theta = \arctan(y/\ell)$, wobei y der Abstand auf dem Schirm ist und ℓ die Entfernung des Schirms von den Spalten. Für kleine Winkel gilt $\theta = y/\ell$ und $\delta = 2\pi\,d\,y/(\lambda\ell) = 1{,}5\,\pi = 270°$. Also ist jede Welle gegenüber der nächsten um $270°$ phasenverschoben. Die Abbildung zeigt das Zeigerdiagramm hierfür.

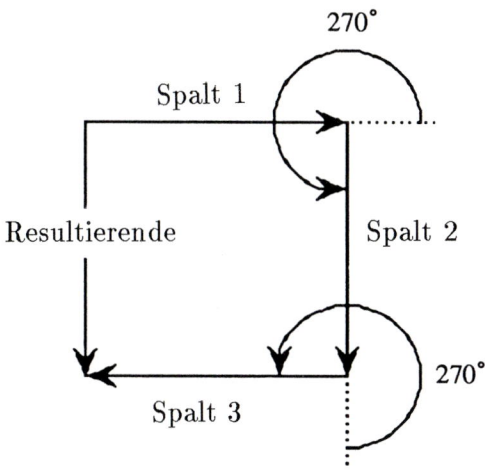

Offensichtlich hat die Resultierende eine Amplitude A, die derjenigen von einem einzelnen Spalt gleicht.   b) In der Mitte addieren sich die drei Zeiger in einer Linie, und die Amplitude der Resultierenden ist $3A$; daher ist die Intensität proportional zu $9A^2$. An diesem Ort auf dem Schirm ist die Intensität proportional zu A^2, so daß die Intensität $1/9$ des Maximalwertes beträgt: $I = I_{\max}/9 = 5{,}56\cdot10^{-3}\ \mathrm{W/m^2}$.

33.46 a) Die Phasendifferenz der beiden Wellen, die von diesen zwei Quellen ausgehen, ist $\delta = (2\pi/\lambda)\,d\sin\theta$. Darin ist $d = \lambda/2$ der Abstand der Quellen voneinander. Es folgt $\delta = \pi\sin\theta$. Die Intensität ist proportional zu $\cos^2(\delta/2)$, so daß $I(\theta) = I_{\max}\cos^2[(\pi/2)\sin\theta]$ ist.
b) In der Abbildung ist $I(\theta)$ in Polarkoordinaten aufgetragen.

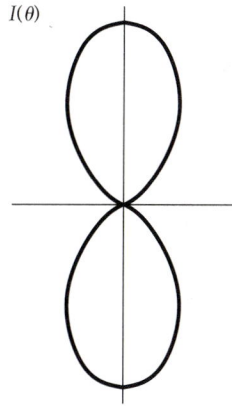

$I(\theta)$

33.47 a) Die Phasendifferenz der Wellen, die von diesen vier Quellen ausgehen, ist jeweils $\delta = (2\pi/\lambda)\,d\sin\theta$. Darin ist $d = \lambda/2$ der Abstand benachbarter Quellen. Es folgt $\delta = \pi\sin\theta$. Die Amplitude der resultierenden x-Komponente ist im Zeigerdiagramm $A_x = A(1 + \cos\delta + \cos 2\delta + \cos 3\delta)$, und die Amplitude der resultierenden y-Komponente ist $A_y = A(1 + \sin\delta + \sin 2\delta + \sin 3\delta)$. Die gesamte Intensität ist schließlich proportional zur Summe der Quadrate der einzelnen Intensitäten: $I \propto A_x^2 + A_y^2$.   b) In der Abbildung auf der nächsten Seite ist $I(\theta)$ in Polarkoordinaten aufgetragen; rechts ist der Bereich in der Nähe des Ursprungs vergrößert dargestellt.

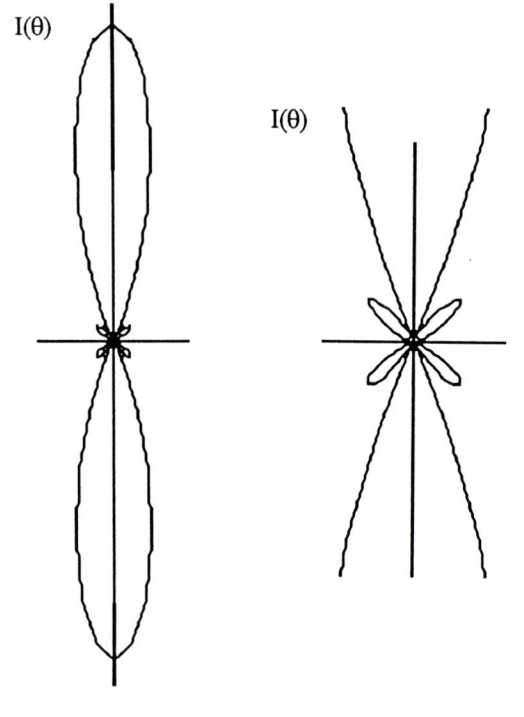

33.48 a) Wir stellen uns das Zeigerdiagramm vor. Das erste Minimum tritt auf, wenn die Zeiger einen kompletten Kreis durchlaufen haben. Das entspricht einer gesamten Phasendifferenz $\phi = 2\pi$. Wenn die gesamte Phasendifferenz zunimmt, steigt auch die Intensität, bis ein zweites Maximum erreicht ist. Daher lautet die angenäherte Bedingung für ein zweites Maximum, daß die Zeiger anderthalb Umläufe vollzogen haben; die zugehörige gesamte Phasendifferenz ist 3π. Entsprechend erwarten wir die nächsten beiden Maxima nahe bei 5π und 7π.   b) Einen genauen Wert für ϕ erhalten wir, indem wir $\mathrm{d}I/\mathrm{d}\phi = 0$ setzen. Dabei ist

$$I = I_0 \left(\frac{\sin \frac{1}{2}\phi}{\frac{1}{2}\phi} \right)^2$$

Die Ableitung ist

$$\frac{\mathrm{d}I}{\mathrm{d}\phi} = 2\,I_0 \left(\frac{\sin \frac{1}{2}\phi}{\frac{1}{2}\phi} \right) \left[\frac{\left(\frac{1}{4}\phi\right)\cos \frac{1}{2}\phi - \frac{1}{2}\sin \frac{1}{2}\phi}{\left(\frac{1}{2}\phi\right)^2} \right]$$

Setzen wir das gleich null, so lautet die Bedingung für ϕ: $\tan \phi/2 = \phi/2$. Das ist eine transzendente Gleichung, die also keine analytische Lösung hat. Wir können sie aber graphisch oder numerisch lösen. Die ersten drei nicht-trivialen Lösungen sind $\phi = 2{,}86\,\pi$, $4{,}92\,\pi$ und $6{,}94\,\pi$. Diese Werte liegen dicht bei den im Teil a) ermittelten, sind aber genauer. Beachten Sie, daß die exakten Werte jeweils etwas kleiner sind als die angenäherten. Die Übereinstimmung ist besser, wenn wir Maxima betrachten, die von der Mitte des Musters weiter entfernt sind.

33.49 a) Aus Abbildung 33.40 geht hervor, daß der reflektierte Strahl mit der Einfallsrichtung den Winkel 2ϕ bildet. Dieser Winkel soll nun einer bestimmten Ordnung m der Interferenz entsprechen. Also muß gelten $\sin 2\phi = m\,\lambda$ bzw. $\phi = \frac{1}{2}\arcsin(m\,\lambda/a)$.   b) Mit den in der Aufgabe gegebenen Werten folgt $a = (10^{-2}\,\mathrm{m})\,/\,(10\,000) = 10^{-6}\,\mathrm{m}$ und $\phi = 32{,}1°$.

33.50 a) Zwei benachbarte Linien haben den Abstand d; dann ist der zugehörige Wegunterschied $d \sin\theta$. Wenn dieser Wegunterschied gleich einer Wellenlänge ist, so ist die Phasendifferenz 2π. Allgemein gilt dann $\phi = (2\pi/\lambda)\,d \sin\theta$.   b) Direkte Ableitung ergibt $\mathrm{d}\phi/\mathrm{d}\theta = (2\pi/\lambda)\,d \cos\theta$ bzw. $\mathrm{d}\phi = (2\pi/\lambda)\,d \cos\theta\,\mathrm{d}\theta$.   c) Wir lösen die Gleichung von Teil b) nach $\mathrm{d}\theta$ auf und erhalten $\mathrm{d}\theta = \lambda\,\mathrm{d}\phi\,/\,(2\pi d \cos\theta)$. Nun setzen wir $\mathrm{d}\phi = 2\pi/N$ und erhalten $\mathrm{d}\theta = \lambda/(N\,d \cos\theta)$. d) Wir beginnen mit $d \sin\theta = m\,\lambda$ und leiten nach λ ab. Es folgt $d \cos\theta\,(\mathrm{d}\theta/\mathrm{d}\lambda) = m$ und $\mathrm{d}\theta = m\,\mathrm{d}\lambda/(d \cos\theta)$.   e) Die in c) und d) erhaltenen Ausdrücke setzen wir gleich; damit ist $\lambda\,\mathrm{d}\phi/(2\pi d \cos\theta) = m\,\mathrm{d}\lambda/(d \cos\theta)$. Umstellen ergibt $\lambda/\mathrm{d}\lambda = 2\pi m/\mathrm{d}\phi$. Mit $\mathrm{d}\phi = 2\pi/N$ folgt schließlich, wie gewünscht, $\lambda/\mathrm{d}\lambda = m\,N = A$.

Kapitel 34

Relativitätstheorie

Vorbemerkung:
Es werden die Zeiteinheiten a = Jahr und d = Tag verwendet, und die Längeneinheit Lichtjahr wird mit Lj bezeichnet.

34.1 a) $t = 2\ell/c = 2(27{,}4 \cdot 10^3 \text{ m})/(3 \cdot 10^8 \text{ m/s}) = 0{,}183$ ms.   b) Der klassische Korrekturterm ist $(2\ell/c)(v/c)^2 = 1{,}83 \cdot 10^{-12}$ s. c) Nein. Das Verhältnis des Meßfehlers zum genauesten Wert beträgt $(4 \text{ km/s})/(299\,796 \text{ km/s}) = 1{,}33 \cdot 10^{-5}$, ist also rund 10^7-mal größer als der Korrekturterm.

34.2 a) $\Delta t = \gamma \Delta t_E = \Delta t_E/(1 - v^2/c^2)^{1/2} = 4{,}94 \cdot 10^{-8}$ s.   b) $\Delta x = v\Delta t = (0{,}85\,c)(4{,}94 \cdot 10^{-8} \text{ s}) = 12{,}6$ m.   c) Ohne Zeitdilatation wäre die zurückgelegte Wegstrecke $\Delta x = v\Delta t_E = (0{,}85\,c)(2{,}6 \cdot 10^{-8} \text{ s}) = 6{,}63$ m.

34.3 a) $\Delta t = \gamma \Delta t_E = \Delta t_E/[1 - (0{,}999)^2]^{1/2} = 44{,}7\ \mu$s.   b) $\Delta x = v\Delta t = 13{,}4$ km.

34.4 a) Im Bezugssystem der Erde bewegt sich das Raumschiff mit der Geschwindigkeit $v = 0{,}75\,c$. Demnach ist die zum Zurücklegen von 4 Lichtjahren benötigte Zeit $\Delta t = \ell/v = (4 \text{ Lj})/(0{,}75\,c) = 5{,}33$ a.   b) Im Bezugssystem des Raumschiffs beträgt die Entfernung zu Alpha Centauri $\ell' = \ell/\gamma$ mit $\gamma = 1/(1 - v^2/c^2)^{1/2} = 1{,}51$. Also ist die benötigte Zeit $\Delta t' = \ell'/v = \ell/(\gamma v) = \Delta t/\gamma$, wie erwartet. Einsetzen der Werte ergibt $\Delta t' = 3{,}53$ a.

34.5 Die binomische Reihe kann geschrieben werden als $(1+x)^n = 1 + nx + \frac{1}{2}n(n-1)x^2 + \cdots$. Für $x \ll 1$ ist $(1+x)^n \approx 1 + nx$ eine gute Näherung. Dann ist offensichtlich $(1 + x^2)^n \approx 1 + n\,x^2$ und $(1 - x^2)^n \approx 1 - n\,x^2$.   a) $\gamma = (1 - v^2/c^2)^{-1/2} \approx 1 + \frac{1}{2}v^2/c^2$.   b) $1/\gamma = (1 - v^2/c^2)^{1/2} \approx 1 - \frac{1}{2}v^2/c^2$.   c) Mit den Ergebnissen aus a) und b) folgt $\gamma - 1 \approx \frac{1}{2}v^2/c^2$ und $1 - 1/\gamma \approx \frac{1}{2}v^2/c^2$.

34.6 a) Das Flugzeug hat im Flug die Länge $\ell' = \ell/\gamma$. Daher ist die prozentuale Verkürzung $(100)(\ell-\ell')/\ell = (100)(1-1/\gamma)$. Hier ist $v/c \ll 1$, und wir können das Ergebnis der vorigen Aufgabe verwenden: $1 - 1/\gamma \approx \frac{1}{2}v^2/c^2$. Damit beträgt die Verkürzung ungefähr $(100)(\frac{1}{2}v^2/c^2) = 4{,}5 \cdot 10^{-10}$ Prozent.   b) Die auf der Uhr des Piloten verstrichene Zeit ist $\Delta t' = \Delta t/\gamma \approx \Delta t(1 - \frac{1}{2}v^2/c^2) = \Delta t - \frac{1}{2}\Delta t\, v^2/c^2 = 3{,}15 \cdot 10^7 \text{ s} - 1{,}42 \cdot 10^{-4}$ s.

34.7 Der Beobachter in S mißt die kontrahierte Entfernung $\ell' = \ell/\gamma = (100\ c\cdot\text{min})[1 - (0{,}6)^2]^{1/2} = 80\ c\cdot\text{min}$.

34.8 Für den Beobachter in S ist zur Zeit t der Ort des Blitzlichts $x = C - c\,t$. Darin ist $x = C$ der Ort der Uhr in S, und t ist die Anzeige der Uhr in C. Entsprechend ist der Ort von A' in S gleich $x = C - \ell'/2 + 0{,}6\,c\,t$, wobei (wie in der vorigen Aufgabe) $\ell' = 80\ c\cdot\text{min}$ ist. Die Zeit, nach der der Lichtblitz A' erreicht, ist gegeben durch $C - c\,t = C - \ell'/2 + 0{,}6\,c\,t$. Daraus folgt $t = \ell'/(3{,}2\,c) = (80\ c\cdot\text{min})/(3{,}2\,c) = 25$ min.

34.9 Wenn sich der Lichtblitz in positiver x-Richtung ausbreitet, sieht ihn der Beobachter in S am Ort $x = C + c\,t$. Darin ist $x = C$ der Ort der Uhr in S, und t ist die Anzeige der Uhr in C. Entsprechend ist der Ort von B' in

S gleich $x = C + \ell'/2 + 0{,}6\,c\,t$, wobei (wie in der vorigen Aufgabe) $\ell' = 80\ c\cdot\text{min}$ ist. Die Zeit, nach der der Lichtblitz B' erreicht, ist gegeben durch $C + c\,t = C + \ell'/2 + 0{,}6\,c\,t$. Daraus folgt $t = \ell'/(0{,}8\,c) = (80\ c\cdot\text{min})/(0{,}8\,c) = 100$ min.

34.10 Wenn auf einer Uhr in S die Zeit Δt vergangen ist, zeigt eine Uhr in S' dasselbe Zeitintervall als $\Delta t' = \Delta t/\gamma$ an. Es folgt $\Delta t' = \Delta t\,[1 - (0{,}6)^2]^{1/2} = 60$ min.

34.11 Hier ist $\ell_{\mathrm R}\,v/c^2 = \ell_{\mathrm R}\,(0{,}6)/c = (100\ c\cdot\text{min})\,(0{,}6)/c = 60$ min. Das erwarten wir, da $\ell_{\mathrm R}\,v/c^2$ die Zeitdifferenz zwischen A' und B' gemäß der Lorentz-Transformation ist.

34.12 Nach der Doppler-Gleichung ist bei Annäherung der Lichtquelle die relative Änderung der Frequenz bzw. der Wellenlänge $\nu'/\nu_0 = [(1 + v/c)\,/\,(1 - v/c)]^{1/2} = \lambda_0/\lambda'$. Wir setzen $\lambda_0/\lambda' = x$, lösen nach v auf und erhalten $v = c\,(x^2 - 1)\,/\,(x^2 + 1) = 0{,}21\,c$.

34.13 Die relative Rotverschiebung ist $(\lambda' - \lambda_0)/\lambda_0 = \lambda'/\lambda_0 - 1 = \nu_0/\nu' - 1$. Wenn sich die Lichtquelle entfernt, ist $(\lambda' - \lambda_0)/\lambda_0 = [(1 + v/c)\,/\,(1 - v/c)]^{1/2} - 1 = 0{,}0637$.

34.14 Wir betrachten zunächst den Fall, daß sich die Lichtquelle nähert. Dafür gilt $\Delta\nu/\nu_0 = (\nu' - \nu_0)/\nu_0 = \nu'/\nu_0 - 1 = [(1 + v/c)\,/\,(1 - v/c)]^{1/2} - 1$. Den Ausdruck in der Wurzel können wir für kleines v/c annähern durch $(1 + v/c)\,/\,(1 - v/c) \approx (1 + v/c)\,(1 + v/c) \approx 1 + 2\,v/c$. Die Wurzel daraus ist $(1 + 2\,v/c)^{1/2} \approx 1 + v/c$, und es folgt $\Delta\nu/\nu_0 \approx v/c$. Für eine sich entfernende Lichtquelle ist entsprechend $\Delta\nu/\nu_0 \approx -v/c$.

34.15 Mit den Ergebnissen aus Aufgabe 12 ist die Geschwindigkeit der Lichtquelle $v = c\,(x^2 - 1)/(x^2 + 1)$. Darin ist $x = \lambda_0/\lambda' = 0{,}95$. Einsetzen dieses Wertes ergibt $v = -0{,}0512\,c$. Das Minuszeichen gibt an, daß sich die Lichtquelle von der

Erde entfernt. Das ist zu erwarten, da die Wellenlänge sich von 589 nm zu 620 nm ändert, also eine Rotverschiebung vorliegt.

34.16 a) Die zum Zurücklegen der Strecke 30 Lj mit der Geschwindigkeit $0{,}999\,c$ benötigte Zeit ist $\Delta t = (30\ \text{Lj})\,/\,(0{,}999\,c) = 30{,}03$ a. Zudem verbringt der Reisende 10 a auf dem entfernten Planeten. Die gesamte Zeitspanne beträgt damit 40,03 a.   b) Für den Reisenden ist die Entfernung zum Planeten $\ell' = \ell/\gamma = (15\ \text{Lj})\,/\,[1 - (0{,}999)^2]^{1/2} = 0{,}671$ Lj. Also legt er insgesamt 1,34 Lj zurück. Dafür benötigt er die Zeit $\Delta t' = (1{,}34\ \text{Lj})\,/\,(0{,}999\,c) = 1{,}343$ a. Seine gesamte Reise dauert für ihn also 11,343 Jahre. Somit kehrt er um 28,7 Jahre jünger als Sie zurück.

34.17 a) Wir wenden die relativistische Geschwindigkeitstranformation an. Mit $v_x' = 0$ und $v_y' = c$ erhalten wir $v_x = v$ und $v_y = c/\gamma$.   b) Der Betrag der Geschwindigkeit des Lichtstrahls in S ist $v = (v_x^2 + v_y^2)^{1/2} = (v^2 + c^2/\gamma^2)^{1/2} = [v^2 + c^2\,(1 - v^2/c^2)]^{1/2} = c$, wie erwartet.

34.18 a) Im Bezugssystem S' bewegt sich das Bezugssystem S'' mit der Geschwindigkeit $v = 0{,}8\,c$. Die Geschwindigkeit des Teilchens in S'' ist $v_x'' = 0{,}8\,c$. Dann beträgt in S' seine Geschwindigkeit $v_x' = (v_x'' + v)\,/\,(1 + v\,v_x''/c^2) = 2\,(0{,}8\,c)/[1 + (0{,}8)^2] = 0{,}976\,c$.   b) Für $v = 0{,}8\,c$ und $v_x' = 0{,}976\,c$ ist in S die Geschwindigkeit des Teilchens $v_x = (v_x' + v)\,/\,(1 + v\,v_x'/c^2) = 0{,}997\,c$.

34.19 a) Aus $E_0 = m_0\,c^2$ erhalten wir $m_0 = E_0/c^2 = (1\ \text{J})\,/\,(3\cdot10^8\ \text{m/s})^2 = 1{,}11\cdot10^{-17}$ kg. b) Soll eine 100-W-Glühlampe 10 Jahre lang leuchten, so ist folgende Energiemenge aufzuwenden: $E = P\,t = (100\ \text{W})\,(10)\,(3{,}15\cdot10^7\ \text{s}) = 3{,}15\cdot10^{10}$ J. Die entsprechende Ruhemasse ist $m_0 = E/c^2 = 3{,}51\cdot10^{-7}\ \text{kg} = 0{,}351$ mg.

34.20 Die Abbildung zeigt die Auftragung von p gegen u/c. Beachten Sie, daß bei kleinen Geschwindigkeiten die bekannte Beziehung $p = m_0\,u$

erfüllt ist. Dagegen geht der Impuls gegen ∞, wenn u gegen die Lichtgeschwindigkeit c geht.

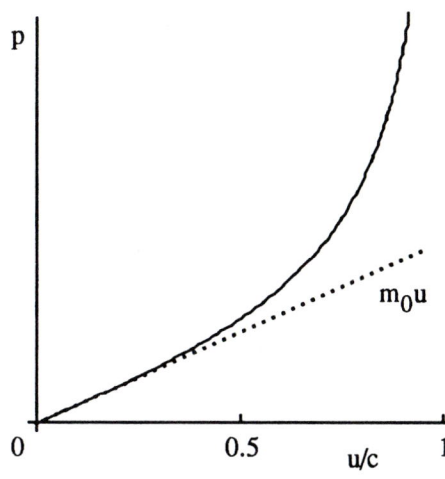

34.21 a) $E_0 = m_0 c^2 = (10^{-3} \text{ kg})(3 \cdot 10^8 \text{ m/s})^2 = 9 \cdot 10^{13}$ J.   b) Bei 0,20 DM pro Kilowattstunde (kWh) hat die eben errechnete Energie den Preis $(0{,}2 \text{ DM/kWh})(9 \cdot 10^{13} \text{ J})(3{,}6 \cdot 10^6 \text{ J/kWh}) = 5 \cdot 10^6$ DM, also 5 Millionen DM.

34.22   Die Ruheenergie eine Teilchens der Masse m_0 ist $E_0 = m_0 c^2$. Wenn es sich mit der Geschwindigkeit u bewegt, dann ist seine Gesamtenergie $E = \gamma m_0 c^2 = m_0 c^2/(1 - u^2/c^2)^{1/2}$. Damit ist das Verhältnis der Gesamtenergie zur Ruheenergie $E/E_0 = \gamma = (1 - u^2/c^2)^{-1/2}$. Diese Abhängigkeit ist in der Abbildung dargestellt.

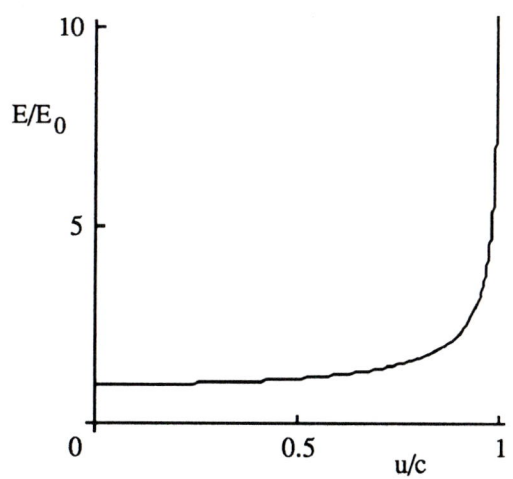

Die Ergebnisse im einzelnen:
a) Für $u = 0{,}1\,c$ ist $E/E_0 = 1{,}005$.
b) Für $u = 0{,}5\,c$ ist $E/E_0 = 1{,}15$.

c) Für $u = 0{,}8\,c$ ist $E/E_0 = 1{,}67$.
d) Für $u = 0{,}99\,c$ ist $E/E_0 = 7{,}09$.
Für kleine Werte von u/c ist der Quotient E/E_0 praktisch gleich 1. Er strebt jedoch mit stark zunehmender Steigung gegen unendlich, wenn sich u/c dem Wert 1 nähert.

34.23   a) Mit $E/E_0 = \gamma = 2$ erhalten wir $u/c = (1 - 1/\gamma^2)^{1/2} = (3/4)^{1/2} = 0{,}866$.
b) Der Impuls ist $p = \gamma m_0 u = \gamma (m_0 c)(u/c) = 2(m_0 c)(3/4)^{1/2} = \sqrt{3}\, m_0 c$.

34.24   Die Ruheenergie vor dem Zerfall beträgt 939,573 MeV. Nach dem Zerfall ist die gesamte Ruheenergie 938,280 MeV + 0,511 MeV = 938,791 MeV. Also wird bei der Reaktion die Energie 0,782 MeV = $1{,}25 \cdot 10^{-13}$ J freigesetzt.

34.25   Das Teilchen mit der Ruheenergie $E_0 = m_0 c^2$ hat nach dem Beschleunigen aus der Ruhe die kinetische Energie $E_{\text{kin}} = (\gamma - 1)E_0$.
a) Mit $u = 0{,}5\,c$ erhalten wir $\gamma = 1/(1 - u^2/c^2)^{1/2} = 1{,}155$. Also ist zum Beschleunigen auf die halbe Lichtgeschwindigkeit die Energie $E_{\text{kin}} = 0{,}155\,E_0$ aufzuwenden.   b) Für $u = 0{,}9\,c$ ist $E_{\text{kin}} = 1{,}29\,E_0$.   c) Für $u = 0{,}99\,c$ ist $E_{\text{kin}} = 6{,}09\,E_0$.

34.26   Die kinetische Energie des Teilchens ist $E_{\text{kin}} = (\gamma - 1)m_0 c^2$. Für $E_{\text{kin}} = m_0 c^2$ erhalten wir $\gamma = 2$. Der Impuls des Teilchens ist $p = \gamma m_0 u$, also im vorliegenden Fall gleich $2 m_0 u$. Wird dagegen mit dem nicht-relativistischen Impuls $p = m_0 u$ gerechnet, so ist dieser um den Faktor 2 falsch. Also wird mit $m_0 u$ der Impuls mit einem Fehler von 50 Prozent berechnet.

34.27   Wir beginnen mit $p = \gamma m_0 u$ und $E = \gamma m_0 c^2$. Quadrieren ergibt hierfür $E^2 = \gamma^2 m_0^2 c^4$. Mit $\gamma = p/(m_0 u)$ folgt daraus $E^2 = (p^2 m_0^2 c^4)/(m_0^2 u^2) = p^2 c^4/u^2 = p^2 c^2 (c^2/u^2)$.

Sodann ist $c^2/u^2 = 1 + c^2/u^2 - 1 = 1 + (1 - u^2/c^2)(c^2/u^2) = 1 + c^2/(\gamma^2 u^2)$ und $E^2 = p^2 c^2 (c^2/u^2) = p^2 c^2 + (p^2 c^4)/(\gamma^2 u^2) = p^2 c^2 + (\gamma^2 m_0^2 u^2 c^4)/(\gamma^2 u^2) = p^2 c^2 + m_0^2 c^4$.

34.28 Wenn auf der Erde die Zeit Δt vergeht, so verstreicht im Flugzeug die Zeit $\Delta t' = \Delta t / \gamma$. Damit ist die Zeitdifferenz $\Delta T = \Delta t - \Delta t / \gamma = \Delta t (1 - 1/\gamma)$. Hier ist $v \ll c$ und daher $(1 - 1/\gamma) \approx \frac{1}{2} v^2/c^2$ und $\Delta T \approx \frac{1}{2} \Delta t\, v^2/c^2$. Mit $\Delta T = 1$ s erhalten wir $\Delta t = 2\, c^2\, \Delta T / v^2 = 5{,}83 \cdot 10^{11}$ s. Das entspricht 18 456 Jahren.

34.29 Wir verwenden die Relation $E^2 = p^2\, c^2 + m_0^2\, c^4$. Umformen ergibt $E^2 = m_0^2\, c^4 [1 + p^2\, c^2 / (m_0^2\, c^4)]$ und damit $E = m_0\, c^2 \{1 + [p\, c/(m_0\, c^2)]^2\}^{1/2}$. Für $p\, c/(m_0\, c^2) \ll 1$ können wir für den Radikanden eine Reihenentwicklung ansetzen und erhalten $E \approx m_0\, c^2 \{1 + \frac{1}{2} [p\, c/(m_0\, c^2)]^2\} = m_0\, c^2 + p^2/(2\, m_0)$. Daraus ist zu entnehmen: Für kleine Impulse ist die Gesamtenergie ungefähr gleich der Summe aus der Ruheenergie $m_0\, c^2$ und der nicht-relativistischen kinetischen Translationsenergie $\frac{1}{2} m_0\, v^2 = p^2/(2\, m_0)$.

34.30 a) Ein von A gemessenes Zeitintervall Δt_A hat für B die Dauer $\Delta t_B = \gamma\, \Delta t_A$. Zudem entfernt sich A zwischen den Signalen um die Strecke $v\, \Delta t_B$ von B. Für diesen zusätzlichen Weg benötigt das Lichtsignal die Zeit $v\, \Delta t_B/c$. Wenn A jeweils nach $\Delta t_A = 0{,}01$ a ein Signal sendet, so empfängt B ein Signal nach jeweils $\Delta T = \Delta t_B + (v/c)\, \Delta t_B = \Delta t_A\, \gamma\, (1 + v/c)$ a. Umformen dieses Ausdrucks ergibt $\Delta T = \Delta t_A\, (1 + v/c) / [(1 + v/c)(1 - v/c)]^{1/2} = \Delta t_A\, [(1 + v/c)/(1 - v/c)]^{1/2}$. Das hätten wir auch mit der Doppler-Formel für eine sich entfernende Quelle erhalten können: $\nu' = \nu_0\, [(1 - v/c)/(1 + v/c)]^{1/2}$. Mit $v/c = 0{,}6$ folgt, daß B nach jeweils $0{,}02$ a ein Signal empfängt.   b) Für A beträgt die Entfernung zu Alpha Centauri $\ell' = \ell/\gamma = 3{,}2$ Lj, und die Reisezeit ist $\ell'/(0{,}6\, c) = 5{,}33$ a. Zwilling A sendet alle $0{,}01$ Jahre ein Signal, so daß Zwilling B 533,3 Signale empfängt, jeweils im Abstand von 0,02 Jahren.   c) Zwilling A benötigt für den Rückflug natürlich dieselbe Zeit wie für den Hinflug. Somit sendet er (bei gleicher Signalrate wie zuvor) während des Rückflugs weitere 533,3 Signale. Somit empfängt B für jeden Teil der Reise von A 533,3 Signale, also insgesamt 1067 Signale. d) Die Rate, mit der A Signale von B empfängt, während sich B entfernt, ist ebenso groß wie die Rate, mit der B Signale von A empfängt, während sich A entfernt. Daher empfängt A alle 0,02 Jahre ein Signal (wie in a) ermittelt).   e) Auf den ersten Blick scheint das System symmetrisch bezüglich A und B zu sein, und A sollte 533,3 Signale (je eines nach 0,02 Jahren) empfangen. Jedoch liegt keine Symmetrie vor, weil A umkehrt und sich der Erde wieder nähert. Von A aus gesehen, sendet B während des Wegflugs (der für A 5,33 Jahre dauert) alle 0,02 Jahre ein Signal. A empfängt dabei (5,33 a) / (0,02 a/Signal) = 267 Signale mit dieser Rate.   f) Auf dem Rückflug empfängt A Signale von B mit einer höheren Rate, und zwar alle 0,005 Jahre ein Signal. Dies ermitteln wir nach dem gleichen Verfahren wie in a), jedoch nun für eine sich nähernde Quelle. Der Rückflug dauert für A ebenfalls 5,33 Jahre, so daß er in dieser Zeit (5,33 a) / (0,005 a/Signal) = 1067 Signale empfängt, also insgesamt 1333 Signale. g) Mit Hilfe der Anzahl der empfangenen Signale können wir das Altern der Zwillinge bestimmen. B empfängt 1067 Signale von A, die von diesem alle 0,01 Jahre gesendet werden. Also wird A um 10,67 Jahre älter. Andererseits empfängt A 1333 Signale von B, der alle 0,01 Jahre eines sendet. Somit wird B um 13,33 Jahre älter. Schließlich ist A um 2,67 Jahre jünger.

34.31 Die Raum-Zeit-Koordinaten des Ereignisses A in S seien $x_A = 0$ und $t_A = 0$. Aufgrund dieser Festlegung sind die Koordinaten von Ereignis B folgende: $x_B = 1{,}5$ km und $t_B = 2\ \mu$s. Im System S', das sich mit der Geschwindigkeit v entlang der $+x$-Achse bewegt, sind die entsprechenden Koordinaten $x'_A = 0$ und $t'_A = 0$ sowie $x'_B = \gamma\, (x_B - v\, t_B)$ und $t'_B = \gamma\, (t_B - v\, x_B/c^2)$. Damit die Ereignisse in S' gleichzeitig stattfinden, muß gelten $t'_B = t'_A = 0$. Das bedeutet $t_B = v\, x_B/c^2$ bzw. $v = t_B\, c^2/x_B = (c\, t_B/x_B)\, c = 0{,}4\, c$. Wenn Ereignis B vor Ereignis A stattfinden soll, muß $t'_B < 0$ sein, also $v > 0{,}4\, c$. Deshalb kann Ereignis B nur dann gleichzeitig mit oder bereits vor Ereignis A stattfinden, wenn $c\, t_B/x_B < 1$ ist.

34.32 Weil die Explosionen in S' am gleichen Ort stattfinden, folgt $v = \Delta x/\Delta t =$

$(720\text{ m})/(5\ \mu\text{s}) = 1{,}44 \cdot 10^8$ m/s $= 0{,}48\,c$. Das gleiche Ergebnis können wir mit Hilfe der Lorentz-Transformation erhalten, wenn wir $\Delta x' = 0$ fordern. Dann ist $\Delta x' = \gamma\,(\Delta x - v\,\Delta t)$, und $\Delta x' = 0$ bedeutet, daß $v = \Delta x/\Delta t$ ist. Den zeitlichen Abstand in S' erhalten wir wieder mit Hilfe der Lorentz-Transformation: $\Delta t' = \gamma\,(\Delta t - v\,\Delta x/c^2) = 4{,}39\ \mu\text{s}$.

34.33 Die Gesamtenergie kann geschrieben werden als $E = \gamma\,m_0\,c^2 = m_0\,c^2\,/\,(1 - u^2/c^2)^{1/2}$. Damit ist $E^2 = (m_0\,c^2)^2\,/\,(1 - u^2/c^2)$. Umstellen ergibt $u/c = [1 - (m_0\,c^2)^2/E^2]^{1/2}$. Wenn die Energie viel größer ist als die Ruheenergie (also wenn $E \gg m_0\,c^2$ gilt), kann der Ausdruck in der Wurzel als binomische Reihe entwickelt werden: $u/c \approx 1 - \frac{1}{2}(m_0\,c^2)^2/E^2$.

34.34 Sehr zweckmäßig ist es hier, die Größe γ zu betrachten, die wir aus dem Wert der kinetischen Energie E_{kin} erhalten. Es ist $E_{\text{kin}} = 50$ GeV $= (\gamma - 1)\,m_0\,c^2$, wobei für Elektronen und für Positronen $m_0\,c^2 = 0{,}511$ MeV ist. Damit ist $\gamma = 1 + E_{\text{kin}}/(m_0\,c^2) = 9{,}78 \cdot 10^4$.   a) Jedes Paket hat im Laborsystem die Länge $\ell' = \ell/\gamma$. Damit ist seine Länge im eigenen Ruhesystem $\ell = \ell'\gamma = 978$ m. Die Breite jedes Pakets ist in jedem System dieselbe, weil Abmessungen senkrecht zur Bewegungsrichtung nicht beeinflußt werden.   b) Im Ruhesystem des Pakets unterliegt der Beschleuniger (mit der Eigenlänge ℓ_0) der Lorentz-Kontraktion und hat die scheinbare Länge $\ell_{\text{B}} = \ell_0/\gamma$. Wenn ℓ_{B} gleich der Länge ℓ eines Pakets sein soll, muß gelten $\ell_0 = \ell'\gamma^2 = 9{,}57 \cdot 10^7$ m. Das ist fast gleich dem zweieinhalbfachen Erdumfang.   c) Im Laborsystem hat ein Positron-Paket die scheinbare Länge 1 cm. Daher ist seine Länge im Ruhesystem eines Elektron-Pakets $\ell = (1\text{ cm})/\gamma = 1{,}02 \cdot 10^{-7}$ m.

34.35 a) Nach Gleichung (34.34) ist $E^2 = p^2\,c^2 + m_0^2\,c^4$. Bei der Gesamtenergie E ist damit der Impuls $p = [E^2/c^2 - m_0^2\,c^2]^{1/2} = (1/c)\,[E^2 - (m_0\,c^2)^2]^{1/2}$. Hier ist $p = 4{,}97$ MeV$/c$.   b) Die Gesamtenergie kann geschrieben werden als $E = \gamma\,m_0\,c^2$. Daher ist $1/\gamma^2 = 1 - $

$u^2/c^2 = (m_0\,c^2)^2/E^2$. Schließlich folgt $u/c = [1 - (m_0\,c^2)^2/E^2]^{1/2} = 0{,}995$.

34.36 a) Mit den Ergebnissen aus der vorigen Aufgabe ist die Gesamtenergie hier $E = E_{\text{kin}} + m_0\,c^2 = 2\,m_0\,c^2$. Der Impuls ist $p = (1/c)\,\sqrt{3}\,m_0\,c^2 = 1625$ MeV$/c$.   b) Ebenfalls mit Hilfe der Ergebnisse aus Aufgabe 35 erhalten wir $u = c\,(1 - \frac{1}{4})^{1/2} = \sqrt{3}\,c/2 = 0{,}866\,c$.

34.37 Der korrekte relativistische Ausdruck für die kinetische Energie eines Teilchens ist $E_{\text{kin}} = (\gamma - 1)\,m_0\,c^2$.   a) Für $u = 0{,}1\,c$ ist $E_{\text{kin}} = 0{,}005038\,m_0\,c^2$ und $\frac{1}{2}\,m_0\,u^2 = [u^2/(2\,c^2)]\,m_0\,c^2 = 0{,}005\,m_0\,c^2$. Der Fehler beträgt also nur 0,75 %.   b) Für $u = 0{,}9\,c$ ist $E_{\text{kin}} = 1{,}29\,m_0\,c^2$ und $\frac{1}{2}\,m_0\,u^2 = 0{,}405\,m_0\,c^2$. Der Fehler beträgt hier 68,7 %. Die Größe $E_{\text{kin}}/(\frac{1}{2}\,m_0\,u^2)$ ist in der Abbildung gegen u/c aufgetragen

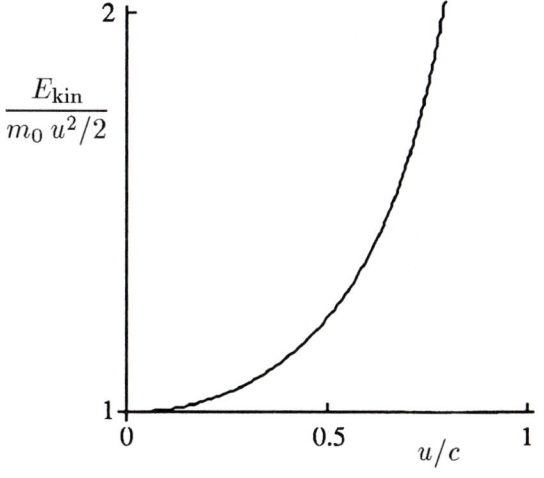

34.38 Die Quelle sendet Wellen mit der Frequenz $\nu_0 = 1/\Delta t$ aus, also jeweils eine Welle in der Zeitspanne Δt. Ein Beobachter nähert sich der Quelle mit der Geschwindigkeit v. Aus seiner Sicht geht eine Uhr in der Quelle nach, so daß gilt $\Delta t' = \gamma\,\Delta t$. Darin ist $\Delta t'$ das Zeitintervall, das für den Beobachter vergeht, während in der Quelle die Zeitspanne Δt verstreicht. Das bedeutet, die Quelle sendet für den Beobachter jeweils nach der Zeitspanne $\gamma\,\Delta t$ eine Welle aus. Der Beobachter legt bei seinem Weg zur Quelle hin in der Zeit $\Delta t'$ die Strecke $v\,\Delta t'$ zurück. Somit haben die Wellen diese Strecke weniger bis zu ihm zurückzulegen und kommen früher bei ihm an, nämlich um die Zeitspanne $v\,\Delta t'/c$. Damit wird die Zeit zwischen zwei Wellen für den Beobachter $\Delta T = \gamma\,\Delta t - v\,\Delta t'/c = \gamma\,\Delta t\,(1 - v/c) = \Delta t\,[(1 - v/c)/(1 + v/c)]^{1/2}$. Schließlich empfängt der Beobachter die Frequenz $\nu' = 1/\Delta T = \nu_0\,[(1 + v/c)/(1 - v/c)]^{1/2}$, wie erwartet.

34.39 Die in jeder Reaktion freigesetzten 25 MeV entsprechen dem Ruhemassenverlust $m = E/c^2 = 4,44 \cdot 10^{-29}$ kg. Die Strahlungsleistung der Sonne beträgt $4 \cdot 10^{26}$ J/s. Ferner gibt jede Reaktion die Energiemenge $4 \cdot 10^{-12}$ J ab. Das bedeutet, die Anzahl der Reaktionen pro Sekunde ist $(4 \cdot 10^{26}\text{ J/s})/(4 \cdot 10^{-12}\text{ J}) = 10^{38}$ s^{-1}. Daraus ergibt sich der Verlust der Sonne an Ruhemasse zu $4,44 \cdot 10^{9}$ kg/s. Das entspricht pro Tag $(4,44 \cdot 10^{9}\text{ kg/s})\,(86400\text{ s}) = 3,84 \cdot 10^{14}$ kg.

34.40 a) Im Bezugssystem S ist die Geschwindigkeit des Teilchens $u_x = (u_x' + v)/(1 + v\,u_x'/c^2)$. Darin ist $v = 0,6\,c$ und $u_x' = -c/3$. Daraus folgt $u_x = c/3$.   b) Um die Strecke zu ermitteln, die das Teilchen in S zurückgelegt hat, transformieren wir seinen jeweiligen Ort in S' zu den Zeitpunkten t_1' und t_2' in die Positionen x_1 und x_2. Bei $t_1' = 0$ ist dann $x_1' = 10$ m, und bei $t_2' = 60$ m/c ist $x_2' = 10$ m $- (c/3)\,(60$ m/$c) = -10$ m. Diese Werte transformieren wir in das System S und erhalten $x_1 = \gamma\,(10$ m $+ 0)$ und $x_2 = \gamma\,[(-10$ m $+ (0,6\,c)\,(60$ m/$c)]$. Darin ist $\gamma = (1 - v^2/c^2)^{-1/2} = 1,25$. Damit ist $\Delta x = x_2 - x_1 = \gamma\,(16$ m$) = 20$ m. Beachten Sie, daß $\Delta x > 0$ ist, sich das Teilchen also in positiver x-Richtung bewegte.   c) Die Zeitspanne für die Bewegung des Teilchens ist $\Delta t = t_2 - t_1$ mit $t_2 = \gamma\,[(60$ m/$c) + (0,6\,c)\,(-10$ m$)/c^2]$ und $t_1 = \gamma\,[0 + (0,6\,c)\,(10$ m$)/c^2]$. Damit erhalten wir $\Delta t = \gamma\,(48$ m/$c) = 60$ m/c. Im vorliegenden Fall ist $\Delta t = \Delta t'$. Dies ist eher zufällig, weil die Werte von v und u_x' entsprechend liegen, und kein allgemeines Resultat.

34.41 Durch direktes Differenzieren ergibt sich
$$\frac{\mathrm{d}}{\mathrm{d}u}\,\frac{m_0\,u}{\sqrt{1 - \frac{u^2}{c^2}}} =$$

$$= \frac{m_0\,\sqrt{1 - \frac{u^2}{c^2}} - m_0\,u\,\left(1 - \frac{u^2}{c^2}\right)^{-1/2}\,\left(-\frac{u}{c^2}\right)}{1 - \frac{u^2}{c^2}}$$

$$= \frac{m_0}{\left(1 - \frac{u^2}{c^2}\right)^{3/2}}\,\left[\left(1 - \frac{u^2}{c^2}\right) + \frac{u^2}{c^2}\right]$$

$$= \frac{m_0}{\left(1 - \frac{u^2}{c^2}\right)^{3/2}}.$$

34.42 a) Im System S' hat jedes Proton die kinetische Energie $E_{\text{kin}} = (\gamma - 1)\,m_0\,c^2$ mit $\gamma = 1/(1 - u^2/c^2)^{1/2} = 1,15$ und $m_0\,c^2 = 938,28$ MeV. Damit ist für jedes Proton $E_{\text{kin}} = 145$ MeV, so daß die gesamte kinetische Energie des Systems 290 MeV beträgt.   b) Im System S ist ein Proton in Ruhe und hat daher die kinetische Energie null. Das andere Proton hat die Geschwindigkeit $u_x = (u_x' + v)/(1 + v\,u_x'/c^2)$ mit $v = -0,5\,c$ und $u_x' = -0,5\,c$. Damit ist $u_x = 0,8\,c$. Das entspricht $\gamma = 1,67$, und die kinetische Energie ist $E_{\text{kin}} = (\gamma - 1)\,m_0\,c^2 = 626$ MeV.

34.43 a) Gegeben ist $E_{\text{kin}} = 2$ MeV $= (\gamma - 1)\,m_0\,c^2$ mit $m_0\,c^2 = 1$ MeV. Daher ist $\gamma = 3$, und es folgt $u = c\,(1 - 1/\gamma^2)^{1/2} = 0,943\,c$.   b) Das erste Teilchen hat vor dem Stoß die Gesamtenergie $E = \gamma\,m_0\,c^2 = 3$ MeV.   c) Anfangs hat nur das erste Teilchen einen Impuls. Diesen erhalten wir aus $E^2 = p^2\,c^2 + (m_0\,c^2)^2$ zu $p = [E^2 - (m_0\,c^2)^2]^{1/2}/c = \sqrt{8}$ MeV/$c = 2,83$ MeV/c.   d) Beim Stoß bleiben sowohl Gesamtimpuls als auch Gesamtenergie erhalten. Aus der Impulserhaltung folgt $p_{\text{ges}} = \sqrt{8}$ MeV/c. Deshalb ist nach dem Stoß, wenn das System die neue Ruhemasse M_0 hat, der Impuls $p = \gamma\,M_0\,u = \sqrt{8}$ MeV. Weiterhin ist die Gesamtenergie gleich der Summe der anfänglichen Ruheenergien und der anfänglichen kinetischen Energie: $E_{\text{ges}} = 1$ MeV $+ 2$ MeV $+ 2$ MeV $= 5$ MeV. Nach dem Stoß liegt nur ein Teilchen vor, und es gilt $E = E_{\text{kin}} + M_0\,c^2 = 5$ MeV. Wir verwenden die Beziehung für den Impuls, um die Masse M_0 zu eliminieren, und erhalten $E = E_{\text{kin}} + p\,c^2/(\gamma\,u) = E_{\text{kin}} + p\,c/[\gamma\,(u/c)] = E_{\text{kin}} + E/\gamma$ bzw. $E_{\text{kin}} = E\,(1 - 1/\gamma)$. Wegen $1/\gamma = [1 - (p\,c/E)^2]^{1/2}$ ist

$E_{\text{kin}} = E\,[1 - (1 - p^2\,c^2/E^2)^{1/2}] = 0{,}877$ MeV. Beachten Sie, daß die kinetische Energie des Systems um 1,12 MeV abgenommen hat.   e) Die Ruhemasse erhalten wir wohl am einfachsten aus der Relation $E^2 = p^2\,c^2 + (M_0\,c^2)^2$. Es folgt $M_0 = (E^2 - p^2\,c^2)^{1/2}/c^2 = 4{,}12$ MeV$/c^2$. Wir erinnern uns daran, daß die anfängliche Ruheenergie des Systems 3 MeV$/c^2$ betrug. Wir sehen dann, daß 1,12 MeV der kinetischen Energie in Ruhemasse umgesetzt wurden.

34.44 a) Das Elektron hat die Ruheenergie 0,511 MeV und damit die Gesamtenergie $E = 2{,}011$ MeV. Daraus ermitteln wir den Impuls $p = [E^2 - (m_0\,c^2)^2]^{1/2}/c = 1{,}95$ MeV$/c = 1{,}04 \cdot 10^{-21}$ kg·m/s. Damit ist der Bahnradius $R = p/(q\,B) = 1{,}30$ m.   b) Mit der klassischen Relation erhalten wir $p = (2\,m\,E_{\text{kin}})^{1/2} = 6{,}60 \cdot 10^{-22}$ kg·m/s. Das ergibt den Radius $R = p/(q\,B) = 0{,}825$ m.

34.45 a) Mit $R = 6{,}37 \cdot 10^6$ m und $B = 1{,}5$ T ist der Impuls $p = B\,q\,R = 1{,}53 \cdot 10^{-12}$ kg·m/s $= 2{,}87 \cdot 10^9$ MeV$/c$. Wegen $p\,c \gg m_0\,c^2 = 938{,}28$ MeV ist die Gesamtenergie der Protonen $E \approx p\,c = 2{,}87 \cdot 10^9$ MeV, und es ist $E_{\text{kin}} = E - m_0\,c^2 \approx 2{,}87 \cdot 10^9$ MeV.   b) In diesem System ist $E \approx p\,c$ und daher $u/c = p\,c/E \approx 1$. Das bedeutet, die Geschwindigkeit der Protonen in diesem Beschleuniger ist nahezu gleich der Lichtgeschwindigkeit. Damit hat die Umlaufperiode die Dauer $T = 2\,\pi\,R/c = 0{,}133$ s.

34.46 a) Der Anfangsimpuls ist null, also ist $0 = E/c - M\,v$, und die Rückstoßgeschwindigkeit ist $v = E/(M\,c)$.   b) Mit dieser Rückstoßgeschwindigkeit legt der Kasten in der Zeit Δt die Strecke $\Delta x = v\,\Delta t = E\,\ell/(M\,c^2)$ zurück.   c) Der Schwerpunkt des Kastens befinde sich bei $x = 0$. Zu Anfang wird elektromagnetische Strahlung der Masse m beispielsweise am linken Ende des Kastens emittiert. Dann befindet sich der Schwerpunkt des Kastens bei

$$x_{\text{S}} = \frac{M(0) + m\left(\frac{-\ell}{2}\right)}{M + m} = -\frac{m\,\ell}{2\,(M + m)}.$$

Nachdem die Strahlung am rechten Ende des Kastens absorbiert wurde, liegt der Schwerpunkt des Kastens bei

$$x_{\text{S}} = \frac{M\left(\frac{-E\,\ell}{M\,c^2}\right) + m\left(\frac{\ell}{2} - \frac{E\,\ell}{M\,c^2}\right)}{M + m}.$$

Wir setzen beide Ausdrücke für den Schwerpunkt gleich und erhalten $m = (E/c^2)\,/\,[1 - E/(M\,c^2)]$. Dabei ist E die Energie der Strahlung, und M ist die Masse des Kastens, der makroskopische Abmessungen hat. Dann ist $E \ll M\,c^2$, und wir erhalten für die Masse der Strahlung $m \approx (E/c^2)\,[1 + E/(M\,c^2)] \approx E/c^2$.

34.47 a) Jedes Proton soll die kinetische Energie $E_{\text{kin}} = m_0\,c^2$ haben. Wegen $E_{\text{kin}} = (\gamma - 1)\,m_0\,c^2$ bedeutet das $\gamma = 2$. Schließlich erhalten wir $u = c\,(1 - 1/\gamma^2)^{1/2} = 0{,}866\,c$.   b) Im Laborsystem ist $u_x' = (u_x - v)\,/\,(1 + v\,u_x/c^2)$ mit $v = u$ und $u_x = -u$. Mit diesen Substitutionen folgt $u_x' = -0{,}990\,c$.   c) Diesem Geschwindigkeitswert $0{,}990\,c$ entspricht $\gamma = 7{,}00$. Damit muß das Proton im Laborsystem folgende kinetische Energie haben: $E_{\text{kin}} = (\gamma - 1)\,m_0\,c^2 = 6\,m_0\,c^2$. Dieser Wert ist wesentlich größer als die kinetische Energie im Schwerpunktssystem.

34.48 Einen Stab mit der Ruhelänge ℓ_{R} können wir uns vorstellen als Vektor mit der x-Komponenten $\ell_{\text{R}x} = \ell_{\text{R}}\cos\theta$ und der y-Komponenten $\ell_{\text{R}y} = \ell_{\text{R}}\sin\theta$. Weil die Lorentz-Transformation nur Längen entlang der Richtung der relativen Bewegung beeinflußt, ist $\ell_{\text{R}x}' = \ell_{\text{R}x}/\gamma$ und $\ell_{\text{R}y}' = \ell_{\text{R}y}$. Im Bezugssystem S ist der Winkel, den der Stab mit der x-Achse bildet, gegeben durch $\tan\theta = \ell_{\text{R}y}/\ell_{\text{R}x}$. Entsprechend ist der Winkel im Bezugssystem S' gegeben durch $\tan\theta' = \ell_{\text{R}y}'/\ell_{\text{R}x}' = \gamma\,\ell_{\text{R}y}/\ell_{\text{R}x} = \gamma\tan\theta$.

34.49 Zunächst betrachten wir ein Teilchen mit $u_x = u_z = 0$ und $u_y = u$. Sein Impuls ist $p_x = p_z = 0$ sowie $p_y = m\,u/(1 - u^2/c^2)^{1/2}$, und seine Energie ist $E = m\,c^2/(1 - u^2/c^2)^{1/2}$. Wir transformieren die Geschwindigkeitskomponenten in das System S' und erhalten $u_x' = (u_x - v)/(1 - v\,u_x/c^2) = -v$ und $u_y' = u_y/[\gamma\,(1 -$

$v\,u_x/c^2)] = u/\gamma = u\,(1 - v^2/c^2)^{1/2}$ sowie $u_z' = u_z/[\gamma\,(1 - v\,u_x/c^2)] = 0$. Daraus folgt $u' = (u_x'^2 + u_y'^2 + u_z'^2)^{1/2} = (v^2 + u^2 - v^2\,u^2/c^2)^{1/2}$. Beachten Sie insbesondere, daß $(1 - u'^2/c^2)^{1/2} = (1 - u^2/c^2)^{1/2}\,(1 - v^2/c^2)^{1/2}$ ist. Dann erhalten wir im System S' für den Impuls $p_x' = m\,u_x'/(1 - u'^2/c^2)^{1/2} = -m\,v/(1 - u^2/c^2)^{1/2}\,(1 - v^2/c^2)^{1/2} = -(v^2/c^2)\,E/(1 - v^2/c^2)^{1/2} = \gamma\,(-v\,E/c^2) = \gamma\,(p_x - v\,E/c^2)$ und $p_y' = m\,u_y'/(1 - u'^2/c^2) = m\,u/(1 - u^2/c^2)^{1/2} = p_y$ sowie $p_z' = m\,u_z'/(1 - u'^2/c^2)^{1/2} = 0 = p_z$. Im System S' gilt für die Energie $E'/c = m\,c/(1 - u'^2/c^2)^{1/2} = \gamma\,E/c = \gamma\,(E/c - v\,p_x/c)$. Dies ist das gleiche Resultat wie bei den Transformationen für x' und $c\,t'$, wobei $x' = \gamma\,(x - v\,c\,t/c)$ und $c\,t' = \gamma\,(c\,t - v\,x/c)$ ist. Wenn wir x durch p_x und $c\,t$ durch E/c ersetzen, folgt $p_x' = \gamma\,(p_x - v\,E/c^2)$ und $E'/c = \gamma\,(E/c - v\,p_x/c)$, in Übereinstimmung mit den obigen Ergebnissen. Schließlich ist zu betonen, daß das Herausgreifen einer Geschwindigkeit in y-Richtung willkürlich war und daß die Transformation für jede beliebige Richtung dasselbe Resultat liefert. Die einzigen besonderen Annahmen bestanden hier darin, daß sich das System S' entlang der $+x$-Richtung mit der Geschwindigkeit v bewegt.

34.50 Wir beginnen mit $x' = \gamma\,(x - v\,t)$ und $y' = y$ und $z' = z$ sowie $c\,t' = \gamma(c\,t - v\,x/c)$. Außerdem ist $x^2 + y^2 + z^2 - (c\,t)^2 = 0$. Aus diesen Beziehungen ergibt sich $x'^2 + y'^2 + z'^2 - (c\,t')^2 = \gamma^2\,(x^2 - 2\,v\,x\,t + v^2\,t^2) + y^2 + z^2 - \gamma^2\,(c^2\,t^2 - 2\,v\,x\,t + v^2\,x^2/c^2)$. Wir fassen die x^2-Terme zusammen: $x^2\,(\gamma^2 - \gamma^2\,v^2/c^2) = x^2\,\gamma^2\,(1 - v^2/c^2) = x^2$. Die in x linearen Terme ergeben $x\,(-2\,\gamma^2\,v\,t + 2\,\gamma^2\,v\,t) = 0$. Die $(c\,t)^2$-Terme ergeben $(c\,t)^2\,(\gamma^2\,v^2/c^2 - \gamma^2) = (c\,t)^2\,\gamma^2\,(v^2/c^2 - 1) = -(c\,t)^2$. Damit folgt $x'^2 + y'^2 + z'^2 - (c\,t')^2 = x^2 + y^2 + z^2 - (c\,t)^2 = 0$.

34.51 Mit Schritten ähnlich denen in der vorigen Aufgabe erhalten wir $p_x'^2 + p_y'^2 + p_z'^2 - (E'/c)^2 = [\gamma\,(p_x - v\,E/c^2)]^2 + p_y^2 + p_z^2 - [\gamma\,(E/c - v\,p_z/c)]^2 = p_x^2 + p_y^2 + p_z^2 - (E/c)^2$. Diese Größe ist also bezüglich der Lorentz-Transformation ein Invariante. Wir können sie daher in jedem gewünschten Bezugssystem auswerten, da sie je-

weils den gleichen Wert hat. Wir betrachten ein Teilchen mit der Ruhemasse m_0, das sich mit der Geschwindigkeit u in positiver x-Richtung bewegt. Dann ist $p_x^2 + p_y^2 + p_z^2 - (E/c)^2 = m_0^2\,u^2/(1 - u^2/c^2) + 0 + 0 - m_0^2\,c^2/(1 - u^2/c^2) = -m_0^2\,c^2$.

34.52 a) Wegen $t' = \gamma\,(t - v\,x/c^2)$ ist $t_2' - t_1' = \gamma\,[(t_2 - t_1) - v\,(x_2 - x_1)/c^2] = \gamma\,(T - v\,D/c^2)$. b) Die Ereignisse geschehen in S' gleichzeitig, wenn gilt $T - v\,D/c^2 = 0$. Das ist gleichbedeutend mit $D = c^2\,T/v$. Der größtmögliche Wert von v ist c. Daher ist der kleinstmögliche Wert für D gleich $c\,T$. c) Für $D < c\,T$ ist $T - v\,D/c^2 > T - v\,T/c = T\,(1 - v/c) > 0$. Das gilt für jede physikalisch sinnvolle Geschwindigkeit v. Somit ist in allen Bezugssystemen $t_2' - t_1' > 0$. d) Für $D = c'\,T > c\,T$ ist $T - v\,D/c^2 = T - v\,T\,c'/c^2 = T\,[1 - (v/c)\,(c'/c)]$. Diese Größe wird negativ, wenn $v/c > c/c'$ oder $v > c\,(c/c')$ ist. Wegen $c/c' < 1$ kann das Zeitintervall negativ sein, d.h. der Effekt geht der Ursache voraus, und zwar für $c\,(c/c') < v < c$, also für physikalisch mögliche Geschwindigkeiten.

34.53 a) Anwenden der Geschwindigkeitstransformation ergibt $u_x' = (u_x - v)/(1 - v\,u_x/c^2)$ mit $v = u$ und $u_x = -u$. Daraus folgt $u_x' = -2\,u/(1 + u^2/c^2)$. Das bedeutet, die Geschwindigkeit des im System S' nicht ruhenden Teilchens ist $u' = 2\,u/(1 + u^2/c^2)$. Damit erhalten wir $1 - u'^2/c^2 = 1 - (4\,u^2/c^2)/(1 + u^2/c^2)^2 = (1 + 2\,u^2/c^2 + u^4/c^4 - 4\,u^2/c^2)/(1 + u^2/c^2)^2 = (1 - u^2/c^2)^2/(1 + u^2/c^2)^2$. Damit ergibt sich $(1 - u'^2/c^2)^{1/2} = (1 - u^2/c^2)/(1 + u^2/c^2)$. b) Der Anfangsimpuls im System S' ist gleich dem Impuls des hier nicht ruhenden Teilchens: $p_1' = m_0\,u'/(1 - u'^2/c^2)^{1/2}$. Darin sind u' und $(1 - u'^2/c^2)^{1/2}$ gegeben. Einsetzen ergibt $p_1' = 2\,m_0\,u/(1 - u^2/c^2)$. c) Nach dem Stoß ist der Impuls $p_2' = M_0\,u/(1 - u^2/c^2)^{1/2}$. Wir setzen $p_2' = p_1'$ und erhalten für die am Ende vorliegende Ruhemasse $M_0 = 2\,m_0/(1 - u^2/c^2)^{1/2}$. d) Wir betrachten zunächst das Bezugssystem S. Zu Beginn ist die Gesamtenergie $E_1 = 2\,m_0\,c^2/(1 - u^2/c^2)^{1/2}$. Nach dem Stoß liegt ein Teilchen mit der Ruhemasse M_0 vor, das sich in S in Ruhe befindet. Also ist $E_2 = M_0\,c^2$. Mit $M_0 = 2\,m_0/(1 - $

$u^2/c^2)^{1/2}$ folgt $E_2 = E_1$, wie erwartet. Im Bezugssystem S' ist die Gesamtenergie zu Beginn $E_1' = m_0 c^2 + m_0 c^2/(1 - u'^2/c^2)^{1/2}$. Mit dem im Teil a) abgeleiteten Ausdruck für $(1 - u'^2/c^2)^{1/2}$ erhalten wir $E_1' = 2 m_0 c^2/(1 - u^2/c^2)$. Dieser Wert weicht von E_1 ab, aber das ist zu erwarten. Nach dem Stoß ist in S' die Gesamtenergie $E_2' = M_0 c^2/(1 - u^2/c^2)^{1/2}$. Wiederum ist die Energieerhaltung gewahrt, denn mit dem Ausdruck für M_0 folgt $E_1' = E_2'$.

34.54 a) Mit $u = r \omega \ll c$ ergibt sich aus der Zeitdilatation: $\Delta t_r = \Delta t_0 (1 - u^2/c^2)^{1/2} = \Delta t_0 (1 - r^2 \omega^2/c^2)^{1/2} \approx \Delta t_0 (1 - \frac{1}{2} r^2 \omega^2/c^2)$. Daraus folgt $(\Delta t_r - \Delta t_0)/\Delta t_0 \approx -r^2 \omega^2/(2 c^2)$.   b) In einem Inertialsystem erfährt die Uhr bei r

eine Zentripetalkraft, und zwar aufgrund der Reibung zwischen ihr und der Scheibe. Diese Zentripetalkraft ruft die Zentripetalbeschleunigung der Uhr hervor. Im beschleunigten System dagegen befindet sich die Uhr bei r in Ruhe, d.h. es wirkt keine resultierende Kraft auf sie. Weil die Reibungskraft in allen Bezugssystemen vorhanden ist, nimmt ein Beobachter im beschleunigten System eine pseudo-Zentrifugalkraft an, die den Betrag $F_r = m v^2/r = m r \omega^2$ hat und die Wirkung der Zentripetalkraft ausgleicht. Dieser pseudo-Kraft entspricht die potentielle Energie U, wobei $-dU/dr = F_r$ ist. Daraus ergibt sich $U = -\frac{1}{2} m r^2 \omega^2 + U_0$. Damit ist klar, daß gelten muß $\varphi_r - \varphi_0 = (-\frac{1}{2} r^2 \omega^2 + U_0/m) - U_0/m = -\frac{1}{2} r^2 \omega^2$ und damit $(\Delta t_r - \Delta t_0)/\Delta t_0 = (\varphi_r - \varphi_0)/c^2 = -r^2 \omega^2/(2 c^2)$, wie in Teil a).

Kapitel 35

Ursprünge der Quantentheorie

35.1 a) $E = h\nu = (6{,}626 \cdot 10^{-34}\,\text{J} \cdot \text{s})\,(10^8\,\text{Hz}) = 6{,}626 \cdot 10^{-26}\,\text{J} = 4{,}14 \cdot 10^{-7}\,\text{eV}$.   b) $E = h\nu = (6{,}626 \cdot 10^{-34}\,\text{J} \cdot \text{s})\,(9 \cdot 10^5\,\text{Hz}) = 5{,}96 \cdot 10^{-28}\,\text{J} = 3{,}73 \cdot 10^{-9}\,\text{eV}$.

35.2 a) Die Energie des einfallenden Photons ist $E = h\,c/\lambda = 4{,}14\,\text{eV}$.   b) Die Austrittsarbeit ist $W_A = h c/\lambda - (\frac{1}{2}mv^2)_{\text{max}} = 4{,}14\,\text{eV} - 2{,}30\,\text{eV} = 2{,}11\,\text{eV}$.   c) Die Bremsspannung für $\lambda = 430\,\text{nm}$ und $W_A = 2{,}11\,\text{eV}$ ist $U_0 = (h\,c/\lambda - W_A)/e = 0{,}779\,\text{V}$.   d) $\lambda_c = h\,c/W_A = 589\,\text{nm}$.

35.3 a) $W_A = h\,c/\lambda_c = 4{,}74\,\text{eV}$.
b) $U_0 = (h\,c/\lambda - W_A)/e = 2{,}36\,\text{V}$.

35.4 a) Die Energie des Photons ist $E_{\text{Photon}} = h\,c/\lambda = 4{,}97 \cdot 10^{-19}\,\text{J}$.   b) Die Intensität ist $I = P/A$, wobei $P = E/t$ ist. Damit ist die auf die Fläche $A = 1\,\text{cm}^2$ gelangende Energie $E = I A t = 0{,}01\,\text{J}$.   c) Die Anzahl der Photonen, die auf diese Fläche auftreffen, ist $n = E/E_{\text{Photon}} = (0{,}01\,\text{J})/(4{,}97 \cdot 10^{-19}\,\text{J/Photon}) = 2{,}01 \cdot 10^{16}$ Photonen.

35.5 Die kleinste Wellenlänge im Röntgenspektrum ist hier $\lambda_{\text{min}} = h\,c/(U e) = 2{,}7 \cdot 10^{-12}\,\text{m} = 2{,}7\,\text{pm}$.

35.6 Es ist $\Delta\lambda = \lambda_C\,(1 - \cos\theta)$. Mit $\theta = 90°$ erhalten wir $\Delta\lambda = \lambda_C$. Es soll $\Delta\lambda/\lambda = \lambda_C/\lambda = 0{,}015$ sein; also muß die Wellenlänge $\lambda = \lambda_C/0{,}015 = 1{,}62 \cdot 10^{-10}\,\text{m} = 0{,}162\,\text{nm}$ sein.

35.7 a) Die Energie eines Photons der Wellenlänge λ ist $E = h\nu = h\,c/\lambda$. Hier ist $E = 17{,}5\,\text{keV}$.   b) Für $\theta = 180°$ ist die Änderung der Wellenlänge $\Delta\lambda = 2\,\lambda_C = 4{,}86\,\text{pm}$. Wegen $\Delta\lambda = \lambda_2 - \lambda_1$ ist die Wellenlänge des gestreuten Photons $\lambda_2 = \lambda_1 + \Delta\lambda = 0{,}0760\,\text{nm}$.   c) $E = h\,c/\lambda = 16{,}3\,\text{keV}$.   d) Der Impuls eines Photons der Wellenlänge λ ist $p = h/\lambda$. Also ist $p_1 = h/\lambda_1 = 9{,}32 \cdot 10^{-24}\,\text{kg} \cdot \text{m/s}$ und $p_2 = -h/\lambda_2 = -8{,}72 \cdot 10^{-24}\,\text{kg} \cdot \text{m/s}$. Das Minuszeichen gibt an, daß der Rückstoßimpuls dem Impuls des einfallenden Photons entgegengesetzt ist. Damit ist die Impulsänderung des Photons $\Delta p_{\text{Photon}} = p_2 - p_1 = -18{,}0 \cdot 10^{-24}\,\text{kg} \cdot \text{m/s}$. Weil das Elektron anfangs in Ruhe ist und außerdem $\Delta p_{\text{Elektron}} = -\Delta p_{\text{Photon}}$ gilt, ist zum Schluß der Impuls des Elektrons $p_{\text{Elektron}} = -\Delta p_{\text{Photon}} = 18{,}0 \cdot 10^{-24}\,\text{kg} \cdot \text{m/s}$.

35.8 Es ist gegeben $a_0 = (4\,\pi\varepsilon_0)\,\hbar^2/(m\,e^2) = (4\,\pi\varepsilon_0)\,[h/(2\,\pi)]^2/(m\,e^2)$. Darin ist $h = 6{,}626 \cdot 10^{-34}\,\text{J} \cdot \text{s}$ und $m = 9{,}11 \cdot 10^{-31}\,\text{kg}$ sowie $1/(4\,\pi\varepsilon_0) = 8{,}99 \cdot 10^9\,\text{N} \cdot \text{m}^2/\text{C}^2$ und $e = 1{,}6 \cdot 10^{-19}\,\text{C}$. Einsetzen ergibt $a_0 = 0{,}0530\,\text{nm}$.

35.9 In der Balmer-Serie enden alle Übergänge im Niveau mit $n = 2$; dessen Energie ist $E = (13{,}6\,\text{eV})/2^2 = 3{,}40\,\text{eV}$. Die Photonenenergien der ersten drei Übergänge sind daher $\Delta E_{3 \to 2} = 3{,}40\,\text{eV} - 1{,}51\,\text{eV} = 1{,}89\,\text{eV}$ und $\Delta E_{4 \to 2} = 3{,}40\,\text{eV} - 0{,}85\,\text{eV} = 2{,}55\,\text{eV}$ und $\Delta E_{5 \to 2} = 3{,}40\,\text{eV} - 0{,}544\,\text{eV} = 2{,}86\,\text{eV}$. Die entsprechenden Wellenlängen sind $\lambda_{3 \to 2} = h\,c/\Delta E_{3 \to 2} = 656\,\text{nm}$ und $\lambda_{4 \to 2} = 486\,\text{nm}$ sowie $\lambda_{5 \to 2} = 434\,\text{nm}$.

35.10 a) Diese Übergänge enden im Niveau mit $n = 3$. Die kürzeste Wellenlänge entspricht der höchsten Energie, und wir betrachten den Übergang von $n = \infty$ zu $n = 3$. Die Energie der Photonen ist dabei $\Delta E_{\infty \to 3} = (13{,}6\,\text{eV})/3^2 - 0 = 1{,}51\,\text{eV}$, und die Wellenlänge ist $\lambda_{\infty \to 3} =$

821 nm.   b) Die längsten Wellenlängen entsprechen den Übergängen mit den geringsten Energiedifferenzen und sind in der Paschen-Serie $\lambda_{4\to3} = h\,c/(1{,}51\text{ eV} - 0{,}85\text{ eV}) = 1879$ nm und $\lambda_{5\to3} = h\,c/(1{,}51\text{ eV} - 0{,}544\text{ eV}) = 1284$ nm und $\lambda_{6\to3} = h\,c/(1{,}51\text{ eV} - 0{,}378\text{ eV}) = 1095$ nm:

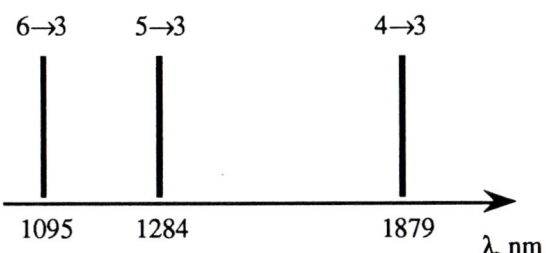

Paschen-Serie

35.11   a) Diese Übergänge enden im Niveau mit $n = 4$. Die kürzeste Wellenlänge entspricht der höchsten Energie, und wir betrachten den Übergang von $n = \infty$ zu $n = 4$. Die Energie der Photonen ist dabei $\Delta E_{\infty\to4} = (13{,}6\text{ eV})/4^2 - 0 = 0{,}85$ eV, und die Wellenlänge ist $\lambda_{\infty\to4} = 1459$ nm.   b) Die längsten Wellenlängen entsprechen den Übergängen mit den geringsten Energiedifferenzen und sind in der Brackett-Serie $\lambda_{5\to4} = h\,c/(0{,}85\text{ eV} - 0{,}544\text{ eV}) = 4052$ nm und $\lambda_{6\to4} = h\,c/(0{,}85\text{ eV} - 0{,}378\text{ eV}) = 2627$ nm und $\lambda_{7\to4} = h\,c/(0{,}85\text{ eV} - 0{,}278\text{ eV}) = 2168$ nm:

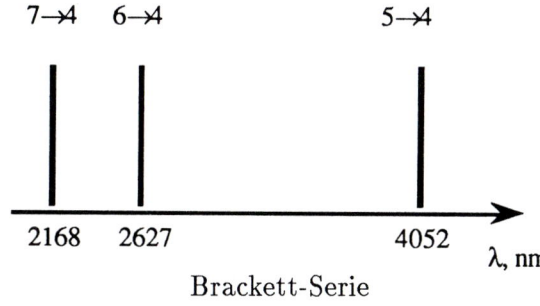

Brackett-Serie

35.12   a) $r = n^2 a_0 = (11)^2\,(0{,}0529\text{ nm}) = 6{,}4$ nm.   b) Der Drehimpuls ist $L = m\,v\,r = n\,\hbar = 11\,\hbar = 1{,}16 \cdot 10^{-33}$ kg·m²/s.   c) Im Bohr-Modell des Wasserstoffatoms ist $E = E_\text{kin} + V = -[1/(4\,\pi\varepsilon_0)]\,e^2/(2\,r)$ mit $V = -[1/(4\,\pi\varepsilon_0)]\,e^2/r$. Es folgt $E_\text{kin} = [1/(4\,\pi\varepsilon_0)]\,e^2/(2\,r) = -E =$

$(13{,}6\text{ eV})/11^2 = 0{,}112$ eV.   d) $V = 2\,E = -0{,}225$ eV.   e) Die Gesamtenergie des Elektrons ist $E = E_\text{kin} + V = -(13{,}6)/11^2 = -0{,}112$ eV.

35.13   Wenn ein Elektron aus der Ruhe durch eine Potentialdifferenz U beschleunigt wird, so ist seine resultierende kinetische Energie $E_\text{kin} = e\,U$, und es folgt $U = (1{,}226)^2/(e\,\lambda^2)$.
a) $U = 0{,}0601$ V.   b) $U = 15{,}0$ kV.

35.14 $\lambda = h\,c/(2\,m\,c^2\,E_\text{kin})^{1/2} = (6{,}626 \cdot 10^{-34}$ J·s$)\,(3 \cdot 10^8$ m/s$)\,/\,[2\,(940 \cdot 10^6\text{ eV})\,(0{,}02\text{ eV})\,(1{,}6 \cdot 10^{-19}\text{ J/eV})^2]^{1/2} = 2{,}03 \cdot 10^{-10}$ m.

35.15 $\lambda = h\,c/(2\,m\,c^2\,E_\text{kin})^{1/2} = (6{,}626 \cdot 10^{-34}$ J·s$)\,(3 \cdot 10^8$ m/s$)\,/\,[2\,(938 \cdot 10^6\text{ eV})\,(2 \cdot 10^6\text{ eV})\,(1{,}6 \cdot 10^{-19}\text{ J/eV})^2]^{1/2} = 2{,}03 \cdot 10^{-14}$ m.

35.16 $\lambda = h/(m\,v) = (6{,}626 \cdot 10^{-34}$ J·s$)\,/\,[(0{,}145\text{ kg})\,(30\text{ m/s})] = 1{,}52 \cdot 10^{-34}$ m.

35.17   Wenn wir E_kin in eV einsetzen, ist für ein Elektron $\lambda = (1{,}226/\sqrt{E_\text{kin}})$ nm, und wir erhalten $\lambda = 0{,}167$ nm.

35.18   Wir lösen $\lambda = 1{,}226/\sqrt{E_\text{kin}}$ (siehe Aufgabe 17) nach E_kin auf und erhalten $E_\text{kin} = (1{,}226/\lambda)^2 = 22{,}8$ eV.

35.19   Für $E_\text{kin} = 70\,000$ eV ist die Wellenlänge $\lambda = 1{,}226/\sqrt{E_\text{kin}} = 4{,}63 \cdot 10^{-3}$ nm.

35.20   a) Der Elektronenenergie $E = p\,c$ entspricht der Impuls $p = E/c$. Das bedeutet, die Wellenlänge ist $\lambda = h/p = h\,c/E$, also genauso groß wie für ein Photon der Energie E.   b) Es ist 200 MeV $\gg m_0\,c^2 = 0{,}511$ MeV. Daher können wir den in a) angegebenen Ausdruck verwenden und erhalten $\lambda = h\,c/E = 6{,}21$ fm.

35.21   Die Energie jedes Photons ist $E = h\,c/\lambda$. Damit ist die Leistung der Lichtquelle

$P = NE = Nhc/\lambda$, wobei N die Anzahl der pro Sekunde emittierten Photonen ist. Diese werden gleichförmig in alle Richtungen abgestrahlt, so daß sie im Abstand R von der Strahlungsquelle die Fläche $4\pi R^2$ überstreichen. Die Öffnungsfläche der Pupille ist πr^2 mit $r = 3,5$ mm. Daher empfängt das Auge den Anteil $\pi r^2/(4\pi R^2)$ der Photonen. Das setzen wir gleich $n = 20$ Photonen pro Sekunde. Es folgt $n = N\pi r^2/(4\pi R^2)$ bzw. $R = [Nr^2/(4n)]^{1/2} = r[P\lambda/(4nhc)]^{1/2} = 6,80 \cdot 10^6$ m $= 6800$ km. Ein realistischerer Wert für n liegt bei 10^3 Photonen pro Sekunde, so daß R rund 960 km beträgt.

35.22 Wegen der Quantelung des Drehimpulses gilt $mv_nr_n = n\hbar = nh/(2\pi)$ und damit $v_n = nh/(2\pi m r_n)$. Der Radius kann nur folgende Werte haben: $r_n = n^2 a_0 = n^2 h^2 \varepsilon_0/(\pi m e^2)$. Daraus folgt $v_n = e^2/(2\varepsilon_0 n h)$.

35.23 a) Die Gesamtenergie des Elektrons im Grundzustand des Wasserstoffatoms ist $E = -E_0 = -13,6$ eV. Wird dieser Energiebetrag zugeführt, so erhält das Elektron die Gesamtenergie null, kann sich also in unendlicher Entfernung vom Kern frei bewegen. Also beträgt die Bindungsenergie hier 13,6 eV. b) He$^+$ ist ein wasserstoffähnliches Teilchen (d.h. mit nur einem Elektron), aber mit $Z = 2$. Die Energie seines Grundzustands ist $E = -Z^2 E_0 = -54,4$ eV. Dies ist betragsmäßig gleich der Bindungsenergie.
c) Hier ist $Z = 3$, und die Energie des Grundzustands ist $-9 E_0$. Damit beträgt die Bindungsenergie 122,4 eV.

35.24 a) Nach dem Bohrschen Modell ist die Energie des Photons gleich der Energie, die das Elektron beim Übergang von $n = 2$ in den Grundzustand ($n = 1$) abgibt. Die Energiedifferenz ist $\Delta E = (-E_0) - (-E_0/4) = -\frac{3}{4}E_0 = -10,2$ eV. Damit hat das Photon die Energie 10,2 eV.
b) Der Drehimpuls des Elektrons ändert sich um $\Delta L = (n_2 - n_1)\hbar = -\hbar$. Somit ist der Drehimpuls des Photons $\hbar = 1,05 \cdot 10^{-34}$ J·s. c) Wegen der Erhaltung des Impulses ist $mv = E/c$ bzw. $v = E/(mc) = 3,25$ m/s. d) Mit der

in c) ermittelten Geschwindigkeit erhalten wir $E_{kin} = \frac{1}{2}mv^2 = 5,52 \cdot 10^{-8}$ eV. Dieser Wert ist sehr klein gegenüber der Energie des Photons (10,2 eV), und der Rückstoß des Atoms kann vernachlässigt werden. Die exakte Berechnung ergibt mit $E_{kin} = 5,52 \cdot 10^{-8}$ eV eine Korrektur der Photonenenergie um nur $5,4 \cdot 10^{-7}$ Prozent.

35.25 a) Wenn das Elektron mit der Masse m_e und der Kern mit der Masse M jeweils einen Impuls mit dem Betrag p haben, so ist die gesamte kinetische Energie $E_{kin} = p^2/(2m_e) + p^2/(2M) = (p^2/2)(1/m_e + 1/M) = (p^2/2)(m_e + M)/(m_e M) = p^2/(2\mu)$. Darin ist $\mu = m_e M/(m_e + M)$ die reduzierte Masse des Atoms. b) Wir ersetzen m durch μ und erhalten für die Rydberg-Konstante $R = [1/(4\pi\varepsilon_0)]^2 \mu e^4/(4\pi c\hbar^3)$. Für das Wasserstoffatom ist $\mu = m_e/(1 + m_e/M)^{-1} = 0,999455\, m_e$. Wird der Kern als unendlich schwer angenommen ($M = \infty$), so ist die reduzierte Masse des Atoms $\mu = m_e$. Damit wird $R_\infty = 10,97373$ m^{-1} und $R_H = 0,999455\, R_\infty = 10,96776$ m^{-1}.
c) Die Grundzustandsenergie des Wasserstoffatoms ist proportional zu m. Somit reduziert das Ersetzen von m durch μ die Energie um den Faktor 0,999455; das entspricht einer Verringerung um 0,0545 Prozent.

35.26 a) Gegeben ist $E_{kin} = L^2/(2I)$. Der Drehimpuls ist nach dem Bohrschen Modell gequantelt: $L = n\hbar$. Daher muß die kinetische Energie der Rotation ebenfalls gequantelt sein: $E_{kin} = (n\hbar)^2/(2I) = n^2 E_{kin,1}$ mit $E_{kin,1} = \hbar^2/(2I)$.
b) Das Energieniveau-Diagramm dieses Systems ist in der Abbildung auf der nächsten Seite dargestellt. Es ähnelt dem eines Teilchens in einem eindimensionalen Kasten. c) Jedes Wasserstoffatom hat ungefähr die Masse $m = m_P = 1,67 \cdot 10^{-27}$ kg und den Abstand $R = r/2 = 0,05$ nm von der Rotationsachse. Damit ist das Trägheitsmoment des Moleküls etwa $I = 2(mR^2)$, und wir erhalten $E_{kin,1} = \hbar^2/(2I) = 6,66 \cdot 10^{-22}$ J $= 4,16 \cdot 10^{-3}$ eV.
d) $T_c = E_{kin,1}/k_B = (6,66 \cdot 10^{-22}$ J$)/(1,38 \cdot 10^{-23}$ J/K$) = 48,3$ K.

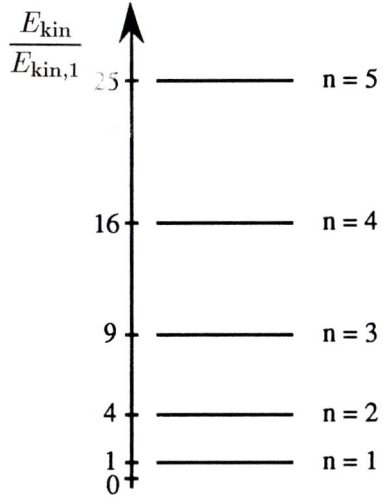

35.27 a) Die Intensität ist $I = P/A$. Darin ist P die Leistung (Energie pro Zeit), und A ist die Fläche. Damit folgt $P = IA = 10^{-22}$ W.
b) Um eine Energiemenge von 2 eV anzusammeln, ist bei einer Strahlungsleistung von 10^{-22} J/s $=$ $6{,}25 \cdot 10^{-4}$ eV/s folgende Zeitspanne nötig: $t =$ $(2 \text{ eV}) / (6{,}25 \cdot 10^{-4} \text{ eV/s}) = 3200 \text{ s} = 53{,}3 \text{ min}$. Diese deutliche Verzögerung beweist die Diskrepanz zwischen klassischem Verhalten und quantenmechanischen Effekten.

35.28 Wir betrachten ein Photon, das auf ein Elektron trifft und von diesem absorbiert wird. Als Bezugssystem nehmen wir das nach dem Stoß ruhende Elektron an, das daher jetzt den Impuls null hat. Somit muß wegen der Impulserhaltung der Gesamtimpuls vor dem Stoß ebenfalls null sein. Deswegen müssen vor dem Stoß die Impulse von Photon und Elektron gleich groß und entgegengesetzt sein: $p_e = h/\lambda = h\nu/c$ bzw. $h\nu = c\,p_e$. Die Erhaltung der Energie fordert $h\nu + c(p_e^2 + m_e^2 c^2)^{1/2} = m_e c^2$. Wir setzen $h\nu = c\,p_e$ und erhalten $p_e + (p_e^2 m_e^2 c^2)^{1/2} =$ $m_e c$. Diese Bedingung umfaßt Energie- und Impuls-Erhaltung. Dabei muß $p_e = 0$ sein, also auch $h\nu = 0$. Dieser Fall ist trivial und interessiert hier nicht weiter. Jedoch resultiert für jeden positiven, reellen Wert von p_e keine Lösung; demnach ist der beschriebene Prozeß unmöglich.

35.29 a) Für beide Teilchen ist $\lambda = h/p =$ $h/(m\,v) = 2{,}42 \cdot 10^{-10}$ m.   b) Die Energie jedes Photons ist gleich der Gesamtenergie jedes Teilchens: $E = (p^2 c^2 + m_0^2 c^4)^{1/2} = 0{,}5125$ MeV. c) $p = E/c = 2{,}73 \cdot 10^{-22}$ kg $\cdot$ m/s. d) $\lambda = h/p = h\,c/E = 2{,}42$ pm.

35.30 Wir beginnen mit

$$w = \int_0^\infty P(\lambda, T)\, \mathrm{d}\lambda.$$

Darin ist

$$P(\lambda, T) = \frac{8\,\pi\,h\,c\,\lambda^{-5}}{\mathrm{e}^{h\,c/(\lambda\,k_B\,T)} - 1}.$$

Wir setzen $x = h\,c/(\lambda\,k_B\,T)$ bzw. $\lambda^{-1} = x\,k_B\,T/(h\,c)$ und erhalten

$$P(x, T) = \frac{8\,\pi\,h\,c\,x^5}{\mathrm{e}^x - 1} \left(\frac{k_B\,T}{h\,c}\right)^5.$$

Um die Integrationsvariable zu ändern, beachten wir, daß

$$\mathrm{d}\lambda = -\frac{h\,c}{k_B\,T\,x^2}\,\mathrm{d}x$$

ist. Es folgt

$$
\begin{aligned}
w &= \int_0^\infty P(\lambda, T)\,\mathrm{d}\lambda = \int_\infty^0 P(x, T) \left(\frac{-h\,c}{k_B\,T\,x^2}\right)\mathrm{d}x \\
&= \int_0^\infty P(x, T) \left(\frac{h\,c}{k_B\,T\,x^2}\right)\mathrm{d}x \\
&= \left(\frac{k_B\,T}{h\,c}\right)^4 8\,\pi\,h\,c \int_0^\infty \frac{x^3}{\mathrm{e}^x - 1}\,\mathrm{d}x.
\end{aligned}
$$

Die Variable x ist dimensionslos. Daher liefert das Integral eine dimensionslose Zahl, und w ist proportional zu T^4, wie behauptet.

35.31 a) Die Umlauffrequenz eines Teilchens auf einer Kreisbahn mit dem Radius r ist $\nu_{um} = v/(2\,\pi\,r)$. Im Bohrschen Modell ist der Radius gequantelt: $r = (4\,\pi\varepsilon_0)\,n^2\,\hbar^2/(m\,Z\,e^2)$. Daher ist auch die Geschwindigkeit in der Umlaufbahn gequantelt: $m\,v\,r = n\,\hbar$. Damit erhalten wir $v = [1/(4\,\pi\varepsilon_0)]\,Z\,e^2/(n\,\hbar)$. Für das Elektron in n-ten Bohrschen Zustand gilt daher $\nu_{um} =$

$[1/(4\,\pi\varepsilon_0)]^2\, Z^2\, m\, e^4/(2\,\pi\,\hbar^3\, n^3)$. Nach der klassischen Vorstellung entspricht das der Frequenz der Strahlung eines Elektrons, das sich auf dieser Kreisbahn befindet.   b) Für $n_1 = n$ und $n_2 = n - 1$ sowie $n \gg 1$ folgt $1/(n_2^2 - 1/n_1^2) = 1/[n^2\,(1 - 1/n)^2] - 1/n^2$. Nach dem Binomial-Theorem ist $(1-x)^{-2} \approx 1 + 2\,x$ für $x \ll 1$. Damit ergibt sich $1/n_2^2 - 1/n_1^2 \approx 2/n^3$.

c) Die dem Bohrschen Modell entsprechende Frequenz für einen Übergang vom Zustand n_1 in den Zustand n_2 ist gegeben durch den Ausdruck $\nu = [1/(4\,\pi\varepsilon_0)]^2\,[Z^2\, m\, e^4/(4\,\pi\,\hbar^3)]\,(1/n_2^2 - 1/n_1^2)$. Mit dem Ergebnis aus b) ist mit $n_1 = n$ und $n_2 = n - 1$ sowie $n \gg 1$ die Frequenz $\nu = [1/(4\,\pi\varepsilon_0)]^2\, Z^2\, m\, e^4/(2\,\pi\,\hbar^3\, n^3)$, wie in a) klassisch berechnet.

Kapitel 36

Quantenmechanik

36.1 Die Wahrscheinlichkeitsdichte ist $P(x) = |\psi|^2$; also gilt hier $P(x) = |A|^2 e^{-2x^2/(4\sigma^2)}$.
a) Die Wahrscheinlichkeit, das Elektron im Bereich dx mit dem Mittelpunkt $x = 0$ zu finden, ist $P(x{=}0)\,dx = |A|^2\,dx$.   b) $P(x{=}\sigma)\,dx = |A|^2 e^{-1/2}\,dx$.   c) $P(x{=}2\sigma)\,dx = |A|^2 e^{-2}\,dx$.
d) Aus der Form von $P(x)$ geht hervor, daß die Wahrscheinlichkeit bei $x = 0$ maximal ist; daher ist am Ursprung die Wahrscheinlichkeit am größten, das Elektron anzutreffen.

36.2 Die Kreisfrequenz erhalten wir zu $\omega = E/\hbar = (10^3\ \text{eV})\,[1{,}6 \cdot 10^{-19}\ \text{J}/(1\ \text{eV})]/(1{,}055 \cdot 10^{-34}\ \text{J}\cdot\text{s}) = 1{,}52 \cdot 10^{18}\ \text{rad/s}$. Die kinetische Energie ist $E_{\text{kin}} = p^2/(2\,m)$, also ist $k = p/\hbar = \sqrt{2\,m\,E}/\hbar = 1{,}62 \cdot 10^{11}\ \text{m}^{-1}$.

36.3 Wir nehmen an $\Delta x = \lambda$ mit $\lambda = h/p$. Dann ist die kleinstmögliche Impulsunschärfe $\Delta p_{\min} = \hbar/(2\,\Delta x) = \hbar/[2\,(h/p)] = p/(4\,\pi)$.

36.4 Es ist $\Delta E \geq \hbar/(2\,\Delta t) = 5{,}28 \cdot 10^{-28}\ \text{J} = 3{,}30 \cdot 10^{-9}\ \text{eV}$.

36.5 a) Wenn N Wellenberge im Bereich Δx vorhanden sind, dann ist die Wellenlänge $\lambda = \Delta x/N = v\,\Delta t/N$. Wellenlänge und Frequenz hängen zusammen über $\lambda\,\nu_0 = v$; daher ist $\nu_0 = N/\Delta t$, also gleich der Anzahl der Wellenberge pro Zeiteinheit.   b) Das Produkt $\Delta x\,\Delta k$ der Unschärfen liegt in der Größenordnung von 1. Daraus folgt $\Delta k \approx 1/\Delta x = 1/(v\,\Delta t) = \nu_0/(N\,v)$.

36.6 Damit Beugung auftritt, müssen beugende Öffnung und Wellenlänge vergleichbar groß sein. Der Wert ist hier $d \approx \lambda = h/(m\,v) = 1{,}66 \cdot$

10^{-33} m. Der Durchmesser der Atomkerne liegt bei 10^{-15} m, also um 18 Größenordnungen über der berechneten Abmessung. Demnach kann es keinen Körper der Masse 4 g geben, der an dieser Öffnung gebeugt wird.

36.7 Die Geschwindigkeit eines Neutrons der Energie 10 MeV beträgt $v = \sqrt{2\,E_{\text{kin}}/m} = 4{,}37 \cdot 10^7$ m/s. Daraus folgt die de-Broglie-Wellenlänge zu $\lambda = h/(m\,v) = 9{,}05 \cdot 10^{-15}$ m. Damit solch ein Neutron Beugung erfährt, muß die Abmessung des Objekts in der Größenordnung dieser Wellenlänge liegen; es kann beispielsweise ein Atomkern sein.

36.8 Ein Elektron, das durch eine Potentialdifferenz von 200 V beschleunigt wurde, hat die Energie $E = 200$ eV und die Geschwindigkeit $v = \sqrt{2\,E/m}$. Seine de-Broglie-Wellenlänge ist $\lambda = h/(m\,v) = h/\sqrt{2\,m\,E} = 8{,}68 \cdot 10^{-11}$ m. Das sind etwa 0,1 nm; also kann Beugung beispielsweise durch ein Atom hervorgerufen werden.

36.9 Zunächst erinnern wir uns daran, daß $d^2\Psi/dx^2 = k^2\Psi$ und $d\Psi/dt = -\omega\Psi$ ist. Das setzen wir in die Schrödinger-Gleichung ein und erhalten $-\hbar^2 k^2 \Psi/(2\,m) + V\Psi = -i\hbar\omega\Psi$. Die rechte Seite dieser Gleichung ist rein imaginär, die linke dagegen nicht. Somit kann Ψ keine Lösung sein.

36.10 Mit dem gegebenen Ψ erhalten wir $d^2\Psi/dx^2 = -k^2\Psi$ und $d\Psi/dt = -i\omega\Psi$ sowie $d^2\Psi/dt^2 = -\omega^2\Psi$. Damit lautet die Schrödinger-Gleichung $\hbar^2 k^2 \Psi/(2\,m) + V\Psi = \hbar\omega\Psi$. Das ist eine Lösung, wenn $\hbar\omega = \hbar^2 k^2/(2\,m) + V$ ist. Das bedeutet $E = E_{\text{kin}} + V$. Für die klassische Wellengleichung ist $-k^2 \Psi = (1/v^2)(-\omega^2 \Psi)$. Dies ist eine Lösung für $v = \omega/k$.

36.11   Ein Teilchen im Kasten hat im Grundzustand die Energie $E_1 = h^2/(8\,m\,\ell^2)$.   a) Mit $\ell = 0{,}1$ nm und $m = 1{,}672 \cdot 10^{-27}$ kg erhalten wir $E_1 = 3{,}28 \cdot 10^{-21}$ J $= 0{,}0205$ eV.   b) Für $\ell = 1$ fm $= 10^{-15}$ m ist die Energie im Grundzustand $E_1 = 3{,}28 \cdot 10^{-11}$ J $= 205$ MeV.

36.12   Die kinetische Energie eines Körpers der Masse m und der Geschwindigkeit v ist $E_{\text{kin}} = \frac{1}{2}\,m\,v^2$. Es ist $m = 10^{-9}$ kg und $v = 10^{-3}$ m/s. Wir setzen die damit berechnete kinetische Energie gleich der Energie des n-ten Zustands: $E_n = n^2\,h^2/(8\,m\,\ell^2)$ und erhalten $n = 2\,m\,\ell\,v/h = 3{,}02 \cdot 10^{19}$. Das bedeutet, ein Körper mit makroskopischer Masse und Geschwindigkeit hat eine außerordentlich hohe Quantenzahl.

36.13   a) Es ist gegeben $\Delta x = 10^{-4}\,\ell$ und $\Delta p = 10^{-4}\,p$. Damit wird $\Delta x = 10^{-4}(10^{-2}$ m$) = 10^{-6}$ m und $\Delta p = 10^{-4}\,m\,v = 10^{-4}(10^{-9}$ kg$)(10^{-3}$ m/s$) = 10^{-16}$ kg$\cdot$m/s.   b) $\Delta x\,\Delta p = 10^{-8}\ell\,m\,v = 10^{-8}(10^{-2}$ m$)(10^{-9}$ kg$)(10^{-3}$ m/s$) = 10^{-22}$ J$\cdot$s und $\Delta x\,\Delta p/\hbar = 9{,}48 \cdot 10^{11}$.

36.14   a) Nach der klassischen Vorstellung ist die Wahrscheinlichkeit, das Teilchen zu finden, innerhalb des Kastens überall gleich groß. Daher muß die Wahrscheinlichkeitsdichte $P(x)$ konstant sein. Weiterhin muß das Integral über die Wahrscheinlichkeitsdichte von $x = 0$ bis $x = \ell$ gleich eins sein. Diese Bedingungen werden erfüllt von $P(x) = 1/\ell$.   b) Der Erwartungswert von x ist

$$\langle x \rangle = \int_0^\ell \frac{x}{\ell}\,\mathrm{d}x = \frac{\ell}{2}.$$

Dies erwarten wir wegen der Symmetrie: Das Teilchen befindet sich mit gleicher Wahrscheinlichkeit in jeder der Hälften des Kastens. Der Erwartungswert von x^2 ist

$$\langle x^2 \rangle = \int_0^\ell \frac{x^2}{\ell}\,\mathrm{d}x = \frac{\ell^2}{3}.$$

Dies entspricht der Tatsache, daß sich das System bei steigender Quantenzahl dem klassischen Verhalten annähert.

36.15   a) Für $x > 0$ ist $\hbar^2 k_2^2/(2\,m) + V_0 = E = \hbar^2 k_1^2/(2\,m) = 2\,V_0$. Es folgt $k_2 = \sqrt{2\,m\,V_0}/\hbar$. Der Vergleich mit $k_1 = \sqrt{4\,m\,V_0}/\hbar$ zeigt, daß k_2 auch als $k_2 = k_1/\sqrt{2}$ geschrieben werden kann.
b) $R = (k_1 - k_2)^2/(k_1 + k_2)^2 = (1 - 1/\sqrt{2})^2/(1 + 1/\sqrt{2})^2 = 0{,}0294$. Also werden 2,94 % der ankommenden Teilchen reflektiert.
c) $T = 1 - R = 0{,}971$.

36.16   a) Für $x > 0$ ist $\hbar^2 k_2^2/(2\,m) - V_0 = E = \hbar^2 k_1^2/(2\,m) = 2\,V_0$. Es folgt $k_2 = \sqrt{6\,m\,V_0}/\hbar$. Der Vergleich mit $k_1 = \sqrt{4\,m\,V_0}/\hbar$ zeigt, daß k_2 auch als $k_2 = k_1\sqrt{3/2}$ geschrieben werden kann.
b) $R = (k_1 - k_2)^2/(k_1 + k_2)^2 = (1 - \sqrt{3/2})^2/(1 + \sqrt{3/2})^2 = 0{,}0102$. Also werden 1,02 % der ankommenden Teilchen reflektiert.
c) $T = 1 - R = 0{,}990$.

36.17   Die Energieniveaus in diesem dreidimensionalen Kasten sind $E = [h^2/(8\,m)](n_1^2/\ell_1^2 + n_2^2/\ell_2^2 + n_3^2/\ell_3^2) = [h^2/(8\,m\,\ell_1^2)](n_1^2 + n_2^2/4 + n_3^2/9) = [h^2/(288\,m\,\ell_1^2)](36\,n_1^2 + 9\,n_2^2 + 4\,n_3^2)$. Die niedrigsten 10 Energieniveaus sind mit den zugehörigen Quantenzahlen in der Tabelle angegeben.

n_1	n_2	n_3	$\dfrac{E}{h^2/(288\,m\,\ell_1^2)}$
1	1	1	49
1	1	2	61
1	2	1	76
1	1	3	81
1	2	2	88
1	2	3	108
1	1	4	109
1	3	1	121
1	3	2	133
1	2	4	136

Beachten Sie, daß Energie und Quantenzahlen im dreidimensionalen Kasten i.a. nicht gleichförmig ansteigen.

36.18 a) Der y- und der z-Anteil der Wellenfunktion haben ihre gewöhnliche Form, nämlich $\sin(n_2 \pi y/\ell)$ und $\sin(n_3 \pi z/\ell)$. Für den x-Anteil müssen wir berücksichtigen, daß der Bereich nicht $0 < x < \ell$ ist, sondern $-\ell/2 < x < +\ell/2$. Insbesondere muß die Wellenfunktion null sein für $x = -\ell/2$ und für $x = +\ell/2$. Demnach hat der x-Anteil der Wellenfunktion folgende Form: $\cos(n_1 \pi x/\ell)$ für ungerades, ganzzahliges n_1 und $\sin(n_1 \pi x/\ell)$ für gerades, ganzzahliges n_1. Mit der Normalisierungskonstanten A erhalten wir für ungerades n_1

$$\psi(x,y,z) = A \cos \frac{n_1 \pi x}{\ell} \sin \frac{n_2 \pi y}{\ell} \sin \frac{n_3 \pi z}{\ell}$$

und für gerades n_1

$$\psi(x,y,z) = A \sin \frac{n_1 \pi x}{\ell} \sin \frac{n_2 \pi y}{\ell} \sin \frac{n_3 \pi z}{\ell}.$$

Im Grundzustand ist $n_1 = n_2 = n_3 = 1$ und $\psi(x,y,z) = A \cos(\pi x/\ell) \sin(\pi y/\ell) \sin(\pi z/\ell)$. b) Die Energieniveaus sind in beiden Fällen gleich, weil die Abmessungen des Kastens dieselben sind; nur die explizite Form der Wellenfunktion ist anders.

36.19 Es ist gegeben $\psi_{1,2} = \psi(x_1, x_2) = A \sin(\pi x_1/\ell) \sin(2 \pi x_2/\ell)$. Das setzen wir in die Gleichung (36.64) ein, und es ergibt sich $[-\hbar^2/(2\,m)](\partial^2\psi_{1,2}/\partial x_1^2 + \partial^2\psi_{1,2}/\partial x_2^2) = [\hbar^2/(2\,m)](1+4)(\pi^2/\ell^2)\,\psi_{1,2} = E\,\psi_{1,2}$. Offensichtlich ist $\psi_{1,2}$ eine Lösung, wenn gilt $E = 5\,\hbar^2\,\pi^2/(2\,m\,\ell^2)$.

36.20 Weil mehrere Bosonen denselben Quantenzustand annehmen können, können sich alle 10 Bosonen im Kasten im Grundzustand befinden. Damit ist die gesamte Energie $E = 10\,[h^2/(8\,m\,\ell^2)] = 10\,E_1$.

36.21 Mehrere Fermionen können nicht denselben Quantenzustand annehmen. Daher ist hier jedes der 5 untersten Energieniveaus mit je 2 Teilchen besetzt, und die Energie des Grundzustands ist $E = 2\,E_1(1 + 2^2 + 3^2 + 4^2 + 5^2) = 110\,E_1 = 110\,h^2/(8\,m\,\ell^2)$.

36.22 a) Mit $E_n = n^2 E_1$ erhalten wir $(E_{n+1} - E_n)/E_n = [(n+1)^2 - n^2]/n^2 = 1 + 2/n +$

$1/n^2 - 1 = 2/n + 1/n^2 = (2/n)[1 + 1/(2\,n)]$. Für große Werte von n ist $[1 + 1/(2\,n)] \approx 1$, und es folgt $(E_{n+1} - E_n)/E_n \approx 2/n$. b) Nach dem Bohrschen Korrespondenz-Prinzip müssen die Ergebnisse quantenmechanischer Berechnungen für große Quantenzahlen den klassischen Werten entsprechen. In der klassischen Mechanik kann das Teilchen im Kasten jede beliebige Energie haben, d.h. die Differenz zwischen aufeinanderfolgenden „Zuständen" ist null. Die quantenmechanische Berechnung ergibt, daß bei großem n die relative Energiedifferenz mit $2/n$ abnimmt. Dieser Wert geht für großes n gegen null.

36.23 a) In der Abbildung ist $\psi^2(x)$ gegen x für $n = 2$ aufgetragen.

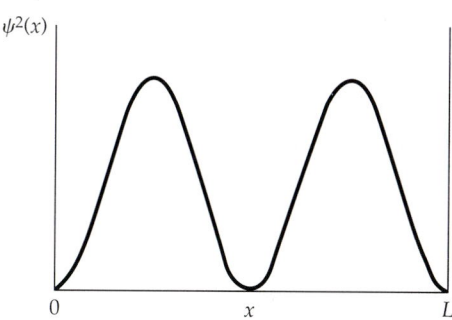

Die Wahrscheinlichkeitsdichte ist null in der Mitte und an beiden Wänden. b) Aus der Abbildung geht hervor, daß die Wahrscheinlichkeitsdichte $P(x) = \psi^2(x)$ symmetrisch zur Mitte des Kastens ist. Daher ist $\langle x \rangle = L/2$. c) Die Wahrscheinlichkeit, das Teilchen im Bereich dx zu finden, dessen Mitte bei $x = L/2$ liegt, ist $P(L/2)\,dx = 0$, also ist $P(L/2) = 0$. d) Es besteht kein Widerspruch. Der Ortserwartungswert $\langle x \rangle = L/2$ bedeutet einfach, daß der Mittelwert vieler Messungen der Teilchenposition den Wert $L/2$ ergibt. Das heißt jedoch nicht, daß sich das Teilchen überhaupt jemals bei $x = L/2$ befinden muß. Dazu eine Analogie: Beim Würfel fällt jede Zahl mit der gleichen Wahrscheinlichkeit $\frac{1}{6}$ nach oben. Also ist bei vielen Würfen der Mittelwert der jeweils oben liegenden Zahlen $\frac{1}{6}(1 + 2 + 3 + 4 + 5 + 6) = 3{,}5$. Trotzdem ist die Wahrscheinlichkeit, daß die Zahl 3,5 erscheint, selbstverständlich gleich null.

36.24 a) Zuerst betrachten wir die Wellen-funktion $\Psi(x,t) = A\sin(kx - \omega t)$; hierfür ist $\mathrm{d}^2\Psi/\mathrm{d}x^2 = -k^2\Psi$ und $\mathrm{d}\Psi/\mathrm{d}t = -\omega A\cos(kx - \omega t)$. Einsetzen in die Schrödinger-Gleichung ergibt $[\hbar^2 k^2/(2m)]A\sin(kx - \omega t) + V_0 A\sin(kx - \omega t) = -i\hbar\omega\cos(kx - \omega t)$. Offensichtlich ist Ψ keine Lösung, da Sinus und Cosinus nicht proportional zueinander sind. Mit $\Psi(x,t) = A\cos(kx - \omega t)$ erhalten wir entsprechend $[\hbar^2 k^2/(2m)]A\cos(kx - \omega t) + V_0 A\cos(kx - \omega t) = -i\hbar\omega\sin(kx - \omega t)$. Auch dies hat keine nicht-triviale Lösung.   b) Mit $\Psi(x,t) = A[\cos(kx - \omega t) + i\sin(kx - \omega t)] = A\,\mathrm{e}^{\mathrm{i}(kx-\omega t)}$ folgt $\mathrm{d}^2\Psi/\mathrm{d}x^2 = -k^2\Psi$ und $\mathrm{d}\Psi/\mathrm{d}t = -\mathrm{i}\omega\Psi$. Damit lautet die Schrödinger-Gleichung $[\hbar^2 k^2/(2m)]\Psi + V_0\Psi = \hbar\omega\Psi$. Also ist Ψ eine Lösung, wenn gilt $\hbar^2 k^2/(2m) + V_0 = \hbar\omega$.

36.25 Für den n-ten Zustand ist die Wahrscheinlichkeitsdichte $P_n(x) = \psi_n^2(x) = (2/\ell)\cdot\sin^2(n\pi x/\ell)$, und der Erwartungswert von x^2 ist das Integral über $x^2 P_n(x)$ von $x = 0$ bis $x = \ell$. Wir setzen $\theta = n\pi x/\ell$ und verwenden das im Text gegebene Integral von $\theta^2\sin^2\theta$. Damit ist

$$
\begin{aligned}
\langle x^2\rangle &= \int_0^\ell x^2 P_n(x)\,\mathrm{d}x \\
&= \frac{2}{\ell}\frac{\ell}{n\pi}\frac{\ell^2}{(n\pi)^2}\int_0^{n\pi}\theta^2\sin^2\theta\,\mathrm{d}\theta \\
&= \frac{2\ell^2}{(n\pi)^3}\left(\frac{(n\pi)^3}{6} - 0 - \frac{n\pi}{4}\right) \\
&= \frac{\ell^2}{3} - \frac{\ell^2}{2n^2\pi^2}.
\end{aligned}
$$

36.26 Die Standardabweichung ist definiert als $\sigma_x = \sqrt{\langle(x - \langle x\rangle)^2\rangle}$. Wir multiplizieren den quadratischen Term in der Wurzel aus: $\sigma_x = \sqrt{\langle(x^2 - 2x\langle x\rangle + \langle x\rangle^2)\rangle} = \sqrt{\langle x^2\rangle - 2\langle x\rangle\langle x\rangle + \langle x\rangle^2} = \sqrt{\langle x^2\rangle - \langle x\rangle^2}$.

36.27 Um σ_x zu berechnen, benötigen wir $\langle x\rangle$ und $\langle x^2\rangle$. Zunächst ist wegen der Symmetrie $\langle x\rangle = \ell/2$. Weiterhin gilt (vgl. Aufgabe 14)

$$
\langle x^2\rangle = \int_0^\ell x^2 P(x)\,\mathrm{d}x = \frac{1}{\ell}\int_0^\ell x^2\,\mathrm{d}x = \frac{\ell^2}{3}.
$$

Damit folgt $\sigma_x = \ell\sqrt{1/3 - 1/4} = \ell/(2\sqrt{3}) = 0{,}289\,\ell$.

36.28 a) Aufgrund der Symmetrie ist $\langle x\rangle = \ell/2$ für jedes n. Mit der Lösung aus der Aufgabe 25 erhalten wir $\sigma_x = \sqrt{\langle x^2\rangle - \langle x\rangle^2} = \sqrt{\ell^2/3 - \ell^2/(2n^2\pi^2) - \ell^2/4} = \ell\sqrt{1/12 - 1/(2n^2\pi^2)}$.
b) Für $n = 1$ ist $\sigma_x = \ell\sqrt{1/12 - 1/(2\pi^2)} = 0{,}181\,\ell$.   c) Für sehr großes n geht σ_x gegen $\ell\sqrt{1/12} = \ell/(2\sqrt{3}) = 0{,}289\,\ell$, entsprechend dem klassischen Wert, wie er in der vorigen Aufgabe berechnet wurde.

36.29 Die Wahrscheinlichkeit T, daß das Proton aus dem Kern tunnelt, ist proportional zu $\mathrm{e}^{-2\alpha a}$, wobei a die Barrierenbreite ist. Ferner ist $\alpha = \sqrt{2m(V_0 - E)}/\hbar$. Mit $V_0 - E = 6\,\mathrm{MeV}$ und $a = 10^{-15}\,\mathrm{m}$ erhalten wir $T \approx 10^{-1}$.

36.30 a) Gefordert ist $\psi^2(x) = \psi^2(-x) = \psi(-x)\,\psi(-x)$. Offensichtlich ist diese Bedingung nur erfüllt, wenn $\psi(-x) = \psi(x)$ oder $\psi(-x) = -\psi(x)$ gilt.   b) Die zeitunabhängige Schrödinger-Gleichung kann geschrieben werden als $\mathrm{d}^2\psi/\mathrm{d}x^2 = -(2mE/\hbar^2)\psi$. Sie hat Lösungen der Form $\psi = A\sin(kx)$ und $\psi = A\cos(kx)$. In beiden Fällen ist ψ eine Lösung, wenn gilt $\hbar^2 k^2/(2m) = E$. Wenn der Kasten sich zwischen $0 < x < L$ erstreckt, trifft die Cosinus-Lösung nicht zu, da eine erlaubte Lösung an den Enden des Kastens null sein muß. Im vorliegenden Fall liegen die Enden des Kastens aber bei $x = -L/2$ und $x = +L/2$, und sowohl die Sinus- als auch die Cosinus-Lösung sind erlaubt. Schließlich sind die Wellenfunktionen der erlaubten Lösungen an beiden Enden des Kastens dann gleich null, wenn eine ganze Anzahl von halben Wellenlängen in den Kasten paßt. Daher ist $\psi(x) = \sqrt{2/L}\cos(n\pi x/L)$ für $n = 1, 3, 5, \ldots$ sowie $\psi(x) = \sqrt{2/L}\sin(n\pi x/L)$ für $n = 2, 4, 6, \ldots$ Beachten Sie, daß die erste Lösung bezüglich des Ursprungs eine gerade Funktion ist: $\psi(-x) = \psi(x)$. Dagegen ist die zweite Lösung ungerade: $\psi(-x) = -\psi(x)$.   c) Die erlaubten Energiewerte des Systems sind (wie auch im Text berechnet) $E = \hbar^2 k^2/(2\,m) = \hbar^2 (n\,\pi/L)^2/(2\,m) = n^2 h^2/(8\,m\,L^2)$. d) Wellenfunktion $\psi(x)$ und Wahrscheinlichkeitsdichte $\psi^2(x)$ für den Grundzustand sind hier bezüglich des Ursprungs gerade:

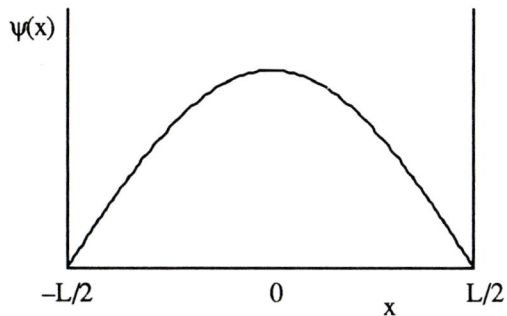

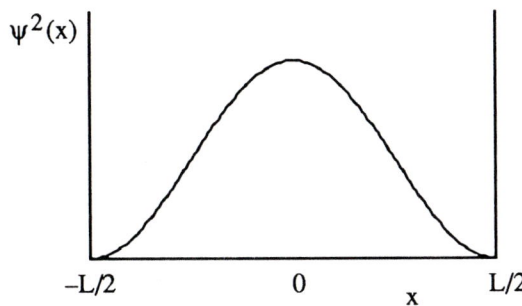

Für den ersten angeregten Zustand (mit $n = 2$) ist $\psi(x)$ ungerade, und $\psi^2(x)$ ist gerade, jeweils bezüglich des Ursprungs:

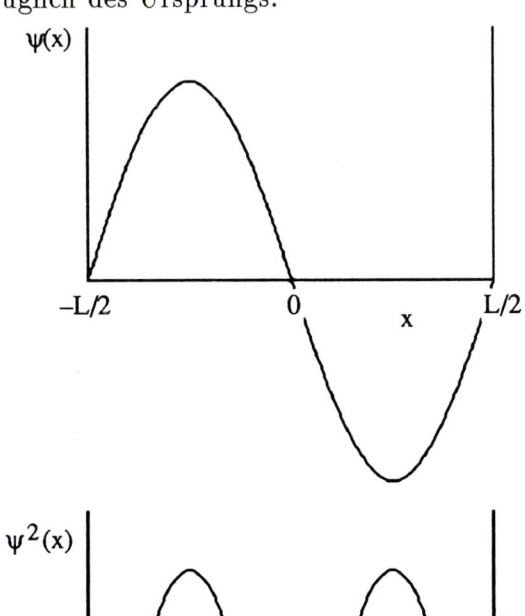

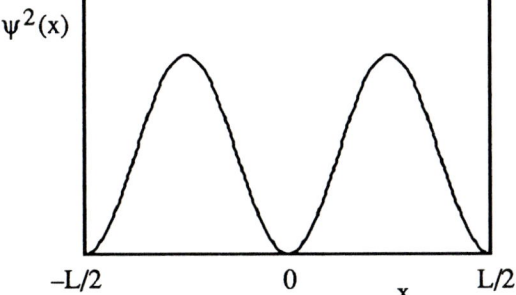

Bei steigender Quantenzahl n sind die Wellenfunktionen abwechselnd gerade und ungerade, und die Wahrscheinlichkeitsdichten sind stets gerade.

36.31 a) Grundzustand: Wegen der Symmetrie der Wahrscheinlichkeitsdichte ist $\langle x \rangle = 0$. Außerdem ist $P(x) = (2/\ell)\cos^2(\pi x/\ell)$. Wir setzen $\theta = \pi x/\ell$ und erhalten für den Erwartungswert von x^2

$$
\begin{aligned}
\langle x^2 \rangle &= \int_{-\ell/2}^{\ell/2} x^2\, P_n(x)\, \mathrm{d}x \\
&= \frac{2}{\ell}\,\frac{\ell}{\pi}\,\frac{\ell^2}{\pi^2} \int_{-\pi/2}^{\pi/2} \theta^2 \cos^2\theta\, \mathrm{d}\theta \\
&= \frac{2\,\ell^2}{\pi^3} \int_{-\pi/2}^{\pi/2} \theta^2 \left(1 - \sin^2\theta\right) \mathrm{d}\theta \\
&= \frac{2\,\ell^2}{\pi^3} \left[\int_{-\pi/2}^{\pi/2} \theta^2\, \mathrm{d}\theta - \int_{-\pi/2}^{\pi/2} \theta^2 \sin^2\theta\, \mathrm{d}\theta \right] \\
&= \frac{2\,\ell^2}{\pi^3} \left[\frac{\pi^3}{12} - \left(\frac{\pi^3}{24} - 0 + \frac{\pi}{4} \right) \right] \\
&= \ell^2 \left(\frac{1}{12} - \frac{1}{2\,\pi^2} \right).
\end{aligned}
$$

Wir sehen, daß sich $\langle x \rangle$ und $\langle x^2 \rangle$ für dieses Potential unterscheiden. Natürlich muß σ_x unabhängig von der Wahl des Ursprungs sein. Aus den hier erhaltenen Ergebnissen folgt direkt
$\sigma_x = \sqrt{\langle x^2 \rangle - \langle x \rangle^2} = \ell\,\sqrt{1/12 - 1/(2\,\pi^2)}$,
in Übereinstimmung mit den Resultaten aus Aufgabe 28 für den unendlich tiefen Potentialtopf.
b) Erster angeregter Zustand: Wegen der Symmetrie der Wahrscheinlichkeitsdichte ist $\langle x \rangle = 0$. Außerdem ist $P(x) = (2/\ell)\sin^2(2\pi x/\ell)$. Wir setzen $\theta = 2\pi x/\ell$ und erhalten

$$
\begin{aligned}
\langle x^2 \rangle &= \int_{-\ell/2}^{\ell/2} x^2\, P_n(x)\, \mathrm{d}x \\
&= \frac{2}{\ell}\,\frac{\ell}{2\pi}\,\frac{\ell^2}{4\pi^2} \int_{-\pi}^{\pi} \theta^2 \sin^2\theta\, \mathrm{d}\theta \\
&= \frac{\ell^2}{4\,\pi^3} \int_{-\pi}^{\pi} \theta^2 \sin^2\theta\, \mathrm{d}\theta \\
&= \frac{\ell^2}{4\,\pi^3} \left(\frac{\pi^3}{3} - 0 - \frac{\pi}{2} \right) \\
&= \ell^2 \left(\frac{1}{12} - \frac{1}{8\,\pi^2} \right).
\end{aligned}
$$

Wir sehen, daß sich $\langle x \rangle$ und $\langle x^2 \rangle$ von denen des unendlich tiefen Potentialtopfes unterscheiden. Natürlich muß σ_x unabhängig von der Wahl des Ursprungs sein. Aus den hier erhaltenen Ergebnissen folgt direkt $\sigma_x = \sqrt{\langle x^2 \rangle - \langle x \rangle^2} = \ell \sqrt{1/12 - 1/(8\,\pi^2)}$, in Übereinstimmung mit den Resultaten aus Aufgabe 28 für den unendlich tiefen Potentialtopf.

36.32 a) Die allgemeinen Eigenschaften der Wellenfunktionen sind folgende: Sie sind oszillierend in den klassisch erlaubten Bereichen und nehmen in den klassisch verbotenen Bereichen exponentiell ab. Ferner sind sie bezüglich des Ursprungs entweder gerade oder ungerade. Im Grundzustand liegen keine Knoten vor; die Wellenfunktion ist gerade und nimmt für großes $|x|$ exponentiell ab. Sie hat im Prinzip folgendes Aussehen:

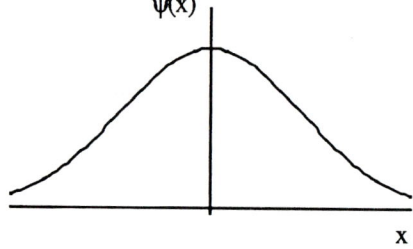

b) Im ersten angeregten Zustand hat die Wellenfunktion einen Knoten, ist ungerade und nimmt für großes $|x|$ exponentiell ab. Sie hat im Prinzip folgendes Aussehen:

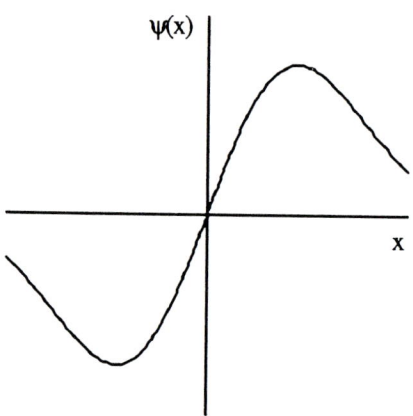

36.33 Die geeigneten Funktionen sind hier $\psi_n = A_n \sin(n\,\pi\,x/\ell)$, und das gewünschte Integral ist zu bilden über die Größe

$\psi_n \psi_m = A_n A_m \sin(n\,\pi\,x/\ell) \sin(m\,\pi\,x/\ell)$.
Dieser Ausdruck kann vereinfacht werden, und zwar mit Hilfe der trigonometrischen Beziehung $\sin[\frac{1}{2}(A+B)] \sin[\frac{1}{2}(B-A)] = \frac{1}{2}(\cos A - \cos B)$. Hier ist $\frac{1}{2}(A+B) = n\,\pi\,x/\ell$ und $\frac{1}{2}(B-A) = m\,\pi\,x/\ell$. Es folgt $A = (n-m)\pi\,x/\ell$ und $B = (n+m)\pi\,x/\ell$. Damit wird $\psi_n \psi_m = \frac{1}{2} A_n A_m \{\cos[(n-m)\pi\,x/\ell] - \cos[(n+m)\pi\,x/\ell]\}$. Nun ist das Integral leicht auszuwerten:

$$\int_0^{\ell} \psi_n \psi_m \, dx =$$

$$\frac{1}{2} A_n A_m \left(\frac{\ell}{\pi}\right) \left(\frac{\sin(n-m)\pi}{n-m} - \frac{\sin(n+m)\pi}{n+m}\right).$$

Für $n \neq m$ ist klar, daß $(n-m)$ und $(n+m)$ endlich große, entweder positive oder negative ganze Zahlen sind. Daraus folgt $\sin(n-m)\pi = \sin(n+m)\pi = 0$, und das Integral wird null. Für $n = m$ ist der zweite Term null, weil $\sin(n+m)\pi = 0$ ist; der Nenner ist endlich. Der erste Term ergibt dann aber $0/0$, und wir müssen ihn näher betrachten. Stellen wir uns vor, n sei kontinuierlich veränderlich, und lassen wir n gegen m gehen. Dann geht $\sin(n-m)\pi$ gegen $(n-m)\pi$, und der erste Term nimmt den Wert π an. Damit hat für $n = m$ das Integral den Wert $A_n^2 \ell/2$.

36.34 Wenn die Gesamtenergie E ist, dann ist im klassisch erlaubten Bereich $E > V(z)$:

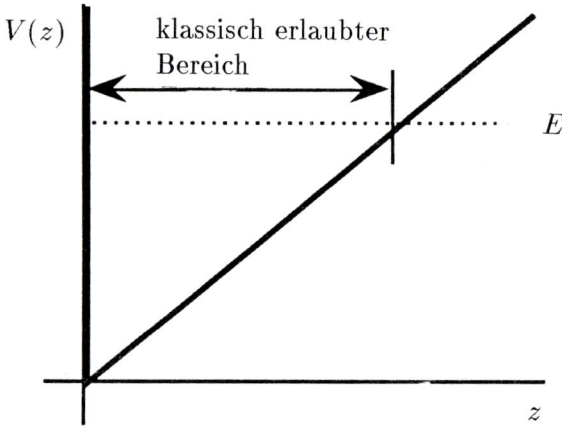

Die kinetische Energie ist $E_{kin}(z) = E - V(z)$, so daß für $z = 0$ folgt: $E_{kin} = E$. Dagegen nimmt für $z > 0$ die kinetische Energie linear ab. Der für sie klassisch erlaubte Bereich verläuft bis zu dem Punkt, an dem $E_{kin} = 0$ ist:

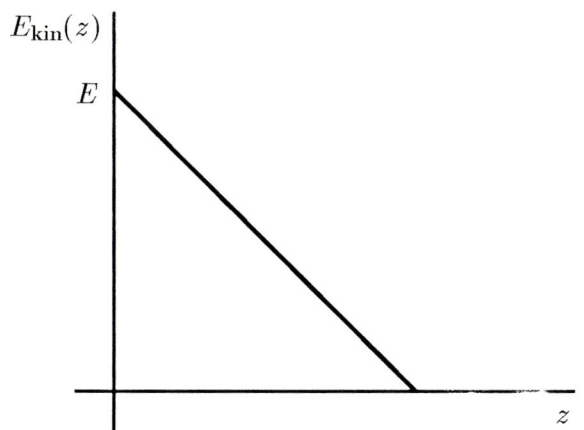

In der folgenden Abbildung sind die Wellen-funktionen für den Grundzustand ($n = 0$), den ersten ($n = 1$) und den zweiten angeregten Zustand ($n = 2$) schematisch dargestellt. Alle Wellenfunktionen haben eine Nullstelle bei $z = 0$, weil hier V unendlich groß ist, und sie fallen für großes z exponentiell ab. Außerdem ist die Anzahl der Knoten jeweils gleich n.

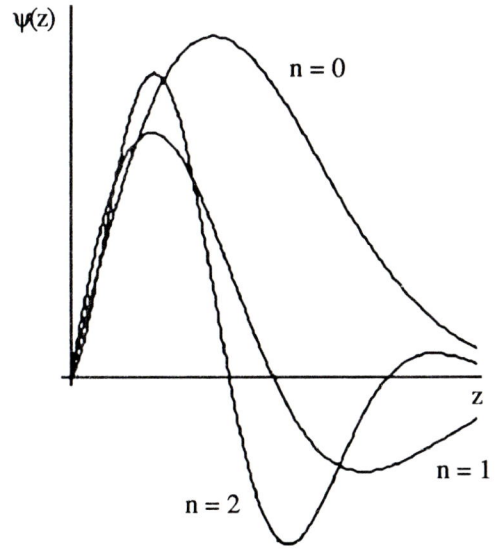

36.35 Wenn wir die kinetische Energie E_{kin} als Funktion von x kennen, können wir ihren Erwartungswert mit Hilfe der Wahrscheinlichkeitsdichte $P(x)$ ermitteln. Das Integral von $E_{\text{kin}}(x)\,P(x)$ über den gesamten Raum „gewichtet" dann die kinetische Energie an jedem Punkt mit der Wahrscheinlichkeit, das Teilchen dort anzutreffen. Daraus folgt der Mittelwert der kinetischen Energie. Wie ermitteln $E_{\text{kin}}(x)$, oder bes-

ser: $E_{\text{kin}}(x)\,\psi(x)$, mit Hilfe der Schrödinger- Gleichung. Es ist $E_{\text{kin}}(x) = E - V(x)$, wobei E die Gesamtenergie des Teilchens ist. Damit folgt
$$E_{\text{kin}}(x)\,\psi(x) = [E - V(x)]\,\psi(x)$$
$$= -[\hbar^2/(2\,m)]\,\mathrm{d}^2\psi/\mathrm{d}x^2$$
und
$$E_{\text{kin}}(x)\,P(x) = E_{\text{kin}}(x)\,\psi(x)\,\psi(x)$$
$$= -[\hbar^2/(2\,m)]\,\mathrm{d}^2\psi/\mathrm{d}x^2$$
oder, nach Umstellen der Faktoren,
$$E_{\text{kin}}(x)\,P(x) = \psi(x)\left\{-[\hbar^2/(2\,m)]\,\mathrm{d}^2\psi/\mathrm{d}x^2\right\}.$$
Damit ist $\langle E_{\text{kin}} \rangle$ das Integral über
$$\psi(x)\left\{-[\hbar^2/(2\,m)]\,\mathrm{d}^2\psi/\mathrm{d}x^2\right\}$$
von $x = -\infty$ bis $x = +\infty$.

36.36 a) Die eindimensionale klassische Wellengleichung lautet $\partial^2\Psi/\partial x^2 = (1/v^2)\,\partial^2\Psi/\partial t^2$. Wir setzen $\Psi(x,t) = \psi(x)\,f(t)$ und erhalten $\partial^2\Psi/\partial x^2 = f(t)\,\partial^2\psi/\partial x^2$ und $\partial^2\Psi/\partial t^2 = \psi(x)\,\partial^2 f/\partial t^2$. Diese Beziehungen setzen wir in die Wellengleichung ein und dividieren beide Seiten durch $\psi(x)\,f(t)$. Damit folgt $(1/\psi)\,\mathrm{d}^2\psi/\mathrm{d}x^2 = [1/(v^2\,f)]\,\mathrm{d}^2 f/\mathrm{d}t^2$.   b) Wir setzen beide Seiten der Wellengleichung gleich $-k^2$. Die Gleichung für f lautet dann $-k^2 = [1/(v^2\,f)]\,\mathrm{d}^2 f/\mathrm{d}t^2$ oder $\mathrm{d}^2 f/\mathrm{d}t^2 = -k^2\,v^2\,f$. Es ist leicht zu zeigen, daß $e^{\pm i\,\omega\,t}$ eine Lösung dieser Gleichung ist. Insbesondere ist $\mathrm{d}^2 f/\mathrm{d}t^2 = -\omega^2\,f$, so daß wir eine Lösung erhalten, wenn wir $\omega = k\,v$ setzen.   c) Wir setzen den x-Anteil der Wellengleichung gleich $-k^2$ und erhalten $(1/\psi)\,\mathrm{d}^2\psi/\mathrm{d}t^2 = -k^2$ oder $\mathrm{d}^2\psi/\mathrm{d}t^2 + k^2\,\psi = 0$.

36.37 a) Einsetzen von $\Psi(x,t) = \psi(x)\,f(t)$ in die Schrödinger-Gleichung und Dividieren beider Seiten durch Ψ ergibt hier den Ausdruck
$$-[\hbar^2/(2\,m\,\psi)]\,\mathrm{d}^2\psi/\mathrm{d}x^2 + V(x) = (i\,\hbar/f)\,\mathrm{d}f/\mathrm{d}t.$$
b) Wenn $(i\,\hbar/f)\,\mathrm{d}f/\mathrm{d}t = E$ ist, so gilt $\mathrm{d}f/\mathrm{d}t = (-i\,E/\hbar)\,f$. Die Lösung dieser Gleichung ist $f(t) = e^{-i\,\omega\,t}$ mit $\omega = E/\hbar$. Entsprechend der de-Broglie-Beziehung ist die Gesamtenergie $E = \hbar\,\omega$. Also ist die oben beim Separieren verwendete Konstante E nicht anderes als die Gesamtenergie.   c) Betrachten wir nun den x-Anteil der Gleichung: $[-\hbar^2/(2\,m\,\psi)]\,\mathrm{d}^2\psi/\mathrm{d}x^2 + V(x) = E$ oder $[-\hbar^2/(2\,m)]\,\mathrm{d}^2\psi(x)/\mathrm{d}x^2 + V(x)\,\psi(x) = E\,\psi(x)$. Dies ist die zeitunabhängige Schrödinger-Gleichung.

Kapitel 37

Atome

37.1 a) Nach Definition ist der Betrag des Drehimpulses L gleich $\sqrt{\ell(\ell+1)}\,\hbar$. Für $\ell = 1$ ist der Betrag daher $\sqrt{2}\,\hbar$. b) Die Quantenzahl m läuft in ganzzahligen Schritten von $-\ell$ bis $+\ell$. Somit kann $m = -1, 0$ oder $+1$ sein. c) Die 3 möglichen Vektoren $\mathbf{L}$ sind:

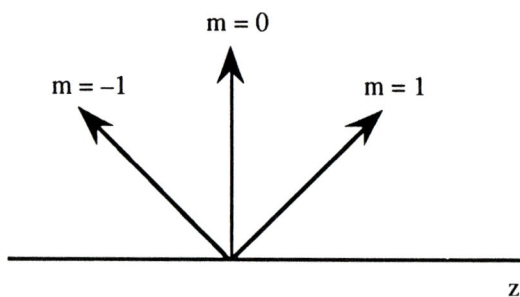

Jeder der Vektoren hat die Länge $\sqrt{2}\,\hbar$, und die z-Komponenten sind $-\hbar, 0$ und $\hbar$. Die Winkel zur z-Achse sind $135°, 90°$ und $45°$.

37.2 a) Nach Definition ist der Betrag des Drehimpulses L gleich $\sqrt{\ell(\ell+1)}\,\hbar$. Für $\ell = 3$ ist der Betrag daher $2\sqrt{3}\,\hbar$. b) Die Quantenzahl m läuft in ganzzahligen Schritten von $-\ell$ bis $+\ell$. Somit kann $m = -3, -2, -1, 0, +1, +2$ oder $+3$ sein. c) Die 7 möglichen Vektoren $\mathbf{L}$ sind:

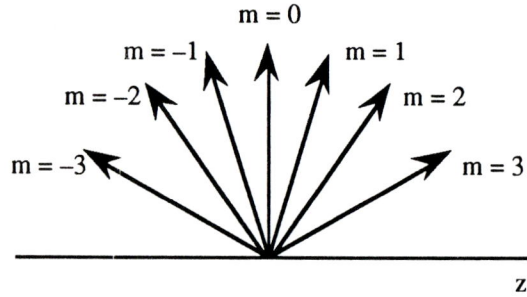

Jeder Vektor hat die Länge $2\sqrt{3}\,\hbar$, und die z-Komponenten sind $-3\hbar, -2\hbar, -\hbar, 0, +\hbar, +2\hbar$ und $+3\hbar$. Die Winkel zur z-Achse sind $150°, 125{,}3°, 106{,}8°, 90°, 73{,}2°, 54{,}7°$ und $30°$.

37.3 a) Die Quantenzahl ℓ läuft in ganzzahligen Schritten von 0 bis $n - 1$. Somit kann $\ell = 0, 1$ oder 2 sein. b) Für $\ell = 0$ ist $m = 0$. Für $\ell = 1$ ist $m = -1, 0$ oder $+1$. Für $\ell = 2$ ist $m = -2, -1, 0, +1$ oder $+2$. c) Beachten Sie, daß für jeden Wert von ℓ die Quantenzahl m genau $2\ell + 1$ verschiedene Werte haben kann. Die Anzahl der unterschiedlichen Kombinationen von m und ℓ ist daher $[2(0) + 1] + [2(1) + 1] + [2(2) + 1] = 9$. Die Anzahl der zugehörigen Elektronenzustände ist somit wegen des Spins gleich 18.

37.4 a) Wie in Aufgabe 3 berechnet, ist für $n = 2$ die Anzahl der Elektronenzustände $2\{[2(0) + 1] + [2(1) + 1]\} = 8$. b) Für $n = 4$ ist die Anzahl der Elektronenzustände $2\{[2(0)+1]+[2(1)+1] + [2(2) + 1] + [2(3) + 1]\} = 32$.

37.5 a) $L = I\omega = 3{,}49 \cdot 10^{-3}$ kg$\cdot$m^2/s. b) Mit $L = \sqrt{\ell(\ell+1)}\,\hbar$ erhalten wir $\ell = 3{,}31 \cdot 10^{31}$.

37.6 Der Winkel θ ist gegeben durch $\cos\theta = m/\sqrt{\ell(\ell+1)}$. Dem Minimum von θ entspricht der größte Wert von $\cos\theta$. Daher setzen wir $m = \ell$. a) $\ell = 1$; $\theta_{\min} = 45°$. b) $\ell = 4$; $\theta_{\min} = 26{,}6°$. c) $\ell = 50$; $\theta_{\min} = 8{,}05°$. Wir sehen, daß der kleinste Winkel mit steigender Quantenzahl gegen null geht, was dem klassischen Verhalten entspricht.

37.7 Wir beginnen mit der Wellenfunktion des Grundzustands: $\psi = (1/\sqrt{\pi})(1/a_0)^{3/2}\,e^{-r/a_0}$. a) Bei $r = a_0$ ist $\psi = (1/\sqrt{\pi})(1/a_0)^{3/2}\,e^{-1}$. b) $\psi^2 = [1/(\pi a_0^3)]\,e^{-2}$. c) $P(r) = 4\pi r^2 \psi^2 = (4/a_0)\,e^{-2}$.

37.8 Wenn sich der Radius nur wenig ändert, kann $P(r)$ als konstant angenommen werden. Dann ist die Wahrscheinlichkeit, das Elektron im Bereich $\Delta r = 0{,}03\,a_0$ zu finden, etwa gleich $P(r)\,\Delta r$. Die Wahrscheinlichkeitsdichte für den Grundzustand des Wasserstoffatoms ist $P(r) = (4\,r^2/a_0^3)\,e^{-2\,r/a_0}$.   a) Bei $r = a_0$ ist $P(r)\,\Delta r = (4\,a_0^2/a_0^3)\,e^{-2}\,(0{,}03\,a_0) = 4\,(0{,}03)\,e^{-2} = 0{,}0162$. Das bedeutet, daß das Elektron mit einer Wahrscheinlichkeit von rund $1{,}62\,\%$ beim Radius a_0 angetroffen wird.   b) Bei $r = 2\,a_0$ ist $P(r)\,\Delta r = (16\,a_0^2/a_0^3)\,e^{-4}\,(0{,}03\,a_0) = 16\,(0{,}03)\,e^{-4} = 0{,}00879$.

37.9 Die Wellenfunktion für $n = 2$, $\ell = 1$ und $m = 0$ ist $\psi_{210} = C_{210}\,(Z\,r/a_0)\,e^{-Z\,r/a_0}\cos\theta$. Damit ist die Wahrscheinlichkeitsdichte $P(r) = 4\,\pi\,r^2\,\psi^2 = A\,(\cos^2\theta)\,r^4\,e^{-Z\,r/a_0}$. Hierbei ist A eine Konstante.

37.10 Wir beginnen mit der Wellenfunktion für $n = 2$, $\ell = 0$ und $m = 0$. Sie lautet $\psi_{200} = [1/(4\sqrt{2\,\pi})]\,(Z/a_0)^{3/2}\,(2 - Z\,r/a_0)\,e^{-Z\,r/2\,a_0}$.   a) Bei $r = a_0$ ist $\psi = [1/(4\sqrt{2\,\pi})]\,(Z/a_0)^{3/2}\,(2 - Z)\,e^{-Z/2}$.   b) $\psi^2 = [Z^3/(32\,\pi\,a_0^3)]\,(2 - Z)^2\,e^{-Z}$.   c) $P(r) = 4\,\pi\,r^2\,\psi^2 = [Z^3/(8\,a_0)]\,(2 - Z)^2\,e^{-Z}$.

37.11   a) Die Wechselwirkungsenergie zwischen Elektron und magnetischem Feld ist $V = -\boldsymbol{\mu}\cdot\mathbf{B} = \mu_z\,B$. Darin ist $\mu_z = -g\,m\,\mu_B$ und $g = 2$ sowie $m = \pm\frac{1}{2}$. Das Bohrsche Magneton ist $\mu_B = 5{,}79\cdot 10^{-5}\,\text{eV/T}$. Damit errechnet sich die Energiedifferenz zu $\Delta E = \frac{1}{2}g\,\mu_B[B - (-B)] = g\,\mu_B\,B = 6{,}95\cdot 10^{-5}\,\text{eV}$.   b) Der Spin klappt um, wenn die Photonen die Wellenlänge $\lambda = h\,c/\Delta E = 1{,}79\,\text{cm}$ haben.

37.12 Auf das Elektron wirkt eine Kraft mit dem Betrag $F = \mu_z\,(\mathrm{d}B_z/\mathrm{d}z) = g\,m\,\mu_B\,(\mathrm{d}B_z/\mathrm{d}z) = 2\,(\frac{1}{2})\,(9{,}27\cdot 10^{-24}\,\text{J/T})\,(850\,\text{T/m}) = 7{,}88\cdot 10^{-21}\,\text{N}$.

37.13 In diesem Fall ist der Drehimpuls des Atoms durch die Quantenzahl $j = 1$ beschrieben. Daher sind $2\,j + 1 = 3$ verschiedene Werte der z-Komponenten des magnetischen Moments möglich, und der Atomstrahl wird in drei Teile aufgespalten.

37.14   a) $\mu_N = e\,\hbar/(2\,m_P) = (1{,}6\cdot 10^{-19}\,\text{C})\,(1{,}055\cdot 10^{-34}\,\text{J}\cdot\text{s})/[2\,(1{,}672\cdot 10^{-27}\,\text{kg})] = 5{,}05\cdot 10^{-27}\,\text{J/T}$.   b) $\mu_N = e\,\hbar/(2\,m_P) = (5{,}05\cdot 10^{-27}\,\text{J/T})\,[1\,\text{eV}/(1{,}6\cdot 10^{-19}\,\text{J})]\,(1\,\text{T}/10^4\,\text{G}) = 3{,}15\cdot 10^{-12}\,\text{eV/G}$.

37.15 Der gesamte Drehimpuls des Wasserstoffatoms ist gleich der Summe aus Bahndrehimpuls (ℓ) und Spindrehimpuls des Elektrons ($\frac{1}{2}$). Daher ist $j = \ell \pm \frac{1}{2}$ oder $\ell = j \mp \frac{1}{2} = 0$ oder 1.

37.16   a) $j = \ell \pm \frac{1}{2} = \frac{5}{2}$ oder $\frac{3}{2}$.   b) Der Betrag des gesamten Drehimpulses ist gegeben durch $J = \sqrt{j\,(j + 1)}\,\hbar$. Daraus folgt $j = 2{,}96\,\hbar$ oder $j = 1{,}94\,\hbar$ c) Mit $\mathbf{J} = \mathbf{L} + \mathbf{S}$ ergibt sich $J_z = L_z + S_z = (m_\ell + m_s)\,\hbar = m_j\,\hbar$ und $m_\ell = -2, -1, 0, +1, +2$ sowie $m_s = \pm\frac{1}{2}$. Daher sind die möglichen Werte von m_j folgende: $m_j = -\frac{5}{2}, -\frac{3}{2}, -\frac{1}{2}, \frac{1}{2}, \frac{3}{2}, \frac{5}{2}$.

37.17   a) Wenn wir $j_1 = j_2 = \frac{1}{2}$ setzen, ergibt sich aus der allgemeinen Regel für die Kombination von Drehimpulsen $j = j_1 + j_2 = 1$ oder $j = j_1 - j_2 = 0$.   b) Hier sei $j_1 = \ell = 0$ und $j_2 = s = 1$. Damit ist $j = 1$, und der Betrag des Drehimpulses ist $J = \sqrt{j\,(j + 1)}\,\hbar = \sqrt{2}\,\hbar$. c) Die Abbildung zeigt das Vektordiagramm der Spins von Neutron, Proton und Deuteron.

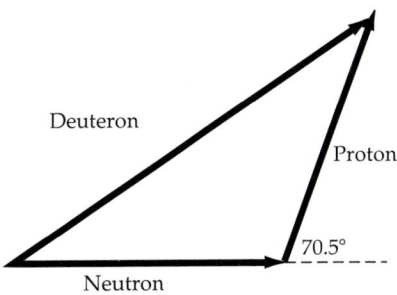

Der Betrag des Spins ist beim Deuteron $s_D = \sqrt{2}\,\hbar$, während er beim Proton und beim Neutron $s_\mathrm{P} = s_\mathrm{N} = \sqrt{\frac{1}{2}\left(\frac{1}{2}+1\right)}\,\hbar = \frac{1}{2}\sqrt{3}\,\hbar$ ist. Den Winkel θ zwischen den Spins von Proton und Neutron ermitteln wir nach dem Cosinussatz: $s_\mathrm{D}^2 = s_\mathrm{N}^2 + s_\mathrm{P}^2 + 2\,s_\mathrm{N}\,s_\mathrm{P}\cos\theta$. Es folgt hier $\cos\theta = (s_\mathrm{D}^2 - s_\mathrm{P}^2 - s_\mathrm{N}^2)/(2\,s_\mathrm{N}\,s_\mathrm{P}) = \frac{1}{3}$. Schließlich ist $\theta = 70{,}5°$.

37.18 Für $n = 2$ existieren folgende Möglichkeiten:

$n = 2$	S	P
ℓ	0	1
j	1/2	3/2, 1/2

Die spektroskopischen Zustände hierfür sind $2S_{1/2}$, $2P_{1/2}$ und $2P_{3/2}$. Für $n = 4$ gilt:

$n = 4$	S	P	D	F
ℓ	0	1	2	3
j	1/2	3/2, 1/2	5/2, 3/2	7/2, 5/2

Die spektroskopischen Zustände hierfür sind $4S_{1/2}$, $4P_{1/2}$, $4P_{3/2}$, $4D_{3/2}$, $4D_{5/2}$, $4F_{5/2}$ und $4F_{7/2}$.

37.19 a) Das Element hat 14 Elektronen, und es handelt sich um Silicium. b) Das Element hat 20 Elektronen, und es handelt sich um Calcium.

37.20 Gallium und Indium unterscheiden sich von dem im Periodensystem jeweils vorangehenden Element dadurch, daß sie ein einzelnes Elektron in einer p-Unterschale haben. Die anderen Schalen bzw. Unterschalen sind abgeschlossen. Dadurch wird das äußerste Elektron teilweise von der Kernladung abgeschirmt und kann daher leicht entfernt werden.

37.21 Die Elemente Li, Na, K, Cu und Ag haben im Grundzustand $\ell = 0$. Daher kann j nur den Wert $\frac{1}{2}$ haben. Dagegen haben B, Al und Ga im Grundzustand $\ell = 1$, und j kann die Werte $\frac{1}{2}$ und $\frac{3}{2}$ annehmen.

Wie im Text erläutert, tritt die Spin-Bahn-Kopplung bei gleichen Werten von n und ℓ, aber unterschiedlichen Werten von j auf. Dies ist bei B, Al und Ga der Fall, so daß die Energie ihres Grundzustands aufgespalten ist.

37.22 Die Energie des äußersten Elektrons ist $E = -\frac{1}{2}[1/(4\,\pi\varepsilon_0)]\,Z'\,e^2/r$, ist also proportional zu Z'. Wenn $E = -3{,}4$ eV für $Z' = 1$ ist, so ist $E = -5{,}39$ eV für $Z' = 5{,}39/3{,}4 = 1{,}59$.

37.23 a) Ein d-Elektron hat $\ell = 2$, und die möglichen z-Komponenten des Drehimpulses sind $-2\,\hbar$, $-\hbar$, 0, $\hbar$ und $2\,\hbar$. b) Ein f-Elektron hat $\ell = 3$, und die möglichen z-Komponenten des Drehimpulses sind $-3\,\hbar$, $-2\,\hbar$, $-\hbar$, 0, $\hbar$, $2\,\hbar$ und $3\,\hbar$.

37.24 a) Die Energie des Wasserstoffatoms hängt nur von der Hauptquantenzahl n ab. Daher kann der erste angeregte Zustand entweder $2s$ oder $2p$ sein. b) Im Natriumatom wird der erste angeregte Zustand durch Anheben des $3s$-Elektrons in die $3p$-Unterschale gebildet. Damit ist die Elektronenkonfiguration $1s^2\,2s^2\,2p^6\,3p$. c) Der erste angeregte Zustand des Heliumatoms ist $1s\,2s$.

37.25 Das Wasserstoffatom hat ein einzelnes äußeres Elektron, ebenso Li, Rb, Ag und Fr; also ähneln sich ihre Spektren. Dagegen haben Ca, Ti, Hg, Cd, Ba und Ra zwei äußere s-Elektronen und daher He-ähnliche Spektren.

37.26 a) Die nächst größere Wellenlänge entspricht $n = 3$ in der Gleichung $\lambda = h\,c/[(Z - 1)^2\,(13{,}6\text{ eV})\,(1 - 1/n^2)]$. Damit ist $\lambda = 0{,}0611$ nm. Mit $n = 4$ ergibt sich $\lambda = 0{,}0580$ nm. b) Die kleinste Wellenlänge entspricht $n = \infty$, und es ist $\lambda = 0{,}0543$ nm.

37.27 Mit

$$\lambda = h\,c/[(Z - 1)^2\,(13{,}6\text{ eV})\,(1 - 1/n^2)]$$

erhalten wir

$$Z = 1 + \sqrt{h\,c/[\lambda\,(13{,}6\text{ eV})\,(1 - 1/n^2)]}.$$

Hier ist für die K_α-Linie $\lambda = 0{,}3368$ nm gegeben, also ist $n = 2$ und damit $Z = 1 + 19{,}0 = 20$. Das Element ist Calcium.

37.28 a) Mit derselben Gleichung für λ wie bei Aufgabe 27 erhalten wir mit $Z = 12$ die Wellenlänge zu $\lambda = 1{,}01$ nm. b) Mit $Z = 29$ ist $\lambda = 0{,}155$ nm.

37.29 a) Ein Elektron in der K-Schale (mit $n = 1$) hat im Wolframatom (mit $Z = 74$) die Energie $E = -(Z-1)^2 (13{,}6\text{ eV}) = -72{,}5$ keV. Dabei ist die effektive Kernladungszahl zu $Z-1$ angenommen. b) Mit der effektiven Kernladungszahl $Z - \sigma$ ist $E = -(Z-\sigma)^2 (13{,}6\text{ eV})$. Der experimentell ermittelte Wert von E beträgt $-69{,}5$ keV. Somit ist die Abschirmungskonstante $\sigma = Z - [-E/(13{,}6\text{ eV})]^{1/2} = 2{,}51$. Also werden die äußeren Wellenfunktionen durch die der inneren Elektronen merklich durchdrungen.

37.30 a) Die Energie des Laserimpulses ist $E = P\,\Delta t = (10^7\text{ W})(1{,}5\cdot10^{-9}\text{ s}) = 15$ mJ. b) Im Rubinlaser ist die Energie jedes Photons $1{,}79$ eV. Ein Laserimpuls von 15 mJ enthält daher $5{,}24\cdot10^{16}$ Photonen.

37.31 Es ist $\sin\theta = 1{,}22\,\lambda/D = 7{,}32\cdot10^{-6}$. Der Winkel θ ist also so klein, daß wir $\sin\theta \approx \tan\theta \approx \theta$ setzen können. Damit hat der Lichtfleck auf dem Mond (der von der Erde die Entfernung $x = 3{,}84\cdot10^8$ m hat) den Durchmesser $x\tan\theta \approx x\theta = (3{,}84\cdot10^8\text{ m})(7{,}32\cdot10^{-6}\text{ rad}) = 2{,}81$ km.

37.32 Beim Stern-Gerlach-Versuch wird der Atomstrahl in so viele Teile aufgespalten, wie die Quantenzahl m verschiedene Werte haben kann. Beim Y-Atom mit $j = \frac{3}{2}$ sind dies vier Werte: $m = -\frac{3}{2}, -\frac{1}{2}, \frac{1}{2}$ und $\frac{3}{2}$.

37.33 a) Wenn das Photon die Energie E_P hat, so ist die Energie des Elektrons am Ende $E_2 = E_1 + E_P = -(13{,}6\text{ eV}) + 12{,}09\text{ eV} = -1{,}51$ eV.

Das negative Vorzeichen drückt aus, daß sich das Elektron (noch) in einem gebundenen Zustand befindet. Das können wir nachprüfen: Mit $E = (-13{,}6\text{ eV})/n^2 = -1{,}51$ eV folgt $n = (13{,}6/1{,}51)^{1/2} = 3$. Zudem weist das Photon einen Drehimpuls auf (und zwar eine Einheit), so daß der Endzustand des Elektrons $n = 3$ und $\ell = 1$ hat; dies ist ein $3p$-Zustand. b) Mit $E_P = 20$ eV erhalten wir $E_2 = 6{,}4$ eV. Das Elektron ist nicht mehr gebunden (die Energie ist positiv), sondern verläßt das Atom mit der kinetischen Energie $6{,}4$ eV.

37.34 Es ist $L_x^2 + L_y^2 + L_z^2 = L^2 = \ell(\ell+1)\hbar^2$ und $L_z = m\hbar$. Daraus folgt $L_x^2 + L_y^2 = L^2 - L_z^2 = \ell(\ell+1)\hbar^2 - m^2\hbar^2 = (6 - m^2)\hbar^2$. a) Der Mindestwert von $L_x^2 + L_y^2$ tritt auf, wenn m den größten Betrag hat (hier also 2). Dann ist $(L_x^2 + L_y^2)_{\min} = (6 - 2^2)\hbar^2 = 2\hbar^2$. b) Der Maximalwert von $L_x^2 + L_y^2$ tritt auf, wenn $m = 0$ ist. Damit folgt $(L_x^2 + L_y^2)_{\max} = (6 - 0)\hbar^2 = 6\hbar^2$. c) Für $m = 1$ ist $L_x^2 + L_y^2 = 5\hbar^2$.

37.35 Multiplikation von Δp mit r ergibt ΔL_z. Wenn die Winkelposition des Teilchens um den Betrag $\Delta\varphi$ unbestimmt ist, dann ist die Ortsunsicherheit $\Delta x = r\,\Delta\varphi$. Daraus folgt $\Delta x\,\Delta p = \Delta x\,\Delta p\,(r/r) = (\Delta x/r)\Delta L_z = \Delta\varphi\,\Delta L_z \geq \hbar/2$.

37.36 Der Winkel θ zwischen dem Drehimpuls $\mathbf{L}$ und der z-Achse ist gegeben durch $\cos\theta = m/[\ell(\ell+1)]^{1/2}$. Der Winkel ist minimal, wenn die z-Komponente von $\mathbf{L}$ maximal ist, d.h. wenn $m = \ell$ ist. Dann ist $\cos\theta_{\min} = \ell/[\ell(\ell+1)]^{1/2} = 1/(1+1/\ell)^{1/2} \approx 1 - \frac{1}{2}(1/\ell)$. Diese Näherung gilt für große Werte von ℓ. Dann liegt $\cos\theta$ nahe bei 1, d.h. θ ist klein. In diesem Fall können wir die Reihenentwicklung $\cos\theta \approx 1 - \frac{1}{2}\theta^2$ ansetzen und erhalten $\theta_{\min} \approx 1/\sqrt{\ell}$.

37.37 a) Wir berechnen die Energien nach $E = hc/\lambda = (1239{,}852\text{ eV}\cdot\text{nm})/\lambda$. Mit $\lambda = 766{,}41$ nm folgt $E = 1{,}61774$ eV, und für $\lambda = 769{,}90$ nm ist $E = 1{,}61041$ eV. Beachten Sie: Die höhere Energie entspricht $j = \frac{3}{2}$, und die geringere entspricht

$j = \frac{1}{2}$.   b) $\Delta E = 1{,}61774$ eV $- 1{,}61041$ eV $= 7{,}33 \cdot 10^{-3}$ eV.   c) Die Energie der magnetischen Wechselwirkung ist $V = \mu_z B = g \mu_B j B$. Damit ist die Energiedifferenz $\Delta E = g \mu_B \left(\frac{3}{2} - \frac{1}{2}\right) B = 2 \mu_B B$. Auflösen nach dem Magnetfeld B ergibt $B = \Delta E / (2 \mu_B) = 6{,}33 \cdot 10^5$ G $= 63{,}3$ T. Das ist ein ziemlich starkes Magnetfeld.

37.38 Wir bestimmen $g = 2 m \mu / (Q L)$, wobei μ das magnetische Moment und L der Drehimpuls ist.   a) Der Drehimpuls eines massiven Zylinders mit der Masse m und dem Radius R, der mit der Winkelgeschwindigkeit ω rotiert, ist $L = I \omega = \frac{1}{2} m R^2 \omega$. Das magnetische Moment des Systems ist $\mu = I A = I \pi R^2$, wobei I der Strom ist, der durch die Ladung Q auf der Zylinderoberfläche hervorgerufen wird. Diese Ladung passiert einen gegebenen Punkt in der Zeit $T = 2 \pi / \omega$. Der Strom ist daher $I = Q/T = Q \omega / (2 \pi)$. Daraus folgt $\mu = Q \omega R^2 / 2$. Schließlich erhalten wir die Konstante $g = 2 m (Q \omega R^2 / 2) / [Q (\frac{1}{2} m R^2 \omega)] = 2$. b) Der Drehimpuls einer massiven Kugel mit dem Radius R ist $L = \frac{5}{2} m R^2 \omega$, und ihr magnetisches Moment ist $\mu = I A = [Q \omega / (2 \pi)] \pi R^2 = Q \omega R^2 / 2$; denn die gesamte Ladung passiert, wie in a), einen gegebenen Punkt in der Zeit $T = 2 \pi / \omega$, wobei sich die ganze Ladung in einem Kreis mit dem Radius R bewegt. Damit wird $g = 2 m (Q \omega R^2 / 2) / [Q (\frac{2}{5} m R^2 \omega)] = \frac{5}{2}$.

37.39 a) Die durch das Magnetfeld strömenden Wasserstoffatome erfahren in z-Richtung die maximale Kraft $F_z = \mu_z \, dB_z / dz$. Im Grundzustand haben die Atome $\ell = 0$, und ihr Drehimpuls ist der des Elektronenspins. Damit hat μ_z den Betrag μ_B, und die maximale Beschleunigung ist $a = F_z / m = \mu_B (dB_z / dz) / m = (9{,}27 \cdot 10^{-24}$ J/T$) (600$ T/m$) / (1{,}674 \cdot 10^{-27}$ kg$) = 3{,}32 \cdot 10^6$ m/s^2.   b) Wenn die Atome mit der Geschwindigkeit v_x in das Feld eintreten, so benötigen sie zum Durchqueren des Feldes die Zeit $\Delta t = \Delta x_1 / v_x$. Darin ist $\Delta x_1 = 0{,}75$ m die Ausdehnung des Feldes. Während der Zeitspanne Δt werden die Atome in z-Richtung um $z_1 = \frac{1}{2} a \Delta t^2 = a \Delta x_1^2 / (2 v_x^2)$ abgelenkt. Zudem erhalten sie in z-Richtung die Geschwindigkeit

$v_z = a \Delta t = a \Delta x_1 / v_x$. Nach Passieren des Feldes durchqueren die Atome ohne Richtungsänderung die Strecke $\Delta x_2 = 1{,}25$ m. Dabei ist der Winkel θ gegenüber der ursprünglichen Richtung gegeben durch $\tan \theta = v_z / v_x$. Dadurch tritt bis zum Detektor eine weitere Ablenkung in z-Richtung auf: $z_2 = \Delta x_2 \tan \theta = a \Delta x_1 \Delta x_2 / v_x^2$. Isgesamt folgt mit $v_0 = 14{,}5$ km/s für den Abstand der Linien auf dem Detektor $\Delta z = 2 (z_1 + z_2) = (a \Delta x_1 / v_x^2)(\Delta x_1 + 2 \Delta x_2) = 3{,}85$ cm.

37.40 Das Maximum der Wahrscheinlichkeitsverteilung tritt bei dem Radius r auf, für den $dP(r)/dr = 0$ ist. Es gilt $dP(r)/dr = C [2 r e^{-2 Z r / a_0} + r^2 (-2 Z / a_0) e^{-2 Z r / a_0}] = C (2 Z r / a_0) e^{-2 Z r / a_0} (a_0 / Z - r)$. Also liegt das Maximum beim Radius $r = a_0 / Z$. Bei $r = 0$ ist zwar ebenfalls $dP(r)/dr = 0$; aber hier ist auch $P(r) = 0$, so daß das gesuchte Maximum nicht im Ursprung liegen kann.

37.41 a) Für $n = 2$ und $\ell = 1$ ist die Wellenfunktion

$$\psi_{21m} = C_{21m} (Z r / a_0) f(\theta, \varphi) \, e^{-Z r / (2 a_0)},$$

wobei f und C von der Quantenzahl m abhängen, aber nicht vom Radius. Es folgt $P(r) = 4 \pi r^2 |\psi^2| = A r^4 e^{-Z r / a_0}$, wobei A unabhängig von r ist.   b) $P(r)$ ist maximal bei dem Radius, für den $dP(r)/dr = 0$ ist. Der Ausdruck $dP(r)/dr = a [4 r^3 e^{-Z r / a_0} + r^4 (-Z / a_0) e^{-Z r / a_0}] = A r^3 (Z / a_0) e^{-Z r / a_0} (4 a_0 / Z - r)$ ist null für $r = 4 a_0 / Z$. Hier liegt das gesuchte Maximum, denn die andere Lösung ($r = 0$) trifft nicht zu, weil hier auch $P(r) = 0$ ist.

37.42 Wir erinnern uns, daß die Wahrscheinlichkeitsverteilung im Grundzustand des Wasserstoffatoms gegeben ist durch $P(r) = (4/a_0^3) r^2 e^{-2 r / a_0}$. Darin ist $a_0 = 5{,}29 \cdot 10^{-11}$ m. Nun untersuchen wir den Wertebereich von $e^{-2 r / a_0}$ für $0 < r < R_0$. Bei $r = 0$ ist $e^{-2 r / a_0} = 1$, und bei $r = R_0$ ist $e^{-2 R_0 / a_0} = \exp(-3{,}78 \cdot 10^{-5}) = 1 - 3{,}78 \cdot 10^{-5}$. Also bleiben mindestens die ersten vier Dezimalstellen gleich, wenn wir $e^{-2r/a_0} = 1$ setzen. Damit erhalten wir die Wahrscheinlichkeitsdichte zu $P(r) = 4\,r^2/a_0^3$. Das integrieren wir von $r = 0$ bis $r = R_0$, und es folgt $P = \frac{4}{3}\,R_0^3/a_0^3 = 9{,}01 \cdot 10^{-15}$. Das entspricht einer sehr kleinen, aber doch endlichen Wahrscheinlichkeit, das Elektron am Ort des Protons anzutreffen.

37.43 Der Erwartungswert der potentiellen Energie V ist $\langle V \rangle = -[1/(4\pi\varepsilon_0)]\,Z\,e^2\,\langle\frac{1}{r}\rangle$. Mit $P(r) = (4\,Z^3/a_0^3)\,r^2\,e^{-2\,Z\,r/a_0}$ erhalten wir

$$
\begin{aligned}
\left\langle \frac{1}{r} \right\rangle &= \int_0^\infty \frac{1}{r}\,P(r)\,\mathrm{d}r \\
&= \frac{4\,Z^3}{a_0^3} \int_0^\infty r\,e^{-2\,Z\,r/a_0}\,\mathrm{d}r \\
&= \frac{4\,Z^3}{a_0^3}\,\frac{a_0^2}{4\,Z^2} = \frac{Z}{a_0}.
\end{aligned}
$$

Daraus folgt $\langle V \rangle = -[1/(4\pi\varepsilon_0)]\,Z^2\,e^2/a_0$
$= -2\,Z^2\,[1/(4\pi\varepsilon_0)]\,e^2/(2\,a_0)$
$= -2\,Z^2\,[1/(4\pi\varepsilon_0)^2]\,e^4\,m/(2\,\hbar^2) = 2\,Z^2\,E_0$.

37.44 Es ist $\psi = A\,e^{-Z\,r/a_0}$, wobei A eine Konstante ist. Damit hängt ψ weder von θ noch von φ ab, d.h. alle Ableitungen nach diesen Variablen sind null. Das trifft aber nicht für die Ableitung nach dem Radius zu. Es gilt $\partial\psi/\partial r = (-Z/a_0)\,\psi$ und $\partial(r^2\,\partial\psi/\partial r)/\partial r = (Z^2\,r^2/a_0^2 - 2\,Z\,r/a_0)\,\psi$. Einsetzen in die Differentialgleichung ergibt $[\hbar^2\,Z/(m\,a_0\,r) - \hbar^2\,Z^2/(2\,m\,a_0^2)]\,\psi - [(1/(4\pi\varepsilon_0))\,Z\,e^2/r]\,\psi = E\,\psi$. Mit $a_0 = (4\pi\varepsilon_0)\,\hbar^2/(m\,e^2)$ folgt $\hbar^2\,Z/(m\,a_0\,r) - [1/(4\pi\varepsilon_0)]\,Z\,e^2/r = 0$. Damit reduziert sich die Gleichung auf

$$
\begin{aligned}
E &= -Z^2\,\hbar^2/(2\,m\,a_0^2) \\
&= -[1/(4\pi\varepsilon_0)^2]\,Z^2\,m\,e^4/(2\,\hbar^2).
\end{aligned}
$$

Dies ist die Energie des Grundzustands im Wasserstoffatom.

37.45 Die Wellenfunktion ist hier

$$
\psi_{210} = C_{210}\,(Z\,r/a_0)\,e^{-Z\,r/(2\,a_0)}\,\cos\theta.
$$

Alle ihre Ableitungen nach der Variablen φ sind null. Ferner ist

$$
\partial\psi/\partial\theta = -C_{210}\,(Z\,r/a_0)\,e^{-Z\,r/(2\,a_0)}\,\sin\theta.
$$

Damit wird $(1/\sin\theta)\,[\partial(\sin\theta\,\partial\psi/\partial\theta)/\partial\theta] = -2\,\psi$. Für die radiale Ableitung erhalten wir $r^2\,\partial\psi/\partial r = [(r - Z\,r^2)/(2\,a_0)]\,\psi$ sowie

$$
\partial(r^2\,\partial\psi/\partial r)/\partial r = [2 - 2\,Z\,r/a_0 + Z^2\,r^2/(4\,a_0^2)]\,\psi.
$$

Einsetzen in die Differentialgleichung ergibt $[-\hbar^2/(2\,m)]\,[2/r^2 - 2\,Z/(a_0\,r) + Z^2/(4\,a_0^2) - 2/r^2]\,\psi - [(1/(4\pi\varepsilon_0))\,Z\,e^2/r]\,\psi = E\,\psi$. Der Term $1/r^2$ fällt heraus, und mit $a_0 = (4\pi\varepsilon_0)\,\hbar^2/(m\,e^2)$ fällt auch der Term $1/r$ heraus. Es bleibt stehen $E = -Z^2\,\hbar^2/(8\,m\,a_0^2) = -(Z^2/4)\,[1/(4\pi\varepsilon_0)^2]\,m\,e^4/(2\,\hbar^2) = -(Z^2/4)\,(13{,}6\,\mathrm{eV})$. Daher ist ψ_{210} tatsächlich eine Lösung der Differentialgleichung, wobei die Energie für $n = 2$ resultiert, wie erwartet.

37.46 Für gegebenes n kann ℓ folgende Werte haben: $\ell = 0, 1, 2, \ldots, n-1$. Für jede Quantenzahl ℓ kann m folgende Werte haben: $m = -\ell, -\ell+1, \ldots, \ell-1, \ell$. Das ergibt insgesamt $2\ell+1$ Zustände. Weiterhin kann jedes Elektron entweder $m_s = +\frac{1}{2}$ oder $m_s = -\frac{1}{2}$ haben, so daß sich $2(2\ell+1)$ Zustände für jeden Wert von ℓ ergeben. Damit erhalten wir für die Gesamtzahl aller Zustände

$$
\begin{aligned}
N &= 2 \sum_0^{n-1} (2\ell+1) \\
&= 2\,\{1 + 3 + 5 + \cdots + [2(n-1)+1]\} \\
&= 2\,(1 + 3 + 5 + \cdots + 2\,n - 1) \\
&= 2\,(1 + 2 + 3 + \cdots + n) \\
&\quad + 2\,[1 + 2 + 3 + \cdots + (n-1)].
\end{aligned}
$$

Mit $1 + 2 + 3 + \cdots + n = n\,(n+1)/2$ folgt sofort $N = 2\,n^2$.

37.47 Die Wellenfunktion ist hier

$$
\psi_{200} = C_{200}\,(2 - r/a_0)\,e^{-r/(2\,a_0)}.
$$

Die Wahrscheinlichkeitsdichte dafür ist $P(r) = 4\pi\,r^2\,\psi^2 = A\,r^2\,(2 - r/a_0)^2\,e^{-r/a_0}$. Darin ist

A eine Konstante. Wir leiten zunächst nach r ab: $\mathrm{d}P/\mathrm{d}r = A\left[2\,r\,(2 - r/a_0) + 2\,r^2\,(2 - r/a_0)\,(-1/a_0) + r^2\,(2 - r/a_0)^2\,(-1/a_0)\right]\mathrm{e}^{-r/a_0}$. Nullsetzen ergibt dann $r^2 - 6\,a_0\,r + 4\,a_0^2 = 0$.

Die Lösungen dieser quadratischen Gleichung sind $r = (3 \pm \sqrt{5})\,a_0$, also $r = 5{,}24\,a_0$ und $r = 0{,}764\,a_0$. Dabei hatten wir für Wasserstoff $Z = 1$ gesetzt.

37.48 Die Wahrscheinlichkeitsdichte ist im Grundzustand des Wasserstoffatoms $P(r) = (4/a_0^3)\,r^2\,\mathrm{e}^{-2\,r/a_0}$. Damit ist die Wahrscheinlichkeit, das Elektron zwischen $r = 0$ und $r = a_0$ zu finden,

$$P = \int_0^{a_0} P(r)\,\mathrm{d}r = \frac{4}{a_0^3} \int_0^{a_0} r^2\,\mathrm{e}^{-2\,r/a_0}\,\mathrm{d}r.$$

Wir verwenden folgende Beziehung

$$\int_0^{R} r^2\,\mathrm{e}^{-\alpha r}\,\mathrm{d}r = -\frac{2}{\alpha^3}\left(\mathrm{e}^{-\alpha R} - 1\right) - \frac{2\,R}{\alpha^2}\,\mathrm{e}^{-\alpha R} - \frac{R^2}{\alpha}\,\mathrm{e}^{-\alpha R}.$$

Darin ist $\alpha = 2/a_0$ und $R = a_0$. Schließlich folgt $P = 1 - 5\,\mathrm{e}^{-2} = 0{,}323$.

Kapitel 38

Moleküle

38.1 Die Ladung der Ionen ist gleich der Elementarladung e, und beim Abstand r ist ihre elektrostatische potentielle Energie $V = -[1/(4\pi\varepsilon_0)]\,e^2/r$. Daher ist für $V = -1,53$ eV der Abstand $r = -[1/(4\pi\varepsilon_0)]\,e^2/V = 0,940$ nm.

38.2 a) 1 eV/Molekül = (1 eV/Molekül) $(1,6 \cdot 10^{-19}$ J/eV) $(6,022 \cdot 10^{23}$ Moleküle/mol) = 96,23 kJ/mol. b) Mit diesem Umrechnungsfaktor ist die Dissoziationsenergie $E_D = 4,26$ eV/Molekül = 410,5 kJ/mol.

38.3 a) Ionische Bindung; b) kovalente Bindung; c) metallische Bindung.

38.4 Wäre die Bindung völlig ionisch, so hätte das Dipolmoment den Wert $p_{ion} = e\,r_0 = 1,47 \cdot 10^{-29}$ C·m. Das gemessene Dipolmoment ist $p_{gem} = 6,40 \cdot 10^{-30}$ C·m. Der Quotient beträgt $p_{gem}/p_{ion} = 0,436$. Demnach ist die Bindung zu knapp 44 % ionisch.

38.5 Das Kohlenstoffatom hat die Elektronenkonfiguration $1s^2\,2s^2\,2p^2$. Die äußerste Schale hat also die Hauptquantenzahl $n = 2$. Die Elemente mit gleicher Konfiguration $ns^2\,np^2$ in der äußersten Schale sind Si ($n = 3$), Ge ($n = 4$), Sn ($n = 5$) und Pb ($n = 6$). Die gesamten Elektronenkonfiguratonen sind in Tabelle 37.1 aufgeführt. Obwohl die Konfigurationen der äußeren Schalen dieser Elemente gleich sind, spielt der Kohlenstoff eine besondere Rolle. Nur bei ihm tritt die im Text erklärte Hybridisierung auf.

38.6 Die charakteristische Rotationsenergie ist $B = \hbar^2/(2\,I)$. Darin ist I das Trägheitsmoment. Wir nehmen an, das N_2-Molekül bestehe aus zwei gleichen, punktförmigen Massen m im Abstand r. Für die Rotation um seinen Schwerpunkt ist das Trägheitsmoment $I = 2\,m\,(r/2)^2 = \frac{1}{2}\,m\,r^2$. Daraus folgt $r = \hbar/(m\,B)^{1/2} = 0,110$ nm.

38.7 Ein zunehmender Drehimpuls ist mit einer schnelleren Rotation verknüpft. Dabei wird die Bindung des zweiatomigen Moleküls etwas länger, damit eine höhere Zentripetalkraft erzielt wird. Durch den zunehmenden Abstand der Atome wird das Trägheitsmoment höher.

38.8 Die reduzierte Masse ist $\mu = m_1\,m_2/(m_1 + m_2)$. Wie nehmen an, es sei m_1 viel größer als m_2, so daß gilt $m_2/m_1 \ll 1$. Daraus folgt $\mu = m_1\,m_2/[m_1\,(1 + m_2/m_1)] = m_2/(1 + m_2/m_1) \approx m_2$.

38.9 Das Trägheitsmoment des O_2-Moleküls ist $I = 2\,m\,(r/2)^2 = \frac{1}{2}\,m\,r^2$. Darin ist r der Abstand der Atome voneinander, und m ist die Masses eines Atoms. Mit $B = \hbar^2/(2\,I)$ folgt $r = \hbar/(m\,B)^{1/2} = 0,121$ nm.

38.10 Mit $r = 1$ nm ist $[1/(4\pi\varepsilon_0)]\,e^2/r = (8,99 \cdot 10^9$ N·m²/C²$)\,(1,6 \cdot 10^{-19}$ C$)^2/(10^{-9}$ m$) = 2,30 \cdot 10^{-19}$ J = 1,44 eV. Damit ist $[1/(4\pi\varepsilon_0)]\,e^2 = 1,44$ eV·nm.

38.11 Die Abbildung zeigt, wie die potentielle Energie eines zweiatomigen Moleküls prinzipiell vom Abstand abhängt.

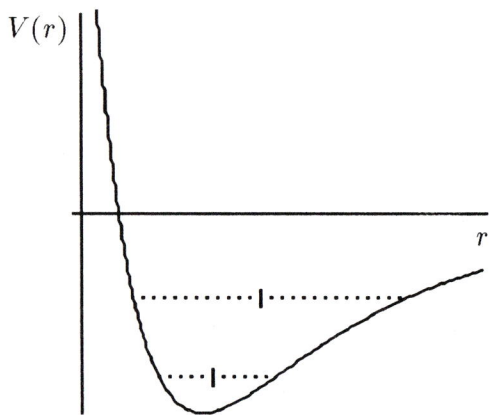

Die mittleren Abstände zweier verschiedener Schwingungs-Energieniveaus sind eingezeichnet. Die Kurve ist asymmetrisch: Mit zunehmender Schwingungsenergie wird der Abstand am Umkehrpunkt bei großem r schneller größer, als der Abstand am Umkehrpunkt bei kleinem r abnimmt. Daher steigt der mittlere Abstand an, der etwa dem Mittelwert der Abstände an den Umkehrpunkten entspricht.

38.12 a) Mit $r = 0{,}236$ nm erhalten wir $V = -[1/(4\,\pi\varepsilon_0)]\,e^2/r = -6{,}09$ eV. Der Abbildung 38.1 entnehmen wir die zur Dissoziation aufzuwendende Energie: $4{,}26$ eV $+ 1{,}53$ eV $= 5{,}79$ eV. b) Die Abstoßung der Ionen beim Gleichgewichtsabstand erleichtert sozusagen die Dissoziation. Mit dem Ergebnis aus Teil a) erhalten wir die Abstoßungsenergie beim Gleichgewichtsabstand zu $6{,}09$ eV $- 5{,}79$ eV $= 0{,}305$ eV.

38.13 Es ist $\mu = m_1 m_2/(m_1 + m_2)$. Wir dividieren Zähler und Nenner beispielsweise durch m_2 und erhalten $\mu = m_1 [m_2/(m_1 + m_2)] = m_1/(1 + m_1/m_2)$. Es ist $m_1/m_2 > 0$ und daher $1 + m_1/m_2 > 1$. Das ist gleichbedeutend mit $\mu < m_1$. Analog folgt für die andere Masse, wenn wir den Ausdruck für μ durch m_1 kürzen: $\mu = m_2 [m_1/(m_1 + m_2)] = m_2/(1 + m_2/m_1)$. Mit $m_2/m_1 > 0$ folgt hier $1 + m_2/m_1 > 1$ und damit $\mu < m_2$.

38.14 Die Abbildung zeigt das System.

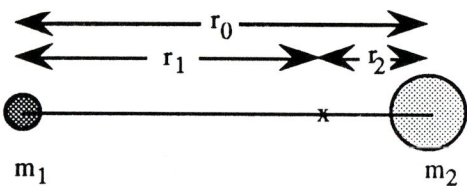

Der Schwerpunkt des Moleküls ist mit x gekennzeichnet. Wenn wir den Mittelpunkt vom m_1 als Ursprung wählen, hat der Schwerpunkt von diesem den Abstand $r_1 = (m_1\,0 + m_2\,r_0)/(m_1 + m_2) = r_0\,m_2/(m_1 + m_2)$. Daraus folgt $r_1 = r_0\,m_2/(m_1 + m_2)$ und $r_2 = r_0\,m_1/(m_1 + m_2)$. Das Trägheitsmoment des Moleküls bei der Rotation um den Schwerpunkt ist damit $I = m_1\,r_1^2 + m_2\,r_2^2 = (m_1\,m_2^2 + m_2\,m_1^2)\,r_0^2/(m_1 + m_2)^2 = r_0\,m_1\,m_2\,(m_2 + m_1)/(m_1 + m_2)^2 = r_0^2\,m_1\,m_2/(m_1 + m_2) = \mu\,r_0^2$. Darin ist $\mu = m_1\,m_2/(m_1 + m_2)$.

38.15 Es ist $m_1 = m_\mathrm{H} = 1$ u und $m_2 = m_\mathrm{F} = 19$ u. Es folgt $\mu = m_1 m_2/(m_1 + m_2) = 0{,}95$ u. Mit der Kraftkonstanten $k = 970$ N/m erhalten wir die Frequenz der Schwingung zu $\nu = [1/(2\,\pi)]\sqrt{k/\mu} = 1{,}25 \cdot 10^{14}$ Hz.

38.16 a) Die Energieniveaus der Schwingung sind gegeben durch $E = (v + \frac{1}{2})\,h\,\nu$. Das unterste Niveau liegt bei $E = \frac{1}{2}\,h\,\nu$. Mit $\nu = 8{,}66 \cdot 10^{13}$ Hz ist $E = 0{,}179$ eV. b) Der Abstand der Linien ist $2\,B = 2\,\hbar^2/(2\,I) = \hbar^2/I$. Daraus ergibt sich $I = \hbar^2/(2\,B)$. Den Abstand der Linien können wir auch schreiben als $2\,B = h\,\Delta\nu$ und erhalten $I = \hbar^2/(h\,\Delta\nu) = h/(4\,\pi^2\,\Delta\nu) = 2{,}80 \cdot 10^{-47}$ kg $\cdot$ m^2. c) Mit $I = \mu\,r_0^2$ und $\mu = 0{,}973$ u (vgl. die nächste Aufgabe) ist der Gleichgewichtsabstand $r_0 = \sqrt{I/\mu} = 0{,}132$ nm.

38.17 Es ist $m_1 = m_\mathrm{H} = 1$ u und $m_2 = m_\mathrm{Cl} = 35{,}5$ u. Die reduzierte Masse ist $\mu = m_1 m_2/(m_1 + m_2) = 0{,}973$ u. Aus Abbildung 38.16 erhalten wir die Frequenz der Grundschwingung zu etwa $8{,}65 \cdot 10^{13}$ Hz. Damit ist die Kraftkonstante $k = (2\,\pi\,\nu)^2\,\mu = 477$ N/m.

38.18 a) Die Ableitung von $V = V_0 \cdot [(a/r)^{12} - 2(a/r)^6]$ nach r ist $dV/dr = -(V_0/r)[12(a/r)^{12} - 12(a/r)^6]$. Um das Minimum zu finden, setzen wir $dV/dr = 0$ und erhalten $r_0 = a$. b) Bei $r_0 = a$ hat das Lennard-Jones-Potential den Wert $V_{\min} = V_0(1 - 2) = -V_0$. c) Der Abbildung 38.4 entnehmen wir $r_0 = 0{,}074$ nm und $V_0 = 4{,}52$ eV.

38.19 Das Lennard-Jones-Potential $V(r)$ ist in der Kurve (1) gegen r aufgetragen. Kurve (2) zeigt den abstoßenden Term $V_0\,(a/r)^{12}$, und Kurve (3) den anziehenden Term $-2\,V_0\,(a/r)^6$.

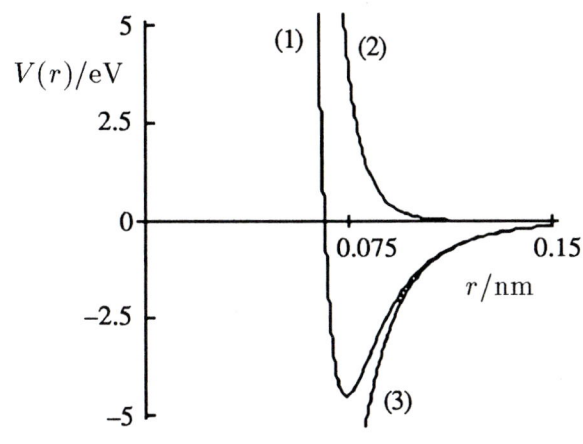

38.20 a) Das elektrische Feld eines Dipols ändert sich mit dem Abstand x proportional zu x^{-3}. b) Das Dipolmoment des unpolarem Moleküls ist proportional zum elektrischen Feld, das an seinem Ort herrscht, also auch proportional zu x^{-3}. Damit ist die Wechselwirkungsenergie V proportional zu x^{-6}. c) Mit $F_x = -dV/dx$ folgt, daß die Kraft proportional zu x^{-7} ist.

38.21 Hier hat das Dipolmoment des zweiten Moleküls einen festen Betrag, der also nicht vom Abstand beider Moleküle abhängt. Da das vom Dipolmoment des ersten Moleküls hervorgerufene elektrische Feld proportional zu x^{-3} ist, ist die Wechselwirkungsenergie $V = -\mathbf{p} \cdot \mathbf{E}$ proportional zu x^{-3}. Mit $F_x = -dV/dx$ folgt, daß die Kraft zwischen den Molekülen proportional zu x^{-4} ist.

38.22 a) Wie in Aufgabe 14 berechnet, ist das

Trägheitsmoment eines zweiatomigen Moleküls $I = \mu\,r_0^2$. Für das CO-Molekül ist $m_C = 12$ u und $m_O = 16$ u und damit $\mu = 6{,}86$ u. Der Gleichgewichtsabstand ist $r_0 = 0{,}113$ nm. Daraus folgt das Trägheitsmoment zu $I = (6{,}86\text{ u})(0{,}113\text{ nm})^2 = 1{,}45 \cdot 10^{-46}$ kg·m². Die charakteristische Rotationsenergie ist $B = \hbar^2/(2\,I) = 3{,}83 \cdot 10^{-23}$ J $= 0{,}239 \cdot 10^{-3}$ eV. b) – d) Die Energieniveaus für $J = 0$ bis $J = 5$ sind in der Tabelle aufgeführt. Sie wurden berechnet mit $E = J\,(J+1)\,B$, d.h. es ist $E = 0$ für $J = 0$ gesetzt. Weiterhin sind in der Tabelle die Übergänge für $\Delta J = -1$ angegeben, zusammen mit der zugehörigen Energie der Photonen $E_P = h\,\nu = h\,c/\lambda$ und deren Wellenlänge $\lambda = h\,c/E_P$. Aus den Werten in der Tabelle geht hervor, daß die Photonen im Bereich der Mikrowellen und der kurzen Radiowellen liegen.

J	Übergang $\Delta J = -1$	$E/$ 10^{-3} eV	$E_P/$ 10^{-3} eV	$\lambda/$ nm
5		7,18		
	↓		2,39	0,519
4		4,78		
	↓		1,91	0,649
3		2,87		
	↓		1,44	0,865
2		1,44		
	↓		0,956	1,30
1		0,478		
	↓		0,478	2,60
0		0		

38.23 a) Wir nehmen an, daß auf das System keine äußeren Kräfte einwirken, so daß der Schwerpunkt seine Position nicht ändert. Wenn die Masse m_1 um die Strecke Δr_1 bewegt wird (beispielsweise nach links), muß sich die andere Masse m_2 um die Strecke Δr_2 nach rechts bewegen, wobei (wegen des festgehaltenen Schwerpunktes) gilt $\Delta r_2 = m_1\,\Delta r_1/m_2$. Dies bewirkt eine Dehnung der Feder um $x = \Delta r_1 + \Delta r_2 = \Delta r_1(1 + m_1/m_2) = \Delta r_1(m_1 + m_2)/m_2$. Die entsprechende Rückstellkraft ist $F = -k\,x = -k\,(m_1 + m_2)\,\Delta r_1/m_2$. b) Im Teil a) haben wir ermittelt, wie die Rückstellkraft von der Auslenkung der Masse m_1 abhängt. Wir erhalten daraus die effektive Kraftkonstante für den

Körper 1 zu $k_{\mathrm{eff}} = k\,(m_1 + m_2)/m_2$. Damit wird die Schwingungsfrequenz des Systems: $\nu = [1/(2\,\pi)]\,\sqrt{k_{\mathrm{eff}}/m_1} = [1/(2\,\pi)]\,\sqrt{k/\mu}$.

38.24 a) Die reduzierte Masse von $H^{35}Cl$ beträgt 0,9722 u, und die von $H^{37}Cl$ ist 0,9737 u. Damit ist $\Delta\mu/\mu = 0,00153$. b) Die charakteristische Rotationsenergie ist $B = \hbar^2/(2\,I) = \hbar^2/(2\,\mu\,r_0^2)$. Wegen $E = h\,\nu$ ist die Frequenz beim niedrigsten Energieniveau der Rotation $\nu = \hbar/(4\,\pi\,\mu\,r_0^2)$. Damit erhalten wir $d\nu/d\mu = -\hbar/(4\,\pi\,\mu^2\,r_0^2) = -\nu/\mu$. Daraus folgt $\Delta\nu/\nu = -\Delta\mu/\mu$. Das bedeutet: Wenn die reduzierte Masse größer ist, so ist die Frequenz kleiner.

Das sehen wir in Abbildung 38.16: Im Rotations-Schwingungs-Spektrum von natürlichem HCl liegen die Peaks von $H^{37}Cl$ bei kleineren Frequenzen. Die Peaks von $H^{35}Cl$ haben die höhere Intensität, weil das ^{35}Cl-Isotop das häufigere ist. c) Mit den eben berechneten Werten folgt für die Linienpaare der beiden Chlor-Iostope $\Delta\nu/\nu = -0,00153$. Das können wir an Abbildung 38.16 nachprüfen: Wir betrachten den (größeren) Peak bei $\nu_{\mathrm{gr}} = 9,21 \cdot 10^{13}$ Hz. Dann ist die Frequenz des kleineren Peaks $\nu_{\mathrm{kl}} = \nu_{\mathrm{gr}} + \Delta\nu = 9,21 \cdot 10^{13}$ Hz $- 0,00153\,(9,21 \cdot 10^{13}$ Hz$) = 9,196 \cdot 10^{13}$ Hz.

Kapitel 39

Festkörper

39.1 a) Die Elementarzelle ist ein Würfel mit den Kantenlängen $2R$. b) Das Volumen der Elementarzelle ist $(2R)^3 = 8R^3$. Weiterhin hat eine Kugel das Volumen $\frac{4}{3}\pi R^3$. Jede Elementarzelle enthält eine vollständige Kugel. Daher besetzt diese den Anteil $(\frac{4}{3}\pi R^3)/(8R^3) = \pi/6 = 0,524$ des Volumens der Elementarzelle.

39.2 Sowohl K^+ als auch Cl^- besetzen das Volumen r_0^3. Also besetzt ein Mol KCl das Volumen $V = 2N_A r_0^3$. Das Volumen pro Mol ist andererseits gegeben durch $V = m_{mol}/\varrho = (74,55 \text{ g/mol})/(1,984 \text{ g/cm}^3) = 37,58 \text{ cm}^3/\text{mol}$. Daraus folgt $r_0 = [V/(2N_A)]^{1/3} = [(37,58 \text{ cm}^3/\text{mol})/(6,022 \cdot 10^{23} \text{ mol}^{-1})]^{1/3} = 3,15 \cdot 10^{-8} \text{ cm} = 0,315 \text{ nm}$.

39.3 Es ist $V(r_0) = -[1/(4\pi\varepsilon_0)](\alpha e^2/r_0)(1 - 1/n)$. Darin ist α die Madelung-Konstante, und es ist $r_0 = 0,257 \text{ nm}$ sowie $e = 1,6 \cdot 10^{-19}$ C und $[1/(4\pi\varepsilon_0)] = 8,99 \cdot 10^9 \text{ N} \cdot \text{m}^2/\text{C}^2$. LiCl hat dieselbe Struktur wie NaCl, also auch dieselbe Madelung-Konstante $\alpha = 1,75$. Die Dissoziationsenergie von LiCl beträgt daher 741 kJ/mol. Mit 1 eV/Ionenpaar = 96,47 kJ/mol entspricht dies 7,68 eV/Ionenpaar. Mit $V(r_0) = -7,68$ eV $= -1,23 \cdot 10^{-18}$ J erhalten wir $n = [(1 + (4\pi\varepsilon_0)r_0 V(r_0)/(\alpha e^2)]^{-1} = 4,62$.

39.4 a) Das Volumen pro Leitungselektron ist $\frac{4}{3}\pi r_k^3$. Daher besetzen N Leitungselektronen das Volumen $V = N(\frac{4}{3}\pi r_k^3)$. Die Anzahldichte der Leitungselektronen ist $n = N/V$, und es folgt $r_k = [3V/(4\pi N)]^{1/3} = [3/(4\pi n)]^{1/3}$. b) Für Kupfer beträgt die Anzahldichte der Leitungselektronen $n = 8,47 \cdot 10^{22} \text{ cm}^{-3}$. Damit ist $r_k = 0,141 \text{ nm}$.

39.5 a) $\varrho = m_e \langle v \rangle /(n e^2 \ell_e) = (9,11 \cdot 10^{-31} \text{ kg})(1,17 \cdot 10^5 \text{ m/s})/[(8,47 \cdot 10^{28} \text{ m}^{-3})(1,6 \cdot 10^{-19} \text{ C})^2 (4 \cdot 10^{-10} \text{ m})] = 1,23 \cdot 10^{-7} \, \Omega \cdot \text{m}$. b) Wegen $\langle v \rangle \propto \sqrt{k_B T/m_e}$ ist der Quotient von $\langle v \rangle$ bei 100 K zu $\langle v \rangle$ bei 300 K gleich $\sqrt{100/300} = 1/\sqrt{3}$. Der spezifische Widerstand bei 100 K beträgt daher $\varrho_{100} = \varrho_{300}/\sqrt{3} = 7,10 \cdot 10^{-8} \, \Omega \cdot \text{m}$.

39.6 Mit einem freien Elektron pro Atom ist die Anzahldichte der freien Elektronen $n = \varrho N_A/m_{mol}$.
a) Für Silber ist $n = (10,5 \text{ g/cm}^3)(6,022 \cdot 10^{23} \text{ mol}^{-1})/(107,87 \text{ g/mol}) = 5,86 \cdot 10^{22} \text{ cm}^{-3}$.
b) Für Gold erhalten wir $n = (19,3 \text{ g/cm}^3)(6,022 \cdot 10^{23} \text{ mol}^{-1})/(196,97 \text{ g/mol}) = 5,90 \cdot 10^{22} \text{ cm}^{-3}$.

39.7 Mit zwei freien Elektronen pro Atom ist die Anzahldichte der freien Elektronen $n = 2\varrho N_A/m_{mol}$. a) Für Magnesium erhalten wir $n = 2(1,74 \text{ g/cm}^3)(6,022 \cdot 10^{23} \text{ mol}^{-1})/(24,31 \text{ g/mol}) = 8,62 \cdot 10^{22} \text{ cm}^{-3}$. b) Für Zink erhalten wir $n = 2(7,1 \text{ g/cm}^3)(6,022 \cdot 10^{23} \text{ mol}^{-1})/(65,38 \text{ g/mol}) = 13,1 \cdot 10^{22} \text{ cm}^{-3}$.

39.8 Die mittlere Energie der Leitungselektronen bei $T = 0$ ist $\langle E \rangle = \frac{3}{5} E_F$. a) Für Kupfer ist $E_F = 7,04$ eV und daher $\langle E \rangle = 4,22$ eV. b) Für Lithium ist $E_F = 4,75$ eV und daher $\langle E \rangle = 2,85$ eV.

39.9 Für Eisen ist $n = 17,0 \cdot 10^{28} \text{ m}^{-3}$.
a) $E_F = [h^2/(8m_e)](3n/\pi)^{2/3} = (6,02 \cdot 10^{-38} \text{ J} \cdot \text{m}^2)(3n/\pi)^{2/3} = 1,79 \cdot 10^{-18} \text{ J} = 11,2 \text{ eV}$.
b) $T_F = E_F/k_B = 1,30 \cdot 10^5$ K.

39.10 Die Kontaktspannung zweier Metalle ist $U_{kont} = (W_{A1} - W_{A2})/e$. a) Die größte Kontaktspannung entsteht, wenn Nickel und Kalium miteinander in Kontakt stehen.
b) $U_{kont} = (5,2\,\text{eV} - 2,1\,\text{eV})/e = 3,1\,\text{V}$.

39.11 Mit $E = 3\,N E_F/5 + \alpha\,N(k_B T/E_F)\,k_B T$ und $\alpha = \pi^2/4$ ist die mittlere Energie pro Elektron $E/N = 3\,E_F/5 + \pi^2(k_B T)^2/(4\,E_F)$. Für Kupfer ist die Fermi-Energie $E_F = 7,04\,\text{eV}$. Daher ist bei $T = 0\,\text{K}$ die mittlere Energie pro Elektron $E/N = 3\,E_F/5 = 4,2240\,\text{eV}$. Bei $T = 300\,\text{K}$ folgt $E/N = 3\,(7,04\,\text{eV})/5 + \pi^2(k_B T)^2/[4\,(7,04\,\text{eV})] = 4,224\,\text{eV} + (\pi^2/4)\,[(1,38 \cdot 10^{-23}\,\text{J/K})\,(300\ \text{K})\,(1\ \text{eV})\,/\,(1,6 \cdot 10^{-19}\,\text{J})]^2 /(7,04\,\text{eV}) = 4,2242\,\text{eV}$. Dieser Wert ist nur wenig größer als der bei $T = 0\,\text{K}$. Das ist zu erwarten, weil 300 K klein ist gegen die Fermi-Temperatur $T_F = E_F/k_B = 81\,600\,\text{K}$. Zum Vergleich: der klassische Wert ist $E/N = \frac{3}{2}\,k_B T = 0,0388\,\text{eV}$, also viel zu klein; er resultiert daraus, daß das Pauli-Verbot nicht beachtet wird.

39.12 Die Geschwindigkeit u_F eines Elektrons mit der Energie E_F ist gegeben durch $\frac{1}{2}\,m_e u_F^2 = E_F$ bzw. $u_F = (2\,E_F\,/\,m_e)^{1/2}$. Darin ist $m_e = 9,11 \cdot 10^{-31}\,\text{kg}$.
a) $E_F = 3,24\,\text{eV}$ und $u_F = 1,07 \cdot 10^6\,\text{m/s}$.
b) $E_F = 5,53\,\text{eV}$ und $u_F = 1,39 \cdot 10^6\,\text{m/s}$.
c) $E_F = 10,2\,\text{eV}$ und $u_F = 1,89 \cdot 10^6\,\text{m/s}$.

39.13 Der spezifische Widerstand ϱ hängt mit der mittleren freien Weglänge ℓ_e der Elektronen zusammen über $\varrho = m_e u_F/(n\,e^2 \ell_e)$. Darin ist n die Anzahldichte der Elektronen. Es folgt $\ell_e = m_e u_F/(n\,e^2 \varrho)$. a) $\ell_e = (9,11 \cdot 10^{-31}\,\text{kg})\,(1,07 \cdot 10^6\,\text{m/s})\,/\,[(2,65 \cdot 10^{28}\,\text{m}^{-3})\,(1,6 \cdot 10^{-19}\,\text{C})^2\,(4,2 \cdot 10^{-8}\,\Omega \cdot \text{m})] = 3,42 \cdot 10^{-8}\,\text{m}$. b) $\ell_e = 4,11 \cdot 10^{-8}\,\text{m}$. c) $\ell_e = 4,29 \cdot 10^{-9}\,\text{m}$.

39.14 Die molare Wärmekapazität eines Metalls beträgt etwa $3\,R$. Für ein Elektronengas gilt $\pi^2 R T/(2\,T_F) = \pi^2 R\,k_B T/(2\,E_F)$. Wir setzen $\pi^2 R\,k_B T/(2\,E_F) = (0{,}1)\,3\,R$ und erhalten $T = (0{,}6)\,E_F/(\pi^2 k_B) = 4962\,\text{K}$. Offensichtlich ist der Beitrag des Elektronengases zur Wärmekapazität bei normalen Temperaturen vernachlässigbar.

39.15 Die Energie eines Photons ist $E = h\,c/\lambda$, und der minimalen Energie 1,14 eV entspricht die maximale Wellenlänge $\lambda = h\,c/E = (6,626 \cdot 10^{-34}\,\text{J} \cdot \text{s})\,(3 \cdot 10^8\,\text{m/s})\,/\,[(1,14\,\text{eV})\,(1,6 \cdot 10^{-19}\,\text{J/eV})] = 1,09 \cdot 10^{-6}\,\text{m}$

39.16 Es ist $E = 0,74\,\text{eV}$, und wir erhalten (mit der gleichen Berechnung wie in Aufgabe 15) $\lambda = 1,68 \cdot 10^{-6}\,\text{m}$.

39.17 Mit $E = 7,0\,\text{eV}$ erhalten wir (mit der gleichen Berechnung wie in Aufgabe 15) $\lambda = 1,77 \cdot 10^{-7}\,\text{m}$.

39.18 a) Die Energie eines Photons der Wellenlänge λ ist $E = h\,c/\lambda$. Für $\lambda = 3,35\,\mu\text{m} = 3,35 \cdot 10^{-6}\,\text{m}$ ist die entsprechende Energie $E = 5,93 \cdot 10^{-20}\,\text{J} = 0,371\,\text{eV}$. b) Wir setzen die thermische Energie gleich der Energie der Bandlücke: $k_B T = E$ bzw. $T = E/k_B = (5,93 \cdot 10^{-20}\,\text{J})\,/\,(1,38 \cdot 10^{-23}\,\text{J/K}) = 4300\,\text{K}$. Demnach ist bei gewöhnlichen Temperaturen die thermische Energie wesentlich kleiner als die Energie einer typischen Bandlücke.

39.19 Silicium hat 4 Elektronen in der Valenzschale. Deshalb ergibt die Dotierung mit einem Element, das mehr als 4 Valenzelektronen hat, einen n-Halbleiter. Dagegen erhält man durch Dotierung mit einem Element mit weniger als 4 Valenzelektronen einen p-Halbleiter. a) Aluminium hat 3 Valenzelektronen, und es resultiert ein p-Halbleiter. b) Phosphor hat 5 Valenzelektronen, und es resultiert ein n-Halbleiter.

39.20 Silicium hat 4 Elektronen in der Valenzschale. a) Indium hat 3 Valenzelektronen, und es resultiert ein p-Halbleiter. b) Antimon hat 5 Valenzelektronen, und es resultiert ein n-Halbleiter.

39.21 Die Funktion $I/I_0 = \mathrm{e}^x - 1$ mit $x = eU/(k_\mathrm{B}T)$ ist hier gegen x aufgetragen.

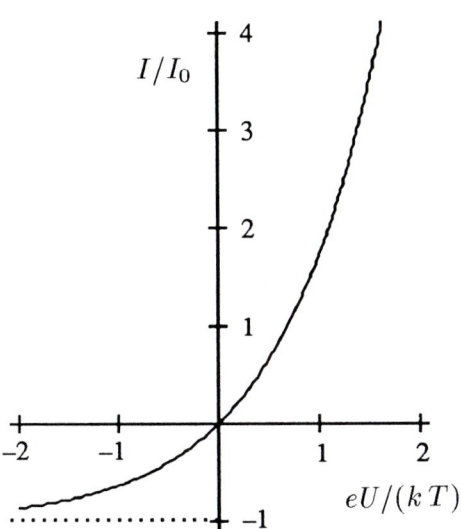

Für $U \to \infty$ geht I gegen ∞, und für $U \to -\infty$ geht I gegen $-I_0$.

39.22 Wenn der Exponentialterm den Wert x hat, so ist $\ln x = eU/(k_\mathrm{B}T)$ bzw. $U = (k_\mathrm{B}T/e)\ln x$.   a) Mit $x = 10$ erhalten wir $U = 0{,}0596$ V.   b) Für $x = 0{,}1$ ist $U = -0{,}0596$ V. Allgemein gilt: $x \to 1/x$ führt zu $U \to -U$.

39.23   a) Mit $E_\mathrm{g} = 3{,}5\,k_\mathrm{B}T_\mathrm{c}$ und $T_\mathrm{c} = 3{,}72$ K ist für Zinn $E_\mathrm{g} = 1{,}12 \cdot 10^{-3}$ eV, also etwa doppelt so groß wie der gemessene Wert.   b) Mit $E_\mathrm{g} = 6 \cdot 10^{-4}$ eV ist $\lambda = hc/E_\mathrm{g} = 2{,}07$ nm.

39.24 Die Elementarzelle der hexagonal-dichtesten Kugelpackung hat, von der Seite und von oben gesehen, die Form eines Parallelogramms (siehe Abbildung). Die Fläche dieses Parallelogramms ist $A = (2R)^2 \sin 60° = 2\sqrt{3}\,R^2$. Die Höhe des Parallelogramms ist $h = 2R\cos 30° = \sqrt{3}\,R$. Damit ist das Volumen der Elementarzelle $V = Ah = 6R^3$. Nach Definition enthält die Elementarzelle genau eine Kugel des Volumens $\frac{4}{3}\pi R^3$. Damit ist der von den Kugeln eingenommene Volumenanteil der Elementarzelle $(\frac{4}{3}\pi R^3)/(6R^3) = 4\pi/18 = 0{,}698$.

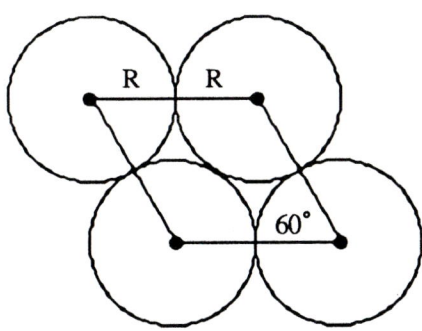

39.25 Im Text ist die Fermi-Temperatur von Kupfer zu 81 700 K gegeben. Sie ist also viel höher als beide in der Aufgabe genannten Temperaturen. Damit gleicht die Energieverteilung bei beiden Temperaturen im wesentlichen derjenigen bei $T = 0$ K. Im einzelnen: die Elektronen nehmen den Energiebereich von 0 bis E_F ein, aber nur die Elektronen zwischen $E_\mathrm{F} - k_\mathrm{B}T$ und E_F können in höhere Energiezustände angeregt werden. Somit ist der Anteil der Elektronen, die über das Fermi-Niveau angeregt werden, ungefähr $f = k_\mathrm{B}T/E_\mathrm{F} = T/T_\mathrm{F}$.
a) $f = (300\text{ K})/(81\,700\text{ K}) = 3{,}67 \cdot 10^{-3}$.
b) $f = (1000\text{ K})/(81\,700\text{ K}) = 1{,}22 \cdot 10^{-2}$.

39.26   a) Die Abbildung zeigt den eindimansionalen Kristall.

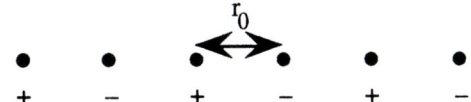

Jedes Ion hat zwei nächste Nachbarn im gleichen Abstand r_0, zwei übernächste Nachbarn im Abstand $2r_0$, und so weiter. Unter Berücksichtigung der alternierenden Vorzeichen der Ionenladungen erhalten wir die potentielle Energie zu $V = [1/(4\pi\varepsilon_0)]\,(e^2/r_0)\,(-\frac{2}{1} + \frac{2}{2} - \frac{2}{3} + \cdots)$, wenn die Ladung eines jeden Ions gleich der Elementarladung ist. Es folgt $V = -[1/(4\pi\varepsilon_0)]\,(2e^2/r_0)\,(1 - \frac{1}{2} + \frac{1}{3} - \frac{1}{4} + \cdots)$.   b) Mit der Madelung-Konstanten α ist die potentielle Energie $V = -[1/(4\pi\varepsilon_0)]\alpha\,e^2/r_0$. Im vorliegenden Fall ist also $\alpha = 2(1 - \frac{1}{2} + \frac{1}{3} - \frac{1}{4} + \cdots)$. Mit $\ln(1+x) = x^2 - x^2/2 + x^3/3 - x^4/4 + \cdots$ ergibt sich $\alpha = 2\ln(1+1) = 2\ln 2 = 1{,}386$.

39.27 Die molare Wärmekapazität bei konstantem Volumen ist $C_V = (\pi^2/2)\,R\,(T/T_F)$. Damit ist die Fermi-Energie
$E_F = k_B T_F = (\pi^2/2)\,R\,(k_B T/C_V) =$
$(\pi^2/2)\,[(8{,}314\ \mathrm{J/(mol \cdot K)}]\,(1{,}38 \cdot 10^{-23}\ \mathrm{J/K})\,/$
$[3{,}74 \cdot 10^{-4}\ \mathrm{J/(mol \cdot K^2)}] = 9{,}46\ \mathrm{eV}$.

39.28 Wie im Text besprochen, ist die mittlere Energie eines Fermi-Elektronengases bei $T = 0\ \mathrm{K}$

$$\langle E \rangle = \frac{1}{N} \int_0^{E_F} E\,g(E)\,\mathrm{d}E.$$

Darin ist $g(E) = \frac{3}{2}\,N\,E_F^{-3/2}\,E^{1/2}$. Einsetzen ergibt

$$\langle E \rangle = \frac{1}{N}\,\frac{3N}{2}\,E_F^{-3/2} \int_0^{E_F} E^{3/2}\,\mathrm{d}E.$$

Das Integral hat den Wert $\frac{2}{5}\,E_F^{5/2}$; damit ist $\langle E \rangle = \frac{3}{5}\,E_F$.

39.29 a) Die molare Masse von Kupfer beträgt 63,55 g/mol = 0,06355 kg/mol. Also enthält ein 10 kg schwerer Kupferblock $N = (10\ \mathrm{kg})\,(6{,}022 \cdot 10^{23}\ \mathrm{mol}^{-1})\,/\,(0{,}06355\ \mathrm{kg/mol}) = 9{,}48 \cdot 10^{25}$ Atome. b) Die Anzahl der Leitungszustände ist $8N = 7{,}58 \cdot 10^{26}$. c) Die Fermi-Energie von Kupfer beträgt 7,04 eV. Somit ist der mittlere Energieabstand zwischen den Leitungszuständen (7,04 eV) / (7,58 · 10^{26}) = $9{,}29 \cdot 10^{-27}$ eV. d) Bei 300 K ist die thermische Energie $E = k_B T = 0{,}0259$ eV, also $2{,}79 \cdot 10^{24}$-mal größer als der mittlere Energieabstand zwischen den Leitungszuständen. Demnach folgen bei Raumtemperatur die Leitungszustände in einem Metall praktisch lückenlos aufeinander.

39.30 a) Mit der Zustandsdichte $g(E) = A\,E^{1/2}$ und der Energie $E = 0$ an der unteren Kante des Leitungsbandes ist die Gesamtzahl der Zustände

$$N = \int_0^{E_F} A\,E^{1/2}\,\mathrm{d}E = \frac{2A}{3}\,E_F^{3/2}.$$

Die obere Integrationsgrenze entspricht der Tatsache, daß die Zustände nur bis zur Fermi-Kante

E_F gefüllt sind. b) Mit der in a) gegebenen Zustandsdichte ist zwischen $E = E_F - k_B T$ und $E = E_F$ die Anzahl der Zustände

$$
\begin{aligned}
N' &= \int_{E_F - k_B T}^{E_F} A\,E^{1/2}\,\mathrm{d}E \\
&= \frac{2A}{3}\left[E_F^{3/2} - (E_F - k_B T)^{3/2} \right].
\end{aligned}
$$

Weil für Metalle bei Raumtemperatur $E_F \gg k_B T$ ist, kann der zweite Term durch eine Reihenentwicklung angenähert werden: $E_F^{3/2}\,(1 - k_B T/E_F)^{3/2} \approx E_F^{3/2} - \frac{3}{2}\,k_B T\,E_F^{1/2}$. Damit folgt $N' \approx A\,k_B T\,E_F^{1/2}$, und der Anteil der Elektronen im Bereich $k_B T$ bei der Fermi-Energie ist $f = N'/N = \frac{3}{2}\,k_B T/E_F$. c) Einsetzen von $E_F = 7{,}04$ eV für Kupfer und $T = 300$ K ergibt $f = 0{,}00551$. Also sind nur rund 0,5 % der Leitungselektronen dicht genug bei der Fermi-Energie, um thermisch angeregt zu werden.

39.31 Wie im Text besprochen, sind 7,98 eV nötig, um ein einzelnes Ionenpaar in festem NaCl zu dissoziieren. Weiterhin zeigt Abbildung 38.1, daß 1,53 eV + 4,26 eV = 5,79 eV frei werden, wenn ein Ionenpaar NaCl gebildet wird. Daher beträgt die Kohäsionsenergie pro Ionenpaar des NaCl 7,98 eV − 5,79 eV = 2,19 eV.

39.32 a) Die molare Masse von KBr beträgt 39,1 g/mol + 79,9 g/mol = 119 g/mol. Also ist die Anzahl der Ionenpaare in 10 g KBr: $N = (10\ \mathrm{g})\,(6{,}022 \cdot 10^{23}\ \mathrm{mol}^{-1})/(119\ \mathrm{g/mol}) = 5{,}06 \cdot 10^{22}$. Das entspricht $1{,}01 \cdot 10^{23}$ Atomen. Pro Atom gibt es 8 Leitungszustände. Somit ist die Anzahl aller Leitungszustände $8{,}10 \cdot 10^{23}$. b) Weil das Valenzband 1,5 eV breit ist, beträgt die mittlere Zustandsdichte $(8{,}10 \cdot 10^{23})/(1{,}5\ \mathrm{eV}) = 5{,}40 \cdot 10^{23}/\mathrm{eV}$. c) Wird die Masse beispielsweise um den Faktor 100 erhöht (also von 10 g auf 1 kg), wird auch die Anzahl der Atome und damit der Zustände um denselben Faktor größer. Die Breite des Valenzbandes bleibt jedoch gleich, und die Anzahl der Zustände pro Energieeinheit steigt um den Faktor 100 auf $5{,}40 \cdot 10^{25}/\mathrm{eV}$.

39.33 Nach Definition ist die Spannungsverstärkung $U_{\text{aus}}/U_{\text{ein}} = (I_{\text{C}} R_{\text{V}})/(I_{\text{B}} R_{\text{B}}) = (5 \cdot 10^{-4}\,\text{A}) (10^4\,\Omega) / [(10 \cdot 10^{-6}\,\text{A}) (2 \cdot 10^3\,\Omega)] = 250.$

39.34 a) Für die Bildung eines Elektron-Loch-Paares werden 0,72 eV benötigt. Also kann ein 660-keV-γ-Strahl $(660 \cdot 10^3$ eV$) / (0{,}72$ eV/Paar$) = 9{,}17 \cdot 10^5$ Elektron-Loch-Paare erzeugen. b) Weil die Anzahl der Elektron-Loch-Paare linear von der Energie des γ-Strahls abhängt, ist die Energieauflösung $\Delta E/E \approx \Delta N/N \approx \sqrt{N}/N = 1{,}04 \cdot 10^{-3}$. Daher hat Detektor eine Energieauflösung von etwa $\pm 0{,}1$ Prozent.

39.35 a) Für kleine Werte von U kann die Exponentialfunktion angenähert werden durch $\exp[eU/(k_{\text{B}}T)] \approx 1 + eU/(k_{\text{B}}T)$. Daher ist der Strom ungefähr $I = I_0\, e\, U/(k_{\text{B}}T)$. Mit $I = U/R$ erhalten wir $R = k_{\text{B}}T/(e\, I_0)$. In diesem Fall ist $R = (0{,}025$ eV$) / [e (10^{-9}\,\text{A})] = 25{,}0$ MΩ. b) Mit $U = -0{,}5$ V im Ausdruck für den Strom folgt $R = U/I = 500$ MΩ. c) Für $U = 0{,}5$ V erhalten wir $I = 0{,}485$ A und $R = U/I = 1{,}03\ \Omega$. d) $\mathrm{d}I/\mathrm{d}U = [e\, I_0/(k_{\text{B}}T)] \exp[e\, U/(k_{\text{B}}T)]$ oder $\mathrm{d}U/\mathrm{d}I = [k_{\text{B}}T/(e\, I_0)] \exp[-e\, U/(k_{\text{B}}T)]$. Mit $U = 0{,}5$ V ist der Wechselstromwiderstand $\mathrm{d}U/\mathrm{d}I = (25$ M$\Omega) e^{-20} = 0{,}0515\ \Omega$.

39.36 Der Bohrsche Radius ist $a_0 = \varepsilon_0\, h^2/(\pi\, m_{\text{e}}\, e^2)$. Der entsprechende Radius in einem Medium ist $a = a_0\, \varepsilon_{\text{r}}\, (m_{\text{e}}/m_{\text{eff}})$. In Silicium ist $a = a_0 (12)/(0{,}2) = 60\, a_0 = 3{,}17$ nm. In Germanium ist $a = a_0 (16)/(0{,}1) = 160\, a_0 = 8{,}46$ nm.

39.37 Nach Gleichung (37.9) sind die Energieniveaus des Wasserstoffatoms $E_n = -E_0/n^2 = -[1/(4\pi\varepsilon_0)^2] (e^4\, m_{\text{e}})/(2\hbar^2\, n^2) = -(13{,}6$ eV$)/n^2$.
Wir ersetzen ε_0 durch $\varepsilon_{\text{r}}\, \varepsilon_0$ sowie m_{e} durch m_{eff} und erhalten für die erlaubten Energien $E_n = -(13{,}6$ eV$) (m_{\text{eff}}/m_{\text{e}}) (1/\varepsilon_{\text{r}}^2) (1/n^2)$.
a) Für Silicium ist $\varepsilon_{\text{r}} = 12$ und $m_{\text{eff}} = 0{,}2\, m_{\text{e}}$ und damit $E_n = -(0{,}0189$ eV$)/n^2$. Also beträgt die Bindungsenergie 0,0189 eV. b) Für Germanium ist $\varepsilon_{\text{r}} = 16$ und $m_{\text{eff}} = 0{,}1\, m_{\text{e}}$ und damit $E_n = -(0{,}00531$ eV$)/n^2$. Also beträgt die Bindungsenergie 0,00531 eV. c) Ein Arsen-Atom in Silicium liefert ein zusätzliches Elektron zum Leitungsband, wenn es eine Energie erhält, die größer oder gleich der Bindungsenergie (0,0189 eV) seines äußeren Elektrons ist. Die Wahrscheinlichkeit, daß ein Arsen-Atom durch thermische Anregung genügend Energie aufnimmt, ist angenähert durch den Boltzmann-Faktor $e^{-E/kT}$ gegeben. Also ist bei $T = 300$ K der Anteil der Arsen-Atome, die ein Elektron an das Leitungsband angeben, $\exp[(-0{,}0189$ eV$)/(0{,}0259$ eV$)] = e^{-0{,}730} = 0{,}482$.

39.38 a) $\exp[-E_{\text{g}}/(2\, k_{\text{B}}T)] = \exp[-(6$ eV$)/(2 \cdot 0{,}0259$ eV$)] = 4{,}96 \cdot 10^{-51}$. b) $\exp[-E_{\text{g}}/(2k_{\text{B}}T)] = \exp[-(1$ eV$)/(2 \cdot 0{,}0259$ eV$)] = 4{,}13 \cdot 10^{-9}$. In einem Isolator ist die im Leitungsband zu erwartende Anzahl der Elektronen $4{,}96 \cdot 10^{-51} (10^{22}) = 4{,}96 \cdot 10^{-29}$. Das bedeutet, das Leitungsband ist fast völlig leer. In einem Halbleiter erwarten wir $4{,}13 \cdot 10^{-9} (10^{22}) = 4{,}13 \cdot 10^{13}$ Elektronen, also eine beträchtliche Anzahl.

39.39 Wir behandeln das Fermi-Gas wie ein ideales Gas. Dann ist der Druck $P = \frac{2}{3}(N/V)\langle E \rangle$. Darin ist für ein dreidimensionales System $\langle E \rangle = \frac{3}{5}E_{\text{F}}$. In Kupfer ist der Druck des Fermi-Elektronengases $P = \frac{2}{3}(N/V)\frac{3}{5}E_{\text{F}} = \frac{2}{5}(N/V)\, E_{\text{F}} = (0{,}4)(8{,}47 \cdot 10^{28}\,\text{m}^{-3})(7{,}04$ eV$)(1{,}69 \cdot 10^{-19}$ J/eV$) = 3{,}82 \cdot 10^{10}$ N/m^2. Der Atmosphärendruck ist $P_{\text{At}} = 1{,}01 \cdot 10^5$ N/m^2. Damit ist der Druck des Fermi-Gases $3{,}78 \cdot 10^5$-mal höher als der Atmosphärendruck.

39.40 a) Der Druck des idealen Gases ist $P = \frac{2}{3}(N/V)\langle E \rangle = \frac{2}{3}(N/V)\frac{3}{5}E_{\text{F}} = \frac{2}{5}(N/V)[h^2/(8\, m_{\text{e}})][3\, N/(\pi\, V)]^{2/3} = [N^{5/3}\, h^2/(20\, m_{\text{e}})](3/\pi)^{2/3}\, V^{-5/3} = C\, V^{-5/3}$. Darin ist $C = [N^{5/3}\, h^2/(20\, m_{\text{e}})](3/\pi)^{2/3}$.
b) Wir leiten P nach V ab: $\partial P/\partial V = -\frac{5}{3}C\, V^{-8/3} = -\frac{5}{3V}P$. Daraus folgt der Kompressionsmodul $K = \frac{5}{3}P = \frac{5}{3}\frac{2}{5}(N/V)\cdot E_{\text{F}} =$

$\frac{2}{3}(N/V)E_F$.   c) Für Kupfer ist $K = \frac{2}{3}(8,47 \cdot 10^{28} \text{ m}^{-3})(7,04 \text{ eV})(1,6 \cdot 10^{-19} \text{ J/eV}) = 6,36 \cdot 10^{10} \text{ N/m}^2$, etwa halb so groß wie der gemessene Wert. Bei der Berechnung haben wir ein ideales Gas angenommen, d.h. die Wechselwirkung der Elektronen untereinander vernachlässigt.

39.41   a) Der spezifische Widerstand ist $\varrho = m_e u_F/(n e^2 \ell_e)$. Damit kann die Gleichung in der Aufgabe folgendermaßen geschrieben werden: $\varrho = \varrho_t + \varrho_i$. Gegeben ist, daß der spezifische Widerstand durch die Verunreinigungen um $10^{-8} \, \Omega \cdot \text{m}$ ansteigt. Daraus folgt $\varrho_i = 10^{-8} \, \Omega \cdot \text{m}$ und $\ell_{e,i} = m_e u_F/(n e^2 \varrho_i)$. Mit der Anzahldichte der Elektronen $n = 8,47 \cdot 10^{28} \text{ m}^{-3}$ und $u_F = (2 E_F/m_e)^{1/2} = 1,57 \cdot 10^6 \text{ m/s}$ erhalten wir schließlich $\ell_{e,i} = 66,1 \text{ nm}$.   b) Mit $\ell_{e,i} = 1/(n \pi r^2)$ und $d = 2r$ folgt $d^2 = 4/(n_i \pi \ell_{e,i})$. Gegeben ist, daß die Verunreinigungen 1 Prozent der Atomanzahl ausmachen; also ist $n_i = 8,47 \cdot 10^{26} \text{ m}^{-3}$ und damit $d^2 = 2,27 \cdot 10^{-20} \text{ m}^2$ bzw. $d = 0,151 \text{ nm}$.

39.42   a) Aus $V = -[1/(4 \pi \varepsilon_0)](\alpha e^2/r_0)[r_0/r - (1/n)(r_0/r)^n]$ erhalten wir $F = -dV/dr = [1/(4 \pi \varepsilon_0)](\alpha e^2/r_0)[-r_0/r^2 + (n/n) r_0^n/r^{n+1}] = [1/(4 \pi \varepsilon_0)](\alpha e^2/r_0)[(r_0/r)^{n+1} - (r_0/r)^2]$.

b) Mit $r = r_0(1 + \varepsilon)$ und $\varepsilon = \Delta r/r$ ist die Kraft

$$
\begin{aligned}
F &= \frac{1}{4 \pi \varepsilon_0} \frac{\alpha e^2}{r_0^2} \left[(1+\varepsilon)^{-(n+1)} - (1+\varepsilon)^{-2} \right] \\
&\approx \frac{1}{4 \pi \varepsilon_0} \frac{\alpha e^2}{r_0^2} \left\{ \left[1 - (n+1)\varepsilon \right. \right. \\
&\qquad \left. + (n+1)(n+2)\frac{\varepsilon^2}{2} \right] - \left[1 - 2\varepsilon + 3\varepsilon^2 \right] \Big\} \\
&= \frac{1}{4 \pi \varepsilon_0} \frac{\alpha e^2}{r_0^2} \left[-(n-1)\varepsilon \right. \\
&\qquad \left. + (n^2 + 3n - 4)\frac{\varepsilon^2}{2} \right] \\
&= -\frac{1}{4 \pi \varepsilon_0} \frac{\alpha e^2}{r_0^3}(n-1)\Delta r \\
&\qquad + \frac{1}{4 \pi \varepsilon_0} \frac{\alpha e^2}{2 r_0^4}(n^2 + 3n - 4)(\Delta r)^2.
\end{aligned}
$$

39.43   a) Wie im Text ist $\alpha = 1,7476$ und $n = 9,35$ sowie $r_0 = 0,282 \text{ nm}$. Die reduzierte Masse eines NaCl-Moleküls ist $\mu = m_{Na} m_{Cl}/(m_{Na} + m_{Cl}) = (22,99 \text{ u})(35,45 \text{ u}) / [(22,99 \text{ u}) + (35,45 \text{ u})] = 13,95 \text{ u}$. Wir kombinieren die Ergebnisse und erhalten $C = [1/(4 \pi \varepsilon_0)] \alpha (n - 1) e^2/r_0^3 = 150 \text{ N/m}$ und $\nu = [1/(2\pi)](C/\mu)^{1/2} = 1,28 \cdot 10^{13} \text{ Hz}$.   b) $\lambda = c/\nu = 23,4 \; \mu\text{m}$. Das liegt in derselben Größenordnung wie die Wellenlänge der Absorptionsbande (61 μm).

39.44   a) Die Gleichverteilung bedeutet, daß gilt $\langle (\Delta r)^2 \rangle = k_B T/C$. Darin ist k_B die Boltzmann-Konstante. Es folgt $\langle \Delta r \rangle = (B/C)\langle (\Delta r)^2 \rangle = (k_B B/C^2) T$. Die thermische Expansion ist linear in T und proportional zu B.   b) Nach Definition ist der thermische Ausdehnungskoeffizient $k_B B/(C^2 r_0)$. Das ist dasselbe wie (ausführlicher geschrieben) $(4 \pi \varepsilon_0)[k_B r_0/(2 \alpha e^2)][(n^2 + 3n - 4)/(n - 1)^2]$. Für NaCl ist $\alpha = 1,7476$ und $n = 9,35$ sowie $r_0 = 0,282 \text{ nm}$. Damit ist der thermische Ausdehnungskoeffizient $7,73 \cdot 10^{-6} \text{ K}^{-1}$, etwa doppelt so groß wie der gemessene Wert.

39.45   a) Ein Elektron erreicht seine Driftgeschwindigkeit, wenn $dv/dt = 0$ ist. Dann ist seine Bewegung gleichförmig, und wir erhalten die Driftgeschwindigkeit zu $v = -e E \tau/m$.

b) Das Ohmsche Gesetz kann als $j = \sigma E$ geschrieben werden. Darin ist σ die spezifische Leitfähigkeit, und j ist die Stromdichte: $j = n e |v| = n e^2 E \tau/m$. Offensichtlich ist das Ohmsche Gesetz erfüllt, weil der Strom proportional zum angelegten elektrischen Feld ist. Es folgt $\sigma = n e^2 \tau/m$, und der spezifische Widerstand ist $\varrho = 1/\sigma = m/(n e^2 \tau)$.

Kapitel 40

Kernphysik

40.1 a) Die Masse der Bestandteile von ^{12}C beträgt $6\,M_H + 6\,m_n = 6\,(1{,}007825\text{ u}) + 6\,(1{,}008665\text{ u}) = 12{,}098940$ u. Die Masse von ^{12}C beträgt dagegen 12,000000 u; somit ist die Masse der Bestandteile um 0,098940 u größer, und die Bindungsenergie ist $(0{,}098940\text{ u})\,c^2 = (0{,}098940)\,(931{,}5\text{ MeV}) = 92{,}16$ MeV. Das sind pro Nukleon $(92{,}16\text{ MeV})/12 = 7{,}68$ MeV.

b) Die Masse der Bestandteile von ^{56}Fe beträgt $26\,M_H + 30\,m_n = 56{,}463400$ u. Die Masse von ^{56}Fe beträgt dagegen 55,939395 u; somit ist die Masse der Bestandteile um 0,524005 u größer, und die Bindungsenergie ist $(0{,}524005)\,(931{,}5\text{ MeV}) = 488{,}11$ MeV. Das sind pro Nukleon $(488{,}11\text{ MeV})/56 = 8{,}72$ MeV.

c) Die Masse der Bestandteile von ^{238}U beträgt $92\,M_H + 146\,m_n = 239{,}984990$ u. Die Masse von ^{238}U beträgt dagegen 238,048608 u; somit ist die Masse der Bestandteile um 1,936382 u größer, und die Bindungsenergie ist $(1{,}936382)\,(931{,}5\text{ MeV}) = 1804$ MeV. Das sind pro Nukleon $(1804\text{ MeV})/238 = 7{,}58$ MeV.

d) Die Masse der Bestandteile von ^{6}Li beträgt $3\,M_H + 3\,m_n = 6{,}049470$ u. Die Masse von ^{6}Li beträgt dagegen 6,015125 u; somit ist die Masse der Bestandteile um 0,034345 u größer, und die Bindungsenergie ist $(0{,}034345)\,(931{,}5\text{ MeV}) = 31{,}99$ MeV. Das sind pro Nukleon $(31{,}99\text{ MeV})/6 = 5{,}332$ MeV.

e) Die Masse der Bestandteile von ^{39}K beträgt $19\,M_H + 20\,m_n = 39{,}321975$ u. Die Masse von ^{39}K beträgt dagegen 38,963710 u; somit ist die Masse der Bestandteile um 0,358265 u größer, und die Bindungsenergie ist $(0{,}358265)\,(931{,}5\text{ MeV}) = 333{,}7$ MeV. Das sind pro Nukleon $(333{,}7\text{ MeV})/39 = 8{,}557$ MeV.

f) Die Masse der Bestandteile von ^{208}Pb beträgt $82\,M_H + 126\,m_n = 209{,}733440$ u. Die Masse von ^{208}Pb beträgt dagegen 207,976650 u; somit ist die Masse der Bestandteile um 1,756790 u größer, und die Bindungsenergie ist $(1{,}756790)\,(931{,}5\text{ MeV}) = 1636$ MeV. Das sind pro Nukleon $(1636\text{ MeV})/208 = 7{,}868$ MeV.

40.2 Die Kernradien werden berechnet nach $R = R_0\,A^{1/3}$, wobei $R_0 = 1{,}5$ fm ist.
a) $R = (1{,}5\text{ fm})\,(16)^{1/3} = 3{,}78$ fm.
b) $R = (1{,}5\text{ fm})\,(56)^{1/3} = 5{,}74$ fm.
c) $R = (1{,}5\text{ fm})\,(197)^{1/3} = 8{,}73$ fm.

40.3 Die atomare Masseneinheit ist $1\text{ u} = 1{,}66054\cdot10^{-27}$ kg. Damit folgt $(1\text{ u})\,c^2 = (1{,}66054\cdot 10^{-27}\text{ kg})\,(2{,}9979\cdot 10^8\text{ m/s})^2 = 1{,}492\cdot 10^{-10}\text{ J} = 931{,}6$ MeV.

40.4 Die Anzahl der Kerne eines radioaktiven Materials als Funktion der Zeit t ist gegeben durch $N = N_0\,e^{-\lambda t}$. Damit ist die Zerfallsrate $R = -dN/dt = \lambda\,N_0\,e^{-\lambda t} = R_0\,e^{-\lambda t}$, wobei $R_0 = \lambda\,N_0$ die anfängliche Zerfallsrate ist. Im vorliegenden Fall gilt $\lambda = (\ln 2)/t_{1/2} = 0{,}693\,/\,(1620\text{ a}) = [0{,}693\,/\,(1620\text{ a})\,(3{,}15\cdot 10^7\text{ s/a}) = 1{,}35\cdot 10^{-11}\text{ s}^{-1}$ sowie $N_0 = (1\text{ g})\,(6{,}022\cdot 10^{23}\text{ mol}^{-1})\,/\,(226{,}025\text{ g/mol}) = 2{,}664\cdot 10^{21}$ Atome. Damit ist die Anzahl der Zerfälle pro Sekunde $R_0 = \lambda\,N_0 = 3{,}61\cdot 10^{10}\text{ s}^{-1}$. Daher ist $R_0 \approx 1\text{ Ci} = 3{,}7\cdot 10^{10}$ Zerfälle pro Sekunde.

40.5 a) Die Zählrate wird jeweils nach einer Halbwertszeit um den Faktor 2 kleiner. Nach $t = 2{,}4\text{ min} = t_{1/2}$ beträgt die Zählrate also $(1000\text{ s}^{-1})\,(\tfrac{1}{2}) = 500\text{ s}^{-1}$. Nach $t = 4{,}8\text{ min} = 2\,t_{1/2}$ ist die Zählrate $(1000\text{ s}^{-1})\,(\tfrac{1}{2})^2 = 250\text{ s}^{-1}$.
b) Die Zerfallskonstante ist $\lambda = (\ln 2)/t_{1/2} =$

$4,81 \cdot 10^{-3}$ s^{-1}. Bei einer Nachweisrate von 20 % wird nur jeder 5. Zerfall erfaßt, und die anfängliche Zerfallsrate beträgt $R_0 = 5000$ s^{-1}. Kombinieren der Ergebnisse liefert $N_0 = R_0/\lambda = 1,04 \cdot 10^6$. Nach $t = 2,4$ min $= t_{1/2}$ ist die Hälfte der radioaktiven Kerne zerfallen, und die Anzahl der verbliebenen radioaktiven Kerne beträgt $N = \frac{1}{2} N_0 = 0,519 \cdot 10^6$. c) Es gilt $R = R_0 (\frac{1}{2})^n$, wobei n die Anzahl der vergangenen Halbwertszeiten ist. Wenn die Anzahlen der Zerfälle $R = 30$ s^{-1} und $R_0 = 1000$ s^{-1} sind, ergibt sich $n = \ln(R_0/R)/(\ln 2) = 5,06$. Die Halbwertszeit ist $t_{1/2} = 2,4$ min, und es ist die Zeit $t = 5,06\, t_{1/2} = 12,1$ min verstrichen.

40.6 Bei einem relativ kleinen Kern wie ^{22}Na oder ^{24}Na erwarten wir den Zerfallsprozeß β^+ oder β^-. a) ^{22}Na kann zu ^{22}Ne werden, und zwar durch Emission von β^+. b) ^{24}Na kann zu ^{24}Mg werden, und zwar durch Emission von β^-.

40.7 a) Die Gleichung für den α-Zerfall von ^{226}Ra lautet ^{226}Ra $\rightarrow$ ^{222}Rn + ^{4}He. Die dabei freiwerdende Energie ist $(m_{(^{226}\mathrm{Ra})} - m_{(^{222}\mathrm{Rn})} - m_{(^4\mathrm{He})})c^2 = (226,025360 - 222,017531 - 4,002603)\,\mathrm{u}\, c^2 = (0,005226)\,(931,5\ \mathrm{MeV}) = 4,868$ MeV. b) Die beim Zerfall ^{242}Pu $\rightarrow$ ^{238}U + ^{4}He freiwerdende Energie ist $(242,058725 - 238,048608 - 4,002603)\,\mathrm{u}\, c^2 = (0,007514)\,(931,5\ \mathrm{MeV}) = 6,999$ MeV.

40.8 Wie im Text erläutert, beträgt die Anzahl der ^{14}C-Zerfälle in lebenden Organismen 15 pro Gramm Kohlenstoff und Minute. Das entspricht 150 Zerfällen pro Minute in 10 g Kohlenstoff. Die Holzprobe weist 100 Zerfälle pro Minute auf. Nach jeweils einer Halbwertszeit wird die Zerfallsrate um den Faktor 2 kleiner, und nach n Halbwertszeiten ist sie $R = R_0 (\frac{1}{2})^n$. Im vorliegenden Fall ist $R_0 = 150$ min^{-1} und $R = 100$ min^{-1}. Damit ergibt sich $n = \ln(R/R_0)/(\ln \frac{1}{2}) = \ln(R_0/R)/(\ln 2) = (\ln 1,5)/(\ln 2) = 0,585$. Das Alter der Probe beträgt also $t = n\, t_{1/2} = (0,585)\,(5730\ \mathrm{a}) = 3352$ Jahre.

40.9 Die Zerfallsrate des 175 g schweren Knochens beträgt $R = 8,1$ Bq $= 8,1$ Zerfälle pro Sekunde $= 486$ Zerfälle pro Minute. Wir vergleichen mit der Anzahl der Zerfälle in 175 g lebender Substanz: $R_0 = [15\ (\mathrm{min \cdot g})^{-1}]\,(175\ g) = 2625$ min^{-1}. Nach jeweils einer Halbwertszeit wird die Zerfallsrate um den Faktor 2 kleiner, und nach n Halbwertszeiten ist sie $R = R_0 (\frac{1}{2})^n$. Damit folgt $n = \ln(2625/486)/(\ln 2) = 2,43$. Das Alter der Probe ist daher $t = n\, t_{1/2} = (2,43)\,(5730\ \mathrm{a}) = 13\,940$ Jahre.

40.10 a) $Q = (m_{(^1\mathrm{H})} + m_{(^3\mathrm{H})} - m_{(^3\mathrm{He})} - m_{(\mathrm{n})})\, c^2 = (1,007825 + 3,016050 - 3,016030 - 1,008665)\,\mathrm{u}\, c^2 = (-0,000820)\,(931,5\ \mathrm{MeV}) = -0,7638$ MeV.
  b) $Q = (m_{(^2\mathrm{H})} + m_{(^2\mathrm{H})} - m_{(^3\mathrm{He})} - m_{(\mathrm{n})})\, c^2 = (2,014102 + 2,014102 - 3,016030 - 1,008665)\,\mathrm{u}\, c^2 = (0,003509)\,(931,5\ \mathrm{MeV}) = 3,269$ MeV.

40.11 a) $Q = (m_{(^2\mathrm{H})} + m_{(^2\mathrm{H})} - m_{(^3\mathrm{H})} - m_{(^1\mathrm{H})})\, c^2 = (2,014102 + 2,014102 - 3,016050 - 1,007825)\,\mathrm{u}\, c^2 = (0,004329)\,(931,5\ \mathrm{MeV}) = 4,032$ MeV.
  b) $Q = (m_{(^2\mathrm{H})} + m_{(^3\mathrm{He})} - m_{(^4\mathrm{He})} - m_{(^1\mathrm{H})})\, c^2 = (2,014102 + 3,016030 - 4,002603 - 1,007825)\,\mathrm{u}\, c^2 = (0,019704)\,(931,5\ \mathrm{MeV}) = 18,35$ MeV.
  c) $Q = (m_{(^6\mathrm{Li})} + m_{(\mathrm{n})} - m_{(^3\mathrm{H})} - m_{(^4\mathrm{He})})\, c^2 = (6,015125 + 1,008665 - 3,016050 - 4,002603)\,\mathrm{u}\, c^2 = (0,005137)\,(931,5\ \mathrm{MeV}) = 4,785$ MeV.

40.12 Es gilt $T = E/k_B$. Darin ist $k_B = 1,38 \cdot 10^{-23}$ J/K die Boltzmann-Konstante, und es gilt $E = 10$ keV $= (10^4\ \mathrm{eV})\,(1,6 \cdot 10^{-19}\ \mathrm{J/eV}) = 1,6 \cdot 10^{-15}$ J. Damit ist $T = 1,16 \cdot 10^8$ K.

40.13 Wenn die Reichweite des Teilchens umgekehrt proportional zur Dichte des Mediums ist, gilt $r_1/r_2 = \varrho_2/\varrho_1$ bzw. $r_2 = r_1\,(\varrho_1/\varrho_2)$. Hier ist $r_1 = 2,5$ cm und $\varrho_1 = 1,29 \cdot 10^{-3}$ g/cm^3. a) Für Wasser ist $\varrho_2 = 1$ g/cm^3 und daher $r_2 = (2,5\ \mathrm{cm})\,(1,29 \cdot 10^{-3}/1) = 3,23 \cdot 10^{-3}$ cm. b) Mit $\varrho_2 = 11,2$ g/cm^3 erhalten wir $r_2 = (2,5\ \mathrm{cm})\,(1,29 \cdot 10^{-3}/11,2) = 2,88 \cdot 10^{-4}$ cm.

40.14 a) In diesem System spielt die Eindringtiefe von 3 cm für die Intensität des Strahles die gleiche Rolle wie die Halbwertszeit bei einem radioaktiven Material; d.h. die Intensität des Strahles nimmt jeweils nach $d = 3$ cm auf die Hälfte ab. Also können wir die Intensität als $I = I_0 (\frac{1}{2})^n$ ausdrücken, wobei n die Anzahl der durchlaufenen Strecken d angibt. Für $I/I_0 = \frac{1}{8} = (\frac{1}{2})^3$ ist deshalb $n = 3$, und die durchlaufene Strecke beträgt $3\,d = 9$ cm.   b) Hier ist $I/I_0 = \frac{1}{128} = (\frac{1}{2})^7$, und die durchlaufene Strecke beträgt $7\,d = 21$ cm.

40.15 Die Anzahl der Neutronen pro Zeiteinheit im Strahl ist $N = N_0 \, e^{-\sigma n x}$, und der gesamte Stoßquerschnitt ist $\sigma = [1/(n\,x)] \ln(N_0/N)$. Die Anzahl der Kerne pro Volumeneinheit ist hier $n = 8,5 \cdot 10^{28}$ m^{-3}. Ferner ist $N = \frac{1}{2} N_0$ und $x = 0,03$ m. Damit folgt $\sigma = [(8,5 \cdot 10^{28}\,\text{m}^{-3})(0,03\,\text{m})]^{-1} \ln 2 = 2,72 \cdot 10^{-28}$ m^2.

40.16 a) Für jeweils 1 cm durchlaufene Strecke nimmt die Intensität des Strahles auf die Hälfte ab. Daher ist nach 5 cm die Intensität um den Faktor $(\frac{1}{2})^5 = 1/32$ kleiner.   b) Es ist $(\frac{1}{2})^{10} = 1/1024$; demnach wird die Intensität durch eine 10 cm dicke Schicht auf rund ein Tausendstel herabgesetzt.

40.17 Die Anzahl der Photonen pro Zeiteinheit im Strahl ist $N = N_0 \, e^{-\sigma n x}$, und der gesamte Stoßquerschnitt ist $\sigma = [1/(n\,x)] \ln(N_0/N)$. Die Anzahl der Kerne pro Volumeneinheit ist hier $n = 3,3 \cdot 10^{28}$ m^{-3}. Ferner ist $N = \frac{1}{2} N_0$ und $x = 0,01$ m. Damit folgt $\sigma = [(3,3 \cdot 10^{28}\,\text{m}^{-3})(0,01\,\text{m})]^{-1} \ln 2 = 2,10 \cdot 10^{-27}$ m^2.

40.18 Die Zerfallsrate natürlichen Kohlenstoffs ist $R = N_0 \lambda$. Darin ist λ die Zerfallskonstante für ^{14}C, und N_0 ist die zur Zeit $t = 0$ vorhandene Anzahl von Atomen des Isotops ^{14}C. Dieses hat die Halbwertszeit $t_{1/2} = 5730$ a und die Zerfallskonstante $\lambda = (\ln 2)/t_{1/2} = 2,30 \cdot$

10^{-10} min^{-1}. Ein Gramm natürlichen Kohlenstoffs enthält $\frac{1}{12} N_A$ Atome, von denen der Anteil $f = 1,3 \cdot 10^{-12}$ zum Isotop ^{14}C gehört. Die Anzahl von ^{14}C-Atomen in 1 g Kohlenstoff ist daher $N_0 = (1,3 \cdot 10^{-12})(\frac{1}{12} N_A) = 6,52 \cdot 10^{10}$. Wir kombinieren die Resultate und berücksichtigen, daß N_0 für 1 g Kohlenstoff berechnet wurde, und erhalten $R_0 = 15$ Zerfälle pro Minute und Gramm. Damit ist die Aktivität von 1 g Kohlenstoff gleich 0,250 Bq.

40.19 a) Allgemein gilt für die Zerfallsrate als Funktion der Zeit $R = R_0 \, e^{-\lambda t}$, wobei R_0 die Zerfallsrate zum Zeitpunkt $t = 0$ und R die Zerfallsrate zur Zeit t ist. Aus $R_1 = R_0 \, e^{-\lambda t_1}$ folgt $\ln(R_1/R_0) = -\lambda t_1$ bzw. $\lambda = -(1/t_1) \ln(R_1/R_0) = (1/t_1) \ln(R_0/R_1)$. Nach Definition ist die Halbwertszeit $t_{1/2} = \ln 2/\lambda = 0,693/\lambda = 0,693\,t_1/\ln(R_0/R_1)$.   b) Wenn wir $R_0 = 1200$ Bq und $R_1 = 800$ Bq sowie $t_1 = 60$ s setzen, erhalten wir $\lambda = [1/(60\,\text{s})] \ln(12/8) = 6,67 \cdot 10^{-3}$ s^{-1} und $t^{1/2} = 103$ s.

40.20 a) $Q = (m_{(^{14}\text{C})} - m_{(^{14}\text{N})}) c^2 = (14,00324 - 14,00307)\,\text{u}\,c^2 = (0,00017)(931,5\,\text{MeV}) = 0,158$ MeV.   b) Weil die Masse des ^{14}N-Atoms 7 Elektronen einschließt, ist die Masse des β^-, das das 7. Elektron auf der rechten Seite der Reaktionsgleichung ist, bereits berücksichtigt.

40.21 a) Mit $R = R_0 A^{1/3}$ erhalten wir für ^{2}H: $R_2 = (1,5\,\text{fm})(2)^{1/3} = 1,89$ fm, und für ^{3}H ergibt sich $R_3 = (1,5\,\text{fm})(3)^{1/3} = 2,16$ fm.   b) Der Mittelpunktsabstand beider Kerne ist $R = R_2 + R_3 = 4,05$ fm. Jeder Kern hat die Ladung e, und die elektrostatische potentielle Energie ist $V = [1/(4\pi\varepsilon_0)]\,e^2/R = (8,99 \cdot 10^9\,\text{N}\cdot\text{m}^2/\text{C}^2)(1,6 \cdot 10^{-19}\,\text{C})^2 / (4,05 \cdot 10^{-15}\,\text{m}) = 5,68 \cdot 10^{-14}$ J $= 0,355$ MeV.

40.22 a) Wir verwenden die Beziehung $R = R_0 A^{1/3}$ mit $R_0 = 1,5$ fm. Für ^{141}Ba erhalten wir damit $R = (1,5\,\text{fm})(141)^{1/3} = 7,81$ fm, und für ^{92}Kr ergibt sich $R = (1,5\,\text{fm})(92)^{1/3} = 6,77$ fm. b) Der angenommene Abstand ist $r = 7,81$ fm +

6,77 fm = 14,6 fm. Mit $q_1 = 56\,e$ und $q_2 = 36\,e$ ist die potentielle elektrostatische Energie $V = [1/(4\pi\varepsilon_0)]\,q_1 q_2/r = 3{,}18 \cdot 10^{-11}$ J $= 200$ MeV. Dieser Wert ist etwas größer als die gemessene Spaltungsenergie von 175 MeV.

40.23 Die Intensität des Strahles ist $I = I_0\,e^{-\sigma n x}$. Damit die Intensität um den Faktor e abnimmt, muß die durchlaufende Wegstrecke $x = 1/(\sigma n)$ sein. Im vorliegenden Fall ist $x = [(10^{-48}\,\text{m}^2)(8{,}5 \cdot 10^{28}\,\text{m}^{-3})]^{-1} = 1{,}18 \cdot 10^{19}$ m $= 7{,}84 \cdot 10^7$ AE. Das entspricht 1243 Lichtjahren. Demnach können Neutrinos die Erde beinahe so durchdringen, als sei diese gar nicht vorhanden.

40.24 Für eine maximale Dosisrate von 5,00 rem/Jahr gilt (5,00 rem/a) [(1 a)/(2000 h)] = $2{,}5 \cdot 10^{-3}$ rem/h. Mit der relativen biologischen Wirksamkeit RBW = 1 für γ-Strahlung entspricht das einer maximalen Dosisleistung von $2{,}5 \cdot 10^{-3}$ rad/h. Im Abstand 1 m von der Quelle beträgt die Dosisleistung 0,05 rad/h. Wenn die Strahlungsintensität proportional zu $1/r^2$ abnimmt, dann ist der minimale Sicherheitsabstand R gegeben durch (0,05 rad/h) (1 m)^2 = ($2{,}5 \cdot 10^{-3}$ rad/h) R^2. Damit ist $R = (1\,\text{m})\,[0{,}05/(2{,}5 \cdot 10^{-3})]^{1/2} = 4{,}47$ m.

40.25 a) Weil beide Reaktionen gleich wahrscheinlich sind, beträgt die pro Reaktion im Mittel freigesetzte Energie $E = (3{,}27$ MeV $+ 4{,}03$ MeV$)/2 = 3{,}65$ MeV. Um damit die Leistung $P = 4$ W $= 4$ J/s hervorzubringen, müssen die Reaktionen mit der Geschwindigkeit R ablaufen, wobei $P = R\,E$ bzw. $R = P/E$ gilt. Im genannten System ist $R = 6{,}85 \cdot 10^{12}$ Reaktionen pro Sekunde. Weil nur die Hälfte der Reaktionen Neutronen produziert, erwarten wir $3{,}42 \cdot 10^{12}$ emittierte Neutronen pro Sekunde.   b) Die Anzahl der pro Sekunde absorbierten Neutronen ist (0,1) $(3{,}42 \cdot 10^{12}\,\text{s}^{-1}) = 3{,}42 \cdot 10^{11}\,\text{s}^{-1}$. Damit ergibt sich für die pro Sekunde aufgenommene Energie $(3{,}42 \cdot 10^{11}\,\text{s}^{-1})(0{,}5\,\text{MeV})(1{,}6 \cdot 10^{-13}\,\text{J/MeV}) = 2{,}74 \cdot 10^{-2}$ J/s, und die Dosisrate in rad/s ist $[(2{,}74 \cdot 10^{-2}\,\text{J/s})/(80\,\text{kg})]\,[100\,\text{rad}/(1\,\text{J/kg})] = 3{,}42 \cdot 10^{-2}$ rad/s. Damit beträgt die Dosisrate

$(3{,}42 \cdot 10^{-2}$ rad/s$)\,4 = 0{,}137$ rem/s $= 493$ rem/h.
c) Die Dosis 500 rem würde demzufolge in der Zeit $t = (500$ rem$)\,(493$ rem/h$) = 1{,}01$ h aufgenommen.

40.26 Die Anzahl der Sr-Atome zu irgendeinem Zeitpunkt ist gleich der Anzahl der Rb-Kerne, die bis dahin zerfallen sind: $N_{\text{Sr}} = N_{\text{Rb,0}} - N_{\text{Rb}}$. Darin ist $N_{\text{Rb,0}}$ die Anzahl der anfangs vorhandenen Rb-Atome. Gegeben ist $N_{\text{Sr}}/N_{\text{Rb}} = 0{,}01$, und es folgt $N_{\text{Rb,0}}/N_{\text{Rb}} = N_{\text{Sr}}/N_{\text{Rb}} + 1 = 1{,}01$. Wir wissen außerdem, daß $N_{\text{Rb}} = N_{\text{Rb,0}}\,e^{-\lambda t}$ gilt. Damit erhalten wir $t = (1/\lambda)\ln(N_{\text{Rb,0}}/N_{\text{Rb}}) = (1/\lambda)\ln 1{,}01$. Nach Definition ist $1/\lambda = t_{1/2}/(\ln 2)$. Damit folgt schließlich $t = t_{1/2}(\ln 1{,}01)/(\ln 2) = 7{,}03 \cdot 10^8$ Jahre.

40.27 Die Gesamtreaktion ist $5\,^2\text{H} \rightarrow {}^3\text{He} + {}^4\text{He} + {}^1\text{H} + 2\,\text{n} + 25$ MeV. Wenn alle drei Teilreaktionen mit gleicher Wahrscheinlichkeit ablaufen, beträgt die pro ^2H freigesetzte Energie 5 MeV. 4 Liter Wasser haben die Masse 4 kg; das entspricht $n = (4000\,\text{g}) / [2\,(1{,}007825) + 15{,}994915]$ g/mol $= 222$ mol Wasser. Also enthält die gegebene Wassermenge $2\,n = 444$ mol, und die Anzahl der H-Kerne beträgt $(444\,\text{mol})\,N_{\text{A}} = (444\,\text{mol})\,(6{,}022 \cdot 10^{23}\,\text{mol}^{-1}) = 2{,}67 \cdot 10^{26}$. Davon besteht der Anteil $1{,}5 \cdot 10^{-4}$ aus ^2H-Kernen; deren Anzahl ist also $(1{,}5 \cdot 10^{-4})\,(2{,}67 \cdot 10^{26}) = 4{,}01 \cdot 10^{22}$. Jeder setzt bei der Reaktion 5 MeV frei, und die abgegebene Gesamtenergie beträgt $(4{,}01 \cdot 10^{22}\,\text{Kerne})\,(5\,\text{MeV/Kern}) = 3{,}21 \cdot 10^{10}$ J. Somit könnten 4 L Wasser durch Fusion der in ihnen vorhandenen ^2H-Kerne im Prinzip die Energie erzeugen, die in der Bundesrepublik in etwa 7 ms benötigt wird.

40.28 Der Gesamtimpuls ist null: $m_{\text{He}}\,v_{\text{He}} + m_{\text{n}}\,v_{\text{n}} = 0$. Damit ist $Q = 17{,}7$ MeV $= \frac{1}{2}\,m_{\text{He}}\,v_{\text{He}}^2 + \frac{1}{2}\,m_{\text{n}}\,v_{\text{n}}^2$. Aus der Bedingung für den Impuls erhalten wir $v_{\text{He}} = -v_{\text{n}}\,(m_{\text{n}}/m_{\text{He}})$. Einsetzen in die Beziehung für Q ergibt $Q = \frac{1}{2}\,m_{\text{He}}\,v_{\text{n}}^2\,(m_{\text{n}}/m_{\text{He}})^2 + \frac{1}{2}\,m_{\text{n}}\,v_{\text{n}}^2 = \frac{1}{2}\,m_{\text{n}}\,v_{\text{n}}^2\,(1 + m_{\text{n}}/m_{\text{He}}) = E_{\text{n}}\,(1 + m_{\text{n}}/m_{\text{He}})$. Daraus folgt $E_{\text{n}} = Q/(1 + m_{\text{n}}/m_{\text{He}}) = (17{,}7\,\text{MeV}) / (1 + 1{,}008665 /4{,}002603\,) = 14{,}1$ MeV und $E_{\text{He}} = Q - E_{\text{n}} =$

3,56 MeV. Beachten Sie, daß das schwere Teilchen sich langsamer bewegt als das leichte und den geringeren Anteil der Gesamtenergie mit sich führt.

40.29 Für die partielle Integration gilt

$$\int_0^\infty u' v \, dt = u\,v \Big|_0^\infty - \int_0^\infty u\,v' \, dt.$$

Hier ist $u' = e^{-\lambda t}$ und $u = (-1/\lambda)\,e^{-\lambda t}$ sowie $v = t$ und $v' = 1$. Substituieren ergibt

$$\int_0^\infty t\,e^{-\lambda t} \, dt =$$

$$= \left(\frac{-1}{\lambda}\right) t\,e^{-\lambda t}\Big|_0^\infty - \int_0^\infty \left(\frac{-1}{\lambda}\right) e^{-\lambda t} \, dt$$

$$= \left(\frac{-1}{\lambda}\right)(0-0) - \left(\frac{1}{\lambda^2}\right)(0-1) = \frac{1}{\lambda^2}.$$

Das kombinieren wir mit

$$\tau = \lambda \int_0^\infty t\,e^{-\lambda t} \, dt$$

und erhalten $\tau = 1/\lambda$.

40.30 a) Wir wählen den stationären Kern als Ursprung und bezeichnen die Position des Neutrons mit x. Dann liegt der Schwerpunkt bei $x_S = (M \cdot 0 + m\,x)/(M+m) = m\,x/(M+m)$. Wegen $dx/dt = v_N$ folgt $v = v_S = dx_S/dt = m\,v_N/(M+m)$. b) Weil der Kern im Laborsystem ruht und sich relativ zu ihm das Schwerpunktsystem mit der Geschwindigkeit v bewegt, ist die Geschwindigkeit des Kerns im Schwerpunktsystem gleich v. Bei einem elastischen Stoß, der im Schwerpunktsystem betrachtet wird, kehren die Teilchen ihre Geschwindigkeiten um, so daß der Kern nach dem Stoß weiterhin die Geschwindigkeit v hat, jedoch in der entgegengesetzten Richtung. Insgesamt ist seine Geschwindigkeitsänderung $2\,v$. c) Die Geschwindigkeitsänderung des Kerns im Schwerpunktsystem wurde in Teil b) zu $2\,v$ ermittelt. Diese gilt aber auch im Laborsystem, wo der Kern anfangs in Ruhe war und sich daher nach dem Stoß mit der Geschwindigkeit $2\,v$ bewegt. d) Weil sich der Kern im Laborsystem nach dem Stoß mit der Geschwindigkeit $2\,v$ bewegt, ist seine

Energie $\frac{1}{2} M\,(2\,v)^2 = \frac{1}{2} M\,(4)\,m^2 v_N^2/(m+M)^2 = [4\,m\,M/(m+M)^2]\,(\frac{1}{2}\,m\,v_N^2)$. e) Die Energie des Neutrons ist vor dem Stoß $E_1 = \frac{1}{2}\,m\,v_N^2$. Wegen der Energieerhaltung ist sie nach dem Stoß $E_2 = \frac{1}{2}\,m\,v_N^2 - [4\,m\,M/(m+M)^2]\,(\frac{1}{2}\,m\,v_N^2) = E_1[1-4\,m\,M/(m+M)^2]$. Damit folgt $\Delta E = E_2 - E_1 = -E_1[4\,m\,M/(m+M)^2]$ bzw. $-\Delta E/E_1 = 4\,m\,M/(m+M)^2 = 4\,(m/M)/(1+m/M)^2$.

40.31 a) Nach dem Stoß ist die Energie eines Neutrons $E_2 = E_1 + \Delta E = E_0 - 4\,E_0\,x/(1+x)^2$. Darin ist $x = m_n/m_C = 1{,}008665/12 = 0{,}084055$. Umstellen ergibt für einen einzelnen Stoß $E_2 = E_0\,(1-x)^2/(1+x)^2 = 0{,}714\,E_0$. Damit ist nach n Stößen die Energie des Neutrons $E_n = (0{,}714)^n\,E_0$. b) Mit $E_0 = 2$ MeV und $E_n = 0{,}02$ MeV ist die erforderliche Anzahl von Stößen $n = \ln(E_n/E_0)/\ln(0{,}714) = 54{,}7$. Also wird ein 2-MeV-Neutron nach 55 Stößen thermisch sein, d.h. seine Energie ist dann auf die thermische Energie $k_B T$ reduziert, wobei T etwa gleich der Raumtemperatur ist.

40.32 a) Summieren der 3 Reaktionsgleichungen ergibt $4\,{}^1\text{H} + {}^2\text{H} + {}^3\text{He} \rightarrow {}^2\text{H} + {}^3\text{He} + {}^4\text{He} + 2\,\beta^+ + 2\,\nu_e + \gamma$. Streichen der gemeinsamen Terme liefert $4\,{}^1\text{H} \rightarrow {}^4\text{He} + 2\,\beta^+ + 2\,\nu_e + \gamma$. b) Die in dieser Gesamtreaktion freigesetzte Ruheenergie ist $(4\,m_p - m_\alpha - 2\,m_e)\,c^2 = 4\,m_p c^2 - m_{He}c^2 = 4\,(938{,}272\ \text{MeV}) - (4{,}002603\ \text{u}\,c^2)[931{,}5\ \text{MeV}/(\text{u}\,c^2)] = 24{,}7$ MeV. c) Die in dieser Netto-Reaktion insgesamt freigesetzte Energie beträgt 26,7 MeV. Dabei werden 4 Protonen verbraucht. Damit ist der Energiebeitrag der Protonen $\frac{1}{4}\,(26{,}7)$ MeV $= 6{,}68$ MeV/Proton $= 1{,}07 \cdot 10^{-12}$ J/Proton. Weil die Strahlungsleistung der Sonne $P = 4 \cdot 10^{26}$ J/s beträgt, ist der Verbrauch an Protonen $r = P/E = (4 \cdot 10^{26}\ \text{J/s})/(1{,}07 \cdot 10^{-12}\ \text{J/Proton}) = 3{,}74 \cdot 10^{38}$ Protonen/s. Die Masse der Protonen in der Sonne beträgt 10^{30} kg. Das entspricht der Protonenanzahl $N = (10^{30}\ \text{kg})/(1{,}673 \cdot 10^{-27}\ \text{kg/Proton}) = 5{,}98 \cdot 10^{56}$ Protonen. Damit folgt die Lebensdauer der Sonne zu $t = N/r = 1{,}60 \cdot 10^{18}$ s $= 50{,}5 \cdot 10^9$ Jahre.

40.33 a) Gegeben ist $dN/dt = R_\mathrm{R} - \lambda N$. Ein vernünftiger Ansatz ist $N(t) = a + b\,e^{-ct}$. Das setzen wir in die Definitionsgleichung ein und erhalten $dN/dt = -b\,c\,e^{-ct} = -c\,N + a\,c = R_\mathrm{R} - \lambda N$. Durch Vergleich folgt $c = \lambda$ und $a = R_\mathrm{R}/c = R_\mathrm{R}/\lambda$. Zum Bestimmen von b berücksichtigen wir die Bedingung, daß zum Zeitpunkt $t = 0$ die Anzahl der Kerne null ist: $N(0) = 0$. Das liefert $b = -a = -R_\mathrm{R}/\lambda$. Damit ist $N(t) = (R_\mathrm{R}/\lambda)(1 - e^{-\lambda t})$. Diese Abhängigkeit ist in der Abbildung aufgetragen.

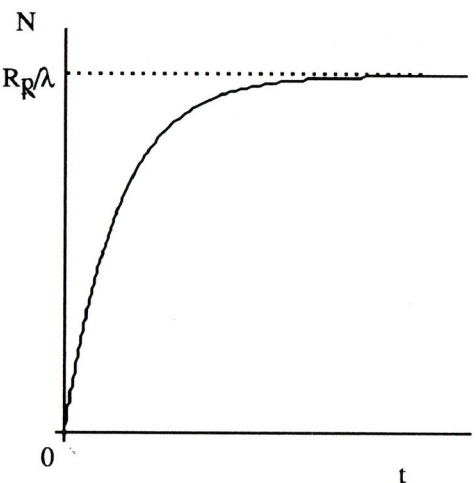

Für $t \to \infty$ erreicht N einen Gleichgewichtswert: $N(\infty) = R_\mathrm{R}/\lambda$. Dieses Verhalten ist ähnlich dem eines fallenden Körpers, der aufgrund des Luftwiderstands eine Kraft erfährt, die proportional zu seiner Geschwindigkeit ist. Er erreicht dadurch für $t \to \infty$ eine konstante Fallgeschwindigkeit.   b) ^{62}Cu wird gebildet mit der Rate $R_\mathrm{R} = 100$ Kerne/s und zerfällt mit der Halbwertszeit $t_{1/2} = 10$ min $= 600$ s. Damit ist die Zerfallskonstante $\lambda = (\ln 2)/t_{1/2} = 1{,}16 \cdot 10^{-3}$ s^{-1}. Wie in Teil a) ist nach sehr langer Zeit die Anzahl der Kerne $N(\infty) = R_\mathrm{R}/\lambda = (100$ Kerne/s$)/(1{,}16 \cdot 10^{-3}$ s$^{-1}) = 8{,}66 \cdot 10^4$ Kerne.

Kapitel 41

Elementarteilchen

41.1 Die durch ein Kaon übertragene Kraft hätte etwa die Reichweite $d = \hbar/(m_K c) = \hbar c/(m_K c^2) = (6{,}58 \cdot 10^{-16}\ \text{eV} \cdot \text{s})(3 \cdot 10^8\ \text{m/s})/(497{,}7 \cdot 10^6\ \text{eV}) = 3{,}97 \cdot 10^{-16}\ \text{m} = 0{,}397\ \text{fm}$.

41.2 a) Der Energieerhaltungssatz ist verletzt, da $m_p < m_n + m_e$ ist. b) Der Energieerhaltungssatz ist verletzt, da $m_n < m_p + m_\pi$ ist. c) Im Schwerpunktssystem ist der Gesamtimpuls null, d.h. es müssen zwei Photonen mit entgegengesetzten Impulsen emittiert werden. Beobachter in allen Bezugssystemen müssen zwei Photonen sehen. Daher verletzt diese Reaktion den Impulserhaltungssatz. d) Keine Verletzung von Erhaltungssätzen. e) Die Leptonenzahl bleibt nicht erhalten; sie beträgt $+1$ vor und -1 nach der Reaktion.

41.3 a) Die Seltsamkeiten sind:

Reaktion	Ω^-	$\rightarrow$	Λ^0	$+$	K^-
Seltsamkeit	-3		-1		-1

Die Seltsamkeit ändert sich insgesamt um $+1$, also kann die Reaktion über die schwache Wechselwirkung ablaufen. b) Die Seltsamkeiten sind:

Reaktion	Ξ^0	$\rightarrow$	p^+	$+$	π^-
Seltsamkeit	-2		0		0

Die Seltsamkeit ändert sich insgesamt um $+2$, also kann die Reaktion nicht ablaufen.

41.4 a) Der Zerfall $\tau \rightarrow \mu^- + \overline{\nu}_\mu + \nu_\tau$ ist möglich. Beachten Sie, daß die Leptonenzahlen erhalten bleiben: τ-Lepton: $1 \rightarrow 0 + 0 + 1$. μ-Lepton: $0 \rightarrow 1 - 1 + 0$. Der zweite Zerfall $\tau \rightarrow \mu^- + \nu_\mu + \overline{\nu}_\tau$ ist nicht möglich, weil die Leptonenzahlen nicht erhalten bleiben: τ-Lepton: $1 \rightarrow 0 + 0 - 1$. μ-Lepton: $0 \rightarrow 1 + 1 + 0$. b) Die im ersten Zerfall freigesetzte kinetische Energie ist $E_{\text{kin}} = (m_\tau - m_{\mu^-})c^2 = 1780\ \text{MeV} - 106\ \text{MeV} = 1674\ \text{MeV} = 1{,}674\ \text{GeV}$.

41.5 In der folgenden Tabelle bedeuten: Bar.-Zahl = Baryonenzahl und Hadr.-Ident. = Hadronen-Identität.

	Quark-struktur	Bar.-Zahl	La-dung	Seltsam-keit	Hadr.-Ident.
a)	$u\,u\,d$	$+1$	$+e$	0	p^+
b)	$u\,d\,d$	$+1$	0	0	n
c)	$u\,u\,s$	$+1$	$+e$	-1	Σ^+
d)	$d\,d\,s$	$+1$	$-e$	-1	Σ^-
e)	$u\,s\,s$	$+1$	0	-2	Ξ^0
f)	$d\,s\,s$	$+1$	$-e$	-2	Ξ^-
g)	$u\,\overline{d}$	0	$+e$	0	π^+
h)	$\overline{u}\,d$	0	$-e$	0	π^-
i)	$u\,\overline{s}$	0	$+e$	$+1$	K^+
j)	$\overline{u}\,s$	0	$-e$	-1	K^-

Beachten Sie in der Aufstellung der Ergebnisse: Kombinationen von drei Quarks bringen Baryonen hervor, und Quark-Antiquark-Kombinationen erzeugen Mesonen.

41.6 Weil das D^+ ein Meson ist, beträgt seine Baryonenzahl null; wir erwarten daher, daß es aus einem Quark und einem Antiquark aufgebaut ist. Eine Quark-Antiquark-Kombination mit der Ladung $+1$, dem Charm $+1$ und der Seltsamkeit 0 ist $c\,\overline{d}$. b) D^- ist das Antiteilchen zu D^+, also ist seine Quarkstruktur $\overline{c}\,d$.

41.7 Die Reichweite des virtuellen X-Teilchens wäre $d = \hbar c/(m_X c^2) = (6{,}58 \cdot 10^{-16}\ \text{eV} \cdot \text{s}) \cdot (3 \cdot 10^8\ \text{m/s})/(10^{24}\ \text{eV}) = 1{,}97 \cdot 10^{-31}\ \text{m}$.

41.8 a) Damit ein Teilchen mit seinem Antiteilchen identisch ist, müssen seine Ladung, Leptonenzahl, Baryonenzahl, Seltsamkeit, Charm, Topness und Bottomness alle null sein. b) Das Teilchen π^0 erfüllt alle obigen Bedingungen. Daher ist es sein eigenes Antiteilchen. c) Ξ^0 hat die Seltsamkeit -2, also kann es nicht sein eigenes Antiteilchen sein. Dieses ist vielmehr $\overline{\Xi}^0$, dessen Seltsamkeit $+2$ beträgt.

41.9 In der folgenden Tabelle der Quarkkombinationen bedeuten: Bar.-Zahl = Baryonenzahl und Hadr.-Ident. = Hadronen-Identität.

	Quark-struktur	Bar.-Zahl	La-dung	Seltsam-keit	Hadr.-Ident.
a)	$u\,\overline{d}\,\overline{d}$	-1	0	0	$\overline{n}$
b)	$u\,s\,s$	$+1$	0	-2	Ξ^0
c)	$u\,u\,s$	$+1$	$+e$	-1	Σ^+
d)	$s\,s\,s$	$+1$	$-e$	-3	Ω^-

41.10 a) Ja, alle Endprodukte sind stabil. b) $\Xi^0 \rightarrow p^+ + e^- + \overline{\nu}_e + \nu_\mu + \overline{\nu}_\mu$. c) Zuerst prüfen wir die Erhaltung der Ladung: $0 \rightarrow +1 - 1 + 0 + 0 + 0 = 0$ und dann die der Baryonenzahl: $1 \rightarrow 1 + 0 + 0 + 0 + 0 = 1$. Für die Leptonenzahl prüfen wir zwei Fälle; erstens Elektronen: $0 \rightarrow 0 + 1 - 1 + 0 + 0 = 0$, und zweitens Myonen: $0 \rightarrow 0 + 0 + 0 + 1 - 1 = 0$. Schließlich prüfen wir die Seltsamkeit: $-2 \rightarrow 0 + 0 + 0 + 0 + 0 = 0$. Somit ist bei der gesamten Reaktion die Änderung der Seltsamkeit gleich $+2$. Trotzdem ist die Reaktion möglich, da bei jedem Zerfall in der Kette die Änderung der Seltsamkeit nie größer als $+1$ ist, die Reaktionen also über die schwache Wechselwirkung ablaufen können. d) Nein, weil beim Σ^0 statt des Λ^0 die Ruheenergie der Produkte größer wäre als die des anfangs vorhandenen Teilchens und dadurch die Energieerhaltung nicht gewahrt würde.

41.11 a) Nicht alle genannten Endprodukte sind stabil. Insbesondere zerfällt das Neutron zu $p^+ + e^- + \overline{\nu}_e$. b) Die Kombination aller Reaktionen liefert das Endergebnis: $\Omega^- \rightarrow p^+ +$

$3\,e^- + e^+ + 3\,\overline{\nu}_e + \nu_e + 2\,\overline{\nu}_\mu + 2\,\nu_\mu$. c) Zuerst prüfen wir die Erhaltung der Ladung: $-1 \rightarrow +1 - 3 + 1 + 0 + 0 + 0 + 0 = -1$ und dann die der Baryonenzahl: $1 \rightarrow 1 + 0 + 0 + 0 + 0 + 0 + 0 = 1$. Für die Leptonenzahl prüfen wir zwei Fälle; erstens Elektronen: $0 \rightarrow 0 + 3 - 1 - 3 + 1 + 0 + 0 = 0$, und zweitens Myonen: $0 \rightarrow 0 + 0 + 0 + 0 + 0 - 2 + 2 = 0$. Schließlich prüfen wir die Seltsamkeit: $-3 \rightarrow 0 + 0 + 0 + 0 + 0 + 0 + 0 = 0$. Somit ist bei der gesamten Reaktion die Änderung der Seltsamkeit gleich $+3$. Trotzdem ist die Reaktion möglich, da bei jedem Zerfall in der Kette die Änderung der Seltsamkeit nie größer als $+1$ ist, die Reaktionen also über die schwache Wechselwirkung ablaufen können.

41.12 a) $n \rightarrow \pi^+ + \pi^- + \mu^+ + \mu^-$. Zuerst prüfen wir die Ruheenergie der Reaktion: 939,6 MeV $>$ 139,6 MeV + 139,6 MeV + 106 MeV + 106 MeV = 491,2 MeV. Damit ist die Energieerhaltung gewahrt. Nun prüfen wir die elektrische Ladung: $0 \rightarrow +1 - 1 + 1 - 1 = 0$, die Baryonenzahl: $1 \rightarrow 0 + 0 + 0 + 0 = 0$ und die Leptonenzahl: $0 \rightarrow 0 + 0 + 1 - 1 = 0$. Somit wird die Erhaltung der Baryonenzahl verletzt, und der Zerfall ist nicht möglich. b) $\pi^0 \rightarrow e^+ + e^- + \gamma$. Zuerst prüfen wir die Ruheenergie der Reaktion: 135 MeV $>$ 0,511 MeV + 0,511 MeV = 1,022 MeV. Damit ist die Energieerhaltung gewahrt. Nun prüfen wir die elektrische Ladung: $0 \rightarrow +1 - 1 = 0$, die Baryonenzahl: $0 \rightarrow 0 + 0 = 0$ und die Leptonenzahl: $0 \rightarrow 1 - 1 = 0$. Bei diesem Zerfall sind demnach alle Erhaltungssätze erfüllt.

41.13 a) Die kinetische Energie der Zerfallsprodukte ist $E_{\text{kin}} = (m_{\Lambda^0} - m_p - m_\pi)\,c^2 = 1116$ MeV $- 938,3$ MeV $- 139,6$ MeV $= 38,1$ MeV. b) Wir wissen, daß das System anfangs den Impuls null hat; daher muß es diesen auch nach dem Zerfall haben. Das bedeutet, die Impulse von Proton und Pion sind gleich groß und haben entgegengesetzte Richtungen. Es folgt $m_p\,v_p = m_\pi\,v_\pi$ oder $v_\pi/v_p = m_p/m_\pi$. Damit resultiert für die kinetischen Energien $E_{\text{kin},\pi}/E_{\text{kin},p} = (\frac{1}{2}\,m_\pi\,v_\pi^2)/(\frac{1}{2}\,m_p\,v_p^2) = (m_\pi/m_p)\,(m_p/m_\pi)^2 = m_p/m_\pi = 938,3/139,6 = 6,72$. c) Die gesamte kinetische Energie ist $E_{\text{kin}} = E_{\text{kin},p} + E_{\text{kin},\pi} = E_{\text{kin},p} + 6,72\,E_{\text{kin},p} =$

7,72 $E_{\text{kin},p}$. Daraus folgt $E_{\text{kin},p} = E_{\text{kin}}/7,72 = 4,93$ MeV und $E_{\text{kin},\pi} = 6,72\,E_{\text{kin},p} = 33,2$ MeV. Wie erwartet, führt das leichtere Teilchen den größeren Teil der kinetischen Energie ab.

41.14 a) Die gesamte Energie der Zerfallsprodukte ist gleich der Ruheenergie des anfangs vorhandenen Teilchens. Hier zerfällt das Teilchen Σ^0, und die Zerfallsprodukte haben eine Energie von 1193 MeV.   b) Beachten Sie, daß die Zerfallsprodukte die Ruheenergie 1116 MeV haben. Also muß die Energiemenge 1193 MeV − 1116 MeV = 77 MeV aufgeteilt sein zwischen der Energie des Photons und der kinetischen Energie des Λ^0. Wenn wir letztere vernachlässigen, ist die Energie des Photons $E_\gamma = 77$ MeV, und sein Impuls ist $p = E_\gamma/c = 77$ MeV/c.   c) Weil sich das System anfangs in Ruhe befindet, muß es nach dem Zerfall den Impuls null haben. Deshalb muß der Impuls des Λ^0 denselben Betrag wie der des Photons, aber entgegengesetzte Richtung haben. Seine kinetische Energie ist damit $E_{\text{kin},\Lambda^0} = p^2/(2\,m_\Lambda) = 2,66$ MeV. Dieser Energiebetrag ist klein gegenüber der gesamten Energie von 77 MeV, die zwischen Λ^0 und Photon aufgeteilt wird.   d) Eine bessere Abschätzung der Energie des Photons liefert $E = 1193$ MeV − 1116 MeV − 2,66 MeV = 74,3 MeV. Dem entspricht der Impuls $p = 74,3$ MeV/c.

41.15 a) Die Zeitdifferenz ist $\Delta t = t_2 - t_1 = x/v_2 - x/v_1 = x\,(1/v_2 - 1/v_1) = x\,(v_1 - v_2)/(v_1\,v_2)$. Wir setzen $\Delta v = v_1 - v_2$ und berücksichtigen, daß das Produkt der Geschwindigkeiten $v_1\,v_2 \approx c^2$ ist, weil beide nahe bei der Lichtgeschwindigkeit liegen. Damit ist $\Delta t \approx x\,\Delta v/c^2$.   b) Wir gehen aus von der Relation $E = m_0\,c^2/(1 - v^2/c^2)^{1/2}$ und erhalten $v/c = [1 - (m_0\,c^2)^2/E^2]^{1/2} \approx 1 - \tfrac{1}{2}(m_0\,c^2)^2/E^2$.   c) Mit dem Ergebnis aus b) folgt $v_1 - v_2 = c\,[-\tfrac{1}{2}(m_0\,c^2)^2/E_1^2 + \tfrac{1}{2}(m_0\,c^2)^2/E_2^2] = c\,(m_0\,c^2)^2\,(E_1^2 - E_2^2)/(2\,E_1^2\,E_2^2)$. Gegeben sind: $m_0\,c^2 = 20$ eV sowie $E_1 = 20$ MeV und $E_2 = 5$ MeV. Daraus erhalten wir (mit der Einheit a für Jahre) $\Delta v = v_1 - v_2 = (7,5 \cdot 10^{-12})\,c$ und $\Delta t \approx x\,\Delta v/c^2 = (170\,000\;c \cdot \text{a})\,(7,5 \cdot 10^{-12})\,c/c^2 = 1,28 \cdot 10^{-6}$ a = 40,3 s.   d) Mit $m_0\,c^2 = 40$ eV ist $\Delta v = (3 \cdot 10^{-11})\,c$ und $\Delta t \approx (170\,000\;c \cdot \text{a})\,(3 \cdot 10^{-11})\,c/c^2 = 5,10 \cdot 10^{-6}$ a = 161 s. Somit kann aus der Differenz der Ankunftszeiten von Neutrinos aus einer Supernova ein Grenzwert der Ruhemasse eines Neutrinos abgeleitet werden.

Kapitel 42

Astrophysik und Kosmologie

42.1 Der Betrag der potentiellen Gravitationsenergie der Sonne ist $|E_{\text{pot},\odot}| = 2\,G\,M_\odot^2/R_\odot = 2\,(6{,}67 \cdot 10^{-11}\ \text{N} \cdot \text{m}^2/\text{kg}^2)\,(1{,}99 \cdot 10^{30}\ \text{kg})^2/(6{,}96 \cdot 10^{8}\ \text{m}) = 7{,}59 \cdot 10^{41}$ J. Die Leuchtkraft der Sonne beträgt $L_\odot = 3{,}85 \cdot 10^{26}$ J/s. Die zum Abstrahlen der Energie $|E_{\text{pot},\odot}|$ benötigte Zeit ist damit $t = |E_{\text{pot},\odot}|/L_\odot = 1{,}97 \cdot 10^{15}$ s. Das sind 62,4 Millionen Jahre. Man weiß, daß das Sonnensystem einige Milliarden Jahre alt ist; daher muß die Energie der Sonne aus einem anderen Mechanismus (der Kernfusion) herrühren, der viel mehr Energie freisetzt als die Kontraktion aufgrund der Gravitation.

42.2 Die mittlere Dichte der Materie im Universum wird zu etwa 1 H-Atom pro cm³ angenommen, beträgt also rund $1{,}67 \cdot 10^{-27}$ kg/m³. Weil diese Masse nur etwa 10 % der gesamten Masse des Universums ausmachen kann, hat die „fehlende Masse" die mittlere Dichte $\varrho = 9\,(1{,}67 \cdot 10^{-27}\ \text{kg/m}^3) = 1{,}50 \cdot 10^{-26}$ kg/m³. Wenn 500 Neutrinos pro cm³ vorhanden sind (also $5 \cdot 10^8$ pro m³), jedes mit der Masse m_ν, beträgt ihre Dichte $(5 \cdot 10^8\ \text{m}^{-3})\,m_\nu$. Die Neutrinodichte setzen wir gleich der Dichte der fehlenden Masse und erhalten $m_\nu = \varrho/(5 \cdot 10^8\ \text{m}^{-3}) = 3{,}01 \cdot 10^{-35}$ kg $= 16{,}9$ eV/c^2.

42.3 Wir nehmen $L_P = L_B$ an. Dann gilt für die Entfernungen $r_P^2\,f_P = r_B^2\,f_B$ und damit $r_B = r_P\,\sqrt{f_P/f_B}$. Weiterhin ist $\log(f_P/f_B) = (m_P - m_B)/2{,}5 = (1{,}16 - 0{,}41)/2{,}5 = 0{,}30$. Das bedeutet $f_P/f_B = 2{,}00$. Schließlich erhalten wir $r_B = r_P\,\sqrt{2} = 17{,}0$ pc.

42.4 a) Für $M = 0{,}3\,M_\odot$ entnehmen wir dem HR-Diagramm die effektive Temperatur $T_{\text{eff}} \approx 3300$ K und $L \approx 5 \cdot 10^{-2}\,L_\odot$. b) Für $M =$

$3\,M_\odot$ ist $T_{\text{eff}} \approx 13\,500$ K, und die Leuchtkraft ist $L \approx 10^2\,L_\odot$. c) $R_{0,3}/(0{,}3\,M_\odot) = R_\odot/M_\odot$ oder $R_{0,3} = R_\odot\,(0{,}3\,M_\odot)/M_\odot = 0{,}3\,R_\odot$. Entsprechend ist $R_3 = 3\,R_\odot$. d) Die Lebensdauer t_L ist proportional zu M^{-3}. Daraus folgt $t_L = t_{L,\odot}\,M^{-3}/M_\odot^{-3}$. Für $M = 0{,}3\,M_\odot$ ergibt sich $t_L = t_{L,\odot}\,(0{,}3)^{-3} = 37\,t_{L,\odot}$. Für $M = 3\,M_\odot$ ist die Lebensdauer $t_L = t_{L,\odot}\,(3)^{-3} = 0{,}037\,t_{L,\odot}$.

42.5 Die für die Reaktion $^{56}\text{Fe} \rightarrow 13\,^4\text{He} + 4\,n$ benötigte Energie ist $E = (13\,m_{(^4\text{He})} + 4\,m_n - m_{(^{56}\text{Fe})})\,c^2 = [13\,(4{,}002603) + 4\,(1{,}008665) - 55{,}939395]\ u\,c^2 = (0{,}129104)\,(931{,}5\ \text{MeV}) = 120$ MeV. Die Energie für die Reaktion $^4\text{He} \rightarrow 2\,^1\text{H} + 2\,n$ ist $E = (2\,m_{(^1\text{H})} + 2\,m_n - m_{(^4\text{He})})\,c^2 = [2\,(1{,}007825) + 2\,(1{,}008665) - 4{,}002603]\,u\,c^2 = (0{,}030377)\,(931{,}5\ \text{MeV}) = 28{,}3$ MeV.

42.6 a) Mit $M = 2\,M_\odot$ erhalten wir $R = (1{,}6 \cdot 10^{14}\ \text{m} \cdot \text{kg}^{1/3})\,[2\,(1{,}99 \cdot 10^{30}\ \text{kg})]^{-1/3} = 10{,}1$ km. b) Wenn der Stern mit 0,5 U/s rotiert, so ist seine Winkelgeschwindigkeit $\omega = (2\,\pi\ \text{rad/U})\,(0{,}5\ \text{U/s}) = \pi\ \text{rad/s}$. Das Trägheitsmoment einer massiven Kugel mit dem Radius R und der Masse M ist $I = \frac{2}{5}\,M R^2$, und die kinetische Rotationsenergie des Sterns ist $E_r = \frac{1}{2}\,I\,\omega^2 = 8{,}01 \cdot 10^{38}$ J. c) Die Geschwindigkeit, mit der sich die Rotationsenergie verringert, ist $-\mathrm{d}E_r/\mathrm{d}t = I\,\omega\,(-\mathrm{d}\omega/\mathrm{d}t)$. Gegeben ist (mit der Einheit d = Tag): $-\mathrm{d}\omega/\mathrm{d}t = (10^{-8})\,\omega/(1\ \text{d}) = (1{,}16 \cdot 10^{-13}\ \text{s}^{-1})\,\omega$. Daraus folgt $-\mathrm{d}E_r/\mathrm{d}t = (1{,}16 \cdot 10^{-13}\ \text{s}^{-1})\,I\,\omega^2 = 2\,(1{,}16 \cdot 10^{-13}\ \text{s}^{-1})\,E_r = 1{,}85 \cdot 10^{26}$ J/s. Dies ist die Leuchtkraft in Watt, denn 1 W = 1 J/s.

42.7 a) Wir verwenden die Einheit Lj = Lichtjahr. Mit Hilfe des Hubble-Gesetzes erhalten wir $r = v/H = (7{,}2 \cdot 10^4\ \text{km/s})\,/\,[23 \cdot$

10^{-6} km/(s·Lj)] $= 3{,}13 \cdot 10^9$ Lj.   b) Wir verwenden die Einheit a = Jahr. Gemäß der Urknall-Theorie ist die Obergrenze für das Alter des Universums die Hubble-Zeit $T = 1/H = \{(23 \cdot 10^3$ m/s) / $[(10^6)\,(3 \cdot 10^8$ m/s) $(1$ a$)]\}^{-1} = 1{,}30 \cdot 10^{10}$ a. Wir erinnern uns daran, daß $r = v/H = v\,T$ ist. Wenn wir also heute die Geschwindigkeit einer Galaxis zu v bestimmen und diese den Abstand r von uns hat, so ist T das Alter des Universums. Wurde die Galaxis aber durch Gravitationswechselwirkung mit anderen Galaxien langsamer, dann ist ihre mittlere Geschwindigkeit kleiner als v, und die in der Formel $r = v\,T$ eingesetzte Zeit ist größer als die wirklich verstrichene Zeit. Daher ist $T = 1/H$ die Obergrenze für das Alter des Universums.   c) Es ist $T = 1/H = r/v$. Also ist T proportional zu r, und ein Fehler von 10 % in r bewirkt einen ebenso großen Fehler in T.

42.8 Wenn die Änderung der Leuchtkraft durch einen einzigen physikalischen Prozeß hervorgerufen wird (und nicht durch mehrere zufällig zusammenwirkende Faktoren), so darf der Durchmesser der Energiequelle nicht größer sein als die Strecke, die das Licht während der Zeit der Änderung zurücklegen kann. Wir verwenden die Einheit a = Jahr. Der maximale Durchmesser ist $d = c\,t = (3 \cdot 10^8$ m/s$)\,(1{,}5$ a$)\,(3{,}15 \cdot 10^7$ s/a$) = 1{,}42 \cdot 10^{16}$ m $= (1{,}42 \cdot 10^{16}$ m$)\,[1$ AE$/(1{,}50 \cdot 10^{11}$ m$)] = 9{,}48 \cdot 10^4$ AE. Zum Vergleich: der Durchmesser der Milchstraße beträgt etwa 60 000 Lichtjahre, also $3{,}78 \cdot 10^9$ AE.

42.9 Wir nehmen an, die Ausdehung S des Universums sei umgekehrt proportional zur absoluten Temperatur. Die heutigen Werte sind $S_h = 10^{10}$ Lj (Lj bedeutet Lichtjahr) und $T_h = 2{,}7$ K. Dann ist bei einer beliebigen Temperatur T die Ausdehnung des Universums $S = S_h\,(T_h/T)$. a) 2000 Jahre sind im Vergleich zum Alter des Universums eine so kleine Zeitspanne, daß weder Temperatur noch Ausdehnung sich merklich geändert haben; also ist $S \approx S_h$.   b) Ebenso sind 10^6 Jahre eine vergleichsweise kurze Zeit, und es gilt auch hierfür $S \approx S_h$.   c) Bei $t = 1$ s betrug die Temperatur etwa 10^{10} K, und die Ausdehnung

des Universums war $S \approx (2{,}7 \cdot 10^{-10})\,S_h = 2{,}7$ Lj. d) Bei $t = 10^{-6}$ s betrug die Temperatur ungefähr 10^{13} K, und die Ausdehung des Universums war $S \approx (2{,}7 \cdot 10^{-13})\,S_h = 2{,}7 \cdot 10^{-3}$ Lj $= 170$ AE.   e) Bei $t = 10$ s war $T \approx 5 \cdot 10^9$ K und $S \approx (5 \cdot 10^{-10})\,S_h = 5{,}4$ Lj.

42.10 Nach dem Wienschen Verschiebungsgesetz liegt die Wellenlänge des Maximums der Strahlungsleistung bei $\lambda_{max} = (2{,}898$ mm · K$)/T$. Mit $T = 2{,}7$ K ist $\lambda_{max} = 1{,}07$ nm; diese Strahlung liegt im Mikrowellenbereich.

42.11 Die Ruheenergie eines Myons beträgt etwa 106 MeV. Nach Abbildung 42.20 entspricht diese Energie ungefähr einer Zeit von 10^{-3} s nach dem Urknall. Der heutigen Temperatur von 2,7 K entspricht die thermische Energie 10^{-4} eV. Ein Teilchen mit dieser Ruheenergie hat die Ruhemasse $m \approx 10^{-4}$ eV$/c^2 \approx 10^{-40}$ kg.

42.12 Wir betrachten die drei Galaxien A, B und C in der Abbildung.

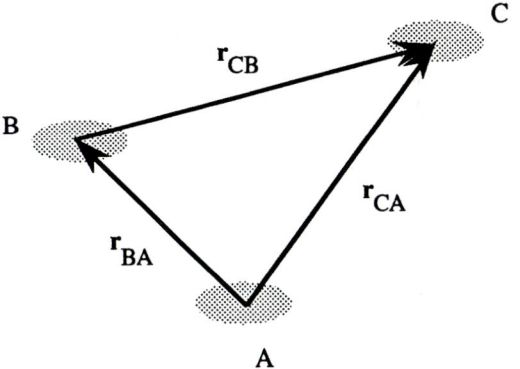

Die Galaxis A sei die Milchstraße. Wenn das Hubble-Gesetz für diese erfüllt ist, so gilt $\mathbf{v}_{BA} = H\mathbf{r}_{BA}$ und $\mathbf{v}_{CA} = H\mathbf{r}_{CA}$. Nach den Regeln der Vektoraddition ist $\mathbf{v}_{CB} = \mathbf{v}_{CA} - \mathbf{v}_{BA}$ und $\mathbf{r}_{CB} = \mathbf{r}_{CA} - \mathbf{r}_{BA}$. Es folgt $\mathbf{v}_{CB} = H\mathbf{r}_{CA} - H\mathbf{r}_{BA} = H(\mathbf{r}_{CA} - \mathbf{r}_{BA}) = H\mathbf{r}_{CB}$. Also ist das Hubble-Gesetz auch für Galaxis B erfüllt und daher für jede beliebige Galaxis im Universum.

42.13 a) Die Masse des Wasserstoffs in der gerade entstandenen Sonne sei $m = 0{,}7\,M_\odot$. Die entsprechende Anzahl der Wasserstoffkerne ist $N_{\mathrm{H}} = 0{,}7\,(1{,}99 \cdot 10^{30}\ \mathrm{kg})\,/\,(1{,}007825\ \mathrm{u})\,(1{,}66\,\cdot 10^{-27}\ \mathrm{kg/u}) = 8{,}33 \cdot 10^{56}$. b) Vier Wasserstoffkerne verschmelzen zu einem Heliumkern und setzen die Energie 26,72 MeV frei. Die insgesamt freiwerdende Energie ist $(N_{\mathrm{H}}/4)\,(26{,}72\ \mathrm{MeV}) = 5{,}56 \cdot 10^{57}\ \mathrm{MeV} = 8{,}90 \cdot 10^{44}\ \mathrm{J}$. c) Mit der insgesamt freigesetzten Energie $E = 0{,}23\,(8{,}90 \cdot 10^{44}\ \mathrm{J})$ und der Strahlungsleistung $L_{\odot} = 3{,}85 \cdot 10^{26}\ \mathrm{J/s}$ erhalten wir die Lebensdauer der Sonne zu $t = E/L_{\odot} = 5{,}32 \cdot 10^{17}\ \mathrm{s} = 1{,}68 \cdot 10^{10}$ Jahre.

42.14 a) Aus dem Diagramm in der Aufgabe geht hervor, daß die Umlaufzeit $T = 12$ d ist (d = Tag). Damit ist die Winkelgeschwindigkeit $\omega = 2\pi/T = 6{,}06 \cdot 10^{-6}$ rad/s. Sie ist für beide Massen gleich, trotz der verschiedenen Lineargeschwindigkeiten. b) In der hier wiedergegebenen Abbildung ist der Schwerpunkt mit X gekennzeichnet. Wir wählen ihn als Ursprung. Dann gilt $m_1 r_1 - m_2 r_2 = 0$ und $r_2 = r_1\,(m_1/m_2)$. Der Gesamtabstand zwischen beiden Massen ist $r = r_1 + r_2 = r_1\,(1 + m_1/m_2)$. Daraus folgt $r_1 = m_2\,r/(m_1 + m_2)$.

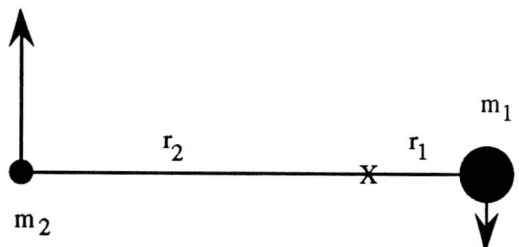

Aus der Gravitation resultiert die Zentripetalbeschleunigung der Massen, und es gilt $G\,m_1 m_2/r^2 = m_1 v_1^2/r_1 = m_1 r_1 \omega^2$. Wir setzen den obigen Ausdruck für r_1 ein und stellen um: $G\,m_1 m_2/r^2 = m_1 m_2\,r\,\omega^2/(m_1 + m_2)$ und $m_1 + m_2 = \omega^2 r^3/G$. c) Es ist gegeben $v_1 = r_1 \omega = 100$ km/s und $v_2 = r_2 \omega = 200$ km/s. Damit wird $v_2/v_1 = r_2/r_1 = 2$ sowie $r_1 = v_1/\omega = (100\ \mathrm{km/s})\,/\,(6{,}06 \cdot 10^{-6}\ \mathrm{s}^{-1}) = 1{,}65 \cdot 10^{10}$ m. Zudem ist $r_2 = 2\,r_1 = 3{,}30 \cdot 10^{10}$ m und $r = 3\,r_1 = 4{,}95 \cdot 10^{10}$ m $= 0{,}330$ AE. Wegen $m_1/m_2 = r_2/r_1 = 2$ erhalten wir schließlich $m_1 + m_2 = \tfrac{3}{2}\,m_1 = r^3\,\omega^2/G$ und $m_1 = 2\,r^3 \omega^2/(3\,G) = 4{,}45 \cdot 10^{31}$ kg sowie $m_2 = \tfrac{1}{2}\,m_1 = 2{,}23 \cdot 10^{31}$ kg.

42.15 Bei einer kreisförmigen Umlaufbahn mit dem Radius r ist die Gravitationskraft, die die Zentripetalbeschleunigung der Erde hervorruft, gleich $G M_{\odot}\,m/r^2 = m\,v^2/r$. Daraus folgt $\tfrac{1}{2}\,m\,v^2 = \tfrac{1}{2}\,G M_{\odot}\,m/r$, und wir erhalten $E = \tfrac{1}{2}\,m\,v^2 - G M_{\odot}\,m/r = \tfrac{1}{2}\,G M_{\odot}\,m/r - G M_{\odot}\,m/r = -\tfrac{1}{2}\,G M_{\odot}\,m/r$. Das bedeutet: Die Gesamtenergie ist halb so groß wie die potentielle Gravitationsenergie.

42.16 Die derzeitige mittlere Anzahldichte der H-Atome ($\varrho = 1$ H-Atom pro m^3) soll aufrechterhalten werden. Wenn sich das Universum um das Volumen dV ausdehnt, muß also die Anzahl der H-Atome um d$N = \varrho\,\mathrm{d}V$ zunehmen. Der Radius des Universums nimmt mit der Geschwindigkeit $\mathrm{d}R/\mathrm{d}t = v = H R$ zu, wobei $R = 10^{10}$ Lj ist. Die Geschwindigkeit der Volumenzunahme des Universums ist $\mathrm{d}V/\mathrm{d}t = 4\pi R^2\,\mathrm{d}R/\mathrm{d}t = 4\pi R^2\,v$. Dann muß die Geschwindigkeit der Zunahme der Anzahl der H-Atome $\mathrm{d}N/\mathrm{d}t = \varrho\,\mathrm{d}V/\mathrm{d}t$ sein. Wir nehmen an, die hinzukommenden Atome seien im Volumen des Universums ($V = \tfrac{4}{3}\pi R^3$) gleichmäßig verteilt. Dann ist die Geschwindigkeit der Zunahme ihrer Anzahldichte $(1/V)\,\mathrm{d}N/\mathrm{d}t = 4\pi R^2\,v\,\varrho/(\tfrac{4}{3}\pi R^3) = 3\,v\,\varrho/R = 3\,H\,\varrho = 3\,(1\ \mathrm{H\text{-}Atom/m^3})\,(2{,}3\,\cdot\,10^4\ \mathrm{m/s})\,(c\,\cdot\,10^6\ \mathrm{a}) = 2{,}30 \cdot 10^{-4}$ H-Atome pro m^3 und 10^6 Jahre.

42.17 a) Die quadratisch gemittelte Geschwindigkeit v von Gasmolekülen der molaren Masse M ist bei der absoluten Temperatur T gegeben durch $v = \sqrt{3\,R\,T/M}$. Darin ist R die Gaskonstante. Die Temperaturabhängigkeiten der mittleren Geschwindigkeit einiger Gase sind:

Gas	$M/$ $\mathrm{g \cdot mol}$	$v/$ $[\mathrm{m}/(\mathrm{s} \cdot \sqrt{\mathrm{K}})]\,\sqrt{T}$
H_2	2	112
He	4	79
CH_4	16	39,5
H_2O	18	37,2
O_2	32	27,9
CO_2	44	23,8

Beispielsweise ist also für H_2 mit der molarem Masse 2 g/mol die quadratisch gemittelte Geschwindigkeit $v = (112 \text{ m/s} \cdot \sqrt{K}) \sqrt{T}$.

In der Abbildung sind die Daten der Tabelle wiedergegeben. Außerdem sind Oberflächentemperatur und $\frac{1}{6}$ der Entweichgeschwindigkeit einiger Planeten eingetragen: Neptun (N), Erde (E), Venus (V), Mars und Merkur (M). Die Entweichgeschwindigkeit v_F ist berechnet nach $v_F = \sqrt{2GM/R}$, wobei M die Masse und R der Radius des Planeten ist.

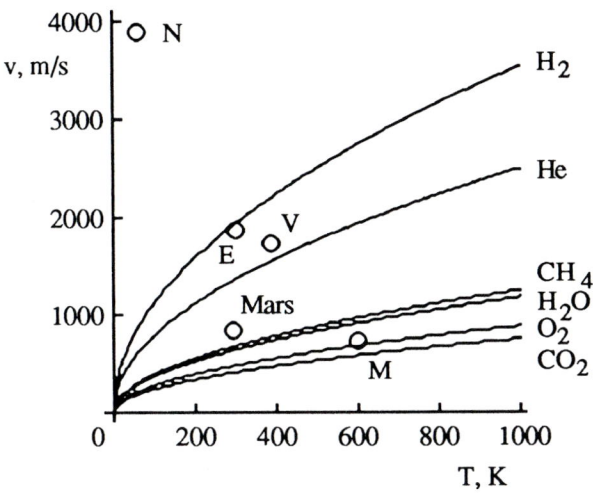

Der Wert von $\frac{1}{6}$ der Entweichgeschwindigkeit des Jupiter (J) ist in der folgenden Abbildung eingezeichnet, da er für den Maßstab des ersten Diagramms zu groß ist.

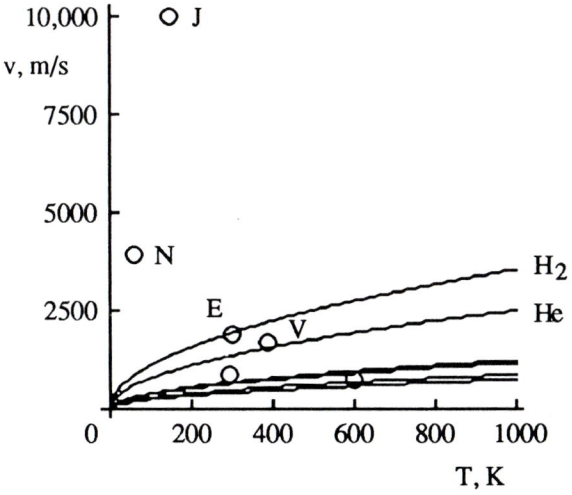

b) Die Entweichgeschwindigkeit der Erde ist $v_E = \sqrt{2GM_E/R_E}$. Wenn ein Planet die Masse $M = \alpha M_E$ und den Radius $R = \beta R_E$ hat, dann ist seine Entweichgeschwindigkeit $v = \sqrt{2GM/R} =$

$\sqrt{2G\alpha M_E/(\beta R_E)} = v_E \sqrt{\alpha/\beta}$. c) Alle genannten sechs Gase können sich in der Atmosphäre von Jupiter und Neptun befinden, während H_2 in der Atmosphäre von Erde und Venus nicht vorkommen kann. Helium kann es in der Mars-Atmosphäre nicht geben, und in der Atmosphäre des Merkur können nur O_2 und CO_2 verbleiben.

42.18 Wir beginnen mit der Annahme, daß die Erde wie ein schwarzer Strahler wirkt, so daß $I = \sigma T^4$ gilt, wobei $T = 300$ K die derzeitige Oberflächentemperatur ist. Wenn die auf die Erde gelangende Strahlungsintensität um den Faktor 100 steigt und sich die Erde im thermischen Gleichgewicht befindet, wird ihre Oberflächentemperatur $(300 \text{ K})(100)^{1/4} = 949 \text{ K} = 676 \text{ °C}$. Für H_2O-Moleküle ist die quadratisch gemittelte Geschwindigkeit $v_{rms} = \sqrt{3RT/M} = 1147$ m/s $= 1,15$ km/s. Das ist nur $\frac{1}{10}$ der Entweichgeschwindigkeit der Erde (11,2 km/s), so daß der Wasserdampf in der Erdatmosphäre verbleibt.

42.19 a) Wir betrachten eine Schicht mit der Querschnittsfläche A und der Dicke dx:

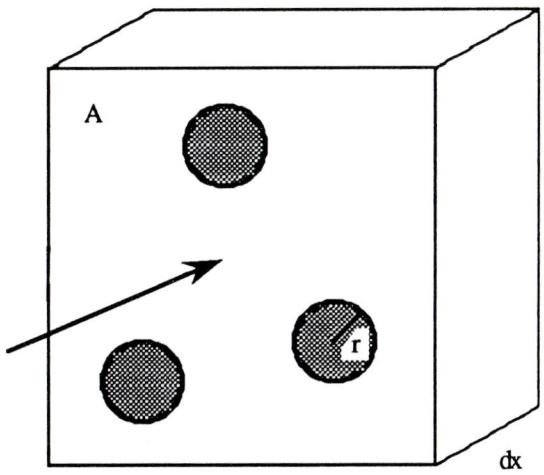

Die Anzahl der Staubkörner in diesem Volumen ist $n A \, dx$. Jedes Staubkorn habe den Radius r. Dann haben alle Staubkörner zusammen den Querschnitt $\pi r^2 (n A \, dx)$. Dies entspricht dem Anteil $\pi r^2 (n A \, dx)/A = n \pi r^2 \, dx$ am gesamten Querschnitt der Schicht. Der Pfeil in der Abbildung symbolisiert das Auftreffen von N Photonen pro Sekunde und m³. Nun nehmen wir an, jedes Photon, das auf ein Staubkorn trifft, wird dadurch aus dem Strahl entfernt. Dann ist der Anteil der entfernten Photonen $-\mathrm{d}N/N = n\,\pi\,r^2\,\mathrm{d}x$. Die Geschwindigkeit, mit der die Photonen beim Durchqueren der Schicht entfernt werden, ist $\mathrm{d}N/\mathrm{d}x = -(n\,\pi\,r^2)\,N$. Die Anzahl der Photonen, die pro Flächeneinheit und pro Zeiteinheit im Abstand x von der Vorderfläche noch im Strahl vorhanden sind, ist $N(x) = N_0\,\mathrm{e}^{-a\,x}$, wobei $a = n\,\pi\,r^2$ eine reziproke Länge ist. Ferner ist N_0 die Intensität des Photonenstrahls bei $x = 0$, also beim Auftreffen auf die Vorderfläche der Schicht. Der Faktor $\mathrm{e}^{-a\,x}$ repräsentiert den Bruchteil der im Abstand x verbliebenen Photonen, d.h. er ist proportional zur Wahrscheinlichkeit, mit der ein Photon hier noch im Strahl vorhanden ist. Dann folgt für den mittleren Abstand, den ein Photon im Strahl zurücklegt,

$$d_0 = \frac{\int_0^\infty x\,\mathrm{e}^{-a\,x}\,\mathrm{d}x}{\int_0^\infty \mathrm{e}^{-a\,x}\,\mathrm{d}x}.$$

Die Integration ergibt

$$I(a) = \int_0^\infty \mathrm{e}^{-a\,x}\,\mathrm{d}x = -\frac{1}{a}\left(\mathrm{e}^{-a\,x}\Big|_0^\infty\right) = \frac{1}{a}.$$

Weiterhin ist

$$-\frac{\mathrm{d}I(a)}{\mathrm{d}a} = \int_0^\infty x\,\mathrm{e}^{-a\,x}\,\mathrm{d}x,$$

und wegen $I(a) = \frac{1}{a}$ erhalten wir

$$\int_0^\infty x\,\mathrm{e}^{-a\,x}\,\mathrm{d}x = \frac{1}{a^2}.$$

Wir setzen ein, und das Ergebnis ist $d_0 = (1/a^2)/(1/a) = 1/a = 1/(n\,\pi\,r^2)$. b) Die Anzahldichte der Staubkörner kann geschrieben werden als $n = 1/(\pi\,r^2\,d_0)$. Einsetzen der in der Aufgabe gegebenen Werte ergibt $n = [\pi\,(10^{-7}\ \mathrm{m})^2\,(3000\ \mathrm{Lj})\,(9,46\cdot10^{15}\ \mathrm{m/Lj})]^{-1} = 1,12\cdot10^{-6}\ \mathrm{m}^{-3} = 1,12\cdot10^{-12}\ \mathrm{cm}^{-3}$.

c) Zunächst nehmen wir die Dichte des Staubes zu $2\ \mathrm{g/cm^3}$ an. Dann ist die Dichte des Staubes in der Galaxis $\varrho = (2\ \mathrm{g/cm^3})(\frac{4}{3}\,\pi\,r^3)\,n = 9,38\cdot10^{-27}\ \mathrm{g/cm^3}$. Mit diesem Wert ist die im Volumen $V = 300\ (\mathrm{Lj})^3$ enthaltene Masse an Staub $m = \varrho\,V = (9,38\cdot10^{-27}\ \mathrm{g/cm^3})\,[300\,(\mathrm{Lj})^3]\,(9,46\cdot10^{17}\ \mathrm{cm/lj})^3 = 2,38\cdot10^{30}\ \mathrm{g} = 0,00238\cdot10^{30}\ \mathrm{kg} = (1,20\cdot10^{-3}\ )\,M_\odot$. Das entspricht etwa 0,1 % der Sonnenmasse.

42.20 Die Reaktionsgleichung für die Verschmelzung von zwei Fe-Kernen zu einem Cd-Kern lautet $2\,^{56}\mathrm{Fe} \rightarrow\ ^{112}\mathrm{Cd} + 4\,e^+$. Jedes Fe-Atom hat 26 Elektronen, aber das Cd-Atom hat 48 Elektronen. Daher ist die Masse der Reaktionsprodukte gleich der Masse eines $^{112}\mathrm{Cd}$-Atoms plus der Masse von 4 Elektronen und 4 Positronen. Die Energiebilanz lautet $(2\,m_{(^{56}\mathrm{Fe})} - m_{(^{112}\mathrm{Cd})} - 8\,m_e)\,c^2 = [2\,(55,939395) - 111,902762]\,\mathrm{u}\,c^2 - 8\,(0,511\ \mathrm{MeV}) = (-0,023972)\,(931,5\ \mathrm{MeV}) - 8\,(0,511\ \mathrm{MeV}) = -26,42\ \mathrm{MeV}$. Das negative Vorzeichen gibt an, daß diese Energie dem System zuzuführen ist, damit die Reaktion abläuft. Dagegen werden im Proton-Proton-Zyklus beim Verschmelzen von 4 Protonen zu einem $^4\mathrm{He}$-Kern 26,7 MeV freigesetzt. Die Heliumatome können folgendermaßen zu einem Fe-Kern kombiniert werden: $14\,^4\mathrm{He} \rightarrow\ ^{56}\mathrm{Fe} + 2\,e^+$. Hier lautet die Energiebilanz $(14\,m_{(^4\mathrm{He})} - m_{(^{56}\mathrm{Fe})} - 4\,m_e)\,c^2 = [14\,(4,002603) - 55,939395]\,\mathrm{u}\,c^2 - 4\,(0,511\ \mathrm{MeV}) = (0,097047)\,(931,5\ \mathrm{MeV}) - 4\,(0,511\ \mathrm{MeV}) = 88,36\ \mathrm{MeV}$. Zusätzlich zu den $14\cdot(26.7\ \mathrm{MeV})$, die bei der Bildung der 14 He-Atome freigesetzt werden, resultiert bei der Bildung des $^{56}\mathrm{Fe}$-Atoms eine gesamte Abgabe von 462 MeV. Demnach ist mehr als genug Energie verfügbar, um zwei $^{56}\mathrm{Fe}$-Atome zu einem $^{112}\mathrm{Cd}$-Atom zu verschmelzen.